U0642937

电力系统

继电保护原理与实用技术

江苏省电力公司　编

中国电力出版社
CHINA ELECTRIC POWER PRESS

内 容 提 要

本书是总结江苏省电力公司多年培训实践的结果，该书集中了多位专家、教授和现场技术人员的集体智慧，反映了继电保护技术最新应用成果，具有一定的超前性。本书理论联系实际，既有继电保护基础理论，又结合继电保护规程、规定和反措，讲解电网继电保护运行知识；基础理论的编写有别于一般教科书，电网故障分析紧紧围绕继电保护装置展开，为保护动作行为分析提供坚实理论基础；附录的精选典型案例，对综合、灵活应用继电保护各知识点，提高继电保护人员综合分析和解决问题的能力大有裨益。全书共分四篇和一个附录。第一篇电力系统故障分析及其运行：故障分析基础知识、电力系统横向短路故障分析、电力系统纵向不对称故障分析、线路简单复故障分析和变压器两侧电气量关系、电力系统稳定和电力系统振荡。第二篇线路保护及重合闸：线路纵联保护、线路距离保护、零序电流方向保护、线路自动重合闸、选相元件。第三篇变压器保护和母线保护：变压器保护、母线保护。第四篇互感器及二次回路：互感器、二次回路、直流系统、二次回路的干扰。附录：继电保护不正确动作案例。

本书可供从事继电保护运行管理、调试、设计、施工、制造等部门的专业人员使用，也可作为发供电单位相关专业管理人员的培训教材。

图书在版编目（CIP）数据

电力系统继电保护原理与实用技术/江苏省电力公司编. —北京：中国电力出版社，2006.6（2024.9重印）
ISBN 978-7-5083-4205-4

Ⅰ. 电…　Ⅱ. 江…　Ⅲ. 电力系统-继电保护-教材　Ⅳ. TM77

中国版本图书馆CIP数据核字（2006）第026125号

中国电力出版社出版、发行
（北京市东城区北京站西街19号　100005　http://www.cepp.sgcc.com.cn）
三河市百盛印装有限公司印刷
各地新华书店经售
*
2006年6月第一版　2024年9月北京第十三次印刷
787毫米×1092毫米　16开本　37.75印张　934千字
定价 **100.00** 元

前　言

随着社会的发展，人民生活水平的不断提高，社会对电力的依赖程度越来越大。为适应大电网发展的需要，相继出现的超高压电网和大容量机组，使电网结构日益复杂，确保电网安全稳定运行对电力系统继电保护技术和管理水平提出了更高的要求。随着继电保护新技术、新原理、新装置不断出现，继电保护新人员不断补充，迫切需要一本系统阐述继电保护原理与实用技术的培训教材。为适应继电保护形势发展的需要，不断提高继电保护人员素质和继电保护技术及装置的运行管理水平，培养一支高素质的管理队伍和技术队伍，江苏省电力公司组织有关专家和继电保护专业人员编写了《电力系统继电保护原理与实用技术》一书。

本书结合江苏电网继电保护实际，总结归纳多年培训经验，理论联系实际，注重继电保护新技术的应用，充分反映现场继电保护人员需要，体现了“有用、实用”的原则。本书适合从事继电保护运行管理、调试、设计、施工、制造等部门的专业人员，从事电网运行管理的相关专业人员以及发供电单位相关专业运行管理人员使用。

本书注重理论联系实际，既有继电保护基础理论，又结合继电保护规程、规定和反措，讲解电网继电保护运行知识；基础理论的编写有别于一般教科书，电网故障分析紧紧围绕继电保护装置展开，为保护动作行为分析提供坚实的理论基础；附录中的精选典型案例，对综合、灵活应用继电保护各知识点，提高继电保护人员综合分析和解决问题的能力大有裨益。

本书编写过程中得到了江苏省电力公司领导的关心支持，江苏电力调度交易中心、江苏省电力公司人力资源部等有关部室、江苏省电机工程学会继电保护专委会、江苏省电力试验研究院、江苏省电力公司生产技能培训中心、保护装置生产厂家、有关高校等单位的专家、教授以及江苏省电力公司有关继电保护专家、各市供电公司继电保护整定和装置专工参与了编写和审定工作。在本书编写、出版过程中，参与编写和审定工作的专家们以高度的责任感和严谨的作风，一丝不苟，废寝忘食，多次审改才最终定稿。在本书即将出版之时，谨对所有参与和支持本书编写、出版的专家同志们表示崇高的敬意。

由于编者水平有限，错误和不妥之处在所难免，恳请读者批评指正。

编者

2005 年 12 月 5 日

目 录

第二篇　线路保护及重合闸

第三篇　变压器保护和母线保护

第四篇　互感器及二次回路

第一篇

电力系统故障分析及其运行

第一章

故障分析基础知识

第一节　概　　述

一、故障的概念

电力系统的故障一般分为简单故障和复合故障。简单故障指的是电力系统正常运行时某一处发生短路或断相故障的情况，而复合故障则是指两个或两个以上简单故障的组合。

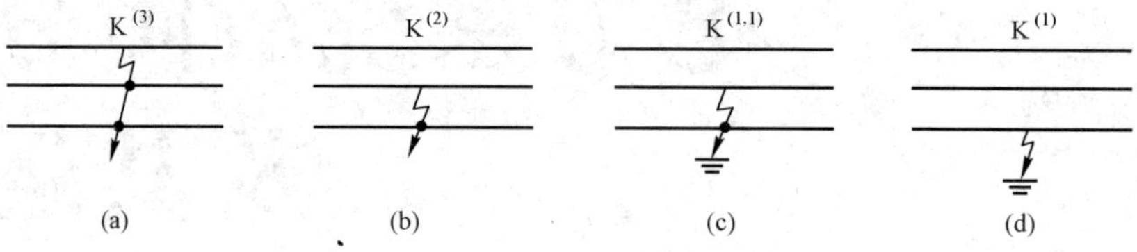

图 1－1　短路故障类型

（a）三相短路；（b）两相短路；（c）两相接地短路；（d）单相接地短路

短路故障（横向故障）指的是电力系统正常运行情况以外相与相之间或相与地之间的短路，图 1－1 示出了三相系统中短路故障的类型。（a）为三相短路，用符号 $K^{(3)}$ 表示；（b）为两相短路，用符号 $K^{(2)}$ 表示；（c）为两相接地短路，用符号 $K^{(1.1)}$ 表示；（d）为单相接地短路，用符号 $K^{(1)}$ 表示。其中三相短路为对称短路，其余为不对称短路。

引起短路故障的主要原因是各种形式的过电压，绝缘材料自然老化、脏污，直接机械损伤造成电气设备载流部分的绝缘损坏。线路对树枝放电、大风引起的碰线、鸟兽、树枝等物掉落在导线上以及雪、雹等自然现象也能引起短路故障。此外，运行人员带负荷拉隔离开关或检修线路后忘拆除地线就加上电压等误操作也是引起短路故障的原因之一。大量的运行实践表明，短路故障中单相接地最多，相间短路较少。

断相故障（纵向故障）是指一相或两相断开的非全相运行状态。线路单相接地短路时，两侧故障相断路器跳闸；断路器合闸过程中三相触头不同时接通；断路器一相或两相偷跳、偷合；输电线一相或两相断线等均会造成非全相运行。非全相运行时，系统处于不对称状态。

二、线路故障的分析

大量统计资料表明，高压电网的短路故障中，线路故障约占 90% 左右，母线、变压器和高压配电装置等故障约占 10%。对于线路（220kV）故障，某电力系统 20 年的统计数字如下：

单相接地短路	510 次（87.9%）
两相接地短路	34 次（5.8%）

两相短路	8 次（1.4%）
三相短路	11 次（1.9%）
断线	8 次（1.4%）
转换性故障	4 次（0.7%）
非全相运行中又发生单相接地短路	5 次（0.9%）

可以看出，线路短路故障中单相接地短路占绝大多数，所以线路短路故障开始发生时，绝大多数的故障可能是单相接地，考虑到故障常具有转变扩展性质，单相短路故障很容易发展为多相短路故障。从这点出发，缩短故障切除时间，可避免多相短路故障对电力系统造成的严重影响，并使单相重合闸充分发挥作用；同时，缩短故障切除时间，也可减轻故障点设备的损伤程度，提高系统的暂态稳定性。

两相接地短路故障比单相接地短路故障少得多，但比三相短路故障多，这合乎故障发展的特点。上述统计资料表明，对中性点直接接地的高压电力系统，单相和两相接地的短路故障占了绝大多数，所以反应接地短路故障的保护担负着十分重要的任务，任何情况下，应保证反应接地短路故障的保护有较好的性能并可靠投入运行。

三相短路故障有两种类型:第一种是发展性三相短路,由单相、两相故障发展为三相短路故障。应当指出,大多数三相短路故障属于这种类型,在短路初瞬电力系统是不对称的;此外,发展为三相短路故障的时间不是固定的,有长有短。第二种是三相同时性的对称短路,主要由雷害造成。例如当线路杆塔接地电阻较大、架空地线保护耐雷水平较低而雷击架空地线时,塔顶电位突然升高,大大超过绝缘子的绝缘强度,其结果是向三相导线闪络,造成三相短路。当然,这种情况较多在山区线路上发生,因为山区线路的杆塔位置多选择在山顶或山坡比较高耸的地方,容易遭受雷击。另外,断路器三相触头同时接通情况较好时,合闸送电于忘拆接地线的输电线也表现为三相同时性对称短路,在三相同时性对称短路时,电力系统一直处于对称状态。

运行实践表明，三相短路故障比两相短路故障多，占有一定比例，且三相短路故障对电力系统影响最严重。所以，对三相短路故障应予足够重视。

两相短路故障，发生原因较为特殊，所以所占比例较小。如大风造成的导线异常摆动，在两相导线摆动靠近时引起闪络，发生两相短路。这种短路故障的特点是，只有保护动作迅速时才能跳闸，如保护运作时间较长或短路电流较大的一侧先跳闸后，故障可能自行消除。此外，这种故障会连续发生，有时一天内一条线路会连续发生多次。船桅与过江导线相碰，飞机与导线相碰，换位杆塔上连接两不同相的绝缘子间发生闪络，阻波器引线烧断等均会引起两相短路故障。如不迅速切除，两相短路故障可能发展为两相接地短路或三相短路故障。

装设单相重合闸的线路发生单相接地短路时，在两侧断路器跳闸后，线路处于非全相运行过程中，健全相仍然可能发生单相接地故障。在设计保护和考虑单相重合闸时，应注意这一故障情况。

在分析短路故障时，还应注意如下三点：

第一是故障的转换性。所谓转换性故障，指的是在短时间内，一种故障转换为另一种性质不同的故障。如 A 相接地后，由于雷害，短时间内 B 相又发生接地。有时可能出现 A 相接地后，发展为 AB 相短路而接地消失的现象。也有可能故障开始时是两相短路，短时间内转换为两相接地短路。在分析短路故障时，应充分注意转换性故障的特点。

第二是故障的重复性。输电线路发生故障，在重合闸成功的短时间内，在同一地点又发生故障的可能性较大，尤其是大气条件恶劣的情况下更是如此。

第三是故障点的过渡电阻。过渡电阻由弧光电阻和过渡物电阻组成。对相间短路故障来说，过渡电阻主要是弧光电阻。对接地短路故障来说，过渡物电阻是接地电阻。接地电阻比弧光电阻要大得多，一般可将弧光电阻忽略而只计接地电阻。对接地电阻可作如下说明：

（1）杆塔上因绝缘子闪络而发生的接地短路故障，接地电阻是杆塔本身的接地电阻，如有架空地线，则是架空地线并联杆塔接地电阻的综合值。

（2）输电线直接对树枝、竹杆、农作物等放电引起的接地短路故障或带电导线断落于接地电阻很大的石头、建筑物或其他物体上，这种短路故障的接地电阻较大，可达几十欧姆甚至数百欧姆。

所以，在分析接地短路故障时，不应忽略接地电阻的影响。通常在继电保护中，考虑短路点接地电阻值：220kV 线路为 100Ω，330kV 线路为 150Ω，500kV 线路为 300Ω。

三、短路的现象及后果

电力系统发生短路时，因系统的总阻抗要减小，所以故障回路的电流剧烈增加，同时伴随着电压大幅度降低，特别是靠近短路点的母线电压降得更低，甚至为零（如三相短路）。

短路的后果是破坏性的，表现在以下几个方面：

（1）短路电流的热效应可能使设备过热而损坏，特别是短路点电弧会烧坏电气设备，短路电流的电动力效应也可能使设备受到破坏。

（2）系统电压大幅度降低，影响用户的正常工作，甚至使电动机停转、用电设备断电等。

（3）短路是对电力系统的一个严重冲击，可能使并列运行的发电厂失去同步，破坏系统稳定运行，引起大面积停电的严重后果。

（4）不对称接地短路的零序电流所产生的零序磁通会干扰附近的通信线路。

由上述可见，短路故障的后果是严重的，所以分析研究短路故障，对电力系统安全可靠运行有着重要的现实意义。对继电保护和自动装置来说，分析短路故障就更必要了。

四、故障分析的基本假设

在满足一般工程要求的前提下，采取一些合理的假设分析故障是必要的，以便略去次要因素，突出主要问题，简化分析。电力系统故障分析的基本假设如下：

（1）不计磁路饱和、磁滞的影响。这样系统中各元件的参数是恒定的，可以应用叠加原理。

（2）系统是三相对称系统。不对称仅存在于不对称故障处，因而应用对称分量法时，可将各序的网络用单相等值电路进行分析。

（3）各元件序参数的阻抗角可认为相等，进而可认为系统综合序阻抗的阻抗角相等。

（4）在进行短路电流大小计算时，一般可略去各元件的电阻。

（5）负荷只作近似估计，或作为恒定阻抗，或当作临时附加电源，视情况而定。

第二节 标 么 制

在短路故障分析中，可以用有名值进行计算分析，如电压单位用 kV、电流单位用 kA、阻抗单位用Ω、功率单位用W等。实际工程计算中，常采用标么值进行计算分析，使计算过程简化，这称为标么制。

一、标么值

标么值就是各物理量对基准值的相对数值，是无单位的，其表示式为

$$标么值=\frac{有名值(任意单位)}{基准值(与有名值同单位)}$$

在短路故障分析中，常用到的电气物理量有 U、I、Z、S，其基准值分别为 U_B、I_B、Z_B、S_B，于是标么值为 $U_*=U/U_B$、$I_*=I/I_B$、$Z_*=Z/Z_B$、$S_*=S/S_B$。

二、三相系统基准值选取

（一）同一电压级中的基准值

在标么制中，基准值的选取是重要的。在三相系统中，U_B、I_B、Z_B、S_B 有如下关系

$$S_B=\sqrt{3}U_BI_B \tag{1-1}$$

$$U_B=\sqrt{3}I_BZ_B \tag{1-2}$$

式中 U_B、I_B——线电压、线（相）电流的基准值；

Z_B——每相阻抗的基准值；

S_B——三相容量的基准值。

在上述四个基准值中，由于存在式（1-1）、式（1-2）的关系，所以只要选取两个基准值，通常是 S_B 和 U_B，其余两个基准值也就随之确定了，如下式所示

$$I_B=\frac{S_B}{\sqrt{3}U_B} \tag{1-3}$$

$$Z_B=\frac{U_B}{\sqrt{3}I_B}=\frac{U_B^2}{S_B} \tag{1-4}$$

S_B 和 U_B 的选取，原则上可以是任意的，但为了计算的方便，一般 S_B 选取某一发电厂的总容量或系统总容量（较多选取100MVA或1000MVA）。对于 U_B 可以选取该电压级的额定电压，但在故障分析中，通常选取的是该电压级的平均额定电压 U_{av}。各电压级的平均额定电压如表1-1中所示（U_N 为电网额定电压）。例如，110kV级，$U_B=115$kV；220kV级，$U_B=230$kV。对于发电机，电压级的基准电压取发电机的额定电压。

表1-1　　各电压级的平均额定电压

U_N(kV)	0.38	3	6	10	35	110	220	330	500
U_{av}(kV)	0.40	3.15	6.3	10.5	37	115	230	345	525

当基准值选定后，各电气量的标么值可作如下计算

$$S_*=S/S_B \tag{1-5}$$

$$U_*=U/U_{av} \tag{1-6}$$

$$I_*=\frac{I}{I_B}=\frac{I}{\dfrac{S_B}{\sqrt{3}U_{av}}}=\frac{\sqrt{3}U_{av}I}{S_B} \tag{1-7}$$

$$Z_*=\frac{Z}{Z_B}=Z\frac{S_B}{U_{av}^2} \tag{1-8}$$

注意，式（1－5）中的 S 应为三相容量，如是单相容量，则 S_B 也应为单相容量基准值；式（1－6）中的 U 应为线电压，如是相电压，则 U_{av} 也应为相电压基准值。

（二）不同电压级基准值间关系

电力系统中存在不同电压级的线路段，由升压变压器或降压变压器相耦联，并且这些变压器的变比一般是不等的。在故障分析中，为了方便，可假设系统中所有变压器的变比等于两侧平均额定电压之比（这样假设，误差在工程允许误差范围内）。在图 1－2 中，变压器变比为 U_{av1}/U_{av2}。不同电压级通过变压器耦联着，所以两侧的基准值有着一定的关系。

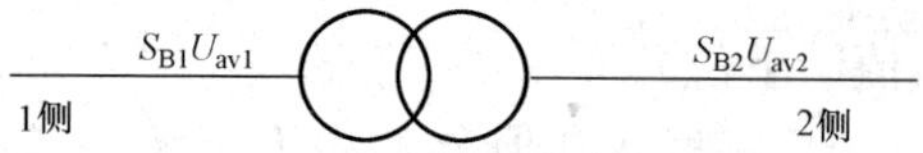

图 1－2　变压器两侧基准值间关系

由于功率通过变压器不会发生变化，所以电力系统中基准容量选定后，各电压级的基准容量也随之确定下来并等于选定的基准容量。在图 1－2 中，$S_{B1}=S_{B2}=S_B$；基准电压当然 1 侧是 U_{av1}，2 侧是 U_{av2}。由于 S_B、U_B 确定下来，1 侧和 2 侧的 I_{B1}、Z_{B1} 及 I_{B2}、Z_{B2} 根据式（1－3）、式（1－4）可确定

$$I_{B1}=\frac{S_B}{\sqrt{3}U_{av1}} \tag{1-9}$$

$$Z_{B1}=\frac{U_{av1}^2}{S_B} \tag{1-10}$$

$$I_{B2}=\frac{S_B}{\sqrt{3}U_{av2}} \tag{1-11}$$

$$Z_{B2}=\frac{U_{av2}^2}{S_B} \tag{1-12}$$

如有更多的电压级，情况也是相同的，即基准容量仍为 S_B，各电压级的电压基准值仍为该级的平均额定电压。

各电压级的 S_B、U_B 确定后，根据式（1－5）～式（1－8）可求得各电压级电气量的标么值，需注意的是电压基准值要采用元件所处电压级的平均额定电压。

三、电力系统各元件阻抗标么值计算

电力系统中各元件阻抗标么值在同一基准容量 S_B 下才有意义。

（一）发电机

通常给出 S_N(MVA)、U_N(kV) 和 X''_d（或 X'_d、X_d、X''_q）。给出的 X''_d 是以本发电机额定阻抗为基准值的标么值（其他电抗值情况相同），为此将 X''_d 写成 $X''_{*(N)}$。为了折算到选定的基准容量 S_B，首先应求出电抗的实际有名值：$X''_{*(N)}\times\frac{U_N}{\sqrt{3}I_N}=X''_{*(N)}\frac{U_N^2}{S_N}$。而基准阻抗为 $Z_B=\frac{U_{av}^2}{S_B}$，于是折算到 S_B 的发电机阻抗标么值为

$$X''_{*(B)}=X''_{*(N)}\left(\frac{U_N}{U_{av}}\right)^2\frac{S_B}{S_N} \tag{1-13}$$

考虑到发电机总处在额定电压附近运行，可取 $U_N=U_{av}$，于是式（1－13）改写为

$$X''_{*(B)}=X''_{*(N)}\frac{S_B}{S_N} \tag{1-14}$$

（二）变压器

通常给出 S_N(MVA)、U_N(kV) 和 $U_k\%$，而短路电压 $U_k\%$ 即是变压器阻抗对额定阻抗的标么值，考虑到变压器的 U_N 与 U_{av} 差别不大（取 $U_{av}=U_N$），所以有

$$X_{T*(B)} = U_k\% \frac{S_B}{S_N} \tag{1-15}$$

比较式（1-14）和式（1-15），变压器和发电机具有相同的阻抗标么值计算公式。在同一 S_B 和 $X''_{*(N)}$、$U_k\%$ 下，发电机、变压器容量愈小，相应的阻抗标么值愈大；反之，容量愈大，阻抗标么值愈小。

对于三绕组变压器，设高、中、低三侧分别以 1、2、3 表示，如将各绕组两两看成一个双绕组变压器，令各绕组两两间的短路电压分别为 $U_{k(1-2)}\%$、$U_{k(1-3)}\%$、$U_{k(2-3)}\%$，则可求得各绕组的短路电压为

$$\left.\begin{aligned} U_{k1}\% &= \frac{1}{2}[U_{k(1-2)}\% + U_{k(1-3)}\% - U_{k(2-3)}\%] \\ U_{k2}\% &= \frac{1}{2}[U_{k(1-2)}\% + U_{k(2-3)}\% - U_{k(1-3)}\%] \\ U_{k3}\% &= \frac{1}{2}[U_{k(2-3)}\% + U_{k(1-3)}\% - U_{k(1-2)}\%] \end{aligned}\right\} \tag{1-16}$$

于是，由式（1-15）求得各绕组的等值阻抗标么值为

$$\left.\begin{aligned} X_{T1*(B)} &= U_{k1}\% \frac{S_B}{S_N} \\ X_{T2*(B)} &= U_{k2}\% \frac{S_B}{S_N} \\ X_{T3*(B)} &= U_{k3}\% \frac{S_B}{S_N} \end{aligned}\right\} \tag{1-17}$$

升压结构和降压结构的三绕组变压器，虽然绕组的排列次序不同，但等值电路是完全相同的。只是升压结构的三绕组变压器低压绕组在中间（高压绕组在外层，中压绕组在里层），故 $U_{k(1-2)}\%$ 较大而已；同样，降压结构的三绕组变压器中压绕组在中间（高压绕组在外层，低压绕组在里层），故 $U_{k(1-3)}\%$ 较大，排在中层的绕组，其等值电抗较小或具有不大的负值。

三绕组自耦变压器的等值电路完全和三绕组变压器相同，只是因为自耦变压器第三绕组的额定容量 S_{N3} 总是小于变压器的额定容量 S_N，所以短路电压要归算到额定容量（三绕组变压器的 $U_k\%$ 制造厂家已归算到额定容量），如下式所示

$$\left.\begin{aligned} U_{k(1-3)}\% &= U'_{k(1-3)}\% \frac{S_N}{S_{N3}} \\ U_{k(2-3)}\% &= U'_{k(2-3)}\% \frac{S_N}{S_{N3}} \end{aligned}\right\} \tag{1-18}$$

其中“′”表示未归算值。然后按三绕组变压器的公式求出其阻抗标么值。

分裂绕组变压器，可有效限制发电机电压系统和厂用电系统的短路电流。一般分裂绕组变压器有一个高压绕组（标号为 1）、两个相同的低压（分裂）绕组（标号为 2、3），其短路阻抗 $X_{k(1-2)}$、$X_{k(1-3)}$、$X_{k(2-3)}$［或短路电压 $U_{k(1-2)}\%$、$U_{k(1-3)}\%$、$U_{k(2-3)}\%$，可将短路电压

换算为短路阻抗］有下列特征

$$X_{k(1-2)} = X_{k(1-3)}\text{（对称性）}$$

$$\text{分裂电抗 } X_f = X_{k(2-3)}\text{（特别大）}$$

为使 X_f 特别大，要求两个分裂绕组间的磁耦合尽量弱；由于 $X_{k(1-2)} = X_{k(1-3)}$，所以分裂绕组也可以并联运行。定义两分裂绕组间的短路阻抗为分裂阻抗，两分裂绕组并联时高压与低压绕组间的短路阻抗为穿越阻抗，高压绕组与一个低压绕组（另一低压绕组开路）间的短路阻抗为半穿越阻抗，设实测值分别为 $U_f\%$、$U_c\%$、$U_{c(0.5)}\%$（用相应的短路电压代替相应短路阻抗，并已归算到变压器的额定容量），当高压绕组和两个分裂绕组的短路电压为 $U_{k1}\%$ 和 $U_{k2}\%$、$U_{k3}\%$ 时，则有（半穿越阻抗设为高压绕组 1 和分裂绕组 2 间之值）

$$\left.\begin{aligned} U_{k2}\% + U_{k3}\% &= U_f\% \\ U_{k1}\% + \frac{U_{k2}\% U_{k3}\%}{U_{k2}\% + U_{k3}\%} &= U_c\% \\ U_{k1}\% + U_{k2}\% &= U_{c(0.5)}\% \end{aligned}\right\} \qquad (1-19)$$

解得 $U_{k1}\%$、$U_{k2}\%$、$U_{k3}\%$ 分别为

$$\left.\begin{aligned} U_{k1}\% &= \left[U_{c(0.5)} - \sqrt{U_f(U_{c(0.5)} - U_c)}\right]\% \\ U_{k2}\% &= (U_{c(0.5)} - U_{k1})\% \\ U_{k3}\% &= (U_f - U_{k2})\% \end{aligned}\right\} \qquad (1-20)$$

当 $U_{k2}\% = U_{k3}\%$ 时，$U_{k1}\%$、$U_{k2}\%$、$U_{k3}\%$ 表示为

$$\left.\begin{aligned} U_{k1}\% &= U_{c(0.5)}\% - \frac{1}{2}U_f\% \\ U_{k2}\% &= U_{k3}\% = \frac{1}{2}U_f\% \end{aligned}\right\} \qquad (1-21)$$

需要指出，分裂绕组变压器的分裂系数 K_f 定义为分裂阻抗与穿越阻抗之比，表示为

$$K_f = \frac{U_f\%}{U_c\%} \qquad (1-22)$$

通常 K_f 为 4 左右。

$U_{k1}\%$、$U_{k2}\%$、$U_{k3}\%$ 求得后，按式（1-17）可求得分裂绕组变压器各绕组等值阻抗标么值。

（三）电抗器

电抗器的额定电压 U_N 可以与运行时的额定电压 U_{av} 不同，如额定电压为 10kV 的电抗器可以使用在 6kV 电压级中，故 U_N 并不与 U_{av} 相等。另外，电抗器给出的参数是 U_N(kV)、I_N(kA) 和 $X_L\%$。根据 $X_L\%$ 的意义，电抗标么值为

$$\begin{aligned} X_{L*(B)} &= X_L\% \frac{U_N}{U_{av}} \cdot \frac{I_B}{I_N} \\ &= X_L\% \frac{U_N}{\sqrt{3}I_N} \cdot \frac{S_B}{U_{av}^2} \end{aligned} \qquad (1-23)$$

图 1-3（a）示出了分裂电抗器与普通电抗器的比较，分裂电抗器在线圈中间有一个抽头，将线圈分成匝数相等的两部分，通常中间抽头接电源侧。如设每支路的自感抗为 X_S，

两支路间互感抗为 X_M，则在图中极性下，各端点间的电压降可写为

$$\left.\begin{aligned}\dot{U}_{0-1} &= j\dot{I}_1 X_S - j\dot{I}_2 X_M = j\dot{I}_1(X_S + X_M) - j\dot{I} X_M \\ \dot{U}_{0-2} &= j\dot{I}_2 X_S - j\dot{I}_1 X_M = j\dot{I}_2(X_S + X_M) - j\dot{I} X_M \\ \dot{U}_{1-2} &= -j\dot{I}_1(X_S + X_M) + j\dot{I}_2(X_S + X_M)\end{aligned}\right\} \tag{1-24}$$

根据式（1－24），作出等值电路如图1－3（b）所示。当 X_S、X_M 以标幺值表示时，就构成了以标幺值表示的等值电路。

有些场合，以两臂间的耦合系数 K_m 表示 X_M、X_S 间的关系，$K_m = \dfrac{X_M}{X_S}$。一般 K_m 在0.40～0.60范围。

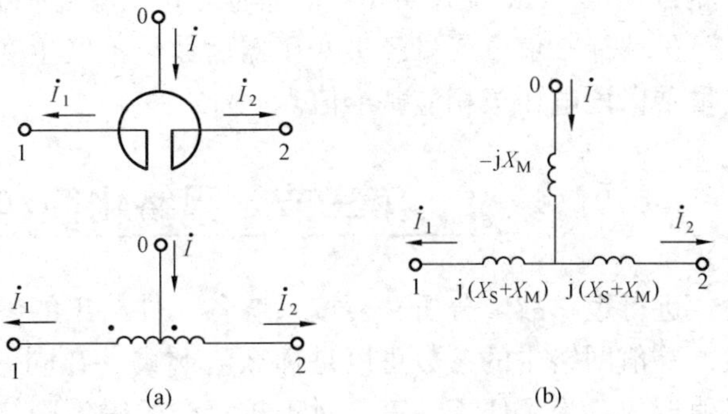

图1－3　分裂电抗器及其等值电路

（a）分裂电抗器；（b）等值电路

（四）输电线路

设输电线路单位长度的阻抗为 $Z_1(\Omega/km)$，则长度为 $l(km)$ 的输电线路的阻抗标幺值为

$$Z_{1*(B)} = Z_1 l \frac{S_B}{U_{av}^2} \tag{1-25}$$

式中 U_{av} 为输电线路所处电压级的平均额定电压。

在三相系统电气量的标幺值计算中，还应注意如下几点：

（1）有功功率 P、无功功率 Q 的基准值是 S_B，而不是 P_B、Q_B，所以在求得 P_*、Q_* 后，P、Q 值为

$$P = P_* S_B, \qquad Q = Q_* S_B$$

阻抗 R、X 的基准值不是 R_B、X_B 而是 Z_B，在求得 R_*、X_* 后，R、X 值为

$$R = R_* Z_B, \qquad X = X_* Z_B$$

（2）若以注脚1表示单相，注脚3表示三相，则有

$$P_{1*} = P_{3*}, S_{1*} = S_{3*}$$

即三相功率（包括视在功率）标幺值等于单相功率标幺值。注意 $P_{3*} \neq 3P_{1*}$、$S_{3*} \neq 3S_{1*}$。在求得 P_*、S_* 后，乘上三相基准容量 S_B 就得三相值 P_3、S_3；乘上单相基准容量（$\frac{1}{3}S_B$）就得单相值 P_1、S_1。

与功率标幺值情况相似，线电压标幺值和相电压标幺值也相等。在求得电压标幺值后，乘上相电压基准值就得实际相电压；乘上线电压基准值就得实际线电压。

（3）在有名制中，$S_3 = \sqrt{3}UI$、$P_3 = \sqrt{3}UI\cos\varphi$（$U$ 为线电压，I 为线电流）。但在标幺制中，不难证明，$S_{3*} = U_* I_*$、$P_{3*} = U_* I_* \cos\varphi$，注意 $S_{3*} \neq \sqrt{3}U_* I_*$、$P_{3*} \neq \sqrt{3}U_* I_* \cos\varphi$。

(4) 标么值计算中，$I_{*(B)} = U_{*(B)}/Z_{*(B)}$ 仍成立。

(5) 标么值电气量经过变压器后不变化。如图 1 - 2 所示，1 侧的电流 I_1，其标么值为 $I_{1*} = I_1/I_{B1} = \frac{\sqrt{3}U_{av1}I_1}{S_B}$。$I_1$ 经过变压器后变为 I_2，$I_2 = I_1\frac{U_{av1}}{U_{av2}}$，所以

$$I_{2*} = \frac{I_2}{I_{B2}} = \frac{I_1U_{av1}/U_{av2}}{S_B/\sqrt{3}U_{av2}} = \frac{\sqrt{3}I_1U_{av1}}{S_B}$$

显然，$I_{1*} = I_{2*}$（但 $I_1 \neq I_2$）。其他各电气量也有这一关系。

虽然标么值电气量经过变压器后数值不发生变化，但求有名值时，应将求得的标么值电气量乘以该电压级相应基准值。

第三节 网络化简和电流分布系数

进行短路故障分析，要按系统各元件给出的参数及系统接线图作出系统的等值网络。当然，等值网络中的参数可以是标么值形式（在同一 S_B 下），也可以是折算到同一电压级的有名值形式。为了便于计算，对于较复杂的等值网络，通常要进行化简。电路课程中的原理和解电路的方法均可应用，现将常用的网络化简方法介绍如下。

一、网络的等效变换

（一）三角形和星形的等效变换

图 1 - 4 示出了阻抗的三角形接线和星形接线，并标出了电流的方向。当三角形变换为星形时，有

$$\left.\begin{aligned} Z_1 &= \frac{Z_{12}Z_{13}}{Z_{12}+Z_{23}+Z_{13}} \\ Z_2 &= \frac{Z_{12}Z_{23}}{Z_{12}+Z_{23}+Z_{13}} \\ Z_3 &= \frac{Z_{23}Z_{13}}{Z_{12}+Z_{23}+Z_{13}} \end{aligned}\right\} \quad (1-26)$$

变换前的三角形接线阻抗中电流为

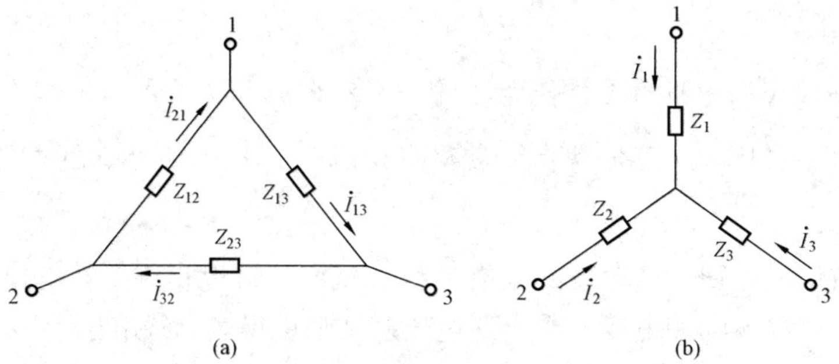

图 1 - 4 阻抗的三角形和星形接线

（a）三角形接线；（b）星形接线

$$\left.\begin{aligned}\dot{I}_{21} &= \frac{\dot{I}_2 Z_2 - \dot{I}_1 Z_1}{Z_{12}}\\ \dot{I}_{32} &= \frac{\dot{I}_3 Z_3 - \dot{I}_2 Z_2}{Z_{23}}\\ \dot{I}_{13} &= \frac{\dot{I}_1 Z_1 - \dot{I}_3 Z_3}{Z_{13}}\end{aligned}\right\} \tag{1-27}$$

当星形变换为三角形时，有关系式

$$\left.\begin{aligned}Z_{12} &= Z_1 + Z_2 + \frac{Z_1 Z_2}{Z_3}\\ Z_{23} &= Z_2 + Z_3 + \frac{Z_2 Z_3}{Z_1}\\ Z_{13} &= Z_1 + Z_3 + \frac{Z_1 Z_3}{Z_2}\end{aligned}\right\} \tag{1-28}$$

变换前的星形接线阻抗中电流为

$$\left.\begin{aligned}\dot{I}_1 &= \dot{I}_{13} - \dot{I}_{21}\\ \dot{I}_2 &= \dot{I}_{21} - \dot{I}_{32}\\ \dot{I}_3 &= \dot{I}_{32} - \dot{I}_{13}\end{aligned}\right\} \tag{1-29}$$

（二）有电动势源支路的并联变换

图 1－5（a）示出了 n 个有电动势源支路并联的电路，图（b）是相应的等值电路。其中等值阻抗 Z_{eq} 为 Z_1、Z_2、$\cdots Z_n$ 的并联值，表示式为

$$Z_{eq} = \frac{1}{\dfrac{1}{Z_1} + \dfrac{1}{Z_2} + \cdots + \dfrac{1}{Z_n}} \tag{1-30}$$

等效电动势 $\dot{E}_{eq}$

$$\dot{E}_{eq} = \frac{\dfrac{\dot{E}_1}{Z_1} + \dfrac{\dot{E}_2}{Z_2} + \cdots + \dfrac{\dot{E}_n}{Z_n}}{\dfrac{1}{Z_1} + \dfrac{1}{Z_2} + \cdots + \dfrac{1}{Z_n}} \tag{1-31}$$

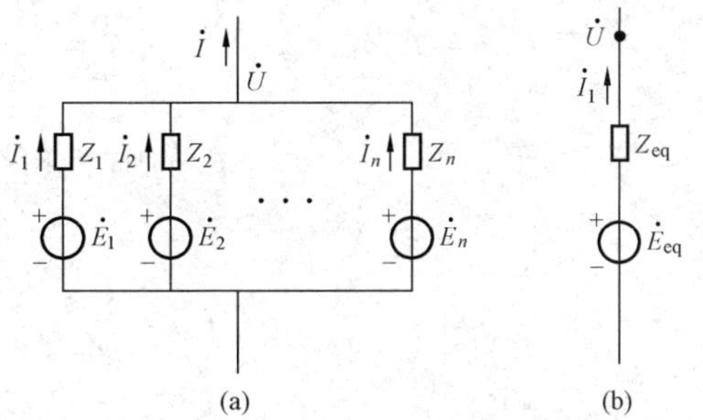

图 1－5　有电动势源支路的并联变换

（a）变换前电路；（b）变换后电路

应用此式时应注意两点：第一，如果某一支路中电动势反接，则应将式中相应电动势前的“＋”号变为“－”号；第二，如果某一支路中电动势为零，则应将式中相应电动势变为零即可。

变换前各支路电流 $\dot{I}_n$ 及总电流 $\dot{I}$ 的表示式为

$$\left.\begin{aligned}\dot{I}_n &= \frac{\dot{E}_n - \dot{U}}{Z_n} \\ \dot{I} &= \frac{\dot{E}_{eq} - \dot{U}}{Z_{eq}}\end{aligned}\right\} \tag{1-32}$$

二、电流分布系数

电力系统发生短路故障时，短路电流求出后，有时还需要求出短路时通过网络任一支路的电流（包括无源支路和有源支路）和任一节点的电压值。为此，需要引入电流分布系数（或分配系数），它是说明网络中电流分布情况的一种参数，用符号 C 表示。

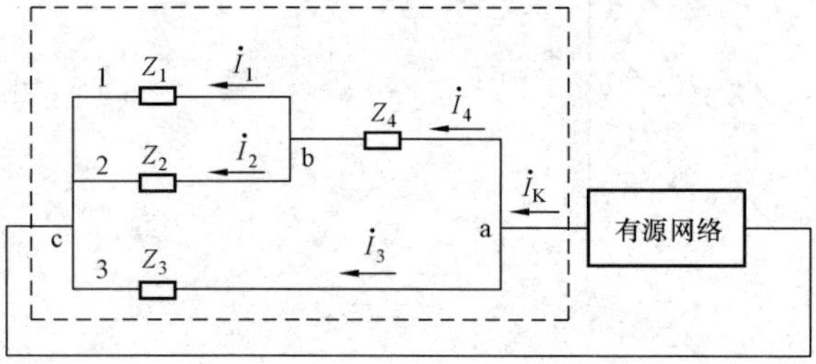

图 1-6　求电流分布系数（$\dot{I}_K$ 通过无源网络）

当电流 $\dot{I}_K$ 通过某一无源网络（如负序和零序网络）时，其中通过某一支路 n 的电流为 $\dot{I}_n$，则电流分布系数 C_n 可表示为

$$C_n = \dot{I}_n / \dot{I}_K \tag{1-33}$$

图 1-6 示出了 $\dot{I}_K$ 通过无源网络（指虚线框内）的情况，容易看出该网络无闭合回路（有闭合回路时可变换为无闭合回路），采用单位电流法容易求得电流分布系数，取 $\dot{I}_1 = 1$，由图可得

$$\dot{U}_{bc} = \dot{I}_1 Z_1 = Z_1, \qquad \dot{I}_2 = \frac{\dot{U}_{bc}}{Z_2} = \frac{Z_1}{Z_2}, \qquad \dot{I}_4 = \dot{I}_1 + \dot{I}_2 = 1 + \frac{Z_1}{Z_2}$$

$$\dot{U}_{ac} = \dot{I}_4 Z_4 + \dot{I}_1 Z_1 = Z_4\left(1 + \frac{Z_1}{Z_2}\right) + Z_1$$

$$\dot{I}_3 = \frac{\dot{U}_{ac}}{Z_3} = \frac{Z_4\left(1 + \frac{Z_1}{Z_2}\right) + Z_1}{Z_3}$$

$$\dot{I}_K = \dot{I}_3 + \dot{I}_4 = 1 + \frac{Z_1}{Z_2} + \frac{1}{Z_3}\left[Z_4\left(1 + \frac{Z_1}{Z_2}\right) + Z_1\right]$$

由于 $\dot{I}_2$、$\dot{I}_3$ 和 $\dot{I}_K$ 已求出，所以支路 1、2、3 的电流分布系数由式（1-33）可得

$$C_1 = \frac{\dot{I}_1}{\dot{I}_K} = \frac{Z_2 Z_3}{(Z_1 + Z_2)(Z_3 + Z_4) + Z_1 Z_2} \tag{1-34}$$

$$C_2 = \frac{\dot{I}_2}{\dot{I}_K} = \frac{Z_1 Z_3}{(Z_1 + Z_2)(Z_3 + Z_4) + Z_1 Z_2} \tag{1-35}$$

$$C_3 = \frac{\dot{I}_3}{\dot{I}_K} = \frac{Z_1 Z_2 + Z_4(Z_1 + Z_2)}{(Z_1 + Z_2)(Z_3 + Z_4) + Z_1 Z_2} \tag{1-36}$$

当电流 $\dot{I}_K$ 通过某一有源网络时（如正序网络），可以令该网络中的电动势源相等，而后求出各电源支路的电流，根据式（1－33）求得各电源支路的电流分布系数。也可以令各电动势源为零，在 $\dot{I}_K$ 支路串联一电动势源，而后求得电流分布系数。

图1－7（a）示出了 $\dot{I}_K$ 通过有源网络的情况（即 $\dot{I}_K$ 是各电动势源所产生），因为各电动势相等，所以将电动势移入 $\dot{I}_K$ 支路（有闭合回路时可变换为无闭合回路），如图（b）所示。显然，该网络与图1－6相同（虚线框内），所以电流分布系数 C_1、C_2、C_3 如式（1－34）、式（1－35）、式（1－36）所示。

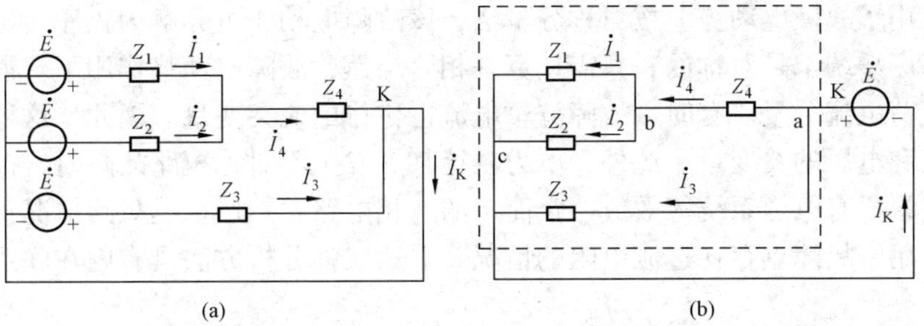

图1－7　求电流分布系数（$\dot{I}_K$ 通过有源网络）

（a）电动势在支路中；（b）电动势移入 $\dot{I}_K$ 支路

电流分布系数还可用网络展开或直接测量的方法来求出。

第四节　对称分量法应用

一、对称分量法

由电工基础基本原理得到，一组不对称的三个电气量可分解为正序、负序和零序三组电气分量。

假定 $\dot{F}_A$、$\dot{F}_B$、$\dot{F}_C$ 代表不对称的三个电气量（电流或电压），用 $\dot{F}_1$、$\dot{F}_2$、$\dot{F}_0$ 代表正序、负序和零序三个电气分量。令A相为基准相时，有关系式如下

$$\left.\begin{aligned}\dot{F}_A &= \dot{F}_{A1}+\dot{F}_{A2}+\dot{F}_{A0}\\ \dot{F}_B &= \dot{F}_{B1}+\dot{F}_{B2}+\dot{F}_{B0}=a^2\dot{F}_{A1}+a\dot{F}_{A2}+\dot{F}_{A0}\\ \dot{F}_C &= \dot{F}_{C1}+\dot{F}_{C2}+\dot{F}_{C0}=a\dot{F}_{A1}+a^2\dot{F}_{A2}+\dot{F}_{A0}\end{aligned}\right\} \tag{1－37}$$

$$\left.\begin{aligned}\dot{F}_{A0} &= \frac{1}{3}(\dot{F}_A+\dot{F}_B+\dot{F}_C)\\ \dot{F}_{A1} &= \frac{1}{3}(\dot{F}_A+a\dot{F}_B+a^2\dot{F}_C)\\ \dot{F}_{A2} &= \frac{1}{3}(\dot{F}_A+a^2\dot{F}_B+a\dot{F}_C)\end{aligned}\right\} \tag{1－38}$$

式中 a 为运算子，$a = e^{j120°} = -\frac{1}{2} + j\frac{\sqrt{3}}{2}$；$a^2 = e^{-j120°} = -\frac{1}{2} - j\frac{\sqrt{3}}{2}$。这是对称分量法的两组基本公式。

应用对称分量法分析不对称短路故障时，根据分析的目的不同，有不同的分析方法。一种是将不对称短路故障形成的不对称电流、电压分解为正序、负序、零序三组对称的系统，因每序系统都是对称的，故每序系统只需计算一相即可。这种分析方法最为常用，其特点是在正序网络中各支路电流（故障支路除外）包含了负荷电流分量。当然，如在空载情况下（负荷电流为零）发生短路故障，正序网络中各支路电流就没有负荷电流分量，只有故障分量电流了。另一种是当电力系统某点发生不对称短路故障时，看成是在原有三相对称系统上，故障点作用了故障电动势。按对称分量法，该故障电动势可分解为正序、负序、零序分量，同样因每序系统都是对称的，只需计算一相。当然，故障电动势作用下求得的正序分量电流不包含负荷电流分量。有时，故障分量电流也称作电流突变量。因此，这种分析方法很适用于求电流和电压的突变量。此外，电力系统某点发生不对称短路故障时，按对称分量概念，在故障点将原有电力系统等效成一个简单的三相电路，然后根据短路情况直接求解。这种分析方法适用于故障点存在过渡电阻的情况。上述三种分析方法具有内在联系，可得到相同的结论。

二、对称分量法在短路故障分析中的应用

图 1－8 示出了正常运行的电力系统，MN 线路上 K 点三相电压 $\dot{U}_{KA[0]}$、$\dot{U}_{KB[0]}$、$\dot{U}_{KC[0]}$ 对称（正序），K 点无电流流入大地，相间也无电流流通。

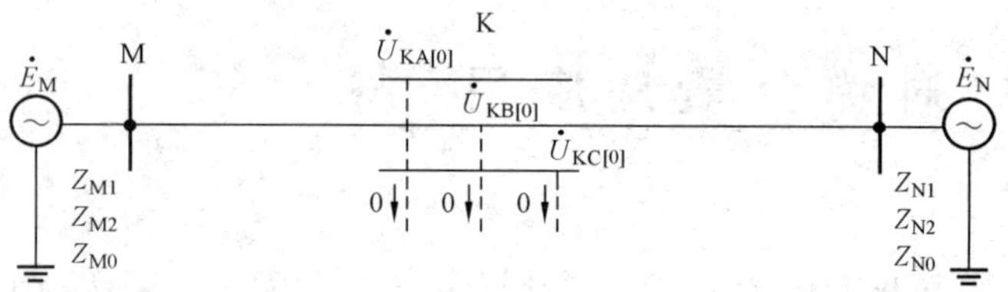

图 1－8　电力系统示意图

当 K 点发生不对称短路故障时，K 点三相电压对称性被破坏，变为 $\dot{U}_{KA}$、$\dot{U}_{KB}$、$\dot{U}_{KC}$ 不对称三相电压，K 点对地或相间存在故障电流，即 K 点三相电压不对称，形成的故障支路中三相电流不对称。在图 1－9（a）、（b）、（c）中，分别示出了 K 点 A 相接地、BC 相短路、BC 相短路接地，K 点电气量特点分别可表示为

$$\left.\begin{aligned} \dot{U}_{KA}^{(1)} &= 0 \\ \dot{I}_{KB}^{(1)} &= 0 \\ \dot{I}_{KC}^{(1)} &= 0 \end{aligned}\right\} \tag{1-39}$$

$$\left.\begin{aligned} \dot{U}_{KB}^{(2)} &= \dot{U}_{KC}^{(2)} \\ \dot{I}_{KA}^{(2)} &= 0 \\ \dot{I}_{KB}^{(2)} + \dot{I}_{KC}^{(2)} &= 0 \end{aligned}\right\} \tag{1-40}$$

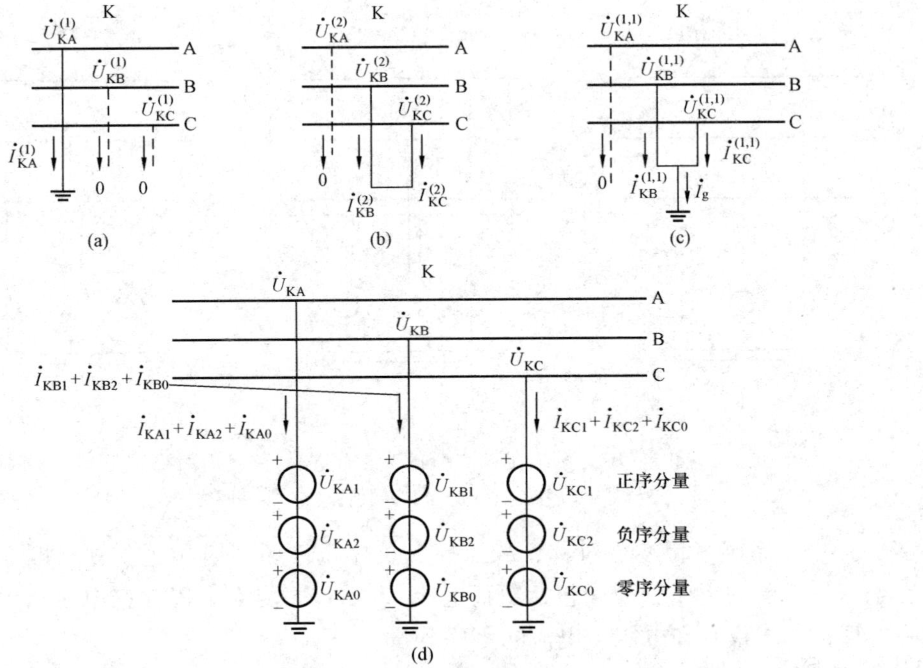

图 1-9　故障点电气量分解为正序、负序、零序分量

(a) K 点 A 相接地；(b) K 点 BC 相短路；(c) K 点 BC 相接地；(d) K 点电气量分解为正、负、零序分量

$$\left.\begin{aligned} \dot{U}_{KB}^{(1,1)} &= 0 \\ \dot{U}_{KC}^{(1,1)} &= 0 \\ \dot{I}_{KA}^{(1,1)} &= 0 \end{aligned}\right\} \tag{1-41}$$

显然，K 点三相电压 $\dot{U}_{KA}$、$\dot{U}_{KB}$、$\dot{U}_{KC}$ 不对称，故障支路电流 $\dot{I}_{KA}$、$\dot{I}_{KB}$、$\dot{I}_{KC}$ 不对称。应用对称分量法，可将上述 K 点电气量分解为正序、负序、零序分量，如图 1-9（d）所示。自然，图（d）与相应的图（a）、图（b）或图（c）等效。

由图 1-9 可以看出，K 点发生不对称短路故障后，相当于在短路故障点人为接入了三相对称的电动势源。这样，在电力系统中作用的电动势可分为三部分：正序电动势，有 $\dot{U}_{KA1}$、$\dot{U}_{KB1}$、$\dot{U}_{KC1}$ 和系统中 M、N 两侧的电动势 $\dot{E}_{MA}$、$\dot{E}_{MB}$、$\dot{E}_{MC}$ 及 $\dot{E}_{NA}$、$\dot{E}_{NB}$、$\dot{E}_{NC}$；负序电动势，$\dot{U}_{KA2}$、$\dot{U}_{KB2}$、$\dot{U}_{KC2}$；零序电动势，$\dot{U}_{KA0}$、$\dot{U}_{KB0}$、$\dot{U}_{KC0}$。三部分电动势共同作用，建立了系统中各支路电流和各母线电压。电力系统中三相参数是对称的，也是线性的，故可应用叠加原理。将发生不对称短路故障后的电力系统看成是正序电动势、负序电动势、零序电动势分别作用叠加的结果，从而形成了正序网络、负序网络和零序网络，如图 1-10 所示。序网络有如下特点：

（1）正序、负序、零序网络是三组独立对称系统，因而均可用一相来表示（该相称为基准相）。三组的序网络对应电流、电压相叠加，就得到原有短路故障系统中的电流、电压值。

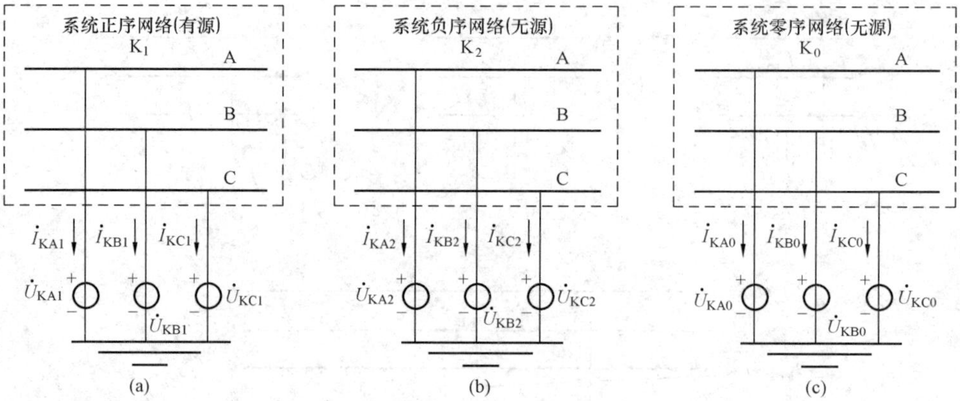

图 1-10　系统在 K 点分解为正序、负序、零序网络

（a）正序网络；（b）负序网络；（c）零序网络

（2）因电力系统三相参数对称，故正序、负序、零序网络相互独立，即在正序网络中仅存在电压、电流的正序分量（包括负荷电流）；在负序网络中仅存在电压、电流的负序分量；在零序网络中仅存在电压、电流的零序分量。

（3）在正序网络中，除故障点作用的正序电动势外，还有各发电机作用的电动势，共同建立了正序电流、电压的分布。当然，如 K 点发生的是三相短路故障，则故障点作用的电动势为零。因此，K 点发生不对称短路故障时，网络中各点正序电压值相应比三相短路时要高。

正序网络中，各元件采用相应的正序等值电路。

（4）在负序网络中，仅有故障点作用的负序电动势，建立了系统中负序电流、电压的分布。故障点的负序电压最高，到系统中性点降落为零。

负序网络中，各元件采用相应的负序等值电路。同步发电机的电抗 $X''_d \approx X''_q$，故 $X_2 \approx X''_d$。异步电动机的 $X_2 = X''$。因此，可认为负序网络中的阻抗参数与正序网络相同。

（5）在零序网络中，仅有故障点作用的零序电动势，建立了系统中零序电流、电压的分布。故障点的零序电压最高，由故障点向各接地的中性点逐渐降落到零。零序网络可能与正序、负序网络有相当大的差别，主要取决于变压器接地中性点的分布和变压器的接线方式。

零序网络中的元件应采用相应的零序等值电路。

（6）K 点的正序网络、负序网络、零序网络与 K 点不对称短路故障的类型、相别无关，只与原有电力系统的运行方式、接线方式、变压器接线方式和中性点接地分布等因素有关。

（7）序网络中的电流、电压仅是一个分量，不是电流、电压的全量。如 K 点 A 相接地短路有 $\dot{U}_{KA} = 0$，但在各序网中，$\dot{U}_{KA1}$、$\dot{U}_{KA2}$、$\dot{U}_{KA0}$ 均不为零，而是 $\dot{U}_{KA1} + \dot{U}_{KA2} + \dot{U}_{KA0} = 0$；同时，在序网中故障点作用的是一组电动势，作用在三相上，提供了 B、C 相各序电流的通路。虽然在 K 点 B、C 相没有接地，有 $\dot{I}_{KB} = \dot{I}_{KB1} + \dot{I}_{KB2} + \dot{I}_{KB0} = 0$、$\dot{I}_{KC} = \dot{I}_{KC1} + \dot{I}_{KC2} + \dot{I}_{KC0} = 0$，但各序电流并不为零，$\dot{I}_{KB1}$、$\dot{I}_{KB2}$、$\dot{I}_{KB0}$ 与 $\dot{I}_{KC1}$、$\dot{I}_{KC2}$、$\dot{I}_{KC0}$ 通过序网络中 K 点的故障支路仍然可构成通路。

在理解了上述序网络的特点后，如取 A 相为基准相，则序网络如图 1－11（a）、（c）、（e）所示，可进一步简化成图（b）、（d）、（f）示出的等值序网络。在图（a）中，N_1 为系统中性点，与地同电位，等值变换为图（b）后，其中的 $Z_{\Sigma1}=(Z_{MK1}+Z_{M1})//(Z_{KN1}+Z_{N1})$，$\dot{U}_{KA[0]}$ 为短路故障前基准相（A 相）K 点电压，如图 1－12 所示。对于同一短路故障点 K，$\dot{U}_{KA[0]}$ 大小与 $\dot{E}_{MA}$、$\dot{E}_{NA}$ 间夹角 δ 有关，当 $\delta=180°$ 时 $\dot{U}_{KA[0]}$ 有最低值，当 $\delta=0°$ 时 $\dot{U}_{KA[0]}$ 有最高值，即 $\dot{U}_{KA[0]}=\dot{E}_{MA}=\dot{E}_{NA}$。图1－11（c）中的 N_2 同样是系统中性点，与地同电位，等值变换为图（d）后，其中的 $Z_{\Sigma2}=(Z_{MK2}+Z_{M2})//(Z_{KN2}+Z_{N2})$，因系统各元件的负序阻抗可认为与正序阻抗相等，故有 $Z_{\Sigma2}=Z_{\Sigma1}$；图1－11（e）中的 N_0 为地电位，等值变换为图（f）后，其中的 $Z_{\Sigma0}=(Z_{MK0}+Z_{M0})//(Z_{KN0}+Z_{N0})$。由图1－11（b）、（d）、（f）可写出

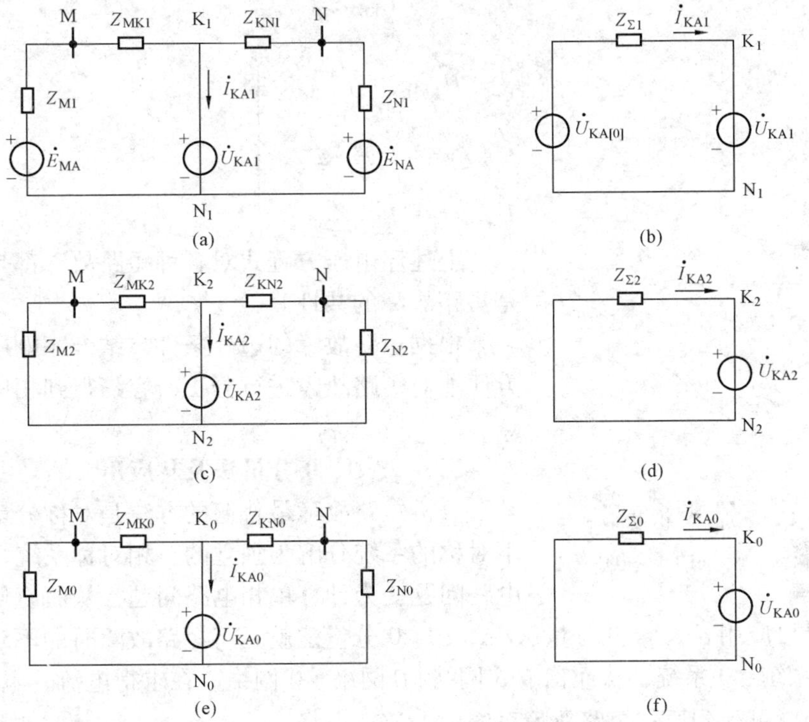

图1－11　正序、负序、零序网络

（a）正序网络；（b）等效正序网络；（c）负序网络；

（d）等效负序网络；（e）零序网络；（f）等效零序网络

序电压方程为

$$\left.\begin{aligned}\dot{U}_{KA1}&=\dot{U}_{KA[0]}-\dot{I}_{KA1}Z_{\Sigma1}\\ \dot{U}_{KA2}&=-\dot{I}_{KA2}Z_{\Sigma2}\\ \dot{U}_{KA0}&=-\dot{I}_{KA0}Z_{\Sigma0}\end{aligned}\right\}\qquad(1-42)$$

式中　$Z_{\Sigma1}$、$Z_{\Sigma2}$、$Z_{\Sigma0}$——分别为电力系统在故障点（K点）的综合正序、负序、零序阻

抗，一般情况下，有 $Z_{\Sigma2}=Z_{\Sigma1}$；

$\dot{I}_{KA1}$、$\dot{I}_{KA2}$、$\dot{I}_{KA0}$——分别为故障点（K 点）故障支路的正序、负序、零序电流；

$\dot{U}_{KA1}$、$\dot{U}_{KA2}$、$\dot{U}_{KA0}$——分别为故障点（K 点）的各序电压；

$\dot{U}_{KA[0]}$——故障发生前故障点（K 点）的 A 相相电压。

如果以 B 相、C 相为基准相，则序电压方程为

$$\left.\begin{aligned}\dot{U}_{KB1}&=\dot{U}_{KB[0]}-\dot{I}_{KB1}Z_{\Sigma1}\\ \dot{U}_{KB2}&=-\dot{I}_{KB2}Z_{\Sigma2}\\ \dot{U}_{KB0}&=-\dot{I}_{KB0}Z_{\Sigma0}\end{aligned}\right\}\tag{1-43}$$

$$\left.\begin{aligned}\dot{U}_{KC1}&=\dot{U}_{KC[0]}-\dot{I}_{KC1}Z_{\Sigma1}\\ \dot{U}_{KC2}&=-\dot{I}_{KC2}Z_{\Sigma2}\\ \dot{U}_{KC0}&=-\dot{I}_{KC0}Z_{\Sigma0}\end{aligned}\right\}\tag{1-44}$$

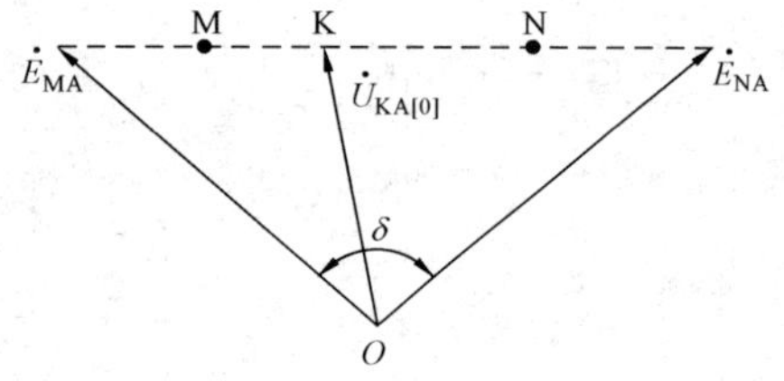

图 1-12　$\dot{U}_{KA[0]}$ 相量
（图 1-11 中 K_1、N_1 间的开路电压）

上述序电压方程式对各种短路故障都是适用的，这是短路故障的共性。

根据短路故障的边界条件，结合序电压方程，可较方便地对短路故障进行分析，容易得到相应的序分量特点。

三、α、β、0 分量法及其应用

分析短路故障最普遍的方法是对称分量法，它是将不对称的系统分解为独立的三相对称系统，使计算三相电路问题变为计算单相电路问题，从而简化了计算。分析短路故障也可应用 α、β、0 分量法。α、β、0 分量法就是将短路故障时的不对称系统分解为 α 系统、β 系统、0 系统，从而构成 α 网络、β 网络、0 网络。在求得电流、电压的 α、β、0 分量后，叠加就可得到原有短路故障系统中电流、电压值。

以下对 α、β、0 分量法作简要讨论。

（一）三相系统电流、电压与 α、β、0 分量间的关系

以三相电流为例说明 α、β、0 分量的含义。三相电流 $\dot{I}_A$、$\dot{I}_B$、$\dot{I}_C$ 可用一个以同步角速度旋转的电流综合相量 $\dot{I}$ 在三相静止的对称时间轴 A、B、C（相互间夹角为 120°）上的投影表示，如图 1-13 所示。令 δ 为电流综合相量 $\dot{I}$ 与 A 轴线夹角，则有

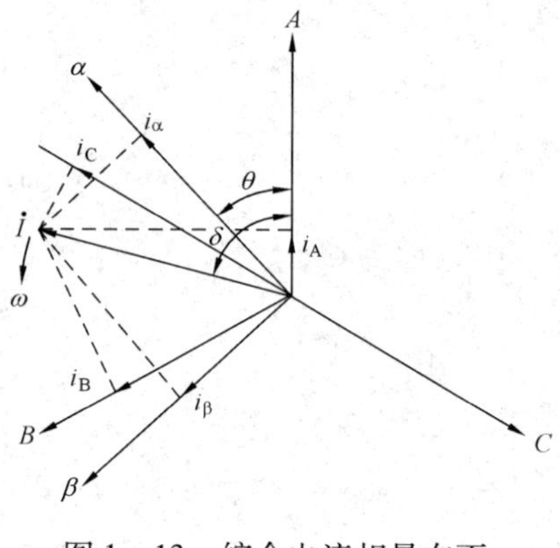

图 1-13　综合电流相量在不同坐标系统上的投影

$$\left.\begin{aligned} i_A &= I\cos\delta \\ i_B &= I\cos(\delta - 120°) \\ i_C &= I\cos(\delta + 120°) \end{aligned}\right\} \qquad (1-45)$$

令 α、β、0 分量中的 β 轴超前 α 轴 90°，并且 α 轴与 A 轴间夹角为 θ，如图 1－13 所示。于是，电流综合相量 $\dot{I}$ 在 α 轴、β 轴上的投影为

$$\left.\begin{aligned} i_\alpha &= I\cos(\delta - \theta) \\ i_\beta &= I\sin(\delta - \theta) \end{aligned}\right\} \qquad (1-46)$$

由式（1－45）、式（1－46）可以得到

$$\left.\begin{aligned} i_\alpha &= \frac{2}{3}[i_A\cos\theta + i_B\cos(\theta - 120°) + i_C\cos(\theta + 120°)] \\ i_\beta &= -\frac{2}{3}[i_A\sin\theta + i_B(\theta - 120°) + i_C\sin(\theta + 120°)] \end{aligned}\right\} \qquad (1-47)$$

如果三相电流不平衡，则有零序电流

$$i_0 = \frac{1}{3}(i_A + i_B + i_C) \qquad (1-48)$$

将 i_α、i_β、i_0 与 i_A、i_B、i_C 间的关系写成矩阵形式，得

$$\begin{bmatrix} i_\alpha \\ i_\beta \\ i_0 \end{bmatrix} = \frac{2}{3}\begin{bmatrix} \cos\theta & \cos(\theta - 120°) & \cos(\theta + 120°) \\ -\sin\theta & -\sin(\theta - 120°) & -\sin(\theta + 120°) \\ \frac{1}{2} & \frac{1}{2} & \frac{1}{2} \end{bmatrix}\begin{bmatrix} i_A \\ i_B \\ i_C \end{bmatrix} \qquad (1-49)$$

为方便起见，取 α 轴与 A 轴重合，即 $\theta = 0°$，于是式（1－49）变为

$$\begin{bmatrix} i_\alpha \\ i_\beta \\ i_0 \end{bmatrix} = \frac{2}{3}\begin{bmatrix} \cos0° & \cos(-120°) & \cos120° \\ -\sin0° & -\sin(-120°) & -\sin120° \\ \frac{1}{2} & \frac{1}{2} & \frac{1}{2} \end{bmatrix}\begin{bmatrix} i_A \\ i_B \\ i_C \end{bmatrix}$$

$$= \frac{1}{3}\begin{bmatrix} 2 & -1 & -1 \\ 0 & \sqrt{3} & -\sqrt{3} \\ 1 & 1 & 1 \end{bmatrix}\begin{bmatrix} i_A \\ i_B \\ i_C \end{bmatrix} \qquad (1-50)$$

这就是三相系统中电流（或电压）转换为 α、β、0 分量的关系式。当电流（或电压）按正弦规律变化时，则三相系统中电流（或电压）有效值转换为 α、β、0 分量的关系式为

$$\begin{bmatrix} \dot{I}_\alpha \\ \dot{I}_\beta \\ \dot{I}_0 \end{bmatrix} = \frac{1}{3}\begin{bmatrix} 2 & -1 & -1 \\ 0 & \sqrt{3} & -\sqrt{3} \\ 1 & 1 & 1 \end{bmatrix}\begin{bmatrix} \dot{I}_A \\ \dot{I}_B \\ \dot{I}_C \end{bmatrix} \qquad (1-51)$$

逆变换式为

$$\begin{bmatrix}\dot{I}_A\\ \dot{I}_B\\ \dot{I}_C\end{bmatrix}=\begin{bmatrix}1 & 0 & 1\\ -\frac{1}{2} & \frac{\sqrt{3}}{2} & 1\\ -\frac{1}{2} & -\frac{\sqrt{3}}{2} & 1\end{bmatrix}\begin{bmatrix}\dot{I}_\alpha\\ \dot{I}_\beta\\ \dot{I}_0\end{bmatrix} \tag{1-52}$$

当将发电机产生的对称三相电动势 $\dot{E}_A$、$\dot{E}_B$、$\dot{E}_C$ 分解为 α、β、0 分量时，由式（1－51）得

$$\begin{bmatrix}\dot{E}_\alpha\\ \dot{E}_\beta\\ \dot{E}_0\end{bmatrix}=\frac{1}{3}\begin{bmatrix}2 & -1 & -1\\ 0 & \sqrt{3} & -\sqrt{3}\\ 1 & 1 & 1\end{bmatrix}\begin{bmatrix}\dot{E}_A\\ \dot{E}_B\\ \dot{E}_C\end{bmatrix}=\begin{bmatrix}\dot{E}_A\\ -j\dot{E}_A\\ 0\end{bmatrix} \tag{1-53}$$

同样，三相对称电流 $\dot{I}_A$、$\dot{I}_B$、$\dot{I}_C$ 的 α、β、0 分量为

$$\begin{bmatrix}\dot{I}_\alpha\\ \dot{I}_\beta\\ \dot{I}_0\end{bmatrix}=\begin{bmatrix}\dot{I}_A\\ -j\dot{I}_A\\ 0\end{bmatrix} \tag{1-54}$$

可见，α、β、0 分量是用对称的 α、β 两相系统（0 系统独立）来代替对称的三相系统。如电动势用 $\dot{E}_\alpha=\dot{E}_A$、$\dot{E}_\beta=-j\dot{E}_A$、$\dot{E}_0=0$ 来代替 $\dot{E}_A$、$\dot{E}_B$、$\dot{E}_C$ 三相对称电动势。

（二）α、β、0 网络

既然三相电气量可分解为 α、β、0 分量，于是电力系统也有相应的 α、β、0 网络。

将电流 $\dot{I}_A$、$\dot{I}_B$、$\dot{I}_C$ 用 A 相序分量表示，代入式（1－51），可得

$$\begin{bmatrix}\dot{I}_\alpha\\ \dot{I}_\beta\\ \dot{I}_0\end{bmatrix}=\frac{1}{3}\begin{bmatrix}2 & -1 & -1\\ 0 & \sqrt{3} & -\sqrt{3}\\ 1 & 1 & 1\end{bmatrix}\begin{bmatrix}\dot{I}_{A1}+\dot{I}_{A2}+\dot{I}_{A0}\\ a^2\dot{I}_{A1}+a\dot{I}_{A2}+\dot{I}_{A0}\\ a\dot{I}_{A1}+a^2\dot{I}_{A2}+\dot{I}_{A0}\end{bmatrix}$$

$$=\begin{bmatrix}1 & 1 & 0\\ -j & j & 0\\ 0 & 0 & 1\end{bmatrix}\begin{bmatrix}\dot{I}_{A1}\\ \dot{I}_{A2}\\ \dot{I}_{A0}\end{bmatrix} \tag{1-55}$$

其逆变换式为

$$\begin{bmatrix}\dot{I}_{A1}\\ \dot{I}_{A2}\\ \dot{I}_{A0}\end{bmatrix}=\begin{bmatrix}\frac{1}{2} & \mathrm{j}\frac{1}{2} & 0\\ \frac{1}{2} & -\mathrm{j}\frac{1}{2} & 0\\ 0 & 0 & 1\end{bmatrix}\begin{bmatrix}\dot{I}_{\alpha}\\ \dot{I}_{\beta}\\ \dot{I}_{0}\end{bmatrix} \tag{1-56}$$

式（1－55）、式（1－56）同样适用于电压。

应用α、β、0分量法分析计算不对称短路故障时，应确定α、β、0网络参数及相应的网络电动势方程。只要将式（1－55）改写为电压量，其中的电压量以式（1－42）代入，再计及式（1－56），即可得到

$$\begin{bmatrix}\dot{U}_{\alpha}\\ \dot{U}_{\beta}\\ \dot{U}_{0}\end{bmatrix}=\begin{bmatrix}1 & 1 & 0\\ -\mathrm{j} & \mathrm{j} & 0\\ 0 & 0 & 1\end{bmatrix}\left(\begin{bmatrix}\dot{U}_{KA[0]}\\ 0\\ 0\end{bmatrix}-\begin{bmatrix}Z_{\Sigma1} & 0 & 0\\ 0 & Z_{\Sigma2} & 0\\ 0 & 0 & Z_{\Sigma0}\end{bmatrix}\begin{bmatrix}\dot{I}_{KA1}\\ \dot{I}_{KA2}\\ \dot{I}_{KA0}\end{bmatrix}\right)$$

$$=\begin{bmatrix}\dot{U}_{KA[0]}\\ -\mathrm{j}\dot{U}_{KA[0]}\\ 0\end{bmatrix}-\begin{bmatrix}Z_{\Sigma1} & Z_{\Sigma2} & 0\\ -\mathrm{j}Z_{\Sigma1} & \mathrm{j}Z_{\Sigma2} & 0\\ 0 & 0 & Z_{\Sigma0}\end{bmatrix}\begin{bmatrix}\frac{1}{2} & \mathrm{j}\frac{1}{2} & 0\\ \frac{1}{2} & -\mathrm{j}\frac{1}{2} & 0\\ 0 & 0 & 1\end{bmatrix}\begin{bmatrix}\dot{I}_{\alpha}\\ \dot{I}_{\beta}\\ \dot{I}_{0}\end{bmatrix}$$

$$=\begin{bmatrix}\dot{U}_{KA[0]}\\ -\mathrm{j}\dot{U}_{KA[0]}\\ 0\end{bmatrix}-\begin{bmatrix}\frac{Z_{\Sigma1}+Z_{\Sigma2}}{2} & \mathrm{j}\frac{Z_{\Sigma1}-Z_{\Sigma2}}{2} & 0\\ -\mathrm{j}\frac{Z_{\Sigma1}-Z_{\Sigma2}}{2} & \frac{Z_{\Sigma1}+Z_{\Sigma2}}{2} & 0\\ 0 & 0 & Z_{\Sigma0}\end{bmatrix}\begin{bmatrix}\dot{I}_{\alpha}\\ \dot{I}_{\beta}\\ \dot{I}_{0}\end{bmatrix} \tag{1-57}$$

可见，α分量电流会产生β分量电压降，其值为 $-\mathrm{j}\dot{I}_{\alpha}\frac{Z_{\Sigma1}-Z_{\Sigma2}}{2}$；β分量电流也会产生α分量电压降，其值为 $\mathrm{j}\dot{I}_{\beta}\frac{Z_{\Sigma1}-Z_{\Sigma2}}{2}$。这说明，α网络和β网络并不相互独立，之间有互阻抗存在，且互阻抗不相等。

在电力系统的短路故障分析中，可认为系统各元件正序、负序阻抗相等，即 $Z_{\Sigma1}=Z_{\Sigma2}$，则式（1－57）变为

$$\begin{bmatrix}\dot{U}_{\alpha}\\ \dot{U}_{\beta}\\ \dot{U}_{0}\end{bmatrix}=\begin{bmatrix}\dot{E}_{\alpha}\\ \dot{E}_{\beta}\\ \dot{E}_{0}\end{bmatrix}-\begin{bmatrix}Z_{\alpha} & 0 & 0\\ 0 & Z_{\beta} & 0\\ 0 & 0 & Z_{0}\end{bmatrix}\begin{bmatrix}\dot{I}_{\alpha}\\ \dot{I}_{\beta}\\ \dot{I}_{0}\end{bmatrix} \tag{1-58}$$

其中 $\dot{E}_{\alpha}=\dot{U}_{KA[0]}$；$\dot{E}_{\beta}=-\mathrm{j}\dot{U}_{KA[0]}$；$\dot{E}_{0}=0$；

$Z_{\alpha}=Z_{\Sigma1}$；$Z_{\beta}=Z_{\Sigma1}$；$Z_{0}=Z_{\Sigma0}$

这样，α 网络和 β 网络各自独立了，与正序、负序、零序网络一样具有独立性。在 α 网络中，各元件为正序阻抗，作用的电动势为 $\dot{E}_{\alpha}(\dot{U}_{KA[0]})$；在 β 网络中，各元件同样为正序阻抗，作用的电动势为 $\dot{E}_{\beta}(-j\dot{U}_{KA[0]})$；零序网络仍保持不变。图 1－14 所示为根据式（1－58）示出的网络电动势方程式作出的 α、β、0 网络。

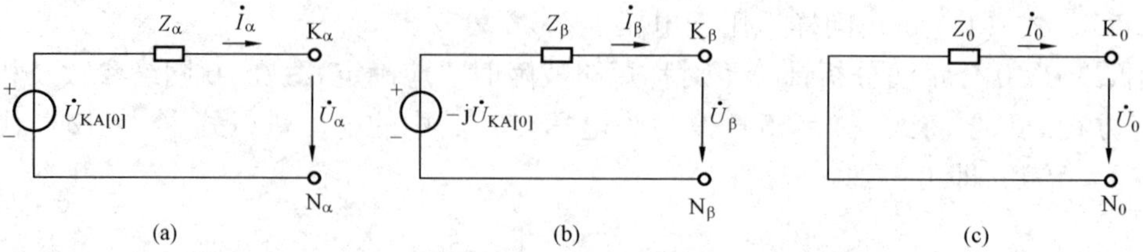

图 1－14　α、β、0 网络

（a）α 网络；（b）β 网络；（c）0 网络（零序网络）

在应用 α、β、0 分量进行不对称故障分析时，一般是根据故障的边界条件连接成相应的复合序网。然后求出各分量的电流、电压，应用式（1－52）可求得 A、B、C 相的电流、电压。可见，分析方法与 1、2、0 分量法是一样的。

第五节　电力系统各元件序阻抗及其相应的等值电路

电力系统在正常运行情况下，可以认为三相参数是相等的。输电线路通过换位三相参数接近相等；三相三柱式变压器三相磁路虽略有不同，但仍可认为三相参数是相等的。当不计发电机、变压器等元件铁芯的饱和、磁滞、涡流影响时，电力系统元件是线性元件，可应用叠加原理。

在三相参数相等、阻抗线性的电力系统中，求解不对称短路故障问题，一般采用对称分量法。在应用对称分量法时，故障点的不对称三相电压可分解为正序、负序和零序分量，应用叠加原理可看作三个分量电压独立作用。这样，电力系统元件有着相应的正序、负序和零序参数以及相应的等值电路。

本节讨论电力系统各元件的相序参数和相应的等值电路。

电力系统中某元件的正序阻抗，就是当仅有正序电流通过该元件时形成的正序压降与通过的正序电流之比，设正序电流 $\dot{I}_1$ 通过该元件形成的一相正序压降为 $\Delta\dot{U}_1$，则正序阻抗 $Z_1=\dfrac{\Delta\dot{U}_1}{\dot{I}_1}$；负序阻抗就是当仅有负序电流通过该元件时形成的负序压降与通过的负序电流之比，设负序电流 $\dot{I}_2$ 通过该元件形成的一相负序压降为 $\Delta\dot{U}_2$，则负序阻抗 $Z_2=\dfrac{\Delta\dot{U}_2}{\dot{I}_2}$；零序阻抗就是当仅有零序电流通过该元件时形成的零序压降与通过的零序电流之比，设零序电流 $\dot{I}_0$ 通过该元件形成的零序压降为 $\Delta\dot{U}_0$，则零序阻抗 $Z_0=\dfrac{\Delta\dot{U}_0}{\dot{I}_0}$。电力系统中元件的三序阻抗可能完全不同。

电力系统中的元件可分为两大类，一类是旋转元件，如发电机、电动机、同步补偿机等；另一类是静止元件，如架空线路、电缆、电抗器、变压器等。两类元件的各序阻抗有着不同的规律性。

图1－15是一静止对称三相电路，各相自阻抗为Z_L，相间互阻抗为Z_M，中性点阻抗为Z_N（有时中性点直接引出不接Z_N，即$Z_N=0$）。当施加正序电压时，电路中流过的是正序电流，且$\dot{I}_N=0$，有关系式

$$\dot{U}_{A1}=\dot{I}_{A1}Z_L+(\dot{I}_{B1}+\dot{I}_{C1})Z_M=\dot{I}_{A1}(Z_L-Z_M)$$

$$\dot{U}_{B1}=\dot{I}_{B1}Z_L+(\dot{I}_{A1}+\dot{I}_{C1})Z_M=\dot{I}_{B1}(Z_L-Z_M)$$

$$\dot{U}_{C1}=\dot{I}_{C1}Z_L+(\dot{I}_{A1}+\dot{I}_{B1})Z_M=\dot{I}_{C1}(Z_L-Z_M)$$

所以A相的正序阻抗$Z_{A1}=\dfrac{\dot{U}_{A1}}{\dot{I}_{A1}}=Z_L-Z_M$；B相的正序阻抗$Z_{B1}=\dfrac{\dot{U}_{B1}}{\dot{I}_{B1}}=Z_L-Z_M$；C相的正序阻抗$Z_{C1}=\dfrac{\dot{U}_{C1}}{\dot{I}_{C1}}=Z_L-Z_M$。可见，正序阻抗三相是相等的，用一相的等值阻抗来表示时，正序阻抗为

$$Z_1=Z_L-Z_M \tag{1-59}$$

需要指出，采用每相阻抗为Z_1的正序等值电路，已将原有的相间互感等值消去了，变为相间无互感的三相电路；另外，中性点阻抗Z_N不会反映在正序阻抗中。

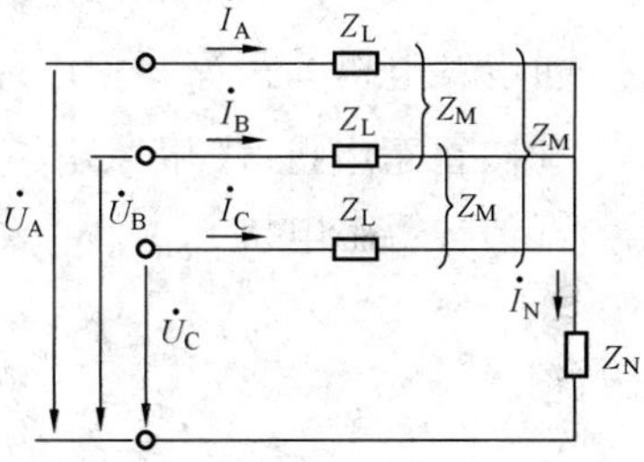

图1－15　静止对称三相电路

在图1－15中，当施加负序电压时，电路中流过的是负序电流，且$\dot{I}_N=0$，与施加正序电压的情况相同，各相的负序阻抗是相同的，即

$$Z_2=Z_{A2}=Z_{B2}=Z_{C2}=Z_L-Z_M \tag{1-60}$$

可见，负序阻抗和正序阻抗相等。同样，中性点阻抗Z_N不会反映在负序阻抗中。

在图1－15中施加零序电压，即$\dot{U}_A=\dot{U}_B=\dot{U}_C=\dot{U}_0$，则电路中流过零序电流，有$\dot{I}_A=\dot{I}_B=\dot{I}_C=\dot{I}_0$，且$\dot{I}_N=\dot{I}_A+\dot{I}_B+\dot{I}_C=3\dot{I}_0$，写成关系式有

$$\dot{U}_A=\dot{U}_B=\dot{U}_C=\dot{U}_0=\dot{I}_0Z_L+(\dot{I}_0+\dot{I}_0)Z_M+3\dot{I}_0Z_N$$

所以零序阻抗为

$$Z_0=\frac{\dot{U}_0}{\dot{I}_0}=Z_L+2Z_M+3Z_N=Z_1+3Z_M+3Z_N \tag{1-61}$$

如果中性点阻抗$Z_N=0$，则零序阻抗为

$$Z_0=Z_L+2Z_M=Z_1+3Z_M \tag{1-62}$$

可见，零序阻抗每相相同，但与正序阻抗（负序阻抗）不等。中性点阻抗 Z_N 以三倍的阻抗值（ $3Z_N$ ）反映在零序阻抗中。如果中性点不接地或是无中线回路，则零序电流无法流通，此时零序阻抗为无穷大，即零序电路开路。

由上分析可见，电力系统中的静止元件只要三相对称，正序阻抗就和负序阻抗相等。对零序阻抗来说，由于三相的零序电流同相，相间互感影响不同，因而零序阻抗与正序（负序）阻抗不同（对变压器来说，零序阻抗还与变压器结构、接线方式有关）。在中性点阻抗为零或中线阻抗为零的条件下，如果各相之间不存在互感（ $Z_M=0$ ），则正序（负序）阻抗与零序阻抗相等。

基于以上讨论，对于架空输电线路、电缆、变压器，有 $Z_1=Z_2$ ；对于电容器、电抗器（三相电抗器由三个单相电抗器组成）以及三个单相变压器组成的三相变压器组（若零序电流能流通），则有 $Z_1=Z_2=Z_0$ 。

对于旋转元件，如发电机和电动机，因各序电流通过定子绕组时有不同的电磁过程，正序电流通过定子绕组时产生与转子旋转方向相同的旋转磁场，负序电流通过定子绕组时产生与转子旋转方向相反的旋转磁场，零序电流通过定子绕组时不产生旋转磁场，只形成各相的漏磁场。所以旋转元件的正序阻抗、负序阻抗和零序阻抗是互不相等的。

一、同步发电机各序阻抗及其等值电路

进行短路故障分析时，可认为发电机的转子是对称的，即 d 轴和 q 轴的参数相等；此外，在短路瞬间以及短路过程中发电机电动势间的相位差不变，即忽略了发电机的摇摆现象。

（一）同步发电机的正序参数

同步发电机的正序等值电路可用一个次暂态电动势 $E''_{[0]}$（注脚［0］表示短路故障前瞬间）和次暂态电抗 X'' 串联电路表示，如图 1－16 所示。次暂态电抗 X'' 取发电机铭牌参数 X''_d（直轴次暂态电抗），E''_0 可表示为

$$
\begin{aligned}
E''_0 &= E''_{[0]} = |\dot{U}_{G[0]} + j\dot{I}_{G[0]}X''| \\
&= \sqrt{(U_{G[0]} + I_{G[0]}X''\sin\varphi_{[0]})^2 + (I_{G[0]}X''\cos\varphi_{[0]})^2} \\
&\approx U_{G[0]} + I_{G[0]}X''\sin\varphi_{[0]}
\end{aligned}
\tag{1-63}
$$

$$X''_d = X''_q = X''$$

式中 $\dot{E}''_0$ ——短路瞬间的次暂态电动势（此处下角注 0 表示短路故障瞬间）；

$\dot{E}''_{[0]}$ ——短路前瞬间的次暂态电动势；

$\dot{U}_{G[0]}$ ——短路前瞬间的发电机端电压；

$\dot{I}_{G[0]}$ ——短路前瞬间的发电机电流；

X'' ——发电机的次暂态电抗；

$\varphi_{[0]}$ ——短路前瞬间发电机的功率因数角。

取 $U_{G[0]}=1$ 、$I_{G[0]}=1$ 、$X''=0.16$ 、$\cos\varphi_{[0]}=0.85$ ，则

$$E''_{[0]} \approx 1 + 1 \times 0.16\sin(\arccos 0.85) = 1.08$$

注意到计算短路电流时，元件电阻忽略不计，只计电抗值，这样阻抗值比实际偏小，为此发电机的次暂态电动势不取实际值，取 $E''_0 = 1$，一方面可使计算简化，另一方面也满足工程精度要求。

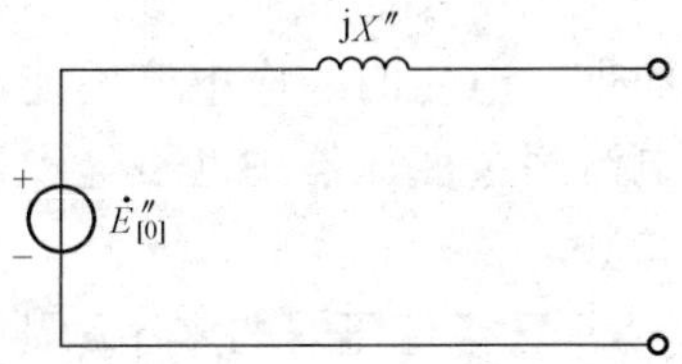

图 1－16　同步发电机正序等值电路

应当指出，如果计算稳态短路电流，则图 1－16 等值电路中，E''_0 用稳态电动势 E_∞，考虑饱和关系 X'' 用稳态电抗 X_∞ 取代。而 E_∞ 由同步发电机的漏抗 X_σ、短路比 f_{k0}、励磁电流 I_L 查表确定，X_∞ 由下式求得

$$X_\infty = \frac{E_\infty}{f_{k0} I_L}$$

因短路故障点位置变化时，I_L 要相应变化，因此需要试算。

（二）同步发电机的负序参数

同步发电机负序等值电路仅是一个负序电抗 X_2。在短路故障分析中，可认为 X_2 值与短路故障类型无关（实际上是有关系的），取铭牌值或实测的负序电抗值。

（三）同步发电机的零序参数

零序电流流入发电机定子绕组时，不会产生旋转磁场，因此同步发电机的零序电抗 X_0 由定子绕组的漏磁链确定，X_0 取铭牌值或实测值。

同步发电机的零序等值电路仅是一个零序电抗 X_0。

二、变压器的各序参数和相应等值电路

（一）变压器的正序、负序参数和等值电路

变压器三相对称、绕组静止，所以正序、负序参数相同，等值电路也相同。

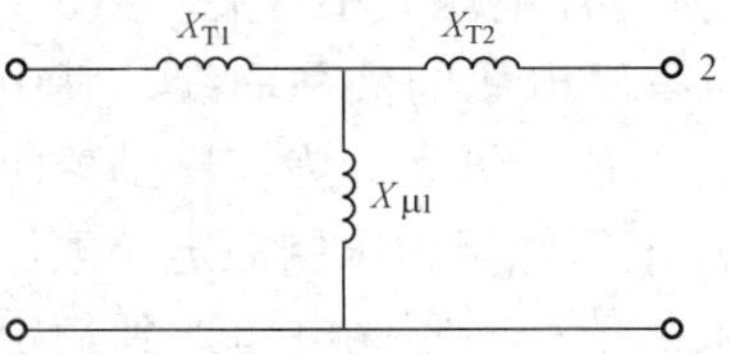

图 1－17　变压器的“T”形等值电路

变压器正序等值电路可用一个“T”形电路代替，如图 1－17 所示（电抗前的 j 被省去）。其中 X_{T1} 为 1 侧绕组漏抗，X_{T2} 为 2 侧绕组漏抗（已归算），$X_{\mu1}$ 为变压器的励磁阻（电）抗，一般情况下有 $X_{\mu1} \geqslant X_{T1}$、$X_{\mu1} \geqslant X_{T2}$，所以励磁阻抗与变压器的空载阻抗可认为是相等的。空载（励磁）电流愈小，励磁阻抗愈大。

当变压器施加正序电压时，不管铁芯结构如何，三相磁通 $\dot{\Phi}_A + \dot{\Phi}_B + \dot{\Phi}_C = 0$，这说明每相磁通经其他一相或两相磁路构成回路，磁通经过路线的磁阻很小，产生一定量磁通只要很小的励磁电流，这意味着图 1－17 中的励磁电抗 $X_{\mu1}$ 很大，在短路故障分析中取 $X_{\mu1} \to \infty$。

这样，变压器的正序等值电路只是一个电抗 X_T，X_T 值为

$$X_T = X_{T1} + X_{T2} \tag{1-64}$$

X_T 值与变压器的短路电压 $U_K\%$ 相对应。因此，可按本章第二节所述方法计算出各类变压器的正序电抗值，求出相应等值电路。

（二）变压器的零序参数和等值电路

三相变压器的零序参数，与变压器结构、绕组接线方式、中性点接地与否有关。三相变压器的零序参数与变压器结构有关，指的是与铁芯形式有关。铁芯形式不同，正序（负序）磁通和零序磁通路径就不同，相应磁阻不同，正序（负序）励磁阻抗与零序励磁阻抗也不

等。三相变压器的零序参数与绕组接线方式有关，指对于三角形绕组接线、星形绕组接线，施加零序电压时零序电流不能流通，相当于开路；对于YN接线，零序电流可以流通。因零序电流通过变压器中性点经大地构成回路，当然变压器中性点接地与否直接影响变压器的零序参数。

1. 三相变压器的零序励磁阻抗

当变压器绕组通过零序电流时，产生的零序漏磁通与正序电流产生的正序漏磁通没有什么不同，因此零序等值电路中的绕组漏抗即是图1－17中的X_{T1}、X_{T2}。

对于零序励磁阻（电）抗$X_{\mu0}$，与变压器铁芯结构形式有关。具体来说，变压器绕组通过零序电流时，产生的零序磁通

$$\Phi_{\Sigma0}=\dot{\Phi}_A+\dot{\Phi}_B+\dot{\Phi}_C=3\dot{\Phi}_0$$

当$\dot{\Phi}_{\Sigma0}$的磁路磁阻较小时，建立一定量的$\dot{\Phi}_{\Sigma0}$就只要很小的零序励磁电流，在这种情况下$X_{\mu0}$有很大的数值，可认为$X_{\mu0}\to\infty$；当$\dot{\Phi}_{\Sigma0}$的磁路磁阻较大时，建立一定量的$\dot{\Phi}_{\Sigma0}$就要较大的零序励磁电流，于是$X_{\mu0}$数值较小，不能视为无穷大。

当三相变压器为三个单相变压器组成、外铁型三相变压器铁芯结构或三相五柱式铁芯结构时，因$\dot{\Phi}_{\Sigma0}$的磁路磁阻很小，所以$X_{\mu0}$可认为是无穷大，即使磁路发生饱和，$X_{\mu0}$也比X_{T1}、X_{T2}大得多，在短路故障分析中也可认为$X_{\mu0}$是无穷大。

当三相变压器为三柱式内铁型结构时，$\dot{\Phi}_{\Sigma0}$必然通过空气（或油）、变压器外壳构成回路，零序磁阻较大，所以$X_{\mu0}$较小，不能视为无穷大。

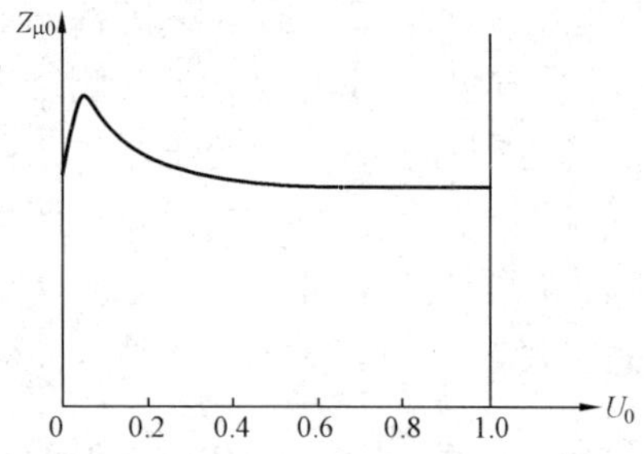

图1－18　零序励磁阻抗与零序电压间的关系曲线

零序励磁阻抗与所加零序电压大小有关。图1－18示出了零序励磁阻抗与零序电压的关系曲线，其中横坐标为零序电压U_0的标么值，纵坐标为零序励磁阻抗$Z_{\mu0}$的标么值。一般零序电压等于加压侧额定相电压的2%～5%时，$Z_{\mu0}$达到最大值；当零序电压达到额定相电压的20%～30%后，$Z_{\mu0}$趋于饱和。虽然零序磁通经过磁路的磁阻对不同的变压器有所不同，但并不改变零序励磁阻抗与零序电压间的规律，只是对$Z_{\mu0}$的数值有所影响，所以零序励磁阻抗应通过实测确定。$Z_{\mu0}$一般约在50%～100%（阻抗标么值）范围内。

当变压器加上零序电压时，不仅三组绕组中存在零序电流（假设三相绕组为YN连接），而且在变压器外壳中感应出去磁作用的零序电流。因此，变压器的外壳在这种情况下相当于一个高阻抗的短路绕组。在作零序试验时，从外部高压绕组测得的$Z_{\mu0}$比内侧低压绕组（假设绕组为YN连接）测得的$Z_{\mu0}$要小，因为在低压侧做试验时，变压器外壳的作用已被高压绕组所屏蔽。当然，在变压器油箱内测试的零序参数与在油箱外测试的零序参数也是不同的。

2. 双绕组变压器的零序参数和等值电路

当零序电压加在绕组连接成三角形或中性点不接地的星形一侧时，无论另一侧绕组的接

线方式如何，该侧绕组中都没有零序电流流通。从该侧向变压器看进去的零序阻抗为无穷大，在零序等值电路中为开路。

当零序电压加在绕组连接成中性点接地的星形一侧时，随着另一侧绕组的接法不同以及变压器类型的差别，零序电流的分布情况不同，变压器的零序阻抗和等值电路也不同。以下分几种情况说明。

（1）YNd 联结组别变压器。如图 1－19（a）所示，当零序电压 $\dot{U}_0$ 加于 YN 侧（1 侧）时，零序电流经 1 侧绕组中性点入地形成回路。在 2 侧，在连接成三角形的三个绕组中感应出三个大小相等、相位相同的电动势 $\dot{E}_0$，如图 1－20 所示。同时，按图 1－19（a）标定的绕组极性，在 2 侧绕组中存在相应的零序电流（如图中箭头所示流向）。如果变压器三相完全对称，则将图 1－19（a）三角形绕组中的电动势、电流画于图 1－20 中（假设所有参数均已归算）。由于 d 侧的零序电流 $\dot{I}_{02}$ 仅在 d 侧三角形绕组内流通，不流出三角形绕组，三角形绕组外零序电流为零。因此，对零序来说，三角形绕组外是开路的，这是 YNd 联结组别变压器零序等值电路的一个特点。零序环流 $\dot{I}_{02}$ 可表示为

$$\dot{I}_{02}=\frac{3\dot{E}_0}{\mathrm{j}3X_{T2}}=\frac{\dot{E}_0}{\mathrm{j}X_{T2}} \tag{1-65}$$

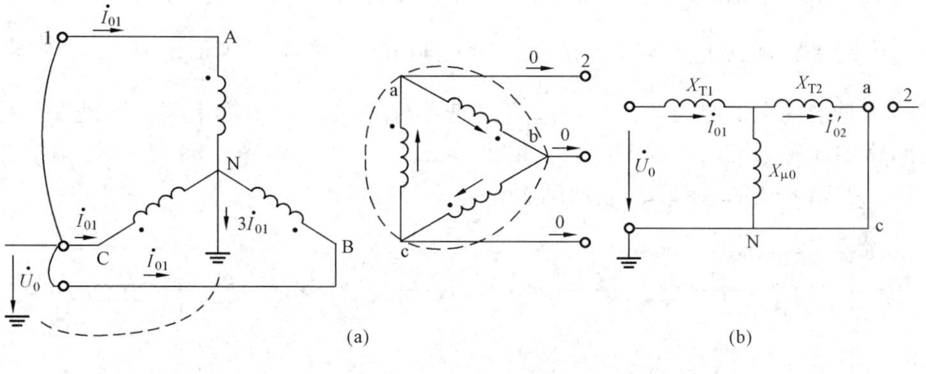

图 1－19　YNd 联结组别变压器的零序等值电路

（a）零序电流回路；（b）零序等值电路

式中 X_{T2} 为三角形绕组一相的漏抗值。于是 a、b、c 三点间的电压可表示为

$$\dot{U}_{ac}=\dot{U}_{ab}=\dot{U}_{bc}=\dot{E}_0-\mathrm{j}\dot{I}_{02}X_{T2}=0$$

这样，对零序等值电路来说，a、b、c 点是等电位的，即 a、b、c 三点短路，构成了 YNd 联结组别变压器零序等值电路的另一个特点。

为作出零序等值电路，只需观察其中的一相。在图 1－19（a）中，一次绕组为 AN，二次绕组为三角形绕组的一个臂（ac 间的绕组），因 ac 间短路，作出零序等值电路如图 1－19（b）所示。注意，零序电流在三角形绕组内环流，反映在等值电路上，2 侧断开。

如果变压器由三个单相组成或是外铁型三相变压器、三相五柱式变压器，因 $X_{\mu0}=\infty$，

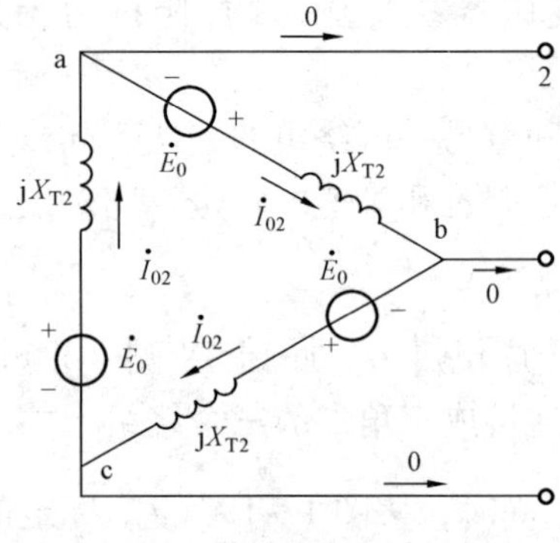

图 1－20　YNd 接线变压器 d 侧零序环流

则 YN 侧看到的变压器零序阻抗为

$$X_0 = X_{T1} + X_{T2} = X_T \tag{1-66}$$

等于变压器的正序阻抗。如果为三柱式内铁型三相变压器，则 YN 侧看到的变压器零序阻抗为

$$X_0 = X_{T1} + \frac{X_{T2}X_{\mu0}}{X_{\mu0} + X_{T2}} \tag{1-67}$$

一般地要比正序阻抗 X_T 小 10% ~30%，在计算零序故障电流和零序分支系数时，必须采用零序阻抗的实测数。在一般计算中，可取 $X_0 = 0.8X_T$。

经上述分析，可明确如下三点：

第一，YN 侧的零序电流传变到三角形绕组侧，只在三角形绕组中形成环流，不流出三角形绕组之外，因此就零序等值电路而言，三角形绕组外的电路是断开的。

第二，YN 侧的零序电压不传变到三角形绕组侧，即使 2 侧电力系统中性点接地，也不改变这一性质，所以图 1－19（a）中 a 点、b 点、c 点的零序电压为零，即 $\dot{U}_{a0} = \dot{U}_{b0} = \dot{U}_{c0} = 0$（假设 2 侧没有另外的零序电压作用）；

第三，零序等值电路 X_{T2} 的一端与 N 连接，并不表示三角形绕组的一端接地，而是因为 a 点、b 点、c 点零序等电位（相当于用导线连接起来）在等值电路中的反映（一次零序电压 $\dot{U}_0$ 在三角形绕组中建立了 $\dot{E}_0$，而 $\dot{E}_0$ 完全与零序环流 $\dot{I}_{02}$ 在 jX_{T2} 上形成的压降平衡）。

如果变压器 YN 侧中性点 N 经电抗 X_n（或电阻 R_n）接地，则 X_n（或 R_n）中将有 $3\dot{I}_{01}$ 电流通过，此时中性点的电位 $\dot{U}_N = j3\dot{I}_{01}X_n$（或 $3\dot{I}_{01}R_n$），而不等于零。因此在零序等值电路中，在回路中应串入 $j3X_n$（或 $3R_n$），如图 1－21 所示。其中图（a）是 $3X_n$ 串接在 N 与地间，图（b）是 $3X_n$ 与 X_{T1} 串联，显然两者是完全等效的。

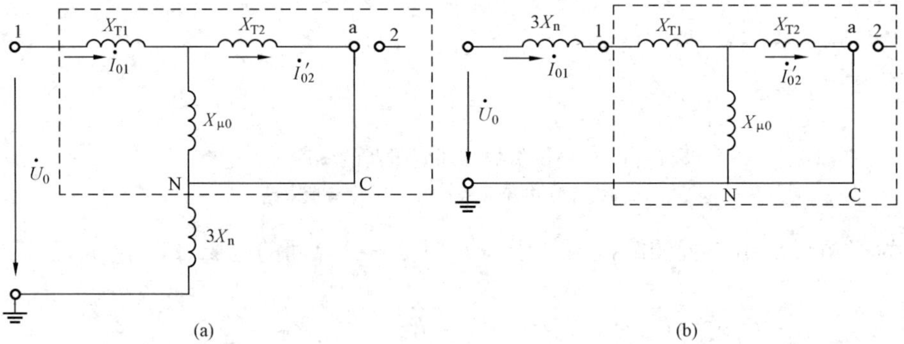

图 1－21　中性点经电抗接地的 YNd 联结组别变压器的零序等值电路

（a）$3X_n$ 串接在 N 与地间；（b）$3X_n$ 与 X_{T1} 串联

从 YN 侧看到的零序阻抗为

$$X_0 = X_{T1} + \frac{X_{\mu0}X_{T2}}{X_{\mu0} + X_{T2}} + 3X_n \tag{1-68}$$

同样，不同铁芯结构的三相变压器，$X_{\mu0}$ 有不同的数值。

（2）YNyn 联结组别变压器。如图 1－22 所示，当零序电压 $\dot{U}_0$ 加于 YNyn 联结组别变压器的 1 侧时，在 2 侧各绕组中感应有零序电动势；若 2 侧外系统 S 中性点至少有一个接地，则在该变压器的 1 侧和 2 侧都有相应的零序电流通过，零序电流通路如图 1－22 所示。

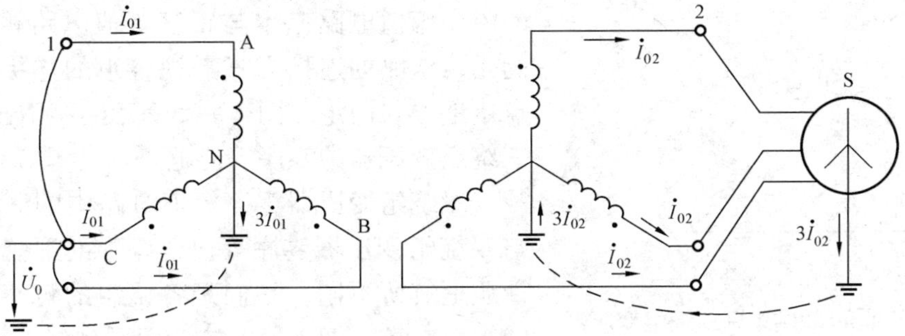

图 1－22　YNyn 联结组别变压器的零序电流通路

作出零序等值电路如图 1－23 所示，其中 X_{s0} 是系统 S 归算到 1 侧的零序阻抗。1 侧看到的零序阻抗为

$$X_0 = X_{T1} + \frac{X_{\mu0}(X_{T2} + X_{s0})}{X_{\mu0} + X_{T2} + X_{s0}}$$

$X_{\mu0}$ 值由变压器铁芯结构确定。

当 2 侧的外系统 S 中性点不接地时，则 2 侧零序电流无法流通，此时的 YNyn 联结组别变压器的零序等值电路只要将图 1－23 中的 X_{S0} 断开即得。

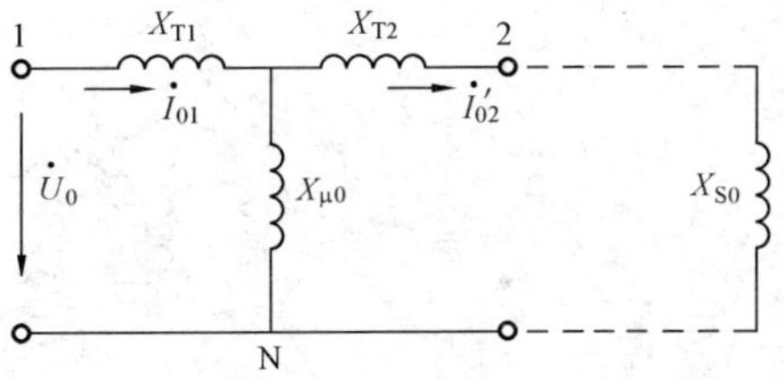

图 1－23　YNyn 联结组别变压器的零序等值电路

如果 YNyn 联结组别变压器的中性点经阻抗接地，1 侧中性点经 X_{n1} 、2 侧中性点经 X_{n2} 接地，仿照图 1－21，作出零序等值电路如图 1－24 所示。显而易见，X_{n1} 流过 $3\dot{I}_{01}$ 零序电流，X_{n2} 流过 $3\dot{I}_{02}$ 零序电流。

（3）YNy 联结组别变压器。在这种情况下，当 YN 侧加零序电压 $\dot{U}_0$ 时，因 y 侧中性点不接地，不管 y 侧外系统中性点接地与否，y 侧不会有零序电流通过，所以零序等值电路只要将图 1－23 中的 X_{S0} 断开即得。

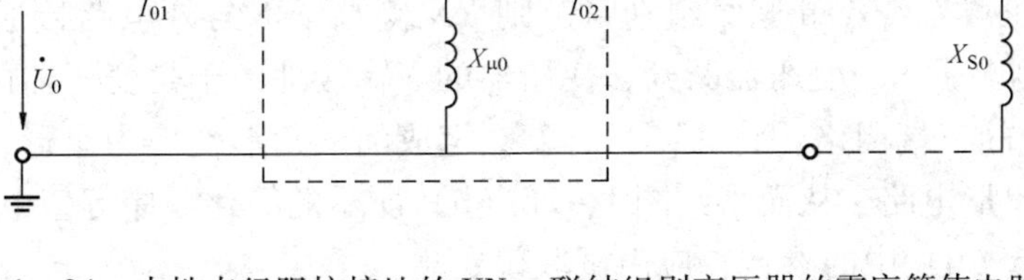

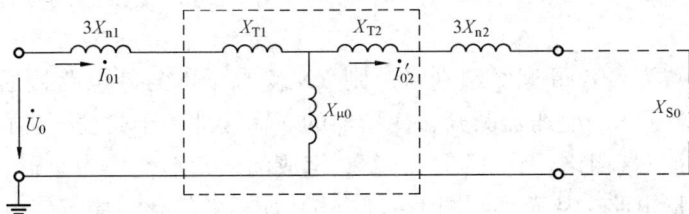

图 1－24　中性点经阻抗接地的 YNyn 联结组别变压器的零序等值电路

3. 三绕组变压器的零序参数和等值电路

（1）三个单相组成的三绕组变压器、外铁型三绕组变压器、三相五柱式三绕组变压器。此时零序励磁阻抗 $X_{\mu0}$ 为无穷大。为使磁通有正弦波形，电动势有正弦波形，要求励磁电流有三次谐波电流分量。为此，通常设有三角形绕组，提供三次谐波励磁电流分量的通路。

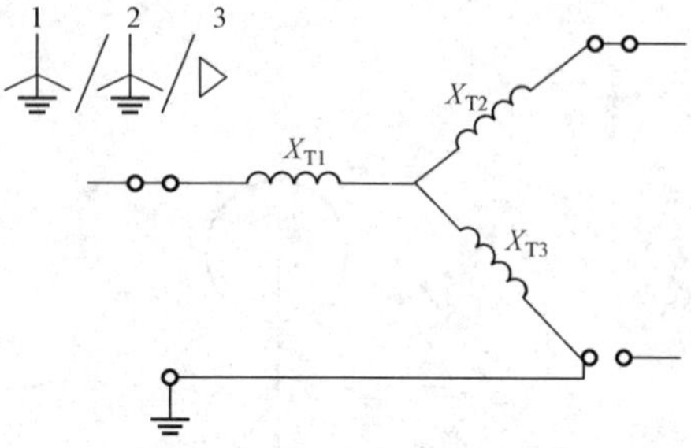

图 1－25　YNynd 联结组别三绕组变压器的零序等值电路（ $X_{\mu0} \to \infty$ ）

因零序励磁阻抗为无穷大，所以三绕组变压器的零序等值电路基本与正序等值电路相同。所不同的是，电路的连接方式需视绕组的连接方式和中性点接地方式而定。图 1－25 示出了 YNynd 联结组别三绕组变压器的零序等值电路。

三绕组变压器零序等值电路中的 X_{T1} 、X_{T2} 、X_{T3} 与双绕组变压器零序等值电路中的漏抗 X_{T1} 、X_{T2} 在性质上有所不同，它们是各绕组的自感抗和互感抗的组合电抗，即等值电抗，而不是漏抗，由式（1－16）可求得。

（2）三相三柱式内铁型三绕组变压器。因零序励磁电流不可忽略，此时变压器的外壳可看作是假想的一个三角形绕组，所以该三角形绕组可作为零序励磁回路对待。这样，三相三柱式内铁型三绕组变压器的零序等值电路可看作四绕组变压器的正序等值电路，图 1－26（a）示出了四绕组变压器的等值电路，由电抗值 X''_{T1} 、X''_{T2} 、X''_{T3} 、$X''_{\mu0}$ 和电抗值 e、f 组成。对零序来说，假想的三角形绕组是短路的，故图中 4 端接地。

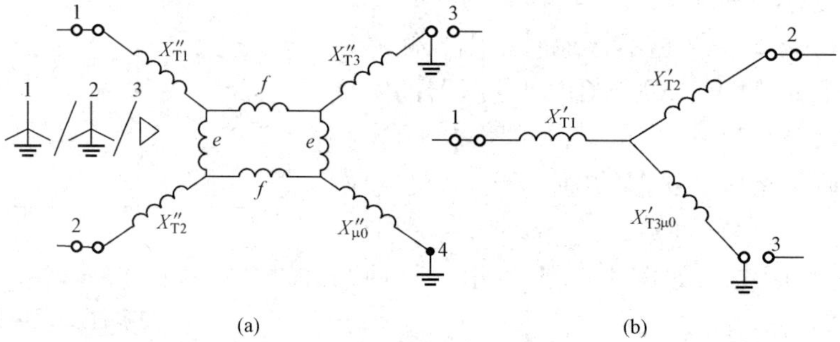

图1－26　YNynd 联结组别三相三柱式内铁型三绕组变压器的零序等值电路
（a）零序等值电路；（b）简化后的零序等值电路

如果变压器三个绕组中有一个绕组接成三角形，或星形侧有一侧中性点不接地，则相当于图 1－26（a）中端子 1、2、3 有一个与外电路断开，此时变压器的零序等值电路可简化为三端网络。

当三绕组变压器为 YNynd 联结组别时，则 YN 侧端子 1 与外电路接通，yn 侧端子 2 与外电路接通，d 侧端子 3 与变压器断开，变压器的 X''_{T3} 接地，于是变压器的零序等值电路变为端子 1、2 和地的三端网络。将 X''_{T3} 、e 、$X''_{\mu0}$ 组成的三角形变换为星形，再将新组成的三角形电路变换为星形电路，从而得到图 1－26（b）所示的简化零序等值电路。

对于图 1－26（b）中的参数，应由试验确定。

当 YNyn 中性点分别经电抗接地时，则将相应电抗值的 3 倍分别串接于 X'_{T1} 、X'_{T2} 回路中。

4. 自耦变压器的零序参数和等值电路

自耦变压器的一、二次绕组有较大部分是共用的，流过共用绕组部分的一、二次电流很大部分将在绕组中抵消，只有较小一部分电流通过共用绕组。就传输的功率来说，除通过磁关系传输的外，还有通过电关系直接传输的功率。所以，自耦变压器较同容量的普通变压器省材料、造价低，特别是一、二次电压接近时，这个优点特别明显。但是，自耦变压器一、二次绕组电气上直接相连，一、二次之间的零序电流和过电压无法相互隔离，所以带来了零序保护配合和绝缘配合等问题。为防止一次（高压）侧发生单相接地时，引起二次（中压）侧过电压，通常将自耦变压器的中性点直接接地，也可经电抗接地。

一般情况下，自耦变压器除一、二次绕组外，还有一个绕组，称三次绕组，接成三角形（或星形）。三角形接线主要用以降低三次谐波电压（即构成三次谐波励磁电流通路）、向更低电压等级的电网供电以及连接无功补偿设备。

（1）自耦变压器中性点直接接地时。对于 YNad 联结组别的自耦变压器，零序等值电路与 YNynd 联结组别的三绕组变压器相同。如果铁芯结构使 $X_{\mu0}\rightarrow\infty$，则零序等值电路如图 1－25所示；如果铁芯结构使 $X_{\mu0}$ 较小时，则零序等值电路如图 1－26 所示。

在图 1－25 和图 1－26 的零序等值电路中，共用绕组中的电流不能在图中标出来，所以流过自耦变压器中性点的零序电流（$\dot{I}_{N}$）应等于 1 侧的零序电流 $\dot{I}_{01}$、2 侧的零序电流 $\dot{I}_{02}$ 实际值之差的 3 倍，即

$$\dot{I}_{N}=3(\dot{I}_{01}-\dot{I}_{02}) \tag{1-69}$$

（2）自耦变压器中性点经电抗 X_n 接地时。下面采用有名值讨论自耦变压器中性点经电抗 X_n 接地时的零序等值电路。

先讨论中性点经 X_n 接地的 YNa 联结组别自耦变压器的零序等值电路，假定自耦变压器的零序励磁阻抗 $X_{\mu0}=\infty$。

如图 1－27（a）所示，设中性点电压为 $\dot{U}_{N}$，则 1、2 绕组端点对地的电压分别为

$$\left.\begin{aligned}\dot{U}_{1}&=\dot{U}_{1N}+\dot{U}_{N}\\ \dot{U}_{2}&=\dot{U}_{2N}+\dot{U}_{N}\end{aligned}\right\} \tag{1-70}$$

其中 $\dot{U}_{1N}$、$\dot{U}_{2N}$ 分别为 1、2 绕组端点对中性点 N 的电压，而 $\dot{U}_{N}=j3(\dot{I}_{01}-\dot{I}_{02})X_{n}$。显然，当中性点直接接地时，$\dot{U}_{N}=0$。此时，归算到 1 侧的自耦变压器的零序等值电抗 $X_{T(1-2)}$ 可表示为

$$jX_{T(1-2)}\Big|_{U_N=0}=\frac{\dot{U}_{1N}-\dot{U}_{2N}\cdot\dfrac{U_{av1}}{U_{av2}}}{\dot{I}_{01}} \tag{1-71}$$

其中 U_{av1}、U_{av2} 分别为 1 侧、2 侧的平均额定电压。

将 $\dot{U}_{2}$ 归算到 1 侧，有 $\dot{U}'_{2}=(\dot{U}_{2N}+\dot{U}_{N})\dfrac{U_{av1}}{U_{av2}}$，于是归算到 1 侧的 1、2 侧间的零序电压

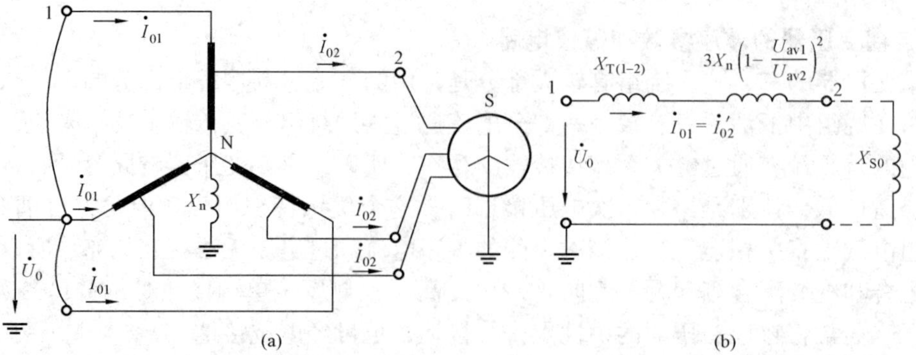

图 1－27　中性点经电抗接地的 YNa 联结组别自耦变压器的零序等值电路

（a）零序电流回路；（b）零序等值电路

降为

$$\dot{U}_1 - \dot{U}'_2 = (\dot{U}_{1N} + \dot{U}_N) - (\dot{U}_{2N} + \dot{U}_N)\frac{U_{av1}}{U_{av2}}$$

这样，归算到 1 侧的 1、2 侧间的等值零序电抗 $X'_{T(1-2)}$ 可表示为

$$\begin{aligned} jX'_{T(1-2)} &= \frac{\dot{U}_1 - \dot{U}'_2}{\dot{I}_{01}} = \frac{(\dot{U}_{1N} + \dot{U}_N) - (\dot{U}_{2N} + \dot{U}_N)\dfrac{U_{av1}}{U_{av2}}}{\dot{I}_{01}} \\ &= \frac{\dot{U}_{1N} - \dot{U}_{2N}\dfrac{U_{av1}}{U_{av2}}}{\dot{I}_{01}} + j3X_n\frac{\dot{I}_{01} - \dot{I}_{02}}{\dot{I}_{01}} \times \left(1 - \frac{U_{av1}}{U_{av2}}\right) \\ &= jX_{T(1-2)} + j3X_n\left(1 - \frac{U_{av1}}{U_{av2}}\right)^2 \end{aligned} \qquad (1-72)$$

按式（1－72），可作出中性点经电抗接地的 YNa 联结组别自耦变压器的零序等值电路如图 1－27（b）所示。其中 $\dot{I}'_{02}$ 是归算到 1 侧的 2 侧零序电流，X_{S0} 是归算到 1 侧的 2 侧外电路的等值零序阻抗。显然，令 $X_n=0$ 就可得到中性点直接接地的 YNa 联结组别自耦变压器的零序等值电路。

将图 1－27（b）中的每一项除以 1 侧的基准阻抗，就得到用标么值表示的零序等值电路。

再讨论中性点经 X_n 接地的 YNad 联结组别自耦变压器的零序等值电路，同样假设零序励磁阻抗 $X_{\mu0}=\infty$。

图 1－28（a）示出了零序电流回路，当三角形绕组开路时，就变成了中性点经电抗接地的 YNa 联结组别自耦变压器，此时归算到 1 侧的 1、2 侧间的等值零序电抗 $X'_{T(1-2)}$ 如式（1－72）所示。

当 2 侧开路时，1 侧和 3 侧构成了中性点经电抗接地的 YNd 联结组别普通变压器，归算到 1 侧的 1、3 侧间的等值零序电抗 $X'_{T(1-3)}$ 由图 1－21（b）得到为

$$jX'_{T(1-3)} = jX_{T(1-3)} + j3X_n \qquad (1-73)$$

当 1 侧开路时，同样理由可得到归算到 1 侧的 2、3 侧间的等值零序电抗 $X'_{T(2-3)}$ 为

$$jX'_{T(2-3)} = jX_{T(2-3)} + j3X_n\left(\frac{U_{av1}}{U_{av2}}\right)^2 \tag{1-74}$$

由式（1－72）、式（1－73）、式（1－74），可求出零序等值电路中归算到 1 侧的各支路等值电抗为

$$\left.\begin{aligned} X'_{T1} &= \frac{1}{2}[X'_{T(1-2)} + X'_{T(1-3)} - X'_{T(2-3)}] = X_{T1} + 3X_n(1-n_{12}) \\ X'_{T2} &= \frac{1}{2}[X'_{T(1-2)} + X'_{T(2-3)} - X'_{T(1-3)}] = X_{T2} + 3X_n n_{12}(n_{12}-1) \\ X'_{T3} &= \frac{1}{2}[X'_{T(1-3)} + X'_{T(2-3)} - X'_{T(1-3)}] = X_{T3} + 3X_n n_{12} \end{aligned}\right\} \tag{1-75}$$

式中 n_{12} 为 1、2 侧（高、中压）之间的变比，一般等于 1、2 侧平均额定电压之比，$n_{12}=\frac{U_{av1}}{U_{av2}}$。作出零序等值电路如图 1－28（b）所示。其中 $\dot{I}'_{02}$、$\dot{I}'_{03}$ 是归算到 1 侧的 2 侧、3 侧零序电流。

将图 1－28（b）的每一项除以 1 侧的基准阻抗，就得到用标么值表示的零序等值电路。

将图 1－28（b）的参数归算到 2 侧，只要将式（1－75）中的每一项乘以 $\frac{1}{n_{12}^2}$ 就行了。

如果是三柱式内铁型的三相自耦变压器，零序励磁阻抗不能视为无穷大，按图 1－26（b）、图 1－28（b）的原理，此时图 1－28（a）接线的三相自耦变压器零序等值电路，作出如图 1－29 所示（参数归算到 1 侧），其中 X'_{T1} 和 X'_{T2} 的含义与图 1－26（b）中的相同，与式（1－75）中的 X'_{T1}、X'_{T2} 的含义完全不同。

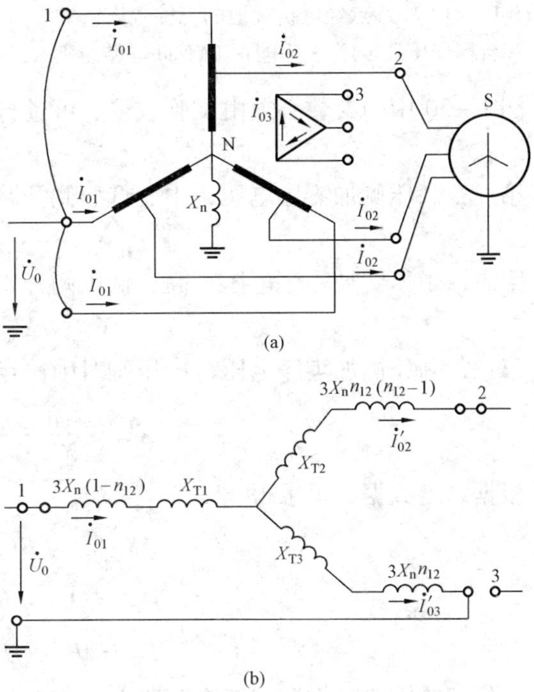

图 1－28　中性点经电抗接线的 YNad 联结组别自耦变压器的零序等值电路

（a）零序电流回路；（b）零序等值电路

5. 全星形三相三柱式自耦变压器的零序参数和等值电路

在国内一部分电力系统中，采用了一些全星形三相三柱自耦变压器，称为“三 Y”自耦变压器，接线方式为 YNay，无三角形绕组。这种变压器的零序励磁阻抗较漏抗大得多，所以零序阻抗为同容量有三角形绕组变压器的十几倍到二十几倍，并呈非线性，给电网的接地保护配合带来困难，有时需要采取零序外补偿措施。

对零序来说，“三 Y”自耦变压器的外壳可以看成是高阻抗的三角形绕组，所以零序等值电路与图 1－26（a）相似，因第三绕组是 Y 连接，与外电路断开，即 X''_{T3} 不接地处开断

状态。

因3侧的外电路断开，可将 $e+f$、e、f 组成的三角形电路变换为星形电路，于是图1－26（a）就可简化为图1－30。

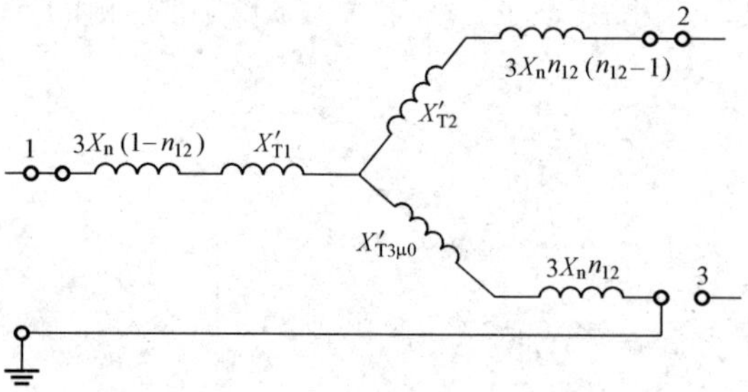

图1－29　中性点经电抗接地的三柱式内铁型三相自耦变压器零序等值电路（YNad 联结组别）

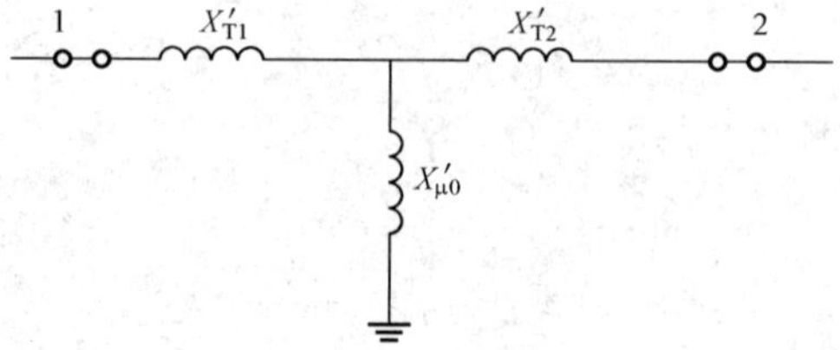

图1－30　“三Y”自耦变压器的零序等值电路

图1－30中的参数必须由试验求得。可进行二次开路试验和一次短路试验求取，步骤如下：

第一，高压侧加零序电压，中、低压侧开路测得

$$X'_{T1}+X'_{\mu0}=A$$

第二，中压侧加零序电压，高、低压侧开路，测得

$$X'_{T2}+X'_{\mu0}=B$$

第三，高压侧加零序电压，中压侧对中性点短路，低压侧开路，测得

$$X'_{T1}+\frac{X'_{T2}X'_{\mu0}}{X'_{T2}+X'_{\mu0}}=C$$

根据以上数据，可求得

$$\left.\begin{aligned}X'_{\mu0}&=\sqrt{B(A-C)}\\X'_{T1}&=A-\sqrt{B(A-C)}\\X'_{T2}&=B-\sqrt{B(A-C)}\end{aligned}\right\}$$

为使试验准确，在测试两个开路电抗值 A 和 B 时，应注意三点：

第一，不是测定某一个零序电压下的两个开路电抗值 A 和 B，而是测定两组开路特性曲线 $A=f(U_0\%)$ 和 $B=f(U_0\%)$。绘出的是两条平滑曲线，可防止偶然性误差。

第二，由 $A=f(U_0\%)$ 和 $B=f(U_0\%)$ 两条曲线取 A 和 B 值时，应保证在相同的 $U_0\%$ 下取值。

第三，$U_0\%$ 的取值可为20%～30%，因在这样的零序电压下，A 和 B 值已基本趋于稳定了。需要说明，如果“三Y”自耦变压器与其他中性点接地的非“三Y”变压器并联运行或中压侧采用了外补偿措施，则对于高压侧为220kV的“三Y”自耦变压器，也可以用220～380V低电压进行零序开路试验，测试 A 值和 B 值，求得的零序阻抗值可作为继电保护整定计算的依据。

三、输电线路的各序参数和相应等值电路

因输电线路是静止元件，故正序、负序阻抗相等，而零序阻抗与正、负序阻抗不相等。

（一）无架空地线的单回线路的正序和零序阻抗

三相输电线路可以看作三个“导线—大地”回路。一个“导线—大地”回路的单位长度自阻抗 Z_L 为

$$Z_L = R + 0.05 + j0.1445\lg\frac{D_g}{r'} \quad (\Omega/km) \tag{1-76}$$

式中 R——导线电阻，在工频条件下可用直流电阻值；

D_g——地返回路等值深度，$D_g = 660\sqrt{\frac{\rho}{f}}$（m），其中 ρ 为土壤电阻率，$\Omega\cdot m$，f 为频率，近似计算中，可取 $D_g = 1000m$；

r'——导线等值半径（m），对非铁磁材料圆形实心线，$r' = 0.779r$，对铜绞线，$r' = (0.724 \sim 0.771)r$，对钢芯铝线，$r' = 0.95r$，其中 r 为单根导线实际半径；对每相 n 分裂的导线，$r' = \sqrt[n]{ra_{av}^{n-1}}$，其中 r 为每根分裂导线的实际半径，a_{av} 为一相分裂导线间的几何平均距离。

“导线—大地”回路的单位长度互阻抗 Z_M 为

$$Z_M = 0.05 + j0.1445\lg\frac{D_g}{D_{av}} \quad (\Omega/km) \tag{1-77}$$

式中 D_{av}——三相导线间的几何平均距离（m），$D_{av} = \sqrt[3]{D_{ab}D_{bc}D_{ca}}$，其中 D_{ab}、D_{bc}、D_{ca} 为三相导线两两间的距离。

由式（1－59）、式（1－76）、式（1－77）可得到单位长度输电线路的正序阻抗 Z_1 为

$$Z_1 = Z_L - Z_M = R + j0.1445\lg\frac{D_{av}}{r'} \quad (\Omega/km) \tag{1-78}$$

由式（1－62）、式（1－76）、式（1－77）可得到单位长度输电线路的零序阻抗 Z_0 为

$$Z_0 = Z_L + 2Z_M = R + 0.15 + j0.4335\lg\frac{D_g}{\sqrt[3]{r'D_{av}^2}} \quad (\Omega/km) \tag{1-79}$$

由式（1－79）、式（1－78）可见，Z_0 比 Z_1 大得多。一般架空线路的正序阻抗为 0.4Ω/km，双分裂导线线路为（0.3～0.35）Ω/km，三分裂导线和四分裂导线为（0.25～0.30）Ω/km。对于无架空地线的单位输电线路，Z_0 约为 Z_1 的 3.5 倍。

图 1－31　MK 三相线段压降示意图

由于输电线路的正序（负序）阻抗和零序阻抗不相等，所以各序电流通过时将形成不同的压降。在图 1－31 中，K 是故障点或假定的任意点（电压为 $\dot{U}_{KA}$、$\dot{U}_{KB}$、$\dot{U}_{KC}$），M 是母线。当 MK 线路无分支时，M 母线上的电压可写为

$$\begin{aligned}\dot{U}_{MA} &= \dot{U}_{KA} + \dot{I}_{A1}Z_1l + \dot{I}_{A2}Z_2l + \dot{I}_{A0}Z_0l \\ &= \dot{U}_{KA} + \left[\dot{I}_{A1} + \dot{I}_{A2} + \dot{I}_{A0} + \frac{Z_0 - Z_1}{3Z_1}\cdot 3\dot{I}_{A0}\right]Z_1l \\ &= \dot{U}_{KA} + (\dot{I}_A + K\cdot 3\dot{I}_0)Z_1l\end{aligned}$$

同理可得 $\dot{U}_{MB}$、$\dot{U}_{MC}$。于是 M 母线上的三相电压为

$$\left.\begin{aligned}\dot{U}_{MA} &= \dot{U}_{KA} + (\dot{I}_{A} + K \cdot 3\dot{I}_{0})Z_1 l\\ \dot{U}_{MB} &= \dot{U}_{KB} + (\dot{I}_{B} + K \cdot 3\dot{I}_{0})Z_1 l\\ \dot{U}_{MC} &= \dot{U}_{KC} + (\dot{I}_{C} + K \cdot 3\dot{I}_{0})Z_1 l\end{aligned}\right\} \tag{1-80}$$

式中 $\dot{I}_{A}$、$\dot{I}_{B}$、$\dot{I}_{C}$——从 M 母线流向 K 点的三相电流；

$\dot{I}_{0}$——从 M 母线流向 K 点的零序电流；

K——零序电流补偿系数，$K = \dfrac{Z_0 - Z_1}{3Z_1}$，一般可认为是实数。

可以看出，只要 MK 区段没有短路故障、相对地或相对相间的分流存在，则不管该区段中三相电流的大小和相位如何，也不管 MK 区段外的状况如何，对于每相来说，式（1－80）永远成立。例如，不管 B 相或 C 相是否断线，也不管 MK 区段外 A 相状态如何，MK 区段的 A 相电压降 $\dot{U}_{MA} - \dot{U}_{KA} = (\dot{I}_{A} + K \cdot 3\dot{I}_{0})Z_1 l$ 总成立。同样，对于 B 相和 C 相也成立。

（二）无架空地线的平行双回线路的零序参数和等值电路

对一回线路中的正序、负序来说，三相电流之和为零，所以一回线路的存在不影响另一回线路的正序、负序阻抗。对零序来说，情况就完全不同。

因无架空地线，所以平行双回线路中的零序电流由大地构成通路。

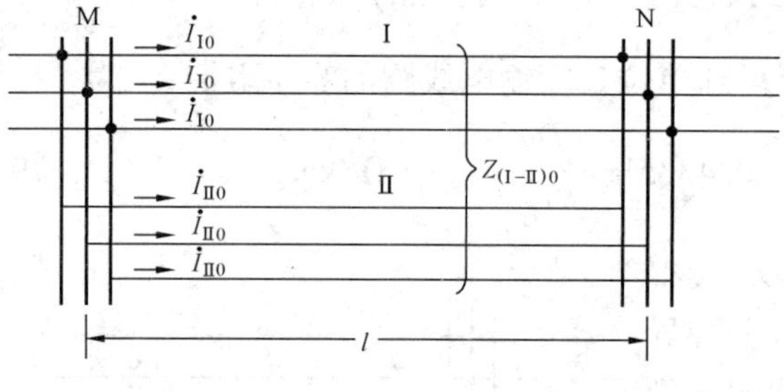

图 1－32　无架空地线的平行双回线路

图 1－32 示出了无架空地线的平行双回线路。在线路换位较好的情况下，线路处在对称状态。当两回线路通过零序电流时，因每回线路三相零序电流之和不为零，所以两回线路之间必然存在零序互阻抗，从而使每回线路的零序阻抗增大。

1. 两回线路之间的零序互阻抗

讨论的输电线路零序阻抗和零序互阻抗均是指一相而言的。对于输电线路来说，三个“导线—大地”回路两两间的互阻抗为 Z_M［见式（1－77）］，当通过零序电流时，其他两相对第三相的互阻抗 Z_M 产生助磁作用，因而输电线路的零序阻抗大于正序阻抗。对于平行双回线路，对一回线路中的一相来说，另一回线路的影响实际上是三个“导线—大地”回路的影响，应等于一个“导线—大地”回路影响的三倍。可见，线路的零序阻抗进一步增大。

两回线路之间的零序互阻抗 $Z_{(Ⅰ-Ⅱ)0}$ 应是一回线路中的一个“导线—大地”回路和另一回线路中的一个“导线—大地”回路间互阻抗的三倍。按式（1－77），可以表示为

$$Z_{(Ⅰ-Ⅱ)0} = 0.15 + j0.4335\lg\frac{D_g}{D_{Ⅰ-Ⅱ}}(\Omega/\text{km}) \tag{1-81}$$

式中 $D_{Ⅰ-Ⅱ}$ 为六根导线之间的几何平均距离（m），$D_{Ⅰ-Ⅱ} = \sqrt[9]{D_{Aa}D_{Ab}D_{Ac}D_{Ba}D_{Bb}D_{Bc}D_{Ca}D_{Cb}D_{Cc}}$，其中 A、B、C 和 a、b、c 代表两回线路的相别。显然，两回线路愈靠近，$Z_{(Ⅰ-Ⅱ)0}$ 愈大，对

同杆并架双回线路，$Z_{(\text{I}-\text{II})0}$ 的最大值不超过 $3Z_M$。

2. 平行双回线路的零序阻抗和等值电路

如图 1－33（a）所示，设Ⅰ、Ⅱ回线路单独存在时的单位长度零序阻抗分别为 $Z_{\text{I}0}$、

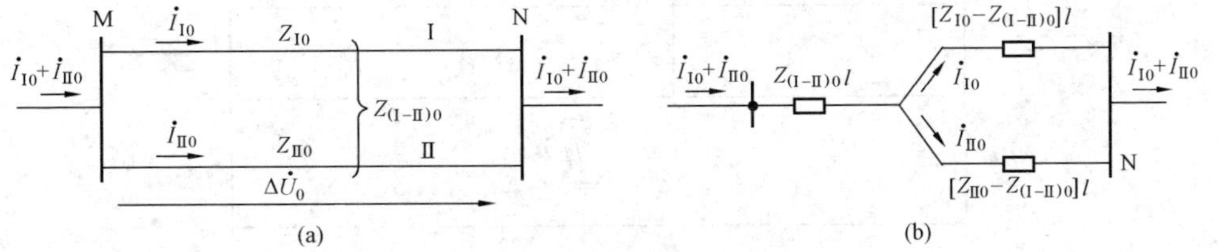

图 1－33　平行双回线路零序等值电路
（a）零序电流回路；（b）零序等值电路

$Z_{\text{II}0}$，平行双回线路的长度为 l（km），则电压方程为

$$\left.\begin{aligned}\Delta\dot{U}_0 &= \dot{I}_{\text{I}0}Z_{\text{I}0}l+\dot{I}_{\text{II}0}Z_{(\text{I}-\text{II})0}l\\ \Delta\dot{U}_0 &= \dot{I}_{\text{II}0}Z_{\text{II}0}l+\dot{I}_{\text{I}0}Z_{(\text{I}-\text{II})0}l\end{aligned}\right\}\tag{1-82}$$

改写式（1－82）为如下形式

$$\left.\begin{aligned}\Delta\dot{U}_0 &= (\dot{I}_{\text{I}0}+\dot{I}_{\text{II}0})Z_{(\text{I}-\text{II})0}l+\dot{I}_{\text{I}0}[Z_{\text{I}0}-Z_{(\text{I}-\text{II})0}]l\\ \Delta\dot{U}_0 &= (\dot{I}_{\text{I}0}+\dot{I}_{\text{II}0})Z_{(\text{I}-\text{II})0}l+\dot{I}_{\text{II}0}[Z_{\text{II}0}-Z_{(\text{I}-\text{II})0}]l\end{aligned}\right\}\tag{1-83}$$

按式（1－83）可作出平行双回线路的零序等值电路，如图 1－33（b）所示。由此可得到平行双回线路的零序等值阻抗为

$$Z_{0(2)}=Z_{(\text{I}-\text{II})0}l+\frac{[Z_{\text{I}0}-Z_{(\text{I}-\text{II})0}][Z_{\text{II}0}-Z_{(\text{I}-\text{II})0}]}{[Z_{\text{I}0}-Z_{(\text{I}-\text{II})0}]+[Z_{\text{II}0}-Z_{(\text{I}-\text{II})0}]}\cdot l$$

如果两回线路相同，$Z_{\text{I}0}=Z_{\text{II}0}=Z_0$，则上式可改写为

$$Z_{0(2)}=\frac{1}{2}[Z_0+Z_{(\text{I}-\text{II})0}]l\tag{1-84}$$

其中每一回线路的零序等值阻抗 $Z_{0(1)}$ 为

$$Z_{0(1)}=[Z_0+Z_{(\text{I}-\text{II})0}]l\tag{1-85}$$

可见，两回线路靠得愈近，线路的零序阻抗愈大。

3. 平行双回线路内部接地故障时的零序等值电路

由图 1－33（a）可以看出，流进 M 母线的零序电流等于 N 母线流出的零序电流，即 $\dot{I}_{\text{I}0}+\dot{I}_{\text{II}0}$ 对平行双回线路而言是穿越性的，可理解为平行双回线路外部发生接地故障时的零序电流。图 1－33（b）可理解为平行双回线路外部发生接地故障时的零序等值电路。

为讨论方便，假设平行双回线路内部接地故障发生在Ⅱ回线路上，如图 1－34（a）中的 K 点，M 母线左侧、N 母线右侧均为中性点接地的系统（相应的等值零序阻抗为 Z_{M0}、Z_{N0}）。可将 MN 母线间的平行双回线路分成两部分，l' 为其中的一个平行双回线路，l'' 为另外的一个平行双回线路。按图 1－33（b）示出的零序等值电路，可作出平行双回线路内部

接地故障时的零序等值电路如图 1－34（b）所示，其中 $Z_{\mathrm{I}\sigma0}=Z_{\mathrm{I}0}-Z_{(\mathrm{I}-\mathrm{II})0}$，$Z_{\mathrm{II}\sigma0}=Z_{\mathrm{II}0}-Z_{(\mathrm{I}-\mathrm{II})0}$。

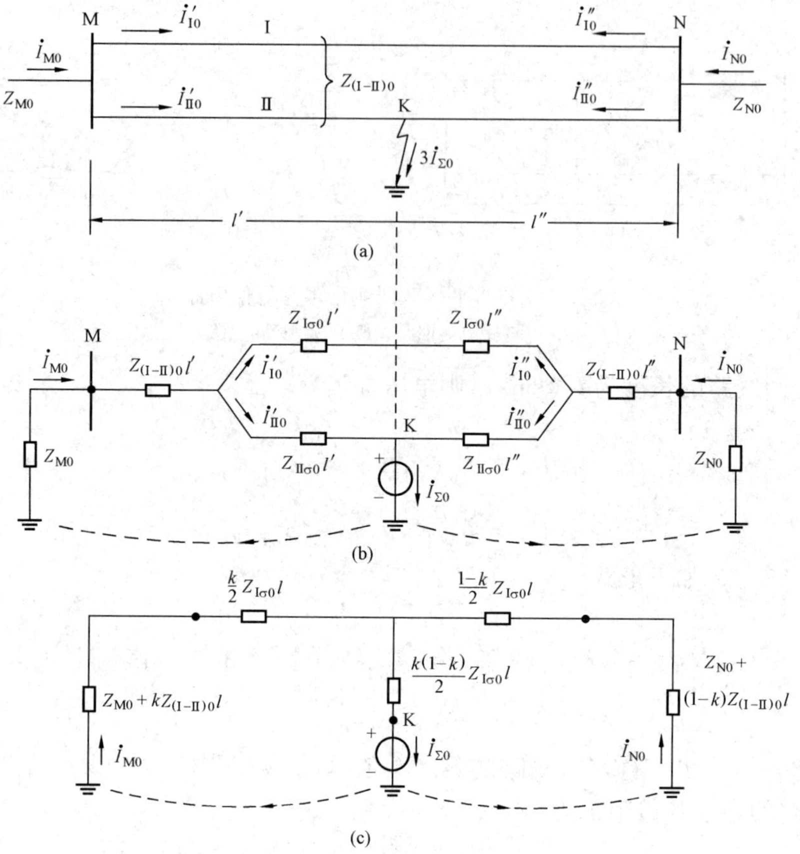

图 1－34　平行双回线路内部接地故障时的零序等值电路

（a）零序电流回路；（b）零序等值电路；（c）简化电路

再讨论零序电流的分配系数。如果 Ⅰ 回线路参数和 Ⅱ 回线路参数相同，将上述 $Z_{\mathrm{I}\sigma0}l'+Z_{\mathrm{I}\sigma0}l''$、$Z_{\mathrm{II}\sigma0}l''$、$Z_{\mathrm{II}\sigma0}l'$ 组成的阻抗三角形变换为星形，则图 1－34（b）可变换为图 1－34（c），其中 $k=\dfrac{l'}{l'+l''}=\dfrac{l'}{l}$。于是，两侧电源的零序电流分配系数可表示为

$$K_{\mathrm{M0}}=\frac{\dot{I}_{\mathrm{M0}}}{\dot{I}_{\Sigma0}}=\frac{Z_{\mathrm{N0}}+(1-k)Z_{(\mathrm{I}-\mathrm{II})0}l+\dfrac{1-k}{2}[Z_{\mathrm{I}0}-Z_{(\mathrm{I}-\mathrm{II})0}]l}{Z_{\mathrm{M0}}+Z_{\mathrm{N0}}+\dfrac{1}{2}[Z_{\mathrm{I}0}+Z_{(\mathrm{I}-\mathrm{II})0}]l}$$

$$=\frac{Z_{\mathrm{N0}}+\dfrac{1-k}{2}[Z_{\mathrm{I}0}+Z_{(\mathrm{I}-\mathrm{II})0}]l}{Z_{\mathrm{M0}}+Z_{\mathrm{N0}}+\dfrac{1}{2}[Z_{\mathrm{I}0}+Z_{(\mathrm{I}-\mathrm{II})0}]l} \qquad (1-86)$$

$$K_{N0}=\frac{\dot I_{N0}}{\dot I_{\Sigma0}}=\frac{Z_{M0}+kZ_{(\mathrm{I}-\mathrm{II})0}l+\frac{k}{2}[Z_{\mathrm{I}0}-Z_{(\mathrm{I}-\mathrm{II})0}]l}{Z_{M0}+Z_{N0}+\frac{1}{2}[Z_{\mathrm{I}0}+Z_{(\mathrm{I}-\mathrm{II})0}]l}$$

$$=\frac{Z_{M0}+\frac{k}{2}[Z_{\mathrm{I}0}+Z_{(\mathrm{I}-\mathrm{II})0}]l}{Z_{M0}+Z_{N0}+\frac{1}{2}[Z_{\mathrm{I}0}+Z_{(\mathrm{I}-\mathrm{II})0}]l} \tag{1-87}$$

在图1－34（b）、（c）的三角形、星形电路中，有如下关系式

$$\dot I'_{\mathrm{II}0}kZ_{\mathrm{II}\sigma0}l=\dot I_{M0}\frac{k}{2}Z_{\mathrm{I}\sigma0}l+\dot I_{\Sigma0}\frac{k(1-k)}{2}Z_{\mathrm{I}\sigma0}l$$

$$\dot I''_{\mathrm{II}0}(1-k)Z_{\mathrm{II}\sigma0}l=\dot I_{N0}\frac{1-k}{2}Z_{\mathrm{I}\sigma0}l+\dot I_{\Sigma0}\frac{k(1-k)}{2}Z_{1\sigma0}l$$

计及 $Z_{\mathrm{II}\sigma0}=Z_{\mathrm{I}\sigma0}=Z_{\mathrm{I}0}-Z_{(\mathrm{I}-\mathrm{II})0}$，由上两式得到

$$K'_{\mathrm{II}0}=\frac{\dot I'_{\mathrm{II}0}}{\dot I_{M0}}=\frac{\dot I_{M0}\frac{k}{2}Z_{\mathrm{I}\sigma0}+\dot I_{\Sigma0}\frac{k(1-k)}{2}Z_{\mathrm{I}\sigma0}}{\dot I_{M0}kZ_{\mathrm{I}\sigma0}}$$

$$=\frac{\dot I_{M0}+(1+k)\dot I_{\Sigma0}}{2\dot I_{M0}}=\frac{(1-k)+K_{M0}}{2K_{M0}} \tag{1-88}$$

$$K''_{\mathrm{II}0}=\frac{\dot I''_{\mathrm{II}0}}{\dot I_{N0}}=\frac{\dot I_{N0}\frac{1-k}{2}Z_{\mathrm{I}\sigma0}+\dot I_{\Sigma0}\frac{k(1-k)}{2}Z_{\mathrm{I}\sigma0}}{\dot I_{N0}(1-k)Z_{\mathrm{I}\sigma0}}$$

$$=\frac{\dot I_{N0}+k\dot I_{\Sigma0}}{2\dot I_{N0}}=\frac{k+K_{N0}}{2K_{N0}} \tag{1-89}$$

当接地故障点K在M母线出口时，$k=0$，所以 $K'_{\mathrm{II}0}$ 有最大值，$K''_{\mathrm{II}0}$ 有最小值，$K'_{\mathrm{II}0\cdot\max}=\frac{1+K_{M0}}{2K_{M0}}$，$K''_{\mathrm{II}0\cdot\min}=\frac{1}{2}$；当接地故障点K在N母线出口时，$k=1$，此时 $K'_{\mathrm{II}0}$ 有最小值，$K''_{\mathrm{II}0}$ 有最大值，$K'_{\mathrm{II}0\cdot\min}=\frac{1}{2}$，$K''_{\mathrm{II}0\cdot\max}=\frac{1+K_{N0}}{2K_{N0}}$。可见 $K'_{\mathrm{II}0}$ 的变化范围为 $\frac{1+K_{M0}}{2K_{M0}}\sim\frac{1}{2}$，相应地 $K''_{\mathrm{II}0}$ 的变化范围为 $\frac{1}{2}\sim\frac{1+K_{N0}}{2K_{N0}}$。

由式（1－86）～式（1－89）可得到Ⅱ回线路两侧零序电流的分配系数为

$$K'_{\Sigma0}=\frac{\dot I'_{\mathrm{II}0}}{\dot I_{\Sigma0}}=K_{M0}K'_{\mathrm{II}0}=\frac{(1-k)+K_{M0}}{2}$$

$$=\frac{1-k}{2}+\frac{Z_{N0}+\frac{1-k}{2}[Z_{\mathrm{I}0}+Z_{(\mathrm{I}-\mathrm{II})0}]l}{2(Z_{M0}+Z_{N0})+[Z_{\mathrm{I}0}+Z_{(\mathrm{I}-\mathrm{II})0}]l} \tag{1-90}$$

$$K''_{\Sigma0}=\frac{\dot I''_{\mathrm{II}0}}{\dot I_{\Sigma0}}=K_{N0}K''_{\mathrm{II}0}=\frac{k+K_{N0}}{2}$$

$$= \frac{k}{2} + \frac{Z_{N0} + \frac{k}{2}[Z_{I0} + Z_{(I-II)0}]l}{2(Z_{M0} + Z_{N0}) + [Z_{I0} + Z_{(I-II)0}]l} \tag{1-91}$$

可以看出，$K'_{\Sigma0}$、$K''_{\Sigma0}$ 与接地故障点位置、平行双回线路两侧母线的零序等值阻抗大小以及平行双回线路的长度有关。

对于 Ⅰ 回线路零序电流的分配系数，由式（1-86）、式（1-90）求得为

$$\begin{aligned} K'''_{\Sigma0} &= \frac{\dot{I}'_{I0}}{\dot{I}_{\Sigma0}} = \frac{\dot{I}_{M0} - \dot{I}'_{II0}}{\dot{I}_{\Sigma0}} = K_{M0} - K'_{\Sigma0} \\ &= \frac{Z_{N0} + \frac{1-k}{2}[Z_{I0} + Z_{(I-II)0}]l}{2(Z_{M0} + Z_{N0}) + [Z_{I0} + Z_{(I-II)0}]l} - \frac{1-k}{2} \end{aligned} \tag{1-92}$$

4. 平行双回线路内部接地故障一侧三相跳闸后的零序等值电路

当平行双回线路内部接地故障时，两侧继电保护可能出现不同时动作（相继切除故障），形成故障线一侧首先三相跳闸的情况，如图 1-35（a）所示。显然，K 点左侧只有 Ⅰ 回线路，K 点右侧仍为平行双回线路，作出零序等值电路如图 1-35（b）所示。

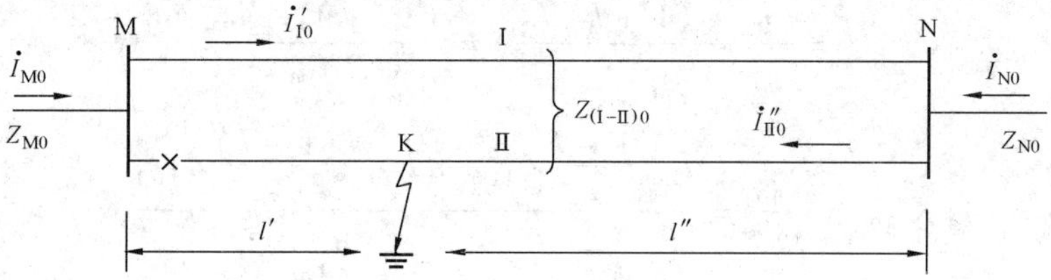

(a)

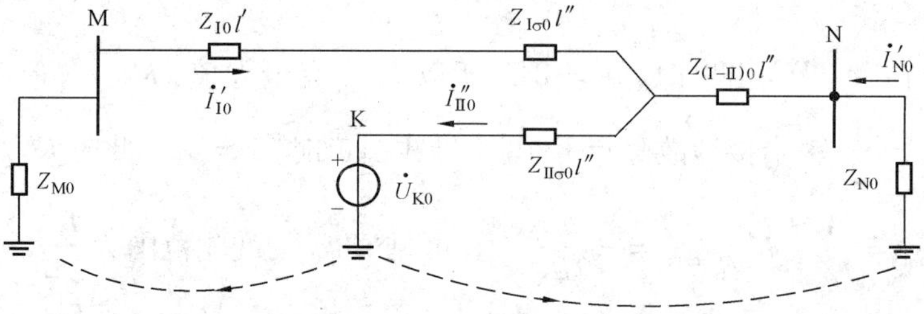

(b)

图 1-35　平行双回线路内部接地故障一侧三跳时的零序等值电路

（a）零序电流回路；（b）零序等值电路

由图 1-35（b）可见，故障点的零序电流为 $\dot{I}''_{II0}$，被支路阻抗 $Z_{N0} + Z_{(I-II)0}l''$、$Z_{M0} + Z_{I0}l' + Z_{I\sigma0}l''$ 构成的并联电路分流，从而可求得零序电流的分配关系为（$\dot{I}'_{I0} = \dot{I}_{M0}$）

$$\begin{aligned} \frac{I'_{I0}}{\dot{I}''_{II0}} &= \frac{Z_{N0} + Z_{(I-II)0}l''}{Z_{M0} + Z_{I0}l' + Z_{I\sigma0}l'' + Z_{N0} + Z_{(I-II)0}l''} \\ &= \frac{Z_{N0} + (1-k)Z_{(I-II)0}l}{Z_{M0} + Z_{N0} + Z_{I0}l} \end{aligned} \tag{1-93}$$

$$\frac{\dot{I}_{N0}}{\dot{I}''_{II0}} = \frac{Z_{M0} + Z_{I0}l - (1-k)Z_{(I-II)0}l}{Z_{M0} + Z_{N0} + Z_{I0}l} \tag{1-94}$$

同样，$\frac{\dot{I}'_{I0}}{\dot{I}''_{II0}}$、$\frac{\dot{I}'_{N0}}{\dot{I}''_{II0}}$与故障点位置、两侧母线的零序等值阻抗大小以及线路长度有关。

平行双回线路内部接地故障时，故障线一侧三相跳闸后，非故障线路的零序电流可能会改变流向。先观察内部接地故障时非故障线路零序电流的流向，由式（1－92）决定的零序电流分配系数 $K'''_{\Sigma0} > 0$，即 $k > \frac{Z_{M0}}{Z_{M0}+Z_{N0}}$ 时，图1－34（a）中Ⅰ线路的零序电流 $\dot{I}'_{I0}$ 由M母线流向N线母线（$\dot{I}'_{I0} > 0$）；当 $K'''_{\Sigma0} = 0$ 时，即 $k = \frac{Z_{M0}}{Z_{M0}+Z_{N0}}$ 时，Ⅰ线路中没有零序电流，即 $\dot{I}'_{I0} = 0$；当 $K'''_{\Sigma0} < 0$ 时，即 $k < \frac{Z_{M0}}{Z_{M0}+Z_{N0}}$ 时，Ⅰ线路的零序电流 $\dot{I}'_{I0}$ 由N母线流向M母线（$\dot{I}'_{I0} < 0$）。观察图1－35（b），非故障线路（Ⅰ线路）的零序电流始终是由M母线流向N母线。所以，在第一种情况下$\left(\frac{Z_{M0}}{Z_{M0}+Z_{N0}} < k \leqslant 1\right)$，故障线路（Ⅱ线路）在M侧三相跳闸后，Ⅰ线路的零序电流保持原来流向；在第二种情况下（$k = \frac{Z_{M0}}{Z_{M0}+Z_{N0}}$），Ⅱ线路M侧三相跳闸后，Ⅰ线路的零序电流由原来的零值突然增大；第三种情况下$\left(0 \leqslant k < \frac{Z_{M0}}{Z_{M0}+Z_{N0}}\right)$，Ⅱ线路M侧三相跳闸后，Ⅰ线路的零序电流由原来的N母线流向M母线变化为从M母线流向N母线，流向发生了变化。

观察图1－35（a），当M侧Ⅱ线路三相跳闸后，Ⅱ线路变为N母线上的一条出线。在这种情况下，当K点在Ⅱ线路上自N母线逐渐移向M母线时，对线路M侧来说，K点变得愈来愈远。由式（1－93）可见，因 $k = \frac{l'}{l}$，所以当K点移向M侧的过程中，若 I'_{II0} 变化不大，则Ⅰ线路的零序电流 I'_{I0} 有可能增大，并且 $k = 0$ 时增大程度最大。在继电保护整定配合时，必须要注意K点靠近M母线故障线该侧先三相跳闸非故障线零序电流增大的情况。

5. 平行双回线路一回线停电检修时的零序等值电路

当平行双回线路中的一回线停电检修时，平行双回线路就变成单回线路运行了。停电检修的线路两侧是可靠接地的，如图1－36（a）所示，其中Ⅱ线路停电检修，Ⅰ线路运行。

令Ⅰ线路M母线、N母线间的零序电压降为 $\Delta\dot{U}_{I0}$，当线路长度为 l（km）时，列出方程为

$$\left.\begin{aligned} \Delta\dot{U}_{I0} &= \dot{I}_{I0}Z_{I0}l - \dot{I}_{II0}Z_{(I-II)0}l \\ 0 &= \dot{I}_{II}Z_{II0}l - \dot{I}_{I0}Z_{(I-II)0}l \end{aligned}\right\} \tag{1-95}$$

消去 $\dot{I}_{II0}$ 得到

$$\Delta\dot{U}_{I0} = \dot{I}_{I0}\left[Z_{I0} - \frac{Z^2_{(I-II)0}}{Z_{II0}}\right]l \tag{1-96}$$

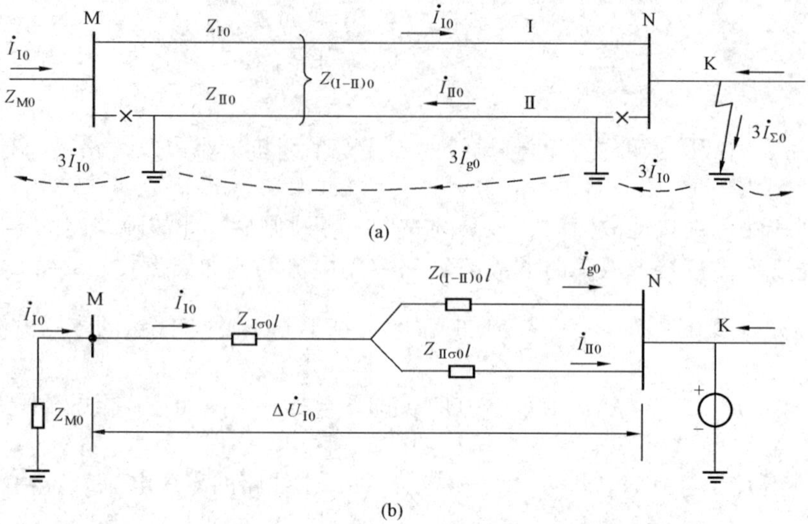

图 1 – 36　一回线路停电检修时的零序等值电路

（a）零序电流回路；（b）零序等值电路

于是，Ⅰ线路的零序阻抗 $Z'_{\text{I}0}$ 为

$$Z'_{\text{I}0}=\frac{\Delta\dot{U}_{\text{I}0}}{\dot{I}_{\text{I}0}}=\left[Z_{\text{I}0}-\frac{Z^2_{(\text{I}-\text{II})0}}{Z_{\text{II}0}}\right]l \tag{1-97}$$

可见，零序阻抗减小了。这是因为 $\dot{I}_{\text{II}0}$ 与 $\dot{I}_{\text{I}0}$ 方向相反［见图 1 – 36（a）］，产生去磁作用造成的。由于零序阻抗减小，接地故障时会使通过的零序电流增大，为保证继电保护的选择性，在进行接地保护整定计算时应考虑这种运行方式。

将式（1 – 96）改写成如下形式

$$\begin{aligned}\Delta\dot{U}_{\text{I}0}&=\dot{I}_{\text{I}0}\left[Z_{\text{I}0}-Z_{(\text{I}-\text{II})0}-\frac{Z^2_{(\text{I}-\text{II})0}}{Z_{\text{II}0}}\right]l\\&=\dot{I}_{\text{I}0}Z_{\text{I}\sigma0}l+\dot{I}_{\text{I}0}\cdot\frac{Z_{(\text{I}-\text{II})0}\left[Z_{\text{II}0}-Z_{(\text{I}-\text{II})0}\right]}{Z_{\text{II}0}-Z_{(\text{I}-\text{II})0}+Z_{(\text{I}-\text{II})0}}\cdot l\\&=\dot{I}_{\text{I}0}Z_{\text{I}\sigma0}l+\dot{I}_{\text{I}0}\cdot\frac{Z_{(\text{I}-\text{II})0}Z_{\text{II}\sigma0}}{Z_{\text{II}\sigma0}+Z_{(\text{I}-\text{II})0}}\cdot l\end{aligned}$$

作出相应零序等值电路如图 1 – 36（b）所示。由式（1 – 95）并计及 $\dot{I}_{\text{I}0}=\dot{I}_{\text{II}0}+\dot{I}_{g0}$，可以得到

$$\dot{I}_{\text{II}0}Z_{\text{II}\sigma0}l=\dot{I}_{g0}Z_{(\text{I}-\text{II})0}l$$

所以 $Z_{\text{II}\sigma0}l$ 中流过电流为 $\dot{I}_{\text{II}0}$，$Z_{(\text{I}-\text{II})0}l$ 中流过电流为 $\dot{I}_{g0}$。

应当指出，在进行零序电流保护整定计算时，应考虑平行双回线路一回线停电检修两侧挂接地线的运行方式。如果零序电流保护Ⅰ段按平行双回线路两回线运行方式整定，则出现上述方式线路末端发生接地故障时，线路零序电流增大有造成保护误动作可能，因此应考虑这种运行方式。

对接地距离保护，当出现上述运行方式时，因零序阻抗减小使实际的 $K=\dfrac{Z_0-Z_1}{3Z_1}$ 减小，导致接地故障时母线电压降低［见式（1－80）］，同时保护装置仍设定原有 K 值，从而继电器的测量阻抗减小，同样有可能造成保护区伸长发生非选择性动作。

6. 平行双回线路分裂运行时的零序等值电路

按图 1－33、图 1－34 的工作原理，可作出分裂运行的平行双回线路在不同地点接地故障时的零序等值电路，如图 1－37、图 1－38 所示，其中 $Z_{(\mathrm{I}\sigma 0)}=Z_{\mathrm{I}0}-Z_{(\mathrm{I}-\mathrm{II})0}$，$Z_{\mathrm{II}\sigma 0}=Z_{\mathrm{II}0}-Z_{(\mathrm{I}-\mathrm{II})0}$，$Z_{A0}$、$Z_{B0}$、$Z_{C0}$、$Z_{D0}$ 分别为系统 A、B、C、D 的零序等值阻抗。

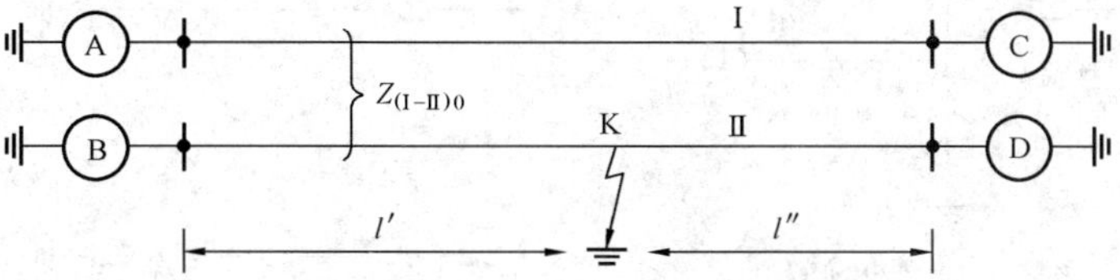

(a)

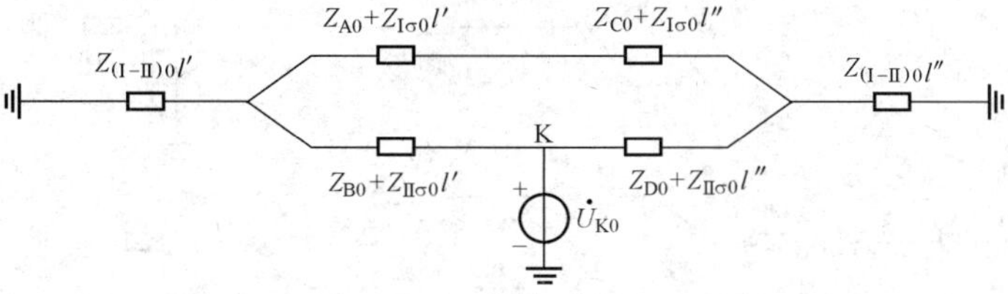

(b)

图 1－37　两侧分裂运行平行双回线路零序等值电路

（a）平行线路；（b）K 点接地时零序等值电路

需要指出，图 1－37（a）示出的平行双回线路间虽没有电的直接连接，但当接地故障点 K 靠近线路的一端时，会在另一线路中感应出较大的零序电流并使该线路两侧的零序方向元件处在动作状态，对该线路零序构成的保护带来不利影响。

（三）有架空地线的单回线路的零序阻抗

为防止雷击过电压，架空线路杆塔顶上通常装有一根或多根避雷线，避雷线也称架空地线。

图 1－39 示出了输电线路的架空地线示意图，当输电线路一端施加零序电压时，在架空地线中通过与输电线路中方向相反的零序电流。如果将架空地线看作是平行双回线的一条，则情况与图 1－36（a）完全相同。

若是一根架空地线，因为看作是三相，所以每相的零序自阻抗由式（1－76）可得

$$Z_{W0}=3R_W+0.15+j0.4335\lg\frac{D_g}{r'_W}(\Omega/\mathrm{km})\tag{1-98}$$

式中　R_W——架空地线单位长度的电阻（Ω/km）；

r'_W——架空地线的几何平均半径（m）。

由于架空地线已看作一回平行线路，故两平行回路间零序互阻抗由式（1－81）得到为

$$Z_{CW0}=0.15+j0.4335\lg\frac{D_g}{D_{C-W}}(\Omega/\mathrm{km})\tag{1-99}$$

式中 D_{C-W} 为三相导线和架空地线间的几何平均距离（m），$D_{C-W}=\sqrt[3]{D_{AW}D_{BM}D_{CW}}$。

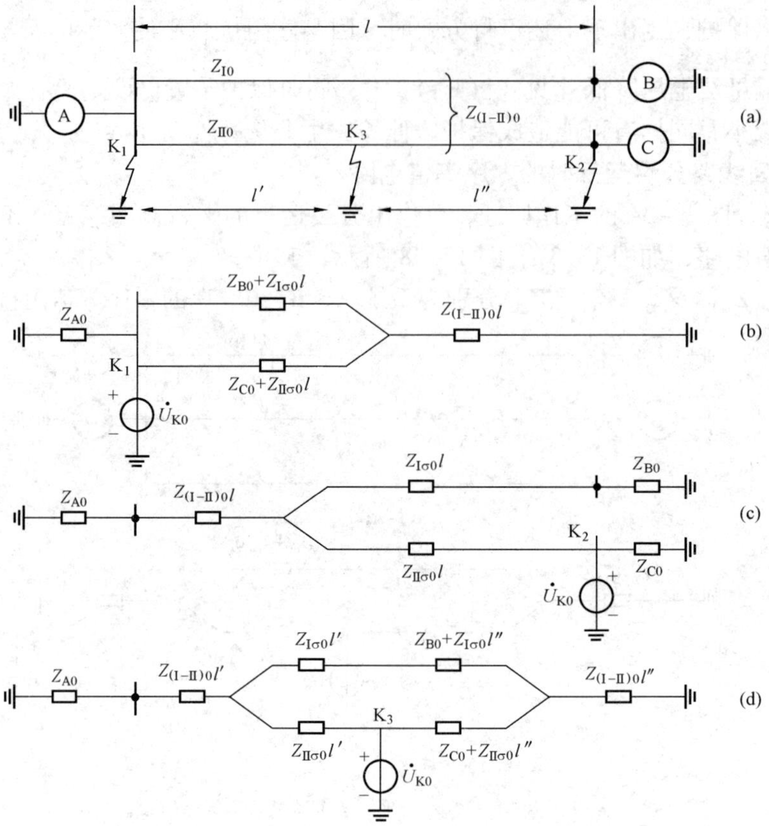

图 1－38　一侧分裂运行平行双回线路零序等值电路

（a）平行线路；（b）K_1 点接地时零序等值电路；

（c）K_2 点接地时零序等值电路；（d）K_3 点接地时零序等值电路

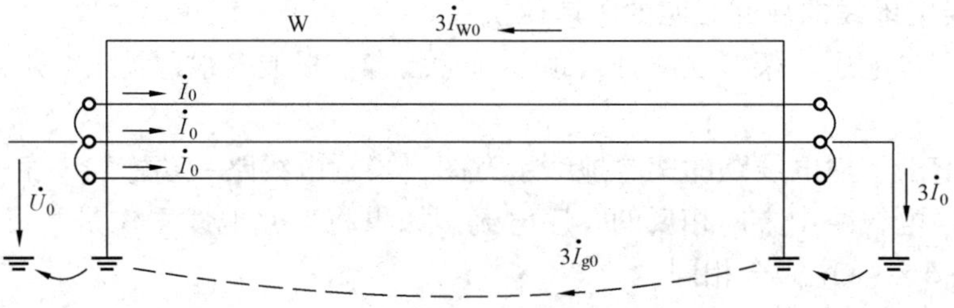

图 1－39　有架空地线的单回输电线路

如果是两根或多根架空地线，则可用一根等值的架空地线代替，这样就和一根架空地线的情况相同了。

计及架空地线的作用后，输电线路的零序阻抗由式（1－97）可表示为

$$Z_0^{(W)} = \left[Z_0 - \frac{Z_{CW0}^2}{Z_{W0}} \right] l \tag{1-100}$$

可见，零序阻抗减小了。若架空地线为钢线，则 $Z_0^{(w)}$ 约为正序阻抗的 3.0 倍；若架空地线为钢芯铝线，则 $Z_0^{(w)}$ 约为正序阻抗 2.0 倍。其零序等值电路如图 1－36（b）所示，只是

$Z_{(\mathrm{I}-\mathrm{II})0}=Z_{CW0}$、$Z_{\mathrm{I}\sigma 0}=Z_0-Z_{CW0}$、$Z_{\mathrm{II}\sigma 0}=Z_{W0}-Z_{CW0}$、$\dot{I}_{\mathrm{I}0}=\dot{I}_0$、$\dot{I}_{\mathrm{II}0}=\dot{I}_{W0}$。

（四）有架空地线的平行双回线路的零序参数和等值电路

研究同杆架设有架空地线的平行双回线路。图1－40中，*W*为等值架空地线，Ⅰ、Ⅱ为平行双回线路。令各自的零序自阻抗为Z_{W0}、$Z_{\mathrm{I}0}$、$Z_{\mathrm{II}0}$，两两回路间的零序互阻抗为$Z_{(\mathrm{I}-\mathrm{II})0}$、$Z_{(\mathrm{I}-W)0}$、$Z_{(\mathrm{II}-W)0}$，列出方程如下［注意$Z_{W0}$见式（1－98）］

$$\Delta\dot{U}_0=\dot{I}_{\mathrm{I}0}Z_{\mathrm{I}0}l+\dot{I}_{\mathrm{II}0}Z_{(\mathrm{I}-\mathrm{II})0}l-\dot{I}_{W0}Z_{(\mathrm{I}-W)0}l$$

$$\Delta\dot{U}_0=\dot{I}_{\mathrm{II}0}Z_{\mathrm{II}0}l+\dot{I}_{\mathrm{I}0}Z_{(\mathrm{I}-\mathrm{II})0}l-\dot{I}_{W0}Z_{(\mathrm{II}-W)0}l$$

$$0=\dot{I}_{W0}Z_{W0}l-\dot{I}_{\mathrm{I}0}Z_{(\mathrm{I}-W)0}l-\dot{I}_{\mathrm{II}0}Z_{(\mathrm{II}-W)0}l$$

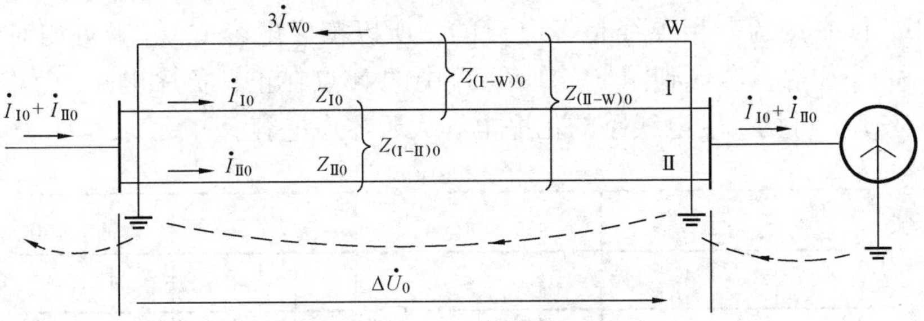

图1－40　有架空地线的平行双回线路

上三式中消去$\dot{I}_{W0}$，得到

$$\left.\begin{aligned}\Delta\dot{U}_0&=\dot{I}_{\mathrm{I}0}Z_{\mathrm{I}0}^{(W)}l+\dot{I}_{\mathrm{II}0}Z_{(\mathrm{I}-\mathrm{II})0}^{(W)}l\\\Delta\dot{U}_0&=\dot{I}_{\mathrm{II}0}Z_{\mathrm{II}0}^{(W)}l+\dot{I}_{\mathrm{I}0}Z_{(\mathrm{I}-\mathrm{II})0}^{(W)}l\end{aligned}\right\}\qquad(1-101)$$

式中　$Z_{\mathrm{I}0}^{(W)}$——计及架空地线影响的Ⅰ回线路单位长度的零序自阻抗，$Z_{\mathrm{I}0}^{(W)}=Z_{\mathrm{I}0}-\dfrac{Z_{(\mathrm{I}-\mathrm{II})0}^2}{Z_{W0}}$；

$Z_{\mathrm{II}0}^{(W)}$——计及架空地线影响后的Ⅱ回线路单位长度的零序自阻抗，$Z_{\mathrm{II}0}^{(W)}=Z_{\mathrm{II}0}-\dfrac{Z_{(\mathrm{I}-\mathrm{II})0}^2}{Z_{W0}}$；

$Z_{(\mathrm{I}-\mathrm{II})0}^{(W)}$——计及架空地线影响后Ⅰ、Ⅱ回线路单位长度的零序互阻抗，$Z_{(\mathrm{I}-\mathrm{II})0}^{(W)}=Z_{(\mathrm{I}-\mathrm{II})0}-\dfrac{Z_{(\mathrm{I}-W)0}Z_{(\mathrm{II}-W)0}}{Z_{W0}}$。

与式（1－82）比较，方程形式完全相同。所以，架空地线只影响Ⅰ、Ⅱ回线路的零序自阻抗及相互之间的零序互阻抗，并不影响零序等值电路。可见，前述的无架空地线平行双回线路在各种方式下的零序等值电路完全适用有架空地线的平行双回线路。

在近似计算中，可忽略线路电阻，各序电抗的平均值可选用表1－2中的数据。

表 1-2　　　　架空线路各序电抗平均值　　　　(Ω/km)

架空电力线路种类		正、负序电抗	零序电抗
无架空地线	单回路	$X_1=X_2=0.4$	$X_0=3.5X_1=1.4$
	双回路		$X_0=5.5X_1=2.2$
有钢质架空地线	单回路		$X_0=3X_1=1.2$
	双回路		$X_0=5X_1=2.0$
有钢芯铝线架空地线	单回路		$X_0=2X_1=0.8$
	双回路		$X_0=3X_1=1.2$

注　双回路的零序电抗值是每回路的数值。

(五) 输电线路的序电容及序容抗

架空输电线路存在对地电容和线间电容，如图 1-41 (a) 所示。线间电容 C_M 可变换成等效星形电容，如图 1-41 (b) 所示，等效星形电路的每相电容量为线间电容量的三倍。在零序电路中，同一点的三相导线是等电位的，所以零序电容 C_0 等于每相对地电容。正、负序电容 C_1 和 C_2 相等，考虑到图 1-41 (b) 中的 N 点在正、负序电路中为零电位，所以 $C_1=C_2=3C_M+C_0$。可见，输电线路的正序电容大于零序电容。

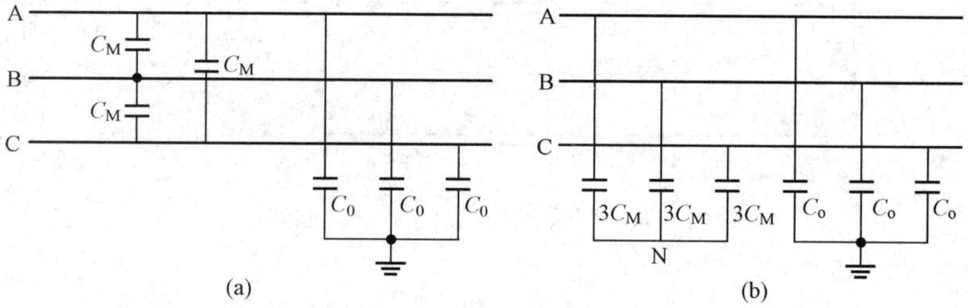

图 1-41　架空输电线路的正序电容和零序电容

(a) 线间电容和对地电容；(b) 线间电容变换为星形电容

有架空地线时，输电线路的正序电容 C_1、零序电容 C_0 略有增大，相应的正序容抗、零序容抗略有减小，但变化不大，不影响继电保护的应用。表 1-3 示出了超高压线路每 100km 的序电容及相应的序容抗。

表 1-3　　　　超高压线路每百公里序电容及序容抗

线路电压 (kV)	每百公里正序电容和正序容抗		每百公里零序电容和零序容抗	
	正序电容 (μF)	正序容抗 (Ω)	零序电容 (μF)	零序容抗 (Ω)
220	0.86030	3700	0.60515	5260
330	1.11297	2860	0.76333	4170
500	1.22900	2590	0.83987	3790

(六) 电缆线路的序阻抗

电缆芯线间距离较小，所以电缆线路的正序 (负序) 电抗比架空线路的要小得多。通常，电缆的正序电阻和正序电抗值由制造厂给出。

下面讨论电缆线路的零序阻抗。

敷设电缆时，通常在终端头和连接头处将铅（铝）包护层接地，故大地和包护层均是零序电流的返回通路，但返回的零序电流在包护层和大地间的分配与包护层阻抗、电缆包护层的接地阻抗有关。而接地阻抗与电缆敷设方式及其他因素有关，故要精确计算电缆的零序阻抗是困难的。

可见，电缆的包护层相当于架空线路的架空地线，所不同的是包护层的零序自阻抗就是它和芯线间的零序互阻抗，即包护层没有漏抗。

对电缆线路的零序阻抗，一般通过试验测定。在近似计算中，三芯电缆可采用下列值

$$R_0 \approx 10R_1$$

$$X_0 \approx (3.5 \sim 4.6)X_1$$

在实用计算时，电缆电抗可采用表1－4所列的平均值。

表1－4　　电缆电抗的平均值

元件名称	$X_1=X_2$ (Ω/km)	X_0 (Ω/km)	元件名称	$X_1=X_2$ (Ω/km)	X_0 (Ω/km)
1kV 三芯电缆	0.06	0.21	6～10kV 三芯电缆	0.08	$X_0=3.5X_1=0.28$
1kV 四芯电缆	0.066	0.17	35kV 三芯电缆	0.12	$X_0=3.5X_1=0.42$

四、电抗器的各序参数

不管是普通电抗器还是分裂电抗器，因是静止元件，所以正序、负序阻抗相等，同时电抗器三相间没有互感存在，因此零序阻抗与正序阻抗相等。

电抗器的正序阻抗见本章第二节中所述。

五、异步电动机的各序参数及其等值电路

（一）正序参数和等值电路

在短路故障瞬间，异步电动机转子回路中存在电流，因此异步电动机的正序等值电路与隐极式发电机相同，如图1－16所示。其中X''是异步电动机的次暂态电抗，理解为运行情况突然变化时，异步电动机对基频电流呈现的电抗，在通常情况下，X''的标么值可取

$$X''=0.20 \tag{1-102}$$

异步电动机的次暂态电动势（用$E''_{[0]}$表示）由式（1－63）求得，计及$U_{G[0]}=1$、$I_{G[0]}=1$、$X''=0.2$、$\cos\varphi_{[0]}=0.8$（$\sin\varphi_{[0]}=0.6$），注意到$\dot{I}_{G[0]}$流入电动机，得到

$$E''_{[0]}=1-1\times0.2\times0.6=0.88\approx0.9 \tag{1-103}$$

可见，发生短路故障时，如果电动机端电压$U_M \leqslant E''_{[0]}$，则电动机变成临时电源向外供出短路电流（也称反馈电流）；如果三相短路故障发生在电动机端，有$U_M=0$，所以电动机供出的短路电流$I^{(3)}_{feed}$为

$$I^{(3)}_{feed}=\frac{E''_{[0]}}{X''} \tag{1-104}$$

取$E''_{[0]}=0.9$、$X''=0.2$，则$I^{(3)}_{feed}=4.5$，即供出的三相短路电流为$4.5I_N$；如果$U_M>E''_{[0]}$，则电动机不向外供给短路电流。

需要指出，在短路故障计算中，只有电动机端三相短路才计及反馈电流，并且持续时间也只有1～2个周波时间。在高压网络中发生短路故障时，可不计异步电动机的影响。

异步电动机起动瞬间，因转子处在静止状态，异步电动机相当于一个二次绕组短路的双绕组变压器，故异步电动机有较大的起动电流。异步电动机的起动电流 I_{st*} 可表示为

$$I_{st*}=\frac{1}{Z_{st*}} \qquad (1-105)$$

式中　Z_{st*} ——异步电动机起动阻抗标么值。

根据异步电动机等值电路，在起动瞬间因 $E''_{[0]}=0$，可得到起动电流 $I_{st*}=\frac{1}{X''}$，于是有

$$X''=Z_{st*} \qquad (1-106)$$

（二）异步电动机的负序参数和等值电路

异步电动机没有负序电动势，因此负序参数是负序等值电路。

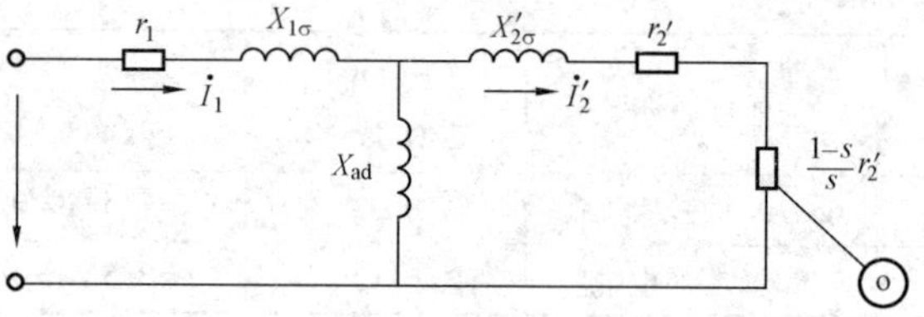

图 1－42　异步电动机稳态正序等值电路

图 1－42 示出了异步电动机稳态正序等值电路。其中 r_1 、r'_2 为定子绕组、转子绕组折算到定子侧的电阻；$X_{1\sigma}$ 、$X'_{2\sigma}$ 为定子绕组、转子绕组折算到定子侧的漏抗；X_{ad} 为定子绕组、转子绕组相互之间的互感抗；$\frac{1-s}{s}r'_2$ 为机械负载相应的转子绕组的电阻（折算值），s 为转差率，$s=\frac{n_0-n}{n_0}$，而 n_0 与 n 分别为同步转速、异步电动机的实际转速。

异步电动机机端存在负序电压时，电动机定子绕组通过相应负序电流建立负序磁场。因电动机转速为 n，所以负序转差率 s_2 为

$$s_2=\frac{n_0+n}{n_0}=\frac{2n_0-(n_0-n)}{n_0}=2-s \qquad (1-107)$$

若负序电流作用时转子绕组电阻、漏抗没有变化或变化不大，则将图 1－42 中的 s 变为 s_2，就构成了异步电动机的负序等值电路，如图 1－43 所示。由图可见，对应于机械负载的等值电阻为负值，说明负序电压产生的是制动力矩。

因为 $r'_2-\frac{1-s}{2-s}r'_2=\frac{1}{2-s}r_2\approx\frac{1}{2}r'_2$，所以不计绕组电阻时，异步电动机的负序电抗由图 1－43 求得为

$$X_2=X_{1\sigma}+\frac{X_{ad}X'_{2\sigma}}{X_{ad}+X'_{2\sigma}} \qquad (1-108)$$

实际上，式（1－108）表示的 X_2 就是 X''，于是 $X_2=X''$，也可认为 $X_2\approx Z_{st*}$。

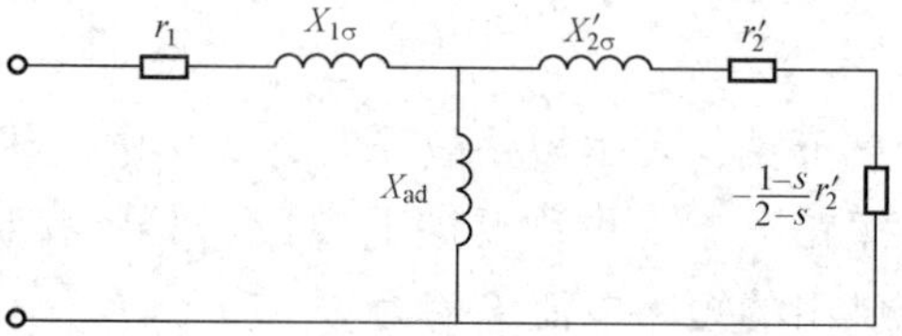

图 1－43　异步电动机的负序等值电路

（三）异步电动机的零序参数

因异步电动机的定子绕组一般接成三角形或不接地星形，零序电流无法流通，所以异步电动机的零序阻抗为无穷大。

六、综合负荷的各序参数

电力系统中的实际负荷由不同性质负荷组合而成，称为综合负荷。

在正常情况下，综合负荷的正序阻抗可用 $X=1.2$ 的支路阻抗代替；短路瞬间的正序等值电路可用 $X''=0.35$、$E''_{[0]}=0.8$ 串联支路表示。当然，综合负荷供电电压级三相短路时，与异步电动机相同，要供给短路电流，但供出的短路电流衰减更快。

综合负荷的负序阻抗即是次暂态电抗，即 $X_2=0.35$。

综合负荷的零序阻抗可认为无穷大。

第六节　电力系统相序网络组成

分析电力系统短路故障，最常用的方法是对称分量法，从而具有正序网络、负序网络和零序网络。

一、短路故障时的各序网络

根据电力系统的接线，由同一序相应的电动势和阻抗构成的单相电路，称为该序的网络。电力系统的序网分别有正序网络、负序网络和零序网络。序网络与短路故障类型、短路故障的相别无关，同一电力系统不同地点短路故障的序网络不同。

因为各种不对称短路故障均可用相应的序网络来表示，所以组成电力系统在某一故障点的各序网络是短路故障分析的基础。而各序网络的制订，是建立在电力系统各元件的序阻抗和相应的等值电路基础上的。

在制订各序网络时，应先了解系统的接线、接地中性点的分布和变压器的接线方式等。

（一）正序网络

正序网络就是计算三相短路时的网络。三相短路时故障点和零电位点直接相连，即图 1－11（a）、（b）中的 K_1、N_1 短接，而不对称短路故障时 K_1、N_1 间存在正序电动势 $\dot{U}_{KA1}$（$\dot{U}_{KB1}$、$\dot{U}_{KC1}$），不能短接。

（二）负序网络

负序电流在网络中流经的元件与正序电流流经的相同，故组成负序网络的元件与组成正序网络的元件完全相同。在一般情况下，可认为电力系统中旋转元件的负序阻抗等于正序阻抗，所以负序网络中的阻抗参数与正序网络中相同。

因发电机没有负序电动势，所以负序网络中电源支路负序阻抗的终点就是零电位点 N_2，不接电动势。

（三）零序网络

在零序网络中，没有电源电动势，只有故障点作用的不对称电动势源的零序分量。零序网络中的元件均以零序参数和零序等值电路代替。

零序电流的流径与正序（负序）电流流径完全不同。由图 1－10（c）可以看出，故障点的三相电位是相同的，可合并为一个单相电路，零序电流经大地或架空地线、电缆包护层构成通路。在画零序网络时，只能将零序电流流经的元件用相应零序等值电路代替，不通过零序电流的元件则断开或舍去。于是，画零序网络的原则是：在故障点处将三相连接在一起，在故障点与地间加上一个零序电动势源；从故障点开始查明零序电流所有通路，凡零序电流通过的元件都用相应的零序等值电路代替。这样就画出了零序网络，故障点是 K_0，大地是 N_0。

在画零序网络的过程中，要充分注意变压器接地中性点的分布，因为只有中性点接地时零序电流才有流通的可能；对于中性点阻抗，在零序网络中的阻抗应乘以 3［见式（1－61）］；对于有三角形绕组的变压器，如 YNd 联结组别的变压器，星形侧绕组的零序电流只能在三角形侧绕组中形成零序环流，不能流出三角形绕组到线路中，所以连接到三角形侧的网络，不管中性点是否接地，不能反映到 YN 侧的零序网络中；有时，在画零序网络时，零序电流不通过该元件，当然该元件不会反映在零序网络中，但并不表示该元件上没有零序电压，需视具体情况而定。

二、故障点系统的等价计算模型

图 1－44（a）示出了中性点接地电力系统 S 中的 K 点。K 点向系统 S 看进去的正序、

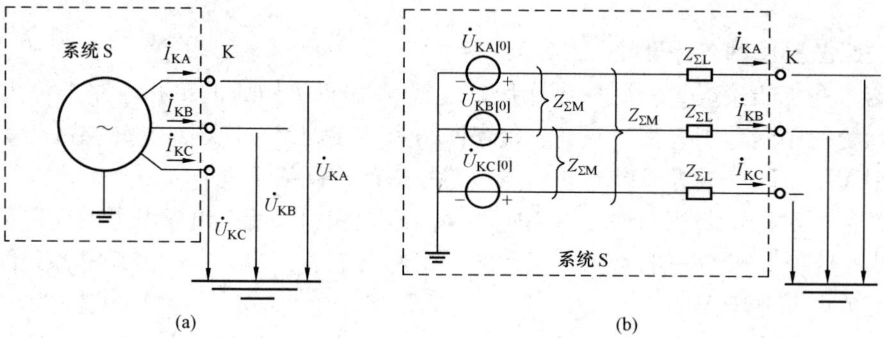

图 1－44 系统的等价计算模型

（a）电力系统中的 K 点；（b）K 点的系统等价计算模型

负序和零序综合阻抗分别为 $Z_{\Sigma1}$、$Z_{\Sigma2}$、$Z_{\Sigma0}$（$Z_{\Sigma2}=Z_{\Sigma1}$），K 点的开路电压为 $\dot U_{KA[0]}$、$\dot U_{KB[0]}$、$\dot U_{KC[0]}$。由叠加原理，K 点的 A 相电压可写为

$$
\begin{aligned}
\dot U_{KA} &= \dot U_{KA[0]} - \dot I_{KA1}Z_{\Sigma1} - \dot I_{KA2}Z_{\Sigma2} - \dot I_{KA0}Z_{\Sigma0}\\
&= \dot U_{KA[0]} - (\dot I_{KA1} + \dot I_{KA2} + \dot I_{KA0})Z_{\Sigma1} - \dot I_{KA0}(Z_{\Sigma0} - Z_{\Sigma1})\\
&= \dot U_{KA[0]} - \dot I_{KA}Z_{\Sigma1} - \frac{1}{3}(\dot I_{KA} + \dot I_{KB} + \dot I_{KC})(Z_{\Sigma0} - Z_{\Sigma1})\\
&= \dot U_{KA[0]} - \dot I_{KA}Z_{\Sigma L} - (\dot I_{KB} + \dot I_{KC})Z_{\Sigma M}
\end{aligned}
$$

同理可得到 K 点的 B、C 相电压。于是 K 点的三相电压表示为

$$
\left.
\begin{aligned}
\dot U_{KA} &= \dot U_{KA[0]} - \dot I_{KA}Z_{\Sigma L} - (\dot I_{KB} + \dot I_{KC})Z_{\Sigma M}\\
\dot U_{KB} &= \dot U_{KB[0]} - \dot I_{KB}Z_{\Sigma L} - (\dot I_{KA} + \dot I_{KC})Z_{\Sigma M}\\
\dot U_{KC} &= \dot U_{KC[0]} - \dot I_{KC}Z_{\Sigma L} - (\dot I_{KA} + \dot I_{KB})Z_{\Sigma M}
\end{aligned}
\right\}
\qquad (1-109)
$$

其中 $Z_{\Sigma L}$、$Z_{\Sigma M}$ 与 $Z_{\Sigma1}$、$Z_{\Sigma0}$ 的关系式为

$$Z_{\Sigma L} = \frac{1}{3}(2Z_{\Sigma 1} + Z_{\Sigma 0}) \tag{1-110}$$

$$Z_{\Sigma M} = \frac{1}{3}(Z_{\Sigma 0} - Z_{\Sigma 1}) \tag{1-111}$$

图 1－44（a）中的 $\dot{I}_{KA}$、$\dot{I}_{KB}$、$\dot{I}_{KC}$ 是流入故障点的各相总故障电流。

满足式（1－109）关系的等价计算模型，即 K 点的系统 S 等价计算模型如图 1－44（b）所示。由图可见，$Z_{\Sigma L}$ 为系统 S 的每相自阻抗，$Z_{\Sigma M}$ 为系统 S 相间互阻抗。

第七节　电力系统三相短路暂态分析

一、无限大容量电源供电的三相短路暂态分析

（一）无限大容量电源

电力系统发生三相短路时，短路电流主要由同步发电机供给，要精确分析由各同步发电机供给的短路电流是十分困难的。为便于分析，可以近似认为在暂态过程中电动势不变，于是引入了无限大容量电源的概念。

当电力系统的电源距短路点的电气距离较远时，由短路而引起的电源送出功率的变化 ΔS（$\Delta S = \Delta P + j\Delta Q$）远小于电源所具有的功率 S（$\Delta S \ll S$），则称该电源为无限大容量电源。

无限大容量电源具有下列两个特点：第一，由于 $\Delta P \ll P$，所以可认为电源频率是恒定不变的。第二，由于 $\Delta Q \ll Q$，故可认为电源电压是恒定不变的。因电压恒定的电源内阻抗必定为零，所以无限大容量电源的内阻抗为零。

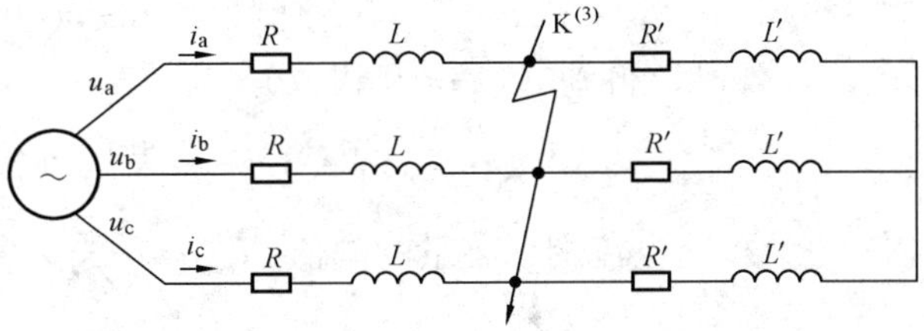

图 1－45　无限大容量电源供电的三相对称电路

真正的无限大容量电源是不存在的，但当供电电源的内阻抗小于短路回路总阻抗的 10% 时，则可认为供电电源为无限大容量电源。显然，无限大容量电源内部不存在暂态过程。

（二）无限大容量电源供电回路三相短路电流表示式

图 1－45 示出了一个由无限大容量电源供电的三相对称电路。

短路发生前，电路处于某一稳定状态，其中一相的电压和电流（如 A 相）表示式为

$$u_a = U_m \sin(\omega t + \theta_0) \tag{1-112}$$

$$i_a = I_m \sin(\omega t + \theta_0 - \varphi) \tag{1-113}$$

式中　U_m——电源电压的幅值；

I_m——短路故障发生前电流幅值，$I_m = \dfrac{U_m}{\sqrt{(R+R')^2 + \omega^2 (L+L')^2}}$；

φ——短路故障发生前回路阻抗角，$\varphi = \arctan \dfrac{\omega(L+L')}{R+R'}$。

其中 $R+R'$ 与 $L+L'$ 分别为短路前每相的电阻和电感。

当 K 点发生三相短路时，图 1－45 电路被分成两个独立的部分，每相阻抗由（$R+R'$）

$+\mathrm{j}\omega(L+L')$ 减少到 $R+\mathrm{j}\omega L$。若假定短路在 $t=0$ 时发生，左边部分的电流（如 A 相）满足方程式如下

$$L\frac{\mathrm{d}i_{\mathrm{a}}}{\mathrm{d}t}+Ri_{\mathrm{a}}=u_{\mathrm{a}}=U_{\mathrm{m}}\sin(\omega t+\theta_0)$$

其解为

$$i_{\mathrm{a}}=\frac{U_{\mathrm{m}}}{Z}\sin(\omega t+\theta_0-\varphi_{\mathrm{K}})+A\mathrm{e}^{-\frac{t}{T_{\mathrm{a}}}} \tag{1-114}$$

式中　Z——短路回路的阻抗，$Z=\sqrt{R^2+(\omega L)^2}$；

φ_{K}——短路回路的阻抗角，$\varphi_{\mathrm{K}}=\arctan\frac{\omega L}{R}$；

T_{a}——短路回路阻抗确定的时间常数，$T_{\mathrm{a}}=\frac{L}{R}$；

A——由起始条件确定的积分常数；

θ_0——短路瞬间 u_{a} 的相位角，可称合闸相角。

由式（1－114）可见，电流由两部分组成，前者是由电源支持的周期分量（强制电流），幅值在暂态过程中不变；后者是无电源支持的非周期分量（自由分量电流），大小在暂态过程中以时间常数 T_{a} 衰减，最终衰减为零。

由于短路回路属电感性质，短路瞬间电流不能突变，即短路前瞬间的电流和短路瞬间的电流是相等的。由式（1－113）得到（以 $t=0$ 代入）

$$i_{\mathrm{a}[0]}=I_{\mathrm{m}}\sin(\theta_0-\varphi) \tag{1-115}$$

由式（1－114）得到（以 $t=0$ 代入）

$$i_{\mathrm{a}[0]}=I_{\omega\mathrm{m}}\sin(\theta_0-\varphi_{\mathrm{K}})+A \tag{1-116}$$

式中 $I_{\omega\mathrm{m}}$ 为短路电流周期分量的幅值，$I_{\omega\mathrm{m}}=\frac{U_{\mathrm{m}}}{Z}$。由 $i_{\mathrm{a}0}=i_{\mathrm{a}[0]}$，得到 A 值为

$$A=I_{\mathrm{m}}\sin(\theta_0-\varphi)-I_{\omega\mathrm{m}}\sin(\theta_0-\varphi_{\mathrm{K}}) \tag{1-117}$$

将 A 值代入式（1－114）就得到短路电流的表示式

$$i_{\mathrm{a}}=I_{\omega\mathrm{m}}\sin(\omega t+\theta_0-\varphi_{\mathrm{K}})+[I_{\mathrm{m}}\sin(\theta_0-\varphi)-I_{\omega\mathrm{m}}\sin(\theta_0-\varphi_{\mathrm{K}})]\mathrm{e}^{-\frac{t}{T_{\mathrm{a}}}} \tag{1-118}$$

如果以 θ_0-120° 和 θ_0+120° 代替式（1－118）中的 θ_0 就可分别得到 i_{b} 和 i_{c} 的表示式。

（三）非周期分量电流

由式（1－118）得到，$i_{\alpha(\mathrm{A})}$（A 相的非周期分量电流）为

$$i_{\alpha(\mathrm{A})}=[I_{\mathrm{m}}\sin(\theta_0-\varphi)-I_{\omega\mathrm{m}}\sin(\theta_0-\varphi_{\mathrm{K}})]\mathrm{e}^{-\frac{t}{T_{\mathrm{a}}}} \tag{1-119}$$

由式（1－119）可见，当电路的参数已知时，$i_{\alpha(\mathrm{A})}$ 与短路前的负载状态有关，与合闸相角 θ_0 有关。

人们感兴趣的是短路的最严重情况，即 $i_{\alpha(\mathrm{A})}$ 在何种情况下有最大值。因 φ 与 φ_{K} 均在 0°～90°间且相差不大（针对图 1－45 所示电路），所以 $i_{\alpha(\mathrm{A})}$ 达最大的第一条件是电路原先处在空载状态，即 $I_{\mathrm{m}}=0$；考虑到短路回路阻抗角 $\varphi_{\mathrm{K}}\approx 90^\circ$，要使 $\sin(\theta_0-\varphi_{\mathrm{K}})=\sin(\theta_0-90^\circ)$ 有极值，必然 $\theta_0=0^\circ$（或 180°），所以 $i_{\alpha(\mathrm{A})}$ 达最大的第二条件是电压 u_{a} 过零时发生短路。由此得到 $i_{\alpha(\mathrm{A})}$ 的最大值（A 相）为

$$i_{\alpha(\mathrm{A})\max} = I_{\omega \mathrm{m}} \mathrm{e}^{-\frac{t}{T_a}} \quad (\theta_0 = 0°) \tag{1-120}$$

其 $i_{\alpha(\mathrm{A})}$ 的最大初始值为 $I_{\omega \mathrm{m}}$，等于周期分量的幅值。归纳起来，在 $i_{[0]} = 0$、$\theta_0 = 0°$（或 180°）以及 $\varphi_{\mathrm{K}} \approx 90°$（短路回路接近纯电感电路）条件下，$i_{\alpha(\mathrm{A})}$ 达最大值，此即为短路最严重情况。

当 A 相非周期分量电流达最大时，B 相和 C 相的非周期分量电流可写为（$\theta_0 = 0°$）

$$\begin{aligned} i_{\alpha(\mathrm{B})} &= -I_{\omega \mathrm{m}} \sin(-120° - 90°) \mathrm{e}^{-\frac{t}{T_a}} \\ &= -\frac{1}{2} I_{\omega \mathrm{m}} \mathrm{e}^{-\frac{t}{T_a}} \end{aligned}$$

$$i_{\alpha(\mathrm{C})} = -I_{\omega \mathrm{m}} \sin(120° - 90°) \mathrm{e}^{-\frac{t}{T_a}} = -\frac{1}{2} I_{\omega \mathrm{m}} \mathrm{e}^{-\frac{t}{T_a}}$$

可见，三相的非周期分量电流不可能同时达到最大。

归纳以上分析，三相非周期分量电流有如下特点：

（1）三相短路时，必然有非周期分量电流出现。在空载情况下，当 $\theta_0 = 0°$（或 180°）即 u_a 过零时发生短路，A 相非周期分量有最大值；当 $\theta_0 = 90°$（或 −90°）即 u_a 达最大值时发生短路，A 相不会有非周期分量电流。三相非周期分量电流不可能同时有最大值，也不可能同时有零值。

（2）三相非周期分量电流大小和极性是不同的。由于在空载情况下短路，所以某相非周期分量电流的初始值总与该相周期分量电流初始值大小相等、极性相反。

（3）由于三相短路时的三相非周期分量电流大小和极性的不同，致使三相电流互感器磁路处在不同状况下工作，从而导致三相电流互感器传变电流存在差异，再计及三相电流互感器的差异，因此三相短路故障时，在电流互感器二次零序回路中会出现较大的暂态不平衡电流。可认为这是非周期分量电流作用的结果。

附带指出，短路故障时电流中含有较大的非周期分量，但母线电压中非周期分量的含量是很小的。母线电压 u_{M} 的表示式为

$$u_{\mathrm{M}} = i_{\mathrm{K}} R + L \frac{\mathrm{d} i_{\mathrm{K}}}{\mathrm{d} t} \tag{1-121}$$

式中　i_{K}——由母线流向线路的（或经零序电流补偿后）电流；

R、L——故障点到保护安装处母线的线路正序电阻、正序电感。

注意到输电线路电阻上压降（$R i_{\mathrm{K}}$）远比电感上压降（$L \frac{\mathrm{d} i_{\mathrm{K}}}{\mathrm{d} t}$）小，同时 i_{K} 经微分后的压降 $L \frac{\mathrm{d} i_{\mathrm{K}}}{\mathrm{d} t}$ 中基本上已不含非周期分量压降，所以 u_{M} 中非周期分量是很小的，远比 i_{K} 中非周期分量含量小。

（四）短路冲击电流

短路冲击电流就是短路电流最大瞬时值，用符号 I_{imp} 表示。

由于非周期分量电流的存在，使短路电流偏向时间轴的某一侧。当非周期分量最大时，将出现最大瞬时电流的情况。在式（1－118）中，令 $I_{\mathrm{m}} = 0$（空载情况下短路）、$\theta_0 = 0°$（电压 u_a 过零时短路）、$\varphi_{\mathrm{K}} = 90°$，得到

$$i_a = -I_{\omega \mathrm{m}} \cos \omega t + I_{\omega \mathrm{m}} \mathrm{e}^{-\frac{t}{T_a}} \tag{1-122}$$

很显然，三相电流中只有一相可能出现这一情况。

根据式（1－122），可作出电流波形如图1－46所示。由图可见，冲击电流在短路后半个工频周期时出现，当$f=50\text{Hz}$时，$\dfrac{T}{2}=0.01\text{s}$，可得$I_{imp}$算式为

$$I_{imp}=I_{\omega m}+I_{\omega m}e^{-\frac{0.01}{T_a}}=(1+e^{-\frac{0.01}{T_a}})I_{\omega m}=\sqrt{2}K_{imp}I_{\omega} \tag{1-123}$$

式中　K_{imp}——冲击系数，$K_{imp}=1+e^{-\frac{0.01}{T_a}}$；

I_{ω}——短路电流周期分量有效值。

冲击系数K_{imp}与T_a有关，当T_a在$0\sim\infty$（对应纯电阻回路和纯电抗回路）间变化时，K_{imp}的变化范围是

$$1\leqslant K_{imp}\leqslant 2 \tag{1-124}$$

当$T_a=0.05\text{s}$（即短路发生在一般高压网络中）时，有$K_{imp}=1+e^{-\frac{0.01}{0.05}}=1.8$，则冲击电流为

$$i_{imp}=1.8\sqrt{2}I_{\omega}=2.55I_{\omega} \tag{1-125}$$

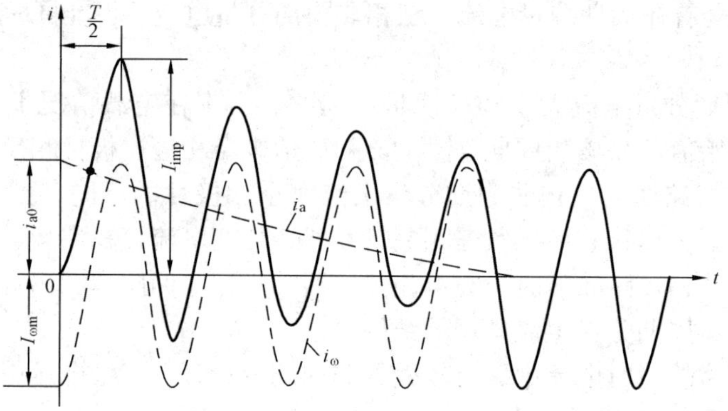

图1－46　非周期分量电流最大时短路电流波形

冲击电流用于校验电气设备和载流导体的电动力稳定性。

（五）短路电流最大有效值

在短路过程中，任一时刻t的短路电流有效值I_t是指以t时刻为中心的一个周期（T）内瞬时电流的均方根值。经演算得到

$$I_t=\sqrt{\frac{1}{T}\int_{t-\frac{T}{2}}^{t+\frac{T}{2}}i_K^2\,dt}=\sqrt{I_{\alpha t}^2+I_{\omega t}^2} \tag{1-126}$$

式中　i_K——短路电流；

I_{at}——短路电流非周期分量有效值，等于t时刻的非周期分量电流，$I_{\alpha t}=I_{\alpha t}$；

$I_{\omega t}$——短路电流周期分量有效值（如计及周期分量的衰减，等于周期分量电流包络线上t时刻数值的$\dfrac{1}{\sqrt{2}}$）。

短路后的第一周期内，I_t有最大值，以符号I_{imp}表示。

在无限大容量电源供电回路短路情况下，周期分量有效值为I_{ω}。对于非周期分量电流有效值，因为t取短路后的$\frac{T}{2}$，故有（见图1-46）

$$I_{\alpha(t=001)} = i_{imp} - \sqrt{2}I_{\omega} = (K_{imp} - 1)\sqrt{2}I_{\omega}$$

代入式（1-126），得到I_{imp}为

$$\begin{aligned} I_{imp} &= \sqrt{I_{\omega}^2 + [(K_{imp} - 1)\sqrt{2}I_{\omega}]^2} \\ &= I_{\omega}\sqrt{1 + 2(K_{imp} - 1)^2} \end{aligned} \tag{1-127}$$

将式（1-124）K_{imp}的两个极限值代入（当$K_{imp}=1$时，有$I_{imp} = I_{\omega}$；当$K_{imp}=2$时，有$I_{imp} = \sqrt{3}I_{\omega}$），得到

$$I_{\omega} \leqslant I_{imp} \leqslant \sqrt{3}I_{\omega} \tag{1-128}$$

当$K_{imp}=1.8$时，有$I_{imp}=1.52I_{\omega}$；当$K_{imp}=1.9$时，$I_{imp}=1.62I_{\omega}$。

短路电流最大有效值常用于校验某些电器设备的断流能力和机械强度。

（六）短路容量

短路容量为

$$S_{Kt} = \sqrt{3}U_N I_{Kt}\ (\mathrm{MVA}) \tag{1-129}$$

式中　U_N——短路处网络的额定线电压（kV）；

　　I_{Kt}——短路电流的有效值（kA）。

一般$U_N = U_{av}$，I_{Kt}只计短路电流周期分量有效值I_{ω}，即$I_{Kt} = I_{\omega}$，故式（1-129）变为

$$S_{Kt} = \sqrt{3}U_{av}I_{\omega}\ (\mathrm{MVA}) \tag{1-130}$$

用标幺值表示时，如取$U_B = U_{av}$，则有

$$S_{Kt*} = \frac{S_{Kt}}{S_B} = \frac{\sqrt{3}U_{av}I_{\omega}}{\sqrt{3}U_{av}I_B} = \frac{I_{\omega}}{I_B} = I_{\omega*} \tag{1-131}$$

即短路容量的标幺值和短路电流标幺值相等。在$I_{\omega*}$求得后，短路容量为

$$S_{Kt} = I_{\omega*}S_B \tag{1-132}$$

短路容量主要用来校验断路器的开断能力。

（七）周期分量电流

短路电流中的周期分量是一个重要电气量，计算其值具有重要意义。计算时，可不计负荷的影响，且可认为无限大容量电源电压为平均额定电压。于是有

$$I_{\omega} = \frac{U_{av}}{\sqrt{3}Z_{\Sigma}} \tag{1-133}$$

式中　U_{av}——短路点电压级的平均额定电压；

　　Z_{Σ}——归算到短路点所在电压级的电源到短路点的综合阻抗。

采用标幺值计算时，则式（1-133）可写为

$$I_{\omega*} = \frac{I_{\omega}}{I_B} = \frac{\dfrac{U_{av}}{\sqrt{3}Z_{\Sigma}}}{\dfrac{U_{av}}{\sqrt{3}Z_B}} = \frac{1}{Z_{\Sigma*}} \tag{1-134}$$

二、电力系统三相短路的实用计算

（一）三相短路电流 I''

实际电力系统发生三相短路时，短路电流中的周期分量幅值是变化的。在校验断路器的断开容量、继电保护整定计算中，感兴趣的是短路瞬间短路电流周期分量有效值，一般称为起始次暂态电流，以 I'' 表示。在无限大容量电源供电回路三相短路时，因周期分量幅值恒定，所以在这种情况下，有 $I''=I_{\infty}$。实际电力系统发生三相短路时，虽然短路电流幅值是变化的，但因求的是短路瞬间的周期分量电流，所以可按无限大容量电源供电回路中三相短路那样求得周期分量电流，从而得到 I'' 值。

在计算 I'' 时，可以不考虑负载（不连接在短路点）的影响；对发电机以 $E''_{[0]}$、X'' 取代，但为了方便起见，也可认为 $E''_{[0]}=1$。至于 I'' 的计算公式，完全与式（1－133）和式（1－144）相同。

对于直接与短路点相连的负载，在计算 I'' 时要计及其影响。由负载提供的 I'' 计算如下

对异步电动机
$$I''_{M}=\frac{E''_{[0]}}{X''}I_{N}=\frac{0.9}{0.2}I_{N}=4.5I_{N} \tag{1-135}$$

对综合负荷
$$I''_{L}=\frac{0.8}{0.35}I_{N}=2.29I_{N} \tag{1-136}$$

其中 I_N 分别是异步电动机和综合负荷的额定电流。当然，总的起始次暂态电流为电源和负载反馈的两部分之和。

（二）冲击电流

计算冲击电流时，同样要考虑连接在短路点负荷反馈的冲击电流。计及式（1－123）得到总的冲击电流为

$$I_{imp}=\sqrt{2}K_{imp\cdot G}I''_{G}+\sqrt{2}K_{imp\cdot M}I''_{M} \tag{1-137}$$

式中 I''_{G}——发电机电源供给的起始次暂态电流有效值；

I''_{M}——异步电动机（或综合负荷）供给的起始次暂态电流有效值；

$K_{imp\cdot M}$——异步电动机（或综合负荷）冲击系数（容量在 200kW 以下，取 1；200～500kW，取 1.3～1.5；500～1000kW，取 1.5～1.7；1000kW 以上，取 1.7～1.8）。

式（1－137）中的第一项为同步发电机供给的冲击电流，第二项为连接在短路点的异步电动机（或综合负荷）反馈的冲击电流。

$K_{imp\cdot G}$ 与时间常数 T_a 密切相关，而 T_a 与短路回路的 $\frac{X}{R}$ 有关。当不容易求得 T_a 时，可取如下数值：短路点在汽轮发电机端，取 $T_a=80ms$；短路点在发电厂出线电抗器之后，取 $T_a=40ms$；对于远离发电厂的短路点，取 $T_a=15ms$；一般高压网络的短路点，取 $T_a=50ms$。

第二章 电力系统横向短路故障分析

第一节 三相短路故障分析

第一章第七节分析了电力系统三相短路故障的暂态情况，本节（包括以后各节）讨论的是稳态短路情况。

一、边界条件与特殊相

图 2-1 示出了 K 点金属性三相短路的情况（可接地，也可不接地），在 K 点将系统分割成两个部分。写出 K 点金属性三相短路的边界条件为

$$\left.\begin{aligned}\dot{U}_{KA}^{(3)}&=0\\\dot{U}_{KB}^{(3)}&=0\\\dot{U}_{KC}^{(3)}&=0\end{aligned}\right\}\tag{2-1}$$

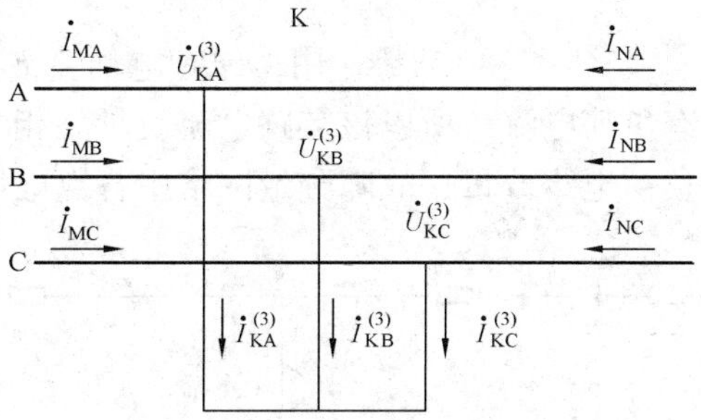

图 2-1 K 点金属性三相短路

因三相处在相同的情况，故任一相均可取特殊相（基准相），一般取 A 相。

二、复合序网与故障分量网络

（一）复合序网

由式（2-1）可得故障点各序分量电压为

$$\dot{U}_{KA1}^{(3)}=\dot{U}_{KA2}^{(3)}=\dot{U}_{KA0}^{(3)}=0$$

于是图 1-11（b）、（d）、（f）中的 K_1 和 N_1、K_2 和 N_2、K_0 和 N_0 短接，即复合序网就是正序网络。显然，$\dot{I}_{KA2}^{(3)}=0$、$\dot{I}_{KA0}^{(3)}=0$，即三相对称短路没有负序电流和零序电流，自然也没有负序电压和零序电压。

故障点的正序电流就是三相短路电流，即

$$\dot{I}_{KA}^{(3)}=\dot{I}_{KA1}^{(3)}=\frac{\dot{U}_{KA[0]}}{Z_{\Sigma1}}\tag{2-2}$$

（二）故障分量网络

由于故障分量原理在微机保护中大量应用，而故障分量存在于故障分量网络中，因此有必要建立短路故障时的故障分量网络，以便理解故障分量原理的微机保护。

图 2-1 中 K 点三相短路故障，可看成图 1-8 电力系统在正常运行情况 K 点反向接入正常运行三相电压造成，如图 2-2 所示。显然，K 点三相短路故障是电动势 $\dot{E}_M$、$\dot{E}_N$ 和 K

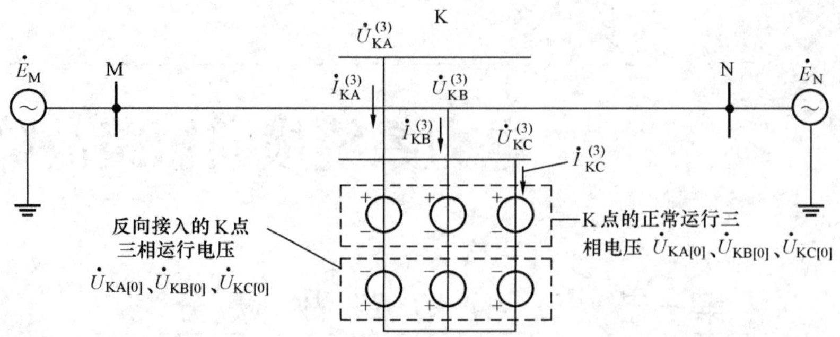

图 2－2　K 点反向接入正常运行三相电压造成三相短路

点正常运行三相电动势 $\dot{U}_{KA[0]}$、$\dot{U}_{KB[0]}$、$\dot{U}_{KC[0]}$ 作用下的负荷状态与反向接入的 $\dot{U}_{KA[0]}$、$\dot{U}_{KB[0]}$、$\dot{U}_{KC[0]}$ 作用下的故障分量网络叠加的结果。在故障分量网络中仅有反向接入的 $\dot{U}_{KA[0]}$、$\dot{U}_{KB[0]}$、$\dot{U}_{KC[0]}$ 电动势作用，原有电动势 $\dot{E}_M=0$、$\dot{E}_N=0$；在故障分量网络中，因故障支路没有负荷电流，所以该支路电流就是三相短路电流，在其他支路中同样是故障分量电流，没有负荷电流分量；故障分量网络中各点电压就是三相短路故障时引起的电压变化量；因是三相短路故障，故障分量网络中各元件用相应正序阻抗代替。注意到三相对称，只需画出一相（如 A 相），图 2－3 示出了 K 点三相短路故障时的故障分量网络。图中用 $\Delta\dot{I}_{MA}$、$\Delta\dot{I}_{NA}$ 表示故障分量电流，$\Delta\dot{U}_{MA}$、$\Delta\dot{U}_{NA}$ 表示故障分量电压。

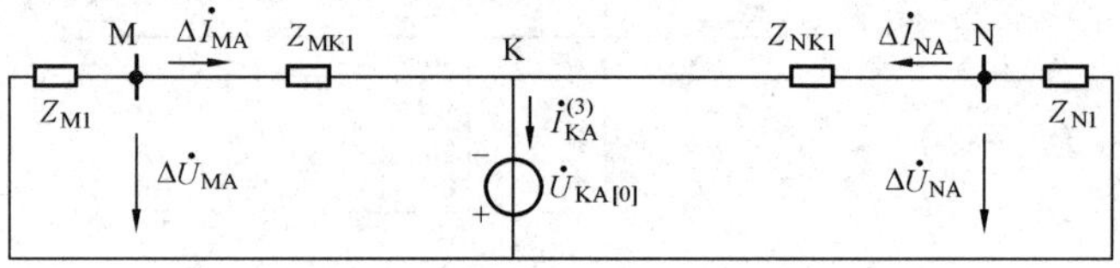

图 2－3　K 点三相短路故障时的故障分量网络

三、序电压分布

由图 2－3 示出的故障分量网络可知，K 点三相短路故障时，线路两侧的 $\Delta\dot{I}_{MA}$、$\Delta\dot{I}_{NA}$ 和 $\Delta\dot{U}_{MA}$、$\Delta\dot{U}_{NA}$ 分别为

$$\left.\begin{aligned}\Delta\dot{I}_{MA}&=\frac{\dot{U}_{KA[0]}}{Z_{M1}+Z_{MK1}}\\\Delta\dot{I}_{NA}&=\frac{\dot{U}_{KA[0]}}{Z_{N1}+Z_{NK1}}\end{aligned}\right\}\tag{2-3}$$

$$\left.\begin{aligned}\Delta\dot{U}_{MA}&=-\Delta\dot{I}_{MA}Z_{M1}=-\frac{Z_{M1}}{Z_{M1}+Z_{MK1}}\cdot\dot{U}_{KA[0]}\\\Delta\dot{U}_{NA}&=-\Delta\dot{I}_{NA}Z_{N1}=-\frac{Z_{N1}}{Z_{N1}+Z_{NK1}}\cdot\dot{U}_{KA[0]}\end{aligned}\right\}\tag{2-4}$$

可以看出，母线 M、N 上的故障分量电压是故障分量电动势（$\dot{U}_{KA[0]}$）在母线上的分压值，当故障点愈靠近母线时，数值愈高。

图 2－4（a）示出了故障分量电压的分布，K 点故障分量电压最高，逐渐向电源中性点

降低到零；若 N 侧无电源，则 N 侧的故障分量电压当然为 $-\dot{U}_{KA[0]}$，分布如图中虚线所示。故障分量电压叠加负荷状态下的电压即是总的正序电压（就是正序电压），图 2－4（b）示出了总的正序电压分布。由图可见，故障点的正序电压为零，逐渐向电源升高，到电源点就是电源电动势。当 N 侧无电源时，N 侧总的正序电压为零值，其分布如图 2－4（b）虚线所示。

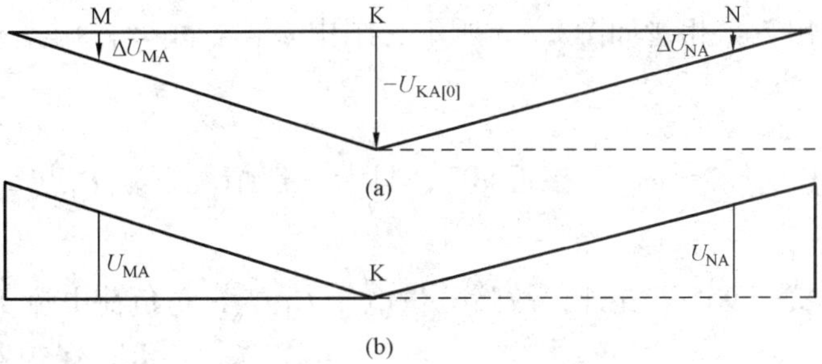

图 2－4　三相短路故障时正序电压分布

（a）故障分量电压分布；（b）总的正序电压分布

图 2－2 中 K 点三相短路故障时，保护安装处（如 M 母线）的正序电压 $\dot{U}_{MA}$ 计及式（2－3）、式（2－4）得到为

$$\begin{aligned}\dot{U}_{MA} &= \dot{U}_{MA[0]} + \Delta\dot{U}_{MA}\\ &= (\dot{U}_{KA[0]} + \dot{I}_{1oa\cdot A}Z_{MK1}) - \frac{Z_{M1}}{Z_{M1}+Z_{MK1}}\cdot\dot{U}_{KA[0]}\\ &= (\Delta\dot{I}_{MA} + \dot{I}_{1oa\cdot A})Z_{MK1}\end{aligned} \tag{2－5}$$

式中　$\dot{U}_{MA[0]}$——短路故障前 M 母线上的 A 相电压；

$\dot{I}_{1oa\cdot A}$——M 母线流向故障线的负荷电流。

可以看出，故障点愈靠近保护安装处时，保护安装处的正序电压愈低，当故障点在保护出口处时，正序电压降到零值。

附带指出，计及式（2－3）后，三相短路电流 $\dot{I}_{KA}^{(3)}$ 由图 2－3 得到为

$$\dot{I}_{KA}^{(3)} = \Delta\dot{I}_{MA} + \Delta\dot{I}_{NA} = \frac{\dot{U}_{KA[0]}}{(Z_{M1}+Z_{MK1})//(Z_{N1}+Z_{NK1})} = \frac{\dot{U}_{KA[0]}}{Z_{\Sigma1}}$$

与式（2－2）完全一致。

四、序电流分布

因为三相短路故障仅有正序分量，所以序电流的分布即是正序电流的分布。

图 2－2 中 K 点三相短路故障时，M 侧的正序电流（以 A 相为例）可表示为

$$\dot{I}_{MA} = \dot{I}_{1oa\cdot A} + \Delta\dot{I}_{MA} = \dot{I}_{1oa\cdot A} + C_{1M}\dot{I}_{KA}^{(3)} \tag{2－6}$$

其中

$$\dot{I}_{1oa\cdot A} = \frac{\dot{E}_{MA} - \dot{E}_{NA}}{Z_{M1}+Z_{MN1}+Z_{N1}} = \frac{\dot{E}_{MA} - \dot{E}_{NA}}{Z_{11}}$$

$$Z_{11} = Z_{M1} + Z_{MN1} + Z_{N1}$$

$$C_{1M} = \frac{Z_{N1}+Z_{NK1}}{Z_{11}}$$

作出 $\dot{I}_{MA}$ 相量如图 2－5 所示，图中 $\varphi_{11} = \arg Z_{11}$ 、$\varphi_{\Sigma 1} = \arg Z_{\Sigma 1}$ 、$\delta = \arg \dfrac{\dot{E}_{MA}}{\dot{E}_{NA}}$ ，在超高压电网中，$\varphi_{11} \approx \varphi_{\Sigma 1}$ 且接近 90°。计及一般情况下，$|C_{1M}I_{KA}^{(3)}|$ 远比 $|\dot{I}_{1oa \cdot A}|$ 大，因此 $\varphi = \arg \dfrac{\dot{U}_{MA}}{\dot{I}_{MA}}$ 也接近 90°。此外，故障分量电流 $C_{1M}\dot{I}_{KA}^{(3)}$ 与负荷电流 $\dot{I}_{1oa \cdot A}$ 几乎有垂直的相位关系。

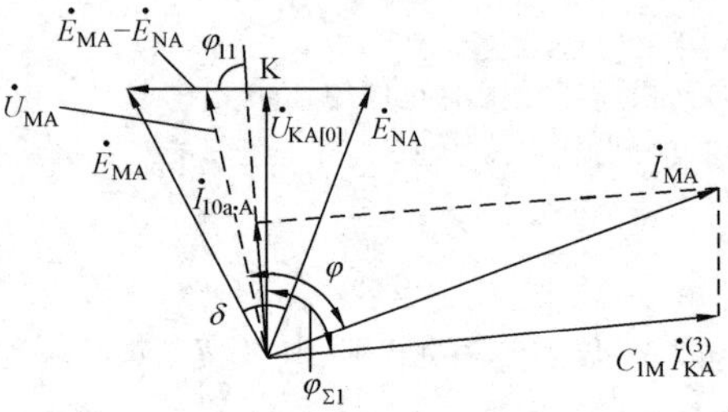

图 2－5　$\dot{I}_{MA}$ 电流相量

五、保护安装处故障分量电压与故障分量电流间的相位关系

故障分量电流、电压也称突变量电流、电压，下面讨论图 2－3 中 M 侧突变量电流、电压间的相位关系。

保护方向上三相短路故障时，由式（2－4）得

$$\arg \frac{\Delta \dot{U}_{\phi 1}}{\Delta \dot{I}_{\phi 1}} = \arg(-Z_{M1}) = 180° + \arg Z_{M1} \tag{2-7}$$

当 $\arg Z_{M1} = 70° - 80°$ 时，上式变为

$$\arg \frac{\Delta \dot{U}_{\phi 1}}{\Delta \dot{I}_{\phi 1}} = -(110° \sim 100°) \tag{2-8}$$

即 $\Delta \dot{U}_{\phi 1}$ 滞后 $\Delta \dot{I}_{\phi 1}$ 的角度是 110°～100°。其中 $\Delta \dot{U}_{\phi 1}$ 是保护安装处正序相电压突变量，$\Delta \dot{I}_{\phi 1}$ 是母线流向被保护线路的正序相电流突变量。由式（2－7）可见，$\Delta \dot{U}_{\phi 1}$ 与 $\Delta \dot{I}_{\phi 1}$ 间的相位关系仅决定于保护反方向上的正序阻抗角，与故障点的状况无关，即与故障点是否存在过渡电阻无关。

保护反方向上三相短路故障时，图 2－3 中的电动势的作用点将移到 M 母线的左侧，于是有关系式

$$\Delta \dot{U}_{MA} = \Delta \dot{I}_{MA}(Z_{MK1} + Z_{NK1} + Z_{N1}) \tag{2-9}$$

于是得到

$$\arg \frac{\Delta \dot{U}_{\phi 1}}{\Delta \dot{I}_{\phi 1}} = \arg(Z_{MK1} + Z_{NK1} + Z_{N1}) = 70° - 80° \tag{2-10}$$

即 $\Delta \dot{U}_{\phi 1}$ 超前 $\Delta \dot{I}_{\phi 1}$ 的角度是 70°～80°，并且超前的角度决定于保护方向上的正序阻抗角，同样与故障点是否存在过渡电阻无关。

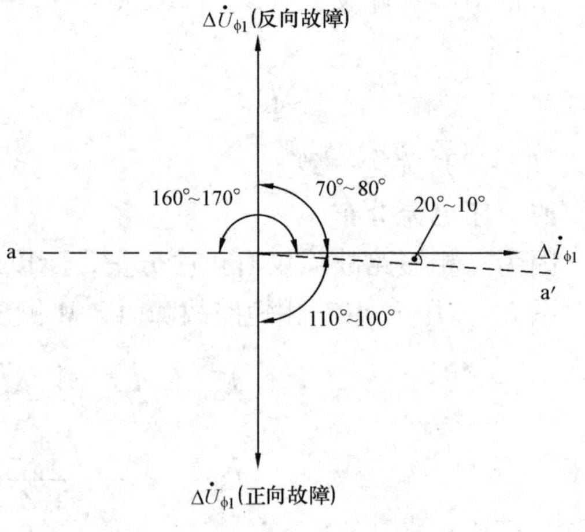

图 2－6　正、反方向三相短路故障时 $\Delta \dot{U}_{\phi 1}$ 与 $\Delta \dot{I}_{\phi 1}$ 相位关系

由式（2-8）、式（2-10）可作出 $\Delta\dot{U}_{\phi1}$、$\Delta\dot{I}_{\phi1}$ 相位关系如图2-6所示。如果作垂直于 $\Delta\dot{U}_{\varphi1}$ 的一条直线 aa′ 作为正序突变量方向元件的边界，则动作判据可写为

$$\left.\begin{aligned} -15° < \arg\frac{\Delta\dot{U}_{\phi1}}{\Delta\dot{I}_{\phi1}} < 165°(\text{反方向元件}) \\ 165° < \arg\frac{\Delta\dot{U}_{\phi1}}{\Delta\dot{I}_{\phi1}} < 345°(\text{正方向元件}) \end{aligned}\right\} \tag{2-11}$$

由于正序故障分量网络是一个无源网络，且故障点的正序故障分量电压最高，所以正序突变量方向元件不存在电压死区问题。当然，正、反方向出口三相短路故障可正确判别故障方向且有高的灵敏度。

六、故障点过渡电阻影响

（一）复合序网和故障分量网络

图2-7示出了K点经过渡电阻 R_g 三相短路，容易看出，此时等于K′点金属性三相短路，而K′、K点间是一条没有负荷电流、三相间没有互感、阻抗是 R_g 的输电线路。因此就复合序网来说，就是K′点的正序网络，即图1-11（b）中K、N_1 间的 $\dot{U}_{KA1}=0$，相应串入过渡电阻 R_g，于是三相短路电流等于

$$\dot{I}_{KA}^{(3)}=\frac{\dot{U}_{KA[0]}}{R_g+Z_{\Sigma1}} \tag{2-12}$$

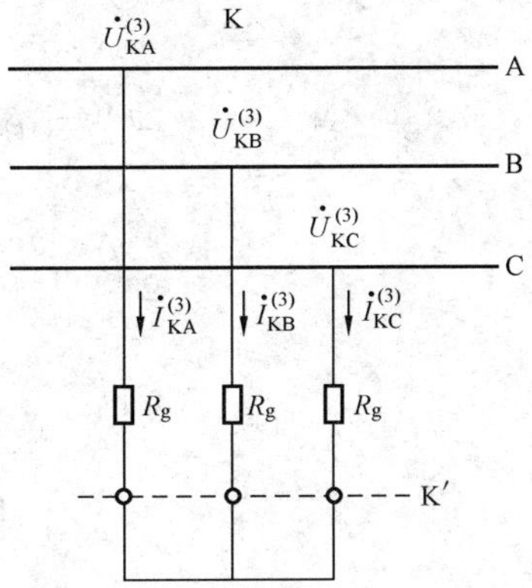

图2-7　K点经过渡电阻 R_g 三相短路

就故障分量网络来说，就是K′点的故障分量网络，因此只需在图2-3中 $\dot{U}_{KA[0]}$ 支路串入 R_g 即可。可见，计及故障点 R_g 后不改变故障分量电压的分布，也不改变保护安装处 $\Delta\dot{U}_{\phi1}$、$\Delta\dot{I}_{\phi1}$ 间的相位关系。

（二）故障点电压与故障电流

将式（2-12）给出的故障电流改写为

$$\begin{aligned}\dot{I}_{KA}^{(3)}&=\frac{\dot{U}_{KA[0]}}{(R_g+R_{\Sigma1})+jX_{\Sigma1}}=\frac{R_g+R_{\Sigma1}+jX_{\Sigma1}-[(R_g+R_{\Sigma1})-jX_{\Sigma1}]}{(R_g+R_{\Sigma1})+jX_{\Sigma1}}\cdot\frac{\dot{U}_{KA[0]}}{j2X_{\Sigma1}}\\&=\frac{\dot{U}_{KA[0]}}{j2X_{\Sigma1}}\left[1+\frac{X_{\Sigma1}+j(R_g+R_{\Sigma1})}{X_{\Sigma1}-j(R_g+R_{\Sigma1})}\right]\\&=\frac{\dot{U}_{KA[0]}}{j2X_{\Sigma1}}+\frac{\dot{U}_{KA[0]}}{j2X_{\Sigma1}}e^{j2\theta}\end{aligned} \tag{2-13}$$

式中　$R_{\Sigma1}$、$X_{\Sigma1}$——分别为 $Z_{\Sigma1}$ 的电阻、电抗部分；

θ——角度，$\theta=\arctan\frac{R_g+R_{\Sigma1}}{X_{\Sigma1}}$（当 $R_g=0$ 时，$\theta=\theta_0=\arctan\frac{R_{\Sigma1}}{X_{\Sigma1}}$；当 R_g

$\to\infty$ 时，$\theta\to90°$。当 $R_g=0\sim\infty$ 时，$\theta=\theta_0\to90°$）。

当 $R_g=0\sim\infty$ 时，$\dot I_{KA}^{(3)}$ 端点变化轨迹为图 2－8 中 $\widehat{mpn}$ 圆弧，其中 $\overrightarrow{om}$ 是 $R_g=0$ 时的 $\dot I_{KA}^{(3)}$，当 R_g 逐渐增大时，$\dot I_{KA}^{(3)}$ 端点逆时针沿 $\widehat{mpn}$ 圆弧移动。如果不计 $R_{\Sigma1}$，则 $\theta_0=0°$，此时 m 点移到 m′ 点。归纳起来，当 $R_g=0\sim\infty$ 时，式（2－13）表示的 $\dot I_{KA}^{(3)}$ 端点轨迹是以 $R_g=0$ 时的 $\dot I_{KA}^{(3)}$ 为弦逆时针方向角度为 $90°+\theta_0$ 的圆弧。

对于故障点的电压，为简化令 $Z_{\Sigma1}=jX_{\Sigma1}$，得

$$\begin{aligned}\dot U_{KA}^{(3)}&=\dot I_{KA}^{(3)}R_g=\frac{R_g}{R_g+jX_{\Sigma1}}\dot U_{KA[0]}\\&=\frac{\dot U_{KA[0]}}{2}\cdot\frac{R_g+jX_{\Sigma1}+R_g-jX_{\Sigma1}}{R_g+jX_{\Sigma1}}\\&=\frac{\dot U_{KA[0]}}{2}\left[1-\frac{X_{\Sigma1}+jR_g}{X_{\Sigma1}-jR_g}\right]\\&=\frac{1}{2}\dot U_{KA[0]}-\frac{1}{2}\dot U_{KA[0]}e^{j2\theta}\end{aligned}\tag{2-14}$$

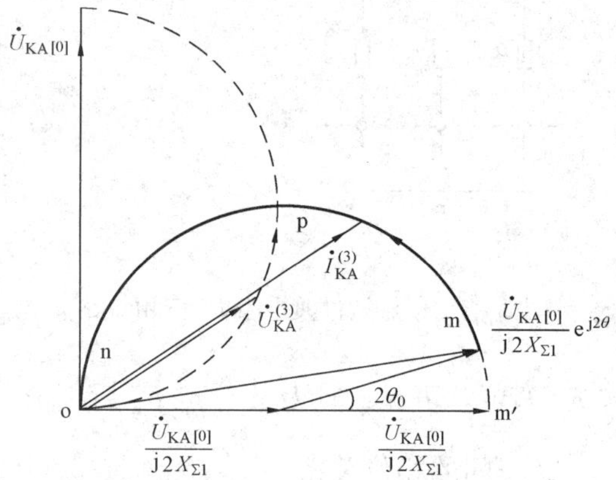

图 2－8　经过渡电阻三相短路时 $\dot U_{KA}^{(3)}$、$\dot I_{KA}^{(3)}$ 相量关系

式中　θ 为角度，$\theta=\arctan\dfrac{R_g}{X_{\Sigma1}}$，当 $R_g=0\sim\infty$ 时，$\theta=0°\sim90°$。

式（2－14）表明，当 $R_g=0\sim\infty$ 时，$\dot U_{KA}^{(3)}$ 端点轨迹是以 $\dot U_{KA[0]}$ 为直径从 o 点逆时针方向变化到 $\dot U_{KA[0]}$ 端点的半圆，如图 2－8 中虚线圆弧所示。

（三）故障点电弧压降

三相短路的过渡电阻大多数情况下是弧光电阻，当故障电流在相当大范围内变化时，弧压降 U_{arc} 基本是稳定的，弧压降小于5%额定电压。于是，正、反方向出口三相短路故障时，测量阻抗 Z_m 满足下式

$$Z_m<\frac{5\%U_N}{I_\varphi}\tag{2-15}$$

其中 I_φ 是通过保护的故障电流。

第二节　两相短路故障分析

一、边界条件与特殊相

图 2－9 示出了 K 点 BC 相金属性短路故障，边界条件如下

$$\left.\begin{aligned}\dot{I}_{KA}^{(2)} &= 0\\ \dot{I}_{KB}^{(2)} + \dot{I}_{KC}^{(2)} &= 0\\ \dot{U}_{KB}^{(2)} &= \dot{U}_{KC}^{(2)}\end{aligned}\right\}\qquad (2-16)$$

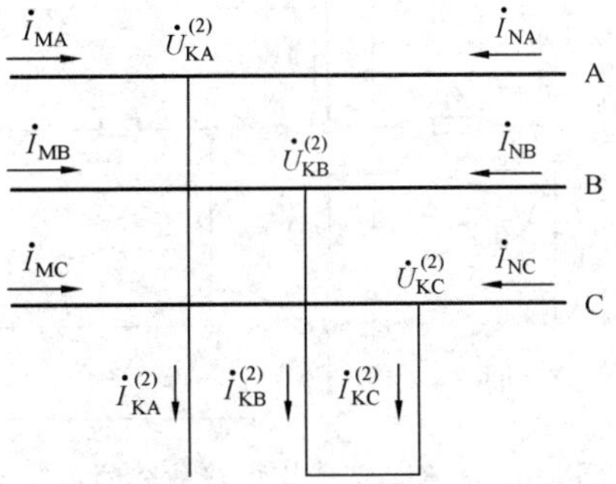

图2-9　K点BC相金属性短路故障

特殊相是A相。当然，CA相短路时特殊相是B相，AB相短路时特殊相是C相。特殊相是非故障相。

二、复合序网和故障分量网络

(一) 复合序网

应用对称分量法，由式（2-16）得到A相序分量电流为

$$\begin{aligned}\dot{I}_{KA0}^{(2)} &= \frac{1}{3}[\dot{I}_{KA}^{(2)} + \dot{I}_{KB}^{(2)} + \dot{I}_{KC}^{(2)}] = 0\\ \dot{I}_{KA1}^{(2)} &= \frac{1}{3}[\dot{I}_{KA}^{(2)} + a\dot{I}_{KB}^{(2)} + a^2\dot{I}_{KC}^{(2)}] = \mathrm{j}\frac{\dot{I}_{KB}^{(2)}}{\sqrt{3}}\\ \dot{I}_{KA2}^{(2)} &= \frac{1}{3}[\dot{I}_{KA}^{(2)} + a^2\dot{I}_{KB}^{(2)} + a\dot{I}_{KC}^{(2)}] = -\mathrm{j}\frac{\dot{I}_{KB}^{(2)}}{\sqrt{3}}\end{aligned}\qquad (2-17)$$

所以

$$\dot{I}_{KA1}^{(2)} + \dot{I}_{KA2}^{(2)} = 0$$

同样，由式（2-16）得到故障点电压的序分量为

$$\dot{U}_{KA1}^{(2)} = \frac{1}{3}(\dot{U}_{KA}^{(2)} + a\dot{U}_{KB}^{(2)} + a^2U_{KC}^{(2)}) = \frac{1}{3}(\dot{U}_{KA}^{(2)} - \dot{U}_{KB}^{(2)})$$

$$\dot{U}_{KA2}^{(2)} = \frac{1}{3}(\dot{U}_{KA}^{(2)} + a^2\dot{U}_{KB}^{(2)} + a\dot{U}_{KC}^{(2)}) = \frac{1}{3}(\dot{U}_{KA}^{(2)} - \dot{U}_{KB}^{(2)})$$

所以

$$\dot{U}_{KA1}^{(2)} = \dot{U}_{KA2}^{(2)}$$

于是，以序分量表示的BC相短路的边界条件为

$$\left.\begin{aligned}\dot{I}_{KA0}^{(2)} &= 0\\ \dot{I}_{KA1}^{(2)} + \dot{I}_{KA2}^{(2)} &= 0\\ \dot{U}_{KA1}^{(2)} &= \dot{U}_{KA2}^{(2)}\end{aligned}\right\}\qquad (2-18)$$

在中性点接地的系统中，因$Z_{\Sigma0}$为有限值，所以$\dot{U}_{KA0}^{(2)} = -\dot{I}_{KA0}^{(2)}Z_{\Sigma0} = 0$，即两相短路时不存在电压和电流的零序分量。另外，BC相短路的特殊相为A相，故障点的特殊相的序电流、序电压才有式（2-18）的关系，B相和C相的序电流、序电压就没有这个关系。当然，AC相短路时的B相（特殊相）、AB相短路时的C相（特殊相），其故障点的序电流、序电压同样有这一关系。

由式（2-18）作出BC相短路故障时的复合序网（指特殊相的）如图2-10所示，故障

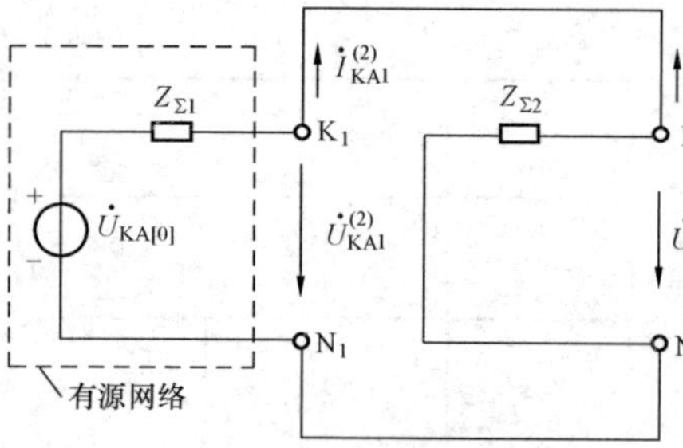

图 2-10　K 点 BC 相短路故障时的复合序网

点的正序网络和负序网络并联，而零序网络开路。

（二）故障分量网络

如图 2-11 所示，K 点 BC 相间反向接入正常运行相间电压 $\dot{U}_{KBC[0]}$ 造成 BC 相间短路，显然该反向接入的相间电压就是作用在故障点的故障分量电动势。电动势 $\dot{E}_M$、$\dot{E}_N$ 和 K 点正常运行相间电动势 $\dot{U}_{KBC[0]}$（$\dot{U}_{KCA[0]}$、$\dot{U}_{KAB[0]}$）作用下构成了故障前的负荷状态，K 点反向接入的相间电动势 $\dot{U}_{KBC[0]}$ 作用下构成了故障分量网络，两者叠加就是 BC 相短路故障的状态。

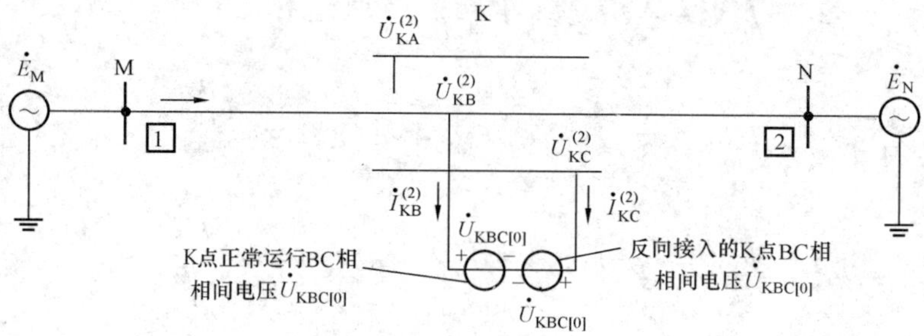

图 2-11　反向接入相间电压造成相间短路

作出 K 点 BC 相短路故障时的故障分量网络如图 2-12 所示（各元件正、负序阻抗相等时），由图可得到 M、N 母线上的故障分量电压分别为

$$\left.\begin{aligned}\Delta\dot{U}_{MB}&=-\Delta\dot{I}_{MB}Z_{M1}\\ \Delta\dot{U}_{MC}&=-\Delta\dot{I}_{MC}Z_{M1}\end{aligned}\right\}\tag{2-19}$$

$$\begin{aligned}\Delta\dot{I}_{MB}&=-\Delta\dot{I}_{MC}=\frac{\dot{U}_{KBC[0]}}{2(Z_{M1}+Z_{MK1})}\\ \Delta\dot{U}_{MBC}&=\Delta\dot{U}_{MB}-\Delta\dot{U}_{NC}=-\frac{Z_{M1}}{Z_{M1}+Z_{MK1}}\cdot\dot{U}_{KBC[0]}\end{aligned}\tag{2-20}$$

$$\begin{aligned}\Delta\dot{U}_{NB}&=-\Delta\dot{I}_{NB}Z_{N1}\\ \Delta\dot{U}_{NC}&=-\Delta\dot{I}_{NC}Z_{N1}\end{aligned}\tag{2-21}$$

$$\begin{aligned}\Delta\dot{I}_{NB}&=-\Delta\dot{I}_{NC}=\frac{\dot{U}_{KBC[0]}}{2(Z_{N1}+Z_{NK1})}\\ \Delta\dot{U}_{NBC}&=\Delta\dot{U}_{NB}-\Delta\dot{U}_{NC}=-\frac{Z_{N1}}{Z_{N1}+Z_{NK1}}\cdot\dot{U}_{KBC[0]}\end{aligned}\tag{2-22}$$

（三）故障分量复合序网

由图 2-12 示出的故障分量网络，仅在故障点作用故障分量电动势（注意图 2-12 中假

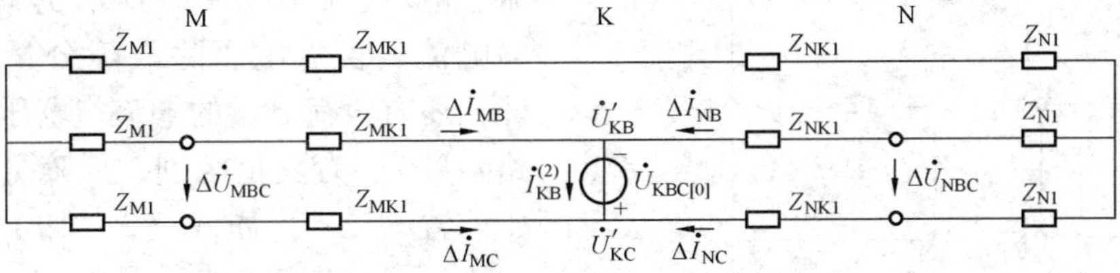

图 2－12　K 点 BC 相短路故障时的故障分量网络

设各元件正序、负序阻抗是相等的），网络中发电机电动势均为零。在故障点三相电压不对称，写出边界条件如下

$$\left.\begin{aligned}&\dot{I}_{KA}^{(2)}=0\\&\dot{I}_{KB}^{(2)}+\dot{I}_{KC}^{(2)}=0\\&\dot{U}'_{KB}-\dot{U}'_{KC}=\dot{U}_{KC[0]}-\dot{U}_{KB[0]}\end{aligned}\right\}\tag{2－23}$$

注意，因故障支路中电流本来就是故障分量，故上角不带“′”，而故障分量网络中故障点电压与图 2－9、图 2－11 中故障点电压不同，以上角带“′”表示。将式（2－13）中的电流用特殊相序分量电流表示为

$$\left.\begin{aligned}&\dot{I}_{KA0}^{(2)}=0\\&\dot{I}_{KA1}^{(2)}+\dot{I}_{KA2}^{(2)}=0\end{aligned}\right\}\tag{2－24}$$

将式（2－23）中的电压关系简化，因为

$$\begin{aligned}\dot{U}'_{KB}-\dot{U}'_{KC}&=(a^2\dot{U}'_{KA1}+a\dot{U}'_{KA2}+\dot{U}'_{KA0})-(a\dot{U}'_{KA1}+a^2\dot{U}'_{KA2}+\dot{U}'_{KA0})\\&=-\mathrm{j}\sqrt{3}(\dot{U}'_{KA1}-\dot{U}'_{KA2})\end{aligned}$$

所以　$$\dot{U}'_{KA1}-\dot{U}'_{KA2}=-\dot{U}'_{KA[0]}\tag{2－25}$$

在故障分量正序网络中，因无发电机电动势，与负序网络相同是一个无源网络，故障分量负序网络（包括零序网络）与原有负序网络（包括零序网络）相同，所以式（1－42）序电压方程变为

$$\left.\begin{aligned}&\dot{U}'_{KA1}=-\dot{I}_{KA1}Z_{\Sigma1}\\&\dot{U}'_{KA2}=\dot{U}_{KA2}=-\dot{I}_{KA2}Z_{\Sigma2}\\&\dot{U}'_{KA0}=\dot{U}_{KA0}=-\dot{I}_{KA0}Z_{\Sigma0}\end{aligned}\right\}\tag{2－26}$$

于是式（2－25）改写为

$$\dot{I}_{KA1}^{(2)}=\frac{\dot{U}_{KA[0]}}{Z_{\Sigma1}+Z_{\Sigma2}}\tag{2－27}$$

根据式（2－24）、式（2－25）、式（2－27）作出故障分量复合序网如图 2－13 所示，与图 2－10 类似。不同的是图 2－13 所示正序网络中的各支路电流、各点电压是故障分量电

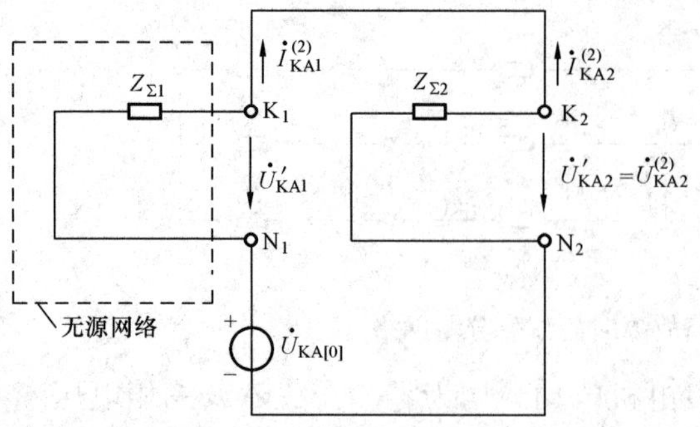

图 2－13　K 点 BC 相短路故障时的故障分量复合序网

流、电压，而图 2－10 所示正序网络中各支路电流、各点电压除故障分量电流、电压外，还有负荷分量的电流、电压值（故障支路除外）。为表示区别，故障分量电流、电压前置"Δ"，如式（2－19）～式（2－22）所示。图 2－13、图 2－10 中的负序网络两者完全相同。因为正常运行没有负序（或零序）分量，所以负序（或零序）分量一般不前置"Δ"符号。

三、故障电流、故障点电压

由图 2－10 示出的复合序网，可求得 $\dot{I}_{KA1}^{(2)}$ 的表示式如式（2－27）所示。计及式（2－18）得到故障电流为

$$\dot{I}_{KB}^{(2)} = -\dot{I}_{KC}^{(2)} = a^2\dot{I}_{KA1}^{(2)} + a\dot{I}_{KA2}^{(2)} = (a^2 - a)\dot{I}_{KA1} = \frac{-j\sqrt{3}\dot{U}_{KA[0]}}{Z_{\Sigma1} + Z_{\Sigma2}} \qquad (2-28)$$

当 $Z_{\Sigma1} = Z_{\Sigma2}$ 时，上式写为

$$\dot{I}_{KB}^{(2)} = -\dot{I}_{KC}^{(2)} = -j\frac{\sqrt{3}}{2}\cdot\frac{\dot{U}_{KA[0]}}{Z_{\Sigma1}} \qquad (2-29)$$

与式（2－2）比较，可得到两相短路电流等于同一点三相短路电流的 $\frac{\sqrt{3}}{2}$ 倍（$Z_{\Sigma1} = Z_{\Sigma2}$ 的条件下）。

计及式（2－18）、式（1－42）得到故障点的三相电压为

$$\left.\begin{aligned} \dot{U}_{KA}^{(2)} &= 2\dot{U}_{KA1}^{(2)} = 2\dot{I}_{KA1}^{(2)}Z_{\Sigma2} = \frac{2Z_{\Sigma2}}{Z_{\Sigma1} + Z_{\Sigma2}}\cdot\dot{U}_{KA[0]} \\ \dot{U}_{KB}^{(2)} &= \dot{U}_{KC}^{(2)} = a^2\dot{U}_{KA1}^{(2)} + a\dot{U}_{KA2}^{(2)} = -\dot{U}_{KA1}^{(2)} = -\frac{Z_{\Sigma2}}{Z_{\Sigma1} + Z_{\Sigma2}}\dot{U}_{KA[0]} \end{aligned}\right\} \qquad (2-30)$$

当 $Z_{\Sigma1} = Z_{\Sigma2}$ 时，上式写为

$$\left.\begin{aligned} \dot{U}_{KA}^{(2)} &= \dot{U}_{KA[0]} \\ \dot{U}_{KB}^{(2)} &= \dot{U}_{KC}^{(2)} = -\frac{1}{2}\dot{U}_{KA[0]} \end{aligned}\right\} \qquad (2-31)$$

式（2－31）说明，两相短路故障时故障点非故障相电压保持不变，两故障相电压在非故障相电压的反方向上，其值等于非故障相电压之一半。

四、故障点、保护安装处电流和电压间相量关系

（一）故障点电流、电压间相量关系

先作 $\dot{U}_{KA[0]}$ 相量，按式（2－31）可作出

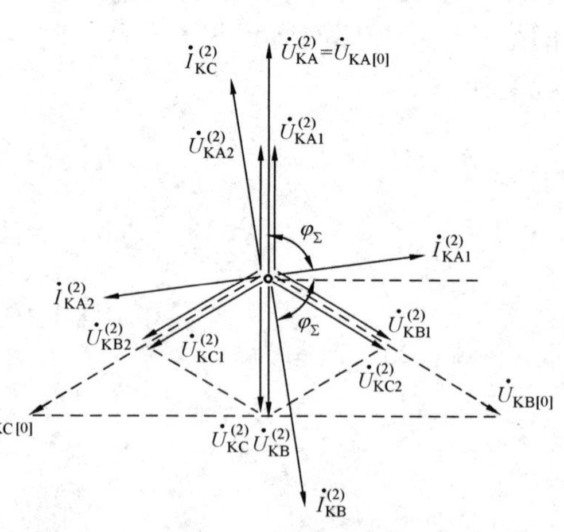

图 2－14　K 点 BC 相短路故障时故障点电流、电压相量关系

$\dot{U}_{KA}^{(2)}$、$\dot{U}_{KB}^{(2)}$、$\dot{U}_{KC}^{(2)}$ 相量；再按式（2－29）作出 $\dot{I}_{KB}^{(2)}$、$\dot{I}_{KC}^{(2)}$ 相量，相量关系如图 2－14 所示。图中同时作出了各序电压、各序电流的相量，其中 $\dot{U}_{KA1}^{(2)}$ 超前 $\dot{I}_{KA1}^{(2)}$ 的相角是 φ_{Σ}，而 φ_{Σ} 是故障点综合正序阻抗 $Z_{\Sigma 1}$ 的阻抗角；$\dot{I}_{KA2}^{(2)}$ 在 $\dot{I}_{KA1}^{(2)}$ 的反方向上，当然 $\dot{I}_{KA2}^{(2)}$ 超前 $\dot{U}_{KA2}^{(2)}$ 的相角是 $180°-\varphi_{\Sigma}$。

（二）保护安装处电流、电压间的相量关系

设图 2－11 中 K 点 BC 相短路，讨论 M 母线处电流、电压间相量关系。

M 侧由母线流向线路的三相电流为

$$\left.\begin{aligned}\dot{I}_{MA}&=\dot{I}_{1oa\cdot A}+C_{1M}\dot{I}_{KA1}^{(2)}+C_{2M}\dot{I}_{KA2}^{(2)}\\&=\dot{I}_{1oa\cdot A}+C_{1M}\dot{I}_{KA}^{(2)}=\dot{I}_{1oa\cdot A}\\\dot{I}_{MB}&=\dot{I}_{1oa\cdot B}+C_{1M}\dot{I}_{KB1}^{(2)}+C_{2M}\dot{I}_{KB2}^{(2)}=\dot{I}_{1oa\cdot B}+C_{1M}\dot{I}_{KB}^{(2)}\\\dot{I}_{MC}&=\dot{I}_{1oa\cdot C}+C_{1M}\dot{I}_{KC}^{(2)}\end{aligned}\right\}\quad(2-32)$$

此式说明，在 $C_{1M}=C_{2M}$ 条件下，非故障相中没有故障分量电流，保持原有负荷电流；两故障相中除原有负荷电流外，还有故障分量电流。而 C_{1M}、C_{2M} 是 K 点短路故障时 M 侧正序电流、负序电流分配（或分布）系数。

M 母线上三相电压为

$$\left.\begin{aligned}\dot{U}_{MA}&=\dot{U}_{KA}^{(2)}+(\dot{I}_{1oa\cdot A}+C_{1M}\dot{I}_{KA1}^{(2)})Z_{MK1}+C_{2M}\dot{I}_{KA2}^{(2)}Z_{MK2}\\&=\dot{U}_{KA[0]}+\dot{I}_{1oa\cdot A}Z_{MK1}=\dot{U}_{MA[0]}\\\dot{U}_{MB}&=\dot{U}_{KB}^{(2)}+(\dot{I}_{1oa\cdot B}+C_{1M}\dot{I}_{KB1}^{(2)})Z_{MK1}+C_{2M}\dot{I}_{KB2}^{(2)}Z_{MK2}\\&=\dot{U}_{MB[0]}+\mathrm{j}\frac{\sqrt{3}}{2}\dot{U}_{KA[0]}+C_{1M}\dot{I}_{KB}^{(2)}Z_{MK1}\\\dot{U}_{MC}&=\dot{U}_{KC}^{(2)}+(\dot{I}_{1oa\cdot C}+C_{1M}\dot{I}_{KC1}^{(2)})Z_{MK1}+C_{2M}\dot{I}_{KC2}^{(2)}Z_{MK2}\\&=\dot{U}_{MC[0]}-\mathrm{j}\frac{\sqrt{3}}{2}\dot{U}_{KA[0]}+C_{1M}\dot{I}_{KC}^{(2)}Z_{MK1}\end{aligned}\right\}\quad(2-33)$$

当不计负荷电流时，式（2－32）、式（2－33）分别为

$$\left.\begin{aligned}\dot{I}_{MA}&=0\\\dot{I}_{MB}&=C_{1M}\dot{I}_{KB}^{(2)}\\\dot{I}_{MC}&=C_{1M}\dot{I}_{KC}^{(2)}\end{aligned}\right\}\quad(2-34)$$

$$\left.\begin{aligned}\dot{U}_{MA}&=\dot{U}_{KA[0]}=\dot{U}_{MA[0]}\\\dot{U}_{MB}&=-\frac{1}{2}\dot{U}_{KA[0]}+C_{1M}\dot{I}_{KB}^{(2)}Z_{MK1}\\\dot{U}_{MC}&=-\frac{1}{2}\dot{U}_{KA[0]}+C_{1M}\dot{I}_{KC}^{(2)}Z_{MK1}\end{aligned}\right\}\quad(2-35)$$

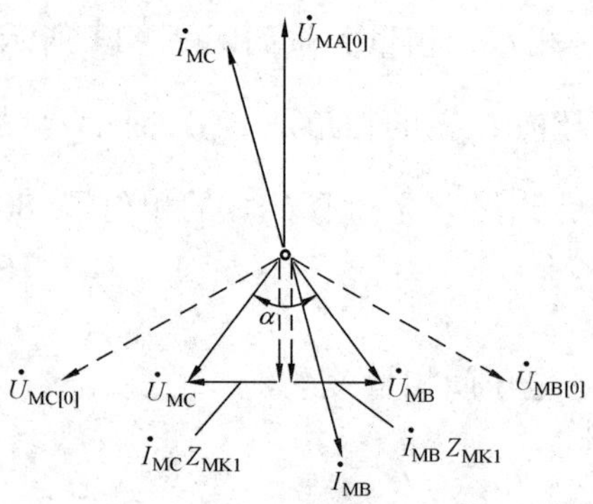

图 2-15　不计负荷电流两相短路时保护安装处电流、电压相量关系

作出不计负荷电流时保护安装处电流、电压相量关系如图 2-15 所示。由图可得到两故障相电压间的夹角 α 为

$$\alpha = 2\arctan\left(\frac{I_{MB}Z_{MK1}}{\frac{1}{2}U_{KA[0]}}\right) \tag{2-36}$$

故障点愈靠近母线即 Z_{MK1} 愈小时，α 角也愈小。

五、序电压分布

（一）正序电压分布

由图 2-10 示出的复合序网，求得故障点正序、负序电压为（$Z_{\Sigma1}=Z_{\Sigma2}$）

$$\dot{U}_{KA1}^{(2)} = \dot{U}_{KA2}^{(2)} = \frac{Z_{\Sigma2}}{Z_{\Sigma1}+Z_{\Sigma2}}\dot{U}_{KA[0]} = \frac{1}{2}\dot{U}_{KA[0]} \tag{2-37}$$

图 2-11 中 K 点两相短路故障（BC 相短路）时，保护安装处（M 母线）正序电压为

$$\begin{aligned}\dot{U}_{MA1} &= \dot{U}_{KA1}^{(2)} + (\dot{I}_{1oa.A} + \dot{I}_{MA1})Z_{MK1} \\ &= \frac{1}{2}\dot{U}_{KA[0]} + (\dot{I}_{1oa.A} + C_{1M}\dot{I}_{KA1}^{(2)})Z_{MK1}\end{aligned} \tag{2-38}$$

因为 $C_{1M}\dot{I}_{KA1}^{(2)}Z_{MK1}$ 与 $\dot{U}_{KA[0]}$ 同相位，且 $C_{1M}\dot{I}_{KA1}$ 比负荷电流要大，所以 U_{MA1} 不会低于 $U_{KA1}^{(2)}$，M 母线愈靠近电源，U_{MA1} 也愈高。图 2-16 中虚线示出了 K 点两相短路故障时正序电压的分布，由故障点逐渐向电源升高。

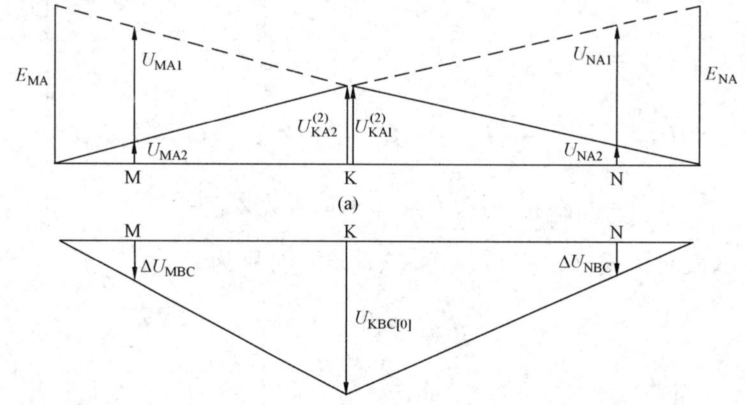

图 2-16　两相短路故障时序电压、故障分量电压分布

（a）正序、负序电压分布；（b）故障分量电压分布

由正序电压分布图可见，保护安装处的正序电压不会低于 50% $U_{KA[0]}$。

（二）负序电压分布

式（2-37）示出了故障点负序电压，保护安装处（M 母线）的负序电压为

$$\dot{U}_{MA2} = \dot{U}_{KA2}^{(2)} + C_{2M}\dot{I}_{KA2}^{(2)}Z_{MK2} = \dot{U}_{KA1}^{(2)} - C_{1M}\dot{I}_{KA1}^{(2)}Z_{MK1}$$

将式（2－6）中的C_{1M}代入，计及式（2－27），上式化简为

$$\dot{U}_{MA2} = \frac{\dot{U}_{KA[0]}}{2} \cdot \frac{Z_{M1}}{Z_{M1} + Z_{MK1}} \qquad (2-39)$$

计及式（2－37）后可以发现，$\dot{U}_{MA2}$是无源负序网络中故障点故障负序分量电动势$\dot{U}_{KA2}^{(2)}$作用下在M母线上的分压值。

因负序电流与正序电流一样，可以流入到发电机中性点，所以作出负序电压分布如图2－16中的实线所示。故障点负序电压最高，逐渐向各电源中性点降落，中性点处为零。

比较式（2－39）、式（2－38）或从图2－16（a）容易看出，保护安装处的正序电压不会低于负序电压；当两相短路在保护出口处时，两者相等。

六、序电流与序电压间的相位关系

序电流与序电压间的相位关系指的是保护安装处序电流与序电压间的相位关系，对于正序分量来说，为避免负荷电流的影响，指的是保护安装处正序故障分量电流、电压间的相位关系。

（一）保护安装处正序故障分量电压与正序故障分量电流间的相位关系

正序故障分量电压、电流存在于正序故障分量网络中，而正序故障分量网络与短路故障的类型、相别无关，所以两相短路故障时保护安装处$\Delta\dot{U}_{\phi1}$与$\Delta\dot{I}_{\phi1}$的相位关系与三相短路故障时相同，见式（2－8）、式（2－10）、图2－6和式（2－11）。

（二）保护安装处负序电压、负序电流间的相位关系

负序电压、负序电流存在于负序网络中，图2－17示出了图2－11中K点BC相短路故障时的负序网络。对M侧来说，故障点K在保护1的正方向上，有关系式

$$\dot{U}_{MA2} = -\dot{I}_{MA2}Z_{M2} \qquad (2-40)$$

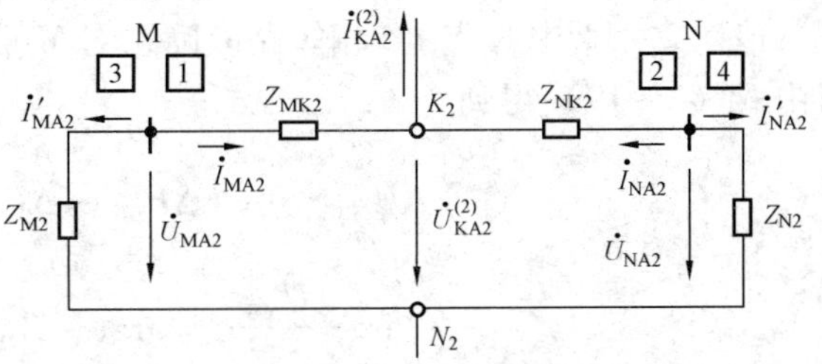

图2－17　K点BC相短路故障时的负序网络

可以看出，与式（2－4）完全相同，$\dot{U}_{MA2}$与$\dot{I}_{MA2}$间的相位关系取决于保护安装处反方向上的等值负序阻抗角，与故障点的状况无关。$\dot{U}_{MA2}$与$\dot{I}_{MA2}$的相位关系同图2－6中的$\Delta\dot{U}_{\phi1}$与$\Delta\dot{I}_{\phi1}$间相位关系，即$\dot{U}_{MA2}$滞后$\dot{I}_{MA2}$的角度是100°～110°。

对保护3来说，故障点K在保护反方向上，有关系式

$$\dot{U}_{MA2} = \dot{I}'_{MA2}Z_{M2} \qquad (2-41)$$

与式（2－9）完全相同，$\dot{U}_{MA2}$与$\dot{I}'_{MA2}$间的相位关系取决于保护安装处保护1方向上的等值负序阻抗角，同样与故障点状况无关。$\dot{U}_{MA2}$与$\dot{I}'_{MA2}$的相位关系同图2－6中的$\Delta\dot{U}_{\phi1}$与$\Delta\dot{I}_{\phi1}$间的相位关系，即$\dot{U}_{MA2}$超前$\dot{I}'_{MA2}$的角度是70°～80°。

根据正、反方向两相短路故障时保护安装处 $\Delta\dot{U}_{\phi2}$ 与 $\Delta\dot{I}_{\phi2}$ 的相位关系，得出正、反方向的动作判据为

$$\left.\begin{aligned} -15° < \arg\frac{\dot{U}_{\phi2}}{\dot{I}_{\phi2}} < 165°(\text{反方向元件}) \\ 165° < \arg\frac{\dot{U}_{\phi2}}{\dot{I}_{\phi2}} < 345°(\text{正方向元件}) \end{aligned}\right\} \tag{2-42}$$

与式（2-11）相同。需要指出，因故障点负序电压最高，所以故障愈靠近保护安装处，式（2-42）的灵敏度愈高，不存在电压死区问题。

强调指出，负序网络与正序故障分量网络均是无源网络，所以 $\dot{U}_{\phi2}$、$\dot{I}_{\phi2}$ 间的相位关系当然与 $\Delta\dot{U}_{\phi1}$ 与 $\Delta\dot{I}_{\phi1}$ 间的相位关系相同，构成的正、反方向元件的动作判据相同。

七、保护安装处的突变量电压、突变量电流

（一）突变量电压分布

图 2-11 中 K 点 BC 相短路故障时，M、N 两侧的故障分量电压如式（2-20）、式（2-22）所示。容易看出，M、N 母线上的突变量电压是故障电动势 $-\dot{U}_{KBC[0]}$ 作用下在 M、N 母线上的分压值，所以故障点的突变量电压最高，逐渐向各电源中性点降落，至电源中性点处突变量电压为零。图 2-16（b）示出了突变量电压的分布。

（二）保护安装处突变量电压、突变量电流间的相位关系

该图 2-11 中 K 点 BC 相短路故障，对 M 侧保护 1 来说，短路故障处在保护方向上，此时由式（2-19）得到

$$\Delta\dot{U}_{MBC} = -(\Delta\dot{I}_{MB} - \Delta\dot{I}_{MC})Z_{M1} = -\Delta\dot{I}_{MBC}Z_{M1} \tag{2-43}$$

$$\arg\frac{\Delta\dot{U}_{MBC}}{\Delta\dot{I}_{MBC}} = \arg(-Z_{M1}) = 180° + \arg Z_{M1} \tag{2-44}$$

与式（2-7）完全相同。

当 BC 相短路故障发生在保护 1 的反方向上时，则图 2-12 中的故障分量电动势 $-\dot{U}_{KBC[0]}$ 作用在保护 1 的反方向上，对保护 1 来说，有关系式

$$\Delta\dot{U}_{MB} = \Delta\dot{I}_{MB}(Z_{MK1} + Z_{NK1} + Z_{N1})$$

$$\Delta\dot{U}_{MC} = \Delta\dot{I}_{MC}(Z_{MK1} + Z_{NK1} + Z_{N1})$$

所以

$$\Delta\dot{U}_{MBC} = \Delta\dot{I}_{MBC}(Z_{MK1} + Z_{NK1} + Z_{N1}) \tag{2-45}$$

$$\arg\frac{\Delta\dot{U}_{MBC}}{\Delta\dot{I}_{MBC}} = \arg(Z_{MK1} + Z_{NK1} + Z_{N1}) \tag{2-46}$$

与式（2－9）完全相同。

因此，采用$\Delta\dot{U}_{\varphi\varphi}$与$\Delta\dot{I}_{\varphi\varphi}$进行比相，可判别相间短路故障的方向，动作判据与式（2－11）相同，即

$$\left.\begin{aligned}-15^\circ < \arg\frac{\Delta\dot{U}_{\varphi\varphi}}{\Delta\dot{I}_{\varphi\varphi}} < 165^\circ(\text{反方向元件})\\165^\circ < \arg\frac{\Delta\dot{U}_{\varphi\varphi}}{\Delta\dot{I}_{\varphi\varphi}} < 345^\circ(\text{正方向元件})\end{aligned}\right\}\tag{2－47}$$

$\Delta\dot{U}_{\varphi\varphi}$与$\Delta\dot{I}_{\varphi\varphi}$分别是保护安装处相电压差突变量、相电流差突变量。因故障点愈靠近保护安装处，突变量电压愈高，故方向元件不存在电压死区问题。

应当指出，式（2－47）同样可以反应三相短路故障的方向，并不存在电压死区。

八、故障点过渡电阻的影响

与三相短路故障相同，两相短路故障点的过渡电阻在大多数情况下是电弧电阻。

（一）复合序网和故障分量网络

图2－18（a）示出了电力系统中的K点BC相经R_g发生短路故障，可以等效成图（b）中的K′点发生了BC相短路故障，其中K′点和K点之间具有一条阻抗为$\frac{1}{2}R_g$的三相输电线，当然在该输电线中没有负荷电流，实际上是一个故障支路。

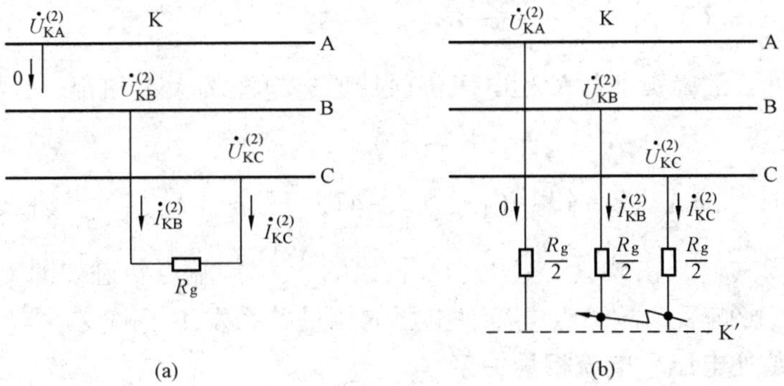

图2－18　经过渡电阻R_g两相短路

（a）K点经R_g发生BC相短路；（b）K′点BC相短路

K′点BC相短路故障时，作出复合序网如图2－19所示。可以看出，过渡电阻参与了复合序网的构成，但不影响原有序网络，过渡电阻$\left(\frac{R_g}{2}\right)$在原有序网络之外。

由于图2－18（b）中K′点BC两相金属性短路，所以故障分量网络与图2－12相同，只是在故障电动势支路串入$\frac{R_g}{2}+\frac{R_g}{2}$即可。同样，过渡电阻不影响原有故障分量网络。

（二）故障点电压、电流的相量关系

由图2－19复合序网，计及$Z_{\Sigma1}=Z_{\Sigma2}$，可得

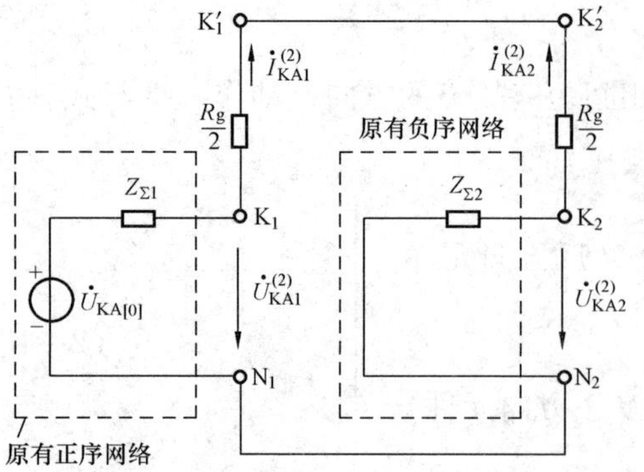

图 2-19　K 点 BC 相经 R_g 短路的复合序网

$$\dot{I}_{KA1}^{(2)} = -\dot{I}_{KA2}^{(2)} = \frac{\dot{U}_{KA[0]}}{R_g + 2Z_{\Sigma 1}} \tag{2-48}$$

于是故障电流可表示为

$$\begin{aligned}\dot{I}_{KB}^{(2)} &= -\dot{I}_{KC}^{(2)} = a^2\dot{I}_{KA1}^{(2)} + a\dot{I}_{KA2}^{(2)} = (a^2 - a)\dot{I}_{KA1}^{(2)} \\ &= -\mathrm{j}\sqrt{3}\dot{I}_{KA1}^{(2)} = \frac{-\mathrm{j}\sqrt{3}\dot{U}_{KA[0]}}{R_g + 2Z_{\Sigma 1}}\end{aligned} \tag{2-49}$$

由式（2-49）可见，R_g 不影响 $\dot{I}_{KB}^{(2)} = -\mathrm{j}\sqrt{3}\dot{I}_{KA1}^{(2)}$ 的关系式，保持原有 $R_g=0$ 时的关系，但 R_g 影响了 $\dot{I}_{KA1}^{(2)}$ 值，从而也影响了 $\dot{I}_{KB}^{(2)}(-\dot{I}_{Kc}^{(2)})$ 值。

对于故障点的电压，可表示为

$$\left.\begin{aligned}\dot{U}_{KA}^{(2)} &= \dot{U}_{KA1}^{(2)} + \dot{U}_{KA2}^{(2)} = \dot{U}_{KA[0]} - \dot{I}_{KA1}^{(2)}Z_{\Sigma 1} - \dot{I}_{KA2}^{(2)}Z_{\Sigma 2} = \dot{U}_{KA[0]} \\ \dot{U}_{KB}^{(2)} &= a^2(\dot{U}_{KA[0]} - \dot{I}_{KA1}^{(2)}Z_{\Sigma 1}) + a(-\dot{I}_{KA2}^{(2)}Z_{\Sigma 2}) \\ &= \dot{U}_{KB[0]} + (a - a^2)\dot{I}_{KA1}^{(2)}Z_{\Sigma 1} = \dot{U}_{KB[0]} + \frac{\mathrm{j}\sqrt{3}Z_{\Sigma 1}}{R_g + 2Z_{\Sigma 1}}\dot{U}_{KA[0]} \\ \dot{U}_{KC}^{(2)} &= a(\dot{U}_{KA[0]} - \dot{I}_{KA1}^{(2)}Z_{\Sigma 1}) + a^2(-\dot{I}_{KA1}^{(2)}Z_{\Sigma 1}) \\ &= \dot{U}_{KB[0]} - \frac{\mathrm{j}\sqrt{3}Z_{\Sigma 1}}{R_g + 2Z_{\Sigma 1}}\dot{U}_{KA[0]}\end{aligned}\right\} \tag{2-50}$$

由式（2-50）可见，故障点非故障相电压仍保持原有电压的大小和相位，故障相电压受 R_g 影响。

当 $R_g=0\sim\infty$ 时，按式（2-13）由式（2-49）可作出 $\dot{I}_{KB}^{(2)}$、$\dot{I}_{KC}^{(2)}$ 端点轨迹如图 2-20（a）所示；按式（2-13）由式（2-50）可作出 $\dot{U}_{KB}^{(2)}$、$\dot{U}_{KC}^{(2)}$ 端点轨迹如图 2-20（b）所示。可以看出，计及 R_g 影响后，故障点电流、电压的相量关系发生了畸变。

（三）保护安装处电压、电流相量关系

图 2-11 中 K 点 BC 相经 R_g 短路故障时，将式（2-49）代入式（2-32），得到 M 侧三相电流的表示式为

$$\left.\begin{aligned}\dot{I}_{MA} &= \dot{I}_{1oa\cdot A} \\ \dot{I}_{MB} &= \dot{I}_{1oa\cdot A} + C_{1M}\frac{-\mathrm{j}\sqrt{3}\dot{U}_{KA[0]}}{R_g + 2Z_{\Sigma 1}} \\ \dot{I}_{MC} &= \dot{I}_{1oa\cdot C} + C_{1M}\frac{\mathrm{j}\sqrt{3}\dot{U}_{KA[0]}}{R_g + 2Z_{\Sigma 1}}\end{aligned}\right\} \tag{2-51}$$

在不计负荷电流情况下，当 $R_g=0\sim\infty$ 时，$\dot{I}_{MB}$、$\dot{I}_{MC}$ 相量端点变化轨迹与图 2-20（a）中圆弧相同，只是按 C_{1M} 系数缩小而已。

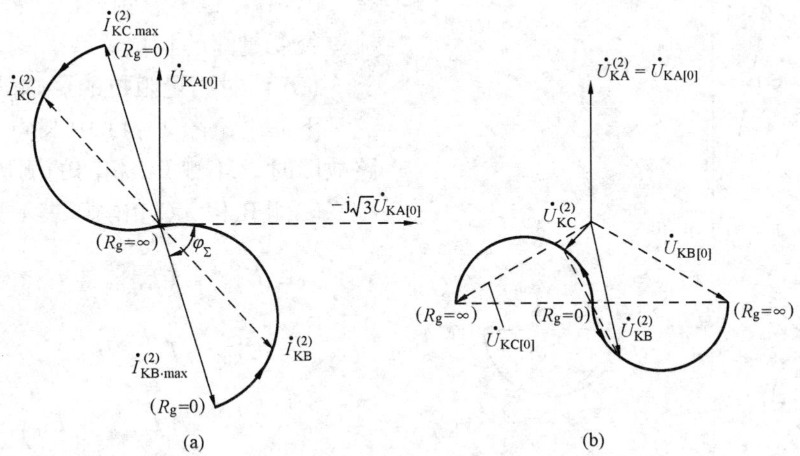

图 2－20　计及过渡电阻 BC 相短路时故障点的相量关系

（a）电流相量关系；（b）电压相量关系

为求得 M 母线上三相电压，可以用 M 侧电源电动势进行计算。设 C_1、C_2 是 M 电源侧正序、负序电流分配系数（$C_1=C_2$，但不一定与 C_{1M} 相等），计及式（2－49）可得到 M 母线三相电压为（电源负荷电流带“′”）

$$\left.\begin{aligned}\dot U_{MA}&=\dot E_{MA}-\dot I'_{1oa\cdot A}Z_{M1}-C_1\dot I^{(2)}_{KA1}Z_{M1}-C_2\dot I^{(2)}_{KA2}Z_{M1}\\&=\dot U_{MA[0]}\\\dot U_{MB}&=\dot E_{MB}-\dot I'_{1oa\cdot B}Z_{M1}-C_1\dot I^{(2)}_{KB1}Z_{M1}-C_2\dot I^{(2)}_{KB2}Z_{M2}\\&=\dot U_{MB[0]}-C_1\dot I^{(2)}_{KB}Z_{M1}=\dot U_{MB[0]}+C_1\frac{j\sqrt{3}Z_{M1}}{R_g+2Z_{\Sigma1}}\dot U_{KA[0]}\\\dot U_{MC}&=\dot E_{MC}-\dot I'_{1oa\cdot C}Z_{M1}-C_1\dot I^{(2)}_{KC1}Z_{M1}-C_2\dot I^{(2)}_{KC2}Z_{M2}\\&=\dot U_{MC[0]}-C_1\dot I^{(2)}_{KC1}Z_{M1}=\dot U_{MC[0]}-C_1\frac{j\sqrt{3}Z_{M1}}{R_g+2Z_{\Sigma1}}\dot U_{KA[0]}\end{aligned}\right\}\qquad(2-52)$$

当 $R_g=0\sim\infty$ 时，由式（2－52）作出 $\dot U_{MB}$、$\dot U_{MC}$ 相量端点变化轨迹如图 2－21 中圆弧所示，在某一 R_g 下的 $\dot U_{MA}$、$\dot U_{MB}$、$\dot U_{MC}$ 如图 2－21 所示。因为 $C_1Z_{M1}<Z_{\Sigma1}$，所以图 2－21 中的圆弧比图 2－20（b）中的小。

当故障点离保护安装处愈远时，C_1 愈小，图 2－21 中的圆弧也愈小，R_g 对电压相量畸变的影响也愈小。

（四）序电压与序电流间相位关系

根据前述分析，R_g 不影响原有序网络，所以不影响负序电压和负序电流间的相位关系，不影响正序电压突变量与正序电流突变量间的相位关系。同样，R_g 不影响原有故障分量网

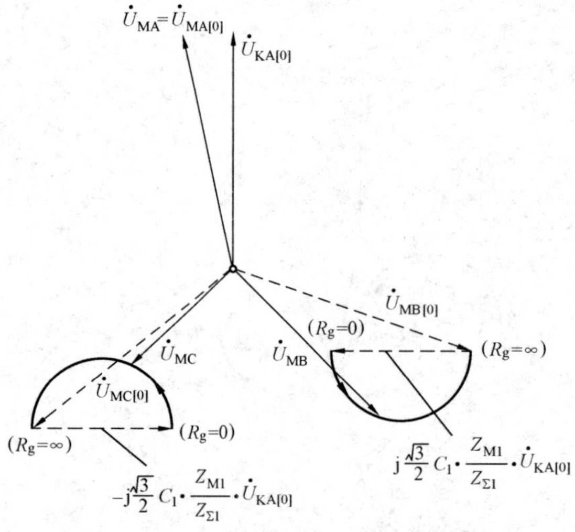

图 2－21　BC 相经 R_g 短路时保护安装处电压相量关系（送电侧）

络，当然 R_g 也不影响相电压差突变量与相电流差突变量间的相位关系。

（五）对测量阻抗的影响

下面讨论图 2－11 中 K 点 BC 相经 R_g 短路故障时，M 侧 BC 相间的测量阻抗。

M 侧 B 相、C 相电压表示为

$$\dot U_{MB} = \dot U_{KB}^{(2)} + (\dot I_{1oa\cdot B} + \dot I_{MB1} + \dot I_{MB2})Z_{MK1}$$

$$= \dot U_{KB}^{(2)} + \dot I_{MB}Z_{MK1}$$

$$\dot U_{MC} = \dot U_{KC}^{(2)} + (\dot I_{1oa\cdot C} + \dot I_{MC1} + \dot I_{MC2})Z_{MK2}$$

$$= \dot U_{KC}^{(2)} + \dot I_{MC}Z_{MK1}$$

计及　$\dot U_{KB}^{(2)} - \dot U_{KC}^{(2)} = \dot I_{KB}^{(2)}R_g$

于是得到 M 侧 BC 相的测量阻抗 $Z_{m(BC)}$ 为

$$\left.\begin{aligned} Z_m &= \frac{\dot U_{MB} - \dot U_{MC}}{\dot I_{MB} - \dot I_{MC}} = Z_{MK1} + \Delta Z \\ \Delta Z &= \frac{\dot I_{KB}^{(2)}}{\dot I_{MB} - \dot I_{MC}}R_g \end{aligned}\right\} \quad (2-53)$$

而（见上式 ΔZ）

当 $R_g=0$ 时，附加测量阻抗 $\Delta Z=0$，$Z_m=Z_{MK1}$，即测量阻抗等于故障点到保护安装处的线路正序阻抗，可正确反应故障点到保护安装处线路距离；当 $R_g\neq0$ 时，就有 $\Delta Z\neq0$，从而破坏了上述关系，使测量阻抗不能正确反应故障点到保护安装处的线路距离。

改写 ΔZ，可得

$$\Delta Z = \frac{\dot I_{KB}^{(2)}}{(\dot I_{1oa\cdot B} + C_{1M}\dot I_{KB}^{(2)}) - (\dot I_{1oa\cdot C} + C_{1M}\dot I_{KC}^{(2)})}R_g$$

$$= \frac{R_g}{2C_{1M} - \mathrm{j}\sqrt{3}\dfrac{\dot I_{1oa\cdot A}}{\dot I_{KB}^{(2)}}}$$

$$= \frac{R_g}{2C_{1M} + \dfrac{(2Z_{\Sigma1} + R_g)\dot I_{1oa\cdot A}}{\dot U_{KA[0]}}} \quad (2-54)$$

当在空载情况下发生 BC 相短路故障时，$\dot I_{1oa\cdot A}=0$，有 $\Delta Z_1 = \dfrac{R_g}{2C_{1M}}$（为纯电阻），$Z_{m1} = Z_{MK1} +$

ΔZ_1，ΔZ_1、Z_{m1} 如图 2－22 所示；当 M 侧为送电侧时，$\dot{E}_{MA}$ 超前 $\dot{E}_{NA}$，作出 $\dot{I}_{1oa\cdot A}=\dfrac{\dot{E}_{MA}-\dot{E}_{NA}}{Z_{11}}$ 如图 2－5 所示，可得到 $(2Z_{\Sigma1}+R_g)\dot{I}_{1oa\cdot A}$ 超前 $\dot{U}_{KA[0]}$，于是 ΔZ 表示式中分母的幅角为"+"，故 ΔZ 呈现阻容性（用 ΔZ_2 表示），$Z_{m2}=Z_{MK}+\Delta Z_2$；当 M 侧为受电侧时，$\dot{E}_{MA}$ 滞后 $\dot{E}_{NA}$，相当于图 2－5 中的 $\dot{E}_{MA}$ 反向，所以 $\dot{I}_{1oa\cdot A}$ 相当于在图 2－5 中 $\dot{I}_{1oa\cdot A}$ 的反方向上，$(2Z_{\Sigma1}+R_g)\dot{I}_{1oa\cdot A}$ 滞后 $\dot{U}_{KA[0]}$，于是 ΔZ 表示式中分母的幅角为"－"，故 ΔZ 呈阻感性（用 ΔZ_3 表示），此时 $Z_{m3}=Z_{MK1}+\Delta Z_3$。作出相应的 Z_m 如图 2－22 所示，图中 MK 的阻抗为 Z_{MK1}，φ_{line} 是线路阻抗角，一般为 70°～80°。

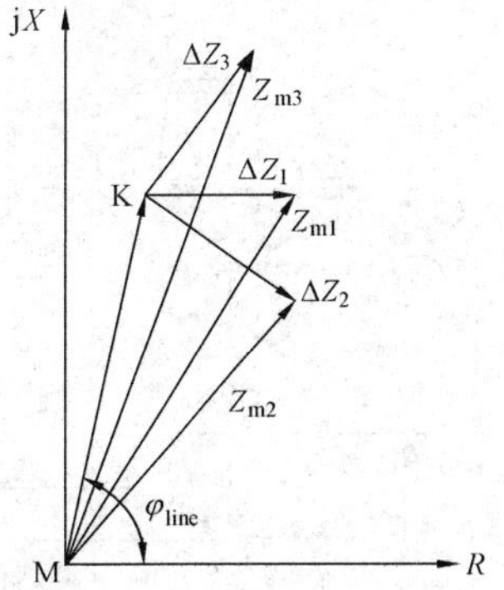

图 2－22　计及过渡电阻两相短路故障时的 Z_m

容易看出，当 M 侧处在送电侧时，由于 Z_{m2} 减小，对阻抗继电器来说，保护区要伸长；当 M 侧处在受电侧时，由于 Z_{m3} 增大，保护区要缩短。为使阻抗继电器的保护区尽量少受 R_g 的影响，应采取相应措施，使保护区不超越或超越在规定允许范围内。

第三节　单相接地短路故障分析

一、边界条件与特殊相

图 2－23 示出了 K 点 A 相金属性接地，写出边界条件如下

$$\left.\begin{aligned}\dot{I}_{KB}^{(1)}&=0\\ \dot{I}_{KC}^{(1)}&=0\\ \dot{U}_{KA}^{(1)}&=0\end{aligned}\right\}\qquad(2-55)$$

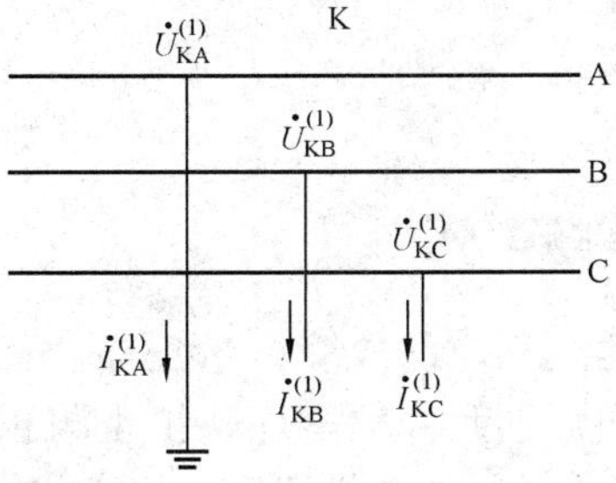

图 2－23　K 点 A 相金属性接地

特殊相是 A 相，B 相接地时特殊相是 B 相，C 相接地时特殊相是 C 相。特殊相是故障相。

二、复合序网和故障分量网络

（一）复合序网

应用对称分量法，将式（2－55）边界条件用特殊相序分量表示时，可得到

$$\left.\begin{aligned}&\dot{I}_{KA1}^{(1)}=\dot{I}_{KA2}^{(1)}=\dot{I}_{KA0}^{(1)}=\frac{1}{3}\dot{I}_{KA}^{(1)}\\ &\dot{U}_{KA1}^{(1)}+\dot{U}_{KA2}^{(1)}+\dot{I}_{KA0}^{(1)}=0\end{aligned}\right\}\qquad(2-56)$$

由于 $\dot{I}_{KA1}^{(1)}=\dot{I}_{KA1}^{(1)}=\dot{I}_{KA0}^{(1)}$，所以故障点特殊相的正序、负序、零序网络串联；又由于 $\dot{U}_{KA1}^{(1)}+\dot{U}_{KA2}^{(1)}+\dot{U}_{KA0}^{(1)}=0$，故三个序网络串联后应短接。作出 A 相 K 点接地时的复合序网如图 2－24 所示。再次指出，复合序网指的是特殊相的，非特殊相的各序网络不能这样连接，因为序分量间没有式（2－56）的关系。

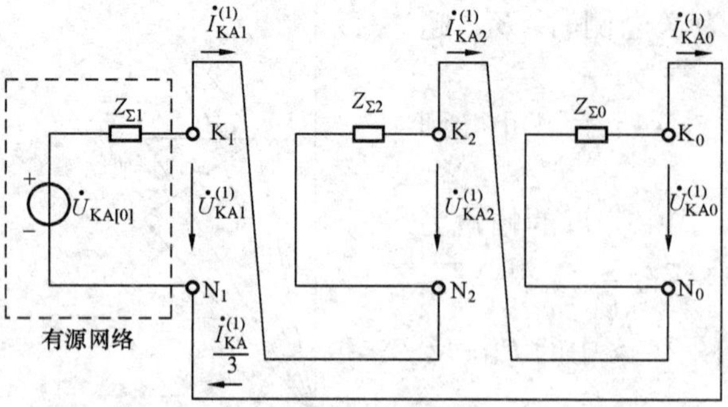

图 2-24　K 点 A 相接地时的复合序网

由复合序网可见，单相接地时会出现零序分量电流、电压。按我国规定，$\frac{X_{\Sigma 0}}{X_{\Sigma 1}} \leqslant 4 \sim 5$ 时属大电流接地系统，单相接地时有较大的故障电流；$\frac{X_{\Sigma 0}}{X_{\Sigma 1}} > 4 \sim 5$ 时属小电流接地系统，单相接地时故障电流较小。

由式（2-56）可见，单相接地电流等于故障支路正序（或负序、或零序）电流的 3 倍。

（二）故障分量网络

图 2-25 示出了反向接入故障点运行相电压造成单相接地短路，$\dot{E}_M$、$\dot{E}_N$ 和 K 点正常运行相电动势 $\dot{U}_{KA[0]}$（$\dot{U}_{KB[0]}$、$\dot{U}_{KC[0]}$）作用下构成了故障前的负荷状态，K 点反向接入的相电动势 $\dot{U}_{KA[0]}$ 作用下构成了故障分量网络，两者叠加就是 K 点 A 相接地故障的状态。

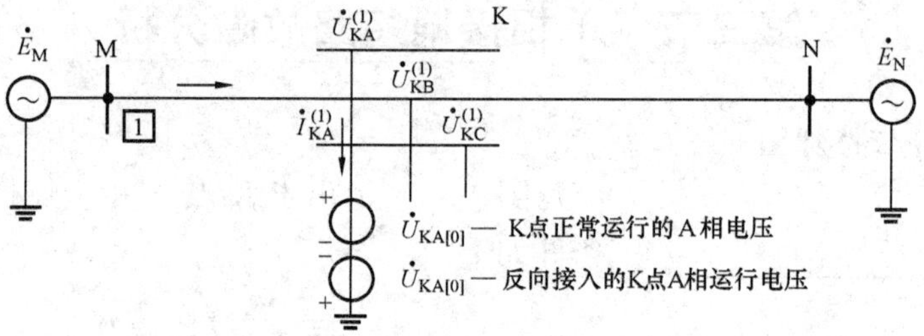

图 2-25　反向接入相电压造成单相接地短路

在故障分量电动势 $-\dot{U}_{KA[0]}$ 作用下，故障分量网络中建立相应的故障分量正序、负序、零序电流，但因零序电流的通路与正序、负序电流通路不同，且元件的零序阻抗也与正序、负序阻抗不同，因此应将故障分量各序网络分开描述才是正确的。为简化分析，假设各元件的零序阻抗与正序阻抗（负序阻抗与正序阻抗相等）具有同一比例，即各元件的 $K = \frac{Z_0 - Z_1}{3Z_1}$ 相等，于是 K 点 A 相接地的故障分量网络如图 2-26 所示。需要指出两点：①图 2-26网络中各元件均用正序阻抗表示；②图 2-26 网络中支路电流以 $\dot{I}_{\varphi} + K3\dot{I}_0$ 表示，即图中 M 侧的 $\Delta\dot{I}_M = \Delta(\dot{I}_{MA} + K3\dot{I}_0)$，N 侧的 $\Delta\dot{I}_N = \Delta(\dot{I}_{NA} + K3\dot{I}_0)$，各点电压是相电压突变量。

由图 2-26 可方便求得

$$\left.\begin{aligned}\Delta\dot{I}_M &= \frac{\dot{U}_{KA[0]}}{Z_{M1} + Z_{MK1}} \\ \Delta\dot{I}_N &= \frac{\dot{U}_{KA[0]}}{Z_{N1} + Z_{NK1}}\end{aligned}\right\} \tag{2-57}$$

$$\left.\begin{aligned}\Delta\dot{U}_{MA} &= -\Delta\dot{I}_{M}Z_{M1} = -\frac{Z_{M1}}{Z_{M1}+Z_{MK1}}\dot{U}_{KA[0]}\\ \Delta\dot{U}_{NA} &= -\Delta\dot{I}_{N}Z_{N1} = -\frac{Z_{N1}}{Z_{N1}+Z_{NK1}}\dot{U}_{KA[0]}\end{aligned}\right\} \quad (2-58)$$

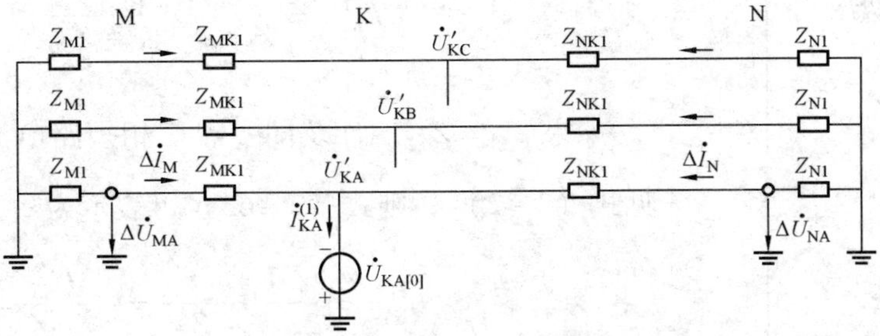

图 2－26　K 点 A 相接地时的故障分量网络

附带指出，在图 2－26 中，因为假设各元件零序阻抗与正序阻抗具有相同比例，所以 M 侧（N 侧）的正序、负序、零序电流的分配系数相等，导致图 2－26 非故障相中只有 $K3\dot{I}_0$ 电流分量。如在 M 侧的 B 相，有

$$\begin{aligned}\Delta(\dot{I}_{B}+K3\dot{I}_{0}) &= (\Delta\dot{I}_{B1}+\Delta\dot{I}_{B2}+\Delta\dot{I}_{B0}+\Delta K3\dot{I}_{0})\\ &= C_{1M}\dot{I}^{(1)}_{KB1}+C_{2M}\dot{I}^{(1)}_{KB2}+C_{0M}\dot{I}^{(1)}_{KB0}+3KC_{0M}\dot{I}^{(1)}_{KB0}\\ &= C_{1M}(\dot{I}^{(1)}_{KB1}+\dot{I}^{(1)}_{KB2}+\dot{I}^{(1)}_{KB0})+3KC_{0M}\dot{I}^{(1)}_{KB0}\\ &= C_{0M}K3\dot{I}^{(1)}_{KB0}\end{aligned} \quad (2-59)$$

（三）故障分量复合序网

由图 2－26 写出 K 点 A 相接地的边界条件为

$$\left.\begin{aligned}\dot{I}^{(1)}_{KB} &= 0\\ \dot{I}^{(1)}_{KC} &= 0\\ \dot{U}'_{KA} &= -\dot{U}_{KA[0]}\end{aligned}\right\} \quad (2-60)$$

用特殊相序分量表示，计及故障分量正序网络为无源网络，可得到

$$\left.\begin{aligned}\dot{I}^{(1)}_{KA1} = \dot{I}^{(1)}_{KA2} = \dot{I}^{(1)}_{KA0} &= \frac{1}{3}\dot{I}^{(1)}_{KA}\\ \dot{U}'_{KA1}+\dot{U}'_{KA2}+\dot{U}'_{KA0} &= -\dot{U}_{KA[0]}\end{aligned}\right\} \quad (2-61)$$

根据式（2－61）作出故障分量复合序网如图 2－27 所示。同样，故障分量复合序网指的是特殊相的。

三、故障电流、故障点电压

由图 2－24 或图 2－27 可求得故障支路各序电流为

$$\dot{I}_{KA1}^{(1)} = \dot{I}_{KA2}^{(1)} = \dot{I}_{KA0}^{(1)} = \frac{\dot{U}_{KA[0]}}{Z_{\Sigma 1} + Z_{\Sigma 2} + Z_{\Sigma 0}} \quad (2-62)$$

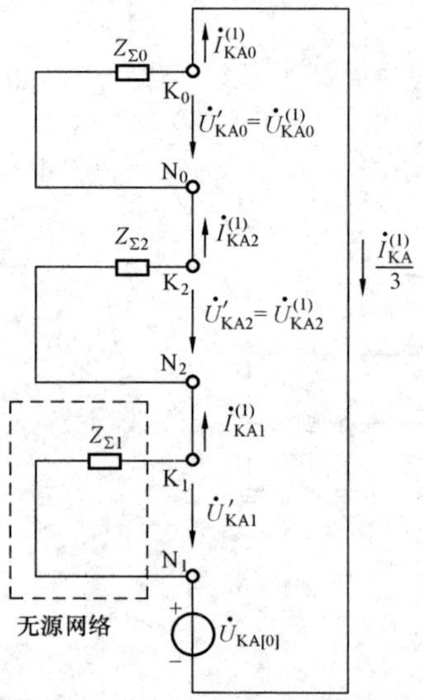

图 2-27　K 点 A 相接地时的故障分量复合序网

接地电流为

$$\dot{I}_{KA}^{(1)} = \frac{3\dot{U}_{KA[0]}}{Z_{\Sigma 1} + Z_{\Sigma 2} + Z_{\Sigma 0}} \quad (2-63)$$

如果 $Z_{\Sigma 1} = Z_{\Sigma 2}$，计及同一点三相短路电流 $\dot{I}_{KA}^{(3)} = \frac{3\dot{U}_{KA[0]}}{Z_{\Sigma 1}}$ [见式（2-2）]，则式（2-63）可表示为

$$\dot{I}_{KA1}^{(1)} = \frac{3\dot{U}_{KA[0]}}{2Z_{\Sigma 1} + Z_{\Sigma 0}} = \frac{3\dot{I}_{KA}^{(3)}}{2 + \frac{Z_{\Sigma 0}}{Z_{\Sigma 1}}} \quad (2-64)$$

或

$$\frac{\dot{I}_{KA}^{(1)}}{\dot{I}_{KA}^{(3)}} = \frac{3}{2 + \frac{Z_{\Sigma 0}}{Z_{\Sigma 1}}} \quad (2-65)$$

可以看出，当 $Z_{\Sigma 0} < Z_{\Sigma 1}$ 时有 $I_{KA}^{(1)} > I_{KA}^{(3)}$，即单相接地电流大于同一点的三相短路电流，当大型变压器中性点接地愈多或大电力系统接地中性点附近发生单相接地时，就有可能出现这种情况。作为极限状况，$\dot{I}_{KA\cdot max}^{(1)} = \lim_{Z_{\Sigma 0}\to 0}\left(\frac{3\dot{I}_{KA}^{(3)}}{2 + \frac{Z_{\Sigma 0}}{Z_{\Sigma 1}}}\right) = 1.5\dot{I}_{KA}^{(3)}$。当 $Z_{\Sigma 0} = Z_{\Sigma 1}$ 时，有 $I_{KA}^{(1)} = I_{KA}^{(3)}$，即单相接地电流与该点三相短路电流相等。当 $Z_{\Sigma 0} > Z_{\Sigma 1}$ 时，有 $I_{KA}^{(1)} < I_{KA}^{(3)}$，即单相接地电流小于该点三相短路电流。当电力系统中性点不接地时，有 $Z_{\Sigma 0}\to\infty$，此时 $\dot{I}_{KA\cdot min}^{(1)} \to 0$。

再分析故障点电压。因 $\dot{U}_{KA}^{(1)} = 0$，所以只需分析两非故障相电压。由图 2-24 可得

$$\dot{U}_{KA0}^{(1)} = -\dot{I}_{KA0}^{(1)} Z_{\Sigma 0} = -\dot{I}_{KA1}^{(1)} Z_{\Sigma 0}$$

$$\dot{U}_{KA2}^{(1)} = -\dot{I}_{KA2}^{(1)} Z_{\Sigma 2} = -\dot{I}_{KA1}^{(1)} Z_{\Sigma 2}$$

$$\dot{U}_{KA1}^{(0)} = \dot{I}_{KA1}^{(1)} (Z_{\Sigma 2} + Z_{\Sigma 0})$$

于是 $\dot{U}_{KB}^{(1)}$ 与 $\dot{U}_{KC}^{(1)}$ 可表示为

$$\begin{aligned}\dot{U}_{KB}^{(1)} &= a^2\dot{U}_{KA1}^{(1)} + a\dot{U}_{KA2}^{(1)} + \dot{U}_{KA0}^{(1)} \\ &= \frac{(a^2 - a)Z_{\Sigma 2} + (a^2 - 1)Z_{\Sigma 0}}{Z_{\Sigma 1} + Z_{\Sigma 2} + Z_{\Sigma 0}}\dot{U}_{KA[0]}\end{aligned}$$

$$\begin{aligned}\dot{U}_{KC}^{(1)} &= a\dot{U}_{KA1}^{(1)} + a^2\dot{U}_{KA2}^{(1)} + \dot{U}_{KA0}^{(1)} \\ &= \frac{(a - a^2)Z_{\Sigma 2} + (a - 1)Z_{\Sigma 0}}{Z_{\Sigma 1} + Z_{\Sigma 2} + Z_{\Sigma 0}}\dot{U}_{KA[0]}\end{aligned}$$

当 $Z_{\Sigma1}=Z_{\Sigma2}$时，上两式可化简为

$$\left.\begin{aligned}\dot{U}_{KB}^{(1)}&=U_{KB[0]}+\frac{Z_{\Sigma1}-Z_{\Sigma0}}{2Z_{\Sigma1}+Z_{\Sigma0}}\dot{U}_{KA[0]}\\ \dot{U}_{KC}^{(1)}&=U_{KC[0]}+\frac{Z_{\Sigma1}-Z_{\Sigma0}}{2Z_{\Sigma1}+Z_{\Sigma0}}\dot{U}_{KA[0]}\end{aligned}\right\}\tag{2-66}$$

作出不同 $Z_{\Sigma0}$值时 $\dot{U}_{KB}^{(1)}$、$\dot{U}_{KC}^{(1)}$ 端点变化轨迹如图2－28 所示。当 $Z_{\Sigma0}=0\sim\infty$ 时，$\dot{U}_{KB}^{(1)}$、$\dot{U}_{KC}^{(1)}$ 端点变化轨迹如图中虚线段所示，非故障相电压幅值由$\frac{\sqrt{3}}{2}U_{KA[0]}$变化到$\sqrt{3}U_{KA[0]}$，两非故障相间的夹角 α_u 由 180°变化到 60°；只有在 $Z_{\Sigma0}=Z_{\Sigma1}$条件下，非故障相电压保持原有 $\dot{U}_{KB[0]}$、$\dot{U}_{KC[0]}$值，夹角等于 120°。

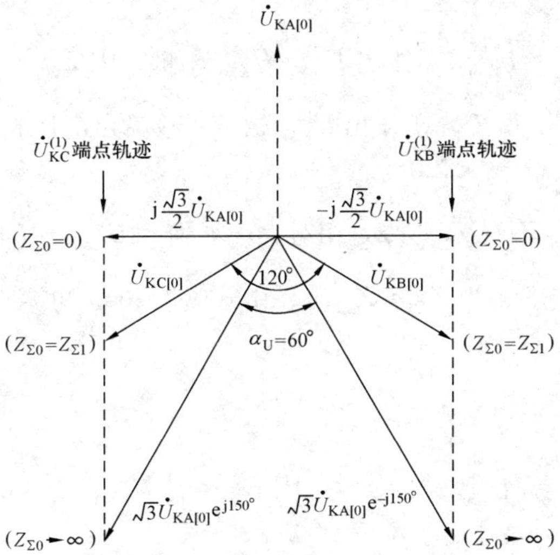

图2－28　单相接地时非故障相电压的变化

容易看出，$Z_{\Sigma0}>Z_{\Sigma1}$时非故障相电压要升高，由式（2－26）可以得到

$$\left|\frac{\dot{U}_{KB}^{(1)}}{\dot{U}_{KA[0]}}\right|=\left|\frac{\dot{U}_{KC}^{(1)}}{\dot{U}_{KA[0]}}\right|=\sqrt{1+\frac{(2Z_{\Sigma0}+Z_{\Sigma1})(Z_{\Sigma0}-Z_{\Sigma1})}{(2Z_{\Sigma1}+Z_{\Sigma0})^2}}$$

$$=\sqrt{1+\frac{(2k+1)(k-1)}{(2+k)^2}}\tag{2-67}$$

其中 $k=\frac{Z_{\Sigma0}}{Z_{\Sigma1}}$。$k$ 愈大，非故障相电压升高的程度愈大。

四、故障点、保护安装处电流和电压间相量关系

（一）故障点电流、电压间相量关系

由 $\dot{I}_{KA1}^{(1)}=\dot{I}_{KA2}^{(1)}=\dot{I}_{KA0}^{(1)}$，作出电流相量关系如图2－29（a）所示。

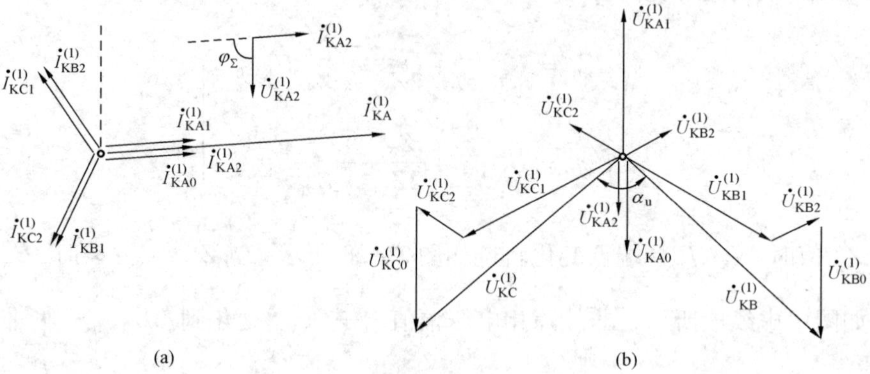

图 2－29　A 相接地时故障点电流电压间相量关系（$Z_{\Sigma0} > Z_{\Sigma1}$）

（a）电流相量关系；（b）电压相量关系

由 $\dot{U}_{KA2}^{(1)} = -\dot{I}_{KA2}^{(1)} Z_{\Sigma2}$、$\dot{U}_{KA0}^{(1)} = -\dot{I}_{KA0}^{(1)} Z_{\Sigma0}$ 作出 $\dot{U}_{KA2}^{(1)}$、$\dot{U}_{KA0}^{(1)}$ 相量，因 $Z_{\Sigma0} > Z_{\Sigma1}$（假设），所以 $\dot{U}_{KA0}^{(1)} > \dot{U}_{KA2}^{(1)}$；再由 $\dot{U}_{KA1}^{(1)} = -(\dot{U}_{KA2}^{(1)} + \dot{U}_{KA0}^{(1)})$ 作出 $\dot{U}_{KA1}^{(1)}$ 相量，故障点电压相量如图 2－29（b）所示。因假设 $Z_{\Sigma0} > Z_{\Sigma1}$，所以图中 $\alpha_u < 120°$。

由图 2－29（b）不难看出，不管 $Z_{\Sigma0}$ 与 $Z_{\Sigma1}$ 相对大小如何，$3\dot{U}_{KA0}^{(1)} = \dot{U}_{KA}^{(1)} + \dot{U}_{KB}^{(1)} + \dot{U}_{KC}^{(1)} = \dot{U}_{KB}^{(1)} + \dot{U}_{KC}^{(1)}$ 总在 $\dot{U}_{KA[0]}$ 的反方向上；当 $Z_{\Sigma0} \approx Z_{\Sigma1}$ 时，由式（2－66）可得

$$\dot{U}_{KB}^{(1)} \approx \dot{U}_{KB[0]}$$

$$\dot{U}_{KC}^{(1)} \approx \dot{U}_{KC[0]}$$

于是有

$$\dot{U}_{KA0}^{(1)} = \frac{1}{3}(\dot{U}_{KA}^{(1)} + \dot{U}_{KB}^{(1)} + \dot{U}_{KC}^{(1)}) \approx -\frac{1}{3}\dot{U}_{KA[0]}$$

即零序电压大小约等于相电压的$\frac{1}{3}$。

（二）保护安装处电流、电压间的相量关系

设图 2－25 中 K 点 A 相接地，下面讨论 M 母线处电流、电压间相量关系。

M 侧母线流向线路的三相电流为

$$\left.\begin{aligned}
\dot{I}_{MA} &= \dot{I}_{1oa \cdot A} + C_{1M}\dot{I}_{KA1}^{(1)} + C_{2M}\dot{I}_{KA2}^{(1)} + C_{0M}\dot{I}_{KA0}^{(1)} \\
&= \dot{I}_{1oa \cdot A} + \frac{C_{1M} + C_{2M} + C_{0M}}{3}\dot{I}_{KA}^{(1)} \\
\dot{I}_{MB} &= \dot{I}_{1oa \cdot B} + C_{1M}a^2\dot{I}_{KA1}^{(1)} + C_{2M}a\dot{I}_{KA2}^{(1)} + C_{0M}\dot{I}_{KA0}^{(1)} \\
&= \dot{I}_{1oa \cdot B} + \frac{a^2C_{1M} + aC_{2M} + C_{0M}}{3}\dot{I}_{KA}^{(1)} \\
\dot{I}_{MC} &= \dot{I}_{1oa \cdot C} + C_{1M}a\dot{I}_{KA1}^{(1)} + C_{2M}a^2\dot{I}_{KA2}^{(1)} + C_{0M}\dot{I}_{KA0}^{(1)} \\
&= \dot{I}_{1oa \cdot C} + \frac{aC_{1M} + a^2C_{2M} + C_{0M}}{3}\dot{I}_{KA}^{(1)}
\end{aligned}\right\} \quad (2-68)$$

可以看出，两非故障相中除原有负荷电流外，还有故障分量电流，这是与两相短路故障所不同的，并且当 $C_{1M}\neq C_{2M}$时，两非故障相中的故障分量有所不同。当 $C_{1M}=C_{2M}$时，式（2－68）化简为

$$\left.\begin{aligned}\dot{I}_{MA}&=\dot{I}_{1oa\cdot A}+\frac{2C_{1M}+C_{0M}}{3}\dot{I}_{KA}^{(1)}\\\dot{I}_{MB}&=\dot{I}_{1oa\cdot B}+\frac{C_{0M}-C_{1M}}{3}\dot{I}_{KA}^{(1)}\\\dot{I}_{MC}&=\dot{I}_{1oa\cdot C}+\frac{C_{0M}-C_{1M}}{3}\dot{I}_{KA}^{(1)}\end{aligned}\right\}\qquad(2-69)$$

在这种情况下，两非故障相中的故障分量电流不仅大小相等，而且相位相同，非故障相中的故障分量电流是由 $C_{0M}\neq C_{1M}$所产生的。

由式（2－69）容易看出，当 $C_{0M}>C_{1M}$时，两非故障相的故障分量电流与 A 相故障分量电流同相位；当 $C_{0M}<C_{1M}$时，两非故障相的故障分量电流与 A 相故障分量电流反相位。相量关系如图 2－30（a）、（b）所示。

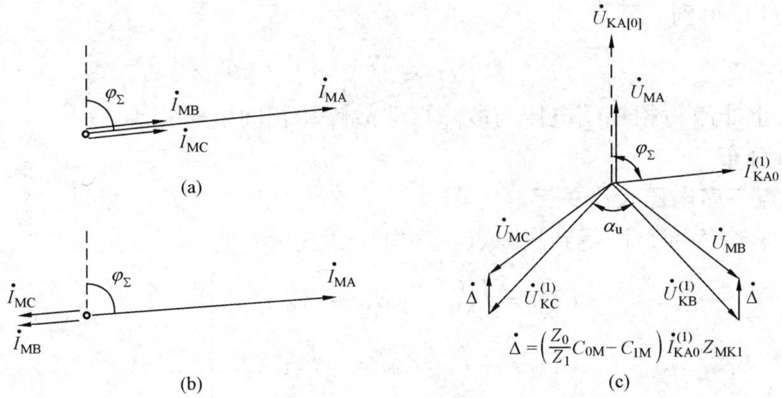

图 2－30　不计负荷电流时保护安装处电流、电压相量关系

（a）$C_{0M}>C_{1M}$时电流相量；（b）$C_{0M}<C_{1m}$时电流相量；（c）电压相量

应当指出，图 2－25 中若 N 侧有电源，M 侧为负荷侧，即 NM 为单电源线路，则当不计负荷电流时，在 M 母线上有中性点接地变压器情况下，MN 线路上 K 点 A 相接地时，因 $C_{1M}=0$，所以式（2－69）变为

$$\left.\begin{aligned}\dot{I}_{MA}&=\frac{C_{0M}}{3}\dot{I}_{KA}^{(1)}\\\dot{I}_{MB}&=\frac{C_{0M}}{3}\dot{I}_{KA}^{(1)}\\\dot{I}_{MC}&=\frac{C_{0M}}{3}\dot{I}_{KA}^{(1)}\end{aligned}\right\}\qquad(2-70)$$

M 侧没有正序电流（负荷电流不计）、负序电流，只有零序电流，三相电流大小相等、相位相同，如式（2－70）所示。

图 2－25 中 K 点 A 相接地时，M 母线（M 侧有电源）上的三相电压为（不计负荷电流时）

$$\left.\begin{aligned}\dot{U}_{MA}&=\dot{U}_{KA}^{(1)}+C_{1M}\dot{I}_{KA1}^{(1)}Z_{MK1}+C_{2M}\dot{I}_{KA2}^{(1)}Z_{MK2}+C_{0M}\dot{I}_{KA0}^{(1)}Z_{MK0}\\&=\left(2C_{1M}+\frac{Z_0}{Z_1}C_{0M}\right)\dot{I}_{KA0}^{(1)}Z_{MK1}\\\dot{U}_{MB}&=\dot{U}_{KB}^{(1)}+C_{1M}a^2\dot{I}_{KA1}^{(1)}Z_{MK1}+C_{2M}a\dot{I}_{KB2}^{(1)}Z_{MK2}+C_{0M}\dot{I}_{KA0}^{(1)}Z_{MK0}\\&=\dot{U}_{KB}^{(1)}+\left(\frac{Z_0}{Z_1}C_{0M}-C_{1M}\right)\dot{I}_{KA0}^{(1)}Z_{MK1}\\\dot{U}_{MC}&=\dot{U}_{KC}^{(1)}+C_{1M}a\dot{I}_{KA1}^{(1)}Z_{MK1}+C_{2M}a^2\dot{I}_{KA2}^{(1)}Z_{MK2}+C_{0M}\dot{I}_{KA0}^{(1)}Z_{MK0}\\&=\dot{U}_{KC}^{(1)}+\left(\frac{Z_0}{Z_1}C_{0M}-C_{1M}\right)\dot{I}_{KA0}^{(1)}Z_{MK1}\end{aligned}\right\}\quad(2-71)$$

式中　Z_0、Z_1——输电线路单位长度的零序、正序阻抗。

M 母线电压相量如图 2－30（c）所示，可以看出，$\dot{U}_{MB}$、$\dot{U}_{MC}$ 间夹角与 $\dot{U}_{KB}^{(1)}$、$\dot{U}_{KC}^{(1)}$ 间夹角不相等。

由式（2－71）得到

$$\dot{U}_{MB}-\dot{U}_{MC}=\dot{U}_{KB}^{(1)}-\dot{U}_{KC}^{(1)}\quad(2-72)$$

此式说明，母线上非故障相相间电压与故障点非故障相相间电压相等。

五、序电压分布

（一）故障点各序电压大小关系

由图 2－24 复合序网，可得到故障点各序电压的表示式为

$$\left.\begin{aligned}\dot{U}_{KA1}^{(1)}&=\dot{I}_{KA1}^{(1)}+(Z_{\Sigma2}+Z_{\Sigma0})\\\dot{U}_{KA2}^{(1)}&=-\dot{I}_{KA2}^{(1)}Z_{\Sigma2}=-\dot{I}_{KA1}^{(1)}Z_{\Sigma2}\\\dot{U}_{KA0}^{(1)}&=-\dot{I}_{KA0}^{(1)}Z_{\Sigma0}=-\dot{I}_{KA1}^{(1)}Z_{\Sigma0}\end{aligned}\right\}\quad(2-73)$$

显而易见，故障点序电压中，正序电压最高。在负序电压和零序电压中，当 $Z_{\Sigma2}>Z_{\Sigma0}$时，负序电压高；当 $Z_{\Sigma2}<Z_{\Sigma0}$时，零序电压高；当 $Z_{\Sigma2}=Z_{\Sigma0}$时，两者相等。

（二）正序电压分布

图 2－25 中 K 点 A 相接地时，将式（2－62）代入式（2－73），得到故障点的正序电压为

$$\dot{U}_{KA1}^{(1)}=\frac{Z_{\Sigma2}+Z_{\Sigma0}}{Z_{\Sigma1}+Z_{\Sigma2}+Z_{\Sigma0}}\dot{U}_{KA[0]}\quad(2-74)$$

当 $Z_{\Sigma0}=0\sim\infty$ 时，在 $Z_{\Sigma1}=Z_{\Sigma2}$ 条件下，$\left|\dfrac{\dot{U}_{KA1}^{(1)}}{\dot{U}_{KA0}}\right|=50\%\sim100\%$。

保护安装处（M 母线）正序电压为

$$\begin{aligned}\dot{U}_{MA1}&=\dot{U}_{KA1}^{(1)}+(\dot{I}_{1oa\cdot A}+C_{1M}\dot{I}_{KA1}^{(1)})Z_{MK1}\\&=\dot{U}_{MA[0]}-\frac{Z_{\Sigma1}-C_{1M}Z_{MK1}}{2Z_{\Sigma1}+Z_{\Sigma0}}\dot{U}_{KA[0]}\end{aligned}\quad(2-75)$$

保护安装处（电源侧）正序电压不会低于故障点的正序电压，实际上从故障点到电源是逐渐升高的，分布如图2－31（a）所示。

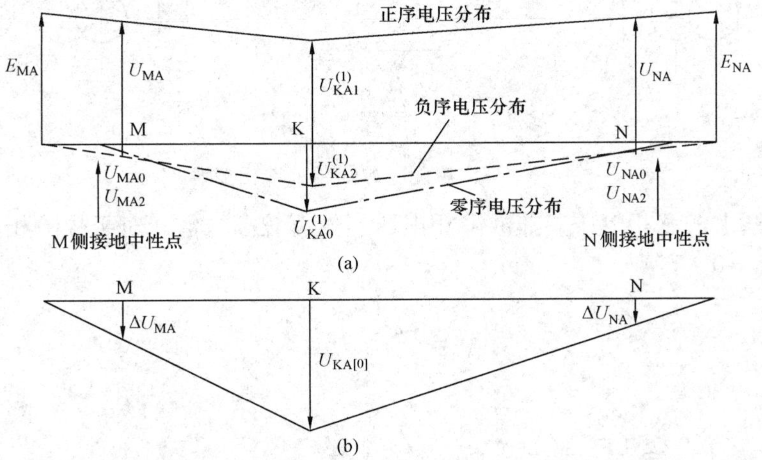

图2－31　单相接地时序电压、故障分量电压分布（$Z_{\Sigma 0}>Z_{\Sigma 2}$）

（a）正序、负序、零序电压分布；（b）故障分量电压分布

（三）负序电压分布

负序电压仅存在负序网络中，而负序网络与短路故障类型无关，图2－25中K点A相接地时的负序网络如图2－17所示，只是故障点作用的负序电压是$\dot{U}_{KA2}^{(1)}$，于是M母线上的负序电压为

$$\dot{U}_{MA2}=\frac{Z_{M2}}{Z_{M2}+Z_{MK2}}\dot{U}_{KA2}^{(1)} \tag{2-76}$$

负序电压分布与两相短路故障时相同，由故障点逐渐向电源中性点降落，中性点处为零，如图2－31（a）所示。

（四）零序电压分布

零序电压仅存在于零序网络中，零序网络与负序网络相同，是一个无源网络，因此故障点的零序电压最高。图2－25中K点A相接地时，因故障点作用的零序电压为$\dot{U}_{KA0}^{(1)}$，于是M母线上零序电压$\dot{U}_{MA0}$为

$$\dot{U}_{MA0}=\frac{Z_{M0}}{Z_{M0}+Z_{MK0}}\dot{U}_{KA0}^{(1)} \tag{2-77}$$

零序电压分布如图2－31（a）中所示，应当指出，零序电压在接地中性点处为零，不能传变到三角形绕组外。

在分析了序电压分布后，下面讨论图2－32单侧电源线路上单相接地情况。当K点单相（A相）接地时，线路M侧没有正序电流（不计负荷电流时）、负序电流，只有零序电流，所以三相电流大小相等、相位相同。对于M母线上的正序电压，因MK线路段上没有正序压降，所以M母线正序电压等于故障点正序电压值。对于M母线上的负序电压，同样因MK线路段上没有负序压降，所以M母线负序电压等于故障点负序电压值。对于M母线

上的零序电压，由于MK线路上有零序压降，故M母线上零序电压低于故障点的零序电压。

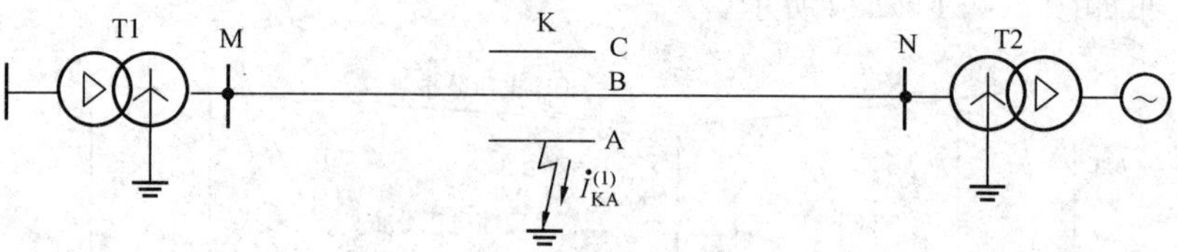

图2-32 单侧电源线路上单相接地

对于M母线上的三相电压，非故障相电压当然有较高数值；对于故障相电压，令式（2-71）中的$C_{1M}=0$，得到

$$\dot{U}_{MA}=\frac{Z_0}{Z_1}C_{0M}\dot{I}_{KA0}^{(1)}Z_{MK1} \tag{2-78}$$

如$Z_0=3Z_1$，计及$\dot{I}_{KA0}^{(1)}=\frac{\dot{I}_{KA}^{(1)}}{3}$,上式写成

$$\dot{U}_{MA}=C_{0M}\dot{I}_{KA}^{(1)}Z_{MK1} \tag{2-79}$$

当$\dot{I}_{KA}^{(1)}$较大时，在故障点K并不十分靠近M母线情况下，$\dot{U}_{MA}$具有一定数值，有时仍有较高数值。

六、序电流与序电压间的相位关系

正序故障分量网络、负序网络均是无源网络，且与故障类型、相别无关。因此，对于保护安装处正序故障分量电压和正序故障分量电流间的相位关系、负序电压和负序电流间的相位关系，单相接地与两相短路完全相同。

零序网络同样是无源网络，故零序电压和零序电流间的相位关系与负序电压和负序电流间的相位关系相同。正、反方向零序方向元件的动作判据为

$$\left.\begin{aligned}&-15^\circ<\arg\frac{3\dot{U}_0}{3\dot{I}_0}<165^\circ(\text{反方向元件})\\&-165^\circ<\arg\frac{3\dot{U}_0}{3\dot{I}_0}<345^\circ(\text{正方向元件})\end{aligned}\right\} \tag{2-80}$$

应当指出的是，相位关系与故障点是否存在过渡电阻无关。

七、保护安装处的突变量电压、突变量电流

（一）突变量电压分布

图2-25中K点A相接地时，M、N母线上的突变量电压如式（2-58）所示，这是故障点故障分量电动势$-\dot{U}_{KA[0]}$作用的结果。图2-31（b）示出了突变量电压的分布，与两相短路故障时突变量电压分布无本质上区别。

（二）保护安装处突变量电流

图2-25中K点A相接地时，M侧电流突变量由式（2-69）得到为

$$\left.\begin{aligned}\Delta\dot{I}_{MA}&=\dot{I}_{MA}-\dot{I}_{1oa\cdot A}=\frac{2C_{1M}+C_{0M}}{3}\dot{I}_{KA}^{(1)}\\\Delta\dot{I}_{MB}&=\dot{I}_{MB}-\dot{I}_{1oa\cdot B}=\frac{C_{0M}-C_{1M}}{3}\dot{I}_{KA}^{(1)}\\\Delta\dot{I}_{MC}&=\dot{I}_{MC}-\dot{I}_{1oa\cdot C}=\frac{C_{0M}-C_{1M}}{3}\dot{I}_{KA}^{(1)}\end{aligned}\right\}\qquad(2-81)$$

相电流差突变量为

$$\left.\begin{aligned}\Delta\dot{I}_{MAB}&=\Delta\dot{I}_{MA}-\Delta\dot{I}_{MB}=C_{1M}\dot{I}_{KA}^{(1)}\\\Delta\dot{I}_{MBC}&=\Delta\dot{I}_{MB}-\Delta\dot{I}_{MC}=0\\\Delta\dot{I}_{MCA}&=\Delta\dot{I}_{MC}-\Delta\dot{I}_{MA}=-C_{1M}\dot{I}_{KA}^{(1)}\end{aligned}\right\}\qquad(2-82)$$

两非故障相电流差突变量为零，计及 $C_{1M}\neq C_{2M}$ 时，两非故障相相电流差突变量由式（2－68）得到为

$$\begin{aligned}\Delta\dot{I}_{MBC}=\Delta\dot{I}_{MB}-\Delta\dot{I}_{MC}&=\frac{(a^2-a)C_{1M}+(a-a^2)C_{2M}}{3}\dot{I}_{KA}^{(1)}\\&=\frac{\mathrm{j}}{\sqrt{3}}(C_{2M}-C_{1M})\dot{I}_{KA}^{(1)}\end{aligned}\qquad(2-83)$$

此式说明，当 $C_{1M}\neq C_{2M}$ 时，两非故障相相电流差突变量并非零值，但因 C_{1M} 与 C_{2M} 差别不大，所以式（2－83）表示的值也并不大。应当注意，当 $\dot{I}_{KA}^{(1)}$ 甚大时，$|\Delta\dot{I}_{MBC}|$ 就有一定的数值了。

（三）保护安装处突变量电压、突变量电流间的相位关系

图2－25中K点A相接地时，对M侧保护1来说，故障处在保护方向上，此时 $\Delta\dot{U}_{MA}$ 与 $\Delta\dot{I}_M$ 间的关系由式（2－58）确定，即

$$\arg\frac{\Delta\dot{U}_{MA}}{\Delta\dot{I}_M}=\arg(-Z_{M1})=180°+\arg Z_{M1}$$

与式（2－44）相同。应当注意，$\Delta\dot{I}_M=\Delta(\dot{I}_{MA}+K3\dot{I}_0)$。

当K点A相接地在保护1反方向上时，图2－26中的 $-\dot{U}_{KA[0]}$ 作用在保护1的反方向上，对保护1来说，有

$$\Delta\dot{U}_{MA}=\Delta\dot{I}_M(Z_{MK1}+Z_{NK1}+Z_{N1})$$

$$\arg\frac{\Delta\dot{U}_{MA}}{\Delta\dot{I}_M}=\arg(Z_{MK1}+Z_{NK1}+Z_{N1})$$

与式（2－46）相同。

可见，保护安装处突变量电压、突变量电流间的相位关系与两相短路故障时相同，与式（2－47）类似。接地故障方向元件的动作判据为

$$\left.\begin{aligned}-15° < \arg\frac{\Delta\dot{U}_{\varphi}}{\Delta(\dot{I}_{\varphi}+K3\dot{I}_0)} < 165°(\text{反方向元件})\\ -165° < \arg\frac{\Delta\dot{U}_{\varphi}}{\Delta(\dot{I}_{\varphi}+K3\dot{I}_0)} < 345°(\text{正方向元件})\end{aligned}\right\} \quad (2-84)$$

（四）突变量电流选相、突变量电流起动

1. 相电流差突变量选相

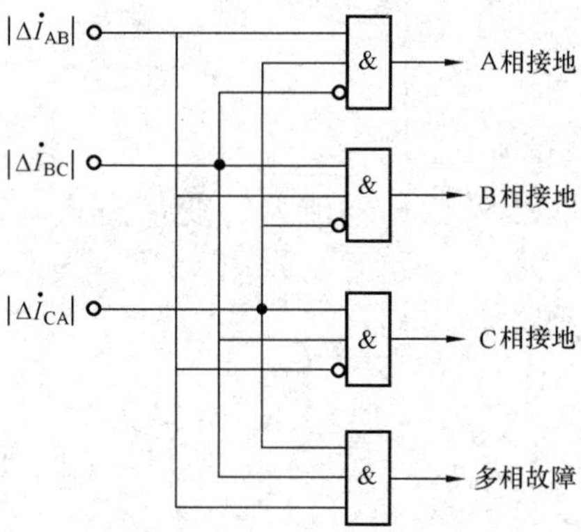

图 2－33　相电流差突变量选相原理逻辑图

分析式（2－82），单相接地故障时，两非故障相相电流差突变量很小，所以三个相电流差突变量元件中，一个元件不动作、两个元件动作，从而可选出故障相。图 2－33 示出了相电流差突变量选相原理逻辑图。

明显可见，单相接地时可有效选出故障相；两相短路、两相接地短路、三相短路时，三个相电流差突变量元件同时动作，所以选为多相故障。

为防止电力系统振荡时相电流差突变量元件误动或不降低元件动作灵敏度，事实上相电流差突变量元件采用了浮动门槛技术。

应当指出，单电源线路上发生单相接地时，因线路负荷侧三相电流接近且相位也接近，所以选相可能发生困难，见式（2－70）。

2. 突变量电流起动

带有浮动门槛的突变量电流元件在系统振荡、频率偏差时不动作，电力系统发生短路故障时可灵敏动作，因此广泛用作继电保护装置的起动元件。

需要指出的是，单侧电源线路上发生接地故障时，线路负荷侧故障分量电流是零序电流，因此相电流差突变量很小，故相电流差突变量元件可能不动作，保护不能起动或起动不可靠；相电流突变量数值较大，所以相电流突量元件在这种情况下能可靠起动。

八、故障点过渡电阻的影响

相间短路故障在大多数情况下过渡电阻是电弧电阻，数值并不大；接地故障的过渡电阻除故障点电弧电阻外，还有过渡物电阻。如导线通过铁塔形成接地故障，则过渡物电阻是铁塔本身电阻与铁塔接地电阻之和。过渡物电阻因过渡物较为复杂，所以过渡物电阻也较复杂，随过渡物类型而变化。从继电保护角度出发，220kV 线路考虑的过渡电阻是 100Ω，330kV 线路考虑的过渡电阻是 150Ω，500kV 线路考虑的过渡电阻是 300Ω，即在这样大的过渡电阻下，不应影响继电保护的正确动作。

（一）复合序网和故障分量网络

图 2－34（a）示出了 A 相经过渡电阻 R_g 接地，可以等效成图（b）中 K′点 A 相金属性接地，而 K′点和 K 点之间具有一条阻抗为 R_g 的三相输电线，该输电线中不存在负荷电流。

由于 K′点 A 相金属性接地，作出复合序网如图 2－35 所示。可以看出，R_g 在原有序网络之外。

图 2－35 中 K 点 A 相经 R_g 接地时，根据图 2－35 的等效变换，故障分量网络只需在图 2－26 的故障分量电动势 $-\dot{U}_{KA[0]}$ 支路串 R_g 即可。同样，R_g 在原有故障分量网络之外。

（二）故障点电压、电流的相量关系

由图 2－35 求得故障支路故障相各序电流为

$$\dot{I}_{KA1}^{(1)} = \dot{I}_{KA2}^{(1)} = \dot{I}_{KA0}^{(1)} = \frac{\dot{U}_{KA[0]}}{3R_g + Z_{\Sigma1} + Z_{\Sigma2} + Z_{\Sigma0}} \tag{2-85}$$

当 $Z_{\Sigma1} = Z_{\Sigma2}$ 时，故障电流 $\dot{I}_{KA1}^{(1)}$ 为

$$\dot{I}_{KA} = \frac{3\dot{U}_{KA[0]}}{3R_g + 2Z_{\Sigma1} + Z_{\Sigma0}} \tag{2-86}$$

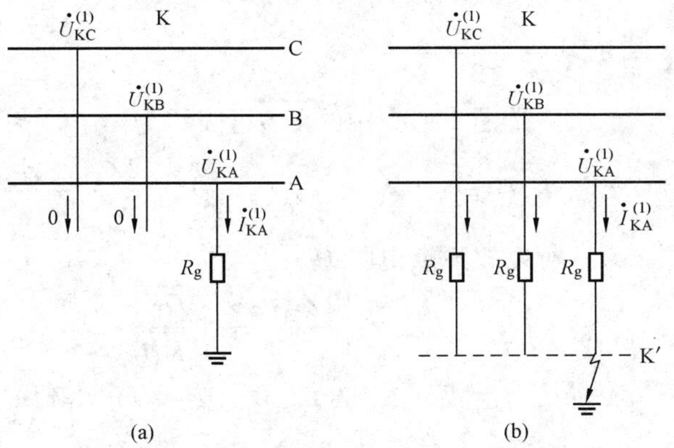

图 2－34　A 相经过渡电阻 R_g 接地

（a）K 点 A 相经 R_g 接地；（b）K′点 A 相金属性接地

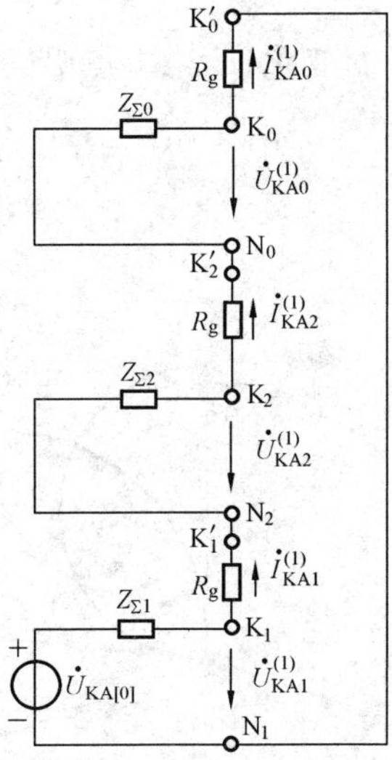

图 2－35　A 相经 R_g 接地时的复合序网

按式（2－13），当 $R_g = 0 \sim \infty$ 时，$\dot{I}_{KA}^{(1)}$ 端点变化轨迹如图 2－36 中圆弧所示，其中 $\dot{I}_{KA\cdot max}^{(1)} = \dfrac{3\dot{U}_{KA[0]}}{2Z_{\Sigma1} + Z_{\Sigma0}}$。

对于故障点电压，注意此时 $\dot{U}_{KA1}^{(1)} + \dot{U}_{KA2}^{(1)} + \dot{U}_{KA0}^{(1)} \neq 0$，故障点三相电压可表示为

$$\dot{U}_{KA}^{(1)} = \dot{I}_{KA}^{(1)} R_g = \frac{3R_g}{3R_g + 2Z_{\Sigma1} + Z_{\Sigma0}} \dot{U}_{KA[0]}$$

为简化计，不计各元件电阻，按式（2－14）得

$$\dot{U}_{KA}^{(1)} = \frac{1}{2}\dot{U}_{KA[0]} - \frac{1}{2}\dot{U}_{KA[0]} e^{j2\theta} \tag{2-87}$$

式中 θ 为角度，$\theta = \arctan\dfrac{3R_g}{2X_{\Sigma1} + X_{\Sigma0}}$，当 $R_g = 0 \sim \infty$ 时，$\theta = 0° \sim 90°$。

$$\dot{U}_{KB}^{(1)} = a^2(\dot{U}_{KA[0]} - \dot{I}_{KA1}^{(1)} Z_{\Sigma1}) + a(-\dot{I}_{KA2}^{(1)} Z_{\Sigma2}) + (-\dot{I}_{KA0}^{(1)} Z_{\Sigma0})$$

$$= \dot{U}_{KB[0]} + \frac{Z_{\Sigma1} - Z_{\Sigma0}}{3R_g + 2Z_{\Sigma1} + Z_{\Sigma0}}\dot{U}_{KA[0]} \tag{2-88}$$

$$\dot{U}_{KC}^{(1)} = a(\dot{U}_{KA[0]} - \dot{I}_{KA1}^{(1)}Z_{\Sigma1}) + a^2(-\dot{I}_{KA2}^{(1)}Z_{\Sigma2}) + (-\dot{I}_{KA0}^{(1)}Z_{\Sigma0})$$

$$= \dot{U}_{KC[0]} + \frac{Z_{\Sigma1} - Z_{\Sigma0}}{3R_g + 2Z_{\Sigma1} + Z_{\Sigma0}}\dot{U}_{KA[0]} \tag{2-89}$$

当 $R_g = 0 \sim \infty$ 时，$\dot{U}_{KA}^{(1)}$、$\dot{U}_{KB}^{(1)}$、$\dot{U}_{KC}^{(1)}$ 端点变化轨迹如图 2－36 中圆弧所示，图中 $\dot{I}_{KA\cdot max}^{(1)} = \frac{\dot{U}_{KA[0]}}{2Z_{\Sigma1} + Z_{\Sigma0}}$，$\overline{bb'} = \overline{cc'} = \frac{Z_{\Sigma1} - Z_{\Sigma0}}{2Z_{\Sigma1} + Z_{\Sigma0}}\dot{U}_{KA[0]}$（$Z_{\Sigma1} > Z_{\Sigma0}$ 时），$\overline{bb''} = \overline{cc''} = \frac{Z_{\Sigma1} - Z_{\Sigma0}}{2Z_{\Sigma1} + Z_{\Sigma0}}\dot{U}_{KA[0]}$（$Z_{\Sigma1} < Z_{\Sigma0}$ 时），所以 $Z_{\Sigma1} > Z_{\Sigma0}$ 时，$\dot{U}_{KB}^{(1)}$ 端点沿$\widehat{b'm'b}$变化，$\dot{U}_{KC}^{(1)}$ 端点沿$\widehat{c'n'c}$变化；$Z_{\Sigma1} < Z_{\Sigma0}$ 时，$\dot{U}_{KB}^{(1)}$ 端点沿$\widehat{b''m''b}$变化，$\dot{U}_{KC}^{(1)}$ 端点沿$\widehat{c''n''c}$变化。

在图 2－36 中，$\overrightarrow{OK_A} = \dot{I}_{KA}^{(1)}R_g$，由式（2－86）得

$$\dot{U}_{KA[0]} - \dot{U}_{KA}^{(1)} = \dot{I}_{KA}^{(1)}\frac{2Z_{\Sigma1} + Z_{\Sigma0}}{3}$$

于是图 2－36 中的$\overrightarrow{K_AG}$可表示为

$$\overrightarrow{K_AG} = -\dot{U}_{KA}^{(1)} + \dot{U}_{KA[0]} = \dot{I}_{KA}^{(1)}\frac{2Z_{\Sigma1} + Z_{\Sigma0}}{3}$$

所以故障点电阻为

$$R_g = \left|\frac{2Z_{\Sigma1} + Z_{\Sigma0}}{3}\frac{\overrightarrow{OK_A}}{\overrightarrow{K_AG}}\right|$$

由式（2－88）、式（2－89）得到

$$\dot{U}_{KB}^{(1)} - \dot{U}_{KC}^{(1)} = \dot{U}_{KB[0]} - \dot{U}_{KC[0]} = \dot{U}_{KBC[0]}$$

可见，R_g 不影响故障点非故障相相间电压。

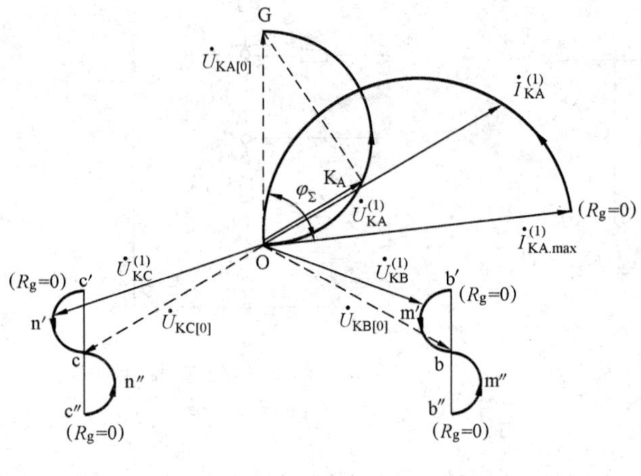

图 2－36　A 相经 R_g 接地时故障点电流、电压相量关系

（三）保护安装处电压，电流相量关系

图 2－35 中 K 点 A 相经 R_g 接地时，计及式（2－85）得到 M 侧三相电流为

$$\left.\begin{aligned}
\dot{I}_{MA} &= \dot{I}_{1oa\cdot A} + C_{1M}\dot{I}_{KA1}^{(1)} + C_{2M}\dot{I}_{KA2}^{(1)} + C_{0M}\dot{I}_{KA0}^{(1)} \\
&= \dot{I}_{1oa\cdot A} + \frac{2C_{1M} + C_{0M}}{3R_g + 2Z_{\Sigma1} + Z_{\Sigma0}}\dot{U}_{KA[0]} \\
\dot{I}_{MB} &= \dot{I}_{1oa\cdot B} + C_{1M}(a^2\dot{I}_{KA1}^{(1)}) + C_{2M}(a\dot{I}_{KA2}^{(1)}) + C_{0M}\dot{I}_{KB0}^{(1)} \\
&= \dot{I}_{1oa\cdot B} + \frac{C_{0M} - C_{1M}}{3R_g + 2Z_{\Sigma1} + Z_{\Sigma0}}\dot{U}_{KA[0]} \\
\dot{I}_{MC} &= \dot{I}_{1oa\cdot C} + \frac{C_{0M} - C_{1M}}{3R_g + 2Z_{\Sigma1} + Z_{\Sigma0}}\dot{U}_{KA[0]}
\end{aligned}\right\} \tag{2-90}$$

当 $R_g=0\sim\infty$ 时，不计负荷电流时，$\dot I_{MA}$、$\dot I_{MB}$、$\dot I_{MC}$ 相量端点变化轨迹如图2－37（a）、（b）所示。当 $C_{0M}>C_{1M}$时，两非故障相电流与故障相电流同相位；当 $C_{0M}<C_{1M}$时，两非故障相电流与故障相电流反相位。当然，这是在不计负荷电流的情况下。

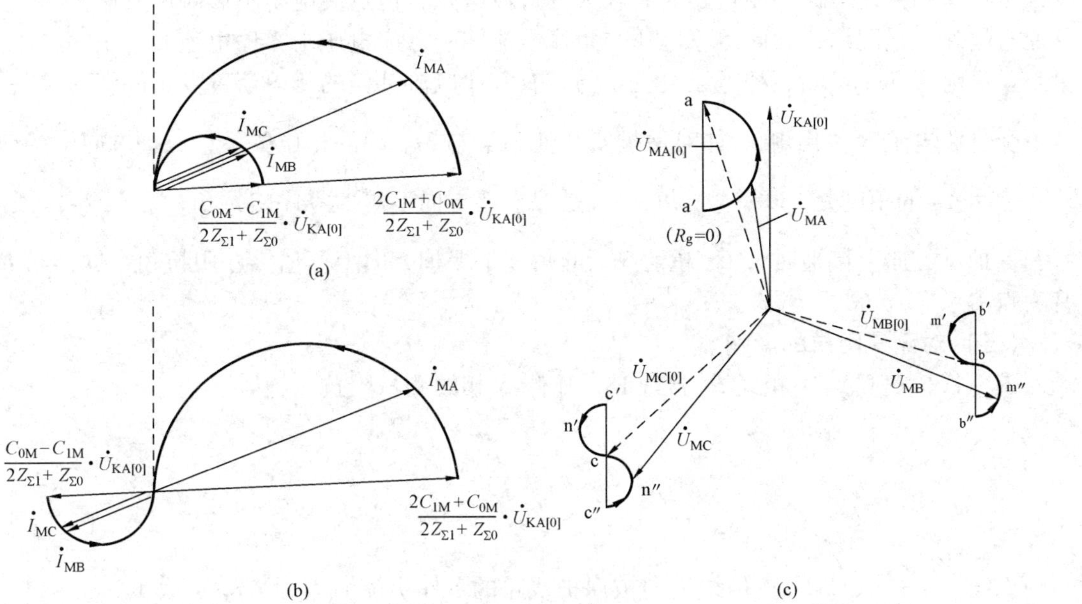

图2－37　不计负荷电流时，A相经 R_g 接地时保护安装处电流、电压相量关系（送电侧）

（a）$C_{0M}>C_{1M}$时电流相量；（b）$C_{0M}<C_{1M}$时电流相量；（c）电压相量

与式（2－52）类似，图2－35中K点A相经 R_g 接地时，M母线三相电压为

$$\left.\begin{aligned}\dot U_{MA}&=\dot E_{MA}-\dot I'_{1oa\cdot A}Z_{M1}-C_1\dot I^{(1)}_{KA1}Z_{M1}-C_2\dot I^{(1)}_{KA2}Z_{M2}-C_0\dot I^{(1)}_{KA0}Z_{M0}\\&=\dot U_{MA[0]}-\frac{2C_1Z_{M1}+C_0Z_{M0}}{3R_g+2Z_{\Sigma1}+Z_{\Sigma0}}\dot U_{KA[0]}\\\dot U_{MB}&=\dot E_{MB}-\dot I'_{1oa\cdot B}Z_{M1}-C_1(a^2\dot I^{(1)}_{KA1})Z_{M1}-C_2(a\dot I^{(1)}_{KA2})Z_{M2}-C_0\dot I^{(1)}_{KB0}Z_{M0}\\&=\dot U_{MB[0]}+\frac{C_1Z_{M1}-C_0Z_{M0}}{3R_g+2Z_{\Sigma1}+Z_{\Sigma0}}\dot U_{KA[0]}\\\dot U_{MC}&=\dot E_{MC}-\dot I'_{1oa\cdot C}Z_{M1}-C_1(a\dot I^{(1)}_{KA1})Z_{M1}-C_2(a^2\dot I^{(1)}_{KA2})Z_{M2}-C_0\dot I^{(1)}_{KC0}Z_{M0}\\&=\dot U_{MC[0]}+\frac{C_1Z_{M1}-C_0Z_{M0}}{3R_g+2Z_{\Sigma1}+Z_{\Sigma0}}\dot U_{KA[0]}\end{aligned}\right\}\quad(2-91)$$

当 $R_g=0\sim\infty$ 时，$\dot U_{MA}$、$\dot U_{MB}$、$\dot U_{MC}$ 相量端点变化轨迹如图2－37（c）所示，与图2－36十分相似。其中 $\widehat{aa'}=-\dfrac{2C_1Z_{M1}+C_0Z_{M0}}{2Z_{\Sigma1}+Z_{\Sigma0}}\dot U_{KA[0]}$，$\widehat{bb'}=\widehat{cc'}=\dfrac{C_1Z_{M1}-C_0Z_{M0}}{2Z_{\Sigma1}+Z_{\Sigma0}}\dot U_{KA[0]}$（$C_1Z_{M1}>C_0Z_{M0}$ 时），$\widehat{bb''}=\widehat{cc''}=\dfrac{C_1Z_{M1}-C_0Z_{M0}}{2Z_{\Sigma1}+Z_{\Sigma0}}\dot U_{KA[0]}$（$C_1Z_{M1}<C_0Z_{M0}$ 时）。

由式（2－91）得

$$\dot{U}_{MB}-\dot{U}_{MC}=\dot{U}_{MB[0]}-\dot{U}_{MC[0]}=\dot{U}_{MBC[0]}$$

即母线 M 上非故障相相间电压不受 R_g 影响，等于故障前非故障相相间电压。

（四）序电压与序电流间相位关系

虽然单相接地时比两相短路时有较大的过渡电阻，但过渡电阻不影响原有序网络，不影响原有故障分量网络，因此负序电压与负序电流间、零序电压与零序电流间、正序电压突变量与正序电流突变量间、相电压突变量与带有零序电流补偿的相电流突变量间的相位关系完全不受过渡电阻 R_g 的影响。如对保护安装处 $3\dot{U}_0$ 与 $3\dot{I}_0$ 间的相位关系，保护方向上接地时，$3\dot{U}_0$ 滞后 $3\dot{I}_0$ 的角度是 $180°-\varphi_{M0}$ 角，φ_{M0} 是保护反方向上等值零序阻抗角，与 R_g 根本没有关系；保护反方向上接地时，$3\dot{U}_0$ 超前 $3\dot{I}_0$ 的角度是保护方向上等值零序阻抗角，同样与 R_g 没有一点关系。

（五）对测量阻抗的影响

图 2-35 中 K 点 A 相经 R_g 接地时，M 侧 A 相的测量阻抗 Z_m 为

$$Z_m=\frac{\dot{U}_{MA}}{\dot{I}_{MA}+K3\dot{I}_0} \tag{2-92}$$

其中 $K=\dfrac{Z_0-Z_1}{3Z_1}$，$\dot{I}_0$ 是 M 母线流向被保护线路的零序电流。因为 $\dot{U}_{MA}$ 可表示为

$$\dot{U}_{MA}=\dot{U}_{KA}^{(1)}+(\dot{I}_{MA}+K3\dot{I}_0)Z_{MK1}$$

所以

$$\left.\begin{aligned}Z_m&=\frac{\dot{U}_{MA}}{\dot{I}_{MA}+K3\dot{I}_0}=Z_{MK1}+\frac{I_{KA}^{(1)}R_g}{\dot{I}_{MA}+K3\dot{I}_0}=Z_{MK1}+\Delta Z\\ \Delta Z&=\frac{\dot{I}_{KA}^{(1)}}{\dot{I}_{MA}+K3\dot{I}_0}R_g\end{aligned}\right\} \tag{2-93}$$

由于附加测量阻抗 ΔZ 的存在，破坏了测量阻抗 Z_m 与故障点到保护安装处线路阻抗的正比关系。因接地过渡电阻大，所以 R_g 在接地距离中影响较为显著。一个好的接地阻抗继电器要求允许有较大的过渡电阻，使保护区内接地时不发生拒动；同时保护区要稳定，使保护区不受过渡电阻的影响，保护区的超越应在规定范围内。

改写 ΔZ 如下

$$\begin{aligned}\Delta Z&=\frac{3\dot{I}_{KA1}^{(1)}}{\dot{I}_{1oa\cdot A}+C_{1M}\dot{I}_{KA1}^{(1)}+C_{2M}\dot{I}_{KA2}^{(1)}+C_{0M}\dot{I}_{KA0}^{(1)}+3KC_{0M}\dot{I}_{KA0}^{(1)}}R_g\\ &=\frac{3R_g}{[2C_{1M}+(1+3K)C_{0M}]+\dfrac{\dot{I}_{1oa\cdot A}}{\dot{I}_{KA0}^{(1)}}}\end{aligned} \tag{2-94}$$

当 K 点金属性短路故障时，$R_g=0$，有 $\Delta Z=0$，此时 $Z_m=Z_{MK1}$。在 $R_g\neq0$ 情况下，若空载下发生单相接地，$\dot{I}_{1oa\cdot A}=0$，则 $\Delta Z_1=\dfrac{3R_g}{2C_{1M}+(1+3K)C_{0M}}$为纯电阻，$Z_m=Z_{MK1}+\Delta Z_1$；当 M 侧为送电侧时，由图 2－5 得 $\dot{I}_{1oa\cdot A}$ 略超前 $\dot{U}_{KA[0]}$，由图 2－36 可求得 $\dot{I}^{(1)}_{KA0}$（$\dot{I}^{(1)}_{KA0}$ 与 $\dot{I}^{(1)}_{KA}$ 同相位），所以 $\dot{I}_{1oa\cdot A}$ 超前 $\dot{I}^{(1)}_{KA0}$，于是 ΔZ 中分母幅角为“＋”，故 ΔZ 呈阻容性（用 ΔZ_2 表示），$Z_{m2}=Z_{MK1}+\Delta Z_2$；当 M 侧为受电侧时，图 2－5 中 $\dot{I}_{1oa\cdot A}$ 要反向，于是 $\dot{I}_{1oa\cdot A}$ 滞后 $\dot{I}^{(1)}_{KA0}$，ΔZ 中分母幅角为“－”，故 ΔZ 呈阻感性（用 ΔZ_3 表示），$Z_{m3}=Z_{MK1}+\Delta Z_3$，$\Delta Z$、$Z_m$ 如图 2－22 所示。

需要指出的是，接地故障过渡电阻大，因此过渡电阻对零序电流保护、接地距离保护等都有较大的影响，应采取相应措施或专门技术来改善或消除过渡电阻的影响。

九、平行线间零序互阻抗的影响

零序电流通过平行线路之一时，将在另一平行线路中感应零序电动势，从而对零序分量构成的保护产生影响。

对于平行双回线路，当其中之一发生接地故障一侧先三相跳闸时，如图 1－35 所示，流过另一回线路的零序电流（如图 1－35 中 $\dot{I}'_{I0}$）与 K 点位置有特殊性，有时 K 点愈靠近 M 母线，$\dot{I}'_{I0}$ 反而会上升。

平行双回线路之一停电检修并两侧接地时，如图 1－36 所示，运行线路的零序阻抗减小，必将对零序电流保护、接地距离保护产生影响，如果整定值仍按双回线运行整定，则将导致保护区伸长，严重时失去选择性。

图 2－38 示出了两个没有电气直接联系的系统，但其中有一段长为 l 的平行线路，其单位长度的零序互阻抗为 $Z_{(I-II)0}$。当将母线 A、B、C、D 人为移动到平行双回线段两端时，就构成了图 1－37（a）两侧开裂运行的平行双回线路。设图中 K 点发生单相接地，线路 AK 段的零序电流为 $\dot{I}_0$，则在另一电力系统中有纵向的零序电动势 $Z_{(I-II)0}l$ 作用。因 B 侧、D 侧均有接地中性点，所以在该系统中有纵向零序电流存在，当平行线路愈长、$Z_{(I-II)0}$ 愈大（同杆架设时 $Z_{(I-II)0}$较大）、$\dot{I}_0$ 愈大，该系统总的零序阻抗较小时，纵向零序电流就愈大。不管实际的纵向零序电流流向如何，对线路 B 侧、D 侧的零序方向元件来说，有

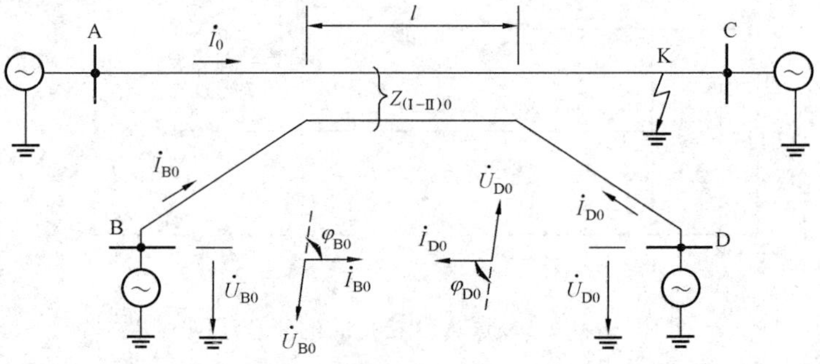

图 2－38　没有电气直接联系有零序互阻抗耦合的两个电力系统

$$\dot{U}_{B0} = -\dot{I}_{B0}Z_{B0}$$

$$\dot{U}_{D0} = -\dot{I}_{D0}Z_{D0} \tag{2-95}$$

其中 Z_{B0}、Z_{D0} 为母线 B 侧、D 侧的等值零序阻抗。相量关系如图 2－38 所示，与线路内部接地故障时相同。实际上该线路并未有接地故障存在，但仍存在零序电流，并且零序方向元件判为内部有接地故障发生，这当然是平行线路间零序互阻抗作用的结果。

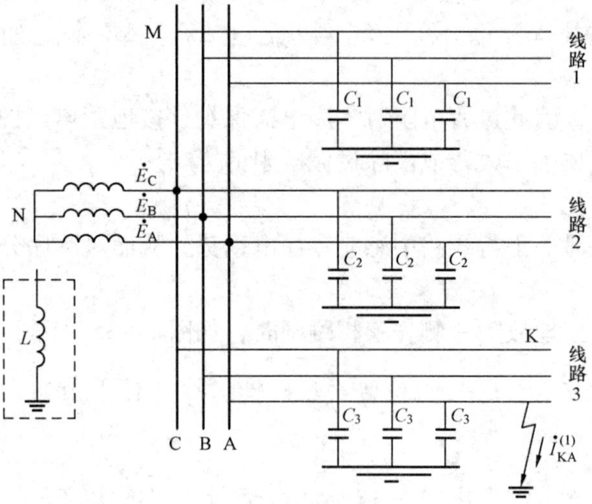

图 2－39　中性点不接地电网

十、中性点不接地电网发生单相接地

（一）复合序网

图 2－39 示出了中性点不接地电网，其中 $\dot{E}_A$、$\dot{E}_B$、$\dot{E}_C$ 为电源电动势（发电机电动势或变压器二次感应电动势），C_1、C_2、C_3 分别是线路 1、线路 2、线路 3 每相对地电容。当线路 3 的 K 点 A 相接地时，由前述分析可得到复合序网是 K 点的正序网络、负序网络、零序网络串联后短接，复合序网中的电气量是 A 相的各序分量。

因线路对地电容的容抗要比线路零序阻抗大得多，所以线路阻抗完全可忽略不计，于是线路 1、线路 2、线路 3 在电气上可以看成一个点，当然这种处理是建立在单相接地基础上的。这样，K 点的零序网络如图 2－40 所示，完全由 C_1、C_2、C_3 构成（假设其他设备对地电容已纳入 C_1、C_2、C_3 中）。明显可见，不论 K 点在线路始端还是在线路末端，在该网络中的零序电压处处是相等的，因为线路阻抗已不计。

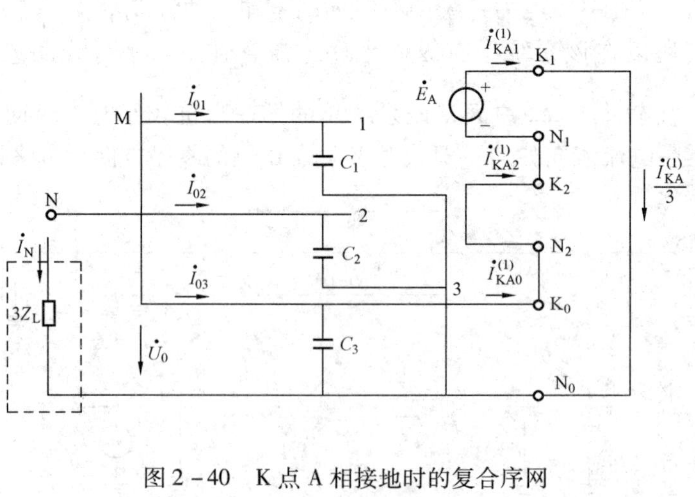

图 2－40　K 点 A 相接地时的复合序网

因线路及其他元件阻抗已不计，且对正序来说 N 点与地同电位，所以 K 点正序网络中没有阻抗，只有电动势 $\dot{E}_A$（$Z_{\Sigma1}=0$），如图 2－40 所示。

K 点的负序网络是 $Z_{\Sigma2}=0$，即 K_2、N_2 短接。

作出 K 点 A 相接地的复合序网如图 2－40 所示。

（二）接地电流

由复合序网得到

$$\dot{I}_{KA1}^{(1)}=\dot{I}_{KA2}^{(1)}=\dot{I}_{KA0}^{(1)}=j\omega(C_1+C_2+C_3)\dot{E}_A=j\omega C_\Sigma\dot{E}_A$$

所以接地电流 $\dot{I}_{KA}^{(1)}$ 为

$$\dot{I}_{KA}^{(1)}=j3\omega C_\Sigma\dot{E}_A \tag{2-96}$$

式（2－96）说明，接地电流为电容电流，超前接地相该相电动势 90°相角，接地电流为该电网所有设备对地电容电流之和。当该电网中具有较多电缆线路时，接地电流就增大。

（三）各序电压

由复合序网可见，单相接地时没有负序电压，只有正序电压和零序电压。零序电压 $\dot{U}_0$ 等于 $-\dot{E}_A$。

实际上，因 $Z_{\Sigma1}\to0$、$Z_{\Sigma0}\to\infty$，所以 K 点 A 相接地时，由图 2－28 可得

$$\dot{U}_{KA}^{(1)}=0$$

$$\dot{U}_{KB}^{(1)}=\sqrt{3}\dot{E}_A e^{-j150°}$$

$$\dot{U}_{KC}^{(1)}=\sqrt{3}\dot{E}_A e^{j150°}$$

各序电压分量为

$$\left.\begin{aligned}\dot{U}_{KA1}^{(1)}&=\frac{1}{3}(\sqrt{3}\dot{E}_A e^{-j150°}e^{j120°}+\sqrt{3}\dot{E}_A e^{j150°}\cdot e^{-j120°})=\dot{E}_A\\ \dot{U}_{KA2}^{(1)}&=\frac{1}{3}(\sqrt{3}\dot{E}_A e^{-j150°}e^{-j120°}+\sqrt{3}\dot{E}_A e^{j150°}e^{j120°})=0\\ \dot{U}_{KA0}^{(1)}&=\frac{1}{3}(\sqrt{3}\dot{E}_A e^{-j150°}+\sqrt{3}\dot{E}_A e^{j150°})=-\dot{E}_A\end{aligned}\right\} \tag{2-97}$$

可见，中性点不接地电网发生单相接地时，正序电压保持原有数值，因此可以继续供电给用户，但因非故障相电压升高$\sqrt{3}$倍，等于线电压值，为避免不同名相再次接地，不允许长期运行，一般最长时间不超过 2h。中性点不接地电网发生单相接地时不存在负序电压分量，零序电压等于 $-\dot{E}_A$。

检测零序电压可用来反应接地故障。此时电压互感器开口三角形绕组上电压为

$$U_{开口}=U_0\times\frac{100}{3E_\varphi}\times3=100V$$

（四）零序电流与零序电压间相位关系

在图 2－39 中，线路 1、线路 2 为非故障线，线路 3 为故障线。由图 2－40 可以得到非故障线路、故障线路的零序电流为

$$\left.\begin{aligned}\dot{I}_{01} &= j\omega C_1\dot{U}_0\\ \dot{I}_{02} &= j\omega C_2\dot{U}_0\\ \dot{I}_{03} &= -(\dot{I}_{01}+\dot{I}_{02}) = -j\omega(C_1+C_2)\dot{U}_0\end{aligned}\right\}\qquad(2-98)$$

此式说明，非故障线路的零序电流由本线路对地电容产生，零序电流超前零序电压的相角是90°；故障线路的零序电流由其他非故障线路（包括其他设备）对地总电容产生，零序电流滞后零序电压的相角是90°。

归纳起来，式（2－98）可写成

$$\left.\begin{aligned}(3\dot{I}_0)_j &= j3\omega C_j\dot{U}_0(\text{非故障线})\\ (3\dot{I}_0)_m &= -j3\omega(C_\Sigma - C_m)\dot{U}_0(\text{故障线})\end{aligned}\right\}\qquad(2-99)$$

线路j（$j=1$，2…）是非故障线路，线路m是故障线路；C_Σ是全网一相对地总电容，等于所有设备一相对地电容之和。可以看出，线路出线愈多时，故障线路与非故障线路零序电流间差值愈多。

当各线路对本线路对地电容进行补偿时，即各线路零序电流减去本线路对地电容产生的零序电流（各线路对地电容可实测出或计算出），于是补偿后各线路零序电流为（带角注“′”表示区别）

$$\left.\begin{aligned}(3\dot{I}_0)'_j &= j3\omega C_j\dot{U}_0 - j3\omega C_j\dot{U}_0 = 0\\ (3\dot{I}_0)'_m &= -j3\omega(C_\Sigma - C_M)\dot{U}_0 - j3\omega C_m\dot{U}_0 = -j3\omega C_\Sigma\dot{U}_0\end{aligned}\right\}\qquad(2-100)$$

可见，故障线路与非故障线路零序电流间差值拉大了，容易检出故障线路。

（五）过渡电阻影响

设图2－39中K点A相经过渡电阻R_g接地，按图2－35示出的复合序网，由图2－40可得

$$\left.\begin{aligned}\dot{I}_{KA1}^{(1)} = \dot{I}_{KA2}^{(1)} = \dot{I}_{KA0}^{(1)} &= \frac{\dot{E}_A}{3R_g - jX_{C\Sigma}}\\ \dot{I}_{KA}^{(1)} = 3\dot{I}_{KA1}^{(1)} &= \frac{3\dot{E}_A}{3R_g - jX_{C\Sigma}}\end{aligned}\right\}\qquad(2-101)$$

其中$X_{C\Sigma}=\dfrac{1}{\omega C_\Sigma}$是全网一相对地的容抗。计及$Z_{\Sigma0}=-jX_{C\Sigma}$，零序电压为

$$\dot{U}_0 = -\dot{I}_{KA0}^{(1)}Z_{\Sigma0} = \frac{jX_{C\Sigma}}{3R_g - jX_{C\Sigma}}\dot{E}_A\qquad(2-102)$$

由式（2－101）、式（2－102）可以看出，R_g不仅影响$\dot{I}_{KA}^{(1)}$、$\dot{I}_{KA0}^{(1)}$、$\dot{U}_0$的大小，而且也影响其相位。改写式（2－101）、式（2－102）如下

$$\left.\begin{aligned}\dot{I}_{KA1}^{(1)} = \dot{I}_{KA2}^{(1)} = \dot{I}_{KA0}^{(1)} &= \frac{3R_g - jX_{C\Sigma} - (3R_g + jX_{C\Sigma})}{3R_g - jX_{C\Sigma}} \frac{\dot{E}_A}{-j2X_{C\Sigma}} \\ &= \left(1 + \frac{X_{C\Sigma} - j3R_g}{X_{C\Sigma} + j3R_g}\right) \times \frac{1}{3} \times \frac{\dot{I}_{KA\cdot max}^{(1)}}{2} \\ &= \frac{1}{3}\left(\frac{\dot{I}_{KA\cdot max}^{(1)}}{2} + \frac{\dot{I}_{KA\cdot max}^{(1)}}{2} e^{-j2\theta}\right) \\ \dot{I}_{KA}^{(1)} &= \frac{\dot{I}_{KA\cdot max}^{(1)}}{2} + \frac{\dot{I}_{KA\cdot max}^{(1)}}{2} e^{-j2\theta}\end{aligned}\right\} \tag{2-103}$$

$$\begin{aligned}\dot{U}_0 &= \frac{-(3R_g - jX_{C\Sigma}) + (3R_g + jX_{C\Sigma})}{3R_g - jX_{C\Sigma}} \frac{\dot{E}_A}{2} \\ &= -\frac{\dot{E}_A}{2} - \frac{\dot{E}_A}{2} e^{-j2\theta}\end{aligned} \tag{2-104}$$

$$\theta = \arctan \frac{3R_g}{X_{C\Sigma}} = \arctan(3\omega C_\Sigma R_g)$$

$$\dot{I}_{KA\cdot max}^{(1)} = j\frac{3\dot{E}_A}{X_{C\Sigma}} = j3\omega C_\Sigma \dot{E}_A$$

上两式中　$\dot{I}_{KA\cdot max}^{(1)}$——$R_g=0$ 时单相接地电流；

θ——角度（当 $R_g=0\sim\infty$ 时，$\theta=0°\sim90°$）。

图2－41圆弧示出了当 $R_g=0\sim\infty$ 时，$\dot{I}_{KA}^{(1)}$、$\dot{I}_{KA0}^{(1)}$、$\dot{U}_0$ 相量端点变化轨迹。可以看出，R_g 不影响 $\dot{U}_0$ 与 $\dot{I}_{KA}^{(1)}$、$\dot{I}_{KA0}^{(1)}$ 间的相位。事实上，由式（2－102）、式（2－101）可得

$$\arg \frac{\dot{U}_0}{\dot{I}_{KA0}^{(1)}} = \arg(jX_{C\Sigma}) = 90°$$

仍保持原有相位关系。

因 R_g 在原有零序网络之外，所以 R_g 不影响故障线、非故障线零序电流与零序电压间的相位关系。

十一、中性点经消弧线圈接地电网发生单相接地

中性点不接地电网单相接地时，接地电流的表示式为式（2－96），若 C_Σ 不大，则接地电流也不大，接地点电弧可自行熄灭，接地点可自行消除。如接地电流较大，超过表2－1规定值，则接地点电弧不会自行熄灭，并且会产生间歇性电弧，引起过电压，使非故障相电

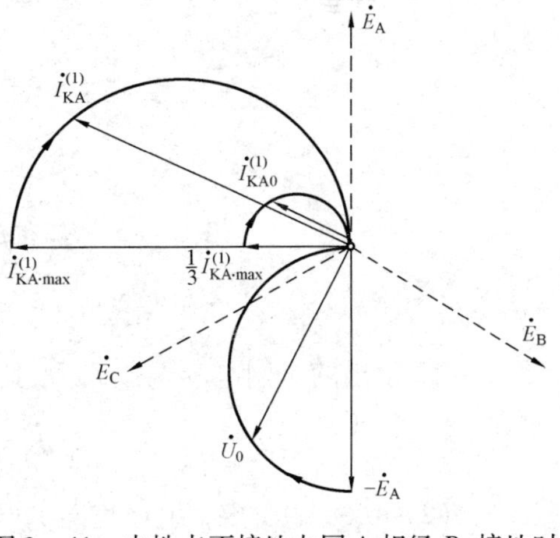

图2－41　中性点不接地电网A相经 R_g 接地时 $\dot{I}_{KA}^{(1)}$、$\dot{I}_{KA0}^{(1)}$、$\dot{U}_0$ 相量端点变化轨迹

压大大升高，可能导致绝缘损坏，造成两点或多点接地，扩大事故。为此，当接地电容电流超过表 2－1 值时，中性点要装设消弧线圈，以减小接地电流。中性点装设消弧线圈 L（如图2－39中中性点经 L 接地），就形成了中性点经消弧线圈接地的电网，也可称补偿电网。

表 2－1　　中性点不接地电网允许的最大接地电流

额定电压（kV）	3～6	10	35
最大接地电流（A）	30	10	10

（一）接地电流

设在图 2－39 的补偿电网中 K 点 A 相接地，接地电流由两部分组成，一部分是全网 C_Σ 形成的电容电流 $\dot{I}_C$；另一部分是消弧线圈形成的电感电流 $\dot{I}_L$，当消弧线圈具有有功损耗时，还存在有功电流 $\dot{I}_R$。各电流流向如图 2－42（a）所示，图中 R 为对应消弧线圈有功损耗的电阻，$\dot{U}_0$ 为作用于零序网络中的零序电动势，$\dot{U}_0 = -\dot{E}_A$。消弧线圈中电流为

$$\left.\begin{aligned}\dot{I}_L &= \frac{\dot{U}_0}{j\omega L} = -j\frac{\dot{U}_0}{\omega L}\\ \dot{I}_R &= \frac{\dot{U}_0}{R}\end{aligned}\right\} \tag{2-105}$$

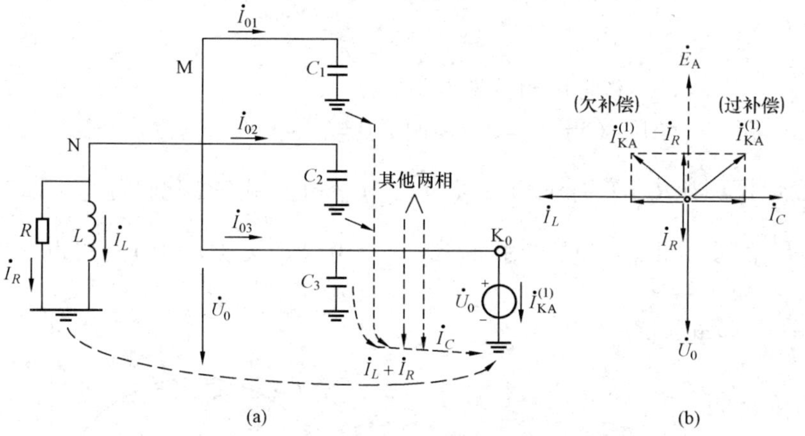

图 2－42　$\dot{I}_C$ 和 $\dot{I}_L$、$\dot{I}_R$ 的流向及其相量关系

(a) $\dot{I}_C$ 和 $\dot{I}_L$、$\dot{I}_R$ 的流向；(b) $\dot{I}_L$、$\dot{I}_C$ 的相量关系

对于图 2－42 示出的全网电容电流 $\dot{I}_C$，其值为

$$\dot{I}_C = j3\omega C_\Sigma \dot{U}_0 \tag{2-106}$$

注意，式（2－106）中的 $\dot{I}_C$ 由地流向电网，式（2－96）中的 $\dot{I}_{KA}^{(1)}$ 由电网流入地，两者流向相反。

图 2－42 中的 $\dot{I}_{KA}^{(1)}$ 为

$$\dot{I}_{KA}^{(1)} = -(\dot{I}_L + \dot{I}_C + \dot{I}_R)$$

$$= -\left(-\mathrm{j}\frac{\dot{U}_0}{\omega L} + \mathrm{j}3\omega C_\Sigma \dot{U}_0 + \frac{\dot{U}_0}{R}\right) \tag{2-107}$$

接入消弧线圈后，由于$\dot{I}_L$与$\dot{I}_C$反相位，所以$\dot{I}_{KA}^{(1)}$减小了。当$|\dot{I}_L| = |\dot{I}_C|$时，$\dot{I}_{KA}^{(1)} = -\frac{\dot{U}_0}{R}$，数值就很小了。

（二）欠补偿与过补偿

因消弧线圈的L可调节，所以$\dot{I}_L$可改变，从而接地电流作相应变化。

当$|\dot{I}_L| > |\dot{I}_C|$时，接地电流呈电感性电流，其条件由式（2－105）、式（2－106）可得

$$\omega L < \frac{1}{3\omega C_\Sigma} \tag{2-108}$$

此时的$\dot{I}_{KA}^{(1)}$相量如图2－42（b）所示，因$\dot{I}_L$滞后$\dot{U}_0$的角度是90°，故$\dot{I}_{KA}^{(1)}$超前$\dot{U}_0$的角度大于90°，注意$\dot{I}_{KA}^{(1)}$的流向由电网入地。因$|\dot{I}_L| > |\dot{I}_C|$，故称过补偿，令补偿电网的脱谐度$\gamma$为

$$\gamma = \frac{3\omega C_\Sigma - \frac{1}{\omega L}}{3\omega C_\Sigma} \tag{2-109}$$

过补偿时有$\gamma < 0$。

当$|\dot{I}_L| < |\dot{I}_C|$时，接地电流仍呈电容性，其条件是

$$\omega L > \frac{1}{3\omega C_\Sigma} \tag{2-110}$$

此时的$\dot{I}_{KA}^{(1)}$相量如图2－42（b）所示。因$|\dot{I}_L| < |\dot{I}_C|$，故称欠补偿，欠补偿时有$\gamma > 0$。

当$|\dot{I}_L| = |\dot{I}_C|$时，接地电流呈电阻性，其条件是

$$\omega L = \frac{1}{3\omega C_\Sigma} \tag{2-111}$$

因$|\dot{I}_L| = |\dot{I}_C|$，故称全补偿，全补偿时有$\gamma = 0$。

（三）L与$3\omega C$间的连接

为便于说明问题，不计消弧线圈的有功损耗，即图2－42（a）中的$R \to \infty$。

1. 正常运行时L与$3\omega C_\Sigma$间的连接

图2－39中各线路每相对地电容是相等的，从而电网各相对地电容C_A、C_B、C_C也相等，即

$$C_A = C_B = C_C = C_1 + C_2 + C_3 + \cdots$$

在图2－40、图2－42（a）中，各线路是以一相对地电容来表示的。

实际上，电网中各相对地电容并不完全相等，特别在有架空线路换位不完善情况下特别

显著。由于 C_A、C_B、C_C 不相等，电网中性点就会出现位移电压。当位移电动势 $\dot{E}_{unb}$ 作用下电感电流大小、方向不变时，位移电动势 $\dot{E}_{unb}$ 为

$$\dot{E}_{unb} = -\frac{C_A + a^2C_B + aC_C}{C_A + C_B + C_C}\dot{E}_A = -\dot{\rho}\dot{E}_A \tag{2-112}$$

$$\dot{\rho} = \frac{C_A + a^2C_B + aC_C}{C_A + C_B + C_C}$$

式中　$\dot{\rho}$——由电网各相对地电容不相等引起的电网不对称度。

电网的不对称度一般约为3%～4%。电缆线路的不对称度为零，架空线路的不对称度不大于0.5%～1.5%。全电网不对称度的减小是靠线路在变电所母线上充分换位来实现的。

应当指出，有关系式 $C_A + C_B + C_C = 3C_\Sigma$。

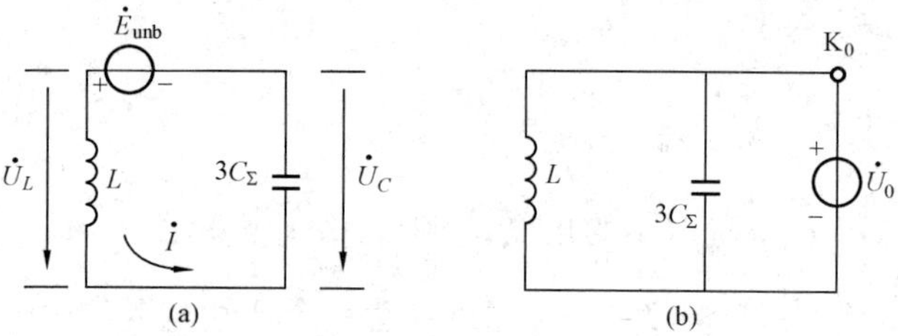

图2－43　L 与 $3C_\Sigma$ 的连接

（a）电网正常运行时；（b）单相接地时

观察图2－39（中性点接消弧线圈），当将大地作为一个节点时，则 L 与 $3C_\Sigma$ 串联，作用的电动势为 $\dot{E}_{unb}$，如图2－43（a）所示。

2. 单相接地时 L 与 $3C_\Sigma$ 间的连接

因 L 与 $3C_\Sigma$ 仅在零序网络中出现，单相接地时的零序网络如图2－42所示。显而易见，单相接地时 L 与 $3C_\Sigma$ 处于并联状态，作用的电动势为 $\dot{U}_0$，如图2－43（b）所示。因为 L、$3C_\Sigma$ 仅在零序网络中，而零序网络是无源网络，故不存在位移电动势。

可以看出，电网正常运行与单相接地时，L 与 $3C_\Sigma$ 的连接是完全不同的，前者 L 与 $3C_\Sigma$ 串联，后者 L 与 $3C_\Sigma$ 并联。

（四）过补偿运行

在补偿电网中，总希望采用过补偿运行，一般不采用欠补偿方式运行，主要原因如下：

（1）欠补偿电网中因故切除部分线路时，因 C_Σ 减小，由式（2－110）可见，可能出现 ωL、$\frac{1}{3\omega C_\Sigma}$ 相等情况形成串联共振，从而引起很高的中性点位移电压和过电压；发生非全相断线时也会出现很高的中性点位移电压而危及绝缘。

这种过电压情况，在欠补偿电网中是无法避免的。

（2）欠补偿电网中，若电网的不对称度较大，则可能发生铁磁共振形成很高的过电压。在图2－43（a）中，$\dot{U}_L = j\omega L\dot{I}$，$\dot{U}_C = -\left(-j\frac{1}{3\omega C_\Sigma}\right)\dot{I} = j\frac{1}{3\omega C_\Sigma}\dot{I}$，所以 $\dot{U}_L$ 与 $\dot{U}_C$ 同相位，又 $\dot{E}_{unb} = \dot{U}_L - \dot{U}_C$，故可写成

$$E_{unb} = |\dot{U}_L - \dot{U}_C| \tag{2-113}$$

$U_L = f(I)$ 是消弧线圈的伏安特性，因铁芯饱和关系呈非线性特性；$U_C = f(I)$ 是 $3C_\Sigma$ 电压与回路电流的关系曲线，呈线性特性；因是欠补偿电网，故 $U_L = f(I)$ 特性高于 $U_C = f(I)$ 特性，如图2－44中所示。同时图中还示出了 $|U_L - U_C| = f(I)$ 特性。

在图 2－43（a）中，回路压降要平衡，即 E_{unb} 必落在 $|U_L-U_C|=f(I)$ 特性上。如 $E_{unb}<U_q$，则回路电流 $I<I_1$，此时 $U_L<U_{L1}$、$U_C<U_{C1}$，有 $U_L>U_C$，回路呈电感性，不会出现过电压情况；当 E_{unb} 较大时，在 $|U_L-U_C|=f(I)$ 曲线上，经过 1 点突跳到 2 点，最后处在 3 点上运行，此时 $U_L=U_{L3}$、$U_C=U_{C3}$，有 $U_L<U_C$，回路呈电容性，并且 U_{L3}、U_{C3} 可达到危险的数值，形成铁磁共振过电压。应当指出，在 $I_1<I<I_2$ 区段，回路电动势与电压降是不能平衡的，从 1 点跳变到 2 点，回路从感性突变为容性，这称电压的“反倾”。

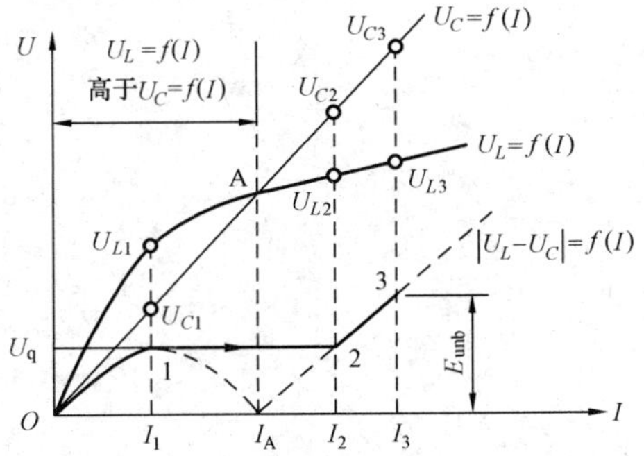

图 2－44　欠补偿电网中的铁磁谐振

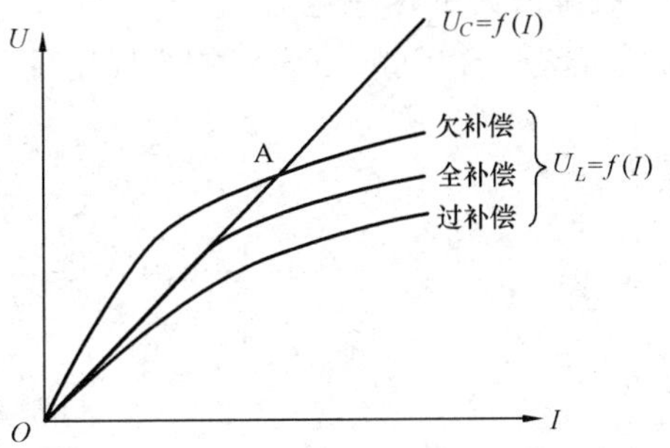

图 2－45　过补偿方式下不发生铁磁共振

在欠补偿情况下，为避免铁磁共振，必须在任何情况下满足 $E_{unb}<U_q$。为满足这一条件，应设法减小电网不对称度；另外，就是增大 U_q，这就要求有足够大的脱谐度。

当然电网不能工作在全补偿方式，因为不管 E_{unb} 有多大，均要发生串联谐振形成过电压。在过补偿方式下工作，如图 2－45 所示，可完全避免铁磁共振现象的发生。

（3）过补偿方式下工作时，接地点流过的是电感性电流，在故障点熄弧瞬间，故障相电压恢复慢，电弧不易重燃，接地点容易自行消除，而在欠补偿方式工作时就没有这一特点。

（4）改写式（2－109）为

$$\gamma = 1 - \frac{1}{3\omega^2 LC_\Sigma} \tag{2-114}$$

可见，电网频率降低时，γ 值按电网频率的平方灵敏变化。欠补偿方式工作时，可能会使 γ 接近零值，引起过电压；过补偿方式工作时，电网频率的降低只会使 γ 值向负值方向增大，使补偿度增大，对运行没有影响。

（5）当电网在过补偿方式下工作时电网发展可暂时工作一段时间，而在欠补偿情况下就应立即增大消弧线圈的容量。

由上分析可见，电网长期处在欠补偿方式下工作是不合理的。

（五）零序电流分布

中性点经消弧线圈接地电网中发生单相接地时，正序网络、负序网络与中性点不接地电网单相接地时相同，有 $Z_{\Sigma1}=0$、$Z_{\Sigma2}=0$，$\dot{U}_{KA1}^{(1)}=-\dot{E}_A$（A 相接地）、$\dot{U}_{KA2}^{(1)}=0$，只是零序网络有所不同，中性点经 $3Z_L$ 阻抗接地，如图 2－40 虚线框内所示，因此复合序网如图 2－40 所示（接入 $3Z_L$ 阻抗，$Z_L=R/\!/j\omega L$）。

对于零序电压，由复合序网得到 $\dot{U}_0=-\dot{E}_A$，与中性点不接地电网单相接地时完全相同，对零序电流的分布，讨论如下。

1. 非故障线路的零序电流

由复合序网得到非故障线路的零序电流为

$$(3\dot{I}_0)_j = \mathrm{j}3\omega C_j\dot{U}_0$$

与式（2－99）完全相同，即非故障线路的零序电流由本线对地电容产生，超前零序电压的相角是90°。所以消弧线圈的接入不影响非故障线路零序电流的大小以及与零序电压间的相位关系。

2. 故障线路的零序电流

由复合序网得到故障线路的零序电流为

$$\begin{aligned}(3\dot{I}_0)_m &= -3[(\dot{I}_{01}+\dot{I}_{02}+\cdots)+\dot{I}_{\mathrm{N}}]\\ &= -\mathrm{j}3\omega(C_\Sigma - C_m)\dot{U}_0 - 3\times\frac{\dot{U}_0}{3Z_L}\\ &= -\mathrm{j}3\omega(C_\Sigma - C_m)\dot{U}_0 + \mathrm{j}\frac{\dot{U}_0}{\omega L} - \frac{\dot{U}_0}{R}\\ &= -\gamma\dot{I}_C + \mathrm{j}3\omega C_m\dot{U}_0 - \frac{\dot{U}_0}{R}\end{aligned} \tag{2-115}$$

式中　$\dot{I}_C$——全网电容电流，见式（2－106）。

此式说明了两点：第一，在通常情况下有 $|\gamma|<1$，所以故障线路的零序电流减小较大，与非故障线路零序电流间的差值缩小，并且在过补偿方式运行时，因 $\gamma<0$，所以故障线路与非故障线路的零序电流接近同相位。第二，流过消弧线圈的有功电流经故障线路构成回路，$(3\dot{I}_0)_m$ 电流相量与图2－42（b）中 $\dot{I}_{\mathrm{KA}}^{(1)}$ 相似，即过补偿方式工作时，$(3\dot{I}_0)_m$ 超前 $3\dot{U}_0$ 的相角大于90°而小于180°；欠补偿方式工作时，$(3\dot{I}_0)_m$ 滞后 $3\dot{U}_0$ 的相角大于90°而小于180°。因此，检测线路的零序功率可检测出故障线路。

十二、中性点经电阻接地电网发生单相接地

中性点不接地电网中发生单相接地时，若接地电流超过表2－1中规定值时，不仅接地点电弧不易熄灭，容易重燃，导致发生过电压危险，而且过大的接地电流在接地点处易损坏电气设备。为此，采用经消弧线圈接地的措施，可消除上述缺点，并可提高供电可靠性。在有些情况下，电网中性点可经电阻接地，一方面可限制单相接地电流，另一方面容易选出故障线，可将故障设备从电网中切除，减少对电气设备损坏的程度。更为重要的是可降低电气设备的耐压水平，节省投资。在线路较多、较为复杂的电网中，也可避免采用消弧线圈带来的管理、运行上的麻烦。但是，中性

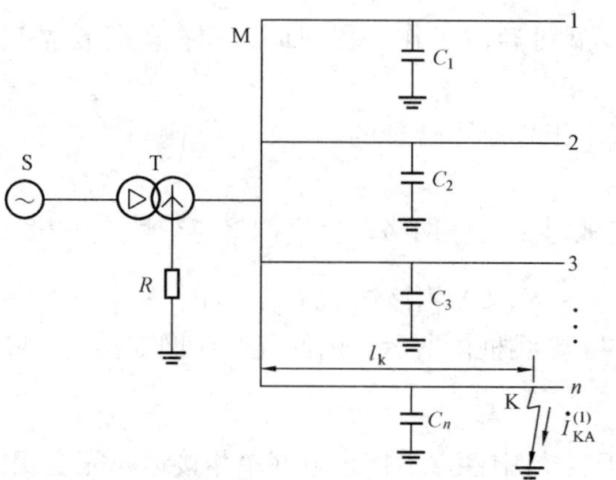

图2－46　中性点经电阻接地的电网

点经电阻接地时，故障线发生接地是要切除的。

图 2－46 示出了中性点经电阻 R 接地的电网，设在线路 n 的 K 点 A 相接地，K 点离 M 母线的线路长度为 l_K。在 K 点的正序网络中，综合正序阻抗 $Z_{\Sigma 1}$ 为

$$Z_{\Sigma 1} = Z_1 l_K + jX_{T1} + jX_{S1} \quad (2-116)$$

其中 Z_1 为线路单位长度的正序阻抗，X_{T1}、X_{S1} 分别为变压器 T、系统 S（或发电机）的正序电抗（标么值或折算后的有名值）。K 点的综合负序阻抗为

$$Z_{\Sigma 2} = Z_2 l_K + jX_{T2} + jX_{S2} = Z_1 l_K + jX_{T1} + jX_{S1} \quad (2-117)$$

式中 Z_2——线路单位长度的负序阻抗，$Z_2 = Z_1$；

X_{T2}——变压器 T 的负序电抗，$X_{T2} = X_{T1}$；

X_{S2}——系统 S 负序电抗，$X_{S2} = X_{S1}$。

K 点的综合零序阻抗 $Z_{\Sigma 0}$ 为

$$Z_{\Sigma 0} = Z_0 l_K + jX_{T0} + 3R \quad (2-118)$$

式中 Z_0——输电线路单位长度的零序阻抗；

X_{T0}——变压器 T 的零序电抗（当变压器铁芯为三柱式时，可取 $X_{T0} \approx 0.8X_{T1}$）。

应当指出，式（2－118）示出的 $Z_{\Sigma 0}$ 远比 $\frac{1}{\omega C_\Sigma}$ 小，所以可将各设备对地电容不计。

根据图 2－24 示出的复合序网，求得 $\dot{I}_{KA}^{(1)}$ 为

$$\dot{I}_{KA}^{(1)} = 3\dot{I}_{KA1}^{(1)} = \frac{3\dot{E}_A}{Z_{\Sigma 1} + Z_{\Sigma 2} + Z_{\Sigma 0}}$$

$$= \frac{3\dot{E}_A}{3R + (2Z_1 + Z_0)l_K + j(2X_{T1} + X_{T0} + 2X_{S1})} \quad (2-119)$$

该电流全部通过故障线路，因而继电保护很容易选出故障线。保护动作后将故障线路切除，故障线路被迫停电。可以看出，适当选取 R 值，可使故障电流控制在合适数值范围内。

在通常情况下，有

$$|(2Z_1 + Z_0)l_K + j(2X_{T1} + X_{T0} + 2X_{S1})| \ll 3R$$

所以

$$\dot{I}_{KA}^{(1)} \approx \frac{\dot{E}_A}{R} \quad (2-120)$$

故障点的零序电压为

$$\dot{U}_{KA0}^{(1)} = -\dot{I}_{KA0}^{(1)} Z_{\Sigma 0} \approx -\frac{\dot{I}_{KA}^{(1)}}{3} \cdot 3R = -\dot{E}_A$$

M 母线上的零序电压为

$$\dot{U}_{MA0} = \dot{U}_{KA0}^{(1)} + \dot{I}_{KA0}^{(1)} Z_0 l_K = \dot{U}_{KA0}^{(1)} + \frac{\dot{I}_{KA}^{(1)}}{3} Z_0 l_K$$

$$\approx \dot{U}_{KA0}^{(1)} + \frac{\dot{E}_A}{3R} \cdot Z_0 l_K \approx \dot{U}_{KA0}^{(1)} = -\dot{E}_A$$

由上两式可见，与中性点不接地电网发生单相接地时相同，可认为全网零序电压各处相等。

第四节　两相接地短路故障分析

一、边界条件与特殊相

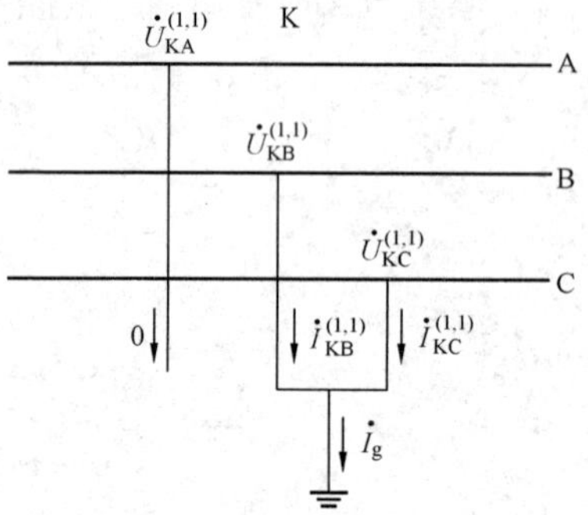

图2－47　K点BC相金属性接地

图2－47示出了K点BC相金属性接地，写出边界条件为

$$\left.\begin{aligned}\dot I_{KA}^{(1,1)}&=0\\ \dot U_{KB}^{(1,1)}&=0\\ \dot U_{KC}^{(1,1)}&=0\end{aligned}\right\}\qquad(2-121)$$

特殊相是A相，CA相接地时特殊相是B相，AB相接地时特殊相是C相。特殊相是非故障相。

二、复合序网和故障分量网络

（一）复合序网

将式（2－121）用A相序分量表示为

$$\left.\begin{aligned}&\dot I_{KA1}^{(1,1)}+\dot I_{KA2}^{(1,1)}+\dot I_{KA0}^{(1,1)}=0\\ &\dot U_{KA1}^{(1,1)}=\dot U_{KA2}^{(1,1)}=\dot U_{KA0}^{(1,1)}=\frac{\dot U_{KA}^{(1,1)}}{3}\end{aligned}\right\}\qquad(2-122)$$

由式（2－122）作出复合序网如图2－48所示，是特殊相正序、负序、零序网络并联。

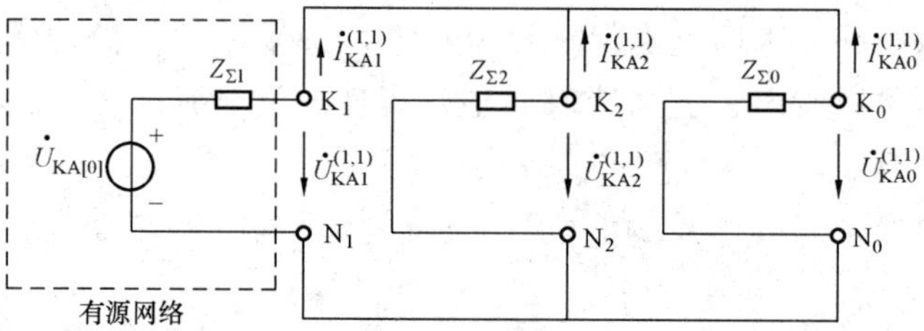

图2－48　BC相接地时的复合序网

（二）故障分量网络

图2－49示出了反向接入故障点运行相电压造成两相接地短路，$\dot E_M$、$\dot E_N$和K点正常运行相电动势$\dot U_{KB[0]}$、$\dot U_{KC[0]}$、（$\dot U_{KA[0]}$）作用下构成了故障前的负荷状态，K点反向接入的相电动势$\dot U_{KB[0]}$、$\dot U_{KC[0]}$作用下构成了故障分量网络，两者叠加就是K点BC相接地故障的状态。当各元件的零序阻抗与正序（负序）阻抗具有同一比例时，类似图2－26可作出BC相接地时的故障分量网络如图2－50所示。网络中的电气量含义与图2－26相似。

（三）故障分量复合序网

写出图2－50中故障点的边界条件为

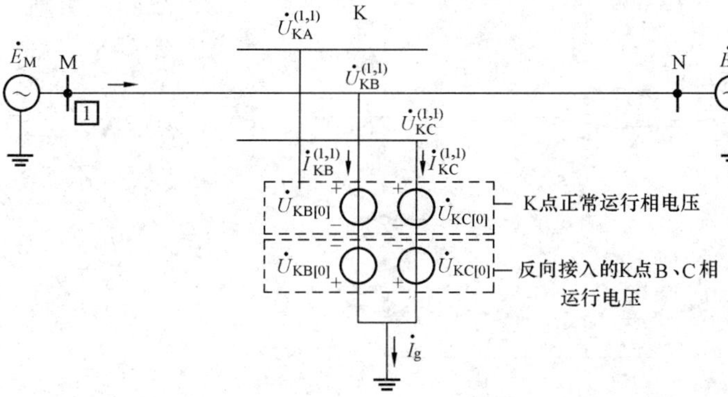

图 2－49　反向接入相电压造成两相接地短路

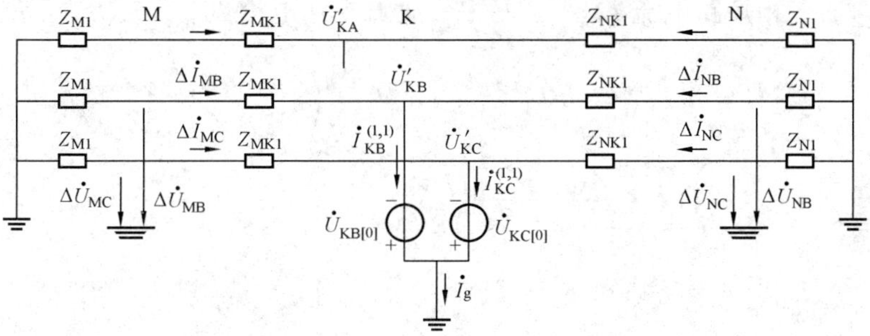

图 2－50　BC 相接地时的故障分量网络

$$\left.\begin{aligned}\dot{I}_{KA}^{(1,1)}&=0\\ \dot{U}'_{KB}&=-\dot{U}_{KB[0]}\\ \dot{U}'_{KC}&=-\dot{U}_{KC[0]}\end{aligned}\right\}\tag{2-123}$$

即
$$\dot{I}_{KA1}^{(1,1)}+\dot{I}_{KA2}^{(1,1)}+\dot{I}_{KA0}^{(1,1)}=0\tag{2-124}$$

$$a^2\dot{I}_{KA1}^{(1,1)}Z_{\Sigma1}+a\dot{I}_{KA2}^{(1,1)}Z_{\Sigma2}+\dot{I}_{KA0}^{(1,1)}Z_{\Sigma0}=\dot{U}_{KB[0]}\tag{2-125}$$

$$a\dot{I}_{KA1}^{(1,1)}Z_{\Sigma1}+a^2\dot{I}_{KA2}^{(1,1)}Z_{\Sigma2}+\dot{I}_{KA0}^{(1,1)}Z_{\Sigma0}=\dot{U}_{KC[0]}\tag{2-126}$$

将式（2－125）、式（2－126）相减，计及 $\dot{U}_{KB[0]}-\dot{U}_{KC[0]}=-j\sqrt{3}\dot{U}_{KA[0]}$，可得

$$\dot{U}_{KA[0]}-\dot{I}_{KA1}Z_{\Sigma1}=-\dot{I}_{KA2}^{(1,1)}Z_{\Sigma2}\tag{2-127}$$

将式（2－127）中的 $\dot{I}_{KA1}^{(1,1)}Z_{\Sigma1}$ 代入式(2－125）得

$$-\dot{I}_{KA2}^{(1,1)}Z_{\Sigma2}=-\dot{I}_{KA0}^{(1,1)}Z_{\Sigma0}\tag{2-128}$$

由式（2－124）、式（2－127）、式（2－128）作出 BC 相接地时的故障分量复合序网如图 2－51 所示。故障分量复合序网是指特殊相的。

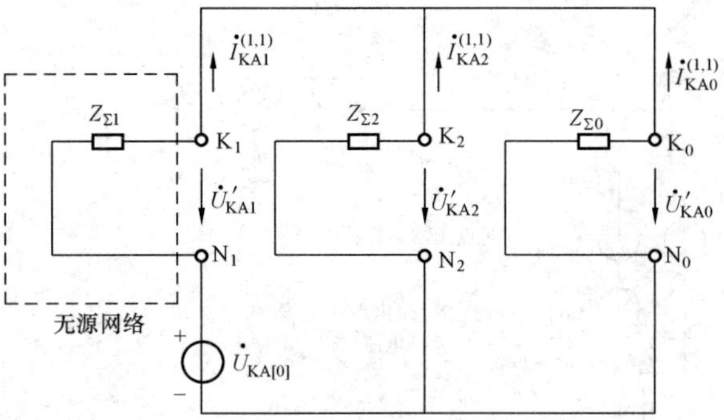

图 2－51　BC 相接地时的故障分量复合序网

三、故障点电流、故障点电压

由图 2－48 求得

$$\left.\begin{aligned}\dot{I}_{KA1}^{(1,1)} &= \frac{\dot{U}_{KA[0]}}{Z_{\Sigma1}+\dfrac{Z_{\Sigma2}Z_{\Sigma0}}{Z_{\Sigma2}+Z_{\Sigma0}}}\\ \dot{I}_{KA2}^{(1,1)} &= -\frac{Z_{\Sigma0}}{Z_{\Sigma2}+Z_{\Sigma0}}\cdot\dot{I}_{KA1}^{(1,1)}\\ \dot{I}_{KA0}^{(1,1)} &= -\frac{Z_{\Sigma2}}{Z_{\Sigma2}+Z_{\Sigma0}}\cdot\dot{I}_{KA1}^{(1,1)}\end{aligned}\right\} \tag{2－129}$$

计及 $Z_{\Sigma1}=Z_{\Sigma2}$、三相短路电流 $\dot{I}_{KA}^{(3)}=\dfrac{\dot{U}_{KA[0]}}{Z_{\Sigma1}}$，故障支路电流 $\dot{I}_{KB}^{(1,1)}$、$\dot{I}_{KC}^{(1,1)}$ 可表示为

$$\left.\begin{aligned}\dot{I}_{KB}^{(1,1)} &= a^2\dot{I}_{KA1}^{(1,1)}+a\dot{I}_{KA2}^{(1,1)}+\dot{I}_{KA0}^{(1,1)}=\left(a^2-\frac{aZ_{\Sigma0}+Z_{\Sigma2}}{Z_{\Sigma2}+Z_{\Sigma0}}\right)\dot{I}_{KA1}^{(1,1)}\\ &= \left(a^2+\frac{Z_{\Sigma0}-Z_{\Sigma1}}{2Z_{\Sigma0}+Z_{\Sigma1}}\right)\dot{I}_{KA}^{(3)}\\ \dot{I}_{KC}^{(1,1)} &= a\dot{I}_{KA1}^{(1,1)}+a^2\dot{I}_{KA2}^{(1,1)}+\dot{I}_{KA0}^{(1,1)}=\left(a-\frac{a^2Z_{\Sigma0}+Z_{\Sigma2}}{Z_{\Sigma2}+Z_{\Sigma0}}\right)\dot{I}_{KA1}^{(1,1)}\\ &= \left(a+\frac{Z_{\Sigma0}-Z_{\Sigma1}}{2Z_{\Sigma0}+Z_{\Sigma1}}\right)\dot{I}_{KA}^{(3)}\end{aligned}\right\} \tag{2－130}$$

流入地中的电流（零序电流的 3 倍）$\dot{I}_g$ 为

$$\dot{I}_g=\dot{I}_{KB}^{(1,1)}+\dot{I}_{KC}^{(1,1)}=-\frac{3Z_{\Sigma1}}{2Z_{\Sigma0}+Z_{\Sigma1}}\cdot\dot{I}_{KA}^{(3)} \tag{2－131}$$

作出不同 $Z_{\Sigma0}$ 值 $\dot{I}_{KB}^{(1,1)}$、$\dot{I}_{KC}^{(1,1)}$、$\dot{I}_g$ 端点变化轨迹如图 2－52 所示。当 $Z_{\Sigma0}=0\sim\infty$ 时，$|\dot{I}_{KB}^{(1,1)}|$、$|\dot{I}_{KC}^{(1,1)}|$ 在 $|\sqrt{3}\dot{I}_{KA}^{(3)}|\sim\left|\dfrac{\sqrt{3}}{2}\dot{I}_{KA}^{(3)}\right|$ 之间变化，夹角 α_1 在 60°～180°之间变化。当 $Z_{\Sigma0}<Z_{\Sigma1}$时，

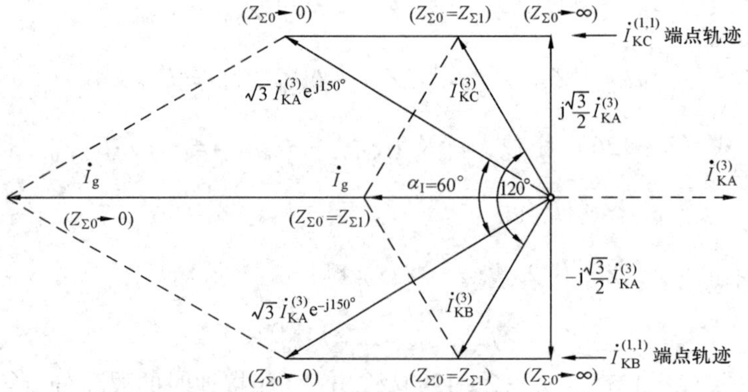

图 2－52　BC 相接地时故障电流的变化

$\dot{I}_K^{(1,1)} > \dot{I}_K^{(3)}$；当 $Z_{\Sigma0}=Z_{\Sigma1}$ 时，$\dot{I}_K^{(1,1)}=\dot{I}_K^{(3)}$；当 $Z_{\Sigma0}>Z_{\Sigma1}$ 时，$\dot{I}_K^{(1,1)}<I_K^{(3)}$。当 $Z_{\Sigma0}=0\sim\infty$ 时，I_g 在 $3I_K^{(3)}\sim0$ 之间变化。

在 $Z_{\Sigma0}<Z_{\Sigma1}$ 情况下，两相接地时的短路电流大于该点三相短路电流。

将式（2－130）表示的 $|\dot{I}_{KB}^{(1,1)}|$、$|\dot{I}_{KC}^{(1,1)}|$ 取模值，经变换得

$$|\dot{I}_{KB}^{(1,1)}|=|\dot{I}_{KC}^{(1,1)}|=\sqrt{3}\sqrt{1-\frac{Z_{\Sigma2}Z_{\Sigma0}}{(Z_{\Sigma2}+Z_{\Sigma0})^2}}\cdot|\dot{I}_{KA1}^{(1,1)}| \tag{2－132}$$

或表示为

$$\begin{aligned}|\dot{I}_{KB}^{(1,1)}|=|\dot{I}_{KC}^{(1,1)}|&=\frac{\sqrt{3}\sqrt{Z_{\Sigma1}^2+Z_{\Sigma1}Z_{\Sigma0}+Z_{\Sigma0}^2}}{2Z_{\Sigma0}+Z_{\Sigma1}}\cdot|\dot{I}_{KA}^{(3)}|\\&=\sqrt{1+\frac{(2Z_{\Sigma1}+Z_{\Sigma0})(Z_{\Sigma1}-Z_{\Sigma0})}{(2Z_{\Sigma0}+Z_{\Sigma1})^2}}\cdot|\dot{I}_{KA}^{(3)}|\end{aligned} \tag{2－133}$$

当然，$Z_{\Sigma0}<Z_{\Sigma1}$ 时，有 $|\dot{I}_{KB}^{(1,1)}|=|\dot{I}_{KC}^{(1,1)}|>|\dot{I}_{KA}^{(3)}|$。

再分析故障点电压。由式（2－122）、式（2－129）得故障点非故障相电压为

$$\begin{aligned}\dot{U}_{KA}^{(1,1)}=3\dot{U}_{KA1}^{(1,1)}&=3[\dot{U}_{KA[0]}-\dot{I}_{KA1}^{(1,1)}Z_{\Sigma1}]\\&=\frac{2Z_{\Sigma0}+Z_{\Sigma0}}{2Z_{\Sigma0}+Z_{\Sigma1}}\cdot\dot{U}_{KA[0]}\end{aligned} \tag{2－134}$$

当 $Z_{\Sigma0}>Z_{\Sigma1}$ 时，非故障相电压升高；当 $Z_{\Sigma0}=Z_{\Sigma1}$ 时，非故障相电压不变；当 $Z_{\Sigma0}<Z_{\Sigma1}$ 时，非故障相电压降低。当 $Z_{\Sigma0}=0\sim\infty$ 时，故障点非故障相电压在 $0\sim1.5U_{KA[0]}$ 范围内变化。

需要指出，在 $Z_{\Sigma0}<Z_{\Sigma1}$ 情况下，有 $I_K^{(1)}>I_K^{(3)}$、$I_K^{(1,1)}>I_K^{(3)}$；在 $Z_{\Sigma0}>Z_{\Sigma1}$ 情况下，单相接地和两相接地时非故障相电压均要升高。在实际电力系统中，均以单相接地情况来校核单相短路电流是否大于三相短路电流，校核非故障相电压的升高情况。

四、故障点、保护安装处电流电压间相量关系

（一）故障点电流、电压间相量关系

由式（2－122）作出故障点电压相量如图 2－53（a）所示。

根据 $\dot{I}_{KA2}^{(1,1)}=-\dfrac{\dot{U}_{KA2}^{(1,1)}}{Z_{\Sigma2}}$、$\dot{I}_{KA0}^{(1,1)}=-\dfrac{\dot{U}_{KA0}^{(1,1)}}{Z_{\Sigma0}}$ 可作出 $\dot{I}_{KA2}^{(1,1)}$、$\dot{I}_{KA0}^{(1,1)}$ 相量（因设 $Z_{\Sigma0}<Z_{\Sigma1}$，所以 $\dot{I}_{KA0}^{(1,1)}>\dot{I}_{KA2}^{(1,1)}$）；又 $\dot{I}_{KA1}^{(1,1)}=-(\dot{I}_{KA2}^{(1,1)}+\dot{I}_{KA0}^{(1,1)})$，可作出 $\dot{I}_{KA1}^{(1,1)}$ 相量，当各元件序阻抗角相等时，$\dot{I}_{KA1}^{(1,1)}$、$\dot{I}_{KA2}^{(1,1)}$、$\dot{I}_{KA0}^{(1,1)}$ 在一条直线上，作出 $\dot{I}_{KB}^{(1,1)}$、$\dot{I}_{KC}^{(1,1)}$ 如图 2－53（b）所示。因 $\dot{I}_g=3\dot{I}_{KA0}^{(1,1)}=\dot{I}_{KB}^{(1,1)}+\dot{I}_{KC}^{(1,1)}$。图中 $\alpha_I<120°$。

（二）保护安装处电流、电压间的相量关系

设图 2－49 中 K 点 BC 相接地，下面讨论 M 母线处电流、电压间相量关系。

M 侧母线流向线路的三相电流为

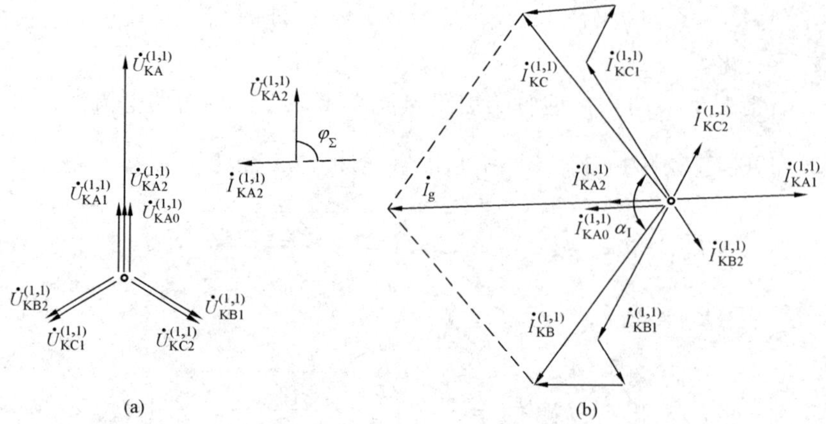

图 2－53　BC 相接地时故障点电压、电流相量关系

（a）电压相量；（b）电流相量（$Z_{\Sigma0}<Z_{\Sigma1}$）

$$\left.\begin{aligned}
\dot{I}_{MA} &= \dot{I}_{1oa\cdot A} + C_{1M}\dot{I}_{KA1}^{(1,1)} + C_{2M}\dot{I}_{KA2}^{(1,1)} + C_{0M}\dot{I}_{KA0}^{(1,1)} \\
&= \dot{I}_{1oa\cdot A} + (C_{0M} - C_{1M})\dot{I}_{KA0}^{(1,1)} \\
\dot{I}_{MB} &= \dot{I}_{1oa\cdot B} + C_{1M}\dot{I}_{KB1}^{(1,1)} + C_{2M}\dot{I}_{KB2}^{(1,1)} + C_{0M}\dot{I}_{KB0}^{(1,1)} \\
&= \dot{I}_{1oa\cdot B} + C_{1M}\dot{I}_{KB}^{(1,1)} + (C_{0M} - C_{1M})\dot{I}_{KB0}^{(1,1)} \\
\dot{I}_{MC} &= \dot{I}_{1oa\cdot C} + C_{1M}\dot{I}_{KC1}^{(1,1)} + C_{2M}\dot{I}_{KC2}^{(1,1)} + C_{0M}\dot{I}_{KC0}^{(1,1)} \\
&= \dot{I}_{1oa\cdot C} + C_{1M}\dot{I}_{KC}^{(1,1)} + (C_{0M} - C_{1M})\dot{I}_{KC0}^{(1,1)}
\end{aligned}\right\} \tag{2-135}$$

可见，非故障相中除负荷电流外，还存在故障分量电流，该故障分量电流是由 $C_{0M}\neq C_{1M}$引起的。不计负荷电流时的 $\dot{I}_{MA}$、$\dot{I}_{MB}$、$\dot{I}_{MC}$ 如图 2－54（a）、（b）所示。

对于 M 母线上的三相电压，计及式（2－134）、式（2－135）得到

$$\left.\begin{aligned}
\dot{U}_{MA} &= \dot{U}_{KA}^{(1,1)} + (\dot{I}_{MA} + 3KC_{0M}\dot{I}_{KA0}^{(1,1)})Z_{MK1} \\
&= \dot{U}_{MA[0]} + \frac{Z_{\Sigma0} - Z_{\Sigma1}}{2Z_{\Sigma0} + Z_{\Sigma1}}\dot{U}_{KA[0]} + \left(\frac{Z_0}{Z_1}C_{0M} - C_{1M}\right)\dot{I}_{KA0}^{(1,1)}Z_{MK1} \\
\dot{U}_{MB} &= \left[\dot{I}_{1oa\cdot B} + C_{1M}\dot{I}_{KB}^{(1,1)} + \left(\frac{Z_0}{Z_1}C_{0M} - C_{1M}\right)\dot{I}_{KB0}^{(1,1)}\right]Z_{MK1} \\
\dot{U}_{MC} &= \left[\dot{I}_{1oa\cdot C} + C_{1M}\dot{I}_{KC}^{(1,1)} + \left(\frac{Z_0}{Z_1}C_{0M} - C_{1M}\right)\dot{I}_{KC0}^{(1,1)}\right]Z_{MK1}
\end{aligned}\right\} \tag{2-136}$$

不计负荷电流时的电压相量如图 2－54（c）所示。

由相量关系可以看出，保护安装处两故障相电流间的相角差不等于两故障电流间的相角差，当 $C_{0M}>C_{1M}$时，有 $\alpha_m<\alpha_I$；当 $C_{0M}=C_{1M}$时，有 $\alpha_m=\alpha_I$；当 $C_{0M}<C_{1M}$时，有 $\alpha_m>\alpha_I$。同时非故障相电流相位随 C_{0M}与 C_{1M}大小不同有几乎 180°的变化。

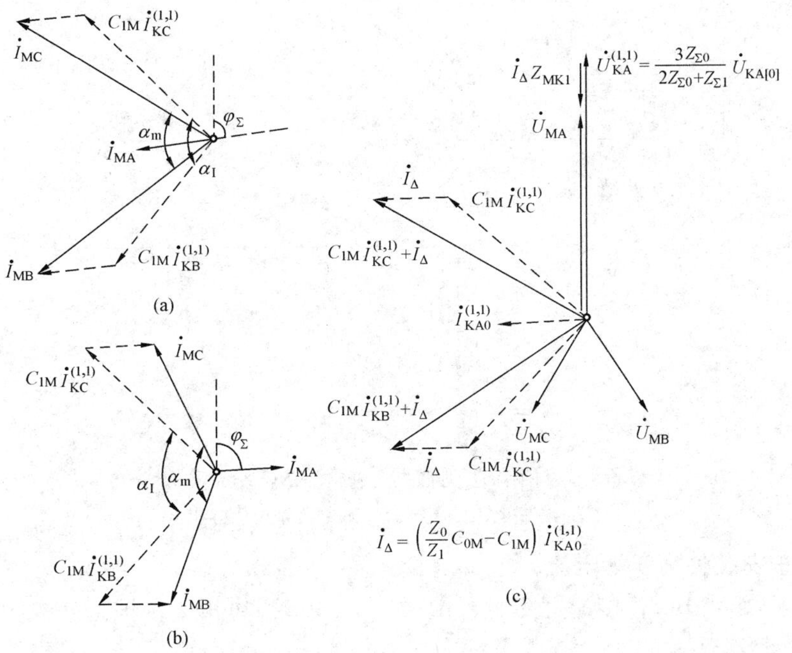

图 2－54　不计负荷电流时 BC 相接地保护安装处电流、电压相量关系

（a）$C_{0M} > C_{1M}$时电流相量；（b）$C_{0M} < C_{1M}$时电流相量；（c）电压相量

五、序电压分布

两相接地短路时，故障点的正序、负序、零序电压相等，如 BC 相接地，由图 2－48 求得

$$\dot{U}_{KA1}^{(1,1)} = \dot{U}_{KA2}^{(1,1)} = \dot{U}_{KA0}^{(1,1)} = \frac{\dot{U}_{KA[0]}}{Z_{\Sigma1} + \dfrac{Z_{\Sigma2}Z_{\Sigma0}}{Z_{\Sigma2} + Z_{\Sigma0}}} \cdot \frac{Z_{\Sigma2}Z_{\Sigma0}}{Z_{\Sigma2} + Z_{\Sigma0}}$$

$$= \frac{Z_{\Sigma0}}{2Z_{\Sigma0} + Z_{\Sigma1}} \cdot \dot{U}_{KA[0]} \qquad (2-137)$$

当 $Z_{\Sigma0}$ =（0.25～3）$Z_{\Sigma1}$时，由式（2－137）得 $\left|\dfrac{\dot{U}_{KA1}^{(1,1)}}{\dot{U}_{KA[0]}}\right|$ =16.7%～42.8%。这说明，即使故障点靠近保护安装处，其正序电压不会低于这一数值。

各序电压的分布规律与单相接地时相同，图 2－55（a）示出了图 2－49 中 K 点 BC 相接地时各序电压的分布。

六、序电流与序电压间的相位关系

完全与单相接地故障时相同。

七、保护安装处的突变量电压、突变量电流

（一）突变量电压分布

由图 2－50 示出的 K 点 BC 相接地短路时的故障分量网络可见，在 K 点 B、C 相同时单相接地时，突变量电压分布如图 2－55（b）所示，与图 2－31（b）完全相同。

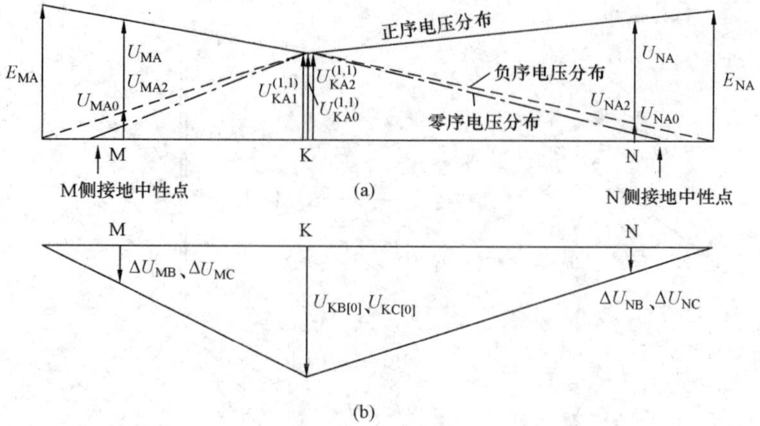

图 2－55　两相接地短路时序电压、故障分量电压分布

（a）各序电压分布；（b）故障分量电压分布

（二）保护安装处突变量电流

图 2－49 中 K 点 BC 相接地短路时，由式（2－135）可得到保护 1 处的相电流突变量为

$$\left.\begin{aligned}\Delta\dot{I}_{MA}&=\dot{I}_{MA}-\dot{I}_{1oa\cdot A}=(C_{0M}-C_{1M})\dot{I}_{KA0}^{(1,1)}\\\Delta\dot{I}_{MB}&=\dot{I}_{MB}-\dot{I}_{1oa\cdot B}=C_{1M}\dot{I}_{KB}^{(1,1)}+(C_{0M}-C_{1M})\dot{I}_{KB0}^{(1,1)}\\\Delta\dot{I}_{MC}&=\dot{I}_{MC}-\dot{I}_{1oa\cdot C}=C_{1M}\dot{I}_{KC}^{(1,1)}+(C_{0M}-C_{1M})\dot{I}_{KC0}^{(1,1)}\end{aligned}\right\}\qquad(2-138)$$

可以看出，两相接地短路时，非故障相在 $C_{0M}\neq C_{1M}$ 条件下有突变量电流。

由式（2－138）可得到相电流差突变量为

$$\left.\begin{aligned}\Delta\dot{I}_{MAB}&=-C_{1M}\dot{I}_{KB}^{(1,1)}\\\Delta\dot{I}_{MBC}&=C_{1M}(\dot{I}_{KB}^{(1,1)}-\dot{I}_{KC}^{(1,1)})\\\Delta\dot{I}_{MCA}&=C_{1M}\dot{I}_{KC}^{(1,1)}\end{aligned}\right\}\qquad(2-139)$$

三个相电流差突变量都具有很大的数值，与三相短路、两相短路有相同特点。

（三）保护安装处突变量电压、突变量电流间的相关关系

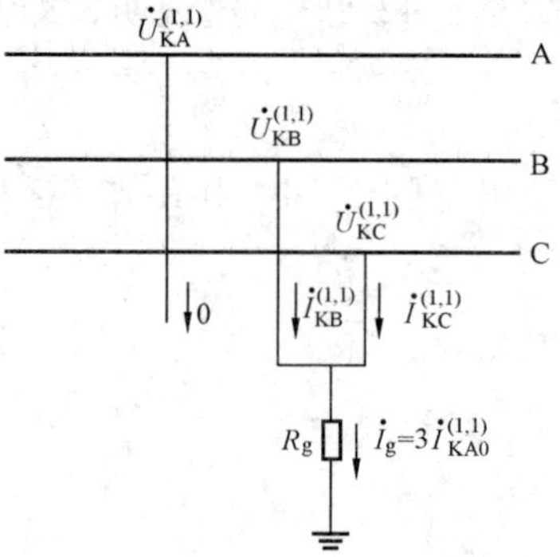

图 2－56　K 点 BC 相经过渡电阻 R_g 接地

完全与单相接地短路、两相短路时相同。

八、故障点过渡电阻的影响

两相接地短路故障时，除两故障相间存在电弧电阻外，还存在接地过渡电阻。考虑到接地过渡电阻远比电弧电阻大，所以可只计接地过渡电阻的影响。

图 2－56 示出了 K 点 BC 相经过渡电阻 R_g 接地。很显然，当 $R_g=0$ 时就是两相金属性接地短路；当 $R_g=\infty$ 时，就是两相相间金属性短路故障。

（一）复合序网

由图 2－56 写出边界条件为

$$\left.\begin{aligned} \dot{I}_{KA}^{(1,1)} &= 0 \\ \dot{U}_{KB}^{(1,1)} &= \dot{U}_{KC}^{(1,1)} = \dot{I}_g R_g = 3\dot{I}_{KA0}^{(1,1)} R_g \end{aligned}\right\} \tag{2-140}$$

由 $\dot{U}_{KB}^{(1,1)} = \dot{U}_{KC}^{(1,1)}$ 得到

$$a^2\dot{U}_{KA1}^{(1,1)} + a\dot{U}_{KA2}^{(1,1)} + \dot{U}_{KA0}^{(1,1)} = a\dot{U}_{KA1}^{(1,1)} + a^2\dot{U}_{KA2}^{(1,1)} + \dot{U}_{KA0}^{(1,1)}$$

$$\dot{U}_{KA1}^{(1,1)} = \dot{U}_{KA2}^{(1,1)} \tag{2-141}$$

此式说明，A 相的正序、负序网络并联；R_g 不影响正序、负序网络，不会在正序、负序网络中出现。

由式（2－140）第二式 $\dot{U}_{KB}^{(1,1)} = 3\dot{I}_{KA0}^{(1,1)} R_g$ 可得

$$a^2\dot{U}_{KA1}^{(1,1)} + a\dot{U}_{KA2}^{(1,1)} + \dot{U}_{KA0}^{(1,1)} = 3\dot{I}_{KA0}^{(1,1)} R_g$$

计及式（2－141）与 $\dot{U}_{KA0}^{(1,1)} = -\dot{I}_{KA0}^{(1,1)} Z_{\Sigma 0}$，得到

$$\dot{U}_{KA1}^{(1,1)} = -\dot{I}_{KA0}^{(1,1)}(3R_g + Z_{\Sigma 0}) \tag{2-142}$$

此式说明，故障点的零序网络串联 $3R_g$ 后再与正序网络（负序网络）并联。

计及式（2－140）第一式 $\dot{I}_{KA1}^{(1,1)} + \dot{I}_{KA2}^{(1,1)} + \dot{I}_{KA0}^{(1,1)} = 0$、式（2－141）、式（2－142），计及 R_g 后 BC 相接地的复合序网如图 2－57 所示。

由复合序网可见，R_g 不影响原有序网络，这与单相接地、两相短路时情况相同。

事实上，R_g 中只流过零序电流，所以应在零序网络中出现；又因流过的电流为 $3\dot{I}_{KA0}^{(1,1)}$，所以应以 $3R_g$ 与 $Z_{\Sigma 0}$ 网络串联。

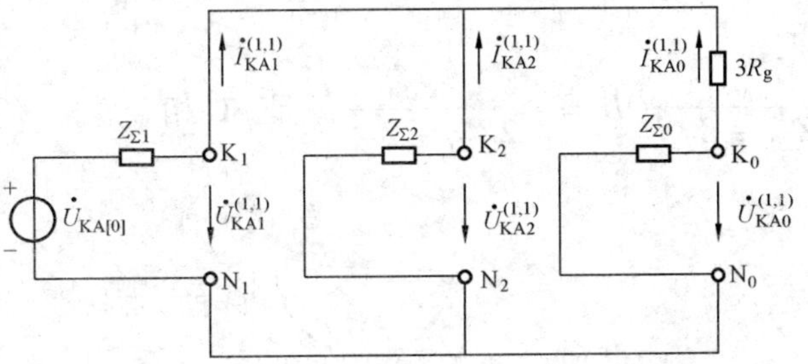

图 2－57　计及 R_g 后 BC 相接地时的复合序网

（二）故障点电压、电流相量关系

设在图 2－49 中 K 点 BC 相经 R_g 接地短路，即图 1－44 中 K 点 BC 相短路再经 R_g 接地，可写出方程

$$(R_g + Z_{\Sigma L})\dot{I}_{KB}^{(1,1)} + (R_g + Z_{\Sigma M})\dot{I}_{KC}^{(1,1)} = \dot{U}_{KB[0]}$$

$$(R_g + Z_{\Sigma M})\dot{I}_{KB}^{(1,1)} + (R_g + Z_{\Sigma L})\dot{I}_{KC}^{(1,1)} = \dot{U}_{KC[0]}$$

解出 $\dot{I}_{KB}^{(1,1)}$、$\dot{I}_{KC}^{(1,1)}$ 并计及 $Z_{\Sigma L} - Z_{\Sigma M} = Z_{\Sigma 1}$、$Z_{\Sigma L} + Z_{\Sigma M} = \dfrac{2Z_{\Sigma 0} + Z_{\Sigma 1}}{3}$［见式（1－110）、式（1－111）］，可得到

$$\left.\begin{aligned}\dot{I}_{KB}^{(1,1)} &= \frac{(R_g + Z_{\Sigma L})\dot{U}_{KB[0]} - (R_g + Z_{\Sigma M})\dot{U}_{KC[0]}}{(Z_{\Sigma L} + Z_{\Sigma M} + 2R_g)(Z_{\Sigma L} - Z_{\Sigma M})} \\ &= -j\frac{\sqrt{3}}{2}\cdot\frac{\dot{U}_{KA[0]}}{Z_{\Sigma 1}} - \frac{3}{2}\cdot\frac{\dot{U}_{KA[0]}}{6R_g + 2Z_{\Sigma 0} + Z_{\Sigma 1}} \\ \dot{I}_{KC}^{(1,1)} &= \frac{(R_g + Z_{\Sigma L})\dot{U}_{KC[0]} - (R_g + Z_{\Sigma M})\dot{U}_{KB[0]}}{(Z_{\Sigma L} + Z_{\Sigma M} + 2R_g)(Z_{\Sigma L} - Z_{\Sigma M})} \\ &= j\frac{\sqrt{3}}{2}\cdot\frac{\dot{U}_{KA[0]}}{Z_{\Sigma 1}} - \frac{3}{2}\cdot\frac{\dot{U}_{KA[0]}}{6R_g + 2Z_{\Sigma 0} + Z_{\Sigma 1}}\end{aligned}\right\} \quad (2-143)$$

流入地中的电流 $\dot{I}_g$ 为

$$\dot{I}_g = \dot{I}_{KB}^{(1,1)} + \dot{I}_{KC}^{(1,1)} = -\frac{3\dot{U}_{KA[0]}}{6R_g + 2Z_{\Sigma 0} + Z_{\Sigma 1}} \quad (2-144)$$

当 $R_g = 0 \sim \infty$ 时，按式(2－13)作出 $\dot{I}_{KB}^{(1,1)}$、$\dot{I}_{KC}^{(1,1)}$、$\dot{I}_g$ 相量端点变化轨迹如图2－58（a）中圆弧所示。其中，$\overrightarrow{OB} = -j\frac{\sqrt{3}}{2}\cdot\frac{\dot{U}_{KA[0]}}{Z_{\Sigma 1}}$、$\overrightarrow{OC} = j\frac{\sqrt{3}}{2}\cdot\frac{\dot{U}_{KA[0]}}{Z_{\Sigma 1}}$，就是 $R_g = \infty$ 时（即两相金属性短路）的两相短路电流；$\overrightarrow{OB'} = \left(a^2 + \frac{Z_{\Sigma 0} - Z_{\Sigma 1}}{2Z_{\Sigma 0} + Z_{\Sigma 1}}\right)\frac{\dot{U}_{KA[0]}}{Z_{\Sigma 1}}$、$\overrightarrow{OC'} = \left(a + \frac{Z_{\Sigma 0} - Z_{\Sigma 1}}{2Z_{\Sigma 0} + Z_{\Sigma 1}}\right)\frac{\dot{U}_{KA[0]}}{Z_{\Sigma 1}}$，就是 $R_g = 0$ 时（即两相接地短路）的两相接地短路两故障相短路电流；$\overrightarrow{BB'} = \overrightarrow{CC'} = -\frac{3}{2}\cdot\frac{\dot{U}_{KA[0]}}{2Z_{\Sigma 0} + Z_{\Sigma 1}}$；$\overrightarrow{OD} = -\frac{3\dot{U}_{KA[0]}}{2Z_{\Sigma 0} + Z_{\Sigma 1}}$ 就是BC相金属性接地时（$R_g = 0$）流入地中的电流。

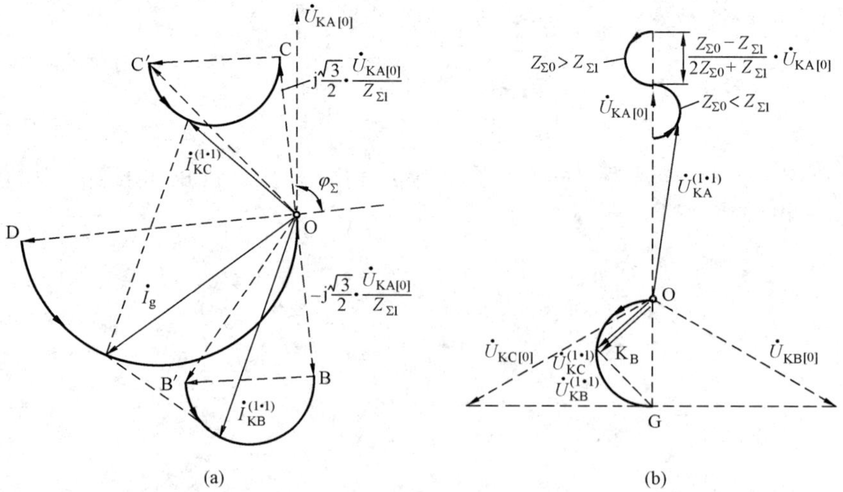

图2－58　BC相经 R_g 接地时故障点的电流、电压相量关系

（a）电流相量；（b）电压相量

对于故障点的电压，应用图 1－44 分析时，非故障相电压应计及故障电流互阻抗引起的压降。计及式（1－111）后得到

$$\left.\begin{aligned}\dot U_{KA}^{(1,1)} &= \dot U_{KA[0]} - (\dot I_{KB}^{(1,1)} + \dot I_{KC}^{(1,1)})Z_{\Sigma M} = \dot U_{KA[0]} - \dot I_g Z_{\Sigma M}\\ &= \dot U_{KA[0]} + \frac{Z_{\Sigma 0} - Z_{\Sigma 1}}{6R_g + 2Z_{\Sigma 0} + Z_{\Sigma 1}} \cdot \dot U_{KA[0]}\\ \dot U_{KB}^{(1,1)} &= \dot U_{KC}^{(1,1)} = \dot I_g R_g = -\frac{1}{2} \cdot \frac{6R_g}{6R_g + 2Z_{\Sigma 0} + Z_{\Sigma 1}} \cdot \dot U_{KA[0]}\\ &= -\frac{1}{2}\dot U_{KA[0]} + \frac{\dot U_{KA[0]}}{2} \cdot \frac{2Z_{\Sigma 0} + Z_{\Sigma 1}}{6R_g + 2Z_{\Sigma 0} + Z_{\Sigma 1}}\end{aligned}\right\} \quad (2-145)$$

当 $R_g = 0 \sim \infty$ 时，$\dot U_{KA}^{(1,1)}$、$\dot U_{KB}^{(1,1)}$、$\dot U_{KC}^{(1,1)}$ 相量端点变化轨迹如图 2－58（b）中圆弧所示。

由式（2－144）得到

$$-\frac{1}{2}\dot U_{KA[0]} - \dot I_g R_g = \dot I_g \cdot \frac{2Z_{\Sigma 0} + Z_{\Sigma 1}}{6}$$

在图 2－58（b）中，有 $\overline{OK_B} = \dot U_{KB}^{(1,1)} = \dot I_g R_g$，故有

$$\overrightarrow{K_B G} = \overrightarrow{K_B O} + \overrightarrow{OG} = -\dot I_g R_g - \frac{1}{2}\dot U_{KA[0]} = \dot I_g \frac{2Z_{\Sigma 0} + Z_{\Sigma 1}}{6}$$

所以

$$\left|\frac{\overline{OK_B}}{\overrightarrow{K_B G}}\right| = \left|\frac{6R_g}{2Z_{\Sigma 0} + Z_{\Sigma 1}}\right|$$

于是

$$R_g = \left|\frac{2Z_{\Sigma 0} + Z_{\Sigma 1}}{6} \cdot \frac{\overrightarrow{OK_B}}{\overrightarrow{K_B G}}\right| \quad (2-146)$$

将式（2－143）示出的故障电流（$\dot I_{KA}^{(1,1)} = 0$）分解出序分量电流，得到

$$\left.\begin{aligned}\dot I_{KA1}^{(1,1)} &= \frac{1}{3}(\dot I_{KA}^{(1,1)} + a\dot I_{KB}^{(1,1)} + a^2\dot I_{KC}^{(1,1)})\\ &= \frac{1}{2} \cdot \frac{\dot U_{KA[0]}}{Z_{\Sigma 1}} + \frac{1}{2} \cdot \frac{\dot U_{KA[0]}}{6R_g + 2Z_{\Sigma 0} + Z_{\Sigma 1}}\\ \dot I_{KA2}^{(1,1)} &= \frac{1}{3}(\dot I_{KA}^{(1,1)} + a^2\dot I_{KB}^{(1,1)} + a\dot I_{KC}^{(1,1)})\\ &= -\frac{1}{2} \cdot \frac{\dot U_{KA[0]}}{Z_{\Sigma 1}} + \frac{1}{2} \cdot \frac{\dot U_{KA[0]}}{6R_g + 2Z_{\Sigma 0} + Z_{\Sigma 1}}\\ \dot I_{KA0}^{(1,1)} &= \frac{1}{3}(\dot I_{KA}^{(1,1)} + \dot I_{KB}^{(1,1)} + \dot I_{KC}^{(1,1)})\\ &= -\frac{\dot U_{KA[0]}}{6R_g + 2Z_{\Sigma 0} + Z_{\Sigma 1}}\end{aligned}\right\} \quad (2-147)$$

当 $R_g = 0 \sim \infty$ 时，$\dot I_{KA1}^{(1,1)}$、$\dot I_{KA2}^{(1,1)}$、$\dot I_{KA0}^{(1,1)}$ 相量端点变化轨迹如图 2－59 中圆弧所示。其中，$\overrightarrow{OB} = \frac{1}{2} \cdot \frac{\dot U_{KA[0]}}{Z_{\Sigma 1}}$、$\overrightarrow{OE} = -\frac{1}{2} \cdot \frac{\dot U_{KA[0]}}{Z_{\Sigma 1}}$，就是 $R_g = \infty$ 时（即两相金属性短路）故障点的正序、

负序电流；$\overrightarrow{OA} = \dfrac{Z_{\Sigma1} + Z_{\Sigma0}}{2Z_{\Sigma0}Z_{\Sigma1} + Z_{\Sigma1}^2} \cdot \dot{U}_{KA[0]}$、$\overrightarrow{OC} = -\dfrac{Z_{\Sigma0}}{2Z_{\Sigma0}Z_{\Sigma1} + Z_{\Sigma1}^2} \cdot \dot{U}_{KA[0]}$、$\overrightarrow{OD} = -\dfrac{\dot{U}_{KA[0]}}{2Z_{\Sigma0} + Z_{\Sigma1}}$［见式(2 - 129)］就是 $R_g = 0$ 时(即两相接地短路)故障点的正序、负序、零序电流(图中示出的是 $Z_{\Sigma0} < Z_{\Sigma1}$ 的情况)。显然，$\overrightarrow{BA} = -\dfrac{\dot{U}_{KA[0]}}{2(2Z_{\Sigma0} + Z_{\Sigma1})}$，$\overrightarrow{EC} = \dfrac{\dot{U}_{KA[0]}}{2(2Z_{\Sigma0} + Z_{\Sigma1})}$。

由图 2 - 59 明显可见，计及 R_g 后 $\dot{I}_{KA1}^{(1,1)}$、$\dot{I}_{KA2}^{(1,1)}$、$\dot{I}_{KA0}^{(1,1)}$ 不在一条直线上了，而是 $\dot{I}_{KA1}^{(1,1)}$ 超前 $\dot{I}_{KA0}^{(1,1)}$，$\dot{I}_{KA2}^{(1,1)}$ 超前 $\dot{I}_{KA1}^{(1,1)}$，$\dot{I}_{KA0}^{(1,1)}$ 超前 $\dot{I}_{KA2}^{(1,1)}$，但仍保持 $\dot{I}_{KA1}^{(1,1)} + \dot{I}_{KA2}^{(1,1)} + \dot{I}_{KA0}^{(1,1)} = 0$ 的关系。

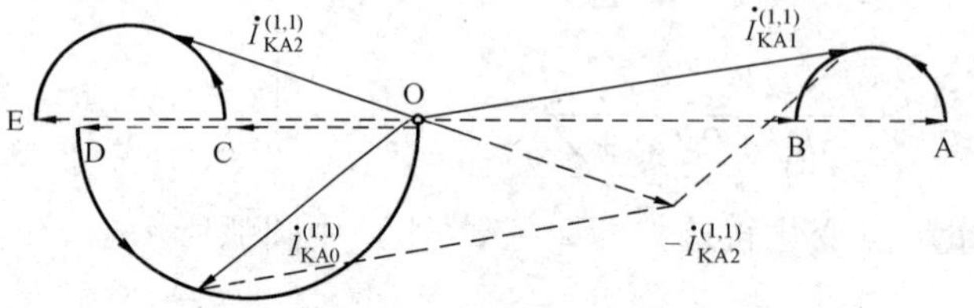

图 2 - 59　计及 R_g 后故障点序电流相量变化（$Z_{\Sigma0} < Z_{\Sigma1}$）

（三）保护安装处电压、电流相量关系

图 2 - 49 中 K 点 BC 相经 R_g 接地时，计及式（2 - 143）得到 M 侧三相电流为

$$\left.\begin{aligned}
\dot{I}_{MA} &= \dot{I}_{1oa\cdot A} + C_{1M}\dot{I}_{KA1}^{(1,1)} + C_{2M}\dot{I}_{KA2}^{(1,1)} + C_{0M}\dot{I}_{KA0}^{(1,1)} \\
&= \dot{I}_{1oa\cdot A} + C_{1M}\dot{I}_{KA}^{(1,1)} + (C_{0M} - C_{1M})\dot{I}_{KA0}^{(1,1)} \\
&= \dot{I}_{1oa\cdot A} + (C_{1M} - C_{0M})\frac{\dot{U}_{KA[0]}}{6R_g + 2Z_{\Sigma0} + Z_{\Sigma1}} \\
\dot{I}_{MB} &= \dot{I}_{1oa\cdot B} + C_{1M}\dot{I}_{KB}^{(1,1)} + (C_{0M} - C_{1M})\dot{I}_{KB0}^{(1,1)} \\
&= \dot{I}_{1oa\cdot B} - j\frac{\sqrt{3}}{2}C_{1M}\frac{\dot{U}_{KA[0]}}{Z_{\Sigma1}} - \frac{2C_{0M} + C_{1M}}{2} \cdot \frac{\dot{U}_{KA[0]}}{6R_g + 2Z_{\Sigma0} + Z_{\Sigma1}} \\
\dot{I}_{MC} &= \dot{I}_{1oa\cdot C} + C_{1M}\dot{I}_{KC}^{(1,1)} + (C_{0M} - C_{1M})\dot{I}_{KC0}^{(1,1)} \\
&= \dot{I}_{1oa\cdot C} + j\frac{\sqrt{3}}{2}C_{1M}\frac{\dot{U}_{KA[0]}}{Z_{\Sigma1}} - \frac{2C_{0M} + C_{1M}}{2} \cdot \frac{\dot{U}_{KA[0]}}{6R_g + 2Z_{\Sigma0} + Z_{\Sigma1}}
\end{aligned}\right\} \quad (2-148)$$

与式（2 - 143）比较，除负荷电流外有相似的表示式。不计负荷电流时的电流相量如图 2 - 60（a）所示，其中 $\overrightarrow{OB} = -j\dfrac{\sqrt{3}}{2}C_{1M}\dfrac{\dot{U}_{KA[0]}}{Z_{\Sigma1}}$，$\overrightarrow{OC} = j\dfrac{\sqrt{3}}{2}C_{1M}\dfrac{\dot{U}_{KA[0]}}{Z_{\Sigma1}}$，$\overrightarrow{BB'} = \overrightarrow{CC'} = -\dfrac{2C_{0M} + C_{1M}}{2} \cdot \dfrac{\dot{U}_{KA[0]}}{2Z_{\Sigma0} + Z_{\Sigma1}}$，$\overrightarrow{OA} = (C_{1M} - C_{0M})\dfrac{\dot{U}_{KA[0]}}{2Z_{\Sigma0} + Z_{\Sigma1}}$，$\overrightarrow{OA'} = (C_{1M} - C_{0M})\dfrac{\dot{U}_{KA[0]}}{2Z_{\Sigma0} + Z_{\Sigma1}}$。容易看出，当 C_{1M}、C_{0M} 相对大小发生变化时，非故障相电流相位有很大的变化。

图 2 - 49 中 K 点 BC 相经 R_g 接地时，计及式（2 - 147），与式（2 - 91）类似可得到 M

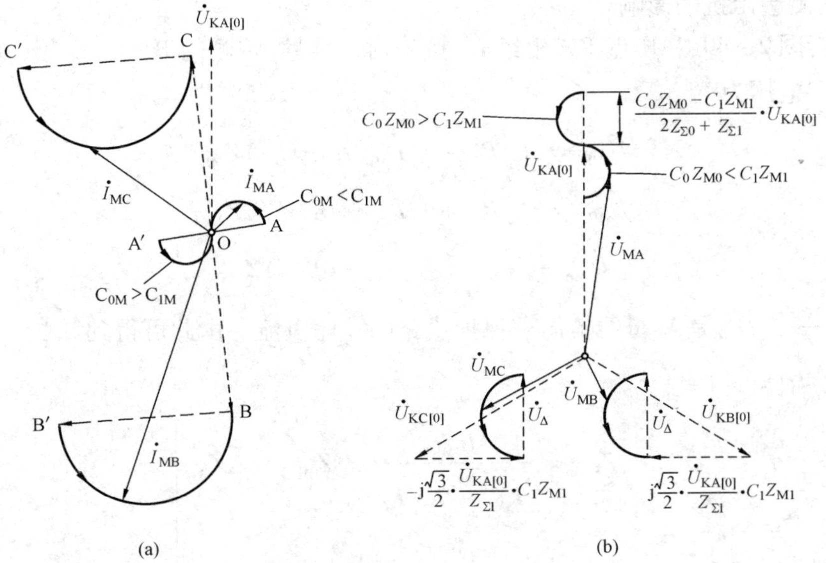

图 2-60　不计负荷电流 BC 相经 R_g 接地时保护安装处电流、电压相量关系

（a）电流相量；（b）电压相量

母线三相电压为

$$
\left.
\begin{aligned}
\dot U_{MA} &= \dot E_{MA} - \dot I'_{1oa\cdot A}Z_{M1} - C_1\dot I^{(1,1)}_{KA1}Z_{M1} - C_2\dot I^{(1,1)}_{KA2}Z_{M2} - C_0\dot I^{(1,1)}_{KA0}Z_{M0}\\
&= \dot U_{MA[0]} + (C_0Z_{M0} - C_1Z_{M1})\frac{\dot U_{KA[0]}}{6R_g + 2Z_{\Sigma0} + Z_{\Sigma1}}\\
\dot U_{MB} &= \dot E_{MB} - \dot I'_{1oa\cdot B}Z_{M1} - C_1(a\dot I^{(1,1)}_{KA1})Z_{M1} - C_2(a\dot I^{(1,1)}_{KA2})Z_{M2} - C_0\dot I^{(1,1)}_{KB0}Z_{M0}\\
&= \dot U_{MB[0]} + j\frac{\sqrt3}{2}\frac{\dot U_{KA[0]}}{Z_{\Sigma1}}\cdot C_1Z_{M1} + \left(C_0Z_{M0} + \frac{C_1Z_{M1}}{2}\right)\cdot\frac{\dot U_{KA[0]}}{6R_g + 2Z_{\Sigma0} + Z_{\Sigma1}}\\
\dot U_{MC} &= \dot E_{MC} - \dot I'_{1oa\cdot C}Z_{M1} - C_1(a\dot I^{(1,1)}_{KA1})Z_{M1} - C_2(a\dot I^{(1,1)}_{KA2})Z_{M2} - C_0\dot I^{(1,1)}_{KB0}Z_{M0}\\
&= \dot U_{MC[0]} - j\frac{\sqrt3}{2}\frac{\dot U_{KA[0]}}{Z_{\Sigma1}}\cdot C_1Z_{M1} + \left(C_0Z_{M0} + \frac{C_1Z_{M1}}{2}\right)\cdot\frac{\dot U_{KA[0]}}{6R_g + 2Z_{\Sigma0} + Z_{\Sigma1}}
\end{aligned}
\right\}
\tag{2-149}
$$

当 $R_g=0\sim\infty$ 时，不计负荷电流时的 $\dot U_{MA}$、$\dot U_{MB}$、$\dot U_{MC}$ 相量端点变化轨迹如图 2-60（b）中圆弧所示，其中 $\dot U_{\Delta}=\frac{2C_0Z_{M0}+C_1Z_{M1}}{2(2Z_{\Sigma0}+Z_{\Sigma1})}\dot U_{KA[0]}$。应当看到，压降 $j\frac{\sqrt3}{2}\frac{\dot U_{KA[0]}}{Z_{\Sigma1}}C_1Z_{M1}$、$-j\frac{\sqrt3}{2}\frac{\dot U_{KA[0]}}{Z_{\Sigma1}}C_1Z_{M1}$ 是两相相间短路电流在电源阻抗上形成的，当 $\dot U_{\Delta}=0$ 时，$\dot U_{MB}$、$\dot U_{MC}$ 就是两相相间短路时 M 母线上两故障相电压。

（四）序电压与序电流间相位关系

完全与单相接地故障时相同。

（五）对测量阻抗的影响

下面分析图 2－49 中 K 点 BC 相经 R_g 接地时，线路 M 侧的 B 相、C 相、BC 相测量阻抗。M 母线上电压为

$$\dot{U}_{MB} = \dot{I}_g \dot{R}_g + (\dot{I}_{MB} + K3\dot{I}_0) Z_{MK1}$$

$$\dot{U}_{MC} = \dot{I}_g \dot{R}_g + (\dot{I}_{MC} + K3\dot{I}_0) Z_{MK1}$$

$$\dot{U}_{MB} - \dot{U}_{MC} = (\dot{I}_{MB} - \dot{I}_{MC}) Z_{MK1}$$

其中 $K = \dfrac{Z_0 - Z_1}{3Z_1}$，$\dot{I}_0$ 是 M 母线流向被保护线路的零序电流。由此可得到 B 相、C 相、BC 相的测量阻抗分别为

$$\left.\begin{aligned} Z_{m\cdot B} &= \frac{\dot{U}_{MB}}{\dot{I}_{MB} + K3\dot{I}_0} = Z_{MK1} + \Delta Z_B \\ Z_{m\cdot C} &= \frac{\dot{U}_{MC}}{\dot{I}_{MC} + K3\dot{I}_0} = Z_{MK1} + \Delta Z_C \\ Z_{m\cdot BC} &= \frac{\dot{U}_{MB} - \dot{U}_{MC}}{\dot{I}_{MB} - \dot{I}_{MC}} = Z_{MK1} \end{aligned}\right\} \tag{2-150}$$

而

$$\Delta Z_B = \frac{\dot{I}_g}{\dot{I}_{MB} + K3\dot{I}_0} \cdot R_g$$

$$\Delta Z_C = \frac{\dot{I}_g}{\dot{I}_{MC} + K3\dot{I}_0} \cdot R_g$$

可见，R_g 不影响相间阻抗继电器的测量阻抗（电弧电阻此时没有计及），没有附加测量阻抗；两故障相的接地阻抗继电器出现附加测量阻抗 ΔZ_B、ΔZ_C，当然与 R_g 相关。

计及式（2－148），ΔZ_B、ΔZ_C 改写为

$$\left.\begin{aligned} \Delta Z_B &= \frac{R_g}{\dfrac{\dot{I}_{1oa\cdot B} + C_{1M}\dot{I}_{KB}^{(1,1)}}{\dot{I}_g} + \dfrac{1}{3}\left(\dfrac{Z_0}{Z_1}C_{0M} - C_{1M}\right)} \\ \Delta Z_C &= \frac{R_g}{\dfrac{\dot{I}_{1oa\cdot C} + C_{1M}\dot{I}_{KC}^{(1,1)}}{\dot{I}_g} + \dfrac{1}{3}\left(\dfrac{Z_0}{Z_1}C_{0M} - C_{1M}\right)} \end{aligned}\right\} \tag{2-151}$$

在空载情况下，有 $\dot{I}_{1oa\cdot B} = 0$、$\dot{I}_{1oa\cdot C} = 0$；同时观察图 2－58（a），$\dot{I}_{KB}^{(1,1)}$ 超前 $\dot{I}_g$，$\dot{I}_{KC}^{(1,1)}$ 滞后 $\dot{I}_g$，即 $C_{1M}\dfrac{\dot{I}_{KB}^{(1,1)}}{\dot{I}_g}$ 的幅角为"＋"，$C_{1M}\dfrac{\dot{I}_{KC}^{(1,1)}}{\dot{I}_g}$ 的幅角为"－"，于是 ΔZ_B 呈阻容性质，ΔZ_C 呈阻感性质。这种在空载情况下，R_g 的影响使其中的超前相附加测量阻抗呈阻容性、滞后

相测量阻抗呈阻感性的性质，是两相接地短路故障时特有的。

将图2－58（a）中的 $\dot{I}_{KB}^{(1,1)}$、$\dot{I}_{KC}^{(1,1)}$、$\dot{I}_g$ 重画于图2－61中（各量乘以电流分配系数 C_{1M}），如果M侧为送电侧，计及负荷电流后，则相量关系如图2－61（a）所示，于是有

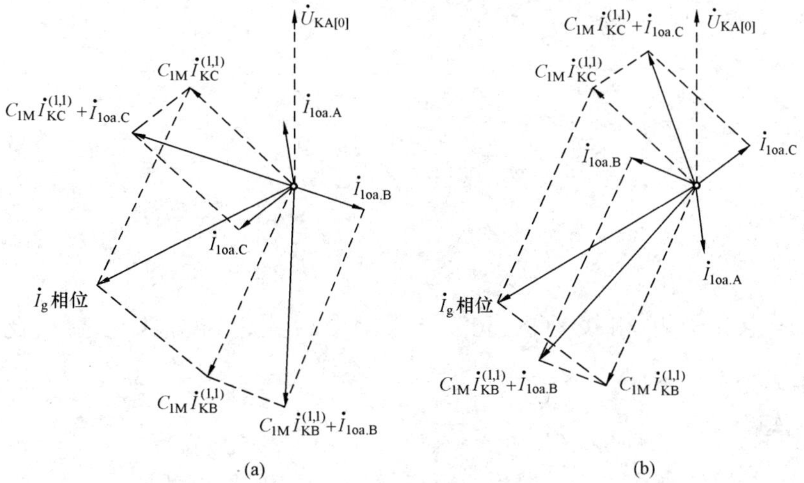

图2－61　负荷电流对附加测量阻抗 ΔZ_B、ΔZ_C 的影响

（a）M侧为送电侧；（b）M侧为受电侧

$$\arg\left(\frac{C_{1M}\dot{I}_{KB}^{(1,1)}+\dot{I}_{1oa\cdot B}}{\dot{I}_g}\right)>\arg\left(\frac{C_{1M}\dot{I}_{KB}^{(1,1)}}{\dot{I}_g}\right)$$

$$\left|\arg\left(\frac{C_{1M}\dot{I}_{KC}^{(1,1)}+\dot{I}_{1oa\cdot C}}{\dot{I}_g}\right)\right|<\left|\arg\left(\frac{C_{1M}\dot{I}_{KC}^{(1,1)}}{\dot{I}_g}\right)\right|$$

与空载时情况相比，说明 ΔZ_B 呈容性的程度增加，情况变得严重；ΔZ_C 呈感性的程度有所减弱。

当M侧为受电侧时，相量关系如图2－61（b）所示，于是有

$$\arg\left(\frac{C_{1M}\dot{I}_{KB}^{(1,1)}+\dot{I}_{1oa\cdot B}}{\dot{I}_g}\right)<\arg\left(\frac{C_{1M}\dot{I}_{KB}^{(1,1)}}{\dot{I}_g}\right)$$

$$\left|\arg\left(\frac{C_{1M}\dot{I}_{KC}^{(1,1)}+\dot{I}_{1oa\cdot C}}{\dot{I}_g}\right)\right|>\left|\arg\left(\frac{C_{1M}\dot{I}_{KC}^{(1,1)}}{\dot{I}_g}\right)\right|$$

与空载时情况相比，说明 ΔZ_B 呈容性的程度有所减弱；ΔZ_C 呈感性的程度增加，情况变得严重。

因此，两相经过渡电阻接地时，相间测量阻抗无附加测量阻抗，两故障相测量阻抗存在附加测量阻抗。在空载情况下，其中的超前相附加测量阻抗呈阻容性，滞后相附加测量阻抗呈阻感性；当处于送电侧时，超前相的附加测量阻抗容性程度增加；当处于受电侧时，滞后相的附加测量阻抗感性程度增加。这种增加的程度随负荷电流的增大而增大。

九、小接地电流电网中两相接地短路

（一）零序电压

在中性点不直接接地的电网（中性点不接地、中性点经消弧线圈接地、中性点经高阻接地）中，故障点的 $Z_{\Sigma 0}$ 远比 $Z_{\Sigma 1}(Z_{\Sigma 2}=Z_{\Sigma 1})$ 大，在图 2－57 示出的复合序网中，因 $Z_{\Sigma 0} \gg 3R_g$，所以可不计 $3R_g$。于是有

$$\dot{U}_{KA0}^{(1,1)} = \frac{\dot{U}_{KA[0]}}{Z_{\Sigma 1}+\dfrac{Z_{\Sigma 0}Z_{\Sigma 2}}{Z_{\Sigma 0}+Z_{\Sigma 2}}} \cdot \frac{Z_{\Sigma 2}Z_{\Sigma 0}}{Z_{\Sigma 0}+Z_{\Sigma 2}}$$

$$= \frac{Z_{\Sigma 0}}{2Z_{\Sigma 0}+Z_{\Sigma 2}} \cdot \dot{U}_{KA[0]} = \frac{1}{2}\dot{U}_{KA[a]} \qquad (2-152)$$

可见，零序电压是单相接地的 50%。因 $Z_{\Sigma 0}$ 很大，与短路电流相比，接地电流（$3\dot{I}_{KA0}^{(1,1)}$）很小，完全可不计。

（二）关于短路电流

当接地电流 $\dot{I}_g$ 忽略不计，BC 相接地短路与 BC 相相间短路相同，即

$$\dot{I}_{KB}^{(1,1)}(-\dot{I}_{KC}^{(1,1)}) = -j\frac{\sqrt{3}}{2} \cdot \frac{\dot{U}_{KA[0]}}{Z_{\Sigma 1}}$$

（三）故障点与保护安装处电流、电压相量关系

图 2－62 中 K 点 BC 相接地时，因接地电流为零，所以故障点电流 $\dot{I}_{KB}^{(1,1)}$、$\dot{I}_{KC}^{(1,1)}$ 和保护安装处电流 $\dot{I}_{MB}^{(1,1)}$、$\dot{I}_{MC}^{(1,1)}$ 与两相短路时相同；对于故障点电压，计及式（2－134）和式（2－145）第一式，注意到 $Z_{\Sigma 0}$ 很大，得

$$\dot{U}_{KA}^{(1,1)} = 1.5\dot{U}_{KA[0]} \qquad (2-153)$$

保护安装处的三相电压为

$$\left.\begin{aligned} \dot{U}_{MA} &= \dot{U}_{KA}^{(1,1)} = 1.5\dot{U}_{KA[0]} \\ \dot{U}_{MB} &= \dot{I}_{MB}Z_{MK1} = \dot{I}_{KB}^{(1,1)}Z_{MK1} \\ \dot{U}_{MC} &= \dot{I}_{MC}Z_{MK1} = \dot{I}_{KC}^{(1,1)}Z_{MK1} \end{aligned}\right\} \qquad (2-154)$$

作出故障点和保护安装处的电流、电压相量关系如图 2－62 中所示。在母线上两故障相电压接近反相。

十、小电流接地电网中单电源线路上异地不同名相两点接地

在小电流接地电网中，一点接地后可继续运行（不能超过 2h），在这段时间内非故障相电压升高为线电压，有可能再发生接地，形成异地不同名相两点接地的现象。分析时，可完全不计电网电容电流和补偿电流。图 2－63（a）示出了同一母线引出的两条线路上异地不同名相两点接地，图 2－63（b）示出了同一条线路异地不同名相两点接地。

（一）短路电流

由图 2－63 可见，异地不同名相两点接地时，有很大的短路电流。

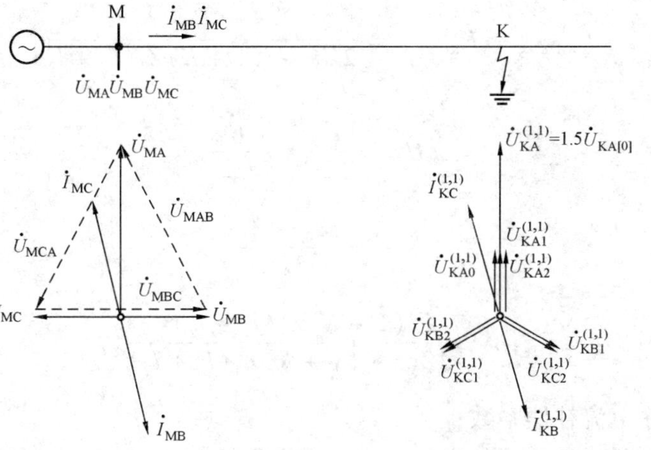

图 2－62　小电流接地电网中 BC 相接地时故障点、保护安装处电流、电压相量关系

在图 2－63（a）中，虽然异地不同名相发生两点接地，对 M 侧电源来说，相当于 BC 相相间短路（线路 L1 的 K_1 点 B 相接地、线路 L2 的 K_2 点 C 相接地）；对线路来说，只有一相有电流，相当于单相接地短路，L1 线路的零序电流为 $\frac{\dot{I}_{KB}^{(1,1)}}{3}$，L2 线路的零序电流为 $\frac{\dot{I}_{KC}^{(1,1)}}{3}$，于是故障线段的压降分别是 $\left(\dot{I}_{KB}^{(1,1)}+3K\frac{\dot{I}_{KB}^{(1,1)}}{3}\right)Z_1 l_1$、$\left(\dot{I}_{KC}^{(1,1)}+3K\frac{\dot{I}_{KC}^{(1,1)}}{3}\right)Z_1 l_2$。当中性点电压为 $\dot{U}_N$ 时，有下列关系式

$$\dot{U}_N+\dot{E}_B=\dot{I}_{KB}^{(1,1)}Z_{M1}+\dot{I}_{KB}^{(1,1)}(1+K)Z_1 l_1$$

$$\dot{U}_N+\dot{E}_C=\dot{I}_{KC}^{(1,1)}Z_{M1}+\dot{I}_{KC}^{(1,1)}(1+K)Z_1 l_2$$

解得 $\dot{I}_{KB}^{(1,1)}$、$\dot{U}_N$ 分别为

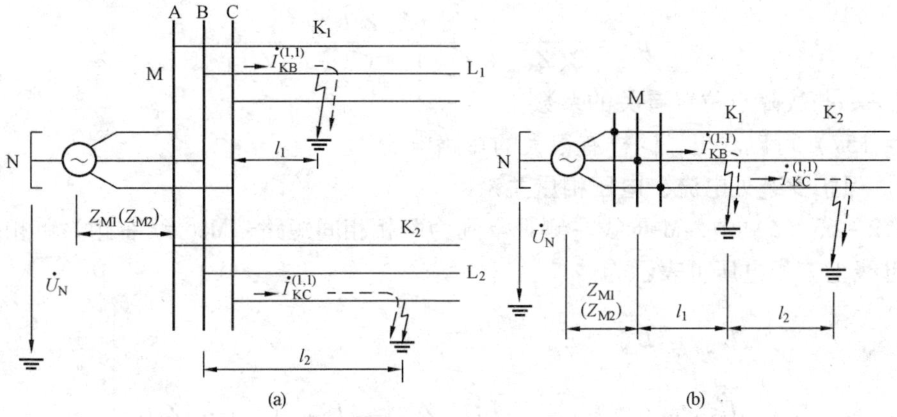

图 2－63　单侧电源线路上异地不同名相两点接地
（a）同一母线引出的两条线上两点接地；（b）一条线路上异地两点接地

$$\dot{I}_{KB}^{(1,1)}(-\dot{I}_{KC}^{(1,1)}) = \frac{\dot{E}_{BC}}{2Z_{M1} + (1+K)Z_1(l_1 + l_2)} \tag{2-155}$$

$$\dot{U}_N = \frac{\dot{E}_A}{2} + \rho\frac{\dot{E}_{BC}}{2} \tag{2-156}$$

$$K = \frac{Z_0 - Z_1}{3Z_1}$$

$$\rho = \frac{(1+K)Z_1(l_1 - l_2)}{2Z_{M1} + (1+K)Z_1(l_1 + l_2)}$$

式中　K——零序电流补偿系数；

Z_1、Z_2、Z_0——线路单位长度的正序、负序、零序阻抗；

ρ——与故障点位置有关的系数（当 $l_1 < l_2$ 时，$\rho < 0$；当 $l_1 = l_2$ 时，$\rho = 0$；当 $l_1 > l_2$ 时，$\rho > 0$）。

由式（2－155）可见，异地不同名相两点接地时有很大的短路电流。

在图2－63（b）中，K_1 点左侧相当于两相相间短路，K_1K_2 线段相当于单相接地。列出方程为

$$\dot{U}_N + \dot{E}_B = \dot{I}_{KB}^{(1,1)}(Z_{M1} + Z_1 l_1)$$

$$\dot{U}_N + \dot{E}_C = \dot{I}_{KC}^{(1,1)}(Z_{M1} + Z_1 l_1) + \dot{I}_{KC}^{(1,1)}(1+K)Z_1 l_2$$

解得 $\dot{I}_{KB}^{(1,1)}$、$\dot{U}_N$ 分别为

$$\dot{I}_{KB}^{(1,1)}(-\dot{I}_{KC}^{(1,1)}) = \frac{\dot{E}_{BC}}{2(Z_{M1} + Z_1 l_1) + (1+K)Z_1 l_2} \tag{2-157}$$

$$\dot{U}_N = \frac{\dot{E}_A}{2} + \rho'\frac{\dot{E}_{CB}}{2} \tag{2-158}$$

$$\rho' = \frac{(1+K)Z_1 l_2}{2(Z_{M1} + Z_1 l_1) + (1+K)Z_1 l_2}$$

式中　ρ'——与故障点位置有关的系数。

从式（2－157）可以看出，同样有很大的短路电流。

（二）保护安装处电流、电压相量关系

在图2－63（a）中，M 母线左侧观察到为两相相间短路，M 母线右侧为单相接地短路，所以 M 母线上三相电压可表示为

$$\left.\begin{aligned}
\dot{U}_{MA} &= \dot{U}_N + \dot{E}_A \\
\dot{U}_{MB} &= \dot{U}_N + \dot{E}_B - \dot{I}_{KB}^{(1,1)}Z_{M1} = \dot{I}_{KB}^{(1,1)}(1+K)Z_1 l_1 \\
\dot{U}_{MC} &= \dot{U}_N + \dot{E}_C - \dot{I}_{KC}^{(1,1)}Z_{M1} = \dot{I}_{KC}^{(1,1)}(1+K)Z_1 l_2
\end{aligned}\right\} \tag{2-159}$$

在 $\dot{E}_{A}$、$\dot{E}_{B}$、$\dot{E}_{C}$ 相量基础上，可由式（2－155）作出 $\dot{I}_{KB}^{(1,1)}$、$\dot{I}_{KC}^{(1,1)}$ 相量；由式（2－156）作出 $\dot{U}_{N}$ 相量；由式（2－159）作出 $\dot{U}_{MA}$、$\dot{U}_{MB}$、$\dot{U}_{MC}$ 相量，相量关系如图2－64所示。

由相量关系可见，母线上两故障相电压明显降低，将式（2－155）代入式（2－159），得到两故障相电压与额定相电压（E_{φ}）的比值为

$$\left|\frac{\dot{U}_{MB}}{E_{\varphi}}\right| = \frac{\sqrt{3}(1+K)Z_1 l_1}{2Z_{M1}+(1+K)Z_1(l_1+l_2)}$$

$$\left|\frac{\dot{U}_{MC}}{E_{\varphi}}\right| = \frac{\sqrt{3}(1+K)Z_1 l_2}{2Z_{M1}+(1+K)Z_1(l_1+l_2)}$$

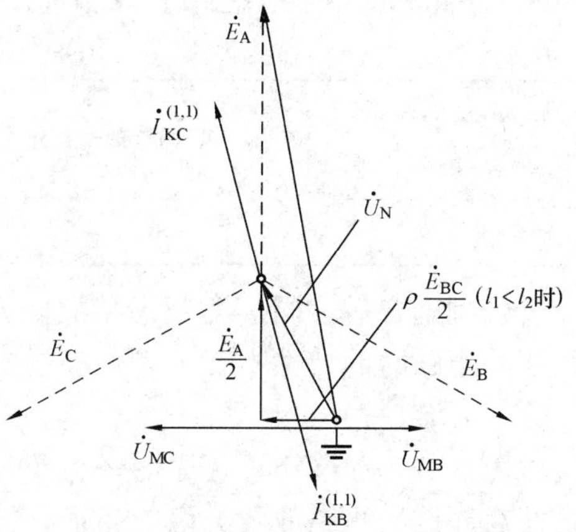

图2－64　BC相异地两点接地时电流、电压相量关系

在图2－63（b）中，M母线三相电压可表示为

$$\left.\begin{aligned}\dot{U}_{MA} &= \dot{U}_N + \dot{E}_A \\ \dot{U}_{MB} &= \dot{U}_N + \dot{E}_B - \dot{I}_{KB}^{(1,1)}Z_{M1} = \dot{I}_{KB}^{(1,1)}Z_1 l_1 \\ \dot{U}_{MC} &= \dot{U}_N + \dot{E}_C - \dot{I}_{KC}^{(1,1)}Z_{M1} = \dot{I}_{KC}^{(1,1)}[Z_1 l_1 + (1+K)Z_1 l_2]\end{aligned}\right\} \qquad (2-160)$$

由式（2－157）、式（2－158）、式（2－160）作出 $\dot{I}_{KB}^{(1,1)}$、$\dot{I}_{KC}^{(1,1)}$、$\dot{U}_{N}$、$\dot{U}_{MA}$、$\dot{U}_{MB}$、$\dot{U}_{MC}$ 相量如图2－64所示，只是将图中的 $\rho\frac{\dot{E}_{BC}}{2}$ 改为 $\rho'\frac{\dot{E}_{BC}}{2}$ 即可。同样，母线上两故障相电压明显降低。

（三）关于零序电压和零序电流

异地不同名相两点接地时，母线上出现零序电压。由式（2－159）或式（2－160）可求得零序电压为

$$\dot{U}_0 = \frac{1}{3}(\dot{U}_{MA} + \dot{U}_{MB} + \dot{U}_{MC}) = \dot{U}_N \qquad (2-161)$$

由式（2－156）、式（2－158）可见，零序电压不低于 $\frac{1}{2}E_{\varphi}$。

对于保护安装处是否存在零序电流，应视具体情况而定。在图2－63（a）中，线路L1、线路L2始端均有零序电流，而在M母线左侧，所有保护均不流过零序电流。在图2－63（b）中，仅在 K_1K_2 线段中存在零序电流，其他各处均不存在零序电流。

第五节　横向短路故障综合特点

一、特殊相选择

在短路故障分析中，要选出特殊相（基准相），特殊相指的是故障处与另两相情况不同的那一相，表2－2列出了不同类型短路故障时的特殊相。由表可见，单相接地短路时故障相为特殊

相；两相短路和两相接地短路时非故障相为特殊相。三相短路任何相均可作特殊相。

表 2-2　不同类型短路故障时的特殊相

短路故障的类型、相别	A 相接地	B 相接地	C 相接地	AB 相短路 AB 相接地短路	BC 相短路 BC 相接地短路	CA 相短路 CA 相接地短路
特殊相	A	B	C	C	A	B

特殊相确定后，同一类型短路故障发生在不同相别上时，特殊相的序分量边界条件不变，于是短路时的特性不变，只是表达式中下角符号改变而已。

二、复合序网

故障点的正序网络、负序网络、零序网络与故障类型、故障相别无关，但各序网络组合成的复合序网与短路故障类型、相别有关。

复合序网与短路故障类型有关，指的是三相短路故障时的复合序网只是正序网络的 K_1、N_1 短接；两相短路故障时的复合序网是正序网络与负序网络并联；单相接地短路故障时的复合序网是正序网络、负序网络、零序网络串联后短接；两相接地短路时的复合序网是正序网络、负序网络、零序网络并联。

复合序网与短路故障相别有关，指的是上述复合序网中的电气量（各序电压和各序电流）是特殊相的电气量。从这点看，复合序网指的是特殊相的。

三、正序等效定则

由不同短路故障类型的复合序网可见，故障支路的正序电流分量 $\dot{I}_{K1}^{(n)}$ 可用如下通式表示

$$\dot{I}_{K1}^{(1)} = \frac{\dot{U}_{K[0]}}{Z_{\Sigma 1} + Z_{\Delta}^{(n)}} \tag{2-162}$$

式中　$\dot{U}_{K[0]}$——故障前故障点特殊相的运行相电压；

$Z_{\Delta}^{(n)}$——与短路故障类型有关的阻抗（三相短路时 $Z_{\Delta}^{(3)}=0$；两相短路时，$Z_{\Delta}^{(2)}=Z_{\Sigma 2}$；两相接地短路时，$Z_{\Delta}^{(1,1)}=\dfrac{Z_{\Sigma 2}Z_{\Sigma 0}}{Z_{\Sigma 2}+Z_{\Sigma 0}}$；单相接地短路时，$Z_{\Delta}^{(1)}=Z_{\Sigma 2}+Z_{\Sigma 0}$）。

由式（2-162）可见，不对称短路故障时故障支路的正序分量电流 $\dot{I}_{K1}^{(n)}$ 等于故障点每相加上一个附加阻抗 $Z_{\Delta}^{(n)}$ 后发生三相短路的电流，这就是正序等效定则。

故障点故障相电流的绝对值 $I_K^{(n)}$ 与故障支路的正序分量电流 $I_{K1}^{(n)}$ 成正比，可表示为

$$I_K^{(n)} = m^{(n)} I_{K1}^{(n)} \tag{2-163}$$

式中 $m^{(n)}$ 为与短路故障类型有关的比例系数，见表 2-3。

表 2-3　不同短路故障类型的 $m^{(n)}$

故障类型	三相短路	两相短路	两相接地短路	单相接地短路
$m^{(n)}$	1	$\sqrt{3}$	$\sqrt{3}\sqrt{1-\dfrac{Z_{\Sigma 2}Z_{\Sigma 0}}{(Z_{\Sigma 2}+Z_{\Sigma 0})^2}}$	3

四、关于短路电流大小

高压电网中发生短路故障时，有 $Z_{\Sigma1}=Z_{\Sigma2}$ 关系，所以两相短路电流等于同一点三相短路电流的 $\frac{\sqrt{3}}{2}$，即 $I_K^{(2)}=\frac{\sqrt{3}}{2}I_K^{(3)}$。

就同一点单相接地短路电流和三相短路电流比较，有［见式（2-65）］

$$\frac{I_K^{(1)}}{I_K^{(3)}}=\frac{3Z_{\Sigma1}}{2Z_{\Sigma1}+Z_{\Sigma0}} \tag{2-164}$$

当 $Z_{\Sigma0}<Z_{\Sigma1}$ 时，有 $I_K^{(1)}>I_K^{(3)}$；当 $Z_{\Sigma0}=Z_{\Sigma1}$ 时，有 $I_K^{(1)}=I_K^{(3)}$；当 $Z_{\Sigma0}>Z_{\Sigma1}$ 时，有 $I_K^{(1)}<I_K^{(3)}$。

就同一点两相接地短路电流和三相短路电流比较，有［见式（2-133）］

$$\frac{I_K^{(1,1)}}{I_K^{(3)}}=\sqrt{1+\frac{(2Z_{\Sigma1}+Z_{\Sigma0})(Z_{\Sigma1}-Z_{\Sigma0})}{(2Z_{\Sigma0}+Z_{\Sigma1})^2}} \tag{2-165}$$

当 $Z_{\Sigma0}<Z_{\Sigma1}$ 时，有 $I_K^{(1,1)}>I_K^{(3)}$；当 $Z_{\Sigma0}=Z_{\Sigma1}$ 时，有 $I_K^{(1,1)}=I_K^{(3)}$；当 $Z_{\Sigma0}>Z_{\Sigma1}$ 时，有 $I_K^{(1,1)}<I_K^{(3)}$。

对于 $I_K^{(1,1)}$ 和$_K^{(1)}$ 的比较，由式（2-164）和式（2-165）经化简得到

$$\frac{I_K^{(1,1)}}{I_K^{(1)}}=\frac{m+2}{2m+1}\sqrt{\frac{1}{3}(m^2+m+1)} \tag{2-166}$$

式中 $m=\frac{Z_{\Sigma0}}{Z_{\Sigma1}}$。分析表明，当 $0<m<0.225$ 或 $m>1$，即 $0<Z_{\Sigma0}<0.225Z_{\Sigma1}$ 或 $Z_{\Sigma0}>Z_{\Sigma1}$ 时，有 $I_K^{(1,1)}>I_K^{(1)}$；当 $m=0.225$ 或 $m=1$，即 $Z_{\Sigma0}=0.225Z_{\Sigma1}$ 或 $Z_{\Sigma0}=Z_{\Sigma1}$ 时，有 $I_K^{(1,1)}=I_K^{(1)}$；当 $0.225<m<1$，即 $0.225Z_{\Sigma1}<Z_{\Sigma0}<Z_{\Sigma1}$ 时，有 $I_K^{(1,1)}<I_K^{(1)}$。

由以上分析可见，不同类型短路故障的短路电流大小关系为：

当 $Z_{\Sigma0}>Z_{\Sigma1}$ 时，$I_K^{(3)}>I_K^{(1,1)}>I_K^{(1)}$；

当 $Z_{\Sigma0}=Z_{\Sigma1}$ 时，$I_K^{(3)}=I_K^{(1,1)}=I_K^{(1)}$；

当 $0.225Z_{\Sigma1}<Z_{\Sigma0}<Z_{\Sigma1}$ 时，$I_K^{(1)}>I_K^{(1,1)}>I_K^{(3)}$；

当 $Z_{\Sigma0}=0.225Z_{\Sigma1}$ 时，$I_K^{(1,1)}=I_K^{(1)}>I_K^{(3)}$；

当 $0<Z_{\Sigma0}<0.225Z_{\Sigma1}$ 时，$I_K^{(1,1)}>I_K^{(1)}>I_K^{(3)}$。

五、关于各序电流大小

这里指的各序电流是故障支路中的序电流。

就故障支路的正序电流来说，由式（2-162）可见，$Z_\Delta^{(n)}$ 愈大时，相应的 $I_{K1}^{(n)}$ 愈小。由于 $Z_\Delta^{(1)}>Z_\Delta^{(2)}>Z_\Delta^{(1,1)}>Z_\Delta^{(3)}$，所以 $I_{K1}^{(1)}<I_{K1}^{(2)}<I_{K1}^{(1,1)}<I_{K1}^{(3)}$。

对于故障支路的负序电流，有如下表示式

$$\dot{I}_{K2}^{(2)}=\frac{\dot{U}_{K[0]}}{2Z_{\Sigma1}}$$

$$\dot{I}_{K2}^{(1,1)}=\frac{\dot{U}_{K[0]}}{Z_{\Sigma1}+(Z_{\Sigma1}\,//\,_{\Sigma0})}\cdot\frac{Z_{\Sigma0}}{Z_{\Sigma1}+Z_{\Sigma0}}=\frac{Z_{\Sigma0}\dot{U}_{K[0]}}{(2Z_{\Sigma0}+Z_{\Sigma1})Z_{\Sigma1}}$$

$$\dot{I}_{K2}^{(1)}=\frac{\dot{U}_{K[0]}}{2Z_{\Sigma1}+Z_{\Sigma0}}$$

可以看出，$I_{K2}^{(2)}$ 最大，即两相短路时负序电流最大。

因为
$$\frac{\dot{I}_{K2}^{(1,1)}}{I_{K2}^{(1)}}=\frac{2Z_{\Sigma1}Z_{\Sigma0}+Z_{\Sigma0}^{2}}{2Z_{\Sigma1}Z_{\Sigma0}+Z_{\Sigma1}^{2}} \tag{2-167}$$

所以，当 $Z_{\Sigma0}>Z_{\Sigma1}$ 时，有 $I_{K2}^{(1,1)}>I_{K2}^{(1)}$；当 $Z_{\Sigma0}=Z_{\Sigma1}$ 时，有 $I_{K2}^{(1,1)}=I_{K2}^{(1)}$；当 $Z_{\Sigma0}<Z_{\Sigma1}$ 时，有 $I_{K2}^{(1,1)}<I_{K2}^{(1)}$。

三相短路故障无负序电流。

只有不对称接地短路故障才存在零序电流。两相接地短路和单相接地短路故障支路的零序电流为

$$\dot{I}_{K0}^{(1,1)}=-\frac{Z_{\Sigma1}}{Z_{\Sigma1}+Z_{\Sigma0}}\cdot\frac{\dot{U}_{K[0]}}{Z_{\Sigma1}+(Z_{\Sigma1}/\!/Z_{\Sigma0})}=-\frac{\dot{U}_{K[0]}}{2Z_{\Sigma0}+Z_{\Sigma1}}$$

$$\dot{I}_{K0}^{(1)}=\frac{\dot{U}_{K[0]}}{2Z_{\Sigma1}+Z_{\Sigma0}}$$

所以
$$\frac{I_{K0}^{(1,1)}}{I_{K0}^{(1)}}=\frac{2Z_{\Sigma1}+Z_{\Sigma0}}{2Z_{\Sigma0}+Z_{\Sigma1}}=\frac{(Z_{\Sigma1}+Z_{\Sigma0})+Z_{\Sigma1}}{(Z_{\Sigma1}+Z_{\Sigma0})+Z_{\Sigma0}} \tag{2-168}$$

可见，当 $Z_{\Sigma0}<Z_{\Sigma1}$ 时，有 $I_{K0}^{(1,1)}>I_{K0}^{(1)}$；当 $Z_{\Sigma0}=Z_{\Sigma1}$ 时，有 $I_{K0}^{(1,1)}=I_{K0}^{(1)}$；当 $Z_{\Sigma0}>Z_{\Sigma1}$ 时，有 $I_{K0}^{(1,1)}<I_{K0}^{(1)}$。

三相短路故障无零序电流。

六、关于各序电压大小

这里指的各序电压是故障点的各序电压。发生三相短路故障时，故障点的正序、负序、零序电压为零；发生不对称短路故障时，故障点的负序电压和零序电压最高。

对于故障点的正序电压，两相短路、两相接地短路、单相接地短路可分别表示为

$$\dot{U}_{K1}^{(2)}=\frac{\dot{U}_{K[0]}}{Z_{\Sigma1}+Z_{\Sigma2}}\cdot Z_{\Sigma2}=\frac{\dot{U}_{K[0]}}{2}$$

$$\dot{U}_{K1}^{(1,1)}=\frac{\dot{U}_{K[0]}}{Z_{\Sigma1}+(Z_{\Sigma1}/\!/Z_{\Sigma0})}\cdot\frac{Z_{\Sigma1}Z_{\Sigma0}}{Z_{\Sigma1}+Z_{\Sigma0}}=\frac{\dot{U}_{K[0]}}{2+\dfrac{Z_{\Sigma1}}{Z_{\Sigma0}}}$$

$$\dot{U}_{K1}^{(1)}=\frac{\dot{U}_{K[0]}}{2Z_{\Sigma1}+Z_{\Sigma0}}\times(Z_{\Sigma1}+Z_{\Sigma0})=\frac{\dot{U}_{K[0]}}{1+\dfrac{Z_{\Sigma1}}{Z_{\Sigma1}+Z_{\Sigma0}}}$$

将以上几式比较，得出 $U_{K1}^{(1)}>U_{K1}^{(2)}>U_{K1}^{(1,1)}$。

对于故障点的负序电压，与负序电流大小关系相同。

零序电压只有单相接地短路和两相接地短路时才存在，因故障点的零序电压与零序电流成正比，所以零序电压与零序电流的大小关系相同。

七、关于各序电压的分布

电力系统中发生短路故障时，故障点的正序电压最低，从故障点到电源逐渐升高，到电源点等于电动势。从故障点到无电源侧（如图 2－32 中的 M 侧），因没有正序电流（负荷电流不计），所以正序电压不降低。

因为故障点的正序电压有如下关系：$U_{K1}^{(1)} > U_{K1}^{(2)} > U_{K1}^{(1,1)} > U_{K1}^{(3)}$，所以图 2－2、图 2－11、图 2－25、图 2－49 中 M 母线正序电压大小关系为 $U_{M1}^{(1)} > U_{M1}^{(2)} > U_{M1}^{(1,1)} > U_{M1}^{(3)}$。可见，就对系统的影响来说，三相短路故障最严重，两相接地短路故障次之，单相接地短路故障最小。

故障点负序电压最高，逐渐向电源中性点降落，到电源中性点时负序电压降到零值；负序电压在传递过程中，不受变压器联结组别的影响。从故障点到无电源侧（如图 2－32 中的 M 侧），因没有负序电流，所以负序电压不降低。

对于零序电压，从故障点到接地中性点逐渐降落，故障点的零序电压最高，接地中性点降到零值；零序电压在传递过程中，要受变压器联结组别的影响，零序电压不能从 Y 侧传递到 D 侧，也不能从 D 侧传递到 Y 侧；此外，零序电压的传递不受电源的影响，如在图 2－32中，因变压器 T1、T2 中性点均接地，故从 K 点到接地中性点是逐渐降落的，到接地点为零值。

由序电压分布规律可见，越靠近电源，正序电压数值越高；对于负序电压和零序电压，离故障点愈远，数值愈低。

顺便指出，突变量电压的分布与负序电压、零序电压的分布相似，故障点的突变量电压最高。

八、序电压与序电流间的相位关系

正方向短路故障时，保护安装处负序电流超前于负序电压的相角为 $180° - \varphi_2$，其中 φ_2 是保护反方向上等值负序阻抗角，一般为 70°～80°；反方向短路故障时，保护安装处负序电流滞后负序电压的相角为 φ_2，这里的 φ_2 是保护正方向上等值负序阻抗角，一般也为 70°～80°。

对于接地故障时保护安装处零序电流与零序电压间的相位关系，与负序电流和负序电压间的相位关系相同。只是变电所一般有中性点接地的变压器运行，所以保护反方向的零序阻抗角约在 85°以上，因此正方向接地时，保护安装处的零序电流超前零序电压的相角为 $180° - 85° = 95°$。

正、反向短路故障时，保护安装处正序电压突变量与正序电流突变量间的相位关系、保护安装处突变量电压（相间故障是相间电压突变量、接地故障是相电压突变量）与突变量电流（相间故障是相间电流突变量、接地故障是带零序补偿的相电流突变量）间的相位关系完全与负序电压和负序电流间的相位关系相同。

上述相位关系，不受故障点过渡电阻的影响，也不受负荷电流的影响。

九、关于相电流差突变量

分析表明，三个相电流差突变量元件 $\Delta(\dot{I}_{MA} - \dot{I}_{MB})$、$\Delta(\dot{I}_{MB} - \dot{I}_{MC})$、$\Delta(\dot{I}_{MC} - \dot{I}_{MA})$ 如大于一定值动作，则单相接地短路时一个元件不动作、两个元件动作，而在多相短路故障时三个元件均动作，从而可选出单相故障时的故障相别，原理见图 2－33。这种选相原理不受

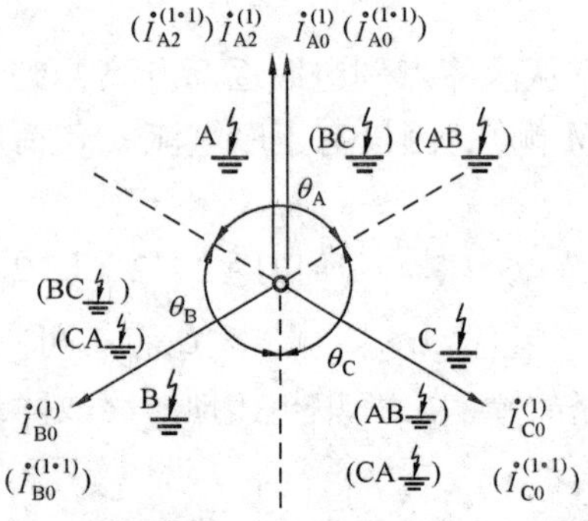

图 2－65　接地故障时

$\dot{I}_{A0}$、$\dot{I}_{B0}$、$\dot{I}_{C0}$ 与 $\dot{I}_{A2}$ 间的相位关系

负荷电流的影响，同时允许较大的过渡电阻。

十、关于负序电流与零序电流间的相位关系

在中性点直接接地电网中，如果短路故障发生时没有零序电流，则可判为多相故障，实现三相跳闸。如果有零序电流，则是接地故障，此时就要判别是单相接地还是两相短路接地。

电流分布系数可认为是实数，所以保护安装处负序电流、零序电流间的相位关系完全与故障支路负序电流、零序电流间的相位关系相同。以下讨论单相接地、两相短路接地时 $\dot{I}_{A2}$、$\dot{I}_0$ 间的相位关系。

单相接地时，特殊相的负序电流与零序电流同相位，若以 A 相负序电流 $\dot{I}_{A2}^{(1)}$ 作参考，则 A 相、B 相、C 相接地时的零序电流 $\dot{I}_{A0}^{(1)}$、$\dot{I}_{B0}^{(1)}$、$\dot{I}_{C0}^{(1)}$ 如图2－65所示。

由图可见，$\dot{I}_{A0}^{(1)}$、$\dot{I}_{B0}^{(1)}$、$\dot{I}_{C0}^{(1)}$ 将整个平面分成 θ_A、θ_B、θ_C 三个区域，写成表示式为

$$\left.\begin{aligned}
&\theta_A\ \text{区}: && -60^\circ < \arg\frac{\dot{I}_0}{\dot{I}_{A2}} < 60^\circ \\
&\theta_B\ \text{区}: && 60^\circ < \arg\frac{\dot{I}_0}{\dot{I}_{A2}} < 180^\circ \\
&\theta_C\ \text{区}: && 180^\circ < \arg\frac{\dot{I}_0}{\dot{I}_{A2}} < 300^\circ
\end{aligned}\right\} \qquad (2-169)$$

两相短路金属性接地时，特殊相的负序电流与零序电流同相位，若以 A 相负序电流 $\dot{I}_{A2}^{(1,1)}$ 作参考，则 BC 相、CA 相、AB 相短路接地时的零序电流 $\dot{I}_{A0}^{(1,1)}$、$\dot{I}_{B0}^{(1,1)}$、$\dot{I}_{C0}^{(1,1)}$ 如图 2－65所示（图中两相短路接地时的量均带括孤）。同样，$\dot{I}_{A0}^{(1,1)}$、$\dot{I}_{B0}^{(1,1)}$、$\dot{I}_{C0}^{(1,1)}$ 将整个平面分成同样的 θ_A、θ_B、θ_C 三个区域，表示式如式（2－169）所示。

当两相经过渡电阻 R_g 接地时，由图 2－59 可见，特殊相的零序电流超前负序电流，当 R_g 较大时超前相角可能大于 60°。于是，BC 相经 R_g 接地时，可能满足式（2－169）第二式；CA 相经 R_g 接地时，可能满足式（2－169）第三式；AB 相经 R_g 接地时，可能满足式（2－169）第一式。

由上述分析可见，当式（2－169）判为 θ_A 区域时，发生的故障可能是 A 相接地、BC 相接地和 AB 相接地；当判为 θ_B 区域时，发生的故障可能是 B 相接地、CA 相接地和 BC 相接地；当判为 θ_C 区域时，发生的故障可能是 C 相接地、AB 相接地和 CA 相接地。因此，由式（2－169）判出角度区域后，再由阻抗继电器动作情况判别出接地故障类型和相别。如判出 θ_A 区域后，若仅 A 相接地阻抗元件动作，则判为 A 相接地；若 A 相、B 相接地阻抗元件均动作，则判为 AB 相接地；若 A 相接地阻抗元件不动作，而 BC 相间阻抗元件动作，则

判为 BC 相接地。判出 θ_B 区域或 θ_C 区域，情况类同。

因为保护安装处零序电压 $\dot{U}_0$ 、负序电压 $\dot{U}_{A2}$ 间的相位关系与 $\dot{I}_0$、$\dot{I}_{A2}$ 间的相位关系相同，所以也可用 $\dot{U}_0$、$\dot{U}_{A2}$ 比相来实现式（2－169）。

应当指出，这种鉴别接地故障类型、相别的原理，不受负荷电流的影响，而且允许有大的过渡电阻。

第六节　发电机匝间短路故障分析

发电机定子绕组匝间短路是一种纵向不对称的故障形式，但可用横向不对称故障的分析方法进行讨论。

一、概述

发电机定子绕组发生匝间短路故障时，故障匝中短路电流很大。当故障匝很少时，相电流没有很大变化，如若不及时切除发电机，则将严重损坏定子铁芯和定子绕组，而且还可能发展为相间短路。因此，应装设发电机定子绕组的匝间短路保护，动作后切除发电机、灭磁停机。

发电机定子同一相绕组的匝间短路有两种形式：一种是单绕组或双绕组同一分支的匝间短路，如图 2－66（a）所示；另一种是双绕组中不同分支的匝间短路，如图 2－66（b）所示。

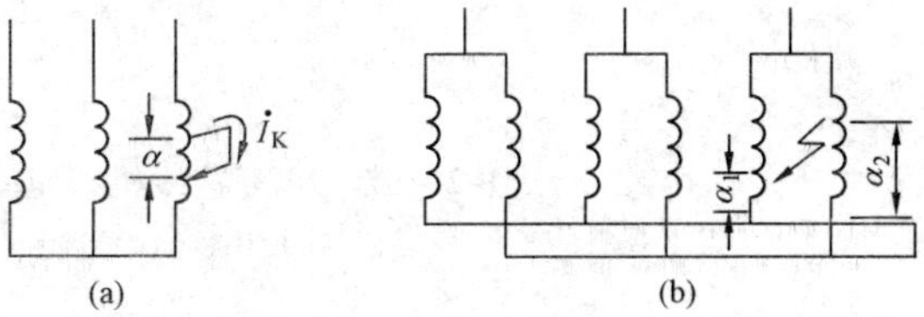

图 2－66　匝间短路形式

（a）同一分支短路；（b）同相不同分支间短路

在一相绕组内部匝间短路时，故障匝部分与非故障匝部分以及其他绕组间存在互感，同时故障点还有电弧电阻，精确考虑这些因素来计算故障电流是比较困难的。考虑到在继电保护中，匝间短路保护死区很小，即临界动作时的短路匝数也很少，因而在实用计算中，可忽略因部分短路匝而引起发电机内部互感的变化。试验表明，中性点附近匝间短路时，保护灵敏度较低，所以中性点附近的匝间短路应作为计算条件。

在上述条件下，当发电机一相绕组中有 α 份额$\left(\alpha=\dfrac{\text{短路的匝数}}{\text{一相绕组总匝数}}\right)$匝间短路时，短路部分的正序电抗 $X_{\alpha1}$ 可表示为

$$X_{\alpha1} = k\alpha X_\sigma + (X''_d - kX_\sigma)\alpha^2 \tag{2－170}$$

式中 k 为相应于定子漏电抗 X_σ 中与匝数成正比部分的系数，对汽轮发电机，$k=0.6\sim0.8$；对水轮发电机，$k=0.85\sim0.9$。发电机绕组未短路部分的正序电抗 $X_{(1-\alpha)}$ 可近似地表示为

$$X_{(1-\alpha)1} = X''_d - X_{\alpha1} \tag{2－171}$$

短路部分的负序电抗 $X_{\alpha2}$ 与正序电抗相似，可表示为

$$X_{\alpha2} = k\alpha X_\sigma + (X_2 - kX_\sigma)\alpha^2 \tag{2－172}$$

绕组未短路部分的负序电抗 $X_{(1-\alpha)2}$ 可近似表示为

$$X_{(1-\alpha)2} = X_2 - X_{\alpha 2} \tag{2-173}$$

因零序电流通过发电机定子绕组时，气隙合成磁动势为零，只在各相绕组产生漏磁通，所以零序电抗是定子绕组漏抗。绕组短路部分的零序电抗 $X_{\alpha 0}$ 为

$$X_{\alpha 0} = \alpha X_0 \tag{2-174}$$

绕组未短路部分的零序电抗 $X_{(1-\alpha)0}$ 可近似表示为

$$X_{(1-\alpha)0} = X_0 - \alpha X_0 \tag{2-175}$$

绕组电阻与匝数成正比，所以短路部分的绕组电阻为 $R_\alpha = \alpha R$，绕组未短路部分的电阻为 $R_{(1-\alpha)} = R - \alpha R$。

二、单 Y 接线机组单机运行时的匝间短路

图 2 - 66（a）为单 Y 接线机组匝间短路的一般形式，按前述计算条件，可看作中性点附近同样份额的匝间短路，如图 2 - 67（a）所示。短路匝在故障前的电动势为 $\alpha\dot{E}_A$，根据图 2 - 27、图 3 - 35 可作出图 2 - 67（a）中 A 相 K 点对中性点 N 单相短路时的故障分量复合序网，如图 2 - 67（b）所示。求得各序电流为

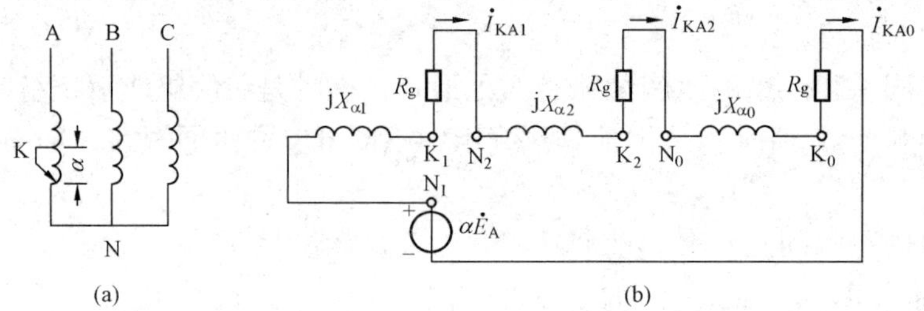

图 2 - 67 单 Y 接线机组匝间短路时的故障分量复合序网
（a）中性点附近匝间短路；（b）复合序网

$$\dot{I}_{KA1} = \dot{I}_{KA2} = \dot{I}_{KA0} = \frac{\alpha\dot{E}_A}{3R_g + j(X_{\alpha 1} + X_{\alpha 2} + X_{\alpha 0})} \tag{2-176}$$

式中 R_g 为短路过渡电阻（电弧电阻）。短路匝的电流为

$$\dot{I}_K = 3\dot{I}_{KA1} = \frac{3\alpha\dot{E}_A}{3R_g + j(X_{\alpha 1} + X_{\alpha 2} + X_{\alpha 0})} \tag{2-177}$$

若 $R_g = 0.008$、$\alpha = 10\%$、$X''_d = 0.125$、$X_2 = 0.16$、$X_0 = 0.06$、$X_\sigma = 0.10$、$k = 0.7$，则有

$X_{\alpha 1} = 0.7 \times 10\% \times 0.1 + (0.125 - 0.7 \times 0.1) \times 10\% \times 10\% = 0.0076$

$X_{\alpha 2} = 0.7 \times 10\% \times 0.1 + (0.16 - 0.7 \times 0.1) \times 10\% \times 10\% = 0.0079$

$X_{\alpha 0} = 10\% \times 0.06 = 0.006$

当 $E_A = 1$ 时，由式（2 - 177）求得短路匝中的短路电流

$$I_K = \left| \frac{3 \times 10\% \times 1}{3 \times 0.008 + j(0.0076 + 0.0079 + 0.006)} \right| = 9.31$$

如果不计过渡电阻，则短路电流为

$$I_K = \frac{3 \times 10\% \times 1}{0.0076 + 0.0079 + 0.006} = 14.00$$

可见，过渡电阻起到了限制短路匝中短路电流的作用。上例中，不计过渡电阻时，I_K 将达到额定电流的 14 倍。

三、单 Y 接线机组与系统并列运行时的匝间短路

如果系统的正序等值电抗为 X_{s1}，负序等值电抗为 X_{s2}（$X_{s1} = X_{s2}$），零序等值电抗为无穷大（发电机电压级的中性点不接地）。注意到求的是故障分量电流，所以在图 2－67（b）基础上，作出故障分量复合序网如图 2－68 所示。由图可求得短路匝中的各序电流和全电流。

四、具有并联分支绕组发电机与系统并列运行时的匝间短路

设发电机定子每相有 n 个并联分支绕组，为了简化，不考虑各分支间的互感。这样，当每相正序电抗为 X''_d 时，一个分支的正序电抗便是 $nX''_d$$\left(其余\ n-1\ 个分支绕组的正序电抗为\dfrac{n}{n-1}X''_d\right)$。同样一个分支的负序电抗为 nX_2，一个分支的零序电抗为 nX_0。当一个分支在中性点附近有 α 份额绕组匝间短路时，短路部分的正序、负序、零序电抗同样认为分别是 $nX_{\alpha1}$、$nX_{\alpha2}$、$nX_{\alpha0}$。

图 2－69 示出了并联分支绕组发电机与系统并列运行时匝间短路的故障分量复合序网，由图可求得短路匝中的各序电流和全电流。

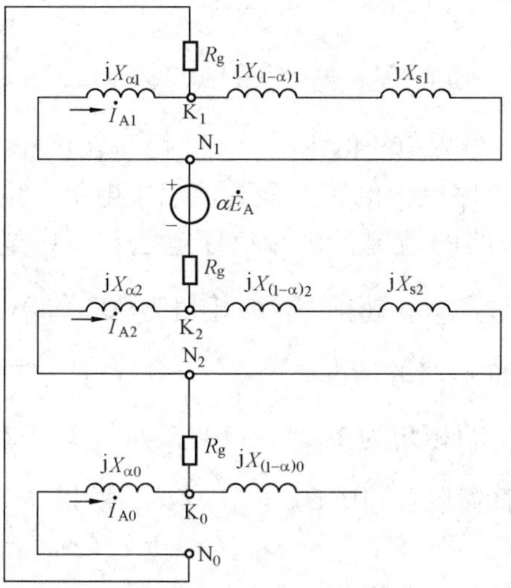

图 2－68　单 Y 接线机组与系统并列运行 A 相匝间短路时的故障分量复合序网

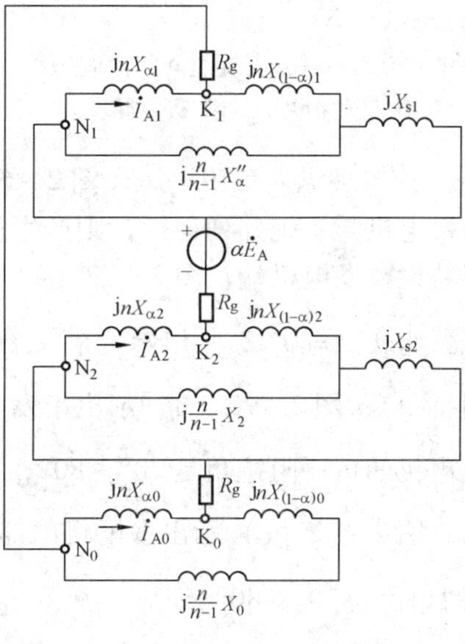

图 2－69　并联分支绕组发电机与系统并列运行时 A 相匝间短路的故障分量复合序网

图 2－70（a）示出了并联分支绕组间的匝间短路，当 $\alpha_1 = \alpha_2$ 时，由于两点等电位，没有短路电流。$\alpha_1 \neq \alpha_2$ 时，存在短路环流。如电机单独运行，且不考虑绕组各部分间的互感，则可作图 2－70（b）所示的等值变换，一个分支绕组没有匝间短路，另一个分支在中性点附近有 $\alpha_2 - \alpha_1$ 份额绕组的匝间短路，于是可用图 2－69 的故障分量复合序网求解。

五、匝间短路电气量特点分析

根据对发电机定子绕组匝间短路的分析，电气量有如下特点。

（1）出现纵向零序电压。定子绕组发生匝间短路时，在短路匝部分会形成零序电动势源，该零序电动势源称纵向零序电压，即对发电机中性点的零序电压（图2－67、图2－68、图2－69中表示的是K_0、N_0间的电压），而不是对地的零序电压，图2－71电压互感器开口三角形电压$\dot{U}_{\Delta}$可反映这一纵向零序电压。显然，发电机定子绕组发生接地、发电机电压级发生单相接地短路时，因产生的零序电压是横向的（即零序电压是对地的），而图2－71电压互感器中性点不接地，所以开口三角形上没有电压。为使匝间短路时零序磁通在电压互感器铁芯中畅通，电压互感器必须是三相五柱式的或是三个单相组成的，不能采用三相三柱式电压互感器。

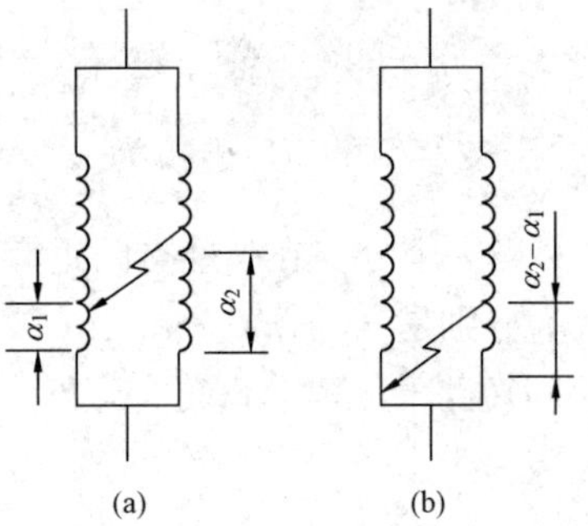

图2－70　并联分支绕组间的匝间短路

（a）短路形式；（b）等值形式

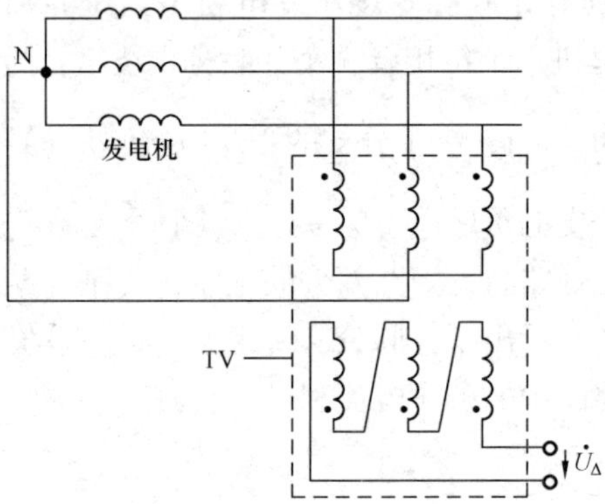

图2－71　纵向零序电压的获得

（2）出现纵向负序电压。图2－67、图2－68、图2－69的K_2、N_2间均存在负序电压，如果发电机与系统并列运行，则产生负序功率。设负序电流的正方向为流出发电机，电流互感器装设在发电机端。图2－72（a）示出了匝间短路的情况，机端负序电压与负序电流的关系式为$\dot{U}_2 = \dot{I}_2 Z_{S2}$，相量关系如图2－72（a）所示，$\dot{U}_2$超前$\dot{I}_2$的相角为70°～80°（$Z_{S2}$的阻抗角）；图2－72（b）示出了发电机外部不对称短路的情况，有$\dot{U}_2 = -\dot{I}_2 jX_2$，如果认为发电机的负序阻抗角是70°～80°，则$\dot{U}_2$滞后$\dot{I}_2$的相角为100°～110°，如图2－72（b）所示；图2－72（c）示出发电机内部不对称短路时的情况，因$\dot{U}_2 = \dot{I}_2 Z_{S2}$，所以$\dot{U}_2$超前$\dot{I}_2$的相角为70°～80°。

可见，当$\dot{U}_2$超前$\dot{I}_2$的相角为70°～80°时，可认为发电机内部发生了匝间短路或不对称短路。

（3）励磁绕组中会出现二次谐波分量电流。匝间短路时，定子绕组中存在负序电流（发电机与系统并列运行时），产生的负序旋转磁场会在转子闭合回路中感应出二次谐波分量电流。

（4）发电机定子绕组两中性点连线出现电流。定子绕组发生匝间短路时，产生纵向零序电动势，会在两中性点连线中形成电流。图2－73（a）示出了双星形绕组发电机匝间短路的情况，根据图2－69中的零序网络，可作出零序网络如图2－73（b）所示，其中的$\dot{E}_{\alpha0}$为纵向零序电动势。计及式（2－174）、式（2－175），可得到两中性点连线电流为

$$3\dot{I}_0=\frac{3\dot{E}_{\alpha0}}{j(2X_0+2X_{\alpha0}+2X_{(1-\alpha)0})}=-j\frac{3}{4}\times\frac{\dot{E}_{\alpha0}}{X_0} \tag{2-178}$$

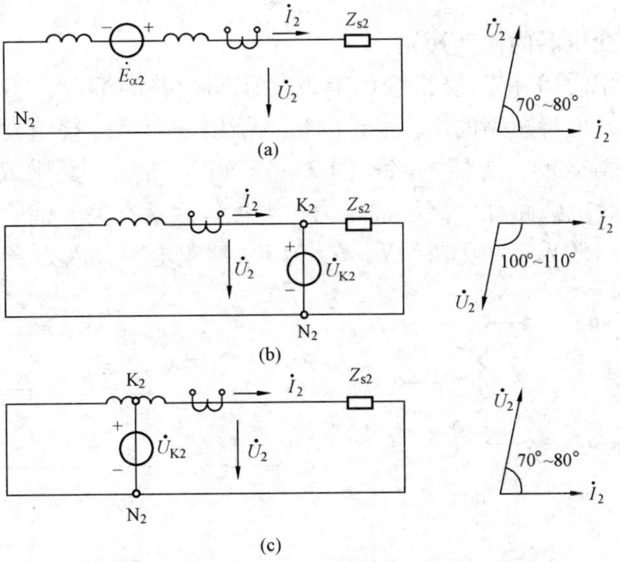

图2－72　负序电压和负序电流的相位关系

（a）匝间短路；（b）外部短路；（c）内部短路

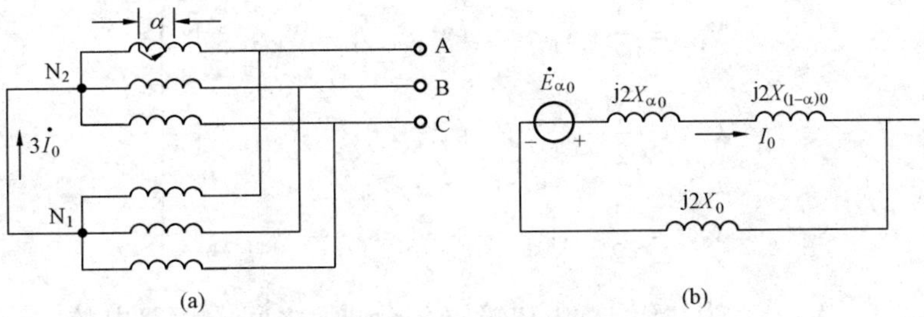

图2－73　双星形绕组发电机匝间短路时的零序网络

（a）双星形绕组发电机匝间短路；（b）零序网络

发电机正常运行时，同相并联分支之一出现断线时，该相分支电流降为零，从而导致一组星形绕组只有两相有电流。显然，两中性点连线中也会出现电流。

（5）匝间短路的同相并联两分支绕组电流大小不等、相位不同。在图2－74中，由于一个分支绕组发生了匝间短路，使两分支的电动势不等、阻抗不等，从而在并联两分支间形成环流，同时两并联分支的负荷电流也不相等，从而导致图2－74中的分支电流$\dot{I}'_A$、$\dot{I}''_A$大小不等、相位不同。

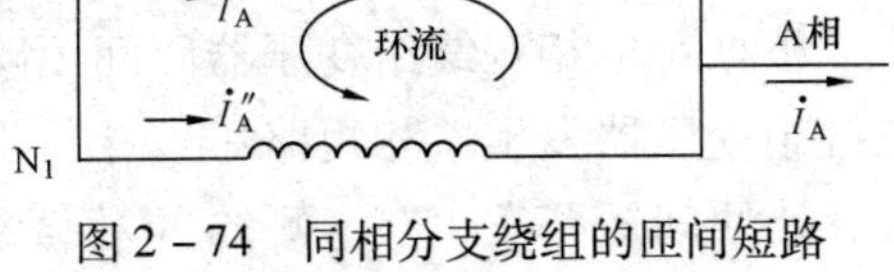

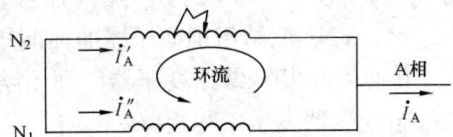

图2－74　同相分支绕组的匝间短路

并联分支之一发生断线时，该分支电流为零，同样两分支电流不相等。

第七节　变压器匝间短路故障分析

变压器绕组匝间短路是一种纵向不对称的故障形式，同样可用横向不对称故障的分析方法进行讨论。

一、单相双绕组变压器的匝间短路

图2－75（a）示出了单相双绕组变压器发生匝间短路的情况，不论匝间短路发生在1侧绕组还是2侧绕组，可将短路的 W_K 匝看成第三绕组，而第三绕组发生短路，如图2－75（b）所示，这是完全等效的。等值电路如图2－75（c）所示，其中 R_g 是故障点的电弧电阻，与匝间短路电流、电弧路径、绝缘油压力、温度等因素有关。试验表明，在绝缘油中的电弧压降 u_g 约为50～150V，一般取75V；R_K 为 W_K 绕组电阻，因为当短路匝数较少时，可

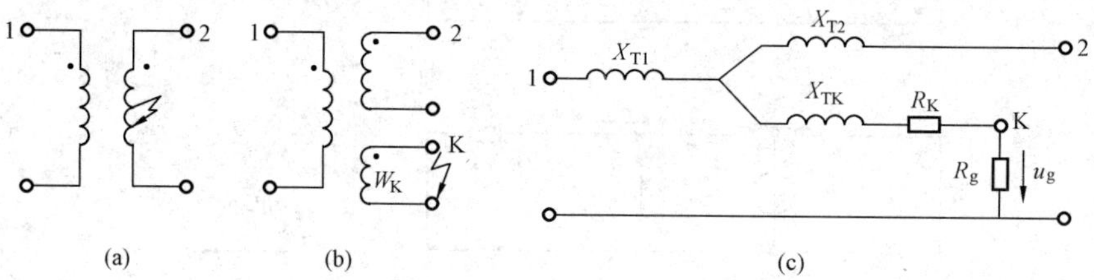

图2－75　单相双绕组变压器匝间短路及其等值电路

（a）匝间短路；（b）看成三绕组变压器；（c）等值电路

与 W_K 的等效电抗相比拟，所以不计 R_K 会引起较大误差。X_{T1}、X_{T2}、X_{TK}由下式求出，即

$$\left.\begin{aligned}X_{T1}&=\frac{1}{2}[X_{K(1-2)}+X_{K(1-K)}-X_{K(2-K)}]\\X_{T2}&=\frac{1}{2}[X_{K(1-2)}+X_{K(2-K)}-X_{K(1-K)}]\\X_{TK}&=\frac{1}{2}[X_{K(1-K)}+X_{K(2-K)}-X_{K(1-2)}]\end{aligned}\right\}\qquad(2-179)$$

式中 $X_{K(1-2)}$、$X_{K(1-K)}$、$X_{K(2-K)}$ 为绕组1、2和短路部分 W_K 之间的短路电抗，当短路匝数很少时，$X_{K(1-2)}$可用铭牌值。

等值电路中的参数假设均已经过折算或是标么阻抗。若短路匝数增加到 W_2 匝，即变压器一侧短路，此时由式（2－179）得到 X_{TK}为

$$X_{TK}=\frac{1}{2}[X_{K(1-2)}+0-X_{K(1-2)}]=0$$

同时图2－75（c）中的 $R_K=0$（注意，此时图中的 $X_{T1}=X_{K(1-2)}$）。

二、YNy联结组别变压器的匝间短路

根据对单相双绕组变压器匝间短路分析，三相双绕组变压器的匝间短路也可看作是三相三绕组变压器发生单相短路。

当匝间短路发生在y侧的A相绕组时，如图2－76（a）所示，可将短路部分 W_K 划出

来组成 yn 接线的第三绕组，在该绕组端部发生假想的单相接地短路，如图 2－76（b）所示。计算用的复合序网如图 2－76（c）所示，其中正序网络中的 Z_{M1}、Z_{N1} 为 M 侧、N 侧的等值正序阻抗，Z_{K1} 为第三绕组阻抗（包括电弧电阻），变压器的正序励磁阻抗为无穷大；负序网络中的 Z_{M2}、Z_{N2} 为 M 侧、N 侧的等值负序阻抗（一般与等值正序阻抗相等）；零序网络中的 Z_{M0} 为 M 侧的等值零序阻抗，因 N 侧中性点不接地，所以零序网络中开路，$Z_{\mu0}$ 为变压器的零序励磁阻抗。

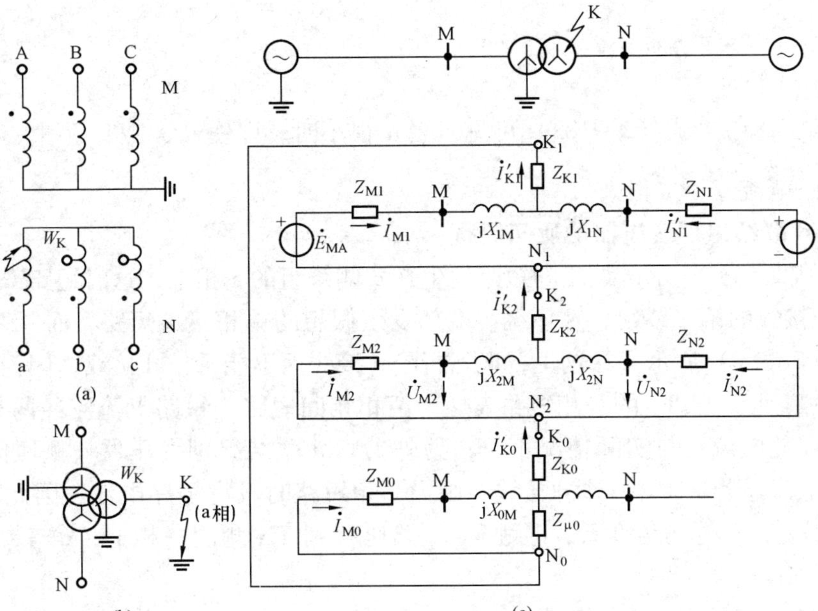

图 2－76　YNy 联结组别变压器匝间短路及其复合序网

（a）匝间短路；（b）看成三绕组变压器单相短路；（c）复合序网

由复合序网可见，如果 M 侧和 N 侧中性点不接地（$Z_{\mu0}=\infty$）且变压器由三个单相变压器组成或是三相五柱式铁芯（$Z_{\mu0}$很大），则 $\dot{I}'_{K1}$、$\dot{I}'_{K2}$、$\dot{I}'_{K0}$ 很小，同时 M 侧、N 侧流过的正序电流（$\dot{I}_{M1}$、$\dot{I}'_{N1}$）和负序电流（$\dot{I}_{M2}$、$\dot{I}'_{N2}$）也很小，但折合到短路匝内的短路电流并不很小，并且当短路匝减少时电流会增大。另外，在这种情况下，因零序阻抗较大，所以负序电压很低，零序电压几乎和正序电压一样大，当然也就谈不上有负序功率了。

当 $W_K=W_2$ 即一相端部对中性点短路时，因 $Z_{K1}=Z_{K2}=Z_{K0}=0$（不计故障点过渡电阻），所以复合序网为一般双绕组变压器发生单相短路时的形式。

如果图 2－76（c）的参数均折算到 M 侧，则可方便求得折合到 M 侧的电流 $\dot{I}'_{K1}$、$\dot{I}'_{N1}$，假定 $\dot{E}_{MA}=\dot{E}'_{NA}$，且正序阻抗和负序阻抗相等，有

$$\dot{I}'_N=\dot{I}'_{N1}+\dot{I}'_{N2}=2\dot{I}'_{N2}$$

折算到 N 侧，N 侧系统供给的电流为

$$\dot{I}_N=\frac{\dot{I}'_N}{K_T}=\frac{2\dot{I}'_{N1}}{K_T} \tag{2-180}$$

式中 K_T 为变压器变比，$K_T = U_N/U_M$，故障点电流为

$$\dot{I}_K = \frac{\dot{I}'_K}{\alpha K_T} = \frac{\dot{I}'_{K1} + \dot{I}'_{K2} + \dot{I}'_{K0}}{\alpha K_T} = \frac{3\dot{I}'_{K1}}{\alpha K_T} \tag{2-181}$$

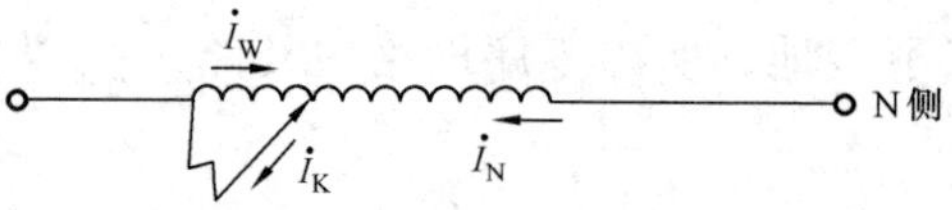

图 2－77　求短路匝电流 $\dot{I}_W$

式中 α 为短路匝数占该相总匝数的百分数。由图 2－77 求得短路匝中的电流为

$$\dot{I}_W = \dot{I}_K - \dot{I}_N = \frac{3\dot{I}'_{K1}}{\alpha K_T} - \frac{2\dot{I}'_{N1}}{K_T} \tag{2-182}$$

由式（2－181）、式（2－182）可见，当 α 很小时，即使 $\dot{I}'_{K1}$、$\dot{I}'_{N1}$ 不大，而 $\dot{I}_K$ 可能很大，使短路匝电流 $\dot{I}_W$ 也很大。

三、YNd 联结组别变压器的匝间短路

如图 2－78（a）所示，设匝间短路发生在 d 侧绕组的 a 相上，这时短路部分的 W_K 匝仍应该看作 yn 接线的第三绕组，在该绕组端部发生假想的单相接地短路，而原 N 侧仍为 d 接线，如图 2－78（b）所示。在这里，W_K 看作 yn 接线而不能看作 d 接线，因为若将 W_K 看作 d 接线的第三绕组，则 W_K 的一相短路表现为两相相间短路，短路电流流经两相，实际上只有短路匝存在此电流，与实际情况不符；另外，YNd 联结组别变压器 d 侧匝间短路时，实际存在零序电流。若将 W_K 看作 d 接线，则当一相短路时没有零序电流，因此 W_K 不能看作 d 接线。实际上，从等效角度看，d 侧 W_K 短路匝移到 YN 侧同一相上，第三绕组就成了 yn 接线了。

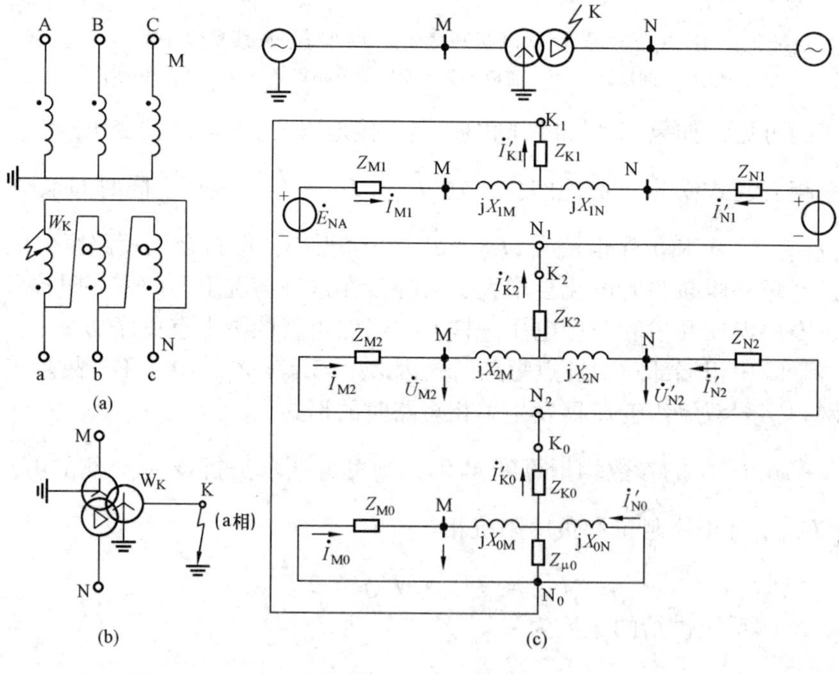

图 2－78　YNd 联结组别变压器匝间短路及其复合序网

（a）匝间短路；（b）看成三绕组变压器单相短路；（c）复合序网

比较图 2－78（b）和图 2－76（b），由于 N 侧绕组为三角形接线，所以复合序网中有以 jX_{0N} 为参数的零序回路，如图 2－78（c）所示。

由图 2－78（c）复合序网可求出图中示出的电流。yn 接线第三绕组折算到 M 侧的故障电流为 $\dot{I}'_{K1}+\dot{I}'_{K2}+\dot{I}'_{K0}=3\dot{I}'_{K1}$，折算到 N 侧后为 $\frac{3\dot{I}'_{K1}}{K_T}$（指线电流），计及绕组三角形接线，得到故障点电流为

$$\dot{I}_K=\frac{3\dot{I}'_{K1}}{K_T}\times\frac{1}{\sqrt{3}}\times\frac{1}{\alpha}=\frac{\sqrt{3}\dot{I}'_{K1}}{\alpha K_T} \tag{2－183}$$

短路匝中的电流可表示为

$$\dot{I}_W=\dot{I}_K-(\dot{I}'_{N1}+\dot{I}'_{N2}+\dot{I}'_{N0})/K_T \tag{2－184}$$

复合序网中变压器的正序、负序、零序等值参数 X_{1M}、X_{2M}、X_{0M}、X_{1N}、X_{2N}、X_{0N}、X_{K1}、X_{K2}、X_{K0} 是由三绕组变压器 M、N、K 的每两个绕组之间的正序、负序、零序短路电抗按式（2－176）推算出来的。

四、匝间短路电气量特点分析

根据对匝间短路的分析，电气量有如下特点。

（1）变压器匝间短路时，电源侧要向变压器供给短路电流（故障分量）。因为变压器匝间短路时，相当于有一短路绕组存在，如图 2－75（b）所示，所以当 1 侧、2 侧存在电源时，1 侧、2 侧均要向变压器供给短路电流，即两侧的电流均是流进变压器的，与变压器内部发生短路故障是相似的。如果变压器只有一侧电源，则只有该侧向变压器供给短路电流。当短路匝数愈少时，虽然故障点和短路匝中的电流 I_K 和 I_W 较大，但电源向变压器供给的短路电流愈小。

（2）短路匝位置不同时，短路匝电流和变压器绕组一次电流随之改变。注意到变压器中部部分绕组与整个绕组耦合最好，两端部部分绕组与变压器绕组耦合较差，所以当匝间短路发生在绕组中部时，短路匝电流和绕组的一次电流较大，当匝间短路位于绕组端部时，电流较小。

（3）出现负序功率。规定负序电流的正方向为流入变压器，则当变压器发生匝间短路时，由图 2－76（c）、图 2－78（c）得到负序电流和负序电压间的关系为 $\dot{U}_{M2}=-\dot{I}_{M2}Z_{M2}$、$\dot{U}'_{N2}=-\dot{I}'_{N2}Z_{N2}$，所以变压器各侧的负序电流超前各侧负序电压的相角为 100°～110°；而当变压器外部任一侧发生不对称短路时，该侧负序电流滞后该侧负序电压的相角为 70°～80°。可见，借助负序电流和负序电压间相位关系的不同，可区别变压器发生了匝间短路（或内部不对称短路）还是外部不对称短路。

（4）对于 YNd 联结组别变压器，不论绕组匝间短路发生在 YN 侧还是 d 侧，只要 YN 侧系统有接地中性点，YN 侧就有零序电流出现。

第八节　三绕组自耦变压器公共绕组零序电流和接地中性点电流

本节讨论三绕组自耦变压器高压侧、中压侧分别发生接地故障时，流经自耦变压器高压

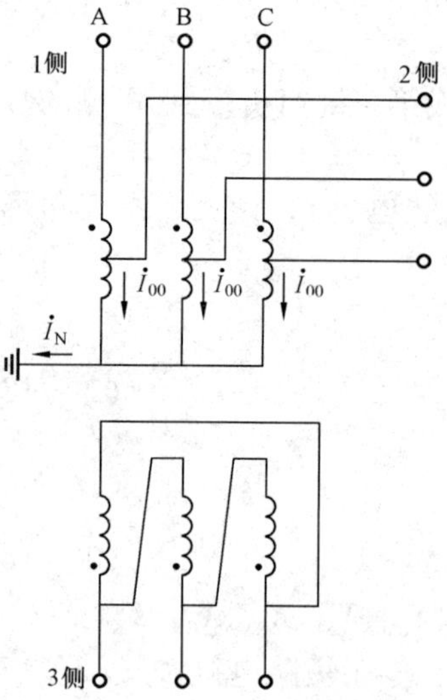

图2-79　三绕组自耦变压器公共绕组、中性点零序电流正方向规定

侧、中压侧、公共绕组和接地中性点的电流（均指零序电流）。为便于得出结论，规定公共绕组的零序电流 $\dot{I}_{00}$ 的正方向为流向中性点，中性点电流 $\dot{I}_{N}$ 的正方向为流向地，如图2-79所示。其中1侧为高压侧，2侧为中压侧，3侧为低压侧，通常情况下1侧和2侧均是中性点直接接地系统，1侧系统折算到容量 S_B 下等值零序电抗标么值设为 X_{10}，2侧系统折算到容量 S_B 等值零序电抗标么值设为 X_{20}，自耦变压器各侧归算到容量 S_B 下的零序等值漏抗设为 X_{T1}、X_{T2}、X_{T3}。自耦变压器的零序励磁阻抗为无穷大。

一、自耦变压器中压侧接地故障

设自耦变压器中压侧发生接地故障，如图2-80（a）所示，零序等值电路（零序网络）如图2-80（b）所示。其中 $\dot{U}_{K0}$ 为 K_2 点接地故障时零序电压标么值，$\dot{I}_{02}$、$\dot{I}_{S0}$ 分别为中压侧、2侧系统流向 K_2 点的零序电流标么值，$\dot{I}_{01}$ 是1侧系统流向自耦变压器的零序电流标么值，$\dot{I}_{03}$ 是3侧d绕组内零序环流标么值，$\dot{I}_{K0}$ 是故障支路零序电流标么值。

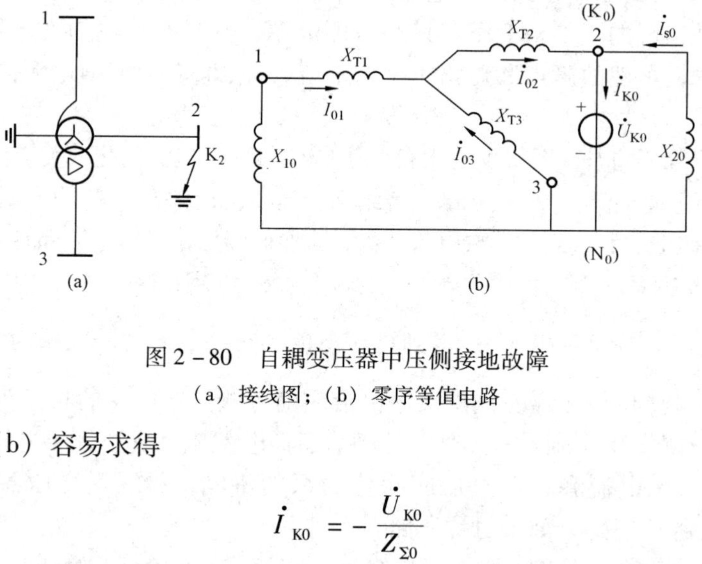

图2-80　自耦变压器中压侧接地故障

（a）接线图；（b）零序等值电路

由图2-80（b）容易求得

$$\dot{I}_{K0}=-\frac{\dot{U}_{K0}}{Z_{\Sigma0}}$$

$$Z_{\Sigma0}=\mathrm{j}(X_{20}\,/\!/\,X_{T0}),X_{T0}=X_{T2}+[X_{T3}\,/\!/\,(X_{T1}+X_{10})]$$

式中　$Z_{\Sigma0}$——K_2 点的综合零序阻抗。

同时可求得

$$\left.\begin{aligned}\dot{I}_{S0}&=C_{S0}\dot{I}_{K0}\\ \dot{I}_{02}&=C_{T0}\dot{I}_{K0}\end{aligned}\right\}\qquad(2-185)$$

$$C_{T0} = \frac{X_{20}}{X_{T0} + X_{20}}$$

$$C_{S0} = \frac{X_{T0}}{X_{T0} + X_{20}}$$

式中 C_{T0}——K_2 点接地故障时，自耦变压器侧零序电流分布系数；

C_{S0}——K_2 点接地故障时，2 侧系统的零序电流分布系数。

高压侧零序电流、低压侧零序电流分别为

$$\left.\begin{aligned} \dot{I}_{01} &= \frac{X_{T3}}{X_{T3} + X_{T1} + X_{10}} \cdot \dot{I}_{02} \\ \dot{I}_{03} &= \frac{X_{T1} + X_{10}}{X_{T3} + X_{T1} + X_{10}} \cdot \dot{I}_{02} \end{aligned}\right\} \quad (2-186)$$

为求得公共绕组、接地中性点电流，必须先将 $\dot{I}_{01}$、$\dot{I}_{02}$ 转换为有名值。$\dot{I}_{01}$、$\dot{I}_{02}$ 的有名值为

$$\begin{aligned} (\dot{I}_{01})_{有名值} &= \dot{I}_{01} \cdot \frac{S_B}{\sqrt{3}U_{1B}} \\ &= \frac{X_{T3}}{X_{T3} + X_{T1} + X_{10}} \cdot \dot{I}_{02} \cdot \frac{S_B}{\sqrt{3}U_{1B}} \end{aligned}$$

$$(\dot{I}_{02})_{有名值} = \dot{I}_{02} \cdot \frac{S_B}{\sqrt{3}U_{2B}}$$

其中 U_{1B}、U_{2B}分别是 1 侧、2 侧的基准电压。自耦变压器高、中压侧变比 K_{12}为

$$K_{12} = \frac{U_{1B}}{U_{2B}}$$

于是根据 $\dot{I}_{01}$、$\dot{I}_{02}$ 的流向，公共绕组中的零序电流为

$$\begin{aligned} (\dot{I}_{00})_{有名值} &= (\dot{I}_{01})_{有名值} - (\dot{I}_{02})_{有名值} \\ &= \dot{I}_{02}\left[\frac{X_{T3}}{K_{12}(X_{T3} + X_{T1} + X_{10})} - 1\right] \cdot \frac{S_B}{\sqrt{3}U_{2B}} \\ &= -\dot{I}_{02} \cdot \frac{K_{12}(X_{T1} + X_{10}) + (K_{12} - 1)X_{T3}}{K_{12}(X_{T3} + X_{T1} + X_{10})} \cdot \frac{S_B}{\sqrt{3}U_{2B}} \end{aligned} \quad (2-187)$$

接地中性点电流为

$$(\dot{I}_N)_{有名值} = 3(\dot{I}_{00})_{有名值} = -3\dot{I}_{02} \cdot \frac{K_{12}(X_{T1} + X_{10}) + (K_{12} - 1)X_{T3}}{K_{12}(X_{T3} + X_{T1} + X_{10})} \cdot \frac{S_B}{\sqrt{3}U_{2B}} \quad (2-188)$$

由式（2－187）、式（2－188）可得到如下三点：

第一，不论高压侧系统零序阻抗大小如何变化，中压侧发生接地故障时，自耦变压器高压侧零序电流实际值一定小于中压侧零序电流值，从而公共绕组实际零序电流流向是由中性点流向变压器，即（$\dot{I}_{00}$）$_{实际值}$与规定流向相反。

第二，自耦变压器接地中性点电流的流向由地流向变压器，与规定流向相反。这个流向

不随高压侧、中压侧系统零序阻抗大小而变化。

第三，自耦变压器中压侧发生接地故障时，中压侧存在零序电流，同时高压侧也存在零序电流，从这点看，零序电流可以从自耦变压器的中压侧流向高压侧，也可从高压侧流向中压侧。

二、自耦变压器高压侧接地故障

设图 2－81（a）中自耦变压器高压侧发生接地故障，零序等值电路如图 2－81（b）所示。其中 $\dot{U}_{K0}$ 为 K_1 点接地故障时零序电压标么值，$\dot{I}_{H0}$ 为 1 侧系统流向 K_1 点的零序电流标么值，$\dot{I}_{01}$、$\dot{I}_{02}$、$\dot{I}_{03}$、$\dot{I}_{K0}$ 的意义与图 2－80（b）相同。

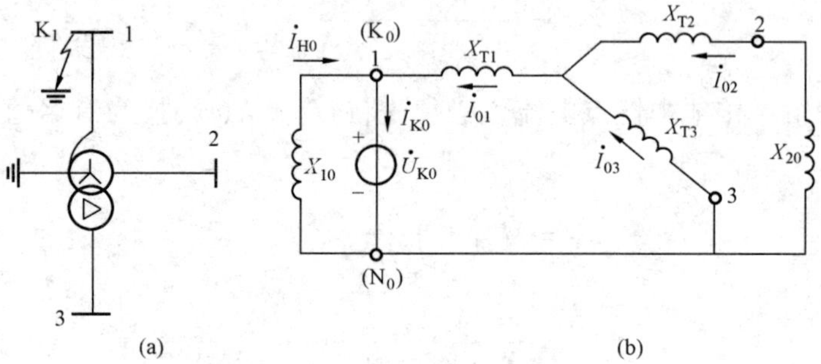

图 2－81　自耦变压器高压侧接地故障

（a）接线图；（b）零序等值电路

由图 2－81（b）可求得

$$\dot{I}_{K0} = -\frac{\dot{U}_{K0}}{Z_{\Sigma 0}}$$

$$Z_{\Sigma 0} = \mathrm{j}(X_{10} /\!/ X'_{T0}), X'_{T0} = X_{T1} + [X_{T3} /\!/ (X_{T2} + X_{20})]$$

式中　$Z_{\Sigma 0}$——K_1 点的综合零序阻抗。

同时可求得

$$\left.\begin{aligned} \dot{I}_{H0} &= C_{H0}\dot{I}_{K0} \\ \dot{I}_{01} &= C'_{T0}\dot{I}_{K0} \end{aligned}\right\} \tag{2-189}$$

$$C'_{T0} = \frac{X_{10}}{X'_{T0} + X_{10}}$$

$$C_{H0} = \frac{X'_{T0}}{X'_{T0} + X_{10}}$$

式中　C_{H0}——K_1 点接地故障时，1 侧系统的零序电流分布系数；

C'_{T0}——K_1 点接地故障时，自耦变压器侧零序电流分布系数。

中压侧零序电流、低压侧零序环流分别为

$$\left.\begin{aligned} \dot{I}_{02} &= \frac{X_{T3}}{X_{T3} + X_{T2} + X_{20}} \cdot \dot{I}_{01} \\ \dot{I}_{03} &= \frac{X_{T2} + X_{20}}{X_{T3} + X_{T2} + X_{20}} \cdot \dot{I}_{01} \end{aligned}\right\} \tag{2-190}$$

为求得公共绕组、接地中性点电流，同样应将 $\dot{I}_{01}$、$\dot{I}_{02}$ 转换为有名值。$\dot{I}_{01}$、$\dot{I}_{02}$ 的有名值为

$$\left.\begin{aligned}(\dot{I}_{01})_{有名值} &= \dot{I}_{01}\cdot\frac{S_B}{\sqrt{3}U_{1B}}\\(\dot{I}_{02})_{有名值} &= \frac{X_{T3}}{X_{T3}+X_{T2}+X_{20}}\cdot\dot{I}_{01}\cdot\frac{S_B}{\sqrt{3}U_{2B}}\end{aligned}\right\}\tag{2-191}$$

于是根据 $\dot{I}_{02}$、$\dot{I}_{01}$ 的流向，公共绕组中的零序电流为

$$\begin{aligned}(\dot{I}_{00})_{有名值} &= (\dot{I}_{02})_{有名值}-(\dot{I}_{01})_{有名值}\\&= \dot{I}_{01}\left(\frac{K_{12}X_{T3}}{X_{T3}+X_{T2}+X_{20}}-1\right)\cdot\frac{S_B}{\sqrt{3}U_{1B}}\\&= \dot{I}_{01}\cdot\frac{(K_{12}-1)X_{T3}-(X_{T2}+X_{20})}{X_{T3}+X_{T2}+X_{20}}\cdot\frac{S_B}{\sqrt{3}U_{1B}}\end{aligned}\tag{2-192}$$

接地中性点电流为

$$(\dot{I}_N)_{有名值} = 3(\dot{I}_{00})_{有名值} = 3\dot{I}_{01}\cdot\frac{(K_{12}-1)X_{T3}-(X_{T2}+X_{20})}{X_{T3}+X_{T2}+X_{20}}\cdot\frac{S_B}{\sqrt{3}U_{1B}}\tag{2-193}$$

由式（2-191）、式（2-192）、式（2-193）可以得到如下三点：

第一，由式（2-191）得到

$$\frac{(\dot{I}_{02})_{有名值}}{(\dot{I}_{01})_{有名值}} = \frac{K_{12}X_{T3}}{X_{T3}+X_{T2}+X_{20}}\tag{2-194}$$

当（$K_{12}-1$）$X_{T3}>X_{T2}+X_{20}$时，有 $(\dot{I}_{02})_{有名值}>(\dot{I}_{01})_{有名值}$；当（$K_{12}-1$）$X_{T3}=X_{T2}+X_{20}$时，有 $(\dot{I}_{02})_{有名值}=(\dot{I}_{01})_{有名值}$；当（$K_{12}-1$）$X_{T3}<X_{T2}+X_{20}$时，有 $(\dot{I}_{02})_{有名值}<(\dot{I}_{01})_{有名值}$。可见，高压侧发生接地故障时，自耦变压器高压侧零序电流并不一定最大，这与中压侧系统零序阻抗的大小密切相关。

第二，由式（2-192）、式（2-193）可见，当（$K_{12}-1$）$X_{T3}>X_{T2}+X_{20}$（此时中压侧零序电流大于高压侧零序电流）时，公共绕组零序电流流向中性点，与规定流向一致，接地中性点电流流向地，也与规定流向一致；当（$K_{12}-1$）$X_{T3}=X_{T2}+X_{20}$（此时中压侧和高压侧零序电流相等）时，公共绕组和接地中性点零序电流均为零；当（$K_{12}-1$）$X_{T3}<X_{T2}+X_{20}$（此时高压侧零序电流大于中压侧零序电流）时，公共绕组零序电流由中性点流向变压器，与规定流向相反，同样接地中性点零序电流由地流向变压器，也与规定流向相反。可见，接地中性点零序电流流向很大程度上受中压侧系统零序阻抗大小的影响。

第三，与中压侧接地故障相同，高、中压侧间的零序电流可以流通，在构成继电保护时应充分注意这一特点。

三、自耦变压器外部接地故障时电气量特点

（1）自耦变压器外部接地故障时，流过自耦变压器的零序电流并不一定接地侧最大。中压侧接地故障时，自耦变压器中压侧的零序电流最大；自耦变压器高压侧接地故障时，当

($K_{12}-1$) $X_{T3}>X_{T2}+X_{20}$时，中压侧的零序电流最大。在计算零序差动保护不平衡电流或零序电流时，要注意这一情况。

(2) 接地中性点电流流向问题。自耦变压器中压侧接地故障时，接地中性点电流总是由地流向变压器并有一定大小；高压侧接地故障时，接地中性点电流的流向、大小随中压侧系统零序阻抗的变化而发生变化。就流向而言，可能由地流向变压器，也可能由变压器流向地；就大小而言，在时甚至没有电流。因此，不能利用接地中性点电流来构成自耦变压器的接地保护或零序方向电流保护。当然。高压侧、中压侧有一侧断开时情况除外。事实上，自耦变压器的零序电流保护或零序方向电流保护均采用该侧（高压侧或中压侧）的零序电流。当然，采用该侧的零序电流，也便于电流互感器二次断线的检测。

对于自耦变压器的零序差动保护（也可切换为分侧差动保护），由高压侧、中压侧、公共绕组中性点侧电流互感器构成。

(3) 由于自耦变压器高、中压侧的零序电流可以互为流通，在构成有关保护时应注意这一特点。就高压侧系统和中压侧系统的零序电流保护来说，应有很好的配合。对自耦变压器差动保护，为防止高、中压侧外部接地故障时，因零序电流在高压侧、中压侧互为流通致使差动回路电流增大造成的误动，高、中压侧进入差动回路的电流应扣除相应的零序电流。

【例 2-1】 某三绕组自耦变压器，容量 $S_N=150$MVA，变比为 230 ± 8 × 1.25%/121/38.5kV，联结组别为 YNad，短路电压分别为 $U_{K(1-2)}\%=13.4\%$、$U_{K(1-3)}\%=23.4\%$、$U_{K(2-3)}\%=7.8\%$，实测该变压器的零序参数，得到 $U_{T10}\%=12.7\%$、$U_{T20}\%=-1.5\%$、$U_{T30}\%=8.4\%$，高压侧系统正序、负序阻抗为 50Ω、零序阻抗为 65Ω，中压侧系统正序、负序阻抗为 30Ω、零序阻抗为 7Ω，该自耦变压器高、中压侧均有电源，低压侧无电源。试求：

(1) 中压侧母线单相接地时零序电流分布；

(2) 高压侧母线单相接地时零序电流分布。

解： 取基准容量 $S_B=S_N=150$MVA，基准电压分别为 $U_{1B}=230$kV、$U_{2B}=115$kV、$U_{3B}=37$kV，将所有阻抗值换算为标么值。

变压器：正序（负序）电抗为

$$X_{T1}=\frac{1}{2}(U_{K(1-2)}\%+U_{K(1-3)}\%-U_{K(2-3)}\%)$$

$$=\frac{1}{2}(13.4\%+23.4\%-7.8\%)=0.145$$

$$X_{T2}=\frac{1}{2}(U_{K(1-2)}\%+U_{K(2-3)}\%-U_{K(1-3)}\%)$$

$$=\frac{1}{2}(13.4\%+7.8\%-23.4\%)=-0.011$$

$$X_{T3}=\frac{1}{2}(U_{K(1-3)}\%+U_{K(2-3)}\%-U_{K(1-2)}\%)$$

$$=\frac{1}{2}(23.4\%+7.8\%-13.4\%)=0.089$$

零序电抗为

$$X_{T10}=0.127\quad X_{T20}=-0.015\quad X_{T30}=0.084$$

220kV 系统：$X_{H1}=X_{H2}=50\times\frac{150}{230^2}=0.1418$

$$X_{10}=65\times\frac{150}{230^2}=0.1843$$

110kV 系统：$X_{S1}=X_{S2}=30\times\frac{150}{115^2}=0.3403$

$$X_{20}=7\times\frac{150}{115^2}=0.0794$$

（1）中压侧母线单相接地时。中压侧母线的综合正序（负序）电抗 $X_{\Sigma1}$（$X_{\Sigma2}$）、综合零序电抗 $X_{\Sigma0}$ 为（在正序、负序网络中，低压侧开路）

$$\begin{aligned}X_{\Sigma1}&=X_{\Sigma2}=X_{S1}\,/\!/\,(X_{T2}+X_{T1}+X_{H1})\\&=0.3403\,/\!/\,(-0.011+0.145+0.1418)=0.1523\end{aligned}$$

$$\begin{aligned}X_{\Sigma0}&=X_{20}\,/\!/\,[X_{T20}+X_{T30}\,/\!/\,(X_{T10}+X_{10})]\\&=0.0794\,/\!/\,[-0.015+0.084\,/\!/\,(0.127+0.1843)]\\&=0.0794\,/\!/\,[-0.015+0.0662]=0.0311\end{aligned}$$

故障点作用的零序电动势 U_{K0} 为

$$U_{K0}=\frac{X_{\Sigma0}}{2X_{\Sigma1}+X_{\Sigma0}}\times E_{\varphi}=\frac{0.0311}{2\times0.1523+0.0311}\times1=0.0926$$

由图 2－80（b）求得中压侧零序电流为

$$\begin{aligned}I_{02}&=\frac{U_{K0}}{X_{T20}+[X_{T30}\,/\!/\,(X_{T10}+X_{10})]}\cdot\frac{S_B}{\sqrt{3}U_{2B}}\\&=\frac{0.0926}{-0.015+[0.084\,/\!/\,(0.127+0.1843)]}\times\frac{150}{\sqrt{3}\times115}\times10^3\\&=1363.3(\mathrm{A})\end{aligned}$$

高压侧零序电流为

$$\begin{aligned}I_{01}&=I_{02}\times\frac{X_{T30}}{X_{T30}+X_{T10}+X_{10}}\cdot\frac{U_{2B}}{U_{1B}}\\&=1363.3\times\frac{0.084}{0.084+0.127+0.1843}\times\frac{115}{230}=144.8(\mathrm{A})\end{aligned}$$

公共绕组中的零序电流为

$$I_{00}=I_{01}-I_{02}=144.8-1363.3=-1218.5(\mathrm{A})$$

接地中性点电流为

$$I_N=3I_{00}=3\times(-1218.5)=-3655.5(\mathrm{A})$$

低压侧三角形绕组中环流为

$$\begin{aligned}I_{03}&=I_{02}\times\frac{X_{T10}+X_{10}}{X_{T30}+X_{T10}+X_{10}}\cdot\frac{U_{2B}}{U_{3B}}\cdot\frac{1}{\sqrt{3}}\\&=1363.3\times\frac{0.127+0.1843}{0.084+0.127+0.1843}\times\frac{115}{37}\times\frac{1}{\sqrt{3}}=1926.5(\mathrm{A})\end{aligned}$$

另外，接地电流为

$$\begin{aligned}I_K^{(1)}&=\frac{3E_{\varphi}}{X_{\Sigma1}+X_{\Sigma2}+X_{\Sigma0}}\cdot\frac{S_B}{\sqrt{3}U_{2B}}\\&=\frac{3\times1}{2\times0.1523+0.0311}\times\frac{150}{\sqrt{3}\times115}\times10^3=6727.8(\mathrm{A})\end{aligned}$$

中压侧系统流过的零序电流为

$$I_{S0}=\frac{U_{K0}}{X_{20}}\cdot\frac{S_B}{\sqrt{3}U_{2B}}=\frac{0.0926}{0.0794}\cdot\frac{150}{\sqrt{3}\times 115}\times 10^3=879.3(\mathrm{A})$$

中压侧单相接地时零序电流分布如图 2－82 所示。

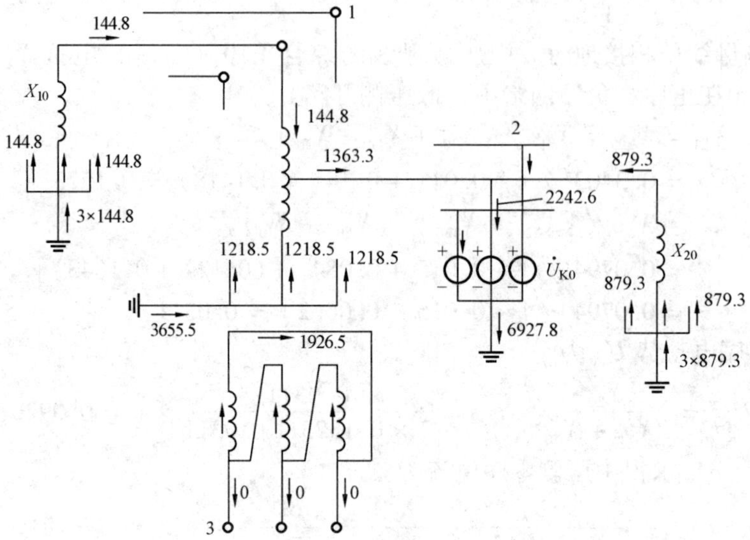

图 2－82　自耦变压器中压侧单相接地时零序电流分布（单位：A）

（2）高压侧母线单相接地时。高压侧母线的综合正序（负序）电抗 $X_{\Sigma1}$（$X_{\Sigma2}$）、综合零序电抗 $X_{\Sigma0}$ 为（在正序、负序网络中，低压侧开路）

$$X_{\Sigma1}=X_{\Sigma2}=X_{H1}\,/\!/\,(X_{T2}+X_{T1}+X_{S1})$$
$$=0.1418\,/\!/\,(0.145-0.011+0.3403)=0.1092$$
$$X_{\Sigma0}=X_{10}\,/\!/\,[X_{T10}+X_{T30}\,/\!/\,(X_{T20}+X_{20})]$$
$$=0.1843\,/\!/\,[0.127+0.084\,/\!/\,(-0.015+0.0794)]$$
$$=0.1843\,/\!/\,[0.127+0.0365]=0.0866$$

故障点作用的零序电动势 U_{K0} 为

$$U_{K0}=\frac{X_{\Sigma0}}{2X_{\Sigma1}+X_{\Sigma0}}\cdot E_\varphi=\frac{0.0866}{2\times 0.1092+0.0866}\times 1=0.2839$$

由图 2－81（b）求得高压侧的零序电流为

$$I_{01}=\frac{U_{K0}}{X_{T10}+[X_{T30}\,/\!/\,(X_{T20}+X_{20})]}\cdot\frac{S_B}{\sqrt{3}U_{1B}}$$
$$=\frac{0.2839}{0.127+[0.084\,/\!/\,(-0.015+0.0794)]}\times\frac{150}{\sqrt{3}\times 230}\times 10^3$$
$$=654(\mathrm{A})$$

中压侧零序电流为

$$I_{02}=I_{01}\cdot\frac{X_{T30}}{X_{T30}+X_{T20}+X_{20}}\cdot\frac{U_{1B}}{U_{2B}}$$

$$= 654 \times \frac{0.084}{0.084 - 0.015 + 0.0794} \times \frac{230}{115} = 740.4(\mathrm{A})$$

公共绕组中的零序电流为

$$I_{00} = I_{02} - I_{01} = 740.4 - 654 = 86.4(\mathrm{A})$$

接地中性点电流为

$$I_{\mathrm{N}} = 3I_{00} = 3 \times 86.4 = 259.2(\mathrm{A})$$

低压侧三角形绕组中环流为

$$I_{03} = I_{01} \cdot \frac{X_{\mathrm{T20}} + X_{20}}{X_{\mathrm{T30}} + X_{\mathrm{T20}} + X_{20}} \cdot \frac{U_{1\mathrm{B}}}{U_{3\mathrm{B}}} \cdot \frac{1}{\sqrt{3}}$$

$$= 654 \times \frac{-0.015 + 0.0794}{0.084 - 0.015 + 0.0794} \times \frac{230}{37} \times \frac{1}{\sqrt{3}} = 1018.6(\mathrm{A})$$

另外，接地电流为

$$I_{\mathrm{K}}^{(1)} = \frac{3E_{\varphi}}{X_{\Sigma 1} + X_{\Sigma 2} + X_{\Sigma 0}} \cdot \frac{S_{\mathrm{B}}}{\sqrt{3}U_{1\mathrm{B}}}$$

$$= \frac{3 \times 1}{0.1092 + 0.1092 + 0.0866} \times \frac{150}{\sqrt{3} \times 230} \times 10^3 = 3702(\mathrm{A})$$

高压侧系统流过的零序电流为

$$I_{\mathrm{H0}} = \frac{U_{\mathrm{K0}}}{X_{10}} \cdot \frac{S_{\mathrm{B}}}{\sqrt{3}U_{1\mathrm{B}}} = \frac{0.2839}{0.1843} \times \frac{150}{\sqrt{3} \times 230} \times 10^3 = 580(\mathrm{A})$$

高压侧单相接地时零序电流分布如图 2－83 所示。

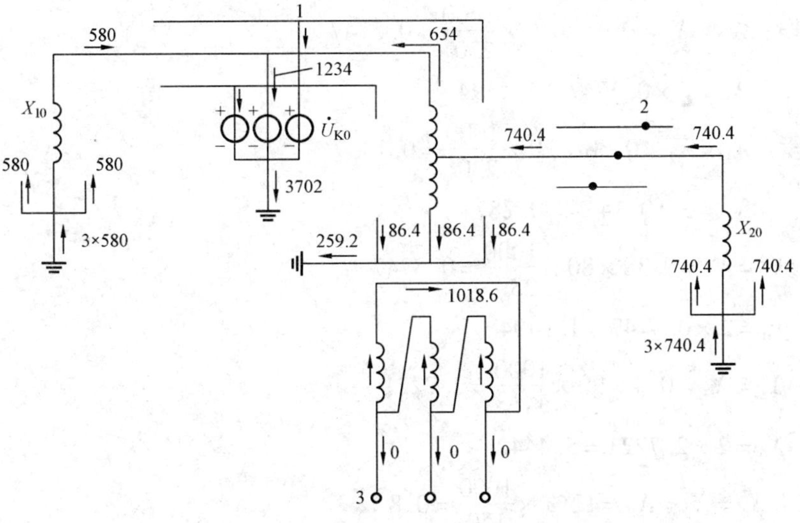

图 2－83　自耦变压器高压侧单相接地时零序电流分布（单位：A）

比较图 2－82、图 2－83，自耦变压器公共绕组零序电流和接地中性点电流在电流流向和幅值上均有很大的变化；从图 2－83 也可看出，高压侧接地时，中压侧零序电流大于高压侧零序电流，因为此时的（$K_{12}-1$）$X_{\mathrm{T30}} > X_{\mathrm{T20}} + X_{20}$。

【例 2－2】　某电力系统接线如图 2－84 所示，各元件参数标在图中，所有变压器的零序励磁阻抗均为无穷大，试求：

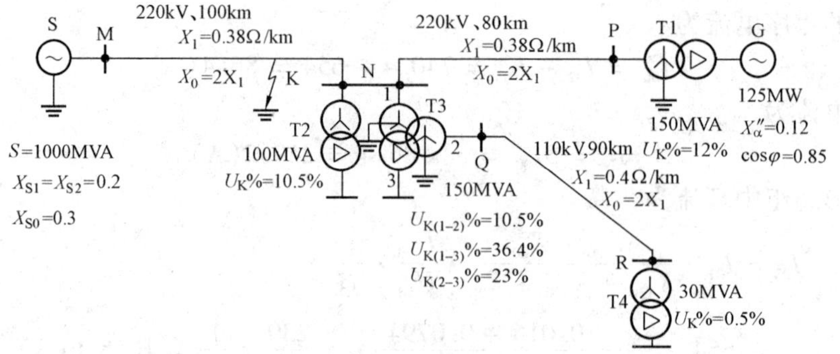

图 2－84　电力系统一次接线

（1）离 M 母线 80km 处的单相短路电流、两相短路电流、两相接地短路电流、三相短路电流；

（2）离 M 母线 80km 处单相接地时，M、N、P、Q、R 母线上电压互感器二次开口三角形上电压；

（3）PN 线路开断情况下，上述 K 点单相接地时 MN 线路两侧的三相电流值。

解：选基准容量 $S_B=1000$MVA，基准电压 $U_{1B}=230$kV 和 $U_{2B}=115$kV，各元件标么电抗如下。

系统 S：$X_{S1}=X_{S2}=0.2$

$X_{S0}=0.3$

线路 MK 段：$X_1=X_2=0.38\times80\times\dfrac{1000}{230^2}=0.5747$

$X_0=2\times0.5747=1.1494$

线路 KN 段：$X_1=X_2=0.38\times20\times\dfrac{1000}{230^2}=0.1437$

$X_0=2\times0.1437=0.2874$

线路 NP：$X_1=X_2=0.38\times80\times\dfrac{1000}{230^2}=0.5747$

$X_0=2\times0.5747=1.1494$

线路 QR：$X_1=X_2=0.4\times90\times\dfrac{1000}{115^2}=2.7221$

$X_0=2\times2.7221=5.4442$

变压器 T1：$X_1=X_2=X_0=12\%\times\dfrac{1000}{150}=0.8$

变压器 T2：$X_1=X_2=X_0=10.5\%\times\dfrac{1000}{100}=1.05$

变压器 T3：$U_{K1}\%=\dfrac{1}{2}(10.5\%+36.4\%-23\%)=0.1195$

$U_{K2}\%=\dfrac{1}{2}(10.5\%+23\%-36.4\%)=-0.0145$

$$U_{K3}\% = \frac{1}{2}(36.4\% + 23\% - 10.5\%) = 0.2445$$

$$X_{T1} = 0.1195 \times \frac{1000}{150} = 0.7967$$

$$X_{T2} = -0.0145 \times \frac{1000}{150} = -0.0967$$

$$X_{T3} = 0.2445 \times \frac{1000}{150} = 1.63$$

变压器 T4：$X_1 = X_2 = 10.5\% \times \frac{1000}{30} = 3.5$

发电机 G：$X_1 = X_2 = 12\% \times \frac{1000}{125/0.85} = 0.816$

（1）K 点的 $I_K^{(1)}$、$I_K^{(2)}$、$I_K^{(1,1)}$、$I_K^{(3)}$ 值。

K 点的综合正序电抗 $X_{\Sigma 1}(X_{\Sigma 2})$ 为

$$X_{\Sigma 1} = (0.2 + 0.5747) /\!/ (0.1437 + 0.5747 + 0.8 + 0.816) = 0.7747 /\!/ 2.3344 = 0.5817$$

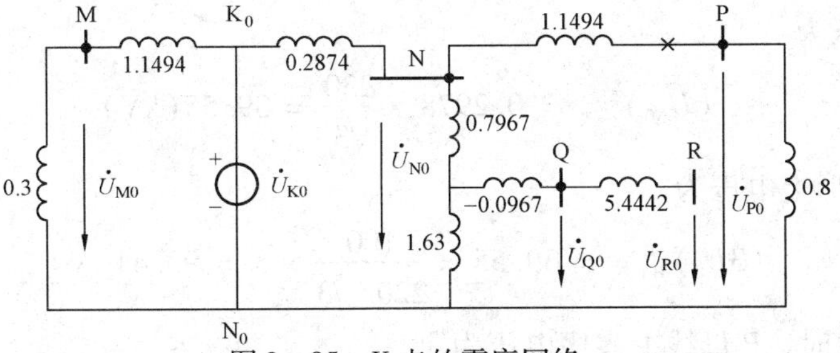

图 2－85　K 点的零序网络

K 点的零序网络如图 2－85 所示，由图可求得 K 点综合零序电抗 $X_{\Sigma 0}$ 为

$$X_{\Sigma 0} = (0.3 + 1.1494) /\!/ [0.2874 + (0.7967 + 1.63) /\!/ (1.1494 + 0.8)] = 1.4494 /\!/ [0.2874 + 1.0810] = 0.7039$$

单相短路电流 $I_K^{(1)}$ 为

$$I_K^{(1)} = \frac{3}{0.5817 + 0.5817 + 0.7039} \times \frac{1000}{\sqrt{3} \times 230} \times 10^3 = 4032.9(\mathrm{A})$$

两相短路电流 $I_K^{(2)}$ 为

$$I_K^{(2)} = \sqrt{3} \times \frac{1}{0.5817 + 0.5817} \times \frac{1000}{\sqrt{3} \times 230} \times 10^3 = 3737.2(\mathrm{A})$$

两相接地短路电流 $I_K^{(1,1)}$ 为

$$I_K^{(1,1)} = \sqrt{3} \times \sqrt{1 - \frac{0.5817 \times 0.7039}{(0.5817 + 0.7039)^2}} \times \frac{1}{0.5817 + (0.5817 /\!/ 0.7039)} \times \frac{1000}{\sqrt{3} \times 230} \times 10^3 = 4189.1(\mathrm{A})$$

三相短路电流 $I_K^{(3)}$ 为

$$I_K^{(3)} = \frac{1}{0.5817} \times \frac{1000}{\sqrt{3} \times 230} \times 10^3 = 4315.3(\mathrm{A})$$

（2）M、N、P、Q、R 母线上电压互感器二次开口三角形电压。

因为 K 点单相接地，所以 K 点的零序电动势为

$$U_{K0}=\frac{0.7039}{0.5817+0.5817+0.7039}\times 1=0.3770$$

由图 2－85 求得 M 母线上零序电压为

$$U_{M0}=\frac{0.3}{0.3+1.1494}\times U_{K0}=\frac{0.3}{0.3+1.1494}\times 0.3770=0.0780$$

一次侧的零序电压值为

$$(U_{M0})_{一次}=0.0780\times\frac{230}{\sqrt{3}}=10.36(\mathrm{kV})$$

TV 二次开口三角形上电压为

$$(3U_0)_{开口M}=10.36\times\frac{100}{220/\sqrt{3}}\times 3=24.47(\mathrm{V})$$

K 点单相接地时，N 母线上零序电压为

$$\begin{aligned}U_{N0}&=U_{K0}\times\frac{(0.7967+1.63)\ /\!/\ (1.1494+0.8)}{0.2874+[(0.7967+1.63)\ /\!/\ (1.1494+0.8)]}\\&=0.7900U_{K0}=0.7900\times 0.3770=0.2978\end{aligned}$$

一次侧的零序电压为

$$(U_{N0})_{一次}=0.2978\times\frac{230}{\sqrt{3}}=39.55(\mathrm{kV})$$

TV 二次开口三角形上电压为

$$(3U_0)_{开口N}=39.55\times\frac{100}{220/\sqrt{3}}\times 3=93.41(\mathrm{V})$$

K 点单相接地时，P 母线上零序电压为

$$U_{P0}=U_{N0}\times\frac{0.8}{1.1494+0.8}=0.2978\times 0.4104=0.1222$$

一次侧的零序电压为

$$(U_{P0})_{一次}=0.1222\times\frac{230}{\sqrt{3}}=16.23(\mathrm{kV})$$

TV 二次开口三角形上电压为

$$(3U_0)_{开口P}=16.23\times\frac{100}{220/\sqrt{3}}\times 3=38.33(\mathrm{V})$$

K 点单相接地时，Q 母线上零序电压由图 2－85 求得为

$$U_{Q0}=U_{N0}\times\frac{1.63}{1.63+0.7967}=0.2978\times 0.6717=0.2000$$

一次侧的零序电压为

$$(U_{Q0})_{一次}=0.2000\times\frac{115}{\sqrt{3}}=13.28(\mathrm{kV})$$

TV 二次开口三角形上电压为

$$(3U_0)_{开口Q}=13.28\times\frac{100}{110/\sqrt{3}}\times 3=62.73(\mathrm{V})$$

K 点单相接地时，因 QR 线路上无零序电流通过，因此 R 母线上的零序电压等于 Q 母线

上的零电压，于是有

$$(U_{R0})_{一次} = 13.28(kV)$$

$$(3U_0)_{开口\cdot R} = 62.73(V)$$

（3）PN线断开情况下，K点单相接地（设为A相接地）时MN线路两侧的三相电流值。

PN线断开情况下，K点的正序（负序）综合电抗为

$$X_{\Sigma1}(X_{\Sigma2}) = 0.5747 + 0.2 = 0.7747$$

MN线路两侧正序（负序）电流分布系数为

$$C_{1M}(C_{2M}) = 1, C_{1N}(C_{2N}) = 0$$

PN线断开情况下，只要将图2－85中的PN线开断就可得到K点的零序网络。可求得综合零序电抗为

$$\begin{aligned} X_{\Sigma0} &= (0.3 + 1.1494) // (0.2874 + 0.7967 + 1.63) \\ &= 1.4494 // 2.7141 = 0.9448 \end{aligned}$$

MN线路两侧的零序电流分布系数为

$$C_{0M} = \frac{0.2874 + 0.7967 + 1.63}{(0.3 + 1.1494) + (0.2874 + 0.7967 + 1.63)} = 0.6519$$

$$C_{0N} = \frac{0.3 + 1.1494}{(0.3 + 1.1494) + (0.2874 + 0.7967 + 1.63)} = 0.3481$$

K点A相接地时，故障点A相各序电流为

$$\begin{aligned} \dot{I}^{(1)}_{KA1} = \dot{I}^{(1)}_{KA2} = \dot{I}^{(1)}_{KA0} &= \frac{1}{0.7747 \times 2 + 0.9448} \times \frac{1000}{\sqrt{3} \times 230} \times 10^3 \\ &= 1006.4(A) \end{aligned}$$

由式（2－69）求得M侧三相电流为（不计负荷电流）

$$\begin{aligned} \dot{I}_{MA} &= (2C_{1M} + C_{0M})\dot{I}^{(1)}_{KA0} \\ &= (2 \times 1 + 0.6519) \times 1006.4 = 2668.9(A) \end{aligned}$$

$$\begin{aligned} \dot{I}_{MB} = \dot{I}_{MC} &= (C_{0M} - C_{1M})\dot{I}^{(1)}_{KA0} \\ &= (0.6519 - 1) \times 1006.4 = -350.3(A) \end{aligned}$$

由式（2－70）求得N侧三相电流为

$$\dot{I}_{NA} = \dot{I}_{NB} = \dot{I}_{NC} = C_{0N}\dot{I}^{(1)}_{KA0} = 0.3481 \times 1006.4 = 350.3(A)$$

MN线两侧三相电流的分布如图2－86所示。

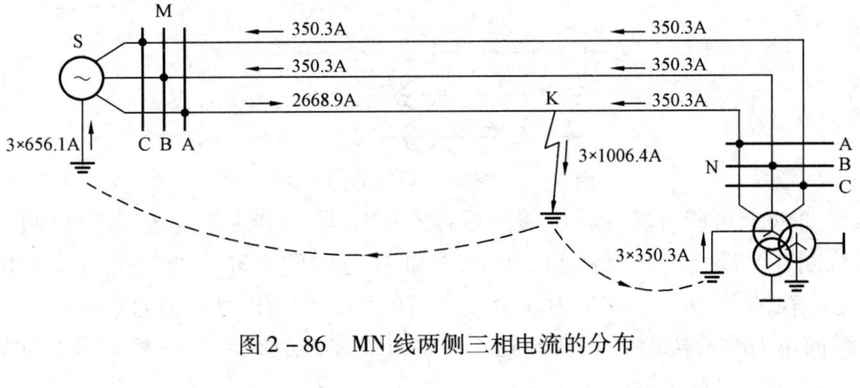

图2－86　MN线两侧三相电流的分布

第三章 电力系统纵向不对称故障分析

第一节　纵向不对称故障分析方法

电力系统纵向不对称故障一般指的是一相断开或两相断开的非全相运行状态。输电线路一相或两相断线、分相检修线路或断路器设备、一相或两相断路器误跳、断路器合闸过程中三相触头不同时接通、线路单相接地短路后故障相断路器跳闸等会造成非全相运行。

电力系统的非全相运行，不会引起过电压，一般也不会引起大电流（非全相运行伴随振荡情况除外）。但是，由于出现了纵向不对称，系统中要产生负序分量、零序分量。当负序电流流过发电机时，危及发电机转子，造成转子过热和绝缘损坏，影响发电机出力；零序电流的出现要对附近通信系统产生干扰。另外，电力系统非全相运行产生的负序分量和零序分量，会对反应负序或零序分量的继电保护装置产生影响，要考虑是否会发生误动作。为此，分析纵向不对称故障是必要的。一方面要计算非全相运行时的负序分量和零序分量；另一方面要分析非全相运行时的电气量特点。

纵向不对称故障可用图3－1进行分析，XY处发生了一相或两相断开（图中示出的是一相断开）。为了便于分析，可认为在XY两点间串入了一组不对称电动势，其大小（包括相位）分别与原断开处XY两点间的电压降$\Delta\dot{U}_A$、$\Delta\dot{U}_B$、$\Delta\dot{U}_C$相等，$\Delta\dot{U}_A$、$\Delta\dot{U}_B$、$\Delta\dot{U}_C$和系统中原有电动势共同作用，产生不对称的三相电流$\dot{I}_A$、$\dot{I}_B$、$\dot{I}_C$，如图3－1所示。注意，图3－1中$\Delta\dot{U}_A$、$\Delta\dot{U}_B$、$\Delta\dot{U}_C$是用电动势表示的。

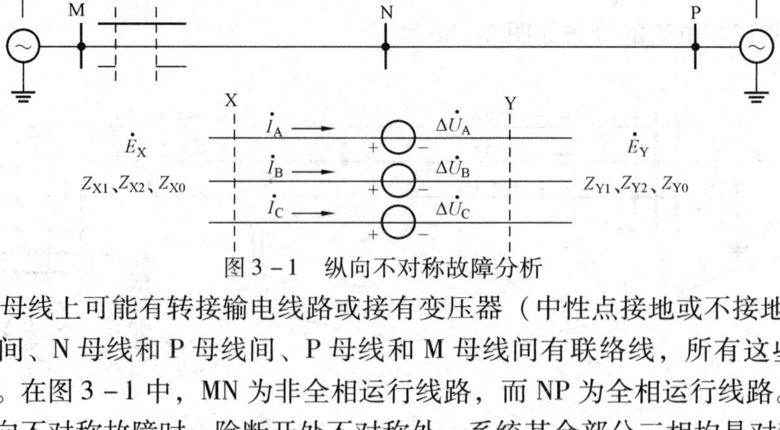

图3－1　纵向不对称故障分析

M、N、P母线上可能有转接输电线路或接有变压器（中性点接地或不接地），也可能M母线和N母线间、N母线和P母线间、P母线和M母线间有联络线，所有这些均不会影响分析所得结论。在图3－1中，MN为非全相运行线路，而NP为全相运行线路。

在分析纵向不对称故障时，除断开处不对称外，系统其余部分三相均是对称的，因此可用对称分量法进行分析，各序分量彼此独立。

由图3－1可见，纵向不对称故障时作用的电动势共有三组：一组是正序电动势，其中有系统的等效正序电动势 $\dot{E}_X$ 和 $\dot{E}_Y$，还有 $\Delta\dot{U}_A$、$\Delta\dot{U}_B$、$\Delta\dot{U}_C$ 分解得到的正序电动势（$\Delta\dot{U}_{A1}$、$\Delta\dot{U}_{B1}$、$\Delta\dot{U}_{C1}$）；一组是负序电动势，由 $\Delta\dot{U}_A$、$\Delta\dot{U}_B$、$\Delta\dot{U}_C$ 分解得到（$\Delta\dot{U}_{A2}$、$\Delta\dot{U}_{B2}$、$\Delta\dot{U}_{C2}$）；一组是零序电动势，同样由 $\Delta\dot{U}_A$、$\Delta\dot{U}_B$、$\Delta\dot{U}_C$ 分解得到（$\Delta\dot{U}_{A0}$、$\Delta\dot{U}_{B0}$、$\Delta\dot{U}_{C0}$）。根据已知条件的不同和分析要求，分析纵向不对称故障一般有两种方法，即按给定发电机电动势的分析方法和按给定负荷电流的分析方法。

按给定发电机电动势的分析方法，是将系统的等效正序电动势和 $\Delta\dot{U}_A$、$\Delta\dot{U}_B$、$\Delta\dot{U}_C$ 不对称电动势同时考虑，而后将 $\Delta\dot{U}_A$、$\Delta\dot{U}_B$、$\Delta\dot{U}_C$ 分解为正序电动势、负序电动势和零序电动势，与图1－9相似。再按叠加原理，分解为正序网络、负序网络、零序网络，在正序网络中有系统等效正序电动势和 $\Delta\dot{U}_A$、$\Delta\dot{U}_B$、$\Delta\dot{U}_C$ 分解得到的正序电动势作用；在负序网络中仅有 $\Delta\dot{U}_A$、$\Delta\dot{U}_B$、$\Delta\dot{U}_C$ 分解得到的负序电动势作用；在零序网络中仅有 $\Delta\dot{U}_A$、$\Delta\dot{U}_B$、$\Delta\dot{U}_C$ 分解得到的零序电动势作用。进而可用单相网络表示，与图1－10、图1－11的变换过程相似。作出纵向不对称故障时的序网络，如图3－2所示。在正序网络中，N′和N″分别是断相处X侧、Y侧的系统中性点，当然N′和N″是等电位的，$\dot{E}_{MA}$、$\dot{E}_{PA}$ 分别是M侧、P侧的等值电动势（图3－1中，X侧的等值电动势为 $\dot{E}_X$，Y侧的等值电动势为 $\dot{E}_Y$，按图3－1示出的系统接线，有 $\dot{E}_{MA}=\dot{E}_{XA}$、$\dot{E}_{PA}=\dot{E}_{YA}$），$\Delta\dot{E}_A=\dot{E}_{MA}-\dot{E}_{PA}$。在负序网络中，N′、N″同样是断相处X侧、Y侧的系统中性点。在零序网络中，N′、N″分别是断相处X侧、Y侧的接地中性点。显然，当X侧或Y侧没有接地中性点时，零序网络不能构成回路，零序电流不能流通。当以A相为特殊相时由图3－2可得到断相处序电压方程为

$$\left.\begin{aligned}\Delta\dot{U}_{A1}&=\Delta\dot{E}_A-\dot{I}_{A1}Z_{11}\\ \Delta\dot{U}_{A2}&=-\dot{I}_{A2}Z_{22}\\ \Delta\dot{U}_{A0}&=-\dot{I}_{A0}Z_{00}\end{aligned}\right\}\qquad(3-1)$$

式中　Z_{11}、Z_{22}、Z_{00}——由断相处X、Y两点向系统看进去的综合正序、负序、零序阻抗，一般 $Z_{11}=Z_{22}$（在图3－1中，$Z_{11}=Z_{X1}+Z_{Y1}$、$Z_{22}=Z_{X2}+Z_{Y2}$、$Z_{00}=Z_{X0}+Z_{Y0}$）；

$\Delta\dot{E}_A$——断相处向系统看进去的综合电动势。

式（3－1）示出六个未知数，根据断相的边界条件，还可以列出三个方程，从而可求出这六个未知数，纵向不对称故障问题可以求解。

按给定负荷电流的分析方法，将系统的等效正序电动势和 $\Delta\dot{U}_A$、$\Delta\dot{U}_B$、$\Delta\dot{U}_C$ 不对称电动势分开考虑，然后再进行叠加。系统等效正序电动势作用时，即是系统的正常运行情况，

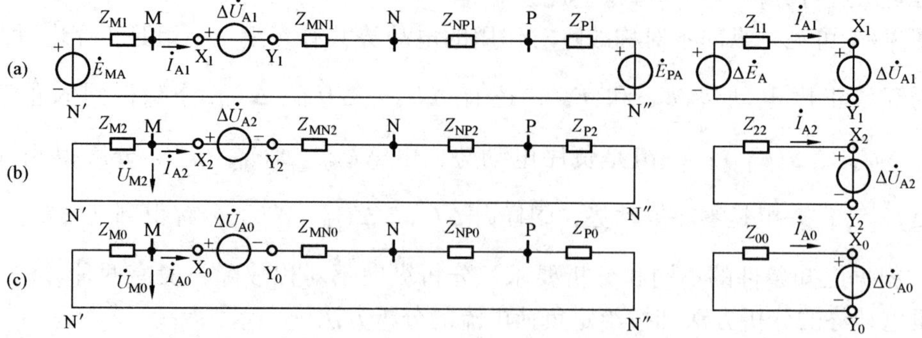

图3－2　纵向不对称故障时的序网络

（a）正序网络；（b）负序网络；（c）零序网络

如图3－1中的A相负荷电流（通过XY处负荷电流）为

$$\dot{I}_{1oa\cdot A} = \frac{\Delta\dot{E}_A}{Z_{X1}+Z_{Y1}} = \frac{\Delta\dot{E}_A}{Z_{11}} \tag{3-2}$$

$\Delta\dot{U}_A$、$\Delta\dot{U}_B$、$\Delta\dot{U}_C$不对称电动势作用时，同样可分解为正序、负序、零序分量作用，作出的正序网络、负序网络、零序网络如图3－2所示，只是在正序网络中$\dot{E}_{MA}=0$、$\dot{E}_{PA}=0$和$\Delta\dot{E}_A=0$，为与前述的分析方法有区别，正序、负序、零序电流用符号$\dot{I}'_{A1}$、$\dot{I}'_{A2}$、$\dot{I}'_{A0}$，于是序电压方程可写为

$$\left.\begin{aligned}\Delta\dot{U}_{A1} &= -\dot{I}'_{A1}Z_{11}\\ \Delta\dot{U}_{A2} &= -\dot{I}'_{A2}Z_{22}\\ \Delta\dot{U}_{A0} &= -\dot{I}'_{A0}Z_{00}\end{aligned}\right\} \tag{3-3}$$

式中　$\dot{I}'_{A1}$、$\dot{I}'_{A2}$、$\dot{I}'_{A0}$为仅由$\Delta\dot{U}_A$、$\Delta\dot{U}_B$、$\Delta\dot{U}_C$作用产生的正序、负序、零序电流。

由式（3－2）、式（3－3），再根据断相的边界条件，同样可求解纵向不对称故障问题。

以上讨论了纵向不对称故障的分析方法。按给定发电机电动势的分析方法，由式(3－1)可见，要计算断相处两侧电源电动势间的相位差，这在复杂系统中是难以确定的，因此这种分析方法的应用受到一定限制。但是，这种分析方法概念清晰，容易得到电气量的有关特点。按给定负荷电流的分析方法适用于多电源网络，只要知道断相前的负荷电流，就可进行分析计算。但是，这种分析方法是有条件的，即不计及断相后两侧等值电动势的大小和相位的变化，将断相后的状态看成是正常负荷状态和断相后在断相处附加纵向电压（$\Delta\dot{U}_A$、$\Delta\dot{U}_B$、$\Delta\dot{U}_C$）作用下故障状态的叠加。

分析纵向不对称故障虽然与分析横向不对称故障同样采用对称分量法，但有本质上的不同。纵向不对称电压是串联在网络中（断相处），而横向不对称故障造成的是网络横向不对称，短路处的一组不对称电压是并接在短路点各相与大地之间。另外，横向不对称故障采用的是$Z_{\Sigma1}$、$Z_{\Sigma2}$、$Z_{\Sigma0}$参数，纵向不对称故障采用的是Z_{11}、Z_{22}、Z_{00}参数，两者的含义完全不同。

第二节　单相断线分析

一、按给定发电机电动势分析

设在图 3 - 1 中 XY 处 A 相断线，由图 3 - 3 得到边界条件为［单相断线就是两相接通，电气量右上角采用（1，1）角标］

$$\left.\begin{aligned}\dot{I}_{A}^{(1,1)} &= 0\\ \Delta\dot{U}_{B}^{(1,1)} = \Delta\dot{U}_{C}^{(1,1)} &= 0\end{aligned}\right\}\qquad(3-4)$$

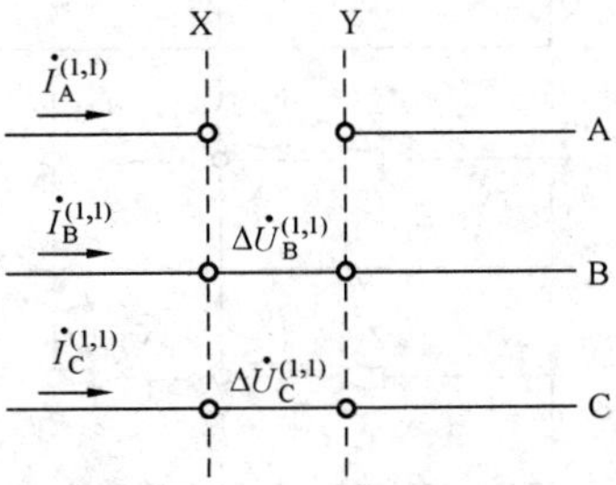

图 3 - 3　XY 处 A 相断线

与分析短路故障时相同，断线故障分析同样有特殊相。单相断线的特殊相是断线相。

（一）复合序网和断相处各序电流

将 A 相断线的边界条件用序分量表示（A 相为特殊相）有如下关系

$$\dot{I}_{A1}^{(1,1)} + \dot{I}_{A2}^{(1,1)} + \dot{I}_{A0}^{(1,1)} = 0 \qquad (3-5)$$

$$\Delta\dot{U}_{A1}^{(1,1)} = \Delta\dot{U}_{A2}^{(1,1)} = \Delta\dot{U}_{A0}^{(1,1)} = \frac{1}{3}\Delta\dot{U}_{A}^{(1,1)} \qquad (3-6)$$

由此，可将 A 相的各序网络接成如图 3 - 4 所示的复合序网，在断相处正序网络、负序网络、零序网络并联，图中示出的 $\Delta\dot{U}_{A1}^{(1,1)}$、$\Delta\dot{U}_{A2}^{(1,1)}$、$\Delta\dot{U}_{A0}^{(1,1)}$ 是电压降。

由复合序网可求得断相处各序电流为

$$\left.\begin{aligned}\dot{I}_{A1}^{(1,1)} &= \frac{\Delta\dot{E}_{A}}{Z_{11} + \dfrac{Z_{22}\cdot Z_{00}}{Z_{22}+Z_{00}}}\\ \dot{I}_{A2}^{(1,1)} &= -\dot{I}_{A1}^{(1,1)}\frac{Z_{00}}{Z_{22}+Z_{00}} = -\frac{Z_{00}\Delta\dot{E}_{A}}{Z_{11}Z_{22}+Z_{11}Z_{00}+Z_{22}Z_{00}}\\ \dot{I}_{A0}^{(1,1)} &= -\dot{I}_{A1}^{(1,1)}\frac{Z_{22}}{Z_{22}+Z_{00}} = -\frac{Z_{22}\Delta\dot{E}_{A}}{Z_{11}Z_{22}+Z_{11}Z_{00}+Z_{22}Z_{00}}\end{aligned}\right\}\qquad(3-7)$$

可以看出，单相断线后在断线处会出现负序电流和零序电流（在断线处两侧均要有接地中性点才能有零序电流），其值与两侧等值电动势相量差 $\Delta\dot{E}_{A}$ 成正比。如果两侧等值电动势间的相角差为 δ，两侧等值电动势的幅值均为 E_{φ}，则由图 3 - 5 求得 $|\Delta\dot{E}_{A}|$ 为

$$|\Delta\dot{E}_{A}| = 2E_{\varphi}\sin\frac{\delta}{2}$$

于是断相处的负序电流、零序电流由上式可得为

$$
\left.\begin{aligned}
I_2^{(1,1)} &= \frac{2Z_{00}E_\varphi}{Z_{11}Z_{22}+Z_{11}Z_{00}+Z_{22}Z_{00}}\cdot\sin\frac{\delta}{2}\\
I_0^{(1,1)} &= \frac{2Z_{22}E_\varphi}{Z_{11}Z_{22}+Z_{11}Z_{00}+Z_{22}Z_{00}}\cdot\sin\frac{\delta}{2}
\end{aligned}\right\}\qquad(3-8)
$$

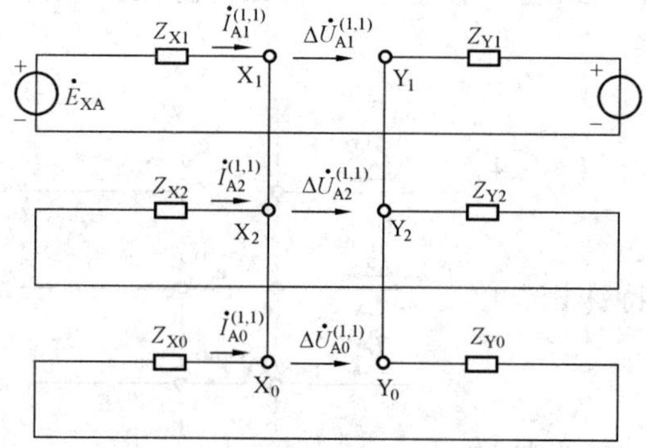

图 3－4　A 相断线时的复合序网

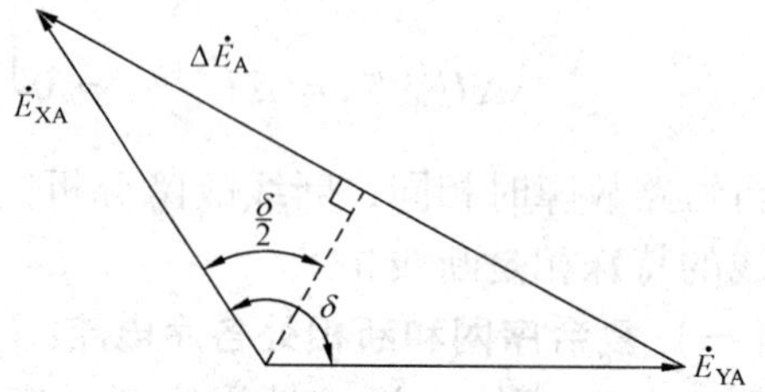

图 3－5　$\Delta\dot E_A$ 相量

当两侧等值电动势夹角 δ 变化时，断相处的负序电流、零序电流作相应变化。当 $\delta=0°$ 时，负序电流和零序电流为零，这就是空载情况下的单相断线；当 $\delta=180°$ 时，负序电流和零序电流同时有最大值。

（二）断相处的电压、电流

由复合序网并计及式（3－7），有

$$
\Delta\dot U_{A1}^{(1,1)}=\Delta\dot U_{A2}^{(1,1)}=\Delta\dot U_{A0}^{(1,1)}=\Delta\dot I_{A1}^{(1,1)}\times\frac{Z_{22}Z_{00}}{Z_{22}+Z_{00}}=\frac{Z_{22}Z_{00}}{Z_{11}Z_{22}+Z_{11}Z_{00}+Z_{22}Z_{00}}\times\Delta\dot E_A
$$

所以断相处的电压为

$$
\left.\begin{aligned}
\Delta\dot U_A^{(1,1)} &= 3\Delta\dot U_{A1}^{(1,1)}=\frac{3Z_{22}Z_{00}}{Z_{11}Z_{22}+Z_{11}Z_{00}+Z_{22}Z_{00}}\times\Delta\dot E_A\\
\Delta\dot U_B^{(1,1)} &= \Delta\dot U_C^{(1,1)}=0
\end{aligned}\right\}\qquad(3-9)
$$

同样，断相处两侧等值电动势夹角愈接近 180°时，$\Delta\dot U_A^{(1,1)}$ 有较大数值。如当 $Z_{11}=Z_{22}=Z_{00}$、$\dot E_X$ 与 $\dot E_Y$ 夹角为 180°时，有 $\Delta\dot U_A^{(1,1)}=\Delta\dot E_A\approx2\dot E_{XA}$，达到一侧等值电动势的 2 倍。

断相处的电流可表示为

$$
\left.\begin{aligned}
\dot I_A^{(1,1)} &= \dot I_{A1}^{(1,1)}+\dot I_{A2}^{(1,1)}+\dot I_{A0}^{(1,1)}=0\\
\dot I_B^{(1,1)} &= a^2\dot I_{A1}^{(1,1)}+a\dot I_{A2}^{(1,1)}+\dot I_{A0}^{(1,1)}=\left[a^2-\frac{aZ_{00}+Z_{22}}{Z_{22}+Z_{00}}\right]\dot I_{A1}^{(1,1)}\\
\dot I_C^{(1,1)} &= a\dot I_{A1}^{(1,1)}+a^2\dot I_{A2}^{(1,1)}+\dot I_{A0}^{(1,1)}=\left[a-\frac{a^2Z_{00}+Z_{22}}{Z_{22}+Z_{00}}\right]\dot I_{A1}^{(1,1)}
\end{aligned}\right\}\qquad(3-10)
$$

而电流的绝对值为

$$|\dot{I}_{B}^{(1,1)}| = |\dot{I}_{C}^{(1,1)}| = \sqrt{3}\sqrt{1-\frac{Z_{00}Z_{22}}{(Z_{22}+Z_{00})^{2}}}\,|\dot{I}_{A1}^{(1,1)}| \tag{3-11}$$

根据式（3－5）、式（3－6）、式（3－7）可作出A相断开时断相处的电压、电流相量关系，如图3－6所示。可见，与两相接地短路时的电压、电流相量关系相似。

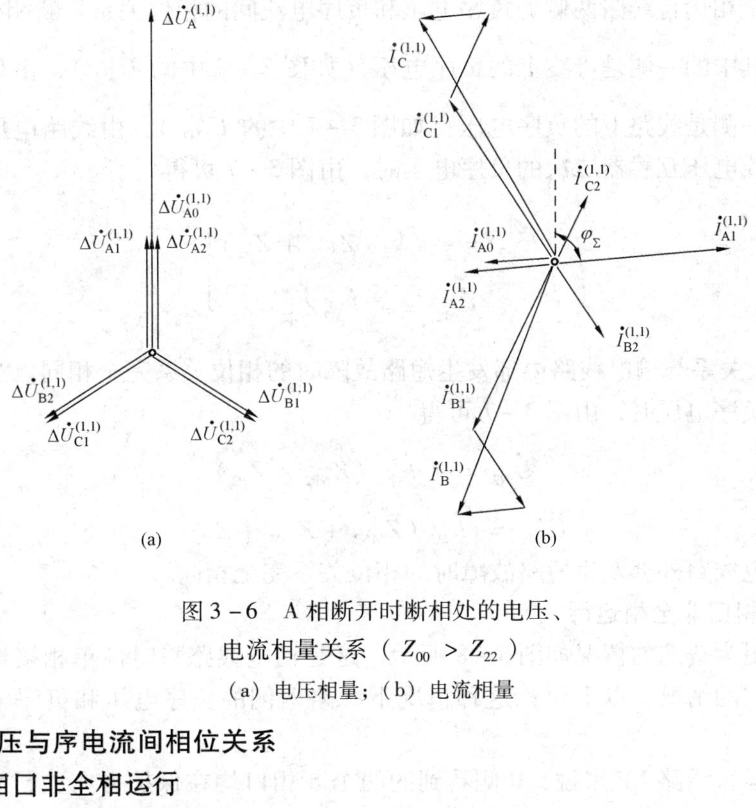

图3－6　A相断开时断相处的电压、
电流相量关系（$Z_{00}>Z_{22}$）
（a）电压相量；（b）电流相量

（三）序电压与序电流间相位关系

1. 一个断相口非全相运行

将图3－2（b）负序网络重画于图3－7中，可以看出，负序网络是一个无源网络，仅在断相处作用负序电动势。

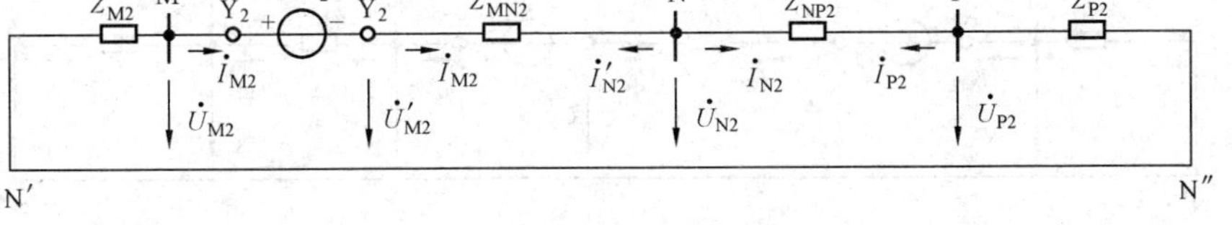

图3－7　单相断线时的负序网络

先讨论全相运行线路两侧的负序电压和负序电流间的相位关系。对图3－7中的全相运行线路NP，有

$$\dot{U}_{P2} = -\dot{I}_{P2}Z_{P2}$$

$$\dot{U}_{N2} = \dot{I}_{N2}(Z_{NP2} + Z_{P2})$$

如果各元件的负序阻抗角为 φ_2（70° ~80°左右），则 P 侧的 $\dot{U}_{P2}$ 、$\dot{I}_{P2}$ 的相位关系相当于正方向上发生了短路故障，即负序电压滞后负序电流 100° ~110°；N 侧的 $\dot{U}_{N2}$ 、$\dot{I}_{N2}$ 的相位关系相当于反方向上发生了短路故障，即负序电压超前负序电流 70° ~80°。可见，全相运行线路（NP 线路）两侧 $\dot{U}_2$ 、$\dot{I}_2$ 的相位关系与区外发生短路故障（如 MN 线路上）时的相位关系完全相同。

再讨论非全相运行线路两侧的负序电压和负序电流间的相位关系。断相处两侧的负序电压是不等的，其中的一侧是母线上的负序电压（如图 3 -7 中的 $\dot{U}_{M2}$ ），由母线电压互感器二次获得；另一侧是线路上的负序电压（如图 3 -7 中的 $\dot{U}'_{M2}$ ），由线路电压互感器二次获得。当取用母线电压互感器二次的负序电压时，由图 3 -7 可得

$$\left.\begin{aligned} \dot{U}_{N2} &= -\dot{I}'_{N2}(Z_{NP2} + Z_{P2}) \\ \dot{U}_{M2} &= -\dot{I}_{M2}Z_{M2} \end{aligned}\right\} \tag{3-12}$$

$\dot{U}_2$ 、$\dot{I}_2$ 的相位关系与输电线路内部发生短路故障时的相位关系完全相同。当取用线路电压互感器二次的负序电压时，由图 3 -7 可得

$$\dot{U}_{N2} = -\dot{I}'_{N2}(Z_{NP2} + Z_{P2})$$

$$\dot{U}'_{M2} = \dot{I}_{M2}(Z_{MN2} + Z_{NP2} + Z_{P2})$$

相位关系与输电线路外部发生短路故障时的相位关系完全相同。

2. 两个断相口非全相运行

单相断线更为普遍的情况如图 3 -8 所示，这是输电线路瞬时性单相接地短路两侧故障相断路器跳闸后的情况。以下讨论这种情况下线路两侧的负序电压和负序电流间的相位关系。

对于全相运行线路 NP 来说，P 侧看到的两个断相口均在保护方向上，N 侧看到的两个断相口均在保护反方向上，因此 P 侧、N 侧的负序电压与负序电流间的相位关系与一个断相口的情况完全相同。

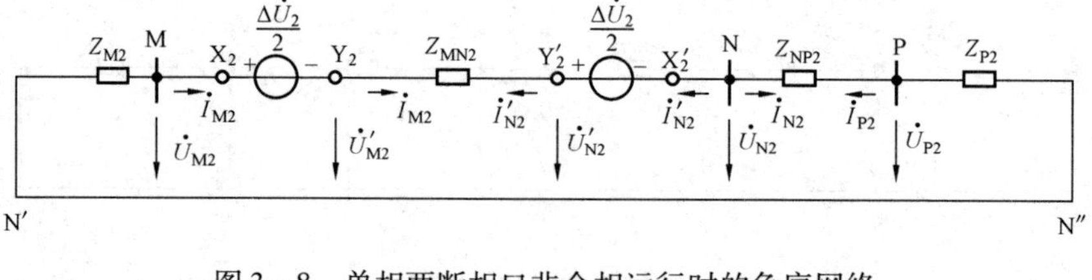

图 3 -8　单相两断相口非全相运行时的负序网络

对于非全相运行线路 MN 来说，如果采用母线电压互感器时，则负序电压与负序电流间的相位关系与式（3 -12）完全相同，相当于 MN 线路内部发生了短路故障。

当采用线路侧电压互感器时，M、N 侧取到的负序电压是 $\dot{U}'_{M2}$ 、$\dot{U}'_{N2}$ 。当不计输电线路

的分布电容时，断相口在该输电线路上移动，不会改变负序电流的大小和分布，所以两个断相口串联合并为一个断相口时，可求得该断相口上的负序电压为

$$\Delta\dot{U}_2 = -\dot{I}_{M2}(Z_{M2}+Z_{MN2}+Z_{NP2}+Z_{P2}) = -\dot{I}_{M2}Z_{22} \tag{3-13}$$

看成两个断相口时，每个断相口上的负序电压为

$$\Delta\dot{U}_{X_2Y_2} = \Delta\dot{U}_{X'_2Y'_2} = \frac{\Delta\dot{U}_2}{2} = -\dot{I}_{M2}\frac{Z_{22}}{2} \tag{3-14}$$

由图3-8可得到 $\dot{U}'_{M2}$、$\dot{U}'_{N2}$ 的关系式为

$$\dot{U}'_{M2} = \dot{U}_{M2} - \frac{\Delta\dot{U}_2}{2} = -\dot{I}_{M2}\left(Z_{M2}-\frac{Z_{22}}{2}\right)$$

$$\begin{aligned}\dot{U}'_{N2} &= \dot{U}_{N2} + \frac{\Delta\dot{U}_2}{2} = -\dot{I}'_{N2}(Z_{NP2}+Z_{P2}) - \dot{I}_{M2}\frac{Z_{22}}{2}\\ &= -\dot{I}'_{N2}\left(Z_{NP2}+Z_{P2}-\frac{Z_{22}}{2}\right)\end{aligned}$$

令 $Z_{N_2}=Z_{NP2}+Z_{P2}$ 为MN线路N侧系统等值负序阻抗，则由上两式可得

$$\left.\begin{aligned}\arg\left(\frac{\dot{U}'_{M2}}{\dot{I}_{M2}}\right) &= 180^\circ + \arg\left(Z_{M2}-\frac{Z_{22}}{2}\right)\\ \arg\left(\frac{\dot{U}'_{N2}}{\dot{I}'_{N2}}\right) &= 180^\circ + \arg\left(Z_{N2}-\frac{Z_{22}}{2}\right)\end{aligned}\right\} \tag{3-15}$$

Z_{M2}、Z_{N2}、Z_{22} 的阻抗角为 φ_2（70°~80°），则当 $Z_{M2}<\frac{Z_{22}}{2}$、$Z_{N2}<\frac{Z_{22}}{2}$ 时，有 $\arg\left(\frac{\dot{U}'_{M2}}{\dot{I}_{M2}}\right)=\varphi_2$、$\arg\left(\frac{\dot{U}'_{N2}}{\dot{I}'_{N2}}\right)=\varphi_2$，两侧的负序电压均超前相应负序电流 φ_2 角，均相当于反方向上发生短路故障；当 $Z_{M2}<\frac{Z_{22}}{2}$、$Z_{N2}>\frac{Z_{22}}{2}$ 时，有 $\arg\left(\frac{\dot{U}'_{M2}}{\dot{I}_{M2}}\right)=\varphi_2$、$\arg\left(\frac{\dot{U}'_{N2}}{\dot{I}'_{N2}}\right)=180^\circ+\varphi_2$ [或表示为 $-(180^\circ-\varphi_2)$]，M侧判为反方向上短路故障，N侧判为正方向上短路故障；当 $Z_{M2}>\frac{Z_{22}}{2}$、$Z_{N2}<\frac{Z_{22}}{2}$ 时，有 $\arg\left(\frac{\dot{U}'_{M2}}{\dot{I}_{M2}}\right)=180^\circ+\varphi_2$ [可写成 $-(180^\circ-\varphi_2)$]、$\arg\left(\frac{\dot{U}'_{N2}}{\dot{I}'_{N2}}\right)=\varphi_2$，M侧判为正方向上短路故障，N侧判为反方向上短路故障。可以看出，对于两个断相口非全相运行线路，取用线路侧电压互感器时，两侧的负序方向元件最多一个方向元件判为正方向上短路故障。

计及线路分布电容后，虽然两个断相口的非全相运行属于复故障，但分析所得结果与上述结果相同。

对于零序电压与零序电流间的相位关系，注意到零序网络与负序网络有相似特点，所以

线路两侧的零序电压与零序电流间的相位关系完全与线路两侧的负序电压、负序电流间的相位关系相同。

3. 环并线路上两侧序电压与序电流间相位关系

电力系统单相断线时，对于环并的全相运行线路，两侧的负序电压（零序电压）和负序电流（零序电流）间的相位关系与上述所得结论不同。图 3-9 示出了在并行双回线路

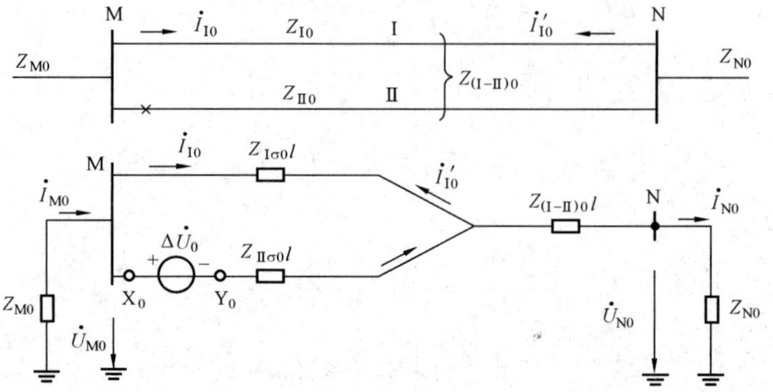

图 3-9　单相断线时平行双回线的零序网络

“×”处单相断线时的零序网络，其中平行线路 I 是环形的全相运行线路。由零序网络中电流分布可见，$\dot{I}'_{10}$ 与 $\dot{I}_{N0}$ 同相，$\dot{I}_{10}$ 与 $\dot{I}_{M0}$ 反相（$\dot{I}'_{I0}=K'_0\dot{I}_{N0}$、$\dot{I}_{I0}=-K_0\dot{I}_{M0}$，$K'_0$、$K_0$ 是常数），写出 M、N 母线零序电压的表示式为

$$\left.\begin{aligned}\dot{U}_{M0}&=-\dot{I}_{M0}Z_{M0}=\frac{1}{K_0}\dot{I}_{I0}Z_{M0}\\ \dot{U}_{N0}&=\dot{I}_{N0}Z_{N0}=\frac{1}{K'_0}\dot{I}'_{I0}Z_{N0}\end{aligned}\right\}\tag{3-16}$$

可见，两侧的零序电流均滞后相应零序电压一个零序阻抗角（70°~80°），与反方向上发生接地故障时的相位关系相同（不同于区外发生接地故障时的相位关系）。

（四）序电压分布

1. 一个断相口非全相运行时

图 3-7 示出了一个断相口非全相运行时的负序网络，计及式（3-13），由图容易写出各母线负序电压的表示式为

$$\dot{U}_{P2}=\dot{I}_{M2}Z_{P2}=-\frac{Z_{P2}}{Z_{22}}(\Delta\dot{U}_2)$$

$$\dot{U}_{N2}=\dot{I}_{M2}(Z_{P2}+Z_{NP2})=-\frac{Z_{P2}+Z_{NP2}}{Z_{22}}(\Delta\dot{U}_2)$$

$$\dot{U}'_{M2}=\dot{I}_{M2}(Z_{P2}+Z_{NP2}+Z_{MN2})=-\frac{Z_{P2}+Z_{NP2}+Z_{MN2}}{Z_{22}}(\Delta\dot{U}_2)$$

$$\begin{aligned}\dot{U}_{M2}&=\dot{I}_{M2}(Z_{P2}+Z_{NP2}+Z_{MN2})+(\Delta\dot{U}_2)\\&=\dot{I}_{M2}(Z_{22}-Z_{M2})-\dot{I}_{M2}Z_{22}\end{aligned}$$

$$= -\dot{I}_{M2}Z_{M2}$$

$$= \frac{Z_{M2}}{Z_{22}}(\Delta\dot{U}_2)$$

根据以上几式，可作出负序电压分布如图 3－10 所示。

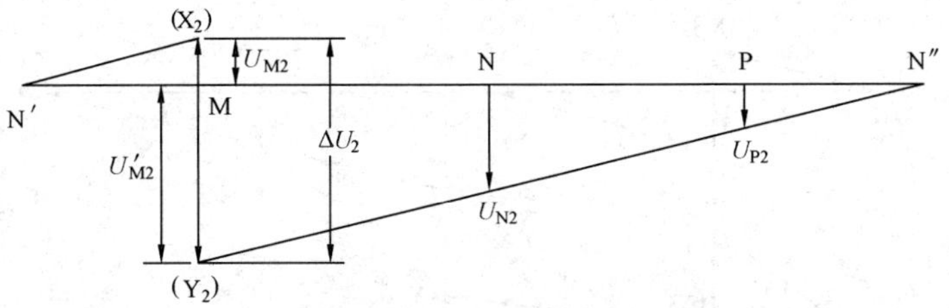

图 3－10　一个断相口非全相运行时负序电压分布

零序电压的分布与图 3－10 相似，只是 N′ 点和 N″点是 X 侧、Y 侧的接地中性点，并非是 X 侧、Y 侧的系统中性点。

2. 两个断相口非全相运行时

图 3－8 示出了两个断相口非全相运行时的负序网络，计及式（3－14），由图容易写出各母线负序电压的表示式为

$$\dot{U}_{P2} = \dot{I}_{M2}Z_{P2} = -\frac{Z_{P2}}{Z_{22}}(\Delta\dot{U}_2)$$

$$\dot{U}_{N2} = \dot{I}_{M2}(Z_{P2} + Z_{NP2}) = -\frac{Z_{P2} + Z_{NP2}}{Z_{22}}(\Delta\dot{U}_2)$$

$$\dot{U}'_{N2} = \dot{I}_{M2}(Z_{P2} + Z_{NP2}) + \frac{\Delta\dot{U}_2}{2}$$

$$= \dot{I}_{M2}Z_{N2} - \dot{I}_{M2}\frac{Z_{22}}{2}$$

$$= -\frac{Z_{N2} - \frac{Z_{22}}{2}}{Z_{22}}(\Delta\dot{U}_2)$$

$$\dot{U}'_{M2} = \dot{I}_{M2}(Z_{P2} + Z_{NP2} + Z_{MN2}) + \frac{\Delta\dot{U}_2}{2}$$

$$= \dot{I}_{M2}(Z_{22} - Z_{M2}) - \dot{I}_{M2}\frac{Z_{22}}{2}$$

$$= -\frac{\frac{Z_{22}}{2} - Z_{M2}}{Z_{22}}(\Delta\dot{U}_2)$$

$$\dot{U}_{M2} = \dot{I}_{M2}(Z_{22} - Z_{M2}) + \Delta\dot{U}_2$$

$$= \frac{Z_{M2}}{Z_{22}}(\Delta\dot{U}_2)$$

作出不同 Z_{M2}、Z_{N2} 情况下负序电压分布如图 3－11 所示。由图可以看出，母线上负序电压不可能为零值，但线路侧负序电压可能为零。例如，当 $Z_{N2}=\frac{Z_{22}}{2}$ 时，有 $\dot{U}'_{N2}=0$；当 $Z_{M2}=\frac{Z_{22}}{2}$ 时，有 $\dot{U}'_{M2}=0$。当然，这两种情况不会同时发生。

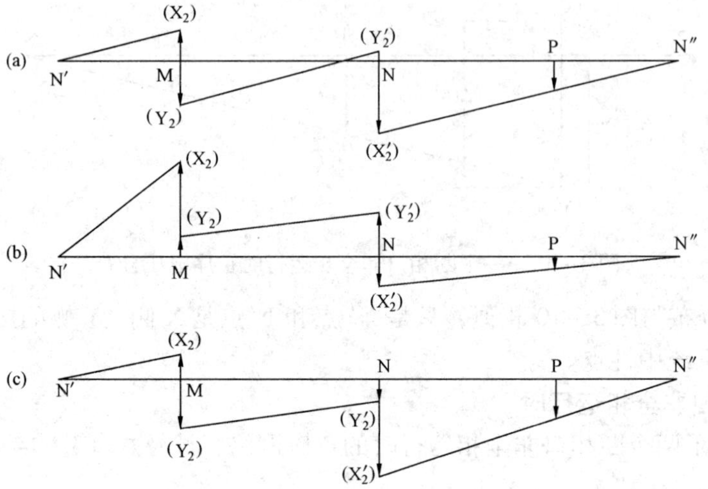

图 3－11　两个断相口非全相运行时序电压分布

(a) $Z_{M2}<\frac{Z_{22}}{2}$、$Z_{N2}<\frac{Z_{22}}{2}$；(b) $Z_{M2}>\frac{Z_{22}}{2}$、$Z_{N2}<\frac{Z_{22}}{2}$；

(c) $Z_{M2}<\frac{Z_{22}}{2}$、$Z_{N2}>\frac{Z_{22}}{2}$

二、按给定负荷电流分析

（一）断相处各序电流、断相处电压

图 3－3 中 A 相断线时，式（3－5）、式（3－6）为以序分量表示的边界条件。由式（3－3）可以得到 $\dot{I}'^{(1,1)}_{A1}=-\frac{\Delta\dot{U}^{(1,1)}_{A1}}{Z_{11}}$、$\dot{I}'^{(1,1)}_{A2}=-\frac{\Delta\dot{U}^{(1,1)}_{A2}}{Z_{22}}$、$\dot{I}'^{(1,1)}_{A0}=-\frac{\Delta\dot{U}^{(1,1)}_{A0}}{Z_{00}}$，计及断相处的负荷电流 $\dot{I}_{1oa\cdot A}$（A 相断相前的负荷电流），式（3－5）可表示为

$$\dot{I}_{A}=\dot{I}_{1oa\cdot A}+\dot{I}'^{(1,1)}_{A1}+\dot{I}'^{(1,1)}_{A2}+\dot{I}'^{(1,1)}_{A0}$$

$$=\dot{I}_{1oa\cdot A}-\left(\frac{\Delta\dot{U}^{(1,1)}_{A1}}{Z_{11}}+\frac{\Delta\dot{U}^{(1,1)}_{A2}}{Z_{22}}+\frac{\Delta\dot{U}^{(1,1)}_{A0}}{Z_{00}}\right)=0$$

计及式（3－6），可得

$$\Delta\dot{U}^{(1,1)}_{A1}=\Delta\dot{U}^{(1,1)}_{A2}=\Delta\dot{U}^{(1,1)}_{A0}=\frac{\dot{I}_{1oa\cdot A}}{\frac{1}{Z_{11}}+\frac{1}{Z_{22}}+\frac{1}{Z_{00}}} \tag{3-17}$$

将式（3－17）代入式（3－3）得

$$
\left.\begin{aligned}
\dot{I}'^{(1,1)}_{A1} &= -\frac{\Delta\dot{U}^{(1,1)}_{A1}}{Z_{11}} = -\frac{\dot{I}_{1oa\cdot A}}{1+\dfrac{Z_{11}}{Z_{22}}+\dfrac{Z_{11}}{Z_{00}}} \\
\dot{I}'^{(1,1)}_{A2} &= -\frac{\Delta\dot{U}^{(1,1)}_{A2}}{Z_{22}} = -\frac{\dot{I}_{1oa\cdot A}}{1+\dfrac{Z_{22}}{Z_{11}}+\dfrac{Z_{22}}{Z_{00}}} \\
\dot{I}'^{(1,1)}_{A0} &= -\frac{\Delta\dot{U}^{(1,1)}_{A0}}{Z_{00}} = -\frac{\dot{I}_{1oa\cdot A}}{1+\dfrac{Z_{00}}{Z_{11}}+\dfrac{Z_{00}}{Z_{22}}}
\end{aligned}\right\} \tag{3-18}
$$

断相处实际的正序电流还应叠加断相前的负荷电流，于是断相处的实际各序电流为

$$
\left.\begin{aligned}
\dot{I}^{(1,1)}_{A1} &= \dot{I}_{1oa\cdot A} + \dot{I}'^{(1,1)}_{A1} = \frac{\dfrac{1}{Z_{22}}+\dfrac{1}{Z_{00}}}{\dfrac{1}{Z_{11}}+\dfrac{1}{Z_{22}}+\dfrac{1}{Z_{00}}} \times \dot{I}_{1oa\cdot A} \\
\dot{I}^{(1,1)}_{A2} &= \dot{I}'^{(1,1)}_{A2} = -\frac{\dfrac{1}{Z_{22}}}{\dfrac{1}{Z_{11}}+\dfrac{1}{Z_{22}}+\dfrac{1}{Z_{00}}} \times \dot{I}_{1oa\cdot A} \\
\dot{I}^{(1,1)}_{A0} &= \dot{I}'^{(1,1)}_{A0} = -\frac{\dfrac{1}{Z_{00}}}{\dfrac{1}{Z_{11}}+\dfrac{1}{Z_{22}}+\dfrac{1}{Z_{00}}} \times \dot{I}_{1oa\cdot A}
\end{aligned}\right\} \tag{3-19}
$$

可见，各序电流均与断相前的负荷电流成正比，负荷电流愈小，断相后各序电流相应也愈小。同样，断相处两侧若没有接地中性点，则零序电流不能流通，此时因 $Z_{00} \to \infty$，当然 $\dot{I}^{(1,1)}_{A0} \to 0$。

断相处的各序电流求得后，网络中其余各支路的序电流可通过电流分布系数求出。

断相处的电压由式（3－6）、式（3－7）求得为

$$
\Delta\dot{U}^{(1,1)}_{A} = 3\Delta\dot{U}^{(1,1)}_{A1} = \frac{3\dot{I}_{1oa\cdot A}}{\dfrac{1}{Z_{11}}+\dfrac{1}{Z_{22}}+\dfrac{1}{Z_{00}}} \tag{3-20}
$$

$$
\Delta\dot{U}^{(1,1)}_{B} = \Delta\dot{U}^{(1,1)}_{A1} = 0
$$

同样，断相处的电压 $\Delta\dot{U}^{(1,1)}_{A}$ 与断相前的负荷电流成正比，负荷电流愈大，断相后 $\Delta\dot{U}^{(1,1)}_{A}$ 也愈大。空载情况下断相时，有 $\Delta\dot{U}^{(1,1)}_{A}=0$。

（二）断相处各相电流

断相处的各序电流求得后，就可求得断相处各相电流。由式（3－19）可得各相电流为

$$\left.\begin{aligned} \dot{I}_{A}^{(1,1)} &= \dot{I}_{A1}^{(1,1)} + \dot{I}_{A2}^{(1,1)} + \dot{I}_{A0}^{(1,1)} = 0 \\ \dot{I}_{B}^{(1,1)} &= a^{2}\dot{I}_{A1}^{(1,1)} + a\dot{I}_{A2}^{(1,1)} + \dot{I}_{A0}^{(1,1)} = -\sqrt{3}\,\frac{\frac{\sqrt{3}}{2}\cdot\frac{1}{Z_{00}} + j\left(\frac{1}{Z_{22}} + \frac{1}{2Z_{00}}\right)}{\frac{1}{Z_{11}} + \frac{1}{Z_{22}} + \frac{1}{Z_{00}}}\cdot\dot{I}_{1oa\cdot A} \\ \dot{I}_{C}^{(1,1)} &= a\dot{I}_{A1}^{(1,1)} + a^{2}\dot{I}_{A2}^{(1,1)} + \dot{I}_{A0}^{(1,1)} = -\sqrt{3}\,\frac{\frac{\sqrt{3}}{2}\cdot\frac{1}{Z_{00}} - j\left(\frac{1}{Z_{22}} + \frac{1}{2Z_{00}}\right)}{\frac{1}{Z_{11}} + \frac{1}{Z_{22}} + \frac{1}{Z_{00}}}\cdot\dot{I}_{1oa\cdot A} \end{aligned}\right\} \quad (3-21)$$

如果各序阻抗具有相同的阻抗角，则可得到单相断线时非断线相电流的绝对值为

$$|\dot{I}_{B}^{(1,1)}| = |\dot{I}_{C}^{(1,1)}| = \sqrt{3}\,\frac{\sqrt{1 + \frac{Z_{00}}{Z_{22}} + \left(\frac{Z_{00}}{Z_{22}}\right)^{2}}}{1 + \frac{Z_{00}}{Z_{11}} + \frac{Z_{00}}{Z_{22}}}\cdot|\dot{I}_{1oa\cdot A}| \quad (3-22)$$

如 $Z_{11}=Z_{22}$，上式可简化为

$$|\dot{I}_{B}^{(1,1)}| = |\dot{I}_{C}^{(1,1)}| = \sqrt{1 - \frac{(Z_{00} - Z_{11})(Z_{00} + 2Z_{11})}{(Z_{11} + 2Z_{00})^{2}}}\cdot|\dot{I}_{1oa\cdot A}| \quad (3-23)$$

明显看出，当 $Z_{00} > Z_{11}$ 时，非故障相电流减小；当 $Z_{00} = Z_{11}$ 时，非故障相电流不变；当 $Z_{00} < Z_{11}$，非故障相电流增大，且 Z_{00} 愈小增得愈大，要注意非故障相电气设备在这种情况下是否过负荷。

第三节　两相断线分析

一、按给定发电机电动势分析

图3－1中X、Y处B、C相断线时，由图3－12得到边界条件为［两相断线就是单相接通，电气量右上角采用（1）角标］

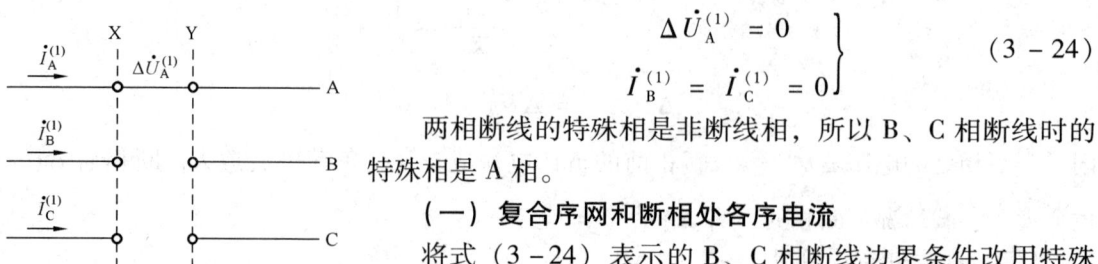

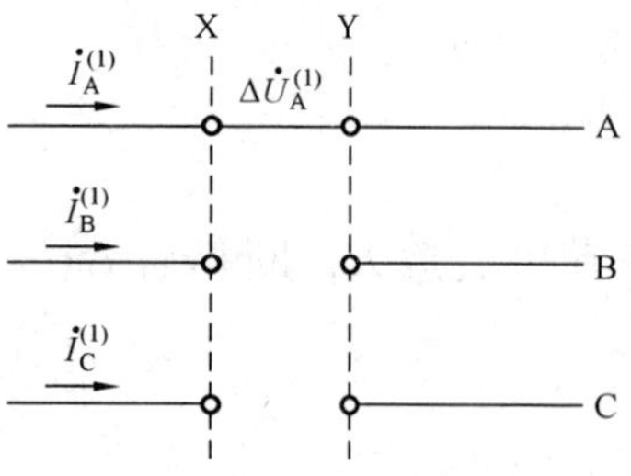

图3－12　X、Y处BC相断线

$$\left.\begin{aligned} \Delta\dot{U}_{A}^{(1)} &= 0 \\ \dot{I}_{B}^{(1)} = \dot{I}_{C}^{(1)} &= 0 \end{aligned}\right\} \quad (3-24)$$

两相断线的特殊相是非断线相，所以B、C相断线时的特殊相是A相。

（一）复合序网和断相处各序电流

将式（3－24）表示的B、C相断线边界条件改用特殊相序分量表示为

$$\Delta\dot{U}_{A1}^{(1)} + \Delta\dot{U}_{A2}^{(1)} + \Delta\dot{U}_{A0}^{(1)} = 0 \tag{3-25}$$

$$\dot{I}_{A1}^{(1)} = \dot{I}_{A2}^{(1)} = \dot{I}_{A0}^{(1)} = \frac{1}{3}\dot{I}_{A}^{(1)} \tag{3-26}$$

由式（3－25）、式（3－26）可作出特殊相的复合序网如图3－13所示，是由正序网络、负序网络、零序网络串联组合而成。

由复合序网可求得断相处各序电流为

$$\dot{I}_{A1}^{(1)} = \dot{I}_{A2}^{(1)} = \dot{I}_{A0}^{(1)} = \frac{\Delta\dot{E}_A}{Z_{11}+Z_{22}+Z_{00}} \tag{3-27}$$

计及 $|\Delta\dot{E}_A| = 2E_{\varphi}\sin\frac{\delta}{2}$，则上式变化为

$$I_1^{(1)} = I_2^{(1)} = I_0^{(1)} = \frac{2E_{\varphi}}{Z_{11}+Z_{22}+Z_{00}}\sin\frac{\delta}{2} \tag{3-28}$$

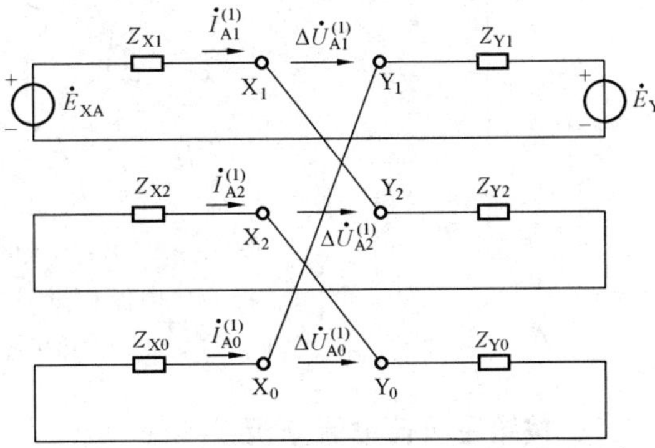

图3－13　B、C相断线的复合序网

可见，两相断线后，在断相处会出现负序电流和零序电流，两侧等值电动势夹角愈接近180°时，其值也愈大。不过，当断相处的任一侧没有接地的中性点时，各序电流均为零。

（二）断相处的电压、电流

断相处的电流由式（3－27）求得为

$$\dot{I}_{A}^{(1)} = \dot{I}_{A1}^{(1)} + \dot{I}_{A2}^{(1)} + \dot{I}_{A0}^{(1)} = \frac{3\Delta\dot{E}_A}{Z_{11}+Z_{22}+Z_{00}} \tag{3-29}$$

由图3－13所示复合序网，求得断相处各序电压为 $\Delta\dot{U}_{A1}^{(1)} = \dot{I}_{A1}^{(1)}(Z_{22}+Z_{00})$、$\Delta\dot{U}_{A2}^{(1)} = -\dot{I}_{A2}^{(1)}Z_{22}$、$\Delta\dot{U}_{A0}^{(1)} = -\dot{I}_{A1}^{(1)}Z_{00}$，计及式（3－27），断相处电压为

$$\Delta\dot{U}_{B}^{(1)} = a^2\Delta\dot{U}_{A1}^{(1)} + a\Delta\dot{U}_{A2}^{(1)} + \dot{U}_{A0}^{(1)} = \frac{(a^2-a)Z_{22}+(a^2-1)Z_{00}}{Z_{11}+Z_{22}+Z_{00}}\cdot\Delta\dot{E}_A$$

$$\Delta\dot{U}_{C}^{(1)} = a\Delta\dot{U}_{A1}^{(1)} + a^2\Delta\dot{U}_{A2}^{(1)} + \dot{U}_{A0}^{(1)} = \frac{(a-a^2)Z_{22}+(a-1)Z_{00}}{Z_{11}+Z_{22}+Z_{00}}\cdot\Delta\dot{E}_A$$

取绝对值，有

$$|\Delta\dot{U}_{B}^{(1)}| = |\Delta\dot{U}_{C}^{(1)}| = \frac{\sqrt{3}\sqrt{Z_{22}^2+Z_{22}Z_{00}+Z_{00}^2}}{Z_{11}+Z_{22}+Z_{00}}\cdot|\Delta\dot{E}_A| \tag{3-30}$$

因式（3－25）、式（3－26）表示的边界条件与单相接地短路（A相）的序分量表示式相似，所以相量关系也是相似的，如图3－14所示。

（三）序电压与序电流间相位关系

与单相断线时相同。

（四）序电压分布

与单相断线时相同。

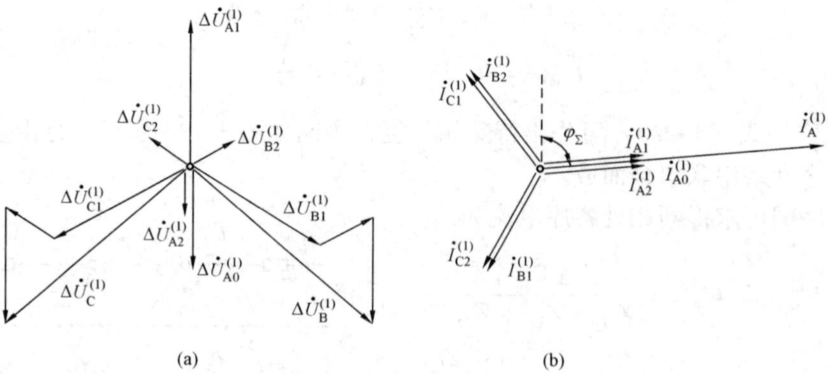

图 3－14　B、C 相断开时断相处的电压、电流相量关系（$Z_{00}>Z_{22}$）

（a）电压相量；（b）电流相量

二、按给定负荷电流分析

（一）断相处各序电流和断相处电流

式（3－25）、式（3－26）为以序分量表示的 B、C 相断线的边界条件，计及 $\dot{I}'^{(1)}_{A1}=\dot{I}^{(1)}_{A1}-\dot{I}_{1oa\cdot A}$、$\dot{I}'^{(1)}_{A2}=\dot{I}^{(1)}_{A2}$、$\dot{I}'^{(1)}_{A0}=\dot{I}^{(1)}_{A0}$，将式（3－3）表示的 $\Delta\dot{U}^{(1)}_{A1}$、$\Delta\dot{U}^{(1)}_{A2}$、$\Delta\dot{U}^{(1)}_{A0}$ 代入式（3－25）得到

$$-(\dot{I}^{(1)}_{A1}-\dot{I}_{1oa\cdot A})Z_{11}-\dot{I}^{(1)}_{A2}Z_{22}-\dot{I}^{(1)}_{A0}Z_{00}=0$$

注意到式（3－26）的关系，由上式可得到断相处各序电流分量以及断相处电流为

$$\dot{I}^{(1)}_{A1}=\dot{I}^{(1)}_{A2}=\dot{I}^{(1)}_{A0}=\frac{Z_{11}}{Z_{11}+Z_{22}+Z_{00}}\cdot\dot{I}_{1oa\cdot A} \qquad (3-31)$$

$$\dot{I}^{(1)}_{A}=\frac{3Z_{11}}{Z_{11}+Z_{22}+Z_{00}}\cdot\dot{I}_{1oa\cdot A} \qquad (3-32)$$

（二）断相处电压

由式（3－31）可求出 $\dot{I}'^{(1)}_{A1}$、$\dot{I}'^{(1)}_{A2}$、$\dot{I}'^{(1)}_{A0}$，代入式（3－3）可得

$$\Delta\dot{U}^{(1)}_{A1}=-\dot{I}'^{(1)}_{A1}Z_{11}=\frac{Z_{22}+Z_{00}}{1+\dfrac{Z_{22}}{Z_{11}}+\dfrac{Z_{00}}{Z_{11}}}\cdot\dot{I}_{1oa\cdot A}$$

$$\Delta\dot{U}^{(1)}_{A2}=-\dot{I}'^{(1)}_{A2}Z_{22}=-\frac{Z_{22}}{1+\dfrac{Z_{22}}{Z_{11}}+\dfrac{Z_{00}}{Z_{11}}}\cdot\dot{I}_{1oa\cdot A}$$

$$\Delta\dot{U}^{(1)}_{A0}=-\dot{I}'^{(1)}_{A0}Z_{00}=-\frac{Z_{00}}{1+\dfrac{Z_{22}}{Z_{11}}+\dfrac{Z_{00}}{Z_{11}}}\cdot\dot{I}_{1oa\cdot A}$$

从而断相处电压为

$$\left.\begin{aligned}\Delta \dot{U}_{A}^{(1)} &= \Delta \dot{U}_{A1}^{(1)} + \Delta \dot{U}_{A2}^{(1)} + \Delta \dot{U}_{A0}^{(1)} = 0\\ \Delta \dot{U}_{B}^{(1)} &= a^2\Delta \dot{U}_{A1}^{(1)} + a\Delta \dot{U}_{A2}^{(1)} + \Delta \dot{U}_{A0}^{(1)} = \frac{(a^2-a)Z_{22}+(a^2-1)Z_{00}}{1+\dfrac{Z_{22}}{Z_{11}}+\dfrac{Z_{00}}{Z_{11}}}\cdot \dot{I}_{1oa\cdot A}\\ \Delta \dot{U}_{C}^{(1)} &= a\Delta \dot{U}_{A1}^{(1)} + a^2\Delta \dot{U}_{A2}^{(1)} + \Delta \dot{U}_{A0}^{(1)} = \frac{(a-a^2)Z_{22}+(a-1)Z_{00}}{1+\dfrac{Z_{22}}{Z_{11}}+\dfrac{Z_{00}}{Z_{11}}}\cdot \dot{I}_{1oa\cdot A}\end{aligned}\right\} \tag{3-33}$$

取绝对值，有

$$|\Delta \dot{U}_{B}^{(1)}| = |\Delta \dot{U}_{0}^{(1)}| = \frac{\sqrt{3}\sqrt{Z_{22}^2+Z_{22}Z_{00}+Z_{00}^2}}{1+\dfrac{Z_{22}}{Z_{11}}+\dfrac{Z_{00}}{Z_{11}}}\cdot |\dot{I}_{10a\cdot A}| \tag{3-34}$$

第四节　单相、两相断线时电气量特点

一、特殊相和复合序网

单相断线时的特殊相是断线相，即 A 相断线特殊相是 A 相，B 相断线特殊相是 B 相，C 相断线特殊相是 C 相。两相断线时特殊相是非断线相，即 B、C 相断线特殊相是 A 相，C、A 相断线特殊相是 B 相，A、B 相断线特殊相是 C 相。

复合序网是指特殊相的正序网络、负序网络、零序网络的组合，非特殊相各序网络不能直接构成复合序网。这里指的特殊相各序网络意思是该网络中的电气量是特殊相的。这样规定后，单相断线的复合序网是断相口的正序网络、负序网络、零序网络并联；两相断线的复合序网是断相口的正序网络、负序网络、零序网络串联后短接。

二、序电流大小

两相断线和单相断线在断相处的负序电流之比由式（3－7）、式（3－27）可得（$Z_{22}=Z_{11}$），即

$$\frac{I_2^{(1,1)}}{I_2^{(1)}} = \frac{Z_{00}(Z_{11}+Z_{22}+Z_{00})}{Z_{11}Z_{22}+Z_{11}Z_{00}+Z_{22}Z_{00}} = \frac{2Z_{11}Z_{00}+Z_{00}^2}{2Z_{11}Z_{00}+Z_{11}^2} \tag{3-35}$$

可见，当 $Z_{00}>Z_{11}$ 时，$I_2^{(1,1)}>I_2^{(1)}$，即单相断线的负序电流大于两相断线的负序电流；当 $Z_{00}=Z_{11}$ 时，$I_2^{(1,1)}=I_2^{(1)}$，即单相断线的负序电流与两相断线的负序电流相等；当 $Z_{00}<Z_{11}$ 时，$I_2^{(1,1)}<I_2^{(1)}$，即单相断线的负序电流小于两相断线的负序电流。

单相断线和两相断线在断相处的零序电流之比由式（3－7）、式（3－27）可得（$Z_{22}=Z_{11}$），即

$$\frac{I_0^{(1,1)}}{I_0^{(1)}} = \frac{Z_{22}(Z_{11}+Z_{22}+Z_{00})}{Z_{11}Z_{22}+Z_{11}Z_{00}+Z_{22}Z_{00}} = \frac{(Z_{11}+Z_{00})+Z_{11}}{(Z_{11}+Z_{00})+Z_{00}} \tag{3-36}$$

比较式（3－36）和式（3－35）得到，两相断线和单相断线时零序电流的大小关系与负序电流的大小关系相反。

三、序电压与序电流间的相位关系

当系统中只有一个断相口时，可以将这一断相口视作短路故障点，断相口处在保护正方向上时，该处的负序（零序）电压滞后该处的负序（零序）电流 100°~110°相角；断相口处在保护反方向上时，该处的负序（零序）电压超前该处的负序（零序）电流 70°~80°相角。

当系统中某一线路上有两个断相口时，对全相运行线路，远离断相口一侧的负序（零序）电压滞后负序（零序）电流 100°~110°，靠近断相口一侧的负序（零序）电压超前负序（零序）电流 70°~80°。对于非全相运行线路，当采用母线侧电压互感器时，两侧的负序（零序）电压均滞后本侧负序（零序）电流 100°~110°；当采用线路侧电压互感器时，至少有一侧的负序（零序）电压超前该侧负序（零序）电流 70°~80°。

在与非全相运行线路环并的线路上，情况有些不同，如在图 3-9 中，Ⅰ线路两侧的负序（零序）电压均超前该侧负序（零序）电流 70°~80°。

四、单相断线时 $I_2^{(1,1)}$、$I_0^{(1,1)}$ 与 Z_{11}/Z_{00} 比值的关系

当 $Z_{11}=Z_{22}$时，单相断线断相处的负序电流、零序电流由式（3-7）得到为

$$\dot{I}_2^{(1,1)} = -\frac{1}{2+Z_{11}/Z_{00}}\cdot \dot{I}_{1oa\cdot A} \tag{3-37}$$

$$\dot{I}_0^{(1,1)} = -\frac{Z_{11}/Z_{00}}{2+Z_{11}/Z_{00}}\cdot \dot{I}_{1oa\cdot A} \tag{3-38}$$

可以看出，当 Z_{11}/Z_{00} 比值增大时，负序电流将减小，而零序电流将增大。从限制单相断线时的负序电流出发（负序电流太大对发电机有危害），应增大 Z_{11}/Z_{00} 比值，这可用减小 Z_{00} 来达到，也就是系统接地中性点应多一些；但是，从限制单相断线时的零序电流出发（零序电流太大，对反应零序电流的继电保护不利，对附近的通信线路不利），应减小 Z_{11}/Z_{00} 比值，即要求系统的接地中性点少些。显然这两者是矛盾的，应综合考虑。

系统接地中性点增多时，会使故障点的系统综合零序阻抗 $Z_{\Sigma 0}$ 减小，有可能导致单相接地短路电流大于三相短路电流［见式（2-65）］。为使单相接地短路电流不大于三相短路电流，应限制 $Z_{\Sigma 0}$ 值，不使接地中性点过多。另一方面，为不使单相接地短路时非故障相引起过电压，$Z_{\Sigma 0}$ 不应过大［见式（2-67）］，所以接地中性点应多一些。同样两者是矛盾的。此外，为保证零序电流在接地故障时分布稳定，以利于零序电流保护充分发挥作用，接地中性点应合理布置且不能任意变动。

综上所述，系统中接地中性点应综合考虑确定。

五、序电压分布

在中性点直接接地系统中，发生断线故障时，一般均有负序、零序分量出现，图 3-15 示出了负序电压、零序电压分布示意图。由图可见，在只有一个断相口情况下，断相口两侧的负序电压、零序电压最高，逐渐向电源中性点、接地中性点降落到零值。

对于两个断相口，序电压分布可参见图 3-11。

最后指出两点：第一，断线产生的负序电流和零序电流对输电线路来说是穿越性的（呈纵向流动），在不计线路分布电容情况下，两侧的负序电流呈反相位，两侧的零序电流呈反相位（两侧的正序电流呈反相位），当然取用的是母线流向线路的电流方向。第二，分析断线故障有按给定电动势分析和按给定负荷电流分析两种方法，若断相后断相处两侧等值电动势夹角不摆开，即保持断相前的大小和相位，则将 $\Delta\dot{E}_A = \dot{I}_{1oa\cdot A}Z_{11}$ 代入有关各式，就

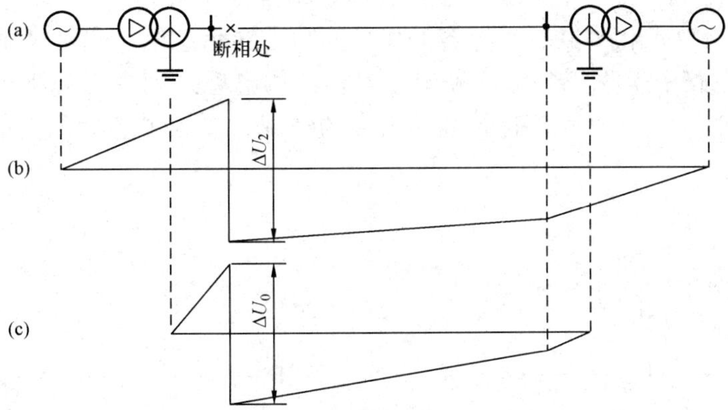

图 3－15　断线时负序电压和零序电压分布示意图

（a）系统接线；（b）负序电压分布；（c）零序电压分布

可得到按给定负荷电流分析断相的相应各式。可见，两种分析方法存在内在联系，在一定条件下是统一的。

第五节　串联补偿电容保护间隙击穿时的复合序网

在超高压电网中，为提高系统稳定度，提高输送容量，提高电压水平，在某些情况下采用了串联电容补偿措施。图 3－16 示出了简化的串联电容补偿装置，其中 C 为串联补偿电容器组；MOV 为金属氧化锌非线性电阻，电阻值随所加电压瞬时值发生变化，正常运行时呈大电阻状态，当电容器组两端电压超过设计选定值时，先于间隙 G 呈现小电阻状态；D 为阻尼回路；G 为触发放电间隙，受 MOV 控制，当 MOV 能量积累到一定值时，发出一个触发脉冲引燃 G 间隙；QF 为旁路断路器，用于 G 的熄弧以及串联补偿电容投入或退出的手动操作。

系统中采用串联补偿装置后，当系统中发生短路故障时，可能出现电压反相或电流反相，出现暂态低频分量电流；串联补偿装置间隙发生不对称击穿引起纵向不对称以及间隙击穿时电容器放电引起暂态分量等，所有这些均对继电保护带来不利影响。

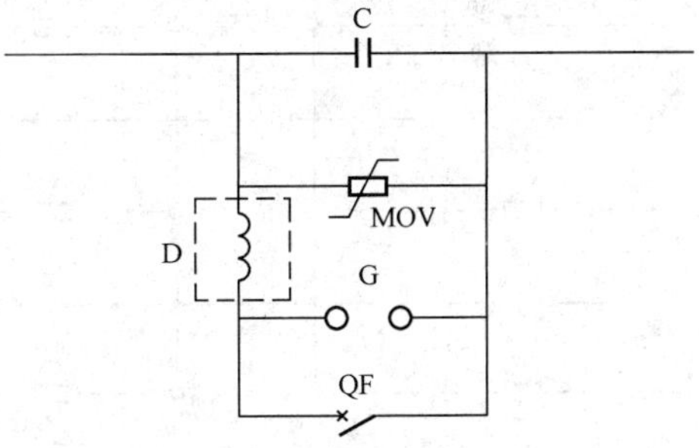

图 3－16　串联电容补偿装置

不对称短路故障引起保护间隙非对称击穿时，是属于复故障情况，短路故障和间隙非对称击穿引起的纵向不对称同时存在，一般情况下可用分析复故障方法讨论，有些情况也可用复合序网进行分析讨论。对称短路故障引起间隙非对称击穿时，是属于简单故障，可用复合序网进行分析讨论。可见，讨论保护间隙非对称击穿时的复合序网是有意义的、必要的。

一、保护间隙一相击穿时的复合序网

（一）特殊相和边界条件

保护间隙一相击穿时，击穿相是特殊相。A 相保护间隙击穿，A 相是特殊相；B 相保护

间隙击穿，B 相是特殊相；C 相保护间隙击穿，C 相是特殊相。

图 3－17（a）为 A 相串联补偿电容的保护间隙击穿示意图，当然 A 相电容两端电压为零。如果在 A 相电路中串联一个感抗等于电容容抗的电感，则在稳态下容抗与感抗完全补偿，等同于图 3－17（a）中 A 相保护间隙击穿的情况，接入电感后的电路如图 3－17（b）所示。

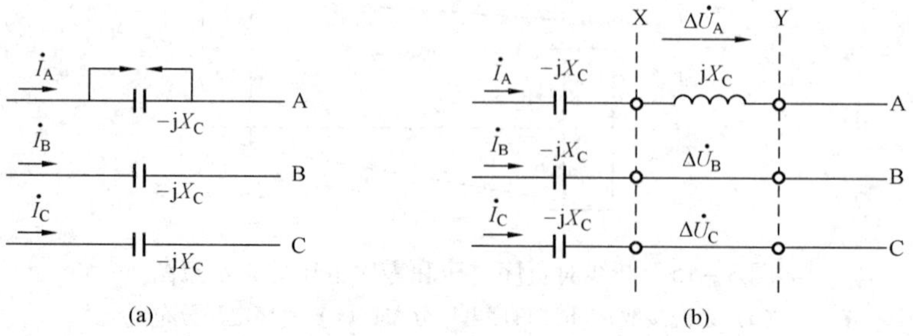

图 3－17　A 相保护间隙击穿示意图及等效变换

（a）A 相保护间隙击穿；（b）等效变换

由图 3－17（b）写出 X、Y 两点间边界条件为

$$\left.\begin{aligned}\Delta\dot{U}_A &= j\dot{I}_A X_C\\ \Delta\dot{U}_B &= \Delta\dot{U}_C = 0\end{aligned}\right\}\tag{3-39}$$

（二）复合序网

将式（3－39）用特殊相序分量表示时，有

$$\Delta\dot{U}_{A1} = \Delta\dot{U}_{A2} = \Delta\dot{U}_{A0} = \frac{1}{3}\Delta\dot{U}_A = (\dot{I}_{A1} + \dot{I}_{A2} + \dot{I}_{A0})\left(j\frac{X_C}{3}\right)\tag{3-40}$$

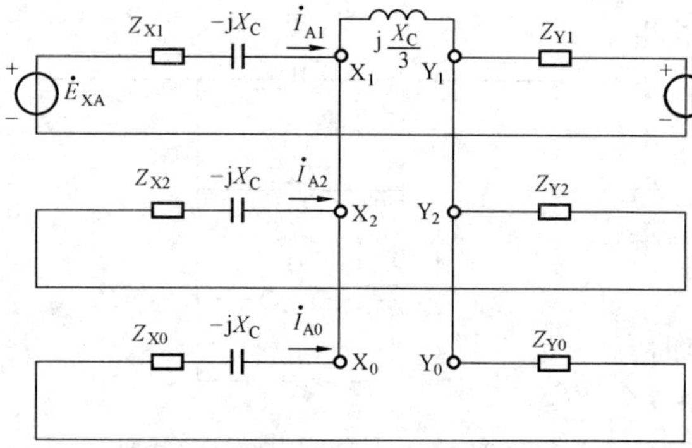

图 3－18　A 相保护间隙击穿时的复合序网

由式(3－40)可见,特殊相在 X、Y 间的正序网络、负序网络、零序网络并联,两点间的压降等于 $(\dot{I}_{A1} + \dot{I}_{A2} + \dot{I}_{A0})\left(j\frac{X_C}{3}\right)$，特殊相的复合序网如图 3－18 所示。

二、保护间隙两相击穿时的复合序网

（一）特殊相和边界条件

保护间隙两相击穿时，非击穿相是特殊相。B 相、C 相保护间隙击穿时，A 相是特殊相；C 相、A 相保护间隙击穿时，B 相是特殊相；A 相、B 相保护间隙击穿时，C 相是特殊相。

图 3－19（a）示出了 B 相、C 相保护间隙击穿示意图，X、Y 两点间边界条件为

$$\left.\begin{aligned}\Delta\dot{U}_A &= \dot{I}_A(-jX_C)\\ \Delta\dot{U}_B &= \Delta\dot{U}_C = 0\end{aligned}\right\}\tag{3-41}$$

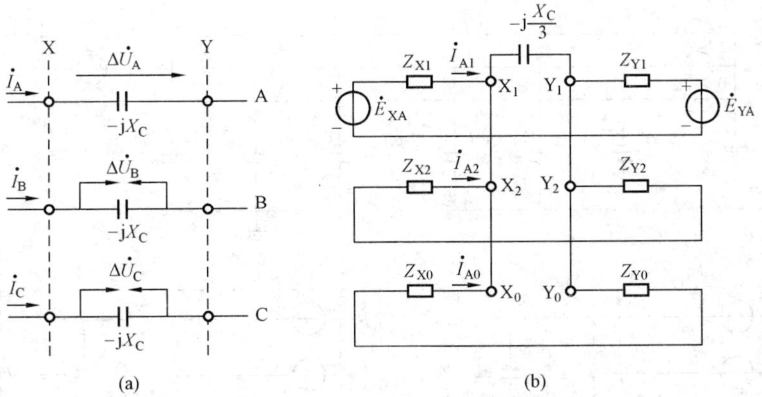

图 3－19 B、C 相保护间隙击穿示意图及其复合序网

（a）B、C 相保护间隙击穿；（b）复合序网

（二）复合序网

将式（3－41）用特殊相序分量表示时，有

$$\Delta\dot{U}_{A1}=\Delta\dot{U}_{A2}=\Delta\dot{U}_{A0}=\frac{1}{3}\Delta\dot{U}_A=(\dot{I}_{A1}+\dot{I}_{A2}+\dot{I}_{A0})\left(-j\frac{X_C}{3}\right) \tag{3-42}$$

按此式作出特殊相的复合序网如图 3－19（b）所示。

第六节 单相重合闸的潜供电流

超高压输电线路上，有时采用单相重合闸方式。当输电线路发生单相故障时，只切除线路故障相，线路转入非全相运行。要求单相重合时，故障点电弧已熄灭（假设是瞬时性接地故障），当然熄弧愈快对重合成功愈有利。然而，在非全相运行期间，两运行相通过电容耦合在故障点形成电流；两运行相通过负荷电流时，因相间存在互感，在故障相线路中感应电动势，同样在故障点形成电流。这两部分电流之和称为潜供电流。

为使单相重合成功，要求潜供电流较小，并且熄弧时恢复电压也较低。

在超高压输电线路上，因线路阻抗远较线路相间容抗、线路对地容抗小，所以分析电容耦合形成的潜供电流时，完全可将线路阻抗不计。

一、潜供电流

计及输电线路正序电容 $C_1=3C_M+C_0$，由图 1－41（b）画出输电线路电容等值回路如图 3－20（a）所示，其中 C_1、C_0 为输电线路单位长度的正序、零序电容，l 为输电线路长度。当线路 A 相接地两侧 A 相断开后，电路化简为图（b）所示（两侧电源合并）。因 B、C 相间电容对潜供电流 $\dot{I}_{und.C}$ 不起作用，故将图（b）演变成图（c）。图（c）虚线框中为两个有源支路，可合并为一个有源支路，其中电动势为 $-\frac{1}{2}\dot{E}_A$、电容为 $\frac{2}{3}(C_1-C_0)l$，如图（d）所示。

由图 3－20（d）可得到由相间电容耦合引起的潜供电流 $\dot{I}_{und.C}$ 为

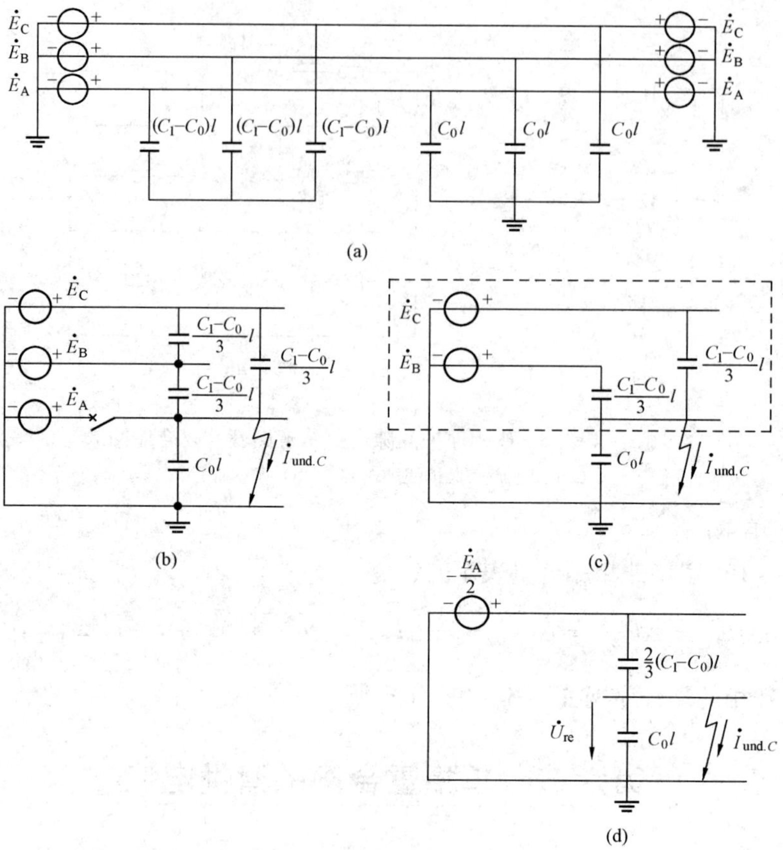

图 3－20 线路产生潜供电流说明

（a）线路电容回路；（b）A 相故障后的等值回路；（c）B、C 相电源、电容合并；（d）合并后的等值回路

$$\dot{I}_{und.C}=\left(-\frac{\dot{E}_A}{2}\right)j\omega\left[\frac{2}{3}(C_1-C_0)l\right]=-j\frac{\omega}{3}(C_1-C_0)l\dot{E}_A=-j\omega C_M l\dot{E}_A \tag{3-43}$$

可以看出，$I_{und.C}$ 与相间电容、电网电压成正比，电压等级愈高、线路愈长，潜供电流 $I_{und.C}$ 也愈大，$I_{und.C}$ 与故障点位置无关。

当潜供电流熄弧时，故障相上稳态恢复电压 $\dot{U}_{re}$ 由图 3－20（d）求得为

$$\dot{U}_{re}=-\frac{\dot{E}_A}{2}\cdot\frac{\frac{2}{3}(C_1-C_0)l}{\left[\frac{2}{3}(C_1-C_0)+C_0\right]l}=-\dot{E}_A\frac{C_1-C_0}{2C_1+C_0}=-\dot{E}_A\frac{C_M}{2C_M+C_0} \tag{3-44}$$

比较式（3－44）、式（3－43），$\dot{U}_{re}$ 与 $\dot{I}_{und.C}$ 有 90° 的工频相角差，这说明 $\dot{I}_{und.C}$ 过零熄弧时，$\dot{U}_{re}$ 正处于最大值，这对熄弧不利。设法消除或减小 C_M 的作用，显然有利于潜供电流减小和恢复电压的降低。

产生潜供电流的另一原因是两个非故障相有负荷电流，通过与故障相的电感耦合引起。图3－21示出了相间电感耦合形成潜供电流示意图，$\dot{I}_{1oa}$ 为两非故障相等效的负荷电流，该负荷电流通过相间电感耦合在故障线段中感应出电动势 $\dot{E}'_{1oa}$、$\dot{E}''_{1oa}$，通过故障线对地电容在故障点处建立相应电流。显然，电感耦合引起的潜供电流 $\dot{I}_{und.L}$ 是上述两部分电流之差。$\dot{I}_{und.L}$ 与负荷电流大小、故障点位置有关。当故障点K处在线路中部时，$\dot{I}_{und.L}$ 为零；当故障点K在线路一侧时，$\dot{I}_{und.L}$ 最大；故障点K移向另一侧时，$\dot{I}_{und.L}$ 反相。

总的潜供电流 $\dot{I}_{und} = \dot{I}_{und.C} + \dot{I}_{und.L}$，在通常情况下，$\dot{I}_{und.C}$ 比 $\dot{I}_{und.L}$ 大得多，因此可以认为 $\dot{I}_{und} \approx \dot{I}_{und\cdot C}$。

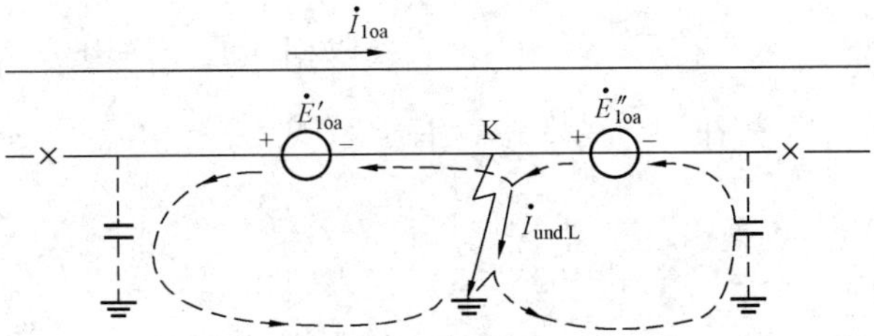

图3－21 相间电感耦合形成潜供电流

故障点能否消弧，除风速、风向、电弧长度等因素外，关键是恢复电压大小、潜供电流大小以及两者之间的相角差。对超高压、长线路需采取消弧措施，这样才能提高单相重合闸的成功率。

二、带电抗器补偿的消弧措施

由式（3－43）、式（3－44）可见，用电感补偿掉相间电容 C_M 即图3－20（a）中 $(C_1 - C_0)l$ 后，可有效减小潜供电流，有效降低恢复电压，对消弧十分有利。

与图3－20（a）对应，可采用六个电抗器进行补偿，如图3－22所示。为能基本上完全补偿相间电容，电抗值 X_φ 应与 $(C_1 - C_0)l$ 容抗值相等，即

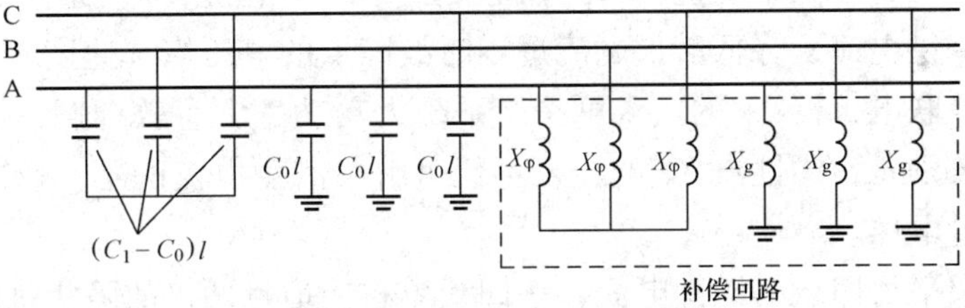

图3－22 带并联电抗器（6个）的补偿回路

$$\frac{1}{X_\varphi} = \omega(C_1 - C_0)l = \omega C_1 l - \omega C_0 l \tag{3-45}$$

并联电抗器还要补偿一定百分比的正序电容，于是有关系式

$$\frac{1}{X_\varphi} + \frac{1}{X_g} = \beta\omega C_1 l$$

即

$$\frac{1}{X_g} = \beta\omega C_1 l - \frac{1}{X_\varphi} = \omega C_0 l - (1-\beta)\omega C_1 l \tag{3-46}$$

其中 β 是并联电抗器补偿度，即正序电容补偿系数。

应当指出，当输电线路两端采用补偿回路时，式（3－45）、式（3－46）中的 l 为线路实际长度之半。

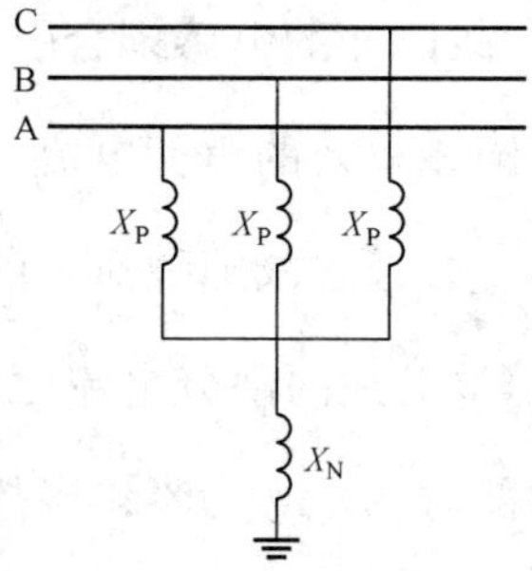

图 3－23　4 个电抗器的补偿回路

事实上，不采用图 3－22 中的补偿回路，而采用图 3－23 示出的补偿回路（4 个电抗器），当然两个补偿回路应该等效。图 3－23、图 3－22 加入同样的正序电压时，两个补偿回路吸取的电流应相等，于是有

$$\frac{1}{X_P}=\frac{1}{X_\varphi}+\frac{1}{X_g}=\beta\omega C_1 l$$

即

$$X_P=\frac{1}{\beta\omega C_1 l} \tag{3-47}$$

图 3－23、图 3－22 加入同样的零序电压 $\dot{U}_0$ 时，两个补偿回路吸取相同的零序电流 $\dot{I}_0$。在图 3－22 中，X_φ 不起作用，有 $\dot{U}_0=j\dot{I}_0X_g$；在图 3－23 中，有关系式 $\dot{U}_0=j\dot{I}_0(X_P+3X_N)$，因此可得到

$$X_N=\frac{1}{3}(X_g-X_P) \tag{3-48}$$

将式（3－46）、式（3－47）代入，得

$$\begin{aligned}X_N&=\frac{1}{3}\left[\frac{1}{\omega C_0 l-(1-\beta)\omega C_1 l}-\frac{1}{\beta\omega C_1 l}\right]\\&=\frac{\omega C_1 l-\omega C_0 l}{3\beta\omega C_1 l[\omega C_0 l-(1-\beta)\omega C_1 l]}\end{aligned} \tag{3-49}$$

计及式（3－47），上式可改写为

$$X_N=\frac{X_P}{3}\cdot\frac{C_1-C_0}{C_0-(1-\beta)C_1} \tag{3-50}$$

图 3－23 中的 X_P、X_N 电抗值由式（3－47）、式（3－49）确定。由式（3－50）明显可见，X_N 比 X_P 小得多。

由以上分析可见，在三个电抗器 X_P 中性点加一个小电抗 X_N 接地后，可大大减少单相重合闸过程中的潜供电流，降低潜供电流过零时故障点的电压恢复速度。

附带指出，并联电抗器 X_P 的接入可平衡系统无功功率，有效抑制工频过电压，降低操作过电压，防止自励磁；中性点 X_N 的接入不仅可解决潜供电流的不良影响，而且可有效避免非全相的谐振过电压。

对于同杆并架平行回线的潜供电流，一回线单相接地且两侧故障相跳闸后，不仅有本回线电容和电感耦合产生的潜供电流，而且另一回线同样有电容、电感耦合使潜供电流有所增大，使故障点恢复电压增大，这种情况在两回线换位不相同时尤为明显；一回线单相接地且两侧三相跳闸后，故障线本身电容与并联电抗器自由振荡在故障点形成电流，此外另一回线通过电容、电感耦合在故障点同样形成电流，故即使三相跳闸，在同杆并架双回线路上也存在故障点消弧问题；如果一回线发生接地且构成平行谐振条件，则存在很高的恢复电压，消弧尤为困难。

三、单相重合闸线路分支变压器的反馈电流

图 3－24 示出了带分支变压器的单相重合闸线路，分支变压器中性点不接地（当中性点接地时，分支侧应装设单相重合闸），负荷的正序、负序阻抗为 $Z_{1oa\cdot1}$、$Z_{1oa\cdot2}$。K 点单相（A 相）接地时，在单相重合闸过程中，若不将分支变压器负荷切除，则因负荷反馈在故障点形成电流，将影响故障点消弧。

K点单相接地时，K点的电压相量$\dot{U}_{KA}^{(1)}$、$\dot{U}_{KB}^{(1)}$、$\dot{U}_{KC}^{(1)}$如图2－29（b）所示，并可简单认为$\dot{U}_{KB}^{(1)}=\dot{E}_B$、$\dot{U}_{KC}^{(1)}=\dot{E}_C$、$\dot{U}_{KA}^{(1)}=0$，于是电源侧在A相跳闸后有

$$\dot{U}_{KA1}=\frac{1}{3}(a\dot{E}_B+a^2\dot{E}_C)=\frac{2}{3}\dot{E}_A$$

$$\dot{U}_{KA2}=\frac{1}{3}(a^2\dot{E}_B+a\dot{E}_C)=-\frac{1}{3}\dot{E}_A$$

$$\dot{U}_{KA0}=\frac{1}{3}(\dot{E}_B+\dot{E}_C)=-\frac{1}{3}\dot{E}_A$$

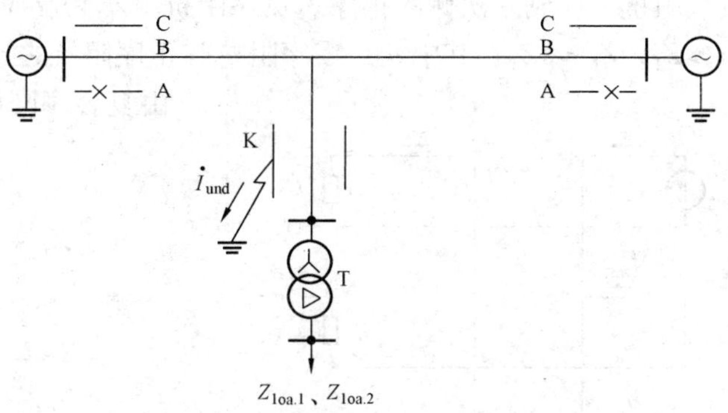

图3－24　带分支变压器的单相重合闸线路

通过分支变压器的正序、负序电流分别为

$$\dot{I}_{A1}=\frac{\dot{U}_{KA1}}{Z_{1oa\cdot1}}=\frac{2\dot{E}_A}{3Z_{1oa\cdot1}}$$

$$\dot{I}_{A2}=\frac{\dot{U}_{KA2}}{Z_{1oa\cdot2}}=\frac{\dot{E}_A}{3Z_{1oa\cdot2}}$$

即负荷引起的反馈电流为

$$\dot{I}_{und}=\dot{I}_{A1}+\dot{I}_{A2}=\frac{\dot{E}_A}{3}\left(\frac{2}{Z_{1oa\cdot1}}-\frac{1}{Z_{1oa\cdot2}}\right)\quad(3-51)$$

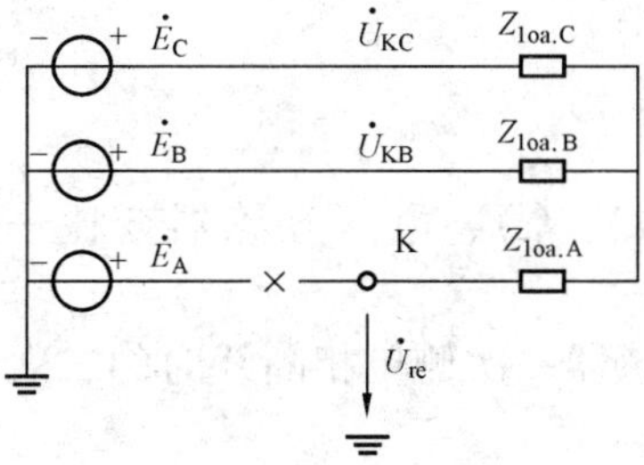

图3－25　故障点K消弧后的等值电路

当$\dot{I}_{und}$过零瞬间熄弧时，等值电路如图3－25所示，图中$Z_{1oa\cdot A}$、$Z_{1oa\cdot B}$、$Z_{1oa\cdot C}$为分支变压器高压侧见到的三相负荷阻抗。由图可求得$\dot{I}_{und}$过零熄弧时故障点的恢复电压$\dot{U}_{re}$为

$$\dot{U}_{re}=\frac{1}{2}(\dot{E}_B+\dot{E}_C)=-\frac{\dot{E}_A}{2}\quad(3-52)$$

$\dot{U}_{re}$与$\dot{I}_{und}$间的相位关系由负荷性质确定。

由式（3－51）、式（3－52）可见，分支变压器在单相重合闸过程中负荷不切除，将会形成反馈电流，影响故障点消弧，并且负荷愈大，反馈电流也愈大，这一电流还与负荷性质有关；虽然故障点的恢复电压比式（3－44）确定的值大，影响消弧，但从另一方面看，$\dot{I}_{und}$过零时$\dot{U}_{re}$并非达瞬时最大值，又对消弧有利。

第七节　电压互感器回路断线

一、电压互感器一次侧单相断线

电压互感器容量远比系统容量小得多，因此系统完全可看作无穷大容量电网，图3－26示出了电压互感器高压侧一相（A相）断线时的复合序网，图中Z_1、Z_2为电压互感器二次

负载阻抗反应到一次侧的正序、负序阻抗，Z_0为反应到一次侧的零序阻抗。在通常情况下有$Z_2=Z_1$、$Z_0=kZ_1$，其中k是零序阻抗与正序阻抗之比。

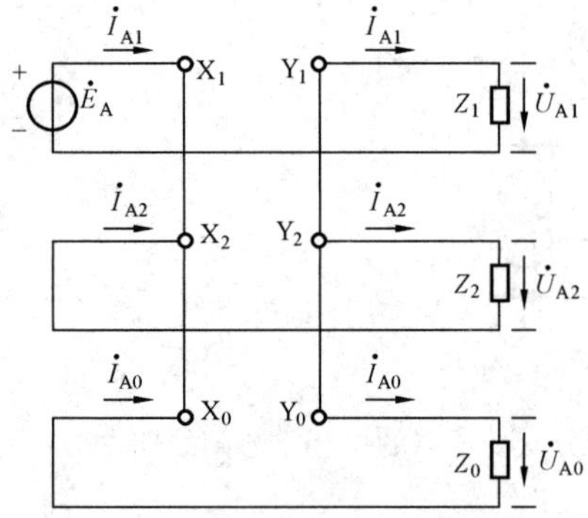

图3-26　电压互感器一次侧一相（A相）断线时的复合序网

由复合序网可求得

$$\left.\begin{aligned}\dot{U}_{A1}&=\frac{\dot{E}_A}{Z_1+\dfrac{Z_2Z_0}{Z_2+Z_0}}\cdot Z_1=\frac{1+k}{1+2k}\dot{E}_A\\ \dot{U}_{A2}&=-\frac{\dot{E}_A}{Z_1+\dfrac{Z_2Z_0}{Z_2+Z_0}}\cdot\frac{Z_2Z_0}{Z_2+Z_0}=-\frac{k}{1+2k}\dot{E}_A\\ \dot{U}_{A0}&=-\frac{\dot{E}_A}{Z_1+\dfrac{Z_2Z_0}{Z_2+Z_0}}\cdot\frac{Z_2Z_0}{Z_2+Z_0}=-\frac{k}{1+2k}\dot{E}_A\end{aligned}\right\}\tag{3-53}$$

由对称分量法可得到加于电压互感器一次绕组上的三相电压为

$$\left.\begin{aligned}\dot{U}_A&=\dot{U}_{A1}+\dot{U}_{A2}+\dot{U}_{A0}=\frac{1-k}{1+2k}\dot{E}_A\\ \dot{U}_B&=a^2\dot{U}_{A1}+a\dot{U}_{A2}+\dot{U}_{A0}=a^2\dot{E}_A\\ \dot{U}_C&=a\dot{U}_{A1}+a^2\dot{U}_{A2}+\dot{U}_{A0}=a\dot{E}_A\end{aligned}\right\}\tag{3-54}$$

计及$E_A=1.05\dfrac{U_N}{\sqrt{3}}$（$U_N$为电网额定线电压，如220、110kV等）、电压互感器变比$\dfrac{U_N}{\sqrt{3}}/\dfrac{100V}{\sqrt{3}}/100V$，于是由式（3-53）、式（3-54）可得电压互感器一次侧单相断线时的二次相电压、负序相电压、开口三角形侧电压为

$$\dot{U}_a=\frac{1-k}{1+2k}\times1.05\times\frac{U_N}{\sqrt{3}}\times\frac{100/\sqrt{3}}{U_N/\sqrt{3}}=60.62\times\frac{1-k}{1+2k}\text{（V）}$$

$$\dot{U}_b=1.05\times\frac{U_N}{\sqrt{3}}\times\frac{100/\sqrt{3}}{U_N/\sqrt{3}}\times a^2=60.62\underline{/-120^\circ}\text{（V）}$$

$$\dot{U}_c=1.05\times\frac{U_N}{\sqrt{3}}\times\frac{\frac{100}{\sqrt{3}}}{\frac{U_N}{\sqrt{3}}}\times a=60.62\underline{/120^\circ}\text{（V）}$$

$$\dot{U}_{a2}=-\frac{k}{1+2k}\times1.05\times\frac{U_N}{\sqrt{3}}\times\frac{\frac{100}{\sqrt{3}}}{\frac{U_N}{\sqrt{3}}}=-60.62\times\frac{k}{1+2k}\text{（V）}$$

$$\dot{U}_{\Delta}=-\frac{k}{1+2k}\times1.05\times\frac{U_N}{\sqrt{3}}\times\frac{100}{\frac{U_N}{\sqrt{3}}}\times3=-315\times\frac{k}{1+2k}\text{（V）}$$

表 3-1 示出不同 k 值下电压互感器一次侧单相断线时二次侧的相电压、负序相电压和开口三角形侧电压值。由表可见，断线相二次电压降低，非断线相二次电压保持不变；二次出现负序相电压，二次负序相电压不会低于 8V；开口三角形侧出现零序电压，该电压值不会低于 40V。

表 3-1　　TV 一次侧断线时的二次电压值

k	0.2	0.3	0.5	0.8	1	1.2	1.5	2
断线相电压（V）	34.64	26.52	15.16	4.66	0	-3.57	-7.58	-12.12
非断线相电压（V）	60.62	60.62	60.62	60.62	60.62	60.62	60.62	60.62
负序相电压（V）	-8.66	-11.37	-15.16	-18.65	-20.21	-21.40	-22.73	-24.25
开口三角形侧电压（V）	-45	-59.06	-78.75	-96.92	-105	-111.18	-118.13	-126

附带指出，有时电压互感器一次侧熔断器串有电阻（一般为几十欧，如 22Ω），该值远比负载阻抗小，因此不影响上述所得结论。

二、电压互感器二次回路断线

电压互感器二次回路断线大体上可分两种情况：一种情况是引入到保护装置（包括装置内部）的电压回路断线；另一种情况是电压互感器引出回路断线。

引入到保护装置的三相电压发生一相（如 a 相）断线时，则有 $\dot{U}_a=0$、$\dot{U}_b=\dot{E}_b$、$\dot{U}_c=\dot{E}_c$，于是负序电压、零序电压分别为

$$\dot{U}_{a2}=\frac{1}{3}(\dot{U}_a+a^2\dot{U}_b+a\dot{U}_c)=\frac{1}{3}(a^2\dot{E}_b+a\dot{E}_c)=-\frac{\dot{E}_a}{3}$$

$$\dot{U}_{a0}=\frac{1}{3}(\dot{U}_a+\dot{U}_b+\dot{U}_c)=\frac{1}{3}(\dot{E}_b+\dot{E}_c)=-\frac{\dot{E}_a}{3}$$

计及 $E_a=\frac{100}{\sqrt{3}}$V（假设一次侧为额定电压），则负序、零序电压为 $\frac{-100}{3\sqrt{3}}=-19.2$V。如引入到保护装置的三相电压发生两相（如 a 相、b 相）断线，则有 $\dot{U}_a=\dot{E}_a$、$\dot{U}_b=0$、$\dot{U}_c=0$，得到二次侧的负序、零序电压为

$$\dot{U}_{a2}=\dot{U}_{a0}=\frac{\dot{E}_a}{3}$$

显而易见，此时的负序、零序电压为 19.2V。

可见，引入到保护装置的电压回路发生一相或两相断线时，会出现负序电压和零序电压，其值不会低于 15V。

以下讨论电压互感器引出回路断线情况。

（一）一相（a 相）断线

图 3-27（a）示出了电压互感器引出回路 a 相断线的电路图。图中 Z_1、Z_2、Z_3 为 TV 二次相负载阻抗，Z_{12}、Z_{23}、Z_{13} 为相间负载阻抗。在 TV 二次 b 相、c 相感应电动势 $\dot{E}_b$、$\dot{E}_c$ 作用下，用叠加原理可求得 a 相电压为

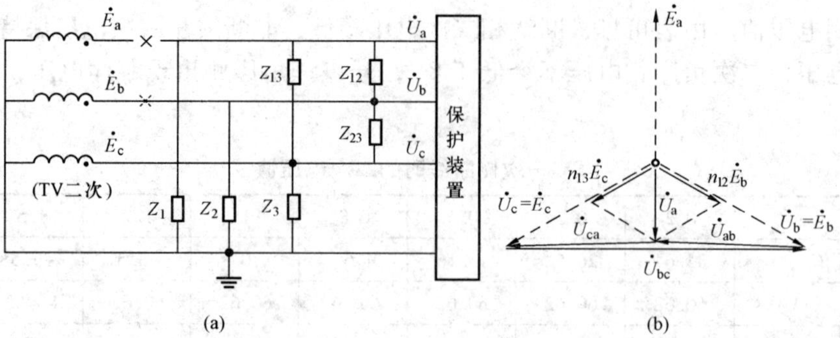

图 3－27 电压互感器二次引出回路 a 相断线

（a）电路图；（b）二次电压相量图

$$\dot{U}_a = n_{12}\dot{E}_b + n_{13}\dot{E}_c = \frac{Z_1 // Z_{13}}{Z_{12} + (Z_1 // Z_{13})}\dot{E}_b + \frac{Z_1 // Z_{12}}{Z_{13} + (Z_1 // Z_{12})}\dot{E}_c \tag{3-55}$$

式中 n_{12}——$\dot{E}_c=0$、$\dot{E}_b$ 作用下 a 相上的分压系数；

n_{13}——$\dot{E}_b=0$、$\dot{E}_c$ 作用下 a 相上的分压系数。

因 n_{12}、n_{13} 的数值小于 1，且幅角也不会偏离 0°很多，所以由式（3－55）作出二次电压相量如图 3－27（b）所示。$\dot{U}_a$ 幅值下降，相位变化接近 180°；$\dot{U}_{ab}$幅值降低，相位超前断线前相位接近 60°；$\dot{U}_{ca}$幅值降低，相位滞后断线前相位接近 60°。可见，一相断线后，加到继电保护装置上的电压幅值、相位均发生了畸变。

TV 二次一相断线后会出现零序电压和负序电压，为分析方便，假设二次负载对称，即有 $Z_1 = Z_2 = Z_3$、$Z_{12} = Z_{23} = Z_{13}$。

因负载阻抗对称，故分压系数为

$$n = n_{12} = n_{13} = \frac{Z_1}{2Z_1 + Z_{12}} \tag{3-56}$$

TV 二次三相电压可表示为

$$\left.\begin{aligned} \dot{U}_a &= n\dot{E}_b + n\dot{E}_c = -n\dot{E}_a \\ \dot{U}_b &= \dot{E}_b \\ \dot{U}_c &= \dot{E}_c \end{aligned}\right\} \tag{3-57}$$

于是，可得到零序电压、负序电压分别为

$$\left.\begin{aligned} \dot{U}_{a0} &= \frac{1}{3}(\dot{U}_a + \dot{U}_b + \dot{U}_c) = -\frac{n+1}{3}\dot{E}_a \\ \dot{U}_{a2} &= \frac{1}{3}(\dot{U}_a + a^2\dot{U}_b + a\dot{U}_c) = -\frac{n+1}{3}\dot{E}_a \end{aligned}\right\} \tag{3-58}$$

当电压互感器仅有相间负载而没有相负载，即 $Z_1 \rightarrow \infty$ 时，$n_{max} = \frac{1}{2}$，于是有

$$U_{0 \cdot max} = U_{2 \cdot max} = \frac{\frac{1}{2}+1}{3} \times \frac{100}{\sqrt{3}} = 28.87\ (V)$$

当电压互感器仅有相负载而没有相间负载，即 $Z_{12} \rightarrow \infty$ 时，$n_{min} = 0$，于是有

$$U_{0 \cdot min} = U_{2 \cdot min} = \frac{1}{3} \times \frac{100}{\sqrt{3}} = 19.25\ (V)$$

因此，电压互感器引出回路一相断线时，二次电压中有零序电压和负序电压出现，且零序电压和负序电压均在 19.25～28.87V 之间变化。

（二）两相（a 相、b 相）断线

当电压互感器的负载阻抗对称，图 3－27（a）所示 a 相、b 相断线时，求得三相电压为

$$\dot{U}_a = \frac{Z_1}{Z_1 + Z_{13}} \dot{E}_c$$

$$\dot{U}_b = \frac{Z_1}{Z_1 + Z_{13}} \dot{E}_c$$

$$\dot{U}_c = \dot{E}_c$$

相应的零序电压、负序电压为

$$\dot{U}_{ao} = \frac{1}{3}(\dot{U}_a + \dot{U}_b + \dot{U}_c) = \frac{1}{3} \cdot \frac{3Z_1 + Z_{13}}{Z_1 + Z_{13}} \dot{E}_c$$

$$\dot{U}_{a2} = \frac{1}{3}(\dot{U}_a + a^2\dot{U}_b + a\dot{U}_c) = \frac{1}{3} \cdot \frac{Z_{13}}{Z_1 + Z_{13}} \dot{E}_c e^{j120°}$$

当电压互感器仅有相间负载时，根据上两式得 $U_0 = \frac{100}{\sqrt{3}}V$、$U_2 = 0V$；当电压互感器仅有相负载时，得到 $U_0 = \frac{1}{3} \times \frac{100}{\sqrt{3}} = 19.25V$、$U_2 = \frac{1}{3} \times \frac{100}{\sqrt{3}} = 19.25V$。

第四章

线路简单复故障分析和变压器两侧电气量关系

第一节　线路单相接地一侧先单相跳闸时电气量特点

在超高压单相重合闸线路上，发生单相接地一侧先单相跳闸时，是属于断线、单相接地同时存在的复故障情况。为使分析简单、结论清晰，采用全电流分析方法进行讨论。非全相运行期间一侧先单相重合于永久性故障也是属于这种情况。

一、短路电流大小变化

分析时不计负荷电流影响。

图4－1（a）示出了N侧A相断线、K点A相接地短路的系统图。应用重叠原理可将A相断线并接地的状态看成是单独的A相断线状态和断线接地短路附加状态的叠加。其中A相断线状态如图4－1（b）所示，因为不计负荷电流，所以M、N两侧的等值电动势大小相等、相位相同，当然这种状态下线路中没有电流，K点对地电压 $\dot{U}_{KA[0]}$ 等于M侧A相电动势 $\dot{E}_{MA}$。断线接地短路附加状态是在K故障点接入与 $\dot{U}_{KA[0]}$ 大小相等、方向相反的电动势，如图4－1（c）所示，当然断线接地短路附加状态仅有 $-\dot{U}_{KA[0]}$ 电动势作用。在 $-\dot{U}_{KA[0]}$ 作用下，故障相A的短路电流为 $\dot{I}_{MA}$，B相、C相的电流分别为 $\dot{I}_{MB}$、$\dot{I}_{MC}$，因B、C两相参数和A相相同，所以 $\dot{I}_{MB}=\dot{I}_{MC}=\dot{I}$。

在图4－1（c）中，将K点左侧部分等价成图1－44（b）所示电路（其中电动势为零），应用式（1－110）、式（1－111），则每相的自阻抗为 $\frac{1}{3}(Z_{M0}+2Z_{M1})$，相间互阻抗为 $\frac{1}{3}(Z_{M0}-Z_{M1})$，从而可列出A相回路方程；同样，K点右侧部分也可等价成图1－44（b）所示电路（电动势为零），每相自阻抗为 $\frac{1}{3}(Z_{N0}+2Z_{N1})$，相间互阻抗为 $\frac{1}{3}(Z_{N0}-Z_{N1})$。对整个B相回路说，除自阻抗形成压降外，还有C相互阻抗形成的压降以及K点左侧A相互阻抗形成的压降，从而也可列出回路方程。从而有

$$\left.\begin{aligned}(2Z_{M1}+Z_{M0})\dot{I}_{MA}+2(Z_{M0}-Z_{M1})\dot{I}&=3\dot{U}_{KA[0]}\\(Z_{M0}-Z_{M1})\dot{I}_{MA}+[Z_{M1}+Z_{N1}+2(Z_{M0}+Z_{N0})]\dot{I}&=0\end{aligned}\right\}\qquad(4-1)$$

解得 $\dot{I}_{MA}$、$\dot{I}$ 为

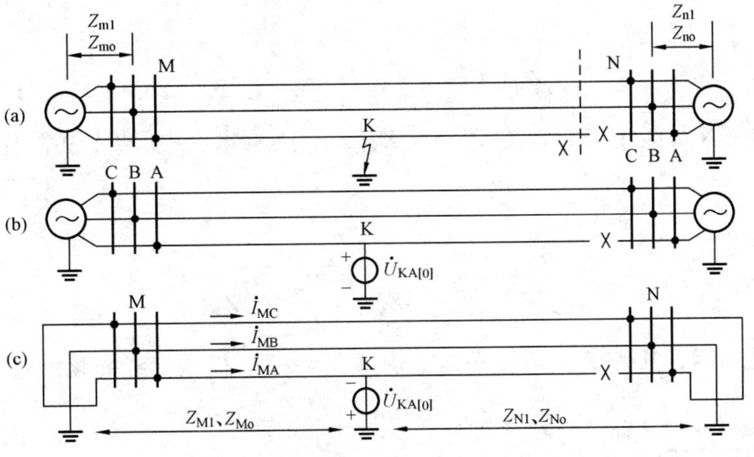

图 4－1　A 相断线并接地的系统分析图

（a）单相断线接地系统图；（b）非全相运行状态；（c）断线接地故障附加状态

$$\left.\begin{aligned}\dot{I}_{MA} &= \frac{Z_{11}+2Z_{00}}{D}\cdot 3\dot{U}_{KA[0]}\\ \dot{I} = \dot{I}_{MB} = \dot{I}_{MC} &= -\frac{Z_{Mo}-Z_{M1}}{D}\cdot 3\dot{U}_{KA[0]}\end{aligned}\right\}\qquad(4-2)$$

其中 $D=(Z_{11}+2Z_{00})(2Z_{M1}+Z_{Mo})-2(Z_{Mo}-Z_{M1})^2$，$Z_{11}=Z_{M1}+Z_{N1}$，$Z_{00}=Z_{Mo}+Z_{No}$。

N 侧 A 相跳闸后，M 侧 A 相电流 I_{MA} 即是短路电流。在 N 侧 A 相未跳闸时，短路电流由式（2－63）得到为（$Z_{\Sigma1}=Z_{\Sigma2}$）

$$\dot{I}_{KA}^{(1)} = \frac{3\dot{U}_{KA[0]}}{2Z_{\Sigma1}+Z_{\Sigma0}}\qquad(4-3)$$

其中 $Z_{\Sigma1}=Z_{M1}Z_{N1}/Z_{11}$，$Z_{\Sigma0}=Z_{Mo}Z_{No}/Z_{00}$。由式（4－2）、式（4－3）得到短路电流之比为

$$\frac{\dot{I}_{MA}}{\dot{I}_{KA}^{(1)}} = \frac{(Z_{11}+2Z_{00})(2Z_{\Sigma1}+Z_{\Sigma0})}{D} = 1-\frac{2}{D}\left[Z_{Mo}^2\left(\frac{Z_{11}}{Z_{00}}+1\right)+2Z_{M1}^2\left(\frac{Z_{00}}{Z_{11}}+\frac{Z_{Mo}}{Z_{M1}}\right)\right]\qquad(4-4)$$

可见，N 侧 A 相跳闸后，短路电流要减小。当接地点愈靠近母线 M 时，减小的程度愈小；反之，在接地点愈靠近母线 N（在线路末端接地）时，减小的程度愈大。如果 $Z_{11}=Z_{00}$、$Z_{M1}=Z_{Mo}$、$Z_{M1}=10\%Z_{11}$，则 $\dot{I}_{MA}\approx 86.7\%\dot{I}_{KA}^{(1)}$。

二、M 侧零序电流大小变化

下面讨论 K 点在 N 母线出口、N 侧单相跳闸后 M 侧零序电流幅值的变化。

图 4－1（a）所示 K 点发生 A 相接地短路，N 侧 A 相断路器未跳闸时，M 侧的三倍零序电流为

$$(3\dot{I}_{Mo})^{(1)} = \frac{Z_{No}}{Z_{Mo}+Z_{No}}\cdot\frac{3\dot{U}_{KA[0]}}{2Z_{\Sigma1}+Z_{\Sigma0}}$$

$$= \frac{3\dot{U}_{KA[0]}}{Z_{M0} + 2Z_{M1} \cdot \frac{Z_{N1}}{Z_{N0}} \cdot \frac{Z_{M0} + Z_{N0}}{Z_{M1} + Z_{N1}}} \tag{4-5}$$

K 点在线路末端（N 母线出口）时有 $Z_{N1} << Z_{M1}$、$Z_{N0} << Z_{M0}$，所以上式简化为（$Z_{N1} = Z_{n1}$，$Z_{N0} = Z_{n0}$）

$$(3\dot{I}_{M0})^{(1)} = \frac{3\dot{U}_{KA[0]}}{Z_{M0} + \frac{Z_{N1}}{Z_{N0}} \cdot 2Z_{M0}} \tag{4-6}$$

N 侧 A 相跳闸后，M 侧的三倍零序电流由式（4－2）得到，经简化后为

$$3\dot{I}_{M0} = \dot{I}_{MA} + \dot{I}_{MB} + \dot{I}_{MC} = \frac{Z_{11} + 2Z_{00} - 2(Z_{M0} - Z_{M1})}{D} \cdot 3\dot{U}_{KA[0]}$$

$$= \frac{3Z_{M1} + Z_{N1} + 2Z_{N0}}{(3Z_{M1} + Z_{N1} + 2Z_{N0})(2Z_{M1} + Z_{M0}) - 6Z_{M1}(Z_{M1} - Z_{M0})} \cdot 3\dot{U}_{KA[0]}$$

$$= \frac{3\dot{U}_{KA[0]}}{Z_{M0} + 2Z_{M1} - \frac{6Z_{M1}(Z_{M1} - Z_{M0})}{3Z_{M1} + Z_{N1} + 2Z_{N0}}}$$

$$= \frac{3\dot{U}_{KA[0]}}{Z_{M0} + 2Z_{M1}\left[1 - \frac{3(Z_{M1} - Z_{M0})}{3Z_{M1} + Z_{N1} + 2Z_{N0}}\right]} \tag{4-7}$$

在线路末端短路的一般情况下，同样有 $Z_{N0} << Z_{M1}$、$Z_{N1} << Z_{M1}$（$Z_{N0} = Z_{n0}$，$Z_{N1} = Z_{n1}$），上式改写为

$$3\dot{I}_{M0} = \frac{3\dot{U}_{KA[0]}}{Z_{M0} + 2Z_{M0}} \tag{4-8}$$

比较式（4－6）、式（4－8）可见，当 $Z_{N1} = Z_{N0}$（即 $Z_{n1} = Z_{n0}$）时，$3\dot{I}_{M0} = (3\dot{I}_{M0})^{(1)}$，即 N 侧 A 相跳闸后，M 侧零序电流基本无变化；当 $Z_{N1} > Z_{N0}$（即 $Z_{n1} > Z_{n0}$）时，$3\dot{I}_{M0} > (3\dot{I}_{M0})^{(1)}$，即 N 侧 A 相跳闸后，M 侧零序电流增大；当 $Z_{N1} < Z_{N0}$（即 $Z_{n1} < Z_{n0}$）时，$3\dot{I}_{M0} < (3\dot{I}_{M0})^{(1)}$，即 N 侧 A 相跳闸后，M 侧零序电流减小。可见，当线路末端发生单相接地故障（N 侧出口）而对侧断路器单相跳闸（N 侧）后，本侧（M 侧）零序电流的增减视对侧母线侧正序等值阻抗 Z_{n1} 与零序等值阻抗 Z_{n0} 相对大小而定。在大多数情况下，Z_{n1} 与 Z_{n0} 相近，所以零序电流变化不大。只有当 Z_{n0} 比 Z_{n1} 大得较多，或者在 $Z_{M0} < Z_{M1}$（M 侧为小电源侧，变压器零序阻抗小，并且线路很短）情况下，M 侧的零序电流才减小。

如果线路末端单相接地短路并实现三相跳闸，则在 N 侧三相跳闸情况下，M 侧的三倍零序电流为

$$(3\dot{I}_{M0})' = \frac{3\dot{U}_{KA[0]}}{Z_{M0} + 2Z_{M1}} \tag{4-9}$$

与式（4－6）比较，一般情况下$\frac{Z_{M0}}{Z_{M1}} > \frac{Z_{N0}}{Z_{N1}}$，所以$(3I_{M0})' > (3I_{M0})^{(1)}$，故图4－1（a）所示N母线出口单相接地短路N侧三相跳闸时，M侧的零序电流会增大，对继电保护是有利的。

三、线路两侧的负序电流与零序电流间的相位关系

图4－1（a）所示K点A相接地时，两侧A相断路器跳闸前，M侧A相零序电流、负序电流为

$$\dot{I}_{MA0} = C_{0M}\dot{I}_{KA0}^{(1)}$$

$$\dot{I}_{MA2} = C_{1M}\dot{I}_{KA2}^{(1)}$$

所以

$$\arg\left(\frac{\dot{I}_{MA0}}{\dot{I}_{MA2}}\right) = 0°$$

式（2－166）判为θ_A区，判为A相接地。同理N侧也判为θ_A区，判为A相接地。

当N侧A相先跳闸时，应用对称分量法由式（4－2）求得M侧、N侧各序分量电流为

$$\left.\begin{aligned}\dot{I}_{MA1} &= \frac{1}{3}(\dot{I}_{MA} - \dot{I}_{MB}) = (Z_{11} + 2Z_{00} + Z_{M0} - Z_{M1})\frac{\dot{U}_{KA[0]}}{D}\\ \dot{I}_{MA2} &= \frac{1}{3}(\dot{I}_{MA} - \dot{I}_{MB}) = (Z_{11} + 2Z_{00} + Z_{M0} - Z_{M1})\frac{\dot{U}_{KA[0]}}{D}\\ \dot{I}_{MA0} &= [Z_{11} + 2Z_{00} - 2(Z_{M0} - Z_{M1})]\frac{\dot{U}_{KA[0]}}{D}\end{aligned}\right\} \quad (4-10)$$

$$\dot{I}_{NA1} = \frac{1}{3}(\dot{I}_{NA} + a\dot{I}_{NB} + a^2\dot{I}_{NC}) = \frac{\dot{I}_{MB}}{3} = -(Z_{M0} - Z_{M1})\frac{\dot{U}_{KA[0]}}{D}$$

$$\dot{I}_{NA2} = \frac{1}{3}(\dot{I}_{NA} + a^2\dot{I}_{NB} + a\dot{I}_{NC}) = \frac{\dot{I}_{MB}}{3} = -(Z_{M0} - Z_{M1})\frac{\dot{U}_{KA[0]}}{D}$$

$$\dot{I}_{NA0} = \frac{1}{3}(\dot{I}_{NA} + \dot{I}_{NB} + \dot{I}_{NC}) = -\frac{2\dot{I}_{MB}}{3} = 2(Z_{M0} - Z_{M1})\frac{\dot{U}_{KA[0]}}{D}$$

于是有

$$\arg\left(\frac{\dot{I}_{MA0}}{\dot{I}_{MA2}}\right) = \arg\left[\frac{Z_{11} + 2Z_{00} - 2(Z_{M0} - Z_{M1})}{Z_{11} + 2Z_{00} + Z_{M0} - Z_{M1}}\right] = 0° \quad (4-11)$$

$$\arg\left(\frac{\dot{I}_{NA0}}{\dot{I}_{NA2}}\right) = \arg\left[\frac{2(Z_{M0} - Z_{M1})}{-(Z_{M0} - Z_{M1})}\right] = 180°$$

可见，在M侧（未跳闸侧），式（2－166）仍判别在θ_A区，仍然判为A相接地；在N侧（先跳闸侧），式（2－166）由原来的判θ_A区变为θ_B、θ_C的交界，处于θ_B区、θ_C区的临界状态（此时不必再具有选相功能）。

四、线路两侧的序电压和序电流间的相位关系

按惯例，电流正方向取为母线流向线路，于是M、N母线上的负序（零序）电压为

$(Z_{m1}=Z_{m2}$、$Z_{n1}=Z_{n2})$

$$\dot{U}_{M2}=-\dot{I}_{M2}Z_{m1},\ \dot{U}_{N2}=-\dot{I}_{N2}Z_{n1}$$

$$\dot{U}_{Mo}=-\dot{I}_{Mo}Z_{mo},\ \dot{U}_{No}=-\dot{I}_{No}Z_{no}$$

如果系统各元件序阻抗角为70°~80°，则M、N母线上的负序（零序）电压滞后负序（零序）电流100°~110°，相当于正方向上发生了短路故障，这是负序（零序）电压取自母线电压互感器的情况（即电压互感器在母线侧），并且相位关系不受线路故障类型的影响（包括同名相断线接地、非全相运行、非全相运行健全相的故障）。

再讨论负序（零序）电压取自线路电压互感器的情况（即电压互感器在线路侧）。图4-1（a）所示K点A相接地短路N侧断路器跳闸后，在M侧，负序（零序）电压仍然滞后负序（零序）电流100°~110°，相位关系保持不变。N侧情况不同，分析如下。

在图4-1（a）中，N侧A相跳闸后线路侧（以注脚X表示）的零序、负序电压为

$$\left.\begin{aligned}\dot{U}_{XA0}&=\frac{1}{3}(\dot{U}_{XA}+\dot{U}_{XB}+\dot{U}_{XC})=-\dot{I}_{NA0}Z_{no}-\frac{1}{3}(\dot{U}_{NA}-\dot{U}_{XA})\\ \dot{U}_{XA2}&=\frac{1}{3}(\dot{U}_{XA}+a^2\dot{U}_{XB}+a\dot{U}_{XC})=-\dot{I}_{NA2}Z_{n2}-\frac{1}{3}(\dot{U}_{NA}-\dot{U}_{XA})\end{aligned}\right\}\quad(4-12)$$

式中$\dot{U}_{XA}$为断线相线路侧电压，因该相线路仍处在接地状态，所以只有K短路点到N母线线段的感应电压，数值很低。计及N母线右侧B、C相电流的互感作用后，N母线上A相电压$\dot{U}_{NA}$可表示为

$$\dot{U}_{NA}=\dot{E}_{NA}-(\dot{I}_{NB}+\dot{I}_{NC})\cdot\frac{Z_{no}-Z_{n1}}{3}=\dot{E}_{NA}+\dot{I}_{NA0}(Z_{n1}-Z_{no})\quad(4-13)$$

由于$\dot{U}_{NA}$数值很高（与$\dot{E}_{NA}$同相位），所以式（4-12）表示的$\dot{U}_{XA0}$、$\dot{U}_{XA2}$均在$\dot{U}_{NA}$的反方向上，如图4-2所示。

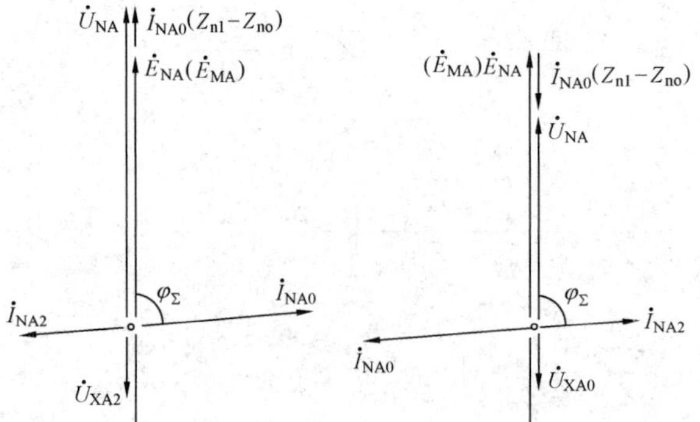

图4-2 同名相单相断线接地时线路侧负序（零序）电压和负序（零序）电流间相位关系（无负荷电流）
(a) $Z_{M1}<Z_{Mo}$；(b) $Z_{M1}>Z_{Mo}$

由式（4-11）得到$\dot{I}_{NA2}$和$\dot{I}_{NA0}$具有反相关系，且$\dot{I}_{NA0}$是$\dot{I}_{NA2}$的两倍。当不计负荷电流时，在$Z_{M1}<Z_{Mo}$情况下，$\dot{I}_{NA0}$滞后$\dot{E}_{NA}$（$\dot{E}_{NA}=\dot{E}_{MA}=\dot{U}_{KA[0]}$）一个$\varphi_\Sigma$角（各序元件阻抗角相等，其值为$\varphi_\Sigma$），而在$Z_{M1}>Z_{No}$情况下，$\dot{I}_{NA2}$滞后$\dot{E}_{NA}$一个$\varphi_\Sigma$角。$\dot{I}_{NA2}$和$\dot{I}_{NA0}$的相量如图4-2所示。

由图4-2可见，在$Z_{M1}<Z_{Mo}$情况下，N侧A相跳闸后，N侧零序电流超前线路侧零序电压180°$-\varphi_\Sigma$（即100°~

110°)，相当于正方向上发生了短路故障；N 侧负序电流滞后线路侧负序电压 φ_{Σ} 角，相当于反方向上发生了短路故障。在 $Z_{M1} > Z_{M0}$ 情况下，N 侧 A 相跳闸后，情况正好与 $Z_{M1} < Z_{M0}$ 时相反，负序电流超前线路侧负序电压 $180° - \varphi_{\Sigma}$（即 100° ~ 110°），零序电流滞后线路侧零序电压 φ_{Σ} 角。

第二节　线路非全相运行健全相单相接地时电气量特点

在超高压输电线路上，单相接地故障切除后，线路转入非全相运行。在非全相运行期间，健全相有发生故障的可能（单相接地或相间故障），作为继电保护装置，应能正确判别这一故障，将故障线路切除。

下面讨论非全相运行期间健全相发生短路故障。在发生短路故障时，线路两侧等值电动势 $\dot{E}_{M}$、$\dot{E}_{N}$ 间的角度可能已摆开，即线路可能处在非全相振荡状态。为使分析简化，假设线路两侧等值电动势幅值相等，即 $|\dot{E}_{M}| = |\dot{E}_{N}| = E_{\varphi}$；系统各元件零序阻抗与正序阻抗具有相同比例，即 $\dfrac{Z_{00}}{Z_{11}} = K_0$。

一、短路电流大小

在图 4－3（a）中，设在 A 相断开的非全相运行期间，C 相 K 点发生了单相接地。应用叠加原理，此时可看成是图 4－3（b）所示单独的 A 相断线状态和图 4－3（c）所示断线接地故障附加状态的叠加，其中 $\dot{U}_{KC[0]}$ 是 A 相断线两侧等值电动势角度摆开时 C 相 K 点的相电压。注意，在图（b）中 K 点对地没有故障电流，所以图（c）中 K 点对地电流就是短路电流。

在图 4－3（b）的非全相运行状态中，计及

$$\Delta\dot{E}_{A} = \dot{E}_{MA} - \dot{E}_{NA} = (e^{j\delta} - 1)\dot{E}_{NA}$$

由式（3－7）得到线路 M 侧各序电流为（设 $Z_{11} = Z_{22}$）

$$\left.\begin{aligned}
\dot{I}'_{MA1} &= \frac{1 + K_0}{1 + 2K_0}(e^{j\delta} - 1)\frac{\dot{E}_{NA}}{Z_{11}} \\
\dot{I}'_{MA2} &= -\frac{K_0}{1 + 2K_0}(e^{j\delta} - 1)\frac{\dot{E}_{NA}}{Z_{11}} \\
\dot{I}'_{M0} &= -\frac{1}{1 + 2K_0}(e^{j\delta} - 1)\frac{\dot{E}_{NA}}{Z_{11}}
\end{aligned}\right\} \tag{4-14}$$

令系数 $k = \dfrac{Z_{m1} + Z_{MK1}}{Z_{11}}$ 表示故障点 K 的位置，则由图 4－3（b）可得到（$a = e^{j120°}$）

$$\begin{aligned}
\dot{U}_{KC[0]} &= (\dot{E}_{MC} - \dot{I}'_{MC1}kZ_{11}) + (-\dot{I}'_{MC2}kZ_{22}) + (-\dot{I}'_{M0}kZ_{00}) \\
&= a\dot{E}_{NA}e^{j\delta} - akZ_{11}\dot{I}'_{MA1} - a^2kZ_{11}\dot{I}'_{MA2} - kK_0Z_{11}\dot{I}'_{M0} \\
&= a[k + (1 - k)e^{j\delta}]\dot{E}_{NA}
\end{aligned} \tag{4-15}$$

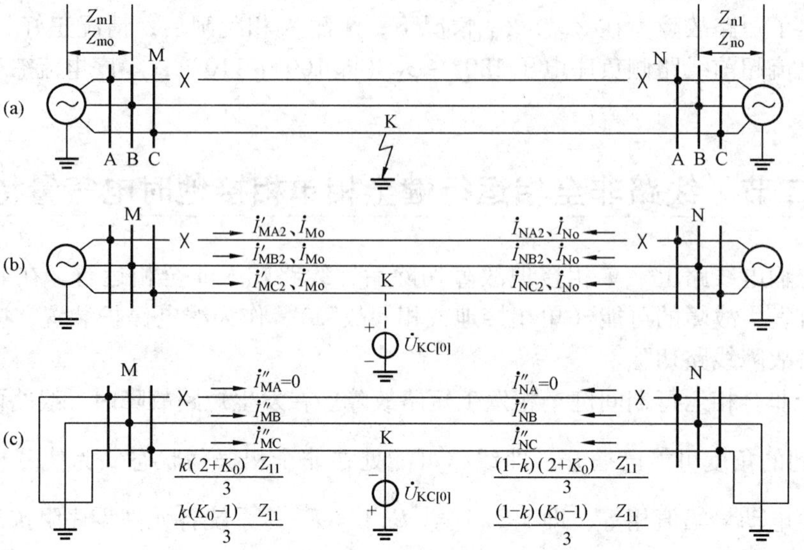

图 4－3　A 相断线 C 相接地的系统分析图

（a）A 相断线 C 相接地系统图；（b）A 相断线的非全相运行状态；

（c）A 相断线 C 相接地故障的附加状态

可见，$\dot{U}_{KC[0]}$ 与 K 点位置、δ 角大小有关。取模值，得到

$$|\dot{U}_{KC[0]}| = \sqrt{k^2 + (1-k)^2 + 2k(1-k)\cos\delta} \cdot E\varphi \tag{4-16}$$

当 $\delta=0°$ 时，有 $|\dot{U}_{KC[0]}| = E_{\varphi}$，具有最高值；当 $\delta=180°$ 时，有 $|\dot{U}_{KC[0]}| = |2k-1|E_{\varphi}$。可以看出，$k$ 愈接近 $\frac{1}{2}$，$|\dot{U}_{KC[0]}|$ 愈小，$k=\frac{1}{2}$（K 点处振荡中心）时，有 $\dot{U}_{KC[0]}=0$。

在图 4－3（c）断线接地故障附加状态中，K 点左侧每相自阻抗为 $\frac{1}{3}(kZ_{00}+2kZ_{11}) = \frac{k(2+K_0)}{3}Z_{11}$，相间互阻抗为 $\frac{1}{3}(kZ_{00}-kZ_{11}) = \frac{k(K_0-1)}{3}Z_{11}$，当 k 以（$1-k$）代入时就得到 K 点右侧每相自阻抗和相间互阻抗。计及 $\dot{I}''_{MA}=0$、$\dot{I}''_{NA}=0$、$\dot{I}''_{MB}+\dot{I}''_{NB}=0$，则 K 点左、右 C 相回路和 B 相回路的方程为

$$\dot{I}''_{MC} \cdot \frac{k(2+K_0)Z_{11}}{3} + \dot{I}''_{MB} \cdot \frac{k(K_0-1)Z_{11}}{3} = \dot{U}_{KC[0]}$$

$$\dot{I}''_{NC} \cdot \frac{(1-k)(2+K_0)Z_{11}}{3} - \dot{I}''_{MB} \cdot \frac{(1+k)(K_0-1)Z_{11}}{3} = \dot{U}_{KC[0]}$$

$$\dot{I}''_{MB} \cdot \left\{\frac{k(2+K_0)Z_{11}}{3} + \frac{(1-k)(2+K_0)Z_{11}}{3}\right\}$$

$$+\dot{I}''_{MC} \cdot \frac{k(K_0-1)Z_{11}}{3} - \dot{I}''_{NC} \cdot \frac{(1-k)(K_0-1)Z_{11}}{3} = 0$$

解得 $\dot{I}''_{MB}$、$\dot{I}''_{MC}$、$\dot{I}''_{NC}$ 分别为

$$\left.\begin{aligned}\dot{I}''_{MB} &= 0\\ \dot{I}''_{MC} &= \frac{3\dot{U}_{KC[0]}}{k(2+K_0)Z_{11}}\\ \dot{I}''_{NC} &= \frac{3\dot{U}_{KC[0]}}{(1-k)(2+K_0)Z_{11}}\end{aligned}\right\} \tag{4-17}$$

于是，非全相运行期间健全相单相接地的短路电流由式（4－17）得到为

$$\dot{I}''_{KC} = \dot{I}''_{MC} + \dot{I}''_{NC} = \frac{3\dot{U}_{KC[0]}}{(2+K_0)Z_{11}}\left[\frac{1}{k} + \frac{1}{1-k}\right] \tag{4-18}$$

计及式（4－16），接地电流的模值为

$$|\dot{I}''_{KC}| = \frac{3E\varphi}{(2+K_0)Z_{11}}\left(\frac{1}{k} + \frac{1}{1-k}\right)\sqrt{k^2 + (1-k)^2 + 2k(1-k)\cos\delta} \tag{4-19}$$

全相运行时，K 点 C 相单相接地时，计及 $Z_{\Sigma1} = \frac{kZ_{11} \cdot (1-k)Z_{11}}{Z_{11}}$、$Z_{\Sigma2} = Z_{\Sigma1}$、$Z_{\Sigma0} = \frac{K_0kZ_{11} \cdot K_0(1-k)Z_{11}}{K_0Z_{11}}$，由式（4－3）得到接地电流为

$$\dot{I}^{(1)}_{KC} = \frac{3\dot{U}_{KC[0]}}{Z_{\Sigma1} + Z_{\Sigma2} + Z_{\Sigma0}} = \frac{3\dot{U}_{KC[0]}}{(2+K_0)k(1-k)Z_{11}}$$

与式（4－18）比较，可以得到非全相运行期间健全相单相接地电流与全相运行在该点接地时的接地电流并无差别。需要特别指出的是，不论线路在全相运行还是非全相运行，当 $\delta = 180°$、接地点处于振荡中心时，接地电流为零（其他故障形式时，短路电流同样为零）。

二、相电流差突变量

电流突变量只反应短路故障引起的电流变化量，不反应短路故障前的电流。因此，电流突变量只反应图 4－3（c）中的电流。将图 4－3（c）线路两侧的电流（即相电流突变量）重写如下

$$\left.\begin{aligned}\dot{I}''_{MA} &= 0\\ \dot{I}''_{MB} &= 0\\ \dot{I}''_{MC} &= \frac{3\dot{U}_{KC[0]}}{k(2+K_0)Z_{11}}\end{aligned}\right\} \tag{4-20}$$

$$\left.\begin{aligned}\dot{I}''_{NA} &= 0\\ \dot{I}''_{NB} &= 0\\ \dot{I}''_{NC} &= \frac{3\dot{U}_{KC[0]}}{(1-k)(2+K_0)Z_{11}}\end{aligned}\right\} \tag{4-21}$$

于是，非全相运行健全相单相接地（C 相接地）线路两侧的相电流差突变量由上两式得到为

$$\left.\begin{aligned}(\Delta\dot{I}_{AB})_M &= \dot{I}''_{MA} - \dot{I}''_{MB} = 0\\(\Delta\dot{I}_{BC})_M &= \dot{I}''_{MB} - \dot{I}''_{MC} = -\frac{3\dot{U}_{KC[0]}}{k(2+K_0)Z_{11}}\\(\Delta\dot{I}_{CA})_M &= \dot{I}''_{MC} - \dot{I}''_{MA} = \frac{3\dot{U}_{KC[0]}}{k(2+K_0)Z_{11}}\end{aligned}\right\}\quad(4-22)$$

$$\left.\begin{aligned}(\Delta\dot{I}_{AB})_N &= \dot{I}''_{NA} - \dot{I}''_{NB} = 0\\(\Delta\dot{I}_{BC})_N &= \dot{I}''_{NB} - \dot{I}''_{NC} = -\frac{3\dot{U}_{KC[0]}}{(1-k)(2+K_0)Z_{11}}\\(\Delta\dot{I}_{CA})_N &= \dot{I}''_{NC} - \dot{I}''_{NA} = \frac{3\dot{U}_{KC[0]}}{(1-k)(2+K_0)Z_{11}}\end{aligned}\right\}\quad(4-23)$$

可见，带有接地相的相电流差突变量、接地相的相电流突变量数值明显增大。当然，如果健全相发生的是相间故障，则两健全相的相电流差突变量具有更大的数值。但是，应当看到，当 $\delta=180°$、振荡中心处健全相发生单相接地或相间故障时，线路两侧没有电流突变量，即使故障后两侧电动势夹角摆离 180°，也不会测量到电流突变量。

三、线路两侧的负序电流和零序电流间的相位关系

讨论线路 M 侧的负序电流和零序电流间的相位关系（N 侧类同）。

由式（4－20）可得到断线接地故障附加状态下 M 侧的 A 相负序电流、零序电流，计及式（4－15）后，可表示为

$$\left.\begin{aligned}\dot{I}''_{MA2} &= a^2\frac{k+(1-k)e^{j\delta}}{k(2+K_0)}\cdot\frac{\dot{E}_{NA}}{Z_{11}}\\\dot{I}''_{M0} &= a\frac{k+(1-k)e^{j\delta}}{k(2+K_0)}\cdot\frac{\dot{E}_{NA}}{Z_{11}}\end{aligned}\right\}\quad(4-24)$$

计及式（4－14）中非全相运行期间的负序电流和零序电流，就可得到非全相运行过程中健全相再发生接地时 M 侧的负序电流和零序电流，表示式为

$$\left.\begin{aligned}\dot{I}_{MA2} &= \dot{I}'_{MA2} + \dot{I}''_{MA2} = \left\{a^2\frac{k+(1-k)e^{j\delta}}{k(2+K_0)} + \frac{K_0}{1+2K_0}(1-e^{j\delta})\right\}\frac{\dot{E}_{NA}}{Z_{11}}\\\dot{I}_{M0} &= \dot{I}'_{M0} + \dot{I}''_{M0} = \left\{a\frac{k+(1-k)e^{j\delta}}{k(2+K_0)} + \frac{1}{1+2K_0}(1-e^{j\delta})\right\}\frac{\dot{E}_{NA}}{Z_{11}}\end{aligned}\right\}\quad(4-25)$$

于是有

$$\arg\left(\frac{\dot{I}_0}{\dot{I}_{A2}}\right)_M = \arg\left\{\frac{a[k+(1-k)e^{j\delta}] + \dfrac{k(2+K_0)}{1+2K_0}(1-e^{j\delta})}{a^2[k+(1-k)e^{j\delta}] + \dfrac{kK_0(2+K_0)}{1+2K_0}(1-e^{j\delta})}\right\}\quad(4-26)$$

取 $K_0=0.5\sim3$，则不同 k 值、δ 角下计算得到的 $\arg\left(\frac{\dot{I}_0}{\dot{I}_{A2}}\right)_M$ 值如表4－1所示。由表明显看出，A相断开的非全相过程中健全相C相发生单相接地时，$\arg\left(\frac{\dot{I}_0}{\dot{I}_{A2}}\right)_M$ 值不可能落入式（2－166）确定的 θ_B 区；在 k 值较小或 δ 值较小时，$\arg\left(\frac{\dot{I}_0}{\dot{I}_{A2}}\right)_M$ 值落入式（2－166）确定的 θ_C 区，判为C相接地；即使 k 值较大、δ 值较大时，$\arg\left(\frac{\dot{I}_0}{\dot{I}_{A2}}\right)_M$ 不落入 θ_C 区，但在 δ 角偏离180°向360°趋近过程中，$\arg\left(\frac{\dot{I}_0}{\dot{I}_{A2}}\right)_M$ 值仍会落入式(2－166）确定的 θ_C 区,只是带有延时而已。

表4－1　　不同 k 值、δ 角时的 $\arg\left(\frac{\dot{I}_0}{\dot{I}_{A2}}\right)_M$ 值

k		0.20	0.25	0.5	0.75
δ	0°	240°	240°	240°	240°
	30°	234.9°～239.1°	245°～238.7°	249.1°～237.6°	252.1°～231.1°
	60°	252.8°～244°	256.2°～244.2°	276.1°～241.2°	316.8°～228.7°
	90°	265.5°～254°	273.3°～256.3°	326°～262.5°	26°～110°
	120°	278°～268.2°	289.8°～273.9°	353.3°～312.8°	38.6°～36°
	150°	284.8°～282.9°	298°～292.6°	1.4°～－12.3°	43.8°～37°
	180°	283.6°～294.2°	296.1°～306.4°	0°	47.1°～36.1°

非全相运行过程中，由式（4－14）得到

$$\arg\left(\frac{\dot{I}'_0}{\dot{I}'_{A2}}\right)=0° \tag{4－27}$$

式（2－166）判为 θ_A 区，判为跳开相。

因此，用式（2－166）判别时，非全相运行期间，$\arg\left(\frac{\dot{I}_0}{\dot{I}_{A2}}\right)$ 判为跳开相；当 $\arg\left(\frac{\dot{I}_0}{\dot{I}_{A2}}\right)$ 不在跳开相时，说明健全相发生了接地故障。

需要说明的是，式（4－25）中的 $\dot{I}'_{M0}$、$\dot{I}'_{MA2}$ 和 $\dot{I}''_{M0}$、$\dot{I}''_{MA2}$ 中，不可能同时为零值，即使 $k=0.5$，$\delta=180°$ 健全相发生单相接地时，有 $\dot{I}''_{M0}=0$、$\dot{I}''_{MA2}=0$，但此时 $\dot{I}'_{M0}$、$\dot{I}'_{MA2}$ 具有

最大值；$\delta=0°$发生单相接地时，有$\dot{I}'_{M0}=0$、$\dot{I}'_{MA2}=0$，但此时$\dot{I}''_{M0}$、$\dot{I}''_{MA2}$具有最大值。

四、线路两侧的序电压和序电流间的相位关系

非全相运行过程中，健全相发生接地故障时，线路两侧均有负序电流和零序电流，当电流正方向取为母线流向线路时，则线路两侧 M、N 母线上的负序电压、零序电压为

$$\dot{U}_{M2}=-\dot{I}_{M2}Z_{m1},\ U_{N2}=-\dot{I}_{N2}Z_{n2}$$

$$\dot{U}_{M0}=-\dot{I}_{M0}Z_{m0},\ U_{N0}=-\dot{I}_{N0}Z_{n0}$$

设系统各元件序阻抗角为70°~80°，则 M、N 母线上的负序电压、零序电压均滞后本侧相应负序电流、零序电流 100°~110°，相当于正方向上发生了短路故障。

当负序电压、零序电压取自线路侧电压互感器二次侧时，从非全相运行角度看，线路的负序电流和零序电流呈穿越性质，并且两个断相口均在所取电压互感器确定的保护范围之外，根据第三章第二节分析，两侧的负序（零序）方向元件最多只有一个处在正向动作状态，即最多只有一侧的负序（零序）电压滞后该侧负序（零序）电流 100°~110°；从 K 点发生接地故障的角度看，因故障点在线路内部，所以两侧的负序（零序）电压均滞后该侧负序（零序）电流 100°~110°，均判为正方向上发生了短路故障。两种方式叠加后，负序（零序）电压与负序（零序）电流间的相位关系与电网结构、接地故障点位置、两侧电动势摆开的角度等因素有关。在这种情况下，不能借助两侧的负序方向元件或零序方向元件的动作行为来确定健全相上发生了短路故障。

但是，两侧健全相上的接地方向阻抗继电器可正确判别内部发生了接地故障，两侧接于健全相上的相间方向阻抗继电器可正确判别内部发生了相间短路故障（指两健全相）。

第三节　变压器两侧电流、电压对称分量关系

电压、电流对称分量经变压器后，不仅数值大小要发生变化，而且相位也可能发生变化。变压器两侧电压、电流的大小关系由变压器变比决定，而相位关系则与变压器的联结组别有关。如果电压、电流用标么值表示，则仅有相位的变化。以下采用有名值进行分析。

下面以 YNd11 联结组别变压器为例讨论电压、电流序分量的变换。

图 4-4 示出了 YNd11 变压器接线图，图中$\dot{U}_A$、$\dot{U}_B$、$\dot{U}_C$和$\dot{I}_A$、$\dot{I}_B$、$\dot{I}_C$为变压器 YN 侧相电压（A、B、C 点对地电压）和线电流；$\dot{U}_a$、$\dot{U}_b$、$\dot{U}_c$和$\dot{I}_a$、$\dot{I}_b$、$\dot{I}_c$为变压器 d 侧的相电压（a、b、c 点对地电压）和线电流；$\dot{I}_\alpha$、$\dot{I}_\beta$、$\dot{I}_\gamma$为 d 侧内部各相绕组中的电流。

如果令变压器的变比为K_T（线电压之比），则 YN 侧的相电压与 d 侧相电压（等于线电压）之比为$\frac{K_T}{\sqrt{3}}$。于是，在不计励磁电流的情况下，d 侧线电流可表示为

$$\dot{I}_a=\dot{I}_\alpha-\dot{I}_\beta=\frac{K_T}{\sqrt{3}}(\dot{I}_A-\dot{I}_B)$$

$$\dot{I}_b=\dot{I}_\beta-\dot{I}_\gamma=\frac{K_T}{\sqrt{3}}(\dot{I}_B-\dot{I}_C)$$

$$\dot{I}_{c}=\dot{I}_{\gamma}-\dot{I}_{\alpha}=\frac{K_{T}}{\sqrt{3}}(\dot{I}_{C}-\dot{I}_{A})$$

应用对称分量法，可得到 d 侧正序电流为

$$\dot{I}_{a1}=\frac{1}{3}(\dot{I}_{a}+a\dot{I}_{b}+a^{2}\dot{I}_{c})$$

$$=\frac{K_{T}}{\sqrt{3}}\left[\frac{\dot{I}_{A}+a\dot{I}_{B}+a^{2}\dot{I}_{C}}{3}-\frac{a^{2}\dot{I}_{A}+\dot{I}_{B}+a\dot{I}_{C}}{3}\right]$$

$$=K_{T}\dot{I}_{A1}e^{j30^{\circ}}$$

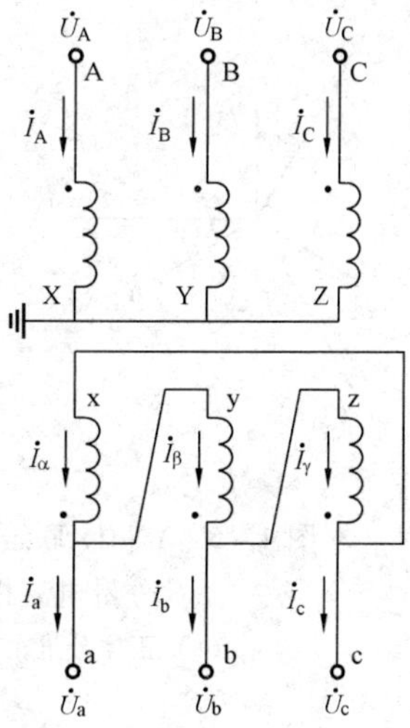

图 4－4　YNd11 变压器接线

同理可得到 d 侧的负序电流 $\dot{I}_{a2}$、零序电流 $\dot{I}_{a0}$。所以 d 侧各序电流可表示为

$$\left.\begin{aligned}\dot{I}_{a1}&=K_{T}\dot{I}_{A1}e^{j30^{\circ}}\\\dot{I}_{a2}&=K_{T}\dot{I}_{A2}e^{-j30^{\circ}}\\\dot{I}_{a0}&=0\end{aligned}\right\}\qquad(4-28)$$

可以看出，d 侧的正序电流在大小上等于 YN 侧正序电流的 K_T 倍（以标么值表示时，$K_T=1$，下同），在相位上超前 YN 侧相应正序电流 30°，与 YNd11 联结组别相符（高压 YN 侧 $\dot{I}_{A1}$ 电流相量置钟面 12 点位置，低压 d 侧 $\dot{I}_{a1}$ 电流相量恰在 11 点位置）；d 侧的负序电流在大小上等于 YN 侧负序电流的 K_T 倍，在相位上滞后 YN 侧相应负序电流 30°（对负序分量，是 YNd1 联结组别）；YN 侧的零序电流不能传变到 d 侧的线电流中，只能在 d 侧绕组中形成环流。式（4－28）只表示了 A 相序分量电流的关系，对 B 相、C 相序分量电流也有同样的关系式，即 $\dot{I}_{b1}=K_{T}\dot{I}_{B1}e^{j30^{\circ}}$、$\dot{I}_{b2}=K_{T}\dot{I}_{B2}e^{-j30^{\circ}}$、$\dot{I}_{c1}=K_{T}\dot{I}_{C1}e^{j30^{\circ}}$、$\dot{I}_{c2}=K_{T}\dot{I}_{C2}e^{-j30^{\circ}}$。

式（4－28）为已知 YN 侧各序分量电流求 d 侧各序分量电流的关系式。当已知 d 侧各序分量电流，要求 YN 侧的各序分量电流时，只要将式（4－28）写成如下形式

$$\left.\begin{aligned}\dot{I}_{A1}&=\frac{1}{K_{T}}\dot{I}_{a1}e^{-j30^{\circ}}\\\dot{I}_{A2}&=\frac{1}{K_{T}}\dot{I}_{a2}e^{j30^{\circ}}\end{aligned}\right\}\qquad(4-29)$$

B 相、C 相序分量电流也有同样的关系式。

图 4－5 示出了 YNd11 联结组别变压器两侧序分量电流的相位关系。

如果将上述关系推广到任意的联结组别 ξ 时，则有如下关系

$$\left.\begin{aligned}\dot{I}_{a1}&=K_{T}\dot{I}_{A1}e^{j(12-\xi)30^{\circ}}\\\dot{I}_{a2}&=K_{T}\dot{I}_{A2}e^{-j(12-\xi)30^{\circ}}\end{aligned}\right\}\qquad(4-30)$$

$$\text{或}\quad \left.\begin{aligned} \dot{I}_{A1} &= \frac{1}{K_T}\dot{I}_{a1}e^{-j(12-\xi)30^\circ} \\ \dot{I}_{A2} &= \frac{1}{K_T}\dot{I}_{a2}e^{j(12-\xi)30^\circ} \end{aligned}\right\} \quad (4-31)$$

B 相、C 相序分量电流也有同样关系式。

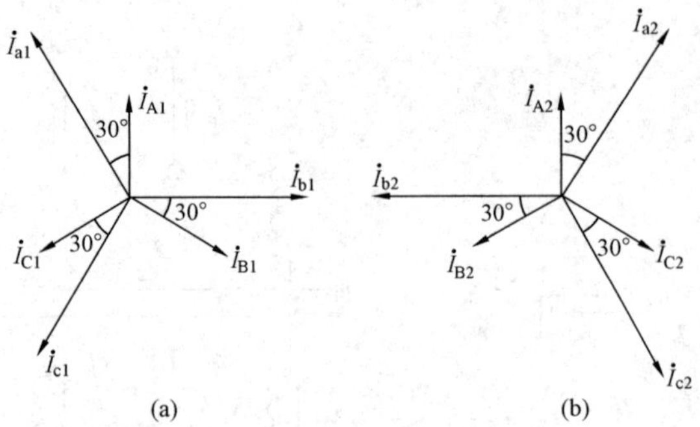

图 4－5 YNd11 联结组别变压器两侧序分量电流相位关系

（a）正序分量；（b）负序分量

当图 4－4 中 YNd11 联结组别变压器处于空载状态时，两侧电压有如下关系

$$\dot{U}_A = \frac{K_T}{\sqrt{3}}(\dot{U}_a - \dot{U}_c)$$

$$\dot{U}_B = \frac{K_T}{\sqrt{3}}(\dot{U}_b - \dot{U}_a)$$

$$\dot{U}_C = \frac{K_T}{\sqrt{3}}(\dot{U}_c - \dot{U}_b)$$

应用对称分量法，可得到 YN 侧正序电压为

$$\begin{aligned} \dot{U}_{A1} &= \frac{1}{3}(\dot{U}_A + a\dot{U}_B + a^2\dot{U}_C) = \frac{K_T}{\sqrt{3}}\left[\frac{\dot{U}_a + a\dot{U}_b + a^2\dot{U}_c}{3} - \frac{a\dot{U}_a + a^2\dot{U}_b + \dot{U}_c}{3}\right] \\ &= K_T\dot{U}_{a1}e^{-j30^\circ} \end{aligned}$$

同理可得到 YN 侧的负序电压 $\dot{U}_{A2}$、零序电压 $\dot{U}_{A0}$。所以 YN 侧的各序电压可表示为

$$\left.\begin{aligned} \dot{U}_{A1} &= K_T\dot{U}_{a1}e^{-j30^\circ} \\ \dot{U}_{A2} &= K_T\dot{U}_{a2}e^{j30^\circ} \\ \dot{U}_{A0} &= 0 \end{aligned}\right\} \quad (4-32)$$

或将式（4－32）改写成如下形式

$$\left.\begin{aligned} \dot{U}_{a1} &= \frac{1}{K_T}\dot{U}_{A1}e^{j30^\circ} \\ \dot{U}_{a2} &= \frac{1}{K_T}\dot{U}_{A2}e^{-j30^\circ} \end{aligned}\right\} \quad (4-33)$$

当变压器空载时，两侧正序分量电压的相位关系与正序分量电流相位关系相同，即 d 侧的正序分量电压超前 YN 侧相应正序分量电压 30°，大小等于 YN 侧正序电压的$\frac{1}{K_T}$；两侧负序分量电压的相位关系与负序分量电流相位关系相同，即 d 侧的负序分量电压滞后 YN 侧相应负序分量电压 30°，大小等于 YN 侧负序电压的$\frac{1}{K_T}$；对于零序分量电压，由式（4－32）可见，d 侧的零序电压不能传变到 YN 侧，因为 d 侧的零序电压根本加不到 d 侧绕组上。

图 4－6 示出了 YNd11 联结组别变压器两侧序分量电压的相位关系。

同样，将上述关系推广到任意的联结组别 ξ 时，有如下关系

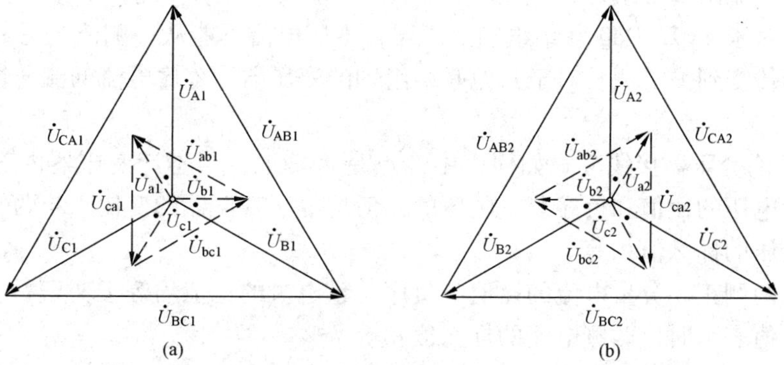

图 4-6　YNd11 联结组别变压器两侧序分量电压相位关系

（a）正序分量；（b）负序分量

$$\left.\begin{aligned}\dot U_{a1} &= \frac{1}{K_T}\dot U_{A1}e^{j(12-\xi)30°}\\ \dot U_{a2} &= \frac{1}{K_T}\dot U_{A2}e^{-j(12-\xi)30°}\end{aligned}\right\}\tag{4-34}$$

或

$$\left.\begin{aligned}\dot U_{A1} &= K_T\dot U_{a1}e^{-j(12-\xi)30°}\\ \dot U_{A2} &= K_T\dot U_{a2}e^{j(12-\xi)30°}\end{aligned}\right\}\tag{4-35}$$

上述变压器两侧序分量电压的关系式是在变压器空载情况下获得的，当变压器通过电流时，应计及该电流在变压器阻抗上形成的压降。若电流由变压器的低压侧流向高压侧，式（4-34）改写为

$$\left.\begin{aligned}\dot U_{a1} &= \frac{1}{K_T}(\dot U_{A1}+\dot I_{A1}jX_{T1})e^{j(12-\xi)30°}\\ \dot U_{a2} &= \frac{1}{K_T}(\dot U_{A2}+\dot I_{A2}jX_{T2})e^{-j(12-\xi)30°}\end{aligned}\right\}\tag{4-36}$$

式中　$\dot I_{A1}$、$\dot I_{A2}$——高压侧的 A 相正序电流、负序电流；

jX_{T1}、jX_{T2}——变压器折算到高压侧的正序、负序短路电抗（正、负序电抗相等）。

若电流由变压器的高压侧流向低压侧，式（4-35）改写为

$$\left.\begin{aligned}\dot U_{A1} &= K_T(\dot U_{a1}+\dot I_{a1}jX_{T1})e^{-j(12-\xi)30°}\\ \dot U_{A2} &= K_T(\dot U_{a2}+\dot I_{a2}jX_{T2})e^{j(12-\xi)30°}\end{aligned}\right\}\tag{4-37}$$

式中　$\dot I_{a1}$、$\dot I_{a2}$——低压侧的 A 相正序电流、负序电流；

jX_{T1}、jX_{T2}——折算到低压侧的变压器正序、负序短路电抗（正、负序电抗相等）。

注意，变压器内部阻抗压降不影响两侧序电压间和序电流间的相位关系。

通过对 YNd11 联结组别变压器两侧序分量电压、电流关系分析，可得到如下几点结论：

（1）YN 侧的零序电压不能传变到 d 侧绕组外，YN 侧的零序电流只能在 d 侧绕组内部

形成环流，不流出d绕组外；d侧的零序电压不能传变到YN侧，零序电流在d侧引出线上不能流通。对于Yy0、Dd0联结组别变压器，零序电流不能从一侧流向另一侧，零序电压也不能从一侧传变到另一侧。对于其他联结组别的变压器，零序电流的流通情况可参见第一章第五节分析。

（2）不论变压器接线方式如何，中性点是否接地，当不计变压器内部阻抗压降时，两侧正序分量电压的比值和负序分量电压的比值均等于变压器的变比。当两侧采用标么值表示时，两侧电压的标么值相等。

变压器两侧正序分量电流的比值和负序分量电流的比值均等于变压器变比的倒数。当两侧采用标么值表示时，两侧电流的标么值相等。

（3）对于Dd0、Yy0（中性点接地或不接地）联结组别变压器，正序分量和负序分量的电压、电流不发生相位变化而仅有数值上的变化。

（4）对Yd11或YNd11联结组别的变压器，当正序分量电压、电流由Y侧变换到d侧时，d侧的相应电压、电流分量要逆时针旋转30°（d侧的正序分量电压、电流超前Y侧30°）；当正序分量电压、电流由d侧变换到Y侧时，Y侧的相应电压、电流分量要顺时针旋转30°（Y侧的正序分量电压、电流滞后d侧30°）。

当负序分量电压、电流由Y侧变换到d侧时，d侧的负序分量电压、电流滞后Y侧30°；当负序分量电压、电流由d侧变换到Y侧时，Y侧的负序分量电压、电流超前d侧30°。

第四节　不对称短路故障时变压器两侧电流、电压相量关系

不对称短路故障时，分析变压器两侧电流分布及其电压、电流的相量关系的具体方法是：

（1）先求出短路故障处的各序分量电压、电流，并根据短路故障类型、短路相别求出相互间关系，而后作出短路侧的电压、电流相量图。

（2）根据变压器的联结组别，确定变压器另一侧（非短路侧）的各序分量电压、电流的表示式。

（3）应用计算公式或相量图，将变换后的各序分量电压、电流进行叠加，最后求得变压器另一侧的各相电压和电流。

（4）对于变压器两侧电流的分布，各相电流应以故障相的电流表示，以便进行各相电流大小的比较。在画电压、电流相量关系时，认为电路参数是纯电感，不计电阻；对于变压器内部电抗上的压降，在通过的电流较小时，为简单明了，可以不考虑，而当通过的电流较大特别是通过短路电流时，应计及其影响。

电力系统中一般采用Yy0、YNd11（或Yd11）联结组别变压器，所以着重讨论不对称短路时这两种联结组别变压器两侧电流的分布以及两侧的电压、电流相量关系。

分析采用标么值，并省去标么符号“*”。

一、Yyn0联结组别变压器在yn侧发生单相接地短路

图4-7示出了Yyn0联结组别变压器在yn侧c相发生单相接地短路，短路点的边界条件为

$$\dot{I}_{c1}=\dot{I}_{c2}=\dot{I}_{c0}=\frac{1}{3}\dot{I}_{K}^{(1)} \qquad (4-38)$$

$$\dot{U}_{c} = \dot{U}_{c1} + \dot{U}_{c2} + \dot{U}_{c0} = 0 \tag{4-39}$$

以 c 相为特殊相，yn 侧各相的电流为

$$\dot{I}_{a} = a^2\dot{I}_{c1} + a\dot{I}_{c2} + \dot{I}_{c0} = 0$$

$$\dot{I}_{b} = a\dot{I}_{c1} + a^2\dot{I}_{c2} + \dot{I}_{c0} = 0$$

$$\dot{I}_{c} = \dot{I}_{c1} + \dot{I}_{c2} + \dot{I}_{c0} = \dot{I}_{K}^{(1)}$$

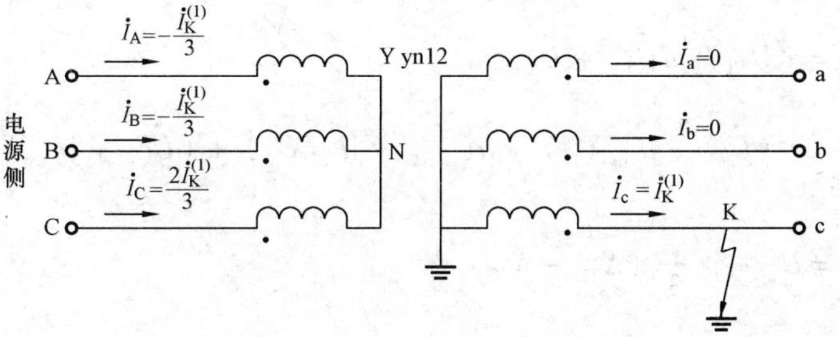

图 4-7 Yyn0 联结组别变压器在 yn 侧 c 相接地短路及其电流分布

Y 侧中性点不接地，所以 Y 侧零序电流不能流通，仅能流通正序、负序分量电流，于是有

$$\dot{I}_{A} = \dot{I}_{A1} + \dot{I}_{A2} = \dot{I}_{a1} + \dot{I}_{a2} = a^2\dot{I}_{c1} + a\dot{I}_{c2} = -\frac{\dot{I}_{K}^{(1)}}{3}$$

$$\dot{I}_{B} = \dot{I}_{B1} + \dot{I}_{B2} = \dot{I}_{b1} + \dot{I}_{b2} = a\dot{I}_{c1} + a^2\dot{I}_{c2} = -\frac{\dot{I}_{K}^{(1)}}{3}$$

$$\dot{I}_{C} = \dot{I}_{C1} + \dot{I}_{C2} = \dot{I}_{c1} + \dot{I}_{c2} = \frac{2\dot{I}_{K}^{(1)}}{3}$$

Y 侧、yn 侧电流相量关系如图 4-8 所示，电流分布如图 4-7 所示。

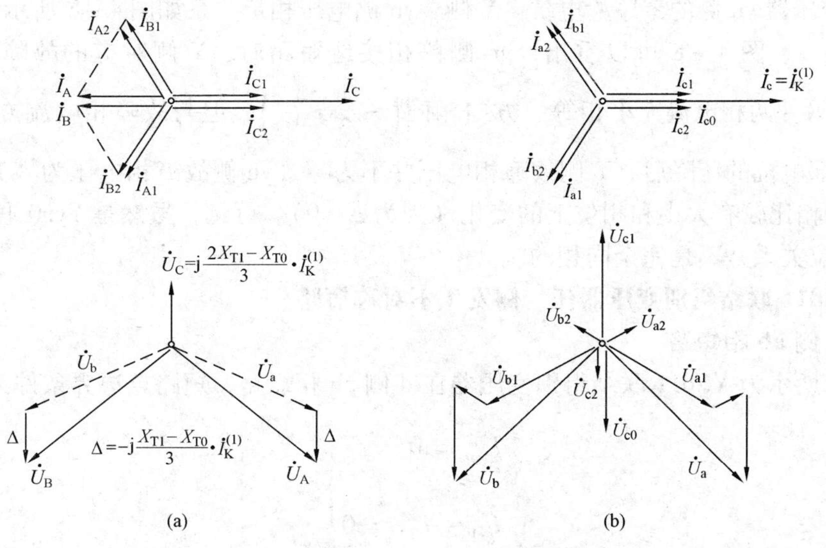

图 4-8 Yyn0 联结组别变压器在 yn 侧 c 相接地短路时两侧电压、电流相量关系

（a）Y 侧相量关系；（b）yn 侧相量关系

yn 侧 c 相接地短路时，该侧存在零序电压，并能感应到 Y 侧。于是得到 yn 侧、Y 侧的三相电压为

$$\dot{U}_{a} = a^2\dot{U}_{c1} + a\dot{U}_{c2} + \dot{U}_{c0}$$

$$\dot{U}_{b} = a\dot{U}_{c1} + a^2\dot{U}_{c2} + \dot{U}_{c0}$$

$$\dot{U}_{c} = \dot{U}_{c1} + \dot{U}_{c2} + \dot{U}_{c0} = 0$$

$$\begin{aligned}\dot{U}_{A} &= a^2\dot{U}_{C1} + a\dot{U}_{C2} + \dot{U}_{C0}\\ &= a^2(\dot{U}_{c1} + j\dot{I}_{c1}X_{T1}) + a(\dot{U}_{c2} + j\dot{I}_{c2}X_{T2}) + (\dot{U}_{c0} + j\dot{I}_{c0}X_{T0})\\ &= \dot{U}_{a} - j\frac{\dot{I}_{K}^{(1)}}{3}(X_{T1} - X_{T0})\end{aligned}$$

$$\begin{aligned}\dot{U}_{B} &= a\dot{U}_{C1} + a^2\dot{U}_{C2} + \dot{U}_{C0}\\ &= a(\dot{U}_{c1} + j\dot{I}_{c1}X_{T1}) + a^2(\dot{U}_{c2} + j\dot{I}_{c2}X_{T2}) + (\dot{U}_{c0} + j\dot{I}_{c0}X_{T0})\\ &= \dot{U}_{b} - j\frac{\dot{I}_{K}^{(1)}}{3}(X_{T1} - X_{T0})\end{aligned}$$

$$\begin{aligned}\dot{U}_{C} &= \dot{U}_{c1} + \dot{U}_{c2} + \dot{U}_{c0} + j\dot{I}_{c1}X_{T1} + j\dot{I}_{c2}X_{T2} + j\dot{I}_{c0}X_{T0}\\ &= j\frac{\dot{I}_{K}^{(1)}}{3}(2X_{T1} + X_{T0})\end{aligned}$$

式中 X_{T0} 为变压器 yn 侧的零序漏电抗。Y 侧、yn 侧电压相量关系如图 4－8 所示。

由图 4－7、图 4－8 可以看出，yn 侧单相接地短路时，Y 侧对应的故障相电流最大 $\left(\frac{2}{3}\dot{I}_{K}^{(1)}\right)$，另外两相电流大小相等、方向相同 $\left(-\frac{1}{3}\dot{I}_{K}^{(1)}\right)$，但与故障相电流方向相反；计及变压器内部电抗的压降后，Y 侧故障相电压并不为零（yn 侧故障相电压为零），非故障相电压与 yn 侧相比较有大小和相位上的变化（因为 $\Delta \neq 0$）。可见，虽然是 Yyn0 联结组别，两侧电压的相位关系并不是完全同相的。

二、YNd11 联结组别变压器任一侧发生不对称短路

（一）d 侧 ab 相短路

图 4－9 所示为 YNd11 联结组别变压器在 d 侧 ab 相短路，短路点边界条件为

$$\left.\begin{aligned}\dot{I}_{c0} &= 0\\ \dot{I}_{c1} + \dot{I}_{c2} &= 0\end{aligned}\right\} \quad (4-40)$$

$$\dot{U}_{c1} = \dot{U}_{c2} \quad (4-41)$$

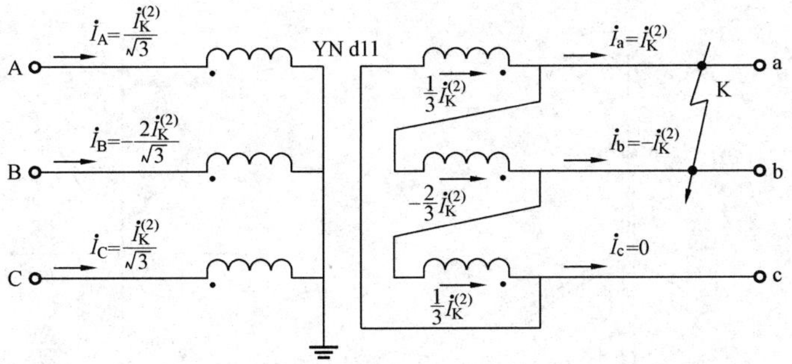

图 4－9　YN，d11 联结组别变压器在 d 侧 ab 相短路及其电流分布

以 c 相为特殊相，d 侧各相的电流为

$$\dot{I}_a = a^2\dot{I}_{c1} + a\dot{I}_{c2} = -j\sqrt{3}\dot{I}_{c1} = \dot{I}_K^{(2)}$$

$$\dot{I}_b = a\dot{I}_{c1} + a^2\dot{I}_{c2} = j\sqrt{3}\dot{I}_{c1} = -\dot{I}_K^{(2)}$$

$$\dot{I}_c = \dot{I}_{c1} + \dot{I}_{c2} = 0$$

YN 侧电流可表示如下

$$\left.\begin{aligned}\dot{I}_A &= \dot{I}_{A1} + \dot{I}_{A2} = \dot{I}_{a1}e^{-j30^\circ} + \dot{I}_{a2}e^{j30^\circ}\\ &= a^2\dot{I}_{c1}e^{-j30^\circ} + a\dot{I}_{c2}e^{j30^\circ} = -j\dot{I}_{c1}\\ &= \frac{\dot{I}_K^{(2)}}{\sqrt{3}}\\ \dot{I}_B &= \dot{I}_{b1}e^{-j30^\circ} + \dot{I}_{b2}e^{j30^\circ} = a\dot{I}_{c1}e^{-j30^\circ} + a^2\dot{I}_{c2}e^{j30^\circ}\\ &= -\frac{2}{\sqrt{3}}\dot{I}_K^{(2)}\\ \dot{I}_C &= \dot{I}_{c1}e^{-j30^\circ} + \dot{I}_{c2}e^{j30^\circ} = \frac{\dot{I}_K^{(2)}}{\sqrt{3}}\end{aligned}\right\} \quad (4-42)$$

YN 侧、d 侧电流相量关系如图 4－10 所示，电流分布如图 4－9 所示。

d 侧 ab 相短路时，d 侧三相电压为

$$\dot{U}_a = \dot{U}_{a1} + \dot{U}_{a2} = a^2\dot{U}_{c1} + a\dot{U}_{c2} = -\dot{U}_{c1} = -\frac{\dot{U}_c}{2}$$

$$\dot{U}_b = \dot{U}_{b1} + \dot{U}_{b2} = a\dot{U}_{c1} + a^2\dot{U}_{c2} = -\dot{U}_{c1} = -\frac{\dot{U}_c}{2}$$

$$\dot{U}_c = \dot{U}_{c1} + \dot{U}_{c2} = 2\dot{U}_{c1}$$

YN 侧 A 相电压可表示为

$$\dot{U}_A = (\dot{U}_{a1} + j\dot{I}_{a1}X_{T1})e^{-j30^\circ} + (\dot{U}_{a2} + j\dot{I}_{a2}X_{T2})e^{j30^\circ}$$

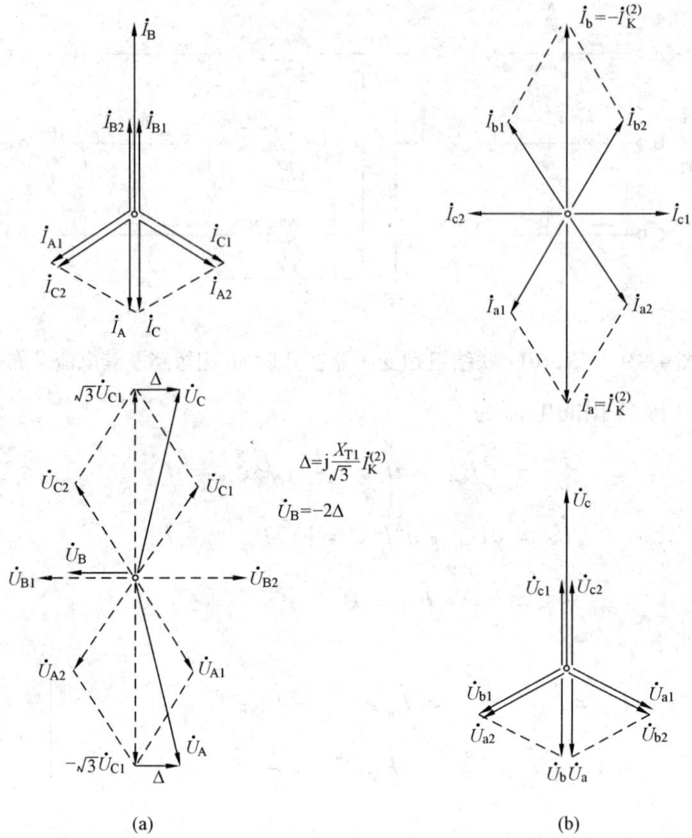

图 4－10　YNd11 联结组别变压器在 d 侧 ab 相短路时两侧电压、电流相量关系

（a）YN 侧相量关系；（b）d 侧相量关系

$$= a^2(\dot{U}_{c1} + j\dot{I}_{c1}X_{T1})e^{-j30^\circ} + a(\dot{U}_{c2} + j\dot{I}_{c2}X_{T2})e^{j30^\circ}$$

$$= -\sqrt{3}\dot{U}_{c1} + (a^2e^{-j30^\circ} - ae^{j30^\circ})\dot{I}_{c1}jX_{T1}$$

$$= -\sqrt{3}\dot{U}_{c1} + j\frac{\dot{I}_K^{(2)}}{\sqrt{3}}X_{T1}$$

同理可得到 YN 侧的 B、C 相电压。于是 YN 侧三相电压为

$$\left.\begin{aligned} \dot{U}_A &= -\sqrt{3}\dot{U}_{c1} + j\frac{\dot{I}_K^{(2)}}{\sqrt{3}}X_{T1} \\ \dot{U}_B &= -j\frac{2}{\sqrt{3}}\dot{I}_K^{(2)}X_{T1} \\ \dot{U}_C &= \sqrt{3}\dot{U}_{c1} + j\frac{\dot{I}_K^{(2)}}{\sqrt{3}}X_{T1} \end{aligned}\right\} \tag{4-43}$$

YN 侧、d 侧电压相量关系如图 4－10 所示。

由图 4－9、图 4－10 可以看出，YN 侧各相电流的分布与故障相别有关，其规律是：与

d 侧两故障相对应的两相中滞后相的电流最大（如 d 侧 ab 相短路，YN 侧 B 相电流最大），数值上为故障相电流的$\frac{2}{\sqrt{3}}$倍，其他两相电流大小相等、方向相同，在数值上为故障相电流的$\frac{1}{\sqrt{3}}$倍，方向与电流最大的一相相反；计及变压器内部电抗的压降后，YN 侧与 d 侧两故障相对应的两相中的滞后相电压最低，等于一个较小的数值（不计内部电抗的压降，该相电压为零，计及后等于图中的 -2Δ），其他两相电压较高，相角差接近 180°（不计内部电抗压降为 180°）。当然，相间电压一般比较高，特别是 YN 侧电流相等的两相间电压最高。

（二）YN 侧 B 相接地短路

图 4－11 所示为 YNd11 联结组别变压器在 YN 侧 B 相接地短路，短路点边界条件为

$$\dot{I}_{B1}=\dot{I}_{B2}=\dot{I}_{B0}=\frac{1}{3}\dot{I}_K^{(1)} \tag{4-44}$$

$$\dot{U}_B=\dot{U}_{B1}+\dot{U}_{B2}+\dot{U}_{B0}=0 \tag{4-45}$$

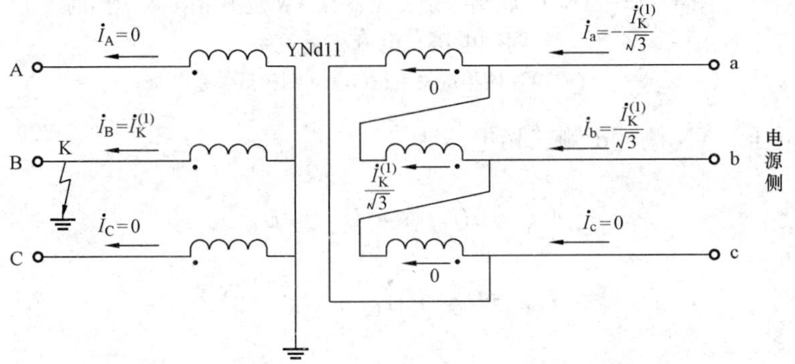

图 4－11　YNd11 联结组别变压器在 YN 侧 B 相接地短路及其电流分布

以 B 相为特殊相，YN 侧、d 侧电流表示式为

$$\dot{I}_A=a\dot{I}_{B1}+a^2\dot{I}_{B2}+\dot{I}_{B0}=0$$

$$\dot{I}_B=\dot{I}_{B1}+\dot{I}_{B2}+\dot{I}_{B0}=3\dot{I}_{B1}=\dot{I}_K^{(1)}$$

$$\dot{I}_C=a^2\dot{I}_{B1}+a\dot{I}_{B2}+\dot{I}_{B0}=0$$

$$\left.\begin{aligned}
\dot{I}_a&=\dot{I}_{A1}e^{j30^\circ}+\dot{I}_{A2}e^{-j30^\circ}=a\dot{I}_{B1}e^{j30^\circ}+a^2\dot{I}_{B1}e^{-j30^\circ}=-\frac{\dot{I}_K^{(1)}}{\sqrt{3}}\\
\dot{I}_b&=\dot{I}_{B1}e^{j30^\circ}+\dot{I}_{B2}e^{-j30^\circ}=\frac{\dot{I}_K^{(1)}}{\sqrt{3}}\\
\dot{I}_c&=\dot{I}_{C1}e^{j30^\circ}+\dot{I}_{C2}e^{-j30^\circ}=(a^2e^{j30^\circ}+ae^{-j30^\circ})\frac{\dot{I}_K^{(1)}}{\sqrt{3}}=0
\end{aligned}\right\} \tag{4-46}$$

YN 侧，d 侧电流相量关系如图 4－12 所示，电流分布如图 4－11 所示。

YN 侧 B 相接地时，与电流分布相同，在 d 侧绕组引出线上无零序分量电压，仅有正

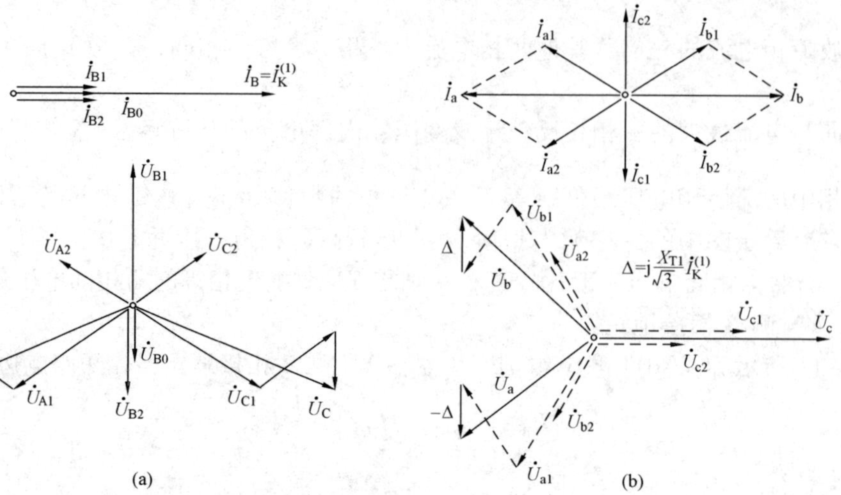

图 4－12　YNd11 联结组别变压器在 YN 侧 B 相接地短路时两侧电压、电流相量关系

（a）YN 侧相量关系；（b）d 侧相量关系

序、负序分量电压。YN 侧、d 侧三相电压为

$$\dot{U}_A = a\dot{U}_{B1} + a^2\dot{U}_{B2} + \dot{U}_{B0}$$

$$\dot{U}_B = \dot{U}_{B1} + \dot{U}_{B2} + \dot{U}_{B0} = 0$$

$$\dot{U}_C = a^2\dot{U}_{B1} + a\dot{U}_{B2} + \dot{U}_{B0}$$

$$\left.\begin{aligned}
\dot{U}_a &= a(\dot{U}_{B1} + j\dot{I}_{B1}X_{T1})e^{j30^\circ} + a^2(\dot{U}_{B2} + j\dot{I}_{B2}X_{T2})e^{-j30^\circ} \\
&= \dot{U}_{a1} + \dot{U}_{a2} - j\frac{\dot{I}_K^{(1)}}{\sqrt{3}}X_{T1} \\
\dot{U}_b &= (\dot{U}_{B1} + j\dot{I}_{B1}X_{T1})e^{j30^\circ} + (\dot{U}_{B2} + j\dot{I}_{B2}X_{T2})e^{-j30^\circ} \\
&= \dot{U}_{b1} + \dot{U}_{b2} + j\frac{\dot{I}_K^{(1)}}{\sqrt{3}}X_{T1} \\
\dot{U}_c &= a^2(\dot{U}_{B1} + j\dot{I}_{B1}X_{T1})e^{j30^\circ} + a(\dot{U}_{B2} + j\dot{I}_{B2}X_{T2})e^{-j30^\circ} \\
&= \dot{U}_{c1} + \dot{U}_{c2}
\end{aligned}\right\} \qquad (4-47)$$

式中　$\dot{U}_{a1}$、$\dot{U}_{b1}$、$\dot{U}_{c1}$——变压器空载情况下，d 侧的相应于 YN 侧的 $\dot{U}_{A1}$、$\dot{U}_{B1}$、$\dot{U}_{C1}$ 的正序分量电压；

$\dot{U}_{a2}$、$\dot{U}_{b2}$、$\dot{U}_{c2}$ ——变压器空载情况下，d 侧的相应于 YN 侧的 $\dot{U}_{A2}$、$\dot{U}_{B2}$、$\dot{U}_{C2}$ 的负序分量电压。

YN 侧、d 侧的电压相量关系如图 4－12 所示。

由图 4－11、图 4－12 可以看出，d 侧各相电流的分布与 YN 侧接地短路相别有关，对应于故障相的滞后相电流为零（B 相接地短路，d 侧滞后相为 c 相），其余两相电流相等、方向相反，数值等于故障相电流的$\frac{1}{\sqrt{3}}$倍；d 侧电流为零的一相电压最高，其余两相电压相等，相间电压一般较高。

（三）YN 侧 AC 相短路

图 4－13 所示为 YNd11 联结组别变压器在 YN 侧 AC 相短路，短路点边界条件为

$$\left.\begin{aligned}\dot{I}_{B0} &= 0\\ \dot{I}_{B1}+\dot{I}_{B2} &= 0\end{aligned}\right\} \tag{4-48}$$

$$\dot{U}_{B1}=\dot{U}_{B2} \tag{4-49}$$

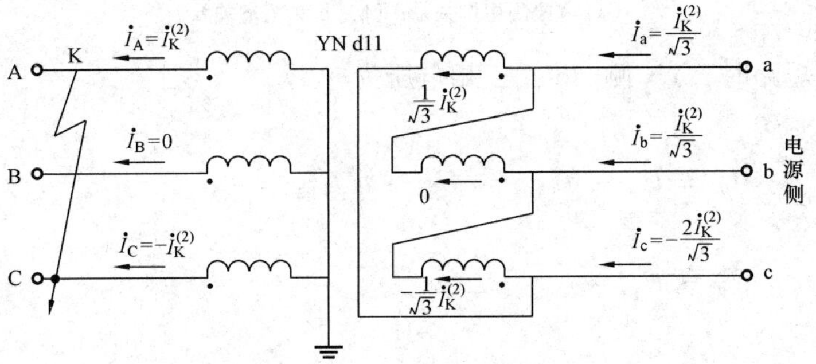

图 4－13　YNd11 联结组别变压器在 YN 侧 AC 相短路及其电流分布

以 B 相为特殊基准相，YN 侧、d 侧各相电流为

$$\dot{I}_A = a\dot{I}_{B1}+a^2\dot{I}_{B2} = \mathrm{j}\sqrt{3}\dot{I}_{B1} = \dot{I}_K^{(2)}$$

$$\dot{I}_B = \dot{I}_{B1}+\dot{I}_{B2} = 0$$

$$\dot{I}_C = a^2\dot{I}_{B1}+a\dot{I}_{B2} = -\mathrm{j}\sqrt{3}\dot{I}_{B1} = -\dot{I}_K^{(2)}$$

$$\left.\begin{aligned}\dot{I}_a &= a\dot{I}_{B1}e^{\mathrm{j}30^\circ}+a^2\dot{I}_{B2}e^{-\mathrm{j}30^\circ} = \mathrm{j}\dot{I}_{B1} = \frac{\dot{I}_K^{(2)}}{\sqrt{3}}\\ \dot{I}_b &= \dot{I}_{B1}e^{\mathrm{j}30^\circ}+\dot{I}_{B2}e^{-\mathrm{j}30^\circ} = \mathrm{j}\dot{I}_{B1} = \frac{\dot{I}_K^{(2)}}{\sqrt{3}}\\ \dot{I}_c &= a^2\dot{I}_{B1}e^{\mathrm{j}30^\circ}+a\dot{I}_{B2}e^{-\mathrm{j}30^\circ} = -\mathrm{j}2\dot{I}_{B1} = -\frac{2}{\sqrt{3}}\dot{I}_K^{(2)}\end{aligned}\right\} \tag{4-50}$$

YN 侧、d 侧电流相量关系如图 4－14 所示，电流分布如图 4－13 所示。

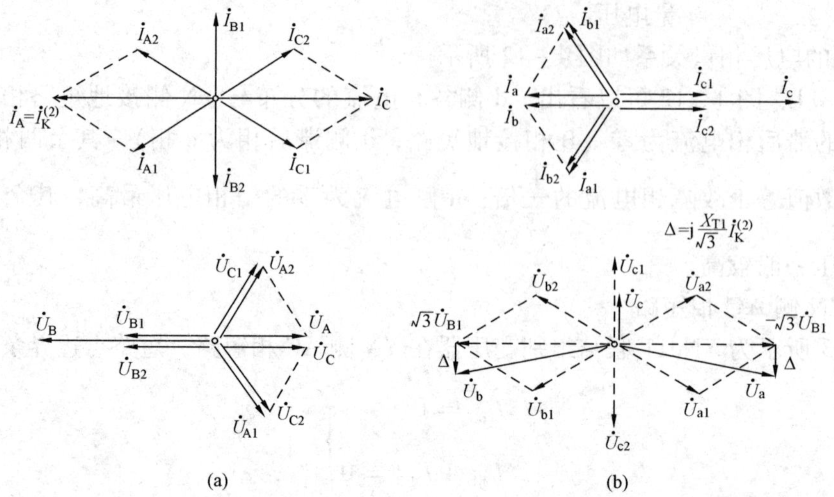

图 4－14　YNd11 联结组别变压器在 YN 侧 AC 相短路两侧电压、电流相量关系

（a）YN 侧相量关系；（b）d 侧相量关系

YN 侧 AC 相短路时，YN 侧、d 侧三相电压为

$$\dot{U}_{A}=\dot{U}_{A1}+\dot{U}_{A2}=a\dot{U}_{B1}+a^{2}\dot{U}_{B2}=-\dot{U}_{B1}=-\frac{\dot{U}_{B}}{2}$$

$$\dot{U}_{B}=\dot{U}_{B1}+\dot{U}_{B2}=2\dot{U}_{B1}$$

$$\dot{U}_{C}=a^{2}\dot{U}_{B1}+a\dot{U}_{B2}=-\dot{U}_{B1}=-\frac{\dot{U}_{B}}{2}$$

$$\left.\begin{aligned}\dot{U}_{a}&=a(\dot{U}_{B1}+j\dot{I}_{B1}X_{T1})e^{j30^\circ}+a^{2}(\dot{U}_{B2}+j\dot{I}_{B2}X_{T2})e^{-j30^\circ}\\&=-\sqrt{3}\dot{U}_{B1}-\dot{I}_{B1}X_{T1}=-\sqrt{3}\dot{U}_{B1}+j\frac{\dot{I}_{K}^{(2)}}{\sqrt{3}}X_{T1}\\\dot{U}_{B}&=(\dot{U}_{B1}+j\dot{I}_{B1}X_{T1})e^{j30^\circ}+(\dot{U}_{B2}+j\dot{I}_{B2}X_{T2})e^{-j30^\circ}\\&=\sqrt{3}\dot{U}_{B1}+j\frac{\dot{I}_{K}^{(2)}}{\sqrt{3}}X_{T1}\\\dot{U}_{C}&=a^{2}(\dot{U}_{B1}+j\dot{I}_{B1}X_{T1})e^{j30^\circ}+a(\dot{U}_{B2}+j\dot{I}_{B2}X_{T2})e^{-j30^\circ}\\&=-j\frac{2}{\sqrt{3}}\dot{I}_{K}^{(2)}X_{T1}\end{aligned}\right\}\quad(4-51)$$

YN 侧、d 侧的电压相量关系如图 4－14 所示。

由图4－13，图4－14可以看出，YN侧发生相间短路时，d侧三相均有电流通过，对应于故障相的两相中的超前相电流最大（YN侧AC相短路时，d侧对应于故障相的两相中的超前相为C相），数值等于故障相电流的$\frac{2}{\sqrt{3}}$倍，其余两相电流大小相等、方向相同，数值等于故障相电流的$\frac{1}{\sqrt{3}}$倍，方向与最大一相的电流相反；d侧的电压情况是，电流最大一相的电压最低（不计内部电抗压降时，该相电压为零），其余两相电压大小相等、相角差接近180°（不计内部电抗压降时为180°），相间电压一般较高。

第五章 电力系统稳定和电力系统振荡

第一节 电力系统稳定概念

一、概述

电力系统正常运行最基本的条件是安全和稳定。所谓安全，是指运行中的所有电力设备必须在不超过它们允许的电流、电压和频率的幅值和时间限额内运行，不安全的后果可能导致电力设备的损坏；所谓稳定，是指电力系统可以连续向负荷正常供电的状态。

电力系统在运行中，三种稳定必须同时满足，即同步运行稳定、频率稳定和电压稳定。

失去同步运行稳定，后果是系统发生失步，引起系统中枢点电压、输电设备中的电流和电压大幅度周期性波动，电力系统因不能继续向负荷正常供电而不能继续运行，当处理不好时，其后果是电力系统长期大面积停电；失去频率稳定，后果是系统发生频率崩溃，引起系统全停电；失去电压稳定，后果是系统的电压崩溃，使受影响的地区停电。

为保证电力系统安全稳定运行，基本条件是：

（1）有一个合理的电网结构。这是电力系统安全稳定运行的物质基础。基本要求是执行电网分层分区的原则。一定容量的电厂应该直接接入相应一级的电压网络，以充分发挥各级电压网络的传输能力，简化电网结构并加强对高压电网枢纽点的电压支持；为了取得经济技术综合效益，宜于对受端系统、远方电源及其输电回路以及系统间联络线分别提出不同的适应性要求，不断加强和扩大受端系统，适当地分散外接大容量电源。

（2）全面分析电力系统可能发生的各种故障，采取一切可行的合理措施，包括继电保护和断路器正确动作，保证在这些故障实际发生后，电力系统仍然能够继续安全稳定运行。

（3）一旦系统失去稳定，按暂态稳定导则第三道防线要求，设置必要的预定措施防止出现连锁反应，尽可能缩小故障损失，尽快恢复系统正常运行。

按照我国现行规程，电力系统同步运行稳定分为三类，即静态稳定、暂态稳定和动态稳定，基本概念说明如下。

二、电力系统静态稳定

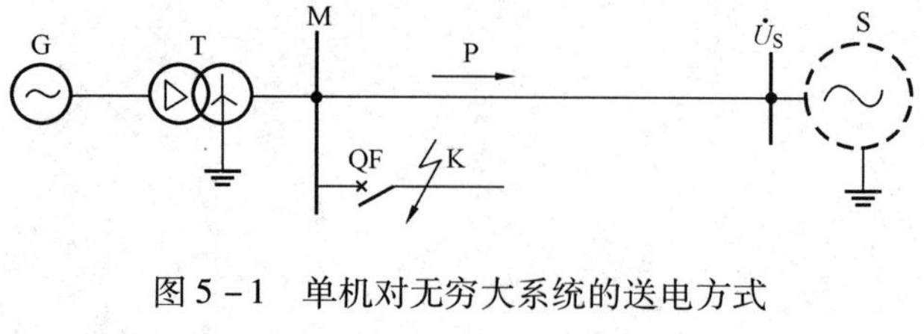

图 5－1　单机对无穷大系统的送电方式

为使系统正常运行，按静态稳定要求，系统中任一输电回路在正常情况和规定的事故后传输的有功功率，必须低于稳定运行所允许的最大传输极限，并保留合理裕度，不因传输功率或系统电压等的正常波动而使所连接的两端电源系统间的电动势角差非周期性地增大，导致同步运行稳定性的破坏。

图 5 - 1 示出了单机对无穷大系统 S 送电的方式。发电机向无穷大系统送出的有功功率 P 为

$$P = \frac{E_q U_S}{X_{d\Sigma}} \sin\delta \qquad (5-1)$$

式中 U_S——无穷大系统母线电压；

E_q——发电机 G 的空载电动势；

δ——E_q超前 U_S的相角；

$X_{d\Sigma}$——发电机与系统母线间的总阻抗（不计电阻）（$X_{d\Sigma} = X_L + X_T + X_d$，其中 X_L是线路正序电抗，X_T为变压器电抗，X_d为发电机的同步电抗）。

式（5 - 1）表示的 $P = f(\delta)$ 通常称功角特性。图 5 - 2示出了功角特性，当 $\delta = 90°$ 时，P 有最大值，即

$$P_{max} = \frac{E_q U_s}{X_{d\Sigma}} \qquad (5-2)$$

当送出的功率为 P_0时，与 $P = f(\delta)$ 有两个交点 a 和 b，对应的功率角为 δ_0 和 180 ° - δ_0。设发电机在 a 点上运行，当系统状态发生微量扰动引起发电机的输出功率变化时，δ 角作相应的微量变化。若 $P > P_0$，则发电机减速，导致适量增大的 δ 角减小，仍然回到 a 点运行；若 $P < P_0$，则发电机加速，导致适量减小的 δ 角增大，还是回到 a 点运行。所以发电机在 a 点上运行是稳定的，这称静态稳定。设发电机在 b 点上运行，当系统状态发生微量扰动引起发电机的输出功率减小时，因 $P_0 > P$，所以 δ 角增大，而 δ 角增大又引起发电机输出功率减小，于是 δ 角进一步增大……如此循环，δ 角非周期性增大，最终导致发电机失去稳定，因此发电机在 b 点运行是不能保证静态稳定的。

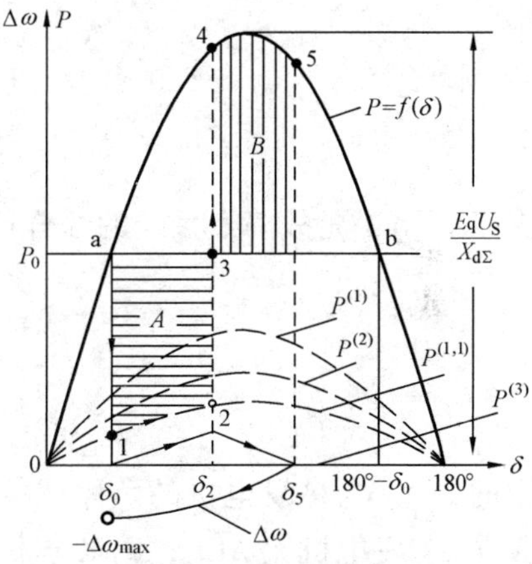

图 5 - 2　功角特性 $P = f(\delta)$

可见，发电机静态稳定运行的极限功率角是 $\delta = 90°$，$\delta < 90°$ 运行是静态稳定的。实际上，在运行中有静态稳定储备系数，储备系数 K_R定义为

$$K_R = \frac{P_{max} - P_0}{P_{max}} = 1 - \sin\delta_0 \qquad (5-3)$$

K_R 表明系统静态稳定的“牢固性”。当然，增大 K_R 值则系统的“牢固性”提高。

由上分析可见，提高静态稳定的措施是增大运行中发电机的同步力矩储备，主要是减小发电机到系统的联系总阻抗值和提高送受端的运行电压，或者被迫降低发电机的有功功率；发电机的自动调节励磁对提高发电机的静态稳定有着良好的重要作用。

应当指出，上述讨论并未计及发电机的自动调节励磁作用，所以对隐极发电机，δ 角的极限值是 90°。当发电机装设自动调节励磁装置（AER）后，一般情况下 AER 作用可以维持发电机的暂态电动势 E'_q 恒定，从而使 $\frac{dP}{d\delta} > 0$ 的极限角提高，可达 110° ~ 120°。这种使发电机能在 $\delta > 90°$ 保持稳态运行的区域，称“人工稳定区”。

三、电力系统暂态稳定

暂态稳定是电力系统发生故障或断开线路等引起大扰动的操作时，保持事件后系统的同步运行稳定性，即过渡到新的或恢复到原来的稳定运行状态。暂态稳定定义为要求在事件后的第一个或第二个摆动周期内，受影响发电机组（或部分系统）不对系统其余部分失去同步。

设在正常运行时，图 5－1 中发电机（隐极机）向无穷大系统送出有功功率 P_0，此时的功率角为 δ_0。当高压母线出口处 K 点发生短路故障时，发电机与系统间的联系阻抗为

$$X^{(1)} = X_{d\Sigma} + \frac{X_L(X_d + X_T)}{X_{\Sigma 2} + X_{\Sigma 0}} \quad \text{（单相接地）}$$

$$X^{(2)} = X_{d\Sigma} + \frac{X_L(X_d + X_T)}{X_{\Sigma 2}} \quad \text{（两相短路）}$$

$$X^{(1.1)} = X_{d\Sigma} + \frac{X_L(X_d + X_T)}{X_{\Sigma 2} /\!/ X_{\Sigma 0}} \quad \text{（两相短路接地）}$$

$$X^{(3)} = X_{d\Sigma} + \frac{X_L(X_d + X_T)}{0} = \infty \quad \text{（三相短路）}$$

其中 $X_{\Sigma 2}$、$X_{\Sigma 0}$ 是故障点系统的综合负序、零序电抗，针对图 5－1 系统有

$$X_{\Sigma 2} = X_L /\!/ (X_2 + X_T) = \frac{X_L(X_2 + X_T)}{X_2 + X_T + X_L}$$

$$X_{\Sigma 0} = X_{L0} /\!/ X_T = \frac{X_{L0}X_T}{X_{L0} + X_L}$$

式中的 X_2、X_{L0} 是发电机的负序电抗和线路的零序电抗。显然，$X_{d\Sigma} < X^{(1)} < X^{(2)} < X^{(1\cdot 1)} < X^{(3)}$。若发电机无 AER，则 K 点短路故障时的功角特性分别为

$$P^{(1)} = \frac{E_q U_s}{X^{(1)}}\sin\delta \quad \text{（单相接地）}$$

$$P^{(2)} = \frac{E_q U_s}{X^{(2)}}\sin\delta \quad \text{（两相短路）}$$

$$P^{(1,1)} = \frac{E_q U_s}{X^{(1,1)}}\sin\delta \quad \text{（两相短路接地）}$$

$$P^{(3)} = 0 \quad \text{（三相短路）}$$

不同短路故障时的功角特性如图 5－2 所示。

当 K 点发生的是两相短路接地时，$P^{(1,1)}$ 降低，发电机输出功率降低，而发电机组输入的机械功率来不及变化，于是发电机转子加速，发电机电动势与 $\dot{U}_S$ 间的夹角不断增大，发电机输出功率的变化为 a→1→2；到故障切除时，功率角已增大到 δ_2，送电恢复，但此时的送电功率大于机械输入功率 P_0，于是转子开始减速；到 δ_5 时，面积 B 正好等于面积 A，面积 A 代表了发电机转轴系统获得的加速能量，面积 B 则表示了制动能量，因而到 δ_5 时发电机组转速恢复到额定转速 ω_0，但对应 δ_5 时的 P 值仍然大于 P_0，发电机组转子继续制动减速，δ 角回摆。若故障切除时间增大，则 δ_2 与 δ_5 将随之增大，至 δ_5 到达 $180° - \delta_0$ 时是暂态稳定的极限情况，对应于此时的 δ_2 角为临界切除角。如果切除时间延迟，δ_5 角跨过 $180° - \delta_0$ 角后，发电机组在没有得到恢复平衡所需要的足够面积时，又滑入加速过程，于是 δ

角继续增大超过 180°，迅速对无穷大系统失去同步。

在图 5－2 中，同时画出了 $\Delta\omega = \omega - \omega_0$（$\omega_0$ 为同步角速度）的变化情况。故障前，$\Delta\omega = 0$，短路后，发电机不断加速，到 δ_2 角时 $\Delta\omega$ 为正的最大值；故障切除后发电机减速，到 δ_5 角时 $\Delta\omega = 0$。因为图中示出的发电机是暂态稳定的，所以 δ_5 角后转子回摆，因制动而减速，$\Delta\omega$ 变为负，到对应 δ_0 处时 $\Delta\omega$ 为负的最大值，而后逐渐恢复。

从图 5－2 中可见，因 $P^{(1)} > P^{(2)} > P^{(1,1)} > P^{(3)}$，所以在同样情况下 K 点发生三相短路时暂态稳定最严重，单相接地短路时暂态稳定要好得多。

四、电力系统动态稳定

动态稳定是不因系统运行状态的正常波动或在系统发生短路故障等的大扰动后，引起系统电源间电动势角差的周期性振荡发散，导致同步运行稳定性的破坏。电力系统的动态稳定性，是包括系统调节设备（发电机组的调速器和调压器）与电力系统本身（包括电源及负荷）在内的整个电力系统的综合调节稳定性。保证动态稳定的基本条件是运行中的发电机都具有正的阻尼力矩。

在电力系统调节设备中，发电机的快速励磁装置有害于系统的动态稳定。由于励磁回路的时滞，所以快速励磁将使发电机组对系统产生很大负阻尼作用，造成机组对系统、系统与系统间“低频振荡”的发生。在励磁调节器的控制量中引入附加的经过正确相位补偿的转速增量，能成功解决这一问题。

前已提及，动态稳定涉及到发电机的阻尼力矩，阻尼力矩是指发电机转速变化时，发电机本身所具有的反应于这种转速变化的力矩。正阻尼力矩指的是这种力矩的方向正好制止（阻尼）转速的变化，即转速大于额定转速时，这个力矩起制动作用；转速低于额定转速时，则起加速作用。而负阻尼力矩的情况与此相反，当发电机具有负阻尼力矩时，转速的微小变化，负阻尼力矩可进一步推动转速变化，使之不断加大。在发电机的结构上，水轮发电机的阻尼绕组、汽轮发电机整体转子均有正阻尼作用。

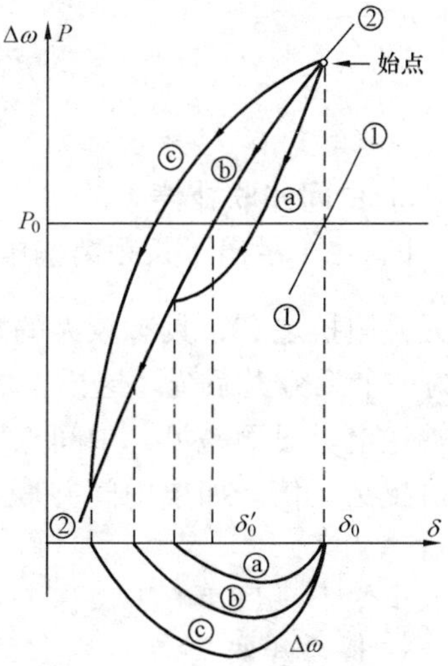

图 5－3　微扰动时动态稳定情况

动态稳定问题必然发生在发电机转子转速有变化的情况下。以图 5－1 为例，假设系统 S 有微小的状态变化，母线电压 U_S 微有增大，发电机的功角特性在图 5－3 中由曲线①跳变到曲线②，并且应当稳定到新的角度 δ'_0。在电压变化的开始，发电机的输出功率大于机械输入功率 P_0，转子制动，转速开始降低，$\Delta\omega$ 为负值，δ 角也开始回摆。当发电机具有正阻尼力矩时，在整个转速下降过程中，这个阻尼力矩是加速力矩，因而由始点开始的功角特性斜度相对增大，在 $\delta > \delta'_0$ 时就达到 P_0 值，然后向最后平衡点靠拢，经过 1～2 个周期摇摆后，就可达到新的平衡，见图 5－3中曲线(Ⅻ)；当发电机具有负阻尼力矩时，由始点开始的功角特性变得较为平坦，因为这个阻尼力矩是制动力矩，使得 $\delta < \delta'_0$ 时才能达到 P_0 值，然后进一步离开最终平衡点，经过这样的角度摇摆，δ 角愈摆愈大，直到超过（$180° - \delta'_0$）而失去稳定，见图 5－3 中的曲线ⓒ；当发电机没有阻尼时，由始点开始沿功角特性②以 δ'_0 为中心进行摆动，见图 5－3 中曲线ⓑ。为清楚起见，图 5－3 中画出了第一个摇摆周期不同阻尼情况下 $P = f(\delta)$ 和 $\Delta\omega = f(\delta)$ 曲线。在大扰动情况下出现的动态稳定问题机

理与此相同。

可见，发电机的负阻尼力矩是失去动态稳定的基本原因，而近代快速励磁装置不加正确相位补偿的转速增量的控制量是导致发电机出现负阻尼力矩的重要原因。

以上讨论了单机对无穷大电网运行的稳定概念，对多机系统同样有指导意义，但不能将有些数据简单地推广到多机系统中。如静态稳定送电极限角 $\delta = 90°$，不能认为在多机系统中任意两个电厂间的电动势相角差在正常情况下也不能超过 90°；又如在大扰动后，两个电厂间的电动势相角差超过 180°就一定失去稳定了。

第二节　提高电力系统暂态稳定水平的主要措施

由电力系统暂态稳定基本概念出发，所有减小加速面积、增大减速面积的措施，均可提高电力系统暂态稳定水平。提高暂态稳定水平的措施有一次系统的措施，也有二次自动措施。

1. 串联电容补偿

串联电容补偿可减少系统的综合阻抗，提高功角特性，因而可提高暂态稳定水平，以取得提高送电容量的经济效益。

串联电容补偿只适用于送端和受端两端系统都比较强大的情况。但采用串联电容补偿后，使距离保护正确动作发生困难，需采取特殊措施；串联电容间隙非对称击穿，将影响零序方向电流保护等的正确动作；串联补偿站本身和串联补偿电容的保护也是一个较为特殊的问题。

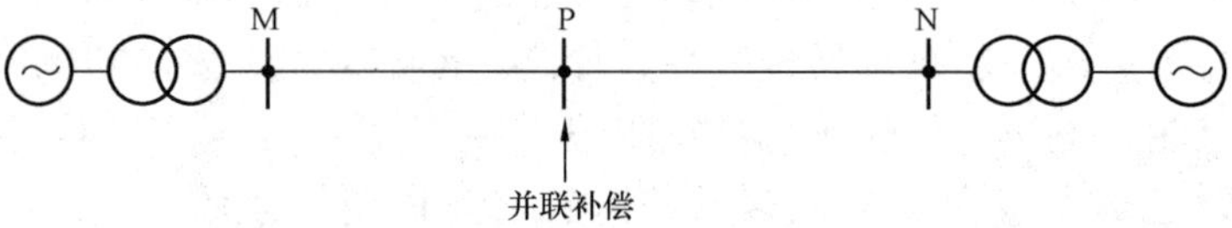

图 5 - 4　有中间电压支持的传输系统

2. 中间并联补偿

图 5 - 4 示出了长距离输电系统，如母线 P 不装设并联补偿，则两端系统联系总阻抗为各元件阻抗之和，具有较大的数值。若在系统中间点 P 保持 $\dot{U}_P$ 为恒定值，则相当于中间点 P 为一个无穷大系统。这样，原来的送电端向无穷大系统输电，再由无穷大系统向原来的受电端送电。显而易见，中间点 P 采用并联补偿后，系统联系阻抗只有原来的一半，输电容量可提高一倍。如果中间并联补偿不只一处，显然暂态稳定水平提高，输电水平将还要提高。

事实上，母线 P 上电压不可能保持恒定，所以实际提高的送电水平要低于理想值。

3. 增设线路

增设线路会减小联系阻抗，可提高暂态稳定水平，提高输电水平。

4. 快速切除短路故障

系统的暂态稳定问题主要出现在电厂或枢纽变电站的配出线上。快速切除短路故障，是提高系统暂态稳定最有效的措施，也是其他安全自动措施得以发挥的前提条件。

提高系统的暂态稳定性，首先应当致力于快速切除短路故障，尤其应加速切除近端的短路故障。例如，图5－1中K点三相短路故障时，发电机因功率过剩而加速，功率角$\delta = \delta_0 + \frac{1}{2}\frac{d\omega}{dt} \cdot t^2$，即$\delta - \delta_0 = \frac{1}{2}\frac{d\omega}{dt} \cdot t^2$，所以加快切除短路故障，加速面积$A$随时间成平方减小，同时又相应增大了制动面积$B$，提高暂态稳定的效果是双重的，效果十分明显。

应当指出，除加快切除短路故障外，其他任何措施均不能减小面积A，即使快速减机组出力或者投入电气制动等，终因有时滞不能瞬时起作用，只能起到增大制动面积B的作用。

采用零序电流保护、相电流速断保护、快速相间距离保护可快速切除近端的短路故障，切除短路故障的时间小于0.1s；采用纵联保护可快速切除全线的短路故障，切除短路故障的时间也应不超过0.1s。

5. 自动重合闸

自动重合闸可以恢复因瞬时故障断开的线路，而且在连续故障情况下保持系统完整性，避免扩大事故。自动重合闸可增大减速面积，因而可提高系统暂态稳定水平，但有一些问题值得引起重视和注意。

（1）合理确定重合闸时间。合理确定重合闸时间，可显著提高重合于故障未消失线路上时的系统暂态稳定性。设在图5－1中K点发生三相永久性故障，如果不进行重合闸，则在图5－5（a）中，减速面积B等于加速面积A时，δ角达到δ_{max}（即图5－2中的δ_5）开始回摆，系统是稳定的；如果采用三相快速重合闸（重合时间为0.5s左右），则重合时相当于在图5－5（a）中面积$B \approx$面积A，即重合的δ角在δ_{max}附近，由于重合于故障获得加速面积C，因制动面积D小于面积C，所以δ角达到$180° - \delta_0$时，机组没有降低到额定转速，即$\Delta\omega > 0$，于是在经过$180° - \delta_0$点后$\Delta\omega$不断增加，机组对系统失去稳定。可见，采用三相快速重合闸，当重合于故障未消失的线路时，机组对系统容易失去稳定，而不重合反而机组是稳定的。如果不是三相快速重合闸，在图5－5（b）中不在δ_{max}附近重合，而是在δ角回摆过程中，到出现$-\Delta\omega_{max}$时（即δ_0角）进行重合（最佳重合），此时制动面积为图中$B + C$，机组转轴系统的动能低于额定值；即使重合于故障，机组获得的加速能量首先用来恢复到机组额定转速，当第二次获得的加速面积仍为A时，同样在δ_2角时切除故障，此时的机组转速仍低于额定值，δ角将在δ_2时开始回摆。显而易见，机组对系统不会失去稳定。

当然，图5－5中示出的是理想情况，但不改变重合时间对系统稳定的影响。如果考虑重合到故障未消失的线路上的系统稳定，采用快速重合闸（包括单相或三相重合闸），当重合到故障未消失的线路上时，将显著降低系统的稳定水平，甚至失去稳定；而采用最佳重合闸时间（$\Delta\omega$出现$-\Delta\omega_{max}$重合），重合到故障未消失的线路上（单相或三相重合）时，不会对系统稳定带来不利的影响，可保持第一次故障不重合的稳定水平。

实际最佳重合闸时间可按最大送电方式在δ角回摆到$-\Delta\omega_{max}$出现时重合。

（2）220kV线路重合方式。对于220kV电网，一般情况下联系比较紧密，最好采用三相重合方式。一方面三相重合比较简单，另一方面继电保护整定配合方便。此外，发生接地故障时，一侧三相跳闸后另一侧零序电流增大发生相继动作，可快速切除故障。为了避免重合于故障未消失线路时系统受多次冲击，可选择对系统影响较小的一侧经无压检定先重合，成功后对侧检同步合闸。

只有在单回线路或弱联系的双回线路上，才宜选用单相重合闸或综合重合闸。

对于快速重合闸，只有在依靠成功重合闸才能保持系统稳定的情况下应用才有意义，因

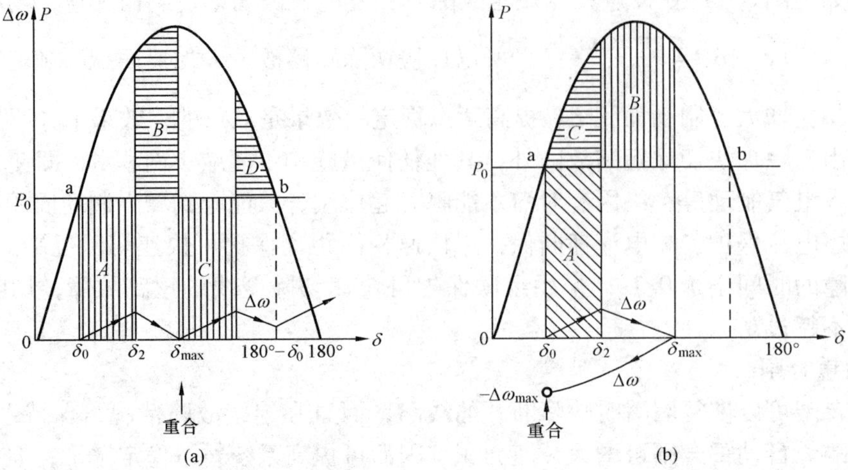

图 5-5 不同重合闸时间对系统暂态稳定的影响

(a) 快速重合闸重合于故障线路；(b) 按 $-\Delta\omega_{max}$ 重合于故障线路

为在这种情况下不重合时系统就会失去稳定。属于这种情况的有大环网或重负荷单回线路，在这些线路上采用单相或三相快速重合闸是合理的，重合成功可保持系统稳定。但是，重合到故障未消失的线路上，必然使系统失去稳定。

（3）500kV 线路重合方式。从目前情况看，500kV 电网尚未形成坚强的系统，同时 500kV 线路传输的功率占系统容量的比重大，运行实践也证实 500kV 线路以单相瞬时故障占大多数，因此保持这些线路安全运行的有效措施是采用单相重合闸。

采用单相重合闸考虑的一个重要问题是潜供电流影响消弧问题。采用线路高压电抗器加中性点小电抗是消除潜供电流影响的行之有效的办法，可参阅第三章第六节分析。也可采用单相快速接地开关来消除潜供电流影响，加快故障点的消弧。

（4）大型机组高压出线端重合于故障问题。研究结果表明，重合于高压出口线路三相永久性故障，对发电机轴的寿命影响甚大；重合于出口线路单相永久性故障，对发电机轴寿命影响甚小。因此，对大型机组高压配出线，宜采用单相重合闸。

如果在大型机组高压配出线上采用三相重合闸，则宜在系统侧检无压先重合，电厂侧再检同步重合，即使是正常操作也宜如此。

如果认为大型机组高压配出线上不可能发生三相永久性故障，当然可采用三相重合闸。

6. 发电机的快速励磁

发电机的快速励磁不仅可以提高输电系统的静态稳定水平，而且也是提高系统暂态稳定的常用措施。

虽然快速励磁装置的输出电压可瞬时响应输入控制信号，但发电机的转子回路具有很大的时滞，所以转子最大磁通只能在这一时滞后出现（约 0.3～0.5s）。因此快速励磁装置是通过增大减速面积来提高暂态稳定水平的，其提高暂态稳定水平的效果并不十分理想，实际效果不能与快速切除短路相比较。

快速励磁不采取特别措施，还会使发电机出现负阻尼效应，可能引发系统的“低频振荡”事故。

7. 电气制动

电气制动是故障切除后在电厂母线上短时投入一个电阻器，以吸收发电机组因故障获得的加速能量，使发电机组在故障切除后快速减速，减小最大摇摆角，达到提高暂态稳定水平的目的。事实上，投入制动电阻可使发电机组输入到系统的有功功率减小，增大减速面积，提高暂态稳定水平。在变压器中性点接入电阻器，在发生接地故障的过程中，可部分吸收发电机组的加速能量。

电气制动作为提高暂态稳定的措施，主要用于远方水电厂。

为使电气制动充分发挥作用，制动电阻必经尽快投入，按时退出。注意到故障切除时间约为0.1s，所以投放制动电阻也在故障切除之后，当发电机组的 $\Delta\omega = 0$ 时应退出制动电阻。应当看到，制动电阻投入愈早，发挥的稳定效果愈好；退出过晚，容易产生过制动，也是不利的。

8. 联锁切机与火电机组压出力

线路故障会失去电网的部分传输能力，有时要减去相应电源，以减低那部分电网通过的功率，保证线路的传输能力总是大于系统通过它传输的最大功率，只有这样才有可能保持系统的继续稳定运行。如果失去线路后一味保持电源的完整，则会由于失去线路后的大负荷转移，使得与它并联的其他线路严重过负荷和受端电压的严重下降而失去稳定，酿成大祸。所以在这种情况下进行联锁切机和火电机组压出力，可保持系统的稳定运行。

在送端电厂切机，无疑可降低输电线的传输功率，从而可保持故障后系统的暂态稳定。当然，故障发生后切机愈快，效果愈好；切得愈慢，效果愈差，甚至起不到作用。

在电厂配出的高压线路上，如果选择了线路故障单相重合不成功跳三相联锁切机的方式，则应该保证电厂侧先重合。否则，系统侧单相重合不成功连跳三相，而电厂侧可能单相重合成功，不能达到联锁切机的要求，使保证稳定的措施失效。

为了快速降低火电机组的功率，可以快关汽门。快关汽门有短暂快关和持续快关两种方式，快关汽门相当于切去部分机组。

9. 切集中负荷

切集中负荷可提高系统运行频率，减轻某些电源线路过负荷，提高受端电压水平，因而有利于系统的安全稳定运行，但对用户的影响太大。

10. 终端系统解列重合闸

图5－6示出了由主系统供主要电力的地区系统，当主系统供电线路故障时，采用解列重合闸方式，可取得良好的安全供电效果。在地区变电所，将地区负荷一分为二，较重要负荷只接在地区系统供电的母线上，其余负荷只接在主系统供电的母线上，尽量使母联断路器通过的功率为零。这样，当主网的供电线路故障时，同时联跳母联断路器QF，以保证地区重要负荷由地区电源供电，同时地区系统也不会被地区全部负荷拖跨。主网供电线重合成功后，再经母联断路器恢复并列。当地区电源故障时，不影响负荷供电，重要负荷的供电安全性得到了很好的保证。

母联断路器QF也是地区电源与主系统失去稳定时的解列点。

11. 合理调整系统运行接线

提高受端系统电压水平特别是在故障后功率摇摆过程中受端系统电压，可作为运行系统的一个稳定措施，特别适用于弱受端，由远方电源送来主要电力的系统。

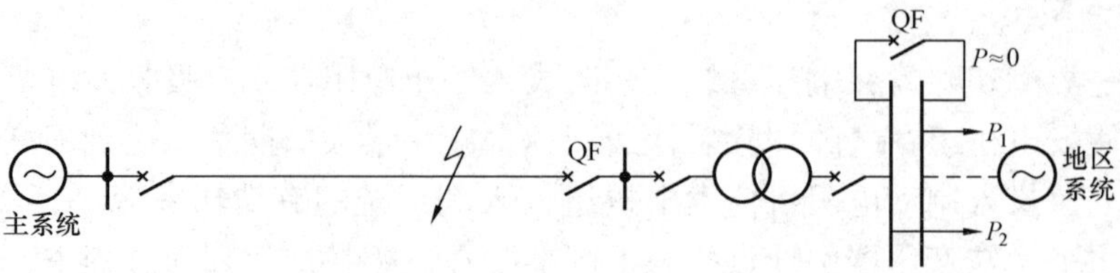

图 5－6　终端系统解列重合闸

在这种弱受端系统中，受端母线电压在故障后功率摇摆过程中不能保持较高水平，导致受端电源与远方电源间失步。为此，应设法对受端母线电压提供支持。一种措施是将停用机组改为调相运行；此外，尽可能设法将远方电源分开，让这些电源支路直接到受端系统母线处并列运行。

第三节　电力系统振荡时电气量变化特点

电力系统失去稳定，就引发电力系统振荡，电力系统振荡时，图 5－7 示出的两侧电源系统等值电动势 $\dot{E}_M$、$\dot{E}_N$ 间的夹角 δ 在 0°～360° 范围内周期性变化。当全相振荡时，系统三相参数是对称的，可按单相系统讨论。

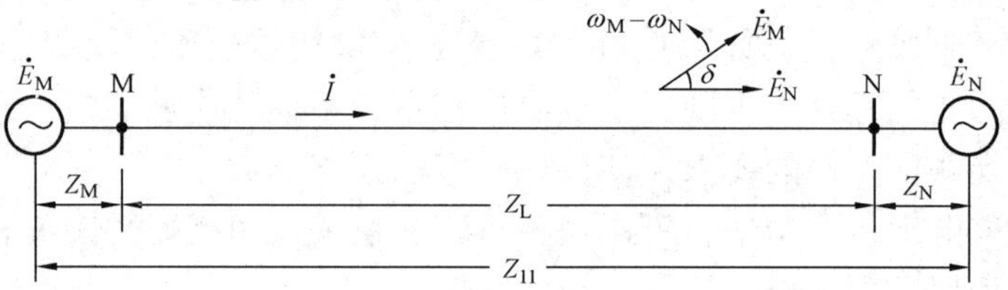

图 5－7　两侧电源系统发生振荡

一、振荡周期

电力系统振荡时，$\dot{E}_M$ 与 $\dot{E}_N$ 的频率不等，所以角速度 ω_M 与 ω_N 也不等，当振荡周期为 T 时，有

$$|\omega_M - \omega_N| T = 2\pi$$

得

$$T = \frac{1}{|f_M - f_N|} \tag{5-4}$$

频差愈大，振荡周期愈短，振荡愈严重；频差愈小，振荡周期愈长，振荡容易平息。

通常情况下，在继电保护中振荡周期可认为是 1s，最长振荡周期可认为是 3s，当然特殊情况例外。电力系统振荡过程中，振荡周期是变化的，并且前半振荡周期与后半振荡周期往往也不等。

二、振荡电流

在振荡过程中，若偏离额定频率不多，可不计频率变化引起系统阻抗的变化，于是，图

5 -7 示出的系统振荡时，振荡电流为

$$\dot{I}=\frac{\dot{E}_M-\dot{E}_N}{Z_{11}} \tag{5-5}$$

如果 $|\dot{E}_M|=|\dot{E}_N|=E$，以 $\dot{E}_N$ 作参考时，有 $\dot{E}_M-\dot{E}_N=E(e^{j\delta}-1)$，则上式可写成

$$\dot{I}=\frac{E}{Z_{11}}(e^{j\delta}-1) \tag{5-6}$$

可见，振荡电流随 δ 角发生变化，振荡电流幅值可表示为

$$|\dot{I}|=\frac{E}{Z_{11}}|e^{j\delta}-1|=\frac{2E}{Z_{11}}\sin\frac{\delta}{2} \tag{5-7}$$

振荡电流幅值随 δ 的变化曲线如图 5 -8（a）所示，当 $\delta=0°$时，振荡电流有最小值；当 $\delta=180°$时，振荡电流有最大值，$I_{max}=\frac{2E}{Z_{11}}$。$\delta$ 变化 360°完成一个周期的变化，所以系统振荡时，振荡电流以振荡周期作大幅度变化。

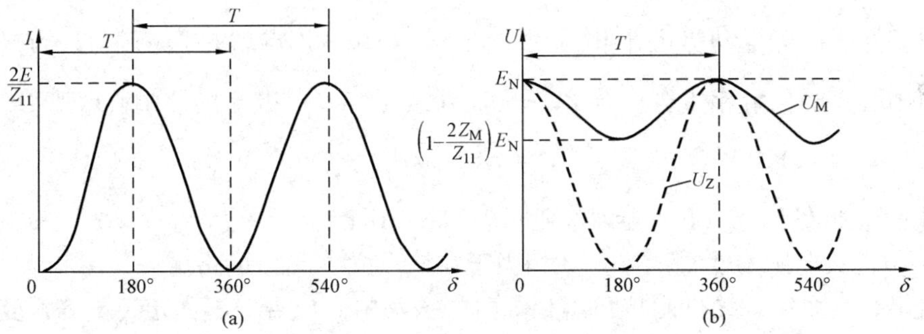

图 5 -8　振荡电流、各点电压幅值变化情况

（a）振荡电流；（b）各点电压

三、任意点 X 的电压

当系统各元件具有相同阻抗角时，由式（5 -5）作出振荡电流 $\dot{I}$ 相量如图 5 -9 所示，其中 φ_Σ 为系统总阻抗 Z_{11} 的阻抗角。设图 5 -9 中 Z 点为系统中点，则 $\overrightarrow{ZX}=\dot{I}Z_X$，其中 Z_X 为任意点 X 与 Z 点间的阻抗。于是图 5 -9 中 X 点电压 $\dot{U}_X$ 可表示为

$$\begin{aligned}\dot{U}_X&=\dot{E}_M-\dot{I}\left(\frac{Z_{11}}{2}-Z_X\right)\\&=E_Ne^{j\delta}-\frac{E_Ne^{j\delta}-E_N}{Z_{11}}\left(\frac{Z_{11}}{2}-Z_X\right)\\&=E_N\left(\frac{1}{2}-\frac{Z_X}{Z_{11}}\right)+\left(\frac{1}{2}+\frac{Z_X}{Z_{11}}\right)E_Ne^{j\delta}\end{aligned} \tag{5-8}$$

$$|\dot{U}_X|=E_N\sqrt{\cos^2\frac{\delta}{2}+\left(2\frac{Z_X}{Z_{11}}\sin\frac{\delta}{2}\right)^2} \tag{5-9}$$

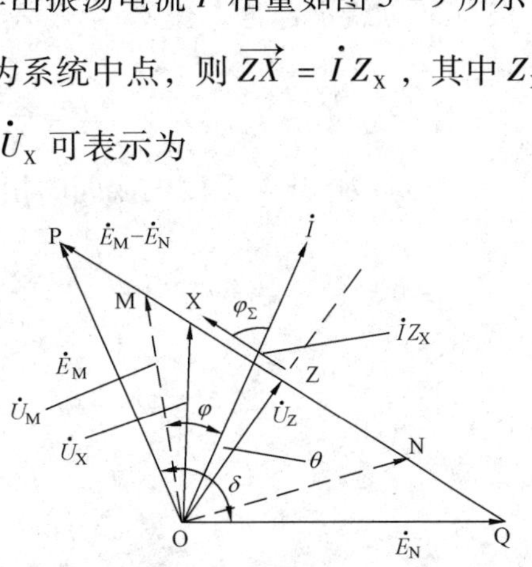

图 5 -9　振荡过程中的电流、电压相量

可以看出，X 点电压随 δ 角而发生变化，当 $\delta=0°$ 时，$|\dot{U}_X|=E_N=E$；当 $\delta=180°$ 时，$|\dot{U}_X|=2\dfrac{Z_X}{Z_{11}}E_N$。

当 X 点与母线 M 重合时，$\dot{U}_X=\dot{U}_M$，此时 $\dfrac{Z_X}{Z_{11}}=\dfrac{1}{2}-\dfrac{Z_M}{Z_{11}}$，代入式（5－9）得到

$$|\dot{U}_M|=E_N\sqrt{\cos^2\frac{\delta}{2}+\left[\left(1-\frac{2Z_M}{Z_{11}}\right)\sin\frac{\delta}{2}\right]^2}\tag{5-10}$$

δ 角在 0°～360°间变化时，U_M 作相应变化。当 $\delta=0°$ 时，U_M 有最高值，$U_{M\cdot max}=E_N$；当 $\delta=180°$ 时，U_M 有最低值，$U_{M\cdot min}=\left(1-\dfrac{2Z_M}{Z_{11}}\right)E_N$，如图 5－8（b）所示。可见，系统振荡时，母线电压随 δ 作周期变化，当 Z_M 愈接近 $\dfrac{1}{2}Z_{11}$ 时，母线电压最低值愈低，对母线上的负荷影响愈严重。

四、振荡中心

系统振荡过程中，系统中电压最低的一点称作振荡中心。在所讨论的情况下，即系统各元件阻抗角相等、两侧电动势大小相等时，图 5－9 中的 Z 点就是振荡中心，它位于 $\dfrac{1}{2}Z_{11}$ 处，与几何中心点的位置相重合。令 $Z_X=0$，由式（5－9）得到振荡中心电压 U_Z 为

$$U_Z=E_N\left|\cos\frac{\delta}{2}\right|\tag{5-11}$$

U_Z 随 δ 变化曲线如图 5－8（b）中虚线所示，当 $\delta=0°$ 时，$U_Z=U_{Z\cdot max}=E_N$；当 $\delta=180°$ 时，$U_Z=U_{Z\cdot min}=0$。从电压角度看，$U_Z=0$ 相当于在该点发生三相短路。

应当指出，当系统各元件阻抗角不相等时，振荡中心位置并不固定，随 δ 角变化而有所移动。

五、母线电压和振荡电流间的相位关系

设振荡电流的正方向为由 M 母线流向 N 母线，则 $\dot{I}=\dfrac{1}{Z_{11}}(\dot{E}_M-\dot{E}_N)=\dfrac{\dot{E}_N}{Z_{11}}(e^{j\delta}-1)$。当 X 点与 M 母线重合时，有 $Z_X=\dfrac{1}{2}Z_{11}-Z_M$，代入式（5－8）得到 M 母线电压 $\dot{U}_M$ 为

$$\dot{U}_M=\dot{E}_N\frac{Z_M}{Z_{11}}+\left(1-\frac{Z_M}{Z_{11}}\right)\dot{E}_Ne^{j\delta}\tag{5-12}$$

于是，M 母线电压与振荡电流间的相角差 φ_M 为

$$\begin{aligned}\varphi_M&=\arg\frac{\dot{U}_M}{\dot{I}}=\arg\left[\frac{Z_M+(Z_{11}-Z_M)e^{j\delta}}{e^{j\delta}-1}\right]\\&=\arg\left[Z_{11}\cdot\frac{m+(1-m)\cos\delta+j(1-m)\sin\delta}{2\sin\frac{\delta}{2}\cdot e^{j\left(90°+\frac{\delta}{2}\right)}}\right]\\&=\varphi_\Sigma-\left(90°+\frac{\delta}{2}\right)+\arctan\frac{\sin\delta}{\frac{m}{1-m}+\cos\delta}\end{aligned}\tag{5-13}$$

式中　φ_{Σ}——系统综合阻抗 Z_{11} 的阻抗角；

m——M 侧系统阻抗与系统综合阻抗 Z_{11} 之比（$m = \dfrac{Z_M}{Z_{11}}$，可认为是实数）。

可见，在 m 值一定的条件下，φ_m 随 δ 变化而且变化。若 $m=0.25$、$\varphi_{\Sigma}=80°$，则当 $\delta=20°$、60°、90°、120°、150°、180°、210°、240°、270°、330° 时，相应的 $\varphi_M=-5°$、6.1°、16.6°、31°、51.8°、80°、108.2°、129.1°、143.4°、162.4°。可以看出，在振荡过程中，φ_M 作大幅度的变化。

观察图 5-9，电流 $\dot{I}$ 与 $\dot{E}_M-\dot{E}_N$ 的相量交点对应的电压在振荡过程中与振荡电流保持同相位，该点称为零电抗点。令式（5-13）的 $\varphi_M=0°$，可求出零电抗点的位置，得到

$$\arctan\frac{\sin\delta}{\dfrac{m}{1-m}+\cos\delta}=\frac{\delta}{2}+90°-\varphi_{\Sigma}$$

所以

$$m=\frac{\cos\left(\varphi_{\Sigma}+\dfrac{\delta}{2}\right)}{\cos\left(\varphi_{\Sigma}+\dfrac{\delta}{2}\right)-\cos\left(\varphi_{\Sigma}-\dfrac{\delta}{2}\right)}=\frac{1}{2}\left(1-\cot\varphi_{\Sigma}\cot\frac{\delta}{2}\right)$$

可见，零电抗点随 δ 变化而发生移动。如果 $\varphi_{\Sigma}=90°$（不计系统各元件电阻），则 $m=\dfrac{1}{2}$，此时零电抗点与振荡中心重合，不随 δ 变化而移动。

六、母线电压与振荡电流的比值

如果将图 5-9 中的各电压相量除以振荡电流 $\dot{I}$，则 P、M、N、Q 四点相对位置不发生变化，其中 $\overline{QN}=Z_N$、$\overline{NM}=Z_L$、$\overline{MP}=Z_M$，而 $\overline{OP}=\dot{E}_M/\dot{I}$、$\overline{OQ}=\dot{E}_N/\dot{I}$、$\overline{OM}=\dot{U}_M/\dot{I}$、$\overline{ON}=\dot{U}_N/\dot{I}$，如图 5-10 所示。显然。$\overline{OM}$ 即是 M 母线电压与振荡电流的比值（称 M 侧测量阻抗或所见阻抗），$\overline{ON}$ 是 N 母线电压与振荡电流的比值（称 N 侧测量阻抗或所见阻抗）。

系统振荡时，δ 角发生变化，所以图 5-10 中的 O 点为一动点，相应的 M 侧、N 侧的测量阻抗发生变化。可见，O 点的轨迹就是 M 侧和 N 侧测量阻抗端点的轨迹。振荡过程中，等值电动势 $\dot{E}_M$、$\dot{E}_N$ 的大小假设不变化，则图 5-10 中的 $\overline{OP}$ 与 $\overline{OQ}$ 的比值为

$$K_e=\frac{\overline{OP}}{\overline{OQ}}=\left|\frac{\dot{E}_M}{\dot{E}_N}\right|=常数$$

所以问题归结为，求动点 O 到两定点 P、Q 距离之比为常数的轨迹。

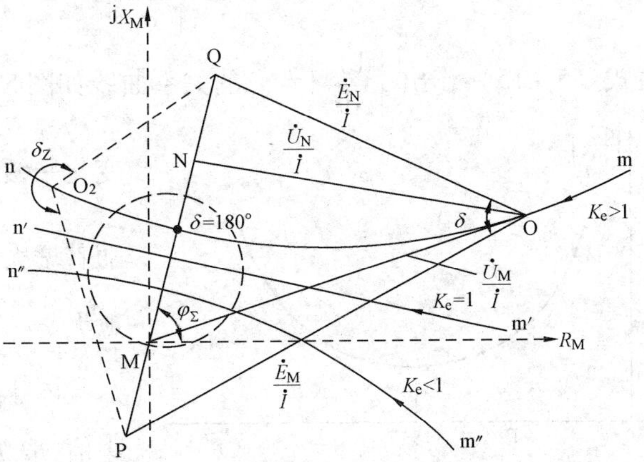

图 5-10　测量阻抗轨迹

显而易见，当 $K_e=1$ 时，O 点轨迹为 $\overline{PQ}$ 的中垂线，如图 5-10 中的 $m'n'$；当 $K_e>1$

时，O 点轨迹为包含 Q 点的圆，图 5－10 中示出该圆的部分圆弧 $\overset{\frown}{mn}$；当 $K_e<1$ 时，O 点轨迹为包含 P 点的圆，图 5－10 中示出该圆的部分圆弧 $\overset{\frown}{m''n''}$。轨迹线与 $\overline{PQ}$ 连线交点处对应 $\delta=180°$。图中箭头所示方向是 δ 角增大时轨迹变化方向。如在 $K_e>1$ 情况下，O 点位置为 δ 角，此时 M 侧、N 侧测量阻抗为 $\overline{MO}$、$\overline{NO}$；δ 沿箭头方向逐渐增大到 δ_2 时，O 点变化到 O_2 点，此时 M 侧、N 侧测量阻抗为 $\overline{MO_2}$、$\overline{NO_2}$。

实际上，系统振荡时，系统中各处测量阻抗端点的变化轨迹就是 O 点的轨迹。就 M 侧来说，阻抗平面的原点应设在 M 点，同时 MN 方向就是线路阻抗角（φ_Σ）方向。为清楚起见，图 5－10 中虚线圆就是 M 侧圆特性方向阻抗继电器的动作特性。

七、振荡时测量阻抗变化率

由图 5－10 测量阻抗轨迹可见，测量阻抗随 δ 角发生变化，因此测量阻抗也随时间发生变化。

为简化分析，令 $K_e=1$，于是图 5－7 所示系统振荡时，M 侧的测量阻抗 Z_M 为

$$Z_m=\frac{\dot{U}_M}{\dot{I}}=\frac{\dot{E}_N+\dot{I}Z_N+\dot{I}Z_L}{\dot{I}}=Z_N+Z_L+\frac{\dot{E}_N}{\dot{E}_N e^{j\delta}-E_N}Z_{11} \tag{5-14}$$

得到测量阻抗变化率为

$$\frac{dZ_m}{dt}=-j\frac{e^{j\delta}}{(e^{j\delta}-1)^2}\cdot Z_{11}\frac{d\delta}{dt}$$

计及 $|e^{j\delta}-1|=2\sin\frac{\delta}{2}$、$\delta=\delta_0+\omega_s t$，即 $\frac{d\delta}{dt}=\omega_s$，上式可化简为

$$\left|\frac{dZ_m}{dt}\right|=\frac{Z_{11}}{4\sin^2\frac{\delta}{2}}|\omega_s| \tag{5-15}$$

当 $\delta=180°$ 时，$\left|\frac{dZ_m}{dt}\right|$ 有最小值，即

$$\left|\frac{dZ_m}{dt}\right|_{min}=\frac{Z_{11}}{4}|\omega_s| \tag{5-16}$$

由式（5－15）作出 $\left|\frac{dZ_m}{dt}\right|$ 与 δ 的关系曲线如图 5－11 所示。可以看出，$\delta=180°$ 附近 $\left|\frac{dZ_m}{dt}\right|$ 变化平缓，且有较小值；随着 δ 偏离 180°，$\left|\frac{dZ_m}{dt}\right|$ 随着增大，偏离 180°程度愈大，$\left|\frac{dZ_m}{dt}\right|$ 增大程度也愈大。

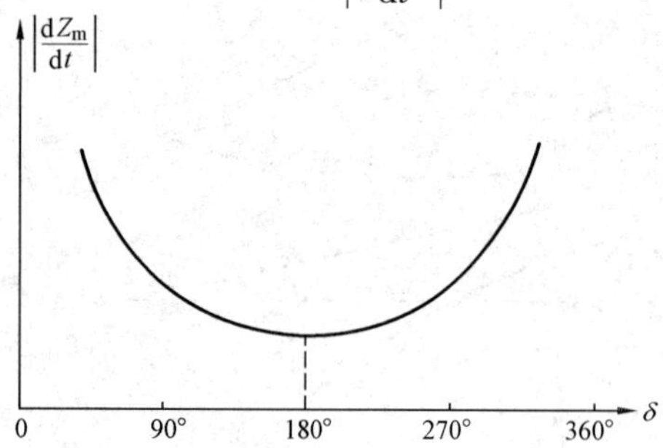

图 5－11　$\frac{dZ_m}{dt}$ 与 δ 的关系曲线

因 $|\omega_s|=\frac{2\pi}{T}$，所以 T 有最大值时，$|\omega_s|$ 有最小值，取 $T_{max}=3s$，于是

$$|\omega_s|_{min}=\frac{2\pi}{3}\left(\frac{rad}{s}\right) \tag{5-17}$$

代入式（5－16），得

$$\left|\frac{dZ_m}{dt}\right|_{min}=\frac{\pi}{6}Z_{11}\left(\frac{\Omega}{s}\right) \tag{5-18}$$

因此，系统振荡时有关系式

$$\left|\frac{dZ_m}{dt}\right|>\frac{\pi}{6}Z_{11}\left(\frac{\Omega}{s}\right) \tag{5-19}$$

当然，Z_{11}应取各种运行方式下的最大值。

第四节　振荡和短路时电气量特点

电力系统振荡是最严重的事故之一，系统振荡过程中不允许继电保护发生误动作，而在电力系统发生短路故障时，要求继电保护正确动作，这就提出了振荡和短路故障如何区别问题。

电力系统振荡时，振荡电流幅值以振荡周期摆动，而短路故障时的电流在一般情况下是突然增大的；振荡时各点电压虽然也要降低，但以振荡周期摆动，最高值、最低值间的差别与该点在系统中位置有关，而短路故障时的电压只是降低，不摆动；全相振荡时只有正序分量电流，没有负序、零序电流，而在不对称短路故障时会出现负序电流，接地故障时还会出现零序电流；振荡时电气量变化速度相对比较缓慢，如振荡电流增大速度、测量阻抗变化速度等比较缓慢，而在短路故障时电流是突增的，测量阻抗在短路瞬间也是突然变小的；振荡时母线电压与线路电流间夹角是变化的，短路故障时是不变化的。

以下对振荡和短路故障时电气量特点进行讨论。

一、关于突变量电流

电力系统振荡时，由于频率不能保证额定值运行，所以突变量电流元件（相电流突变量或相电流差突变量）有一定的不平衡输出。随着振荡电流幅值增大、频率偏离额定值程度的增大，不平衡输出相应增大。采用浮动门槛技术可有效克服这一不平衡输出的影响。

对于按躲过最大负序电流条件整定的线路末端短路故障有一定灵敏度的相电流元件，在电力系统振荡时会动作，在短路故障时同样会动作。

然而，当相电流元件带有一定延时后（如取10ms)，在短路故障情况下，具有浮动门槛的突变量电流元件一定比相电流元件先动作；系统振荡时，相电流元件比上述突变量元件先动作。因此，利用相电流元件和突变量元件动作先后的次序，可较好地判别出是短路故障还是电力系统发生振荡。

这种区分短路故障和振荡的原理，虽然不受短路故障类型的影响，但这是建立在短路故障时存在突变量电流这一基础上的。然而，有些特殊短路点的故障，不存在突变量电流，如在两侧电动势夹角$\delta=180^\circ$，且在振荡中心处发生的各种类型短路故障，因故障前该点电压为零，所以不存在故障电流，当然也没有突变量电流，即使δ角偏离180°，也提取不到电流突变量。

二、关于各序电流及其组合比较

这里指的各序电流是保护安装处的各序电流。

先看负序电流和零序电流。不对称短路故障时有负序电流，接地故障还存在零序电流。电力系统振荡时没有负序电流和零序电流，只有正序电流。

再看正序电流。短路故障时存在故障分量正序电流和负荷电流，两者有接近90°的相角差。当两侧电动势夹角较小时，如正常运行情况下发生短路故障，负荷电流可以忽略不计；当两侧电动势夹角较大时，如振荡过程中发生这种短路故障，负荷电流就不能忽略，此时的正序电流等于短路故障产生的故障分量正序电流和负荷电流两部分，两者仍然有接近90°的相角差。

因此，用保护安装处的 $|\dot{I}_2|+|\dot{I}_0|$ 之值可反应不对称短路故障，于是用检测系数 m 可判别出是不对称短路故障还是系统发生了振荡，其 m 值表示为

$$m=\frac{|\dot{I}_2|+|\dot{I}_0|}{|\dot{I}_1|} \tag{5-20}$$

适当选取 m 值，如取 m_{set}，则当下式

$$|\dot{I}_2|+|\dot{I}_0|>m_{set}|\dot{I}_1| \tag{5-21}$$

成立时，就判为发生了不对称短路故障。

电力系统振荡时，有 $|\dot{I}_2=0|$、$|\dot{I}_0=0|$，所以 $m=0$，式（5-21）不满足。

正常运行情况下发生不对称短路故障，负荷电流可不计，即可认为是 $\delta=0°$ 发生短路故障。设在图5-7中MN线路发生单相接地，则线路M侧的各序电流为 $\dot{I}_1=C_{1M}\dot{I}_{K1}^{(1)}$、$\dot{I}_2=C_{2M}\dot{I}_{K2}^{(1)}$、$\dot{I}_0=C_{0M}\dot{I}_{K0}^{(1)}$，计及 $C_{2M}=C_{1M}$、$\dot{I}_{K1}^{(1)}=\dot{I}_{K2}^{(1)}=\dot{I}_{K0}^{(1)}$，由式（5-20）可得

$$m_{\delta=0°}^{(1)}=1+\frac{C_{0M}}{C_{1M}} \tag{5-22}$$

如果MN线路发生的是两相短路故障，则线路M侧的各序电流为 $\dot{I}_1=C_{1M}\dot{I}_{K1}^{(2)}$、$\dot{I}_2=C_{2M}\dot{I}_{K2}^{(2)}$、$\dot{I}_0=0$，计及 $C_{2M}=C_{1M}$、$\dot{I}_{K1}^{(1)}=-\dot{I}_{K2}^{(2)}$，由式（5-20）可得

$$m_{\delta=0°}^{(2)}=1 \tag{5-23}$$

当MN线路发生两相接地短路故障时，线路M侧的各序电流为 $\dot{I}_1=C_{1M}\dot{I}_{K1}^{(1.1)}$、$\dot{I}_2=-C_{2M}\dot{I}_{K1}^{(1.1)}\dfrac{Z_{\Sigma0}}{Z_{\Sigma2}+Z_{\Sigma0}}$、$\dot{I}_0=-C_{0M}\dot{I}_{K1}^{(1.1)}\dfrac{Z_{\Sigma2}}{Z_{\Sigma2}+Z_{\Sigma0}}$，由式（5-20）可得

$$m_{\delta=0°}^{(1.1)}=\frac{Z_{\Sigma0}+\frac{C_{0M}}{C_{1M}}Z_{\Sigma2}}{Z_{\Sigma2}+Z_{\Sigma0}} \tag{5-24}$$

当在始端发生故障时，虽然M母线上变压器中性点接地使 $Z_{\Sigma0}$ 减小，但同时使 C_{0M} 增大，所以有 $m_{\delta=0°}^{(1.1)}>1$。最不利的情况是在线路末端发生短路故障，此时由于N母线上变压器中性点接地使 $Z_{\Sigma0}$ 变得很小，导致M侧的 $\dot{I}_0$ 很小，因此出现 $m_{\delta=0°}^{(1.1)}<1$ 的情况。但是当N侧跳闸后，对侧（M侧）的 $m_{\delta=0°}^{(1.1)}$ 立即增大（接近1）。

对于振荡过程中发生的不对称短路故障，当 δ 角较小时发生的不对称短故障，其 m 值与式（5-22）、式（5-23）、式（5-24）值相当；最严重的情况是 $\delta=180°$ 时发生短路故障，此时正序电流有较大值，m 值较小，分析表明 $m<0.5$。但随着 δ 角偏离180°向360°趋

近过程中，m 值也相应增大。即使 δ = 180° 时在振荡中心发生不对称短路故障，在故障初瞬 m = 0，但随着 δ 角偏离 180°，只要短路故障存在，$|\dot{I}_2| + |\dot{I}_0|$ 也相应增大，当然 m 值也随着增大。

可见，选定 m_{set}（如取 0.66）后，式（5－21）判据可有效识别振荡和短路故障（包括振荡过程中发生的短路故障）。对于 δ = 180° 情况下发生的短路故障，式（5－21）动作带有延时，这种延时也是十分必要的，因为此时阻抗继电器的保护区失去控制，可防止区外短路故障时的误动；当 δ 角偏离 180°向 360°趋近过程中，m 值逐渐增大，式（5－21）动作，开放保护，此时阻抗继电器的保护区已恢复了控制。

三、电气量变化速度

在振荡过程中，当振荡中心的电压（如图 5－9 中的 Z 点）降为零时，相当于在该点发生了三相短路故障，从线路一侧的稳态电气量看，两者是完全相同的，但在电气量的变化速度上，两者是存在区别的。振荡时因 δ 角的不断变化电气量变化缓慢，三相短路时变化较快。

图 5－12 中，I_K 为短路电流曲线，在短路瞬间（t_0）是突然增大的，I 为振荡电流曲线，随 δ 角变化作周期性变化，如果设置动作电流分别为 I_1、I_2 的两只电流继电器，则由图可见，短路故障时两电流继电器同时动作，振荡时先后动作，出现时差 Δt，从而可区分出三相短路故障和振荡。

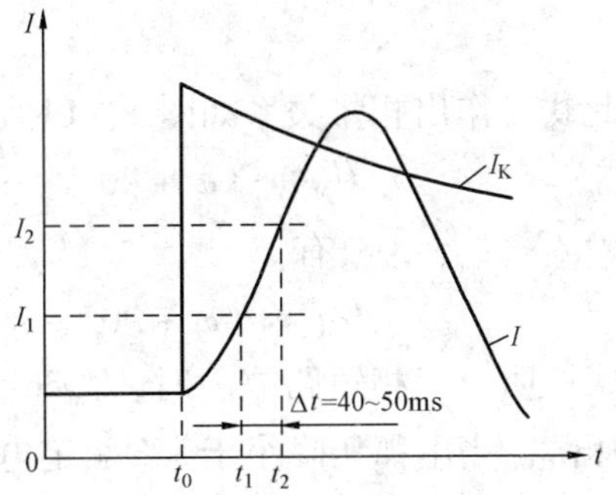

图 5－12　短路故障和振荡时电流的变化

应用短路故障时测量阻抗突变、振荡时测量阻抗缓慢周期变化的特点，可有效区别短路故障和振荡。图 5－13 中圆弧 $\overset{\frown}{mn}$ 为测量阻抗在系统振荡时的轨迹，$\overrightarrow{MO}$ 为 M 侧在正常运行时的负荷阻抗，当发生振荡时，O 点以振荡周期的速度沿圆弧 $\overset{\frown}{mn}$ 移动，相应测量阻抗 $\overrightarrow{MO}$ 作相应变化；当发生短路故障时，O 点瞬间变化到 K 点，$\overrightarrow{MK}$ 为保护安装处到故障点的线路阻抗。当设置两只阻抗继电器 Z_2、Z_1（Z_2 比 Z_1 大 25%）时，显而易见，Z_2 比 Z_1 的动作时差达 40～50ms 时，判别系统发生了振荡；动作时差小于 40～50ms 时，判别系统发生了短路故障。

此外，应用式（5－19）也可判别是振荡还是发生了短路故障。

四、振荡中心电压的变化

由图 5－9 知，可在保护安装处测得振荡中心电压 U_Z，其表示式为

$$U_Z = U_M\cos(\varphi + \theta) = U_M\cos(\varphi + 90° - \varphi_{Line}) \tag{5-25}$$

式中　φ——$\dot{U}_M$ 与振荡电流 $\dot{I}$ 间夹角，$\varphi = \arg\left(\dfrac{\dot{U}_M}{\dot{I}}\right)$；

$\dot{U}_M$——M 母线电压；

φ_{Line}——线路阻抗角（φ_{Line} 与系统综合阻抗 Z_{11} 的阻抗角 φ_Σ 相等）。

系统振荡时，U_Z 随 δ 角的变化作大幅度变化，见图 5－8（b）中虚线。

图 5－7 中线路某点 K 三相短路时，当 K 点电弧压降为 $\dot{U}_{arc}$ 时，则 M 侧母线电压 $\dot{U}_M$ 可

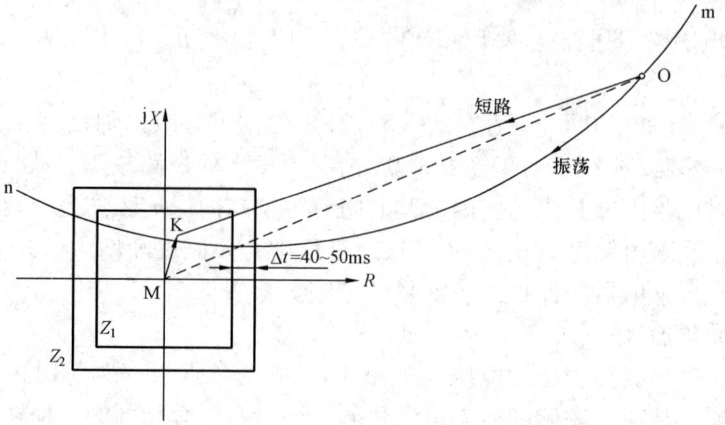

图 5－13　短路故障和振荡时测量阻抗的变化

表示为

$$\dot{U}_{M} = \dot{U}_{arc} + \dot{I} Z_{MK}$$

按此式可作出相量关系如图 5－14 所示，根据式（5－25），在图 5－14 中可得到

$$U_{M}\cos(\varphi + 90° - \varphi_{Line}) = \overline{OR}$$

而 $\overline{OR} < U_{arc}$，故有

$$U_{M}\cos(\varphi + 90° - \varphi_{Line}) < U_{arc} \tag{5-26}$$

此式说明，三相短路故障时，$U_{M}\cos(\varphi + 90° - \varphi_{Line})$ 值小于电弧压降。当电弧压降小于5%额定电压，即小于 $5\% U_{N}$（注意，此处 U_{N} 表示额定电压，并非是 N 母线电压）时，式（5－26）改写为

$$U_{M}\cos(\varphi + 90° - \varphi_{Line}) < 5\% U_{N} \tag{5-27}$$

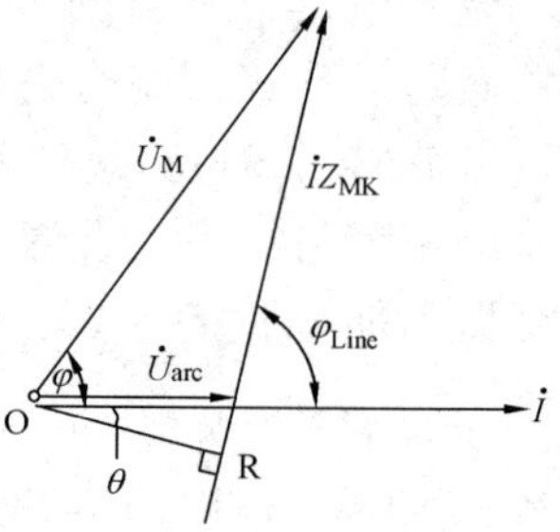

图 5－14　三相短路时电流、电压相量

比较式（5－27）、式（5－25）容易发现，当 $U_{M}\cos(\varphi + 90° - \varphi_{Line})$ 一直小于 $5\% U_{N}$ 时，可判为三相短路故障（包括振荡过程中的三相短路故障）；当 $U_{M}\cos(\varphi + 90° - \varphi_{Line}) < 5\% U_{N}$ 且持续时间较短时，可判为系统发生振荡。

根据 $\delta = 180°$ 时 U_{Z} 有零值，而 $\delta = 180°$ 附近测量阻抗轨迹 m′n′（mn 与 m″n″）均可认为是直线，一般情况下 $|\dot{E}_{M}| \approx |\dot{E}_{N}|$，将 $\delta = 180°$ 附近图 5－10 中 O 点轨迹重画于图 5－15 中。规定 $\delta = 0° \sim 180°$ 时，振荡中心电压为正；$\delta = 180° \sim 360°$ 时，振荡中心电压为负。因此，图 5－15 中 $\dot{U}_{Z1} > 0$、$\dot{U}_{Z2} < 0$。为判别三相短路故障和振荡，可设定 $U_{M}\cos(\varphi + 90° - \varphi_{Line})$ 的范围（包含 $5\% U_{N}$），如设定

$$-0.03U_{N} < U_{M}\cos(\varphi + 90° - \varphi_{Line}) < 0.08U_{N} \tag{5-28}$$

时，则图 5－15 中 $U_{Z1} = 0.08U_{N}$、$U_{Z2} = -0.03U_{N}$，当 $E_{M} = E_{N} = U_{N}$ 时，有

$$\delta_{1} = 2\arccos\left(\frac{0.08U_{N}}{E_{N}}\right) = 170.8°$$

$$\delta_2 = 360° - 2\arccos\left(\frac{0.03U_N}{E_N}\right) = 183.4°$$

因此，从 O_1 点变化到 O_2 点（或 O_2 点变化到 O_1 点）满足式（5－28）设定的范围，δ 角变化值为

$$\Delta\delta_1 = \delta_2 - \delta_1 = 183.4° - 170.8° = 12.6°$$

若最长振荡周期 $T = 3s$，则 O_1 点变化到 O_2 点（或 O_2 点变化到 O_1 点）所需最长时间为

$$\Delta t_{max} = \frac{\delta_2 - \delta_1}{360°} \cdot T = \frac{12.6°}{360°} \times 3 = 105(ms)$$

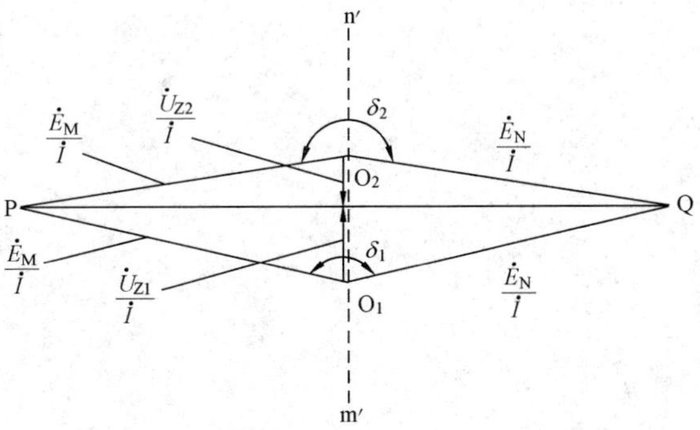

图 5－15　δ = 180° 附近测量阻抗轨迹线

为安全，取 Δt = 150ms 。这样，当 $U_M\cos(\varphi + 90° - \varphi_{Line})$ 满足式（5－28）的时间达 150ms 时，判为三相短路故障（包括振荡过程中发生的三相短路故障）；当 $U_M\cos(\varphi + 90° - \varphi_{Line})$ 满足式（5－28）的时间不足 150ms 时，判为系统振荡。显而易见，前者应开放保护，后者应不开放保护。

注意到三相短路故障是最严重的短路故障，为可靠开放保护，再设第二判据，即 $U_M\cos(\varphi + 90° - \varphi_{Line})$ 的动作范围为

$$-0.1U_N < U_M\cos(\varphi + 90° - \varphi_{Line}) < 0.25U_N \qquad (5-29)$$

类似于式（5－28），求得

$$\delta'_1 = 2\arccos\left(\frac{0.25U_N}{E_N}\right) = 151°$$

$$\delta'_2 = 360° - 2\arccos\left(\frac{0.1U_N}{E_N}\right) = 191.5°$$

于是

$$\Delta t'_{max} = \frac{191.5° - 151°}{360°} \times 3 = 337.5(ms)$$

取 $\Delta t'$ = 500ms 。因此，满足式（5－29）的时间达到 500ms 时判为三相短路故障，开放保护；满足式（5－29）的时间不足 500ms 时，判为系统振荡。

应当注意到，满足式（5－28）、式（5－29）的时间是以最长振荡周期 3s 计算的，这样开放保护的延时相对较长（150ms 或 500ms），若以实测的振荡周期计算，可缩短开放保护的延时时间。

第二篇

线路保护及重合闸

第六章 线路纵联保护

第一节 概　　述

一、纵联保护的作用

输电线的电流、电压、零序电流和距离保护是利用输电线路单端量的保护，只反应线路一侧的电气量变化，从原理上无法区分本线路末端和对端的母线或相邻线路出口的故障。由于互感器传变误差、线路参数值不精确以及继电器本身测量误差等，导致这种保护装置可能将本线路对端母线上的故障，或对端母线其他线路出口处的故障，误判断为本线路末端的故障而将本线路切断。

为了防止这种非选择性动作，只得将这种保护的无时限保护范围缩短到小于线路全长，也就是说单端量保护其瞬时动作的第Ⅰ段定值要按照躲过对侧母线故障来整定，例如距离保护一般将Ⅰ段定值整定为线路全长的80%~85%。对于其余的15%~20%线路段上的故障，只能由带时限的第Ⅱ、Ⅲ段来切除。单端量保护的缺点就是不能瞬时切除被保护线路全长范围内的故障，其优点是带延时的各段能够作为邻线路的后备保护。

综合利用本线路各端电气量的保护叫纵联保护，纵联保护可以无时限切除线路全长范围内故障，满足电力系统稳定需要，可以简化保护的整定配合，其缺点是不能作为相邻线路的后备保护。

在国内220kV及以上电压等级线路和重要110kV联络线路上，一般都配置利用两端电气量的纵联保护和利用单端电气量的后备保护，以充分发挥两者的优点。

二、纵联保护的构成

输电线路的纵联保护就是用某种通信通道将输电线两端的保护装置纵向连接起来，将两端的电气量（电流、电流相位和故障方向等）传送到对端，将两端的电气量比较，以判断故障是在本线路范围内还是在本线路范围之外，从而决定是否切除被保护线路。因此，理论上这种纵联保护具有绝对的选择性。它是利用输电线路双端信息量的保护。纵联保护结构图如图6-1所示。

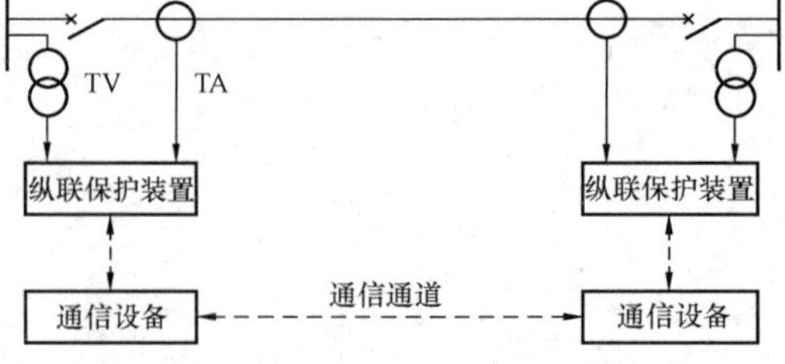

图6-1　纵联保护结构图

三、纵联保护分类

纵联保护分类如下：

- 纵联保护
  - 按通信通道划分
    - 导引线纵联保护
    - 电力线载波纵联保护
    - 微波纵联保护
    - 光纤纵联保护
  - 按构成原理划分
    - 纵联方向保护（比较两端逻辑量）
    - 纵联距离保护（比较两端逻辑量）
    - 纵联差动保护（比较两端电流量）

四、纵联保护的通道类型

1. 导引线通道

这种通道需要铺设电缆，其投资随线路长度增加而增加。当线路较长（超过 10km 以上）时就不经济了。导引线越长，安全性越低。导引线中传输的是电信号。在中性点接地系统中，除了雷击外，在接地故障时地中电流会引起地电位升高，也会产生感应电压，对保护装置和人身安全构成威胁，也会造成保护不正确动作。所以导引线的电缆必须有足够的绝缘水平（例如 15kV 的绝缘水平），从而投资增大。导引线可直接传输交流电量，故导引线保护广泛采用差动保护原理，但导引线的参数（电阻和分布电容）直接影响保护性能，从而在技术上也限制了导引线保护用于较长的线路。

2. 电力线载波通道

这种通道在保护中应用最广。载波通道由高压输电线及其加工连接设备（阻波器、耦合电容器、结合滤波器及高频收发信机等）组成。高压输电线机械强度大，十分安全可靠。但在线路发生故障时通道可能遭到破坏（高频信号衰减增大），为此需考虑在此情况下高频信号是否能有效传输。当载波通道采用“相—地”制时，在线路高频信号加工相发生接地故障时，高频信号衰减增大。当载波通道采用“相—相”制时，发生单相接地短路故障，高频信号能够传输，但在三相短路时仍然不能。为此载波保护在利用高频信号时，应使保护在本线路故障导致高频信号中断时仍能正确动作。

3. 微波通道

微波通道与输电线没有直接的联系，输电线发生故障时不会对微波通信系统产生任何影响，因而利用微波保护的方式不受限制。微波通信是一种多路通信系统，可以提供足够的通道，彻底解决了通道拥挤的问题。微波通信具有很宽的频带，线路故障时信号不会中断，可以传送交流电量的波形。采用脉冲编码调制（PCM）方式可以进一步扩大信息传输量，提高抗干扰能力，也更适合于数字保护。微波通信是理想的通信系统，但是保护专用微波通信设备是不经济的，应当与远动等在设计时兼顾起来。同时还要考虑信号衰耗和稳定性的问题。

4. 光纤通道

光纤通道与微波通道有相同的优点。光纤通信也广泛采用（PCM）调制方式。当被保护线路很短时，通过光缆直接将光信号送到对侧，在每半套保护装置中都将电信号变成光信号送出，又将所接收之光信号变为电信号供保护使用。由于光与电之间互不干扰，所以光纤保护没有导引线保护的问题，在经济上也可以与导引线保护竞争。在输电线路架空地线中铺设光纤的方法既经济又安全，已经在电力系统通信中大量应用。当被保护线路很长时，应与通信、远动等复用。

上述四种通道中现在应用最多的是电力线载波通道，随着光纤价格的降低，光纤通信在电力系统中大量使用，运用光纤通道的纵联保护也越来越多。

下面几节主要介绍通道中传输逻辑量的纵联距离保护和纵联方向保护（包括载波通道和光纤通道），有关光纤纵联电流差动保护专门设一节介绍。

五、传送逻辑量的通道信号

纵联保护通道传送的逻辑量信号分为闭锁信号、允许信号和跳闸信号。

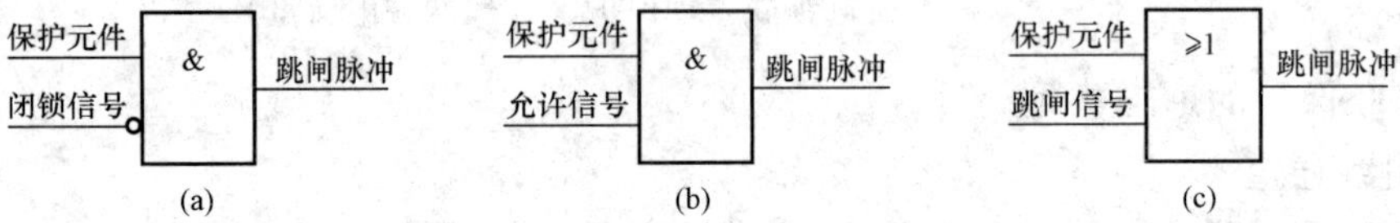

图 6－2　纵联保护信号逻辑图

（a）闭锁信号；（b）允许信号；（c）跳闸信号

1. 闭锁信号

闭锁信号是闭锁保护动作于跳闸的信号，换句话说，收不到闭锁信号是保护能够跳闸的必要条件。表示闭锁信号逻辑的方框图如图 6－2（a）所示。只有同时满足以下两条件时保护才作用于跳闸：

（1）本端保护元件动作。

（2）无闭锁信号。

当外部故障时，闭锁信号从本线路近故障点的一端发出，当线路另一端纵联保护收到闭锁信号时，其保护元件虽然动作，但不会在出口跳闸。当内部故障时，线路两端都不发送闭锁信号，线路两端都收不到闭锁信号，保护元件动作后即可出口跳闸。

传送闭锁信号的通道大多数是专用载波通道，即保护专用一个载波通道来传输闭锁信号，只要本端保护元件不动作，在保护起动或通道试验的时候就发闭锁信号。线路两侧通道中的收发频率是一样的，在本线路一侧发出闭锁信号时，在本线路两侧都能收到闭锁信号。

有个别地区保护和通信复用载波通道，并且发闭锁信号，即保护只有在反方向元件动作时才发闭锁信号。

闭锁信号也可以使用光纤通道来传送。

闭锁式纵联保护的优点是发生区内故障时，如果同时通道损坏了（比如发生三相接地故障时），闭锁式纵联保护不会因为通道中断而导致拒动。但是其弱点也是明显的，如果发生正方向区外故障，通道没有正确传输信号，纵联保护可能误动。在实际电网中，线路纵联保护常常因为通道原因（包括收发信机）不能收到闭锁信号而误动。

2. 允许信号

允许信号是允许保护动作跳闸的信号，换句话说，收到允许信号是保护动作跳闸的必要条件。表示允许信号逻辑的方框图如图 6－2（b）所示，只有同时满足以下两条件时，保护装置才作用于跳闸：

（1）本端保护元件动作。

（2）收到对侧允许信号。

当内部故障时，线路两端互送允许信号，在收到对侧允许信号且保护元件动作后就在出口跳闸，当外部故障时，近故障端不发出允许信号，远故障端的保护元件虽动作，但收不到对侧的允许信号不能在出口跳闸。

传送允许信号通道大多数是复用载波通道，随着光纤通信的普及，光纤通道传送允许信号的方式也较多。

允许信号只能接收本线路对侧的允许信号，不能接收线路本侧的允许信号，如果采用载波通道，线路一侧收与发的频率是不同的。

允许式纵联保护的优点是平常通道一直在交换导频信号，通道损坏后会立刻告警；在发生区外故障时，如果同时通道损坏了，允许式纵联保护不会因为通道中断而导致误动。其缺点是发生区内故障时，如果同时通道损坏了，允许式纵联保护会因为通道中断而导致拒动。

在国内使用的允许式纵联保护，“本端保护元件”的保护范围超过线路全长，称之为超范围允许式。欠范围允许式是指“本端保护元件”的保护范围不能保护线路全长。这种欠范围允许式在我国没有应用，在此不再分析说明。通常所说的允许式纵联保护都是指超范围允许式。

3. 跳闸信号

跳闸信号是直接引起跳闸的信号，如图 6－2（c）所示。跳闸的条件是本端保护元件动作，或者对端传来跳闸信号。只要本端保护元件动作即作用于跳闸，与有无跳闸信号无关；只要收到跳闸信号即作用于跳闸，与本端保护元件动作与否无关。换句话说，跳闸信号或者本端保护元件动作都是保护作用于跳闸的充分条件。

从跳闸信号的逻辑可以看出，它在不知道对端信息的情况下就可以由本端的保护元件直接跳闸，所以本侧和对侧的保护元件都必须具有直接区分区内和区外故障的能力，如距离保护必须采用距离保护Ⅰ段。而距离保护Ⅰ段是不能保护线路全长的。所以跳闸式保护只能用在两端保护的Ⅰ段有一定重叠区的线路。

在我国电力系统，这种方式的保护现在没有应用，主要原因有两点：

（1）对保护元件测量的精确度要求很高，发生区内故障时如果两端的保护元件都没有动作则保护会拒动，发生区外故障时如果一端的保护元件超越会导致误动。

（2）对通道的要求很高，通道误发信号会导致保护无条件跳闸。

在我国作为跳闸信号的演变方式，将接收到的跳闸信号与本地故障判别装置动作相结合，即在线路对侧保护跳闸触点动作，经过通道把跳闸信号传送到本侧，本侧再加上就地保护的一些判据组成与门去出口跳闸，这种装置称为带就地判别的远方跳闸装置。

第二节　闭锁式纵联距离保护

一、概述

20 世纪 80 年代，电力部门组织有关专家，对高频闭锁保护等高压线路继电保护装置进行四统一设计，即统一技术标准、统一原理接线、统一符号、统一端子排的位置，在全国电网取得了良好的运行效果，90 年代推广的微机型保护，同样也符合“四统一设计要求”。

闭锁式纵联保护的基本工作原理是利用闭锁信号来比较线路两侧正方向测量元件的动作情况，以综合判断故障是发生在被保护线路内部还是外部。当装置收到闭锁信号时，就判断为被保护线路无故障或发生区外故障，本侧保护不跳闸；当收不到闭锁信号，且本侧正方向测量元件又动作时，就判断为线路区内故障，允许发出跳闸出口命令。

闭锁信号存在发送和接收回路，在需要发信的时候即起动发信元件动作时，开始发送闭锁信号，在需要停信的时候即停信控制元件动作时，即使起动发信元件动作也会强制停信。

当发生区外故障时，如果本侧的正方向测量元件动作但收不到对侧的闭锁信号时，保护将误动作。因此保证闭锁信号的正确传输对闭锁式纵联保护是极为重要的。

传送闭锁信号的通道大多数是专用载波通道即专用收发信机，闭锁信号也可以使用光纤通道来传送，有个别地区闭锁式保护与通信复用载波通道。本节主要介绍专用收发信机收发闭锁信号的方式。光纤通道收发闭锁信号方式和专用收发信机类似。

本节主要说明以下几部分内容：

（1）方向元件部分。包括阻抗方向元件和零序电流方向元件，对方向元件的要求和反方向元件的作用。

（2）起动发信元件。包括保护起动发信、远方起动发信和通道检查起动发信。

（3）停信控制元件。包括正方向元件停信元件、其他保护动作停信、本保护动作停信、断路器位置停信和弱馈保护停信。

（4）其他元件。包括弱馈保护、功率倒向和纵联保护跳闸元件。

模拟型闭锁式和早期的微机型闭锁式纵联保护中，远方起动发信、通道检查起动发信、其他保护动作停信和断路器位置停信功能都由收发信机来实现，为了提高可靠性和方便记录分析保护动作行为，现在这些功能都由微机保护来实现，以后这些元件都是按由微机保护实现来说明，微机保护通过一个触点来控制收发信机，即触点闭合收发信机就发信，触点返回收发信机就停信。

二、方向元件

1. 阻抗方向元件

阻抗方向元件按回路分为 Z_{AB}、Z_{BC}、Z_{CA} 三个相间阻抗元件和 Z_A、Z_B、Z_C 三个接地阻抗元件。每个回路的阻抗方向元件又分为正向元件和反向元件。国内纵联距离保护使用的阻抗方向元件主要由多边形阻抗元件和圆特性阻抗元件两种方式，阻抗方向元件的一种方式如图 6－3 所示，由全阻抗多边形与方向元件组成。当选相元件选中回路的测量阻抗在多边形范围内，且方向元件为正向时，判定正向故障，若方向元件为反向，判定反向故障。方向元件采用正序方向元件等元件。反方向阻抗特性的动作值自动取为正向阻抗动作值的 1.25 倍，保证反方向元件比正方向元件灵敏。在振荡闭锁期间还有振荡闭锁的开放元件，以保证在任何时候发生区内故障，阻抗方向元件都能够正确动作。

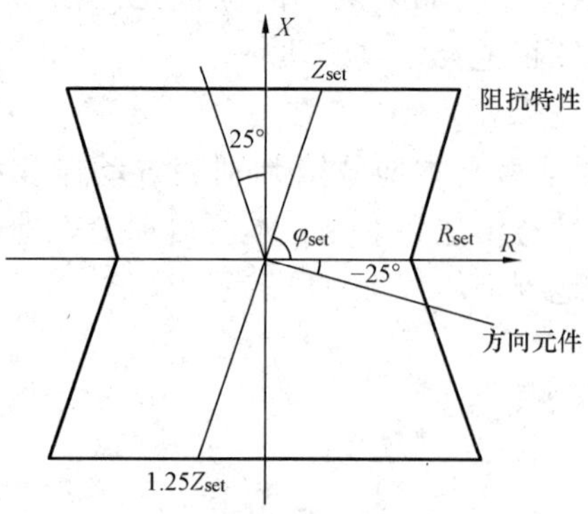

图 6－3　阻抗方向元件动作特性

Z_{set}—正向阻抗整定值；R_{set}—电阻分量整定值；φ_{set}—线路正序阻抗角

2. 零序方向元件

零序方向元件设正、反两个方向元件。反向元件的灵敏度高于正向元件。正向元件的零序电流定值 I^{+}_{0set} 与反向电流定值 I^{-}_{0set} 之间的关系为

$$I^{+}_{0set} > I^{-}_{0set}$$

零序方向元件主要是作为高阻接地故障时阻抗方向元件灵敏度不足时的后备元件，以提高纵联保护在高阻接地故障时的灵敏度。

零序方向元件的电压门坎取为固定门坎加浮动门坎，浮动门坎根据正常运行时的零序不平衡电压计算，既可防止正常运行时零序方向元件的误动，也提高了高阻接地时零序方向元件的灵敏度。零序方向元件动作范围见零序电流保护章节。

零序方向元件在合闸加速脉冲期间带 100ms 延时，以防止在线路合环时因为三相开关不同时闭合而导致误动作。保护所用电压引自母线电压互感器，线路在非全相运行时相当于不对称故障发生在区内，零序方向元件可能会误动，在非全相运行时要退出。

3. 方向元件之间的配合

阻抗方向和零序方向以反方向元件动作优先。阻抗方向元件和零序方向元件的一种配置如图 6－4 所示。

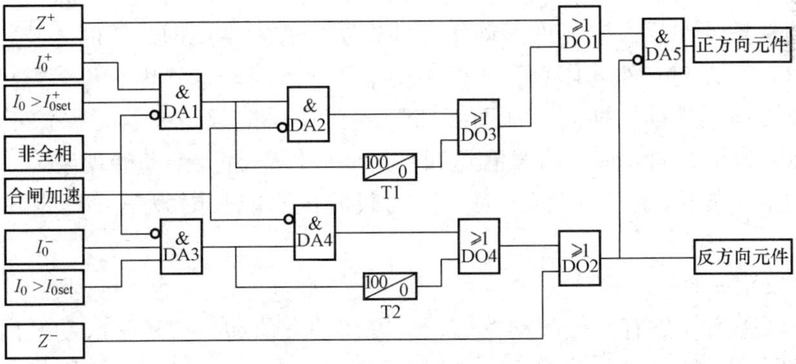

图 6－4　阻抗方向元件和零序方向元件的一种配置方法

Z^+、Z^-—阻抗正方向和反方向元件；I_0^+、I_0^-—零序正方向和反方向元件

4. 纵联保护对于方向元件的要求

纵联保护对方向元件有下述一些要求，这些要求同样适用于闭锁式和允许式、纵联方向保护和纵联距离保护：

（1）要有明确的方向性，如果方向元件不正确，直接会导致纵联保护的误动或拒动。

（2）正方向元件要确保在本线路全长范围内发生各种故障都能可靠动作，只有这样，本线路发生故障时，纵联保护才能全线速动。

（3）反方向元件要闭锁正方向元件，主要原因是双回线系统中，理论上本线路区外存在某故障点，导致线路两端不同原理的正方向元件可能同时动作而导致保护误动，因为此时是区外故障，某侧的反方向元件会动作，所以在线路任意一侧都要以反向元件闭锁该侧的正方向元件。还有一个简单原因，任何时候只要反方向元件动作，说明发生反方向故障，要立即闭锁保护，当然这样做的一个负面影响就是区外转区内故障可能要等到区外故障切除后，纵联保护才能够动作。

（4）要求线路本侧的反方向元件比本侧的正方向元件更灵敏、动作更快。在上述元件特性中，阻抗反方向元件的阻抗是正方向阻抗的1.25倍，零序电流反方向元件的电流门坎小于正方向元件的电流门坎，就是为了满足这个要求。

（5）要求线路本侧的反方向元件比对侧的正方向元件更灵敏、动作更快。有这个要求的主要原因是，线路本侧反向发生故障，如果线路对侧的正方向元件能够动作，而本侧保护的反方向元件灵敏度较低而没有动作，可能会导致下述三种情况发生：

1）如果本侧纵联保护投入弱馈保护功能，可能导致弱馈保护误动。

2）如果采用反向元件动作后投入功率倒向延时的方法，本侧反向元件不动而对侧正方向元件动作，有可能使两侧纵联保护在区外故障切除过程中因为功率倒向而误动。

3）在本保护单相跳闸命令返回而本保护动作停信还没有返回期间，如果本侧健全相发生反方向故障，对侧的正方向元件动作，而本侧的反方向元件没有动作或动作较慢，对侧会误动三跳。

5. 反方向元件的作用

模拟型纵联距离保护中只用一个正方向元件。现在的微机型线路保护除了用正方向元件又增加了反方向元件。反方向元件的作用如下：

（1）反方向元件闭锁正方向元件，原因见方向元件要求的第（3）条。

（2）弱馈保护要在反方向元件不动作，即证明没有发生反向故障时才能投入。

（3）可以在反方向元件动作后，才投入功率倒向延时，这样做有许多好处。

（4）在反方向元件动作期间，证明线路一侧存在反向故障，这时保护不能停信，否则可能出现对侧因为正方向元件一直没有返回，本侧一停信就会误动的现象。

（5）当通道为复用载波机闭锁式时，因为载波机不能长时发信，只能以反向元件控制发信。

三、起动发信元件

闭锁式纵联距离保护有保护起动发信、远方起动发信和通道检查起动发信三种起动发信方式。下面说明这三种方式及其相互间的配合。

1. 保护起动发信元件

保护起动发信逻辑框图如图6－5所示。在保护起动后和保护整组复归之前，通过逻辑门DO5、DA7、DO2和DA11强制发信，在停信元件动作后通过DA11停止发信。

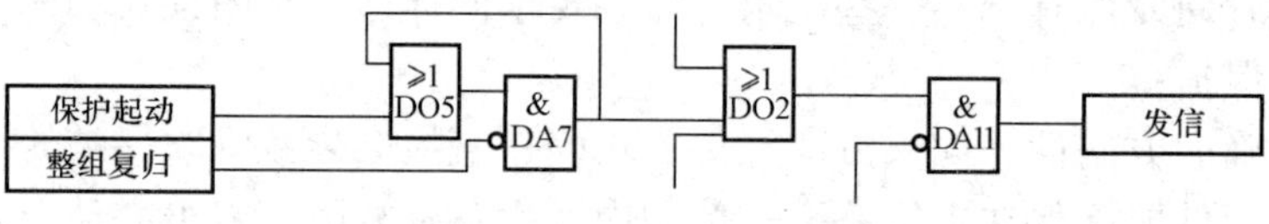

图6－5　保护起动发信逻辑框图

2. 远方起动发信元件

设置远方起动发信元件的作用有两个：

（1）可以提高被保护线路两侧闭锁式纵联保护装置配合工作的可靠性，防止在下列情况下保护误动作：发生区外故障，近故障侧的起动发信元件因故不能起动发信时，远故障侧停信元件如果灵敏度足够而动作就可能误跳闸。具有了远方起动发信元件，则远故障侧保护起动发出闭锁信号，近故障侧在收到远故障侧的闭锁信号后起动发信发出连续的闭锁信号，使远故障侧保护不会误动作。

(2) 可以方便闭锁式通道的检查，而不必由两侧的值班人员同时配合进行。当一侧通道检查起动发信，对侧收信后即自保持发信10s，通道检查起动发信的一侧即能在单侧监测通道工作情况。

远方起动发信逻辑框图如图6-6所示。

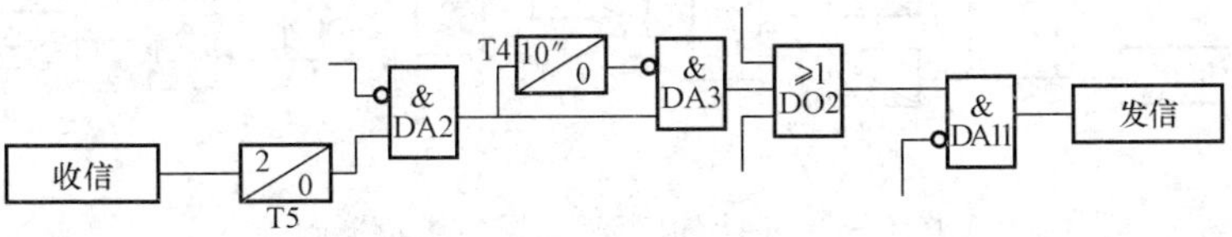

图6-6 远方起动发信逻辑框图

当收信触点动作时，经T5的2ms延时，并经DA2、DA3、DO2、DA11起动发信，如此就实现了远方起动发信，在停信元件动作后通过DA11停止发信。但需要加以说明：

(1) 经T5的2ms起动发信延时，可以躲开通道上干扰信号的影响，以防止经常误起动发信，同时又使远方起动发信不至于延时太长而达不到闭锁对侧保护的作用。

(2) 为了充分发挥远方起动发信元件的作用，收发信机必须实现收信起动的自保持，并采取适当的解环方式，时间元件T4和门DA3可达到解环的目的。如果没有T4和DA3，当远方起动发信动作后就一直发信，自发自收形成闭环而不能解环。为了防止在区外故障尚未切除而先解环引起对侧闭锁式纵联保护的误动作，解环的时间应大于系统中保护的最长后备保护时间。四统一设计中采用的解环时间T4为10s，远大于上述时间，主要是为了满足通道检测的需要。T4元件的整定时间到达后，经门DA3停止发信，解除发信的自保持。

3. 通道检查起动发信

通道检查起动发信用来进行通道检测。根据高频保护运行的需要，通道检查应该满足下列要求：

(1) 线路每侧都能单独进行通道检查。

(2) 通道检查时应能分别检查对侧单独发信、两侧同时发信及本侧单独发信时的通道工作情况。

(3) 通道检查应能在线路正常运行、单侧断开或双侧断开时都可进行。

(4) 通道检查过程中如遇系统发生故障应能立即转入保护起动发信和保护停信，停止通道检查。

(5) 通道检查既能手动进行也能由保护按定时自动进行。

通道检查起动发信逻辑框图如图6-7所示。

图6-7中试验按钮接通或定时检查通道功能投入且定时检查通道的时刻到达时，各元件按如下方式工作：

1) 经DA1、DO2和DA11开始通道检查起动发信。

2) 本侧收信经T2的200ms延时后，通过DA1解除检查按钮和定时到达的起动发信作用。T2取200ms是为了保证对侧能够可靠远方起动发信，特别是在本侧断路器断开的情况下仍能可靠远方起动，因此T2延时要大于三跳位置停信的时间（160ms）。

3) 对侧收信后经远方起动发信元件自保持发信10s。

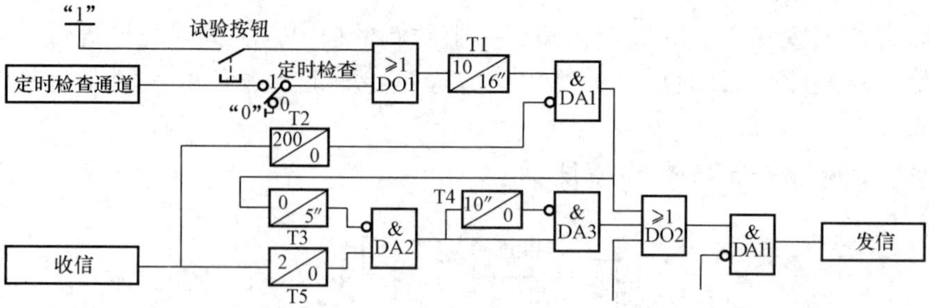

图 6－7　通道检查起动发信逻辑框图

4）经 DA1、T3、DA2 使本侧的远方起动发信功能在 5s 之内不起作用。

5）本侧远方起动发信元件在经 T3 的 5s 之后，因为 T3 时间元件返回，DA2 又开放起动发信，并且再自保持 10s 直到 T4 动作解环，本侧停信，通道检查过程结束。

通道检查的整个过程就是第一个 5s 内对侧单独发信、第二个 5s 内两侧同时发信、第三个 5s 内本侧单独发信，整个过程持续共 15s 左右，如图 6－8 所示。

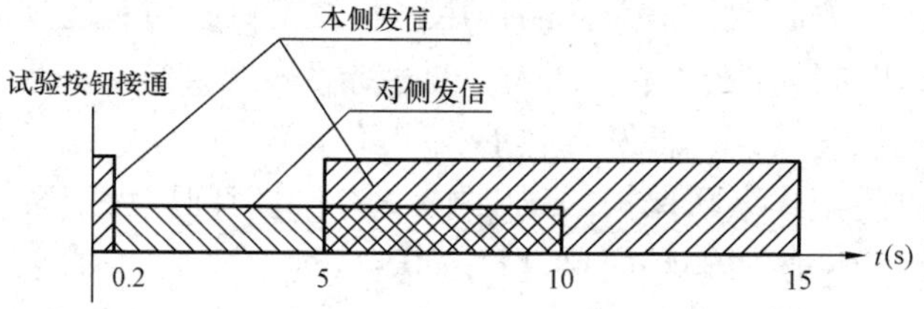

图 6－8　通道检查期间线路两侧发信时间示意图

在整个通道检查过程中，如果收信裕度不够，收发信机会发通道告警信号。

通道检查期间，如果线路发生内部短路故障，保护停信元件动作，通过与门 DA11，停止通道检查，不影响保护动作。

必须说明，上述设计中在特殊情况下，还存在着保护误动作的可能性。为了方便通道检查，两侧收发信机分别有 5s 时间处于单独发信状态，实际上就是解除了远方起动发信元件的功能。在本侧开始通道检查的第一个 5s 内，对侧单独发信，本侧经 T3 和 DA2 解除了本侧的远方起动发信元件，此时如果下列情况同时出现，对侧保护就会误动作：

1）当本侧发生反方向故障时。

2）对侧的正方向元件能灵敏反应该故障，动作于停信时。

3）本侧的保护起动发信元件拒动时，即本侧的起动元件灵敏度不够而没有起动。

类似的情况还会发生在通道检查的第三个 5s 内。

考虑到在相对极短的通道检查期间内又同时发生前述引起误动的三个原因的机率是极少的，因此没有必要在设计中采取相应的措施。

在上述三个原因中，只要保证两侧起动元件有相同的灵敏度，即两侧起动元件的动作值折算到一次侧是相同的，就可避免上述的误动作。这在第八节的运行要求中还会提到。

四、停信元件

闭锁式纵联保护停信元件包括正方向元件动作停信、其他保护动作停信、本保护动作停信、断路器位置停信和弱馈保护停信五种实现方式。

对于正方向元件动作停信和弱馈保护停信，为了能可靠地与远方起动发信元件配合，以防止正向区外故障时，还没有来得及收到对侧的闭锁信号就停信而导致误动，需要在收信后再延时投入停信元件，延时的时间应大于高频信号在线路上的往返传输时间及对侧收发信机的发信动作时间之和，该延时一般在 5～10ms 之间。

各停信元件的实现方式分别说明如下：

1. 正方向元件动作停信

其逻辑框图如图 6－9 所示。满足下列条件时停信：

（1）在起动元件动作后整组复归前，门 DA7 输出为“1”，为 DA21 动作准备了条件。

（2）当收信输入持续 5～10ms 时，时间元件 T9、或门 DO8 动作，从而 DA21 动作且自保持。

（3）在正方向元件动作、反方向元件不动作且断路器不处于三相断开状态，于是与门 DA9 动作，DA10、DO6、DO7 动作，保护停信。

（4）在反向元件动作 10ms 后，如果正向元件再动作，需要经 T7 的 40ms 延时才能停信。这是一种功率倒向时通过延时防止误动的方法，在之后的功率倒向元件再详细分析各种的延时处理方法。

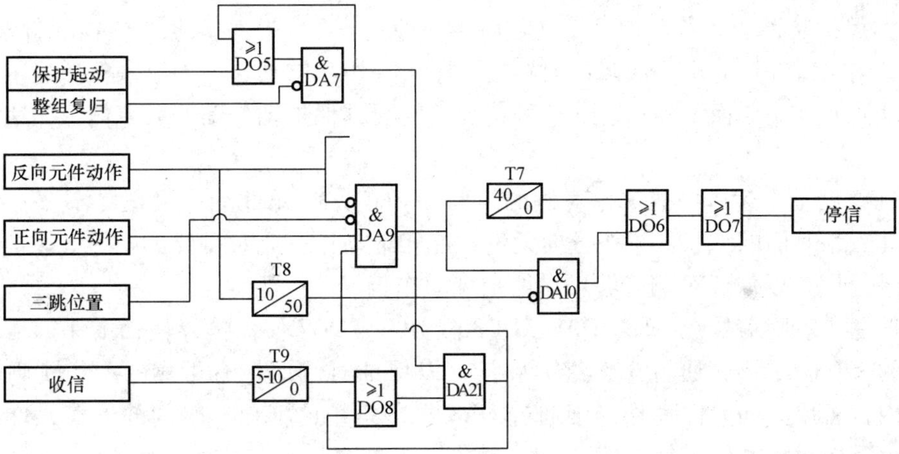

图 6－9　正方向元件动作停信逻辑框图

2. 其他保护动作停信

其逻辑框图如图 6－10 所示。

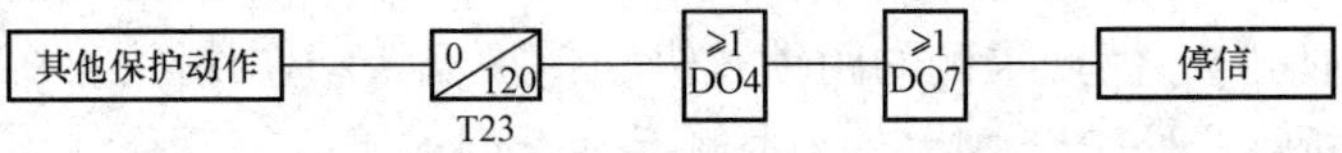

图 6－10　其他保护动作停信逻辑框图

其他保护动作停信的作用是在下列任一情况下使对侧高频闭锁保护装置加速动作跳闸：

（1）当本侧断路器和电流互感器之间故障，母差保护正确动作跳开本侧断路器，但故障并未切除时。

（2）当母线故障，母差保护正确动作，但本侧断路器失灵拒动时。

所以其他保护动作停信是在母差保护动作时停信，以便加速对侧的高频保护。本装置内其他保护如后备保护动作时，由本保护动作停信元件停信。同一线路如果还配有另外一套线路保护装置，一套线路保护的动作信号一般可以不接入另外一套线路保护的其他保护动作停信元件，以便减少两套独立保护间的功能交叉并便于动作分析。为了接线方便，一般采用操作回路中的三相跳闸继电器 KTR 和 KTQ 的触点并联起动。

其他保护动作信号通过时间元件 T23、DO4、DO7 实现停信。其他保护动作信号返回后，经 T23 元件 120ms 延时撤回停信，以保证对侧纵联保护能可靠跳闸。

3. 本保护动作停信

本保护动作停信逻辑框图如图 6－11 所示。

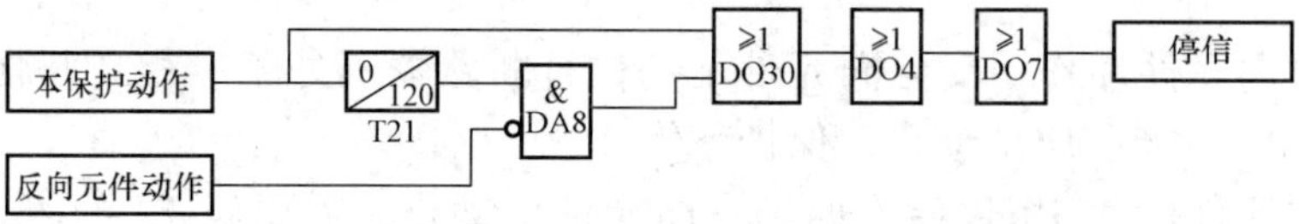

图 6－11　本保护动作停信逻辑框图

本保护动作停信元件的作用如下：

（1）本保护装置的后备保护动作（如距离一段动作）而纵联保护正方向元件没有动作，比如线路正向出口和反向出口故障同时存在，距离一段能够动作，而纵联保护的正方向元件可能会被反向元件闭锁而不停信。在这种情况下需要本保护动作信号去停信，加速对侧纵联保护的动作。

（2）在线路上发生区内故障，对侧的纵联保护正方向元件动作灵敏度不够，只有在本侧保护跳开后，对侧的纵联保护正方向元件才能相继动作，此时需要本侧的本保护动作停信延时 120ms 返回，以保证对侧能够可靠地相继动作。

本保护动作跳闸信号经 T21、DA8、DO30、DO4、DO7 使保护停信；本保护动作跳闸信号返回后的 120ms 之内，通过 T21 继续停信，以保证对侧保护有可靠的动作跳闸时间。在此段时间内，若反方向元件动作，则通过 DA8 立即禁止这 120ms 时间的停信元件，以防止此时转换为反向故障本侧仍然停信。

4. 三跳位置停信

三跳位置停信的作用是在断路器断开的情况下使收发信机处于停信状态，解除远方起动发信元件的作用。当本侧手动充电合闸于故障线路时，如果对侧的闭锁式纵联保护装置未被处于断开状态的断路器三跳位置控制于停信状态，就可能被本侧的闭锁信号远方起动，并在 10s 内持续发出闭锁信号，而使本侧的闭锁式纵联保护无法动作切除故障线路。

为了防止对侧断路器处于合闸状态，本侧手动合闸或重合闸动作，由于断路器三相不同时合闸，对侧的某种正方向元件会瞬时停信，而本侧三相跳闸位置继电器还未来得及返回而处于停信状态发不出闭锁信号，引起对侧闭锁式纵联保护误动作。因此，在本侧合闸时，应由合闸加速脉冲闭锁三相跳闸位置继电器停信，或由三相均无流开放三相跳闸位置继电器停信（本侧断路器和电流互感器之间故障由其他保护动作停信和对侧配合，而不由三跳位置停信）。

三跳位置停信逻辑框图如图 6－12 所示。

（1）保护起动期间，三跳位置信号通过与门 DA6、DO4、DO7 使保护一直停信，保证了对侧保护合于故障时纵联保护能动作跳闸。三跳位置是指三相跳闸位置继电器都动作并且三相电流均无流，简称三跳位置。

（2）正常运行期间，收到闭锁信号后，如果三跳位置没有动作，则远方起动发信元件动作长时间发信，如果三跳位置动作，则不马上远方起动发信，经时间元件 T6 保持停信 160ms，然后才可能进行远方起动发信，可保证对侧在合闸状态，线路发生区内故障，对侧有 160ms 的跳闸开放时间。

（3）时间元件 T6 延时 160ms 闭锁三跳位置停信，160ms 时间小于通道检查强制发信 200ms（T2）的时间，保证本侧三跳位置动作时，对侧进行通道检查，本侧能可靠实现远方起动发信。

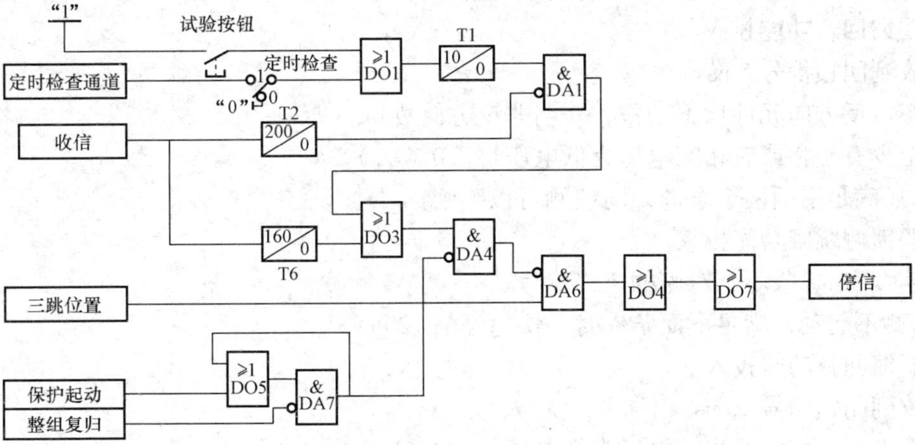

图 6－12　三跳位置停信逻辑框图

5. 弱馈保护停信

弱馈保护停信在下面的弱馈保护当中说明。

五、弱馈保护

弱馈保护作为线路弱电源端或无电源端的纵联保护，使纵联保护在线路区内故障时能做到全线速动。

1. 线路弱馈侧的定义

定性的说是线路弱电源端或者无电源端，定量的说是当发生区内故障时，某一端纵联保护的所有正方向元件灵敏度都不够时，线路的该端可称为弱馈侧。

2. 弱馈保护的功能

当发生区内故障时，弱馈侧能够快速发出允许对侧动作的信号（并且保持 120 ms），使对侧保护快速跳闸，也就是说，当用于专用闭锁式时，弱馈侧能够快速停信；用于允许式时，弱馈侧能够快速回发允许信号。相当于给强电侧回发信息，和回音壁的功能类似，故称为“弱馈回音”，让强电侧跳闸。弱馈侧是否跳闸可以根据运行需要选择，该功能称为“弱馈跳闸”。

当发生弱馈侧反方向故障时，弱馈侧要求能够快速发出闭锁对侧动作的信号，使纵联保护不误动。

当发生弱馈侧正方向区外故障时，线路对侧不能停发闭锁信号，否则会误动。对于专用闭锁式的弱馈保护，线路两端只能在其中的一侧投入弱馈功能，否则在弱电源系统的强电源侧发生反向故障时，如果线路两端的正反方向元件灵敏度不足时，弱馈保护都停信而导致误动。所以，对于专用闭锁式的弱馈保护，弱馈保护在线路两端只能投入一侧。弱馈保护具有自适应于系统运行方式改变的能力，即可能出现弱馈的一端可长期投入此功能，该端变为强电侧时，即使弱馈保护投入，弱馈保护也不会动作（纵联保护仍然动作正确），因为投入的弱馈保护是在正反方向元件都不动作时，才可能发出允许对侧动作的信号。

专用闭锁式纵联保护，其弱馈保护应具有下面两个功能：

1）当发生区内故障时，弱馈侧能够快速停信。

2）弱馈侧可以跳闸。

弱馈侧能够起动，满足下面条件时，快速停信 120ms：

1）弱馈回音功能投入。

2）收到闭锁信号 5ms。

3）正、反方向元件均不动作，表明非反方向故障。

4）至少有一相或者相间电压为低电压（ $<0.6U_N$ ）。

如果还满足下面两个条件，弱馈侧可以跳闸：

1）弱馈侧跳闸功能投入。

2）连续 30ms 收不到对侧的闭锁信号。

弱馈侧不起动，满足下面条件时，快速停信 120ms：

1）弱馈回音功能投入。

2）收到闭锁信号 10ms。

3）至少有一相或者相间电压为低电压（ $<0.6U_N$ ）。

在模拟型保护时代，在单侧电源线路上由于无弱馈保护是不能用纵联保护的。在早期的微机型保护中增加有弱馈保护，但因为选相元件等原因常引起不正确动作，现在的微机型弱馈保护引入反方向元件和电压选相，动作可靠性和安全性都提高了，动模试验和现场运行都证明了这一点。

弱馈保护起作用的重要条件是电压低于 0.6 倍额定电压，在某些运行方式下发生经过渡电阻的接地故障，弱馈侧的电压可能达不到低电压的门坎，弱馈保护是有可能不动作的。

六、功率倒向问题的处理方法

如图 6－13 所示系统接线，保护装在甲线的 M 侧和 N 侧，如果图示短路点发生故障（乙线靠近保护 4），甲线上故障电流由 M 侧流向 N 侧，保护 1 的正方向元件动作并停信，保护 2 的反方向元件动作并发信；当乙线保护动作，N 侧断开而 M 侧还没有断开时，甲线上故障功率由 N 侧流向 M 侧，故障功率方向和乙线 N 侧没有断开前的方向是相反的，故称此现象叫功率倒向。此时，可能保护 1 的反方向元件动作，保护 2 的正方向元件动作，如果保护 2 停信的速度快于保护 1 发信，则保护 2 可

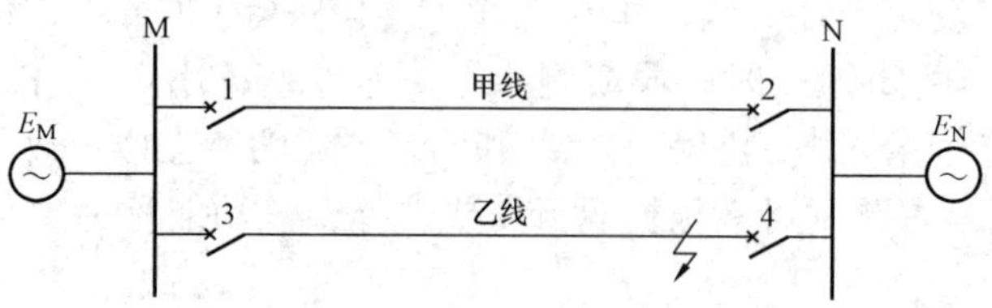

图 6－13　功率倒向示意图

能瞬间出现正方向元件动作同时无收信输入的情况，保护 2 的纵联保护可能因此而误动作。所以，在功率倒向时纵联保护可能会误动作，需要采取特殊措施来防止这种误动情况的发生。实际系统中功率倒向的现象经常出现，因此导致的误动也时有发生。

纵联距离保护（包括纵联方向保护）对于功率倒向的处理措施分两个方面，一是发生功率倒向现象时如何判断出来，二是判断出功率倒向后如何增加延时来防止误动。

判断功率倒向常用两种方法：第一种是通过反向元件动作转为正向元件动作来判断，第二种是通过收信输入持续的时间长短来判断。

第一种判断方法的原理是：在发生区外故障时，如果远故障侧的正方向元件动作，那么近故障侧的反方向元件一定能够动作，因为从保护原理上要求近故障侧的反方向元件比远故障侧的正方向元件更灵敏。区外故障切除出现功率倒向时，近故障侧的反方向元件才返回。因此可以用反向元件动作来判断功率倒向。

这种功率倒向判断方法优点：①即便新型的断路器动作越来越快，在 30ms 内切除故障，反向元件在故障后 20ms 之内就能判出可能出现功率倒向；②在非全相运行时或扰动引起保护起动，然后再发生故障等没有功率倒向的情况下，反向元件不动作，不会因为功率倒向逻辑额外增加纵联保护的动作延时。

第二种判断方法的原理是：当被保护线路内部故障是，两侧保护动作于停信的时间一般不大于 30ms；当外部故障时，故障线路保护装置发出跳闸命令的时间在 6～30ms，断路器跳闸及灭弧时间之和约 20～50ms，再考虑因故障电流倒换方向，保护正方向元件动作要 10ms 左右，所以其最短的持续收信时间为 36ms 左右。因而从收信的持续时间上可以判断出发生的是区内还是区外故障。

在判断出功率倒向后，常采用两种增加延时的办法来防止误动：

（1）将延时增加在停信元件里，即采用延时停信方式，停信延时了跳闸自然也延时了。

（2）将延时增加在跳闸元件里，即采用延时跳闸方式，停信元件不延时。

下面是国内闭锁式纵联保护常用的两种功率倒向处理逻辑，图 6－14 为第一种用反向元件判断、延时停信的功率倒向处理示意图，图 6－15 为第二种用收信时间判断、延时跳闸的功率倒向处理示意图。这两种方法都可以防止功率倒向时纵联保护误动。

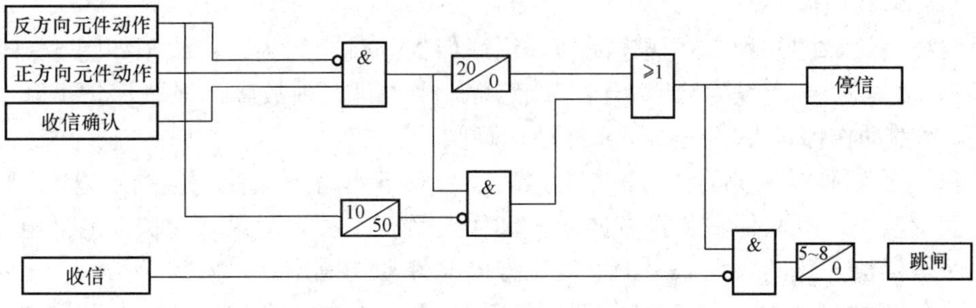

图 6－14　用反向元件判断、延时停信的功率倒向处理逻辑图

需要特别注意的是：

1）不同制造厂家的采用延时停信方式的纵联距离保护，在线路两端理论上可以相互配合。

2）不同制造厂家的采用延时跳闸方式的纵联距离保护，在线路两端理论上可以相互配合。

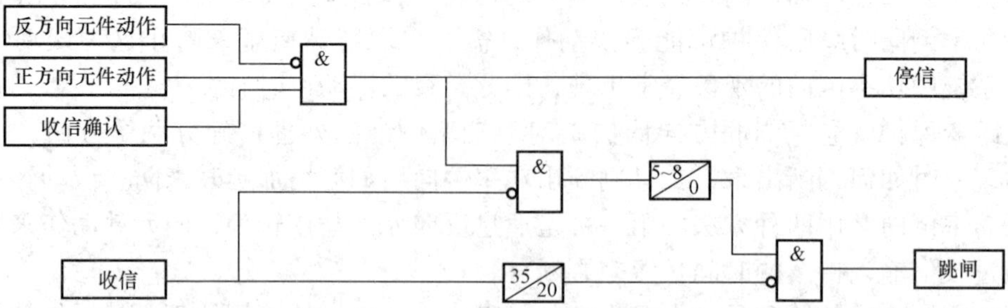

图 6－15　用收信时间判断、延时跳闸的功率倒向处理逻辑图

3）采用延时跳闸方式和采用延时停信方式的纵联距离保护从理论上来说在线路两端不可以相互配合，因为在采用延时跳闸方式保护的反向发生区外故障，功率倒向后采用延时跳闸方式的纵联距离保护正方向元件动作立即停信，对侧采用延时停信方式的纵联距离保护由正向元件动作变反向元件动作，两侧保护可能短时出现一侧正方向元件已动作而停信，另一侧正方向元件未返回也在停信而导致短时间的误动。实际做试验和运行时，不见得会出现误动，那是因为正方向元件动作需要一个短延时，而正方向元件返回是没有额外增加的延时，但这么短短的配合时间不能保证一定不会误动。

七、纵联距离保护的跳闸元件

图 6－16 所示为一种专用收发信机闭锁式纵联保护逻辑图。

纵联距离保护的跳闸元件有正方向元件和弱馈保护两个。

1. 正方向元件动作跳闸

在正方向元件动作且反向元件不动时，经 DA9、DA10、DO6、DA22、T10（5 或 8ms 的停信确认时间）、DO19，到保护动作，在功率倒向情况下，还需 T7 动作，延时停信和跳闸。

2. 弱馈保护跳闸

在低电压元件动作，经 T22、DA24、弱馈回音控制字、DA25、弱馈跳闸控制字、DA28、T14 和 DO19，至保护动作。

在单相重合闸和综合重合闸方式，保护动作后还需经过选相元件选出跳闸相别，单相故障跳故障相，多相故障跳三相。

下面按线路故障的几种方式描述闭锁式纵联保护的跳闸行为，接线图如图 6－17 所示。

（1）区内故障。F 点发生故障，对于线路 ML 来说是区内故障，纵联保护 1 和纵联保护 2 由正方向元件动作停信并且正方向元件动作跳闸。

（2）区内故障弱馈保护动作。F 点发生故障，对于线路 ML 来说是区内故障，如果 N 侧系统短路容量较小，纵联保护 2 正方向元件动作灵敏度不够，但纵联保护 2 的低电压元件动作，弱馈保护停信并跳闸，纵联保护 1 由正方向元件动作跳闸。

（3）合闸于故障。线路 ML 两侧断路器三相断开，合断路器 1 时，F 点发生故障，纵联保护 1 起动，由正方向元件动作停信，断路器 2 处于三跳位置，由三跳位置强制停信 160ms，两侧停信，纵联保护 1 正方向元件动作跳闸。

（4）母线故障。变电所 L 的母线发生故障，母线保护动作，纵联保护 3 的反向元件动作发闭锁信号，同时母线保护动作信号接入其他保护动作开入，由其他保护动作停信元件强制停信，纵联保护 4 的正方向元件动作停信并且跳闸。

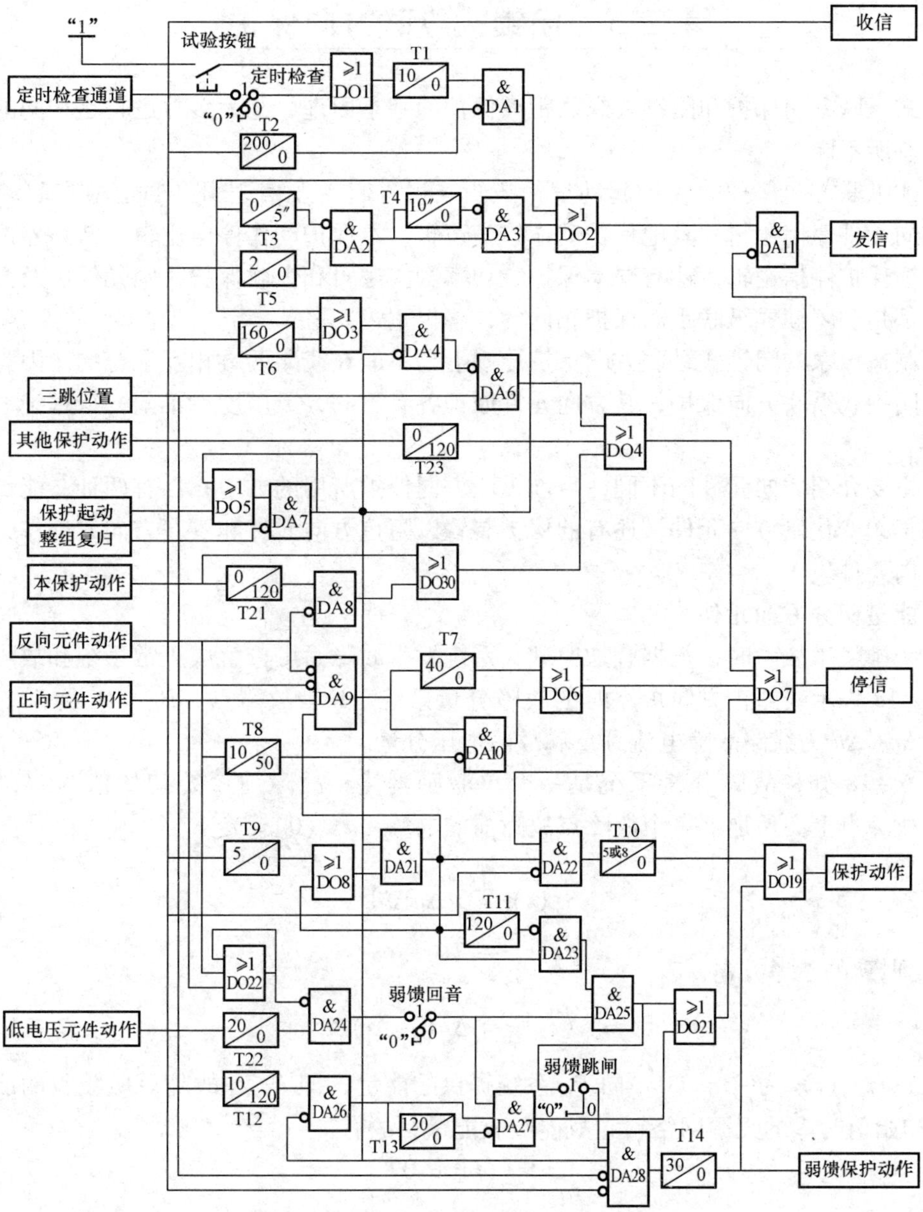

图 6－16　专用收发信机闭锁式纵联保护逻辑图

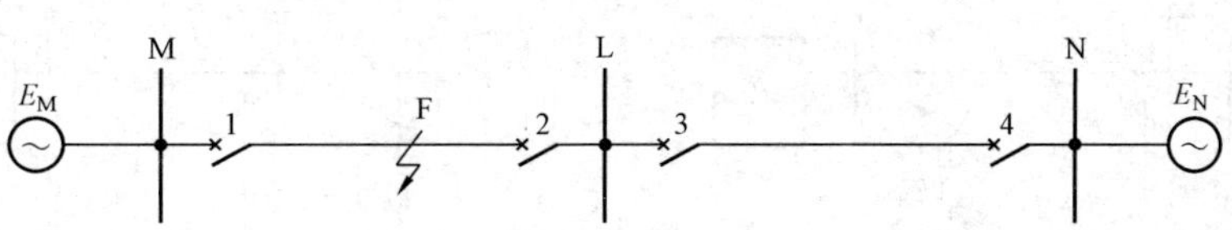

图 6－17　系统接线图

第三节　闭锁式纵联方向保护

闭锁式纵联方向保护和闭锁式纵联距离保护的基本原理、绝大多数逻辑是相同的，只是方向元件有所不同。

闭锁式纵联方向保护的保护起动发信逻辑、远方起动发信逻辑、通道检查起动发信逻辑、正方向元件停信逻辑、其他保护动作停信逻辑、本保护动作停信逻辑、断路器位置停信逻辑和弱馈保护停信逻辑，还有弱馈保护、功率倒向逻辑和纵联保护跳闸元件以及方向元件的要求，都是和闭锁式纵联距离保护相同的，不再重述。

不同制造厂家的闭锁式纵联方向保护原则上是不能在线路两端相互配合的。因为不同制造厂家的闭锁式纵联方向保护，其方向元件原理各有不同，灵敏度也不同，从理论上说是不能配合的。

这里主要介绍方向元件的不同，目前纵联方向保护所用的方向元件有两种：能量积分方向元件和工频变化量方向元件，还有的保护装置以阻抗方向元件和零序方向元件作为后备的稳态量方向元件。

一、能量积分方向元件

当系统中发生故障时，根据叠加原理，系统发生故障后可分解成正常系统和故障分量系统。图6－18表示线路正方向短路时的故障分量系统。F为故障点，P_m、P_n为系统等效无源网络，Δi、Δu为线路故障电流分量和故障电压分量。

由图6－18知，故障分量系统是一个单激励网络，故障前系统初始值为零，故障时($t=0$)在故障点上突然加上一个故障点故障前的电源$-u_F(0)$。令

$$S_m(t)=\int_0^t \Delta u\Delta i \mathrm{d}t$$

考虑到Δi的参考方向，有

$$S_{P_m}(t)=\int_0^t \Delta u(-\Delta i)\mathrm{d}t$$

显然，$S_{P_m}(t)$为$-u_F(0)$向P_m系统提供的能量，即P_m在故障后所吸收的能量。由于P_m是初始值为零的无源网络，它只能吸收能量，故有

$$S_{P_m}(t)>0$$

因为

$$S_m(t)=-S_{P_m}(t)$$

故有

$$S_m(t)<0$$

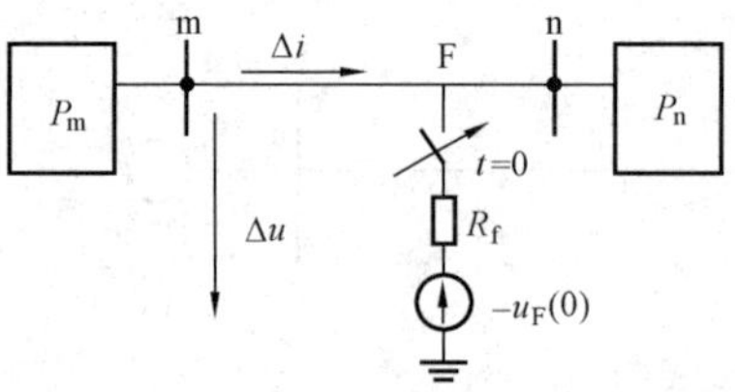

图6－18　正方向故障的故障分量系统

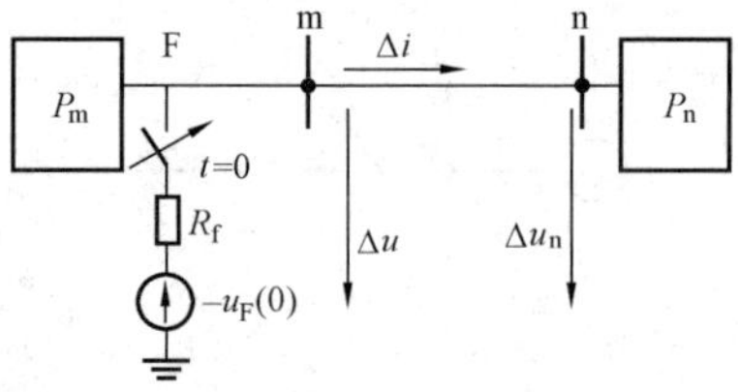

图6－19　反方向故障的故障分量系统

图6－19为线路反方向故障时的故障分量系统。

$$S_m(t) = S_X(t) + S_{P_n}(t)$$

其中 $S_X(t)$、$S_{P_n}(t)$ 分别为线路和 P_n 系统所吸收的能量，显然

$$S_m(t) > 0$$

而此时对于线路 n 端（属于正方向故障），同样存在能量函数 $S_n(t)$，并且有

$$S_n(t) = \int_0^t \Delta u_n(-\Delta i)\,dt$$

$S_{P_n}(t)$ 为 $-u_F(0)$ 向 P_n 系统提供的能量，即 P_n 在故障后所吸收的能量。由于 P_n 是初始值为零的无源网络，它只能吸收能量，故有

$$S_{P_n}(t) = \int_0^t \Delta u_n \Delta i\,dt \qquad \text{并且}\ S_{P_n}(t) > 0$$

因为 $$S_n(t) = -S_{P_n}(t)$$

故 $$S_n(t) < 0$$

并且 $$S_m(t) > |S_n(t)|$$

即反方向发生短路故障时，近故障点一侧（故障点在反方向上）的能量值大于线路远故障点一侧（故障点在正方向上）的能量值。

综上所述，能量函数 $S_m(t)$ 有如下性质：

$$S_m(t)\begin{cases} =0 & \text{无故障} \\ <0 & \text{正向故障} \\ >0 & \text{反向故障} \end{cases}$$

能量方向元件是根据故障附加网络的能量来判别故障方向，从理论上解决了传统的故障分量超高速保护不能长期保持正确方向的缺点，保护的动作快速性与安全性之间的矛盾得到了解决。

在上面的理论推导中，只是要求系统满足叠加原理，而对于系统电源和其他各元件的特性没有作任何限制。因此，采用故障能量函数实现方向继电器时，具有以下的优越特性：

（1）能量函数不受故障暂态过程的影响，因此不需要滤波。换句话说，故障电流、电压中的工频分量、非周期分量以及谐波分量都是能量函数在判别故障方向时有用的信息。这就为实现超高速方向继电器打下了坚实的理论基础。

（2）从故障一开始，能量函数就有明确的方向性，并且在故障持续期间其方向性不会任何改变，因此具有非常高的安全性，使保护的动作快速性与安全性之间的矛盾得到了解决。

（3）对于一些特殊系统的故障，如串补线路故障，中性点经消弧线圈接地系统的接地故障、充电长线路发生反向出口故障或故障切除等，由于受电容的影响，基于工频量的方向继电器难以判别故障方向，但能量函数的方向性不受任何影响。

另外，由于反向故障时反向侧能量大于正向侧的能量，在构成纵联方向保护时线路两侧的灵敏度自然得到配合。

能量函数在故障后一直保持明确的方向性，但其大小一般是按两倍额定频率周期性波动的。在电流过零时数值比较小，保护的灵敏度和信噪比都下降。为此，可以将能量函数进一步积分，构成能量积分函数。即

$$SS(t) = \int_0^t\int_0^t \Delta u\Delta i \mathrm{d}t\mathrm{d}t$$

反向故障时，由于能量函数 $S(t)$ 始终大于0，因此将 $S(t)$ 积分后越积越大。也就是说，能量积分函数在反向故障时是单调上升的。同理，在正向故障时是单调下降的（绝对值则单调上升），因此不存在能量函数灵敏度下降的问题。显然，能量函数的其他优点能量积分函数仍然具备。将 $SS(t)$ 数字化，可得能量积分函数的算法为

$$SS(j) = \frac{T^2}{N^2}\sum_0^j\sum_0^j[\Delta u_{bc}(k)\Delta i_{bc}(k) + \Delta u_{ca}(k)\Delta i_{ca}(k) + \Delta u_{ab}(k)\Delta i_{ab}(k)]$$

$$M(j) = \max[|SS(0)|, |SS(1)|, \cdots, |SS(j-1)|]$$

其中　$\Delta u_{\varphi\varphi}$，$\Delta i_{\varphi\varphi}$，$\varphi\varphi = ab$，$bc$，$ca$ 是三个相间元件故障电压和电流的突变量，N 为每周采样点数，T 为额定周期。

设故障开始的时间为0，j 就是故障开始后的采样点数，也可以理解为故障已持续的时间。$SS(j)$ 称为能量积分函数，是测量点检测到的故障能量的累计值。$M(j)$ 是从故障开始到前一个采样点（$j-1$）之间能量积分函数的最大值。

能量积分函数 $SS(j)$ 具有方向性。正向故障时 $SS(j) < 0$；反向故障时 $SS(j) > 0$。并且 $SS(j)$ 还具有以下两个优越的特性：

（1）$SS(j)$ 的方向性不受故障暂态过程的影响，故障工频分量、非周期分量以及谐波分量对于 $SS(j)$ 都是有用的信息，因此不需要滤波，可以实现超高速的方向继电器；

（2）故障期间，$SS(j)$ 的方向性是始终正确的，并且随着积分时间 j 的增加，$SS(j)$ 的绝对值也单调的上升。因此有 $|SS(j)| > M(j)$。

基于能量积分函数的方向继电器的逻辑示意图如图6-20所示。继电器由电压和电流突变量正方向起动门坎判断元件、电压和电流突变量反向起动门坎判断元件、方向元件［$SS(j) < 0$］、噪声检测元件［$|SS(j)| > M(j)$］、正向计时元件和反向计时元件等组成，有正、反两个方向的输出结果。

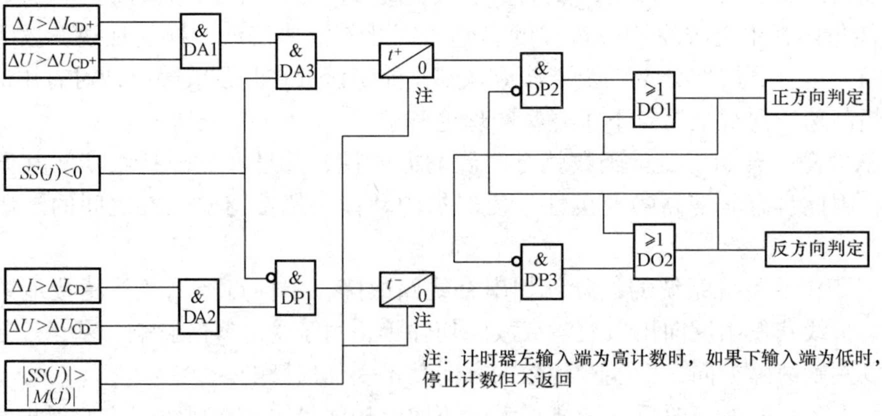

图6-20　能量积分方向继电器的逻辑示意图

反向电流起动元件与装置的相电流差突变量起动元件相同，采用固定门坎和浮动门坎相结合。正向起动电流元件与反向类似，只是将电流固定门坎抬高1.25倍，使反向起动元件

的灵敏度高于正向。电压起动元件同样如此。

以正方向的判别为例：当 $SS(j)<0$ 并正向电压、电流起动元件动作时，通过正向计时，计时达到积分时间门坎后输出正方向故障的判定结果。正向元件动作后由 H1 将方向固定，并闭锁反向元件的输出，防止继电器有两个输出结果。同样，若反向元件先动作，也将正方向元件闭锁。正向计时元件还要受噪声检测元件的控制，噪声检测元件的判据为 $|SS(j)|<M(j)$，该元件动作时，能量积分函数的单调性被破坏，说明测量信号的噪声比较大，计时器停止计时但不返回，待单调性恢复后再继续计数，以进一步提高继电器的安全性。

积分时间决定了方向继电器的动作速度。积分时间的长短不会影响方向判别的正确性，但采取一定的积分时间可以提高方向判别的冗余度。采用允许式时，积分时间取 2ms；采用专用闭锁式时，由于要有 5ms 的收信确认时间，积分时间取 5ms，在不影响保护整组动作时间的前提下尽量多的利用故障信息。

由于能量方向元件的灵敏度很高，为了减少通道干扰引起保护的误动，在方向保护经通道逻辑配合判定为区内故障时，由阻抗方向元件进行出口把关。若在阻抗元件动作范围之外，保护延时 30ms 出口，在此期间一旦检测到远方有闭锁信号（对于允许方式，则为允许信号消失），则保护返回，这样可以减小由于开关操作等因素产生通道干扰引起的误动。对于一般性的故障，阻抗出口把关不会影响保护的动作速度。

二、工频突变量方向元件和零序方向元件

应用叠加原理可把故障状态分解为非故障状态和故障附加状态，如图 6－21 所示。故障附加状态是在短路点加上与该点非故障状态下大小相等、方向相反的电压，并令网络内所有电动势为零的条件下得到的，故障附加状态网络中的量就是故障分量。本节分析的故障分量方向元件有工频突变量方向元件和零序方向元件。

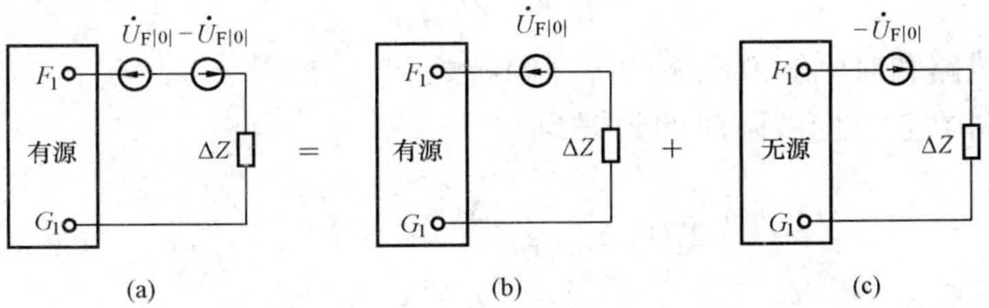

图 6－21　利用叠加原理分析短路故障

（a）故障状态；（b）非故障状态；（c）故障附加状态

零序方向元件和工频突变量方向元件分别比较各分量电压电流的相位。图 6－22 是输电线路在正反方向故障时的附加状态网络图。

假设电流的正方向由母线指向线路，在正方向短路时如图 6－22（a）所示，可写出

$$\Delta\dot{U}=-Z_S\Delta\dot{I}$$

在反方向短路时如图 6－22（b）所示，可写出

$$\Delta\dot{U}=Z'_S\Delta\dot{I}$$

式中 Z_S 为母线背后等效电源的阻抗，Z'_S 为线路和对侧等效电源的阻抗。可见，利用

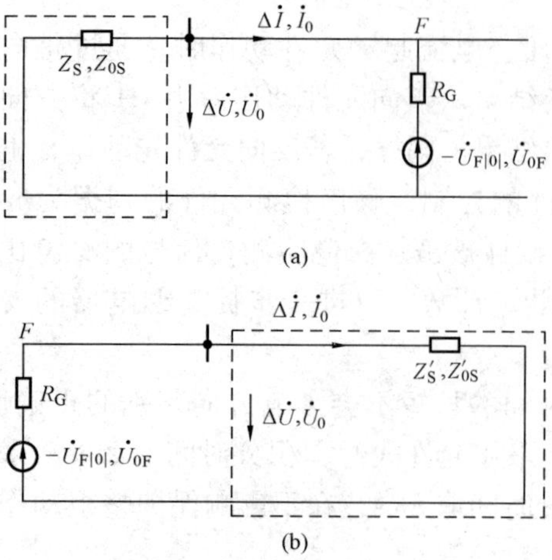

图 6－22　故障分量计算用的附加状态网络图

（a）正方向故障；（b）反方向故障

故障分量的方向元件有明确的方向性。实际上的方向元件是比较故障分量电压和电流在模拟阻抗 Z_r 上的电压相位，设 Z_r、Z_S 及 Z'_S 的阻抗角相等，所以正方向故障时

$$\arg\frac{\Delta\dot{U}}{Z_r\Delta\dot{I}}=\arg\left(-\frac{Z_S}{Z_r}\right)=180°$$

反方向故障时

$$\arg\frac{\Delta\dot{U}}{Z_r\Delta\dot{I}}=\arg\left(\frac{Z'_S}{Z_r}\right)=0°$$

可得工频突变量方向元件在正方向故障时的判据为

$$270°>\arg\frac{\Delta\dot{U}}{Z_r\Delta\dot{I}}>90°$$

在反方向故障时的判据为

$$90°>\arg\frac{\Delta\dot{U}}{Z_r\Delta\dot{I}}>-90°$$

对于零序分量类似，如图 6－22 所示，正方向故障时

$$\dot{U}_0=-Z_{0S}\dot{I}_0$$

式中 Z_{0S} 为母线背后等效电源的零序阻抗。反方向故障时

$$\dot{U}_0=Z'_{0S}\dot{I}_0$$

式中 Z'_{0S} 为线路和对侧等效电源的零序阻抗之和。

可得零序方向元件在正方向故障时的判据为

$$270°>\arg\frac{\Delta\dot{U}_0}{Z_{0r}\Delta\dot{I}_0}>90°$$

式中 Z_{0r} 为元件中的模拟阻抗，其相角与电源的零序阻抗角相等。

由以上分析可知，反应故障分量方向元件的测量相角不受过渡电阻的影响，固定为 180°或 0°，在最大灵敏角下跃变，能非常明确地判断方向。具有以下几个特点：

（1）不受负荷状态的影响。

（2）不受故障点过渡电阻的影响。

（3）故障分量的电压、电流间的相角由母线背后的系统阻抗决定，方向性明确。

（4）可消除电压死区。

同时，两类故障分量的元件又有以下几个区别：

（1）零序方向元件只能反应接地故障，而突变量方向元件可以反应各种故障。

（2）只要接地故障存在，零序分量就存在，所以零序方向元件既可以实现快速的主保护，也可以实现延时的后备保护；突变量只能在故障后短时计算出来，只能作为瞬时动作的主保护。

（3）两相运行时也有零序分量出现，所以零序方向元件不适应系统的两相运行；突变量在两相运行时的稳态不会起动，在两相运行又发生故障时仍能动作。

实际的纵联保护一般都同时采用两类故障分量方向元件，以发挥各自的优点，弥补对方的不足。由于突变量方向元件能反应所有类型的故障，所以它是主保护，但突变量只能短时存在，在突变量输出消失后，零序方向元件可以作为后备。

负序方向元件的原理与零序方向元件相同，由于负序分量在系统振荡情况下有不平衡输出等缺点，在纵联方向保护中应用的较少，在此不再详述。

第四节　允许式纵联保护

国内的允许式纵联保护都使用超范围允许式纵联保护。

允许式纵联保护包括允许式纵联距离保护和允许式纵联方向保护，两者只是方向元件不同，原理、逻辑是相同的。其实纵联距离保护中阻抗方向元件也是一种方向元件，故理论上讲纵联距离保护应是纵联方向保护一种特例。在本节中方向元件泛指阻抗方向元件和突变量方向元件等，这些方向元件的说明见前两节。

传送允许信号的通道原来大多数为500kV线路复用载波通道，随着光纤通道的普及，在330kV和220kV线路中，使用允许式光纤通道的情况也较多。复用载波通道和光纤通道两者只是通道介质不同，但允许式纵联保护的原理、逻辑基本是相同的。

本节主要说明以下几部分内容：

（1）允许式纵联保护的原理，对于方向元件的要求和反方向元件的作用与闭锁式相同。

（2）发信元件。包括正方向元件发信、其他保护动作发信、本保护动作发信、断路器位置发信和弱馈保护发信。

（3）其他元件。包括弱馈保护、功率倒向和跳闸元件。

一、允许式纵联保护的基本原理

允许式纵联保护是由线路两侧的方向元件分别对故障的方向作出判断，然后通过通道允许信号作出综合的判断，即对两侧的故障方向进行比较以决定是否跳闸。规定从母线指向线路的方向为正方向，从线路指向母线的方向为反方向。

允许式纵联保护的工作方式是当任一侧判断故障在保护正方向时，向对侧发允许信号，同时接收对侧可能发来的允许信号（一定不能接收本侧自己发出的允许信号）；本侧正方向元件动作，并且收到对侧发来的允许信号，就可以跳闸；在外部故障时近故障侧的方向元件判断为反方向故障，近故障侧不发允许信号，则远故障侧收不到允许信号，所以两侧保护均不动作；在内部故障时两侧方向元件都判为正方向，两侧都向对侧发送允许信号，两侧都收到对侧的允许信号，于是两侧保护均作用于跳闸。

在图6－23所示的双电源网络中，设在BC线上发生短路，各保护安装处所流过的电流如图所示，其中保护1、3、4、6处电流由母线流向线路，保护2、5处电流由线路流向母线。假设上述网络中的各线路均安装有允许式纵联保护。当F点发生故障时，对AB线而言，A侧功率方向为正，其保护发允许信号，B侧功率方向为负，保护一直不发允许信号，故A侧收不到B侧的允许信号，B侧正方向元件没有动作，所以线路AB两侧的纵联保护1、

2 都不会动作；对 BC 线而言，两侧功率方向均为正，两侧都向对侧发送允许信号，两侧都收到对侧的允许信号，于是两侧方向元件均动作，于是 BC 线两侧保护 3、4 均瞬时动作于跳闸；对 CD 线而言，与 AB 线相同，两侧纵联保护均不动作。

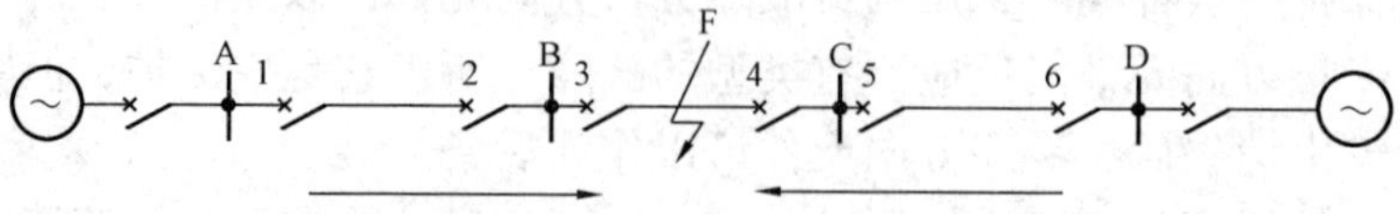

图 6－23　允许式纵联保护原理示意图

二、发信元件

允许式纵联保护发信元件包括正方向元件动作发信、其他保护动作发信、本保护动作发信、断路器位置发信和弱馈保护发信 5 种发信元件。

各发信元件的实现方式分别说明如下：

1. 正方向元件动作发信

其逻辑框图如图 6－24 所示。

（1）起动元件动作、整组复归前，当正方向元件动作、反方向元件不动作且断路器不处于三相断开状态，DO5、DA7、DA9、DA10、DO6、DO2 动作，保护发信。

（2）在反向元件动作 10ms 后，如果正向元件再动作，需要经 T7 的 40ms 延时才能发信。

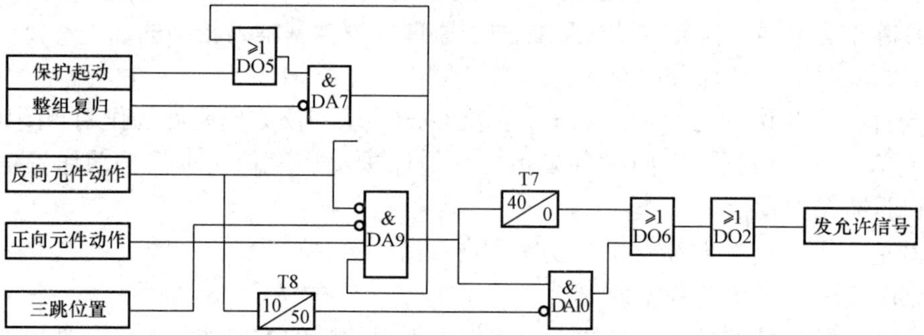

图 6－24　正方向元件动作发信元件逻辑框图

2. 其他保护动作发信

其逻辑框图如图 6－25 所示。

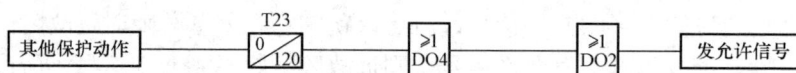

图 6－25　其他保护动作发信逻辑框图

其他保护动作发信的作用是在下列任一情况下使对侧允许式纵联保护装置加速动作跳闸：

（1）当本侧断路器和电流互感器之间故障，母差保护正确动作跳开本侧断路器，但故障并未切除时。

（2）当母线故障，母差保护正确动作，但本侧断路器失灵拒动时。

所以其他保护动作发信是在母差保护动作时发信，以便加速对侧的纵联保护。本装置内其他保护如后备保护动作时，由本保护动作发信。同一线路如果还配有另外一套线路保护装置，一套线路保护的动作信号一般可以不接入另外一套线路保护的其他保护动作发信元件，以便减少两套独立保护间的功能交叉并便于动作分析。为了接线方便，一般采用操作回路中的三相跳闸继电器 KTR 和 KTQ 的触点并联起动。

其他保护动作信号，通过时间元件 T23、DO4、DO2 实现发信。其他保护动作信号返回后，经 T23 元件 120ms 撤回发信，以保证对侧纵联保护可靠跳闸。

3. 本保护动作发信

本保护动作发信逻辑框图如图 6－26 所示。

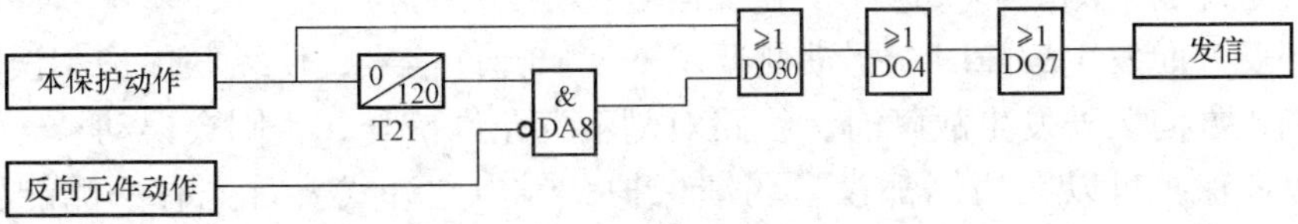

图 6－26　本保护动作发信逻辑框图

本保护动作发信元件的作用包括：

（1）本保护装置的后备保护动作（如距离 I 段动作）而纵联保护正方向元件没有动作，如线路正向出口和反向出口故障同时存在，距离 I 段能够动作，而纵联保护的正方向元件可能会被反向元件闭锁而不发信。在这种情况下需要本保护动作信号去发信，加速对侧纵联保护的动作。

（2）发生某种区内故障如高阻接地故障时，因为对侧的纵联保护灵敏度不够，只有在本侧保护跳开后，对侧的纵联保护正方向元件才能相继动作，此时需要本侧的本保护动作发信延时 120ms 返回，以保证对侧能够可靠地相继动作。

（3）本保护动作跳闸信号经 T21、DO30、DO4、DO7 使保护发信。本保护动作跳闸信号返回后的 120ms 之内，通过 T21 继续发信，以保证对侧保护有可靠的动作跳闸时间。在此段时间内，若反方向元件动作，则通过 DA8 立即禁止这 120ms 时间的发信元件，以防止此时转换为反向故障而本侧仍然发信。

（4）三跳位置发信。三跳位置发信的作用是在断路器断开的情况下收到对侧允许信号就发信。当本侧手动充电合闸于故障线路时，如果对侧的允许式纵联保护装置未被处于断开状态的断路器三跳位置控制于发信状态，就可能使本侧的允许式纵联保护无法动作切除故障线路。

为了防止对侧断路器处于合闸状态，本侧手动合闸或重合闸时，由于断路器三相不同时合闸，对侧的某种正方向元件会瞬时发信，而本侧三相跳闸位置继电器还没有来得及返回而处于发信状态，会引起对侧允许式纵联保护误动作。因此，在本侧合闸时，应由合闸加速脉冲闭锁三相跳闸位置继电器发信，或由三相均无流开放三相跳闸位置继电器发信（本侧断路器和电流互感器之间故障由其他保护动作发信与对侧配合，而不由三跳位置发信）。

三跳位置发信逻辑框图如图 6－27 所示。

在有收信情况下，三跳位置信号通过 DA6、DO4、DO2 使保护一直发信，保证了对侧保护合于故障时纵联保护能动作跳闸。三跳位置是指三相跳闸位置继电器都动作并且三相均无流，简称三跳位置。

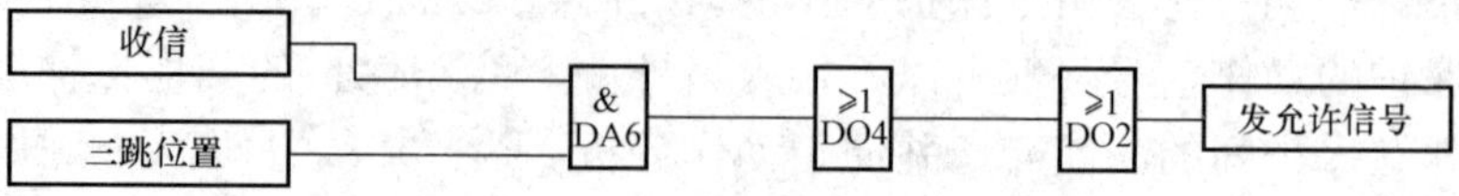

图 6-27　三跳位置发信逻辑框图

（5）弱馈保护发信。弱馈保护发信在下面的弱馈保护中说明。

三、弱馈保护

当发生区内故障时，弱馈侧能够快速发出允许信号（并且保持 120ms），使对侧保护快速跳闸，也就是说弱馈侧能够快速回发允许信号。

当弱馈侧反方向发生故障时，弱馈侧要求不发出允许信号，使纵联保护不误动。

当弱馈侧正方向区外发生故障时，线路对侧不发允许信号，否则会误动。

允许式纵联保护可以在两侧都投入弱馈保护，因为允许式要首先有一侧能发出允许信号，两侧才可能动作。线路一侧是弱馈，另一侧即强电侧反向发生故障，两侧的正方向元件都不能动作，两侧都不会向对侧发允许信号，所以即使电压低也不会误动。

弱馈保护具有自适应于系统运行方式改变的能力，即可能出现弱馈的一端可长期投入此功能，该端变压器为强电侧时即使弱馈保护投入，弱馈保护不会动作（纵联保护仍然动作正确），因为弱馈保护是在正、反方向元件都不动作时，才可能发出允许对侧动作的信号。

允许式纵联保护的弱馈保护应具有下面两个功能：

（1）当发生区内故障时，弱馈侧能够快速发信。

（2）弱馈侧可以跳闸。

弱馈侧能够起动，满足下面条件时，快速发允许信号 120ms：

（1）弱馈回音功能投入。

（2）收到允许信号 5ms。

（3）正、反方向元件均不动作，表明非反方向故障。

（4）至少有一相或者相间电压为低电压（$<0.6U_N$）。

如果还满足下面两个条件，弱馈侧可以跳闸：

（1）弱馈侧跳闸功能投入。

（2）连续 30ms 收到对侧的允许信号。

弱馈侧不起动，满足下面条件时，快速发信 120ms：

（1）弱馈回音功能投入。

（2）收到允许信号 5ms。

（3）至少有一相或者相间电压为低电压（$<0.6U_N$）。

在早期的数字式线路保护中增加有弱馈保护，但因为选相元件等原因常引起不正确动作，现在的数字式线路保护中的弱馈保护引入反方向元件和电压选相，动作可靠性和安全性大大提高，动模试验和现场运行都证明了这一点。

四、功率倒向问题的处理方法

允许式纵联保护对于功率倒向的处理措施也分两个方面，一是发生功率倒向现象时如何判断出来，二是判断出功率倒向后如何增加延时来防止误动。

判断功率倒向常用两种方法：第一种是通过反向元件动作转为正向元件动作来判断，第二种是通过不满足动作条件的持续时间长短来判断。

第一种判断方法的原理是：在发生区外故障时，如果远故障侧的正方向元件动作，那么近故障侧的反方向元件一定能够动作，因为从保护原理上要求近故障侧的反方向元件比远故障侧的正方向元件更灵敏，区外故障切除出现功率倒向时，近故障侧的反方向元件才返回。因此可以用反向元件动作来判断功率倒向。

这种功率倒向判断方法优点：①即便新型的断路器动作越来越快，在30ms内切除故障，而反向元件在故障20ms内就能判出可能出现功率倒向；②在非全相运行时或扰动引起保护起动，然后再发生故障等没有功率倒向的情况下，不会因为功率倒向逻辑额外增加纵联保护的动作延时。

第二种判断方法的原理是：当被保护线路内部故障时，两侧保护动作于发信的时间一般不大于30ms；当外部故障时，故障线路保护装置发出跳闸命令的时间在6～30ms，断路器跳闸及灭弧时间之和约20～50ms，再考虑因故障电流倒换方向，保护正方向元件动作要10ms左右，所以其最短的不满足动作条件的持续时间为36ms左右。因而从不满足动作条件的持续时间上可以判断出发生的是区内还是区外故障。

在判断出功率倒向后，常采用两种增加延时的办法来防止误动：

第一种延时方法将延时增加在发信元件里，即采用延时发信方式，发信延时了跳闸自然也延时了。

第二种延时方法将延时增加在跳闸元件里，即采用延时跳闸方式，发信元件则不延时。

下面是允许式纵联保护常用的两种功率倒向处理逻辑，图6－28为第一种用反向元件判断、延时发信的功率倒向处理示意图，图6－29为第二种用不满足动作条件的持续时间判断、延时跳闸的功率倒向处理示意图。这两种方法都可以防止功率倒向时纵联保护误动。

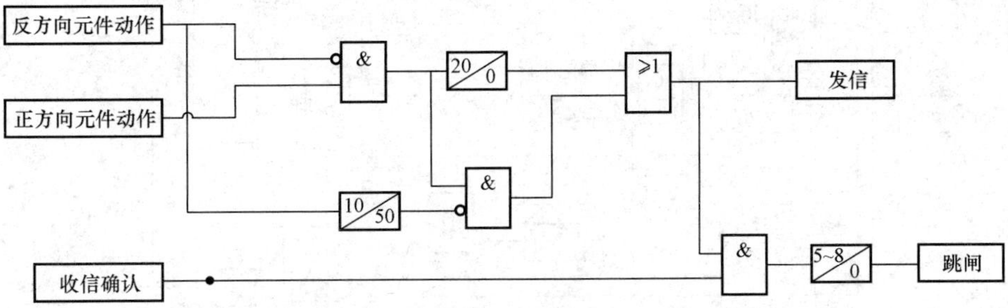

图6－28　用反向元件判断、延时发信的功率倒向处理逻辑图

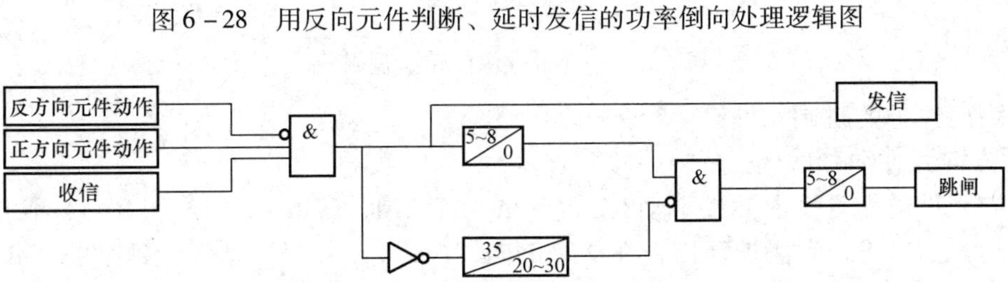

图6－29　用不满足动作条件的持续时间判断、延时跳闸的功率倒向处理逻辑图

需要特别注意的是采用延时跳闸方式和采用延时发信方式的纵联保护从理论上来说在线路两端不可以相互配合。

五、纵联距离保护的跳闸元件

图 6－30 是一种允许式纵联保护逻辑图。

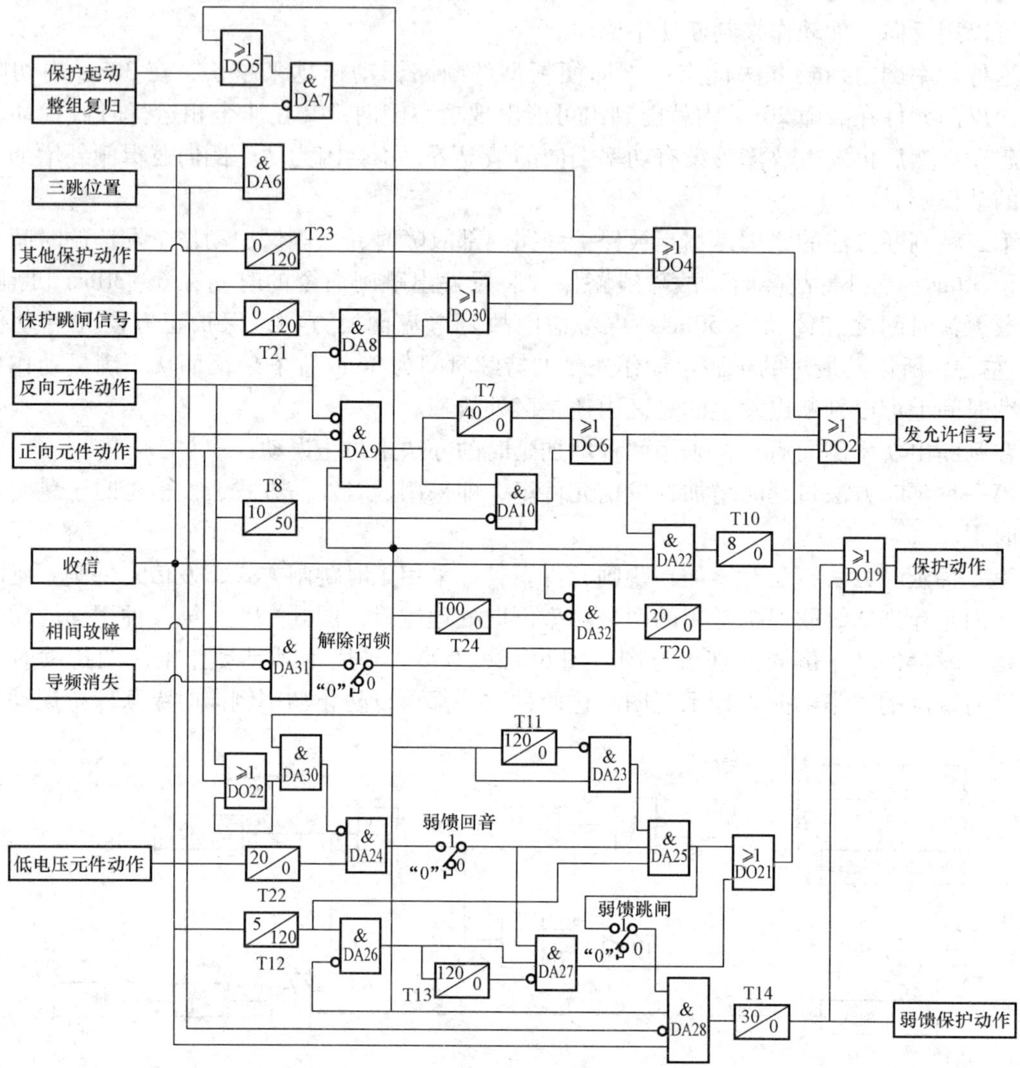

图 6－30　允许式纵联保护逻辑图

纵联距离保护的跳闸元件有两个。

1. 正方向元件动作跳闸

正方向元件动作且反向元件不动时，经 DA9、DA10、DO6、DA22、T10（5 或 8ms 的发信确认时间）、DO19，到保护动作，在功率倒向情况下，还需 T7 动作，延时发信和跳闸。

2. 弱馈保护跳闸

在低电压元件动作，经 T22、DA24、弱馈回音控制字、DA25、弱馈跳闸控制字、DA28、T14 和 DO19，至保护动作。

在单相重合闸和综合重合闸方式，保护动作后还需经过选相元件选出跳闸相别，单相故障跳故障相，多相故障跳三相。

第五节　纵联电流差动保护

一、纵联电流差动保护概述

电流差动保护是较为理想的一种保护原理，曾被誉为有绝对选择性的保护原理。因为其选择性不是靠延时，不是靠方向，也不是靠定值，而是靠基尔霍夫电流定律：流向一个节点的电流之和等于零。它已被广泛地应用于发电机、变压器、母线等诸多重要电气设备的保护中。可以说，凡是有条件实现的地方，均毫无例外的使用了这种原理的保护，而且都是主保护。

在线路保护中，以前因为线路长不能在一侧计算差动电流而没有推广差动保护。随着光纤通信的普及，我国已开始大量使用纵联电流差动线路保护。

纵联电流差动保护和纵联方向（距离）保护相比具有如下优点：

（1）原理简单，基于基尔霍夫定律。

（2）整定简单，只有分相差动电流、零序差动电流等定值。

（3）用分相电流计算差电流，具有天然的选相功能。

（4）不需要振荡闭锁，任何时候故障都能较快速切除。

（5）不需要考虑功率倒向，其他纵联保护都要考虑功率倒向时不误动。

（6）不受 TV 断线影响，但所有的方向保护都受 TV 断线影响。

（7）耐受过渡电阻能力强，受零序电压影响小。

（8）特别适用于短线路、串补线路和 T 形接线。

（9）自带弱馈保护，自适应于系统运行方式的变化。

（10）一侧先重合于永久性故障，两侧同时跳闸，可以做到后合侧不再重合，对电网和断路器有好处。

（11）复用光纤通道，在通信回路上有后备复用通道。

（12）通道抗干扰能力强，保护时刻在收发数据、检查通道，可靠性高，远远优于载波通道。

影响纵联电流差动保护动作性能因素主要有以下 5 个方面。

1. 电流互感器的误差和不平衡电流

同型号的电流互感器性能也不能保证完全一致，电流互感器之间存在误差；电流互感器励磁电流的影响也会带来误差；保护装置采样回路的误差、保护装置同步造成的误差。以上误差都会引起不平衡电流，不平衡电流增大会影响差动保护的灵敏度。

2. 长距离超高压输电线路的电容性电流

近年来随着电力系统的不断发展，超高压长线路逐渐增多，由于超高压一般均采用了分裂导线，线路的感抗减少，分布电容增大，线路较长则更使分布电容的等值容抗大大减少。对于超高压长线，由于电容电流的存在，必然会使无内部故障时有差流存在。分布电容不仅影响故障暂态过程中计算出的电流相量精度，更主要的是电容电流的存在使线路两端的测量电流不再满足基尔霍夫电流定律，从而直接影响了保护的灵敏度和可靠性。

3. 电流互感器饱和

保护用电流互感器要求在规定的一次电流范围内，二次电流的综合误差不超出规定值。对于有铁芯的电流互感器，形成误差的最主要因素是铁芯的非线性励磁特性及饱和程度。电流互感器的饱和可分为两类：一类是大容量短路稳态对称电流引起的饱和（以下称为稳态饱和），另一类是短路电流中含有非周期分量和铁芯存在剩磁而引起的暂态饱和（以下称为暂态饱和）。区外故障时，电流互感器发生饱和会影响差动保护的正确动作。

4. 电流互感器二次回路断线

对于线路保护来讲，线路一侧的电流互感器二次回路发生断线不会导致差动保护误动，遇区外故障时，差动保护可能会误动。

5. 光纤通道的可靠性

光纤差动保护对光纤通道的依赖性强，要求通道不中断、误码率要低，通道不能自环或交叉，双向传输延时要相等，复用光纤要与通信部门配合，需进一步加强配合和管理。

二、纵联电流差动保护元件

1. 分相电流差动保护元件

分相电流差动保护的常用判据为

$$|\dot{I}\varphi_M + \dot{I}\varphi_N| > I_{CD} \tag{6-1}$$

$$|\dot{I}\varphi_M + \dot{I}\varphi_N| > k_{BL}|\dot{I}\varphi_M - \dot{I}\varphi_N| \tag{6-2}$$

式（6－1）是电流差动判据，$\dot{I}\varphi_M$、$\dot{I}\varphi_N$ 为本侧（M）和对侧（N）分相（A、B、C）电流相量，I_{CD}必须躲过在正常运行时的最大的不平衡电流，为分相差动电流定值。式（6－2）是主判据，也称比率差动判据，k_{BL}为比率制动系数。两式同时满足时跳闸。

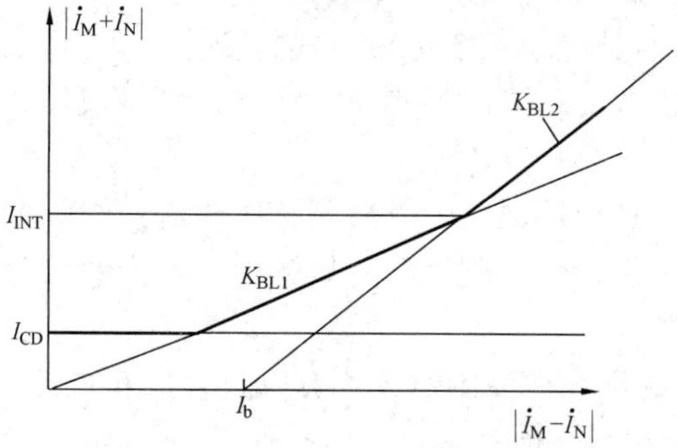

图 6－31　两段比率差动特性曲线

在实际应用时，可以选取两段比率差动特性，如图 6－31 所示，其动作方程为

$$\left.\begin{array}{lll} |\dot{I}_M + \dot{I}_N| > I_{CD} & & \text{(a)} \\ |\dot{I}_M + \dot{I}_N| > k_{BL1}|\dot{I}_M - \dot{I}_N| & (\text{当}|\dot{I}_M + \dot{I}_N| \leqslant I_{INT}) & \text{(b)} \\ |\dot{I}_M + \dot{I}_N| > k_{BL2}|\dot{I}_M - \dot{I}_N| - k_{BL2}I_b & (\text{当}|\dot{I}_M + \dot{I}_N| > I_{INT}) & \text{(c)} \end{array}\right\} \tag{6-3}$$

其中 I_{INT}为两段比率差动特性曲线交点处的差流值，取为 TA 额定电流的 4 倍，即 $4I_N$。k_{BL1}、k_{BL2}为比率制动系数，取为 0.5、0.7。

$I_b = I_{INT}（k_{BL2} - k_{BL1}）/（k_{BL1}k_{BL2}）$，为常数，即 $2.28I_N$。

由于两侧电流互感器的型号不同，考虑外部短路时两侧 TA 的相对误差为 10%；两侧装置中的互感器和数据的采集、传输也会有误差，按 15% 考虑，则外部短路时的误差为 0.25。所以比率差动特性的制动系数 k 应满足 $0.25 < k < 1$，由保护装置自动选取，不需整定。

2. 零序电流差动保护元件

一般情况下分相电流差动保护可以满足灵敏度的要求，为进一步提高内部单相接地时的灵敏度，可采用零序电流差动元件。

$$\left.\begin{array}{ll} |\dot{I}_{0M} + \dot{I}_{0N}| > I_{0CD} & (a) \\ |\dot{I}_{0M} + \dot{I}_{0N}| > k_{BL}|\dot{I}_{0M} - \dot{I}_{0N}| & (b) \end{array}\right\} \quad (6-4)$$

其中 $\dot{I}_{0M}$、$\dot{I}_{0N}$ 为本侧（M）和对侧（N）零序电流相量，I_{0CD} 应躲过正常运行时的最大不平衡零序电流。

3. 突变量电流差动保护元件

突变量电流也满足基尔霍夫电流定律，也可用于差动保护。

$$\left.\begin{array}{ll} |\Delta\dot{I}_{\varphi M} + \Delta\dot{I}_{\varphi N}| > \Delta I_{CD} & (a) \\ |\Delta\dot{I}_{\varphi M} + \Delta\dot{I}_{\varphi N}| > k_{BL}|\Delta\dot{I}_{\varphi M} - \Delta\dot{I}_{\varphi N}| & (b) \end{array}\right\} \quad (6-5)$$

式中 $\Delta\dot{I}_{\varphi M}$、$\Delta\dot{I}_{\varphi N}$ 为本侧（M）和对侧（N）分相（A、B、C）突变量电流相量，ΔI_{CD} 为分相差动突变量电流定值。k_{BL} 为比率制动系数。

突变量电流差动保护和零序电流差动保护均不受负荷电流的影响，从而可提高保护反应过渡电阻的能力，提高保护的灵敏度。

三、弱馈线路的保护

差动保护需要两侧同时判别出为内部故障后才发跳闸命令。因为差动元件不受线路两侧电源大小的影响，所以不需要整定是否为弱电源，可是需要增加对侧起动加本侧电压低的起动条件，以适应线路故障时弱馈侧电流起动元件灵敏度不够的情况，如图 6－32 所示。

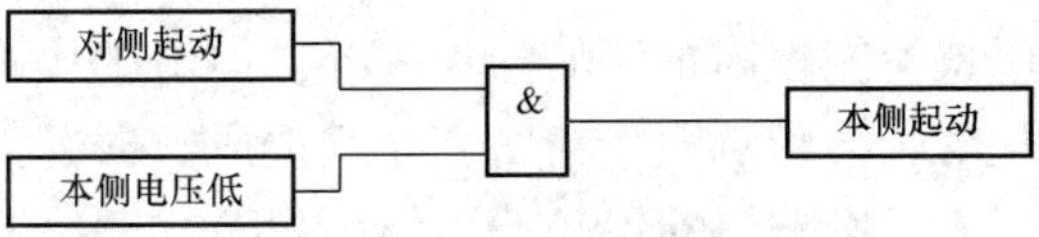

图 6－32　弱馈起动方式

四、一侧开关断开时的保护

线路一侧手合开关时，对侧的开关在分位时，对侧保护电流量不能起动，会导致保护不能动作出口。需要增加对侧起动加本侧三相开关跳位的起动条件，确保此时保护能够跳闸，如图 6－33 所示。

五、电流数据同步处理

纵联电流差动保护所比较的是线路两端的电流相量或采样值，而线路两端保护装置的电流采样是各自独立进行的。为了保证差动保护算法的正确性，保护也必须比较同一时刻两端的电流值。这就要求线路两端对各电流数据进行同步化处理。目前国内常用的电流同步方法有两种：电流相量修正法和采样时刻调整法。

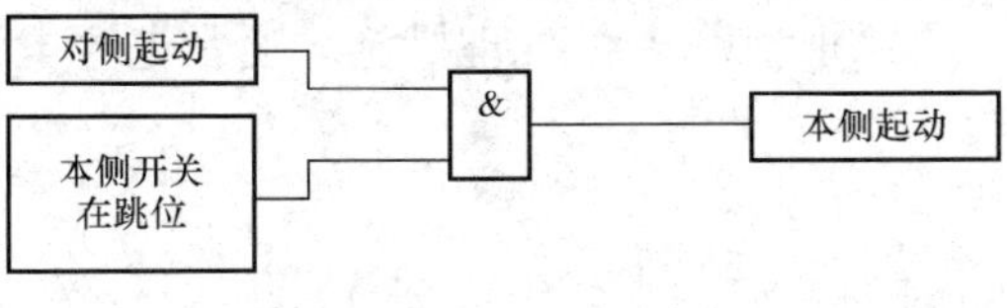

图 6－33　跳位起动方式

电流相量修正法和采样时刻调整法都是基

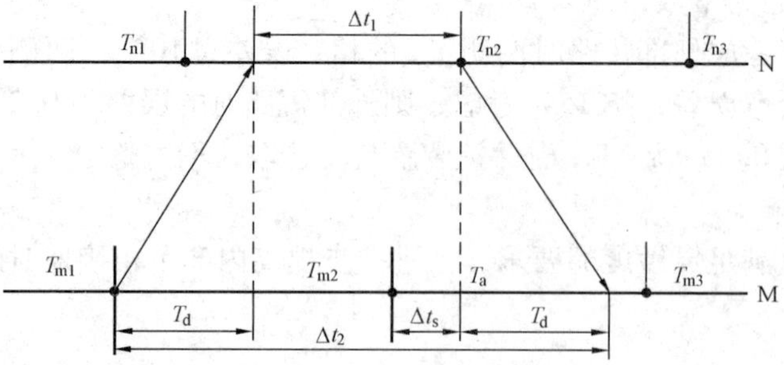

图 6－34　电流相量修正法数据传输示意图

于乒乓技术的数据同步技术。乒乓技术要求线路两端保护收发数据在通道中双向传输延时相同。

电流相量修正法（也称为矢量同步法）的简单同步原理如图 6－34 所示，M 为本侧，N 为对侧，数据发送周期为 T，T_{m1}、T_{m2}、T_{n1}、T_{n2}为两侧数据采样时刻，Δt_1，Δt_2分别为两侧收到对侧数据距本侧量最近一次数据发送时刻的时间差，T_d 为数据从本侧发送到对侧所需时间。对侧传来本侧上次序号 M1 和对侧上次时间间隔 Δt_1，本侧最新一组数据的序号为 M2，收到对侧数据时刻距本侧最近一次数据发送时刻的时间间隔 Δt_2，假定两侧发往对侧的延时相等，则可求得 $T_a = [\Delta t_2 + \Delta t_1]/2$，$T_a$ 正是 N 侧 T_{n2}数据对应 M 侧的时间，但 M 侧的数据采样时刻在 T_{m2}时刻，两侧时差 $\Delta t_s = [T_a - (T_{m2} - T_{m1})]$，$\Delta t_s$ 所对应的角度为 $\Delta\theta$，将 N 侧的 T_{n1}时刻的电流相量的角度减小 $\Delta\theta$，即可与 M 侧 T_{m2}时刻的电流相量计算差流。通道延时 $T_d = [\Delta t_2 - \Delta t_1]/2$。

电流相量修正法允许各端保护装置独立采样，而且对每次采样数据都进行通道延时 T_d 的计算和同步修正，故当通信干扰或通信中断时，基本不会影响采样同步。只要通信回复正常，保护根据新接收到的电流数据，可立即进行差动保护的计算。这对于差动保护的快速动作较为有利。

采样时刻调整法保持主站采样的相对独立，其从站根据主站的采样时刻进行实时调整，能保持两侧较高精度的同步采样。但由于从站采样完全受主站的控制，当通道传输延时发生变化时，会影响同步精度，甚至造成数据丢失或拒动，其可靠性受通道影响较大。

六、影响差动保护的性能因素及其解决办法

1. 电流互感器的误差和不平衡电流

区外短路故障时，电流互感器传变的幅值误差和相位误差使其两侧的二次电流大小不相等、相位不相反（电流方向为母线指向线路），保护有可能误动作，将线路跳开。产生不平衡电流原因之一是由于两端电流互感器的磁化特性不一致，励磁电流不等造成的，另外保护装置采样回路、采样同步也会带来一定的不平衡电流。电流互感器的误差可以通过选取同一厂家同一批次的相同型号电流互感器来尽量减小，而对于保护装置采样回路的误差、保护装置同步造成的误差都会引起的不平衡电流，则要求保护厂家采取措施尽量减小它的影响。

2. 长距离超高压输电线路的电容电流

电流差动保护原理所以简单可靠，是因为它认为输电线路只有两端或者三端，它应满足最基本的基尔霍夫电流定律。但是对于超高压长距离输电线路，线路分布电容将破坏这一假设，使保护性能下降。为了消除分布电容的影响，可采取电容电流处理措施。通常电容电流处理措施有 3 种：

（1）差流整定值躲过电容电流的影响。

（2）保护实测电容电流。电容电流是正常运行时的差流的重要组成部分。

（3）采用电压测量来补偿电容电流，电容电流补偿公式如下：

$$\dot{I}_C = \frac{\dot{U}_1}{-jX_{C1}} + \frac{\dot{U}_2}{-jX_{C2}} + \frac{\dot{U}_0}{-jX_{C0}}$$

因为 $X_{C1}=X_{C2}$，所以 $\dot{I}_C = \dfrac{\dot{U}_\varphi - \dot{U}_0}{-jX_{C1}} + \dfrac{\dot{U}_0}{-jX_{C0}}$

采用两端各补偿一半的方法，向对侧传送的电流值是经过补偿后的电流值，不增加额外的工作量，以实时数据进行差动测量。

M 侧补偿公式为 $$\dot{I}_{CM} = \frac{\dot{U}_{M\varphi} - \dot{U}_{M0}}{-j2X_{C1}} + \frac{\dot{U}_{M0}}{-j2X_{C0}}$$

N 侧补偿公式为 $$\dot{I}_{CN} = \frac{\dot{U}_{N\varphi} - \dot{U}_{N0}}{-j2X_{C1}} + \frac{\dot{U}_{N0}}{-j2X_{C0}}$$

式中 $\dot{U}_{M\varphi}$、$\dot{U}_{M0}$是对应于 M 侧测得的相电压及零序电压，$\dot{U}_{N\varphi}$、$\dot{U}_{N0}$为对应于 N 侧测得的相电压及零序电压，X_{C1}、X_{C0}是对应于线路全长的正序、零序容抗，由用户根据线路实际情况提供。

3. 电流互感器饱和

电流互感器的饱和可分为两类：

（1）稳态对称电流引起的饱和（称为稳态饱和）。当电流互感器通过的稳态对称短路电流产生的二次电动势超过一定值时，互感器铁芯将开始出现饱和。这种饱和特点是：畸变的二次电流呈脉冲形，正负半波大体对称，畸变开始时间较短，二次电流有效值将低于未饱和情况。

（2）短路电流中含有非周期分量和铁芯存在剩磁而引起的暂态饱和（称为暂态饱和）。短路电流一般含有非周期分量，这将使电流互感器的传变特性严重恶化，原因是电流互感器的励磁特性是按工频设计的，在传变非周期分量时，铁芯磁通（即励磁电流）需要大大增加。非周期分量导致互感器暂态饱和时二次电流波形是不对称的，开始饱和的时间较长。但铁芯有剩磁时，将加重饱和程度和缩短开始饱和的时间。

克服电流互感器饱和的措施有以下两方面：

（1）选用合适的电流互感器。对于稳态饱和，可以通过选用合适的电流互感器来避免。而考虑到暂态饱和，则宜尽量选用有剩磁限值的互感器。除 TPY 外，P 类互感器中有剩磁限值的 PR 型也可以应用。

（2）保护装置本身采取措施减缓互感器暂态饱和的影响，比如采用变制动特性比率差动原理。

4. 电流互感器二次回路断线

电流互感器二次回路发生断线时虽然不会导致差动保护误动，但是发生区外故障时，差动保护可能会误动。可以根据实际需要采取闭锁措施，防止差动保护误动。

第六节　输电线高频通道

高频通道由高频信号的收发信机和传输高频信号的载波通道构成。

一、载波通道的构成原理

下面以电力线载波通道为例，说明其构成原理。图 6－35 表示“单相导线—大地”构成的载波通道，它比两相导线构成的载波通道在经济上节省很多，得到了广泛应用，它的缺点是高频信号的衰减和受到的干扰都较大。

1. 阻波器（图 6－35 中元件 1）

为了使高频信号只能在指定的载波通道内传输而不穿越到相邻线路上去，采用了 L—C 并联的阻波器，其并联谐振频率即高频信号所选定的数值（一股为 50～300kHz），对高频信号呈现极大阻抗，而对工频信号只表现约 0.04Ω 的小阻抗，不妨碍工频能量的传输。

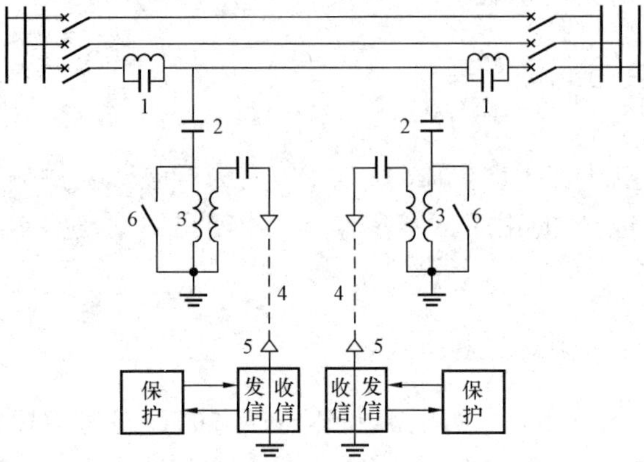

图 6－35　高频通道构成示意图

1—阻波器；2—耦合电容器；3—结合滤波器；4—高频电缆；5—高频收发信机；6—接地开关

2. 耦合电容器（图 6－35 中元件 2）

为了使收发信机与工频高压绝缘，同时使工频对地泄漏电流减到极小，采用耦合电容器，它对工频信号呈现非常大的阻抗。

3. 结合滤波器及高频电缆（图 6－35 中元件 3、4）

它是一个可调变压器，与耦合电容器组成不对称的带通滤波器，它的一侧特性阻抗（400Ω）和输电线路的特性阻抗相匹配，另一侧串接电容后与高频电缆 4 相接，它们的特性阻抗匹配为 75Ω。在通频带内衰耗很小，通频带外衰耗很大。由于特性阻抗的相互匹配，减少了高频信号电磁波在传送过程中的反射现象，达到了降低高频能量附加衰耗的目的。

4. 高频收发信机（图 6－35 中元件 5）

发信机可由继电保护部分来控制发信，也可采用长期发信方式。收信机接收来自本侧和对侧的高频信号，经比较判断后，作用于继电保护的输出部分。

5. 接地开关（图 6－35 中元件 6）

当检修结合滤波器时，接通接地开关，使耦合电容器下端可靠接地。

二、高频通道的优缺点

1. 输电线路高频通道的优点

电力线载波通信是电力系统的一种特殊的通信方式，它以电力线为载体，以变电所为终端，适合电力系统通信，特别是电力调度通信的需要。它具有以下优点：

（1）无中继通信距离长。几百公里的长距离输电线路连接的两个变电所，如使用电力载波，只需建一或两对载波机，就可以建立起通信。如果采用微波通信，就需建多个微波站才能通信。如果是光纤通信，几百公里的光缆投资很大，施工也不是一朝一夕可以完成。从这个方面来讲，电力线载波通信是其他通信无法相比的。

（2）由于电力线载波通信是以电力线为载体，以变电所为用户，所以载波机就直接装在电力线的两端，即变电所内，设备离用户近，可以提高可靠性。

（3）工程施工比较简单，输电线路建好后，装上阻波器、耦合电容器、结合滤波器，放好高频电缆，然后安装载波机，就可以进行调试。这些工作都在变电所内进行，基本上不需另外进行基建工程，所以能较快的建立起通信。在不少工期比较紧的输变电工程中，往往只有电力线载波通信才能和输变电工程同期建成，保证输变电工程如期投产。

2. 输电线路高频通道的缺点

由于输电线路高频通道是直接通过高压输电线路传送高频电流的，因此高压输电线路就成了高频通道干扰的主要来源。高压输电线路的电晕、短路、开关操作等都会在不同程度上对高频保护造成干扰或造成通道设备的损坏。另外，还存在收信滤波器的通频带、收信灵敏度及发信功率、收信机的选择性、两端频拍不一致的影响、分支线路对高频通道的影响、高频通道的阻抗匹配等实际应用问题。

第七节　纵联保护光纤通道

为了保证电网的安全稳定运行，国内电网都要求高压输电线路配有全线速动的纵联保护。各种纵联保护要求保护借助通道将输电线一侧的信息传送到另一侧。由于光纤具有电不敏感性，抗干扰能力极强，因此利用光纤作为通信的介质具有独特优势。同时许多地区电力通信网的建设都在大力发展特种光缆（OPGW 光纤复合架空地线、ADSS 介质自承光缆）并形成通信主干网。这就为继电保护使用光纤通道提供了便利。

一、光纤及光纤通信简介

与电缆或微波等通信方式相比，光纤通信有以下几个方面的优点：

（1）抗电磁干扰能力强。

（2）传输容量大。

（3）频带宽。

（4）传输衰耗小。

（5）资源丰富。

光纤通信同时具有以下缺点：

（1）光纤弯曲半径不能过小，一般不小于 30mm。

（2）光纤的切断和连接工艺要求高。

（3）分路、耦合复杂。

光纤是传播光信号纤维的简称。其典型结构是多层同轴圆柱体，如图 6－36 所示，自内向外为纤芯、包层和涂覆层。核心部分是纤芯和包层，其中纤芯由高度透明的材料制成，是光波的主要传输通道；包层的折射率略小于纤芯，使光的传输性能相对稳定。纤芯粗细、纤芯材料和包层材料的折射率，对光纤的特性起决定性作用。涂覆层包括一次涂覆、缓冲层和二次涂覆，保护光纤不受水汽侵蚀和机械擦伤，同时增加光纤的柔韧性，又可以延长光纤寿命。

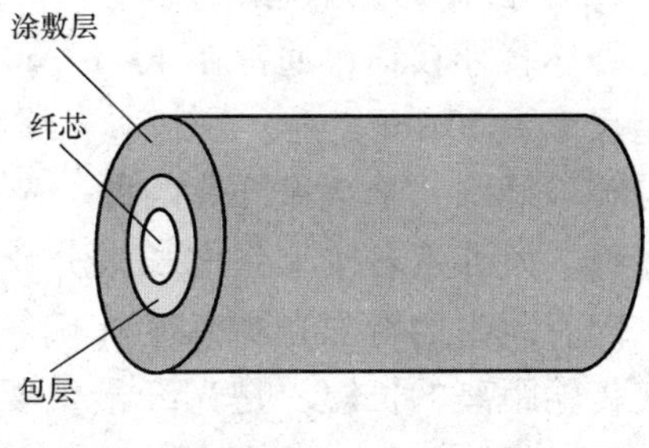

图 6－36　光纤结构图

光缆基本上都由缆芯、加强元件和护层三部分组成。缆芯是由单根或多根光纤芯线组成，其作用是传输光波。加强元件一般有金属丝和非金属纤维，其作用是增强光缆敷设时可承受的拉伸负荷。光缆的护层主要是对已形成缆芯的光纤芯线起保护作用，避免其受外界的损伤。

光缆按成缆结构方式不同可分为层绞式、套管式和沟槽式。层绞式光缆是将若干根光纤芯线以加强元件为中心绞合在一起的一种结构，这种结构适用于芯线数较少的的光缆。套管式光缆是将数根一次涂覆的光纤放入同一根塑料管中，管中填冲油膏，光纤浮在油膏中。套管式光缆的结构合理、重量轻、体积小、价格便宜。沟槽式光缆是将单根或多根光纤放入沟槽中，骨架中心是加强元件。这种结构的光缆的抗侧压性能好，但制造工艺复杂。这三种光缆基本结构如表 6 – 1 所示。

表 6 – 1　　光缆基本结构

<table>
<tr><th></th><th>层　绞　式</th><th>套　管　式</th><th>沟　槽　式</th></tr>
<tr><td>基本结构</td><td>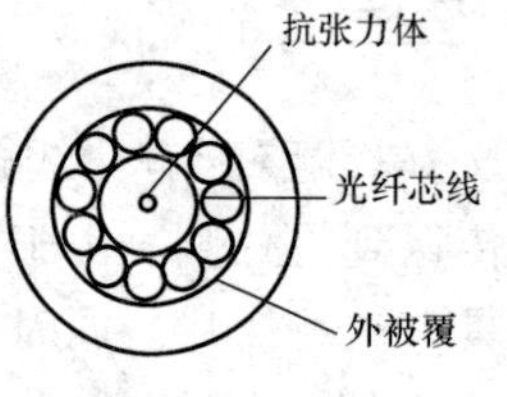
</td><td>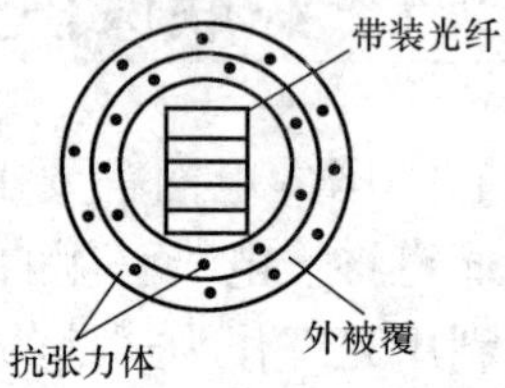
</td><td>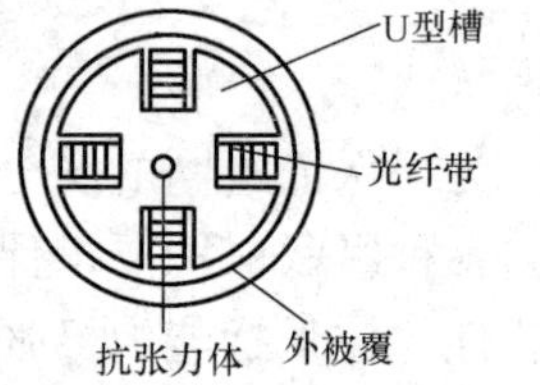
</td></tr>
<tr><td>抗张力体</td><td>在中心或分散</td><td>埋在外护套里</td><td>在中心或分散</td></tr>
<tr><td>特征</td><td>1. 缆的结构简单
2. 可以用和金属缆同样的制造方法</td><td>1. 高密度外护
2. 套强度高</td><td>1. 抗侧压等机械强度
2. 大高密度，多变化</td></tr>
</table>

光纤与光纤的连接有两种形式，一种是永久性连接，另一种是活动连接。永久性连接具有粘接法和熔接法之分，目前多采用熔接法。单模光纤的纤芯直径要在 10μm 以下，因此熔接必须使用才行。活动连接一般采用机械连接方式，通过专门定位光纤机械连接器来连接光纤，但光纤活接头长期使用积灰会造成通道衰耗增加，进而引起保护装置通道告警，造成光纤保护退出运行。解决办法是采用无水酒精用药棉擦拭干净。专用的熔接机，熔接完成后用光缆接头包或盘纤盒进行保护。

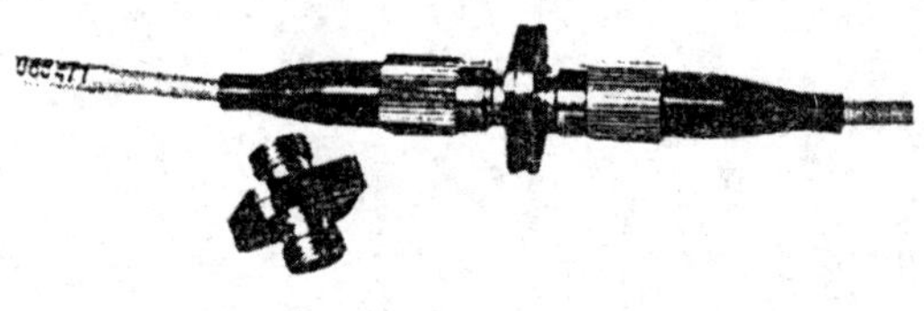

图 6 – 37　光纤的一种机械连接方式

根据光纤中传输模式的多少，可分为单模光纤和多模光纤两类。单模光纤只传输一种模式，纤芯直径较细，通常在 4 ~ 10μm 范围内。而多模光纤可传输多种模式，纤芯直径较粗，典型尺寸为 50μm 左右。按制造光纤所使用的材料分，有石英系列、塑料包层石英纤芯、多组分玻璃纤维、全塑光纤等四种。光通信中主要用石英光纤，以后所说的光纤也主要是指石英光纤。另外，若按工作波长来分，还可分为短波长光纤和长波长光纤。光波在光纤中传输，随着距离的增加光功率逐渐下降，这就是光纤的传输损耗，该损耗直接关系到光纤通信系统传输距离的长短，是光纤最重要的传输特性之一。1310μm 光纤的损耗值应在 0. 5dB/km 以下，而 1550μm 的损耗应在 0. 2dB/km 以下。

光纤通信系统中电路部分的作用是对来自信息源的信号进行处理，例如数据编码、加密等；发送端光端机的作用则是将光源（ 如激光器 LD 或发光二极管 LED）通过电信号调制成光信号，输入光纤进行传输；接收端的光端机内有光检测器（如光电二极管）将来自光纤的光信号还原成电信号，经放大、整形、再生恢复原形后，输至电端机的接收端。长距离的光纤通信系统还需要中继器，其作用是将经过长距离光纤衰减和畸变后的微弱光信号经放大、整形、再生成一定强度的光信号，继续送向前方以保证良好的通信质量。目前的中继器多采用光—电—光形式，即将接收到的光信号用光电检测器变换为电信号，经放大、整形、再生后再将电信号变换成光信号重新发出，而不是直接放大光信号。

二、通道连接方式

继电保护所采用的光纤通道主要有两种方式：一种是为保护敷设的专用光纤通道；另一种是复用已有的数字通信网络。相应的连接方式有专用通道方式和复用通道方式，复用通道方式分为64Kbit/sPCM复用和2M接口复用两种。

由于各种保护装置原理的不同，不同的保护装置在利用通道的方式上也各有不同。纵联方向保护和纵联距离保护装置均需要利用通道传递“允许”或者“闭锁”信号构成“允许式”保护或者“闭锁式”保护，因此纵联方向保护和纵联距离保护在利用光纤通道时通常会增加一个信号传输装置，将纵联方向保护和纵联距离保护装置输出的“允许”或者“闭锁”信号转换成光信号再传输到对侧，光端机放置在信号传输装置的内部。而纵联电流差动保护装置则需要利用通道传输两侧的模拟量经数字采样处理后的数字信息，一般来讲，不需要再增加信号传输装置，光端机内置在纵联电流差动保护装置的内部。

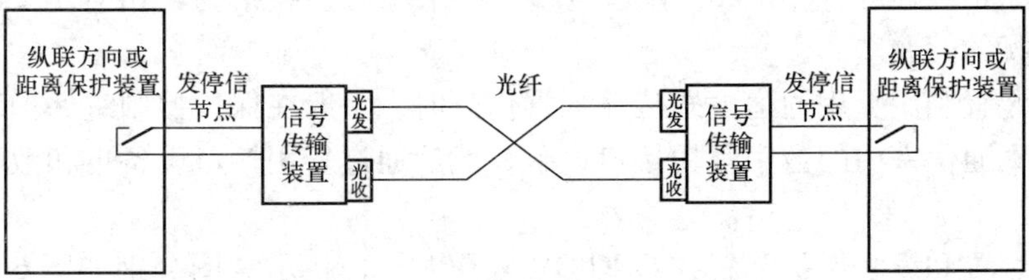

图6-38　线路纵联保护装置专用光纤连接示意图

1. 专用通道方式

专用通道方式需为继电保护敷设专用的独立光纤通道，在专用光纤通道中只传输继电保护的信息，如图6-38所示。专用方式的优点是不需附加其他设备，可靠性高且不涉及通信调度，管理比较方便。但由于光发收功率和光纤衰耗的限制，专用方式的通信距离一般在100km以内。目前，专用方式主要应用于短距离的输电线路保护，其连接示意图分别如图6-38和图6-39所示。

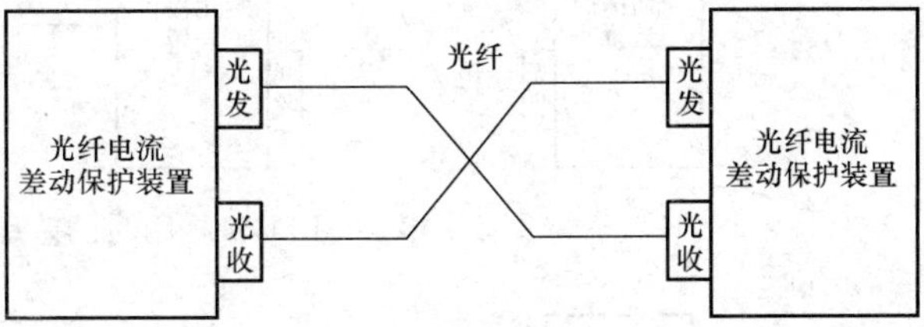

图6-39　线路光纤电流差动保护装置专用光纤连接示意图

2. 复用通道方式

复用通道方式则是利用数字PCM复接技术，利用现有的光纤通道和微波通道，对继电保护的信息进行传输。复用通道方式采用符合ITUG703标准的64Kbit/s的数字接口经PCM终端设备或利用2M接口直接接入现有数字用户网络系统，不需再敷设光缆，同时传输距离也大大提高，可延伸到数字用户网络的每一个通信节点。复用通道方式主要用于长距离输电线路的保护。

PCM 编码后的数据要在 SDH 网上传输，还需经过两级复用方案，一级是从 64Kbit/s 到 E1，另一级从 E1 到 STM－1。为了节约现有通信资源，提高信道的利用率，以便在 PCM 传输电路上方便、经济地实现 N×64Kbit/s 等高速数据的传输，需要用到多路复用技术（TDM）。它的工作原理是在接收到若干低速或终端的输入后，把这些输入组合而成一个单一的更高速率的干线输出。在我国，同步数字体系（SDH）是以 STM－1（155Mbit/s）信号为基本单元（所有高次群传输信号均为此第一级的倍数），而以 E1（2.048Mbit/s）为基础群。需要做的是把编码过的语音信号接入到 E1 中，再经过一系列复用映射，最终纳入到 SDH 的传送模块 STM－1 中，方便地在 SDH 中进行传输。

在数字通信网中敷设的光缆，除提供数据共用光纤通道接口，满足数据通信、宽带多媒体、图像信息等的需求外，还提供继电保护专用纤芯。专用光纤通道由于占用光缆纤芯数较多，带宽利用率小，传输距离较近，这些都限制了它的有效应用；对于长距离输电线路的保护，数据通信一般采用复用通道方式。复用通道方式不但节省了光缆及施工费用，而且利用了 SDH 自愈环的高可靠性，在电力系统中的应用正逐渐增多。2Mbit/s 数字接口可以直接接入现有数字用户网络系统，相比 64Kbit/s 的数字接口减少了 PCM 终端设备中间环节，更加可靠，在实际运行中，一路 64Kbit/s 保护复用通道占用了一路 2Mbit/s 通道，因此，两种接口的带宽利用率是一样的；64Kbit/s 接口电缆一般采用双绞线结构，相对于 2M 同轴屏蔽电缆存在易受干扰的问题。

继电保护装置利用复用通道方式传输数据信息时，一般在保护控制室保护装置光纤出口通过光缆连接到通信室内的数字复用接口设备，然后通过复用接口设备再和数字复用设备相连接。

差动保护装置和纵联保护装置在 64KPCM 复用时，连接示意图分别如图 6－40 和图 6－41 所示。

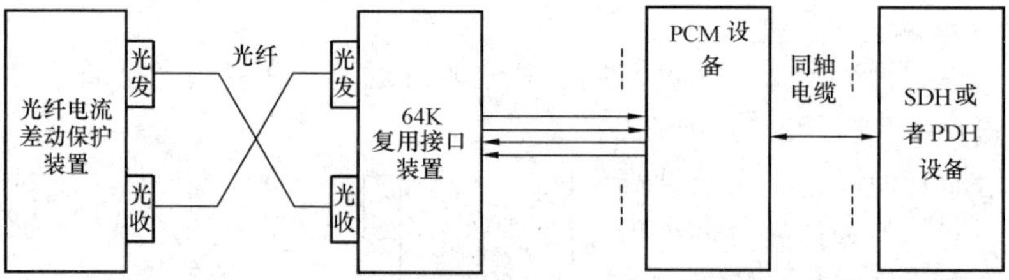

图 6－40　64KPCM 复用时的差动保护一侧连接示意图

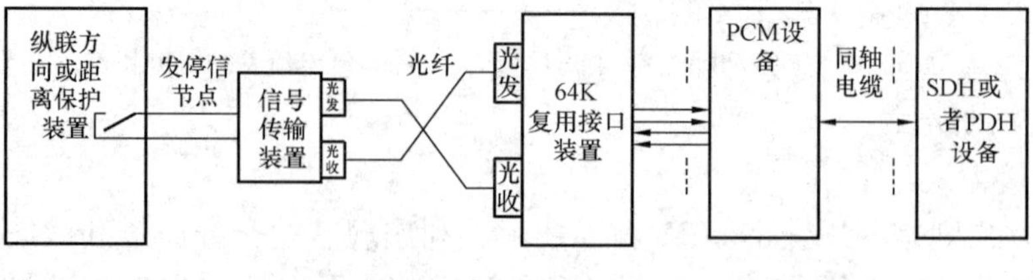

图 6－41　64KPCM 复用时的纵联保护一侧连接示意图

差动保护装置和纵联保护装置在2M口复用时，连接示意图分别如图6－42和图6－43所示。

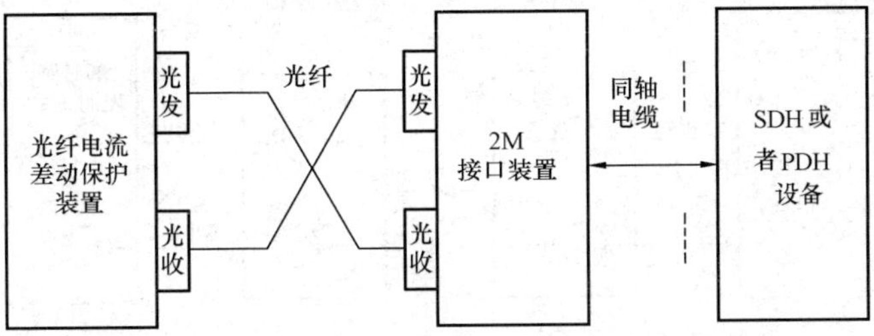

图6－42　2M口复用时的差动保护一侧连接示意图

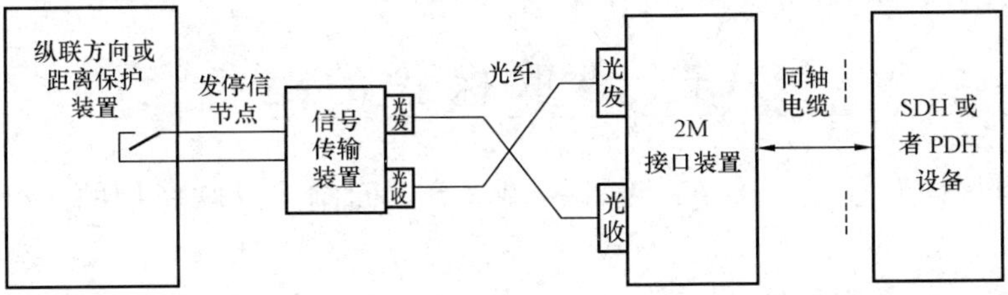

图6－43　2M口复用时的纵联保护一侧连接示意图

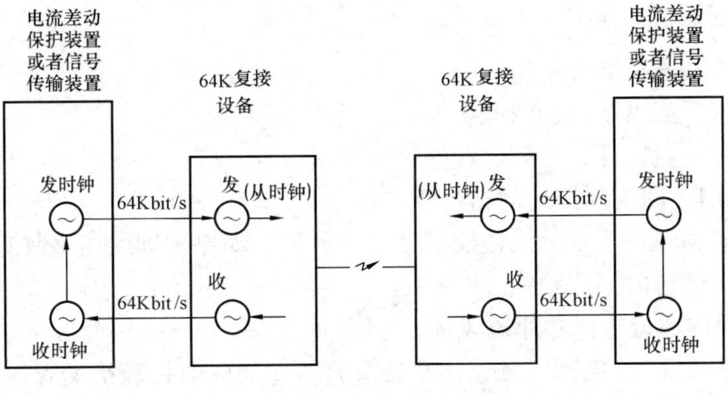

图6－44　64K复接方式的时钟方式示意图

3. 时钟选择方式

（1）在使用64Kbit/sPCM复接通道方式时，由于通信系统要求进行同步复接，数据的时钟只能用PCM设备的时钟，所以在装置中必须采用从时钟方式，如图6－44所示。

（2）在使用专用光纤通道方式或者2M口复接通道方式时，因为我国在SDH和PDH网中采用异步复接技术，所以2M口上可以进行异步复接，通过码速调整接入外部的数据，对于专用光纤通道和2M口复接通道方式，保护装置可以采用主时钟方式来传输数据，如图6－45和图6－46所示。

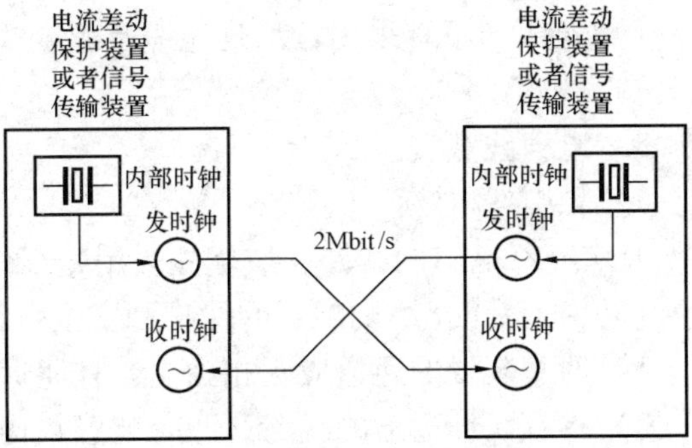

图6－45　专用通道方式的时钟方式示意图

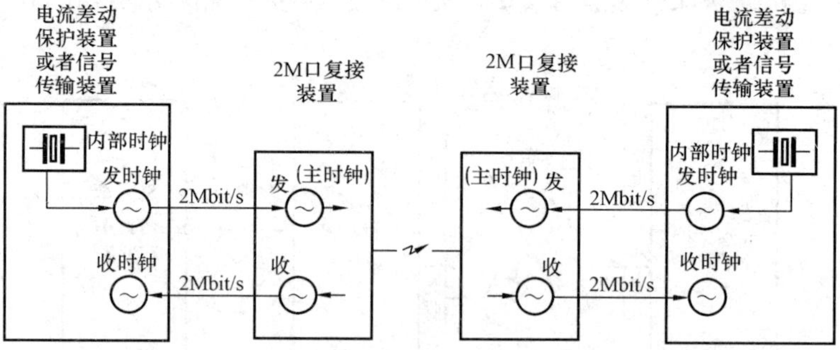

图 6-46　2M 口复接方式的时钟方式示意图

第八节　纵联保护的运行

下面从继电保护的管理、整定、设计、调试等方面阐述纵联保护的运行要求，内容包括：

（1）通道选择和通道要求。

（2）纵联保护的配置要求。

（3）纵联保护的整定要求。

（4）纵联保护和通道联合整组试验。

（5）不同研制厂家纵联保护的配合。

（6）纵联保护两侧软件版本配合和连接片投退。

（7）对 TV 和 TA 断线和接地的运行要求。

（8）母差保护动作对于双母线接线要经线路纵联差动保护远跳回路跳对侧断路器。

（9）纵联距离保护的振荡闭锁。

一、纵联保护的通道选择和通道要求

通道是纵联保护重要的组成部分。《继电保护和安全自动装置技术规程》对纵联保护的通道选择和通道要求做了规定，要点如下所述。

（1）继电保护和安全自动装置的通道应根据电力系统通信网条件，与通信专业协商，合理安排。

（2）装置的通道一般采用下列传输媒介：

1）光纤（不宜采用自承式光缆及缠绕式光缆）。

2）微波。

3）电力线载波。

4）导引线电缆。

具有光纤通道的线路，应优先采用光纤作为传送信息的通道。

（3）按双重化原则配置的保护和安全自动装置，传送信息的通道按以下原则考虑：

1）两套装置的通道应互相独立，且通道及加工设备的电源也应互相独立。

2）具有光纤通道的线路，两套装置宜均采用光纤通道传送信息，对短线路宜分别使用专用光纤芯；对中长线路，宜分别独立使用 2Mbit/s 接口，还宜分别使用独立的光端机。具有光纤迂回通道时，两套装置宜使用不同的光纤通道。

对双回线路，仅其中一回线路有光纤通道且按上述原则采用光纤通道传送信息时，另一回线路传送信息的通道宜采用下列方式：

a）如同杆并架双回线，两套装置均采用光纤通道传送信息，并分别使用不同的光纤芯或 PCM 终端；

b）如非同杆并架双回线，其一套装置采用另一回线路的光纤通道，另一套装置采用其他通道，如电力线载波、微波或光纤的其他迂回通道等。

3）当两套装置均采用微波通道时，宜使用两条不同路由的微波通道，在不具备两条路由条件而仅有一条微波通道时，应使用不同的 PCM 终端，或其中一套装置采用电力线载波传送信息。

4）当两套装置均采用电力线载波通道传送信息时，应由不同的载波机、远方信号传输装置或远方跳闸装置传送信息。

（4）当采用电力线载波通道传送允许式保护命令信号时应采用相—相耦合方式；传送保护闭锁信号时，可采用相—地耦合方式。

（5）有条件时，传输系统安全稳定控制信息的通道可与传输保护信息的通道合用。

（6）传输信息的通道设备应满足传输时间、可靠性的要求。其传输时间应符合下列要求：

1）传输线路纵联保护信息的数字式通道传输时间应不大于 12ms；点对点的数字式通道传输时间应不大于 5ms。

2）传输线路纵联保护信息的模拟式通道传输时间，对允许式应不大于 15ms；对采用专用信号传输设备的闭锁式应不大于 5ms。

（7）信息传输接收装置在收信信号消失后的返回时间应不大于通道传输时间。

二、纵联保护的配置要求

《继电保护和安全自动装置技术规程》对主保护定义为“主保护是满足系统稳定和设备安全要求，能以最快速度有选择地切除被保护设备和线路故障的保护”，毫无疑问，纵联保护属于主保护的定义范围，特别要注意，与以前不同的是距离Ⅰ段保护和零序电流Ⅰ段等瞬时动作的保护也在该主保护的定义范围内。

《继电保护和安全自动装置技术规程》规定 220～500kV 线路都应设置两套完整、独立的全线速动主保护，即要求实现主保护双重化。长期运行经验证明：不同原理、不同厂家的双重化配置，有利于电网的稳定安全运行。不同原理的保护对线路全长范围内在各种时段对各种故障反应的灵敏度是不一样的，不同厂家的保护在硬件、软件、整组复归和极端复杂运行情况处理的方法不一样，不一样的灵敏度和处理方法有利于在没有考虑到的极端情况不至于两套保护都拒动。现场也实际发生过因为配置同一厂家两套不同原理保护，在异常复杂的区外转区内故障下都拒动，导致电网重大损失的事故。

目前具有较成熟的 220～500kV 线路保护产品的国产保护厂家已经达到了两家以上，已经完全能够满足“不同原理、不同厂家、双重化配置”的线路保护运行要求。当线路保护双重化配置均采用纵联电流差动保护时，宜选择不同厂家的产品。

三、纵联保护的整定要求

1. 纵联方向和纵联距离保护的起动元件定值要求

要求线路两侧定值折算到一次侧是相同的。

起动元件定值主要有“电流突变量起动定值”和“零序电流起动定值”两种，起动元件定值以前一般是按在线路末端发生故障，本侧起动定值和故障电流相比有足够灵敏度来整定，线路两侧各自按最小运行方式计算。这样做的结果是两侧的起动定值会不一样，在一侧是较强的系统另一侧是较弱系统时，甚至会相差很大。发生区内故障时两侧都会起动，不会因为起动元件定值不同而拒动。如果在起动定值较大侧的反方向发生故障，起动定值较大侧保护不起动，起动定值较小侧保护起动了，在下列情况下会发生误动：

（1）纵联保护为闭锁式，起动定值较大侧远方起动发信元件拒动或者在做通道检查的第一个 5s 内闭锁了远方起动发信，此时发生故障，起动定值较小侧会收不到对侧的闭锁信号，起动定值较小侧正方向元件能够动作时会发生误动。

（2）纵联保护为闭锁式或者允许式，起动定值较大侧投入了弱馈回音功能，起动定值较小侧正方向元件能够动作时可能会因为对侧弱馈回音而发生误动。

因为上述两种情况，闭锁式纵联保护最好两侧起动定值一致，允许式纵联保护在投入弱馈保护时也最好两侧起动定值一致。

在两侧 TA 变比不一致时，同一区外故障电流流过线路两侧，两侧的二次侧电流是不相同的，要保证两侧都起动，就要求两侧起动定值折算到一次侧是相同的。

选择起动定值的方法，按单侧有起动灵敏度计算两侧各自的一次侧起动电流，选择其中较小的电流值作为两侧的一次侧起动定值，再按线路各侧 TA 变比折算成二次值作为线路各侧的起动定值。

当然，毕竟上述两种情况发生的概率较小，长期运行的各种纵联保护在实际系统中也很少因为两侧起动定值不配合而误动，也可以不考虑这种配合。如果不考虑上述两种情况的误动，也就不要求两侧的起动定值配合。

2. 正方向元件定值的整定配合

纵联保护对于方向元件的要求在闭锁式纵联距离保护当中已经阐述，其中要求线路本侧的反方向元件要比本侧和对侧的正方向元件都要更灵敏。因为线路本侧的反方向元件由保护内部实现，比本侧的正方向元件灵敏，在整定时只要考虑线路本侧和对侧的正方向元件灵敏度相同即可，也就是说要求线路两侧正方向元件定值折算到一次值是相同的。

选择正方向元件定值的方法，按单侧保护范围末端故障时正方向元件有动作灵敏度计算两侧各自的一次侧定值，选择其中灵敏度较高的方向元件定值作为两侧的一次侧定值（如两侧阻抗值中的较大值、零序方向电流的较小值），再按线路各侧 TV 和 TA 变比折算成二次值作为线路各侧的正方向元件定值。

3. 零序补偿系数的换算

（1）零序电阻补偿系数

$$K_R = \frac{R_0 - R_1}{3R_1}$$

（2）零序电抗补偿系数

$$K_x = \frac{X_0 - X_1}{3X_1}$$

（3）零序阻抗补偿系数

$$K_z = \frac{Z_0 - Z_1}{3Z_1}$$

（4）零序阻抗、电阻、电抗补偿系数的关系

$$K_Z = K_R\cos^2\varphi + K_X\sin^2\varphi + j\frac{1}{2}(K_x - K_R)\sin2\varphi$$

φ 为线路正序阻抗角。

由以上公式可知：

当 $K_x = K_R$ 时，$K_Z = K_R = K_X$

当线路阻抗角为85°时

$$K_Z = 0.008K_R + 0.992K_X + j0.087(K_x - K_R)$$

当线路正序阻抗角为90°时，零序阻抗补偿系数等于零序电抗补偿系数。

因此，在线路阻抗角较大时，零序阻抗补偿系数和零序电抗补偿系数近似相等，零序电阻补偿系数的大小对于零序阻抗补偿系数的影响不大。

4. 弱馈投入选择

闭锁式纵联保护的弱馈保护，线路两端只能在其中的一侧投入弱馈功能，否则在弱电源系统的强电源侧发生反向故障时，如果线路两端的正反方向元件灵敏度不足时，会因弱馈保护都停信而导致误动。所以，对于闭锁式的弱馈保护，弱馈保护在线路两端只能投入一侧。

允许式纵联保护可以两侧都投入弱馈保护，从原理和动模试验证明不会误动。

弱馈保护的功能包括：①“弱馈回音”，给强电侧回发允许动作信号；②“弱馈跳闸”，是根据运行需要选择弱馈侧是否跳闸。当“弱馈跳闸”投入时，“弱馈回音”功能强制自动投入。

纵联差动保护只要有低电压辅助起动功能，就可以自动带有弱馈保护功能，不需要整定。

5. 线路纵联差动保护的差动电流动作定值灵敏度校验

区内故障时，纵联差动保护差动电流是线路两侧故障电流之和，所以差动电流动作定值灵敏度按最小运行方式下区内故障时的两侧最小故障电流之和校验。

四、纵联保护和通道联合整组试验

通道不正确会导致纵联保护的不正确动作，所以在现场投运时一定要进行纵联保护和通道的联合整组试验。

试验原则：两侧纵联保护装置带上通道，首先进行手动或自动的通道检查，证明通道是连通的且检查正常（但有可能连接到其他装置或光纤通道自环了）；在单侧模拟正方向故障试验，对侧断路器三相跳闸位置触点闭合时，本侧模拟正方向故障试验能动作；对侧断路器三相跳闸位置触点断开时，本侧模拟正方向故障试验不能动作。上述试验要能够正确各重复三次，可以证明通道是正常的。在一侧进行试验就可以证明通道是否正常。

五、不同研制厂家纵联保护的配合

1. 纵联距离保护的配合

（1）不同研制厂家的采用延时停信方式的纵联距离保护，在线路两端理论上可以相互配合。

（2）不同研制厂家的采用延时跳闸方式的纵联距离保护，在线路两端理论上可以相互配合。

（3）采用延时跳闸方式与采用延时停信方式的纵联距离保护从理论上来说在线路两端不

可以相互配合，因为在采用延时跳闸方式保护的反方向发生区外故障，功率倒向后采用延时跳闸方式的纵联距离保护正方向元件如果动作则马上停信，对侧采用延时停信方式的纵联距离保护由正向元件动作变反向元件动作，两侧保护可能短时出现一侧正方向元件已动作而停信，另一侧正方向元件未返回也在停信而导致短时间两侧方向元件失去配合。实际做试验和运行时，可能不会出现误动或出现误动次数较少，这是因为正方向元件动作需要一个短延时，而正方向元件返回是没有额外增加的延时的，但这么短短的配合时间不能保证一定不会误动。

2. 纵联方向保护的配合

不同研制厂家的纵联方向保护，其方向元件的动作原理各有不同，有能量积分方向元件、工频突变量方向元件、零序电流方向元件、负序电流方向元件、阻抗方向元件等的不同组合（纵联距离保护只有阻抗方向元件和零序电流方向元件），同一故障动作的方向元件不同，动作灵敏度也不同，从理论上说在线路两端不能相互配合。

3. 纵联差动保护的配合

不同研制厂家的纵联差动保护，虽然都采用分相电流差动和零序电流差动原理，但是具体计算方法不同，在光纤通道中传输的内容相差很远，从理论上说在线路两端不能相互配合。

六、纵联保护两侧软件版本配合和连接片投退

纵联距离保护和纵联方向保护在通道中传输信息是允许或闭锁的逻辑量，信息简单，同一型号装置的不同版本软件只要都是可运行版本，在原则上线路两侧是可以相互配合的，除非研制厂家声明不能配合。

纵联差动保护在通道中传输信息包括电流量和许多控制信息，不同版本软件有可能会修改传输信息而导致两侧差动保护失去配合，所以纵联差动保护不同版本软件，在原则上线路两侧不可以相互配合，除非研制厂家声明能够配合。

纵联保护连接片在线路本侧退出时，允许式就不会向对侧发送允许信号，闭锁式会因远方起动向对侧发闭锁信号，差动保护本侧差动元件退出，所以对侧的纵联保护相当于也退出了，研制厂家都应该考虑到纵联保护一侧退出时就保证两侧都退出，因为在时间上也不可能保证两侧在同一瞬间退出连接片。

在运行时为了安全起见，纵联保护连接片在线路一侧退出时，另一侧也要求退出纵联保护连接片。

七、对 TV 和 TA 断线和接地的运行要求

电压互感器 TV 断线或短路时，保护应发告警信号，纵联距离和纵联方向保护的方向元件因会不正确动作要退出，距离保护都要退出，需自动投入延时动作的不带方向的相电流保护和零序电流保护并允许不保证选择性。纵联电流差动保护不受影响可以正确动作。

电流互感器 TA 断线或不正常时，《继电保护和安全自动装置技术规程》规定保护“应发告警信号，除母线保护外，允许跳闸”。

对于互感器的安全接地，《继电保护和安全自动装置技术规程》提出的技术要点如下：

（1）电流互感器的二次回路必须有且只能有一点接地，一般在端子箱经端子排接地。但对于有几组电流互感器连接在一起的保护装置，如母差保护、各种双断路器主接线的保护等，则应在保护屏上经端子排接地。

（2）电压互感器的二次回路只允许有一点接地，接地点宜设在控制室内。独立的、与其他互感器无电联系的电压互感器也可在开关场实现一点接地。为保证接地可靠，各电压互感器的中心线不得接有可能断开的开关或熔断器等。

（3）已在控制室一点接地的电压互感器二次绕组，必要时，可在开关场将二次绕组中心点经放电间隙或氧化锌阀片接地，应经常维护检查防止出现两点接地的情况。

（4）来自电压互感器二次的四根开关场引出线中的零线和电压互感器三次的两根开关场引出线中的 N 线必须分开，不得共用。

这样规定的原因是：一个变电所的接地网并非实际的等电位面，因而在不同点间会出现电位差。当大的接地电流注入地网时，各点间可能有较大的电位差值。如果一个电连通的回路在变电所的不同点同时接地，地网上的电位差将窜入这个连通的回路，有时还造成不应有的分流。在有的情况下，可能将这个在一次系统并不存在的电压引入继电保护的检测回路中，或因分流而引起保护装置在故障过程中的拒动或误动。这种情况在实际现场中常常发生，特别要引起注意。

八、母差保护动作对于双母线接线要经线路纵联差动保护远跳回路跳对侧开关

对双母线接线，线路纵联距离保护和纵联方向保护要具备其他保护动作开入以使对侧加速跳闸，同样对于线路纵联差动保护，也要在下列任一情况下使对侧纵联差动保护装置加速动作跳闸：

（1）当本侧断路器和电流互感器之间故障，母差保护正确动作跳开本侧断路器，但故障并未切除时。

（2）当母线故障，母差保护正确动作，但本侧断路器失灵拒动时。

所以对于双母线接线方式，母差保护动作时要经过纵联差动保护的远跳回路跳对侧开关，以便加速对侧的纵联保护。在实际系统中常有些地区没有把母差动作信号接入纵联差动保护的远跳回路。为了接线方便，一般采用操作回路中的三相跳闸继电器 TJR 和 TJQ 的触点并联起动。

对于一个半断路器接线，母线故障时母差动作不要跳对侧，因为边开关跳开后故障就被隔离了，但是开关失灵时要跳对侧开关；死区保护动作时也要跳对侧开关。

九、纵联距离保护的振荡闭锁

因为在系统振荡期间，阻抗元件会误动作，早期的纵联距离保护在电流变化量元件起动之后，只短时开放一段时间，然后就一直闭锁直到整组复归。

现在的数字式纵联距离保护都具备了和距离保护相同的可靠的振荡闭锁元件，在振荡闭锁期间如果发生故障，振荡闭锁元件判断出有故障，开放纵联距离保护，即纵联距离保护是一直投入的，不再为了躲过振荡而闭锁。

第七章 线路距离保护

第一节 概 述

继电保护装置的任务就是当系统（电网及其他元件）发生故障时能迅速的发现故障并且通过断路器有选择的切除发生故障的部分，完善的继电保护系统，在故障是瞬时性时，还可自动恢复发生过故障部分的正常运行。这里所指的故障主要是指短路故障。

电力系统对继电保护装置所提出的“四个性”的要求中首要的是选择性，要保证动作的选择性必须对故障进行正确的测量。对故障特点的测量方式有两种：定性测量与定量测量。第六章中介绍的线路纵联保护是以对故障进行定性测量为基础的，包括故障方向的测量和差电流“1”态与“0”态测量，它的优点是从原理上避免了测量误差的影响，所以它能保护线路全长，缺点是必须进行线路的两端测量，而且不能反映区外故障以实现“远后备”。与此相反，常见的电流保护是通过定量测量取得故障位置测量选择性的，由于定量测量不可避免的会出现误差，所以只依靠电流测量不能保护线路全长，但它只需在线路一端进行测量而且能实现电网“远后备”保护。所以，在电网保护中仍必需配备以定量测量实现动作选择性的保护，本章将讨论这种线路保护。

在讲述本章之先，我们假定读者对电力系统的一种基本保护——电流保护已有充分的了解，关于这方面知识就不再进行详细叙述。

一、线路电流保护的主要问题及距离保护的提出

（一）电流保护的基本回顾

电流保护是一种结构较简单的保护，但在实现继电保护功能上，却考虑得很周到。如前所述，继电保护装置的基本目的是要快速发现故障并且能通过断路器有选择的切除故障部分。所以对继电保护及其装置提出可靠性、选择性、快速性、灵敏性等四个性的要求，其中可靠性主要是对硬件装置设计和维护提出的要求，选择性是所有继电保护必须满足的要求，而快速性和灵敏性是相对的要求。电流保护特别是线路电流保护在综合考虑满足四个性（主要是前面三个性）要求方面是很完善的。

典型的线路电流保护是三段式，各段相互配合，优化的满足选择性、快速性和灵敏性要求。

电流保护Ⅰ段基本特点是依靠动作电流定值取得选择性，所以动作快速，但不能保护线路全长，灵敏性差，即牺牲了灵敏性，换取了快速性。电流保护Ⅲ段，依靠动作时限取得动作选择性，其动作电流定值只要避开负荷电流，保证负荷电流下不误动，所以理论上灵敏性最高，但动作慢速，快速性差，即牺牲了快速性换取了灵敏性。

电流保护Ⅱ段是Ⅰ段、Ⅲ段折衷的设计，它部分通过动作电流定值，部分通过动作时限共同取得选择性，也就是以动作电流和动作时限同下一段线路快速保护配合的方式取得动作选择性。可以说三段式线路电流保护在综合考虑对继电保护要求上已比较完善。在某些情况下，为了改善保护性能还可采取一些特殊措施：

（1）为了提高灵敏性，电流保护Ⅱ段同下一段线路正常Ⅱ段配合，保护区延伸到下段线路Ⅱ段保护区，但时限增大一级即 $2\Delta t$ 。即进一步牺牲快速性换取灵敏性。

（2）通过其他判别，在保证选择性的条件下提高其快速性和灵敏性，即电压、电流联锁速断保护。在这种保护下，无选择性的电压速断保护实际上是起着闭锁的作用，使电流速断保护的动作区得以延长。

（3）在特殊情况下，无需电流保护判断短路点位置时，可有条件的延长电流速断保护区。如接有单个变压器的线路上的电流速断保护，或重合闸动作后重合在故障线路上的后加速电流保护。

总之，电流保护虽然结构简单，但在如何保证对继电保护基本要求上，已作了很多完善的考虑，而这些考虑在复杂的保护上也不过如此。关键是电流保护是按测量电流的大小来进行故障判断的，要提高继电保护的性能，必须引入新的测量原理。

（二）距离保护的提出

电流保护在满足电力系统对继电保护要求上性能不理想，主要表现它是以线路短路电流作为反应短路故障位置的量，是一个电气量，同负荷电流一样，受系统运行方式影响很大，所以它的保护范围不稳定，表现在以下几方面：

（1）电流速断保护的保护区受系统运行方式影响大，在最大运行方式时不误动的条件下，在系统最小运行方式时，实际保护区可能很小，甚至为零。

（2）电流保护Ⅲ段，虽然系统发生短路时不是依靠短路电流大小，而是依靠动作时限配合来判断短路位置，但在负荷电流情况下电流继电器不能动作，所以应避开最大负荷电流。因此，受系统运行方式变化的影响，当系统属于最小运行方式时，过电流保护灵敏度很小，甚至为零。

所以要提高线路保护性能，必须采用新的保护原理，用新的物理量反映线路故障的位置。

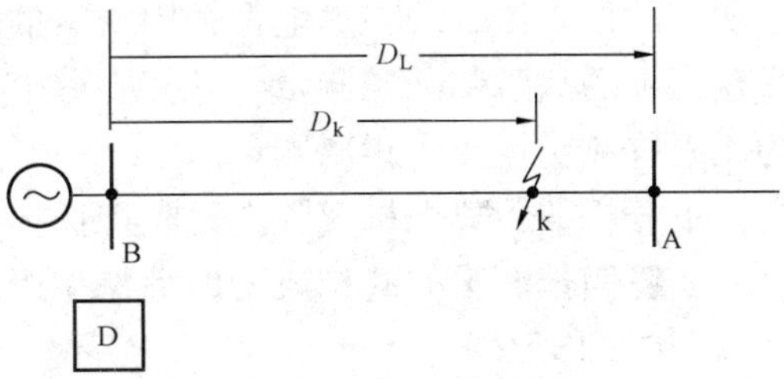

图 7－1　距离保护工作原理图

距离保护是从根本上解决电力系统运行方式对继电保护中故障点定位与判别影响的一种方法。图 7－1 表明距离保护装置判断故障点是否在保护区内的原理图。图中 D 为装在变电所的距离保护（Distance Protection），k 表明故障点，D_k 为故障点与变电所母线 B 之间距离，称短路距离，D_L 为被保护线路全长。距离继电器 D 的动作条件为

$$D_k \leqslant D_L \tag{7-1}$$

或

$$D_k \leqslant D_{set}$$

$$D_{set} = K_k D_L \tag{7-2}$$

式中 K_k 应小于 1，D_{set} 为整定值。

从图 7－1 和式（7－2）中可以看出，从实现保护原理上看，距离保护与电流保护并无不同之处，但距离保护中用来判断故障位置的量是非电气量距离，而不是受电力系统运行方

式影响很大的电流量，因而它的保护区不受电力系统运行方式的影响，式（7－2）中 K_k 虽不能取为1，但只需计及距离测量误差，即可取较高的值。另外，负荷情况与短路距离无关，所以不存在电流保护Ⅲ段的需避开负荷电流问题。

但是需要指出的是，采用短路距离判断短路点位置仍不能保护线路全长，为了实现线路全长的保护，仍需配合带时限的延时距离保护，相当于电流保护Ⅱ段。这是因为距离保护中用来判断故障位置的距离同电流保护一样，仍是定量测量，而不是定性测量，不可避免的会存在测量误差，因而只有加入辅助判据，即时限，才能保护线路全长。这是通过定量测量判断短路位置的保护所具有的无法避免的共同缺点。

（三）距离保护与阻抗保护

由于目前短路距离的测量很困难，虽然在理论上可用脉冲行波的反射时间测距，但快速实现这种测量不方便，目前技术上也做不到，所以在实际上，都是通过间接反映短路距离的量来实现距离保护。现在通常所谓距离保护即是通过短路阻抗的测量来实现距离测量的保护。

图7－2所示为以阻抗测量实现的距离保护的工作原理图，这种保护实际上应称之为阻抗保护。

用阻抗测量代替距离测量，虽然只是测量方式的改变，但却使距离保护失去了按距离测量构成线路保护的初衷，因为阻抗是电量，它同非电量的距离（长度）实际上有不同的概念，特别是用继电器所测定的只是“感受阻抗”，对线路（三相输电线）来说，只是在特定情况下，它才能准确反映短路阻抗，为此，必须采取很复杂的措施，才能保证以阻抗测量原理构成的所谓距离保护实现正确的故障判断和故障点定位。

所以严格来说，现在继电保护中所谓的距离保护实际上是阻抗保护，为了保证这种保护能实现正确的故障判断和测量，它拥有继电保护最复杂的结构和逻辑设计，其根本原因就是因为用阻抗测量代替了距离测量。

以下分析的距离保护实际上是阻抗保护，提请读者特别注意。

二、以阻抗测量方式构成的距离保护概述

（一）工作原理

以阻抗测量构成的距离保护在原理上同电流保护完全相同，只不过用阻抗测量代替电流测量，仍旧是通过电气量的定量测量确定故障性质及故障位置的保护。

图7－2为距离保护的工作原理图。同电流保护一样，距离保护也由三段构成。

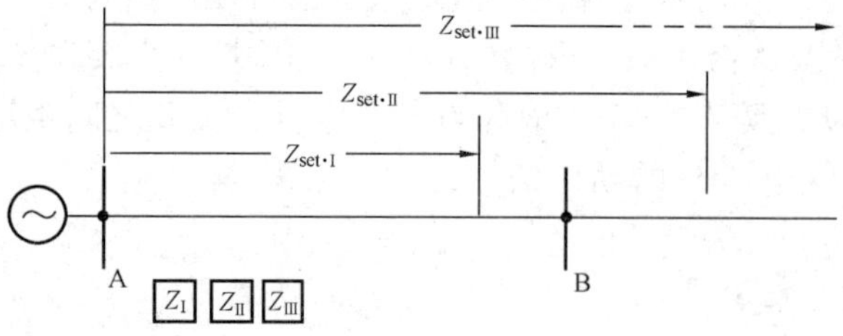

图7－2　通过阻抗测量实现的距离保护工作原理图

（1）距离保护Ⅰ段。相当于电流速断保护，它是依靠动作阻抗定值 $Z_{set\cdot Ⅰ}$ 取得动作选择性，因而动作无时限。为了防止区外故障时失去选择性而动作，故 $Z_{set\cdot Ⅰ}$ 应按下式整定

$$Z_{set\cdot Ⅰ}=K_K\cdot Z_L \qquad (7-3)$$

其中 Z_L 为被保护线路全长的阻抗。同电流速断保护不同，Z_L 由线路长度决定，是一个基本不变的数值，不随系统运行方式而变，故距离保护Ⅰ段的保护区比电流速断保护长得多，一般可达线路全长的80%～85%。

（2）距离保护Ⅱ段，相当于延时电流速断保护，它与下段线路瞬时保护配合，如下段线路也采用距离保护，其保护区为 $Z'_{set\cdot Ⅰ}$，则其整定阻抗为

$$Z_{set\cdot Ⅱ} = K_K[Z_L + Z'_{set\cdot Ⅰ}] \tag{7-4}$$

当距离保护Ⅱ段同下段线路速断保护配合时，应带有时限 Δt（0.3～0.5s）。

以阻抗测量构成的距离保护的保护原理同电流保护没有多大的不同，但在保护性能上要好得多：第一，它瞬时动作保护区可稳定的包括被保护线路长度的80%～85%；第二，计及延时速断保护性质的距离保护Ⅱ段，被保护线路全长均可得到可靠保护，而且具有较高的灵敏性。

（3）为了能充分利用定量测量保护装置能构成电网远后备保护功能的优点，距离保护仍设Ⅲ段。距离保护Ⅲ段相当于电流保护中的过电流保护，它是依靠时限取得动作选择性，其阻抗整定值 $Z_{set\cdot Ⅲ}$ 与负荷阻抗配合。

$$Z_{set\cdot Ⅲ} = K_K \cdot K_f \cdot Z_{LO\cdot cal} \tag{7-5}$$

式中 K_f 为返回系数，小于1，$Z_{LO\cdot cal}$ 为自保护安装处算到负荷在内的负荷计算阻抗。

距离保护Ⅲ段的动作时限由阶梯原则全电网配合决定。

距离保护Ⅲ段除构成被保护线路可靠的后备保护作用外，还可以构成相邻线路的远后备保护。另外，阻抗是一个复数量，不但能从阻抗值的大小判别故障，而且能从相位，即阻抗角来区分。由于负荷阻抗角较小而短路阻抗角接近90°，故距离保护Ⅲ段能取得较高的灵敏性。

综上所述，即使是按阻抗测量原理构成的所谓距离保护，同通过距离测量原理构成的距离保护实际上还有很大的不同，但把它同电流保护相比，保护性能要优越得多。但是不管是用什么原理构成的距离保护，都有一个最大的缺点，不能构成被保护线路全长快速主保护，因为它们都是通过定量测量而不是通过定性测量来判断故障位置的。

（二）阻抗继电器的感受阻抗

以阻抗测量原理构成的距离保护测量元件是阻抗继电器，阻抗继电器接线图如图7－3所示。阻抗继电器输入量为电压 $\dot{U}_m$ 和电流 $\dot{I}_m$，当 $\dot{U}_m$ 和 $\dot{I}_m$ 之间满足一定关系时，继电器就处于动作状态，否则就处于不动作状态。同电流继电器不同，阻抗继电器不但判断 $\dot{U}_m/\dot{I}_m$ 之间的大小关系，而且判断它们之间相位（$\varphi_m = \arg \dot{U}_m/\dot{I}_m$）。对低阻抗继电器而言，上述判断可用以下动作方程表示：

$$Z_m \leqslant Z_{set} \tag{7-6}$$

这一比较方式在模拟式阻抗继电器和数字式阻抗继电器中可能有些不同，前者工作时并不是先算出 Z_m，再同整定阻抗 Z_{set} 比较其大小和相位，而是直接根据 $\dot{U}_m$、$\dot{I}_m$ 之间相量关系实现式（7－6）所确定的比较。

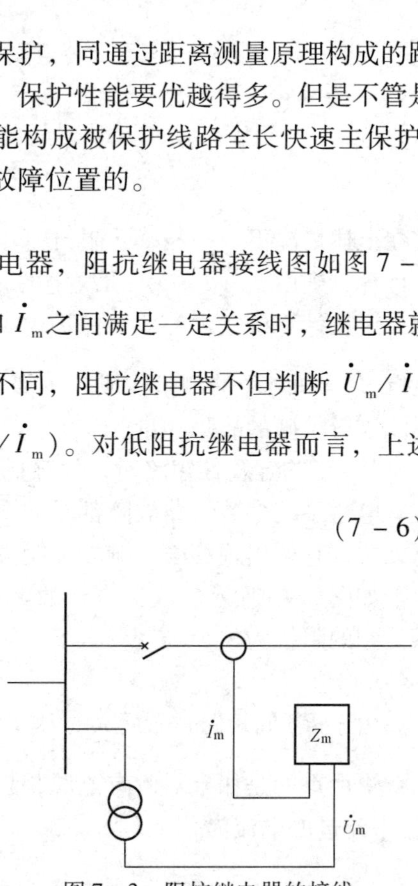

图7－3　阻抗继电器的接线

上述 Z_m 称为阻抗继电器的感受阻抗。按阻抗的定义，在某一阻抗元件上通以单一电流 $\dot{I}$，两端产生的电压降 $\dot{U}$，则 $\dot{U}/\dot{I}$ 即定义为该阻抗元件的阻抗，而

电力系统是一个复杂系统，送入阻抗继电器的电流 $\dot{I}_m$和电压 $\dot{U}_m$之间并不一定符合上述对应关系，这就给按阻抗测量原理构成的距离保护实现故障判断带来很大困难。

三、影响距离保护进行正确故障判断的主要因素

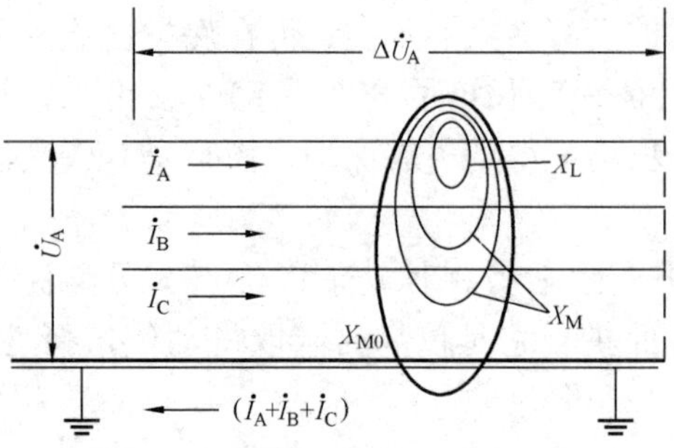

图 7－4　输电线互感抗对阻抗继电器感受阻抗的影响

以下所列出的影响距离保护进行正确故障判断的主要因素，使距离保护的功能受到很大影响，为了保证距离保护测量距离的正确性，往往需要采取很多复杂措施，从而使得距离保护成为一种结构复杂的保护装置。

（一）三相输电线路一相阻抗很难定义

三相线路除一相自感抗 X_L 外，相间、相对地间还存在互感而形成互感抗 X_M、X_{M0}，如图 7－4 所示，因而 k 点短路时，故障线路上一相压降 U_A不但包含 $\dot{I}_A$ 在 X_L 上的压降，而且还包含 $\dot{I}_B$、$\dot{I}_C$ 通过 X_M、X_{M0}在 A 相故障线路产生的压降。如按一相阻抗的定义，$\dot{U}_m$取 $\dot{U}_A$，$\dot{I}_m$取 $\dot{I}_A$，则阻抗继电器 Z_A 的感受阻抗 Z_{mA}

$$Z_{mA}=\frac{\dot{U}_{mA}}{\dot{I}_{mA}}=\frac{\dot{I}_AX_L+(\dot{I}_B+\dot{I}_C)X_M-(\dot{I}_A+\dot{I}_B+\dot{I}_C)X_{M0}}{\dot{I}_A}$$

$$=X_L+[\frac{(\dot{I}_B+\dot{I}_C)}{\dot{I}_A}X_M-\frac{(\dot{I}_A+\dot{I}_B+\dot{I}_C)}{\dot{I}_A}X_{M0}] \tag{7－7}$$

故在上述情况下，一相感受阻抗是不定的，它受邻相电流的影响。自然，如将三相电流也引入计算，则由式（7－7）所决定的 Z_{mA}也可用来判断故障阻抗，但这样做需要复杂的计算，如果说在计算机实现的数字保护中尚可实现的话，在模拟式保护中则不可能实现。故以感受阻抗 $Z_m=\dot{U}_m/\dot{I}_m$的测量构成的距离保护，在系统多数故障情况下，如不采用特殊措施，将不能进行精确的故障测量。

（二）非金属性短路时，故障点短路阻抗影响测量正确性

电力系统多数短路故障都是非金属性的，在故障处存在过渡电阻，而这一电阻同短路距离无关，它的出现势必影响故障距离的测量。

如图 7－5 所示，在 k 点经故障点弧光电阻 R_{arc} 接地短路，显然接在母线侧的阻抗继电感受到的阻抗为

$$Z_m=Z_k+R_{arc} \tag{7－8}$$

由于 R_{arc}同短路位置无关，因 R_{arc}的出现，阻抗继电器 Z_A 不能实现短路点位置的测量。

更严重的是如果对侧有电源，且向故障点提供助增电流（Feeding Current）$\dot{I}_N$，则电阻 R_{arc}中流过的电流为

$$\dot{I}_{arc}=\dot{I}_M+\dot{I}_N$$

相应的，R_{arc}两端压降为

$$\dot{U}_{arc}=(\dot{I}_M+\dot{I}_N)R_{arc}$$

故接在M侧线路上的阻抗继电器将感受一个附加阻抗 ΔZ_m

$$\Delta Z_m=\frac{\dot{U}_{arc}}{\dot{I}_M}=\left(1+\frac{\dot{I}_N}{\dot{I}_M}\right)R_{arc} \tag{7-9}$$

可以看出 ΔZ_m 不但绝对值同 R_{arc}不同，而且阻抗性质也发生了变化，如因两侧电源电动势相位关系，$\dot{I}_N$ 超前 $\dot{I}_M$，则 ΔZ_m 为感性，反之，ΔZ_m 为容性，如图7－6所示。因弧光电阻R_{arc}有时相当大，例如几十或几百欧，故故障点短路阻抗对阻抗继电器确定故障位置的能力影响很大。

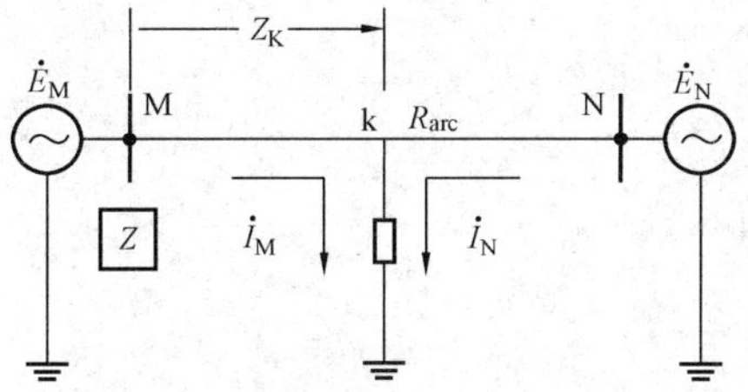

图7－5　故障点弧光电阻 R_{arc} 对阻抗继电器距离测量的影响

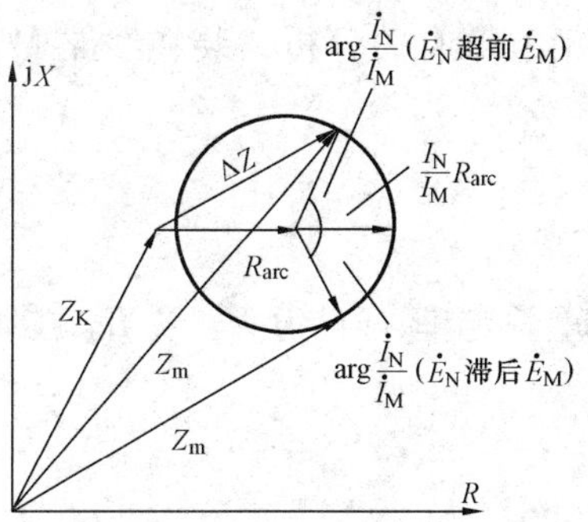

图7－6　对侧助增电流对阻抗测量附加阻抗的影响

（三）系统振荡对阻抗继电器测量的影响

阻抗继电器只要有一定的输入电压 $\dot{U}_m$和输入电流 $\dot{I}_m$，它都可以感受到一个阻抗 Z_m，不管该电压和电流之间有何种关系。

当系统发生振荡时，系统电流和阻抗继电器装设处的电压都有很大的波动，相应的阻抗继电器的感受阻抗 Z_m 亦有很大的变化，如 Z_m 落在阻抗继电器动作区内，则阻抗继电器就要动作。在此情况下，阻抗继电器非但不能执行故障定位工作，而且它的动作同故障毫无关系，属于误动，是必须防止的。系统振荡对阻抗继电器动作行为的影响，涉及到电力系统暂态过程，是一个较复杂的理论问题，但从继电保护来讲，关心的是实际情况，为了正确处理系统振荡对阻抗继电器动作行为的影响，必须了解系统振荡时，阻抗继电器感受阻抗的变化规律。本书第五章已对系统振荡时电气量的变化规律作了一些分析，本节对所定义的阻抗继电器感受阻抗 Z_m 的较详细的变化规律作一些补充。

分析用的系统图仍同图5－7，阻抗继电器装在线路MN的M侧，图7－7为等值电路图。分析时作如下假定：

（1）系统各阻抗阻抗角相等。

（2）由于振荡过程中频率变化不大，各阻抗中电抗值不受影响。

（3）由于是实用分析，对两侧电动势不作严格定义。以 $\dot{E}_N$ 为参据，两侧电动势相位差

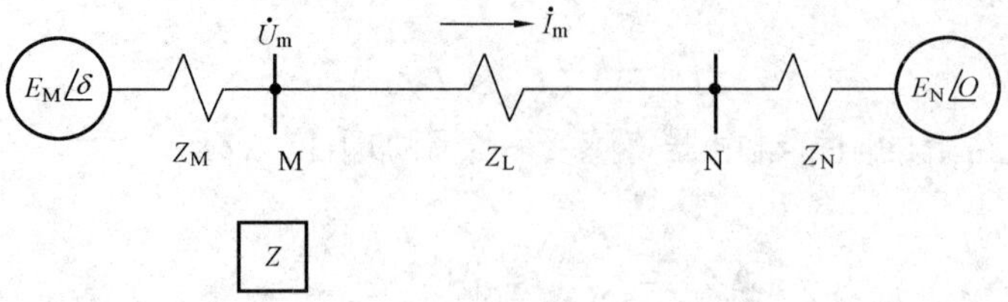

图 7－7　分析振荡时系统等值电路

代表发电机转子角差，在振荡过程中 E_M、E_N 幅值保持不变。

（4）在实际中由于系统振荡时除两侧发电机电动势仍为正弦波外，系统电流和电压均非正弦波，故不能用相量表示，但作为实用分析，在本节中仍将 U_m、I_m作为相量 $\dot{U}_m$、$\dot{I}_m$来处理。

参阅第五章有关分析，装在线路 M 侧的阻抗继电器感受到的阻抗为

$$Z_M = \frac{\dot{U}_m}{\dot{I}_m}$$

利用重叠定理，$\dot{U}_m$为 $\dot{E}_M$ 及 $\dot{E}_N$ 在 M 点分压之和

令
$$Z_\Sigma = Z_M + Z_L + Z_N$$

$$m = \frac{Z_M}{Z_\Sigma}$$

则
$$\dot{U}_m = (1-m)\dot{E}_M + m\dot{E}_N$$

$$I_m = \frac{\dot{E}_M - \dot{E}_N}{Z_\Sigma}$$

故得

$$\dot{Z}_m = \left[(1-m) + \frac{1}{\dfrac{\dot{E}_M}{\dot{E}_N} - 1}\right] Z_\Sigma = \left[(1-m) + \frac{1}{\dfrac{E_M}{E_N}e^{j\delta} - 1}\right] Z_\Sigma \qquad (7-10)$$

式（7－10）表明当系统振荡时，阻抗继电器的感受阻抗与三个变量有关：$\dot{E}_M$、$\dot{E}_N$ 摆开的角度 δ，两侧电动势幅值比$\frac{E_M}{E_N}$和继电器安装地点 m。即

$$Z_m = f(\delta, \frac{E_M}{E_N}, m) \qquad (7-11)$$

式（7－10）为一复变函数，为了分析它的变化对阻抗继电器动作行为的影响，应给出它在阻抗复平面上的轨迹。从解析式上求这一轨迹很复杂，下面通过简便的办法求出它的轨迹。设阻抗继电器装设位置已定，则 Z_m 只由两个变量 δ、$\frac{E_M}{E_N}$确定。

1. $\dfrac{E_M}{E_N}$ = 常数

此时，式（7－10）中只有一个变数 δ，根据复变函数有关知识，Z_m 在复平面上轨迹为一圆，圆心 O'在 Z_Σ 阻抗线上。令 $\delta=0$，得轨迹上一点 A

$$OA = \left[(1-m)+\frac{1}{\dfrac{E_M}{E_N}-1}\right]Z_\Sigma \tag{7-12}$$

再令 $\delta = 180°$,得轨迹上另一点 B

$$OB = \left[(1-m)-\frac{1}{\dfrac{E_M}{E_N}+1}\right]Z_\Sigma \tag{7-13}$$

从而得在此$\dfrac{E_M}{E_N}$的值的情况下,圆 O' 的位置和半径 r

$$\overline{OO'} = \frac{1}{2}[\overline{OA}+\overline{OB}] = \left[(1-m)+\frac{1}{(\dfrac{E_M}{E_N})^2-1}\right]Z_\Sigma \tag{7-14}$$

$$r = \frac{1}{2}[\overline{OA}-\overline{OB}] = \left[\frac{\dfrac{E_M}{E_N}}{(\dfrac{E_M}{E_N})^2-1}\right]Z_\Sigma \tag{7-15}$$

以上各式中 A、B、O' 各点均在 Z_Σ 阻抗线上,如图 7－8 所示。

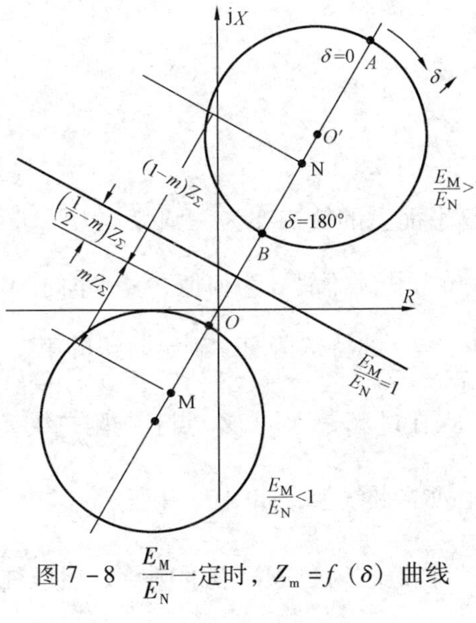

图 7－8 $\dfrac{E_M}{E_N}$一定时，$Z_m=f(\delta)$ 曲线

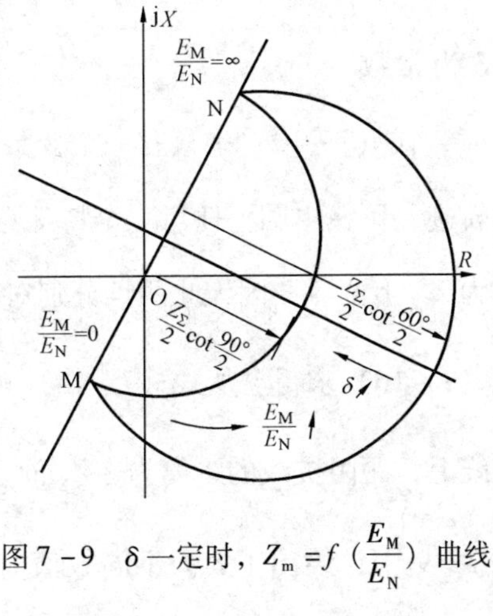

图 7－9 δ一定时，$Z_m=f(\dfrac{E_M}{E_N})$ 曲线

图 7－8 表明当$\dfrac{E_M}{E_N}$一定时，装在 M 侧阻抗继电器感受阻抗 Z_m 随 δ 变化的情况。现对应不同$\dfrac{E_M}{E_N}$，分析 Z_m 变化规律。

（1）$\dfrac{E_M}{E_N}>1$。

图 7－8 中圆 1 为典型的变化规律。A、B 点分别由式（7－12）和式（7－13）决定。

当 $E_N=0$,即$\frac{E_M}{E_N}=\infty$得到特殊的一圆,它实际上是一点 N(因 $r=0$),$\overline{ON}=(1-m)Z_\Sigma=Z_L+Z_N$。这一情况具有特定的物理含义，首先系统上只有一个电源，不可能发生振荡，阻抗继电器感受到的阻抗恒为正向阻抗 Z_L+Z_N。

（2）$\frac{E_M}{E_N}<1$。

图 7－8 中圆 2 为典型的变化规律。$A'B'$点仍在阻抗线上，但它同圆 1 相比，在阻抗线上（$\frac{1}{2}-m$）Z_Σ 点对应的另一侧。

当 $E_M=0$，即$\frac{E_M}{E_N}=0$ 时也得到特殊的一圆，即一点 M，它相当于系统上只有一个电源 E_N 的情况，此时，阻抗继电器感受到的阻抗恒为 $-mZ_\Sigma$，即阻抗继电器背后的阻抗。

（3）$\frac{E_M}{E_N}=1$。

这是一个 Z_m 特殊的变化规律，在此情况下：

$r=\infty$，$\overline{OA}=\infty$，$\overline{OO'}=\infty$，$\overline{OB}=$（$\frac{1}{2}-m$）Z_Σ，故 Z_m 轨迹为过 B 点与阻抗线垂直的一条直线。其方程为

$$Z_m=\left[(1-m)+\frac{1}{e^{j\delta}-1}\right]Z_\Sigma$$

将 $e^{-j\delta}$分解为 $\cos\delta-j\sin\delta$，并进行推导，得出

$$Z_m=\left(\frac{1}{2}-m\right)Z_\Sigma-j\frac{Z_\Sigma}{2}\cot\frac{\delta}{2} \tag{7－16}$$

2. δ 为常数

此时，式（7－10）中只有一个变数$\frac{E_M}{E_N}$，Z_m 在复平面上的轨迹亦为一圆弧。为了求得这一圆的轨迹，可找出圆上任意三个特殊点。根据上一节分析，不管 δ 为何值，复平面上 M、N 两点均为 Z_m 上两点，因为此两点分别对应$\frac{E_M}{E_N}=\infty$ 和$\frac{E_M}{E_N}=0$ 的特殊情况，确定轨迹的第三点 P 可由式（7－16）求得。从式（7－16）可知，此第三点在过（$\frac{1}{2}-m$）Z_Σ 点且与阻抗线 Z_Σ 垂直的直线上，距阻抗线的距离为$\frac{1}{2}Z_\Sigma\cot\frac{\delta}{2}$，此圆圆心亦在此线上，如图 7－9 所示。

图 7－9 中也绘出了 δ 为不同数值时，$Z_m=f\left(\frac{E_M}{E_N}\right)$轨迹，为过 MN 点的圆族，但应注意，它只包含阻抗线一侧的一段圆弧。

由于式（7－10）中复数因子有下列关系

$$\frac{\partial\left[\frac{E_M}{E_N}e^{j\delta}-1\right]}{\partial\left[\frac{E_M}{E_N}\right]}=e^{j\delta}$$

$$\frac{\partial\left[\frac{E_M}{E_N}e^{j\delta}-1\right]}{\partial\delta}=-j\frac{E_M}{E_N}e^{j\delta}$$

故图 7－10 中，Z_m（δ）与 $Z_m\left(\frac{E_M}{E_N}\right)$的两圆族相互正交。

为了给读者一个综合概念，图 7－10 给出了一个较完整的在 δ 和$\frac{E_M}{E_N}$变化情况下的 Z_m 的轨迹。

图 7－10 是图 7－8 中线路 M 侧阻抗继电器所感受到的阻抗，如阻抗继电器装在系统其他处，则 Z_m 形状不变，但复坐标系统坐标原点沿阻抗线相应移动。图中对应系统阻抗角 φ_Σ 为 90°，若为其他值，则圆族以 O 为中心，相应旋转。

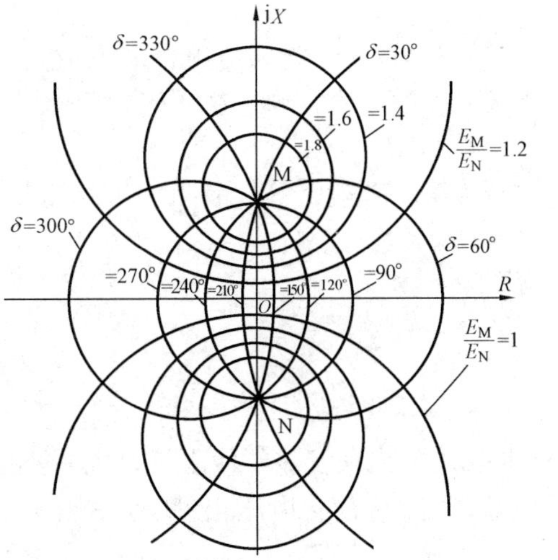

图 7－10　当$\frac{E_M}{E_N}$、δ 均变化时，Z_m 综合变化规律

图 7－10 曲线族不但对分析阻抗继电器行为有用，而且可用来进行其他继电器行为分析。例如，同步机的失励磁保护，在同步机失励后阻抗继电器感受到的阻抗的变化规律。

（四）故障点残留电压对阻抗继电器阻抗测量的影响

对电流继电器而言，引进的只是一相电流量，相应的三相线路要三只电流继电器就可构成一套完整的保护。而阻抗继电器不但要输入电流而且要引入正确电压，在有些情况下，引入的电压不正确就不能正确的感受到能反映故障位置的阻抗。

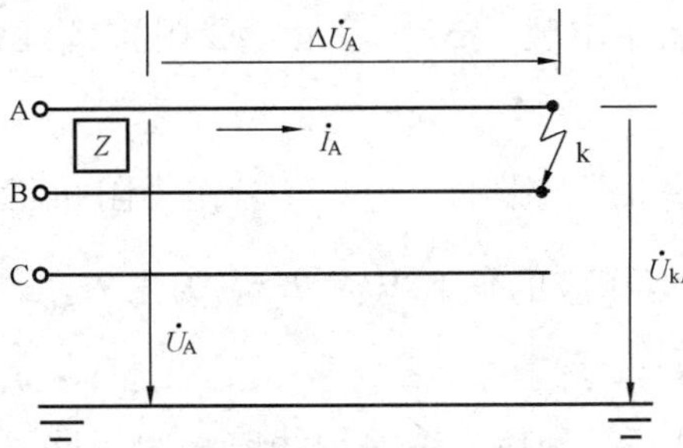

图 7－11　故障处完好相电压对阻抗测量的影响（k 点 AB 相短路）

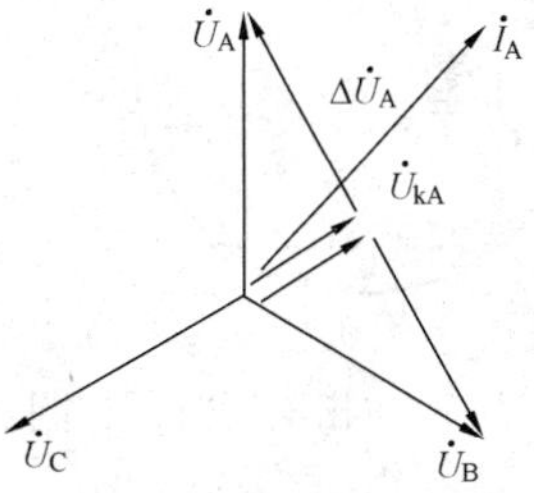

图 7－12　对应图 7－11 故障点电压相量图（假定电源内阻抗为零）

图 7－11 表明三相输电线 k 点发生 AB 相金属性短路，线路装有三组阻抗继电器 Z_A、Z_B、Z_C。设阻抗继电器引入的电压为本相相电压，电流为本相相电流。现分析 A 相阻抗继电器 Z_A 感受阻抗。

图 7－11 中

$$\dot{U}_A=\Delta\dot{U}_A+\dot{U}_{kA}$$

$\dot{U}_{kA}$为故障点 A 相对地（中线）电压。即本节所谓残留电压，A 相阻抗继电器感受阻

抗为

$$Z_m = \frac{\dot{U}_A}{\dot{I}_m} = \frac{\Delta\dot{U}_A}{\dot{I}_m} + \frac{\dot{U}_{kA}}{\dot{I}_m} \tag{7-17}$$

式（7－17）中送入继电器的电流是以 $\dot{I}_m$表示而非 $\dot{I}_A$，是为了避开讨论三相线路相间互感对阻抗测量的影响，这一问题前面已讨论过，后面还要进行讨论。现在先认为式（7－17）右边第一项就是等效故障相短路阻抗 Z_k。留下的问题是式中右侧第二项$\frac{\dot{U}_{kA}}{\dot{I}_m}$对阻抗测量的影响。令

$$\Delta Z = \frac{\dot{U}_{kA}}{\dot{I}_m} \tag{7-18}$$

因 ΔZ 的出现，显然使阻抗继电器不能正确反映故障位置。

图 7－12 为简化电压相量图。图中可以看出：

$$\dot{U}_{kA} = \Delta\dot{U}_A \cdot \tan30° \cdot e^{-j90°}$$

故得

$$\Delta Z = \frac{1}{\sqrt{3}}Z_k \cdot e^{-j90°} \tag{7-19}$$

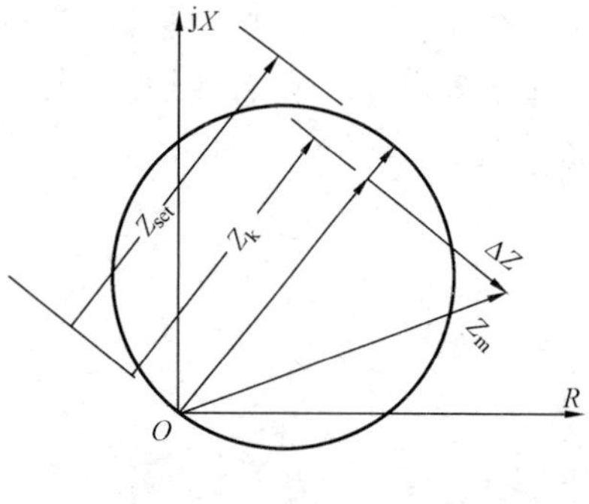

图 7－13　当 U_m为相电压时，相间短路 ΔZ 对测距的影响示意图

ΔZ 的数值相当大，它的存在使图 7－11 中装在 A 相或 B 相上的阻抗继电器不能正确测出发生在 AB 两相的短路点位置。图 7－13 表明阻抗继电器动作边界，阻抗继电器感受阻抗中由 ΔU_A 测出的阻抗能正确确定故障位置 Z_k，但由于出现了 ΔZ，实际感受阻抗 Z_m 已越到动作区外。

为了消除 ΔZ 的影响，应以 $\dot{U}_{AB}$作为阻抗继电器输入电压 $\dot{U}_m$，但相应的输入电流 $\dot{I}_m$应为由 $\dot{U}_{AB}$产生的短路电流，即 $\dot{I}_A - \dot{I}_B$。

采取了这一措施后，被保护线路相间短路可保证正确距离测量，但如果发生一相接地短路，又将出现问题。

设图 7－11 中 k 点发生 A 相单相短路，图 7－14 为相应的 k 点电压相量图。在简化分析中仍设电源内阻抗为零，故 k 点 B 相电压 $\dot{U}_{kB} = \dot{U}_B$不变，$U_{kAB} = -\dot{U}_B$，故得

$$\Delta Z = \frac{\dot{U}_{kAB}}{\dot{I}_m} = -\frac{\dot{U}_B}{\dot{U}_A}Z_k = Z_k e^{j60°} \tag{7-20}$$

图 7－15 表明了式（7－20）中 ΔZ 对测距的影响。

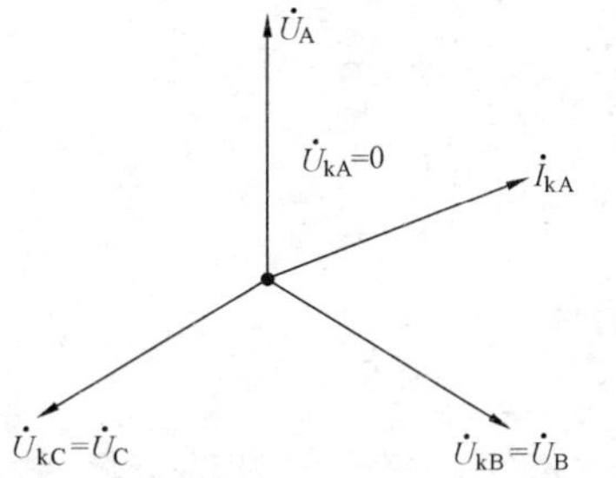

图 7－14　A 相单相短路时故障点电压相量图（设电源内阻抗为零）

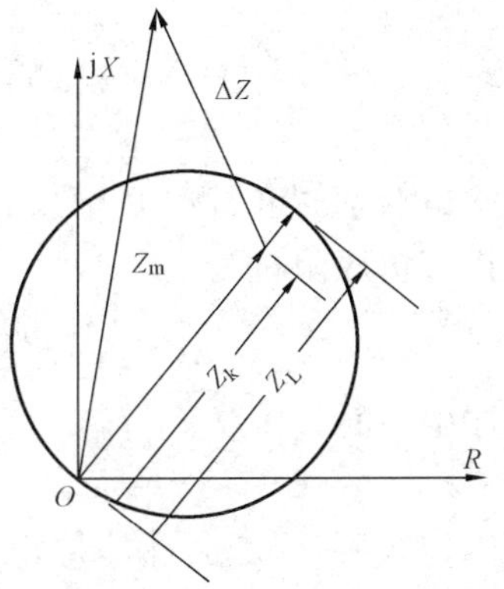

图 7－15　当 U_m 为线电压时，单相短路 ΔZ 对测量的影响

第二节　以阻抗测量方式构成的距离保护保证进行正确故障测量的措施

前已说明用阻抗测量实现距离测量，实际上已使距离保护失去很多基本优点，为了保证距离保护具有必须的动作选择性和距离测量的精确度，不得不采取较复杂的措施。影响距离测量的因素，前一节已作了分析。本节介绍克服这些因素的方法。

一、克服故障点残留电压对阻抗测量的影响

根据前面分析，可按以下原则确定阻抗继电器接线：

（1）为了不出现 ΔZ，故障相的阻抗继电器引入的电压在故障处的值应为零。

（2）引入的电流应为引入的电压在线路上产生的电流。对三相系统而言，由于存在单相短路和相间短路两种类型的短路，它们在故障处有不同的电压分布，所以阻抗继电器原则上应分成两类：即反应单相（接地）短路的阻抗继电器和反应相间短路的阻抗继电器，用来反应三相线路 10 种类型的短路。引入继电器的电流则与引入的电压相对应。对反应相间短路的阻抗继电器，引入的电压应为线电压，即两相电压差［$\dot{U}_A-\dot{U}_B$］、［$\dot{U}_B-\dot{U}_C$］和［$\dot{U}_C-\dot{U}_A$］等，对应的电流为［$\dot{I}_A-\dot{I}_B$］、［$\dot{I}_B-\dot{I}_C$］和［$\dot{I}_C-\dot{I}_A$］等，反映接地短路的阻抗继电器引入的电压应为相电压 $\dot{U}_A$、$\dot{U}_B$ 及 $\dot{U}_C$ 等，对应的电流为经过补偿的相电流。

故三相线路的一套距离保护需有六个阻抗继电器，它们以 KZA、KZB、KZC，KZAB、KZBC、KZCA 表示。

二、克服三相架空线路相间互感对阻抗测量的影响

式（7－7）说明在存在相间互感情况下一相阻抗无法定义，因为它受相邻相电流和中性线上零序电流的影响。但当三相电流大小和相位有一定关系时，可以对线路阻抗给出定义，此时可用对称分量法概念，以线路正序阻抗、负序阻抗和零序阻抗作为输电线路基本参数。

式（7－7）可整理为

$$Z_{mA} = [X_L - X_M] + \frac{\dot{I}_A + \dot{I}_B + \dot{I}_C}{\dot{I}_A}(X_M - X_{M0})$$

当三相输电线流过正序、负序电流时，因 $\dot{I}_{A1} + \dot{I}_{B1} + \dot{I}_{C1} = 0$，$\dot{I}_{A2} + \dot{I}_{B2} + \dot{I}_{C2} = 0$，故得输电线正、负序阻抗为

$$X_1 = X_2 = X_L - X_M \qquad (7-21)$$

通过零序电流时，因 $\dot{I}_A + \dot{I}_B + \dot{I}_C = 3\dot{I}_0$，故零序阻抗

$$X_0 = X_L - X_M + 3(X_M - X_{M0}) = X_L + 2X_M - 3X_{M0} \qquad (7-22)$$

需要指出，式（7－22）中零序电流可理解为流经故障线和经架空地线返回继电器侧的零序电流，它可能与故障回路（点）零序电流不等，因为故障点零序电流可能还包含对侧零序回路中流过的零序电流，它和本侧阻抗测量（金属性短路时）无关。

从理论上说，要进行故障距离测量，必须测出继电器装设处至故障点的正、负、零序阻抗，但这样做虽然较准确，但很麻烦，计算量太大，所以在实际上是采用工程上惯用的办法，即近似的由线路正序阻抗来进行距离测量。

由式（7－7）

$$\dot{U}_{mA} = \dot{I}_A(X_L - X_M) + 3\dot{I}_0(X_M - X_{M0}) = \dot{I}_A X_1 + 3\dot{I}_0(X_M - X_{M0}) \qquad (7-23)$$

根据式（7－22）

$$X_M - X_{M0} = \frac{X_0 - (X_L - X_M)}{3} = \frac{X_0 - X_1}{3} \qquad (7-24)$$

代入式（7－23）

$$\dot{U}_{mA} = \dot{I}_A X_1 + 3\frac{X_0 - X_1}{3}\dot{I}_0 = \left[\dot{I}_A + 3\frac{X_0 - X_1}{3X_1}I_0\right] \cdot X_1 = [\dot{I}_A + 3K\dot{I}_0]X_1 \qquad (7-25)$$

式中 $K = \frac{X_0 - X_1}{3X_1}$，称零序电流补偿系数，由被测线路 X_0、X_1 确定。

根据式（7－25），如引入继电器的相电流进行零序电流补偿，即 $\dot{I}_{mA} = \dot{I}_A + 3K\dot{I}_0$，则阻抗继电器感受阻抗为

$$Z_m = \frac{(\dot{I}_\varphi + 3K\dot{I}_0)}{(\dot{I}_\varphi + 3K\dot{I}_0)} \cdot X_1 = X_1$$

即阻抗继电器感受阻抗等于故障线路正序阻抗。这就找出一种在各种短路情况下，能实现阻抗继电器正确测量的工程方法。

零序电流补偿从物理概念来看可消除相间、相地间互感的影响。显然，如被测线路 $X_M = 0$，$X_{M0} = 0$，则 $X_1 = X_2 = X_0$，相应的 $K = 0$，阻抗继电器输入相电流无需进行零序电流补偿。

据电力系统分析，输电线路正序阻抗是一个较为恒定的数值，而零序阻抗变化很大，表 7－1 给出一些类型的架空输电线 x_0/x_1 的值：

表 7-1 **不同输电线的 K 值**

架空线路类型	单回无架空地线	单回有架空地线	双回无架空地线	双回有架空地线
x_0/x_1	3.5	2.0	5.5	3.0
K 值	0.83	0.33	1.5	0.67

采用零序电流补偿后，装在输电线上三相阻抗继电器的输入电压和电流如表 7-2 所示。

表 7-2 **三相阻抗继电器输入电压和电流**

阻抗继电器	KZA	KZB	KZC
$\dot{U}_m$	$\dot{U}_A$	$\dot{U}_B$	$\dot{U}_C$
$\dot{I}_m$	$\dot{I}_A+3KI_0$	$\dot{I}_B+3KI_0$	$\dot{I}_C+3KI_0$

表 7-2 中列举的阻抗继电器测出的是接地短路时的一相阻抗，称接地阻抗继电器。它们不能正确测量相间短路时的短路阻抗，根据上一节分析，为了正确测量相间短路阻抗，应装设相间阻抗继电器 KZAB、KZBC、KZCA 等。它们输入电压应为线电压，电流为相电流差。下面以 AB 相相间阻抗继电器 KZAB 为例，分析其输入电压与电流。

KZAB 输入电压 $\dot{U}_{mAB}=\dot{U}_{AB}=\dot{U}_A-\dot{U}_B$。而电流应为相电流差。下面分析反应相间短路的阻抗继电器输入电流是否需要进行零序电流补偿。

相间短路阻抗继电器应能正确反映两相接地短路时短路阻抗，在此情况下，也存在零序电流，所以从理论上说，相电流也应进行零序电流补偿。设引入 KZAB 的 A、B 相电流均进行零序电流补偿，则有

$$\dot{I}_{mAB}=(\dot{I}_A+3K\dot{I}_0)-(\dot{I}_B+3K\dot{I}_0)=\dot{I}_A-\dot{I}_B$$

故实际上只要引入相电流差即可，不必进行零序电流补偿，即使是两相短路接地，零序回路有电流，也不需进行零序电流补偿。这一点可从物理概念上得到解释：零序电流通过 X_{M0} 在 A、B 相线路上感应电压。同时，A 相、B 相线路中零序电流也通过 X_M 相互之间感应电压，但相间阻抗继电器测的是两相回路中的阻抗。所以上述各相中感应电压相互抵消，即零序电流总的来说不影响根据正序阻抗测量短路阻抗的正确性。

表 7-3 表明三相相间阻抗继电器的输入电压和电流。

表 7-3 **相间阻抗继电器的输入电压和电流**

阻抗继电器	KZAB	KZBC	KZCA
$\dot{U}_m$	$\dot{U}_{AB}$	$\dot{U}_{BC}$	$\dot{U}_{CA}$
$\dot{I}_m$	$\dot{I}_A-\dot{I}_B$	$\dot{I}_B-\dot{I}_C$	$\dot{I}_C-\dot{I}_A$

三、克服故障点弧光电阻对阻抗测量的影响

电力系统发生故障时，故障处往往出现电弧。电弧本身是电阻性的，但在有对侧电源助增的情况下，装在线路一侧的阻抗继电器将感受为阻抗。因而弧光电阻的存在，严重的影响到阻抗继电器对线路短路阻抗的测量，是设计和实现以阻抗继电器构成的距离保护中的一大难点。

分析故障点弧光电阻对距离保护工作状态影响时，应对弧光电阻的基本特点有一些了解。故障点弧光电阻有以下几个特点。

（1）弧光电阻多数都发生于接地短路。树枝碰线是线路多发故障，树枝碰线引发的故障一般都是电弧性的，而相间短路，特别是三相短路大多是金属性短路，一般不伴生电弧，故弧光电阻对阻抗测量的影响在接地阻抗继电器中要特别考虑。

（2）弧光电阻是发展性的。树枝或其他导体碰线，起始瞬间往往是一般短路，然后因导电短路部分移动或烧毁出现电弧，起始时电弧较短，弧光电阻不大（十几欧或几十欧），然后因电动力和热气流作用，电弧拉开，弧光电阻增大，甚至增大到几百欧，这一过程有些经验公式可供参考，如

$$R_{arc} = 28700\frac{l_{arc}}{I^{1.4}} \quad (l\text{以 m 表示}) \tag{7-26}$$

一般认为对瞬时动作的继电保护，如距离保护Ⅰ段，因发生区内故障就立即跳闸，其动作不太受弧光电阻影响，灵敏的距离保护Ⅲ段，区内出现电弧故障时阻抗继电器也能维持较长动作时间。因此，最关心的是Ⅱ段区内电弧性故障，希望它能经短延时后可靠跳闸。

实际为了防止在出现弧光电阻时，阻抗继电器不能正确动作，通常在距离保护中采用两种措施：

（1）从逻辑上采用瞬时固定措施，将距离保护第Ⅱ段阻抗继电器动作状况自保持一段时间，以保证在Ⅱ段区内短路故障时，Ⅱ段阻抗继电器不因电弧发展、弧光电阻增大而返回，以保证在Ⅱ段时限后跳闸。

（2）采用能避开弧光电阻影响的阻抗继电器。

（一）距离保护的瞬时固定措施

图7－16为距离保护中惯常采用的瞬时固定网络的原理图，图中$Z_{\text{Ⅱ}}$、$Z_{\text{Ⅲ}}$分别为距离Ⅱ段和距离Ⅲ段阻抗测量元件，在$Z_{\text{Ⅱ}}$保护区内发生接地短路，开始时弧光电阻尚未发展，Ⅱ段阻抗继电器$Z_{\text{Ⅱ}}$能正确动作，由于Ⅲ段阻抗继电器$Z_{\text{Ⅲ}}$较$Z_{\text{Ⅱ}}$灵敏，在此情况下肯定会动作，于是通过“与”门，$Z_{\text{Ⅱ}}$动作信号得以通过“或”门而自保持。在此情况下，即使短路点弧光电阻发展增大，在$Z_{\text{Ⅱ}}$时限$t_{\text{Ⅱ}}$尚未到达前，$Z_{\text{Ⅱ}}$虽返回，其动作状态仍通过或门而自保持，直到$t_{\text{Ⅱ}}$时限到达，距离保护发出Ⅱ段保护跳闸信号为止，故障切除后$I_{\text{Ⅲ}}$返回，自保持撤消。

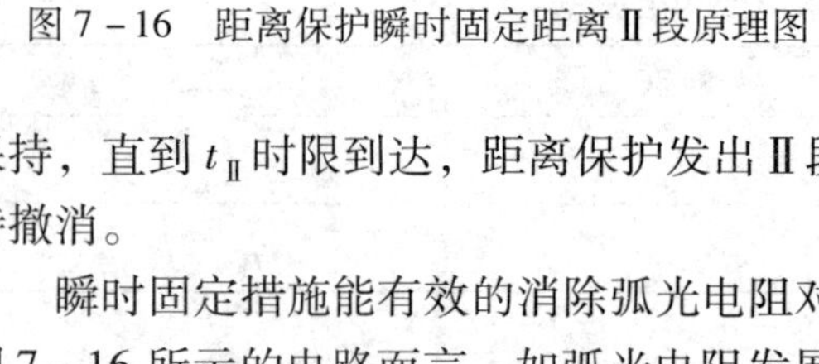

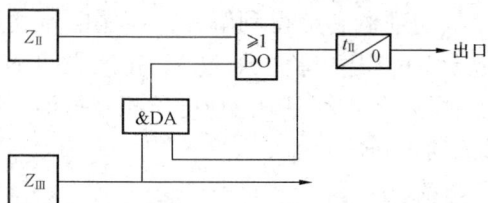

图7－16　距离保护瞬时固定距离Ⅱ段原理图

瞬时固定措施能有效的消除弧光电阻对距离保护阻抗继电器测量故障位置的影响。但对图7－16所示的电路而言，如弧光电阻发展太快，在$t_{\text{Ⅱ}}$时限到达前$Z_{\text{Ⅲ}}$就已返回，则不能起瞬时固定的作用。

（二）采用具有良好避开弧光电阻能力的阻抗继电器

阻抗测量同电流测量不同，它不但能区别量的大小，而且能判断其相位，利用弧光电阻同短路阻抗阻抗角的不同来避开弧光电阻对短路距离测量的影响是较为有效的。

1. 采用电抗继电器

图 7－17 表明以相电流为极化量的电抗继电器在进行距离测量时避开弧光电阻的能力。在 $R-X$ 平面上，阻抗继电器动作特性为平行于 R 轴的直线，由于是反应感受阻抗中的电抗分量，故称为电抗继电器。图中画出距离保护在保护区内 k1 和保护区外 k2 单相短路情况。图中 R_{arc} 为故障点弧光电阻，由于 R_{arc} 的介入，k1 点和 k2 点短路时阻抗继电器感受阻抗分别由 Z_{k1}、Z_{k2} 变为 Z_{m1}、Z_{m2}，但由于阻抗继电器上反应电抗，不反应电阻，故距离保护的正确测定故障距离不受影响。

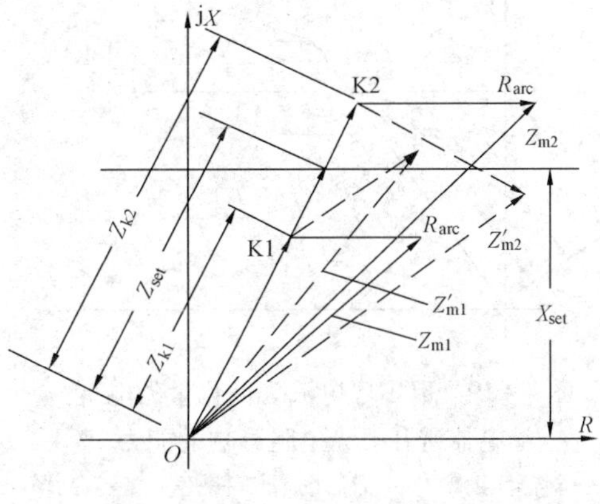

图 7－17　电抗继电器避开弧光电阻影响分析（K_1 点虚线为对侧超前助增，K_2 点虚线为对侧滞后助增情况）

但是这种理想的情况会受到对侧电源对故障弧光电阻故障电流的助增而破坏。图 7－17 中，k2 点短路时，如对侧电源电动势滞后本侧电源电动势，弧光电阻被感受带有容性 Z_{arc2}，则阻抗继电器感受阻抗为 Z_{m2}，在区外故障下将误动，而在区内 k1 点短路时，如对侧电动势超前，则弧光电阻被感受为感性（Z_{arc1}），阻抗继电器感受阻抗变为 Z'_{m1}，将拒动。

2. 采用以零序电流为极化量的电抗继电器

采用以全电流为极化量的电抗继电器，由于故障点电流受对侧助增的影响，它与阻抗继电器装设侧相电流不同相，所以不能很好的适应对侧电流助增情况，避开弧光电阻的影响。

由于零序回路较简单，继电器装设侧线路零序电流同故障点零序电流（在单相短路情况下，故障点电流 $\dot{I}_k=\dot{I}_{k1}+\dot{I}_{k2}+\dot{I}_{k0}=3\dot{I}_{k0}$）基本同相。故电抗继电器的特性能自动适应对侧助增的相位影响。

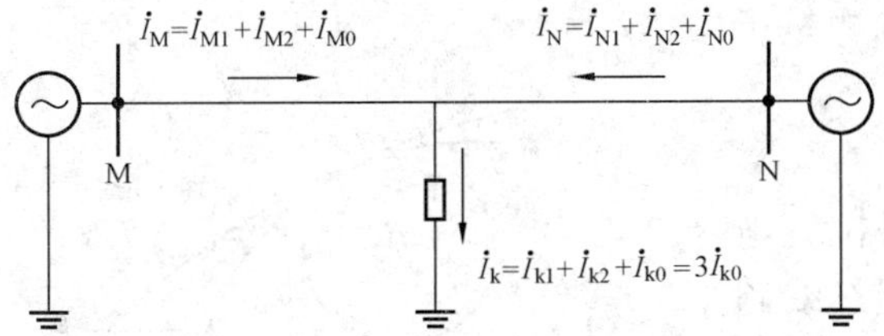

图 7－18　分析用系统原理图

图 7－19 表明以零序电流为极化量的电抗继电器，在有对侧电流助增时，避开弧光电阻影响的自适应能力，当对侧助增电流超前于本侧电流时，R_{arc} 被阻抗继电器感受为带感性 Z'_{arc1}，但因此时电抗继电器的动作特性也同样向上，故区内故障不会拒动，同样，如对侧助增电流相对本侧电流滞后，R_{arc} 被感受为容性 Z'_{arc2}，但电抗继电器的动作特性同样下斜，故区外 k2 点故障时，阻抗继电器不会误动。

同图 7－18 中，以全电流 I_M 为极化量的电抗继电器情况不同，图 7－19 中，零序电流 $\dot{I}_{M0}$、$\dot{I}_{N0}$ 和 $\dot{I}_{k0}$ 均由故障点零序电压产生，只要零序回路阻抗角接近，它们都是同相的，而正序电流 $\dot{I}_{M1}$、$\dot{I}_{N1}$ 有不同相角，它们同 $\dot{I}_{k0}$ 不同相，这就是以零序电流为极化量的电抗继电器能自适应的避开对侧电流助增对弧光电阻的影响的原因。

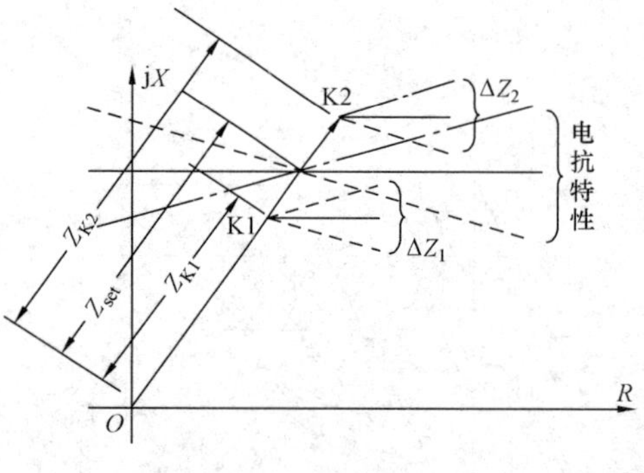

图 7－19　以零序电流为极化量的电抗继电器避开弧光电阻影响的能力

——对侧无助增　----滞后助增　—·—·超前助增

上述两种电抗继电器动作特性均为直线，虽具有不同的避开弧光电阻影响的能力，但对系统另一些阻抗测量方面的要求，如避开系统振荡对测距的影响却不一定能满足，所以电抗继电器一般只能做为辅助措施，例如构成四边形阻抗继电器的一个动作边界。

3. 交叉极化阻抗继电器

交叉极化（*cross polarizing*）是方向阻抗继电器中的一种极化方式，即用非本相（相间）电压作为阻抗继电器相位比较的极化电压，目的是消除方向阻抗继电器出口不对称短路时的动作死区，或构成特殊动作特性的阻抗继电器。后来发现采用交叉极化的阻抗继电器在不同短路类型情况下，具有不同的动作特性，甚至有自适应性能。英国 GEC 公司，在 20 世纪 60 年代推出一种距离保护，称为 *Polarized Distance Relay*，宣传它有自适应性能，其阻抗继电器在系统振荡时为方向阻抗特性，有较好的避开系统振荡能力，而在不对称短路情况下，有较好的反应弧光电阻能力。

关于交叉极化阻抗继电器的特性，将在本章节后面详细的讨论，本节只对其能防止在弧光电阻情况下正确动作能力进行介绍。

图 7－20 为一种交叉极化阻抗继电器的动作特性，这种阻抗继电器是以邻相（相间）电压，经移相而得到交叉极化电压的。图中圆 A_1 为三相对称运行状态下阻抗继电器动作特性，系统振荡属于这种情况。它具有较好的避开系统振荡的能力。在系统发生单相（正向）短路时，阻抗继电器动作特性为包含坐标原点的偏移特性，它在 R 轴方向有较大的动作范围，电源阻抗愈大，R 轴方向扩大的范围越大，适应弧光电阻能力愈强。圆 A_2 为系统阻抗为 I_m、k 点单相短路时，方向阻抗继电器的特性。圆 A_3 为系统阻抗为 I'_m 时，单相短路时的方向继电器动作特性。

阻抗继电器特性沿 R 轴方向扩大的程度同 Z_M/Z_{set} 的比值有关，由于短路整定阻抗小，相应的 Z_M/Z_{set} 大，取得减小弧光电阻对阻抗测量影响效果要大。

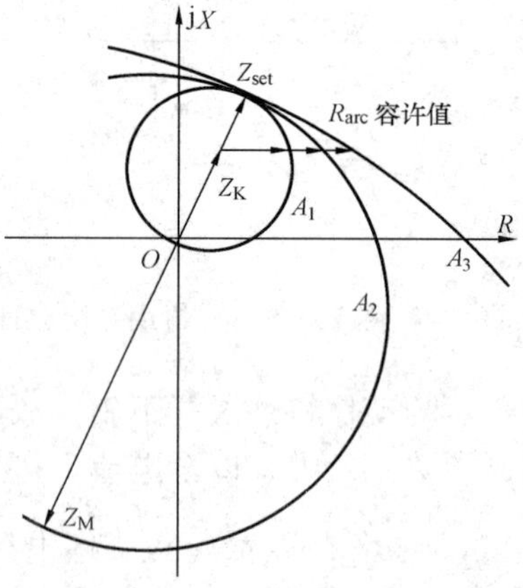

图 7－20　交叉极化阻抗继电器在系统不同短路时避开弧光电阻影响的能力

四、防止系统振荡时误动作

前面分析了系统振荡时装在线路上的阻抗继电器感受阻抗变化规律，由于系统振荡时，流过线路上的电流周期性的增大，母线上电压周期性的减小，所以受影响的阻抗继电器原则上可能会误动作。

图 7－20 中系统振荡时阻抗继电器误动作是继电保护中一个很大问题。虽然当系统振荡时电流保护也会误动作。但电流保护只能用在电压较低、负荷较轻的线路上，高压输电线不会用它来作为主要保护，所以在电流保护中不会提出振荡时误动作的问题。

在现代大电力系统中由于阻尼微弱，在受扰动后往往会引起振荡，电力系统振荡有很多模式，其中有些振荡一般不会引起阻抗继电器误动，有的振荡，它的出现表明系统已经瓦解，在此情况有专门自动装置事先即已动作有序的解列，因此，在设计距离保护之先，应对电力系统振荡问题有较深入了解。

（一）几种电力系统振荡模式

根据电力系统振荡行为的性质，系统振荡可以分为以下三种模式。

1. 电力系统自发振荡

这是电力系统采用一些自动装置和控制系统后出现的反馈现象引发的振荡，其中最典型的例子是由于快速励磁系统和高放大倍数励磁调节器（AVR）的采用、电力系统出现负阻尼而引发的振荡。这一振荡有时称低频振荡或次同步振荡（*Sub－synchronous Osc.*），这种振荡有时会引发汽轮发电机组轴系扭振，有巨大的危害性。电力系统稳定器（P. S. S）即为抑制它而出现的校正装置。但对距离保护阻抗继电器而言，这种振荡的振幅不大，一般不会引起系统电流和电压大幅变动。因此，一般不会引起阻抗继电器误动作。

电力系统自发振荡频率一般总在一定范围内，运行中所关心的自发振荡频率在每秒几周即几赫兹范围附近。

电力系统自发振荡视电力系统阶次不同可能还有第二个自发振荡和第三个自发振荡频率等，例如，对5阶系统可能会出现十几到二十几赫兹的振荡但它的振幅更小。而第三自发振荡频率，如果出现的话振幅更小。P. S. S所要抑制的也是会引发发电机机组扭振的第一自发振荡频率。

2. 系统受到大扰动时的摇摆（*Hunting*）

所谓电力系统大扰动，包括电力系统短路、短路切除、重合故障线路以及开合大负荷线路等，这是电力系统经常发生的。系统大扰动会引发电力系统暂态稳定问题。在实际中扰动消除后的结局，系统往往仍是稳定的，但在过程中，系统众多的电气量会发生摇摆，功角也要发生摇摆，其幅值之大，会使阻抗继电器误动作，这是不容许的。所以距离保护振荡闭锁主要目的之一也是针对这种振荡的，发生这种振荡时，距离保护原则上绝不应动作。

图7－21画出了系统摇摆时，电源间功角δ的时间变化曲线，从图中看出这种振荡具有以下特点：

（1）δ摇摆幅值虽然相当大，但不会达±180°，而是以δ_0为中心，在$\delta_{max} \sim \delta_{min}$之间变化。

（2）摇摆周期由电力系统运行状态和系统参数确定，它属于自然振荡，因而它的频率

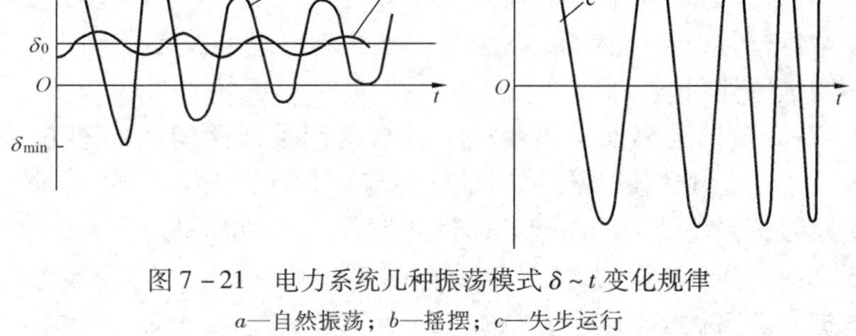

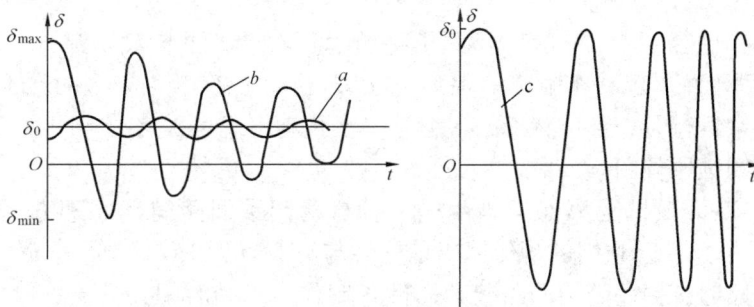

图7－21　电力系统几种振荡模式$\delta \sim t$变化规律

a—自然振荡；*b*—摇摆；*c*—失步运行

接近自发振荡的低频。而振荡开始由 δ_0 增大到 δ_{max} 即“第一摆”，所需时间一般在 0.5s 以上，这是统计的经验数据，可供设计距离保护振荡闭锁时参考，δ_{max} 由暂态过程中的面积法则确定，它同扰动大小（及持续时间）有关，所以只能是一个统计数据。

3. 失步状态

电力系统稳定破坏后，如不解列，各同步机组间就进入失步状态。失步后 δ 变化规律如图 7－21 中 c 所示，δ 值随时间作周期性变化，具有以下特点，

（1）δ 在 0→360°之间周期变化。

（2）是强迫振荡而非自由振荡，其振荡频率由发电机（系统）间滑差决定，如失步持续时间长，则振荡周期会很短。

系统进入失步状态，暂态稳定性已进入第二阶段。此时，保证电力系统暂态稳定的安全自动装置如自动切机、切负荷、电气制动等仍继续投入运行，力图使系统拉入同步。在此情况下，距离保护也不应误动作。当持续时间长，上述自动装置不能奏效时，大扰动后暂态过程已进入第三阶段，一般只有通过自动解列以保证电力系统局部或分块稳定，在此之前距离保护也不应动作。

（二）从动作逻辑上防止系统振荡时距离保护误动作的措施

距离保护防止振荡时误动也是距离保护在设计和运行中的一个最大问题，因为：一方面要防止振荡时误动作；另一方面还要保证区内短路时可靠动作，甚至要求在系统已振荡、在振荡过程中又发生短路时，保护也有动作的机会。

为了兼顾防止系统振荡时误动，又能保证区内短路故障可靠动作，采取以下几种策略：

（1）采用系统振荡时不会误动的阻抗继电器。单纯系统振荡时，系统电流电压只存在正序，如采用反应负序或零序的阻抗继电器，原理上可不受振荡的影响，但对三相对称短路却不能反应。采用工频变化量，从原理上也不反应系统振荡。

（2）采用闭锁措施。系统发生任何扰动只让距离保护开放短时间，以便让短路故障有机会切除，然后实行闭锁，让距离保护退出工作，也就是从动作逻辑上防止系统振荡时误动。

1. 从动作逻辑上防止系统振荡时距离保护误动的方法

（1）系统扰动后短时开放，长时闭锁，振荡消失后复归。这是距离保护Ⅰ、Ⅱ段典型的一种防止系统振荡误动的方法。基本的措施是：

1）在系统正常运行时距离保护Ⅰ、Ⅱ段是不开放的。

2）系统发生扰动，短时开放距离保护Ⅰ、Ⅱ段，以便在区内短路情况下，故障能可靠切除。开放时间为 t_o。

3）t_o 时间后，如果Ⅰ、Ⅱ段区内无故障，距离保护Ⅰ、Ⅱ段又闭锁。

4）直到专门元件判断系统振荡消除后，立即（瞬时复归）或经一定延时距离保护复归，回到系统正常运行时不开放状态，等待下一次扰动出现再次启动。图 7－22 为两种以方框图表示的振荡闭锁原理图。

图 7－22（a）为微机距离保护采用的一种振荡闭锁回路简化原理方框图。图中 Z_{I}、Z_{II} 为Ⅰ、Ⅱ段阻抗元件，它们的动作输出信号经与门 DA1、DA2（*And Gate*）受振荡闭锁的控制。当系统短路时，振荡闭锁回路起动元件 S 动作，起动时间元件 t_0，保持 160ms 输出，使距离Ⅰ、Ⅱ段开放 160ms。如为 Z_{I}、Z_{II} 区外故障，则因 Z_{I}、Z_{II} 不动作，160ms 后，保护又重新闭锁，进入复归状态。

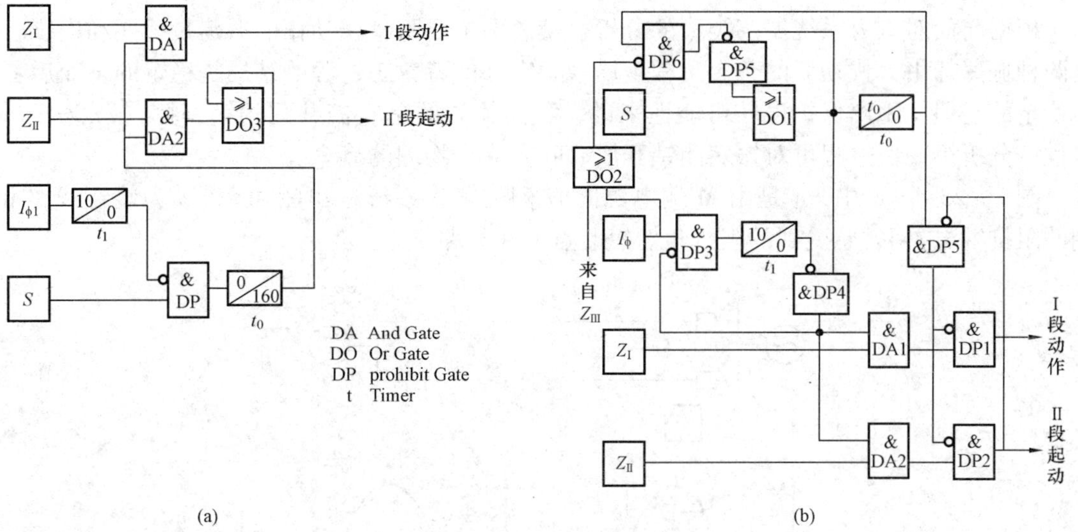

图 7-22 以方框图表示的两种振荡闭锁原理图

（a）微机型振荡闭锁；（b）模拟式振荡闭锁

如系统因出现扰动而引发振荡，则振荡闭锁回路先起动，开放 160ms，如振荡引起 $Z_Ⅰ$、$Z_Ⅱ$ 误动，则误动必然出现在 160ms 后，此时，距离保护Ⅰ、Ⅱ段已处于闭锁状态，不会误动作。

振荡闭锁起动元件 S 的起动信号受正序电流元件 $I_{\varphi1}$ 的闭锁，由于振荡时系统出现很大的正序电流，在此情况下，起动元件 S 的动作信号经禁止门 DP（*Prohibit Gate*）被闭锁，时间元件 t_0 不会起动或再起动。由于短路时系统也出现大的电流和正序电流，故 $I_{\varphi1}$ 提供的闭锁信号经 t_1 后才起作用，以保证系统短路时，$Z_Ⅰ$、$Z_Ⅱ$ 能开放。

由于距离Ⅱ段动作延时大于 t_0，故为了保证 $Z_Ⅱ$ 段动作，一旦Ⅱ段起动，起动信号经或门 DO3 自保持。

图 7-22（b）为另一种振荡闭锁回路的简化原理方框图，它同图 7-22（a）工作原理基本相似，它们的开放条件、闭锁方式、工作过程也是相同的，不同之处有以下两点：

图 7-22（a）中开放时间是由“瞬时动作延时复归”时间元件控制的，而图 7-22（b）中，是由“延时动作瞬时复归”时间元件控制的，由于起动元件 S 可能扰动后短时动作，故图 7-22（b）中 S 动作信号要由或门 DO3 自保持。

图 7-22（b）中振荡闭锁整组复归条件增加了Ⅲ段阻抗元件返回的条件，这一条件并不是不可缺的。

图 7-22（b）的原理图是按某一模拟式距离保护绘出的。对比图（7-22）中两原理图，可知在振荡闭锁回路原理上，模拟式距离保护同微机型距离保护基本相同的。

（2）几个时间的整定。下面讨论从逻辑上防止距离保护在振荡时误动方法中几个时限的整定原则；

同继电保护中其他问题的考虑一样，振荡闭锁开放时间 t_o 的选择也是在两个相互矛盾的要求中采用折衷办法选取的。从系统振荡时可靠不误动要求出发，t_o 应短一些。而从距离保护Ⅰ、Ⅱ段区内故障可靠动作出发，则 t_0 要长一些。

根据前面对电力系统振荡类型的分析，距离保护要防止误动作的振荡是摇摆和失步。但这两种振荡却由大扰动后的暂态过程全局来确定。前者暂态过程的结局是稳定的，而后者是不稳定的，但从距离保护误动可能性来说，我们关心的是它们共同的第一摆（*First Swing*）过程。分析第一摆过程可对振荡闭锁开放时间有一个物理的概念。

图7－23（a）中 P_M 是由M侧电源向N侧无限大系统送出的功率。δ 为装在线路ⅡM侧的阻抗继电器kZ感受到的阻抗角。短路点k在线路Ⅰ上。

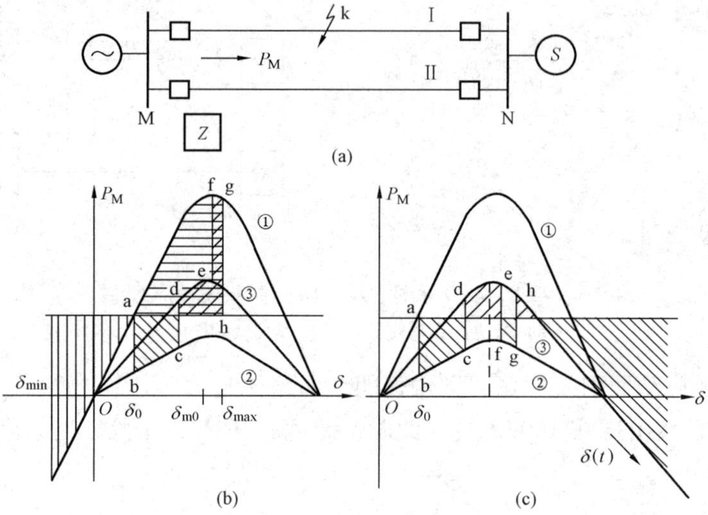

图7－23　系统扰动后阻抗继电器 *Z* 感受功角的变化

（a）系统原理图；（b）摇摆时 δ 的变化；（c）失步过程中 δ 的变化

①—线路双回运行；②—k点短路未切除；③—线路单回线运行

图7－23（b）对应线路Ⅰ短路故障k为瞬时性，重合成功，系统间发生摇摆的情况。起始时系统工作在a点，k点发生故障，运行点转到b，到c点线路Ⅰ两侧继电保护跳闸，线路单回线运行，运行点到d，δ 继续拉开，至e重合闸动作，重合成功，线路恢复双回线运行（f点）。因受惯性影响，δ 继续增大。按面积法则，δ 增至 δ_{max}（g点），M侧发电机回摆，同样依面积法则 δ 摆到 δ_{min}，然后在加速力距作用下，δ 又增大，于是 δ 以a为中心作衰减的振荡。如当 $\delta=\delta_{m0}$ 时，阻抗继电器会误动（*Maloperation*），则距离保护在振荡发展到 $\delta=\delta_{m0}$ 时应实行闭锁。

图7－23（c）表明k点发生永久故障的情况，相应的 $\delta(t)$ 振荡轨迹到达重合闸动作前（e点）同图7－23（b）中相同，所不同的是重合后的情况，因为是永久故障，故重合后又跳闸，在第一摆后，系统进入异步运行状态。图7－23（b）和（c）中都画出了防止阻抗继电器误动作的临界角 δ_{m0}。在上述两种情况下，δ 到达 δ_{m0} 前，距离保护都应开始闭锁。但图中只给出 δ 关系，未给出时间关系。自然，根据功角特性的变化规律和自动装置动作过程所决定的状态改变，可算出对应的时间关系，但这是一个非线性关系，只有逐点计算，不能得出通用的解析式。但从图7－23所分析的电力系统故障后引发振荡的过程，可以看出在系统振荡时总伴随着一系列自动装置的动作。对这些动作所需的时间评估，可对振荡后使阻抗

继电器进入误动作所需最短时间有一个大致的定量。

图中 a 点是大扰动发生，经 b、c 至 d 相当于继电保护动作时间，可考虑为 60ms，由 d 至 e 为重合闸动作时间，为 0.5 ~ 1s，其中 0.5s 为快速自动重合闸动作时间，一般认为 0.5s 快速重合闸动作时间可避免重合时两侧电动势角度拉开太大，以致重合不成功。所以，在考虑距离保护在大扰动后何时应实行闭锁，可参照继电保护和自动装置的共同经验，最大取 0.5 ~ 0.7s。

上面所考虑的时间纯属经验值，随着电力系统传输功率的加大和发电机惯性常数的减小，这一时间将提前。所以，从可靠防止振荡时距离保护误动来说，距离保护开放时间应愈短愈好，只要能保证距离保护Ⅰ、Ⅱ段区内故障能可靠跳闸即可。所以，振荡闭锁开放时间至少是Ⅰ、Ⅱ段阻抗继电器固有动作时间，不包括距离Ⅱ段动作延时，因为只要Ⅱ段阻抗继电器动作，距离保护开放状态即被自保持。

过去整流型距离保护振荡闭锁开放时间为 2 × 0.2 = 0.4s，晶体管、集成电路距离保护可为 2 × 0.15 = 0.3s，而微机保护因其阻抗测量模块动作时间恒定，振荡闭锁时间可缩短到 0.2s 以内。

振荡闭锁时间结束，距离保护应复归到等待状态，自振荡闭锁起动，开放完毕进入闭锁状态后直到闭锁结束这段时间称复归时间 t_R。t_R 的整定有两种方法：

1）固定时间复归。采用这种复归方式时，t_R 固定取一时间，则如 7 ~ 9s，这一时间结束后，距离保护Ⅰ、Ⅱ段即恢复到准备状态。

2）振荡消失后复归。采用这复归方式时，设有振荡判别元件，判别振荡消失后，立即或经一定时延，例如 3.5s 复归。常用Ⅲ段阻抗继电器来判别是否振荡。

显然，第二种方法更为合理。

目前微机型距离保护振荡闭锁开放后，如判断无振荡，立即复归。

（3）根据感受阻抗 Z_m 变化速度来识别短路与振荡。从动作逻辑判断区内短路与振荡还可用第二种方法：由感受阻抗 Z_m 变化速度来判别。此法习惯上称“大圆套小圆”法。

图 7 – 24 表明这种振荡闭锁原理。图 7 – 24（a）中 Z_2 为阻抗测量元件，Z_1 为起动阻抗元件。在正常运行时阻抗继电器感受阻抗为 Z_{m0}，区内发生短路，感受阻抗由 Z_{m0} 迅速变为 Z_K，变化速度很快，Z_2、Z_1 快速相继动作。而当系统振荡时，感受阻抗 Z_m 端头沿振荡线慢

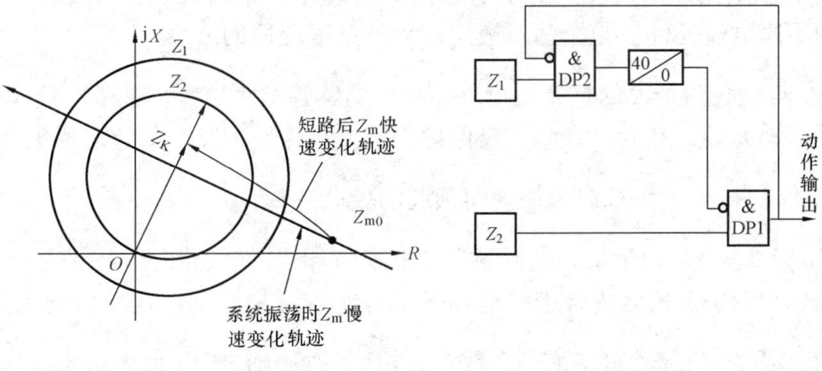

图 7 – 24　按 Z_m 变化规律实现的振荡闭锁

（a）阻抗变化；（b）系统原理

速移动，Z_2、Z_1 间隔经较长时间相继动作，从图 7－24（b）中可以看出，当发生区内短路时，Z_1 先动作，然后 Z_2 快速动作，还未等到 Z_1 对应 Z_2 动作出口进行闭锁，即已发出跳闸信号，跳开线路。相反，如为系统振荡，Z_1 先动作，隔了相当长时间后 Z_2 才动作。此时，出口已被闭锁，距离保护不能动作。图中延时元件的延时应与 Z_1、Z_2 整定范围相配合，约在 40～50ms 左右。

图 7－24 所示振荡闭锁原理有一个缺点：如系统进入失步状态，且滑差相当大，如图 7－21（c）所示状态，则可能闭锁不住。

2. 振荡闭锁回路起动元件

距离保护是一个逻辑动作较复杂的保护，所以距离保护正常动作程序由专设的起动元件起动，对微机保护而言，这也是整个保护的起动元件。距离保护的起动元件和振荡闭锁起动元件可分开设置，也可合并为一，本节只讨论振荡闭锁起动元件。

（1）对振荡闭锁起动元件有如下要求：

1）对系统大扰动灵敏。所谓系统大扰动首先包括距离保护区内各种短路故障。此外，凡是会使距离保护所在的系统发生振荡的大扰动也都应灵敏的反应。不但要反应不对称扰动，而且应反应对称扰动，例如重负荷线路三相合闸等。总之对振荡闭锁起动元件，灵敏是最主要的要求。

2）对对称慢变化的电流不应敏感。虽然灵敏是对振荡闭锁第一要求，但也应防止它误动作，因为每动作一次就要闭锁保护一段时间。所以，在负荷电流包括缓慢变化的负荷电流作用下不应起动。

3）静态稳定破坏后会引发失步，振荡闭锁不应开放。静态稳定破坏后系统电流逐渐加大，最后进入失步状态，在此过程中振荡闭锁决不能起动。因为，如因静稳破坏电流逐渐加大，引发振荡闭锁开放，则一旦开放将伴随阻抗继电器因系统失步而误动，使保护误动。

4）动作快速。振荡闭锁回路开放时间很短，在开放时间内要保证两段阻抗元件可靠动作，所以振荡闭锁回路起动元件在系统扰动开始后几个毫秒内动作。

5）振荡闭锁元件不应引入电压量。继电保护中引入电压的继电器都存在需要断线闭锁的问题。断线闭锁既麻烦又会使保护功能变坏。在现有距离保护中，振荡闭锁回路需要兼有电压回路断线闭锁的功能，所以振荡闭锁回路起动元件不应引入系统电压量。

（2）对称分量电流起动元件。由于系统振荡时原则上不出现负序和零序电流，所以利用负序电流和零序电流元件作为振荡闭锁起动元件是很合适的。

20 世纪 60 年代我国开发的整流型距离保护和晶体管型距离保护都是以负序电流元件 $\dot{I}_2$ 作为振荡闭锁起动元件，其后，有些距离保护为了提高接地短路时的起动灵敏度，增加了零序电流 $\dot{I}_0$，即以 $|\dot{I}_2|+|\dot{I}_0|$ 为振荡闭锁起动量。

一般以 $\dot{I}_2$ 或 $\dot{I}_0$ 为起动量最大的问题就是区内三相对称短路时，特别是被保护线路出现倒杆，以至邻线保护Ⅱ段区内合带接地线线路时能否可靠起动。这一问题也争论了很久，当时多数认为，以 $\dot{I}_2$ 为起动量在绝大多数对称短路的场合是能可靠起动的，其希望在于负序电流滤过器（模拟式）在突加正序电流时会有不平衡输出，当一次系统电流中存在非周期分量时，加大了这一不平衡输出，依靠这一不平衡输出，一般可保证电力系统纯三相对称短路下，能可靠起动。试验表明，以电流互感器接电容负荷移相的二相负序电流滤过器，在突加三相正序电流时，负序电流元件可有40~50ms持续动作时间，而以电抗变压器移相的二相式负序电流滤过器也能保证20ms左右的持续动作时间。试验还表明，二相式负序电流滤过器起动灵敏度会受突加正序电流时某一相（由滤过器接线方式而定）电流相位的影响。因而提出采用三相式负序电流滤过器。

在数字式距离保护中振荡闭锁起动元件在开始时，也采用模拟式距离保护中的方法，采用 $\dot{I}_2$ 和 $\dot{I}_0$ 作为起动量，但在数字式保护中，负序电流滤过器也由数字式构成，它能否在突加正序电流时产生暂态不平衡输出，以保证在区内三相对称短路下可靠的起动振荡闭锁回路，分析表明，当线路电流突然增大出现过渡过程时，不管是用相量法还是用采样值法构成的数字式负序电流滤过器，均会出现暂态不平衡输出，可用来起动振荡闭锁回路。

（3）对称分量电流变化量起动元件。利用对称分量电流来判断系统扰动与振荡自然在原理上有其优点，但主要问题是对称分量滤过器，特别是负序电流滤过器，不管是模拟式或数字式受系统频率影响都很大，为了避免这种影响，就要从定值上避开，这样就会影响起动元件的灵敏性，这是利用对称分量电流作为起动量的最大缺点。

这一缺点在数字式保护中容易克服，那就是利用数字保护中采样计算方法的特点，以在一定时间（Δt）内对称分量电流（$\dot{I}_2$ 或 $\dot{I}_0$）的变化量 $\Delta\dot{I}_2$、$\Delta\dot{I}_0$ 作为起动量。由于电力系统中频率不能快速变化，所以频率对滤过器的影响也不会快速变化，因此利用对称分量电流变化量作为起动量就更能突出系统工作状态（扰动及振荡）的变化，使起动更为可靠。

采用数字保护后，用变化量而不用全量来反映运行状态已是常用的方法，因它能突出系统运行状态变化的特征，但在名称上采用了惯用语，有时就不太严格。例如“突变量”一词，应指某量在 $\Delta t\to 0$ 的时间阶段内量的变化，实际上很多物理量都不能突变。而变化量例如 ΔI_2 一词，实际上也不严格，也不好定义。在多长的 Δt 时间内出现 ΔI_2 的变化，是在1ms内还是100ms内出现这么大的变化，情况就大不相同。所以科学的定义应是“变化率”即 $\Delta I_2/\Delta t$。但由于工程习惯上这么说，本书也就称之为“变化量”。

（4）电流变化量起动元件。电流变化量元件在微机保护中已广泛采用，例如已成功的用于单相重合闸中作为选相元件，用于距离保护振荡闭锁回路的起动，要求相对简单，可以采用相电流差元件，也可采用相电流元件，可参看本书第10章有关内容。

3. 电力系统静态稳定破坏时，防止振荡闭锁误起动的闭锁措施

前已说明，电力系统静态稳定破坏将使系统电流缓慢的增大（同故障后电流增大相比）并引发失步，当电流增大时，由于各种原因（例如不平衡输出增大）可能会使振荡闭锁起动元件误动作，为此，在振荡闭锁回路开放的逻辑电路上增加电流（或正序电流）闭锁措施。

参看图7-22中，相电流元件 I_φ 的作用。图中电流元件有两个作用，一是它处于动作状态时，表明系统振荡尚未消失，应闭锁振荡闭锁复归电路；二是它动作后通过禁止门去闭锁振荡闭锁开放回路。如系统发生静态稳定破坏，则首先表明为相电流（或正序电流）增大，则相电流元件先动作，通过禁止门，闭锁振荡闭锁开放回路。此后，即使失稳进一步发展，电流继续增大，使振荡闭锁回路的起动元件误动作，也不会开放保护。相反，如发生短路情况，则电流增大很快，由于 I_φ 电流元件执行闭锁振荡闭锁开放回路要经时间元件 t_1 的延时，在此期间内振荡闭锁起动元件已正常起动，开放保护，同时，通过禁止门将 I_φ 电流元件反闭锁。

上述防止系统静稳破坏使振荡闭锁误开放的措施，不但用于模拟式距离保护中，其原理亦用于数字式距离保护中。在实际中 t_1 约为 10ms。

（三）振荡闭锁过程中距离保护的再起动

1. 在振荡闭锁过程中距离保护再次开放的必要性

上一节介绍的距离保护快速段（距离Ⅰ、Ⅱ段）的振荡闭锁多是按扰动后短时开放，长时闭锁，振荡消失后（或定时）复归方式工作的，所以在振荡闭锁过程中，如被保护线路发生或相继发生故障，则因距离保护快速Ⅰ、Ⅱ段属于闭锁状态，距离保护只有依靠长延时的第Ⅲ段来跳闸。对电力系统稳定来说，往往是不容许的。

第一，现代大系统，阻尼软弱，一经大扰动，可能会招致较长时间的摇摆，需待摇摆消失后再经一段时间，振荡闭锁回路才会复归，距离保护才能再次开放。由于在摇摆的暂态过程中，电力系统发生故障的机率较大，所以这一情况必须考虑。

第二，现代大系统联系紧密，一旦发生扰动，涉及范围较大，加上新型距离保护振荡闭锁起动元件灵敏，一有异常将招致相当多的距离保护振荡闭锁起动。即使扰动未引发振荡，振荡闭锁回路也要闭锁一段时间。在振荡闭锁时间内发生故障，如闭锁回路不能及时再开放，将使距离保护失去动作快速性，只能依靠距离Ⅲ段，慢速跳闸，这对电力系统稳定性来说是不容许的。

此外，如线路上采用单相重合闸，一相断开转入两相运行时，如发生不对称振荡，阻抗元件会误动，所以要进行闭锁，在此期间如工作相发生故障，亦应再起动。所以，在振荡闭锁过程中，距离保护再起动是用于超高压电网的距离保护中一个必须解决的问题。

自然，从工程角度上来说，任何一种工程现象都有它特殊性，既然有特殊性，理论上都能加以区分，上述问题都可从矛盾中找出工程上解决问题的方法。但在模拟式距离保护中，这些方法都要依靠硬件测量和逻辑电路来实现，实际上无法办到。在微机保护中，任何复杂的办法都可依靠软件来实现，因而，有可能设计出在振荡闭锁过程中，距离保护再次开放的办法。近年来发展的一些微机距离保护中对距离保护振荡闭锁期间再开放的功能作了很好的设计，下面简单介绍某些保护装置采用的再开放措施的原理。但是由于这些措施主要还是从实践中总结出来的，同继电保护中处理其他某些问题的方法一样，是实用性的，很难用概念来解释，所以只能从方法上加以介绍。至于用这些方法中的一些整定问题，是研制单位经验的总结，请参看有关装置的说明书。

2. 振荡闭锁期间发生不对称短路时开放保护

这一问题较易解决，因为系统发生振荡是对称性的，而发生不对称短路，不管是区内区外，线路上都出现持续负序、零序电流。因而出现负序电流或负序加零序电流时，可以判为可能出现了不对称短路，可以开放保护。

但是只是出现负序、零序电流不一定是区内不对称短路，如果是不对称短路仍伴随振荡，则保护的开放可能招致区外不对称短路时因振荡而误动。所以，同振荡闭锁第一次扰动时的开放不同，此时保护的开放具有以下特点：

（1）振荡闭锁不是持续定时开放，而是确认无振荡或振荡时两侧角度拉开不大时再开放，如角度拉大，可能使阻抗继电器误动时，即停止开放，恢复闭锁。

（2）为了基本上做到以上要求，在起动条件上要引入表明系统振荡强度的正序电流，

作为制动量，即开放的动作判据为

$$|\dot{I}_2|+|\dot{I}_0|\geqslant m|\dot{I}_1| \qquad (7-27)$$

式中 $m<1$，一旦满足上列条件，立即开放保护。而且只有上述条件满足时，才一直开放保护，而当上述条件不满足时，就将保护闭锁。

这种振荡闭锁期间保护再开放程序的设计的道理是显而易见的，但是需用正确的整定来保证，而整定时要考虑某些不确定因素，要用经验来辅助。

3. 振荡闭锁期间发生对称短路时开放保护

由于三相短路和系统振荡一样，系统都处于三相对称状态，所以不能从是否出现负序、零序电流来判断系统是否发生短路，而确定再开放保护。

目前常用来判别系统振荡与发生短路之间的差别的方法是系统某点电压是周期变化，还是持续降低。当系统振荡时，系统各点电压均作周期性的变化，其频率为$\frac{\omega_s}{2}$，而系统发生三相短路时，电压要持续降低，且如不计及励磁调节器的影响，电压的周期性分量，即正序电压，只要短路状态不改变，其值是不变的。所以，通过对电力系统某点电压变化性质，可以判断：

（1）系统是否发生振荡。

（2）振荡情况如何，相应的 δ 是否会使阻抗继电器误动，振荡闭锁应在什么时间内开放。

由于系统振荡中心的电压对振荡最敏感，因此目前多用振荡中心电压的变化规律来判断是否发生振荡，以及即使振荡，在什么范围内能开放保护不至使距离保护因振荡而误动作。

间题在于如何在距离保护装设处测出振荡中心电压的变化。

图 7－25（a）为两侧电源的电力系统，分析的距离保护装在线路 M 点。$\dot{I}_M$ 为系统振荡电流。假设系统振荡时，两侧电动势相等。为了简化起见，认为线路各阻抗角相等，则系统振荡时，电压、电流相量图如图 7－25（b）所示。

图中 M 点为继电器安装处，其电压（正序电压）为 $\dot{U}_{M1}$，C 为阻抗线中点，因 $E_M=E_N$，它即为振荡中心。从相量图上可以看出

$$\dot{U}_C = U_M\cos(\varphi+\theta) \qquad (7-28)$$

式中 φ 为 $\dot{U}_M$ 超前 $\dot{I}_M$ 的角度，θ 为线路阻抗角 φ_L 的余角，即 $\theta=90°-\varphi_L$。由于 φ_L 已知，故 θ 已知，φ 可以测出，故可由继电保护装设处的电压 $\dot{U}_M$ 算出振荡中心电压 $\dot{U}_C$。

需要指出，图中除 $\dot{E}_M$ 和 $\dot{E}_N$ 外，都不是正弦量，而 U_C、U_M 都不能用相量表示，式（7－28）中我们可以理解为，当 δ 一定时，它们可用相量表示。图 7－25（c）表明振荡中心电压 U_c 的变化波形，它的振幅按 $\cos\frac{\delta}{2}$变化，有了振荡中心电压 U_c 的变化规律，就可以作为三相短路时，振荡闭锁再开放的信号。

一种是用 U_c 变化率来确定振荡闭锁回路是否再开放。

当系统振荡 δ 达 180°附近，此时 U_c 之值最小，接近为零，但 dU_c/dt 最大，阻抗继电器

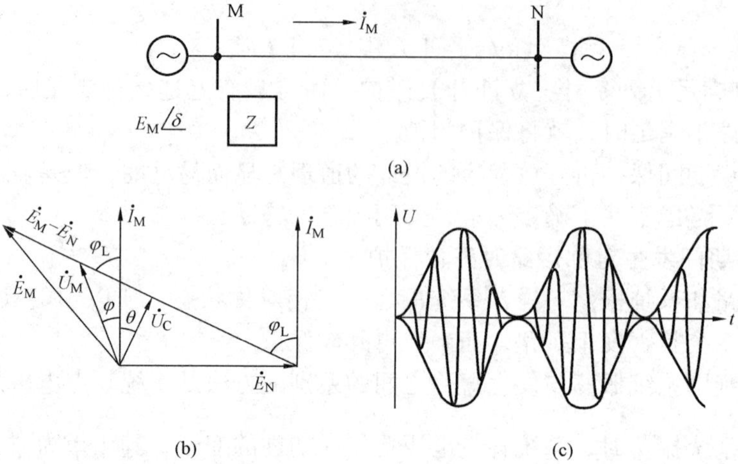

图 7 - 25　系统振荡时，振荡中心电压的确定

（a）系统图；（b）电压相量图；（c）U_C 的波形

会误动，不能开放。而当 δ 接近零度时，U_c 最大，dU_c/dt 最小，阻抗继电器一般不会误动，振荡闭锁回路可以开放。

另一种是用 U_C 数值范围来确定振荡闭锁回路是否应开放，这是国产距离保护的一种设计，但整定较麻烦，读者可参阅有关说明书。

以上从原理上介绍了几种振荡闭锁回路在闭锁过程中再次开放的方法。这些方法，同距离保护振荡闭锁回路扰动后第一次开放相比尚不够成熟，有待积累经验逐步完善。

（四）从阻抗继电器动作特性上防止系统振荡时距离保护误动的方法

1. 阻抗继电器动作特性对防止系统振荡时距离保护误动的可能性

图 7 - 10 表明了系统振荡时，装在线路上的阻抗继电器感受到的测量阻抗和感受阻抗的变化规律。可知它是几组相当复杂的曲线组，它受两侧电源电动势间相位角即功角 δ 的影响，还受两侧电源电动势幅值的影响，即励磁回路电流的影响，而且阻抗继电器装设点位置不同，所感受的阻抗也大不相同。但是在分析系统振荡对距离保护不正确动作的影响时，可以简化这一组曲线，取其有代表性的一根进行分析。由于系统在振荡过程中可认为某一电动势幅值不变，于是就简化了分析，突出要分析的主要问题。

从工程实际出发，分析时作以下近似考虑：

（1）发电机电动势以 E' 代表，并认为在振荡过程中其值保持恒定，两侧发电机 E' 值相等，即 $\dfrac{\dot{E}_M}{\dot{E}_N}=1$。

（2）认为 $\dot{E}'$ 在 q 轴上，即 $\arg \dot{E}'_M/\dot{E}'_N=\delta$。

（3）系统中有关阻抗（包括 M 侧发电机的 X'_d）阻抗角相等。

在此情况下，系统振荡时装在线路一侧阻抗继电器感受阻抗为一直线，如图 7 - 26 所示，其方程式为式（7 - 16），即

$$\dot{Z}_m=\left(\frac{1}{2}-m\right)Z_\Sigma-j\frac{Z_\Sigma}{2}\cdot\cot\frac{\delta}{2}$$

图中对应不同 m 的值，画出多条振荡轨迹线，它们是相互平行的。

图 7－26 示出两种阻抗继电器动作边界，表明了不同特性的阻抗继电器受系统振荡影响的程度。这两种阻抗继电器具有同一整定阻抗 Z_{set}，所以它们的保护区是相同的。

对比图 7－26 中阻抗继电器动作特性和系统振荡时阻抗继电器感受阻抗变化轨迹，可以看出阻抗继电器特性及系统振荡对阻抗继电器的影响，表现在两方面：

（1）系统振荡时，阻抗继电器受影响误动范围的大小。

（2）系统振荡时，误动持续时间的长短。持续时间短，从动作时延上来避开振荡影响就较为容易。

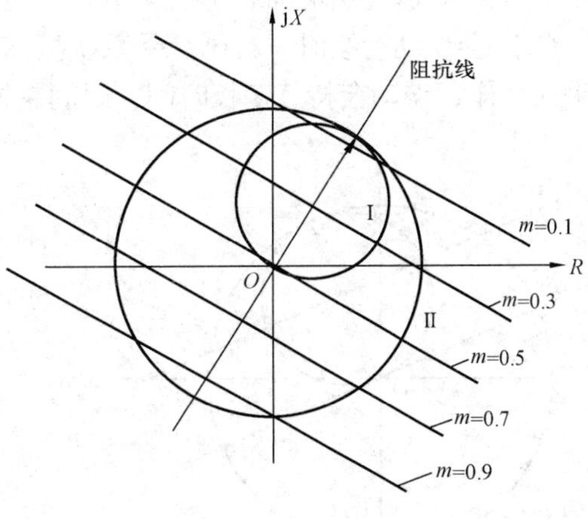

图 7－26　当 $\frac{E_M}{E_N}=1$ 时，不同 m 值时 Z_m 变化轨迹

（Ⅰ方向阻抗继电器特性，Ⅱ全阻抗继电器特性）

2. 两种典型特性阻抗继电器受系统振荡影响大小的对比

对比的是图 7－26 所示的两种阻抗继电器。

圆特性Ⅰ为方向阻抗继电器；圆特性Ⅱ为全阻抗继电器。

（1）会误动范围的对比：

1）会误动的最小 m 值：如振荡轨迹穿过 $Z_m=Z_{set}$ 处，则可求得 m 最小值 m_{min}

令

$$\left(\frac{1}{2}-m\right)Z_{\Sigma}=Z_{set}$$

得

$$m_{min}=\frac{1}{2}-\frac{Z_{set}}{Z_{\Sigma}} \tag{7－29}$$

故如继电保护装设处 $m<m_{min}$，则对比的两种阻抗继电器，在系统振荡时均不会误动。

2）会误动的最大 m 值：

对圆特性Ⅰ的方向阻抗继电器来说，如 $m>\frac{1}{2}$ 则不会在振荡时误动，即 $m_{max}=\frac{1}{2}$。

圆特性Ⅱ的全阻抗继电器，当 m 满足下式时可解出 m_{max}

$$\left(\frac{1}{2}-m\right)Z_{\Sigma}=-Z_{set}$$

得

$$m_{max}=\frac{1}{2}+\frac{Z_{set}}{Z_{\Sigma}} \tag{7－30}$$

故图 7－26 中两种不同阻抗继电器不受振荡影响的 m_{max} 值不同。

对方向阻抗继电器而言，保护装设处 m，在下列范围内振荡时会误动

$$\frac{1}{2}-\frac{Z_{set}}{Z_{\Sigma}}\leqslant m\leqslant\frac{1}{2} \tag{7－31}$$

对全阻抗继电器而言，有

$$\frac{1}{2}-\frac{Z_{set}}{Z_{\Sigma}}\leqslant m\leqslant\frac{1}{2}+\frac{Z_{set}}{Z_{\Sigma}} \tag{7－32}$$

如距离保护装设于系统振荡时会误动范围内，则保护必须装设振荡闭锁装置。距离保护

装设振荡闭锁装置既增加装置的复杂性，也降低了保护动作可靠性。

（2）会误动持续时间对比。受系统振荡影响的另一个方面，是阻抗继电器在系统振荡时如果误动作，误动会持续多长时间，时间越短，保护就容易从动作延时的设置，避免误动。

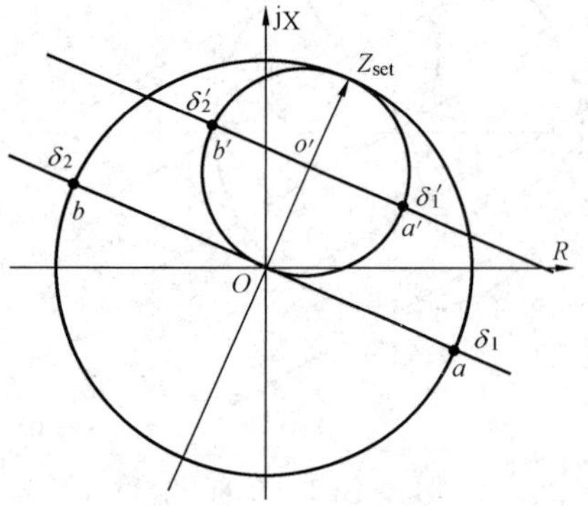

图7－27　系统振荡时两种阻抗继电器误动范围对比

图7－27中选择前面分析的两种阻抗继电器在系统振荡时最长持续误动范围。同类似的计算一样，计算时间是一个非线性问题，需要逐点计算，所以下面只对比振荡时会误动的δ范围。

参看式（7－16），δ_1、δ_2、δ_1'、δ_2'可由oa、ob、$o'a'$、$o'b'$长度来确定，故得

$$\delta_1 = 2\text{arc cot}2\frac{Z_{set}}{Z_\Sigma} \qquad [7-33(a)]$$

$$\delta_1' = 2\text{arc cot}\frac{Z_{set}}{Z_\Sigma} \qquad [7-33(b)]$$

$$\delta_2 = 360° - \delta_1 \qquad [7-33(c)]$$

$$\delta_2' = 360° - \delta_1' \qquad [7-33(d)]$$

式［7－33（a）］到式［7－33（d）］所决定的δ、δ'同$\frac{Z_{set}}{Z_\Sigma}$之值有关，表7－4对不同的$\frac{Z_{set}}{Z_\Sigma}$给出相应的δ、δ'值和误动范围以供对比。

表7－4　不同$\frac{Z_{set}}{Z_\Sigma}$下，误动持续范围对比

Z_{set}/Z_Σ		0.5	0.3	0.2	0.1
方向阻抗	δ_1'	127°	146°	158°	168°
	$\delta_2'-\delta_1'$	106°	68°	45°	24°
全阻抗	δ_1	90°	118°	136°	158°
	$\delta_2-\delta_1$	180°	124°	88°	44°

3. 几种典型特性的阻抗继电器抗系统振荡性能分析

距离保护的阻抗继电器要适应各种不同要求，所以很难说哪一种阻抗器特性好，一种阻抗继电器，对某一要求可以很好满足，但对另一要求并不一定适应，例如对阻抗继电器提出的避开弧光电阻影响能力和避免系统振荡时误动作的能力的要求是相互矛盾的。为了避开弧光电阻影响，阻抗继电器动作特性希望能在R轴方向扩大，而在线路阻抗接近感性。E_M/E_N接近1时，系统振荡轨迹是沿R轴方向变化，故要求阻抗继电器动作特性沿R轴方向动作区要窄些。

本节主要从系统振荡时阻抗继电器受的影响大小来分析阻抗继电器性能要求。

（1）全阻抗继电器（包括偏移特性方向阻抗继电器）。显然全阻抗继电器是系统振荡时最易误动的阻抗继电器，系统振荡时装在线路上较大范围内的全阻抗继电器都有可能误动，误动时间持续较长。

距离保护中采用全阻抗继电器（偏移特性方向阻抗继电器更多）的目的是它在线路出

口短路时无动作死区，适合作为带有保护整组起动功能的第Ⅲ段距离的测量元件。

（2）方向阻抗继电器。比全阻抗继电器防止系统振荡时误动的性能要好得多。

方向阻抗继电器具有方向性，相应的出口短路时有动作死区，为了消除出口短路动作死区，方向阻抗继电器在极化回路中采取一些措施，如电压记忆和交叉极化等，这样一来，阻抗继电器在实际工作中有变特性性质；在三相对称缓慢（所谓缓慢变化包括系统振荡，此时记忆不起作用）变化，或三相对称（交叉极化时）情况下，它是方向阻抗特性，在系统不对称短路时则是偏移（电源阻抗大的时候就是大偏移）特性，这样就兼顾了考虑弧光电阻的影响和消除出口短路动作死区的要求。

（3）多相补偿方向阻抗继电器。多相补偿阻抗继电器具有交叉极化方向阻抗继电器性质，所以它有变特性方向阻抗继电器的特点。而且，它从原理上根本不反应三相对称短路，所以避开系统振荡时误动的能力更好，在系统振荡时它是不会误动的。

（4）狭长形的方向阻抗继电器（棱形及椭圆形方向阻抗继电器）。图 7－28 给出几种狭长形的方向阻抗继电器，它们都有共同特点，有较好的避开系统振荡时误动的性能。但从特性实现上方法有所不同。

棱形方向阻抗继电器的特性是由两段圆弧合围而成，采用两比较量的比较器就可以实现这一特性。椭圆形方向阻抗继电器虽然它的形状同棱形很相似，但需用三比量来实现，用得不太多。图 7－28（c）所示组合特性是由三个圆特性组成，构成较复杂，只在 20 世纪 70～80 年代某些国外静态距离保护中使用过。

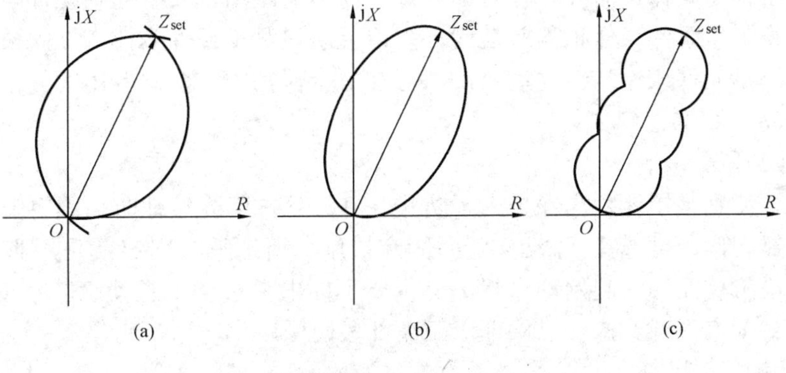

图 7－28　几种狭长形状的方向阻抗继电器

（a）棱形；（b）椭圆形；（c）组合特性

（5）工频变化量阻抗继电器。工频变化量阻抗继电器是一种新概念的阻抗继电器，一般阻抗继电器所反映的系统电压与电流都是由电源电动势所产生，而工频变化量的阻抗继电器中反映的电压与电流是系统故障后出现的流过继电器装设处的故障电流分量和故障时电压变化分量，从等值概念上讲，它们由故障点出现的叠加电压产生。所以从原理上讲，工频变化量阻抗继电器不反映电力系统振荡引起的阻抗继电器感受阻抗的变化，有完全避免系统振荡时阻抗继电器误动的能力。

以上分析了几种阻抗继电器在系统振荡时误动作可能性的比较。其中，如多相补偿阻抗继电器、工频变化量阻抗继电器，原理上在系统振荡时不会误动作，其他几种都可能会误动作，但误动范围及误动持续时间有所不同，对这类阻抗继电器，距离保护都要采取特殊措施防止在系统振荡时距离保护误动作。

在系统振荡时不会误动的阻抗继电器其性能是十分可贵的。因为如果系统振荡时会误动，则距离保护装置中就要采用一些附加措施，如在动作逻辑上增加振荡闭锁回路等，使装置复杂，并使其动作可靠性变坏。

（五）距离保护第Ⅲ段在距离保护中的作用及对三段阻抗继电器的要求

由于距离保护同电流保护一样，故障点的定位都是通过定量测量，而不是通过定性测量来实现的，因而它们在故障定位上都存在测量误差，只依靠电流或距离（实际上是阻抗）测量，不能取得被保护线路全线保护动作选择性。所以需增加辅助措施，即引入部分动作时间，降低快速性要求以保护线路全长。但也正是由于定量测量特点，可以构成远后备保护，所以距离保护也设置第Ⅲ段。

距离保护第Ⅲ段虽然同电流保护第Ⅲ段一样起着后备保护作用，但其重要性却大得多。在距离保护设计中第一段和第二段都要考虑振荡闭锁。在振荡过程中或振荡闭锁回路误起动的过程中，距离Ⅰ、Ⅱ段均不能动作，只有依靠距离Ⅲ段起最终近后备的作用。

此外，由于距离保护的特殊性，距离保护Ⅲ段同电流保护Ⅲ段的功能有所不同。距离保护Ⅲ段除同电流保护同样起后备保护的作用外，还具备一些特殊功能：

1. 距离保护的起动元件

距离保护是一个复杂的保护装置，除进行故障状态的测量外，逻辑结构也很复杂，除上述振荡闭锁需要起动元件外，距离保护整组在系统扰动时也要有一个起动元件，起动保护的逻辑程序。数字式距离保护需要这种起动元件，模拟式距离也要有起动元件。在模拟式复杂保护中为了节省测量元件，保护的起动元件多以灵敏段测量元件兼任。在此情况下，距离保护第Ⅲ段阻抗测量元件兼作整组起动元件。但在数字保护中，多设专用的整组起动元件，如电流变化量起动元件等。

2. 瞬时固定信号

距离保护，特别是接地距离保护为了防止在Ⅱ段区内弧光接地时，因电弧拉长使Ⅱ段距离保护不能可靠动作，可选择 Z_{II} 动作瞬时固定措施。所谓瞬时固定就是用Ⅲ段阻抗元件的动作来固定Ⅱ段阻抗元件的起始动作状态，只要不因电弧过度拉长使 Z_{III} 返回，Ⅱ段阻抗元件的动作状态就一直得到保持，以保证以距离Ⅱ段时限跳闸。

3. 系统振荡消失判别

振荡闭锁回路一经起动，短时开放，如区内无故障就进入闭锁阶段。确认振荡消失后振荡闭锁回路需及时复归，以便距离保护进入待动作状态，准备再次启动。

振荡闭锁回路复归有两种方式，一种是固定时间复归，振荡闭锁回路开放后延迟 7～9s 固定时间后自动复归，此时间可以整定。另一种是系统振荡消失后，自行复归（可带一点延时），显然，后一种复归方式更为合理。目前，距离保护中多用第二种方式。

在采用第二种复归方式时，系统振荡消失与否由电流元件（在微机保护中用正序电流元件）或Ⅲ段阻抗元件是否返回来判别。Ⅲ段阻抗继电器返回并不意味着振荡完全消失。但既然Ⅲ段阻抗继电器不动作，即使系统仍有振荡，也不会使距离保护Ⅰ、Ⅱ段阻抗元件误动作，距离保护不必继续闭锁。

根据距离保护第Ⅲ段阻抗继电器的使用，第Ⅲ段阻抗继电器的特性应满足以下要求：

（1）灵敏性。同电流保护三段一样，灵敏性高是对距离保护第Ⅲ段阻抗继电器的基本要求。由于距离保护Ⅲ段阻抗整定值是按避开事故情况下最小负荷阻抗 $Z_{Lo\cdot min}$ 整定的，由于负荷阻抗角 φ_{Lo}与线路阻抗角 φ_L不同，所以阻抗继电器的动作特性，特别是相位特性对距离Ⅲ段灵敏性有很大影响。

图7－29中表明在避开同一负荷阻抗的条件下，以全阻抗继电器和方向阻抗继电器作为距离Ⅲ段阻抗继电器时距离Ⅲ段灵敏性之比。图中 $Z_{Lo\cdot min}$ 为整定时应避开的最小负荷阻抗，φ_{Lo}为负荷阻抗阻抗角，OC 为阻抗继电器沿 φ_{Lo} 方向的整定阻抗 $Z_{set\cdot\varphi Lo}$，此值对两种阻抗继电器是相同的。但阻抗继电器实际保护区是沿 φ_L 方向的最大动作阻抗 $Z_{Ⅲ\cdot set}$和 $Z'_{Ⅲ\cdot set}$。从图上可以看出：

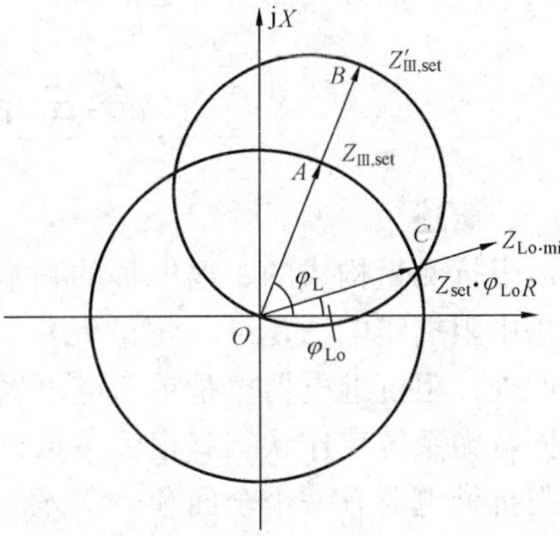

图7－29　阻抗继电器相位特性对距离三段灵敏度的影响

以方向阻抗继电器为三段阻抗继电器时，距离保护动作区为

$$OB = \frac{1}{\cos(\varphi_L - \varphi_{Lo})}Z_{set\cdot\varphi_{Lo}}$$

以全阻抗继电器为三段阻抗继电器时，距离保护动作区为

$$OA = Z_{set\cdot\varphi_{Lo}}$$

故二者灵敏度之比为

$$K_S = \frac{OB}{OA} = \frac{1}{\cos(\varphi_L - \varphi_{Lo})}$$

如　$\varphi_L = 80°$　　$\varphi_{Lo} = 30°$　　则

$$K_s = \frac{1}{\cos 50°} = 1.56$$

如以沿 R 轴方向更窄的阻抗继电器，如棱形阻抗继电器作为距离Ⅲ段阻抗继电器，则灵敏性更高。四边形特性阻抗继电器沿 R 轴方向动作边界和沿线路阻抗角方向的动作边界可分别整定，更可取得较高的灵敏性。

（2）不需特定的方向性。为了消除出口短路时的动作死区，距离保护Ⅲ段阻抗继电器，不必带有方向性。由于距离保护Ⅲ段带有较长动作时限，所以也不存在背后短路误动作问题。

（3）不必也不应加振荡闭锁。由于距离保护Ⅲ段带有较长（大于1.5s）的动作时限，所以，在系统振荡时Ⅲ段阻抗元件虽会误动，但在一个振荡周期中，阻抗继电器是周期性动作与返回，动作周期一般小于1s，故阻抗元件虽误动，距离保护Ⅲ段却不会误动。

由于不加振荡闭锁，距离保护Ⅲ段提供了一个可靠的后备保护功能。

故距离保护第Ⅲ段具有以下特点：

1）力争有较高的灵敏度。

2）阻抗继电器不必带有方向性。

3）不经振荡闭锁，振荡过程中一直开放，依靠动作延时避开振荡时的误动。

距离保护中，Ⅲ段阻抗继电器可采用带有偏移特性的方向阻抗继电器，或带有偏移特性的四边形特性的方向阻抗继电器。

第三节 阻抗继电器

一、概述

以阻抗测量构成的距离保护的测量元件为阻抗继电器，本章前两节已分析到，在这种距离保护中阻抗继电器是最关键的元件，它的工作状态直接影响距离保护的功能目标能否实现。此外，阻抗继电器也是单个继电器中最复杂的一种，不但在结构原理上复杂，而且它的行为同电力系统工作状态有很大关系，也就是它的特性是可变的。所以，继电保护工作者需要对阻抗继电器有一个全面和较深入的了解。

（一）阻抗继电器一般结构原理

目前微机继电保护已得到很大发展，从实现方法上微机保护同模拟式保护有很大不同，但从原理上看，两种保护装置基本相同。它们都是将电力系统送来的信息进行加工，然后根据设定的保护原理进行判断，确定系统是否发生故障、故障位置和故障类型，发出相应的跳闸或其他的指令。

在数字式保护发展之前，测量继电器的判别都是以动作方程为依据，动作方程的目的是确定继电器动作与不动作，其判断的依据是继电器的输入量即线路或系统的有关电量、电流、电压等。动作方程是根据保护所依据的判断原理而引出的。模拟式的保护工作原理解析性强，但是需要说明，模拟式保护动作依据自然是以某一量（电量或非电量）是否越限来判断，但实际上在实现这一判断时，并不一定是把这一量算出，再和给定值相比较。在全阻抗继电器中，动作方程是 $|Z_m| \leqslant |Z_{set}|$，但阻抗继电器工作时并不是先把 $|Z_m|$ 算出再同定值作比较，而是根据输入电压 U_m 和电流 I_m 的量，判断由它们所定义的 Z_m 是否落在动作方程所确定的动作区内。所以模拟式继电器工作时进行的不是“计算”而是“比较”。

数字式保护，顾名思义它可以通过计算来实现保护。对阻抗继电器来说，它可以根据输入的 $\dot{U}_m$、$\dot{I}_m$ 算出 Z_m 的大小和相角，然后再同设定的定值进行对比，判断故障位置，即“先计算后比较”。也可以根据保护原理所确定的方程，用算法（Algorithm）来实现“比较”，也就是将模拟式保护中所用的故障判别的方法，用算法来实现。目前数字式距离保护中仍以后一种方法为多。

由于模拟式阻抗继电器所用的阻抗测量方法概念较明确，且有共同性，故本节讨论的内容仍以模拟式为主。关于数字保护中所用算法问题可参看有关的参考书。

图 7－30（a）为模拟式阻抗继电器方框原理图，图 7－30（b）为数字式阻抗继电器方框原理图。

图中 $\dot{U}_m$、$\dot{I}_m$ 为由变电所电压互感器 TV 和电流互感器 TA 送来的继电器输入电压和电流，它们可以是一相（相间）或几相（相间）电压和电流。在比较电压形成回路中，按继电器动作方程的要求，形成比较电压作为比较器的输入比较量，按动作方程式的要求，输出的比较电压可以有 m 个（n 个），对大多数阻抗继电器来说是 2 个。

阻抗继电器的比较方式，可由相位比较或绝对值比较来实现，按相位比较方式工作的比较器称相位比较器，按绝对值方式工作的称绝对值比较器。

按相位比较方式工作和按绝对值比较方式工作，要求比较电压形成回路提供的比较电压完全不同，即使构成的阻抗继电器动作特性一样，比较电压也不相同。为了统一，比较电压形成回路输出电压，以 x、$y\cdots m$ 表示的 $\dot{E}_x$、$\dot{E}_y\cdots\dot{E}_m$ 为供相位比较器输入的比较量，以 1，$2\cdots n$ 表示的 $\dot{E}_1$、$\dot{E}_2\cdots\dot{E}_n$ 为供绝对值比较器输入的比较量。

模拟式阻抗继电器的比较器输出，即为阻抗继电器动作信号，动作信号经出口回路向距离保护装置逻辑部分输出，按保护功能要求综合处理。

图 7－30（b）以方框图方式说明数字式阻抗继电器的工作原理，并与模拟式阻抗继电器进行对比。

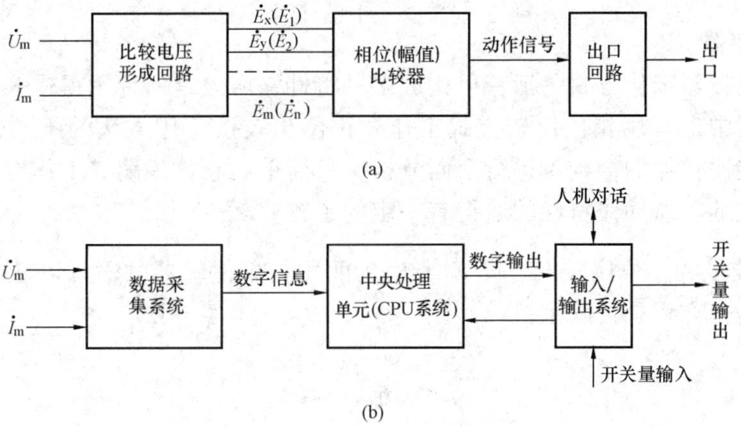

图 7－30　阻抗继电器方框原理图

（a）模拟式阻抗继电器方框图；（b）数字式阻抗继电器方框图

数字式阻抗继电器数据采集系统部分与模拟式阻抗继电器电压形成回路相当，后者是将继电器输入电压 $\dot{U}_m$和电流 $\dot{I}_m$变换成供比较器使用的比较电压 $\dot{E}_x$、$\dot{E}_y$（$\dot{E}_1$、$\dot{E}_2$）等，而数字式阻抗继电器是将 $\dot{U}_m$、$\dot{I}_m$模拟信号输入转换成数字信号供中央处理单元进行分析计算。中央处理单元功能与模拟式阻抗继电器中比较器功能类似，它将输入数字信号按设定的程序和算法进行计算，确定阻抗继电器应有的动作状态，然后送入类似模拟式阻抗继电器的出口回路以执行保护动作指令。所以，从基本功能的实现来看，模拟式阻抗继电器与数字式阻抗继电器是相同的，但实现方式上有很大不同：

（1）模拟式阻抗继电器各功能［图 7－30（a）中各方框］基本集中在一定的硬件部分上，而数字式阻抗继电器的功能与距离保护其他功能或部分功能一样，都是由一个微机系统完成的，图 7－30（b）中各方框不仅完成阻抗继电器的功能要求，还出现了在图 7－30（a）中没有的一些输入、输出量。

（2）图 7－30（a）、（b）中各方框内部功能很不相同，图 7－30（a）中比较电压形成回路中只包括铁芯元件，模拟阻抗，定值调整设备以及简单的模拟滤波器等，而图 7－30（b）的数据采集系统就要复杂得多，不但要有铁芯元件，而且有较完善的数字滤波装置、采样保持、多路切换开关、模/数变换和光隔器件，可能还有电压/频率变换器等计算机控制系统典型配件。此外，出口电路也有很大不同。

综上所述，模拟式阻抗继电器同数字式阻抗继电器从继电保护技术角度上并无本质上的不同，数字式阻抗继电器上应用了很多典型的软件技术，这些在一般微机应用的有关书藉中都有很详细的叙述，本章从继电保护角度出发，分析阻抗继电器和距离保护，所以以分析模拟式阻抗继电器为主。这样，就可用解析分析方式了解阻抗继电器构成和工作原理。

（二）模拟式阻抗继电器的比较器

比较器（Comparator）是继电保护装置的关键元件，它的任务就是将按动作方程在比较电压形成回路形成的比较电压进行比较，以确定电力系统故障的性质和位置。

阻抗继电器中所用的比较器可分成相位比较器和绝对值比较器两种，其工作原理简述如下：

1. 相位比较器

由于相位比较器工作方式灵活，可构成多种特性，所以是一种用得较多的比较器，在数字式阻抗继电器中也常用相位比较方式工作。相位比较按工作方法的不同，可分为多种类型。本书对这些比较器的结构不进行全面分析，只简单的总体说明其工作方法，以便对下面介绍的各种阻抗继电器动作特性的取得有一定的了解。

（1）两比较量的相位比较器。设 $\dot{E}_x$、$\dot{E}_y$ 为两比较量比较器的输入电压，比较器的任务就是判断以下动作方程是否满足：

$$\theta_1 \leqslant \arg\frac{\dot{E}_x}{\dot{E}_y} \leqslant \theta_2 \qquad (7-34)$$

其中 $\arg\dot{E}_x/\dot{E}_y$ 为 $\dot{E}_x$、$\dot{E}_y$ 之间相位角，$\dot{E}_x$ 超前 $\dot{E}_y$ 时为正，θ_1 与 θ_2 为动作范围。

1）相角测量法。实现式（7－34）所规定的测量，可直接测定 $\arg\dot{E}_x/\dot{E}_y$ 的大小，再同设定值 θ_1、θ_2 对比。相角测量实际上是通过时间测量实现的。图 7－31（a）表明这一测量方法，图中 $\dot{E}_x$、$\dot{E}_y$ 为比较电压，先将它们变成方波 U_x、U_y，U_x、U_y 反映 $\dot{E}_x$、$\dot{E}_y$ 正极性持续时间，然后测量 U_x、U_y 极性重叠时间 t_D，如 t_D 满足下式，则式（7－34）的动作条件

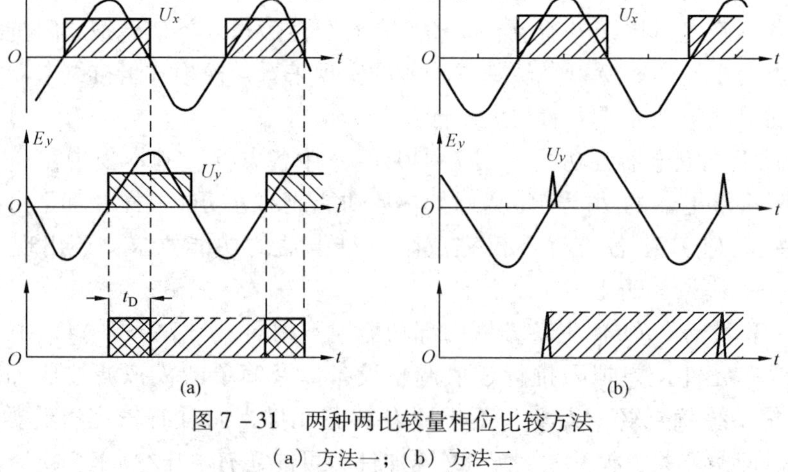

图 7－31　两种两比较量相位比较方法

（a）方法一；（b）方法二

成立。

$$\frac{\theta_1}{360°}\cdot T \leqslant t_{\mathrm{D}} \leqslant \frac{\theta_2}{360°}\cdot T \qquad (7-35)$$

其中 T 为工频周期，20ms。相角测量的比较器如以 ±90°为动作范围，则称余弦相位比较器。按其工作原理，这种相角测量法可称为方波重叠时间测定法。

2）相序测量法。对两个比较量来说，相序测量就是 0°～180°的相角测量，如 $\arg \dot{E}_x/\dot{E}_y$ 值在 0°～+180°之间，则定义 $\dot{E}_x$ 超前 $\dot{E}_y$；在此范围之外，则相反。相序测量实际上是以式（7－34）所定义的动作条件的一个特例，当式（7－34）中 $\theta_1=0°$，$\theta_2=180°$时，则所进行的相位比较实际上是相序比较。故两比较量相序比较动作条件为

$$0° \leqslant \arg\dot{E}_x/\dot{E}_y \leqslant 180° \qquad (7-36)$$

图 7－31（b）为一种相序比较法，称脉冲—方波比相法。同方波重叠时间比相法不同的是，$\dot{E}_y$ 在由负过零时变换出一个脉冲 U_y（实际上是 $\dot{E}_y$ 先变换成方波后，再对方波进行微分以产生正脉冲）。如脉冲 U_y 在 U_x 为 1 态时出现，则满足式（7－36）的动作条件。

同相角测量相比，两比较量相序测量只能实现 180°动作范围的比相，有时称正弦相位比较器。

上面介绍的两种两比较量相位比较器不但广泛的用在模拟式阻抗继电器中，其比相原理亦可用在数字式阻抗继电器中。

图（7－31）只说明比相原理，由于脉冲—方波比相动作信号是一个短暂脉冲输出，方波重叠时间比相在临界动作情况下的动作信号也是一个短时输出信号，因此在模拟式阻抗继电器中，为了取得可靠的阻抗继电器动作输出，出口回路应增加脉冲展宽回路。

3）环形调制器比相器。由 4 只二极管构成的环形调制（解调）器广泛的用在模拟式通信系统和控制系统中，在整流型和静态阻抗继电器中用得也较多。

当环形调制器输入量为 $\dot{E}_x$、$\dot{E}_y$ 时，其输出电压平均值为

$$U_{\mathrm{out}} = K\left[\sqrt{E_{x\cdot\max}^2 + E_{y\cdot\max}^2 + 2E_{x\cdot\max}\cdot E_{y\cdot\max}\cdot\cos\arg\frac{\dot{E}_x}{\dot{E}_y}} - \sqrt{E_{x\cdot\max}^2 + E_{y\cdot\max}^2 - 2E_{x\cdot\max}\cdot E_{y\cdot\max}\cdot\cos\arg\frac{\dot{E}_x}{\dot{E}_y}}\right] \qquad (7-37)$$

故，如将 U_{out}送入“零指示器（Zero Indicator）”进行极性检测，即可实现以下动作条件的相位比较

$$-90° \leqslant \arg\frac{\dot{E}_x}{\dot{E}_y} \leqslant +90°$$

环形调制器输出也可不用零指示器检测其平均值，而通过检测其波形正负持续时间来判别比较量相位，但在此情况下，其输出量不能进行滤波。环形调制器比相器虽然是由 4 个二

极管为主构成，但这 4 个二极管不是用来整流，它所比较的是 $\dot{E}_x$、$\dot{E}_y$ 的相位，所以不是一个绝对值比较器。

环形调制器比相原理不能用于数字阻抗继电器中。

4）模拟式相位比较器抗干扰问题与方波平均比相器。相位比较同后面所说的绝对值比较相比，比相方式更灵活，可构成多种特性的阻抗继电器，缺点是抗干扰性能差。方波重叠时间比相器虽然对脉冲干扰有较强的抵抗能力，但受非周期分量的影响很大。

方波平均（Block - average）比相是模拟式阻抗继电器发展到后期（20 世纪 70 ~ 80 年代）出现的一种比相器。它的思考方法值得借鉴。

图 7 - 31（a）所示的方波重叠时间法是半波比相，它受比较电压中非周期分量影响很大，因为非周期分量将使某一个或两个比较电压偏向时间一侧，使比相器比相结果误判。方波平均比相法同图 7 - 31（a）所示重叠时间法基本原理相同，不同点存于：

a. 全波比相：即正、负半周各比相一次，相互抵消了非周期分量的影响。

b. 图中测 t_D 的时间元件采用延时返回的时间元件，使某一半波的比相受前一半波比相的影响，从而起了一个“平均”的作用。

这样，当比较电压受到干扰，特别是非周期分量干扰时，虽然会推迟一些动作时间，仍能保证正确动作。

（2）多比较量的相位比较器。上节介绍的两比较量极性重叠时间测定比相器和方波脉冲比相器都可以作为多比较量相位比较器基础，用多个两比较量比较器构成多比较量相位比较器。

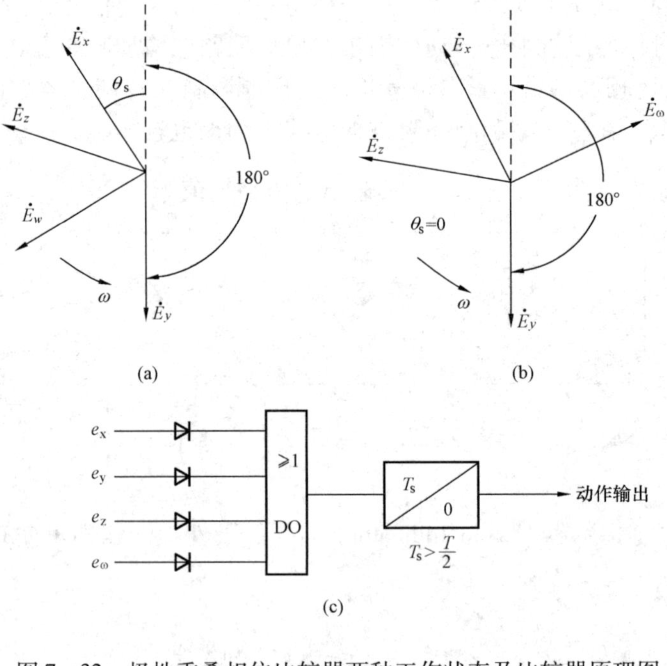

图 7 - 32　极性重叠相位比较器两种工作状态及比较器原理图

（a）有极性重叠时间；（b）无极性重叠时间；（c）比较器原理图

这里介绍一种可构成多边形特性阻抗器的比相器，即极性重合式相位比较器，它不但可用于模拟式阻抗继电器，其原理也可用于数字式阻抗继电器。

图7－32中有四个比较电压 $\dot{E}_x$、$\dot{E}_y$、$\dot{E}_z$、$\dot{E}_w$，它们是旋转相量，在参考轴上的投影即为它们的瞬时值 e_x、e_y、e_z、e_w。图中画出两种情况，图7－32（a）中四个相量偏向于一侧，是有极性重叠的情况，其中 θ_s 为极性重叠持续的角度，相当于极性重叠持续时间 $T_s=\frac{\theta_s}{\omega}$，图7－32（b）是四个比较电压无极性重叠的情况。

定义图7－32（a）对应于比相器不动作的状态图，7－32（b）对应于比相器动作状态。

实现这一检测很简单，图7－32（c）表明极性重叠比相器工作原理图；图中DO为“或”门（OR Gate），输入电压为正极性时，通过二极管V，向或门DO送入“1”态，只要输入比较电压中有一个为正极性，则DO输出恒为“1”态，使时间继电器 T_S 计时，如持续时间大于 T_S 整定值 $T/2$（相当于180°），则比相器发出动作输出信号。如在 T_S 时间内有一段时间比较电压均为负极性（极性重叠），则DO输出变为“0”态，使时间元件 T_S 返回，比相器不动作。

对比图7－32两种状态，图（b）表明的是无重叠时间，即输入比较电压极性连续，比相器于该状态建立后 T_S 时间后发出动作信号。对应图（a）的情况，时间继电器虽起动计时，但未达 T_S 前即返回，如此重复，比相器属于不动作状态。

这种多比较量相位比较器原理清楚，结构简单，得到了广泛应用。为了可靠，在进入或门DO前，将比较电压进行方波变换。

2. 绝对值比较器

上面分析的相位比较器具有很多优点，但它也存在一些内在缺点，最大的一点是对比较量的波形要求较严格，相位比较顾名思义，所比较的一定是相量，即正弦波，比较量的波形失真，出现各次谐波和直流分量都会影响比相的正确性，此外，有些比相器，需要对比较量进行加工，以便确定其相位特征，在此情况下往往要对比较量进行微分以取得脉冲信号，这样更导致对干扰的敏感度增强。而绝对值比较，比较的是比较量的数值，相对来说，对比较量的波形要求可小一些。另外，绝对值比较的比较量要进行整流，其输出可进行滤波，抗干扰能力要强一些。

绝对值比较是通过检测元件进行的。在整流型继电器中用的是极化继电器，在静态型继电保护中用零指示器。下面介绍两种常用的绝对值比较方法。

（1）均压法绝对值比较回路。

图7－33（a）表明均压法绝对值比较回路。比较器输入电压为 $\dot{E}_1$ 和 $\dot{E}_2$，经过整流，两个比较电压在整流桥负载电阻 R_1、R_2 上分压 U_1、U_2，它们在输出电路上产生输出电压 U_{mn}

$$U_{mn}=U_1-U_2=K[|\dot{E}_1|-|\dot{E}_2|] \tag{7-38}$$

当 $|\dot{E}_1|>|\dot{E}_2|$ 时　　$U_{mn}>0$；

当 $|\dot{E}_1|<|\dot{E}_2|$ 时　　$U_{mn}<0$。

从而实现了 $\dot{E}_1$、$\dot{E}_2$ 的绝对值比较。

图 7－33（a）只画出均压比较电路主要部分以说明工作原理。图中 R_1、R_2 为两个整流桥负载电阻，有时称为镇定电阻，它们的接入实际上是使绝对值比较成为电流比较，U_{mn} 反应的是在 e_1 和 e_2（$|\dot{E}_1|$、$|\dot{E}_2|$）作用下，在 R_1、R_2 上产生的电流，将电压比较改为电流比较，为的是保证变换和比较回路工作在线性范围。

在实际电路中 R_1、R_2 并联有滤波电容。并联电容后比较器抗干扰能力增强。

上面分析中将比较电压写成相量 $\dot{E}_1$、$\dot{E}_2$，但实际上 e_1、e_2 并不一定为正弦波，波形也不一定相同，图 7－33（a）的电路仍能正常工作，但所比较的是 $e_1(t)$、$e_2(t)$ 的平均值。

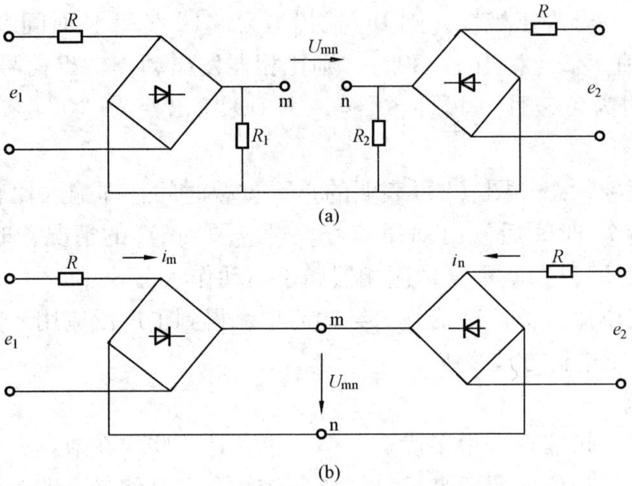

图 7－33　两种绝对值比较回路

（a）均压比较回路；（b）环流比较回路

（2）环流法绝对值比较回路。

图 7－33（b）为阻抗继电器常用的环流法绝对值比较电路。通过环流回路将比较量 $\dot{E}_1$、$\dot{E}_2$ 进行加工，变换成输出电压 U_{mn}，根据 U_{mn} 平均值的极性，反应 $|\dot{E}_1|$、$|\dot{E}_2|$ 大小关系的绝对值比较。

环流法绝对值比较回路的工作原理看来很简单；有一种解释是在 e_1、e_2 作用下，环流回路中流过电流 i_m、i_n，i_m 与 e_1 成比例，i_n 与 e_2 成比例，在 m 点利用基尔霍夫电流定律，经 m 流向 n 的电流为 $i_m - i_n = K[|\dot{E}_1| - |\dot{E}_2|]$，此电流反映到电压上为 U_{mn}，从而解释了绝对值比较原理。实际上这一解释是错误的。

上述错误在于认为从 mn 点向 e_1、e_2 方向看去，电路是电流源，而实际上由于整流桥工作状态的变化，从 mn 点看去，电源内阻不是很大，而可能很小，所以在分析时不能将 i_m、i_n 看作由电流源提供。环流回路工作状态很复杂，UF_m、UF_n 不是简单的按整流器方式工作，它们可能互为负载。

当 $e_1 > e_2$ 时，在 UF_m、UF_n 交流侧 $i_m > i_n$，在此情况下，UF_m 按整流器方式工作，而 UF_n 为 UF_m 的负载，其中 4 个二极管均导通，i_n 在 UF_n 中流过，此时，U_{mn} 为正，其值为

$+2U_V$，U_V为二极管压降。

当$e_2>e_1$时，与上面相反，UF_m为UF_n负载，UF_m中4个二极管导通，U_{mn}为UF_m串联2个二极管压降，故U_{mn}为$-2U_V$。上面分析的是e_1、e_2瞬时值情况，如取U_{mn}平均值，则比较器能实现$|\dot{E}_1|$与$|\dot{E}_2|$绝对值比较。

二、以圆特性为基础的阻抗继电器通用动作特性

圆的图形在几何上容易定义，包括圆的特例——直线是最简单的几何图形，所以在阻抗平面上构成圆的特性的阻抗继电器是用得最多的一种阻抗继电器，它结构较简单，在模拟式阻抗继电器中，容易用两比较量构成，它的特性容易进行解析分析。

本节分析的阻抗继电器除圆特性的阻抗继电器外，还包括用两段圆弧构成的、动作区非连续性的阻抗继电器。

（一）相位比较式阻抗继电器圆特性构成

设$\dot{E}_x$、$\dot{E}_y$为相位比较式阻抗继电器比较器的输入电压，它们都是由继电器输入电压$\dot{U}_m$和电流$\dot{I}_m$所组成

$$\dot{E}_x=\dot{I}_m\cdot Z_{b1}-K_u\cdot\dot{U}_m \qquad [7-39(a)]$$

$$\dot{E}_y=K_p\cdot\dot{U}_m-\dot{I}_m\cdot Z_{b2} \qquad [7-39(b)]$$

比相器的动作条件为

$$\theta_1\leqslant\arg\dot{E}_x/\dot{E}_y\leqslant\theta_2 \qquad [7-39(c)]$$

式（7－39）中Z_{b1}、Z_{b2}为电压形成回路中设置的补偿阻抗，用来调整阻抗继电器动作特性，K_u、K_p为系数，它们可以是实数也可是复数。首先认为它们是实数。

为了确定由式（7－39）所组成的比较量和所规定的动作条件在$R-X$平面上的动作特性，将式［7－39（a）］两边除以$K_u\dot{I}_m$，式［7－39（b）］两边除以$K_p\dot{I}_m$，并令$\frac{\dot{E}_x}{K_u\dot{I}_m}=Z_x$，$\frac{\dot{E}_y}{K_p\dot{I}_m}=Z_y$，$\frac{\dot{U}_m}{\dot{I}_m}=Z_m$

$$Z_x=\frac{Z_{b1}}{K_u}-Z_m \qquad [7-40(a)]$$

$$Z_y=Z_m-\frac{\dot{Z}_{b2}}{K_p} \qquad [7-40(b)]$$

并得

$$\arg\frac{Z_x}{Z_y}=\arg\frac{\dot{E}_x}{\dot{E}_y}+\arg\frac{K_p}{K_u} \qquad [7-41(a)]$$

令

$$\theta_p=\arg\frac{K_p}{K_u}\text{，则}\arg\frac{Z_x}{Z_y}=\arg\frac{\dot{E}_x}{E_y}+\theta_p \qquad [7-41(b)]$$

如 K_p、K_u 为实数，则 $\theta_p = arg\dfrac{K_p}{K_u} = 0$，有

$$\arg\frac{Z_x}{Z_y} = \arg\frac{\dot{E}_x}{\dot{E}_y}$$

故在 $R \sim X$ 平面比较量为 Z_x、Z_y 的动作条件亦为

$$\theta_1 \leqslant \arg\frac{Z_x}{Z_y} \leqslant \theta_2 \tag{7-42}$$

上式实际上是两个动作条件

$$\theta_1 \leqslant \arg\frac{Z_x}{Z_y} \qquad [7-43(a)]$$

$$\theta_2 \geqslant \arg\frac{Z_x}{Z_y} \qquad [7-43(b)]$$

图 7－34 为两比较量相位比较式阻抗继电器在 $R-X$ 平面上的动作区。

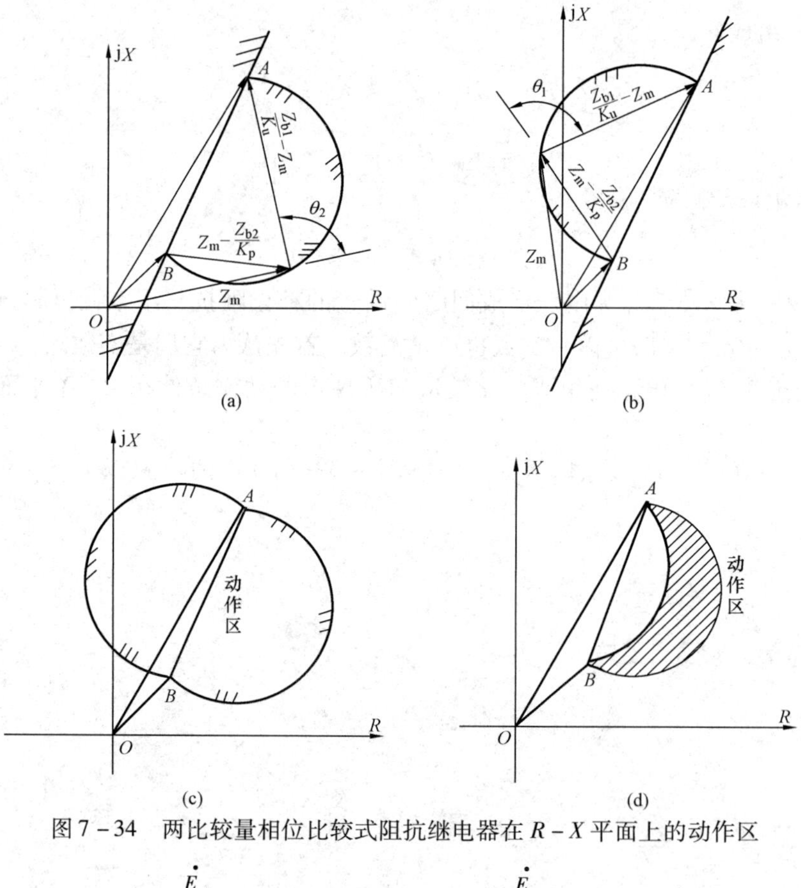

图 7－34　两比较量相位比较式阻抗继电器在 $R-X$ 平面上的动作区

（a）由 $\arg\dfrac{\dot{E}_x}{\dot{E}_y} \leqslant \theta_2$ 确定的动作区；（b）由 $\arg\dfrac{\dot{E}_x}{\dot{E}_y} \geqslant \theta_1$ 确定的动作区；

（c）由 $\theta_1 \leqslant \arg\dfrac{\dot{E}_x}{\dot{E}_y} \leqslant \theta_2$ 确定的综合动作区；（d）θ_1、θ_2 均为正，$\theta_1 = 45°$，$\theta_2 = 90°$时动作区

为了确定由式（7－43）所规定的动作区，在 $R-X$ 平面上作相量 $OA=Z_{b1}/K_u$，$OB=Z_{b2}/K_p$ 及任一点 $OC=Z_m$，并按式［7－40（a)］及式［7－40（b)］求得 Z_x、Z_y，及其夹角 $\theta=\arg Z_x/Z_y$。

由式［7－43（a)］所确定的动作边界为一段圆弧，AB 为圆弧的弦，圆弧上各点相应于 $\theta=\theta_2$，对 AB 张开的角为 $\pi-\theta_2$，圆弧内，包括 A、B 点延长线内侧为动作区（$\theta\leqslant\theta_2$），圆弧外，包括 AB 延长线外侧为制动区，如图 7－34（a）所示。

由式［7－43（b)］所确定的动作边界为另一段圆弧。为了图形清楚起见，设 θ_1 为负。在图 7－34（b）中作出 θ 为负的情况，所谓 θ 为负即 Z_y 领前 Z_x，可知动作边界亦为一圆弧，以 AB 为弦，边界上各点对 AB 弦张开的角度为 $\pi-\theta_1$，相应于 $\theta=\theta_1$ 的临界情况。圆弧内侧，包括 AB 点延长线内侧为动作区，外侧为制动区，如图 7－34（b）所示，将图 7－34（a）和图 7－34（b）综合起来就构成由图 7－34（c）所确定的完整动作边界。它由两段圆弧构成，如 $\theta_2-\theta_1=180°$，则动作边界为一圆，如 $\theta_2=90°$，$\theta_1=90°$则 AB 为圆的直径。

需要指出，图 7－34（c）对应的情况为 $\theta_2>0$，$\theta_1<0$，如 $\theta_2>\theta_1>0$，则动作边界为月牙状，如图 7－34（d）所示。

（二）绝对值比较式阻抗继电器圆特性构成

1. 绝对值比较阻抗继电器与相位比较式阻抗器之间关系

在一定的条件下，相位比较阻抗继电器同绝对值比较器有互换的关系。

相位比较与绝对值比较虽然在性质上大不相同，但在一定条件下，二者有互换的关系。这个关系可从解析上分析，也可用图示的方法找出二者的关系。

图 7－35 中 $\dot{E}_x$ 与 $\dot{E}_y$ 为相位比较的量，其动作条件为

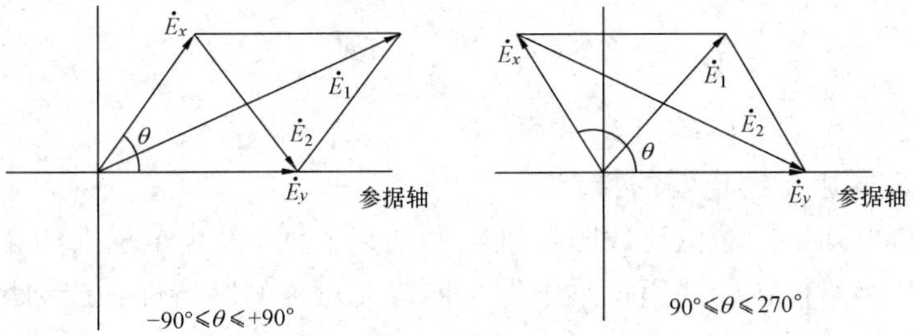

图 7－35　相位比较和绝对值比较间的关系

$$-90°\leqslant\arg\frac{\dot{E}_x}{\dot{E}_y}\leqslant+90° \qquad (7-44)$$

将 $\dot{E}_x$、$\dot{E}_y$ 构成一个四边形，四边形两个对角线为 $\dot{E}_1$、$\dot{E}_2$。可以看出，如以 $\dot{E}_y$ 为参据，在 $-90°\leqslant\arg\dfrac{\dot{E}_x}{\dot{E}_y}\leqslant+90°$相位比较动作条件下有

$$|\dot{E}_1|\geqslant|\dot{E}_2|$$

在 $90° \leqslant \arg \dfrac{\dot{E}_x}{\dot{E}_y} \leqslant -90°$ 相位比较动作条件下有

$$|\dot{E}_1| \leqslant |\dot{E}_2|$$

从而可得，以式（7－44）为动作判据的相位比较式阻抗继电器可以用绝对值比较来实现，其动作判据为

$$|\dot{E}_1| \geqslant |\dot{E}_2| \tag{7-45}$$

其中

$$\dot{E}_1 = \dot{E}_y + \dot{E}_x \qquad [7-46(a)]$$

$$\dot{E}_2 = \dot{E}_y - \dot{E}_x \qquad [7-46(b)]$$

如已知 $\dot{E}_1$、$\dot{E}_2$，也可进行反变换：

$$\dot{E}_x = \dot{E}_1 - \dot{E}_2 \qquad [7-47(a)]$$

$$\dot{E}_y = \dot{E}_1 + \dot{E}_2 \qquad [7-47(b)]$$

如按相位比较方式工作的阻抗继电器的比较量为

$$\dot{E}_x = \dot{I}_m \cdot Z_{b1} - \dot{K}_u \dot{U}_m$$

$$\dot{E}_y = \dot{K}_p \dot{U}_m - \dot{I}_m Z_{b2}$$

则按绝对值比较方式工作的阻抗继电器的比较量为

$$\dot{E}_1 = (Z_{b1} - Z_{b2})\dot{I}_m + (K_p - K_u)\dot{U}_m$$

$$\dot{E}_2 = (K_p + K_u)\dot{U}_m - (Z_{b1} + Z_{b2})\dot{I}_m$$

2. 绝对值比较式阻抗继电器的特点

由上面的分析可知，绝对值比较阻抗继电器与以 ±90°为动作范围的相位比较式阻抗继电器等同。所以，绝对值比较式阻抗继电器只能构成对称的圆特性，或圆特性的特例——直线特性。

绝对值比较式阻抗继电器不能构成非对称的和由部分圆弧构成的阻抗继电器。

（三）以圆特性为基础的阻抗继电器特性的讨论

在已对两种两比较方式的阻抗继电器的构成有了全面了解之后，下面先对一般以圆特性为基础的阻抗继电器作一般分析，然后再对一些较复杂的阻抗继电器作较详细的分析。分析的对象以相位比较式阻抗继电器为主，其比较量 $\dot{E}_x$、$\dot{E}_y$ 及 Z_x、Z_y，如式［7－39（a）］、式［7－39（b）］及式［7－39（c）］所示，其相应的动作特性如图 7－33（c）所示。

决定动作特性的因素有 4 个：

Z_{b1}/K_u　决定 A 点位置；

Z_{b2}/K_p　决定 B 点位置；

θ_1、θ_2 决定圆弧的构成。

1. 全阻抗继电器

令

$$Z_{b1} = -Z_{b2} = Z_b \quad [7-48(a)]$$

$$K_u = K_p \quad [7-48(b)]$$

$$\left.\begin{aligned}\theta_1 &= -90^\circ \\ \theta_2 &= 90^\circ\end{aligned}\right\} \quad [7-48(c)]$$

则得

$$\dot{E}_x = \dot{I}_m Z_b - K_u \dot{U}_m \quad [7-49(a)]$$

$$\dot{E}_y = K_u \dot{U}_m + \dot{I}_m Z_b \quad [7-49(b)]$$

其动作特性如图 7－36 中圆 a 所示，为一全阻抗圆。

全阻抗继电器对感受阻抗的阻抗角不敏感，无方向性，受系统振荡影响大，虽然它对短路处过渡电阻的影响有较强的避开能力，但在实际中用得很少。

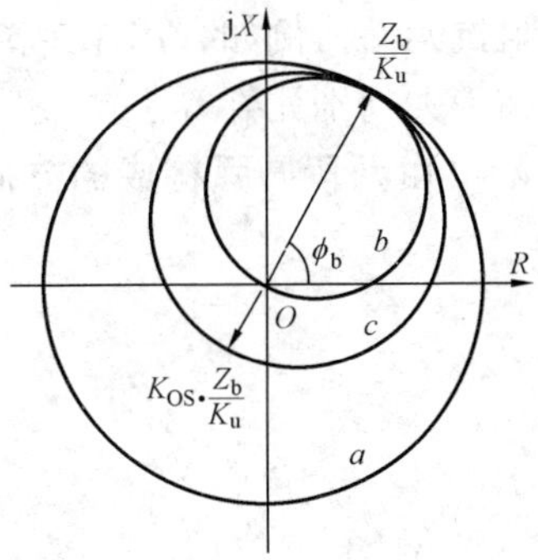

图 7－36　几种圆特性阻抗继电器

2. 方向阻抗继电器

令

$$Z_{b1} = Z_b \quad [7-50(a)]$$

$$Z_{b2} = 0 \quad [7-50(b)]$$

$$\left.\begin{aligned}\theta_1 &= -90^\circ \\ \theta_2 &= 90^\circ\end{aligned}\right\} \quad [7-50(c)]$$

则得

$$\dot{E}_x = \dot{I}_m Z_b - K_u \dot{U}_m \quad [7-51(a)]$$

$$\dot{E}_y = K_p \dot{U}_m \quad [7-51(b)]$$

由于 $Z_{b2}=0$，故图 7－36 圆 c 中 B 点与 $R-X$ 平面原点 O 重合，动作特性具有方向性。

方向阻抗继电器是对感受阻抗阻抗角很敏感的阻抗继电器，用阻抗继电器作为距离保护的测量元件能发挥阻抗测量的优点，其比较电压的形成也较简单，动作特性也容易用数学表达式描写。所以，方向阻抗继电器是距离保护中用得较多的一种阻抗继电器。

但方向阻抗继电器也有严重的缺点，即随着具有方向判别功能而来的，出口短路时动作有死区，如不能克服出口短路动作死区，则其应用就要受到很大限制。所以，方向阻抗继电器如何消除出口短路动作死区就是继电保护中一项技术难题，经过长期研究已发展了一套方向阻抗继电器消除动作死区的方法，采用了这些方法后，方向阻抗继电器又增加了一些功能和优点，但却使性能复杂了，本章将在后面重点研究这些问题。

3. 偏移方向阻抗继电器

令

$$Z_{b1} = Z_b \quad [7-52(a)]$$

$$K_u = K_p \quad [7-52(b)]$$

$$Z_{b2} = -K_{OS} Z_b \quad [7-52(c)]$$

$$\left.\begin{aligned}\theta_1 &= -90^\circ \\ \theta_2 &= 90^\circ\end{aligned}\right\} \quad [7-52(d)]$$

则得

$$\dot{E}_x = \dot{I}_m Z_b - K_u \dot{U}_m \quad [7-53(a)]$$

$$E_y = K_u \dot{U}_m + \dot{I}_m \cdot K_{OS} Z_b \quad [7-53(b)]$$

其动作特性如图7－36圆c所示，其动作特性包含$R-X$平面上坐标原点，所以它没有出口短路动作死区。但也不具备完全的方向性，称偏移（*off－set*）方向阻抗继电器，K_{OS}为偏移度，其值一般不大，例如10%。

偏移方向阻抗器由于其具有一定的方向性，且无动作死区，常用在距离保护中作为灵敏的阻抗元件。例如，用作距离Ⅲ段测量元件、距离保护整组起动元件、瞬时固定保持元件和振荡消失判别元件等。

4. 由两段圆弧构成的方向阻抗继电器

令

$$Z_{b1} = Z_b \quad [7-54(a)]$$

$$Z_{b2} = 0 \quad [7-54(b)]$$

$$\theta_2 - \theta_1 \neq 180° \quad [7-54(c)]$$

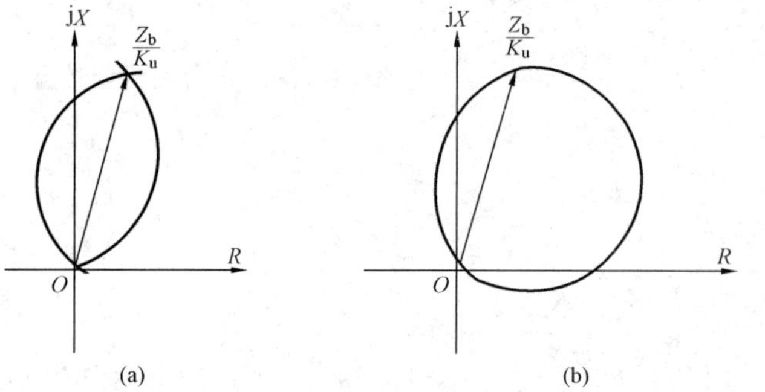

图7－37　两段圆弧构成的方向阻抗继电器

（a）棱形 $\theta_1 = -45°$，$\theta_2 = 45°$；（b）透镜形 $\theta_1 = -45°$，$\theta_2 = 120°$

所得的比较量仍为

$$\dot{E}_x = \dot{I}_m Z_b - K_u U_m \quad [7-55(a)]$$

$$\dot{E}_y = K_p \dot{U}_m \quad [7-55(b)]$$

但因$\theta_2 - \theta_1 \neq 180°$，所以构成特性不是圆而是由两段圆弧封闭而成。

图7－37（a）为对称的棱形特性方向阻抗继电器，它有较为狭窄的形状。这种方向阻抗继电器在系统振荡时，即使误动的话，误动持续时间也较短。

图7－37（b）为一种不对称特性的方向阻抗继电器。在国外距离保护中采用过，称为透镜（*Lens*）形方向阻抗继电器。由于它沿R方向有较宽的动作区。所以，避开弧光电阻对正确测距的影响较好，而在沿$-R$方向较窄，在系统振荡时，性能有一定改善。

5. 直线特性的阻抗继电器

直线是圆的特例，所以凡是圆特性或圆弧特性阻抗继电器都可以通过比较量中参数的整定和比较条件的变化，取得多种直线特性的阻抗继电器。

（1）圆特性方向阻抗继电器通过比较量中参数整定构成方向继电器。

图7－38（a）是在圆特性方向阻抗继电器基础上变化成的直线特性阻抗继电器。

图中1为方向阻抗继电器特性，其比较量为式（7－51），动作条件为$-90° \leqslant \theta \leqslant 90°$。

阻抗圆半径为OA，当减小K_u时，OA上A点沿Z_b延长线延长。当$K_u=0$时，OA之长为∞，圆就成为过0点与“直径”OA（即Z_b阻抗线）垂直的直线。显然，它为方向继电器，其最大灵敏角为φ_b，其动作量及动作条件为

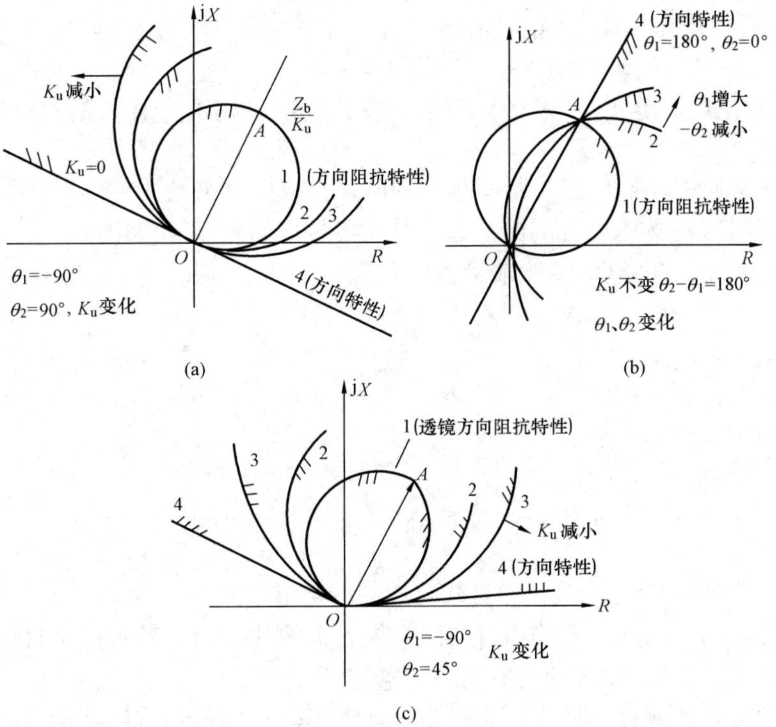

图 7－38　由方向阻抗继电器向方向继电器特性的演化

（a）圆特性方向阻抗继电器改变比较量中 K_u；（b）圆特性方向阻抗继电器改变动作条件中 $\theta_1\theta_2$；（c）棱形或透镜形方向阻抗继电器演化的方向继电器

$$\dot{E}_x = \dot{I}_m Z_b \qquad [7-56(a)]$$

$$\dot{E}_y = K_p \dot{U}_m \qquad [7-56(b)]$$

$$-90° \leqslant \arg\frac{\dot{E}_x}{\dot{E}_y} \leqslant 90° \qquad [7-56(c)]$$

（2）圆特性方向阻抗继电器通过改变动作条件取得的方向继电器。

图 7－38（b）中，圆 1 为方向阻抗继电器，与图 7－38（a）中圆 1 相同，现不改变比较量，但改变动作条件，$\theta_1=0$，$\theta_2=180°$时，圆就扩大为与 Z_b/K_u 相切，直径为无限大的圆，即为 Z_b 阻抗线本身，方向阻抗继电器变成方向继电器，同图 7－38（a）不同，其最大灵敏角与 φ_b 相差 90°。比较量与动作条件为

$$\dot{E}_x = \dot{I}_m \cdot Z_b - K_u \dot{U}_m \qquad [7-57(a)]$$

$$\dot{E}_y = K_p \dot{U}_m \qquad [7-57(b)]$$

$$0 \leqslant \arg\frac{\dot{E}_x}{\dot{E}_y} \leqslant 180° \qquad [7-57(c)]$$

（3）棱形或透镜形方向阻抗继电器演化的方向继电器。

图7－38（c）中1为不对称的透镜形方向阻抗继电器，相应的动作条件为$-45° \leqslant \arg\frac{\dot{E}_x}{\dot{E}_y} \leqslant 90°$。其比较量由式（7－55）所示，当$K_u$逐步减小时，$A$点沿$OA$线向外延伸，当$K_u=0$时，两段圆弧变为经$O$点与圆弧相切的两根直线，其夹角为$45°+90°=135°$，这种方向继电器特性有时有特殊用途，用两组这种特性可构四边形阻抗继电器。

图7－38（c）的方向继电器比较量为

$$\dot{E}_x = \dot{I}_m \cdot Z_b \qquad [7-58(a)]$$

$$\dot{E}_y = K_p \dot{U}_m \qquad [7-58(b)]$$

动作条件为

$$\theta_1 \leqslant \arg\frac{\dot{E}_x}{\dot{E}_y} \leqslant \theta_2 \quad (\theta_2 - \theta_1 \neq 180°) \qquad [7-58(c)]$$

（4）偏移方向阻抗继电器演化的直线特性的继电器。

上述直线特性的方向继电器均由方向阻抗继电器演化而成，其特点是直线动作边界均过$R-X$平面坐标原点，所以构成的是方向继电器特性。

在距离保护复合式测量元件中，有时需要特性不经过原点的直线特性，在此情况下，可将偏移方向阻抗继电器进行演化，以取得不过$R-X$平面坐标原点的直线特性。

图7－36中的圆c表明的特性为偏移方向阻抗继电器特性，其比较量原始形式为

$$\dot{E}_x = \dot{I}_m \cdot Z_{b1} - K_u \dot{U}_m \qquad [7-59(a)]$$

$$\dot{E}_y = K_p \dot{U}_m - \dot{I}_m \cdot Z_{b2} \qquad [7-59(b)]$$

动作条件为

$$-90° \leqslant \arg\frac{\dot{E}_x}{\dot{E}_y} \leqslant 90° \qquad [7-59(c)]$$

调整K_u与K_p可以改变动作特性的形状。有两种方法可以取得直线特性的阻抗继电器；参看图（7－39），令$K_u \to 0$，则$Z_{b1}/K_u \to \infty$，即A点沿阻抗线延伸至∞处，动作特性为过B点与圆1相切的直线特性。

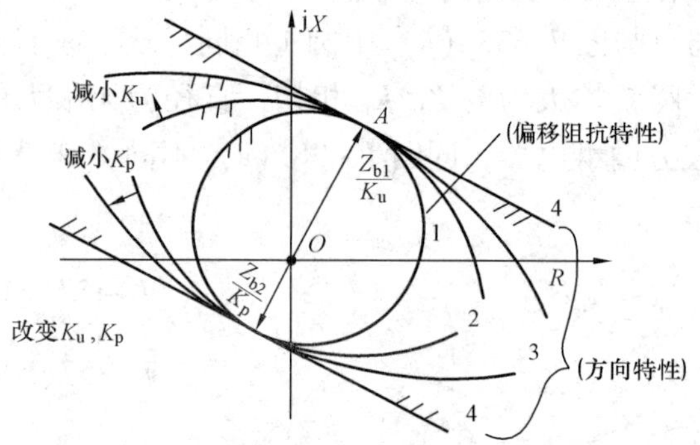

图7－39　由偏移方向阻抗继电器向直线特性阻抗继电器的演化

令$K_p \to 0$，则$Z_{b2}/K_p \to \infty$，B点延伸至∞处，动作特性为过A点与圆1相切的直线特性。

对应直线阻抗继电器特性2，比较量为

$$\dot{E}_x = I_m \cdot Z_{b1} \qquad [7-60(a)]$$

$$\dot{E}_y = K_p U_m - \dot{I}_m \cdot Z_{b2} \qquad [7-60(b)]$$

对应直线阻抗继电器特性3，比较量为

$$\dot{E}_x = \dot{I}_m \cdot Z_{b1} - K_u\dot{U}_m \qquad [7-61(a)]$$

$$\dot{E}_y = -\dot{I}_m Z_{b2} \qquad [7-61(b)]$$

它们的动作条件均为

$$-90° \leqslant \arg\frac{\dot{E}_x}{\dot{E}_y} \leqslant +90°$$

三、方向阻抗继电器

（一）距离保护中方向阻抗继电器的重要性及存在的主要问题

方向阻抗继电器的构成虽有多种形式，有用模拟量比较方式构成的，有用数字比较方式构成的，有相位比较方式构成的，也有用绝对值比较方法构成的，但它们都有一个共同功能要求和共同存在的问题。

各式各样的方向阻抗继电器应具有的共同要求是能较正确的进行距离测量，以及具有方向性。对现代高压系统来说不但要进行故障远近的测定，而且首先要决定故障方向，在电流保护中方向测量与电流测量是分开进行的，这就出现电流继电器与方向继电器动作不配合问题，例如故障前后功率反向时，反方向短路，电流方向保护会因短路后电流继电器先动作，而方向继电器因动作较慢，来不及返回而失去反向闭锁功能导致误动作。阻抗继电器不但能测定阻抗大小，而且因其相敏能力，按感受到的阻抗角判断阻抗方向，所以阻抗测量与方向测量同时进行，消除了这种动作不配合问题。

所以距离保护中，快速的距离Ⅰ段（Ⅱ段）几乎无例外的以方向阻抗继电器作为测量元件。

但是，既然方向阻抗继电器具有方向性，因而也存在方向测量时出现被保护线路出口短路时动作死区，以及背后出口短路时动作不确定问题，这是方向阻抗继电器存在的最大问题。为了解决这一问题，继电保护工作者做了大量研究工作，采取了很多措施，基本解决了这一问题。而且，在解决出口短路死区的过程中发现在采取一些措施时，使方向阻抗继电器出现一些特殊性能，改善了阻抗继电器的特性。

从继电器来讲，方向阻抗继电器是被研究得最多的一种单个继电器，也是继电保护中最复杂的单个继电器。

（二）方向阻抗继电器中极化电压与交叉极化阻抗继电器

1. 交叉极化（*Cross Polarization*）方向阻抗继电器的构成

前已说明，按相位比较原理构成的方向阻抗继电器比较电压为

$$\dot{E}_x = \dot{I}_m \cdot Z_b - K_u\dot{U}_m \qquad [7-62(a)]$$

$$\dot{E}_y = K_p\dot{U}_m = \dot{U}_p \qquad [7-62(b)]$$

其动作条件为

$$-90° \leqslant \arg\frac{\dot{E}_x}{\dot{E}_y} \leqslant 90° \qquad [7-62(c)]$$

同其他特性的阻抗继电器不同，式［7－62（b）］的 $\dot{E}_y$ 只由电压组成，它只起相位参据的作用，它的大小与构成与特性无关，只要求它与 $\dot{U}_m$ 同相，所以称之为极化电压 $\dot{U}_p$，它的作用可用图 7－40 来解释。

在图 7－40 中方向阻抗继电器工作于最大灵敏角的情况，电压形成回路中补偿阻抗 Z_b 的阻抗角 φ_b 等于被保护线路阻抗角 φ_L。图 7－40（a）中，故障发生在保护区内，$\dot{I}_m Z_b > \dot{U}_m$ 故 $\dot{E}_x = \dot{I}_m Z_b - \dot{U}_m$ 与 $\dot{U}_p$ 同相，$\arg\dfrac{\dot{E}_x}{\dot{E}_y}=0$，阻抗继电器工作是最灵敏的动作状态。图 7－40（b）中，故障发生在保护区外，$\dot{I}_m Z_b < \dot{U}_m$，故 $\dot{E}_x = \dot{I}_m Z_b - \dot{U}_m$ 与 $\dot{U}_p$ 反相。$\arg\dfrac{\dot{E}_x}{\dot{E}_y}=180°$，阻抗继电器可靠不动作。

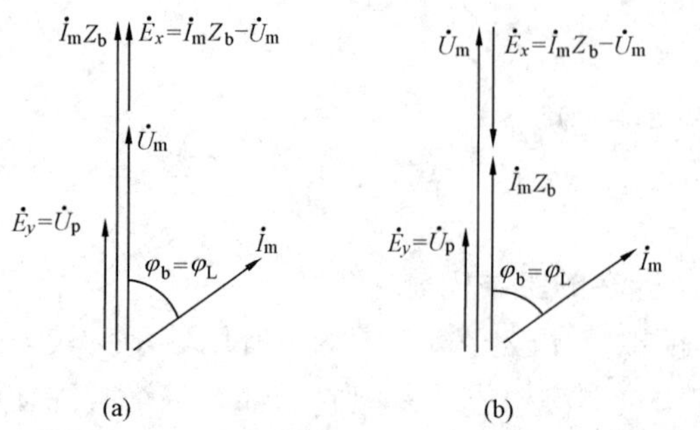

图 7－40　以 $\dot{U}_p$ 为极化电压的方向阻抗继电器区内、外故障时相量图（$K_u=1$，$\varphi_b=\varphi_L$）

（a）区内故障 $\arg\dfrac{\dot{E}_x}{\dot{E}_y}=0$；（b）区外故障 $\arg\dfrac{\dot{E}_x}{\dot{E}_y}=180°$

从上面的分析可以看出，在区内外故障状态下，变化的是 $\dot{E}_x$，而 $\dot{E}_y=\dot{U}_p$ 不变，区内外短路两种状态下，只有 $\dot{E}_x$ 变号（0°→180°），$\dot{U}_p$ 不变，因此 $\dot{U}_p$ 只是相位参考的作用。

对 $\dot{U}_p$ 的要求有：

1）在任何测量状态下，有一定数值，否则要出现动作死区。

2）$\dot{U}_p$ 应与工作电压同相，即与 $\dot{U}_m$ 同相，最简单的方法就是取自 $\dot{U}_m$，即 $K_p\dot{U}_m$ 中 K_p 为实数，但这样一来就不可避免地出现出口短路动作死区。

解决这一办法的最简单途径就是采用交叉极化方式，即 $\dot{U}_p$ 取自与阻抗继电器工作相（相间）不同的相间（相）的电压，如表 7－5 所示。

表 7－5　　不同相别阻抗继电器采用的交叉极化电压

阻抗继电器执行	Z_A	Z_B	Z_C	Z_{AB}	Z_{BC}	Z_{CA}
$\dot{U}_m$	$\dot{U}_A$	$\dot{U}_B$	$\dot{U}_C$	$\dot{U}_{AB}$	$\dot{U}_{BC}$	$\dot{U}_{CA}$
$\dot{U}_p$	$\dot{U}_{BC}$	$\dot{U}_{CA}$	$\dot{U}_{AB}$	$\dot{U}_C$	$\dot{U}_A$	$\dot{U}_B$

在方向继电器中也有出口短路动作死区问题，解决的办法之一是采用 90°接线方法，实际上也就是交叉极化方式。方向阻抗继电器采用交叉极化同方向继电器 90°接线有所不同，方向阻抗继电器采用交叉极化时，极化电压 $\dot{U}_p$ 同工作电压 $\dot{U}_m$ 之间的相位不同，需要进行移相校正，以保证应有的最大灵敏角，而 90°接线方向继电器一般不进行相位校正。

采用交叉极化的方向阻抗继电器，所用的交叉极化电压同工作电压 $\dot{U}_m$之间存在的相位差别可为任意角，但一般都存在90°的相位差别，从表7－2可以看出，原因之一是对称三相系统，相（相间）同完好相间（相）存在90°相角差，但另一个主要原因是在模拟电路中90°相移可通过 L、C 谐振电路取得，而 L、C 谐振电路可获得电压记忆的功能。

图7－41表明两种极化电压的取得方法，图7－41（a）为相间阻抗继电器 Z_{AB} 的情况，工作电压 $\dot{U}_m=\dot{U}_{AB}$，极化电压 $\dot{U}_p=K_p\cdot\dot{U}_c\cdot e^{-j90°}$。图7－41（b）为接地阻抗继电器 Z_A 的情况，工作电压 $\dot{U}_m=\dot{U}_A$，极化电压 $\dot{U}_p=K_p\cdot\dot{U}_{BC}\cdot e^{+j90°}$。

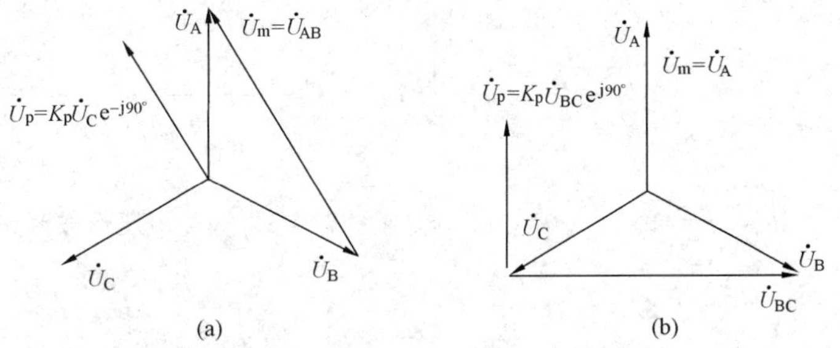

图7－41　两种极化电压的取得方法

（a）相间阻抗继电器 Z_{AB}；（b）接地阻抗继电器 Z_A

方向阻抗继电器中，特别是模拟式方向阻抗继电器中，极化电压移相回路是一个很难处理的电路。它一方面要取得交叉极化所需的移相功能，又要能在工作电压消失后一段时间内，依靠记忆取得正确参考相位。这两个要求往往不一定能同时满足。即使在数字式方向阻抗继电器中也存在相应的困难。所以，有一种设计中极化电压一部分取自工作电压 $\dot{U}_m$，另一部分取自交叉极化电压。图7－42是设计得较巧妙的模拟式方向阻抗继电器极化电压形成回路。图中表明的是AB相阻抗继电器的极化电压形成部分。其中，$\dot{U}_m=\dot{U}_{AB}$，极化电压由两部分组成，一部分取自 $\dot{U}_m$即 $\dot{U}_{AB}$，另一部分经移相取自第三相即 $\dot{U}_c$。写成公式

$$\dot{U}_p = K'_p\dot{U}_{AB} + K''_p\dot{U}_c\cdot e^{-j90°} \tag{7-63}$$

这一极化电压形成回路工作状态可用重叠定理分析。

对应图7－42（b），分析极化回路单独施加工作电压 $\dot{U}_m=\dot{U}_{AB}$的情况。在此情况下交叉极化电压源 $\dot{U}_c$ 应短路，但因 R 很大，断开 R 回路即可。根据图7－42（b），得

$$\dot{U}_p = \frac{\dot{U}_{AB}}{R_p + r_p + j(X_L - X_C)}\cdot R_p \tag{7-64}$$

当 L_p、C_p 在工作电压下属于相位谐振时，$X_L=X_C$，得

$$K'_p = \frac{R_p}{R_p + r_p + j(X_L - X_C)} = \frac{R_p}{R_p + r_p} \tag{7-65}$$

为实数。

对应图7－42（c）分析极化回路单独施加交叉极化电压 $\dot{U}_c$ 的情况，因模拟AB两相短路，故 $\dot{U}_m=\dot{U}_{AB}=0$，而故障点CA（或CB）相电压为 $\dot{U}_{ca}=1.5\dot{U}_c$。因 R 很大，可认为

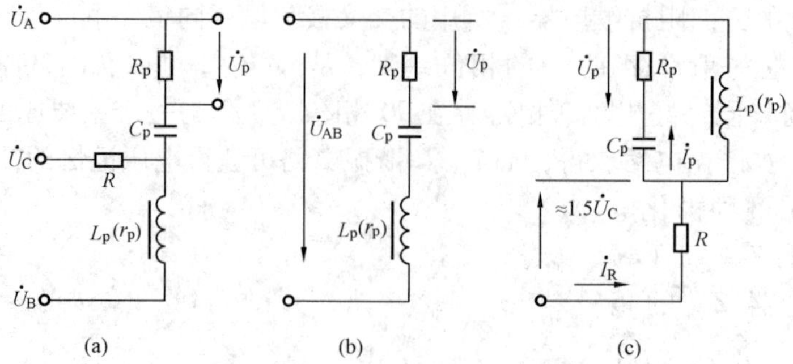

图 7－42　极化电压形成回路

$$\dot{I}_R = \frac{1.5\dot{U}_c}{R} \tag{7-66}$$

而流经 R_p 的电流为 $\dot{I}_R$ 在 R_p 回路上分流，因

$$\dot{I}_p(R_p - jX_c) = (\dot{I}_R - \dot{I}_p)(r_p + jX_L)$$

故得

$$\dot{I}_p = \frac{r_p + jX_L}{R_p + r_p + j(X_L - X_C)} \cdot \dot{I}_R \tag{7-67}$$

因 r_p 同 X_L 相比甚小，故分子上 r_p 可忽略，将上列关系代入

$$\begin{aligned}\dot{U}_p &= -\dot{I}_p R_p \\ &= \frac{1.5R_pX_L}{R[R_p + r_p + j(X_L - X_C)]}(-j)\cdot\dot{U}_C \\ &= \frac{1.5R_pX_L}{R[R_p + r_p + j(X_L - X_C)]}(e^{-j90^\circ})\cdot\dot{U}_C\end{aligned}$$

根据由工作电压取得正确相位极化电压的要求，有 $X_L = X_C$，故得

$$\dot{U}_p = \frac{1.5R_pX_L}{R(R_p + r_p)}\cdot e^{-j90^\circ}\cdot\dot{U}_c = K''_p\cdot e^{-j90^\circ}\cdot\dot{U}_C \tag{7-68}$$

因 r_p 甚小,故

$$K''_p \approx \frac{1.5X_L}{R} \tag{7-69}$$

故如果 $X_L = X_C$，则第三相电压取得的极化电压部分也有正确相位。

在静态方向阻抗继电器中还有另一种自健全相电压取得交叉极化电压的方法。

图 7－43 中 TV 为一种带气隙的变压器，其励磁电抗 X_L 较小，称“极化变压器”，X_C 为 C_p 的容抗。当 $X_L = X_C$ 时，TV 一次回路为电阻性，其励磁电流与 $\dot{U}_C$ 同相。此励磁电流 $\dot{I}_p$ 在二次侧感应的电压超前 $\dot{I}_p 90^\circ$，故适当选择 TV 极性，可得正确相位的极化电压

$$\dot{U}_p = K\cdot e^{-j90^\circ}\cdot\dot{U}_C \tag{7-70}$$

2. 交叉极化方向阻抗继电器静态特性

交叉极化方向阻抗继电器同其他阻抗继电器有不同的地方，它的动作特性要受电力系统

工作状态的影响，惯常所称交叉极化方向阻抗继电器静态特性就是它的试验特性，也就是在进行继电器试验以测定其特性时所取得的动作特性。

根据前面的讨论，方向阻抗继电器特性如图 7－44 中圆 1 所示。对交叉极化方向阻抗继电器来说，不同的是极化电压 $\dot{E}_y=\dot{U}_p$ 取自与工作电压不同相的交叉极化电压，即

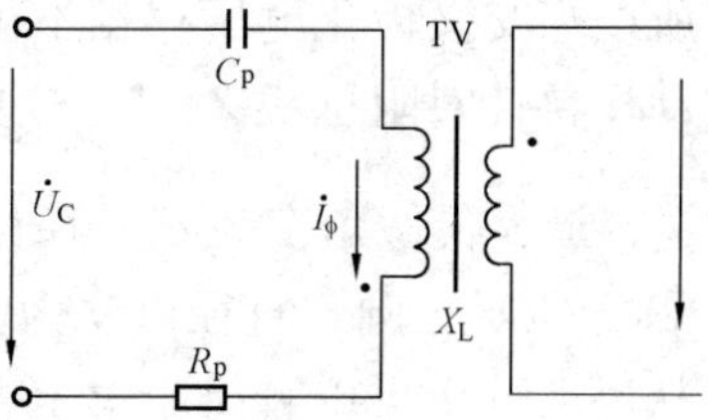

图 7－43　另一种取得交叉极化电压的方法（工作电压为 $\dot{U}_m=\dot{U}_{AB}$）

$$\dot{U}_p=K_p\cdot e^{j\alpha}\cdot\dot{U}_{Cp}\qquad(7-71)$$

当 $\alpha=\arg(\dot{U}_m/\dot{U}_{Cp})$ 时，极化电压 $\dot{U}_p$ 与工作电压 $\dot{U}_m$ 同相，极化电压有正确的相位，所得特性如图 7－44 中圆 1。

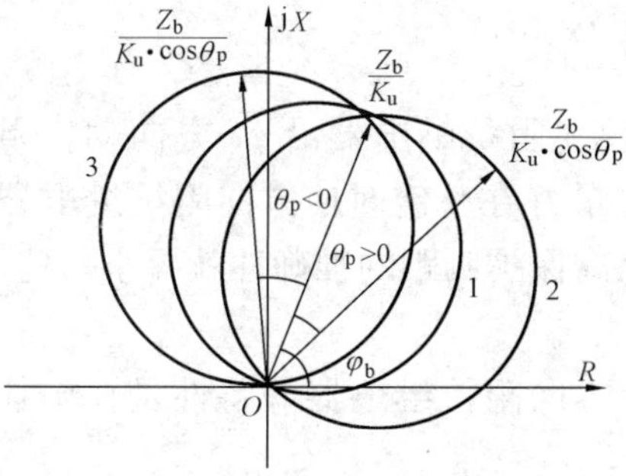

图 7－44　$\theta_p\neq0$ 时交叉极化方向阻抗继电器静特性（圆 1，$\theta_p=0$；圆 2，$\theta_p>0$；圆 3，$\theta_p<0$）

但由于 $\dot{U}_p$ 是通过移相回路取自“健全相”，即非故障相，所以式（7－71）中 α 不一定等于 $\arg(\dot{U}_m/\dot{U}_{Cp})$，则极化电压 $\dot{U}_p$ 相位就有了畸变。

如由移相所得的 $\dot{U}_p$ 与 $\dot{U}_m$ 不同相，$\arg(\dot{U}_p/\dot{U}_m)=\theta_p$，则阻抗继电器比较电压中

$$\dot{E}_y=\dot{U}_p=e^{j\theta_p}\cdot\dot{U}_m\qquad(7-72)$$

参看式（7－41），上式相当于式中 K_p 不是实数（K_u 仍是实数），而是 $e^{j\theta_p}$，将其代入式（7－41）中，有

$$\arg\frac{Z_x}{Z_y}=\arg\frac{\dot{E}_x}{\dot{E}_y}+\theta_p$$

即

$$\arg\frac{\dot{E}_x}{\dot{E}_y}=\arg\frac{Z_x}{Z_y}-\theta_p\qquad(7-73)$$

由于以 $\arg\frac{\dot{E}_x}{\dot{E}_y}$ 为相位测量时，动作条件为

$$-90°\leqslant\arg\frac{\dot{E}_x}{\dot{E}_y}\leqslant90°$$

将式（7－73）中关系代入，得在 $R-X$ 平面上动作条件为

$$-90°\leqslant\arg\frac{Z_x}{Z_y}-\theta_p\leqslant+90°$$

即

$$-90°+\theta_p\leqslant\arg\frac{Z_x}{Z_y}\leqslant90°+\theta_p\qquad(7-74)$$

所以当交叉极化电压移相不正确，使 $\dot{U}_p$ 超前 $\dot{U}_m$ 一个角 θ_p 时，在复阻抗平面上，方向阻抗动作特性对阻抗线 Z_b/K_u 来说是一不对称的圆，它以 Z_b/K_u 为圆直径，以 O 为中心旋转 $-\theta_p$，最大灵敏角变为 $\varphi_{ms}=\varphi_b-\theta_p$。如 $\dot{U}_p$ 滞后 $\dot{U}_m$ 一个角 θ_p 时，方向阻抗特性如图 7-44 中圆 3 所示，圆 3 直径以 0 为中心旋转 $+\theta_p$，最大灵敏角为 $\varphi_{ms}=\varphi_b+\theta_p$。

从以上分析可以看出，由于交叉极化电压形成回路有相位谐振移相功能，因而移相角对频率敏感。电网频率变化时将对交叉极化方向阻抗继电器静特性发生影响，表现在：

（1）最大灵敏角 φ_{ms} 发生变化，对图 7-42、图 7-43 所示极化电压形成回路而言，频率下降时因极化回路电流呈容性，相应的 $\dot{U}_p$ 超前 $\dot{U}_m$，$\theta_p>0$，φ_{ms} 减小为 $\varphi_b-\theta_p$，反之，如频率升高，则 $\theta_p<0$，φ_{ms} 增大为 $\varphi_b+\theta_p$。

（2）不管是升高还是降低，电网频率改变时，沿最大灵敏角方向，阻抗继电器动作阻抗增大为 $\frac{Z_b}{K_u}/\cos\theta_p$，如 $\theta_p=10°$，则增大为 Z_b/K_u 的 $\frac{1}{0.985}$ 倍。

（3）如忽略频率对 Z_b 的影响，则不管频率如何变化，阻抗继电器沿 φ_b 方向动作阻抗不变。由于在有谐振回路移相情况下，φ_{ms} 不易调准，故最好在整定时使方向阻抗继电器工作在 φ_b 方向上，电网在事故情况下，因频率变化影响距离保护测距的准确性就要小一些。

3. 交叉极化方向阻抗继电器工作特性

（1）交叉极化方向阻抗继电器工作特性。交叉极化方向阻抗继电器静特性是在施加给继电器的电压，包括工作电压 $\dot{U}_m$ 和交叉电压 $\dot{U}_{Cp}$ 大、小相位均保持一定的情况的特性。但在继电器接入电网实际工作状态下，取自健全相电压的交叉极化电压受故障相的影响，要发生大小，特别是相位的变化，因而动作特性将会发生变化，特别要注意的是，这一变化同故障相电流有关，因而使阻抗继电器极化电压中列入了故障电流 $\dot{I}_m$ 的因素，使动作特性包含 $R-X$ 坐标原点，失去了方向阻抗继电器的性质。

所以，交叉极化的方向阻抗继电器在接入电网后的实际情况下，只要电源有内阻抗（$\dot{I}_m$ 通过电源内阻抗，影响工作电压与交叉极化电压之间的相位关系），它的动作特性就与上节所述静特性不同，甚至很大的不同。本章称之为“工作特性”以表明它同“静特性”之间的不同。

有些资料中称这种特性（不包括“记忆”过程中的特性）为暂态特性或动态特性，似有不妥。因为出现这一与“静态特性”不同的特性不是因为系统或继电器中出现了什么暂态或动态过程。至于极化回路“记忆”过程，对动作特性的确产生过渡性质，这一过渡过程对继电器特性的影响将在下节分析。

交叉极化方向阻抗继电器在实际运行情况下表现出与静特性不同的性质，如能加以利用，对提高这种阻抗继电器的性能是十分有利的。同时，正确的分析研究这一特性，对交叉极化方向阻抗继电器理论方面问题也是有益的。

（2）研究交叉极化方向阻抗继电器工作特性的方法。交叉极化方向阻抗继电器的工作特性与其静特性不相同的原因是因为电源内阻抗的影响。所以分析工作特性时关键应涉及电源内阻抗，这一基本考虑在理论上自然是很简单的，但电网计算是一个很繁琐问题，如果严格的计及上述影响，对继电器特性的分析将变成电网的故障分析，所以在进行下面分析时，在不改变性质的条件下，做出一些假定，以简化对电源网络的考虑。

图7－45（a）为分析用系统图，系统由两侧电源供电，k_1、k_2点发生金属性短路，故不需涉及对侧电源助增作用，现分析装在M母线侧阻抗继电器工作特性。

分析时假定：

1）系统正序阻抗等于负序阻抗，且继电器工作电流进行了零序电流补偿，其工作电压亦按接地阻抗继电器和相间阻抗继电器不同引入相应电压，所以对阻抗继电器来说，其感受到的阻抗消除了相间、相地间互感影响，以相阻抗表示。

2）不计负荷电流的影响。在此情况下继电器所接系统的工作方式可用图7－45（b）和图7－45（c）表示，它们分别表明正向及背后短路的情况。由于已采用了上面假定，所以图中短路类型只要是不对称短路即可，既可是相间短路，又可以是接地短路或两相接地短路，只要阻抗继电器接线方式与之相应。

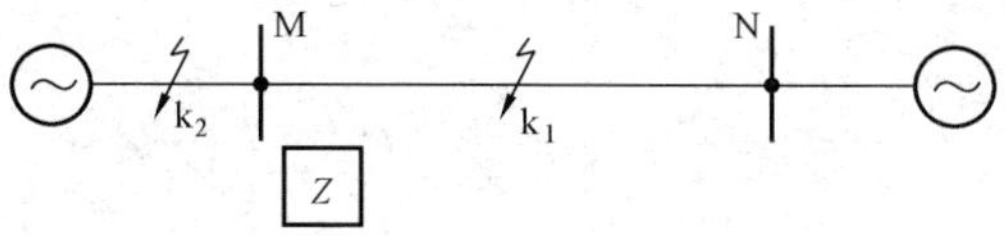

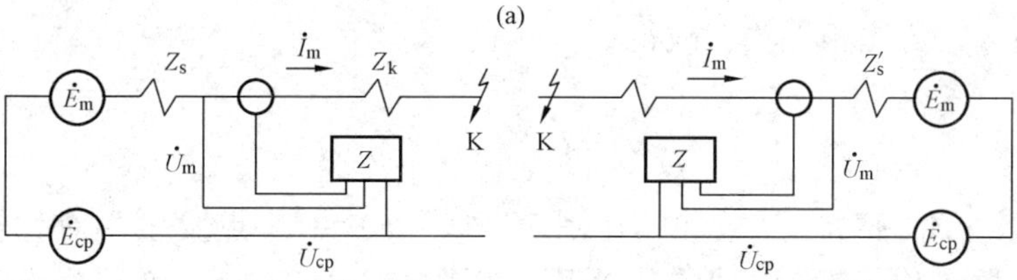

图7－45　分析交叉极化方向阻抗继电器工作特性的等效电路图

（a）系统原理图；（b）正向短路时等效电路；

（c）反向短路时等效电路

为了求得交叉极化方向阻抗继电器的工作特性，可按图7－45表明的电流电压关系，求出阻抗继电器极化电压的表达式，并与本节中圆特性为基础的阻抗继电器通用特性作比较，即可得出相应的工作特性。

（3）极化电压$\dot{U}_p$全由交叉极化电压移相组成的方向阻抗继电器工作特性。

先分析正向短路时情况：

根据图7－45（b）

$$\dot{E}_m = \dot{U}_m + \dot{I}_m \cdot Z_s \tag{7－75}$$

由于不计负荷电流影响，故交叉极化电压$\dot{U}_{Cp}$与其电源电动势$\dot{E}_{Cp}$相等

故有
$$\dot{U}_{Cp} = \dot{E}_{Cp} \tag{7－76}$$

由于电源电动势恒保持三相平衡状态，故有

$$\dot{E}_m = K\dot{U}_{Cp} \cdot e^{j\alpha} \tag{7－77}$$

$$\alpha = \arg \frac{\dot{E}_{m}}{\dot{E}_{Cp}} \tag{7-78}$$

由于交叉极化方向阻抗继电器中，交叉极化电压的移相角是按继电器装设处三相电压平衡状态设计并调整的，故其值亦为 α，即

$$\arg \frac{\dot{U}_{m}}{\dot{U}_{Cp}} = \alpha \tag{7-79}$$

在交叉极化回路中有

$$\dot{E}_{y} = \dot{U}_{p} = K_{p} \cdot \dot{U}_{Cp} \cdot e^{j\alpha}$$

根据式（7－77）有

$$\dot{U}_{Cp} \cdot e^{j\alpha} = \frac{1}{K} \dot{E}_{m}$$

故得

$$\dot{E}_{y} = \dot{U}_{p} = \frac{K_{p}}{K} \dot{E}_{m} = \frac{K_{p}}{K} (\dot{U}_{m} + \dot{I}_{m} \cdot Z_{s})$$

因 $\frac{K_{p}}{K}$ 为实系数，与比相无关，故得

$$\dot{E}_{y} = \dot{U}_{m} + \dot{I}_{m} \cdot Z_{s} \tag{7-80}$$

考虑 $\dot{E}_{x} = \dot{I}_{m} \cdot Z_{b} - K_{u}\dot{U}_{m}$，故知，在图 7－45（a）中 k 点发生不对称短路时，交叉极化方向阻抗继电器工作特性为在 $R-X$ 平面上以阻抗相量 Z_{b}/K_{u} 和 $-Z_{s}$ 端头连线为直径的圆，如图 7－46 所示。

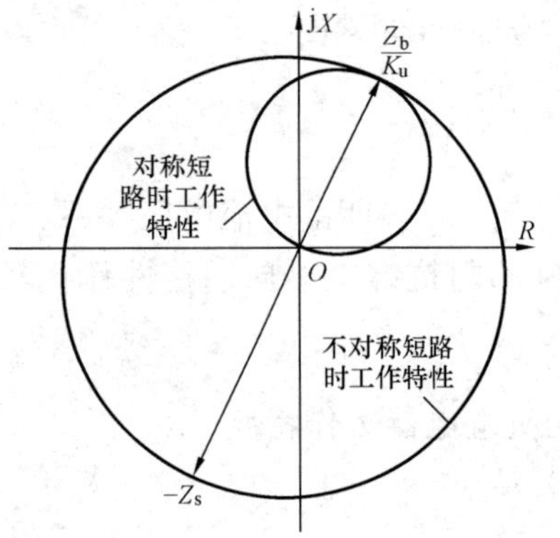

图 7－46 $\dot{U}_{p} = K_{p} \cdot U_{Cp} \cdot e^{j\alpha}$ 的交叉极化方向阻抗继电器正向短路时工作特性

再分析背后反向短路情况：

根据图 7－45（c），背后短路与正向短路时不同的是系统电流方向，因继电器定义的正方向相反，故得

$$\dot{E}_{m} = \dot{U}_{m} - \dot{I}_{m} \cdot Z'_{s} \tag{7-81}$$

上式中 Z'_{s} 同式（7－80）中 Z_{s} 不同，它是以继电器装设点向 E_{N} 侧看去的电源内阻抗。

按与正向短路相同的分析方法，将式（7－81）关系代入 $\dot{U}_{p}$ 式中，得反向短路时，方向阻抗继电器中

$$\dot{E}_{y} = \dot{U}_{m} - \dot{I}_{m} \cdot Z'_{s} \tag{7-82}$$

故知，在图 7－45（a）中 k_{2} 点发生对方向阻抗继电器来说是背后不对称短路时，交叉极化方向阻抗继电器在 $R-X$ 平面上的工作特性为以 Z_{b}/K_{u} 和 Z'_{s} 阻抗相量端头连线为直径的圆，如图 7－47 所示。

上述简单的分析表明了交叉极化方向阻抗继电器的可贵特点，使得交叉极化技术在方向阻抗继电器中得到广泛应用。交叉极化方向阻抗继电器优点可总结如下：

1）在正向不对称短路时，消除了出口短路动作死区，从图7－46可以看出在正向出口工作相（相间）不对称金属性短路时，因动作特性包含原点，能可靠动作。

2）在背后不对称短路时，因动作特性抛离原点，可靠不动作。

3）在正向不对称短路时，在 $R-X$ 平面第一象限范围内沿 R 轴方向扩大很大，就提供了避开弧光电阻影响阻抗测量的能力。

4）在系统振荡时，动作特性变为动作区较小的方向阻抗特性，所以有较好的避开系统振荡影响的能力。

但是，单独采用交叉极化方式仍不能消除出口三相金属性短路的动作死区。

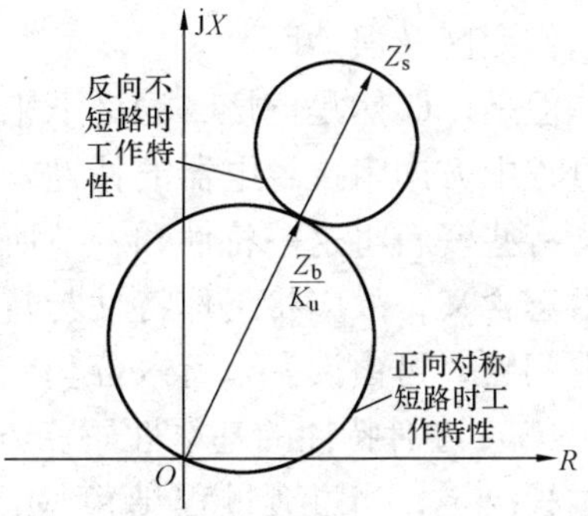

图7－47　$\dot{U}_p=K_p\cdot U_{Cp}\cdot e^{j\alpha}$的交叉极化方向阻抗继电器反向短路时工作特性

（4）极化电压 $\dot{U}_p$ 部分由交叉极化电压移相组成的方向阻抗继电器工作特性。由于移相回路受频率影响很大，特别在与电网频率处于相位谐振状态附近，对频率更为敏感。如果引入交叉极化电压的本意在于消除出口短路死区和避免背后短路时误动，交叉极化部分在极化电压中所占比例不一定很大，所以在有些方向阻抗继电器中极化电压中交叉极化电压只占一部分。

设

$$\dot{E}_y=\dot{U}_p=K'_p\cdot\dot{U}_m+K''_p\dot{U}_{Cp}\cdot e^{j\alpha}$$

将上式中右边第二项按前面方法处理，则在正向短路情况下，有

$$\begin{aligned}\dot{E}_y&=\dot{U}_p=K'_p\cdot\dot{U}_m+K''_p\left(\dot{U}_m+\dot{I}_mZ_s\right)\\&=\left(K'_p+K''_p\right)\left[\dot{U}_m+\frac{K''_p}{K'_p+K''_p}\dot{I}_mZ_s\right]\end{aligned}\tag{7-83}$$

它与 $\dot{E}_x=\dot{I}_m\cdot Z_b-K_u\dot{U}_m$ 比较量构成的动作特性与图7－46类似，但反向阻抗不是 $-Z_s$ 而是 $-\dfrac{K''_p}{K'+K''_p}Z_s$。

同样，在背后短路情况下

$$\dot{E}_y=\dot{U}_m-\frac{K''_p}{K'_p+K''_p}\dot{I}_m\cdot Z'_s\tag{7-84}$$

以它为极化电压构成的背后不对称短路时阻抗继电器特性与图7－47类似，但图7－47中 Z'_s 为 $\dfrac{K''_p}{K'+K''_p}Z'_s$。

4. 交叉极化方向阻抗继电器过渡特性

（1）交叉极化方向阻抗继电器过渡特性定义。采用交叉极化方式后，在被保护线路出口或背后发生不对称短路时，由于继电器仍有一定大小的极化电压，所以方向阻抗继电器仍能正确的工作，即消除了出口短路时的动作死区和背后短路时的误动。但在对称三相短路情况下却不能起到这种作用，在这种情况下，只有采用“记忆”的办法，将故障前的交叉极

化电压的相位（包括极化电压中的故障相电压部分）记忆下来，供阻抗测量用，以消除上述动作死区及误动区。

但是，既然是记忆，记忆下来的电压总会同故障的系统实际电压变化有差异，所以在这一过程中方向阻抗继电器的特性，可能同一般工作特性不同，故将它称之为“过渡特性”。

有些资料将这一特性和上节所述工作特性合在一起称“暂态特性”，而实际上工作特性无暂态含义，故应将工作特性与暂态性质的过渡特性分开称呼，以免混淆。自然这些称呼是习惯问题，可由读者自行区分。

（2）过渡特性的基本性质。方向阻抗继电器过渡特性是由极化电压在三相短路后的过渡过程决定，当过渡过程结束后，阻抗继电器特性就恢复到方向阻抗特性（或称姆欧特性）。

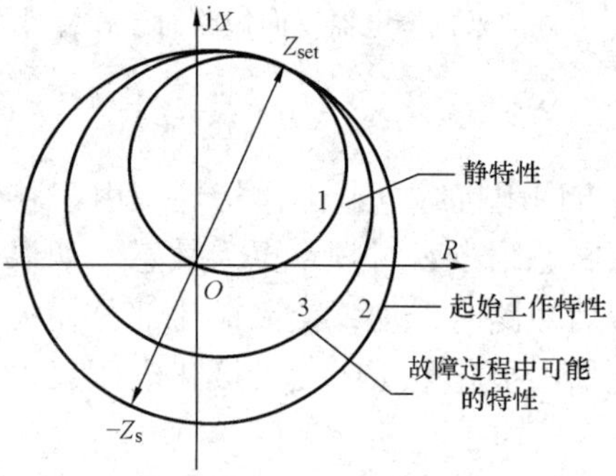

图 7－48　正向短路时有记忆的交叉极化方向阻抗继电器工作特性的变化

图 7－48 为交叉极化方向阻抗继电器在正向发生不对称短路时的动作特性。图中圆 1 为静态特性，或三相短路时的工作特性，它是典型姆欧特性，圆 2 为不对称短路时的工作特性，它包含 $R-X$ 坐标平面的原点，只要不对称短路存在，方向阻抗继电器一直保持这个特性。现在分析极化电压有记忆作用，发生保护正向三相短路时的特性。

如无记忆作用，则三相短路过程中，特性一直为圆 1 的姆欧特性，如有全记忆作用，则当三相短路起始时，极化电压中交叉极化电压仍保持短路前的大小和相位，故动作特性相当于不对称短路时的工作特性，即圆 2，在记忆消失的过渡过程中，动作特性将由圆 2 过渡到圆 1。这是不容质疑的，但在其间，特性是何种形状，正是需要研究的。

（3）方向阻抗继电器过渡特性。方向阻抗过渡特性实际上就是极化回路记忆特性，如何由故障前状态所形成的极化电压转变为由故障后实际状态所确定的极化电压。这个问题不但在模拟式阻抗中存在，数字式保护中也存在，只不过在程度上有些不同，为了从概念上说明问题，仍以模拟式交叉极化方向阻抗继电器来说明这问题，该阻抗继电器极化电压回路如图 7－42 所示。

在图中，在正常工作状态下，谐振回路按与电网频率相位谐振调谐，$X_L=X_C$，在 R_p 上产生的极化电压 $\dot{U}_p$ 与工作电压 $\dot{U}_m$ 同相，方向阻抗继电器静特性如图 7－48 中圆 1 所示。

当被保护线路正向发生三相短路后，开始时，由于极化电压 $\dot{U}_p$ 不能突变，方向阻抗继电器工作特性因全记忆的存在如图 7－48 中圆 2 所示。对模拟式阻抗继电器来说所谓记忆是利用谐振回路的自然振荡现象在一段时间保持极化电压的存在，提供相位参据。但是，由于谐振回路的自然性质，在记忆过程中存在着相移问题。

按正常运行时，交叉极化电压与工作电压同相位的要求，谐振回路应与电网频率产生“相位谐振”状态，即 $X_L=X_C$，但外加压电消失后，极化电路电流是按自然频率衰减振荡的。其频率为

$$f_o = \frac{1}{2\pi}\sqrt{\frac{1}{L_p C_p} - \left(\frac{R_p + r_p}{2L_p}\right)^2} \tag{7-85}$$

但极化回路是按与电网频率f_s相位谐振调谐的

故

$$f_s = \frac{1}{2\pi}\sqrt{\frac{1}{L_p C_p}} \tag{7-86}$$

故

$$f_o = \sqrt{f_s^2 - \left(\frac{R_p + L_p}{4\pi L_p}\right)^2} \tag{7-87}$$

所以在记忆过程中，极化电压是按低于电网频率而衰减的，时间一长，极化电压大小及相位就发生变化。设记忆的极化电压按指数规律衰减（其幅值也可按另一规律变化），则有

$$\dot{U}_p(t) = \dot{U}_{p\infty} + (\dot{U}_{p0} - \dot{U}_{p\infty}) \cdot e^{-t/T_p} \cdot e^{j\delta s} \tag{7-88}$$

式中$\dot{U}_{p0}$、$\dot{U}_{p\infty}$为起始和稳态的极化电压、T_p为极化回路时间常数。$\delta_s = 2\pi(f_o - f_s) \cdot t$，因$f_o$与$f_s$不相等，使极化电压与工作电压之间出现的相角差。

$\dot{U}_{p0}$与$\dot{U}_{p\infty}$可参考图7－45求出。

设故障前为空载状态，则有

$$\dot{U}_{p0} = \dot{E}_{cp} \cdot e^{j\alpha} = \dot{E}_m$$

而

$$\dot{U}_{p\infty} = \dot{U}_{cp} \cdot e^{j\alpha} = \dot{U}_m$$

故

$$\dot{U}_{p0} - \dot{U}_{p\infty} = \dot{E}_m - \dot{U}_m = Z_s \cdot \dot{I}_m$$

代入式（7－88）得

$$\dot{U}_p(t) = \dot{U}_m - \dot{I}_m(-Z_s) \cdot e^{-t/T_p} \cdot e^{j\delta s} \tag{7-89}$$

或

$$\dot{U}_p(t) = \dot{U}_m - \dot{I}_m Z_s(t) \tag{7-90}$$

其中

$$Z_s(t) = -Z_s \cdot e^{-t/T_p} \cdot e^{j\delta s} \tag{7-91}$$

称等效电源阻抗。

参考两比较量相位比较式阻抗继电器通用特性，知极化电压以式（7－90）表示的阻抗继电器动作特性为以Z_b/K_u和$-Z_s(t)$端头连线为直径的圆，此即交叉极化方向阻抗继电器在正向三相短路时的过渡特性。如图7－49（a）所示。

在被保护线路背后发生三相对称短路时，极化电压变化情况与正向短路相同，只是电流$\dot{I}_m$与定义的方向相反，将式（7－89）中$\dot{I}_m$用$-\dot{I}_m$代替，得

$$\dot{U}_p(t) = \dot{U}_m - \dot{I}_m Z'_s e^{-t/T_p} \cdot e^{j\delta s} \tag{7-92}$$

或

$$\dot{U}_p(t) = \dot{U}_m - \dot{I}_m Z_s(t) \tag{7-93}$$

其中

$$Z_s(t) = +Z'_s e^{-t/T_p} \cdot e^{j\delta s} \tag{7-94}$$

式中 Z'_s为阻抗继电器装设处到对侧电源的电源阻抗。

背后三相短路时，有记忆的交叉极化方向阻抗继电器的过渡特性如图 7-49（b）所示。

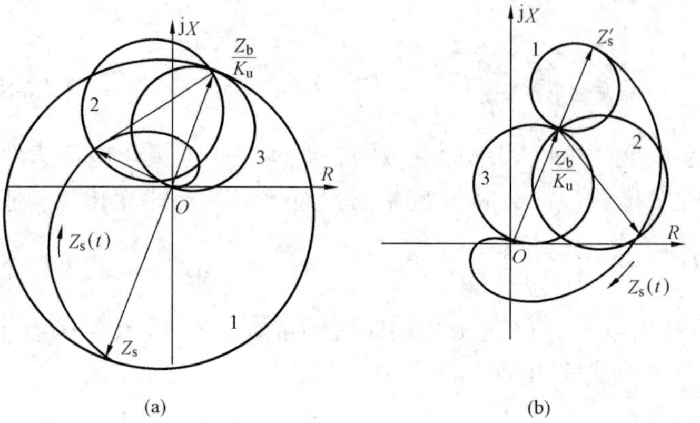

图 7-49　有记忆作用的交叉极化方向阻抗继电器过渡特性
（a）正向三相短路；（b）背后三相短路

上面分析的是极化电压全记忆的情况，如极化电压部分有记忆，则过渡特性起始点不同，而稳态后同全记忆相同，本书不另作分析。

从图 7-49 可以看出，由于受到记忆的局限性，在暂态过程中极化电压的相位会有偏移，在严重情况下，正向短路时，在记忆的某一阶段，特性会成抛球形状，图 7-49（a）中画出了这种情况，而背后短路时，在记忆过程中，一段时候呈偏移特性。

本节分析的是模拟阻抗继电器的情况，数字式交叉极化方向阻抗继电器的情况要好些，但由于记忆电压和实际电压（$\dot{U}_m$）之间总会有频率偏差，所以上述情况可能只是程度不同而已。

综上所述，交叉极化方向阻抗继电器中极化电压的记忆作用在应用时要慎重，只要能达到记忆的目的，记忆时间愈短愈好。

5. 研究交叉极化方向阻抗继电器特性的意义

本节对交叉极化方向阻抗继电器的动作特性作了较为深入的分析，其原因是方向阻抗继电器引入了交叉极化技术（包括极化电压中引入“记忆”）使其工作特性具有可变的性质，从而使方向阻抗继电器工作特性（包括记忆作用下的过渡特性）得到了很大改善：

（1）消除了被保护线路出口短路时的拒动和背后出口短路时的误动。

（2）提高了方向阻抗继电器躲系统振荡和躲弧光电阻的能力。

本节所用的分析方法对后面要介绍的多相补偿阻抗继电器和以正序电压为极化量的方向阻抗继电器都直接可用，应该指出的是对微机距离保护而言，由于它具有强大的记忆功能，微机型方向阻抗继电器的极化电压取自故障前（例如 40ms）的本相（相间）测量电压，所以它属于本节介绍的“全记忆”极化电压。此外，故障后的实际测量电压同故障前记忆下来的电压也会有相位上的差别，相应的动作特性也有“过渡”性质，所以本节分析方法同样适用于微机型方向阻抗继电器特性的分析。

6. 两比较量相位比较式阻抗继电器比较量的分析

上面分析了方向阻抗继电器的构成与特性，下面对阻抗继电器比较量在构成阻抗继电器特性上所起的作用作一些分析，仍分析相位比较的阻抗继电器的情况。

式（7－39）为两比较量阻抗继电器的比较量 $\dot{E}_x$、$\dot{E}_y$ 的构成及其动作条件。

图7－40分析了一种特殊情况，即工作于理想状态下的方向阻抗继电器，在此情况下，$\dot{E}_y$ 只包含电压量，称之为 $\dot{U}_p$，而 $\dot{E}_x$ 中 Z_b 阻抗角与系统短路阻抗角相等。所以在阻抗继电器工作时，$\dot{E}_y=\dot{U}_p$ 只起相位参据作用，而 $\dot{E}_x$ 的变号确定了阻抗继电器动作与否，故习惯上称 $\dot{E}_y=\dot{U}_p$ 为"极化电压"，因为它只起相位参据的作用；而 $\dot{E}_x$ 称补偿电压，它决定了阻抗的测量。

但是，并不是在所有情况下，式（7－39）中 $\dot{E}_x$ 与 $\dot{E}_y$ 都有如此的分工。例如图7－36所示偏移方向阻抗继电器，其比较量由式（7－53）确定。在此情况下，就很难说 $\dot{E}_x$、$\dot{E}_y$ 哪一个是"极化电压"，哪一个是"补偿电压"。设阻抗继电器工作于理想状态，即 Z_b 阻抗角与短路阻抗角相等，在正向短路时，$\dot{E}_y$ 相位不变，起"极化"作用，动作状态由 $\dot{E}_x$ 变号决定，即 $\dot{E}_x$ 起补偿电压作用，但在背后短路时，$\dot{E}_x$ 保持相位不变，相反阻抗继电器的动作状态由 $\dot{E}_x$ 的变号决定。更为复杂的是，当 Z_b 阻抗角与短路阻抗角不相等时，随着短路位置的改变，$\dot{E}_x$、$\dot{E}_y$ 的相位都在变，阻抗继电器的动作状态由 $\dot{E}_x$、$\dot{E}_y$ 相位变化共同决定。

所以，只有在理论上方向阻抗继电器中才能将 $\dot{E}_y=\dot{U}_p$ 称极化电压，$\dot{E}_x$ 称补偿电压。

但是，在实际的方向阻抗继电器中，情况也并不如此简单。当方向阻抗继电器中极化电压采用记忆或交叉极化时，虽然 $\dot{U}_p$ 表面上只由电压量组成，但在多数情况下，$\dot{U}_p$ 通过电源阻抗 Z_s 的作用受阻抗继电器测量电流 $\dot{I}_m$ 的影响，也就是 $\dot{E}_y=\dot{U}_p$ 中也包含 $\dot{I}_m Z_s$ 部分，所以阻抗继电器的工作特性和过渡特性已不是方向阻抗特性（静特性）。但是，由于 $\dot{U}_p$ 从表面上仍保留只有电压的结构，而且在 Z_b 的阻抗角与短路阻抗角相等的情况下，阻抗继电器动作状态仍由 $\dot{E}_x$，变号决定，所以仍可称 $\dot{E}_y=\dot{U}_p$ 为极化电压，$\dot{E}_x$ 称补偿电压。

但是，一般而言，对相位比较式阻抗继电器的比较量不要简单的认为哪一个是"极化电压"，哪一个是"补偿电压"。

（三）以正序电压为极化量的方向阻抗继电器

1. 正序电压为极化量的实质

以正序电压为极化电压的方向阻抗继电器极化电压为

$$\dot{U}_p=K_p\dot{U}_{m1} \tag{7－95}$$

式中 $\dot{U}_{m1}$ 为引入继电器的工作电压或称测量电压 $\dot{U}_m$ 的正序分量。对接地阻抗继电器来说 $\dot{U}_m$ 为相电压，对相间阻抗继电器来说为相电压差。

为了说明以正序电压为极化量的实质，以A相接地阻抗继电器为例，当以正序电压为极化电压时，

$$\dot{U}_{pA}=K_p\cdot\frac{1}{3}\left[\dot{U}_{pA}+a\dot{U}_{pB}+a^2\dot{U}_{pC}\right]$$

由于系数$K_p\cdot\frac{1}{3}$同比相无关，即

$$\dot{U}_{pA}=\dot{U}_{pA}+a\dot{U}_{pB}+a^2\dot{U}_{pC} \tag{7-96}$$

可以看出，如不采用对称分量法的概念，以正序电压为极化量的方向阻抗继电器就是一种交叉极化方向阻抗继电器。对A相阻抗继电器来说，交叉极化电压为$\dot{U}_B$及$\dot{U}_C$。

所以，以正序电压为极化电压的方向阻抗继电器基本特点同前面分析的交叉极化方向阻抗继电器是相同的。不同之处在于：

（1）一般交叉极化电压进行的是90°移相，而正序电压的形成需将交叉极化电压进行120°和－120°移相。

（2）一般交叉极化电压由一相（或相间）电压构成，而正序电压极化量的形成要分别对两相（相间）电压移相，所以相对来说，以正序电压为极化量的方向阻抗继电器特性的构成要复杂些。

2. 以正序电压为极化量方向阻抗继电器的工作特性

以正序电压为极化量的方向阻抗继电器的静特性为典型的方向阻抗继电器特性。

为了求得这种阻抗继电器的工作特性，最好找出继电器工作时，有关电压、电流对称分量之间的关系。分析时，认为方向阻抗继电器比较量$\dot{E}_x=\dot{I}_mZ_b-K_u\dot{U}_m$。现分析极化电压的情况。

在本章第二节讨论架空线，相间互感对测阻抗影响时，曾用零序电流补偿（$3KI_o$）的方法消除这一影响，以便进行故障测距，而下面将讨论电源阻抗情况，电源阻抗包括变压器和发电机阻抗，它比线路阻抗要复杂得多，为了定义电源阻抗Z_s，不能用“零序电流补偿”方法进行等值，必须分别计及电源阻抗的正序、负序及零序阻抗值。

设阻抗继电器装设点背后电源正序阻抗、负序阻抗及零序阻抗分别为Z_{s1}、Z_{s2}、Z_{s0}。$\dot{E}_m$为阻抗继电器装设相电源电动势，$\dot{I}_{m1}$、$\dot{I}_{m2}$、$\dot{I}_{m0}$为自电源流向故障点的正序、负序、零序电流，有

$$\dot{U}_{m1}=\dot{E}_m-\dot{I}_{m1}\cdot Z_{s1} \tag{7-97}$$

设$\Delta\dot{U}_m$为电源到继电器装设处电压降落，有

$$\begin{aligned}\dot{E}_m&=\dot{U}_m+\Delta\dot{U}_m\\&=\dot{U}_m+(\dot{I}_{m1}Z_{s1}+\dot{I}_{m2}Z_{s2}+\dot{I}_{m0}Z_{s0})\\&=\dot{U}_m+(\dot{I}_{m1}Z_{s1}+\dot{I}_{m2}Z_{s2}+\dot{I}_{m0}Z_{s1})+\dot{I}_{m0}(Z_{s0}-Z_{s1})\end{aligned} \tag{7-98}$$

设$Z_{s1}=Z_{s2}$，并令

$$\dot{I}_{m0}=\frac{e^{j\theta_0}}{m_0}\dot{I}_m \tag{7-99(a)}$$

$$\dot{I}_{m1}=\frac{e^{j\theta_1}}{m_1}\dot{I}_m \tag{7-99(b)}$$

式中　θ_0 为 $\arg\dot{I}_{m0}/\dot{I}_m$，为 $\dot{I}_{m0}$超前 $\dot{I}_m$的角度；

θ_1 为 $\arg\dot{I}_{m1}/\dot{I}_m$，为 $\dot{I}_{m1}$超前 $\dot{I}_m$的角度。

$$m_0 = \frac{|I_m|}{|I_{m0}|} \qquad [7-100(a)]$$

$$m_1 = \frac{|I_m|}{|I_{m1}|} \qquad [7-100(b)]$$

θ_0、θ_1、m_0、m_1 均可根据短路类型和相量图求出，将上列关系代入式（7－98），得

$$\dot{E}_m = \dot{U}_m + \dot{I}_m Z_{s1} + \dot{I}_m \frac{e^{j\theta_0}}{m_0}[Z_{s0} - Z_{s1}] \qquad (7-101)$$

代入式（7－97），整理之，得

$$\begin{aligned}\dot{U}_{m1} &= \dot{U}_m + \dot{I}_m[(1 - \frac{e^{j\theta_1}}{m_1})Z_{s1} + \frac{e^{j\theta_0}}{m_0}(Z_{s0} - Z_{s1})] \\ &= \dot{U}_m + \dot{I}_m[1 - \frac{e^{j\theta_1}}{m_1} + 3K\frac{e^{j\theta_0}}{m_0}]Z_{s1} \qquad (7-102)\end{aligned}$$

上式可写成标准形式

$$E_y = \dot{U}_p = \dot{U}_{m1} = \dot{U}_m + \dot{I}_m Z_{s\cdot eq} \qquad (7-103)$$

式中

$$Z_{s\cdot eq} = [1 - \frac{e^{j\theta_1}}{m_1} + 3K\frac{e^{j\theta_0}}{m_0}]Z_{s1} \qquad (7-104)$$

为等效电源阻抗。其中 $K = \dfrac{Z_{s0} - Z_{s1}}{3Z_{s1}}$。

根据式（7－103）可得以正序电压为极化量的方向阻抗继电器在正向短路时在 $R-X$ 平面上动作特性（工作特性）的标准形式；由于另一比较量 $\dot{E}_x = \dot{I}_m Z_b - K_u\dot{U}_m$ 未变，故该特性是以 Z_b/K_u 相量和（$-Z_{s\cdot eq}$）相量端头连线为直径的圆。

由于前面对交叉极化方向阻抗继电器背后短路及正向短路性工作特性的不同已有较深刻的了解，可以利用前面的结果，确定在背后短路时，方向阻抗极化电压的表达式为

$$\dot{E}_y = \dot{U}_p = \dot{U}_m - \dot{I}_m Z'_{s\cdot eq} \qquad (7-105)$$

由于 $\dot{E}_x$ 未变，故在背后短路时，以正序电压为极化量的方向阻抗继电器的工作特性为在 $R-X$ 平面上的 Z_b/K_u 相量和（$Z'_{s\cdot eq}$）相量端头连线为直径的圆。Z'_{s1}为自继电器装设点到对侧电源之间的等效电源阻抗。

所以，要确定以正序电压为极化电压的方向阻抗继电器，在正反向短路时按式（7－104）所算出的电源等效内阻抗 $Z_{s\cdot eq}$即可。

从式［7－100（a）］和式［7－100（b）］可知 $Z_{s\cdot eq}$除同电源各序阻抗值有关外，还同以下两个因素有关：

（1）短路类型：不同短路类型，θ_0、θ_1、m_0、m_1 之值相差很大。

（2）短路地点：因为由继电器感受到的各序电流是线路上相应的电流而不是故障点的电流，虽然各序电流不像各序电压那样，随着测量点与短路点之间距离有很大变化，但各序

电流的分配系数却和二者之间距离有关，所以严格说来，θ_0、θ_1、m_0、m_1 也随故障点的不同而变化，但如假定各序电流分配系数同短路点无关，则可根据故障点的电流相量关系，决定 θ_0、θ_1、m_0、m_1，以算出 $Z_{s\cdot eq}$、$Z'_{s\cdot eq}$等。

3. 几种短路情况下，以正序电压为极化量方向阻抗继电器工作特性

本节分析在继电器装设处出口或背后发生短路时，以正序电压为极化量方向阻抗继电器的工作特性，如各序电流分配系统不受短路点位置影响，则分析结果适用于正向或背后任一点短路情况，另外要说明的是，下面分析的几种短路类型由不同接线的方向阻抗继电器担任测量任务，其中两相和两相接地短路由相间阻抗继电器测量，而单相短路由接地阻抗继电器测量，分析时要注意。

（1）出口和背后三相短路。此时

$$m_0=\infty$$

$$m_1=1$$

$$\theta_1=0$$

故
$$Z_{s\cdot eq}=0$$

不管出口与背后短路，阻抗继电器特性均为典型方向阻抗继电器姆欧特性，如图 7－50 中圆 1 所示。

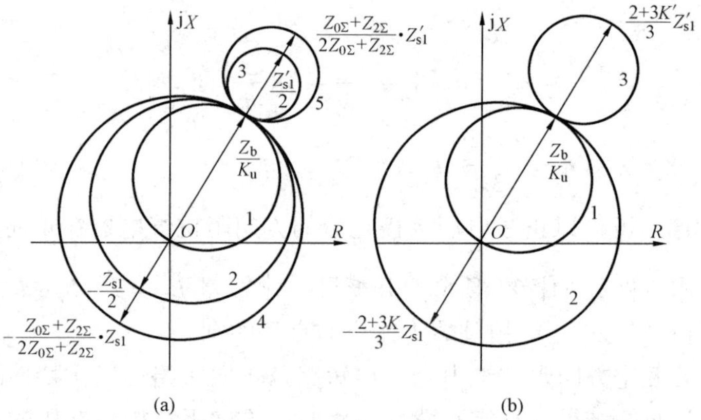

图 7－50　以正序电压为极化量的方向阻抗继电器的工作特性

（a）两相短路时，两相接地短路相间阻抗继电器工作特性；

（b）单相短路时接地阻抗继电器工作特性

（2）出口和背后两相短路。此时

$$m_0=\infty$$

设 BC 两相短路，其电流相量图如图 7－51（a）所示，可以看出，对正向出口 BC 相短路而言，$\dot{I}_m=\dot{I}_{BC}=\dot{I}_B-\dot{I}_C$，$\dot{I}_{m1}=\dot{I}_{BC1}=\dot{I}_{B1}-\dot{I}_{C1}$，并有

$$m_1=2$$

$$\theta_1=0$$

故
$$Z_{s\cdot eq}=\frac{1}{2}Z_{s1} \tag{7-106}$$

而在背后两相短路情况下

$$Z'_{s \cdot eq} = +\frac{1}{2}Z'_{s1} \tag{7-107}$$

相应的方向阻抗继电器工作特性如图 7－50（a）中圆 2、圆 3 所示。

（3）出口和背后单相短路。设 A 相单相短路，其电流相量图如图 7－51（b）所示，可以看出

$$m_0 = 3$$

$$m_1 = 3$$

$$\theta_0 = 0$$

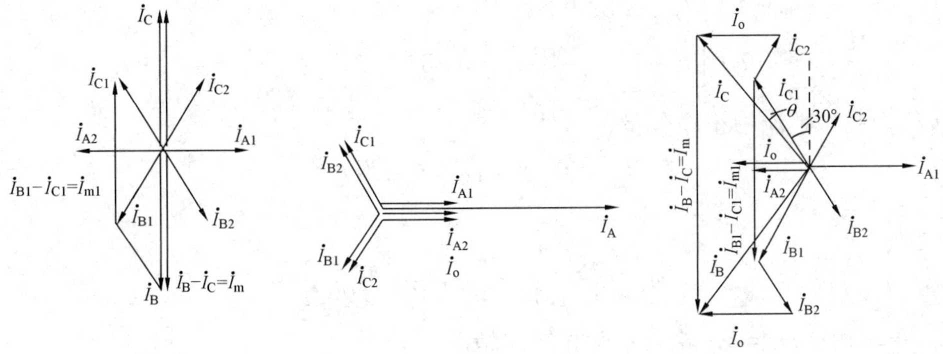

图 7－51　短路点电流相量图

（a）BC 相间短路；（b）A 相单相短路；（c）BC 两相接地短路

$$\theta_1 = 0$$

故正向单相短路时

$$Z_{s \cdot eq} = \left[1 - \frac{1}{3} + 3K\frac{1}{3}\right]Z_{s1} = \frac{2+3K}{3}Z_{s1} \tag{7-108}$$

而在背后单相短路情况下

$$Z'_{s \cdot ez} = +\frac{2+3K'}{3}Z'_{s1} \tag{7-109}$$

如 $K=1$，则正向短路时，$Z_{s \cdot ez} = -\frac{5}{3}Z_{s1}$

$K'=1$，背后短路时，$Z'_{s \cdot ez} = +\frac{5}{3}Z'_{s1}$

（4）出口和背后两相短路接地。两相短路接地是简单故障中最复杂的一种短路类型，其电流相量图如图 7－51（c）所示。下面在分析两相短路接地各序电流分量的性质和相对关系的基础上，找出两相接地短路时以正序电压为极化量方向阻抗继电器工作特性的基本性质。

图 7－51（c）是 BC 相两相短路接地故障点电流相量图，如果电网各序电流分配系数相等，则该相量图成比例的表明故障线路上的情况。

由于是相间短路，故分析相间阻抗继电器 Z_{BC} 的情况，引入继电器的测量电流为相电流差，即 $I_m=\dot{I}_B-\dot{I}_C$，$\dot{I}_{m1}=\dot{I}_{B1}-\dot{I}_{C1}$，$\dot{I}_{m0}=\dot{I}_{B0}-\dot{I}_{C0}=0$，$\dot{U}_{m1}=\dot{U}_{B1}-\dot{U}_{C1}$。从相量图上可以看出，相间阻抗继电器的工作电流 I_m 不受零序分量电流的影响。即式（7－84）中不计零序电流影响一项，即可认为

$$m_0=\infty$$

从相量图中还可看出 $\dot{I}_m$ 与 $\dot{I}_{m1}$ 同相，即

$$\theta_1=0$$

下面确定 m_1。图 7－51（c）中可以看出

$$\begin{aligned}I_m&=2\cdot[I_1+I_2]\cdot\cos30^\circ\\&=2\cdot\left[I_1+I_1\frac{Z_{0\Sigma}}{Z_{0\Sigma}+Z_{2\Sigma}}\right]\cos30^\circ=\sqrt{3}\left[1+\frac{Z_{0\Sigma}}{Z_{0\Sigma}+Z_{2\Sigma}}\right]\cdot I_1\end{aligned}\qquad(7-110)$$

式中 I_1 为一相电流中正序分量，另外

$$I_{m1}=2\cdot I_1\cdot\cos30^\circ=\sqrt{3}I_1\qquad(7-111)$$

故得

$$m_1=\frac{|I_m|}{|I_{m1}|}=\left[1+\frac{Z_{0\Sigma}}{Z_{0\Sigma}+Z_{2\Sigma}}\right]$$

当 $Z_{0\Sigma}=\infty$ 时，$m_1=2$，相当于两相短路情况。

故正向发生两相短路接地时

$$Z_{s\cdot eq}=\left[1-\frac{1}{m_1}\right]Z_{s1}=\frac{Z_{0\Sigma}}{2Z_{0\Sigma}+Z_{2\Sigma}}\cdot Z_{s1}\qquad(7-112)$$

而在背后发生两相短路接地时

$$Z'_{s\cdot eq}=\frac{Z_{0\Sigma}}{2Z_{0\Sigma}+Z_{2\Sigma}}\cdot Z'_{s1}\qquad(7-113)$$

相应的工作特性如图 7－50（a）中圆 4、圆 5 所示。

需要指出，上面各式中 Z_{s1}、Z'_{s1} 等为电源正序阻抗，而 $Z_{1\Sigma}$、$Z_{2\Sigma}$ 和 $Z_{0\Sigma}$ 等为自故障点向系统看去的正序、负序和零序阻抗，式（7－104）中的 K 亦由电源侧零序和正序阻抗 Z_{s0}、Z_{s1} 确定。

本节分析的以正序电压为极化量的方向阻抗继电器在被保护线路出口三相短路时有动作死区，背后三相短路时可能有误动区。解决的办法是极化电压引入记忆，这在数字保护中容易做到，但在模拟式保护中却很困难，因为在正序电压滤过器中要进行的是 120°移相，而不是依靠谐振回路进行的 90°移相。

距离保护中阻抗继电器是一种较复杂的继电器，特别是方向阻抗继电器。方向阻抗继电器的基本问题是消除动作死区和误动区的问题，为此其极化电压回路就较复杂。同时，其动作特性同一般继电器不同，它受电力系统运行方式影响很大，为了了解和解释方向阻抗继电器在实际工作上出现的问题，继电保护工作者需要对方向阻抗继电器特性分析方法有一定的了解，不能只停留在对动作特性本身的了解。

以正序电压为极化量的方向阻抗继电器特性分析涉及对称分量电流和电压之间关系，要了解它的特性规律，必须对短路时电流电压对称分量有较熟悉的了解，但阻抗继电器本身特

性构成原理是不变的，读者在学习这一部分时不要把阻抗继电器特性构成原理同系统运行方式的影响混在一起。有些资料在分析阻抗继电器特性时，以各种不同短路类型为标题，分别分析它们的特性，使读者不易掌握复杂继电器的基本方法。本书试图在这方面作一些改变。

本节将正序电压为极化量方向阻抗继电器看成是交叉极化方向阻抗继电器的一个例子，将系统运行方式和工作状态的变化作为改变“电源等值内阻抗”$Z_{s.eq}$的因素，找出这种阻抗继电器的一般特性［式（7－104）］。

（四）多相补偿阻抗继电器

1. 多相补偿阻抗继电器的基本原理

20 世纪 20 年代就已发明了距离保护，距离保护结构中的一个问题是为了保护出现不同类型的短路，需要设置多个阻抗继电器，例如 6 个，这就使得距离保护结构很复杂。于是继电保护研究人员就想法用少量阻抗继电器来反应多种短路故障，于是就出现了多相补偿阻抗继电器。

20 世纪 30 年代前苏联布列斯列尔和美国瓦林登等分别推出多相补偿阻抗继电器。

布列斯列尔推出的多相补偿阻抗继电器用于相间距离保护中。用一个阻抗继电器反应 6 种相间不对称短路，另外用一个方向阻抗继电器反应三相短路。而线路单相短路的保护则由零序电流保护担任。这种距离保护的设计在前苏联和我国应用了多年，如 50 年代我国引入的并得到广泛使用的距离保护便是一例，60 年代末我国自行开发研制的用于 330kV 系统的第一代晶体管距离保护，也沿用这种设计。典型的布列斯列尔阻抗继电器是两比较量阻抗继电器，它是按相序比较方式工作的，相应的比较量为

$$\dot{E}_x = (\dot{I}_B - \dot{I}_A)Z_b - K_u\dot{U}_{BA} \quad [7-114(a)]$$

$$\dot{E}_y = (\dot{I}_C - \dot{I}_A)Z_b - K_u\dot{U}_{CA} \quad [7-114(b)]$$

动作条件为

$$0 \geqslant \arg(\dot{E}_x/\dot{E}_y) \geqslant -180^\circ \quad [7-114(c)]$$

差不多相同时间，美国瓦林登也推出一种多相补偿阻抗继电器，它由三比较量构成，也是按相序比较方式工作的，它的比较量的基本形式是

$$\dot{E}_x = \dot{U}_A - Z_b(\dot{I}_A + 3K\dot{I}_0) \quad [7-115(a)]$$

$$\dot{E}_y = \dot{U}_B - Z_b(\dot{I}_B + 3K\dot{I}_0) \quad [7-115(b)]$$

$$\dot{E}_z = \dot{U}_C - Z_b(\dot{I}_C + 3K\dot{I}_0) \quad [7-115(c)]$$

按 $\dot{E}_x \to \dot{E}_y \to \dot{E}_z$ 相序时，阻抗继电器不动。反相序，即 $\dot{E}_x \to \dot{E}_z \to \dot{E}_y$ 时动作。

除此之外，还有一些多相补偿阻抗继电器，它们以不同的方式实现多相补偿，例如前述的我国第一代晶体管距离保护中多相补偿相间阻抗继电器，它是以比较继电器安装处补偿电压正、负序分量的大小（绝对值）来判断区内、外相间短路的。这种阻抗继电器从表面上看判别元件是两比较量绝对值比较器，但它比较的是

$$\dot{E}_x = \dot{U}_A - \dot{I}_A Z_b \quad [7-116(a)]$$

$$\dot{E}_y = \dot{U}_B - \dot{I}_B Z_b \qquad [7-116(b)]$$

$$\dot{E}_z = \dot{U}_C - \dot{I}_C Z_b \qquad [7-116(c)]$$

这三个比较量通过正序电压滤过器和负序电压滤过器滤出三相电压的正序电压 $\dot{U}_1$ 和负序电压 $\dot{U}_2$，如 $|\dot{U}_1| > |\dot{U}_2|$ 表明三个比较量的相序是 $\dot{E}_x \to \dot{E}_y \to \dot{E}_z$ 属区内短路，所以，以正负序电压绝对值判别的多相补偿阻抗继电器实际上就是相序比较的一种形式。

2. 多相补偿阻抗继电器的特点

（1）多相补偿阻抗继电器的比较量是两个以上，由各相电压（相间电压）经相应相电流（相电流差）在补偿阻抗上压降进行补偿的电压量。由于比较量中引入三相电压和电流，因而有可能通过一个阻抗继电器反应多种短路故障。

（2）同方向阻抗继电器不同，在方向阻抗继电器中两个比较量中的一个比较量同多相补偿阻抗继电器中的比较量一样，是经电流在补偿阻抗上产生的压降补偿的相（相间）电压，它的变号表明阻抗继电器动作状态（动与不动作）的改变，而另一比较量只是起相位参据的作用，所以称极化电压。而多相补偿阻抗继电器中各比较量是经补偿的电压，看不出哪一个是极化量，只能根据某一种短路状态，确定哪一个（或一个以上）比较电压起相位参据作用，即起极化电压的作用。一般而言，在不对称短路情况下，完好相电压电流构成的比较电压起相位参据作用。

（3）多相补偿阻抗继电器一般都按相位比较方式实现，而这种相位比较多是以相序比较方式实现。

（4）从原理上看，多相补偿阻抗继电器只能反应不对称的故障情况，如三相对称变化，则从原理上不能反应，所以它有一个最大缺点，即不能反应三相对称短路。同时，它又有一个最大优点，即系统振荡时不会误动。对三相平衡的负荷电流亦不敏感。

3. 多相补偿阻抗继电器的动作特性

多相补偿阻抗继电器由于以下原因动作特性很复杂：

（1）由于引入多相电流和电压，所以它的动作特性同电力系统工作状态和故障性质有很大关系，其工作特性是多种多样的，而且它的工作特性同电力系统故障分析有很大关系，实际工作特性的分析就是电力系统故障分析的反映。特别对电力系统特殊运行和故障状态的分析相当复杂，因而要对多相补偿阻抗继电器工作特性作出全面分析相当困难。

（2）多相补偿阻抗继电器的比较量往往超过 3 个，由于它们互为极化，使工作特性更为复杂。

本节不去分析各种特性，而是通过一两个问题，介绍分析多相补偿阻抗继电器工作特性的方法。目前市场上有多种多样的继电保护装置产品，其中有些距离保护中也采用多相补偿阻抗继电器，掌握了本节所介绍的分析方法，就可以从这些产品的说明书上知道它们的工作特性。

4. 多相补偿阻抗继电器工作于理想状态下动作条件的分析

所谓工作于理想状态，就是故障电流流过的故障阻抗，阻抗角 φ_K 与比较电压中补偿阻抗阻抗角相等。故障点无附加阻抗，即为金属性短路。

下面以式（7－115）为比较量的三比较量多相补偿阻抗继电器为例来分析在上述理想

状态下，区内各种单相短路和间相接地短路下动作情况（表7－6）。为了明确看出其动作条件，令式（7－115）中 $Z_b = Z_{set}$，即整定阻抗

$$\dot{E}_x = \dot{U}_A - Z_{set}(\dot{I}_A + 3K\dot{I}_o) \quad [7-117(a)]$$

$$\dot{E}_y = \dot{U}_B - Z_{set}(\dot{I}_A + 3K\dot{I}_o) \quad [7-117(b)]$$

$$\dot{E}_z = \dot{U}_C - Z_{set}(\dot{I}_A + 3K\dot{I}_o) \quad [7-117(c)]$$

由于阻抗继电器整定阻抗 Z_{set} 与线路阻抗阻抗角相等，所以，发生短路时，送入继电器的电压 $\dot{U}_m$（即式中 $\dot{U}_A$、$\dot{U}_B$、$\dot{U}_C$）与式中补偿电压 $\dot{I}_m Z_{set}$［即 Z_{set}（$\dot{I}_A + 3K\dot{I}_o$）、Z_{set}（$\dot{I}_B + 3K\dot{I}_o$）、Z_{set}（$\dot{I}_C + 3K\dot{I}_o$）］同相，故分析式（7－117）的变化状态时，只需进行数值上加减。由于式（7－117）中，送入继电器的电流 $\dot{I}_m$ 经过 $\dot{I}_o$ 补偿，故 $Z_k = \dfrac{\dot{U}_m}{\dot{I}_m}$，因此，区内短路时，相应相有 $Z_k < Z_{set}$，对应的比较电压变号。只要不是三个比较量同时变号，三个比较量的相序就要反转，阻抗继电器就要处于动作状态。

表7－6　　工作于理想状态下多相补偿阻抗继电器动作行为

短路相别	AO	BO	CO	ABO	BCO	CAO	系统振荡、三相短路阻抗继电器动作情况
变号的比较量	$\dot{E}_x$	$\dot{E}_y$	$\dot{E}_z$	$\dot{E}_x \cdot \dot{E}_y$	$\dot{E}_y\dot{E}_z$	$\dot{E}_y\dot{E}_x$	$\dot{E}_x$、$\dot{E}_y$、$\dot{E}_z$
相量图	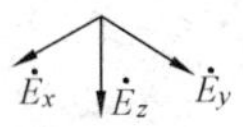	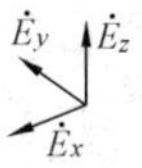	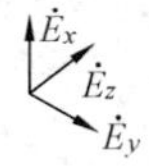	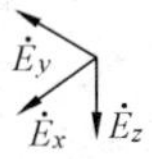	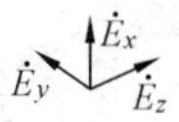	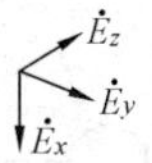	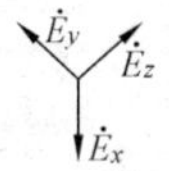
相序	$\dot{E}_x \to \dot{E}_z \to \dot{E}_y$	$\dot{E}_x \to \dot{E}_z \to \dot{E}_y$	$\dot{E}_x \to \dot{E}_z \to \dot{E}_y$	$\dot{E}_x \to \dot{E}_z \to \dot{E}_y$	$\dot{E}_x \to \dot{E}_z \to \dot{E}_y$	$\dot{E}_x \to \dot{E}_z \to \dot{E}_y$	$\dot{E}_x \to \dot{E}_y \to \dot{E}_z$
动作状态	动作	动作	动作	动作	动作	动作	不动作

5. 多相补偿阻抗继电器的实际动作特性

上面分析了以式（7－117）为比较量的三比较量，按时序比较方式工作的接地多相补偿阻抗继电器在理想工作状态下的工作情况。所谓理想条件下的工作状态，就是线路短路阻抗角 φ_K 与阻抗继电器补偿阻抗阻抗角相等的情况，这自然也是符合实际的一种工作情况。但在实际工作中并不一定工作在这种情况，例如有弧光接地电阻短路的情况，在此情况下，如仍认为线路短路阻抗角与补偿阻抗角相等来分析，显然是不符合实际情况的，此时必须分析包括相位特性在内的实际工作特性。由于多相补偿阻抗继电器类型较多，涉及电力系统故障类型对其特性的影响也很复杂，从本书目的出发，下面找一种较有典型性的多相补偿阻抗继电器，用本章前面已介绍的特性分析方法，说明如何分析和确定这类继电器的工作特性。

下面选择一种两比较量相间多相补偿阻抗继电器，其比较量为

$$\dot{E}_x = (\dot{I}_B - \dot{I}_A)Z_b - \dot{U}_{BA} \qquad [7-118(a)]$$

$$\dot{E}_y = (\dot{I}_C - \dot{I}_A)Z_b - \dot{U}_{CA} \qquad [7-118(b)]$$

动作条件为

$$0° \geqslant \arg(\dot{E}_x/\dot{E}_y) \geqslant -180° \qquad [7-118(c)]$$

它为 $\dot{E}_x$、$\dot{E}_y$ 两相量的相序比较。

（1）工作特性的分析方法。本章前面已对两比较量按相位（相序）比较方式构成的阻抗继电器的动作特性作了分析。现在，只需将由式（7－118）所描述的两比较量及动作条件同式（7－39）进行对比，即可确定这种多相补偿阻抗继电器在相应状态下在 $R-X$ 平面上的动作特性。

为此，需要先找出式［7－118（a）、（b）］中电流电压同式（7－39）中所定义的 $\dot{I}_m$、$\dot{U}_m$ 的关系，并将其改写成式（7－39）中所定义的 $\dot{I}_m$、$\dot{U}_m$ 的关系和标准形式，即可求出所要求的动作特性。而实际上，这一工作的主要内容是故障电流的分析，因此，要针对不同短路类型进行。

（2）各种相间短路时，动作特性分析。由于分析的目的是找出这种两比较量相间多相补偿阻抗继电器的基本工作特性，并介绍分析的方法，所以在分析前要对所工作的系统作一些假定，使继电器动作特性的分析不要陷入复杂的电力系统故障分析中。所作的假定如下：

1）系统各元件正、负序阻抗相等。

2）对故障点各序（正序和负序）电流而言，流向系统的分配系数相同，即线路上各电流之间关系与短路点相同。

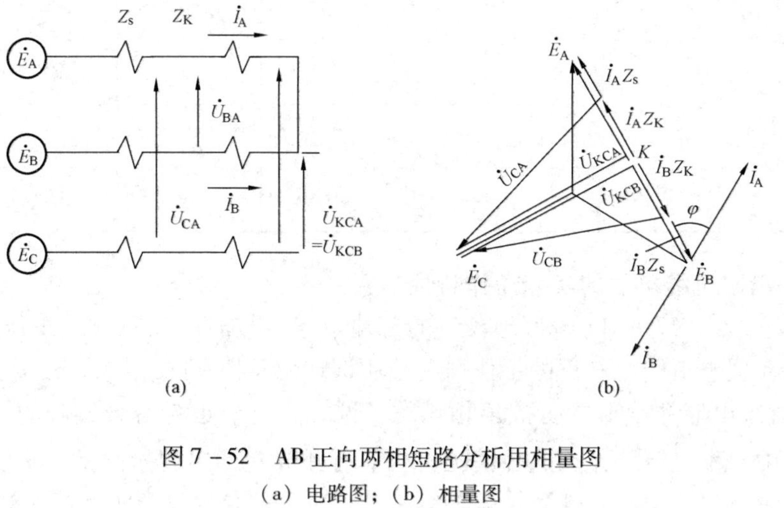

图 7－52　AB 正向两相短路分析用相量图

（a）电路图；（b）相量图

3）不计负荷电流。

在上述假定下，系统分析用等效电路图可用图 7－52（a）表示。

被保护线路正向 k 点发生两相短路时，工作特性的推导。

分析以 AB 相两相短路为例，可将式［7－118（a）］中 $\dot{E}_x$ 看作是测量量，而式［7－99（b）］中 $\dot{E}_y$ 看作是极化量，由此，定义

$$\dot{I}_{B}-\dot{I}_{A}=\dot{I}_{m}$$

$$\dot{U}_{BA}=\dot{U}_{m}$$

于是，式［7－118(a)］写成标准形式

$$\dot{E}_x=\dot{I}_{m}Z_{b}-\dot{U}_{m} \tag{7－119}$$

然后将式［7－118（b）］中电流电压以 $\dot{I}_m$、$\dot{U}_m$ 表示

根据图 7－52（b）相量图，有

$$\dot{I}_{C}-\dot{I}_{A}=-\dot{I}_{A}=\frac{1}{2}[\dot{I}_{B}-\dot{I}_{A}]=\frac{1}{2}I_{m} \tag{7－120}$$

$$\dot{U}_{CA}=\dot{U}_{KCA}+(\dot{I}_{C}-\dot{I}_{A})Z_{K}=\dot{U}_{KCA}+\frac{1}{2}\dot{I}_{m}Z_{K} \tag{7－121}$$

从相量图中可以看出故障点 CA 相电压

$$\dot{U}_{KCA}=\frac{\sqrt{3}}{2}\dot{E}_{BA}\cdot e^{-j90^\circ}=\frac{\sqrt{3}}{2}\dot{E}_{m}e^{-j90^\circ}$$

$$=\frac{\sqrt{3}}{2}e^{-j90^\circ}[\dot{U}_{m}+\dot{I}_{m}Z_{s}] \tag{7－122}$$

故得

$$\dot{U}_{CA}=\frac{\sqrt{3}}{2}e^{-j90^\circ}\cdot\dot{U}_{m}+[\frac{\sqrt{3}}{2}e^{-j90^\circ}\cdot Z_{s}+\frac{1}{2}Z_{K}]\dot{I}_{m} \tag{7－123}$$

最后得另一比较量

$$\dot{E}_{y}=-\frac{\sqrt{3}}{2}e^{-j90^\circ}\cdot\dot{U}_{m}-[\frac{\sqrt{3}}{2}e^{-j90^\circ}\cdot Z_{s}+\frac{1}{2}(Z_{k}-Z_{b})]\dot{I}_{m} \tag{7－124}$$

上式是按式［7－118（b）］方式构成的，适应的动作条件为式［7－118（c）］。

如将式（7－124）变号，即将两侧均乘（－1），且 $\dot{E}_y$ 写法不变，则动作条件就变为

$$180^\circ\geqslant\arg\dot{E}_{x}/\dot{E}_{y}\geqslant 0 \tag{7－125(a)}$$

如将式(7－124)两侧各乘 $\frac{2}{\sqrt{3}}e^{+j90^\circ}$,且 $\dot{E}_y$ 写法仍不变,则

$$\dot{E}_{y}=\dot{U}_{m}+[Z_{s}+\frac{1}{\sqrt{3}}(Z_{k}-Z_{b})e^{j90^\circ}]\dot{I}_{m} \tag{7－125(b)}$$

动作条件变为

$$90^\circ\geqslant\arg(\dot{E}_{x}/\dot{E}_{y})\geqslant-90^\circ \tag{7－125(c)}$$

综合式［7－119（a）］、式［7－125（b）］、式［7－125（c）］，可知以式（7－118）为比较量的相间多相补偿阻抗继电器，在正向 AB 相短路时的工作特性，如图 7－53 所示，它为以 $Z_b=Z_{set}$ 相量和 $-[Z_s+\frac{1}{\sqrt{3}}(Z_k-Z_b)e^{j90^\circ}]$ 相量端头连线为直径的圆。

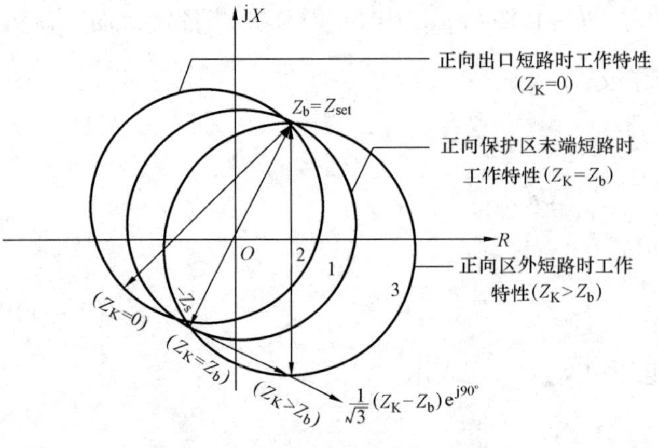

图 7-53 正向 AB 相短路动作特性

从图 7-53 中看出，该多相补偿阻抗继电器在正向 AB 相短路时，具有可变的动作特性，其中圆 1 为相当被保护区末端短路的特性，而圆 2 为被保护线路出口短路的特性。

当被保护线路正向 k 点发生 CA 相两相短路时，从式［7-118（a）、（b）］可以看出，比较量的变化是一样的，不同的是 $\dot{E}_y$ 成为测量量，$\dot{E}_x$ 成为极化量，所以式（7-125）都能适用，动作特性亦如图 7-53 所示。

当被保护线路 BC 相发生短路时，动作特性亦可按类似方法推导。

被保护线路反相发生相间短路时，分析仍以 AB 相发生两相短路为例。图 7-54（a）为电路图，图 7-54（b）为相量图。同图 7-53 不同的只是电流 $\dot{I}_A$、$\dot{I}_B$ 的标明的方向相反而已。因此，式（7-121）及式（7-122）应改写为

$$\dot{U}_{CA} = \dot{U}_{KCA} - (\dot{I}_C - \dot{I}_A)Z_k = \dot{U}_{KCA} - \frac{1}{2}\dot{I}_m Z_k \quad (7-126)$$

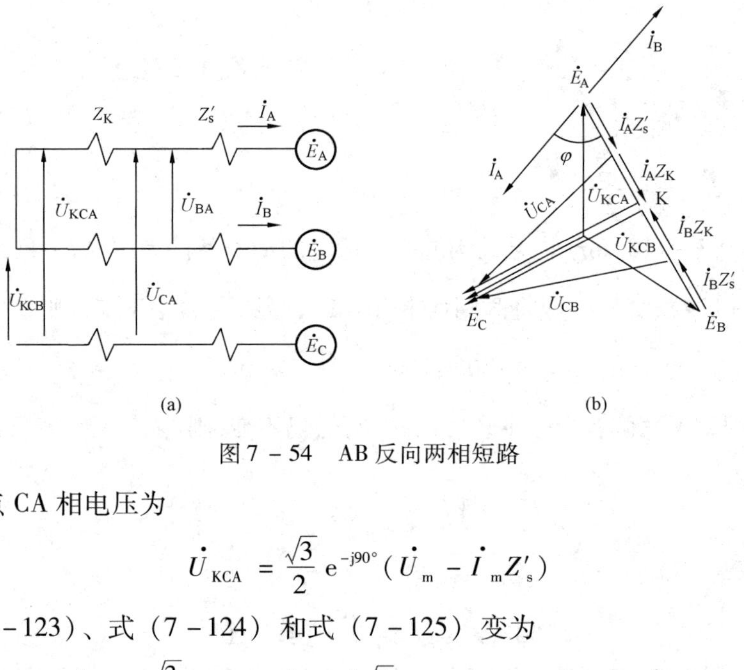

图 7-54 AB 反向两相短路

其中故障点 CA 相电压为

$$\dot{U}_{KCA} = \frac{\sqrt{3}}{2}e^{-j90°}(\dot{U}_m - \dot{I}_m Z'_s) \quad (7-127)$$

同时式（7-123）、式（7-124）和式（7-125）变为

$$\dot{U}_{CA} = \frac{\sqrt{3}}{2}e^{-j90°} \cdot \dot{U}_m - \left[\frac{\sqrt{3}}{2}e^{-j90°} \cdot Z'_s + \frac{1}{2}Z_k\right] \cdot \dot{I}_m \quad (7-128)$$

$$\dot{E}_y = -\frac{\sqrt{3}}{2}e^{-j90°} \cdot \dot{U}_m + \left[\frac{\sqrt{3}}{2}e^{-j90°} \cdot Z'_s + \frac{1}{2}(Z_k - Z_b)\right] \cdot \dot{I}_m \quad (7-129)$$

最后得

$$\dot{E}_y = \dot{U}_m - [Z'_s + \frac{1}{\sqrt{3}}(Z_k - Z_b) \cdot e^{j90°}] \cdot \dot{I}_m \quad (7-130)$$

动作条件不变,仍为

$$90° \geqslant \arg \frac{\dot{E}_x}{\dot{E}_y} \geqslant -90° \quad [7-125(c)]$$

另一比较量仍为

$$\dot{E}_x = \dot{I}_m Z_b - \dot{U}_m \quad [7-119(a)]$$

综合式[7-119(a)],式(7-130)及式[7-125(c)],知以式(7-118)为比较量的相间多相补偿阻抗继电器在反向两相短路时的动作特性,为以 $Z_b = Z_{set}$ 相量和 $+\left[Z'_s + \frac{1}{\sqrt{3}}(Z_k - Z_b)e^{j90°}\right]$相量端头连线为直径的圆,如图7-55所示。图中 Z_s 为对侧(自继电器装设处到对侧电源内阻抗)电源内阻抗,故标以 Z'_s,与图7-53中 Z_s 有所区别。从图7-55可以看出多相补偿阻抗继电器在背后短路时,亦成抛球特性,同正向短路一样特性是可变的。

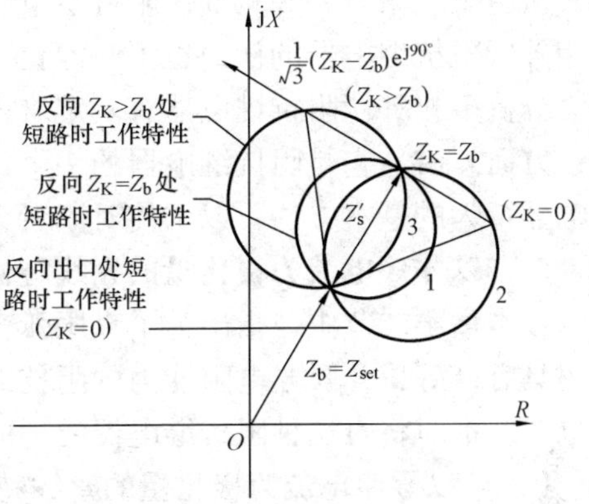

图7-55　背后两相短路动作特性

6. 多相补偿阻抗继电器评述

所谓"补偿"是阻抗继电器中进行阻抗测量的一种方法。在系统(线路)发生短路的情况下,母线电压 U 可认为是短路电流 I_k 在短路回路阻抗 Z_k 上的压降,即 $U = I_k Z_k$,为了判断故障发生在保护区内或区外,最简单的办法是使 I_k 流过代表保护区的整定阻抗 Z_{set},产生压降 U_{set},将其与母线电压 U 对比,看看哪一个大,将两个电压相减,形成的一个电压

$$U_{OP} = U - U_{set} \quad (7-131)$$

如 $U_{OP} > 0$,则 $U > U_{set}$,表明电流流过短路回路上产生的压降大于整定阻抗上压降,为区外短路。

$U_{OP} < 0$,则 $U < U_{set}$,为区内短路。

所以,如称 U_{OP} 为工作电压(*operation voltage*),则 U_{OP} 为经 IZ_{set} 压降补偿的电压,它是阻抗继电器进行阻抗测量的基本电压量。全阻抗继电器就是根据这一电压的极性关系进行故障位置判断的。

但是,阻抗是一个复数,既有大小也有角度,所以只根据一个方程不能进行阻抗判断,必须要有两个方程,因此出现式[7-39(a)、(b)]两个相位比较量和式[7-46(a)、(b)]两个绝对值比较量,用两个方程共同测量短路阻抗的大小和相角。式(7-131)是基本的方程形式。

在两个比较量的阻抗继电器中,虽然两个方程都同式(7-131)有类似之处,但其中只有一个起判定故障位置的主要作用。例如在方向阻抗继电器中,另外一个比较量只起相位参据的作用,其他类型的阻抗继电器中另一个比较量也只是起辅助测量作用,所以一般两比较量的阻抗继电器中只有一个比较量是起补偿方程的作用。

而在多相补偿阻抗继电器中，从比较量的形式和结构上看，都像式（7－131）一样由某一母线电压和补偿电压相减构成，所以称多相补偿。由多种比较量（两个或两个以上）所形成的阻抗继电器就称多相补偿阻抗继电器。

但是，多相补偿阻抗继电器在实际工作中也只有一个比较量（方程）起测阻抗的作用，另外一个（或几个）比较量仍只起着辅助作用或极化作用，只不过哪一个起主要作用是根据短路类型自动转化的。也正是由于这样一个原因，使多相补偿继电器动作特性复杂多变。

从历史上来看，多相补偿阻抗继电器的发明是继电保护发展史上一个重大事件，人们对多相补偿阻抗继电器的认识也不断深化。

分析多相补偿阻抗继电器有一定难度，因为它的特性是同电力系统行为有紧密关系的，从这方面来讲，它是阻抗继电器的一个代表，故本章花一定篇幅介绍一些分析多相补偿阻抗继电器行为的基本方法，以求使对读者今后在实际工作中分析阻抗继电器行为有所帮助。

四、以零序电流为极化量的直线特性阻抗继电器

在本章第二节中曾指出为了克服弧光电阻对阻抗继电器阻抗测量的影响，方法之二就是采用具有良好避开弧光电阻能力的阻抗继电器，其中特别提到了以零序电流为极化量的阻抗继电器，本节将对这种阻抗继电器的构成和工作特性进行分析。

（一）以零序电流为极化量的直线特性阻抗继电器的构成

前面已分析以式［7－59（a）］、式［7－59（b）］为比较量，以式［7－59（c）］为动作条件的偏移方向阻抗继电器，当式［7－59（b）］中系数 $K_p=0$ 时，即可取得动作特性不过 $R-X$ 平面坐标原点的直线特性阻抗继电器，意味着阻抗继电器以电流为极化量。以继电保护装设处零序电流为极化量时，阻抗继电器比较量写为

$$\dot{E}_x = \dot{I}_m Z_{set} - \dot{U}_m \qquad [7-132(a)]$$

$$\dot{E}_y = \dot{I}_{mo} Z_{bo} \qquad [7-132(b)]$$

动作条件为 $$-90° \leqslant \arg\dot{E}_x/\dot{E}_y \leqslant 90° \qquad [7-132(c)]$$

式［7－132（b）］中，$\dot{I}_{m0}$ 为发生接地短路后流经阻抗继电器装设处的零序电流。为了确定式（7－132）表明的阻抗继电器动作特性，按前面采用的方法找出 $\dot{I}_{m0}$ 和 $\dot{I}_m$ 的关系。可写成

$$\dot{I}_{m0} = C_{m0} \cdot \dot{I}_0 = C_{m0} \cdot \frac{e^{j\theta_0}}{m_0}\dot{I}_m \qquad (7-133)$$

式中 $\dot{I}_0$——故障点零序电流；

C_{m0}——故障点零序电流对 M 侧分配系数，$\theta_0=\arg\dot{I}_0/\dot{I}_m$，$\dot{I}_0$ 超前 $\dot{I}_m$ 为正。

$m_0=\dfrac{I_m}{I_0}$为 I_m 与 I_{m0} 数值比。

代入式［7－132（b）］

$$\dot{I}_{m0} Z_{b0} = \frac{C_{m0}}{m_0} \cdot Z_{b0} \cdot e^{j\theta_0} \cdot \dot{I}_m \qquad (7-134)$$

C_{m0}、m_0 可认为是数值，与比相无关，故 $\dot{E}_y$ 可写成

$$\dot{E}_y = Z_{b0}e^{j\theta_0} \cdot \dot{I}_m \tag{7-135}$$

设 Z_{b0}与 Z_{set}阻抗角相等，可得以式［7－132（a)］、式［7－132（b)］为比较量，以式［7－132（c)］为动作条件的以零序电流为极化量的直线特性阻抗继电器的动作特性，如图 7－56 所示。

图中对应 $\theta_0>0$ 的情况，即 $\dot{I}_0$ 超前 $\dot{I}_m$ 的情况。如 θ_0 改变，则动作特性以 A 点为中心而旋转。

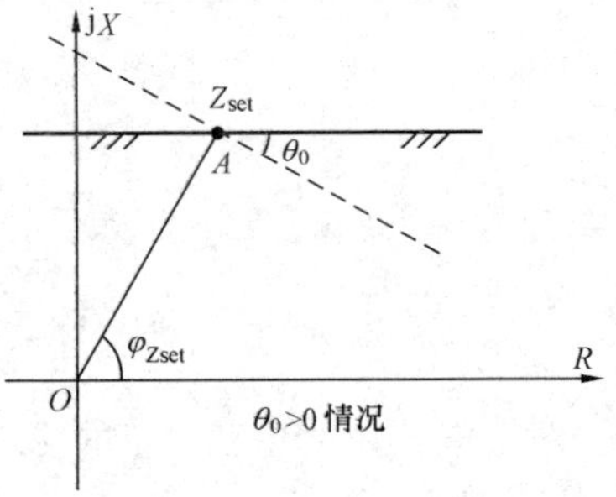

图 7－56　以零序电流为极化量阻抗继电器动作特性

（二）以零序电流为极化量直线特性阻抗继电器特性的讨论

1. 单相短路时故障相阻抗继电器特性

以零序电流为极化量的直线特性阻抗继电器都用于接地距离保护中，作为综合的阻抗测量元件，所以式［7－132（a)］中 $\dot{I}_m$ 为经零序电流补偿的相电流，而 $\dot{U}_m$ 为相电压。

（1）对侧电源无助增的情况。在对侧电源无助增的情况下，可认为式（7－133）中 $\theta_0=0$，阻抗继电器特性如图 7－57（a）中实线 2 所示。由于采用直线特性的目的就是要较好的消除故障点弧光电阻的影响，当对侧电源无助增的情况下，装在线路 M 侧阻抗继电器感受到的弧光电阻为一纯电阻 R_{arc}。所以继电器的特性应为电抗继电器。为此，式［7－132（b)］中。相应的式（7－135）中 $\dot{E}_y$ 应为

$$\dot{E}_y = Z_{b0}e^{j\theta_0} \cdot \dot{I}_m \tag{7-136}$$

其中

$$\theta_0 = 90° - \varphi_{zset}$$

φ_{zset}为整定阻抗 Z_{set}的阻抗角。

经此补偿后，当 $\theta_0=0$ 时，阻抗继电器动作特性如图 7－57（a）中实线 2 所示。在此情况下，如线路上 K 点发生弧光接地短路，则继电器感受阻抗 Z_m 终端沿 R 轴方向移动，决不会出现误动和拒动的情况。

（2）对侧电源有助增，且对侧电源电动势超前本侧电源电动势，即保护装设侧吸收功率的情况。在此情况下，对侧助增电流对 M 侧来说是超前性的，参看图 7－19，对电弧电阻助增的结果使 R_{arc}变为感性 Z_{arc}，图 7－57（b）中表明了这种情况。但同样由于对侧超前性的助增，使接地回路 $\dot{I}_0$ 相对 $\dot{I}_m$ 来讲是超前；故式（7－135）中 $\theta_0>0$，故阻抗继电器动作特性亦向 X 轴方向旋转一个角度 θ_0，故仍能保持 Z_{arc}与直线动作特性平行，补偿了弧光电阻感受角度的变化。

（3）对侧电源有助增，且对侧电源电动势滞后本侧电源电动势，即保护装设侧送出功率的情况。

与上面分析类似，由于 R_{arc}感受特性的变化，同阻抗继电器特性的变化都是因故障点

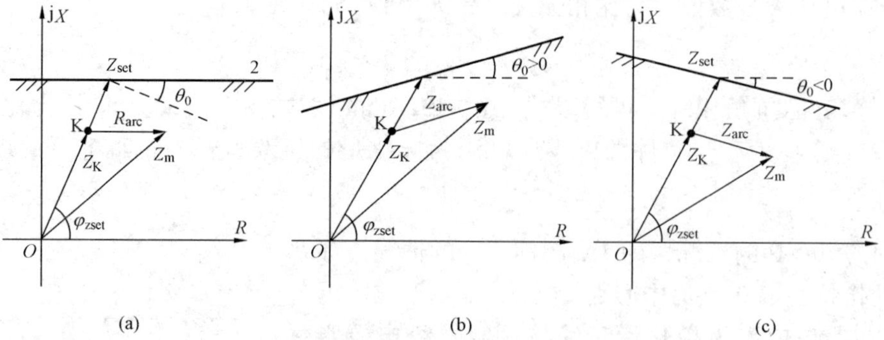

图 7－57　以零序电流为极化电压阻抗继电器特性的自适应性

（a）对侧无助增；（b）对侧超前性助增；（c）对侧滞后性助增

$\dot{I}_0$ 对继电器感受电流 $\dot{I}_m$ 的影响而出现的。故仍能进行自适应的补偿，图 7－57（c）表明了这一情况。

2. 两相短路接地时故障相阻抗继电器特性

两相短路接地也是接地阻抗继电器应正确反应的短路类型。在两相接地短路情况下，故障相零序电流与全电流不同相，所以以零序电流为极化量的阻抗继电器的直线特性就要发生倾斜，分析时为了考虑突出短路类型的影响，不计对侧电源助增作用。

图 7－58（a）为被保护线路发生 BC 两相接地短路时故障点电流相量图。分析时认为为故障点到继电器装设处各序电流分配系数相等，故从相位关系上看，图 7－58（a）的电流相量图能表明继电器装设处的情况。

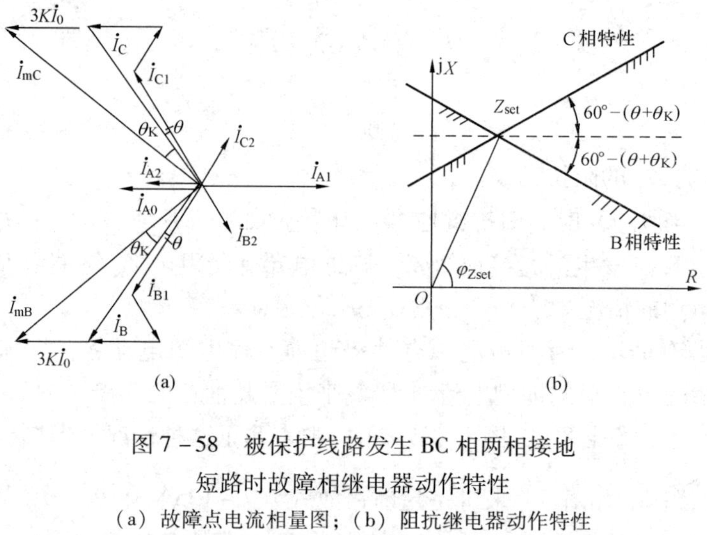

图 7－58　被保护线路发生 BC 相两相接地

短路时故障相继电器动作特性

（a）故障点电流相量图；（b）阻抗继电器动作特性

根据图中相量关系可分析 B 相和 C 相阻抗器动作特性，关键问题在于确定式（7－136）中的 θ_0。

（1）先分析 B 相情况。

对 B 相而言，$\dot{I}_m=\dot{I}_B+3K\dot{I}_0$，从相量图知

$$\theta_{OB} = \arg\frac{\dot{I}_0}{\dot{I}_{mB}} = -\left[60° - (\theta + \theta_k)\right] \tag{7-137}$$

式中 θ 按超前角为正定义时，为

$$\theta = -\operatorname{arcot}\frac{1}{\sqrt{3}}\cdot\frac{Z_{2\Sigma} - Z_{0\Sigma}}{Z_{0\Sigma} + Z_{2\Sigma}} \tag{7-138}$$

θ_k 为因零序电流补偿 $3K\dot{I}_0$ 引起 $\dot{I}_m$ 的相位变化，因 $3K\dot{I}_0$ 的补偿相当于增大 $\dot{I}_m$ 中零序电流，增幅为（$1+3K$）倍，故

$$\theta + \theta_k = \operatorname{arcot}\frac{Z_{0\Sigma} - (1+3K)\cdot Z_{2\Sigma}}{\sqrt{3}(Z_{0\Sigma} + (1+K)Z_{2\Sigma})} \tag{7-139}$$

由此可得，BC 两相接地短路时，超前相阻抗继电器动作特性，如图 7－58（b）中直线 1 所示。

（2）再分析 C 相情况。

从图 7－58（a）相量图上可以看出，滞后相 C 相情况与超前相 B 相类似，不同的是 $\dot{I}_0$ 超前 $\dot{I}_m$ 角 θ_{0c}，$\theta_{0c} = +\left[60° - (\theta + \theta_k)\right]$

相应的阻抗继电器动作特性如图 7－58（b）中直线 2 所示。

（三）以零序电流为极化量的直线特性阻抗继电器的特点

根据前面分析，以零序电流为极化量的直线特性阻抗继电器有如下特点：

（1）单相接地短路时有避开故障处弧光电阻对阻抗测量影响的能力，它能自动适应对侧电源对弧光电阻助增的作用，防止阻抗继电器拒动或误动。

（2）在满足对单相接地自适应的条件下，两相接地短路时，动作特性有较大的畸变，不能同时满足两相对地弧光电阻的要求。

（3）基本上无避开负荷阻抗的能力，系统振荡时，防误动的特性也不良。

所以一般这种特性的阻抗继电器并不单独使用。

五、四边形特性的阻抗继电器

（一）四边形特性阻抗继电器的提出及特性构成

以阻抗测量原理构成的距离保护中对阻抗继电器特性的要求很高，继电器本身的构成也复杂，但另一方面，由于阻抗继电器可以构成多种特性，所以不同特性的阻抗继电器也能分别较好的满足电力系统故障保护各方面的需要。但是，从本章第二节中分析可以看出，困难之处在于某种特性的阻抗继电器对电力系统某些故障保护或运行状态的适应很好，但对另外一些形式的故障保护和运行状态的适应就显得性能不好。因此，希望找出一种能适应多种要求的阻抗继电器，可行的方法是设计或制造出具有复合特性的阻抗继电器，四边形特性是一种具有组合性能的阻抗继电器，它的四个动作边界可以单独调整，而阻抗继电器可以由一个比较器构成，而且很适用于计算机保护。

下面分析四边形特性的四个动作边界应有的特性，图 7－59 表明具有普遍意义的四边形特性。为了分析方便，称之为 A、B、C、D 四个边界。

（1）边界 A。负担阻抗继电器测距作用，确定阻抗继电器的阻抗整定值。

四边形特性阻抗继电器动作特性边界 A，类似前面讨论的以零序电流为极化量的直线特

性阻抗继电器但它与零序电流为极化量的阻抗继电器不同，对对侧电源助增无自适应能力，所以在其斜率的整定上应考虑对侧助增的情况。图 7－59 中 α_4 可按被保护线路正常功率输送情况整定。

（2）边界 B。应按避开负荷阻抗条件来整定，可称之为负荷阻抗线。它的整定是在能避开负荷阻抗情况下，有较好的避开弧光电阻影响的能力，为此，沿 R 轴方向应尽可能宽一些。由于一般在被保护起始端发生弧光电阻短路时，R_{arc}要比末端短路时小一些，故 α_1 略小于线路阻抗角，可取60°左右。

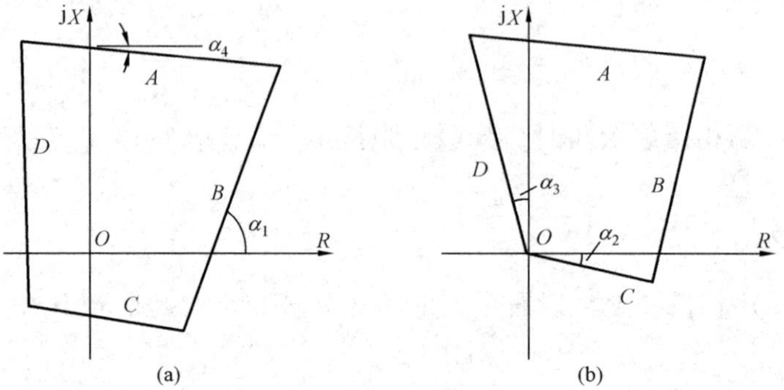

图 7－59　两种四边形特性的阻抗继电器

（3）边界 C、D 是方向边界。其主要目的是保证阻抗继电器动作的方向性，当被保护电路背后短路不容许误动时，C、D 边界应如图 7－59（b）所示。

同一般方向阻抗继电器相比，图 7－59（b）的四边形特性考虑了出口带弧光短路时的拒动问题，边界 C 具有向 $-\mathrm{j}X$ 倾斜角 α_2、α_2 可为 15°～20°左右。边界 D，首先考虑了系统振荡时如果误动，误动时间应尽量短的问题。此外，对距离保护具备选相作用的阻抗继电器，边界 D 应防止不对称短路时完好相阻抗继电器误动作，使选相失败。为此，图 7－59（b）中 α_3 不宜过大，15°～20°即可。

综上所述，四边形特性阻抗继电器由于其四个动作边界可分别调整与整定，能较好的适应电力系统故障和不正常运行状态对阻抗继电器特性的要求。

（二）四边形阻抗继电器的构成

四边形（多边形）阻抗继电器的动作特性可由以下两种方法构成：

（1）单个继电器构成四边形特性。

（2）几个继电器构成的复合四边形特性。在这种继电器中可由两个特性复合而成：杯形特性构成图 7－59 中的 B、C、D 边，而 A 边由以 I_0 为极化量的直线特性阻抗继电器构成。

下面分析四边形阻抗继电器构成原理。

1. 用极性重叠式相位比较实现的四边形特性阻抗继电器

图 7－60 所表明的四边形特性由四个阻抗 Z_a、Z_b、Z_c、Z_d 来确定。相应的令以下四个量为比较电压。

$$\dot{E}_x = \dot{I}_m Z'_a - K_u \dot{U}_m \qquad [7-140(a)]$$

$$\dot{E}_y = \dot{I}_m Z'_b - K_u \dot{U}_m \qquad [7-140(b)]$$

$$\dot{E}_z = \dot{I}_m Z'_c - K_u \dot{U}_m \qquad [7-140(c)]$$

$$\dot{E}_w = \dot{I}_m Z'_d - K_u \dot{U}_m \qquad [7-140(d)]$$

仍定义继电器感受阻抗为 $Z_m = \frac{\dot{U}_m}{\dot{I}_m}$

将式（7－140）两侧均除以 I_m，并令 $\frac{\dot{E}_x}{K_u \dot{I}_m} = Z_x$、$\frac{\dot{E}_y}{K_u \dot{I}_m} = Z_y$、$\frac{\dot{E}_z}{K_u \dot{I}_m} = Z_z$、$\frac{\dot{E}_w}{K_u \dot{I}_m} = Z_w$，

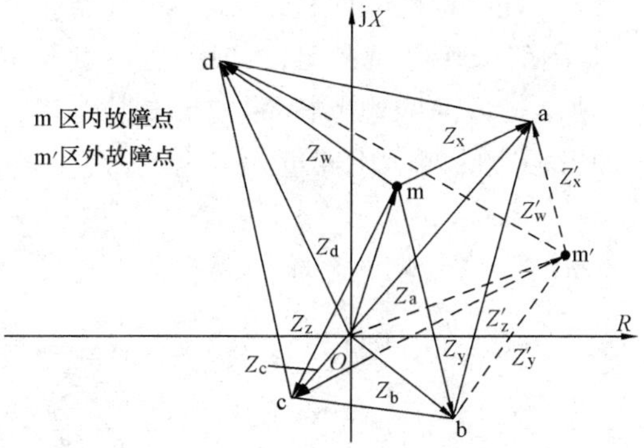

图 7－60　四边形阻抗继电器特性构成

并令 $\frac{Z'_a}{K_u} = Z_a$，$\frac{Z'_b}{K_u} = Z_b$，$\frac{Z'_c}{K_u} = Z_c$，$\frac{Z'_d}{K_u} = Z_d$

得

$$Z_x = Z_a - Z_m \qquad [7-141(a)]$$

$$Z_y = Z_b - Z_m \qquad [7-141(b)]$$

$$Z_z = Z_c - Z_m \qquad [7-141(c)]$$

$$Z_w = Z_d - Z_m \qquad [7-141(d)]$$

将式（7－140）四个电压比较量送入图 7－32 极性重叠相位比较器中。

令感受阻抗 Z_m 为图 7－60*abcd* 四边形内一点 *m*，得 Z_x、Z_y、Z_z、Z_w 分别为 $\overline{ma}$、$\overline{mb}$、$\overline{mc}$、$\overline{md}$。显然极性重叠比较器将代表阻抗平面上 Z_x、Z_y、Z_z、Z_w 的四个电压比较量 $\dot{E}_x$、$\dot{E}_y$、$\dot{E}_z$、$\dot{E}_w$ 判为极性连续，发出动作信号。

同样，令感受阻抗 Z_m 为图 7－60 四边形外一点 m′，则所构成的代表阻抗 Z'_x、Z'_y、Z'_z、Z'_w 的比较电压 $\dot{E}_x$、$\dot{E}_y$、$\dot{E}_z$、$\dot{E}_w$ 将被判为极性不连续，比相器发出不动作信号。

图 7－32 的比较器虽然是对四个输入电压进行极性重叠判别，但实际每一次比相器由动作状态转入不动作状态，或由不动作状态转入动作状态，也只是由一对动作量改变其相位关系而引起的。

如代表感受阻抗的 m′点穿过 ab 边进入四边形内，则相极性由不连续转入连续是因 arg（$\dot{E}_x/\dot{E}_y$）由大于 180°转为小于 180°所引起，如 m′点穿过 cd 边进入动作区，则是由 arg（$\dot{E}_z/\dot{E}_w$）由大于 180°转为小于 180°所引起，依此类推。

如上所述，按极性重叠原理构成的四边形阻抗继电器，动作状态与特性构成的原理，物理概念均较易被理解。

2. 用极性重叠原理构成的四边形特性的讨论

用极性重叠原理构成的四边形特性，通过参数的改变可取得多种形状。

（1）方向特性的四边形阻抗继电器。所谓方向特性，即特性在 $R-X$ 平面上过坐标原点。从图7－60可以看出，如图中 C 点与 $R-X$ 平面坐标原点重合，即可构成如图7－59（b）所示的方向四边形特性。方法很简单，令式（7－140）或式（7－141）中 Z'_c 即 $Z_c=0$，即可相应的四个比较量为

$$\dot{E}_x = \dot{I}_m Z'_a - K_u \dot{U}_m \quad [7-142(a)]$$

$$\dot{E}_y = \dot{I}_m Z'_b - K_u \dot{U}_m \quad [7-142(b)]$$

$$\dot{E}_z = -K_u \dot{U}_m \quad [7-142(c)]$$

$$\dot{E}_w = \dot{I}_m Z'_d - K_u \dot{U}_m \quad [7-142(d)]$$

（2）杯形特性（开口四边形）阻抗继电器。上面讨论的四边形特性阻抗继电器，容易变形为折线或开口四边形特性。折线特性容易用两比较量相位比较实现，此处不予讨论。下面讨论开口四边形，即杯形特性的构成，因为它有一定的实际意义，为了同后面讨论配合，下面讨论以方向四边形特性为基础的杯形特性。

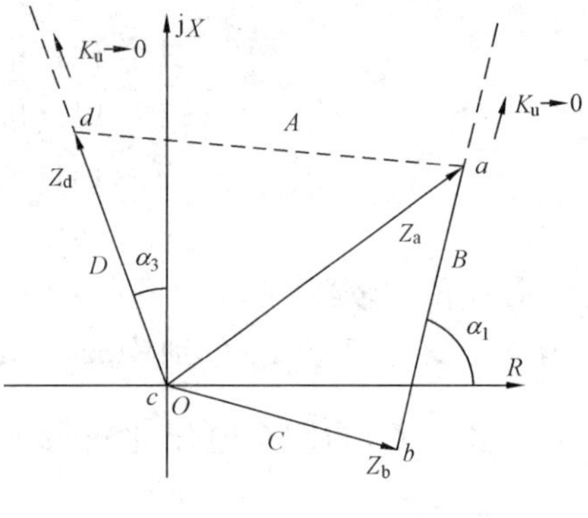

图7－61　开口四边形特性的构成

图7－61中四边形 $abcd$ 为封闭四边形特性，其中 A 边希望能取消，以形成开口形状，要求其他三个边，B、C、D 形状不变。

四边形中 C 边已由 Z_b、Z_c（即坐标原点）确定，而 B 边和 D 边原来是分别由 Z_a、Z_b 和 Z_c、Z_d 确定，而现在由于 A 边要被开放，但 B 边和 D 边斜度（以 α_1、α_3 表示）仍需保持，故 a、d 两点应按所要求的方向（α_1、α_3）向无限远移动，为此，式（7－142）中有关参数应按以下原则选择：

1）因边界 B 和 D 仍由 Z'_a、Z'_d 阻抗角确定，故 Z'_a 的阻抗角应为 α_1；Z'_d 的阻抗角应为 $90°+\alpha_3$。但 Z'_a 和 Z'_d 大小无严格要求。

2）式［7－142（a）、（b）］中 $K_u=0$。即式（7－141）中 $Z_a=\infty$，$Z_d=\infty$。

这样，图7－61中就消除了边界 A，其他三个边形状保持不变。相应的四个比较电压为

$$\dot{E}_x = \dot{I}_m Z'_a \qquad \angle Z'_a = \alpha_1 \quad [7-143(a)]$$

$$\dot{E}_y = \dot{I}_m Z'_b - K_u \dot{U}_m \qquad Z_b = Z'_b / K_u \quad [7-143(b)]$$

$$\dot{E}_z = -K_u \dot{U}_m \qquad K_u \text{ 无要求} \quad [7-143(c)]$$

$$\dot{E}_w = \dot{I}_m Z'_d \qquad \angle Z'_d = 90° + \alpha_3 \quad [7-143(d)]$$

3. 有较好消除弧光电阻对阻抗测量影响的方向四边形特性

按式(7－142)所构成封闭四边形方向阻抗特性的阻抗测量边界对有对侧电源助增的弧光电阻无自适应能力，从这一点来说它比不上的零序电流为极化量的直线特性阻抗继电器。所以，可以用式(7－143)比较量构成的杯形四边形阻抗继电器与以零序电流为极化量的直

线特性阻抗继电器配合工作，可取得更好的动作特性。在此情况下，可将以零序电流将极化量的直线特性阻抗继电器与杯形四边形特性阻抗继电器输出按与门连接，构成复合特性。

六、工频变化量阻抗继电器

（一）电力系统正常运行状态量与故障状态量

由于电工技术的发展，人们用多种量表明电力系统运行状态（*operation state*），如电压、电流、波形、频率、网络拓扑等，其中与继电保护有关的，主要是电压与电流。系统在正常运行时，这些运行状态都工作在正常范围之内，而发生故障（短路），这些量中有些就要发生剧烈的变化，继电保护的任务首先就要是识别这些变化。

识别故障，主要任务就是要将反映故障的量同反应正常运行状态的量分开，继电保护的发展始终就为了解决这一问题而努力，举例说明如下：

（1）对称分量电流、电压的作用。20 世纪 20 年代后期，提出了对称分量法，由于系统正常运行下三相量基本是对称的，而部分电力系统故障状态是不对称的，所以根据电流电压中出现负序与零序就可以判断这类故障的出现，并可实现部分的定量。其中特别是零序分量，它的出现表明三相系统发生接地短路，所以反映零序电压、零序电流的继电保护得到了很广泛的应用。

（2）反映电流电压变化率保护的应用。由于在电力系统正常运行时以电流电压为代表的电量在总体上是缓慢变化的，而发生故障或其他大扰动时，它们的变化很大，而且是在较短的时间内出现这种变化，即变化率很大，由此可以判断电力系统是否出现包括故障在内的大扰动。这一方法，在 20 世纪 60 年代前苏联在继电保护中就应用过，但是系统且有针对性的应用这一方法是在我国。由于按电流及电压变化率实现故障定量判断很困难，所以这类保护一般只能用作辅助测量元件或逻辑起动元件。

应当指出，利用电流、电压变化率构成的保护在名称上有不够严谨的地方，例如电流电压“突变量”一词，一般是认为电流电压的变化是在 $\Delta t \to 0$ 之间发生的，在过渡过程分析上，所谓突变量定义是（以电流为例）$i_0 - i_{101}$，所以突变量一词只能是指电压、电流瞬时值的变化。而在所谓突变量电流保护中，突变的量是用 $|I|$、$|\dot{I}|$、$|\dot{I}_A - \dot{I}_B|$ 表示，所以涉及的电流不是瞬时值，而是平均值、有效值、幅值。因此以用“变化量”一词为好。

但“变化量”一词仍不够确切，因为在 10ms 内的变化 ΔI 和在 100ms 内的变化 ΔI 对继电保护检测元件来讲，反应是不同的；所以严格来说还是以“变化率”来定量为好。

但如以“变化率”来定量，在继电保护的实现中也有困难，因 $\Delta I/\Delta t$（以 ΔI 为例）中 Δt 不好整定，实际上在模拟装置中 Δt 是由“突变量滤过器”的反应时间确定，数字式装置中是由采样速率和算法确定。同样一个电流变化量由不同“突变量滤过器”处理，输出 ΔI 就不同，因此，工程上为了实用，统称为“变化量”也未尝不可，但最好不用“突变量”一词。

（3）反应理论上突变量在保护中的应用。上面对什么叫突变量作了说明，指出反应“变化率”的保护最好不叫“突变量”保护。而在继电保护发展进程中也确有反应短路时故障点状态的改变（短路）引起故障点电压电流瞬时值变突的（Δi、Δu）的保护，这就是 20 世纪 70 年代出现的“行波保护”（*Traveling wave protection*）。当故障点出现 Δi、Δu 脉冲量时，以行波方式向线路上传播，边传输边改变它的波形，但极性不变，装在线路上的保护接收到电压电流的行波，判断其极性，以判别区内或区外故障，但这种行波保护由于短暂脉冲（传输中已畸变为行波）难于捕捉，且又会多次反射，故保护的可靠性问题未解决，但从原理上讲，这是一种真正反应“故障量”的保护。

（4）工频变化量在保护中的应用。工频变化量的提出及其在继电保护中的应用是20世纪80年代在继电保护理论应用方面的一大创新，在介绍如何将这一重要概念用在阻抗继电器前，下面先对工频变化量特点作一些分析。

（二）工频变化量的性质及其实用

所谓工频量，包括工频电压、工频电流，是在电源电动势作用下，电网上产生的电流及各节点电压，所以工频变化量应定义为在系统扰动后因扰动所引起的工频量与系统扰动后工频负荷量之差。

图7－62（a）中系统工作于t_{101}时，k点发生经电弧R_{arc}接地短路。短路前流过线路M侧电流设为负荷电流，短路后M侧线路电流包括故障电流和故障后的负荷电流。由于只分析工频量，故不计其他暂态分量。在故障后一段时间内不计波形畸变，认为都是正弦波。I_m、$\dot{I}_{LO}$，标以“|O|”为故障前值，标以“O”为故障后值，故对线路M侧电流$\dot{I}_M$而言，有

$$\dot{I}_{MO}=\dot{I}_{KO}+\dot{I}_{LOO} \tag{7-144}$$

式中 $\dot{I}_{MO}$——故障后线路M侧工频量电流；

$\dot{I}_{KO}$——故障电流分量；

$\dot{I}_{LOO}$——故障后负荷电流。

考虑到故障前有

$$\dot{I}_{M101}=\dot{I}_{LO101} \tag{7-145}$$

故得

$$\Delta\dot{I}_{MO}=\dot{I}_{KO}+\Delta\dot{I}_{LO} \tag{7-146}$$

$$\Delta\dot{I}_{M}=\dot{I}_{MO}-\dot{I}_{M101}$$

式中 $\Delta\dot{I}_M$——线路上工频电流变化量；

$\Delta\dot{I}_{LO}$——$\Delta\dot{I}_{LO101}$负荷电流工频变化量，$\Delta\dot{I}_{LO}=\Delta\dot{I}_{LOO}-\Delta\dot{I}_{LO101}$；

$\dot{I}_{KO}$——故障电流工频分量。

只有当$\Delta\dot{I}_{LO}=0$时，即不计故障前后负荷电流变化时，对图7－62（a）所示无分支系统，线路上工频电流变化量与故障电流工频分量相等。如有分支线路，则上述分析应计及分支系数。

上面分析的是电流工频变化量，对电压变化量来说亦有类似关系。

上面对有关工频变化量一词作了较严格的分析，从分析中可知，以工频变化量来反映故障分量，作为继电保护信息有以下特点：

（1）工频变化量或故障分量是一个时间函数，既不是瞬时值，又不是变化率，它有明确的定义。

（2）工频变化电压、电流量是正弦量，它可以用常用的相量法进行计算和处理。

（3）由于是工频的正弦量，所以表明系统正常运行的参数，如阻抗、容抗都可适用。

（三）工频变化量阻抗继电器的工作原理及特性分析方法

分析工频变化量阻抗继电器工作行为时，以利用重叠定理为优。在此情况下，认为线路侧所装距离保护感受到的工频变化量电流与电压是由式（7－144）中故障分量产生，即负荷电流工频变化量为零。

图7－62（b）、（c）、（d）表明如何用叠加原理分析系统k点短路时，工频变化量的产生。图7－62（b）表明被分析的系统在k点发生短路故障前的情况，在电源E_s作用下，负荷电流为$\dot{I}_{L0}$，k点对地电压为$\dot{U}_{K101}$。图7－62（c）表明$t=0$时，k点发生接地短路，为了简便，设短路是金属性的，按照常用的重叠定理应用方法，可认为故障对地仍保留短路前电压$\dot{U}_{K101}$，但叠加了短路点故障分量电压$\Delta\dot{U}_k$，从短路的临界条件有

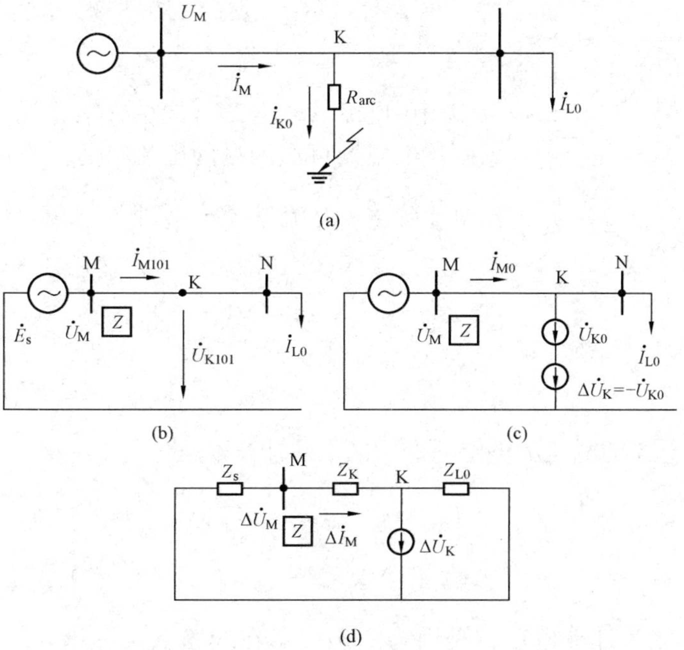

图7－62　叠加原理在工频变化量继电保护中的应用

（a）系统原理图；（b）正常运行时等值电路；（c）k点短路时等值电路；（d）故障后工频变化量网络

$$\dot{U}_{K101}+\Delta\dot{U}_K=0$$

即

$$\Delta\dot{U}_K=-\dot{U}_{K101} \qquad (7-147)$$

系统上出现的工频变化量电流及电压即由故障点出现的故障工频分量电压$\Delta\dot{U}_K$产生，

装在线路 M 侧工频分量阻抗继电器感受到的电压和电流为

$$\Delta\dot{U}_{m}=\Delta\dot{U}_{M} \qquad [7-148(a)]$$

$$\Delta\dot{I}_{m}=\Delta\dot{I}_{M} \qquad [7-148(b)]$$

$\Delta\dot{U}_{m}$与 $\Delta\dot{I}_{m}$是引入继电器的基本感受量，继电器只有依靠这两个感受量才能判断故障位置。但从图 7－62（b）可看出，前面分析阻抗继电器定义的感受阻抗 $Z_m=\dot{U}_m/\dot{I}_m$就与阻抗 Z_k 无直接关系，从图中可以看出，在正向短路时，电源在短路点，在电源作用之下，由上式定义的感受阻抗

$$Z_m=-Z_s \qquad (7-149)$$

即 Z_m 为原电源侧阻抗，与短路阻抗 Z_k 无关，故分析工频变化量阻抗继电器特性不能直接用第三节的方法。

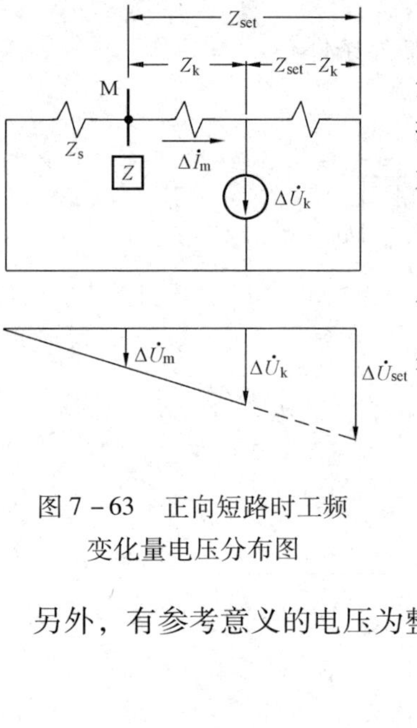

图 7－63　正向短路时工频变化量电压分布图

图 7－63 表明正向短路时，电流 $\Delta\dot{I}_m$及工频电压变化分布图，图中故障点电压 $\Delta\dot{U}_k=-\dot{U}_{K101}$，$Z_s$ 为背后电源阻抗，在扰动时负荷电流保持不变，故同图中工频变化量无关。

图中电流 $\Delta\dot{I}_m=\Delta\dot{I}_M$是在 $\Delta\dot{U}_k$作用下产生的，它是引入阻抗继电器可供测量的电流。另一方面，它在线路上产生电压降落，它流过 Z_s+Z_k 上与故障点电压 $\Delta\dot{U}_k$平衡，即

$$\Delta\dot{U}_k=-\Delta\dot{I}_m(Z_s+Z_k) \qquad (7-150)$$

将式（7－149）代入，得

$$\Delta\dot{U}_k=\Delta\dot{U}_m-\Delta\dot{I}_mZ_k \qquad (7-151)$$

另外，有参考意义的电压为整定的保护区末端计算电压

$$\Delta\dot{U}_{set}=-\dot{I}_m(Z_s+Z_{set}) \qquad (7-152)$$

即

$$\Delta\dot{U}_{set}=\Delta\dot{U}_m-\dot{I}_mZ_{set} \qquad (7-153)$$

$\Delta\dot{U}_{set}$之所以称之为计算电压，是因为它不一定在线路上实际出现，除非是区外短路，否则它只能作为一个补偿电压，在继电器中通过 $\Delta\dot{U}_m$、$\Delta\dot{I}_m$算出来。

如果式（7－151）中所定义的 ΔU_k也能算出，则通过 ΔU_k和 ΔU_{set}绝对值比较，即可确定短路点 k 是在区内或区外。于是工频变化量阻抗继电器动作方程即可写为

$$|\Delta\dot{U}_m-\Delta\dot{I}_mZ_k|\leqslant|\Delta\dot{U}_m-\Delta\dot{I}_mZ_{set}| \qquad (7-154)$$

但是式（7－151）中所定义的 $\Delta\dot{U}_k$既不能算出也不能量出，因为至此为止，短路点 k 是待求量。所以式（7－154）虽有明显的物理意义，但却无法实现。于是，只有借助于工

程上常用的实用方法，或称近似的方法，以近似求解。

故障发生后，线路上出现的电流 $\Delta\dot{I}_m$ 是比较大的数值，且为感性，故流过线路阻抗上电压降大。但在正常运行时，线路电流 $\dot{I}_m$ 较小，且偏于电阻性，故压降不大，基本上线路各点电压都接近相等。我们可以以正常运行时，保护区末端 Z_{set} 的计算值，代替正常运行时，将会发生故障的 k 点电压，而根据式（7－147）知此值就是故障后工频电压变化值 $\Delta\dot{U}_k$。此值可通过故障前电流 $\dot{I}_m$ 和电压 $\dot{U}_m$ 量按下式算出，并加记忆，以供故障后进行动作状态的判断，即

$$\Delta\dot{U}_k = \dot{U}_{m101} - \dot{I}_{m101}Z_{set} \tag{7－155}$$

式中 $\dot{U}_{m101}$——故障前 M 母线电压；

$\dot{I}_{m101}$——线路电流，即 $\dot{I}_{m101} = \dot{I}_\varphi + 3K\dot{I}_0$。

于是得工频变化量阻抗继电器动作方程为

$$|\dot{U}_{m101} - \dot{I}_{m101} \cdot Z_{set}| \leqslant |\Delta\dot{U}_m - \Delta\dot{I}_m Z_{set}| \tag{7－156}$$

式（7－156）两侧电压均为计算值。

（四）工频变化量阻抗继电器在 *R*－*X* 平面上动作特性

式（7－156）为实用的近似动作方程，但为了推导动作特性，可从更严格的动作条件出发。

1. 正向短路时动作特性

正向短路时，系统等值电路图如图 7－63 所示，相应在的动作条件可从式（7－150）和式（7－152）列出，即

$$|\Delta\dot{U}_k| \leqslant |\Delta\dot{U}_{set}|$$

或

$$|Z_s + Z_k| \leqslant |Z_s + Z_{set}| \tag{7－157}$$

式中 Z_s、Z_{set} 为给定值，Z_k 故障阻抗为任意值。根据复变函数知识，知式（7－157）在 $R-X$ 复平面上轨迹为一圆，圆心在 $-Z_s$ 处，半径为 $Z_s + Z_{set}$。如图 7－65 中圆 1 所示。

2. 反向短路时动作特性

反向短路时系统等值电路图如图 7－64 所示，有

$$\Delta\dot{U}_k = -\dot{I}_m(Z'_s + Z_k) \tag{7－158}$$

$$\Delta\dot{U}_{set} = -\dot{I}_m(Z'_s - Z_{set}) \tag{7－159}$$

相应的动作方程为

$$|Z'_s + Z_k| \leqslant |Z'_s - Z_{set}| \tag{7－160}$$

式中 Z'_s 为自继电器装设处到对侧电源内阻抗。背后短路时，阻抗继电器动作轨迹亦为

一圆，圆心在 $+Z'_s$ 处，半径为 Z'_s-Z_{set}，如图 7－65 中圆 2 所示。

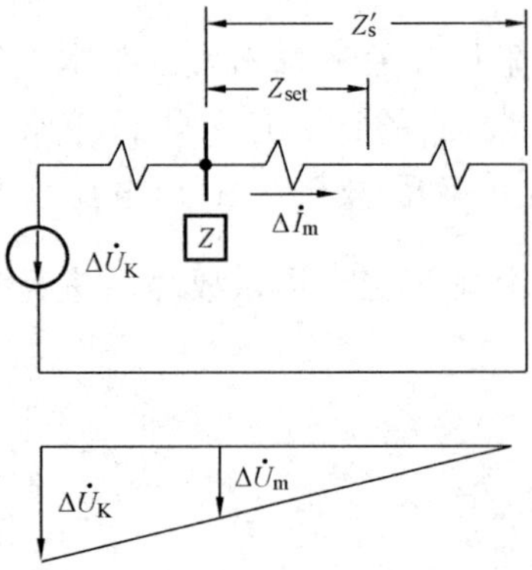

图 7－64　反向短路时工频变化量电压分布图

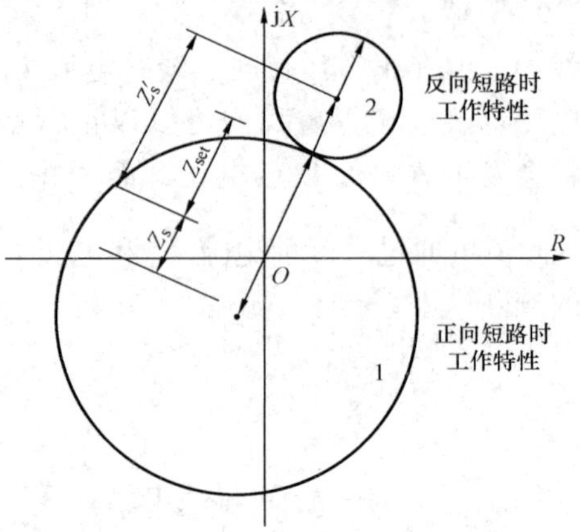

图 7－65　工频变化量阻抗继电器动作特性

（五）工频变化量阻抗继电器的优点和特点

工频变化量阻抗继电器应具有以下优点：

（1）电气量关系简单，受系统运行方式影响小，容易整定，工作可靠。工频变化量阻抗继电器是以系统故障后（扰动后）电气量的变化量为输入信息，系统扰动后，阻抗继电器一经将工频变化量检出，继电器的工作状态就同系统故障前稳定运行状况无关，继电器进行运算和处理的只是检出的工频变化量。读者将本节所分析的电量关系同前面分析的交叉极化阻抗继电器的特性，特别是多相补偿阻抗继电器的特性分析进行比较可以充分看出工频变化量阻抗继电器的这一优点。

（2）有较稳定的反应弧光电阻的能力。首先，从图 7－65 工频变化量阻抗继电器正向短路动作特性可以看出，它同交叉极化和记忆特性阻抗继电器一样，特性同电源阻抗有关，具有可变性能。除此之外，阻抗继电器在避开弧光电阻能力方面的最大问题就是对侧助增改变了电阻性质，变成带容性或感性。因而引起动作超越或拒动，而在工频变化量阻抗继电器中，由于在工频变化量网络中，各分支中的电流都是由故障点电压 $\Delta\dot{U}_k$ 产生的，故基本上是同相位，分流（即相当于助增）的影响只是改变弧光电阻 R_{arc} 被感受的大小。图 7－66 表明工频变化量网络中有电流分流的情况。图中可以看出，阻抗继电器 KZ 感受到的弧光电阻 Z'_{arc} 为

$$Z_{arc}=\frac{\Delta\dot{I}_k}{\Delta\dot{I}_m}R_{arc} \tag{7－161}$$

由于 $\Delta\dot{I}_k$ 同 $\Delta\dot{I}_m$ 基本同相，故 Z_{arc} 基本为电阻性。

（3）被保护线路出口三相金属性短路继电器有较好的动态性能。在短路点 $\Delta\dot{U}_k$ 最大，故被保护线路出口短路时能可靠动作，并可取得较快的动作速度，这点同反应负序电压和零序电压的继电器有共同之处，但后者只是在不对称短路时才能动作，而工频变化量阻抗继电

器在三相金属性短路时也能很快的可靠动作。因而工频变化量阻抗继电器对这种对系统安全运行破坏性最大的故障能起快速切除作用。

（4）系统振荡时能可靠不误动。由于以上这些优点，所以这种新型阻抗继电器在国内高压和超高压电网上得到广泛的应用。

在使用这种工频变化量阻抗继电器时应考虑它还具有以下特点：

1）感受阻抗概念同前面分析的以工频量为测量信息的阻抗继电器不同，需加注意。

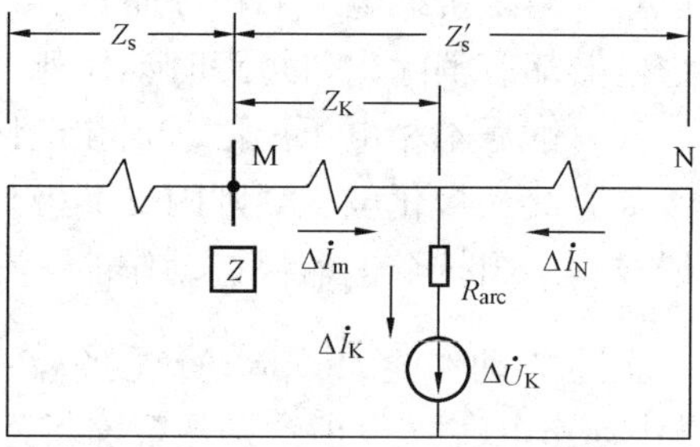

图 7－66　有分支电路的工频变化量网络

2）动作实用判据［式（7－156）］有一定的近似性，因而在实际工作中会引起一些测距误差。

3）为了取得变化量并取得变化量中的工频分量，需有性能良好的滤过器和滤波器。

第四节　距离保护在运行中的一些问题

一、交流电压失压及 TV 断线闭锁问题

距离保护中以系统电压作为输入测量量，此量送入阻抗继电器中作为测量电压，如果电压互感器二次回路故障，则将使阻抗继电器工作不正常。继电保护所接入的二次回路断线，同差动保护中的差动电流回路断线一样是很棘手的问题，而电压回路因装有熔断器，断线失压更是经常可能发生的故障，所以在距离保护运行中必须考虑交流电压回路断线（包括熔断器熔断或小开关跳开）的问题。

电压回路断线后，电压二次回路可能会出现两种情况：

（1）断线后失压。就是某一相断线后该相（相间）电压消失。当二次回路三相断线或不计二次负荷反馈时属于这种情况。

（2）断线后断线相（相间）电压畸变。当有二次负荷反馈时，一相断线或二相断线后断线相通过二次负荷自完好相取得一定电压，但相位和大小是畸变的。

不管是以上哪一种情况都会使阻抗继电器工作不正常。

本节的目的是从概念上分析 TV 断线后果，所以主要分析一相断线情况。

（一）断线失压后阻抗继电器行为分析

所谓断线失压就是 TV 回路断线后，断线相失去电压，对接地阻抗继电器而言是单相断线失压，对相间阻抗继电器而言是两相断线失压。

因阻抗继电器感受阻抗为

$$Z_m=\frac{\dot{U}_m}{\dot{I}_m}$$

当工作相断线时，$\dot{U}_m=0$，故感受阻抗为零。

因此，对动作特性包含 $R-X$ 坐标原点的阻抗继电器均会误动作。这类特性的继电器是全阻抗继电器、偏移方向阻抗继电器等。

对方向阻抗继电器静特性而言，$Z_m=0$ 是处于临界动作状态，即可动可不动。但方向阻抗继电器却有消除出口短路时动作死区的措施，所以工作相断线时会动作。

如只依靠本相电压记忆，则在记忆存在过程中，阻抗继电器会保持动作能力。

如有交叉极化电压，则因交叉极化电压相未断线，保持有一定的极化电压，故在工作相断线过程中阻抗继电器保持动作能力。

上述“动作能力”指动作的条件除 $\dot{U}_m=0$ 外，尚应有一定 I_m，但实际上阻抗继电器“最小动作电流”很小，只要系统断路器合上，都具有这一动作条件。

（二）断线二次电压畸变后阻抗继电器行为分析

电压互感器一相断线后，断线相并不完全失压的原因是由于 TV 二次负荷对未断线相电压的传递。

1. 电压互感器一相断线后二次电压的分布

图 7－67 所示 TV 二次回路，其中 $Z_{2\Delta}$ 为按 Δ 连接的二次负荷的阻抗，Z_{2Y} 为按 Y 连接的二次负荷阻抗。分析时认为所接的三相负荷是平衡的。

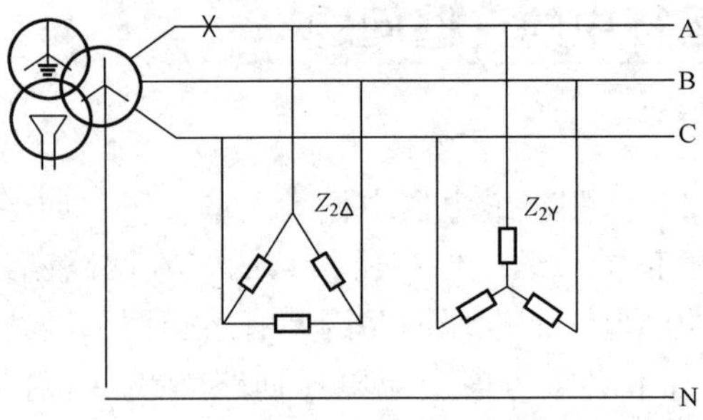

图 7－67　TV 二次回路 A 相断线原理图

图 7－68 为 A 相断线时的二次电压分布，为了便于同电位分布图对应，将二次负荷画成图 7－68（a）中情况。图 7－68（b）中，不加“·”的 U 表明各点电位，而加“·”的 U 表明相应的电压相量，其中加“'”的为断线前正常值，不加“'”的为 A 相断线后的值。

从图 7－68（b）可以看出，A 相断线后，除 U_B、U_C、U_N 的电位不受影响外，A 点电位发生很大变化，相应的电压相量 $\dot{U}_A$、$\dot{U}_{AB}$、$\dot{U}_{AC}$ 都发生变化，变化的程度同 Y 接阻抗即 Z_{2Y} 有关。下面进行定性的讨论。

2. 电压互感器一相断线后二次电压分布特点及对阻抗继电器工作的影响

（1）相电压及对接地阻抗继电器的影响。由于二次回路中 B、C、N 点电位无变化，故

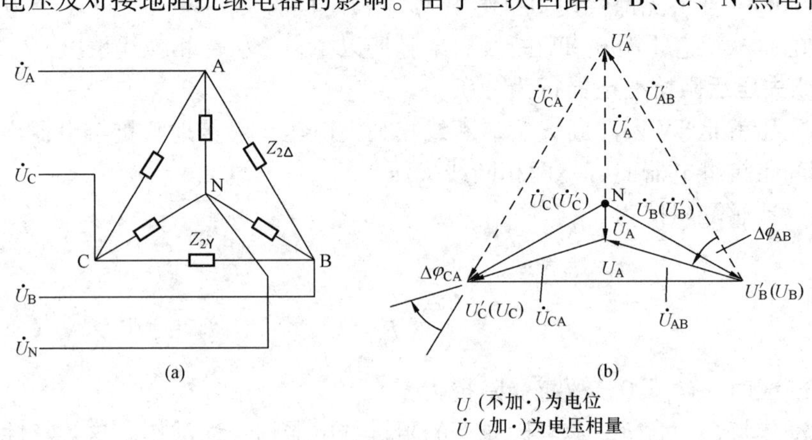

图 7－68　TV 二次 A 相断线二次电压（电位）分布图

完好相相电压不发生变化，完好相接地阻抗继电器工作状态不受影响，断线相相电压变化很大，除 $Z_{2Y}=0$ 外，A 相电压 $\dot{U}_A$ 均有一定值。当 Z_{2Y} 很大时，$\dot{U}_A$ 的大小可达 $\frac{1}{2}U'_A$，即正常相电压的一半。主要的问题是 $\dot{U}_A$ 的相位同 $\dot{U}'_A$ 相反，表明断线相感受阻抗将要失去方向性。特别由于 $\dot{U}_m$ 是一个较小数值，只要有一定的电流，包括负荷电流，A 相阻抗器就可能误动作。图 7－69 表明，在此情况下，断线相阻抗继电器可能会误动。图中 A 相阻抗继电器装在线路 N 侧，N 侧为受电侧，故阻抗继电器感受到的电流 $\dot{I}_m$ 为负，现因 A 相二次断线，因二次负荷对未断线电压的传递作用，出现与定义的 $\dot{U}_A$ 方向相反的电压，且其值较小，故阻抗继电器将这一状态感受为被保护线路正向出现某一短路阻抗而误动作。这一情况在实际运行中是可能发生的，必须引起注意。

（2）线电压及对相间阻抗继电器工作的影响。从图 7－68（b）可以看出，A 相断线后涉及到断线相的相间电压大小和相位都要发生变化。现分析 A 相二次断线后 AB 相和 CA 相阻抗继电器工作情况。

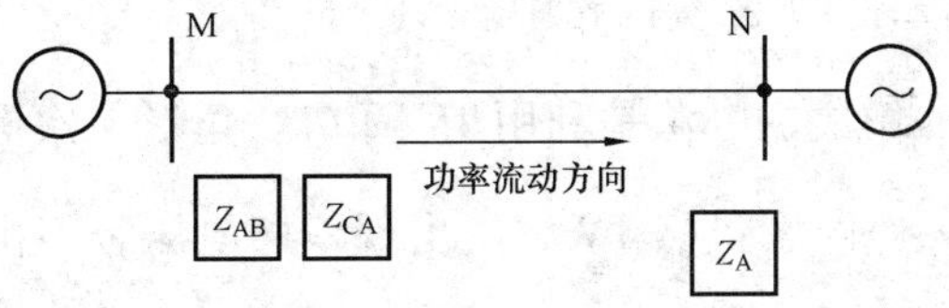

图 7－69　二次 A 相断线阻抗继电器误动作的情况分析

从图 7－68（b）中可以看出，AB 阻抗继电器应感受的电压为 $\dot{U}'_{AB}$，现感受为 $\dot{U}_{AB}$，但电流 $\dot{I}_A-\dot{I}_B$ 未变，由于 $\dot{U}_{AB}$ 超前 $\dot{U}'_{AB}$ 角 $\Delta\varphi_{AB}$，对阻抗继电器来说相当于电流滞后 φ_{AB}，且感受阻抗 Z_m 变小了，约为应有的 $1/\sqrt{3}$。从图 7－70 中可以看出，如阻抗继电器装在送电侧，则负荷阻抗 Z_{LO} 将被缩小为 Z'_{LO}，阻抗角 φ_{LO} 将被加大为 φ'_{LO}，可能会使 Z'_{AB} 阻抗继电器在负荷电流作用下误动作。图 7－70表明了这种情况。

对 CA 相阻抗继电器而言，$\dot{U}_m=\dot{U}_{CA}$ 滞后 U'_{CA} 角 $\Delta\varphi_{CA}$，电流 $\dot{I}_m=\dot{I}_c-\dot{I}_A$ 相当于超前 $\Delta\varphi_{CA}$，因而负荷阻抗角减小 $\Delta\varphi''_{LO}$，故负荷阻抗感受为 Z''_{LO}，CA 相阻抗继电器不会误动。

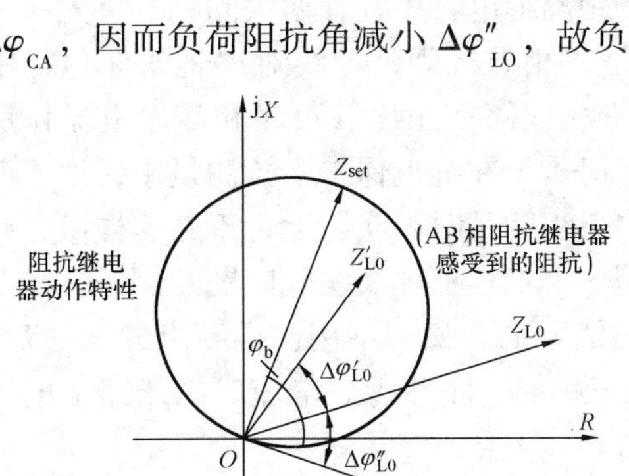

图 7－70　A 相断线 AB 相、CA 相阻抗继电器在负荷电流作用下的工作情况

所以，电压互感器二次侧一相断线时，除断线相接地阻抗继电器工作不正常外，相间阻抗继电器也有两只工作不正常，特别滞后相相间阻抗继电器（对 A 相断线来说为 AB 相阻抗继电器）在负荷电流作用下可能会误动。

（三）距离保护中 TV 断线闭锁方法

前面分析表明，距离保护中阻抗继电器，当 TV 二次回路断线时，都会工作不正常，其中有些阻抗继电器在流过负荷电流时就会误动，因此，距离保护必须设置 TV 断线闭锁功能，以防止电力系统在正常运行情况下，阻抗继电器的误动作。

断线闭锁有多种措施，下面介绍几种常用方法。

（1）利用振荡闭锁回路兼距离Ⅰ、Ⅱ段阻抗元件断线闭锁。当系统振荡时会引起误动作的阻抗继电器构成的距离保护，Ⅰ、Ⅱ段必须经振荡闭锁，如振荡闭锁回路起动元件在TV断线时不会误动，则距离保护Ⅰ、Ⅱ段阻抗继电器就不必加TV断线保护。

现有的模拟式和数字式距离保护，振荡闭锁起动元件都由电流变化量元件构成，所以对距离Ⅰ、Ⅱ段阻抗继电器不必另加断线闭锁措施。

在此情况下，对距离Ⅰ、Ⅱ段阻抗继电器不需加断线闭锁装置，但仍应有TV断线警告信号，以便运行人员采取相应措施。

（2）TV二次回路装设自动空气断路器时，用自动空气断路器辅助触点断开距离保护直流电源实现闭锁，并发断线警告信号。

（3）利用TV二次回路断线时出现零序电压实行断线闭锁和发断线信号。这是一种简单而有效的方法，当TV二次回路一相或两相断线时，都会出现零序电压，可利用此电压去闭锁会误动的阻抗继电器并发出警告信号。

但这一措施存在两大问题：

1）系统一次侧发生对地短路时，有零序电压产生，此电压通过YN/yn接法的TV同样出现在TV二次回路中。

解决的办法是利用TV开口三角形二次侧出现的$3\dot{U}_0$实行反闭锁，当系统一次侧发生接地短路时，虽然TV二次出现零序电压，但由于开口三角形输出$3\dot{U}_0$，如整定得当，即可消除误闭锁。而单纯TV二次断线时，TV开口三角形绕组不出现$3\dot{U}_0$，故能实现闭锁。

但需指出，这一方法不能适用于TV一次侧装有熔丝的情况，因为一次侧熔丝一相或两相熔断，在开口三角形输出亦出现$3U_0$。

2）此法不能反映三相断线时的情况，因三相断线，TV二次不会出现任何电压，包括零序电压。消除这一问题的传统办法是在TV二次侧一相熔丝上并联一个电阻。

二、接地阻抗继电器输入电流中零序电流补偿的问题

（一）接地阻抗继电器中零序电流补偿方法存在的主要问题

参看本章第二节，在以阻抗测量实现距离测量的距离继电器中存在四大问题，首先一个问题就是三相线路一相阻抗不好定义。其基本原因是三相导线间，导线对“地”（包括中线）存在互感。用对称分量法的概念，可分别定义三相线路在正序、负序和零序电流作用下的一相阻抗。在电网分析、计算中就是这样做的。但是，在继电保护阻抗测量中，由于涉及到大量计算，不可能采用此种方法。而且，在解决工程问题时，实际上也不必这样做，接地阻抗继电器中将测量电流中进行零序电流补偿就是一个工程上解决实际问题的例子。

为了使读者从概念上进一步了解测量阻抗时“补偿”的含义，不用已推导出的式（7－25），而从对称分量法来分析故障相（A相）在流过正序、负序和零序电流时，线路上电压降落$\Delta\dot{U}_A$的组成。

从对称分量基本定义出发，有

$$\Delta\dot{U}_A=\dot{I}_{A1}X_1+\dot{I}_{A2}X_2+\dot{I}_{A0}X_0 \tag{7-162}$$

其中X_1、X_2、X_0分别为三相线路一相的正序、负序和零序阻抗。因$X_1=X_2$，故

$$\Delta\dot{U}_{A} = (\dot{I}_{A1} + \dot{I}_{A2})\ X_1 + \dot{I}_{A0}X_0$$

因 $\dot{I}_{A} = \dot{I}_{A1} + \dot{I}_{A2} + \dot{I}_{A0}$，

$$\Delta\dot{U}_{A} = \dot{I}_{A}X_1 + \dot{I}_{A0}\ (X_0 - X_1) \tag{7-163}$$

式（7-163）中右边第一项正确的计及了正、负序电流在阻抗测量中影响，但多计及了零序电流 $\dot{I}_{A0}$ 在 X_1 上的压降，由于这一降压 $\dot{I}_{A0}X_1$ 无物理含义，故在该式右边第三项中减去其影响。

将式（7-163）提出 X_1，改写成式（7-25）

$$\Delta\dot{U}_{A} = [\dot{I}_{A} + 3K\dot{I}_0]X_1$$

对式（7-25）来说概念是严格的，但它是一个定义式，实际能测出的是 $\Delta\dot{U}_{A}$。因而为了使阻抗继电器感受阻抗 Z_m 能同正序阻抗 X_1 成正比，故将阻抗继电器输入电流 $\dot{I}_{m}$ 进行 $3K\dot{I}_0$ 补偿，于是

$$Z_m = \frac{\dot{U}_m}{\dot{I}_m} = \frac{\Delta\dot{U}_{A}}{\dot{I}_{A} + 3K\dot{I}_0}$$

接地阻抗继电器中采用零序电流补偿中有两个概念需要注意：

（1）零序电流对阻抗测量的影响表现在对相电压的影响上，零序电流的补偿是对电流进行补偿。这一措施，对故障相阻抗测量来说可以是等值的，但对非故障相来说，完全无补偿的必要，但也同时补偿了，于是就出现了问题。

（2）对完好相来说，阻抗继电器因无测阻抗任务，本不需补偿，现加入了零序电流补偿就会出现单相短路时完好相阻抗继电器误动作问题。

（二）由于零序电流补偿，单相短路时完好相接地阻抗继电器行为

设图7-71中线路M侧装有经零序电流补偿的接地阻抗继电器，A相k点发生单相接地短路。为说明零序补偿电流对完好相中零序补偿电流的影响，设受端N侧无负荷电流，且受端变压器中性点不接地；故短路点短路电流各分量均流过M侧。电压电流相量图见图7-72（a），现分析B相阻抗继电器动作情况。

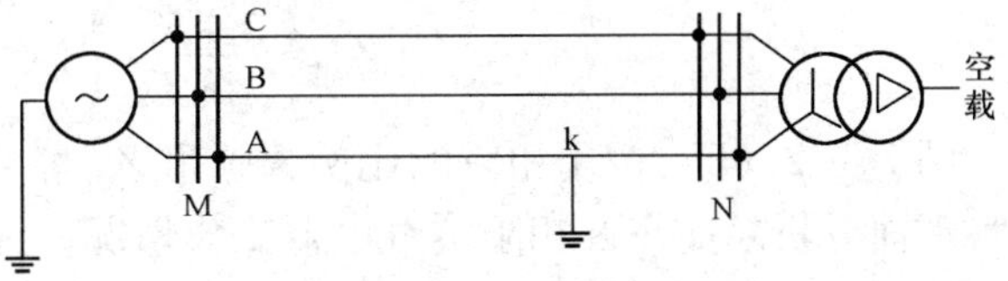

图7-71　单相短路系统图

对B相阻抗继电器来说，由于线路为空载，故

$$\dot{U}_{MB} = \dot{E}_{B}$$

而电流回路因无相电流，故

$$\dot{I}_{MB} = 3K\dot{I}_0$$

从图7-72上可以看出，$\dot{I}_{MB}$超前$\dot{U}_{MB}$角度为（$120° - \varphi_K$），故B相阻抗继电器感受到

的阻抗 Z_{mB} 为一容性阻抗，阻抗角为 $120° - \varphi_K$。

为了将 Z_{mB} 同 Z_{mA} 对比，要找出 I_{mA} 同 I_{mB} 的关系。

因

$$\dot{I}_{mA} = \dot{I}_A + 3K\dot{I}_0 = 3\dot{I}_0 + 3K\dot{I}_0 = 3(1+K)\dot{I}_0$$

故

$$\frac{I_{mB}}{I_{mA}} = \frac{3K}{3(1+K)} = \frac{K}{1+K} \tag{7-164}$$

相应的

$$\frac{Z_{mB}}{Z_{mA}} = \frac{U_{MB}}{U_{MA}} \cdot \frac{I_{mA}}{I_{mB}}$$

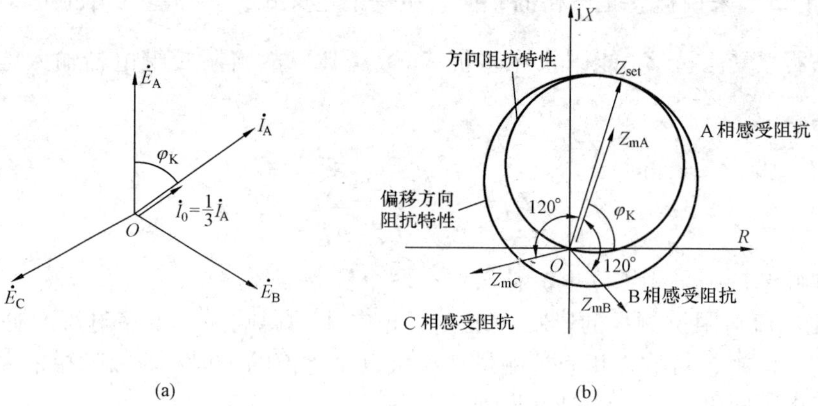

图 7-72　A 相单相接地短路，完好相阻抗继电器工作状态

（a）相量图；（b）各相阻抗继电器动作特性

因 $U_{MA} \approx E_A \dfrac{Z_{mA}}{Z_s + Z_{mA}}$，其中 Z_s 为电源阻抗，故

$$Z_{mB} \approx \frac{1+K}{K} \cdot \left(1 + \frac{Z_s}{Z_{mA}}\right) \cdot Z_{mA} \tag{7-165}$$

图 7-72（b）中用相应的比例，画出 Z_{mB} 相对大小。

下面分析超前完好相阻抗继电器工作情况。

根据 B 相阻抗继电器分析 C 相类似情况。

I_{mC} 仍为 $3K\dot{I}_0$，但 $\dot{I}_{m0}$ 滞后 $\dot{U}_{mC}$ 角度为（$120° + \varphi_K$），如图 7-72（b）所示。同样有

$$Z_{mC} \approx \frac{1+K}{K} \cdot \left(1 + \frac{Z_s}{Z_{mA}}\right) \cdot Z_{mA} \tag{7-166}$$

从上面分析可以看出，在线路无负荷电流情况下，完好相阻抗继电器感受阻抗 Z_{mB}、Z_{mC} 具有以下特点：

（1）在 $R-X$ 平面上，与故障相感受阻抗对称，分别为超前（感性）120°（C 相阻抗继电器）与滞后（容性）120°（B 相阻抗继电器）。

（2）完好相感受阻抗值与故障相感受阻抗值之比大于1，但相差并不太大。由此可得出，由于接地阻抗继电器中电流进行零序电流补偿，在线路空载一相接地短路情况下，完好相阻抗继电器误动的可能性：

1）如阻抗继电器为方向阻抗继电器，则不可能误动。

2）如为偏移方向阻抗继电器，则当单相接地发生在近距离时（Z_{mA}较小），超前相和滞后相的完好相阻抗继电器均可能会误动。

（三）线路负载对误动的影响

前面分析了空载线路发生单相接地短路时，阻抗继电器中零序电流补偿对完好相接地阻抗继电器误动的影响。在此基础上分析发生单相接地后，完好相回路中残存负荷电流的影响。

分析时仍以图7－71图为依据，A相K点金属性短路接地，BC相在系统电动势$\dot{E}_B-\dot{E}_C$作用下，向N侧送出部分功率，相应的电流$\dot{I}_B$滞后$\dot{E}_{BC}$一个角φ_{LB}，$\dot{I}_C=-\dot{I}_B$。B、C相阻抗继电器的感受电流分别为$\dot{I}_B$、$\dot{I}_C$与$3KI_0$的叠加，分析时认为负荷电流的出现并不增加系统零序电流。零序电流仍由A相单相接地故障产生。

图7－73表明，线路自M侧向N侧送出功率的情况，其中

$$\dot{I}_{mB}=\dot{I}_B+3K\dot{I}_0$$

$$\dot{I}_{mC}=\dot{I}_C+3K\dot{I}_0$$

可见，有了负荷电流后，完好相阻抗继电器感受电流均有较大变化，除感受阻抗角有较大变化外，阻抗值也变化了，滞后相感受阻抗值因感受电流增大而变小，超前相变化不太大，但相位变化大。图7－73（b）画出感受阻抗Z_{mB}、Z_{mC}相对大小，从图中可以看出：

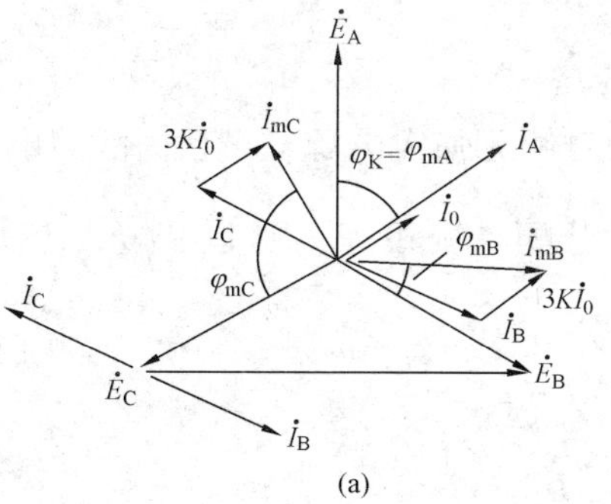

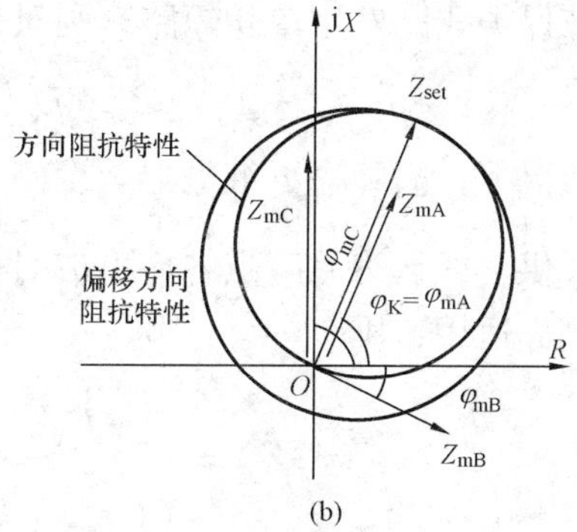

图7－73　计及负荷电流时，零序电流补偿对完好相阻抗继电器的影响

（1）完好相出现剩余负荷电流后，完好相阻抗继电器工作状态恶化了，误动的可能性增大。

（2）如阻抗继电器装在送电侧，则超前相阻抗继电器工作状态最恶劣，即使阻抗继电器为方向阻抗继电器，也因感受阻抗进入$R-X$平面第二象限而误动。

显然，阻抗继电器装在受电侧，则情况同上述类似，但滞后相阻抗继电器工作状态相对恶劣，在此不再重复分析。

（四）在继电保护运行和整定中对补偿系数的考虑

1. 对零序电流补偿准确性的评价

零序电流补偿是一个工程实用方法的应用，因此对其准确性只能给予适当评价。

前面已说明阻抗继电器中电流量引入零序电流补偿目的是消除线路上零序电流通过互感，在故障相线路上产生的电压降落，所以零序电流补偿只是对故障相短路阻抗正确测量有意义，对完好相并无意义，反会出现一些感受阻抗误测的问题。

再者，零序电流补偿关键在于补偿系数的选择。按继电保护整定规定，K 值选择的依据是实测的 X_1、X_0 阻抗值，但这些阻抗值也不易测量准确，特别是输电线的零序阻抗，因高压输电线零序电流要以大地为回路，分布流动受自然环境影响很大，受接地短路点位置影响更大，所以 K 值实际上不能精确决定。

以上两点在考虑零序电流补偿时必须注意。

2. 接地阻抗继电器中零序电流补偿的实际考虑

（1）具有选相功能的阻抗继电器。对这种继电器而言，完好相阻抗继电器不误动是首要要求，所以在引入零序电流补偿时更要慎重。如故障距离测量方面无严格要求，可取消零序电流补偿，而在整定值上进行适当加大，例如增大为 $Z_{set}(1+K)$。这样既考虑了在单相短路下故障要测量精确性，又防止零序补偿电流对完好相故障判断的不利影响。

（2）短线（<20km）上接地距离保护。可参照选相阻抗继电器原则，取消零序电流补偿，其实用的理由可说明如下：

设被保护线路发生单相接地短路，当采用零序电流补偿时，阻抗继电器感受阻抗为

$$Z_m = \frac{\dot{U}_\varphi}{\dot{I}_\varphi + 3K\dot{I}_o} \tag{7-167}$$

如认为被保护线路发生单相短路，则对故障点而言，有

$$\dot{I}_{K\varphi} = 3\dot{I}_{ko}$$

在短线情况下，故障靠近继电器装设侧，如对侧无强大电源，可认为故障电流基本由继电器装设侧提供，或认为故障点各序电流对两侧分配系统相等，则上式 $\dot{I}_\varphi$ 与 $\dot{I}_o$ 关系对继电器装设侧亦适用，则

$$Z_m = \frac{\dot{U}_\varphi}{(1+K)\dot{I}_\varphi} = \frac{\dot{U}_\varphi}{\dot{I}_\varphi} \cdot \frac{1}{(1+K)} \tag{7-168}$$

故可取消阻抗继电器的零序电流补偿，并令 $\dot{U}_m = \dot{U}_\varphi$，$\dot{I}_m = \dot{I}_\varphi$，而将阻抗继电器整定值提高到（$1+K$）倍即可。

下面以实例计算说明这一问题。

设同杆架设双回线路，长度<20km。设：$x_0 = 3x_1, x_{MO} = 0.6x_0, K = \frac{x_0 - x_1}{3x_1}$

则：1）双线运行时，每回线的 $x'_0 = x_0 + x_{MO} = 1.6x_0, k = 1.27$；

2）单线运行，另一回线不接地 $x'_0 = x_0, k = 0.67$；

3）单线运行，另一回线两端接地 $x'_0 = x_0 - \dfrac{x^2_{MO}}{x_0} = 0.64x_0, k = 0.306$。

为保证接地距离保护的选择性，其Ⅰ段应选择第3）方式 $k=0.306$；而保证接地距离保护的灵敏度，其Ⅱ段为应选择第1）方式 $K=1.27$，对同一套接地距离保护装置选择不同的 k，增加了继电保护整定的复杂性。由上述（7－168）式，在实际整定计算中选取 $k=0$，能确保接地距离的选择性。在双回线运行时距离Ⅰ段为其保护范围缩短了 $\dfrac{1}{1+k}=0.44Z_{\text{I}}$，为确保接地距离Ⅱ段的灵敏度，将其整定值提高 $(1+k)Z_{\text{II}} = 2.27Z_{\text{II}}$。

三、高压电网中对距离保护评价问题

本章所分析的距离保护可以说是继电保护中最复杂的一种保护了，但是距离保护不能作为高压输电线的快速主保护，因为它不能对被保护线路实现全线100%快速保护，至少全线路有2×（10%～15%）部分发生故障时要带时限跳闸。其原因只有一个：距离保护不管其结构如何复杂，它只能通过定量测量来判断故障位置，即只要定量测量就不可能没有误差。

所以对高压输电线来说，距离保护只能作为后备保护。

实现输电线全线快速保护唯一的方法就是要对故障进行“定性”测量，对线路保护而言，所谓对故障的定性测量有故障“方向”测量，从被保护线路两侧判别故障位置，或判断故障电流的“有”、“无”，即线路电流差动保护。

这里要说明的是能够实现被保护线路100%快速保护的“闭锁式纵联距离保护”。这种保护能实现全线快速保护的原因是利用距离保护中阻抗测量的方向测量功能，只要具备对故障方向测量的灵敏性，就可通过两侧测量结果判断短路位置。所以，它同所谓距离保护无直接关系。但这种保护仍可保留其完整的距离保护功能，即利用距离保护中阻抗元件的方向测量功能构成闭锁式纵联保护，而距离保护本身仍保持其后备保护功能。

四、距离保护的阻抗继电器的参数和性能指标

（一）阻抗测量精确度

作为测量设备，特别是定量测量设备，测量精确度就是一个重要性能指标。

阻抗继电器测量准确度以阻抗测量误差 ΔZ_m 表示

$$\Delta Z_m = \frac{Z_m - Z_{set}}{Z_{set}} \times 100\% \qquad (7-169)$$

其中，Z_m 为由 $\dot{U}_m$ 和 $\dot{I}_m$ 算出的实际测量阻抗，Z_{set} 为整定阻抗，即阻抗继电器参数正确整定下，动作阻抗计算值。

对有相敏作用的阻抗继电器，如方向阻抗继电器，还要指明式（7－169）工作于最大灵敏角下。

例如，某一方向阻抗继电器 Z_b 整定为2Ω，K_u 整定为50%，则 $Z_{set}=4\Omega$。如送入继电器 $\dot{I}_m=5\text{A}$，$U_m=18\text{V}$ 时动作，$\arg(\dot{U}_m/\dot{I}_m)$ 为最大灵敏度（ϕ_b），则 $Z_m=3.6\Omega$，故 $\Delta Z_m=10\%$。

在实际中由于阻抗继电器测量特性的非线性，式（7－169）所表示的 ΔZ_m 同阻抗继电器输入电流 $\dot{I}_m$ 和电压 $\dot{U}_m$ 范围有关，即

$$\Delta Z_m = f(I_m, U_m)$$

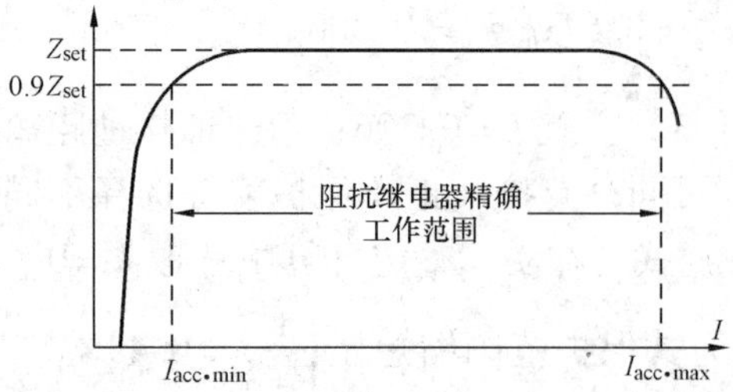

图 7-74　阻抗继电器精确工作范围

故在实际中是规定阻抗继电器阻抗测量误差（一般是 $\Delta Z_m = -10\%$）后，再确定电流 I_m 的精确工作范围，图 7-74 为阻抗继电器 $\Delta Z_m \sim I_m$ 之间关系。可以看出精确工作电流存在两个极限值：

1）最大精确（Accuracy）工作电流 $I_{acc \cdot max}$；

2）最小精确工作电流 $I_{acc \cdot min}$。

其中最小精确工作电流影响阻抗继电器测距的精确度，故对阻抗继电器规定其电流工作范围，以便分析影响阻抗继电器最小精确工作电流的一些因素。对继电保护研制者来说，可以通过一些简单计算式来确定 $I_{acc \cdot min}$ 的大小，但这都是一些近似计算，本书只从定性概念来分析影响 $I_{acc \cdot min}$ 的一些因素。

1. 模拟型阻抗继电器的最小精确工作电流

调整最小精确工作电流是模拟式阻抗继电器调试工作中的一个重要内容。影响模拟式阻抗继电器最小精确工作电流大小的主要因素有：

（1）模拟阻抗的特性。在第二节阻抗继电器特性的分析中，不管是绝对值比较式还是相位比较式，比较电压中都有一项“补偿电压”，它对阻抗测量起关键作用。Z_b 即为补偿阻抗。实际上，Z_b 是所谓电抗变压器产生的，由于电抗变压器磁路起始的非线性，出现在小电流 Z_b 下降的特点（大电流下因饱和而下降，影响 $I_{acc \cdot max}$）。为了改变起始的非线性，带气隙的电抗变压器气隙用磁性薄片加以补偿。此补偿一般要适当的过补偿。

（2）绝对值比较式阻抗继电器中比较器执行元件的灵敏性。一般而言，$I_{acc \cdot min}$ 与比较器动作电压或电流成正比，所以静态阻抗继电器以零指示器为执行元件，比整流型阻抗继电器以极化继电器为比较器执行元件的 $I_{acc \cdot min}$ 要小得多（例如 0.15A 和 0.3～0.5A）。

此外，对模拟式阻抗器来说，Z_b 和 K_u 的选择对 $I_{acc \cdot min}$ 也有很大影响。例如为了得到 $Z_{set} = 4\Omega$ 的整定阻抗，可选用 $Z_b = 2\Omega$，$K_u = 50\%$，也可选用 $Z_b = 1\Omega$，$K = 25\%$，虽然得到同一 Z_{set}，$I_{acc \cdot min}$ 却差别很大，前者要小得多。

对模拟相位比较式阻抗继电器来说，它虽无绝对值比较式比较器中的零指器执行元件（除环形调制器式相位比较式阻抗器外），但仍有波形变换元件，如方波变换或脉冲变换电路，这种变换电路对补偿电压大小仍有一定要求。同样，它们的门槛值对 $I_{acc \cdot min}$ 有影响。

2. 数字式阻抗继电器最小精确工作电流

数字式阻抗继电器虽不一定有以铁芯元件构成的补偿阻抗和模拟式执行元件，但它仍有变换器件，如 A/D 变换器和 VFC 变换电路。当输入模拟量小时，变换误差就要加大，故亦存在最小精确工作电流这一性能指标。

（二）阻抗继电器动作时间

继电保护的主要任务之一是要快速发现系统故障，所以从原则上说要求阻抗继电器动作快速，但对阻抗继电器快速性要求也要有科学分析，下面讨论这一问题。

1. 电力系统安全运行对继电保护动作快速性要求

早期电网保护设备快速性的要求是电网失电对用电设备影响和短路对设备造成的热损伤要小。从这一要求出发，要求故障发生后 0.5s 左右切除短路。

目前电力系统主要是从大扰动后保证电力系统暂态稳定出发，短路发生后要求0.1s左右切除短路，其中包括目前高压断路器2~3周的全部断路时间，这一时间，对目前高压断路器来说也很难突破；所以对继电保护来说要求有1.5~2周整组动作时间，相应的要求阻抗继电器在20~30ms动作就可以了，在此基础上要求阻抗继电器动作“愈快愈好”，只有理论上的意义。

2. 理论分析阻抗继电器能做到的快速动作

阻抗继电器是一个定量测量装置。对定性测量来说可以快速到几个毫秒，但定量测量根据被测的量，测量时间一定要在理论范围内。所谓阻抗继电器测量的量是阻抗，是电网频率的正弦电流在元件（线路）自感和互感上的反应，所以它测的是工频量，不管用什么算法，可靠算出工频量至少需半个周（10ms）时间，所以阻抗继电器最小动作时间应考虑为10ms。所谓在几个毫秒内能进行阻抗计算式比较，只能认为是估算，如果上面分析是正确的话，阻抗继电器动作时间在一周波即20ms左右是恰当而可行的。

3. 阻抗继电器动作时间分析

阻抗继电器动作时间虽然有理论范围，但根据测量方法上的不同，动作时间的构成也有不同。

（1）以零指示器为比较器执行元件的阻抗继电器。这种阻抗继电器是测量由比较器送出电压的平均值，所以这种阻抗继电器动作时间离散性很大，由于平均值是由电容滤波取得的，如滤波电容小，则动作速度快，但抗干扰性能差。动态超越（*Transient Overreach*）也较大。

（2）相位比较式阻抗继电器。不管是模拟式或是数字式阻抗继电器，凡是按相位比较方式工作的，动作时间的构成均有两部分：比相时间 T_C 和等待时间 T_W。

$$T_{OP} = T_C + T_W$$

1）比相时间 T_C 同比相方法直接有关：

a. 脉冲一方波比相［图7-31（b）］。这是一种比相时间最短的比相方法，基本是对比相 $T_C=0$。

b. 方波重叠时间比相［图7-31（a）］。显然，这种比相器比相时间为由动作角度整定值 θ_{set} 确定的极性重叠整定时间 T_D，故

$$T_C = t_D = \frac{\theta^\circ_{set}}{180^\circ} \times 10(\mathrm{ms})$$

如以±90°为比相动作条件，则 $T_C=5$（ms）。

2）等待时间 T_W。这是比相式阻抗继电器所共有的动作时间构成。

图7-31（b）所示半波脉冲—方波比相，如在正常情况下比较器比较电压 $\dot{E}_x$ 与 $\dot{E}_y$ 之间夹角符合以下条件

$$180^\circ \leqslant \arg(\dot{E}_x/\dot{E}_y) \leqslant 360^\circ$$

自然，阻抗继电器处于不动作状态，如在 $\dot{E}_x$ 过180°后系统很快发生故障，故障后 $\arg(\dot{E}_x/\dot{E}_y)$ 略小于180°，则阻抗继电器应转入动作状态，但因错过了第一次比相时间，需再过一个周期后（20ms）才能实现比相而动作，在此情况下，比相等待时间 T_W 为20ms。

故半波方波一脉冲比相动作时间视短路发生时间，T_{OP}在 0～20ms 之间。

如采用全波比相，即正、负半周各比相一次，则 T_{OP}可缩短为 0～10ms。

下面分析图 7－31（a）方波重叠时间比相式阻抗继电器比相等待时间。

同样，假设在系统正常运行时 arg（$\dot{E}_x/\dot{E}_y$），不符合如下动作条件

$$-\theta \leqslant \arg(\dot{E}_x/\dot{E}_y) \leqslant +\theta$$

阻抗继电器处于不动作状态，如在 arg（$\dot{E}_x/\dot{E}_y$）略滞后于 $180° - \theta°_{set}$时发生区内短路，短路 arg（$\dot{E}_x/\dot{E}_y$）略小于 $+\theta_{set}$，则阻抗继电器将动作，但由于错过了第一次计时，故等待下一次比相，相应的等待亦为 20ms，故半波极性重叠时间比相阻抗继电器的比相等待时间 T_W 也在 0～20ms 之间，相应的动作时间 T_{OP}在 T_D 和 T_D＋20ms 之间，如为 ±90°比相条件，则 T_{OP}在 5～25ms 之间。

如采用全波比相，则等待时间可缩短 10ms，即 T_{OP}在 5～15ms 之间。

（3）数字式阻抗继电器。上述相位比较式模拟阻抗继电器的动作时间是由理论分析得出，而且同实际比相工作状态是一致的，所以同样适用于数字式阻抗继电器。对数字式阻抗继电器而言，数字滤波所需时间需加以考虑，从这个意义上讲，数字式阻抗继电器固有动作速度同模拟式相比并不占有优势。

第八章

零序电流方向保护

第一节 概 述

一、零序电流方向保护及其作用

在中性点直接接地的高压电网中发生接地短路时，将出现零序电流和零序电压。利用这些特征电气量可构成保护接地短路故障的零序电流方向保护。

统计资料表明，在中性点直接接地的电网中，接地故障占总故障次数的90%左右，作为接地保护的零序电流方向保护又是高压线路保护中正确动作率最高的一种。在我国中性点直接接地系统不同电压等级电力网线路上，按国家《继电保护和安全自动装置技术规程》（以下简称《技术规程》）规定，都装设了零序电流方向保护装置。

带方向性和不带方向性的零序电流保护是简单而有效的接地保护方式，它主要由零序电流滤过器、电流继电器和零序方向继电器以及与收发信机、重合闸配合使用的逻辑电路所组成。

现今，中性点直接接地的大接地电流系统中输电线路接地保护方式主要有纵联保护、零序电流方向保护和接地距离保护等。它们都与系统中的零序电流、零序电压及零序阻抗密切相关。

实践表明，零序电流方向保护在高压电网中发挥着重要作用，成为各种电压等级高压电网接地故障的基本保护。即使在装有接地距离保护作为接地故障主要保护的线路上，为了保护经高电阻接地的故障和对相邻线路保护有更好的后备作用，也为了保证选择性，仍然需要装设完整的成套零序电流方向保护作基本保护。

二、零序电流方向保护的优缺点

带方向性和不带方向性的零序电流保护是简单而有效的接地保护方式，其主要优点有：

（1）灵敏度高，受故障过渡电阻的影响较小。经高电阻接地故障时，零序电流保护仍可动作。例如，当220kV线路发生对树放电故障，故障点过渡电阻可能高达100Ω，此时，其他保护大多将无法动作，而零序电流保护，即使$3I_0$定值为几百安培还能可靠动作。

（2）系统振荡时不会误动。零序电流方向保护不怕系统振荡，因为振荡时系统仍是对称的，故没有零序电流，因此零序电流继电器及零序方向继电器都不会误动。

（3）在电网零序网络基本保持稳定的条件下，保护范围比较稳定。由于线路零序阻抗比正序阻抗一般大3～3.5倍，故线路始端与末端短路时，零序电流变化显著，零序电流随线路保护接地故障点位置的变化曲线较陡，其瞬时段保护范围较大，对一般长线路和中长线路可以达到全线的70%～80%，性能与距离保护相近。而且在装用三相重合闸的线路上（这里是指的三跳出口方式），多数情况下，其瞬时保护段尚有纵续动作的特性，即使在瞬时段保护范围以外的本线路故障，仍能靠对侧断路器三相跳闸后，本侧零序电流突然增大而促使瞬时段起动切除故障。这是一般距离保护所不及的、为零序电流保护所独有的优点。

（4）系统正常运行和发生相间短路时，不会出现零序电流和零序电压，因此零序保护的延时段动作电流可以整定得较小，这有利于提高其灵敏度。并且，零序电流保护之间的配合只决定于零序网络的阻抗分布情况，不受负荷潮流和发电机开停机的影响，只需要零序网络阻抗保持基本稳定，便可以获得良好的保护效果。

（5）结构与工作原理简单。零序电流保护以单一的电流量为动作量，只需要用一个继电器便可以对三相中任一相接地故障作出反应，因而运行维护简便，其正确动作率高于其他复杂保护。同样又因为整套保护中间环节少，动作快捷，有利于减少发展性故障，特别对近处故障的快速切除是很有利的。在Y/△接线的降压变压器中，三角形绕组侧以后的故障不会在星形绕组侧反映出零序电流，所以零序电流保护的动作时限可以不必与该种变压器以后的线路保护配合而可取得较短的动作时限。

零序电流保护的缺点有：

（1）对于短线路或运行方式变化很大的情况，保护往往不能满足系统运行所提出的要求。

（2）当采用自耦变压器联系两个不同电压等级的网络时（例如110kV和220kV电网），则任一网络的接地短路都将在另一网络中产生零序电流，这将使零序保护的整定配合复杂化，并将增大延时段的动作时限。

（3）当电流回路断线时，可能造成保护误动作。运行时要注意防范，此种误动，如有必要，还可以利用零序电压突变量闭锁的方法防止这种误动作。

（4）当电力系统出现不对称运行时，也要出现零序电流，例如变压器三相参数不对称，单相重合闸过程中的两相运行，三相重合闸和手动合闸时的三相断路器不同期以及空投变压器时的不平衡励磁涌流等，都可能使零序电流保护误动作，因此必须采取措施。

（5）地理位置靠近的平行线路，由于平行线间零序互阻抗的影响，可能引起零序电流方向保护的保护区伸长、零序电流方向继电器误动等。

尽管零序电流保护有以上缺点，但总可以采取措施克服，所以在各级高压电网中，零序电流保护以其简单、有效、经济、可靠，而获得了广泛的应用。

三、反时限零序电流保护

随着电力系统网架的快速扩大，500kV自耦变压器、220kV超短线路及短线路群的投入，零序序网随运行方式变化而越发复杂，造成零序电流保护的整定配合困难，应用受到了限制。但微机型线路保护在全网线路上的采用，为此提供了可靠、灵活的解决途径。在微机线路保护装置中具备阶段式接地距离保护、阶段式零序电流保护或者还具有反时限零序电流保护。

接地距离保护的缺点是受接地电阻的影响太大，过大的接地电阻将造成拒动。《技术规程》明确提出“对220kV线路，当接地电阻不大于100Ω时，保护应能可靠地切除故障。a.宜装设阶段式接地距离保护并辅之用于切除经电阻接地故障的一段定时限和/或反时限零序电流保护。b.可装设阶段式接地距离保护、阶段式零序电流保护或反时限零序电流保护，根据具体情况使用”。为此，一段定时限零序电流或是阶段式零序电流保护的最末段，其动作电流整定值不大于300A。电网只保留零序电流长延时最末段，对于复杂电网而言在配合上非常困难，在运行中因最末段无法满足时限配合关系，也存在着无选择性跳闸的隐患。因此，采用反时限零序电流保护功能，全网使用统一的起动值和反时限特性，接地故障时按电网自然的零序电流分布以满足选择性。

反时限零序电流继电器的时限——电流特性按国际电工委员会标准（IEC255－4）一般反时限特性，其表达式为

$$t = \frac{0.14}{(I/I_P)^{0.02} - 1} t_P$$

式中 t——继电器的动作时限；

t_P——时间系数；

I_P——起始动作电流；

I——继电器通入的电流。

第二节 零序功率方向继电器

一、零序功率方向继电器的构成原理

在双侧或多侧电源的电网中，高压变电所都有中性点接地的变压器，由于零序电流的实际流向是由故障点流向各个中性点接地的变压器，因此在多处变压器接地的电网中，就需要考虑零序电流保护动作的方向性问题，来保证它的选择性。

零序功率方向继电器是利用比较保护安装处零序电压和零序电流的相位来区分是正方向还是反方向的接地故障。

（一）零序电流与零序电压的相位关系

接地故障时，零序电流与零序电压的相位关系，只与变电所和有关支路的零序阻抗角有关，与故障点有无过渡电阻无关。

按对称分量法分析，在零序网络中，只在短路点存在由故障条件所决定的不对称电源中的零序分量电源，由它产生的零序电流经线路及中性点接地的变压器构成回路，各元件的阻抗均应以零序参数表示。（在此提请注意，零序电流的大小并非只与零序阻抗有关，还与正、负序阻抗有关）

加在继电器上的零序电流、零序电压按传统方式规定它的正方向，零序电流以母线流向被保护线路方向为正方向，零序电压的正方向是母线为正、接地中性点为负。

1. 正方向接地故障

设零序功率方向继电器装在MN线路的M侧，K点为接地故障点。根据图8－1（a）所示的正方向接地故障的零序序网图，可得

$$\dot{U}_0 = -\dot{I}_0 Z_{M0}$$

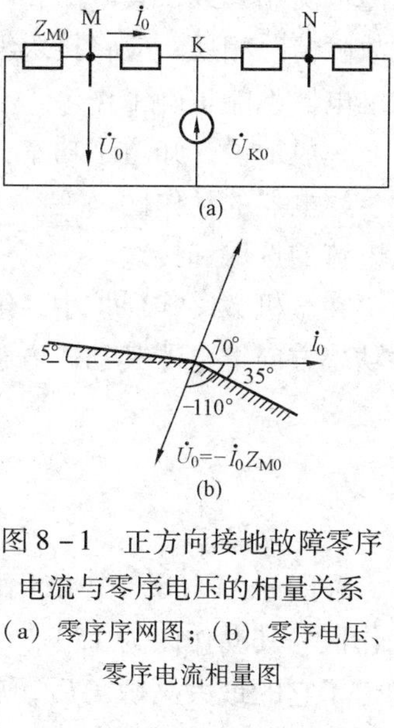

图8－1 正方向接地故障零序电流与零序电压的相量关系

（a）零序序网图；（b）零序电压、零序电流相量图

其相量图如图8－1（b）所示。零序电压与零序电流间的角度只与保护安装处“背后”一侧（相对接地故障方向而言）等值零序阻抗的阻抗角有关。若阻抗角取其值为70°，则零序电压滞后零序电流110°，为一负角，即零序电压与零

序电流间的相角差为 -110°。

2. 反方向接地故障

根据图 8-2（a）所示的反方向接地故障的零序序网图，可得

$$\dot{U}_0 = \dot{I}_0(Z_{MN0} + Z_{N0})$$

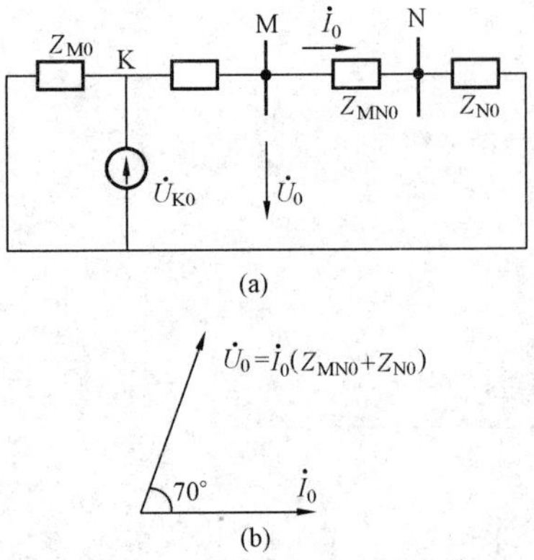

图 8-2　反方向接地故障零序电流与零序电压的相量关系

（a）零序序网图；（b）零序电压、零序电流相量图

其相量图如图 8-2（b）所示。反方向接地故障时，零序电压超前零序电流，超前的角度是保护安装处正方向等值零序阻抗的阻抗角，若阻抗角为 70°，则零序电压超前零序电流 70°，角度是正角，即零序电压与零序电流的相角差为 70°。

由此可见，正、反方向接地故障时，零序电压与零序电流间的角度关系完全相反，因此可用以区分正、反方向接地故障。

（二）零序功率方向继电器的最大灵敏角

模拟式保护是由各个继电器组成的，其保护功能是由这些硬件的特性实现的。其中功率方向继电器是反应加入继电器中电流和电压之间的相位而工作的。当输入电压和电流的幅值不变时，其输出（转矩或电压）值随两者间相位差的大小而改变，输出为最大时的相位差称为继电器的最大灵敏角。功率方向继电器在制造时，其最大灵敏角就要适应被保护对象在正方向故障时电流与电压的相位关系，使继电器工作在动作的最灵敏区域。

就零序功率方向继电器而言，如前所述，正方向接地故障时，零序电压滞后零序电流的角度一般为 110°，根据制造厂的习惯不同，有最大灵敏角为 -110°（零序电压滞后零序电流 110°）和最大灵敏角为 70°（零序电压超前零序电流 70°时）两种。前一种与正方向接地故障情况相一致，其电流和电压回路应按同极性与电路互感器和电压互感器相连接，后一种与故障情况相反，应将接入继电器的电压倒个极性（或将引入继电器的电流倒个极性），否则继电器不能正确工作。

一般地说，知道了功率方向继电器的最大灵敏角，就可知道该继电器最灵敏的动作角度、继电器的动作区（在最大灵敏角两边扩展不大于 90°的范围内）及正确的输入电压、输入电流的选取和接线。

在微机数字式保护中，继电器的功能是由微机软件的算法实现的，一种微机保护中的零序功率方向继电器其动作方程为

$$175° \leqslant \arg \frac{3\dot{U}_0}{3\dot{I}_0} \leqslant 325°$$

在图 8-1（b）中带阴影线区域，即表示反应正方向接地故障的零序功率方向继电器的动作区。其动作区为 150°，按传统说法其最大灵敏角为 -110°。在按算法实现的保护中，知道了它的最大灵敏角后，就可知道其动作角度范围以及电压、电流的正确接法。“最灵

敏”在此并无实质的物理意义。

二、零序功率方向继电器的3 $\dot{I}_0$ 和3 $\dot{U}_0$

（一）3 $\dot{I}_0$ 和3 $\dot{U}_0$ 的取得

零序功率方向继电器的输入量是3 $\dot{I}_0$ 和3 $\dot{U}_0$，对于传统的模拟式保护一般都是外接的，发展到了数字式保护时，3 $\dot{I}_0$ 和3 $\dot{U}_0$ 可以由接入保护装置的三相电流和三相电压自产。

1. 3 $\dot{I}_0$

外接3 $\dot{I}_0$ 是通过零序电流滤过器获得的，如图8－3所示。零序电流滤过器并不需要专门用一组电流互感器，而是接入相间保护用电流互感器的中线上。流入继电器回路中的电流即为 $\dot{I}_a + \dot{I}_b + \dot{I}_c = 3\dot{I}_0$。

自产3 $\dot{I}_0$ 是在软件中得到的。微机保护将输入的三相电流在软件中相加就可得到3 $\dot{I}_0$。

很多微机保护上述两种方法都采用，且利用两种方式得到的3 $\dot{I}_0$ 值进行自检。

但是3 $\dot{I}_0$ 的取得不论用哪种方式，当电流回路断线，都可能造成保护误动作。对模拟式保护可利用相邻电流互感器零序电流闭锁的方法防止这种误动作。

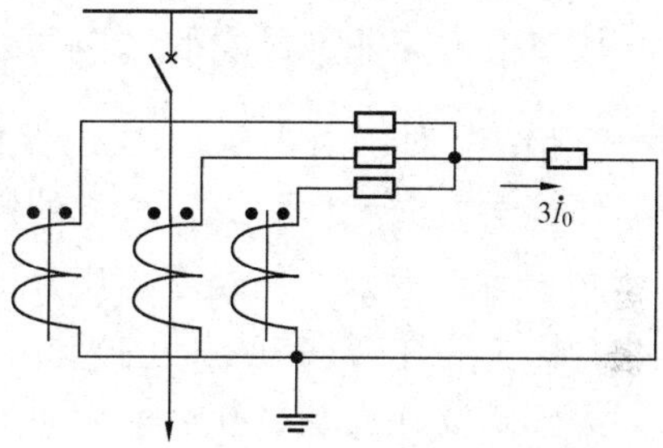

图8－3　零序电流滤过器原理接线

在数字式保护中零序保护增加3 $\dot{U}_0$ 突变量控制字开放零序保护实行闭锁。不过电流回路断线比距离保护电压回路断线的几率要小得多。

2. 3 $\dot{U}_0$

零序电压的取得也有自产与外接两种方法。

自产3 $\dot{U}_0$ 也是在软件中得到的。微机保护将输入的三相电压在软件中相加得到3 $\dot{U}_0$，即 $3\dot{U}_0 = \dot{U}_a + \dot{U}_b + \dot{U}_c$。

外接3 $\dot{U}_0$ 方式是从TV开口三角处取得。TV的三相绕组首尾相连接成开口三角形，开口三角处输出的电压就是三相电压之和，也即是3 $\dot{U}_0$ 电压。

就可靠性而言，零序功率方向继电器是零序电流保护中的薄弱环节。在运行实践中，因为方向继电器的原因造成保护不正确动作时有发生。这主要是因为：

（1）零序功率方向继电器的最大灵敏角有的是正角度有的是负角度，对于负角度的，3 $\dot{U}_0$ 电压要反相接入继电器，而正角度的又不需要，往往造成由于接线的错误，在发生接地故障时零序功率方向继电器的拒动或误动。

（2）零序功率方向继电器交流回路平时没有零序电流和零序电压，回路接线错误与断线都不易发现。

（3）外接继电器零序电压取自电压互感器开口三角电压时，不易用较直观的模拟方法检查其方向的正确性。

基于上述原因，微机线路保护均采用了自产 3 $\dot{U}_0$ 方式。符合《技术规程》上的“技术上无特殊要求及无特殊情况时，保护装置中的零序电流方向元件采用自产零序电压，不应接入电压互感器的开口三角电压”的要求。其目的就在于根除零序功率方向继电器方向接反的问题。

（二）零序功率方向继电器极性和方向性试验

由于模拟式保护零序功率方向继电器的零序电压、零序电流一般都是外接的。在数字式保护中，仍有较老些的微机保护零序保护方向元件的 3 $\dot{U}_0$，正常情况下均取用自产 3 $\dot{U}_0$，在 TV 断线时取用外接 3 $\dot{U}_0$。在实际运行中，很大一部分零序电流方向保护的不正确动作，是由于零序功率方向继电器交流回路接反所致。为了防止这类不正确动作，对新安装的保护装置在投入运行前应认真进行现场试验。

按原电力工业部颁发的《电力系统继电保护及安全自动装置反事故措施要点》（以下简称《反措》）对于由 3 $\dot{U}_0$ 构成的保护测试的要求，要以“包括电流及电压互感器及其二次回路连接与方向元件等综合组成的整体进行试验，以确证整组方向保护的极性正确”。且提出“最根本的办法，就是查清电压及电流互感器极性，所有由互感器端子到继电保护盘的连线和盘上零序方向继电器的极性，作出综合的正确判断。”

为此，要在安装、投运前应做好：

（1）查明零序功率方向继电器的动作特性（最主要的是最大灵敏角的正负）及其端子极性。

（2）根据继电器动作特性和电流互感器与电压互感器的极性，正确连接由互感器端子到继电器的整个电流与电压回路。

（3）用试验方法证明继电器接线正确。

一般可以利用一次负荷电流和运行电压检查零序功率方向继电器，即通常所说的带负荷试验来检查方向元件的方向性。

1）人为开出 3 $\dot{U}_0$，如图 8－4 所示（此图是对应零序功率方向继电器 KW 最大灵敏角为正角度的）。将 TV 开口三角绕组的 a 相电压取消，产生一个 $\dot{U}_b + \dot{U}_c = -\dot{U}_a$ 电压，即得 $3\dot{U}_0 = -\dot{U}_a$。为确定方向元件所加电压相位是否正确，可在继电器处测量该接线点（为便于叙述叫 P 点）P 对星形端的 a′、b′、c′（为了不混淆加了一撇）的电压。其间的电压相量图如图 8－5 所示。TV 的三角绕组，在大接地电流系统中其变比为 $U_\varphi/100$，故 $-\dot{U}_a$ 的大小为 100V。所测的电压应符合如下的数值：

P—a′：100＋58＝158V；

P—b′、P—c′：87V；

P—O、P—N：100V。

2）以一相负荷电流模拟零序电流，依次通入 A、B、C 各相电流，了解当时线路的潮流情况，观察继电器动作情况，如果动作情况与分析结果完全一致，如表 8－1 所示，即证明继电器接线正确。

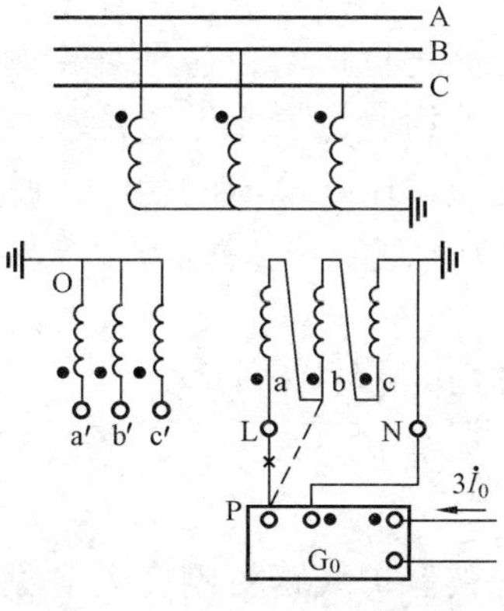

图 8－4　取得零序电压的接线图

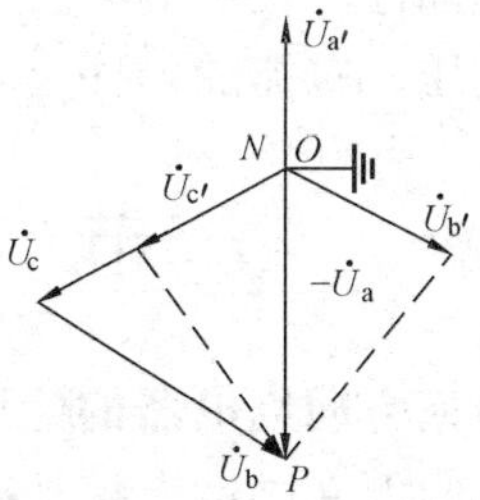

图 8－5　电压相量图

表 8－1　　利用负荷电流检查零序功率方向继电器

功率送受方向	送有功送无功 $P+jQ$			受有功受无功 $-P-jQ$			送有功受无功 $P-jQ$			受有功送无功 $-P+jQ$		
电流相别	A	B	C	A	B	C	A	B	C	A	B	C
继电器动作状态	+	±	－	－	±	+	±	+	±	±	－	±

注　表中“＋”表示动作，“－”表示不动作，“±”表示不定。

做上述试验时，用一组 TV 专供零序电流方向保护做相量检查用，其他线路运行设备由另一组 TV 供电，但是有时是不允许的。为此，一般专门在保护屏上设置试验用 $-\dot{U}_a$ 小母线，如图 8－6 所示。试验时可以直接在继电器电压端子上倒线，将 $3\dot{U}_0$ 正极性引线拆下，如图中虚线所示，接上 $-\dot{U}_a$。

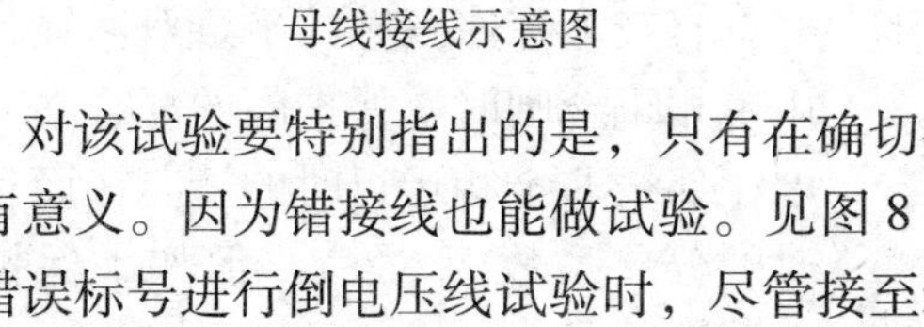

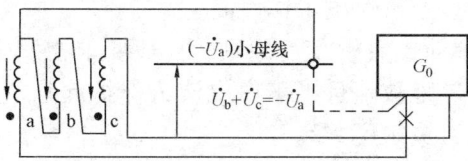

图 8－6　试验用（$-\dot{U}_a$）小母线接线示意图

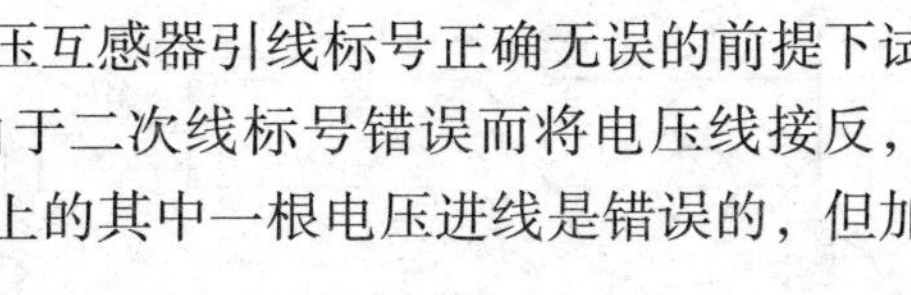

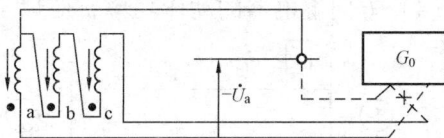

图 8－7　接线错误发现不了示意图

对该试验要特别指出的是，只有在确切查明电压互感器引线标号正确无误的前提下试验才有意义。因为错接线也能做试验。见图 8－7，由于二次线标号错误而将电压线接反，当按错误标号进行倒电压线试验时，尽管接至继电器上的其中一根电压进线是错误的，但加到继电器上的电压仍然是 $-\dot{U}_a$，与正确接线时加入的电压完全一样。所以该试验根本不可能发现接线错误。这是外接 $3\dot{U}_0$ 方式的致命缺点。在实际运行中，不止一次地发生过上述错误。因此，《反措》明确提出“不能单独依靠六角图测试方法确证 $3\dot{U}_0$ 构成的方向保护的极性关系正确”。也正因为如此，现今的微机保护摒弃了从 TV 开口三角处获得零序电压的方法，而用自产 3 $\dot{U}_0$ 方式获得零序电压。

微机保护投运前要采用系统工作电压及负荷电流进行检验，这是对装置交流二次回路接线在经过认真严格的查线后，对其正确性的最后一次检验。事先做出检验的预期结果，以保证装置检验的正确性。检验的项目就是含有检验交流电压、电流的相序，通过打印的采样报告来判断交流电压、电流的相序是否正确，零序电压、零序电流应为零等内容。

第三节 零序电流方向保护的运行

一、零序功率方向继电器的使用

当保护正方向上有中性点接地变压器时，无论被保护线路对侧有无电源，在保护反方向发生接地故障时，就有零序电流通过本保护。若在电流定值或时限配合上不能满足选择性的要求时，就需要考虑零序电流保护动作的方向性问题。

（一）零序功率方向继电器的使用原则

作为动作率较高的零序电流保护，为提高动作可靠性，应使保护尽量简化。而且零序功率方向继电器是零序电流保护的薄弱环节。为此，凡能不用方向控制就可获得零序电流保护选择性的，就不应使用零序功率方向元件。其使用原则如下：

（1）除当采用方向元件后，能使保护性能有较显著改善的情况外，对动作率最高的零序电流保护瞬时段，特别是“躲非全相 I 段”，以及起后备作用的最末段，应不经方向元件控制。

（2）其他各段，如根据实际选用的定值，不经方向元件控制也能保证选择性和一定灵敏度时，也不宜经方向元件控制。

（3）对采用单相重合闸的平行线路，如果互感较大，其保护有关延时段，必要时也包括灵敏 I 段，一般以经过零序（或负序）方向元件控制为宜。因为这样可以不必考虑非全相运行情况下双回线保护之间的配合关系，从而可以改善保护工作性能。

（4）方向继电器的动作功率，应以不限制保护动作灵敏度为原则，一般要求在发生接地故障且当零序电流为保护起动值时，灵敏度≥2。

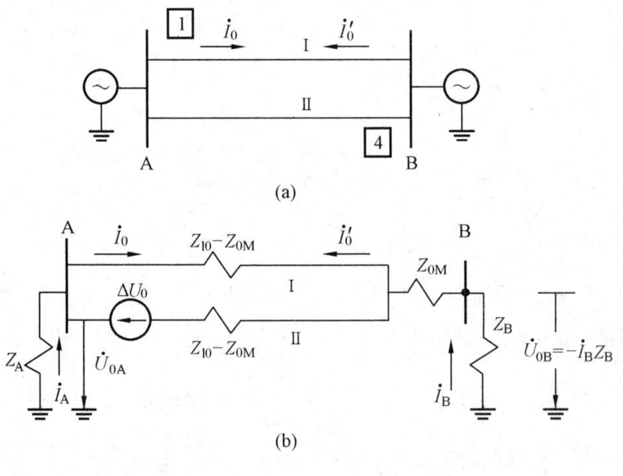

图 8－8 平行双回线之一断相故障时健全线的 $\dot{I}_0$ 与 $\dot{U}_0$

（a）系统图；（b）断相故障零序等值电路

（二）平行双回线一回线非全相运行时健全线方向元件行为分析

有较大零序互感的平行双回线，采用单相重合闸时，保护间的配合本应考虑相邻线非全相运行时的情况，而且此时的分支系数 K_f 最大。但如果保护经方向元件控制，则可以不考虑这种情况，因为此时健全线两侧的方向元件都判为反方向。见图 8－8 平行双回线之一断相故障时健全线零序电流与零序电压相位关系的分析。图 8－8（a）系统图中保护1与保护4原本在相邻Ⅱ号线非全相运行时有配合要求。

在图8－8（b）中，Ⅱ号线两相运行，A变电所健全线的零序电流 $\dot{I}_0$ 与变压器零序电流 $\dot{I}_A$（电流方向如图中所示）的相位基本相反。A母线零序电压 $\dot{U}_{0A}=-\dot{I}_A Z_A$，所以Ⅰ健全线的零序电流 $\dot{I}_0$ 滞后 $\dot{U}_{0A}$ 约为80°左右（零序阻抗角）。对B变电所，健全线的零序电流 $\dot{I}'_0$ 与变压器零序电流 $\dot{I}_B$（电流方向如图中所示）的相位关系基本相反。B母线零序电压 $\dot{U}_{0B}=-\dot{I}_B Z_B$，所以 $\dot{I}'_0$ 滞后 $\dot{U}_{0B}$ 约80°左右。因此，两侧一样，都与线路反方向故障时的情况相同。可见，健全线两侧的零序功率方向元件都可靠不动作。

（三）零序功率方向继电器主要技术数据

对于传统的零序功率方向继电器，可由继电器特性查到以下数据：

（1）最大灵敏角、动作角度范围。

（2）最小动作功率（伏安）、最小动作电压与最小动作电流。

另外还可以从制造厂提供的资料得知该继电器的其他技术数据，诸如继电器的返回系数、角度特性、继电器的动作时间与返回时间等。

使用时，按其最大灵敏角确定电流和电压回路的接线要不要倒极性，这是至关重要的。

为不影响零序电流保护动作性能，方向元件要有足够的灵敏系数。灵敏系数 K_{sen} 的校验式为

$$K_{sen}=\frac{(3U_0\times 3I_0)_{min}}{S_{0.op.min}}$$

式中　$(3U_0\times 3I_0)_{min}$——保护区末端接地故障时，保护安装处的最小零序功率；

$S_{0.op.min}$——零序功率方向元件的最小动作功率。

根据《技术规程》要求，用于远后备保护中的零序功率方向元件，在下一线路末端接地故障时 $K_{sen}\geqslant 1.5$；用于近后备保护时 $K_{sen}\geqslant 2$。

另外，作为我国电力行业标准的电网继电保护装置的运行整定规程要求受方向元件控制的保护末端故障时，“零序电压不应小于方向元件最小动作电压的1.5倍”。实际上对继电器的最小动作电压 $U_{0.op.min}$ 与最小动作电流 $I_{0.op.min}$ 是有要求的。从灵敏度的角度而言，$U_{0.op.min}$ 与 $I_{0.op.min}$ 越小越好，但是在正常运行和电网相间短路时，由于电压互感器、电流互感器的误差以及三相系统参数不完全平衡，会产生不平衡输出。此外，当系统中存在三次谐波分量时，三相中的三次谐波电压同相位、三相电流同相位，因此，也有三次谐波的电压、电流输出。对反应于零序电压、电流而动作的继电器，应该考虑躲开它们的影响。

模拟式保护中，一种晶体管零序功率方向继电器有关的数据是 $0.5V<U_{0.op.min}<1V$；$0.2A<I_{0.op.min}<0.5A$；$S_{0.op.min}\leqslant 1VA$。以上数据可以通过继电器的伏安特性试验求得。

微机保护采用的都是数字继电器。数字继电器的实现都是一些算法问题，由软件完成。在解决了算法问题后，只要列出继电器动作判据的数字表达式，按算法编写程序就实现了继电器的功能。如前述动作方程为 $175°\leqslant\arg\dfrac{3\dot{U}_0}{3\dot{I}_0}\leqslant 325°$ 的微机保护中，零序方向元件是按零序电压与零序电流的相位比较方式实现的。微机保护电压、电流采样回路精确工作范围可以

做得很宽，其最小值，电压可达0.2V，电流可达0.04I_N（I_N为二次额定电流值），且比相是由算法程序完成的，没有模拟式继电器所要求的动作力矩克服制动力矩（机电型）或克服门坎电压（静态型）所需的动作功率，因此可以做得很灵敏。但是为了克服非接地故障时的不平衡电压、电流及谐波的影响，又不能过于灵敏。在微机保护中采用了两种方法，一种是在满足灵敏度的条件下，对零序方向元件的3 $\dot{U}_0$值有最小值限制，诸如当$|3\dot{U}_0|<2V$时，零序方向元件被闭锁；另一种是采用浮动门坎技术，零序方向元件的电压门坎取为固定门坎加上浮动门坎。浮动门坎根据正常运行时的零序电压计算，它随不平衡电压大小跟随升降。其中固定门坎可取为0.5V，所以零序电压的门坎最小值为0.5V。

二、零序电流方向保护的应用

在中性点直接接地电网中，接地故障占总故障的绝大部分。零序电流方向保护简单可靠、灵敏度高（特别是在高电阻接地故障时）、保护范围比较稳定，所以在输电线路保护中获得了广泛的应用。《技术规程》和《电网继电保护装置运行整定规程》（以下简称《整定规程》）都对零序电流方向保护的应用作了原则的说明。另外，高压线路继电保护装置统一设计原则的“四统一”（以下简称“四统一”）总结了我国高压线路继电保护多年来的设计、制造和运行经验，具有指导意义。

（一）110kV线路零序电流方向保护

单侧电源线路的零序电流保护一般为三段式，终端线路也可以采用二段式。双侧电源复杂电网线路零序电流保护一般为四段式或三段式，在需要改善配合条件，压缩动作时间的线路，零序电流保护宜采用四段式的整定方式。按三段式运行时，可设两个第Ⅰ段。

在具体电网线路上，零序电流大小与接地故障的类型有关。单相接地故障和两相接地故障时流过短路点的零序电流$\dot{I}_{K0}^{(1)}$和$\dot{I}_{K0}^{(1.1)}$分别为

$$\dot{I}_{K0}^{(1)}=\frac{\dot{U}_{K[0]}}{2Z_{1\Sigma}+Z_{0\Sigma}}$$

$$\dot{I}_{K0}^{(1.1)}=\frac{\dot{U}_{K[0]}}{Z_{1\Sigma}+Z_{0\Sigma}//Z_{0\Sigma}}\times\frac{Z_{1\Sigma}}{Z_{1\Sigma}+Z_{0\Sigma}}=\frac{\dot{U}_{K[0]}}{Z_{1\Sigma}+2Z_{0\Sigma}}$$

考虑了电流分配系数C_0，则线路侧保护得到的电流分别为

$$\dot{I}_0^{(1)}=C_0\frac{\dot{U}_{K[0]}}{2Z_{1\Sigma}+Z_{0\Sigma}}$$

$$\dot{I}_0^{(1.1)}=C_0\frac{\dot{U}_{K[0]}}{Z_{1\Sigma}+2Z_{0\Sigma}}$$

式中 $\dot{U}_{K[0]}$为短路点在短路前的相电压，$Z_{1\Sigma}$、$Z_{0\Sigma}$为系统对短路点的综合正序、零序阻抗，系统内各元件的正序阻抗等于负序阻抗。

由上式可知

当$Z_{1\Sigma}<Z_{0\Sigma}$时，$\dot{I}_0^{(1)}>\dot{I}_0^{(1.1)}$

当$Z_{1\Sigma}>Z_{0\Sigma}$时，$\dot{I}_0^{(1)}<\dot{I}_0^{(1.1)}$

在整定零序电流保护定值时就要选择流过保护的零序电流较大的一种故障类型来进行整

定计算。而在校验零序电流保护的灵敏度时，就要选择在校验灵敏度的短路点上短路时流过保护的零序电流比较小的一种故障类型来进行计算。

1. 零序电流Ⅰ段

零序电流Ⅰ段电流定值按躲过区外接地故障时流过保护最大3倍零序电流整定，在无互感的线路上，零序电流Ⅰ段的区外最严重故障点选择在本线路对侧母线或两侧母线上（不带方向又要保证选择性时）。当线路附近有其他零序互感较大的平行线路时，故障点有时应选择在该平行线路的某处。例如：平行双回线，故障点有时应选择在另一回线本侧断路器断开情况下的断口处（本侧断路器与被整定线路的断路器在同一侧母线上），见图8－9（a）；不同电压等级的平行线路，其故障点有时可能选择在不同电压等级的平行线上的某处，见图8－9（b）。

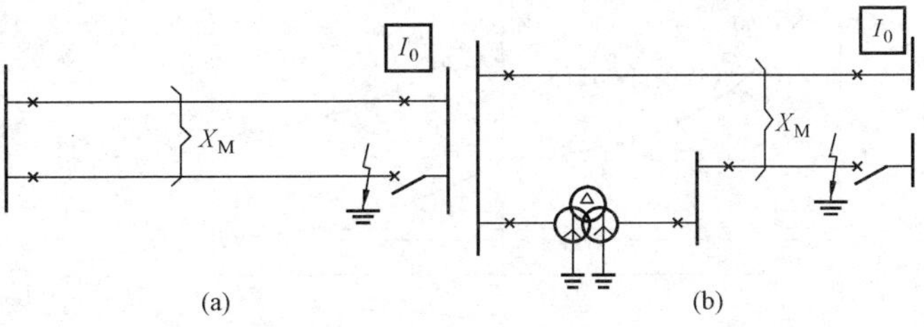

图8－9　零序电流Ⅰ段故障点的选择

（a）平行双回线；（b）不同电压等级的平行双回线

计算区外故障最大零序电流时，一般应对各种常见运行方式及不同故障类型进行比较，取其最大值。在平行双回线路中，还应考虑平行双回线之一停电检修两端接地导致运行线路零序阻抗减小的情况（关于零序阻抗减小的分析可见第一章第五节和第二章第三节）。

2. 零序电流Ⅱ段

（1）三段式零序电流保护Ⅱ段定值应按本线路末端金属性接地时不小于下列灵敏度整定：

20km以下线路：不小于1.5；

20～50km的线路：不小于1.4；

50km以上线路：不小于1.3。

同时还应与相邻线路零序电流Ⅰ段或Ⅱ段配合，保护范围一般不应伸出线路末端变压器220kV（或330kV、500kV）电压侧母线，动作时间按配合关系整定。

（2）四段式零序电流保护Ⅱ段定值按与相邻线路零序电流Ⅰ段配合整定，其灵敏度不作规定。

（3）如零序电流Ⅱ段被配合的线路是与本线路有较大零序互感的平行线路，则应考虑该相邻线路故障一侧断路器先断开时的保护配合关系。当与相邻线路的零序Ⅰ段配合时，有如下两种情况：

1）如相邻线路零序电流Ⅰ段能相继动作保护全线路，则本线路零序电流Ⅱ段定值计算应选用接地故障点在相邻线路断路器断口处的分支系数，按与相邻线路零序电流Ⅰ段配合整定。

2）如相邻线路零序电流Ⅰ段不能相继动作保护全线路，则按图8－10的情况分别整定。

当接地故障点K在PQ线、QP′线移动时，流经保护1的$(3\dot{I}_0)'$与流经保护4的$(3\dot{I}_0)$的变化曲线如图8－10所示。$(3I_0)_{set.\,I.4}$为保护4的零序电流Ⅰ段整定值；I_M是保护4的Ⅰ段保护区末端接地故障时流经保护1的$(3\dot{I}_0)'$值，I_A为本线末端接地时流经保护1的

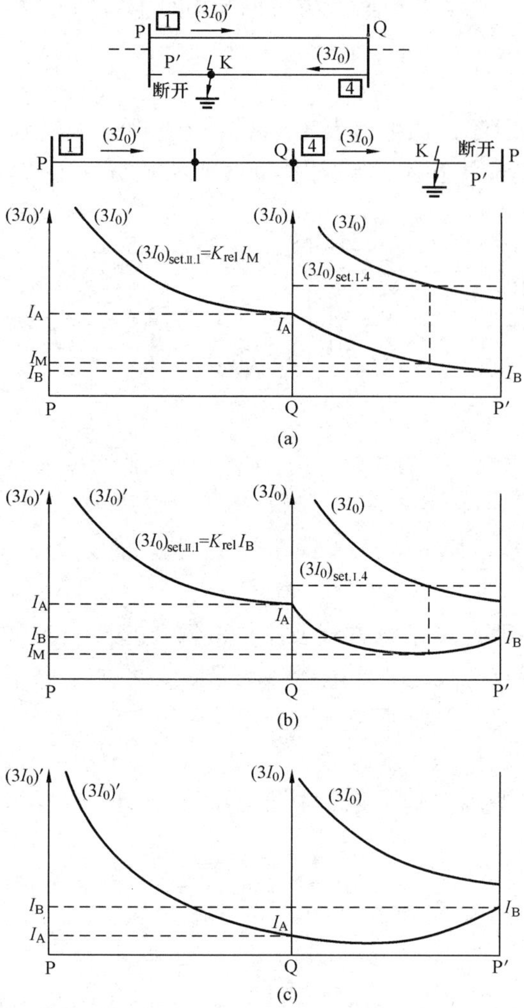

图 8－10　平行双回线路零序电流保护间的配合

（a）$I_A > I_M > I_B$；（b）$I_A > I_B > I_M$；（c）$I_A < I_B$

$(3\dot{I}_0)'$值；I_B为相邻线路末端（P'点、断路器断开）接地时流经保护1的$(3\dot{I}_0)'$值。在图8－10（a）中，K点由Q点移向P'点时，$(3\dot{I}_0)'$逐渐减小，有$I_A > I_M > I_B$，此时保护1的零序电流Ⅱ段定值为

$$(3I_0)_{set.Ⅱ.1} = K_{rel}I_M$$

式中　K_{rel}——可靠系数，$K_{rel} \geq 1.1$。

在图8－10（b）中，K点由Q点移向P′点时，$(3\dot{I}_0)'$下降后再回升，有$I_A > I_B > I_M$，此时保护1的零序电流Ⅱ段定值为

$$(3I_0)_{set.Ⅱ.1} = K_{rel}I_B$$

在图8－10（c）中，K点由Q点移向P′点时，$(3\dot{I}_0)'$下降后回升，有$I_B > I_A$。这样，保护1的零序电流Ⅱ段无法与保护4的零序电流Ⅰ段配合，只能与其Ⅱ段配合。

零序电流Ⅱ段的定值与相邻线路零序电流Ⅱ段配合时，故障点可选在相邻线的末端。

3. 零序电流Ⅲ段

（1）三段式零序电流保护的第Ⅲ段，当作本线路经过渡电阻接地故障和相邻元件故障的后备保护时，其一次电流定值不应大于300A，在躲过本线路末端变压器其他侧三相短路最大不平衡电流条件下，尽可能满足相邻线路末端接地故障时有不小于1.2的灵敏度，当灵敏度不能满足要求时，也可按相继动作校验灵敏度；并应校验与相邻线路零序电流Ⅱ段、Ⅲ段或Ⅳ段的配合情况，还应校验保护范围是否伸出线路末端变压器220kV（或330kV）电压侧母线。动作时间按配合关系整定。

（2）四段式零序电流保护的第Ⅲ段，当零序电流Ⅱ段对本线路末端接地故障有规定灵敏度时，应与相邻线路零序电流Ⅱ段配合整定；当零序电流Ⅱ段对本线路末端接地故障达不到规定灵敏度时，则零序电流Ⅲ段按三段式零序电流Ⅱ段方法整定。

4. 零序电流Ⅳ段

四段式零序电流保护中的第Ⅳ段，按三段式零序电流保护的第Ⅲ段方法整定。

5. 后加速段

我国110kV线路是采用三相重合闸方式。三相重合闸后加速一般应加速对线路末端故障有足够灵敏系数的零序电流保护段，如果躲不开后一侧合闸时，因断路器三相不同步产生的零序电流，则两侧的后加速段在整个重合闸周期中均应带0.1s延时。

加速段可以独立设置，如现在的微机保护那样，定值和延时可独立整定。此外，为防止合闸于空载变压器时励磁涌流引起零序后加速误动，零序加速段可以由控制字选择是否需要投入二次谐波闭锁，二次谐波的制动比可以选为15%。

必须指出，作为零序电流保护速动段的零序电流Ⅰ段定值若躲不开断路器三相触头不同时接通产生的零序电流时，也应在重合闸后延时0.1s动作。

按三段式运行设两个第Ⅰ段时，不灵敏Ⅰ段电流定值可躲过合闸三相不同步引起的零序电流，故在重合闸后不用带延时，只是灵敏Ⅰ段要带0.1s延时。

（二）220～500kV线路零序电流方向保护

作为零序电流方向保护，上述110kV线路零序电流方向保护应用中的基本原则，在220～500kV线路上也是适用的。但在220～500kV线路上除采用三相重合闸外还普遍采用了单相重合闸、综合重合闸，此时，零序电流方向保护就还要考虑非全相运行的问题。

零序电流保护一般为四段式。根据各地的多年运行经验，大部分线路采用可分别经方向元件控制的四段式零序电流保护作为接地故障时的基本保护较为适宜。对于三相重合闸线路，零序电流保护可以按四段式运行，或按三段式运行，但其中有两个第Ⅰ段，其中灵敏Ⅰ段重合闸时带延时0.1s。对于单相重合闸线路，可按三段式运行，其中也有两个第Ⅰ段或者两个第Ⅱ段，两个第Ⅰ段时灵敏Ⅰ段在重合闸过程中退出运行，两个第Ⅱ段时灵敏Ⅱ段在重合闸过程中退出运行。对终端输电线路可装设较少段数的零序电流保护。

1. 零序电流Ⅰ段

除同前110kV零序电流Ⅰ段所述外，220～500kV线路零序电流保护Ⅰ段的使用，还看非全相运行最大零序电流与区外故障零序电流的大小。在非全相运行最大零序电流大于区外故障零序电流1.3倍以上的一般情况下（一般在中、长线路上），宜设置两个不同电流定值的Ⅰ段。其中定值较大者，按躲过两相运行或断路器合闸不同期最大3倍零序电流整定，称为“不灵敏Ⅰ段”。定值较低者，按躲过区外故障最大3倍零序电流整定，称为“灵敏Ⅰ段”。“不灵敏Ⅰ段”在线路第一次故障或在重合于永久故障时都瞬时动作切除故障。而“灵敏Ⅰ段”则在线路第一次故障时瞬时动作后，要视线路的重合闸方式：在单相重合闸时退出运行；在三相重合闸时带短延时0.1s，以防止两相运行或三相重合闸过程中因出现非全相运行零序电流而误动作。对某些短线路，如果非全相运行最大零序电流小于区外故障最大零序电流或不大于1.3倍以上时，可只设一个第Ⅰ段，其动作电流按躲过区外故障最大3倍零序电流整定，重合闸前和重合闸后，以及两相运行过程中均能瞬时动作。

计算非全相运行最大零序电流时，应选择与被保护线路相并联的联络线为最少，系统联系为最薄弱的运行方式。如图8－11所示系统，在计算线路Ⅰ非全相运行零序电流时应选择线路Ⅱ断开的运行方式。

计算非全相运行最大零序电流时，对实现三相重合闸（包括综合重合闸）的线路应按合上一相、合上两相两种方式进行比较，对实现单相重合闸的线路可按两相运行进行计算。计算非全相运行最大零序电流时，线路两侧电动势的相角差应以系统稳定计算的实际结果为依据。

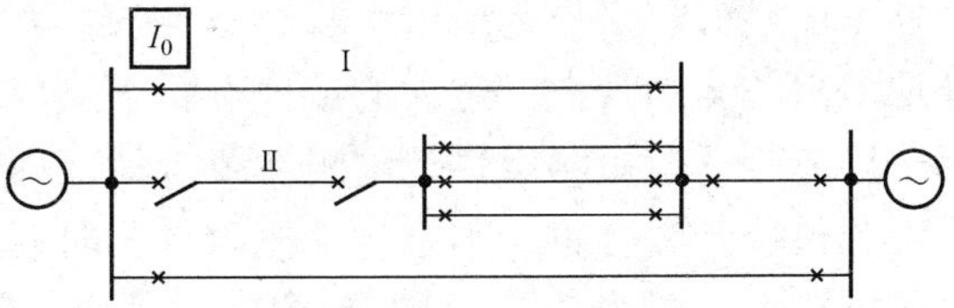

图8－11　计算非全相运行最大零序电流的运行方式选择

在环网中有并联回路的220kV线路，非全相运行最大零序电流一般可按不大于1000A考虑。

这里有必要说明一下，在模拟式线路保护与重合闸配合使用时，在继电保护“四统一”接线中，保护经综合重合闸出口，重合闸的保护接入回路设有N、M、P及Q端子，另有R端子设在操作箱内。可根据保护性能，分别接入不同的端子。比如，在本线非全相运行中会误动作而相邻线非全相运行中不会误动作的保护接入M端子，这时保护在重合闸过程中被闭锁，只有在判定线路已重合于故障或线路两侧均能转入全相运行后再投入工作，如零序保护灵敏Ⅰ段。而相邻线非全相运行中会误动作的保护接入P端子经阻抗选相元件闭锁，如下述的零序保护Ⅱ段。但对于环网线路电流定值大于1000A以上时，可不经阻抗选相元件闭锁。在微机保护中上述保护的配置及逻辑要求都可由软件方便地实现，这与常规的模拟式保护的构成所不同，且是一个很大的进步。

2. 零序电流Ⅱ段

除前述110kV零序电流Ⅱ段相关内容也适用外，对于非全相运行工况，220~500kV线路零序电流保护Ⅱ段的设置（设一个Ⅱ段或两个Ⅱ段），及在重合闸过程中的工况（继续使用或退出运行），与本线路选用的重合闸方式有关，而时间及电流整定值的选择，不但与本线路选用的重合闸方式有关，也与相邻线路选用的重合闸方式有关。其基本原则是：除了对本线路末端接地故障有足够灵敏度且动作时间满足规定要求外，当本线路进行单相重合闸时不应误动作，当相邻线接地故障时，在故障和重合闸整个过程中与相邻线保护保持配合关系。

如果本线路装设单相重合闸，而且非全相运行时的最大零序电流小于区外故障最大零序电流，则宜设置两个第Ⅱ段，其中，较高定值的第Ⅱ段按躲过非全相运行最大零序电流整定，称为“不灵敏Ⅱ段”，在单相重合闸过程中不退出运行。较低定值的Ⅱ段按与相邻线零序电流保护配合的条件整定，但躲不开非全相最大零序电流，故在本线路进行单相重合闸过程中退出运行。设两个第Ⅱ段的目的是为了提高上一级零序电流保护的灵敏度或降低其动作时间，同时也改善本线路在两相运行过程中的保护性能。其他情况下，只设一个第Ⅱ段。

3. 零序电流Ⅲ段

零序电流保护在常见运行方式下，应有对本线路末端金属性接地故障时的灵敏系数满足下列要求的延时段（如四段式中的第Ⅲ段）保护：

50km以下线路：不小于1.5；

50~200km线路：不小于1.4；

200km以上线路：不小于1.3。

4. 零序电流Ⅳ段

零序电流Ⅳ段作为最末一段，定值应不大于300A。这是因为接地距离保护的缺点是受接地电阻的影响太大，过大的接地电阻将造成拒动。《技术规程》明确指出接地故障保护最末一段应能适应短路点接地电阻在要求值之内、可靠地切除故障。

当保护与综合重合闸配合使用时，其时间定值在重合闸过程中能自动缩短Δt时限（一个时限级，一般为0.5s）。在重合闸过程中若断路器一相拒动（当然还有三相不一致保护）或健全相再故障，最末一段保护以缩短的时限跳开本线路断路器，以防止动作时间不配合的相邻线路零序电流保护最末一段越级跳闸。

（三）关于零序电流保护各保护段使用问题

按我国电力行业标准《3～110kV 电网继电保护装置运行整定规程》要求，“零序电流Ⅰ段作为速动段保护使用，除极短线路外，一般应投入运行”。《技术规程》要求，对 110kV 线路保护，“单侧电源线路，可装设阶段式相电流和零序电流保护，作为相间和接地故障的保护，如不能满足要求，则装设阶段式相间和接地距离保护，并辅之用于切除经电阻接地故障的一段零序电流保护”。“双侧电源线路，可装设阶段式相间和接地距离保护，并辅之用于切除经电阻接地故障的一段零序电流保护”。对 220kV 及以上电压等级线路保护，“应按加强主保护简化后备保护的基本原则配置和整定”。简化后备保护是指主保护双重化配置，如双重化配置的主保护均有完善的距离后备保护，则可以不使用零序Ⅰ、Ⅱ段保护，仅保留用于切除经不大于 100Ω（指 220kV 线路）、150Ω（指 330kV 线路）、300Ω（指 500kV 线路）电阻接地故障的一段定时限和/或反时限零序电流保护。

上述要求看重的是接地距离保护和能抗受高阻接地的零序电流保护段（一段定时限和/或反时限零序电流保护）。电流保护的主要优点是简单、经济及工作可靠。但是由于这种保护整定值的选择、保护范围以及灵敏系数等方面都直接受电网接线方式及系统运行方式的影响，所以在复杂网络中，它们都很难满足选择性、灵敏性以及快速切除故障的要求。为此，就必须采用性能更加完善的保护装置。距离保护就是适应这种要求的一种保护原理。距离Ⅰ段的保护范围不受系统运行方式变化的影响，其他两段受到的影响也比较小，因此，保护范围比较稳定，它可以在多电源的复杂网络中保证动作的选择性。对于零序电流保护而言，其零序电流的大小，除与接地故障的类型有关外，还与零序阻抗、正、负序阻抗有关。在考虑运行方式整定保护定值与校验灵敏度时，既要考虑零序阻抗的关系（线路、接地变压器的状况），也要考虑机组开停状况。因为发电机的正、负序阻抗出现在复合序网图中，也会影响零序电流的大小；当然影响零序电流大小的还有短路点的远近、平行线路或环网分流及互感等。所以零序电流保护虽然原理很简单，但由于影响零序电流大小的因素很多，所以它的整定计算比较复杂，也直接影响其保护范围的准确与稳定。20km 以内的短线路，为避免超越失去选择性，往往停用零序Ⅰ段。

三、零序电流方向保护运行的有关问题

（一）电力系统非全相运行时

零序电流方向保护在非全相运行时，其电流定值可按前述的各保护段使用的整定原则处理，故在此主要指的是对零序功率方向继电器的影响。

假设在输电线路的 M 侧断路器处发生断线（一相或两相断线），分析装在 MN 线路 M 侧的零序功率方向继电器的动作行为。此时的零序网络图如图 8－12 所示，在断线处作用一个纵向零序电压 $\Delta\dot{U}_0$。加在继电器上的零序电压 $\dot{U}_0$ 和零序电流 $\dot{I}_0$ 是按照传统方式规定的正方向。

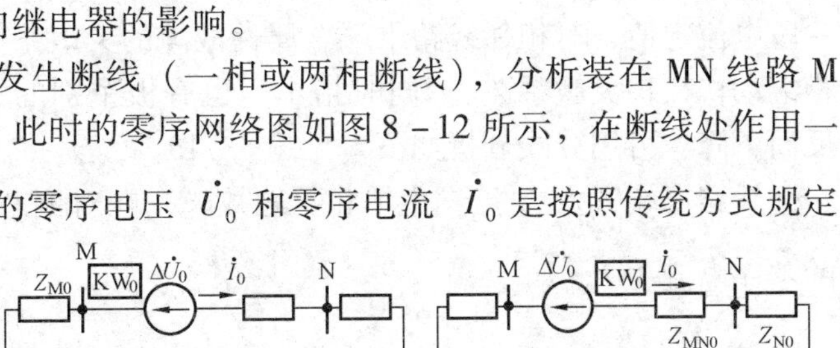

图 8－12　输电线路一侧断线时的零序序网图

（a）用母线 TV；（b）用线路 TV

如果继电器接母线处电压互感器（TV），如图 8－12（a）所示，则有如下关系：

$$\dot{U}_0 = -\dot{I}_0 Z_{M0}$$

该式与正方向接地故障时的完全

一样，所以当继电器采用母线 TV 时，断线情况下它的动作行为与正方向接地故障时的动作行为完全相同。因此，当使用母线 TV 时，在本线路非全相运行时（如单相重合闸周期内），由零序功率方向继电器构成的纵联零序方向保护应该退出。

若继电器接线路 TV，如图 8－12（b）所示，有如下关系

$$\dot{U}_0 = \dot{I}_0(Z_{MN0} + Z_{N0})$$

该式与反方向接地故障时的完全一样。零序正方向的方向继电器不动作，而反方向的方向继电器动作。所以当零序功率方向继电器采用线路 TV 时，在本线路非全相运行时纵联零序方向保护可以不退出。但对零序电流方向保护，在使用线路 TV 时，则要考虑非全相时对方向元件的“制动”问题了。如果本线再发生接地故障，方向元件有可能动作不了而导致所有经方向元件控制的零序电流保护段均被闭锁而拒动。为此，模拟式的“四统一”零序电流方向保护此时必须取消方向元件的控制，由引入综合重合闸的起动元件 KO 动合触点来实现。顺便指出，采用此措施，当重合闸起动后，保护装置背后方向再发生接地故障则有可能误动作。但由于这种情况出现几率甚少，可以不考虑。微机保护（此时零序电流保护控制字置于“线路 TV”）在上述情况下，判出非全相运行后将零序功率方向元件退出，零序电流保护自动不带方向。

（二）在单相接地故障一端先跳闸时

零序电流保护延时段应对本线路末端金属性接地故障有足够灵敏度，且无论是对侧断路器跳闸前（故障刚发生时）还是在对侧断路器先跳闸后（对侧保护在瞬时段范围内），这就要看对侧断路器跳闸前与跳闸后，流过本侧保护的故障电流有何变化和变化的程度了。

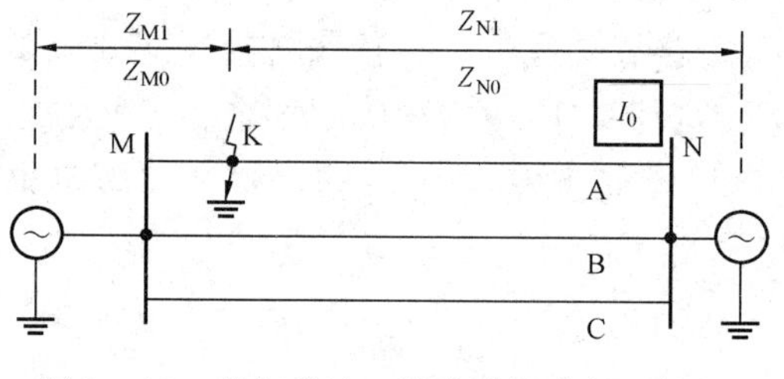

图 8－13　单相接地一端先跳闸分析系统图

对于三相重合闸线路，当对侧断路器三跳后，由于零序故障电流全部集中到本侧，本侧零序电流一般均有较大幅度的提高，这对扩大零序电流保护瞬时段保护范围十分有利，也就是通常所利用的纵续（相继）动作的特性。顺便指出，相继动作不但对瞬时段有利，对延时段也是可加以利用的。《3～110kV 电网继电保护装置运行整定规程》中就有“零序电流最末一段电流定值，对相邻线路末端金属性故障的灵敏系数力争不小于 1.2。确有困难时，可按相继动作校核灵敏系数”。同时指出，也有极个别的小电源侧，这个零序电流可能不上升，反而下降。可用算式分析如下，见图 8－13。

线路末端 A 相 K 点发生单相接地故障，在对侧断路器跳闸前，流过本侧（N 侧）保护的零序电流 $3\dot{I}_{N0}$ 为

$$3\dot{I}_{N0} = \frac{3\dot{U}_{KA[0]}}{2Z_{\Sigma1} + Z_{\Sigma0}} \cdot \frac{Z_{M0}}{Z_{M0} + Z_{N0}} = \frac{3\dot{U}_{KA[0]}}{Z_{N0} + 2Z_{N1} \cdot \frac{Z_{M1}}{Z_{M0}} \cdot \frac{Z_{N0} + Z_{M0}}{Z_{N1} + Z_{M1}}}$$

由于 K 点在线路末端（M 段母线出口处），故一般有 $Z_{M1} \ll Z_{N1}$、$Z_{M0} \ll Z_{N0}$，可简化上式为

$$3\dot{I}_{N0}=\frac{3\dot{U}_{KA[0]}}{Z_{N0}+2Z_{N0}\cdot\frac{Z_{M1}}{Z_{M0}}}$$

在对侧断路器三相跳闸后，流过本侧保护的零序电流 $3\dot{I}'_{N0}$ 为

$$3\dot{I}'_{N0}=\frac{3\dot{U}_{KA[0]}}{Z_{N0}+2Z_{N1}}$$

比较断路器跳闸前后流过N侧保护的零序电流算式可知，只要比较两式分母中 Z_{N1} 与 $Z_{N0}\cdot\frac{Z_{M1}}{Z_{M0}}$ 的大小，就可知孰大孰小了。一般情况下有 $\frac{Z_{N0}}{Z_{N1}}>\frac{Z_{M0}}{Z_{M1}}$（即 $Z_{N1}<Z_{N0}\cdot\frac{Z_{M1}}{Z_{M0}}$），所以三相跳闸后的 $3\dot{I}'_{N0}>3\dot{I}_{N0}$（跳闸前的）。只有极个别的情况是相反的（N侧为小电源侧，且变压器零序阻抗较小，线路很短，$Z_{N0}<Z_{N1}$ 的特殊情况才有可能）。

对于单相重合闸线路，发生单相接地故障一侧先单相跳闸时，是属于断线、单相接地故障同时存在的复故障情况，在复故障的计算中，用 α、β、0分量法比较方便。如图8－13，A相K点故障，A相断路器先单相跳闸后，N侧保护的零序 $3\dot{I}'_{N0}$ 的计算结果为

$$\begin{aligned}3\dot{I}'_{N0}&=\frac{3\dot{U}_{KA[0]}}{Z_{N0}+2Z_{N1}-\frac{6Z_{N1}(Z_{N1}-Z_{N0})}{3Z_{N1}+2Z_{M0}+Z_{M1}}}\\&=\frac{3\dot{U}_{KA[0]}}{Z_{N0}+2Z_{N1}\left[1-\frac{3(Z_{N1}-Z_{N0})}{3Z_{N1}+2Z_{M0}+Z_{M1}}\right]}\\&=\frac{3\dot{U}_{KA[0]}}{Z_{N0}+2Z_{N1}\cdot\frac{3Z_{N0}+2Z_{M0}+Z_{M1}}{3Z_{N1}+2Z_{M0}+Z_{M1}}}\end{aligned}$$

在线路末端故障一般有 $Z_{M0}\ll Z_{N0}$、$Z_{M1}\ll Z_{N1}$，简化上式，可得

$$3\dot{I}'_{N0}=\frac{3\dot{U}_{KA[0]}}{Z_{N0}+2Z_{N0}}$$

将此式与对侧断路器末端跳闸前 $3\dot{I}_{N0}=\frac{3\dot{U}_{KA[0]}}{Z_{N0}+2Z_{N0}\cdot\frac{Z_{M1}}{Z_{M0}}}$ 进行比较可知：

当 $Z_{M1}=Z_{M0}$ 时，$3\dot{I}'_{N0}=3\dot{I}_{N0}$（一般常见情况）；

当 $Z_{M1}>Z_{M0}$ 时，$3\dot{I}'_{N0}>3\dot{I}_{N0}$；

当 $Z_{M1}<Z_{M0}$ 时，$3\dot{I}'_{N0}<3\dot{I}_{N0}$（特殊情况）。

可见，当线路末端单相接地故障而对侧断路器单相跳闸后，本侧零序电流的增大或减小要看对侧变电所正序阻抗 Z_{M1} 与零序阻抗 Z_{M0} 相对大小而定。多数情况下，Z_{M1} 与 Z_{M0} 值相近，所以零序电流变化不大。只有当对侧 Z_{M0} 大于 Z_{M1} 较多时，N侧的零序电流才减小。

（三）平行线路间零序互感的影响

平行线路之间存在零序互感，当相邻平行线之一流过零序电流时，将在另一平行线路产

生感应零序电动势，对线路零序电流大小产生影响，有时甚至改变零序电流与零序电压的相位关系。

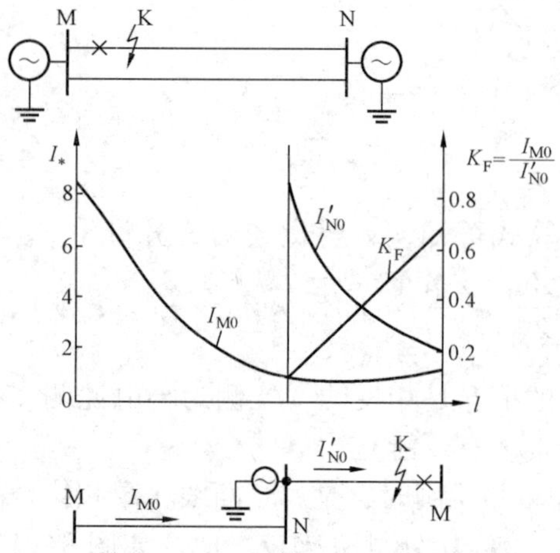

图 8－14　平行双回线接地故障 I_{M0} 及其分支系数 K_F 的变化曲线

（1）当相邻平行线发生接地故障一侧先三相跳闸时，有时故障点离本线路保护安装处电气距离越远，见图 8－14，故障点越靠近 M 母线时，流过本线路保护的零序分支电流反而逐渐增大。见图 8－14 所示的 I_{M0} 变化曲线，其分支系数 $K_F=I_{M0}/I'_{N0}$ 也随故障点变远而逐渐增大。有关这个问题，前面已介绍，本线零序电流Ⅱ段与被配合的相邻线路是存在较大零序互感的平行线路时，则应考虑该相邻线路故障，在一侧断路器先断开时的保护配合关系。

（2）当相邻平行线路停用检修并在两侧接地时，电网接地故障线路通过零序电流将在该停用线路中产生零序感应电流，此电流反过来也将在运行线路中产生感应电动势，使线路零序电流因此而增大，相当于线路零序阻抗减小，对平行双回线将减小为

$$Z_{l0}-\frac{Z_{0M}^2}{Z_{l0}}$$

其中，Z_{0M} 为平行双回线间的零序互感阻抗；Z_{l0} 为线路原先的零序阻抗。

上式的推导，可见第一章第五节。运行线路的零序阻抗减小，将影响到零序电流保护及接地距离保护，导致保护范围扩大，甚至失去选择性。所以保护在整定配合时，要考虑到检修的情况。

（3）地理位置靠近的平行线路，但之间没有电气的直接联系。其中另一平行线上流过零序电流时，同样将在本线路产生零序感应电流和零序电压。此时，该感应零序电流与零序电压的相位关系如同本线路内部接地故障一样，如图 8－15所示。（可参看第二章第三节）

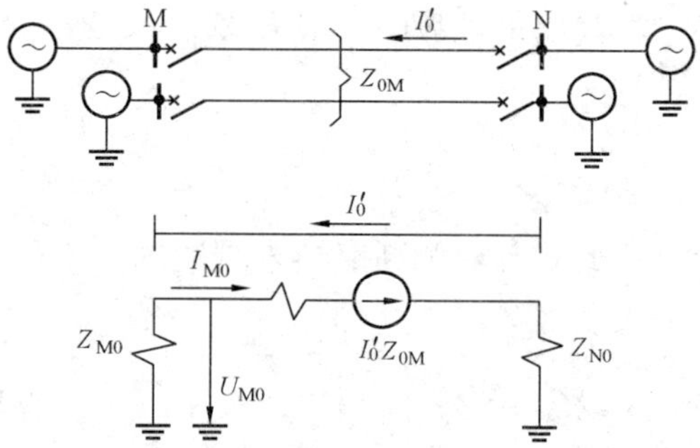

图 8－15　电气上不联系的平行线路的零序等值电路

实际情况是，本线路并没有发生接地故障，而是相邻平行线路故障，平行线段间零序互感作用的影响。如果地理位置靠近的平行线路，当其中一条线路故障时，可能引起另一条线路出现感应电流，造成零序功率方向元件误动作。应该指出，在复杂电网中，电气上相互连接的平行线路，当发生接地故障时，也是由于相邻线路零序互感的作用，有时也可能在某一非故障线路上出现零序功率方向元件误判的问题。

如果会发生上述存在的问题，可以改用负序方向元件，来防止零序功率方向元件的误判断。

(四) TA、TV 的工况对零序电流方向保护的影响

1. 电流及电压互感器二次回路应一点接地

《技术规程》规定，"电流互感器（TA）的二次回路必须有且只能有一点接地，一般在端子箱经端子排接地。但对于有几组电流互感器连接在一起的保护装置，如母差保护、各种双断路器主接线的保护等，则应在保护屏上经端子排接地"。"电压互感器的二次回路只允许有一点接地，接地点宜设在控制室内。独立的、与其他互感器无电联系的电压互感器也可在开关场实现一点接地。为保证接地可靠，各电压互感器的中性线不得接有可能断开的开关或熔断器等。"

电流及电压互感器二次回路必须有一点接地是为了人身和二次设备的安全。若二次回路没有接地点，接在互感器一次侧的高电压，将通过互感器一、二次绕组间的分布电容和二次回路的对地电容形成电压，将高电压引入二次回路，其值决定于二次回路对地电容的大小。如果互感器二次回路有了接地点，则二次回路对地电容被短接，分到二次回路的高压侧电压将为零，从而达到了保证安全的目的。

在电流二次回路中，如果正好在继电器电流线圈的两侧都有接地点，一方面两接地点和地所构成的并联回路，会旁路电流线圈，造成分流，使流过电流线圈的电流减少。另一方面在发生接地故障时，两接地点间的电位差将会在电流线圈中产生额外电流。这两种原因都将使流过继电器的电流与电流互感器二次通入的故障电流有很大差别，会使继电器的反应不正常。

电压互感器的二次回路只允许有一点接地，在我国是1983年才重视和明确了的。分析和模拟试验确证，当多台电压互感器的二次回路零相线相连，而又分别各自在开关场将二次绕组中性点接地时，在发生接地故障时，两电压互感器中性点的两个接地点间，将因地网通过零序电流而产生地电位差，如图 8－16 所示。$U_{O-O'}=\Delta U$，$\Delta U=U_{O-N}+U_{N-O'}$，两组电压互感器零相回路的附加电压 U_{O-N}与 $U_{N-O'}$大小按$\overline{ON}$与$\overline{NO'}$长度比例分压，而且方向相反。因而，由于电压互感器二次回路中性点多点在开关场接地，由电压互感器二次来的控制室相对地电压发生畸变现象，将造成保护误动作或拒动作（自产 $3\dot{U}_0$ 此时也是不真实的）。

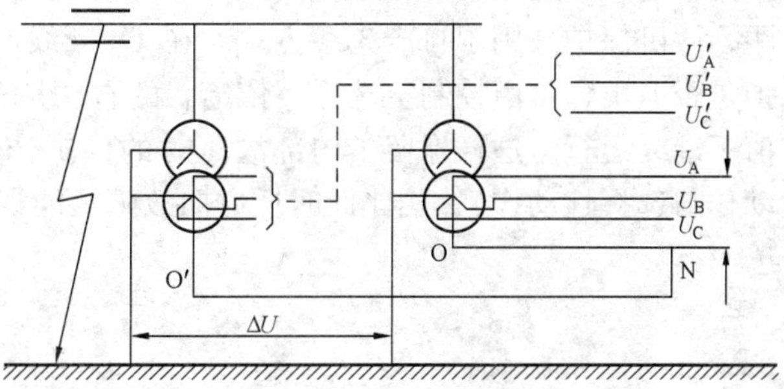

图 8－16 TV 二次回路多点接地示意图

特别指出，电压互感器二次回路和三次回路应该相互独立。电压互感器二次回路和三次回路由开关场到控制室的接线的一种常见方式见图8－17。

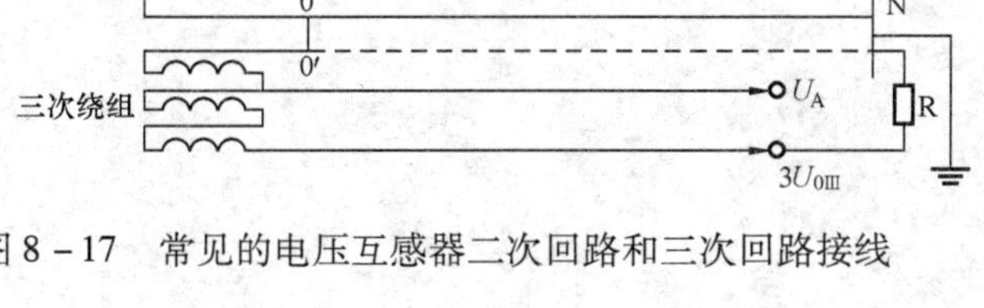

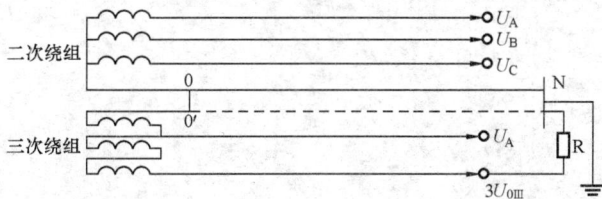

图 8－17 常见的电压互感器二次回路和三次回路接线

图 8－17 是共用了开关场到控制室的接地相电缆芯，在开关场接线盒处将 O 与 O′联通，只用一根六芯电缆，节省了连线$\overline{O'N}$。长期以来，在运

行中很少发现它的缺陷。直到微机保护普遍采用自产 3 $\dot{U}_0$ 实现接地方向保护时，问题才逐渐暴露。由图 8－17 可见，通入微机保护自产 3 $\dot{U}_0$ 回路的 3 倍零序电压 3 $\dot{U}_{0j}$ 为

$3\dot{U}_{0j}=\dot{U}_A+\dot{U}_B+\dot{U}_C+3\dot{U}_{0N}=3\dot{U}_{0\mathrm{II}}+3\dot{U}_{0N}$（为区分，下注角 Ⅱ 表示由二次回路得来的）

若开口三角 3 $\dot{U}_0$ 回路负载电阻为 R，电缆芯线$\overline{\mathrm{ON}}$的电阻为 r，并考虑到三次回路电压变比为二次回路变比的 $1/\sqrt{3}$倍，得到

$$\dot{U}_{0N}=-\frac{r}{R+r}\times 3\dot{U}_{0\mathrm{III}}=-\frac{r}{R+r}\times 3\sqrt{3}\dot{U}_{0\mathrm{II}}$$

所以得

$$3\dot{U}_{0j}=\left(1-\frac{3\sqrt{3}r}{R+r}\right)\times 3\dot{U}_{0\mathrm{II}}$$

如果出现 $\frac{r}{R+r}>\frac{1}{3\sqrt{3}}$时，$3\dot{U}_{0j}$ 将与 $3\dot{U}_{0\mathrm{II}}$ 反方向，于是接地零序保护正方向拒动而反方向误动了。因此，不允许有$\overline{\mathrm{OO'}}$连线，要另引$\overline{\mathrm{O'N}}$连线。

2. 二次电流及电压回路断线

电流回路断线，可能造成零序电流保护误动作。除了加强运行维护外，它的防范措施前面已经说过了。

对于电压回路断线和零序方向元件外接 $3U_0$ 断线平时不易发现及电流、电压极性易接错问题，微机保护采用了自产 $3U_0$ 方式。在 TV 断线后，方向元件将不能正常工作。此时零序保护是否退出，可由控制字选择。依笔者的看法是去掉方向控制，保留零序电流保护在原整定值下继续运行。这样保留了内部故障时的保护作用（保持了线路内部接地故障时近区快速动作与选择性动作），相比此时反方向故障可能误动，还是值得的。

第九章

线路自动重合闸

第一节　自动重合闸的作用和要求

一、自动重合闸的作用

在电力系统的故障中，大多数的故障是送电线路（特别是架空线路）的故障。运行经验表明，架空线路故障大都是“瞬时性”的，如雷击、碰线、鸟害等引起的故障，在线路被继电保护迅速断开以后，电弧即行熄灭，对这类瞬时性故障，待去游离结束后，如果把断开的线路断路器再合上，就能够恢复正常的供电。此外，还有少量的“永久性故障”，如倒杆、断线、绝缘子击穿等引起的故障，在线路被断开以后，故障的原因还存在。这时，即使再合上电源，由于故障依然存在，线路还要被继电保护再次断开，因而就不能恢复正常的供电。

由于送电线路上的故障具有以上的性质，因此在电力系统中广泛采用了当断路器跳闸以后，能够自动地将断路器重新合闸的自动重合闸装置。

显然，对瞬时性故障，重合闸以后可能成功，对永久性故障，重合闸不可能成功。用重合成功的次数与总动作次数之比来表示自动重合闸的成功率，成功率一般在70%～90%之间。对自动重合闸装置工作正确性的指标是正确动作率，即正确动作次数与总动作次数之比。这是衡量自动重合闸运行的两个不同的指标。

自动重合闸的主要作用如下：

（1）可以提高电力系统运行的完整性、供电的可靠性，减少线路停电次数及停电时间，特别是对单侧电源的单回线路尤为显著。

（2）可以提高电力系统并列运行的稳定性，提高输电线路的传输容量。

（3）可以纠正断路器本身机构不良或继电保护误动作等原因引起的误跳闸。

另一方面采用重合闸以后，当重合于永久性故障上时，它也将带来一些不利的影响，如：

（1）会使电力系统再一次受到故障的冲击，对电力设备安全及系统的并列运行的稳定性都不利。

（2）使断路器的工作条件变得更加恶劣，因为它要在很短的时间内，连续切断两次短路电流。

由于线路故障大多数是瞬时性故障，同时重合闸装置本身的投资很低，工作可靠，因此，在输配电线路中获得了广泛的应用。

对于瞬时性故障，重合闸成功就能发挥上述的作用。重合闸成功以后，系统恢复成原来的网络配置，功角特性的幅值从故障切除时的幅值回升，恢复到原先的功角特性，从而加大了减速面积，不但对系统稳定运行的恢复是有利的，而且也有利于利用减速面积的增加提高输电线路的传输功率。

对于重合于永久性故障，影响到系统并列运行稳定性以及对机组的损伤等问题，需要认真对待和处理。如合理确定重合闸时间、选择重合闸方式以及重合不成功联锁切机等措施。

二、对自动重合闸的基本要求

对 3kV 及以上的架空线路及电缆与架空混合线路，在具有断路器的条件下，如用电设备允许且无备用电源自动投入时，应装设自动重合闸装置；旁路断路器与兼作旁路的母线联络断路器，应装设自动重合闸装置；必要时可采用母线自动重合闸装置。

《技术规程》明确地提出了对自动重合闸的基本要求。其要点如下：

（1）“自动重合闸装置可由保护起动和/或断路器控制状态与位置不对应起动”。详见下面专题叙述。

（2）“用控制开关或通过遥控装置将断路器断开，或将断路器投于故障线路上并随即由保护将其断开时，自动重合闸装置均不应动作”。这就是通常所说的“手分闭锁重合闸”，或“手合闭锁重合闸”。

（3）“在任何情况下（包括装置本身的元件损坏，以及自动重合闸输出触点的粘住），自动重合闸装置动作次数应符合预先的规定（如一次重合闸只应动作一次）”。

自动重合闸如果多次重合闸于永久性故障，将使系统遭受多次冲击，导致严重后果，同时还可能损坏断路器，从而扩大事故。如果是一次重合闸就应该只动作一次，当重合于永久性故障而再次跳闸以后，就不应该再动作；二次重合闸就应该能够动作两次，当第二次重合于永久性故障而跳闸以后，就不应该再动作。

“重合”是要担风险的，能不能重合及重合几次是要进行分析的，在高压电网中用的自动重合闸基本上均采用一次重合闸，只有 110kV 及以下单侧电源线路，当断路器断流容量允许时，才有可能采用二次重合闸（《技术规程》指出的可能条件是“无经常值班人员变电所引出的无遥控的单回线；给重要负荷供电，且无备用电源的单回线”）。以上考虑问题的立足点是系统稳定、断路器及其他电力设备安全。

（4）“自动重合闸装置动作后应能经整定时间后自动复归，准备好再次动作”。

自动重合闸在动作以后，应能自动复归，准备好下一次再动作。对于故障频率较高的线路（如受雷击机会较多的线路），为了发挥自动重合闸的作用，这一要求更是非常必要的。

（5）“自动重合闸装置，应能在重合闸后加速继电保护的动作，必要时，可在重合闸前加速继电保护动作”。详见下面专题叙述。

（6）“自动重合闸装置应具有接收外来闭锁信号的功能”。

线路保护永跳、手动操作断路器、遥控装置操作断路器、手合故障线路、低气压等，此时要求闭锁重合。详见下面专题叙述。

从以上的要求来看，重合闸的主要功能简单地说，就是完成断路器“重合”的功能。这个“重合”是有条件的：条件满足时才能重合（如检无压、检同期等）；条件不满足时一定不能重合（在各种闭锁条件下）。

重合闸在实际运用中，都是按断路器配置。这个原则在 1994 年电力工业部颁布的《电力系统继电保护及安全自动装置反事故措施要点》中被重申。

第二节　自动重合闸的分类与应用

一、自动重合闸的分类

本章介绍的是线路重合闸，顺便说一下，理论上来讲，还有母线重合闸和变压器重合闸。但经权衡利弊，电力系统很少采用后两种重合闸，用的话也是“必要时”和“有条件限制的”（见《技术规程》）。

线路重合闸分类按重合闸作用于断路器的方式，可分为三相重合闸、单相重合闸和综合重合闸；按重合闸动作次数，可分为一次重合闸和二次（多次）重合闸；按重合闸的使用条件，可分为单侧电源重合闸和双侧电源重合闸。单侧电源重合闸中又有《技术规程》提到的顺序重合闸，双侧电源重合闸又可分为检无压和检同期重合闸、解列重合闸、自同步重合闸等方式。

就自动重合闸装置产品而言，现在制造厂提供的是三相重合闸和综合重合闸。以前单独的单相重合闸被涵盖在综合重合闸内了。在数字式保护里，重合闸部分设计成为单独逻辑与保护部分同置一个机箱内或单独配置。为满足不同的需要，三相重合闸统一做成检无压、检同期三相一次（或二次）重合闸，其中要使用或不要使用的功能是可以投退的。综合重合闸中检同期、检无压功能同样可以投退，其中的四种重合闸方式可由屏上转换开关或定值单中的控制字选择使用三重方式、单重方式、综重方式和重合闸停用方式。考虑到线路保护按线路配置，重合闸按断路器配置的原则，对3/2断路器接线和角形接线，重合闸部分是放在断路器保护装置里的。

选择三相一次重合闸方式时，线路上发生任何故障，线路保护动作跳开三相，经重合闸整定时间后，重合三相，如果重合成功继续运行，如果重合于永久性故障再行跳开三相。

单相重合闸方式时，线路上发生单相接地故障跳开该故障相，重合，如果重合成功继续运行，如果重合于永久性故障再跳开三相；线路上发生相间故障则只跳开三相，不再重合。

综合重合闸方式是“综合”三相重合闸和单相重合闸两种方式，对线路单相接地故障按单相重合闸方式处理；对线路相间故障（含相间接地故障）按三相重合闸方式处理。

下面对重合闸分类中提及的各种三相重合闸作一介绍。

1. 检无压和检同期重合闸

在双侧电源线路三相跳闸后，重合闸时必须考虑双侧系统是否同期的问题。非同期重合闸将会产生很大的冲击电流，甚至引起系统振荡。过去曾利用两侧电势角摆开还不大时，用“快速重合闸”快速重合；摆开大时靠用“非同期重合闸”，期待合闸后失步系统自动拉入同步。由于上两种重合闸的使用是有很多条件限制的，如对继电保护（快速性、振荡闭锁）、断路器、冲击电流计算值（应在允许值内）等条件要求，且也不能保证重合成功（想要成功还要有必要的人工干预、事故前线路输送的功率小于其静态稳定传输功率的一定份额等），随着重合闸的进展，现在已被取代。

对于两侧系统是否同期的认定，目前应用最多的是检查线路无压和检查同期重合闸。为此，可在线路的一侧采用检查线路无电压而在另一侧采用检查同期的重合闸，如图9－1所示。

设图9－1中MN线路的M侧装有检查线路无压重合闸（用符号V <表示），N侧装有检

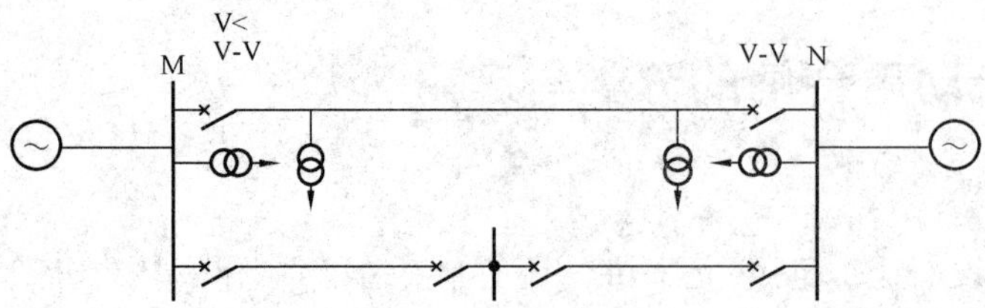

图 9－1 检查线路无压和检查同期重合闸

查同期重合闸（用符号 V－V 表示）。当 MN 线路上发生短路，两侧三相跳闸后，线路上三相电压为零。所以 M 侧检查到线路无压满足了检查条件，经三相重合闸动作时间后发合闸命令。随后 N 侧检查到母线和线路均有电压，且母线与线路的同名相电压的相角差在整定值中规定的允许范围，经三相重合闸动作时间后即可发出合闸命令，这时 N 侧合闸是满足同期条件的。使用这种检查条件是要给装置同时提供母线电压和线路电压的。

从上述动作过程可以得出，检查线路无压侧总是先重合闸的。因此该侧有可能重合闸在永久故障线路上再次跳闸。所以该侧断路器有可能在短时间内需切除两次短路电流，工作条件相对恶劣。检查同期侧是在线路有压且满足同期条件才重合的，所以肯定重合在完好的线路上，断路器的工作条件相对好一些，为了平衡负担，通常在每一侧都装设同期和无压检定的继电器，定期倒换使用，使两断路器工作条件接近相同。

但对发电厂的送出线路，电厂侧通常定为检同期或停用重合闸。这是为了发电机免受再次冲击。

在使用检查线路无电压方式的重合闸侧，当其断路器在正常运行情况下由于某种原因，如误碰跳闸机构、操动机构偶尔失灵、保护装置出口继电器触点遭受意外冲击而碰合及保护意外短时误动作等造成断路器错误跳闸，即“偷跳”，此时，由于对侧并未动作，因此，线路上仍有电压，因而检无压的 M 侧断路器就不能实现重合，为了能对“偷跳”用重合闸来纠正，通常都是在检定无电压的一侧也同时投入检定同期功能。此时，如遇有上述情况，则同期检定继电器就能够起作用，当符合同期条件时，即可将该跳闸的断路器重新投入。如图 M 侧有 V＜标记和 V－V 标记。需特别指出的是，在使用检同期的另一侧（图中 N 侧），其无电压检定是绝对不允许同时投入的，否则的话，因为有可能同时合闸，两侧检无压功能将可能造成非同期合闸。

检查线路无压和检查同期是分别以电压值和允许角差在装置中整定的。

在此再介绍一种检查同期的实现方式——检相邻线有电流方式。在双回线上可用这种方法实现重合闸同期检查。当双回线中一回线发生故障并两侧三相跳闸时，当检查到一回线上有电流时，即表示两侧电源仍保持联系，本线路可以重合。

2. 解列重合闸

在双侧电源的单回线路上，有时可采用解列重合闸方式。如图 9－2 所示，正常运行时，由小电源侧输送功率，当线路发生故障时，系统侧的保护动作，使靠近系统侧的断路器跳开（QF1）；小电源侧的保护动作使解列点的断路器（QF3）跳闸，而不跳小电源侧故障线路断路器（QF2）。

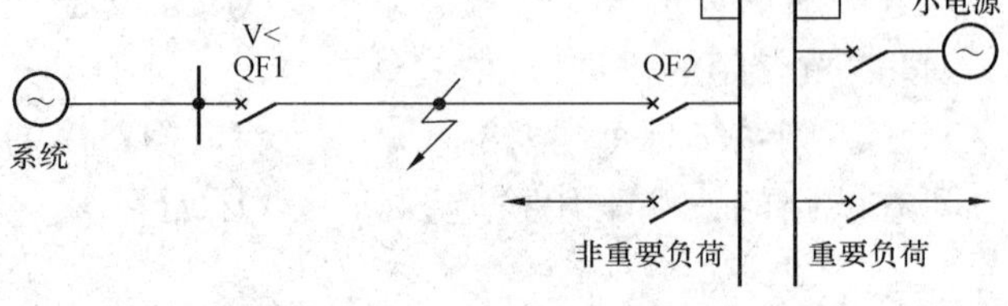

图 9－2 双侧电源单回线上采用解列重合闸示意图

小电源与系统解列后，小电源的容量应基本上与所带的重要负荷平衡，以保证对地区重要负荷连续供电，并保证电能质量。在系统侧的断路器（QF1）和解列点的断路器跳（QF3）闸后，系统侧断路器（QF1）的重合闸装置检查线路无电压后即重合。如果重合闸成功，则系统恢复对地区的非重要用户的供电。然后，在解列点实行同期并列恢复正常供电。如果重合闸不成功，则系统侧的断路器再次跳闸，小电源侧的非重要用户将被迫中断供电。

选择解列点要注重使小电源容量与所带的负荷尽量接近平衡，这是采用这种重合闸方式时，必须要解决的问题。

3. 自同期重合闸

在水电厂里，如果条件许可时，可以采用自同期重合闸，如图 9－3 所示，线路上发生故障后，系统侧保护动作，跳开线路断路器，水电厂侧的保护动作则是跳开发电机断路器和灭磁开关，而不是跳故障线路的断路器。然后系统侧线路重合闸检查线路无电压而重合，若重合成功，则水轮发电机以自同期的方式，自动与系统并列，因此，称为自同期重合闸。如果重合不成功，则系统侧保护再次动作跳闸，水电厂也被迫停机。

采用自同期重合闸时，必须考虑对水电厂侧地区负荷供电的影响，若不采取其他措施，它将被迫全部停电。因此当水电厂有两台以上的机组时，为保证对地区负荷供电，则应考虑一部分机组与系统解列，继续向地区负荷供电，另一部分机组实行自同期重合闸。

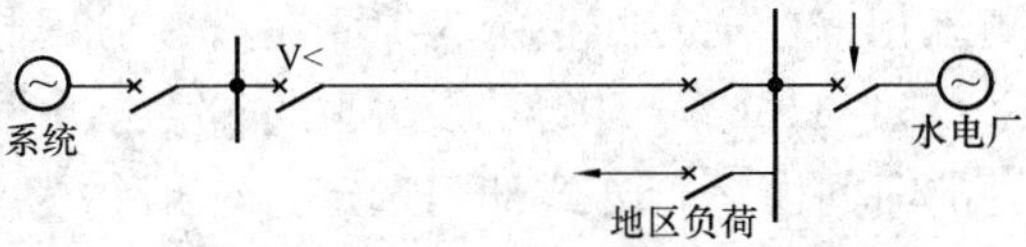

图 9－3　水电厂采用自同步重合闸示意图

4. 顺序自动重合闸

顺序自动重合闸也是一种三相重合闸的使用方式，在由几段串联线路构成的电力网中，为了补救其电流速断等瞬动保护的无选择性动作，三相重合闸除采用带前加速方式外，还可采用顺序重合闸方式，此时，断开的几段线路自电源侧顺序重合。

二、自动重合闸的应用（重合闸的方式选定）

在 110kV 及以下电压等级的输电线路都是采用的三相重合闸方式。在 220kV 及以上电压等级的输电线路上除了三相重合闸方式外，还有单相重合闸、综合重合闸方式。

使用单相重合闸、综合重合闸要满足以下条件：①断路器必须是分相操作的；②继电保护要能选相出口（过去选相元件是在综合重合闸装置内），且必须考虑非全相运行问题（过去由综合重合闸保护接入回路 N、M、P 及 Q 端子处理）。这将使继电保护设计、接线、整定计算和调试工作复杂化。但是单相重合闸、综合重合闸在超高压线路（其大多数故障都是瞬时性单相接地）电网中，对提高供电可靠性和系统稳定、乃至提高输送功率都是很有益处的。

自动重合闸方式的选定要根据电网结构、系统稳定要求、电力设备承受能力和继电保护可靠性等原则，合理地选定自动重合闸方式。这在《技术规程》和《整定规程》都有具体的规定，其要点如下：

（1）110kV 及以下单侧电源线路的自动重合闸，按下列规定装设：

1）采用三相一次重合闸方式。

2）当断路器断流容量允许时，下列线路可以采用两次重合闸方式

a. 无经常值班人员变电所引出的无遥控的单回线；

b. 给重要负荷供电，且无备用电源的单回线。

3）由几段串联线路构成的电力网，为了补救速动保护无选择性动作，可采用带前加速的重合闸或顺序重合闸方式。

（2）110kV 及以下双侧电源线路的自动重合闸装置，按下列规定装设：

1）采用同期检定和无电压检定三相重合闸方式。

2）双侧电源的单回线路，可采用下列重合闸方式

a. 解列重合闸方式，即将一侧电源解列，另一侧装设线路无电压检定的重合闸方式；

b. 当水电厂条件许可时，可采用自同期重合闸方式。

（3）220 ~ 500kV 线路应根据电力网结构和线路特点采用下列重合闸方式：

1）对 220kV 单侧电源线路，采用不检查同期的三相重合闸方式。

2）对于 220kV 线路，当同一送电截面的同级电压及高一级电压的并联回路数≥4 回时，选用一侧检查线路无压，另一侧检查线路与母线电压同期的三相重合闸方式（由运行方式部门规定哪一侧检电压先重合，但大型电厂的出线侧应选用检同期重合闸）。检查线路无压侧三相重合闸时间整定为 10s 左右，另一侧检查同期重合闸时间整定一般为 0.5 ~ 0.8s。

3）330kV、500kV 及并联回路数≤3 回的 220kV 线路，采用单相重合闸方式。单相重合闸的时间由运行方式部门选定（一般约为 1s），并且不宜随运行方式变化而改变。

4）带地区电源的主网络终端线路，一般选用解列三相重合闸（主网侧检线路无电压重合）方式，也可以选用综合重合闸方式，并利用简单的选相元件及保护方式实现；不带地区电源的主网络端线路，一般选用三相重合闸方式。重合闸方式配合继电保护动作时间而整定。

5）对可能发生跨线故障的 330 ~ 500kV 线路同杆并架双回线路，如输送容量较大，且为了提高电力系统安全稳定运行水平，可考虑采用按相自动重合闸方式。

注：上述三相重合闸方式也包括仅在单相故障时的三相重合闸。

（4）在带有分支的线路上使用单相重合闸装置时，分支侧的自动重合闸装置采用下列方式：

1）分支处无电源方式

a. 分支处变压器中性点接地时，装设零序电流起动的低电压选相的单相重合闸装置。重合后，不再跳闸；

b. 分支处变压器中性点不接地时，但所带负荷较大时，装设零序电压起动的低电压选相的单相重合闸装置。重合闸，不再跳闸。当负荷较小时，不装设重合闸装置，也不跳闸。

如分支处无高压电压互感器，可以在变压器（中性点不接地）中性点处装设一个电压互感器，当线路接地时，由零序电压保护起动，跳开变压器低压侧三相断路器，重合后，不再跳闸。

2）分支处有电源方式

a. 如分支处电源不大，可用简单的保护将电源解列后，按分支处无电源方式处理；

b. 如分支处电源较大，则在分支处装设单相重合闸装置。

（5）当采用单相重合闸装置时，应考虑下列问题，并采取相应措施：

1）重合闸过程中出现的非全相运行状态，如引起本线路或其他线路的保护装置误动作时，应采取措施予以防止。

2）如电力系统不允许长期非全相运行，为防止断路器一相断开后，由于单相重合闸装置拒绝合闸而造成非全相运行，应具有断开三相措施，并能保证选择性。

（6）当装有同步调相机和大型同步电动机时，线路重合闸方式及动作时限的选择，宜按双侧电源线路的规定执行。

（7）5.6MVA 及以上低压侧不带电源的单组降压变压器，如其电源侧装有断路器和过电流保护，且变压器断开后将使重要用电设备断电，可装设变压器重合闸装置。当变压器内部故障，瓦斯或差动（或电流速断）保护动作应将重合闸闭锁。

（8）当变电的的母线上设有专用的母线保护，必要时，可采用母线重合闸，当重合于永久性故障时，母线保护应能可靠动作切除故障。

（9）重合闸应按断路器配置。

（10）当一组断路器设置有两套重合闸装置（例如线路的两套保护装置均有重合闸功能）且同时投运时，应有措施保证线路故障后仅实现一次重合闸。

（11）使用于电厂出口线路的重合闸装置，应有措施防止重合于永久性故障，以减少对发电机造成冲击的可能性。

第三节　自动重合闸装置的实现

一、自动重合闸装置的组成元件

通常高压输电线路自动重合闸装置主要是由起动元件、延时元件、一次合闸脉冲和执行等元件组成。

（1）重合闸起动元件。当断路器由继电保护动作跳闸或其他非手动原因跳闸后，重合闸均应起动，使延时元件动作。一般使用断路器控制状态与断路器位置不对应起动方式、保护起动两种方式来起动。

（2）延时元件。起动元件发出起动指令后，等满足计时条件后，时间元件开始计时，达到预定的延时后，发出一个短暂的合闸脉冲命令。这个延时就是重合闸时间，它是可以整定的，选择的原则见下文所述。

（3）合闸脉冲。当延时时间到后，它马上发出一次可以合闸脉冲命令，并且开始计时，准备重合闸的整组复归，复归时间可以根据实际运用情况来整定。在这个时间内，即使再有重合闸时间元件发出的命令，它也不再发出可以合闸的第二个命令。此元件的作用是保证在一次跳闸后有足够的时间合上（对瞬时故障）和再次跳开（对永久故障）断路器，而不会出现多次重合。

（4）执行元件。是将重合闸动作信号送至合闸回路和信号回路，使断路器重新合闸，让值班人员知道重合闸已动作。

二、自动重合闸起动方式

自动重合闸装置有两种起动方式，即断路器控制状态与断路器位置不对应起动方式、保护起动方式。

1. 断路器控制状态与断路器位置不对应起动方式

自动重合闸起动可由断路器控制状态与断路器位置不对应起动。现在微机重合闸中是用跳闸位置继电器触点引入自动重合闸装置中相应开入量来判断断路器位置，如果自动重合闸装置中上述跳闸位置继电器有开入，则说明断路器处于断开状态。但此时控制开关在合闸状态，说明原先断路器是处于合闸状态的。这两个位置不对应起动重合闸的方式称为“位置不对应起动方式”。

用位置不对应方式起动重合闸，在线路上发生短路，保护将断路器跳开后起动重合闸，也可以在断路器“偷跳”以后起动重合闸。发生“偷跳”时保护没有发出跳闸命令，如果没有位置不对应起动方式就无法用重合闸来进行补救。

位置不对应起动方式的优点是简单可靠，可提高供电可靠性和系统的稳定运行，在各级电网中具有良好的运行效果，是所有自动重合闸都必须具备的基本起动方式。其缺点是跳闸位置继电器异常、触点粘连、或断路器辅助触点接触不良等情况下，该位置不对应起动方式将失效。所以在断路器跳闸位置继电器每相动作判断的条件中还增加了检查线路相应相无流的条件进一步确认，从而提高可靠性及重合闸成功的几率。

断路器位置不对应起动方式在程序设计时都设有相应投入或退出功能控制字，现场可以根据不同的运行方式来选择投入或退出。

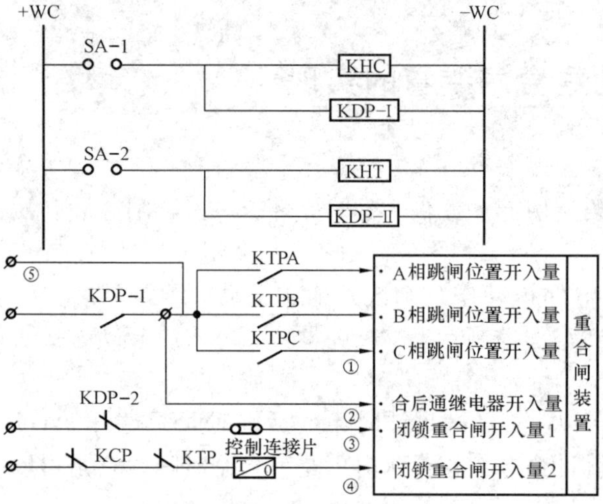

图9－4　位置不对应起动重合闸示意图

图9－4中：KHC：手合继电器；KHT：手跳继电器；KDP－Ⅰ：开关状态双位置继电器起动线圈；KDP－Ⅱ：开关状态双位置继电器返回线圈；SA－1：控制开关的合闸触点；SA－2：控制开关的分闸触点；KDP－1：双位置继电器动合触点；KDP－2：双位置继电器的动断触点；KTPA、B、C：分别为各相跳闸位置继电器的动合触点；KTP：跳闸位置动断触点；KCP：合闸位置动断触点。

①条件为：KDP－1和三个分相跳闸位置串接后分别至重合闸装置；

②条件为：KDP－1至重合闸装置合后通开入量，参与重合闸的合闸判断；

③条件为：KDP－2至重合闸装置闭锁开入量；

④条件为：KTP与KCP动断触点串接经短延时至重合闸闭锁开入量；

⑤条件为：三个分相跳闸位置继电器分别至重合闸装置。

断路器位置不对应起动重合闸有多种方法可以实现，如图9－4所示：

第一，①条件满足，即接KDP－1和KTP串接后去起动重合闸。

第二，②（即在KDP－1动合触点闭合的情况下）和⑤条件同时满足。在跳闸位置起动重合闸时，还要求检查断路器分开前是否在正常合闸状态。

第三，在控制回路中设有KDP继电器的情况下，无闭锁重合闸开入信号（即③条件KDP－2动断触点打开，控制连接片投入情况下的情况）和⑤条件同时满足。在跳闸位置起动重合闸时，还要求检查重合闸装置是否充满电。

第四，在控制回路中未设KDP继电器的情况，无闭锁重合闸开入信号（即④条件KTP或KCP动断触点打开的情况）和⑤条件同时满足。在跳闸位置起动重合闸时，还要求检查重合闸装置是否充满电。

以上四种情况归纳起来有两种方法：

（1）用合闸后的 KDP 触点来判断（如上述第一、第二种情况）。

（2）用重合闸是否已充满电的条件来衡量（如第三、第四种情况）。

（1）方法比较容易理解，使用的也比较多。（2）方法原理是，只有原先三相断路器在正常运行状态且三相断路器都在合闸位置，此时自动重合闸装置才能“充满电”，只有在“充满电”的情况下自动重合闸装置才会发合闸脉冲。

在上述四条中第一条已基本不采用了，因为对单断路器的重合闸模块一般都放置在保护装置内，三个分相跳闸位置触点开入量，不仅要给重合闸模块用，同时还要给保护模件用（如手合加速等功能）。现在一般采用的方式法是第二种及第三种，在控制回路没有 KDP 的情况下才采用第四种。

对于重合闸模件置于保护中时，又没有具备第二、第三或第四种功能的情况下，此时为了配合保护功能，在二次回路设计中往往不按“断路器位置不对应起动”原则接线设计。即取消断路器位置不对应起动重合闸中的“断路器控制状态”，如果没有了“断路器控制状态”，而纯粹是用断路器跳闸位置来起动重合闸，这样就会给运行带来了风险。在现场调试时，若先给保护装置电源，不给操作回路电源时，分相断路器位置触点无输入，相当于保护判出断路器处于合闸位置（但实际上断路器处于分闸状态）。重合闸开始充电，经过重合闸充电时间后充电满。若此时再给操作回路电源，则有分相断路器位置触点输入，从而起动重合闸。当满足重合闸各项条件后经整定重合延时后会重合出口，这样就会造成一次非预期的断路器合闸。

为了解决这种可能出现的非预期合闸，现场可以采用第二、第三、第四方法中的任一种，当采用第四种方法时，要注意这种方法在控制回路断线时也能闭锁重合闸，在有的跳闸回路中串接有气压低触点，在跳闸后有可能会出现瞬时气压低，出现短时控制回路断线即上述触点会动作，从而会误闭锁重合闸，造成重合闸拒动。如果跳闸后是瞬时故障，重合闸不能动作则会影响系统的正常运行。所以在使用此方法时，最好增加一定时间进行确认后，再去闭锁重合闸。以上三种方法可任选一种或相互结合使用。

2. 保护起动方式

现场运行的自动重合闸大多数情况都是由保护动作发出跳闸命令后，才需要重合闸发合闸命令，因此自动重合闸也应支持保护跳令起动方式：①当本保护装置发出单相跳闸命令且检查到相应相线路无流；②本保护装置发出三相跳闸命令且三相线路均无电流时起动重合闸。以上两种方式都是由本保护跳闸后起动重合闸的。此外还提供保护双重化配置情况下另一套保护装置动作后来起动本保护的重合闸的功能：①另一套保护三相跳闸动作触点引入本保护重合闸装置，作为本保护的“外部三跳起动重合闸”的开关量输入；②另一套保护单相跳闸动作触点引入本保护重合闸装置，作为本保护的“外部单相起动重合闸”的开关量输入。本保护接收到“外部三跳起动重合闸”和“外部单跳起动重合闸”的开入量后，再经本装置检查线路无流后，起动本装置的重合闸。由另一套保护动作起动重合闸方式，如在已使用断路器位置不对应起动方式的情况下，也可以不使用。因为断路器位置不对应起动方式的功能，可以代替另一套保护动作后起动重合闸的方式，这种这法可以简化两保护屏之间的配合。如果基于可靠性考虑的话，断路器位置不对应起动和外部跳令起动重合闸方式可以同时使用。

保护起动方式，是用相应线路保护出口触点（A 相、B 相、C 相、三跳）分别来起动的，这种起动方式，重合闸逻辑回路中不需要对故障相实现选相固定，只需要对跳闸命令，如上文所述固定就可以。从而简化重合闸设置，利用保护的选相结果，同时还能有效的纠正继电保护误动作而引起的误跳闸，但是不能纠正断路器自身的误动（偷跳）。所以保护起动方式作为断路器位置不对应起动方式补充。

综上所述，以上两种起动方式在自动重合闸装置都具备，可以同时投入使用，相互补充。但是，在有“三跳”（三相、二相位置不对应起动或三相、二相跳令起动，包括外部三相跳闸令起动）起动重合闸时，一定要闭锁“单跳”（单相位置不对应起动或单相跳令起动，包外部单相跳令起动）起动重合闸。按“三跳”起动重合闸逻辑进行判别后发出合闸脉冲。

三、自动重合闸的充电与闭锁条件

对高压输电线路，考虑到对于真正的永久性短路，如果采用多次合闸，这样做的后果是系统将在短时间内连续受到多次短路的冲击，对系统稳定很不利。发电厂出线多次重合于永久性故障，有可能危及发电设备的安全，甚至损坏。断路器也需要在短时间内连续切除多次短路电流，使断路器的工作条件变得更加恶劣。基于以上原因，必须防止重合闸多次重合。为了保证重合闸只重合一次，在重合闸程序中有一个计数器，利用计数器的计数与清零来模仿重合闸中的电容的充、放电。在手动合闸或自动重合闸成功，恢复正常运行状态后，重合闸开始充电，计数器开始计数。在正常运行和故障运行状态下出现不允许重合闸的情况下，应立即放电，将计数器清零，闭锁重合闸。

（一）自动重合闸充电条件

自动重合闸充电条件如下：

（1）重合闸处于正常投入状态。

（2）在重合闸未起动的情况下，三相断路器都在合闸状态，断路器的跳闸位置继电器都未动作。

（3）在重合闸未起动的情况下，断路器液压或气压正常。

（4）没有外部闭锁重合闸的输入。如：没有手动跳闸、手动合闸、没有母线保护动作输入、没有其他保护装置的闭锁重合闸继电器动作的输入（双重化时另一套永跳继电器动作）等。

（5）在重合闸未起动的情况下，没有 TV 断线或失压信号。因为当本装置自动重合闸采用综重或三重方式时，在三相跳闸以后使用检线路无压或检同期重合闸，此时要用到线路、母线电压，如果用断线或失压后电压来判断是无压、同期，判断结果不准确，重合闸动作行为会受其影响，所以此时应闭锁重合闸。只有判断线路、母线 TV 没有断线、失压时才允许重合闸充电。

（二）自动重合闸的闭锁条件

（1）由保护装置定值控制字控制的一些闭锁重合闸条件出现时，如：相间距离Ⅱ、Ⅲ段、接地距离Ⅱ、Ⅲ段、零序电流Ⅱ、Ⅲ段永跳、选相无效、非全相运行期间再故障、相间故障、三相故障永跳这些情况都由保护定值控制字，由用户选择是否闭锁重合闸。如以上功能全投入出现上述情况都三跳并闭锁重合闸。

（2）出现一些不经保护定值控制字控制的严重故障时，保护直接永跳。如：①手动合闸或重合于故障线路上时闭锁重合闸（各种保护的重合闸后加速功能），因为在手动合闸或重合闸瞬间同时再发生瞬时性的故障几率是极小的，此时的故障往往是原先就存在的永久性故障，所以应该闭锁重合闸；②线路保护单相或三相故障跳闸失败后引起的永跳也都闭锁重合闸，因为此时可能断路器本身有故障需要停电检修，所以不再重合。

（3）重合闸装置使用单重方式时，则保护三跳时不重合。

（4）如果现场运用重合闸时允许双重化的两套保护装置中的重合闸同时都投入运行，以使重合闸也实现双重化。此时为了避免两套装置的重合闸出现不允许的两次重合闸情况，每套装置的重合闸在发现另一套重合闸已将断路器合闸合上后，立即放电并闭锁本装置的重合闸。

（5）重合闸发出合闸脉冲同时放电，等充电满后才能再次合闸。

（6）重合闸在满足充电条件 10～20s 后充电完成，一般取 15s，在充电未满的情况下又试图重合，此时将闭锁重合闸。

（7）重合闸装置检测到有闭锁重合闸开入时，立即放电。

（8）在重合闸起动后，进入故障处理程序后，还要实时监视起动相有无保护跳闸令输入，有无电流，如果有则要闭锁起动相的重合闸。这种做法的好处：①可以做到断路器完全跳开后才起动重合闸，提高重合闸成功几率；②在重合闸双重化时，可以有效的防止二次重合闸；③防止在操作箱防跳回路失效的情况下，在第一次跳闸后起动重合闸且发出重合闸脉冲的过程中再发生转换性故障时，可以立即收回合闸脉冲，以免造成对系统不必要的冲击。

第四节　自动重合闸的运行

一、自动重合闸动作时限的整定

《技术规程》对自动重合闸装置的动作时间作出了规定：

（1）对单侧电源线路上的三相重合闸装置，其时限应大于下列时间：

1）故障点灭弧时间（计及负荷侧电动机反馈对灭弧时间的影响）及周围介质去游离时间；

2）断路器及操动机构准备好再次动作的时间。

（2）对双侧电源线路上的三相重合闸装置及单相重合闸装置，其动作时限除应考虑上述要求外还应考虑：

1）线路两侧继电保护以不同时限切除故障的可能性；

2）故障点潜供电流对灭弧时间的影响。

（3）电力系统稳定的要求。这就是说，重合间时间整定，既要力争重合闸成功，并保证在重合过程中，故障处有足够的断电时间；又要满足系统稳定的要求。“断电时间”在这里是指故障点电弧熄灭的时间与故障点去游离时间之和。它与故障电流大小、有无潜供电流、风速、空气、温度等气候条件有关。断路器跳闸熄弧后的恢复，及其操动机构恢复原状准备好再次动作是需要时间的。这个时间实际上在断路器跳闸，故障点开始熄弧时同时进行的。《整定规程》对自动重合闸的动作时间整定原则作出了具体规定，分述如下：

对单侧电源线路的三相重合闸时间，除应大于故障点熄弧时间及周围介质去游离时间外，还应大于断路器及操动机构复归准备好再次动作的时间。同时 3～110kV 电网的《整定规程》还提出，为提高线路重合闸成功率，可酌情延长重合闸动作时间：单侧电源线路的三相一次重合闸动作时间不宜小于1s；如采用二次重合闸动作时间不宜小于5s。

对于双侧电源线路的自动重合闸时间，除了同样考虑单侧电源线路重合闸时间应大于故障点熄弧时间及去游离时间、断路器恢复时间外，还应考虑线路两侧保护装置以不同时限切除故障的可能性。对单相重合闸及综合重合闸方式时，还要考虑潜供电流的影响。潜供电流是线路发生单相故障两侧单相跳开，另外两健全相的电压通过相间电容耦合，在故障点形成的电流；且两健全相的负荷电流，通过与故障相的互感耦合，同样在故障点形成电流。这两部分电流统称为潜供电流。潜供电流延长了熄弧时间。此外，单相重合闸线路带分支变压器负荷引起的反馈电流，同样影响消弧。因此，重合闸时间也应长一些。而在三相重合闸方式中，线路上发生什么故障都是三相跳闸的。两侧三跳，三相线路均无电压、无电流，因而不存在潜供电流，重合闸的时间可以短一些。

双侧电源线路重合闸时间计算公式如下

$$t_{setmin} = t_n + t_d + \Delta t - t_k$$

式中 t_{setmin}——最小重合闸整定时间；

t_n——对侧保护有足够灵敏度的延时段动作时间，如只考虑两侧保护均为瞬时动作，则可取为零；

t_k——断路器固有合闸时间；

Δt——裕度时间；

t_d——断电时间。可按如下取值：

220kV 及以下线路　三相重合闸时不小于0.3s；

220kV 线路　单相重合闸时不小于0.5s；

330～500kV 线路　单相重合闸的最低要求断电时间，视线路长短及有无辅助消弧措施（如高压电抗器带中性点小电抗）而定。

3～110kV 电网的《整定规程》提到：多回线并列运行的双侧电源线路的三相一次重合闸，其无压检定侧的动作时间不宜小于5s（这是为提高线路重合成功率，而酌情延长的重合闸时间）；大型电厂出线的三相一次重合闸时间一般整定为10s。

220～500kV 电网的《整定规程》提到，发电厂出线或密集型电网的线路三相重合闸，其无电压检定侧的动作时间一般整定为10s；单相重合闸的动作时间由运行方式部门确定，一般整定为1s左右。

上面两个《整定规程》都强调了电厂出线重合闸时间的要求。长达10s的重合闸时间是为了减少发电机大轴疲劳损伤，确保机组安全。线路重合闸方式影响发电机组运行安全，是20世纪70年代才开始提出的课题，源自美国70年代初连发生的两次大型发电机组的大轴损坏事故。电厂出线故障切除后，延长重合闸时间，让机组转轴有时间应力恢复，就不致遭受叠加的冲击（重合于永久性故障）。因此，在发电厂配出高压线路处，不能再采用快速三相重合闸，而采用如下方法：

（1）延长三相重合闸时间为不小于10s。在第一次故障跳闸10s后，机轴的扭转振荡已趋于平静。重合于短路的冲击及再跳闸，只不过相当于再发生一次不重合的短路跳闸，转轴疲劳损耗不大。

（2）发电厂侧采用检定同期重合闸方式。

（3）采用单相重合闸。因为无论重合成功与否，单相短路比起其他相间短路特别是三相短路，转轴疲劳最小。

一种变通的单相重合闸方式——单重检线路三相有压重合方式，专用大电厂侧，以防止线路发生永久性故障时，电厂侧重合于故障，造成对电厂机组的再次冲击。

（4）不用重合闸。

重合闸要满足系统稳定的要求。一般情况下，系统中总有相当多的线路不会因重合闸不成功而影响系统稳定。凡有稳定问题的线路，重合闸必须按系统稳定要求选择最佳重合时间。我国于1981年“大连全国电网稳定会议”上，原水电部电科院提供了实际例证，充分证实了合理的重合闸时间对保证重合闸于故障后的系统稳定的有效性，并明确了“最佳重合时间”这个基本概念。

在最佳重合闸时间重合，可以赢得最大的减速面积，有利于暂态稳定。最佳重合闸时间可通过暂态稳定计算确定，且它随线路送电负荷的大小而有所变化。分析、计算结果表明，重合闸时间可以只按最大送电负荷来确定，而不必随潮流变化修正，轻负荷时最佳重合闸时间的偏离，可由送负荷的稳定裕度来弥补。这样固定了重合闸时间，一般无碍于系统稳定，却给了继电保护整定的方便。当然将来也许会出现重合闸时间随送电负荷潮流而自适应地改变的技术发展。另外，作为单相重合闸的整定时间，按线路传送最大负荷潮流的暂态稳定要求确定，而且保持这个整定时间固定不变的数值，一般在1s左右。继电保护的快速切除故障，为最佳重合闸时间提供了有利条件。

二、自动重合闸的前加速、后加速

继电保护与重合闸配合可以利用重合闸所提供的条件以加速继电保护切除故障。通常采用如下两种方式：

1. 重合闸前加速保护

重合闸前加速保护方式一般用于单侧电源辐射形电网，重合闸装置（ZCH）仅装在电源侧的一段线路上，又简称为“前加速”。如图9－5所示的网络接线，假定在每条线路上均装设过电流保护，其动作时限按阶梯型原则来配合。因而，在靠近电源端保护3处的时限就很长。为了加速故障的切除，可在保护3处采用前加速的方式，即当任何一条线路上发生故障时，第一次都由保护3瞬时无选择性动作予以切除，重合闸以后保护第二次动作切除故障是有选择性的。例如故障是在线路A－B以外（如k_1点），则保护3的第一次动作是无选择性的，但断路器3跳闸后，如果此时的故障是瞬时性的，则在重合闸以后就恢复了供电。如果故障是永久性的，则保护3第二次就按有选择性的时限t_3动作。为了使无选择性的动作范围不扩展的太长，一般规定当变压器低压侧短路时，保护3不应动作。因此，其起动电流还应按照躲开相邻变压器低压侧的短路（k_2点）来整定。

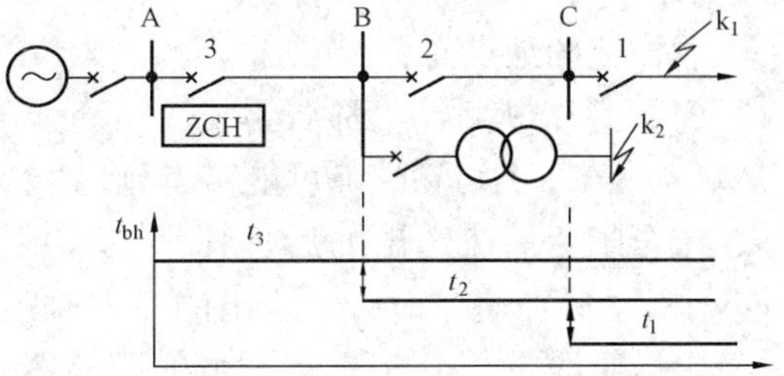

图9－5　低压电网单侧电源线路重合闸前加速示意图

采用前加速的优点有：

（1）能够快速地切除瞬时性故障。

（2）可能使瞬时性故障来不及发展成永久

性故障，从而提高重合闸的成功率。

(3) 能保证发电厂和重要变电所的母线电压在0.6~0.7倍额定电压以上，从而保证厂用电和重要用户的电能质量。

(4) 使用设备少，只需装设一套重合闸装置，简单，经济。

前加速的缺点有：

(1) 断路器工作条件恶劣，动作次数较多。

(2) 重合于永久性故障上时，故障切除的时间可能较长。

(3) 如果重合闸装置或断路器3拒绝合闸，则将扩大停电范围。甚至在最末一级线路上故障时，都会使连接在这条线路上的所有用户停电。

(4) 在重合闸过程中所有用户都要暂时停电。

前加速保护主要用于35kV以下由发电厂或重要变电所引出的不太重要用户的直配线路上，以便快速切除故障，保证母线电压。

2. 重合闸后加速保护

重合闸后加速保护方式，一般又简称为“后加速”，所谓后加速就是当线路第一次故障时，保护有选择性动作，然后进行重合。如果重合于永久性故障上，则在断路器合闸后，再加速保护动作瞬时切除故障，而与第一次动作是否带有时限无关。

“后加速”的配合方式广泛应用于35kV以上的网络及对重要负荷供电的送电线路上。因为在这些线路上一般都装有性能比较完备的保护装置，例如，三段式电流保护、距离保护等，因此，在重合闸以后加速保护的动作（一般是加速第Ⅱ段的动作，有时也可以加速第Ⅲ段的动作，它们应是对线路末端有足够灵敏度的保护延时段，对微机零序电流保护也可以加速定值单独整定的零序电流加速段)，就可以更快地切除永久性故障。但是加速距离保护时要考虑是否要经振荡闭锁控制。在单相跳闸重合闸时或虽然是三相跳闸重合闸但重合后不会发生振荡时，可以加速不经振荡闭锁控制的Ⅱ段或Ⅲ段。在三相跳闸重合但重合后有可能发生振荡的情况下只能加速经振荡闭锁控制的Ⅱ段或Ⅲ段，以防止重合后系统振荡时加速的距离Ⅱ段或Ⅲ段误动。

后加速保护的优点有：

(1) 第一次是有选择性的切除故障，不会扩大停电范围，特别是在重要的高压电网中，一般不允许保护无选择性的动作而后以重合闸来纠正（即前加速的方式)。

(2) 保证了永久性故障能瞬时切除，并仍然是有选择性的。

(3) 和前加速相比，使用中不受网络结构和负荷条件的限制，一般说来是有利而无害的。

后加速的缺点有：

(1) 每个断路器上都需要装设一套重合闸，与前加速相比较复杂。

(2) 第一次切除故障可能带有延时。

重合闸后加速送出的后加速触点（或脉冲）应是3s持续的，即通常讲的所谓“长脉冲”。当“后加速”时，它送出的后加速触点去执行加速保护；去让被加速的零序电流加速段及灵敏Ⅰ段带0.1s延时，以躲开断路器三相合闸不同期。因此长脉冲要求达3s是这样考虑的：

1) 必须保证重合闸于故障未消除线路上时来得及再次跳闸。

2）重合时，有时故障有再生演变延时，如污闪。

3）应保证先合闸侧保护在对侧后合闸时不误动。0.1s延时除加给了后加速段，也加给了灵敏Ⅰ段，以防断路器三相合闸不同期的零序电流引起的误动作。3s的时间就是要保证在重合到完好线路（瞬时性故障）上时，以及对侧后合闸时不误动作。在后加速长脉冲时间内灵敏Ⅰ段始终要带0.1s延时。

4）长脉冲后加速期间内，允许保护非选择性动作。

手合后加速是指手动合闸时，除闭锁重合闸外，若合于故障线路上，则保护加速跳闸，大致情况同上。

三、3/2接线方式自动重合闸运行要求

3/2接线方式下线路保护发跳闸命令时要跳两个断路器（如图9-6），图中线路L1的保护要发跳令时，要跳QF1、QF2两个断路器。重合闸自然也要重合这两个断路器，而且这两个断路器的重合还有一个顺序要求。每个断路器上设置一套重合闸（同时断路器上还应设有失灵保护、三相不一致保护、充电保护、死区保护等，可一起做成一个断路器保护装置）。3/2接线方式下一般还设有独立的短引线保护装置。

1. 3/2接线方式下自动重合闸与保护的配合情况

3/2接线方式自动重合闸与保护之间的配合一般有以下几种情况（根据我国电力系统运行方式，以单相重合方式来分析）。

图9-6中：QF2为3/2接线方式下的中间断路器，QF1、QF3为两个边断路器。

（1）单条线路发生故障时重合闸与保护的配合。

当L1线路发生单相（A相）故障，保护将断路器QF1，QF2单相跳开，并分别起动两断路器的重合闸：

1）应先重合边断路器QF1，如果是瞬时性故障，则QF1重合成功，然后QF2再进行重合；如果是永久性故障，则L1线路保护加速将QF1与QF2三相跳开，QF1、QF2不再进行重合。

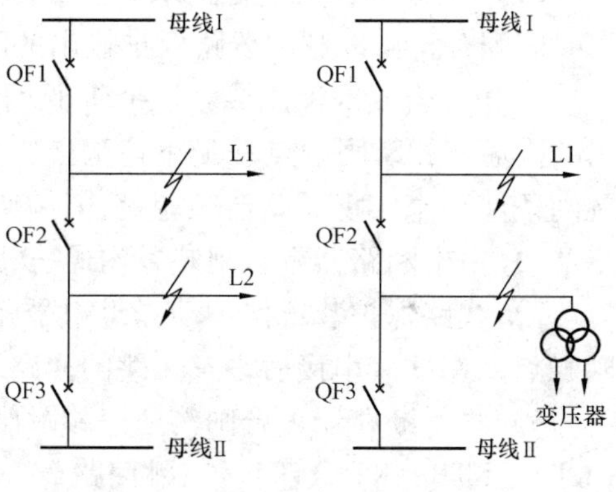

图9-6　3/2接线方式示意图

2）如在向QF1发出重合闸脉冲之前，L1发展为AB相间故障，将QF1与QF2三相跳开，并且不进行重合（因此时在单重方式）。

3）如在向QF1发出重合闸脉冲后，并在其重合闸复归之前L1发展为AB相间故障，则线路保护判为合于永久性故障，保护将QF1与QF2三跳开，不再进行重合。

（2）线路L1和L2都发生故障时重合闸与保护配合（出现在3/2接线方式下的同杆并架双回线）：

1）L1与L2同名相发生故障时重合闸与保护配合情况：

如L1、L2同时发生A相故障，则QF1、QF2、QF3单跳A相；如均为瞬时性故障，QF1、QF3的A相重合成功，然后合QF2的A相；如QF1、QF2、QF3的A相跳闸后，QF1重合成功，而QF3合于故障，则L2线路保护将QF3、QF2三相跳开，并闭锁重合闸。

如L1先，L2后，相继发生A相故障，在QF1、QF2的A相跳开后，不久L2又发生故障，QF2、QF3 的 A 相跳开。由于 QF2 已先跳开，其重合闸装置已起动并计时，如果 L2 故障滞后的时间较长，以致 L2 跳开后，QF2 很快重合闸，这将导致 L2 故障点断电时间太短，绝缘不能恢复，使 L2 重合失败。因此，如果在 QF2 重合闸的合闸脉冲发出前，又出现 A 相跳闸命令，就应闭锁 A 相重合闸，等 QF3 重合成功后，QF2 再进行重合。如在 QF2 重合闸复归后，线路 L2 发出 A 跳命令，则视为发生一次新的故障，与前一次故障动作无关。

2）L1 与 L2 发生异名相故障时自动重合闸与保护配合情况：

如 L1A 相故障，L2 同时发生 B 相故障，其处理方式除 QF2 三相跳开（防止 QF2 长期处于非全相运行状态），其他与同名相同时故障相同。

相继故障时，如 L1 的先发生 A 相故障，L2 后发生 B 相故障，其处理方式除 QF2 三相跳开（防止 QF2 长期处于非全相运行状态），其他与同名相相继故障相同。

（3）3/2 接线方式重合闸与保护之间特殊情况下的配合：

对上述“1）”和“2）”两种情况，如一串中的 3 个断路器有 1 断路器的重合闸停用或因气压低等原因不能重合，另两个断路器的重合闸方式仍置单重方式时，断路器的重合顺序将稍有不同（正常情况下 QF1、QF3 先重合，QF2 后重合）。如 QF1 重合闸退出，在 L1 单相瞬时故障时，QF1 三相跳开，QF2 单相跳开，QF2 不再等 QF1 重合成功后再重合，而是直接按单重方式进行重合。

2. 3/2 接线方式下重合闸与保护配合要注意的问题及措施

（1）先合重合闸重合到永久性故障后要求闭锁后合重合闸。先合重合闸和后合重合闸有时间配合，可以利用线路保护输出的闭锁重合闸触点来给后合重合闸。

（2）重合闸因停用或气压低等原因不能重合的断路器要求三相跳开。可利用重合闸输出的沟通三相跳闸触点（见下述沟通三相跳闸触点条件），沟通三相跳闸（见下述沟通三相跳闸条件）来实现断路器三相跳开。有三种处理方法：

1）由本断路器重合闸装置沟通三相跳闸功能将断路器三相跳开。

2）线路保护装置保护动作继电器触点（KPA），与本断路器重合闸输出的沟通三相跳闸触点（KRT）串接后去三相跳闸回路（三跳回路 1），如图 9－7 所示。

3）将本断路器重合闸沟通三相跳闸继电器触点（KRT）分别并接在线路保护跳闸触点（KTA、KTB、KTC）间（三跳回路 2），如图 9－7 所示。为简化重合闸和保护间连线，也可采用断路器保护的失灵重跳分相出口触点，分别取代图中保护跳闸触点。

注意〈1〉沟通三相跳闸继电器触点：沟通三相跳闸继电器触点闭合的条件为（或门条件）：

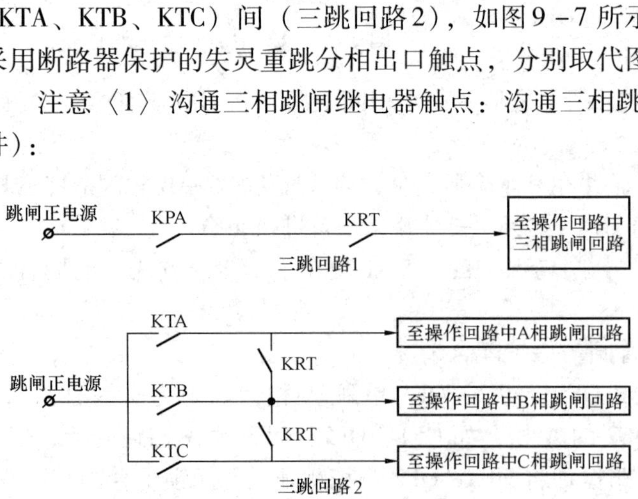

图 9－7　断路器三跳回路示意图

1）当重合闸在未充好电状态。

2）重合闸为三重方式。

3）重合闸装置故障或直流电源消失。

4）重合闸在“停用”方式。

沟通三相跳闸继电器触点为动断触点，是为了使断路器具备三跳条件。

〈2〉沟通三相跳闸：当线路任

一相有流且装置收到任一个或两个单相跳闸触点时，同时满足沟通三相触点中条件时（重合闸装置故障或直流电源消失条件除外），重合闸发沟通三相跳闸命令跳本断路器。

（3）设 QF1 重合闸退出，在 L1 单相瞬时故障时，QF1 三跳，QF2 单跳，QF2 不再等 QF1 重合成功后再重合，而是直接进行重合；对于这种情况来说，QF2 的重合时间要发生改变，即由后合重合闸延时变为先合重合闸延时，如图 9－6 所示。

常规处理办法通过长短延时连接片来控制，投入为短延时合闸，即先合重合闸；退出为长延时合闸，即后合重合闸。这种方法是可以解决在事先知道 QF1 重合闸停用的情况下（检修或退出），通过运行人员来设定。而在实际运行中 QF1 重合闸并未停用，而因气压低等原因使 QF1 不能重合，这种情况下又要求 QF2 以短延时来重合闸，减少非全相运行的时间。但是在事先设定中 QF2 设定为长时间而无法改变。可以通过对重合闸逻辑作相应处理后来解决。利用长短延时连接片来控制先合、后合重合闸，投入即为先合重合闸，重合闸发出合闸脉冲同时输出闭锁后合重合闸信号，后合重合闸只有在短延时连接片未投入的情况下，且收到先合重合闸发出的闭锁后合重合闸的信号后，才按长延时重合闸。否则按短延时发合闸脉冲。QF1 重合闸退出时，不能发出闭锁信号，所以 QF2 按短延时重合。

（4）在单重方式下，同杆并架双回线发生跨线故障，如 L1 线路 A 相故障，同时 L2 线路 B 相故障，此时 QF1 将跳开 A 相并起动重合闸，QF2 跳开 A、B 两相并闭锁了重合闸，QF3 跳开 B 相跳开后并起动重合闸，此时 QF2 将处于非全相运行中，要求 QF2 立即三相跳开。

1）出现上述情况，沟通三跳条件不满足，因此重合闸中设有异名相单跳起动重合闸，立即将断路器三相跳开。

2）利用断路器保护中的“两个单相跳令重跳三相”功能将断路器瞬时三相跳开。

3）对于 L1 和 L2 相继发生故障的情况下，且第二次故障在重合闸脉冲发出前，这种情况下将跳闸命令固定，如同时出现两异名相单相跳令，此时将瞬跳该断路器三相。

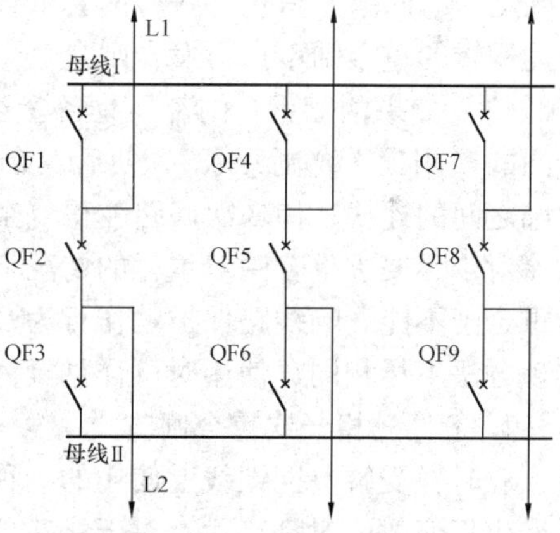

图 9－8　3/2 接线方式重合闸的配置示意图（断路器均配有失灵保护和重合闸）

3. 自动重合闸和断路器失灵保护的配合

如果在 L1 线路上发生短路，线路保护跳 QF1、QF2 两个断路器。假如 QF1 断路器失灵，为了短路点的熄弧，QF1 断路器失灵保护应将Ⅰ母线上所有断路器（如图 9－8 中 QF4、QF7 断路器）都跳开。如果Ⅰ母线上发生短路，母线保护动作跳母线上所有断路器。假如 QF1 断路器失灵，QF1 断路器的失灵保护将 QF2 断路器跳开。所以边断路器的失灵动作后应该跳开边断路器所在母线上的所有断路器和本串中间断路器，同时应给对侧的远跳判别装置提供跳闸命令，将对侧相关断路器跳开。QF2 断路器失灵，如果 L1 或 L2 线路上发生短路，线路保护跳 QF1、QF2 两个断路器或 QF2、QF3 两个断路器。假如 QF2 断路器失灵，QF2 断路器的失灵保护应补发三跳令，将 QF1 或 QF3 三相跳开。所以中断路器的失灵保护动作后应该跳开它两侧的两个边断路器，同时应给对侧的远跳判别装置提供跳闸命令，将对侧相关断路器跳开。

通过上述分析，如果 L1 线路上发生短路，线路保护跳 QF1、QF2 两个断路器后，到底是先合边断路器 QF1 还是先合中断路器 QF2，如果先合中断路器 QF2，而又是重合于永久性故障上，保护再去跳 QF2 断路器，如果此时 QF2 断路器失灵，QF2 断路器的失灵保护再将 QF3 断路器跳开，这将影响连接元件 L2 的工作。所以不能先合中断路器 QF2。如果先合边断路器 QF1，也是重合于永久性故障上，保护再去跳 QF1 断路器，如果此时 QF1 断路器失灵，QF1 断路器失灵保护再将 I 母上所有断路器都跳开，L2 与其他各连接元件的工作都不受影响。所以当线路保护跳开两个断路器后应先合边断路器，等边断路器重合成功后（例如中断路器的装置检查到在一定时间内线路上一直有电压）再合中断路器。此时中断路器肯定合于完好的线路。如果边断路器重合闸不成功，合于故障线路。保护再次将边断路器跳开，此时中断路器就不再重合了。

四、重合闸的有关问题

1. 重合闸双重化

若一条线的两套保护装置中的重合闸同时都投入运行，即使重合闸也实现双重化。此时为了避免两套装置的重合闸出现不允许的两次重合闸情况，每套装置的重合闸在发现另一套重合闸已将断路器合闸合上后，立即放电并闭锁本装置的重合闸。一般会有以下几种情况

（1）如果两套重合闸都具有检测断路器合上后放电逻辑。这种方法实现比较简单，两套重合闸都可以同时投入，重合方式、重合闸动作时间等设定可以完全一样。如果有一套重合闸出口先合，另一套检查断路器已合上，立即放电不合，从而不会造成二次重合。

（2）如果双重化的两套保护装置用了一套已采用上述逻辑的重合闸，又用了一套未采用上述逻辑的重合闸，仍应考虑防止二次重合闸的问题。处理办法是将已采用上述逻辑的重合闸动作时间整定得长一些，两套重合闸可同时都投入使用，另一套重合闸重合后，采用了上述逻辑的重合闸不会再发合闸命令。

（3）如果两套重合闸都不具备上述逻辑，可以使用一套重合闸出口触点输给另一套重合闸的“闭锁重合闸开入”，使后发合闸令的重合闸放电不合。这种做法缺点是增加了两保护屏之间的连线，使二次回路变得复杂。

对于不要求重合闸双重化的情况下，可以停用两套重合闸中的任一套，但是要注意停用的重合闸不能影响线路保护动作行为及未停用的重合闸动作行为。不同厂家的产品所采取的实现方法不尽相同，使用时可详见具体产品的说明书。

2. 条件三相一次重合闸方式

有时在受端电网馈线上使用的一种条件三相一次重合闸，简称“条件三重”，在线路保护发生任何故障时都三跳，对于线路单相故障时，要求断路器三相跳开三相合闸，对于多相故障时要求断路器三相跳开后不重合。

条件三重的实现方法是重合闸和各保护一起配合来完成的。重合闸模块所做工作是将重合闸屏上控制开关置于三重方式；各保护模块是将相应定值控制字整定为多相故障永跳（三相跳闸并闭锁重合闸），如：有些保护装置中的纵联保护、后备保护定值控制字整定为“相间故障永跳”、“三相故障永跳”等。就可以实现多相故障不合的要求。

对于保护单相故障时要求三跳三合这一要求，可以通过以下任一种方法来实现：

（1）重合闸模块中设有沟通三相跳闸功能，条件是重合闸方式置于三重方式，且线路有电流，同时有一相或两相跳闸命令时，此时重合闸模件将输出三跳命令，瞬时跳开本断路器三相。

（2）重合闸模块中置重合闸方式为三重方式，同时还输出沟通三跳触点，此触点和保护动作接点串接后，至本断路器三相跳闸控制回路，如图 9－4 的三跳回路所示。

（3）重合闸方式置于三重合闸方式时，有的保护同时还采集三重方式开关量，作为保护跳闸出口判断，任何故障都是三相跳闸出口。

但是，检出单相故障才三相重合闸这种条件三重方式，如果先是单相故障，在重合闸过程中，故障已由单相转为多相，则对系统仍然是有影响的。

3. “检线无压母有压”、“检母无压线有压”、“检线无压母无压”方式

在 110kV 线路和 110kV 小电流接地系统线路上使用的微机保护中除“检同期方式”、“重合闸不检方式”外，根据系统实际使用情况，还提供了“检线无压母有压”方式、“检母无压线有压”方式、“检线无压母无压”方式等重合闸检查条件的方式。所谓有压就是电压大于有压定值；无压就是电压小于无压整定值，且无相应的 TV 断线信号。“检线无压母有压”方式，可用在双侧电源线路要求先重合闸的一侧；“检母无压线有压”方式，可用于单侧电源的受电侧，在电源侧先重合成功后再重合；“检线无压母无压”方式是检查线路、母线均无压时才能重合，可用于单侧电源的受电侧希望先重合的情况。

4. 发电厂出线中，单重检线路三相有压方式

发电厂出线中，设有单重检线路三相有压方式，这种方式不检同期也不检无压。考虑到如果电厂侧重合到永久性故障上对机组的冲击是很大的，为了使电厂少遭受故障的冲击，常优先合电厂对侧的断路器，电厂侧要求检查线路三相有压后再重合，说明电厂对侧的重合成功，线路为瞬时性故障，这时电厂侧再重合闸，就可以避免重合到永久性故障上，造成机组的再一次冲击。

5. 综合重合闸方式时，发生单相故障后，健全相再故障合闸脉冲发出前后的行为

在发生单相故障后，非全相运行过程中，如又发生另一相或两相的故障，保护应能有选择性地予以切除，上述故障如发生在单相重合闸的脉冲发出以前，则在故障切除后能进行三相重合。如发生在重合闸脉冲发出以后，则切除三相不再进行重合。

6. 自适应单相重合闸简介

在单相故障切除后，断开相由于运行的两相电容耦合和电磁感应的作用，仍然有一定的电压，其电压的大小除与电容大小、感应强弱等有关外，还与断开相是否继续存在接地点直接相关。永久性故障时接地点长期存在，断开相两端电压持续较低；瞬时性故障当电弧熄灭后，接地点消失，断开相两端电压持续较高；据此可以构成电压判据的永久与瞬时故障的识别元件，只在判出瞬时性故障才去合闸。

第十章 选 相 元 件

第一节 概 述

在电力系统输电线路上所发生的各种类型的短路故障中，瞬时性故障占了很大比例。如果继电保护及自动装置在系统发生故障动作跳闸后能实现自动重合闸，就减少了很多瞬时性故障对系统稳定的影响。尤其是在高压输电线路上，为了提高系统稳定性，采用了多种方式的重合闸，其中运用较为广泛的有单相重合闸或综合重合闸等。这样，当线路上发生单相故障时，实现单相跳闸，然后进行单相重合闸；当线路上发生多相故障时，实现三相跳闸，然后进行三相重合闸或不进行重合闸。因此，在线路发生单相故障时必须正确选出故障相别，才能使得继电保护装置正确进行单相跳闸及重合闸。

判断选择故障相别的任务由选相元件完成。在输电线路继电保护的保护区内发生任何形式的短路故障，都要求选相元件能可靠、快速的判别出故障相别，或是判别出是单相故障还是多相故障。当判断为单相故障时，非故障相的选相元件应可靠不动作。因此，选相元件只担负选相的任务，不担负判别故障方向和测量故障点距离等其他任务，而在继电保护装置正常运行时，选相元件也就不应该动作了。

在模拟式线路保护与重合闸配合使用时，在继电保护“四统一”接线中，重合闸的保护接入回路设有 N、M、P 及 Q 端子，另有 R 端子设在操作箱内，保护动作后经综合重合闸跳闸出口，因此判断选择故障相的任务由设置在综合重合闸装置中的选相元件完成，而在线路保护装置中是不设选相元件的。在微机线路保护中，各种保护功能逻辑均由软件算法实现，要完成选相功能并不需要增加硬件，只需要编写软件模块。另外，即使综合重合闸中设置了选相元件，在线路保护中又设置选相功能后，双重选相可使选相更为可靠。因此微机型线路保护中大多具有选相元件。尤其在是微机型距离保护中，选相元件担负着极为重要的任务。有些微机型距离保护，线路故障发生后首先判断故障相别，然后再计算故障点的阻抗和方向。事实上，高压线路上的微机距离保护，总是与纵联保护（包括纵联距离和零序方向或其他方向纵联保护、电流差动保护等）、零序方向电流保护、综合重合闸组成一套完整的线路保护装置，在这种情况下整个装置中的选相功能与距离保护中的选相是不能分开的。

实现选相功能有很多种方法。有依靠相电流或相电压选相的，有依靠序电流或者序电压选相的，有依靠阻抗选相的，有依靠电流或电压突变量选相的，还有多种依靠其他原理实现选相的。

相电流、相电压选相元件，原理简单，但是相电流选相元件仅适用于电源侧，且灵敏度较低，容易受到负荷电流和系统运行方式的影响，而相电压选相元件仅适用于短路容量特别小的线路一侧以及单电源线路的受电侧，应用场合受到限制。阻抗选相元件容易受接地故障时过渡电阻和负荷电流的影响，近年来很少作独立选相元件使用。序分量选相元件和突变量选相元件以及其他原理选相元件等，受故障分量的影响很大，因而能可靠判断出故障相别，较好的实现选相功能，但是往往在一些极端条件下，也不能正确工作。因此，每一种原理的选相元件或多或少存在缺点和不足，要准确可靠的选出故障相别，往往需要多种原理的选相元件共同形成最终的选相结果。

第二节 序电流选相

在系统正常运行过程中，若不考虑负荷不平衡扰动等原因，线路电流基本处于对称状态，全部为正序分量，其负序、零序分量为零。而在发生接地故障后，这种关系即被打破。序电流选相元件就是利用负序电流和零序电流实现选相的。

一、序电流选相元件的工作原理

（一）单相接地故障时零序电流与负序电流的相位关系

单相接地故障时，故障相的故障电流中正序、负序、零序分量电流不仅相位相同，而且幅值也相等。图 10－1 表示出了不同相别单相接地时故障电流中零序电流 $\dot{I}_{K\varphi0}$ 与 A 相负序分量电流 $\dot{I}_{KA2}$ 间的相位关系。当以 $\dot{I}_{KA2}$ 为基准时，不同相别接地故障时的 $\dot{I}_{K\varphi0}$ 相位如图 10－1（a）所示（由虚线分为三个区域），图中明显可见，A 相接地时，$\dot{I}_{KA0}$ 落入 θ_A 区域内；B 相接地时，$\dot{I}_{KB0}$ 落入 θ_B 区域内；C 相接地时，$\dot{I}_{KC0}$ 落入 θ_C 区域内。相位关系与故障点是否经过渡电阻接地没有关系。

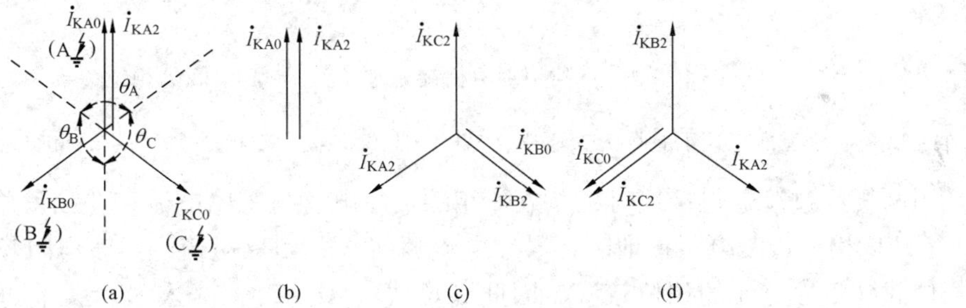

图 10－1 不同相别单相接地时 $\dot{I}_{K\varphi0}$ 与 $\dot{I}_{KA2}$ 间的相位关系

（a）以 $\dot{I}_{KA2}$ 为基准时不同相别单相接地时零序电流的相位；（b）A 相接地；（c）B 相接地；（d）C 相接地

由于保护安装处的 $\dot{I}_0$、$\dot{I}_{A2}$ 间的相位关系与故障点的故障电流 $\dot{I}_{K\varphi2}$、$\dot{I}_{KA2}$ 间的相位关系相同，因此，A 相接地、B 相接地、C 相接地时 $\dot{I}_0$ 与 $\dot{I}_{A2}$ 间的相位关系如下：

θ_A 区：
$$-60° < \arg\frac{\dot{I}_0}{\dot{I}_{A2}} < 60° \qquad (10-1)$$

θ_B 区：

$$60° < \arg\frac{\dot{I}_0}{\dot{I}_{A2}} < 180° \tag{10-2}$$

θ_C 区：

$$180° < \arg\frac{\dot{I}_0}{\dot{I}_{A2}} < 300° \tag{10-3}$$

由此，只要计算出零序电流 $\dot{I}_0$ 与 A 相负序分量电流 $\dot{I}_{A2}$，就可以应用以上结果在单相接地故障时选出故障相。

（二）两相接地故障时零序电流与负序电流的相位关系

当线路发生两相接地故障不经过渡电阻时，故障点故障电流的零序、负序分量的相位关系如图 10－2 所示。可以看出，BC 相接地时，$\dot{I}_0$ 与 $\dot{I}_{A2}$的相位关系满足式（10－1），落入 θ_A 区；CA 相接地时，$\dot{I}_0$ 与 $\dot{I}_{A2}$的相位关系满足式（10－2），落入 θ_B 区；AB 相故障时，$\dot{I}_0$ 与 $\dot{I}_{A2}$的相位关系满足式（10－3），落入 θ_C 区。

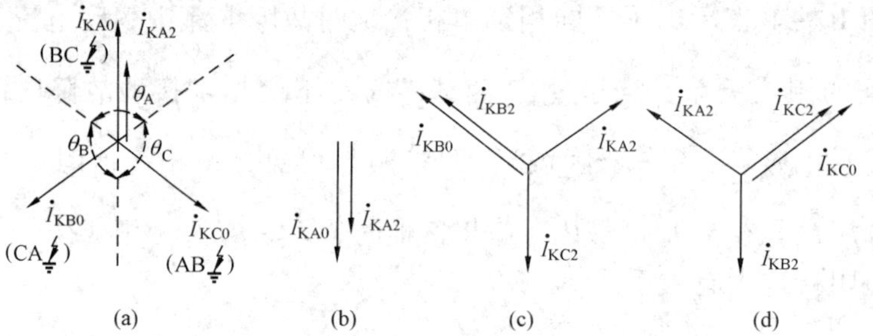

图 10－2　不同相别两相接地时 $\dot{I}_{K\varphi 0}$与 $\dot{I}_{KA2}$间的相位关系

（a）以 $\dot{I}_{KA2}$为基准时不同相别两相接地时零序电流的相位；（b）BC 相接地；（c）CA 相接地；（d）AB 相接地

当两相经过渡电阻接地时，非故障相的负序电流与零序电流存在相角差。由图 10－2 可见，在 BC 相经过渡电阻接地时，零序电流超前 A 相负序电流，过渡电阻较大时，零序电流的相位超前负序电流的相位较多，因此满足式（10－2），落入 θ_B 区。同理，在 CA 相接地时，$\dot{I}_0$ 与 $\dot{I}_{A2}$的相位关系满足式（10－3），落入 θ_C 区；AB 相接地时，$\dot{I}_0$ 与 $\dot{I}_{A2}$的相位关系满足式（10－1），落入 θ_A 区。

因此，在线路发生两相接地故障时，要考虑过渡电阻对故障电流中零序电流和负序电流相位间的影响。在相位图中划分的三个区域中，两相接地故障就有可能落在其中两个区域。所以不能仅仅依靠以上分析得出的结果来作为两相接地故障时的选相结果。

二、选相原则

由前面分析可见，当发生接地故障时，若 $\dot{I}_0$ 与 $\dot{I}_{A2}$的相位关系满足式（10－1），即落入 θ_A 区，则可能发生的是 A 相接地、BC 相接地、AB 相接地；若 $\dot{I}_0$ 与 $\dot{I}_{A2}$的相位关系满足式（10－2），即落入 θ_B 区，则可能发生的是 B 相接地、CA 相接地、BC 相接地；若 $\dot{I}_0$ 与

$\dot{I}_{A2}$的相位关系满足式（10－3），即落入 θ_C 区，则可能发生的是 C 相接地、AB 相接地、CA 相接地。因此，要正确选出故障相和故障类型，除了按式（10－1）～式（10－3）的结果进行判别外，还应配合其他原理的选相元件。实际中，阻抗选相元件在此时发挥了重要作用。当然，阻抗选相元件应在本线路末端故障时有足够的灵敏度。

由此，序电流选相结合阻抗选相的选相规则如下：

（1）计算故障电流中的零序电流 $\dot{I}_0$ 与负序分量电流 $\dot{I}_{A2}$，确定两者相位差 $\arg\dfrac{\dot{I}_0}{\dot{I}_{A2}}$所处的区域，是 θ_A 区、θ_B 区还是 θ_C 区。

（2）确定 $\arg\dfrac{\dot{I}_0}{\dot{I}_{A2}}$所处区域后，进行阻抗计算，确定阻抗选相元件的行为，从而判别出故障相别和故障类型。

例如，当判断出 $\arg\dfrac{\dot{I}_0}{\dot{I}_{A2}}$在 θ_A 区时，可能发生的故障类型有 A 相接地、BC 相接地和 AB 相接地。然后进行阻抗计算，先对 A 相阻抗选相元件 Z_A 行为进行判别：

若 Z_A 元件动作，再判断 Z_B 阻抗选相元件动作行为，若 Z_B 元件动作，则判为 AB 相接地故障；若 Z_B 元件不动作，则判为 A 相接地故障。

若 Z_A 元件不动作，再判断 Z_{BC}阻抗选相元件动作行为，若 Z_{BC}元件动作，则判为 BC 相接地故障；若 Z_{BC}元件不动作，则在这种情况下应判为选相无效。此时保护动作后可无选择的三相跳闸。

当线路出现非全相运行时，若 A 相断开，$\dot{I}_0$ 与 $\dot{I}_{A2}$同相位，仍然满足式（10－1），落入 θ_A 区。同样 B 相断开时，$\dot{I}_0$ 与 $\dot{I}_{A2}$的相位关系满足式（10－2），落入 θ_B 区；C 相断开，$\dot{I}_0$ 与 $\dot{I}_{A2}$的相位关系满足式（10－3），落入 θ_C 区。可见，非全相运行时，选出的是断开相。

由上分析可以看出，序电流选相具有选相明确、选相灵敏度较高、允许接地故障时过渡电阻较大、选相不受系统振荡和非全相运行的影响等优点。但是序电流必须要有零序电流和负序电流，因此对于两相相间故障和三相故障，序电流无法选出故障相；在单侧电源线路上发生接地故障时，负荷侧可能负序电流过小影响选相的正确性；对于转换性接地故障（如一相接地故障在保护正方向，另一相接地故障在保护反方向上）和平行双回线路的跨线接地故障，序电流选相不能选出故障相；此外，要取得负序电流和零序电流，选相时间相对长一些。尽管如此，序电流选相还是获得了较为广泛的运用。

第三节　相间电流突变量选相

一、选相原理

突变量就是故障分量，不含负荷分量。相间电流突变量 $\Delta\dot{I}_{AB}$、$\Delta\dot{I}_{BC}$、$\Delta\dot{I}_{CA}$是故障后

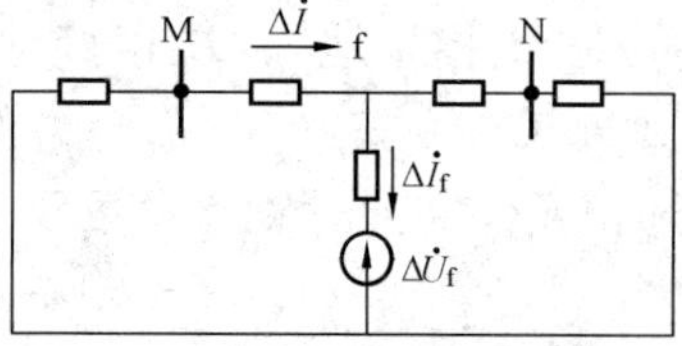

图 10－3　短路附加状态图

的$\dot{I}_{AB}$、$\dot{I}_{BC}$、$\dot{I}_{CA}$与故障前的$\dot{I}_{AB}$、$\dot{I}_{BC}$、$\dot{I}_{CA}$的相量差。相间电流突变量选相元件是在系统发生故障时利用两相电流差的变化量的幅值特征来区分各种类型的故障。

二、各种短路情况下相间电流突变量的值

电流变化量的值是短路附加状态里的电流值。如图10－3所示，保护装于MN线路的M侧，流过故障点的故障电流为$\Delta\dot{I}_F$，流过保护的故障电流为$\Delta\dot{I}$，正、负、零序电流的分配系数为C_1、C_2、C_0。一般情况下有$C_1=C_2$。各序电流分配系数只与故障点两侧的各序阻抗有关，与过渡电阻大小无关。利用对称分量法可得

$$\Delta\dot{I}_{AB}=\Delta\dot{I}_A-\Delta\dot{I}_B=(1-a^2)C_1\Delta\dot{I}_{A1}+(1-a)C_2\Delta\dot{I}_{A2}$$

$$\Delta\dot{I}_{BC}=\Delta\dot{I}_B-\Delta\dot{I}_C=(a^2-a)C_1\Delta\dot{I}_{A1}+(a-a^2)C_2\Delta\dot{I}_{A2}$$

$$\Delta\dot{I}_{CA}=\Delta\dot{I}_C-\Delta\dot{I}_A=(a-1)C_1\Delta\dot{I}_{A1}+(a^2-1)C_2\Delta\dot{I}_{A2}$$

式中$\Delta\dot{I}_{A1}$、$\Delta\dot{I}_{A2}$为故障点的正、负序故障分量电流。

假设$C_1=C_2$，上式可简化为

$$|\Delta\dot{I}_{AB}|=|C_1[(1-a^2)\Delta\dot{I}_{A1}+(1-a)\Delta\dot{I}_{A2}]|$$

$$|\Delta\dot{I}_{BC}|=|C_1[(a^2-a)\Delta\dot{I}_{A1}+(a-a^2)\Delta\dot{I}_{A2}]|$$

$$|\Delta\dot{I}_{CA}|=|C_1[(a-1)\Delta\dot{I}_{A1}+(a^2-1)\Delta\dot{I}_{A2}]|$$

1. 单相接地故障时的相间电流突变量

以A相接地短路为例，则有$\Delta\dot{I}_{A1}=\Delta\dot{I}_{A2}$，因此有

$$|\Delta\dot{I}_{AB}|=3|C_1\Delta\dot{I}_{A1}|$$

$$|\Delta\dot{I}_{BC}|=0$$

$$|\Delta\dot{I}_{CA}|=3|C_1\Delta\dot{I}_{A1}|$$

可以看出，两非故障相电流差的突变量为零，含有故障相的相电流差突变量具有很大的数值。这是由于两个非故障相因相间互感引起的电流的变化完全相同的缘故，此外两相电流差的变化量与零序电流大小无关。A相单相接地短路时电流变化量的相量图如图10－4（a）所示。

2. 两相相间短路

以B、C两相短路为例，则有$\Delta\dot{I}_{A2}=-\Delta\dot{I}_{A1}$，因此有

$$|\Delta\dot{I}_{AB}|=\sqrt{3}|C_1\Delta\dot{I}_{A1}|$$

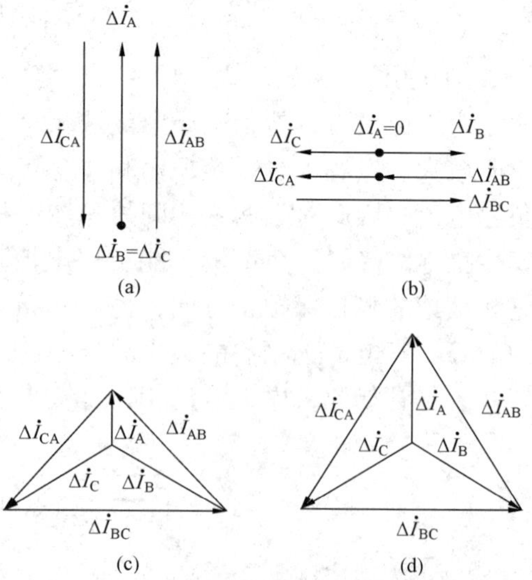

图 10－4　各种短路类型下电流突变量的相量图
(a)$K_A^{(1)}(C_0<C_1)$；(b)$K_{BC}^{(2)}$；(c)$K_{BC}^{(1,1)}$；(d)$K^{(3)}$

$$|\Delta\dot{I}_{BC}| = 2\sqrt{3}|C_1\Delta\dot{I}_{A1}|$$

$$|\Delta\dot{I}_{CA}| = \sqrt{3}|C_1\Delta\dot{I}_{A1}|$$

由此可见，两相短路时三个相间电流变化量的幅值都较大，尤其是两个故障相的相电流差突变量值最大。B、C 短路时电流变化量的相量图如图 10－4（b）所示。

3. 两相短路接地

以 B、C 两相接地短路为例，则有 $\Delta\dot{I}_{A2} = -k\Delta\dot{I}_{A1}$。假定为金属性接地短路，则 k 为一实数，$0<k<1$，因此有

$$|\Delta\dot{I}_{AB}| = \sqrt{3}\sqrt{1-k+k^2}|C_1\Delta\dot{I}_{A1}|$$

$$|\Delta\dot{I}_{BC}| = \sqrt{3}(1+k)|C_1\Delta\dot{I}_{A1}|$$

$$|\Delta\dot{I}_{CA}| = \sqrt{3}\sqrt{1-k+k^2}|C_1\Delta\dot{I}_{A1}|$$

B、C 两相短路接地时电流变化量的相量图如图 10－4（c）所示。由此可见，一般情况下两相接地短路的幅值特征与两相相间短路时相同，即两故障相的相电流差最大。因此，在相间电流突变量的幅值特征满足以上特性时，只能说明在线路上发生了含有两个故障相的故障，而无法区分是两相相间短路故障还是两相接地短路故障。

为了进一步区分是否是两相接地短路，通常还要加以一些附加选相元件，以判断是否为接地故障。判别是否为接地故障的最简便的方法是检查是否有零序电流或零序电压存在。由于三相不平衡或其他原因，在正常运行情况下就有零序电流或零序电压存在，为可靠的检查出接地故障也可以采用零序突变量的方法。考虑到在相间短路时由于电流互感器暂态过程的影响也可能短时间出现零序电流，因此也可用零序电流突变量。

4. 三相短路

三相短路时有 $\Delta\dot{I}_{A2}=0$，因此有

$$|\Delta\dot{I}_{AB}| = \sqrt{3}|C_1\Delta\dot{I}_{A1}|$$

$$|\Delta\dot{I}_{BC}| = \sqrt{3}|C_1\Delta\dot{I}_{A1}|$$

$$|\Delta\dot{I}_{CA}| = \sqrt{3}|C_1\Delta\dot{I}_{A1}|$$

由此可见，三相短路时的幅值特征是三个相间电流突变量均相等。三个相电流的突变量其值也很大。三相短路时电流突变量的相量图如图 10－4（d）所示。

综合上分析可见，当发生三相故障时，$\Delta\dot{I}_{AB}$、$\Delta\dot{I}_{BC}$、$\Delta\dot{I}_{CA}$均具有很大的数值，并且相等；在发生两相相间故障和两相接地故障时，$\Delta\dot{I}_{AB}$、$\Delta\dot{I}_{BC}$、$\Delta\dot{I}_{CA}$也均具有较大的数值，并且两故障相的相电流差的值最大；在发生单相接地故障时，$\Delta\dot{I}_{AB}$、$\Delta\dot{I}_{BC}$、$\Delta\dot{I}_{CA}$中的两个非故障相电流差突变量具有较小的数值，该元件处于不动作状态，而另外两个相电流差仍然具有很大的数值，这两个元件处于动作状态。不同相别、不同短路故障类型时相电流差突变量元件的动作情况如表 10－1 所示。

表 10-1　　相电流差突变量元件动作情况

反应量	单相短路接地			两相短路接地或不接地			三相短路
	C	B	A	AB	BC	CA	ABC
$\Delta \dot{I}_{AB}$	-	+	+	+	+	+	+
$\Delta \dot{I}_{BC}$	+	+	-	+	+	+	+
$\Delta \dot{I}_{CA}$	+	-	+	+	+	+	+

（+表示动作，-表示不动作）

综合以上，相间电流突变量选相元件具有如下特点：

（1）单相接地时能正确选出故障相，两非故障相的相间电流突变量选相元件不误动，即使系统正、负序阻抗不相等，两非故障相相间可能产生最大不平衡电流，此时两非故障相的相间电流突变量选相元件也不会误动。

（2）两相经过过渡电阻接地时，在最不利条件下不漏选相。

（3）选相具有较高的灵敏度。

（4）选相允许有较大的过渡电阻。

（5）电力系统振荡或系统频率偏差，选相元件也不会发生误动作。

（6）单相接地故障一侧先单相跳闸时，后跳闸侧的两非故障相的相间电流突变量选相元件不会误动作，可保证选相的正确性。

相间电流突变量选相元件具有不受负荷电流和过渡电阻影响等特点，能正确区分单相接地短路和两相或三相短路。但是，因为是采用电流量进行选相，所以存在电流量选相的不足。在系统正序阻抗 Z_1 和负序阻抗 Z_2 不相等的情况下，在单相接地短路时，由于非故障相的相间电流突变量不等于零，因此，还应特别注意实际系统的计算确定单相接地短路的选相条件。平行双回线跨线接地故障以及一相接地在保护区内另外一相接地在保护反方向上的转换性接地故障，将不能正确选出故障相。因此要采取一些措施保证选相正确，如增加对故障前电流的记忆时间，在此时间内发生由单相转换为多相故障时，对于突变量元件就好像一开始就是多相故障，从而保证选相正确。或者采用最大相制动应延时返回，这样在对侧断路器跳闸时健全相电流的突变量就不致引起误选相，等等。在弱电源侧灵敏度可能不足，尤其是单侧电源受电侧的情况最为严重，因为此时受电侧的线路中只有零序电流流过，三相电流基本相等，用突变量的比值也无法选相。因此为了适应电源可能发生的变化，可用电流和电压的复合突变量进行选相。

第四节　补偿电压突变量选相

相补偿电压（或称相工作电压）选相元件，在选相时先求出三个相上的工作电压变化量和三个相间的工作电压变化量，突变量为

$$\Delta \dot{U}_{op\varphi} = \Delta \dot{U}_{\varphi} - \Delta(\dot{I}_{\varphi} + 3K\dot{I}_{0})Z_{set}$$

$$\Delta \dot{U}_{op\varphi\varphi} = \Delta \dot{U}_{\varphi\varphi} - \Delta \dot{I}_{\varphi\varphi} Z_{set}$$

其中，$\Delta\dot{U}_{\varphi}$、$\Delta\dot{U}_{\varphi\varphi}$为保护安装处母线相电压、相间电压的故障分量；$\Delta(\dot{I}_{\varphi}+3K\dot{I}_{0})$、$\Delta\dot{I}_{\varphi\varphi}$是流过保护的带零序电流补偿的相电流、相间电流的故障分量，方向由母线流向被保护线路。

一、在各种类型短路时补偿电压变化量的数值

1. 单相接地

以A相接地为例，根据复合序网图得到保护安装处（假设为M侧）的母线上的相电压和相间电压变化量为（假设正、负、零序电流的分配系数为C_1、C_2、C_0，且$C_1=C_2$）

$$\Delta\dot{U}_{\text{opA}}^{(1)}=-[2C_1+(1+3K)C_0]\frac{\dot{I}_{\text{KA}}^{(1)}}{3}(Z_{\text{M1}}+Z_{\text{set}})$$

$$\Delta\dot{U}_{\text{opB}}^{(1)}=-[(1+3K)C_0-C_1]\frac{\dot{I}_{\text{KA}}^{(1)}}{3}(Z_{\text{M1}}+Z_{\text{set}})$$

$$\Delta\dot{U}_{\text{opC}}^{(1)}=-[(1+3K)C_0-C_1]\frac{\dot{I}_{\text{KA}}^{(1)}}{3}(Z_{\text{M1}}+Z_{\text{set}})$$

$$\Delta\dot{U}_{\text{opAB}}^{(1)}=-C_1\dot{I}_{\text{KA}}^{(1)}(Z_{\text{M1}}+Z_{\text{set}})$$

$$\Delta\dot{U}_{\text{opBC}}^{(1)}=0$$

$$\Delta\dot{U}_{\text{opCA}}^{(1)}=C_1\dot{I}_{\text{KA}}^{(1)}(Z_{\text{M1}}+Z_{\text{set}})$$

因此在A相接地时六个补偿电压突变量的幅值比为

$$\begin{aligned}&|\Delta\dot{U}_{\text{opA}}^{(1)}|:|\Delta\dot{U}_{\text{opB}}^{(1)}|:|\Delta\dot{U}_{\text{opC}}^{(1)}|:|\Delta\dot{U}_{\text{opAB}}^{(1)}|:|\Delta\dot{U}_{\text{opBC}}^{(1)}|:|\Delta\dot{U}_{\text{opCA}}^{(1)}|\\&=|(2Z_{1\Sigma}+Z_{0\Sigma})|:|(Z_{0\Sigma}-Z_{1\Sigma})|:|(Z_{0\Sigma}-Z_{1\Sigma})|:|3Z_{1\Sigma}|:0:|3Z_{1\Sigma}|\end{aligned}$$

由此可见，单相接地时故障相的补偿电压突变量和涉及到故障相的两个相间补偿电压突变量有最大值。两个非故障相上的补偿电压突变量很小。而两个非故障相的相间补偿电压突变量为零。这是因为两个非故障相在相同的互感影响下其相电压变化量相等，因此其补偿电压突变量为零。

2. 两相短路

以B、C相短路为例。六个补偿电压突变量在BC短路时有如下比值关系：

$$\begin{aligned}&|\Delta\dot{U}_{\text{opA}}^{(2)}|:|\Delta\dot{U}_{\text{opB}}^{(2)}|:|\Delta\dot{U}_{\text{opC}}^{(2)}|:|\Delta\dot{U}_{\text{opAB}}^{(2)}|:|\Delta\dot{U}_{\text{opBC}}^{(2)}|:|\Delta\dot{U}_{\text{opCA}}^{(2)}|\\&=0:|Z_{1\Sigma}|:|Z_{1\Sigma}|:|Z_{1\Sigma}|:|2Z_{1\Sigma}|:|Z_{1\Sigma}|\end{aligned}$$

由上面关系可以看出，在BC两相短路时，两故障相间补偿电压突变量幅值最大，而非故障相的补偿电压突变量为零。

3. 两相短路接地

以B、C两相接地短路为例。考虑到接地电阻R，则六个补偿电压突变量的比值为

$$\begin{aligned}&|\Delta\dot{U}_{\text{opA}}^{(1.1)}|:|\Delta\dot{U}_{\text{opB}}^{(1.1)}|:|\Delta\dot{U}_{\text{opC}}^{(1.1)}|:|\Delta\dot{U}_{\text{opAB}}^{(1.1)}|:|\Delta\dot{U}_{\text{opBC}}^{(1.1)}|:|\Delta\dot{U}_{\text{opCA}}^{(1.1)}|\\&=\left|\frac{Z_{1\Sigma}-Z_{0\Sigma}}{Z_{1\Sigma}+2Z_{0\Sigma}+6R}\right|:\left|a^2+\frac{3R}{Z_{1\Sigma}+2Z_{0\Sigma}+6R}\right|:\left|a+\frac{3R}{Z_{1\Sigma}+2Z_{0\Sigma}+6R}\right|:\end{aligned}$$

$$\left|\frac{Z_{1\Sigma}-Z_{0\Sigma}-3R}{Z_{1\Sigma}+2Z_{0\Sigma}+6R}-a^2\right|:\sqrt{3}:\left|a-\frac{Z_{1\Sigma}-Z_{0\Sigma}-3R}{Z_{1\Sigma}+2Z_{0\Sigma}+6R}\right|$$

由上式可见，在 BC 两相接地短路时，故障相间的补偿电压突变量幅值最大，而非故障相的补偿电压的变化量幅值最小。

4. 三相短路

三相短路时，三相完全对称。六个补偿电压突变量的比值为

$$|\Delta\dot{U}_{opA}^{(3)}|:|\Delta\dot{U}_{opB}^{(3)}|:|\Delta\dot{U}_{opC}^{(3)}|:|\Delta\dot{U}_{opAB}^{(3)}|:|\Delta\dot{U}_{opBC}^{(3)}|:|\Delta\dot{U}_{opCA}^{(3)}|=1:1:1:\sqrt{3}:\sqrt{3}:\sqrt{3}$$

由上式可见，三相短路时三个相补偿电压突变量幅值相等，三个相间补偿电压突变量幅值也相等，为相电压变化量的$\sqrt{3}$倍。

二、选相原理实现

根据以上特点，补偿电压突变量选相步骤和规则如下：

（1）先计算出$|\Delta\dot{U}_{op\varphi}|$的大小，取出最大相的$|\Delta\dot{U}_{op\varphi}|_{max}$。

（2）如$|\Delta\dot{U}_{op\varphi}|_{max}$大于另外两相的 m 倍$|\Delta\dot{U}_{op\varphi}|$时，判为单相接地，且该最大值$|\Delta\dot{U}_{op\varphi}|_{max}$的相为故障相。

（3）如$|\Delta\dot{U}_{op\varphi}|_{max}$不大于另外两相的 m 倍$|\Delta\dot{U}_{op\varphi}|$时，则判为多相故障，此时再检出另两相中的最小$|\Delta\dot{U}_{op\varphi}|_{min}$。当$|\Delta\dot{U}_{op\varphi}|_{min}$大于 U_N 时，判为三相短路故障；当$|\Delta\dot{U}_{op\varphi}|_{min}$不大于 U_N 时，判为两个$|\Delta\dot{U}_{op\varphi}|$有较大值间的相间短路故障或该两相接地短路故障。

（4）如果六个补偿电压突变量元件都不动作，则不进行选相。

补偿电压突变量的特点有：

（1）除三相短路故障外，三个相补偿电压突变量数值不等。单相接地时故障相的相补偿电压有最大值，两个非故障相的相补偿电压突变量相等；两相相间短路时，非故障相的相补偿电压突变量有最小值，理论值是零，两故障相的相补偿电压突变量数值较大且相等；两相接地短路时，非故障相的相补偿电压突变量最小，两故障相的相补偿电压突变量有较大值，其中的超前相的相补偿电压突变量最大。

（2）除三相短路外，三个相间补偿电压突变量数值不等。单相接地时，两非故障相的相补偿电压有最小值，理论值是零，其他两个相间补偿电压突变量有较大值且数值相等；两相相间短路时，两故障相的相间补偿电压突变量有最大值，其他两个相间补偿电压突变量数值相等；两相接地短路时，两故障相的相间补偿电压突变量一般有最大值，其他两个故障相间补偿电压突变量数值稍小，而带有故障相中滞后相的相间补偿电压突变量数值最小。

（3）最大相补偿电压突变量与其他两相相间补偿电压突变量比值差别甚大。单相接地时，该比值理论上是无穷大；两相相间短路时，该比值为1；两相接地短路时，该比值一般不会大于4；三相故障时，比值为$\frac{1}{\sqrt{3}}$。

（4）补偿电压突变量选相元件工作灵敏，选相的正确性不受负荷电流影响，在较大的过渡电阻下选相也正确。在单侧电源的负荷侧也能正确进行选相。但是由于它运用的是电压、电流的突变量，所以在短路稳态时无法选相。在转换性故障时可能不能指出最终的故障类型。尽管如此，补偿电压突变量选相元件还是得到了广泛的应用。

第五节　其他原理的选相元件

一、电流选相元件

最简单的选相元件就是电流选相元件。其工作原理就是对每相电流进行计算，若其值大于一定值时，即认为该相为故障相。电流选相元件的起动电流应避开健全相可能出现的最大电流。电流选相在运行方式变化很大和在单相经高阻接地时灵敏度可能不足。最严重的情况发生在受电侧，那里故障相电流可能小于负荷电流。

电流选相元件的特点决定了其在一些保护（如距离保护）中不能作为独立的选相元件。但是在以电流量为基础的保护中（如电流差动保护），往往将电流选相元件整合到电流动作元件中，在计算每一相电流的动作条件时就已经实现了选相的功能。

二、电压选相元件

电压选相元件的原理也很简单。电压选相在电源阻抗比较大时灵敏度很高。尤其在弱电源侧其他选相方法有困难时，更加显示出它的优越性，因为此时线路任何一点发生接地故障弱电侧仅有零序电流通过，仅有零序电压存在。

当然,电压选相元件也存在很多不足,需要解决几个问题:如设法提高在长线路末端故障时的灵敏度;在接地故障时应当用相电压选相,而在相间故障时则用相间电压选相,等等。

三、阻抗选相元件

阻抗选相一般用3个阻抗继电器。但是相阻抗继电器对两相短路不接地故障是不灵敏的。在双侧电源下送电侧的超前相继电器有较高的灵敏度，而滞后相的阻抗继电器则很不灵敏，受电侧反之。此时选相的结果可能是两侧选中的不是同一相。由于两相短路不接地故障几率很小，传统的办法是利用零序电压元件不动作，接通三相跳闸回路。

微机保护如果计算全部6个回路的测量阻抗，则其中最小值和不大于最小值1.5倍的相别应为故障相。这种选相方法在同杆并架双回线上发生跨线故障时也能正确选相。对于出口跨线故障，由于有两相或三相电压为零，有多个测量阻抗为零时要辅之以方向判别来确定故障相。

阻抗选相的缺点是在单相经高电阻接地时灵敏度不足，优点是在距离保护中就用保护第Ⅲ段接地阻抗继电器作为选相元件，使得装置在总体上得到简化。

四、电流电压复合突变量选相元件

电流电压复合突变量选相实际上就是补偿电压突变量选相，只是选相判据不同而已。

令 $\Delta\varphi\varphi = |\Delta\dot{U}_{\varphi\varphi} - \Delta\dot{I}_{\varphi\varphi} \times Z|$　　$\varphi\varphi = ab, bc, ca$

其中 $\Delta\dot{U}_{\varphi\varphi}$、$\Delta\dot{I}_{\varphi\varphi}$ 为相间回路电压、电流的突变量；Z 为阻抗系数，其值根据距离保护或者纵联方向保护中的阻抗元件的整定值自动调整。

设 Δmax、Δmin 分别为 Δab、Δbc、Δca 中的最大值和最小值。

选相方法如下：

（1）当 $\Delta min < 0.25\Delta max$ 时判定为单相故障，否则为多相故障。

（2）单相故障时，若 $\Delta bc = \Delta min$，判定为 a 相故障；若 $\Delta ca = \Delta min$，判定为 b 相故障；若 $\Delta ab = \Delta min$，判定为 c 相故障。

（3）多相故障时，若同时满足 $\Delta_{ab} \geqslant \Delta U_{ab}$、$\Delta_{bc} \geqslant \Delta U_{bc}$ 和 $\Delta_{ca} \geqslant \Delta U_{ca}$，判定为区内相间故障；否则为转换性故障（一正一反），采用相电流方向元件选择正向的故障相别。

（4）判据 $\Delta_{\varphi\varphi} \geqslant \Delta U_{\varphi\varphi}$（$\varphi\varphi$ = ab，bc，ca）实际上是三个幅值比较方式的突变量方向继电器。与传统的相电流差突变量选相原理相比，本方法由于引进了电压突变量以及方向判别，解决了弱电源系统和间隔时间很短的转换性故障的选相问题。对于一般性的故障，选相的灵敏度与相电流差突变量选相原理相当。

五、电流电压序分量选相元件

电流电压序分量选相就是比较零序补偿电压和负序补偿电压间的相位，以判定故障的类型和相别。设零序补偿电压、负序补偿电压分别为

$$\dot{U}_{opA0} = \dot{U}_{A0} - (1 + 3K)\dot{I}_{A0} Z_{set}$$

$$\dot{U}_{opA2} = \dot{U}_{A2} - \dot{I}_{A2} Z_{set}$$

式中 $\dot{U}_{A0}$、$\dot{U}_{A2}$——保护安装处 A 相的零序电压、负序电压；

$\dot{I}_{A0}$、$\dot{I}_{A2}$——由母线流向被保护线路的 A 相零序电流、负序电流；

Z_{set}——整定阻抗。

令 $\theta = \arg\left(\dfrac{\dot{U}_{opA0}}{\dot{U}_{opA2}}\right) = \arg\left[\dfrac{\dot{U}_{A0} - (1+3K)\ \dot{I}_{A0} Z_{set}}{\dot{U}_{A2} - \dot{I}_{A2} Z_{set}}\right]$，即 θ 为补偿点零序电压和负序电压的相角差。K 为零序补偿系数。

将 θ 的取值分成三个区，每个区内包含有两种故障。当 $-30° < \theta \leqslant 90°$ 时为 A 区，为 A 相接地或 BC 两相接地；当 $90° < \theta \leqslant 210°$ 时为 B 区，为 B 相接地或 CA 两相接地；当 $210° < \theta \leqslant 330°$ 时为 C 区，为 C 相接地或 AB 两相接地。本选相元件就是根据这个特性进行故障相的判别。

为了进一步区分单相接地和两相接地，依次作如下判别（以 A 区为例）：

（1）$|Z_{bc}| > Z_{zd}^{\mathrm{III}}$ 时，判定为 A 相接地；

（2）$I_0 < 0.5I_1$ 或 $I_2 < 0.5I_1$ 时，判定为 BCG；

（3）B、C 相方向元件都动作时，判定为 BCG；

（4）B 相方向元件动作时，判定为 BG；C 相方向元件动作时判定为 CG。

对于 A 相故障，Z_{bc} 为负荷阻抗，不会进入保护范围内，因此条件（1）满足时肯定为 A 相接地；对于转换性故障（正向 BG、反向 CG），由于 B 相和 C 相电流的流向相反，测量到的是一个虚假的 I_0、I_1 和 I_2，可以证明转换性故障时条件（2）不成立，因此通过条件（3）、（4）进行转换性故障的判别。

对于三相转换性故障（例如 AG 正向、BCG 反向），上面的方法仍不能正确选相，因此三相电压低于 15V 时，通过三个相电流方向元件选择正方向的故障相。

这种选相元件除了在复杂故障时能够正确选相，另外对于弱电源侧的故障选相有足够的灵敏度。

第三篇

变压器保护和母线保护

第十一章

变 压 器 保 护

第一节 概 述

变压器是电力系统重要的主设备之一。在发电厂通过升压变压器将发电机电压升高，而由输电线路将发电机发出的电能送至电力系统中；在变电所通过降压变压器将电压降低，并将电能送至配电网络，然后分配给各用户。在发电厂或变电所，通过变压器将两个不同电压等级的系统联络起来，该变压器称作联络变压器。

一、变压器的基本结构及联结组别

电力变压器主要由铁芯及绕在铁芯上的两个或两个以上绝缘绕组构成。为增强各绕组之间的绝缘及铁芯、绕组散热的需要，将铁芯及绕组置于装有变压器油的油箱中。然后，通过绝缘套管将变压器各绕组引到变压器壳体之外。

另外，为提高变压器的传输容量，在变压器上加装有专用的散热装置，作为变压器的冷却之用。

大型电力变压器均为三相三铁芯柱式变压器或由三个单相变压器组成的三相组式变压器。

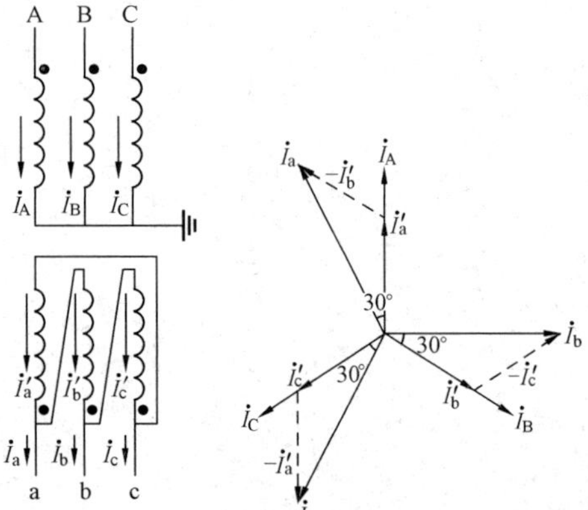

图 11－1 YNd11 变压器绕组接线方式及两侧电流相量图

（a）接线方式；（b）相量图

$\dot{I}_A$、$\dot{I}_B$、$\dot{I}_C$—变压器高压侧三相电流；$\dot{I}_a$、$\dot{I}_b$、$\dot{I}_c$—变压器低压侧三相线电流；$\dot{I}'_a$、$\dot{I}'_b$、$\dot{I}'_c$—变压器低压侧三相电流；●—各绕组之间的相对极性

将变压器同侧的三个绕组按一定的方式连接起来，组成某一联结组别的三相变压器。

双绕组电力变压器的联结组别主要有：YNy、YNd、Dd 及 Dd－d。理论分析表明，联结组别为 Yy 的变压器，运行时某侧电压波形要发生畸变，从而使变压器的损耗增加，进而使变压器过热。因此，为避免油箱壁局部过热，三相铁芯变压器按 Yy 联结的方式，只适用于容量为 1800kVA 以下的小容量变压器。而超高压大容量的变压器均采用 YNd 的联结组别。

在超高压电力系统中，YNd 接线的变压器，呈 YN 连接的绕组为高压侧绕组，而呈 d 连接的绕组为低压侧绕组，前者接大电流接地系统（中性点接地系统），后者接小电流接地系统（中性点不接地或经消弧线圈接地的系统）。

在实际运行的变压器中，在 YNd 接线的变压器的联结组别中，以 YNd11 为最多，YNd1 及 YNd5 的也有。

YNd11 联结组别的含义是：

（1）变压器高压绕组接成 Y 形，且中性点接地，而低压侧绕组接成 d；

（2）低压侧的线电压（相间电压）或线电流分别滞后高压侧对应相线电压或线电流 330°。330°相当于时钟的 11 点，故又称 11 点接线方式。

同理，YNd1 及 YNd5 的联结组别，则表示 d 侧的线电流或线电压分别滞后 Y 侧对应相线电流或线电压 30°及 150°。相当时钟的 1 点及 5 点，分别称之为 1 点接线及 5 点接线方式。

在电机学中，变压器各绕组之间的相对极性，通常用减极性表示法。

YNd11、YNd1 及 YNd5 联结组别变压器各绕组接线、相对极性及两侧电流的相量关系，分别如图 11－1、图 11－2 及图 11－3 所示。

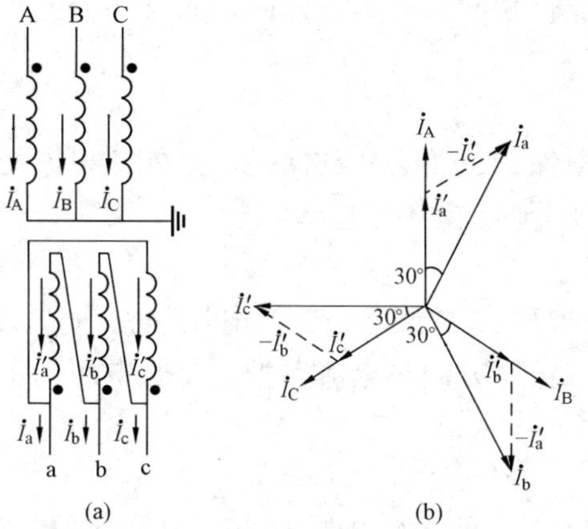

图 11－2　YNd1 变压器绕组接线方式及两侧电流相量图

（a）接线方式；（b）相量图

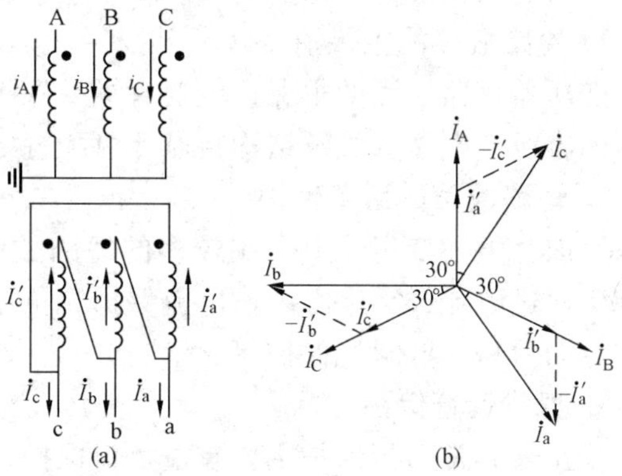

图 11－3　YNd5 变压器绕组接线方式及两侧电流相量图

（a）接线方式；（b）相量图

由图可以看出：YNd11 接线的变压器，低压侧三相电流 $\dot{I}_a$、$\dot{I}_b$、$\dot{I}_c$ 分别滞后高压侧三相电流 $\dot{I}_A$、$\dot{I}_B$、$\dot{I}_C$ 330°；YNd1 接线的变压器，低压侧三相电流 $\dot{I}_a$、$\dot{I}_b$、$\dot{I}_c$ 分别滞后高压侧三相电流 $\dot{I}_A$、$\dot{I}_B$、$\dot{I}_C$ 30°；YNd5 接线的变压器，低压侧三相电流分别滞后高压侧三相电流 $\dot{I}_A$、$\dot{I}_B$、$\dot{I}_C$150°。

二、变压器的故障及不正常运行方式

1. 变压器的故障

若以故障点的位置对变压器故障分类，有油箱内的故障和油箱外的故障。

（1）油箱内的故障。变压器油箱内的故障主要有各侧的相间短路，大电流接地系统侧的单相接地短路及同相部分绕组之间的匝间短路。

（2）油箱外的故障。变压器油箱外的故障，是指变压器绕组引出端绝缘套管及引出短线上的故障，主要有相间短路（两相短路及三相短路）故障，大电流接地系统侧的接地故障、低压侧的接地故障。

2. 变压器的异常运行方式

大型超高压变压器的不正常运行方式主要有：由于系统故障或其他原因引起的过负荷或

过电流，由于系统电压的升高或频率的降低引起的过励磁，不接地运行变压器中性点电位升高，变压器油箱内油位异常，变压器温度过高及冷却器全停等。

三、变压器保护的配置

变压器短路故障时，会产生很大的短路电流，使变压器严重过热，甚至烧坏变压器绕组或铁芯。特别是变压器油箱内的短路故障，伴随电弧的短路电流可能引起变压器着火。另外，变压器内、外部的故障短路电流产生电动力，也可能造成变压器本体和绕组变形而损坏。

变压器的异常运行也会危及变压器的安全，如果不能及时发现处理，会造成变压器故障及损坏变压器。

为确保变压器的安全经济运行，当变压器发生短路故障时，应尽快切除变压器；而当变压器出现不正常运行方式时，应尽快发出报警信号并进行相应的处理。为此，对变压器配置整套完善的保护装置是必要的。

1. 短路故障的主保护

变压器短路故障的主保护主要有纵差保护，重瓦斯保护，压力释放保护。另外，根据变压器的容量、电压等级及结构特点，可配置零差保护及分侧差动保护。

2. 短路故障的后备保护

目前，电力变压器上采用较多的短路故障后备保护种类主要有：复合电压闭锁过流保护，零序过电流或零序方向过电流保护，负序过电流或负序方向过电流保护，复合电压闭锁功率方向保护，低阻抗保护等。

3. 异常运行保护

变压器异常运行保护主要有过负荷保护，过励磁保护，变压器中性点间隙保护，轻瓦斯保护，温度、油位保护及冷却器全停保护等。

第二节　故障量经变压器的传递

当变压器某侧系统中发生故障时，变压器非故障侧各相电流的大小、相位及其他特点除与故障侧故障类型、严重程度有关之外，还与变压器的接线方式有关。

在变压器保护配置设计及分析保护的动作行为时，必须知道变压器故障时其两侧故障电流的大小及相位关系。

以下介绍故障电流及故障电压经 YNd11、YNd1 及 YNd5 联结组别的变压器传递。

一、简化假设

为简化分析及突出故障分量经变压器的传递，作以下几点假设：

（1）设变压器的变比为 1，不考虑负荷电流及过渡电阻对短路电流及故障电压的影响。

（2）当变压器高压侧故障时，认为故障电流全部由低压侧供给；而变压器低压侧故障时，认为故障电流全部由变压器高压侧提供。

（3）故障点在变压器输出端部；忽略有功分量的影响，阻抗角为 90°。

二、YNd11 变压器高压侧单相接地短路

1. 边界条件及对称分量

设变压器高压侧 A 相发生金属性接地短路，故障电流为 I_k，则故障点的边界条件为

$$\dot{I}_B = \dot{I}_C = 0\ ;\ \dot{I}_A = \dot{I}_k\ ;\ \dot{U}_A = 0$$

设A相各序量电流及各序量电压分别为$\dot{I}_{A1}$、$\dot{I}_{A2}$、$\dot{I}_{A0}$及$\dot{U}_{A1}$、$\dot{U}_{A2}$、$\dot{U}_{A0}$，则根据边界条件可求得各序量

$$\dot{I}_{A1} = \frac{1}{3}(\dot{I}_A + a\dot{I}_B + a^2\dot{I}_C) = \frac{1}{3}\dot{I}_k$$

$$\dot{I}_{A2} = \frac{1}{3}(\dot{I}_A + a^2\dot{I}_B + a\dot{I}_C) = \frac{1}{3}\dot{I}_k$$

$$\dot{I}_{A0} = \frac{1}{3}(\dot{I}_A + \dot{I}_B + \dot{I}_C) = \frac{1}{3}\dot{I}_k$$

$$\dot{U}_{A1} + \dot{U}_{A2} + \dot{U}_{A0} = 0$$

式中　a——旋转因子，$a = e^{j120°}$。

于是

$$\dot{I}_{A1} = \dot{I}_{A2} = \dot{I}_{A0} = \frac{1}{3}\dot{I}_k \tag{11-1}$$

$$\dot{U}_{A1} = -(\dot{U}_{A2} + \dot{U}_{A0}) \tag{11-2}$$

$$\begin{cases} \dot{U}_{A1} = (X_{2\Sigma} + X_{0\Sigma})\frac{1}{3}\dot{I}_k \\ \dot{U}_{A2} = -X_{2\Sigma}\dot{I}_{A1} = -\frac{1}{3}X_{2\Sigma}\dot{I}_k \\ \dot{U}_{A0} = -X_{0\Sigma}\dot{I}_{A1} = -\frac{1}{3}X_{0\Sigma}\dot{I}_k \end{cases} \tag{11-3}$$

式中　$X_{0\Sigma}$——系统对故障点的等效零序电抗；

$X_{2\Sigma}$——系统对故障点的等效负序电抗。

2. 变压器高压侧电压及电流相量图和序量图

若以A相的正序电压$\dot{U}_{A1}$为参考相量（置于纵坐标轴上），根据式（11－1）～式（11－3），并考虑到零序电抗$X_{0\Sigma}$通常大于负序电抗$X_{2\Sigma}$，可绘制出变压器高压侧的电流、电压的序量图及相量图，如图11－4所示。

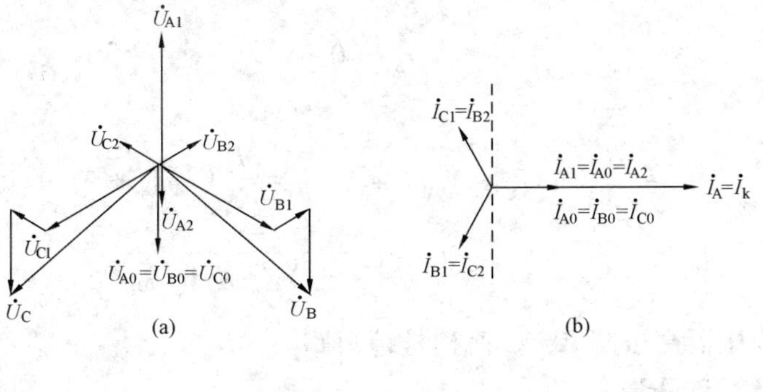

图11－4　YNd11变压器高压侧A相接地故障点的电压、电流序量图及相量图

（a）电压序量及相量图；（b）电流序量及相量图

由图 11 -4 可以看出，当变压器高压侧单相接地短路时，其他两非故障相的电压不会降低，但两相电压之间的相位差要发生变化。其变化的大小和方向与负序电抗 $X_{2\Sigma}$ 及零序电抗 $X_{0\Sigma}$ 的相对大小有关。不计负荷电流影响时，$\dot{I}_{B} = \dot{I}_{C} = 0$ 。

3. 变压器低压侧电压、电流的序量图和相量图

由于变压器的联结组别为 YNd11，根据序量经变压器传递原理知：变压器 Y 侧的正序电压和正序电流向 d 侧传递时，将逆时针移动 30°；而负序电压和负序电流向 d 侧传递时，将顺时针移动 30°；Y 侧的零序电压和零序电流不会出现在变压器 d 侧的输出端（即 d 的线电压和线电流中不会出现零序电压及零序电流）。

根据图 11 -4 及序量经变压器传递原理，并以高压侧的 $\dot{U}_{A1}$ 为参考相量，绘制出的变压器 d 侧电压、电流的相量图及序量图如图 11 -5 所示。

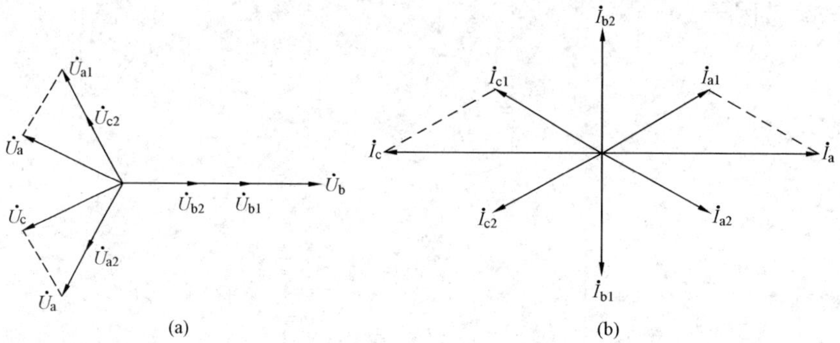

图 11 -5　YNd11 变压器高压侧 A 相接地短路时 d 侧电压、电流序量图和相量图

（a）电压相量及序量图；（b）电流相量及序量图

由图 11 -5 可以看出：YNd11 变压器高压侧 A 相发生单相接地故障时，低压侧故障相的滞后相（b 相）电流等于零，而电压最高。其他两相（a 相和 c 相）电流大小相等，方向相反。

4. 低压侧电压和电流大小的计算

（1）低压侧电流

$$I_{a} = I_{c} = \frac{2}{3}I_{k}\cos30^{\circ} = \frac{\sqrt{3}}{3}I_{k}$$

$$I_{b} = 0$$

（2）低压侧电压

$$U_{b} = \frac{I_{k}}{3}[(X_{2\Sigma} + X_{0\Sigma}) + X_{2\Sigma}] = \frac{I_{k}}{3}(2X_{2\Sigma} + X_{0\Sigma})$$

$$U_{a} = U_{c} = \frac{I_{k}}{3}\sqrt{X_{2\Sigma}^{2} + X_{2\Sigma}X_{0\Sigma} + X_{0\Sigma}^{2}}$$

三、YNd11 变压器高压侧 B、C 两相接地短路

1. 边界条件及对称分量

当变压器高压侧 B、C 两相接地短路时（设短路电流为 $\dot{I}_{k}$ ），可得故障点的边界条件为

$\dot{I}_{A}=0$；$\dot{U}_{B}=\dot{U}_{C}=0$

将该边界条件用对称分量表示，可得

$$\dot{U}_{A1}=\dot{U}_{A2}=\dot{U}_{A0}=\frac{\dot{U}_{A}}{3} \quad (11-4)$$

$$\dot{I}_{A1}=-(\dot{I}_{A2}+\dot{I}_{A0}) \quad (11-5)$$

2. 高压侧电压、电流相量图和序量图

根据式（11-4）和式（11-5），并以 $\dot{U}_{A1}$ 参考相量（置于纵坐标上），则可绘制出故障点电压、电流的相量图和序量图，如图 11-6 所示。

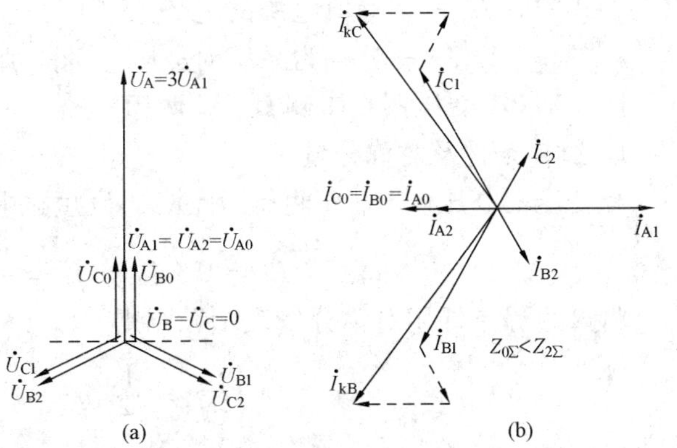

图 11-6　YNd11 变压器高压侧 B、C 两相接地短路时高压侧电压、电流相量图和序量图

（a）电压相量图及序量图；（b）电流相量图及序量图

由图 11-6（b）可以看出：YNd11 变压器高压侧 B、C 两相发生接地短路时，B、C 两相的电流大小相等，两者之间的相位发生变化，其变化的大小和方向决定于零序电流与负序电流的相对大小。

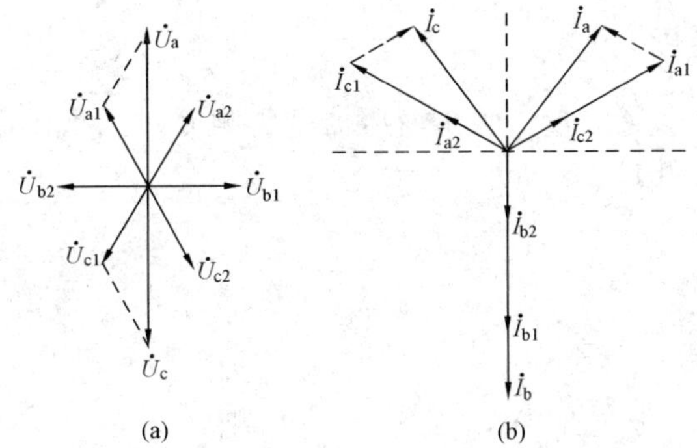

图 11-7　YNd11 变压器高压侧 B、C 两相接地短路时低压侧电压、电流相量图和序量图

（a）电压相量图及序量图；（b）电流相量图及序量图

3. 变压器低压侧电压、电流的相量图和序量图

根据图 11-6 所示的相量图、序量图以及序量经 YNd11 变压器传递原理，并以正序电压 $\dot{U}_{A1}$ 为参考相量，可以画出变压器高压侧 B、C 两相接地短路时，低压侧的电压、电流的序量图和相量图，如图 11-7 所示。

4. 低压侧电压和电流大小的计算

由图 11-7（a）可以看出，当 YNd11 变压器高压侧 B、C 两相发生接地短路时，变压器低压侧 b 相电压等于零（即 $\dot{U}_{b}=0$），而 a、c 两相电压大小相等，方向相反，其值为

$$U_{a}=U_{c}=\frac{2U_{a}}{3}\cos30^{\circ}=\frac{\sqrt{3}}{3}\dot{U}_{a}$$

由图 11-7（b）可以看出，低压侧 b 相电流最大，各相电流为

$$\dot{I}_{b}=\dot{I}_{b1}+\dot{I}_{b2}=\frac{E_{d}}{X_{1\Sigma}+\dfrac{X_{2\Sigma}X_{0\Sigma}}{X_{2\Sigma}+X_{0\Sigma}}}\left(1+\frac{X_{0\Sigma}}{X_{2\Sigma}+X_{0\Sigma}}\right)$$

$$I_{a}=I_{c}=\frac{E_{d}}{X_{1\Sigma}+\dfrac{X_{2\Sigma}X_{0\Sigma}}{X_{2\Sigma}+X_{0\Sigma}}}\sqrt{1+\left(\frac{X_{0\Sigma}}{X_{2\Sigma}+X_{0\Sigma}}\right)^{2}-\frac{X_{0\Sigma}}{X_{2\Sigma}+X_{0\Sigma}}}$$

以上各式中　E_d——等值电源的电势；

$X_{1\Sigma}$、$X_{2\Sigma}$、$X_{0\Sigma}$——分别为系统对故障点的等值正序电抗、负序电抗和零序电抗。

四、YNd1 变压器高压侧 B、C 两相短路

1. 边界条件及对称分量

当变压器高压侧 B、C 两相短路时，设短路电流为 I_k，故障点的边界条件为

$$\dot{I}_A = 0;\ \dot{I}_B = \dot{I}_k = -\dot{I}_C;\ \dot{U}_B = \dot{U}_C$$

将该边界条件用对称分量表示，则得

$$\begin{cases} \dot{I}_{A1} = \dfrac{1}{3}(a - a^2)\dot{I}_B = \dfrac{\sqrt{3}}{3}\dot{I}_k \\ \dot{I}_{A2} = -\dfrac{\sqrt{3}}{3}\dot{I}_k \\ \dot{I}_{A0} = 0 \end{cases} \tag{11-6}$$

$$\begin{cases} \dot{U}_{A0} = 0 \\ \dot{U}_{A1} = \dot{U}_{A2} = \mathrm{j}I_{A1}X_{2\Sigma} = \mathrm{j}\dfrac{\sqrt{3}}{3}I_kX_{2\Sigma} \end{cases} \tag{11-7}$$

式中　$X_{2\Sigma}$——故障点的等值负序电抗。

2. 变压器高压侧电压、电流的序量图和相量图

根据式（11－6）和式（11－7）并以 $\dot{U}_{A1}$ 为参考向量，画出变压器高压侧 B、C 两相短路时故障点的电压、电流的序量图和相量图，如图 11－8 所示。

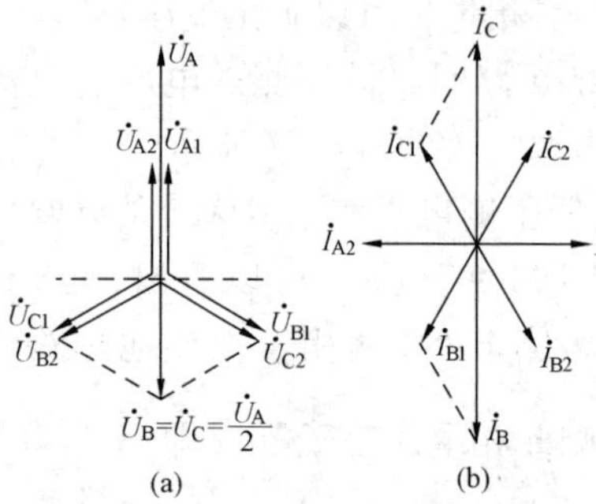

图 11－8　YNd1 变压器高压侧 B、C 两相短路时故障电压、电流相量图及序量图
（a）电压相量图及序量图；
（b）电流相量图及序量图

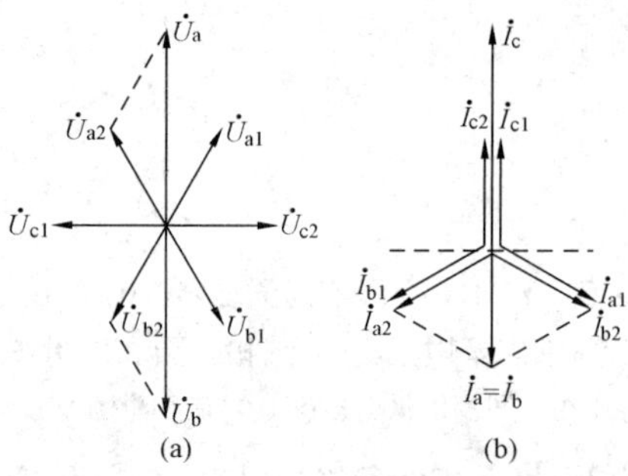

图 11－9　YNd1 变压器高压侧 B、C 两相短路时低压侧电压、电流相量图及序量图
（a）电压相量图及序量图；
（b）电流相量图及序量图

根据图 11－8 及序量经 YNd1 变压器的传递原理，绘制出的变压器低压侧电压、电流序量图及相量图，如图 11－9 所示。

由图 11－9 可以看出：YNd1 变压器高压侧发生 B、C 两相短路时，低压侧的 c 相电压等于零，而 a 相电压和 b 相电压大小相等、方向相反，其值也有降低。低压侧 c 相电流最大，而 a 相电流与 b 相电流大小相等、方向相同，且与 c 相电流相电流相位差为 180°。

3. 低压侧电压和电流值的计算

（1）各相电压。由图 11－9（a）可以得出

$$\dot{U}_c = 0$$

$$\dot{U}_a = 2\frac{\sqrt{3}}{2}\dot{U}_{a1} = \frac{1}{2}\times 2\frac{\sqrt{3}}{2}\dot{U}_A = \frac{\sqrt{3}}{2}\dot{U}_A$$

$$\dot{U}_b = -\frac{\sqrt{3}}{2}\dot{U}_A$$

（2）各相电流。由图 11－9（b）可以得出

$$I_a = \frac{\sqrt{3}}{3}I_k$$

$$I_b = \frac{\sqrt{3}}{3}I_k$$

$$I_c = \frac{2\sqrt{3}}{3}I_k$$

五、YNd5 变压器低压侧两相短路

1. 边界条件及对称分量

如果变压器低压侧无电源，则在变压器低压侧发生 b、c 两相短路时，设短路电流为 I_k，则故障点的边界条件为

$$\dot{I}_a = 0;\ \dot{I}_B = \dot{I}_k = -\dot{I}_C;\ \dot{U}_b = \dot{U}_c$$

将边界条件用对称分量表示，则得

$$\begin{cases} \dot{I}_{a1} = -\dot{I}_{a2} = \dfrac{\sqrt{3}}{3}\dot{I}_k \\ \dot{U}_{a1} = \dot{U}_{a2} = \mathrm{j}I_{a1}X_{2\Sigma} = \mathrm{j}\dfrac{\sqrt{3}}{3}I_kX_{2\Sigma} \\ \dot{U}_{a0} = 0 \end{cases} \tag{11-8}$$

2. 低电压侧电压、电流的序量图和相量图

若以 $\dot{U}_{a1}$ 为参考相量，则根据式（11－8）可划出故障点电压、电流序量图和相量图，如图 11－10 所示。

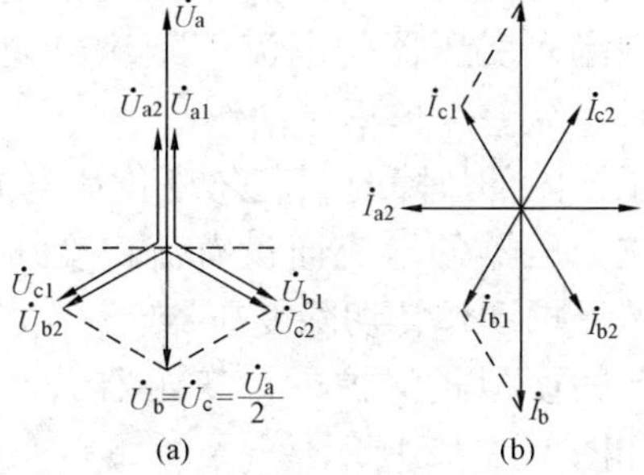

图 11－10　YNd5 变压器低压侧 b、c 两相短路时电压、电流序量图及相量图
（a）电压相量图和序量图；
（b）电流相量图和序量图

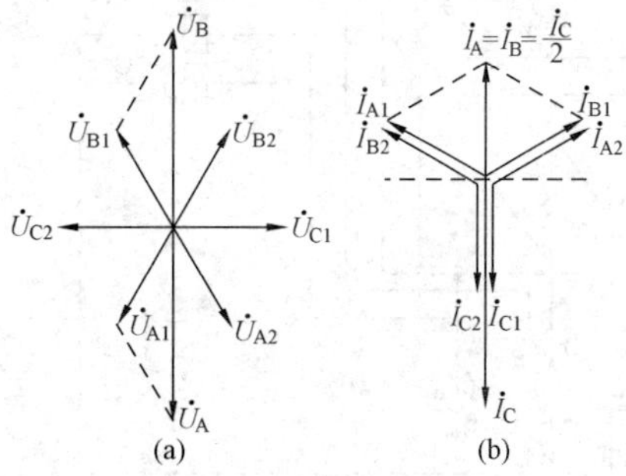

图 11－11　YNd5 变压器低压侧 B、C 两相短路时高压侧电压、电流序量图及相量图
（a）电压相量图和序量图；
（b）电流相量图和序量图

3. 变压器高压侧电压、电流的序量图和相量图

根据图 11－10 及序量经 YNd5 变压器传递定理，可绘制低压侧 b、c 两相短路时变压器高压侧电压、电流的序量图和相量图，如图 11－11 所示。

由图 11－11 可以看出：变压器高压侧的 C 相电压 $\dot{U}_C=0$，而 A 相电压与 B 相电压大小相等，方向相反；C 相电流最大，A 相电流与 B 相电流大小相等、相位相同，而与 C 相电流相位相反。

4. 高压侧电压和电流的计算

（1）各相电压。

$$U_C=0$$

$$U_A=U_B=2U_{a1}\cos30°=I_kX_{2\Sigma}$$

（2）各相电流。

C 相电流

$$I_C=\frac{2\sqrt{3}}{3}I_k$$

A 相电流等于 B 相电流

$$I_A=I_B=\frac{\sqrt{3}}{3}I_k$$

第三节　变压器纵差保护

一、变压器纵差保护的构成原理及接线

与发电机、电动机及母线差动保护（纵差保护）相同，若假设变压器的电能传递为线性的，则可近似地用基尔霍夫第一定律表示，即

$$\Sigma\dot{I}=0 \tag{11-9}$$

式中　$\Sigma\dot{I}$——变压器各侧电流的向量和。

式（11－9）代表的物理意义是：变压器正常运行或外部故障时，若忽略励磁电流损耗及其他损耗，则流入变压器的电流等于流出变压器的电流。此时，纵差保护不应动作。

当变压器内部故障时，若忽略负荷电流不计，则只有流进变压器的电流而没有流出变压器的电流，其纵差保护动作，切除变压器。

在以前的模拟式保护中，变压器纵差保护的原理接线如图 11－12 所示。

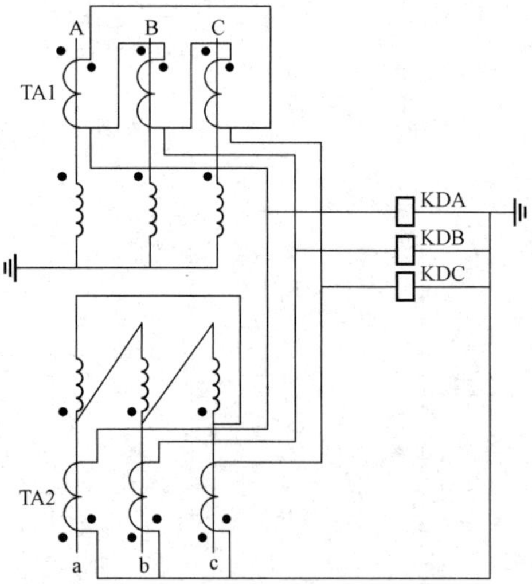

图 11－12　变压器纵差保护原理接线图
TA1、TA2—分别为变压器两侧的差动 TA；
KDA、KDB、KDC—分别为 A、B、C 三相的三个分相差动继电器

图 11－12 为联结组别为 YNd11 变压器的分相差动保护的原理接线图。该接线图也适用于微机型变压器差动保护。图中相对极性的标号·采用减极性标示法。

二、实现变压器纵差保护的技术难点

实现发电机、电动机及母线的纵差保护比较容易，这是因为这些主设备在正常工况或外部故障时，其流进电流等于流出电流，满足 $\Sigma\dot{I}=0$ 的条件。而变压器却不同，变压器在正常运行、外部故障、变压器空投及外部故障切除后的暂态过程中，其流入电流与流出电流相差较大或很大。为此，要实现变压器的纵差保护，需要解决几个技术难点。

1. 变压器两侧电流的大小及相位不同

变压器正常运行时，若不计传输损耗，则流入功率应等于流出功率。但由于两侧的电压不同，其两侧的电流也不相同。

超高压、大容量变压器的接线方式，均采用 YNd 方式。因此，流入变压器电流与流出变压器电流的相位不可能相同。当联结组别为 YNd11（或 YNd1）时，变压器两侧电流的相位相差 30°。

流入变压器的电流大小和相位与流出电流大小和相位不同，则 $\Sigma\dot{I}$ 就不可能等于零或很小。

2. 稳态不平衡电流大

与发电机、电动机及母线的纵差保护相比，即使不考虑正常运行时某种工况下变压器两侧电流大小与相位的不同，变压器纵差保护两侧的不平衡电流也大。其原因是：

（1）变压器有励磁电流。变压器铁芯中的主磁通是由励磁电流产生的，而励磁电流只流过电源侧，在实现的纵差保护中将产生不平衡电流。

励磁电流的大小和波形受磁路饱和的影响，并由变压器铁芯材料及铁芯的几何尺寸决定，一般为变压器额定电流的3% ~8%。大型变压器的励磁电流相对较小，一般小于1%。

（2）变压器有载调压。为满足电力系统及用户对电压质量的要求，在运行中，根据系统的运行方式及负荷工况，要不断改变变压器的分接头。变压器分接头的改变，相当于变压器两侧之间的变比发生了变化，将使两侧之间电流的差值发生变化，从而增大其纵差保护中的不平衡电流。

根据运行实际情况，变压器有载调压范围一般为 ±5%。因此，由于带负荷调压，在纵差保护产生的不平衡电流可达5%的变压器额定电流。

（3）两侧差动 TA 的变比误差。变压器两侧差动 TA 的铭牌变比与实际值不同，将在纵差保护中产生不平衡电流。另外，两侧 TA 的型号及变比不一，也将使差动保护中的不平衡电流增大。两侧 TA 变比误差在差动保护中产生的不平衡电流可取 6% ~10% 变压器额定电流。

3. 暂态不平衡电流大

（1）两侧差动 TA 型号、变比及二次负载不同。与发电机纵差保护不同，变压器两侧差动 TA 的变比不同、型号不同；由各侧 TA 端子箱引至保护盘 TA 二次电缆的长度相差很大，即各侧差动 TA 的二次负载相差较大。

差动 TA 型号及变比不同，其暂态特性就不同。差动 TA 二次负载不同，二次回路的暂态过程就不同。这样，在外部故障或外部故障切除后的暂态过程中，由于两侧电流中的自由分量相差很大，可能使两侧差动 TA 二次电流之间的相位发生变化，从而可能在纵差保护中产生很大的不平衡电流。

（2）空投变压器的励磁涌流。空投变压器时产生的励磁涌流的大小不仅与变压器结构有关，而且还与合闸前变压器铁芯中剩磁的大小、方向以及合闸角有关；此外，尚与变压器的容量、距大电源的距离（即变压器与电源之间的联系阻抗）有关。

多次测量表明：空投变压器时的励磁涌流通常为其额定电流的2～6倍，最大可达8倍以上。由于励磁涌流只由充电侧流入变压器，对变压器纵差保护而言是一很大的不平衡电流。

（3）变压器过励磁。在运行中，由于电源电压的升高或频率的降低，可能使变压器过励磁。变压器过励磁后，其励磁电流大大增加，使变压器纵差保护中的不平衡电流大大增加。

（4）大电流系统侧接地故障时变压器的零序电流。当变压器高压侧（大电流系统侧）发生接地故障时，流入变压器的零序电流因低压侧为小电流系统而不流出变压器。因此，对于变压器纵差保护而言，上述零序电流为一很大的不平衡电流。

三、空投变压器的励磁涌流

1. 励磁涌流产生的机理

以单相变压器为例，说明其空投时励磁涌流产生的机理。

忽略变压器及合闸回路电阻的影响，电源电压的波形为正弦波，则空投瞬间变压器铁芯中的磁通与外加电压的关系为

$$W\frac{\mathrm{d}\Phi}{\mathrm{d}t} = U_m\sin(\omega t + \alpha) \tag{11-10}$$

式中 W——变压器空投侧绕组的匝数；

Φ——铁芯中的磁通；

U_m——电源电压的幅值；

α——合闸角；

ω——角速率，当频率为50Hz时，$\omega=314$。

由式（11－10）可得

$$\mathrm{d}\Phi = \frac{U_m}{W}\sin(\omega t + \alpha)\mathrm{d}t \tag{11-11}$$

式（11－11）为一不定积分方程，求解得

$$\Phi = -\frac{U_m}{W\omega}\cos(\omega t + \alpha) + C \tag{11-12}$$

式中 C——积分常数，由初始条件确定。

当 $t=0$ 时，则

$$C = \frac{U_m}{W\omega}\cos\alpha + \Phi_s \tag{11-13}$$

式中 Φ_s——合闸前铁芯中的剩磁通。

将式（11－13）代入式（11－12），并考虑到电源回路及变压器绕组的有效电阻及损耗

$$\begin{aligned}\Phi &= -\frac{U_m}{W\omega}\cos(\omega t + \alpha) + \left(\frac{U_m}{W\omega}\cos\alpha + \Phi_s\right)e^{-\frac{t}{T}} \\ &= -\Phi_m\cos(\omega t + \alpha) + (\Phi_m\cos\alpha + \Phi_s)e^{-\frac{t}{T}}\end{aligned} \tag{11-14}$$

$$\Phi_m = \frac{U_m}{W\omega}$$

式中 T——时间常数，与合闸回路的损耗及感抗有关。

式（11－14）中的第一项为磁通的强迫分量，而第二项为磁通的自由分量或衰减的分量。

由式（11－14）可以看出，在空投变压器的瞬间，铁芯中的磁通由三部分组成：强迫磁通 $\Phi_m\cos(\omega t+\alpha)$，剩磁通 Φ_s 及决定于合闸角 α 的磁通 $\Phi_m\cos\alpha$。根据式（11－14）及不考虑自由分量衰减并设合闸角 $\alpha=0$ 剩磁 $\Phi_s=0.9\Phi_m$ 时，在合闸瞬间变压器铁芯中的综合磁通变化曲线如图 11－13 所示。

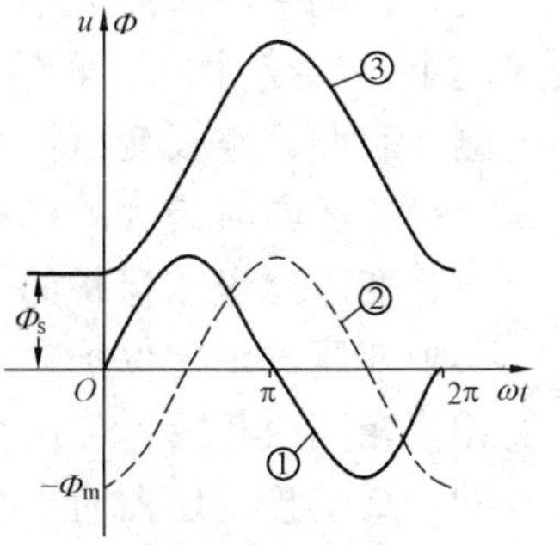

图 11－13　空投变压器时变压器铁芯中的磁通变化波形

①—外加电压波形；②—铁芯中的强迫磁通（或稳定磁通）；③—空投变压器时铁芯中综合磁通波形

可以看出：当初始合闸角等于 0°、变压器铁芯中的剩余磁通 $\Phi_s=0.9\Phi_m$ 时，铁芯中的最大磁通达 $2.9\Phi_m$，从而使变压器铁芯严重饱和，励磁电流猛增，即产生所谓励磁涌流。

2. 励磁涌流的特点

在某台变压器空投时拍摄的变压器三相励磁涌流的波形如图 11－14 所示。

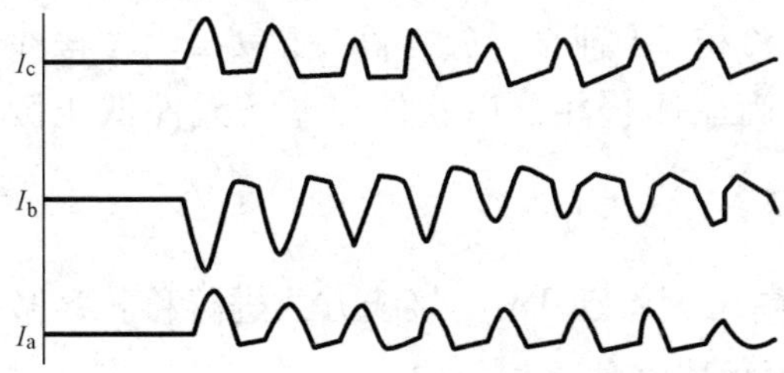

图 11－14　空投变压器的励磁涌流

由图 11－14 可以看出励磁涌流有以下几个特点：

（1）偏于时间轴一侧，即涌流中含有很大的直流分量；

（2）波形是间断的，且间断角很大，一般大于 120°；

（3）由于波形间断，使其在一个周期内正半波与负半波不对称；

（4）含有很大的二次谐波分量，若将涌流波形用傅里叶级数展开或用谐波分析仪进行测量分析，不同时刻涌流中二次谐波分量与基波分量的百分比通常大于 30%，有时达 80% 甚至更大；

（5）在同一时刻三相涌流之和近似等于零。

另外，励磁涌流是衰减的，衰减的速度与合闸回路及变压器绕组中的有效电阻和电感有关。

3. 影响励磁涌流大小的因素

由式（11－14）可以看出，空投变压器时铁芯中的磁通的大小与 Φ_m、$\cos\alpha$ 及 Φ_s 有关。而励磁涌流的大小与铁芯中磁通的大小有关。磁通越大，铁芯越饱和，励磁涌流就越大。因此，影响励磁涌流大小的因素主要如下：

（1）电源电压。变压器合闸后，铁芯中强迫磁通的幅值 $\Phi_m=\dfrac{U_m}{W\omega}$。因此，电源电压越高，$\Phi_m$ 越大，励磁涌流越大。

（2）合闸角 α。当合闸角 $\alpha=0$ 时，$\Phi_m\cos\alpha$ 最大，励磁涌流大；而当 $\alpha=90°$，$\Phi_m\cos\alpha$ 等于零，励磁涌流较小。

（3）剩磁 B_s。合闸之前，变压器铁芯中的剩磁越大，励磁涌流就越大。另外，当剩磁 B_s 的方向与合闸之后 $\Phi_m\cos\alpha$ 的方向相同时，励磁涌流就大。反之励磁涌流就小。

此外，励磁涌流的大小还与变压器的结构、铁芯材料及设计的工作磁密有关。变压器的容量越小，空投时励磁涌流与其额定电流之比就越大。

测量表明：空投变压器时，变压器与电源之间的阻抗越大，励磁涌流越小。在末端变电所，空投变压器时最大的励磁涌流可能小于其额定电流的 2 倍。

四、变压器纵差保护的实现

实现变压器纵差保护，要解决的技术问题主要有：①在正常工况下，使差动保护各侧电流的相位相同或相反，使由变压器各侧 TA 二次流入差动保护的电流产生的效果相同，即是等效的；②空投变压器时不会误动，即差动保护能可靠躲过励磁涌流；③大电流接地系统内发生接地故障时保护不会误动；④能可靠躲过稳态及暂态不平衡电流。

（一）差动保护两侧电流的移相方式

Yd 接线的变压器，两侧电流的相位不同，若不采取措施，要满足各侧电流的向量和等于零，即 $\Sigma\dot{I}=0$，根本不可能。因此，要使正常工况下差动保护各侧的电流向量和为零，首先应将某一侧差动 TA 二次电流进行移相。

在变压器纵差动保护中，对某侧电流的移相方式有两类共 4 种。两类是：通过改变差动 TA 接线方式移相（即由硬件移相）；由计算机软件移相。4 种是：改变高压侧差动 TA 接线方式移相；采用辅助 TA 移相；由软件在差动元件高压侧移相；由软件在差动元件低压侧移相。

1. 改变差动 TA 接线方式进行移相

过去的模拟式变压器纵差保护，大多采用改变高压侧差动 TA 的接线方式进行移相，微机型保护也可采用这种移相方式。

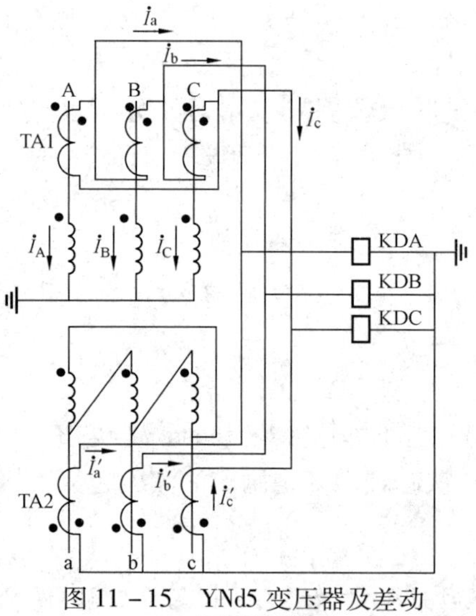

图 11－15　YNd5 变压器及差动 TA 原理接线图

$\dot{I}_A$、$\dot{I}_B$、$\dot{I}_C$—变压器高压侧三相一次电流；$\dot{I}_a$、$\dot{I}_b$、$\dot{I}_c$—变压器高压侧 TA 二次输出电流（分别为对应两相电流之差）；$\dot{I}'_a$、$\dot{I}'_b$、$\dot{I}'_c$—变压器低压侧 TA 二次三相电流；KDA、KDB、KDC—三相差动元件

采用上述移相方式时，需首先知道变压器的联结组别。变压器的联结组别不同，相应的差动 TA 的联结组别亦不相同。

（1）YNd11 变压器差动 TA 的联结组别。YNd11 变压器及纵差保护差动 TA 接线原理图如图 11－12 所示。在图 11－12 中，由于变压器低压侧各相电流分别超前高压侧同名相电流 30°，因此，低压侧差动 TA 二次电流（也等于流入差动元件的电流）也超前高压侧同名相电流 30°。而从高压侧差动 TA 二次流入各相差动元件的电流（分别为 TA 二次两相电流之差）滞后变压器同名相电流 150°。因此，各相差动元件的两侧电流的相位相差 180°。

（2）YNd5 变压器及差动 TA 的联结组别。YNd5 变压器及差动 TA 的原理接线如图 11－15 所示。

由图 11－15 可以看出：正常工况下，从低压侧差动 TA 二次流入各相差动元件的电流 $\dot{I}'_a$、$\dot{I}'_b$、$\dot{I}'_c$ 分别滞后变压器高压侧一次同名相电流 $\dot{I}_A$、$\dot{I}_B$、

$\dot{I}_C$ 150°；而从高压侧差动 TA 二次流入各差动元件的电流 $\dot{I}_a$ 、$\dot{I}_b$ 、$\dot{I}_c$ 分别超前 $\dot{I}_A$ 、$\dot{I}_B$ 、$\dot{I}_C$ 30°，故 $\dot{I}_a$ 与 $\dot{I}'_a$、$\dot{I}_b$ 与 $\dot{I}'_b$ 、$\dot{I}_c$ 与 $\dot{I}'_c$ 相位相差 180°。

（3）YNd1 变压器及差动 TA 的接线。YNd1 变压器及差动 TA 的原理接线如图 11－16 所示。

在图 11－16 中，各符号的物理意义同图 11－15。由图 11－16 可以看出：正常工况下，从低压侧 TA 二次流入各差动元件的电流 $\dot{I}'_a$ 、$\dot{I}'_b$、$\dot{I}'_c$ 分别滞后变压器高压侧一次同名相电流 $\dot{I}_A$ 、$\dot{I}_B$ 、$\dot{I}_C$ 30°；而从高压侧 TA 二次流入各相差动元件的电流 $\dot{I}_a$ 、$\dot{I}_b$ 、$\dot{I}_c$ 分别超前同名相电流 $\dot{I}_A$ 、$\dot{I}_B$ 、$\dot{I}_C$ 150°，故 $\dot{I}_a$ 与 $\dot{I}'_a$ 、$\dot{I}_b$ 与 $\dot{I}'_b$ 、$\dot{I}_c$ 与 $\dot{I}'_c$ 相位相差 180°。

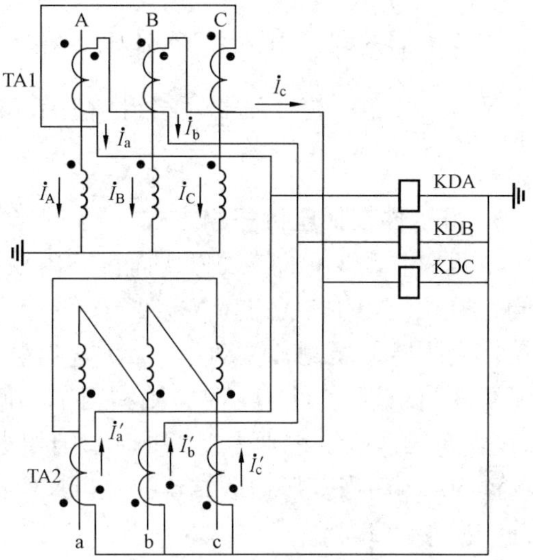

图 11－16　YNd1 变压器及差动 TA 原理接线图

由以上所述可知，改变变压器高压侧 TA 接线移相的实质是：对于联结组别分别为 YNd11、YNd1 及 YNd5 的变压器，其纵差保护差动 TA 的接线应分别为 D11y、D1y 及 D5y，从而使正常工况下各相差动元件两侧电流的相位相差 180°。

2. 接入辅助 TA 的移相方式

用辅助 TA 的电流移相方式，与用改变差动 TA 接线方式对电流进行移相的方法实质相同。

对于 YNd 接线的变压器，其差动 TA 的接线为 Yy，而在保护装置中设置一组辅助 TA，接成 d 接线，接入变压器高压侧差动 TA 二次，对该侧电流进行移相，以达到正常工况下使各相差动元件两侧电流相位相反的目的。

当然，对于不同联结组别的变压器，辅助 TA 的连接方式不相同。

3. 用软件对高压侧电流移相

运行实践表明：通过改变变压器高压侧差动 TA 接线方式对电流进行移相的方法，有许多优点，但也有缺点。其主要缺点是：第一次投运的变压器，若某相差动 TA 的极性接错，分析及处理相对较麻烦。另外，实现差动元件的 TA 断线闭锁也比较困难。

在微机型保护装置中，通过计算软件对变压器纵差保护某侧电流的移相方式已被广泛采用。

对于 Yd 接线的变压器，当用计算机软件对某侧电流移相时，差动 TA 的接线均采用 Yy。

用计算机软件对变压器高压侧差动 TA 二次电流的移相方式，是采用计算差动 TA 二次两相电流差的方式。分析表明，这种移相方式与采用改变 TA 接线进行移相的方式是完全等效的。这是因为取 Y 接线 TA 二次两相电流之差与将 Y 接线 TA 改成 d 接线后取一相的输出电流是等效的。

应当注意的是：用软件实现移相时，究竟取哪两相 TA 二次电流之差，应由变压器的联结组别决定。

当变压器的联结组别为 YNd11 时，在 Y 侧流入 A、B、C 三个差动元件的计算电流，应分别取 $\dot{I}_a-\dot{I}_b$、$\dot{I}_b-\dot{I}_c$、$\dot{I}_c-\dot{I}_a$（$\dot{I}_a$、$\dot{I}_b$、$\dot{I}_c$ 分别为差动 TA 二次三相电流）。

当变压器的联结组别为 YNd1 时，在 Y 侧三个差动元件的计算电流应分别为 $\dot{I}_a-\dot{I}_c$、$\dot{I}_b-\dot{I}_a$ 及 $\dot{I}_c-\dot{I}_b$；当变压器联结组别为 YNd5 时，则三个计算电流分别为 $\dot{I}_b-\dot{I}_a$、$\dot{I}_c-\dot{I}_b$、$\dot{I}_a-\dot{I}_c$。

4. 用软件在低压侧移相方式

就两侧差动 TA 的接线方式而言，用软件在低压侧移相方式与用软件在高压侧移相方式相同，差动 TA 的接线均为 Yy。

在变压器低压侧，差动 TA 二次各相电流移相的角度，也由变压器的联结组别决定。当变压器联结组别为 YNd11 时，则相当于将低压侧差动 TA 二次三相电流依次向滞后方向移动 30°；当变压器联结组别为 YNd1 时，则相当于将低压侧差动 TA 二次三相电流分别向超前方向移动 30°；而当变压器联结组别为 YNd5 时，则相当于将低压侧差动 TA 二次三相电流向超前方向移动 150°。

（二）消除零序电流进入差动元件的措施

对于 YNd 接线的变压器，当高压侧线路上发生接地故障时（对纵差保护而言是区外故障），有零序电流流过高压侧，而由于低压侧绕组为 d 连接，在变压器的低压侧无零序电流输出。这样，若不采取相应的措施，在变压器高压侧系统中发生接地故障时，纵差保护可能误动而切除变压器。

当变压器高压侧发生接地故障时，为使变压器纵差保护不误动，应对装置采取措施而使零序电流不进入差动元件。

对于差动 TA 接成 Dy 及用软件在高压侧移相的变压器纵差保护，由于从高压侧通入各相差动元件的电流分别为两相电流之差，已将零序电流滤去，故没必要再采取其他滤去零序电流的措施。

对于用软件在低压侧进行移相的变压器纵差保护，在高压侧流入各相差动元件的电流应将零序电流滤去

$$\dot{I}_a-\dot{I}_0\ ;\ \dot{I}_b-\dot{I}_0\ ;\ \dot{I}_c-\dot{I}_0$$

式中 $\dot{I}_0=\frac{1}{3}(\dot{I}_a+\dot{I}_b+\dot{I}_c)$——零序电流。

应当指出，对于接线为 YNy 的变压器（主要指发电厂的起动备用变压器），在其纵差保护装置中，应采取滤去高压侧零序电流的措施，以防高压侧系统中接地短路时差动保护误动。

（三）差动元件各侧之间的平衡系数

若变压器两侧差动 TA 二次电流不同，则从两侧流入各相差动元件的电流大小亦不相

同，从而无法满足 $\Sigma\dot{I}=0$。

在实现变压器纵差保护时，采用“作用等效”的概念，即使两个不相等的电流产生作用（对差动元件）的大小相同。

在电磁型变压器纵差保护装置中（BCH 型继电器），采用“安匝数”相同原理。而在模拟式保护装置（晶体管保护及集成电路保护）中，将差动两侧大小不同的两个电流通过变换器（例如 KH 变换器）变换成两个完全相等的电压。

在微机型变压器保护装置中，引用了一个将两个大小不等的电流折算成作用完全相同电流的折算系数，将该系数称作为平衡系数。

根据变压器的容量、联结组别、各侧电压及各侧差动 TA 的变比，可以计算出差动两侧之间的平衡系数。

设变压器的容量为 S_N，联结组别为 YNd11 两侧的额定电压分别为 U_Y 及 U_d，两侧差动 TA 的变比分别为 n_Y 及 n_d，若以变压器 d 侧为基准侧，计算出差动元件两侧之间的平衡系数 K。

1. 差动 TA 接线为 Dy（用改变差动 TA 接线方式移相）

变压器两侧差动 TA 二次电流 I_Y 及 I_d 分别为

$$I_Y=\frac{\sqrt{3}S_N}{\sqrt{3}U_Yn_Y}=\frac{S_N}{U_Yn_Y}$$

$$I_d=\frac{S_N}{\sqrt{3}U_dn_d}$$

要使 $KI_Y=I_d$，则平衡系数

$$K=\frac{I_d}{I_Y}=\frac{U_Yn_Y}{\sqrt{3}U_dn_d} \tag{11-15}$$

2. 差动 TA 接线为 Yy，由软件在高压侧移相

差动两侧 TA 二次电流分别为

$$I_Y=\frac{S_N}{\sqrt{3}U_YI_Y}$$

$$I_d=\frac{S_N}{\sqrt{3}U_dn_d}$$

每相差动元件两侧的计算电流：

高压侧，两相电流之差

$$I'_Y=\frac{S_N}{\sqrt{3}U_Yn_Y}\times\sqrt{3}=\frac{S_N}{U_Yn_Y}$$

低压侧

$$I'_d=\frac{S_N}{\sqrt{3}U_dn_d}$$

故平衡系数

$$K=\frac{U_Yn_Y}{\sqrt{3}U_dn_d} \tag{11-16}$$

可以看出：式（11－15）与式（11－16）完全相同。

由上所述，可以得出如下的结论：对于YNd接线的变压器，用改变TA接线方式移相及由软件在高压侧移相，差动元件两侧之间的平衡系数完全相同。此外，该平衡系数只与变压器两侧的电压及差动TA的变比有关，而与变压器的容量无关。

3. 差动TA接线为Yy，由软件在低压侧移相

平衡系数

$$K=\frac{U_Y n_Y}{U_d n_d} \tag{11-17}$$

表11－1为三绕组变压器纵差保护各侧之间平衡系数计算表。

表11－1　　YYd变压器纵差保护各侧之间的平衡系数（以低压侧为基准值）

项目名称	各侧系数		
	高压侧（H）	中压侧（M）	低压侧（L）
TA接线	Y	Y	Y
TA二次电流	$\frac{S_N}{\sqrt{3}U_H n_H}$	$\frac{S_N}{\sqrt{3}U_M n_M}$	$\frac{S_N}{\sqrt{3}U_L n_L}$
各相差动元件的计算电流	$\frac{S_N}{U_H n_H}$	$\frac{S_N}{U_M n_M}$	$\frac{S_N}{\sqrt{3}U_L n_L}$
对低压侧的平衡系数	$\frac{U_H n_H}{\sqrt{3}U_L n_L}$	$\frac{U_M n_M}{\sqrt{3}U_L n_L}$	1

注　表中列出的平衡系数是用软件在高压侧移相或用改变TA接线方式移相并以低压侧为基准侧的条件下计算出来的。

S_N—变压器的额定容量；U_H、n_H—分别为高压侧额定电压及TA的变比；U_M、n_M—分别为变压器中压侧额定电压及TA的变比；U_L、n_L—分别为变压器低压侧额定电压及TA变比。

（四）躲涌流措施

在变压器纵差保护中，利用涌流的各种特征量（含有直流分量、波形间断或波形不对称、含有二次谐波分量）作为制动量或进行制动，来躲过空投变压器时的励磁涌流。

（五）躲过不平衡电流（暂态不平衡电流及稳态不平衡电流）大的措施

运行实践表明，对变压器纵差保护进行合理地整定计算，适当提高其动作门坎，可以使其有效地躲过不平衡电流大的影响。

五、微机变压器纵差保护

（一）构成及逻辑框图

大型超高压变压器的纵差保护，由分相差动元件、涌流闭锁元件、差动速断元件、过励磁闭锁元件及TA断线信号（或闭锁）元件构成。涌流闭锁方式可采用分相闭锁或采用“或门”闭锁方式。其逻辑框图分别如图11－17及图11－18所示。

涌流“分相”闭锁方式，是指某相的涌流闭锁元件只对本相的差动元件有闭锁作用，而对其他相无闭锁作用。而涌流“或门”闭锁方式是指：在三相涌流闭锁元件中，只要有一相满足闭锁条件，立即将三相差动元件全部闭锁。此外，还有三取二闭锁方式等。

由图11－14可以看出，变压器空投时，三相励磁涌流是不相同的。各相励磁涌流的波形、幅值及二次谐波的含量不相同。对某些变压器空投录波表明，在某些条件下，三相涌流之中的某一相可能不满足闭锁条件。此时，若采用“或门闭锁的纵差保护，空投变压器时

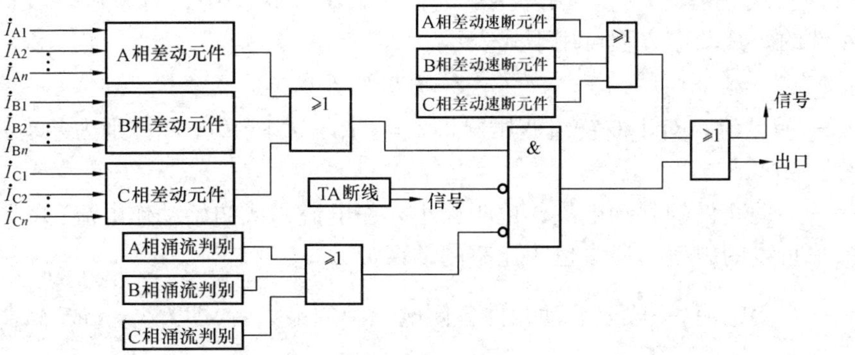

图 11－17 “或门”闭锁式变压器纵差保护逻辑框图

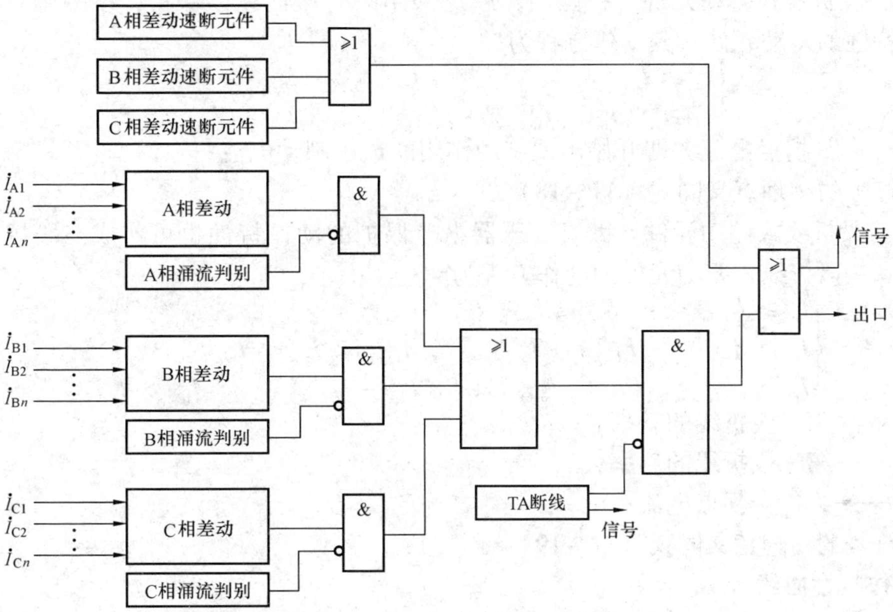

图 11－18 “分相”闭锁式变压器纵差保护逻辑框图

不会误动。而采用“分相”闭锁方式的差动保护，空投变压器容易误动。

采用“分相”闭锁方式的优点是：如果空投变压器时发生内部故障，保护能迅速而可靠动作并切除变压器；而“或门”闭锁方式的差动保护，则有可能拒动或延缓动作。

（二）差动元件的作用原理

目前，在广泛应用的变压器纵差保护装置中，为提高内部故障时的动作灵敏度及可靠躲过外部故障的不平衡电流，均采用具有比率制动特性的差动元件。

不同型号的纵差保护装置，其差动元件的动作特性不相同。差动元件的动作特性曲线，有一段折线式、二段折线式及三段折线式，采用较多的为二段折线式。

1. 动作方程

差动元件动作特性不同，其动作方程有差异。以下，介绍动作特性为Ⅰ段折线式、Ⅱ段折线式及Ⅲ段折线式差动元件的动作方程。

（1）一段折线式差动元件。国外生产的变压器纵差保护中，有采用一段折线式动作特性的差动元件的。其动作方程可用下式表示

$$I_{d} \geqslant I_{op.o} + S \cdot I_{res} \tag{11-18}$$

式中　I_{d}——差电流，对于双绕组变压器，$I_{dz} = |\dot{I}_1 + \dot{I}_2|$（$\dot{I}_1$、$\dot{I}_2$ 分别为差动元件两侧的电流）；

$I_{op.o}$——差动元件的起动电流，也叫最小动作电流，或初始动作电流；

S——折线的斜率，通常也叫比率制动系数；

I_{res}——制动电流，一般取差动元件各侧电流中的最大者，即 $I_{res} = \max\{|\dot{I}_1|, |\dot{I}_2|\}$，对于双绕组变压器，也有采用 $I_{res} = \dfrac{|\dot{I}_1 - \dot{I}_2|}{2}$ 的。

（2）二段折线式差动元件。在国内，广泛采用的变压器纵差保护，多采用具有二段折线式动作特性的差动元件。其动作方程为

$$\begin{cases} I_{d} \geqslant I_{op.o} & I_{res} \leqslant I_{res.o} \\ I_{d} \geqslant S(I_{res} - I_{res.o}) + I_{op.o} & I_{res} > I_{res.o} \end{cases} \tag{11-19}$$

式中　$I_{res.o}$——拐点电流，即开始出现制动作用的最小制动电流；

其他符号的物理意义同式（11－18）。

（3）三段折线式差动元件。微机变压器纵差保护的动作特性也可作成三段折线式或多段折线式。三段折线式差动元件的动作方程为

$$\begin{cases} I_{d} \geqslant I_{op.o} & I_{res} \leqslant I_{res.o} \\ I_{d} \geqslant S_1(I_{res} - I_{res.o}) + I_{op.o} & I_{res.o} < I_{res} \leqslant I_{res.1} \\ I_{d} \geqslant I_{op.o} + S_1(I_{res} - I_{res.o}) + S_2(I_{res} - I_{res.1}) & I_{res} > I_{res.1} \end{cases} \tag{11-20}$$

式中　S_1——第二段折线的斜率；

S_2——第三段折线的斜率；

$I_{res.1}$——第二个拐点电流；

其他符号的物理意义同式（11－19）。

2. 动作特性曲线

根据式(11－18)、式(11－19)及式(11－20)，绘制出的动作特性分别为一段折线式、二段折线式及三段折线式差动元件的动作特性曲线，分别如图 11－19、图 11－20 及图 11－21 所示。

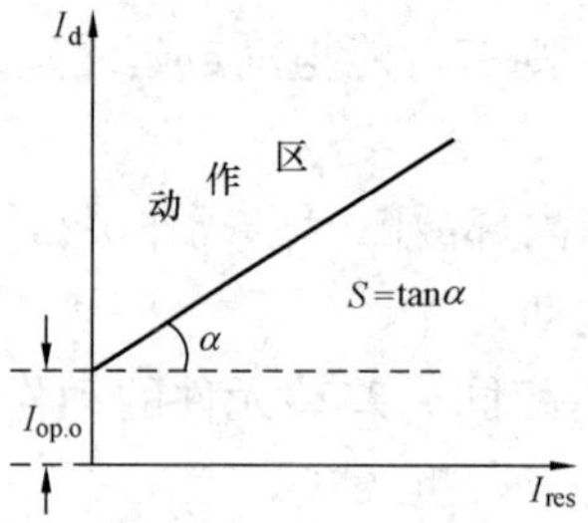

图 11－19　动作特性为Ⅰ段折线式差动元件的动作特性曲线

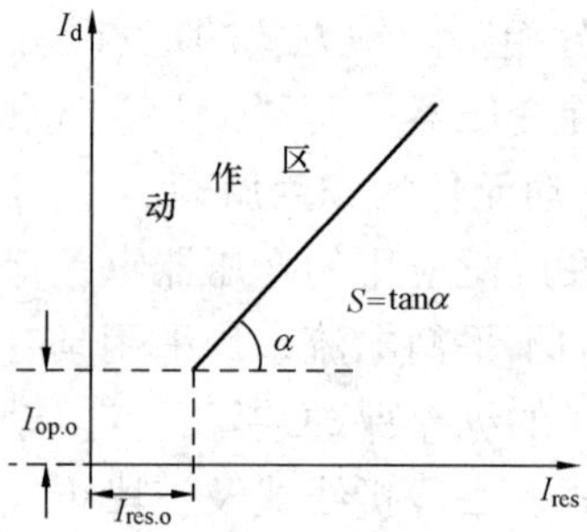

图 11－20　二段折线式差动元件的动作特性曲线

3. 对三种差动元件动作特性的比较

由图 11－19、图 11－20 及图 11－21 可以看出，具有比率制动特性差动元件的动作特性，由三个物理量来决定：即由起动电流 $I_{op.o}$，拐点电流 $I_{res.o}$、$I_{res.1}$ 及比率制动系数（特性曲线的斜率 S_1、S_2）来决定。由于差动元件的动作灵敏度及躲区外故障的能力与其动作特性有关，因此，其与 $I_{op.o}$、$I_{res.o}$及 S 有关。

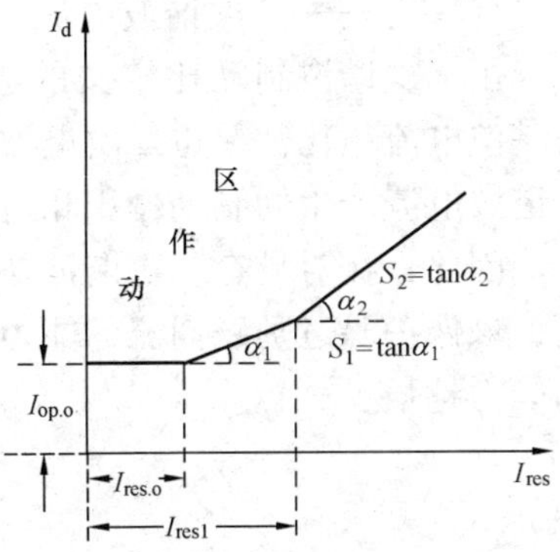

图 11－21　三段折线式差动元件的动作特性曲线

比较动作特性曲线不同的几个差动元件的动作灵敏度，可比较其 $I_{op.o}$、$I_{res.o}$ 及 S。可以看出：当起动电流 $I_{op.o}$及比率制动系数相同的情况下，拐点电流 $I_{res.o}$越小，其动作区越小，动作灵敏度就低。此时（各曲线的 $I_{op.o}$ 及 S 相同），动作特性如图 11－19 所示的差动元件的动作灵敏度，比其他两个差动元件低，而躲区外故障的能力比其他两个高。

在比较几个差动元件的动作灵敏度及躲区外故障的能力时，只有将上述三个物理量中的两个固定之后才能进行，而当三个物理量均为变量时是无法比较的。在其他两个量固定之后，比率制动系数越小，或拐点电流越大，或初始动作电流越小，差动元件动作灵敏度越高，但躲区外故障的能力越差。

数十年的运行实践表明，只要对起动电流 $I_{op.o}$、拐点电流 $I_{res.o}$及比率制动系数进行合理的整定，具有二段折线式动作特性的差动元件，完全能满足动作灵敏度及工作可靠性的要求。

（三）涌流闭锁元件

目前，在广泛应用的变压器纵差保护装置中，通常采用励磁涌流的特征量之一作为闭锁元件来实现躲过励磁涌流。

设置速饱和变流器的电磁型差动继电器（BCH 型继电器），是根据涌流中有直流分量原理躲过涌流的。晶体管保护和集成电路保护装置，是采用波形间断原理或二次谐波制动原理躲过涌流的。微机型保护装置，是采用二次谐波制动或波形间断角原理或波形对称原理来区分故障电流与励磁涌流的。

1. 二次谐波制动原理

二次谐波制动原理的实质是：利用差动元件差电流中的二次谐波分量作为制动量，区分出差流是故障电流还是励磁涌流。

在具有二次谐波制动的差动保护中，采用一个重要的物理量，即二次谐波制动比来衡量二次谐波电流的制动能力。

所谓二次谐波制动比 $K_{2\omega z}$ 是指：在差动元件的差电流中，含有基波分量和二次谐波分量，其基波分量大于差动元件的动作电流，而差动元件处于临界制动状态，此时，二次谐波分量电流与基波分量电流的百分比，叫做二次谐波制动比，即

$$K_{2\omega z} = \frac{I_{2\omega}}{I_{1\omega}} \times 100\% \tag{11-21}$$

式中　$K_{2\omega z}$——二次谐波制动比；

$I_{1\omega}$——基波电流；

$I_{2\omega}$ ——二次谐波电流。

由二次谐波制动比定义的边界条件及式（11－21）可以看出，二次谐波制动比越大，与基波电流相比，单位二次谐波电流产生的作用相对越小；而二次谐波制动比越小，单位二次谐波电流产生的制动作用相对越大。

因此，在对具有二次谐波制动的差动保护进行定值整定时，二次谐波制动比整定值越大，该保护躲过励磁涌流的能力越弱；反之，二次谐波制动比整定值越小，保护躲励磁涌流的能力越强。

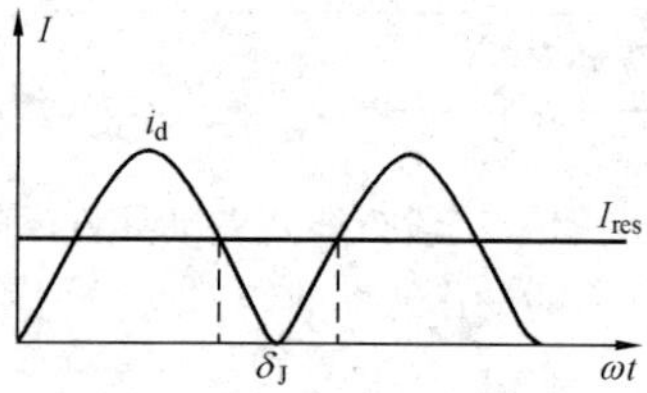

图 11－22　间断角原理图
I_{res} 一制动电流（直流），其中包括直流门坎值折算成的制动电流量；i_d 一流过差动元件的差流（将负半波反向之后）；δ_J 一间断角

2. 间断角原理

变压器内部故障时，故障电流波形无间断；而变压器空投时，励磁涌流的波形是间断的，具有很大的间断角（一般大于120°）。按间断角原理构成的差动保护，是根据差电流波形是否有间断及间断角的大小来区分故障电流与励磁涌流的。

（1）间断角原理的波形图如图 11－22 所示。由图可以看出，差动元件测量出的间断角的物理意义是：在差流的半个周期内，差动量小于制动量的角度。

（2）差动元件的闭锁角。闭锁角 δ_B 是按间断角原理构成的变压器纵差保护的一个重要物理量（作为整定值），用它来判断差动元件中的差流是由故障电流还是励磁涌流引起的。

当测量出的间断角 δ_J 满足 $\delta_J > \delta_B$ 时，则判断差流为励磁涌流，将保护闭锁。此时，即是 $i_d > I_{op.o}$，保护也不会动作。

当测量出的间断角满足 $\delta_J < \delta_B$ 时，则认为差动元件中的差流为故障电流。当差动电流 $i_d \geq I_{op.o}$ 时，差动保护动作，切除变压器。

（3）保护工况分析。变压器正常运行时差流很小，图 11－22 中的 i_d 很小，而 I_{res} 较大，I_{res} 直线将在 i_d 顶点的上方。此时，间断角 $\delta_J \approx 360°$，且 $i_d < I_{op.o}$，保护可靠不动作。

变压器空投时，产生很大的励磁涌流。设励磁涌流的波形如图 11－23 中的 i_d 所示。

由图 11－23 可以看出：尽管差流 i_d 波形幅值很大（能满足 $i_d \geq I_{op.o}$），但由于间断角 δ_J 很大（大于闭锁角 δ_B），差动保护将被可靠闭锁。

当变压器内部故障时，流入差动元件的差流很大且无间断。设故障电流波形如图 11－24 中的 i_d 所示。

由图 11－24 可以看出，δ_J 很小（$\delta_J < \delta_B$）。又由于差流幅值很大，能满足 $I_d \geq I_{op.o}$，故差动保护动作，作用于切除变压器。

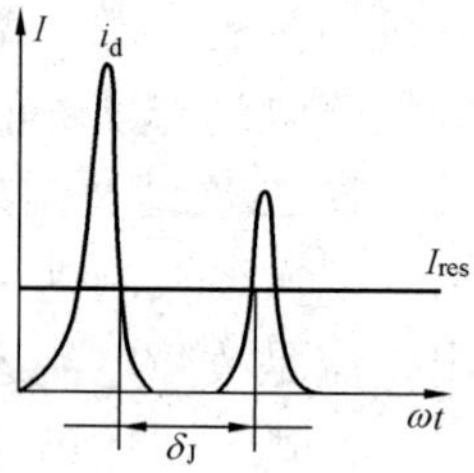

图 11－23　空投变压器时的差流和制动电流波形

（4）δ_B 定值的影响。当差动元件的起动电流 $I_{op.o}$ 为定值时，整定的闭锁角 δ_B 越小，则要求在半个周期内差流大于制动电流的角度越大，即交流制动系数越大。空投变压器时，差动元件越不容易误动。反之，闭锁角 δ_B 整定值越大，躲励磁涌流的能力越小。

3. 波形对称原理

在微机型变压器纵差保护中，采用波形对称算法，将励磁涌流同变压器故障电流区分开来。其计算方法如下：

首先将流入差动元件的差流进行微分，滤去电流中的直流分量，使电流波形不偏移横坐标轴（即时间轴）的一侧，然后比较每个周期内差电流的前半波与后半波的量值。

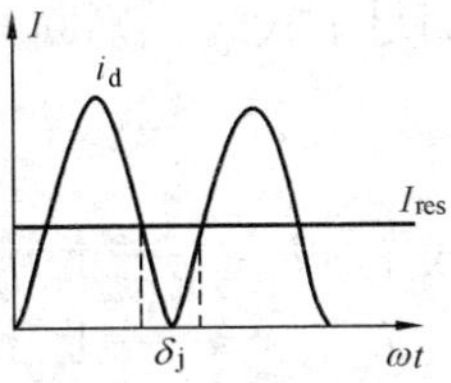

图 11－24 变压器内部故障时差流和制动电流波形

设 I'_j 表示差流微分后波形上前半周某一点的值，$I'_{j+180°}$ 表示差流波形微分后波形上与 I'_j 点相差 180°点的值，K 为比率常数，则当满足

$$\left|\frac{I'_j + I'_{j+180°}}{I'_j - I'_{j+180°}}\right| \leqslant K \qquad (11-22)$$

则认为波形是对称的，否则认为波形不对称。

在式（11－22）中，K 又称不对称系数，通常等于 1/2。

变压器内部故障时，I'_j 值与 $I'_{j+180°}$ 值大小基本相等、相位基本相反，则 I'_j 与 $I'_{j+180°}$ 大小相等方向相反，$I'_j + I'_{j+180°} \approx 0$，$I'_j - I'_{j+180°} \approx 2I'_j$。此时，$K \approx 0$。差动保护动作。

励磁涌流的波形具有很大的间断角，I'_j 值与 $I'_{j+180°}$ 值相差很大，相位也不会相差 180°，因此，$I'_j + I'_{j+180°}$ 可能较 $I'_j - I'_{j+180°}$ 还大，K 值将大于 1/2。差动保护被闭锁。

4. 磁制动原理

磁制动涌流闭锁原理是利用计算变压器的磁通特性来区分励磁涌流与故障电流的。

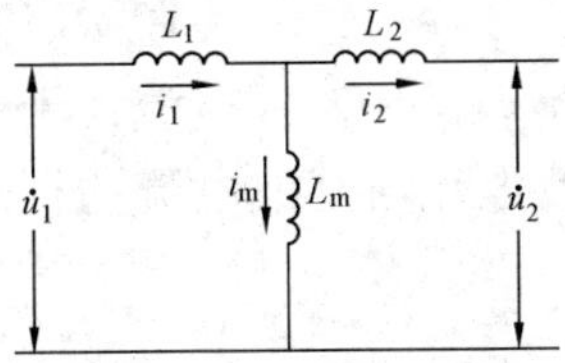

图 11－25 变压器的等值网路

L_1、L_2—分别为变压器一次侧与二次侧的漏感；L_m—变压器励磁电感；i_1、i_2—变压器输入及输出电流；$\dot{u}_1$、$\dot{u}_2$—变压器输入及输出电压；i_m—变压器的励磁电流，$i_m = i_1 - i_2$

忽略不计变压器绕组电阻及铁芯的有效损耗，带电后变压器的 T 形等值网路如图11－25所示。

由图 11－25 可得到变压器电势的简化方程

$$\dot{U}_1 - L_1\frac{di_1}{dt} = L_m\frac{di_m}{dt} \qquad (11-23)$$

由于 L_1 是漏磁通产生的，其值很小，故可将式（11－23）简化为

$$U_1 = L_m\frac{di_m}{dt} \qquad (11-24)$$

励磁电感 L_m 的大小与变压器铁芯励磁特性有关，当变压器工作磁密变化时（沿磁化曲线变化），L_m 值也随之变化。因此，L_m 值能反映铁芯中的磁密在磁化曲线上的部位。当工作磁密在磁化曲线上的饱和位置时，L_m 值大大降低，从而出现励磁涌流。

在微机型变压器差动保护装置中，可用检测励磁电感 L_m 的变化状况来区分励磁涌流和故障电流。

由式（11－24）可得 $L_m = \dfrac{U_1}{\dfrac{di_m}{dt}}$。再进一步简化得

$$L_{m.n} = \frac{U_n \cdot \Delta t}{i_{m.(n+1)} - i_{m.(n-1)}} \qquad (11-25)$$

式中 U_n ——n 时刻的外加电压值；

$i_{m.(n+1)}$ ——$(n+1)$ 时刻的励磁电流；

$i_{m.(n-1)}$ ——$(n-1)$ 时刻的励磁电流；

$L_{m.n}$ ——n 时刻的励磁电感；

Δt ——采样间隔。

在保护装置中，结合对差流波形的计算，计算励磁电流上升沿开始几个点的 L_m 值。当

满足下式时，判断为励磁涌流，否则判为故障电流。

$$L_{m.n}-L_{m.(n+m)}\geqslant K \tag{11-26}$$

式中 $L_{m.n}$——上升沿第 n 个采样点励磁电感；

$L_{m.(n+m)}$——上升沿第 $n+m$ 个采样点的励磁电感；

K——常数。

（四）过励磁闭锁元件

运行中的变压器，当由于某种原因造成过励磁时，可能导致纵差保护误动。

对于超高压大型变压器，为防止过励磁运行时纵差保护误动，设置过励磁闭锁元件。当变压器过励磁时，将纵差保护闭锁。

变压器过励磁，励磁电流中的5次谐波分量大大增加。变压器纵差保护的过励磁闭锁元件，实际上是采用5次谐波电流制动元件。即当差流中的5次谐波分量大于某一值时，将差动保护闭锁。

在变压器纵差保护中，采用5次谐波制动比这个物理量 $K_{5\omega z}$，来衡量5次谐波电流的制动能力。

所谓5次谐波制动比，是指：差流中有基波电流及5次谐波电流，其中基波电流大于差动元件的动作电流，而差动元件处于临界制动状态。此时，5次谐波电流与基波电流的百分比叫5次谐波制动比。

$$K_{5\omega z}=\frac{I_{5\omega}}{I_{1\omega}}\times 100\% \tag{11-27}$$

式中 $I_{5\omega}$——5次谐波电流；

$I_{1\omega}$——基波电流。

与二次谐波制动比类似，5次谐波制动比越大，单位5次谐波电流产生的制动作用越小，差动保护躲过励磁的能力越差；反之，5次谐波制动比越小，单位5次谐波电流产生的制动作用越大，差动保护躲变压器过励磁的能力越强。

（五）差动速断元件

差动速断元件，实际上是纵差保护的高定值差动元件。

前已述及，对变压器纵差保护设置的涌流闭锁元件，主要是根据励磁涌流的特征量“波形畸变”或“谐波分量大”实现的。

当变压器内部或变压器引出线套管（在差动保护范围内）发生故障TA饱和时，TA二次电流的波形将发生严重畸变，其中含有大量的谐波分量，从而使涌流判别元件误判断成励磁涌流，致使差动保护拒动或延缓动作，严重损坏变压器。

为克服纵差保护的上述缺点，设置差动速断元件。此外，在差动保护范围内变压器油箱外的故障能快速切除，从保护系统稳定性要求来说，也是十分必要的。

差动速断元件反映的也是差流。与差动元件不同的是，它反映差流的有效值。不管差流的波形如何，以及含有谐波分量的大小，只要差流的有效值超过了整定值，它将迅速动作而切除变压器。

六、整定原则及对定值的建议

对变压器纵差保护的整定，就是要确定与差动元件、涌流判别元件、差动速断元件及过励磁闭锁元件动作特性有关的几个物理量的值。

（一）差动元件

决定差动元件动作灵敏度及工作可靠性的三要素是：起动电流 $I_{op.o}$、拐点电流 $I_{res.o}$ 及比率制动系数 S。因此，对差动元件的整定，就是确定三要素的大小。

1. 起动电流 $I_{op.o}$

对起动电流 $I_{op.o}$ 的整定原则是：可靠地躲过正常工况下最大的不平衡差流。

变压器正常运行时，在差动元件中产生不平衡差流的原因有：两侧差动 TA 变比有误差、带负荷调压、变压器的励磁电流及保护通道传输及调整误差等。

起动电流 $I_{op.o}$ 可按下式计算

$$I_{op.o} = K_{rel}(K_{er} + K_3 + \Delta u + K_4)I_N \tag{11-28}$$

式中 I_N——变压器的额定电流（二次值）；

K_{rel}——可靠系数，取 1.5～2；

K_{er}——电流互感器 TA 的比误差，对于 10P 型 TA，取 0.03×2，对于 5P 型 TA，取 0.01×2；

Δu——变压器改变分接头或带负荷调压造成的误差，取 0.05；

K_3——其他误差（变压器的励磁电流等引起的误差），取 0.05；

K_4——通道变换及调试误差，取 0.05×2＝0.1。

将以上各值代入式（11－28）可得 $I_{op.o} = (0.39 \sim 0.52)I_N$，通常取 $I_{op.o} = (0.4 \sim 0.5)I_N$。

多年的运行实践证明：当变压器两侧流入差动保护装置的电流值相差不大（即为同一个数量级）时，$I_{op.o}$ 可取 0.4 I_N。而当差动两侧电流值相差很大（相差 10 倍以上）时，$I_{op.o}$ 取 0.5 I_N 比较合理。

2. 拐点电流 $I_{res.o}$

运行实践表明，在系统故障被切除后的暂态过程中，虽然变压器的负荷电流不超过其额定电流，但是由于差动元件两侧 TA 的暂态特性不一致，使其二次电流之间相位发生偏移，可能在差动回路中产生较大的差流，致使差动保护误动作。

为躲过区外故障被切除后的暂态过程对变压器差动保护的影响，应使保护的制动作用提早产生。因此，$I_{res.o}$ 取 0.6～0.8 I_N 比较合理。

3. 比率制动系数 S

比率制动系数 S，按躲过变压器出口三相短路时产生的最大不平衡差流来整定。

变压器出口区外故障时的最大不平衡电流为

$$I_{unb.max} = (K_{er} + \Delta u + K_3 + K_4 + K_5)I_{k.max} \tag{11-29}$$

式中 K_5——两侧 TA 暂态特性不一致造成不平衡电流的系数，取 0.1；

$I_{unb.max}$——最大不平衡电流（即差流）；

$I_{k.max}$——出口三相短路时最大短路电流（TA 二次值）。

K_{er}、Δu、K_3、K_4 的物理意义同式（11－28）但 K_{er} 取 0.1。

代入式（11－29）得：$I_{unb.max} = 0.4I_{k.max}$。

忽略拐点电流不计，计算得特性曲线的斜率 $S_c \approx 0.4$。

实际取比率制动系数 $S=(1.1\sim1.3)$，$S_c=0.44\sim0.52$。

长期运行的实践表明：比率制动系数取0.4～0.5比较合理。

（二）励磁涌流判别元件的整定

1. 二次谐波制动比的整定

具有二次谐波制动的差动保护的二次谐波制动比，是表征单位二次谐波电流制动作用大小的一个物理量。二次谐波制动比越大，保护的谐波制动作用越弱，反之亦反。

具有二次谐波制动的差动保护二次谐波制动比，通常整定为15%～20%。但是，在具体整定时应根据变压器的容量、主接线及系统负载情况而定。

（1）对于大容量的发电机变压器组，且在发电机与变压器之间没有断路器时，由于变压器的容量大且空投的可能性较小，二次谐波制动比可取较大值，例如18%～20%。

（2）对于容量较大的变压器，由于空充电时的励磁涌流倍数较小，二次谐波制动比可取16%～18%。

（3）对于容量较小且空投次数可能较多的变压器，二次谐波制动比应取较小值，即取15%～16%。

（4）对处于冶炼及电气机车负载所占比重大的系统而自身容量小的电源变压器，在其他容量较大的负载变压器空充电时，穿越性励磁涌流可能致使其差动保护误动。因此，除应将变压器的二次谐波制动方式改成“或门”（即一相制动三相）之外，二次谐波制动比还应取较小值，例如14%～15%（或12%～13%）。

2. 闭锁角的整定

与二次谐波制动比相似，按间断角原理构成的变压器差动保护，其闭锁角是衡量该差动保护躲励磁涌流能力的一个物理量。闭锁角整定值越大，该差动保护躲励磁涌流的能力越差。反之亦反。

同样，闭锁角整定值的确定应考虑变压器的容量、主接线及系统负荷情况。

（1）对于大容量发电机变压器组，当在发电机与变压器之间没有断路器时，闭锁角应整定为较大值，可取70°。

（2）对于降压变电所中的大型变压器，闭锁角可整定为65°。

（3）对于容量较小的变压器，或系统容量小且处于冶炼或电气机车负载所占比重大系统中的变压器，闭锁角可整定为60°。

（三）差动速断元件的整定

变压器差动速断元件是纵差保护的辅助保护。由于变压器差动保护中设置有涌流判别元件，因此，受电流波形畸变及电流中谐波的影响很大。当区内故障电流很大时，差动TA可能饱和，从而使差流中含有大量的谐波分量，并使差流波形发生畸变，可能导致差动保护拒动或延缓动作。差动速断元件只反映差流的有效值，不受差流中的谐波及波形畸变的影响。

差动速断元件的整定值应按躲过变压器励磁涌流来确定。通常

$$I_{op}=KI_N \tag{11-30}$$

式中　I_{op}——差动速断元件的动作电流；

K——可靠系数，一般取4～8；

I_N ——变压器的额定电流（差动 TA 二次值）。

由式（11－30）可以看出：差动速断元件的动作值决定于系数 K，而 K 的整定应根据具体情况而定。K 的大小与变压器容量、主接线及变压器与无穷大系统（母线）之间联系电抗的大小有关：

（1）对于在发电机与变压器之间无断路器的大型变压器发电机组，K 值可取 3～4；

（2）对于大型发电厂的中、小型变压器（例如有空投可能性的厂用高压变压器及起动备用变压器），K 值可取 8～10；

（3）对于经长线路与系统连接的降压变电所中的中、大型变压器，K 值可取 4～6。

（四）过励磁闭锁元件

对过励磁闭锁元件的整定，就是确定 5 次谐波制动比 $K_{5\omega z}$ 的值。

应当指出，采用 5 次谐波电流作制动量防止变压器过励磁时差动保护误动措施的正确性值得探讨，在此时不作分析。对有过激磁闭锁元件的纵差保护，5 次谐波制动比通常为 0.35 左右。

七、提高可靠性措施

运行实践及统计表明，在变压器纵差保护不正确动作的类型中，因整定值不妥及 TA 二次回路不良所占的比率很大。因此，为提高保护的可靠性，除了必须保证保护装置高质量之外，还必须对其各元件整定值进行合理地整定，确保其二次回路正确。

（一）不正确动作类型

统计表明，经常发生的差动保护不正确动作的类型有：正常运行时（系统无故障及无冲击）的误动、区外故障时误动、系统短路故障被切除时误动。

（二）不正确动作原因分析

1. 变压器正常运行时差动保护不正确动作

分析及统计表明，正常运行时差动保护不正确动作的主要原因有：

（1）由于 TA 二次回路中接线端子螺丝松动，而使回路连线接触不良或短时开路；

（2）TA 二次回路中一相接触不良，在接触不良点产生电弧进而造成单相接地或两相之间短路（指 TA 二次回路短路）；

（3）TA 二次电缆芯线外层绝缘破坏或损伤，在运行中由于振动等原因造成接地短路；

（4）差动 TA 二次回路多点接地，其中一个接地点在保护装置盘上，其他接地点在变电所端子箱内，两个接地点之间的地电位相差太大，或由于试验等原因，在差动元件中产生差流使其误动（在雷雨天易发生）。

2. 区外故障切除时的不正确动作

区外故障被切除时，流过变压器的电流突然减小到额定负荷电流之下。在此暂态过程中，由于电流中自由分量的存在，使两侧差动 TA 二次电流之间的相位短时（40～60ms）发生了变化，在差动元件中产生差流。两侧差动 TA 的暂态特性相差越大，差流值越大，持续的时间就越长。又由于流过变压器的电流较小，差动元件的制动电流较小，当差动元件拐点电流整定得过大时，差动元件处于无制动状态。此时，若初始动作电流定值偏小，保护容易误动。

3. 区外故障时的不正确动作

区外故障差动保护误动的情况有两种，一种是近区故障（故障点距变压器近）而故障电流很大；另一种是远区故障而故障电流很小（比变压器额定电流略大）。

前一种故障时保护误动的原因，多因一侧的TA饱和，在差动元件中产生的差流特别大；后一种故障时保护误动的原因，多是两侧差动TA暂态特性相差大及差动元件定值整定有误（拐点电流过大、起动电流过小等）所致。

（三）提高可靠性措施

为提高纵差保护的动作可靠性，应做好以下工作。

1. 严防TA二次回路接触不良或开路

加强对差回路差流的运行监视及对保护装置维护。在保护装置安装调试之后，或变压器大修后投运之前，应仔细检查TA二次回路，拧紧二次回路中各接线端子的螺丝，且螺丝上应有弹簧垫或防振片。

2. 严格执行反措要求

所有电气上有连接的差动TA二次回路只能有一个公共接地点，且该接地点应在保护盘上。

3. 确保差动TA二次电缆各芯线之间及各芯线对地的绝缘

应结合主设备检修，定期检查差动TA二次电缆各芯线对地及各芯线之间的绝缘。用1000V绝缘电阻表测量时，各绝缘电阻应满足有关规程的要求。

另外，在配线过程中，不要损坏电缆芯线外层的绝缘，接端子线的外露部分尽量要短，以免因振动等原因而造成接地或相间短路。

4. 纵差保护用TA的选择

在选择变压器纵差保护TA时，一定要保证各组TA的容量及精度等级。优先采用暂态特性好的TP级TA。

另外，选择二次电缆时，差动TA二次回路电缆芯线的截面应足够大。对于长电缆，其芯线截面应不小于$4mm^2$（铜线）。

保护装置内部辅助TA的特性应好，还可由软件设置防止TA饱和措施。

5. 合理的整定值

在对变压器纵差保护各元件的定值进行整定时，应根据变压器的容量、结构、在系统中的位置及系统的特点，合理而灵活地选择定值，以确保保护的动作灵敏度及可靠性。

运行实践表明：过分追求差动保护的动作灵敏度及动作的快速性，是误区的一种。

第四节　其他差动保护

根据变压器的类型、容量、电压等级及其他特点，除应装设反映变压器内部故障的纵差保护之外，还可装只反映某一侧故障的分侧差动保护及反映大电流系统侧内部接地故障的零序差动保护。

一、分侧差动保护

1. 构成接线及特点

分侧差动保护是将变压器的各侧绕组分别作为被保护对象，在各侧绕组的两侧设置电流互感器而实现差动保护。实际上，分侧差动保护多用于超高压大型变压器的高压侧，其原理接线如图11－26所示。

由图 11－26 可以看出：分侧差动保护的原理接线图与发电机纵差保护的原理接线图完全相同。

该保护的优点是：它不受变压器励磁电流、励磁涌流、带负载调压及过励磁的影响。差动两侧的 TA 可取同型号及同变比的。因此，其动作电流可以适当降低。与变压器纵差保护相比，其动作灵敏度高、构成简单（不需要设置涌流闭锁元件及差动速断元件）。

另外，在保护的构成上，由于不需要滤去零序电流，故反映内部靠近中性点绕组接地故障的灵敏度比纵差保护要高。

其缺点是，由于只差接变压器一侧的绕组，故对变压器同相绕组的匝间短路无保护作用。另外，保护范围比纵差小。

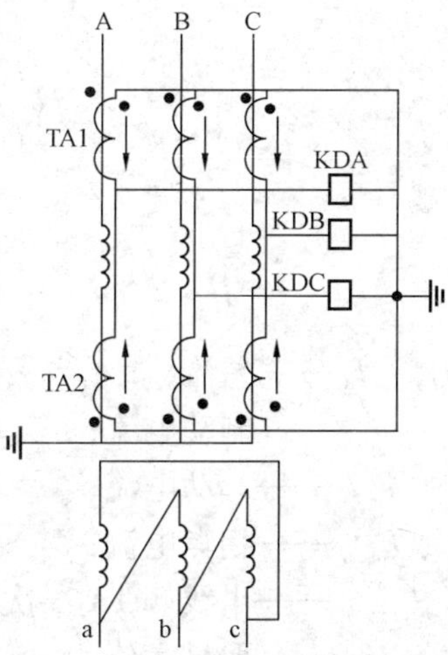

图 11－26　变压器高压侧分侧差动原理接线图

TA1、TA2—差动两侧 TA；KDA、KDB、KDC—差动继电器

在三绕组自耦变压器上，可实现将高压侧、中压侧绕组作为保护对象的高、中压侧分相差动保护。此时，分别在高压输出端、中压输出端及中性点侧设置 TA。以一相差动为例，其原理接线如图 11－27 所示。

三绕组自耦变压器高、中压侧差动保护的优缺点与高压侧差动保护相同。

2. 逻辑框图

以图 11－26 所示的分侧差动保护为例，其构成逻辑框图如图 11－28 所示。

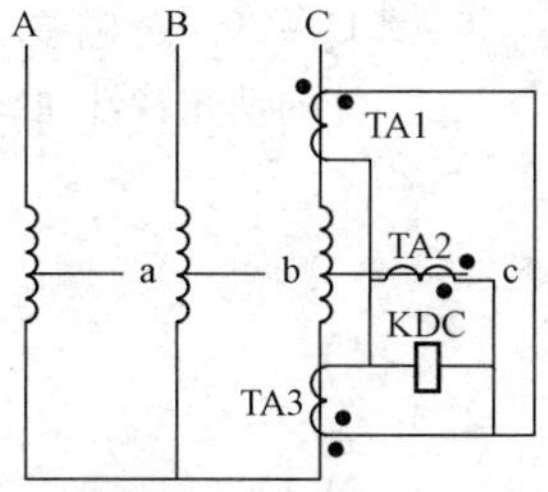

图 11－27　三绕组自耦变压器高、中压侧差动保护原理接线图（以 C 相差动为例）

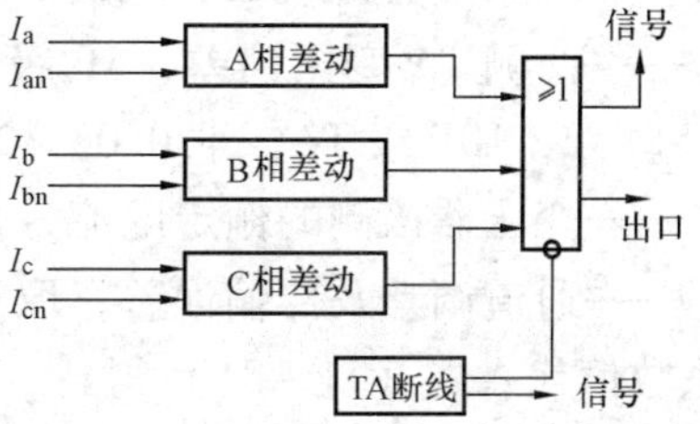

图 11－28　变压器分侧差动保护逻辑框图

$\dot{I}_a$、$\dot{I}_b$、$\dot{I}_c$—分别为变压器输出端差动 TA 二次 a、b、c 三相电流；$\dot{I}_{an}$、$\dot{I}_{bn}$、$\dot{I}_{cn}$—分别为变压器中性点差动 TA 二次 a、b、c 三相电流

由图 11－28 可以看出，它与发电机纵差保护的逻辑框图相似。但是，装于大电流系统侧的分侧差动保护，不能采用循环闭锁。在三相差动元件中，只要有一相动作，便立即作用于切除变压器。

3. 差动元件的动作方程及动作特性

变压器分侧差动元件的动作特性与纵差元件的动作特性相似，不同的是整定值。以动作特性为二段折线式的差动元件为例，其动作方程为

$$\begin{cases} I_{d} \geqslant I_{op.o} & I_{res} \leqslant I_{res.o} \\ I_{d} \geqslant I_{op.o} + S(I_{res} - I_{res.o}) & I_{res} > I_{res.o} \end{cases} \tag{11-31}$$

$$I_{d} = |\dot{I}_{a(b,c)} + \dot{I}_{a(b,c)n}|$$

$$I_{res} = |\dot{I}_{a(b,c)} - \dot{I}_{a(b,c)n}| / 2, 或 I_{res} = \max\{|\dot{I}_{a(b,c)}|, |\dot{I}_{a(b,c)n}|\}$$

式中 I_{d}——差流；

I_{res}——制动电流；

$I_{op.o}$——起动电流；

$I_{res.o}$——拐点电流；

$I_{a(b,c)}$——出线侧 TA 二次 a 相（或 b 相或 c 相）电流；

max——取最大值；

$I_{a(b,c)n}$——中线点侧 TA 二次 a 相（或 b 相或 c 相）电流。

根据式（11－31）绘制出的差动元件的动作特性如图 11－29 所示。

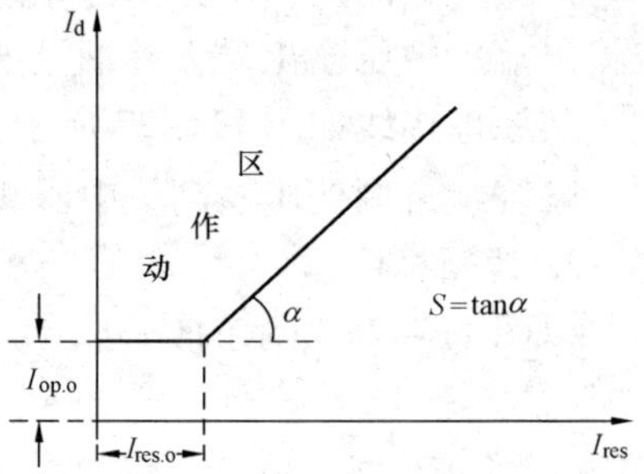

图 11－29 分侧差动元件的动作特性曲线

4. 整定原则及定值建议

（1）起动电流 $I_{op.o}$。分侧差动元件的动作电流可按下式计算

$$I_{op.o} = K_{rel}(K_{er} + K_{2})I_{N} \tag{11-32}$$

式中 K_{rel}——可靠系数，取 1.2～1.5；

K_{er}——两侧 TA 变比误差，5P 级 TA，取 0.01×2，10P 级 TA，取 0.03×2；

I_{N}——变压器该侧的额定电流，TA 二次值；

K_{2}——通道调整及传输误差，取 0.05×2＝0.1。

将各系数值代入式（11－31）得

$$I_{op.o} = (0.24 \sim 0.32)I_{N}$$

（2）比率制动系数 S。比率制动系数 S，按躲过变压器出口短路的最大不平衡电流来整定。设变压器出口短路时的最大短路电流为 $I_{k.max}$，在差动元件中产生的最大不平衡电流为 $I_{unb.max}$，则

$$I_{unb.max} = (K_{es} + K_{2} + K_{3})I_{k.max} \tag{11-33}$$

式中 K_{es}——两侧差动 TA 的误差，取 0.1；

K_{2}——通道传输及调整误差，取 0.1；

K_{3}——两侧 TA 暂态特性的误差，取 0.1，同变比、同型号的 TA 可取 0.05。

代入式（11－33），得

$$I_{unb.max} = (0.25 \sim 0.3)I_{k.max}$$

若忽略拐点电流对计算的影响，则在差动元件动作特性平面上，通过最大不平衡电流点曲线的斜率为

$$S' = K_{es} + K_2 + K_3$$

则比率制动系数

$$S = K_{rel} \times S' \qquad (11-34)$$

式中 S——比率制动系数；

K_{rel}——可靠系数，取1.2~1.3。

代入式（11-34）得

$$S = 0.3 \sim 0.39(\text{可取}0.4)$$

（3）拐点电流 $I_{res.o}$。与变压器纵差保护相同，分侧差动元件拐点电流的整定原则是：在外部故障切除后的暂态过程中，差动元件被可靠制动。

通常 $I_{res.o}$ =（0.6~0.8）I_N（I_N 为变压器的额定电流，TA 二次值）。

二、零差保护

（一）构成接线及特点

目前，大容量超高压三绕组自耦变压器在电力系统中得到了广泛应用。运行实践表明：220~500kV 的变压器，大电流系统侧的单相接地短路是极容易发生的故障类型之一。变压器零差保护是变压器大电流系统侧内部接地故障的主保护。但是，若在中性点采用单相 TA，对极性试验检查不易实现，故零序保护的投运应慎重。

三绕组自耦变压器零序差动保护原理接线如图 11-30 所示。

由图 11-30 可以看出，自耦变压器高压侧及中压侧的电流互感器，采用三相同极性并联构成零序滤过器。

零差保护不受变压器励磁电流及带负载调压的影响，其构成简单，动作灵敏度高。

另外，零差元件各侧 TA 可以取同型号及同变比的。

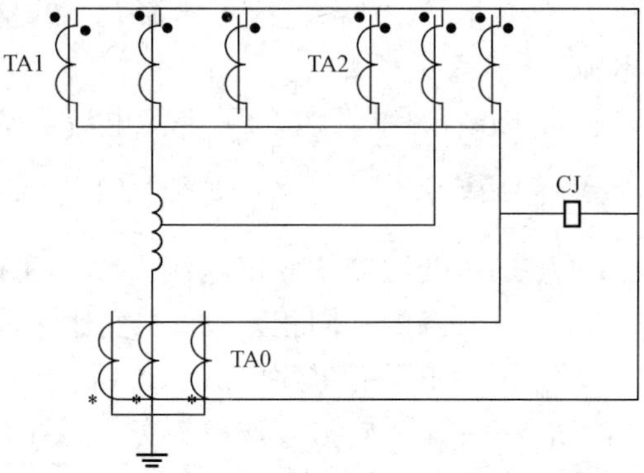

图 11-30 自耦变压器零差保护原理接线图

TA1、TA2、TA0—分别为变压器高压侧、中压侧及中性点的零序（电流互感器）；CJ—零差元件

（二）动作方程及动作特性

为提高零差保护的动作灵敏度及工作可靠性，应采用其动作特性为一段折线式的差动元件。

差动元件动作特性取一段折线式的原因，是变压器正常工况下及外部相间故障时没有零序电流，此时差动元件中无制动量。

在工程实践中，有的也采用不带制动特性的零差元件。

一段折线式零差元件的动作方程为

$$I_{od} \geqslant I_{op.o} + SI_{ores} \qquad (11-35)$$

式中 I_{od}——零序差流；

I_{ores}——零序制动电流；

$I_{op.o}$——零序差动元件的起动电流；

S——比率制动系数。

不带制动零差元件的动作方程为

$$I_{od} \geqslant I_{op.o} \tag{11-36}$$

式中 I_{od}——零序差流；

$I_{op.o}$——差动元件的动作电流整定值。

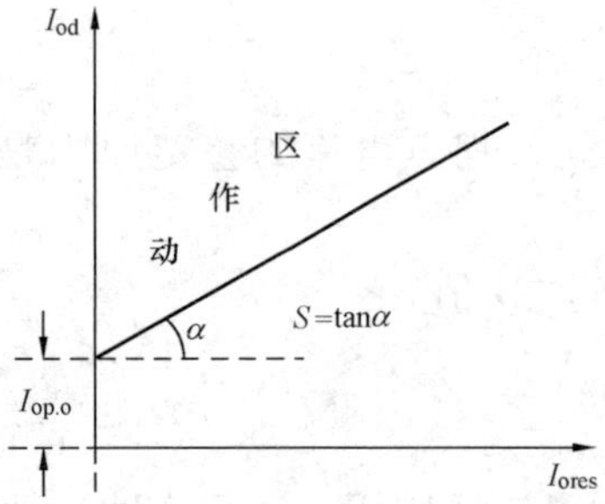

图 11-31　零差元件的动作特性

根据式（11-35）绘制出的一段折线式零差元件的动作特性如图 11-31 所示。

（三）整定计算

零差保护的整定计算，对动作特性为一段折线式零差元件，是要确定比率制动系数 S 及起动电流 $I_{op.o}$；而对于无制动特性的零差元件，是确定其动作电流 $I_{op.o}$。

1. 动作特性为一段折线式的零差元件

（1）最小零序动作电流 $I_{op.o}$ 的整定。最小零序动作电流 $I_{op.o}$ 的整定原则，应躲过正常工况下差动回路的零序不平衡电流。

正常工况下零差回路的不平衡电流可按下式计算

$$I_{ounb} = (K_{er} + K_2)I_N \tag{11-37}$$

式中 I_N——变压器的额定电流（差动 TA 二次值）；

K_{er}——各侧不同相差动 TA 变比不同产生的零序电流，取 5%；

I_{ounb}——不平衡零序电流；

K_2——通道转换及调整误差，取 10%。

零差元件的最小动作电流为

$$I_{op.o} = K_{rel}(K_{er} + K_2)I_N \tag{11-38}$$

式中 K_{rel}——可靠系数，取 1.5～2；

故 $I_{op.o}$ =（0.225～0.3）I_N，可取 0.3 I_N。

（2）比率制动系数 S。比率制动系数的整定原则应能使零差保护可靠地躲过区外接地故障时的最大零序不平衡电流。

区外接地故障时最大不平衡零序电流

$$I_{ounb.max} = (K_{er} + K_2 + K_3) \times 3I_{ok.max} \tag{11-39}$$

式中 $3I_{ok.max}$——区外接地故障时的最大零序电流；

K_{er}——区外故障时，由各 TA 暂态特性不一致产生的误差，取 0.1；

K_2——区外故障时 TA 的 10% 误差，即 0.1；

$I_{ounb.max}$——最大零序不平衡电流；

K_3——通道转换及调整误差，取 0.1。

故 $I_{ounb.max} = 0.3 \times 3I_{ok.max}$。

为可靠躲过外部故障，比率制动系数

$$S = K_{rel} \times 0.3 \times \frac{3I_{ok.max}}{3I_{ok.max}} \tag{11-40}$$

式中　K_{rel}——可靠系数，取1.3～1.5。

代入式（11－40）得：$S=0.39\sim0.45$，一般取0.4～0.5。

2. 无制动特性的零差保护

无制动特性的零差保护的动作电流，应按躲过区外接地故障或励磁涌流产生的不平衡电流来整定。

$$I_{op.o}=K_{rel}(K_{er}+K_2+K_3)\times 3I_{ok.max} \tag{11-41}$$

式中　$I_{op.o}$——零差元件的动作电流；

K_{rel}——可靠系数；取1.5；

$I_{ok.max}$——区外接地故障时的最大零序电流；

其他符号的物理意义同式（11－40）。

将各值代入式（11－41）得 $I_{op.o}=0.375\times 3I_{ok.max}$，一般取 $0.4\times 3I_{ok.max}$。

要指出的是：为防止区外故障时零差保护误动，中性点零差TA的变比不宜过小，以防故障时该TA饱和。各侧零差TA最好取同型号及同变比的。

第五节　差动保护TA断线

为确保差动保护的动作灵敏度，具有比率制动特性的差动元件的起动电流均很小。这样，当差动元件某侧TA二次的一相或多相断线时，差动保护必将误动。

目前，国内生产的微机型变压器差动保护中，均设置有TA断线闭锁元件。在变压器运行时，一旦出现差动TA二次回路断线，立即发出信号。是否闭锁差动保护由运行部门确定。

一、TA断线闭锁元件的作用原理

在理想情况下，若不考虑差动保护区内、外不同两点接地短路，则TA二次三相电流之和应等于零，即

$$\dot{I}_a+\dot{I}_b+\dot{I}_c=0$$

若TA二次回路中一相断线时，则

$$\dot{I}_a+\dot{I}_b+\dot{I}_c\neq 0$$

根据以上原理及变压器联结组别、变压器中性点是否接地运行，TA二次回路断线闭锁判据如下

$$\begin{cases}|\dot{I}_a+\dot{I}_b+\dot{I}_c+3\dot{I}_0|>\varepsilon_1\\|3\dot{I}_0|\leqslant\varepsilon_2\end{cases} \tag{11-42}$$

式中　ε_1、ε_2——门坎值，可根据不平衡差流的大小确定；

$3\dot{I}_0$——零序电流，TA二次值；

$\dot{I}_a$、$\dot{I}_b$、$\dot{I}_c$——分别为TA二次a、b、c三相电流。

该判别TA断线的方法有一很大的缺点，即 $3\dot{I}_0$ 要由其他TA供给。

目前，在微机型保护装置中，多采用根据电流变化情况、变化趋势及电流量值大小来判断 TA 断线。当测量出只有变压器一侧的电流发生了变化，且变化趋势是电流由大向小变化、而电流值小于额定电流时，被判为电流变化侧的 TA 断线。

当变压器各侧电流均发生变化，且电流变化趋势是由小向大变化、而变化后电流的幅值又大于额定电流，则说明电流的变化是由故障引起的。

二、TA 断线闭锁元件的作用

众所周知，TA 二次回路不能开路。如果 TA 二次回路开路，将在开路点的两侧产生很高的电压，危及人身及二次设备的安全。另外，在开路点可能产生电弧，进而引起电气着火事故。

变压器的容量越大及 TA 变比越大，TA 二次回路开路的危害越严重。因此，当差动保护 TA 二次开路时，差动保护动作切除变压器，是防止人身伤害及损坏设备的有效办法。

对于大容量的主设备，由于 TA 的变比很大，TA 断线闭锁元件则应发信号而不要闭锁差动保护。

第六节　变压器的后备保护

大、中型变压器后备保护的类型，通常有复合电压闭锁过电流保护、零序过电流及零序方向电流保护、负序电流及负序方向电流保护、低阻抗保护、复合电压功率方向过流保护及不带方向的零序过流保护。

一、复合电压闭锁过电流保护

复合电压闭锁过电流保护，实质上是复合电压起动的过电流保护，它适用于升压变压器、系统联络变压器及过电流保护不能满足灵敏度要求的降压变压器。

（一）动作方程及逻辑框图

复合电压过流保护，由复合电压元件、过电流元件及时间元件构成，作为被保护设备及相邻设备相间短路故障的后备保护。保护的接入电流为变压器某侧 TA 二次三相电流，接入电压为变压器该侧或其他侧 TV 二次三相电压。为提高保护的动作灵敏度，三相电流一般取自电源侧，而电压一般取自负载侧。

保护的动作方程为

$$\begin{cases} U_{ac} \leqslant U_{op} \\ I_{a(b,c)} \geqslant I_{op} \end{cases} \tag{11-43}$$

$$\begin{cases} U_2 \geqslant U_{2op} \\ I_{a(b,c)} \geqslant I_{op} \end{cases} \tag{11-44}$$

式中　U_{ac}——TV 二次 a、c 两相之间电压；

$I_{a(b,c)}$——TA 二次 a 相或 b 相或 c 相电流；

U_2——负序电压（TV 二次值）；

I_{op}——过电流元件动作电流整定值；

U_{op}——低电压元件动作电压整定值；

U_{2op}——负序电压元件的动作电压整定值。

复合电压过电流保护动作逻辑框图如图 11-32 所示。

由图可以看出：当变压器电压降低，或负序电压大于整定值及 a 相或 b 相或 c 相过电流时，保护动作，经延时 t 作用，切除变压器。

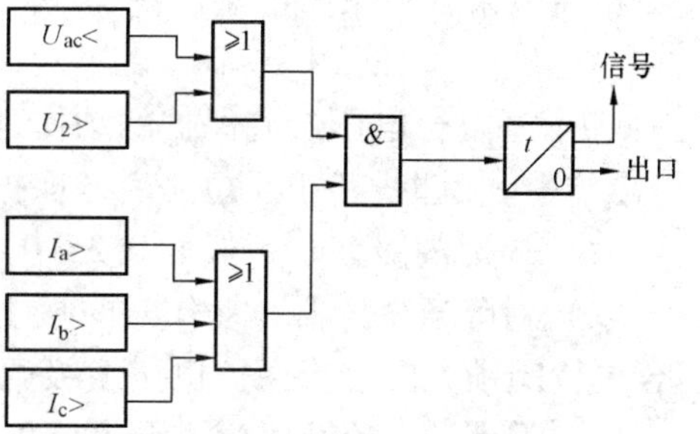

图 11-32 复合电压过电流保护逻辑框图

$U_{ac}<$—接在 a、c 两相电压之间低电压元件；$U_2>$—负序过电压元件；$I_a>$、$I_b>$、$I_c>$—分别为 a、b、c 相过电流元件

（二）整定原则及定值建议

1. 过电流元件

过电流元件的动作电流，按躲过变压器运行时的最大负荷电流来整定，即

$$I_{op} = \frac{K_{rel}}{K_r} I_N \tag{11-45}$$

式中 I_{op}——动作电流整定值；

K_{rel}——可靠系数，取 1.15～1.2；

K_r——返回系数，取 0.95～0.98；

I_N——变压器额定电流，TA 二次值。

把取值代入式（11-45）可得

$$I_{op} = (1.17 \sim 1.2) I_N$$

2. 低电压元件

低电压元件的动作电压按躲过无故障运行时保护安装处或 TV 安装处出现的最低电压来整定，即

$$U_{op} = \frac{U_{min}}{K_{rel} K_r} \tag{11-46}$$

式中 U_{op}——动作电压整定值；

U_{min}——正常运行时出现的最低电压值；

K_r——返回系数，取 1.05；

K_{rel}——可靠系数，取 1.2。

发电厂厂用高压变压器复合电压过电流保护低电压元件的引入电压，通常取自变压器低压侧各段厂用母线。其低电压元件的动作电压，应按躲过电动机自起动的条件整定。对于发电厂升压变压器，当低电压元件的电压取自机端 TV 二次时，还应考虑躲过发电机失磁运行出现的低电压，一般

$$U_{op} = (0.6 \sim 0.7) U_N$$

式中 U_N——额定电压（TV 二次值）。

3. 负序电压元件

负序电压元件按躲过正常运行时系统中出现的最大负序电压整定。此外，还应满足相邻线路末端两相短路时负序电压元件有足够的动作灵敏度，通常

$$U_{2op} = 10\% U_N$$

式中 U_N——额定电压（TV 二次值）。

4. 动作延时

（1）对于升压变压器及联络变压器的复合电压闭锁过流保护，其动作延时应按与相邻

线路相间短路后备保护相配合整定。即

$$t = t_{max} + \Delta t$$

式中 t——复合电压过流保护的动作延时；

t_{max}——相邻线路相间短路后备保护的最长延时；

Δt——时间级差，一般取0.3~0.5s。

(2) 对降压变压器，动作时间按上级调度部门的限额整定，复合电压闭锁过流保护和复合电压闭锁方向过流保护也按上级调度部门的限额整定。

二、零序过电流及零序方向电流保护

电压为110kV及以上的变压器，在大电流系统侧应设置反映接地故障的零序电流保护。有两侧接大电流系统的三绕组变压器及三绕组自耦变压器，其零序电流保护应带方向，组成零序方向电流保护。

两绕组或三绕组变压器的零序电流保护的零序电流，可取自中性点TA二次，也可取自本侧TA二次三相零线（中性线）上的电流，或由本侧TA二次三相电流自产。零序功率方向元件的接入零序电压，可以取自本侧TV三次（即开口三角形）电压，也可以由本侧TV二次三相电压自产。在微机型保护装置中，零序电流及零序电压大多是自产，因为有利于确定功率方向元件动作方向的正确性。

（一）动作方程及逻辑框图

对于大型三绕组变压器，零序电流保护可采用三段，其中Ⅰ段及Ⅱ段带方向，第Ⅲ段不带方向兼作总后备作用。每段一般由两级延时，以较短的延时缩小故障影响的范围或跳某侧断路器，以较长的延时切除变压器。

以三绕组变压器为例，其零序电流保护的动作方程为

零序Ⅰ段

$$\begin{cases}3I_0 \geqslant I_{op1} \\ P_0 > 0\end{cases} \tag{11-47}$$

零序Ⅱ段

$$\begin{cases}3I_0 \geqslant I_{op2} \\ P_0 > 0\end{cases} \tag{11-48}$$

零序Ⅲ段

$$3I_0 \geqslant I_{op3} \tag{11-49}$$

式中 P_0——零序功率元件的测量功率；

$3I_0$——零序电流元件的测量电流；

I_{op1}、I_{op2}、I_{op3}——分别为零序Ⅰ段、Ⅱ段、Ⅲ段动作电流的整定值。

零序方向电流保护的逻辑框图如图11-33所示。

由图11-33可以看出：零序方向电流保护的Ⅰ段或Ⅱ段动作后，分别经延时t_1或t_3作用于缩小故障影响范围，而经t_2或t_4切除变压器。零序Ⅲ段不带方向，只作用于切除变压器。

（二）整定原则及定值建议

1. 功率方向元件的动作方向

零序功率方向元件动作方向的整定，应根据变压器的作用、保护安装位置（电气位置）

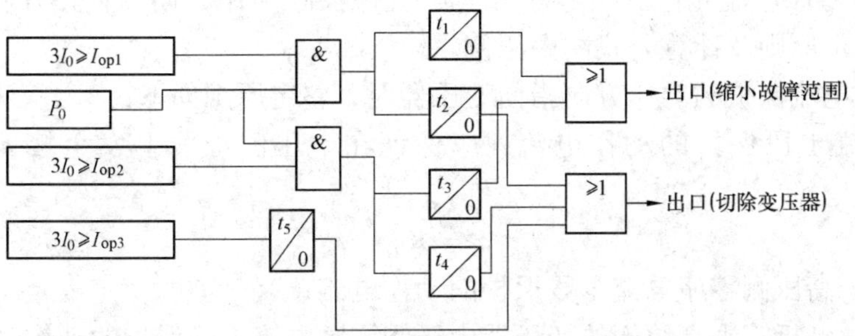

图 11－33　三绕组变压器零序方向电流保护逻辑框图

及电力系统的具体情况确定。

（1）发电厂的三绕组升压变压器。发电厂的三绕组升压变压器，其低压侧一般接有大容量的发电机。发电机设置有完善的后备保护，可兼作变压器内部各种短路故障的后备保护。另外，大型超高压变压器的主保护已双重化。此时，变压器高压侧及中压侧的零序电流保护，应分别作为相邻母线及线路故障的后备保护，因此，保护的动作方向应分别指向各侧的母线。

（2）大型变电所的降压变压器。为了经济运行及系统中各保护之间的配合，降压变电所的主电源在高压侧，其低压侧或中压侧一般无电源，中压侧、低压侧开环运行。

高压侧零序方向电流保护的动作方向应指向变压器，作为变压器及中压侧线路接地故障的后备保护。中压侧的零序方向电流保护的动作方向，应指向中压侧母线，作为母线及相邻线路接地故障的后备保护。

2. 各段零序电流元件的动作电流

（1）中压侧零序电流元件。中压侧零序电流Ⅰ段的动作电流，应与相邻线路零序电流的Ⅰ段或线路快速主保护配合，即

$$I_{op1} = K_{rel}K_{bro1}I_{op1L} \qquad (11-50)$$

式中　I_{op1}——中压侧零序电流Ⅰ段的动作电流；

K_{bro1}——Ⅰ段零序分支系数，其值等于相邻线路零序电流Ⅰ段保护区末端接地故障时，流过本保护安装处的零序电流与流过线路零序电流之比，取各种运行方式的最大值；

K_{rel}——可靠系数，取1.1；

I_{op1L}——相邻线路零序电流Ⅰ段的动作电流。

零序电流Ⅱ段的动作电流，与相邻线路零序电流Ⅱ段相配合。

$$I_{op2} = K_{rel}K_{bro2}I_{op2L} \qquad (11-51)$$

式中　I_{op2}——Ⅱ段零序电流保护的动作电流；

K_{rel}——可靠系数，取1.1；

K_{bro2}——Ⅱ段零序分支系数，其值为线路零序电流Ⅱ段保护区末端接地故障时，流过本保护安装处的零序电流与流过线路的零序电流之比，取各种运行方式下的最大值；

I_{op2L}——相邻线路零序电流Ⅱ段的动作电流。

（2）高压侧零序电流元件。当零序方向电流保护的动作方向指向高压侧母线时，其各段动作电流的整定原则及计算公式同中压侧。

当零序方向电流保护的动作方向指向变压器时，整定原则如下：

1）零序电流Ⅰ段保护的动作电流，应保证在中压侧母线上发生接地故障时有灵敏度，且

$$I_{op\,\mathrm{I}\,H} = K_{rel} I_{op\,\mathrm{I}\,M} \tag{11-52}$$

式中 $I_{op\,\mathrm{I}\,H}$——高压侧零序电流Ⅰ段保护的动作电流；

$I_{op\,\mathrm{I}\,M}$——已折算到高压侧的变压器中压侧零序电流Ⅰ段保护的动作电流；

K_{rel}——可靠系数，取1.15。

2）零序电流Ⅱ段保护的动作电流，应与变压器中压侧零序电流Ⅱ段保护的动作电流相配合，即

$$I_{op\,\mathrm{II}\,H} = K_{rel} I_{op\,\mathrm{II}\,M} \tag{11-53}$$

式中 $I_{op\,\mathrm{II}\,H}$——高压侧零序电流Ⅱ段保护的动作电流；

$I_{op\,\mathrm{II}\,M}$——已折算到高压侧的中压侧零序电流Ⅱ段保护的动作电流；

K_{rel}——可靠系数，取1.15。

3. 动作延时的整定

当各侧零序方向电流保护的动作方向指向各侧母线时，其电流Ⅰ段保护的短延时（即图11－33中的t_1）应与相邻线路零序电流Ⅰ段保护的动作时间相配合。

$$t_1 = t_{1L} + \Delta t \tag{11-54}$$

式中 t_1——变压器零序电流Ⅰ段保护的短延时；

t_{1L}——相邻线路零序电流Ⅰ段保护的动作时间；

Δt——时间级差，通常取0.3～0.5s。

零序电流Ⅰ段的长延时（即图11－33中的t_2），应比零序电流Ⅰ段的短延时长一个时间级差（0.3～0.5s）。

变压器各侧零序电流Ⅱ段的动作短延时应与相邻线路零序电流Ⅱ段的动作延时相配合，而长延时比短延时长一时间级差。

当变压器高压侧零序方向电流保护的动作方向指向变压器时，其Ⅰ段及Ⅱ段的动作延时，应分别与中压侧零序电流Ⅰ段、Ⅱ段保护的动作延时相配合，前者比后者（即高压侧保护比中压侧保护）长一个时间级差。

需要着重指出：为有效保护变压器，零序电流Ⅰ段保护的最长动作时间不应超过2s。

三、负序电流及负序方向电流保护

63MVA及以上容量的变压器，可采用负序电流或单相式低电压起动的过电流保护作为相间短路的后备保护。三绕组变压器或三绕组自耦变压器，上述保护宜设置在电源侧或主负荷侧。此外，为满足选择性要求，对负序电流保护有时要加装负序功率方向元件，构成负序方向电流保护。

在微机保护装置中，负序电压及负序电流均由装置对TV二次三相电压及TA二次三相电流计算产生。

（一）动作方程及逻辑框图

根据变电所的主接线及运行方式，负序电流及负序方向电流保护，可带一段延时，也可

带两段延时。若带两段延时，则以较短的时间作用于缩小故障影响的范围，以较长的时间切除变压器。

负序电流保护的动作方程为

$$I_2 \geqslant I_{2op} \tag{11-55}$$

负序方向过流保护的动作方程为

$$\begin{cases} I_2 \geqslant I_{2op} \\ P_2 > 0 \end{cases} \tag{11-56}$$

式中　I_2——保护测量的负序电流；

P_2——保护测量的负序功率；

I_{2op}——负序电流元件的动作电流。

负序方向电流保护的逻辑框图如图 11－34 所示。

由图 11－34 可以看出：当负序过电流及负序功率为正值时，保护动作，以较短的延时作用于缩小故障影响范围，以较长的时间切除变压器。

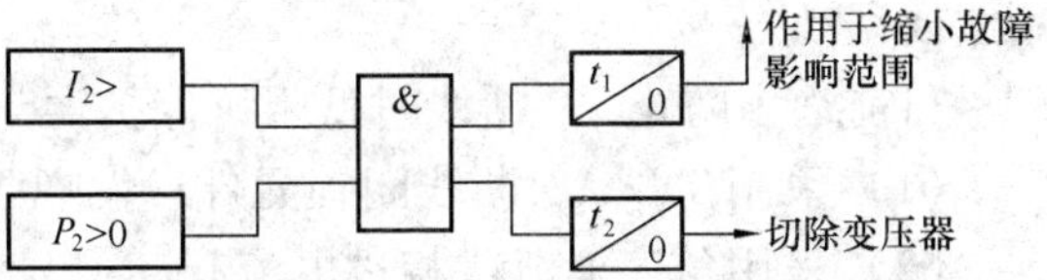

图 11－34　负序方向电流保护逻辑框图

I_2 >—负序过电流元件；P_2—负序功率方向元件

（二）整定原则及定值建议

1. 负序电流元件

负序电流元件的整定原则是：按相邻线路断线保护不误动的条件整定。另外，还要考虑与相邻线路零序电流后备段在灵敏度上配合，防止非选择性动作。

（1）按相邻线路断线不误动条件整定

$$I_{op2} = K_{rel}K_{br2}\frac{I_{Lmax}}{1+\dfrac{Z_{2\Sigma}}{Z_{1\Sigma}}+\dfrac{Z_{2\Sigma}}{Z_{0\Sigma}}} \tag{11-57}$$

式中　I_{op2}——负序电流动作整定值；

K_{rel}——可靠系数，取 1.2；

K_{br2}——负序电流分支系数，其值等于线路断线时流过保护安装点的负序电流与流过断线处负序电流之比；

$Z_{1\Sigma}$、$Z_{2\Sigma}$、$Z_{0\Sigma}$——由断线处测得的正序、负序及零序阻抗；

I_{Lmax}——断线前流经线路的最大负载电流。

（2）按与断线线路零序电流后备段灵敏度配合整定

$$I_{op2} = K_{rel}K_{br2}\frac{I_{op0}}{3}\times\frac{Z_{0\Sigma}}{Z_{2\Sigma}} \tag{11-58}$$

式中　I_{op0}——断线线路零序过流保护后备段动作电流。

在实际应用时，一般 I_{op2} ＝（0.5～0.6）I_N（I_N—变压器额定电流）。

2. 负序功率方向元件动作方向的整定

装于主电源侧的负序功率方向元件，其动作方向应指向变压器，作为变压器相间短路的后备保护，而装于其他侧负序功率方向元件的动作方向，可指向本侧母线。

3. 动作时间的整定

动作时间应根据变压器的类型、保护的安装位置及系统具体情况整定。但是，为有效保护变压器，其动作时间不宜过长，最好小于2s。

四、低阻抗保护

低阻抗保护是变压器相间故障后备保护的一种。通常，该保护由三个相间方向阻抗元件构成。阻抗元件的接入电压和接入电流，取自保护安装侧TV二次三相电压及TA二次三相电流。并采用0°接线方式。

（一）动作方程及逻辑框图

用阻抗元件构成发电机及变压器短路后备保护的缺点很多。首先用测阻抗的方法来确定发电机、变压器内部故障位置的正确性存在着问题，该保护的正确动作率不高。另外，TV断线要误动。

目前，为防止TV断线时低阻抗保护误动，采用以下措施：

（1）采用TV二次断线闭锁元件，发现TV断线时，立即将保护闭锁；

（2）采用负序电流或相过电流起动；

（3）采用故障变化量起动。

一般，阻抗元件的动作特性为阻抗复平面上的一个偏移阻抗圆，其动作方程为

$$\begin{cases} Z_{ab}(\text{或}\ Z_{bc}\ \text{或}\ Z_{ca}) \leqslant Z_{op} \\ I_a(\text{或}\ I_b\ \text{或}\ I_c) \geqslant I_{op} \end{cases} \tag{11-59}$$

$$\begin{cases} Z_{ab}(\text{或}\ Z_{bc}\ \text{或}\ Z_{ca}) \leqslant Z_{op} \\ I_2 \geqslant I_{2op} \end{cases} \tag{11-60}$$

式中　Z_{ab}、Z_{bc}、Z_{ca}——相间阻抗元件，$Z_{ab}=\dfrac{\dot{U}_{ab}}{\dot{I}_{ab}}$，$Z_{bc}=\dfrac{\dot{U}_{bc}}{\dot{I}_{bc}}$，$Z_{ca}=\dfrac{\dot{U}_{ca}}{\dot{I}_{ca}}$；

I_a、I_b、I_c——TA二次a、b、c三相电流；

Z_{op}——阻抗元件的动作阻抗；

I_{op}——相电流元件的动作电流；

I_2——负序电流（TA二次值）；

I_{2op}——负序电流元件的动作电流。

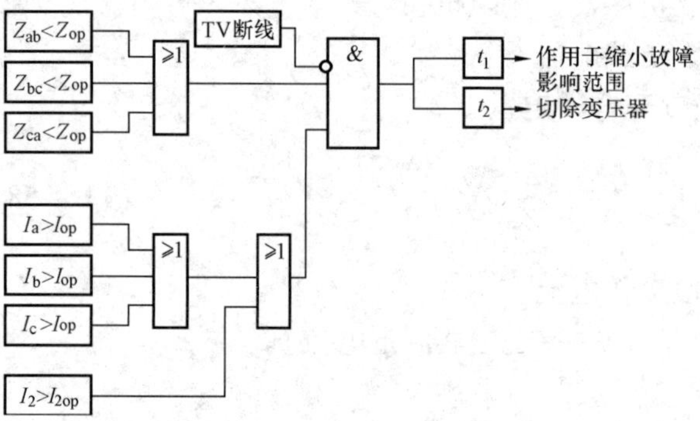

图11－35　低阻抗保护逻辑框图

三绕组变压器高压侧低阻抗保护的动作阻抗只有一段，中压侧有两段，有时有三段。只有一段动作阻抗的低阻抗保护逻辑框图如图11－35所示。

由图11－35可以看出：当三个阻抗元件同时动作或其中之一动作及相电流很大或负序电流大时，保护动作，经t_1作用于缩小故障影响范围，经t_2延时切除变压器。

（二）整定原则及定值建议

1. 动作方向的整定

阻抗元件的动作方向（即方向阻抗圆的方向），应根据变压器的类型、保护的安装位置及系统条件来确定。

主电源在高压侧的三绕组变压器，装于高压侧的阻抗元件的动作方向应指向变压器。有时高压侧阻抗元件的动作阻抗圆有5%左右的偏移度，兼作高压母线故障的后备保护。变压器中压侧的方向阻抗元件，其动作方向指向中压侧母线，作为中压侧母线及相邻线路故障的后备保护。

2. 阻抗元件动作阻抗的整定

降压变压器高压侧阻抗元件正方向的动作阻抗，应按中压侧相间故障有灵敏度的条件来整定；而中压侧阻抗元件的动作阻抗，应与相邻线路距离保护的动作阻抗相配合。

3. 动作时间的整定

低阻抗保护的动作时间，应按以下两个条件来确定：①为有效保护变压器，高压侧及中压侧Ⅰ段的动作时间，最长不超过2s；②与相邻元件保护相配合。

五、复合电压功率方向过流保护

为确保动作的选择要求，在两侧或三侧有电源的三绕组变压器上配置复压闭锁的功率方向过流保护，作为变压器相间短路故障的后备保护。

保护的接入电流和电压为本侧（保护安装侧）TA 二次三相电流及 TV 二次三相电压，为消除死区有时还引入变压器另一侧 TV 二次三相电压作为相间功率的计算电压。

1. 动作方程及逻辑框图

保护由相间功率方向元件、过电流元件及复合电压元件（低电压和负序电压）构成。相间功率方向元件多采用90°接线，其计算功率为

$$\begin{cases} P_a = I_a U'_{bc} \cos(\varphi_a + \alpha) \\ P_b = I_b U'_{ca} \cos(\varphi_b + \alpha) \\ P_c = I_c U'_{ab} \cos(\varphi_c + \alpha) \end{cases} \tag{11-61}$$

式中 P_a、P_b、P_c——三相相间功率；

I_a、I_b、I_c——三相电流；

U'_{bc}、U'_{ca}、U'_{ab}——三相相间电压，取另一侧电压（与电流不同侧）；

φ_a、φ_b、φ_c——I_a 与 U'_{bc}、I_b 与 U'_{ca}、I_c 与 U'_{ab} 之间的相位差；

α——计算功率内角。

保护的动作方程为

$$\begin{cases} P_a(P_b, P_c) > 0 \\ I_a(I_b, I_c) \geqslant I_{op} \\ U_{ca} \leqslant U_{op} \\ U_2 \geqslant U_{2op} \end{cases} \tag{11-62}$$

式中 U_{ca}——a、c两相之间电压；

U_{op}——低电压元件动作电压；

U_2——负序电压；

U_{2op}——负序电压元件动作电压；

I_{op}——电流元件的动作电流。

保护的动作逻辑框图如图 11－36 所示。

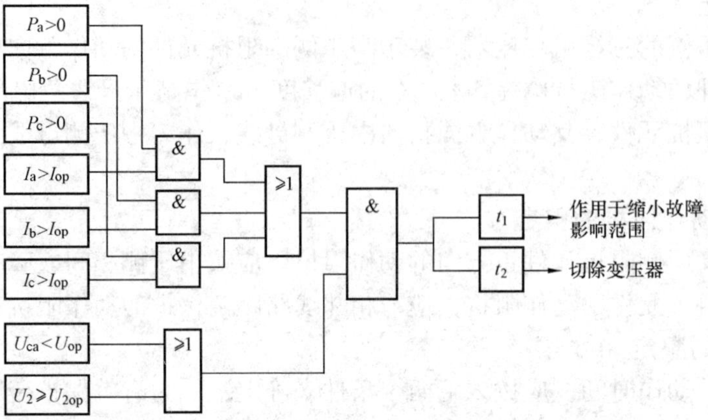

图 11－36 复合电压方向过流保护逻辑框图

由图可以看出：当计算功率 P_a、P_b、P_c 中之一大于零，三相电流 I_a、I_b、I_c 中之一（与计算功率大于零相对应的那一相的电流）大于整定值时，若低电压元件与负序电压元件两者之一动作，保护出口动作，经延时作用于缩小故障影响范围或切除变压器。

2. 定值的整定

方向元件的动作方向，应指向变压器，作变压器或另一侧相邻设备相间短路的后备保护。

其他元件的整定同复合电压过流保护。

第七节　变压器过励磁保护

变压器过励磁运行时，铁芯饱和，励磁电流急剧增加，励磁电流波形发生畸变，产生高次谐波，从而使内部损耗增大、铁芯温度升高。另外，铁芯饱和之后，漏磁通增大，使在导线、油箱壁及其他构件中产生涡流，引起局部过热。严重时造成铁芯变形及损伤介质绝缘。

为确保大型、超高压变压器的安全运行，设置变压器过励磁保护非常必要。

一、过励磁保护的作用原理

变压器运行时，其输入端的电压

$$U = 4.44fWSB \tag{11-63}$$

式中　U——电源电压；

W——一次绕组的匝数；

S——变压器铁芯的有效截面；

f——电源频率；

B——铁芯中的磁密。

由于绕组匝数 W，铁芯截面 S 均为定数，故将式（11－63）简化成

$$B = K\frac{U}{f} \tag{11-64}$$

式中　K——常数，$K=\dfrac{1}{4.44WS}$。

由式（11－64）可以看出，运行时变压器铁芯中的磁密与电源电压成正比，与电源的频率成反比。即电源电压的升高或频率的降低，均会造成铁芯中的磁密增大，进而产生过励磁。

变压器及发电机的过励磁保护就是根据上述原理构成的。

在变压器过励磁保护中，采用了一个重要的物理量，称之为过励磁倍数。设过励磁倍数为 n，它等于铁芯中的实际磁密 B 与额定工作磁密 B_N 之比，即

$$n=\frac{B}{B_N}=\frac{\dfrac{U}{U_N}}{\dfrac{f}{f_N}} \tag{11－65}$$

式中　U_N——变压器的额定电压；

f_N——电源的额定频率；

n——过励磁倍数；

B_N——变压器铁芯的额定磁密。

变压器过励磁时，$n>1$，n 值越大，过励磁倍数越高，对变压器的危害越严重。

二、测量过励磁倍数的原理接线

在过励磁保护中，测量过励磁倍数的原理接线如图 11－37 所示。

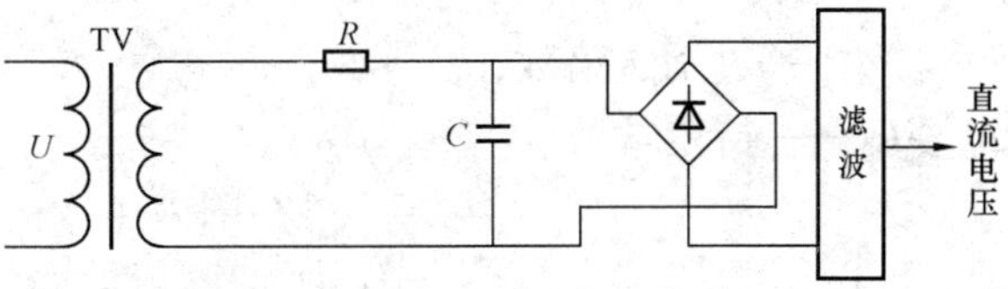

图 11－37　测量过励磁倍数原理接线图

U—变压器电源侧 TV 二次相间电压；TV—保护装置中的小型辅助电压互感器；R—电阻；C—电容

由图 11－37 可以看出：电压 U 通过辅助 TV 变换隔离、电阻 R 降压、整流及滤波后变成直流电压，供过励磁测量元件进行测量。根据直流电压的大小来判断过励磁倍数。过励磁倍数与该直流电压成正比。

在图 11－37 中，利用电阻 R 及电容器 C 来反映电源的频率。当电源的频率高时，电容器的容抗较小，在电源电压一定时，流过它的电流就较大，电阻 R 上的压降较大，输出的直流就比较低；反之，当电源的频率低时，在电源电压一定时，输出的直流电压就较高。

另外，当电源的频率一定时，电源电压 U 越高，输出的直流电压就高。

设额定频率及额定电压时，图 11－37 中的直流电压为 $U_{=N}$，当电源电压升高或频率降低时测得直流电压为 $U_{=}$，则过励磁倍数为

$$n=\frac{U_{=}}{U_{=N}}$$

在某些类型的微机变压器保护装置中，直接利用计算辅助 TV 二次电压值对电压频率之比来测量过励磁倍数。

三、动作方程及逻辑框图

理论分析及运行实践表明：为有效保护变压器，其过励磁保护应由定时限和反时限两部分构成。定时限保护动作后作用于报警信号及减励磁（发电机）；反时限保护动作后去切除变压器。

1. 动作方程

$$\begin{cases} n \geqslant n_{opL} \\ n \geqslant n_{oph} \end{cases} \tag{11－66}$$

式中　n——测量过励磁倍数；

n_{opL}——过励磁元件动作倍数低定值，定时限元件起动值；

n_{oph}——过励磁元件动作倍数高定值，反时限元件起动值。

2. 反时限过励磁元件的动作特性

目前，国内采用的不同厂家生产的过励磁保护反时限元件的动作特性相差很大。

ABB公司生产的反时限过励磁保护动作曲线的方程式为

$$t = 0.8 + \frac{0.18K_t}{(M-1)^2} \tag{11-67}$$

式中　t——动作延时，s；

K_t——整定时间倍率，$K_t = 1 \sim 63$；

M——起动倍数，$M = \dfrac{n}{n_{oph}}$，即等于过励磁倍数与反时限部分起动过励磁倍数之比。

国内某些公司生产的反时限过励磁元件，其动作特性曲线方程同式（11－67）。

TU公司采用的反时限过励磁元件动作特性曲线方程为

$$t = 10^{-K_1 n + K_2} \tag{11-68}$$

式中　t——动作延时；

n——过励磁倍数；

K_1、K_2——待定常数。

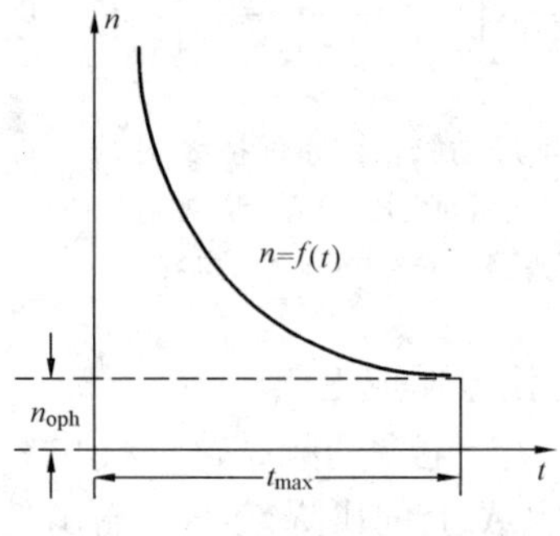

图11－38　反时限过励磁保护动作特性曲线

n_{oph}—反时限过励磁元件起动值；t_{max}—反时限过励磁元件动作最长延时

在国内生产的DGT801系列保护装置中，其反时限过励磁保护动作特性曲线上的各点，可以根据要求随意整定。其标准特性曲线如图11－38所示。

四、逻辑框图

国内生产的微机型过励磁保护的动作逻辑框图大致如图11－39所示。

由图可以看出，当变压器或发电机电压升高或频率降低时，若测量出的过励磁倍数大于过励磁保护的低定值时，定时限部分动作，经延时 t_1 发信号或作用于减励磁（保护发电机时）；若严重过励磁时，则保护反时限部分动作，经与过励磁倍数相对应的延时，切除发电机或变压器。

五、整定原则及定值建议

1. 定时限过励磁元件

定时限过励磁元件动作过励磁倍数的整定值，应按躲过正常运行时变压器铁芯中出现的最大工作磁密来整定。正常运行时，变压器的电压最高为额定电压的1.05倍，系统频率最低为49.5Hz，因此，铁芯中最大的工作磁密为额定工作磁密的1.05倍。定时限元件的动作过励磁倍数应为

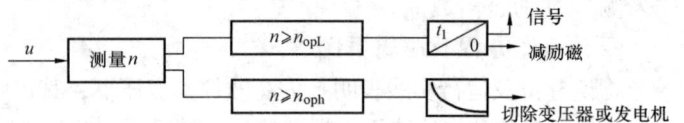

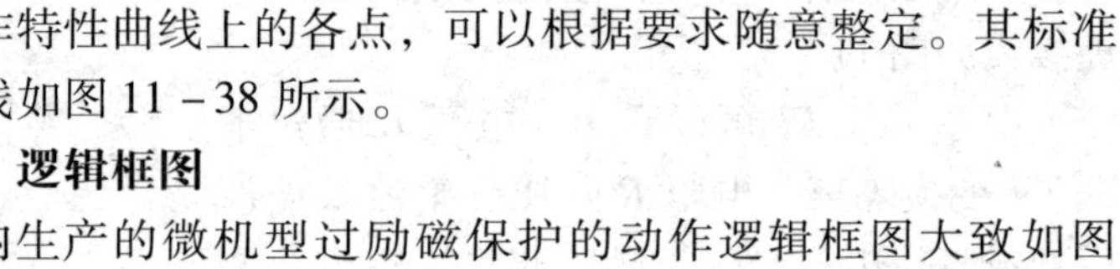

图11－39　过励磁保护逻辑框图

$$n_{opL} = 1.05 \times \frac{K_{rel}}{K_r} \tag{11-69}$$

式中　n_{opL}——定时限元件动作过励磁倍数整定值；

K_{rel}——可靠系数，取1.05；

K_r——返回系数，微机保护取0.95～0.98。

代入式（11－69）得，n_{opL} ＝1.1～1.12。

另外，定时限过励磁元件动作过励磁倍数的整定值，不应超过铁芯的起始饱和磁密与额定工作磁密之比。

现代的大型变压器，其额定工作磁密 B_N ＝17000～18000Gs，而起始饱和磁密 B_s ＝19000～20000Gs，两侧之比为1.12～1.18。

综合上述，定时限元件动作过励磁倍数取1.12是合理的，动作延时可取6～9s。对于发电机的过励磁保护，当作用于信号并减励磁时，其动作延时尚应考虑发电机的强励磁时间。

2. 反时限过励磁元件

发电机或变压器反时限过励磁保护的动作特性，应按与制造厂给出的允许过励磁特性曲线相配合来整定，如图11－40所示。

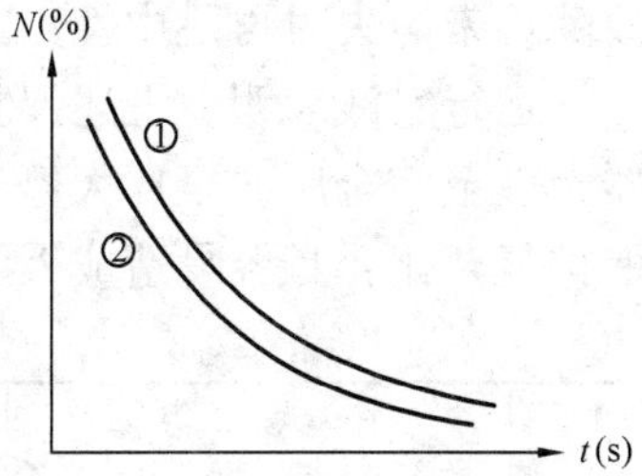

图11－40 发电机或变压器反时限过励磁保护整定图例
①—发电机或变压器的允许过励磁特性曲线；②—反时限过励磁保护的动作特性曲线

目前，整定反时限过励磁保护动作特性曲线遇到的困难是：国产的大型发电机及变压器，如果制造厂家没给出允许过励磁特性曲线，则无法按与制造厂给出的允许过励磁特性曲线相配合。

众所周知，并网运行的发电机及变压器，其电压的频率决定于系统频率。运行实践表明：除了发生系统瓦解性事故外，系统频率大幅度降低的可能性几乎不存在。因此，发电机及变压器（特别是变压器）的过励磁，多由过电压所致。

在发电机及变压器出厂说明书中，均给出了如表11－2所示的电压与允许时间关系表。

表11－2 发电机或变压器允许过电压倍数及持续的时间

过电压倍数	1.1	1.15	1.2	1.25	1.3	1.35	1.4
允许持续时间	t_1	t_2	t_3	t_4	t_5	t_6	t_7

在制造厂家未给出发电机或变压器过励磁特性曲线的情况下，建议按上表给出的值来整定。

在对反时限过励磁保护进行实际整定时，应注意以下两点：

（1）对于设置在发电机机端的发电机及变压器公用的过励磁保护，其整定值应按发电机及变压器两者中允许过励磁特性曲线较低的进行整定；

（2）在动作特性曲线上尽量多取几个点进行整定，以确保反时限下限的动作值及动作时间的精度。

第八节 变压器中性点间隙保护

一、问题的提出

超高压电力变压器，均系半绝缘变压器，即位于中性点附近变压器绕组部分对地绝缘比其他部位弱，中性点的绝缘容易被击穿。

在电力系统运行中，为将零序电流限制在一定的范围内（对系统中各零序电流保护定值进行整定时的要求），对变压器中性点接地运行的数量有规定。因此，在运行中，中性点不接地运行的变压器，其中性点的绝缘易被击穿。

在20世纪90年代之前，为确保变压器中性点不被损坏，将变电所（或发电厂）所有变压器零序过流保护的出口横向联系起来，去起动一个公用出口部件。通常将该出口部件叫做零序公用中间。当系统或变压器内部发生接地故障时，中性点接地变压器的零序电流保护动作，去起动零序公用中间。零序公用中间元件动作后，先去跳中性点不接地的变压器，当故障仍未消失时再跳中性点接地的变压器。

运行实践表明，上述保护方式存在严重缺点，容易造成全所或全厂一次切除多台变压器，甚至使全所或全厂大停电。另外，由于各台变压器零序过流保护之间有了横向联系，使保护复杂化，且容易造成人为的误动作。

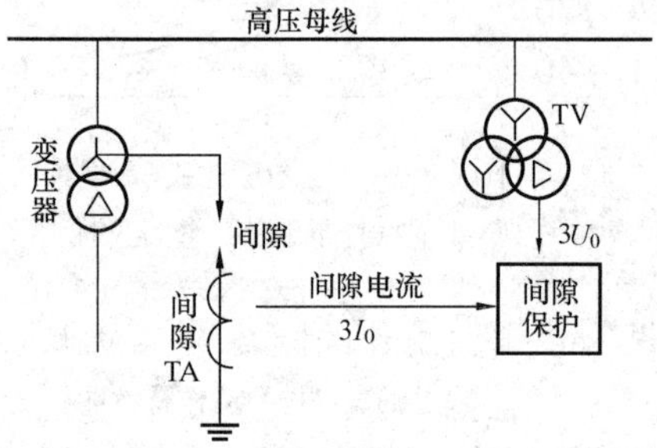

图11－41　间隙保护原理接线图

二、间隙保护的作用原理

1. 原理接线

间隙保护的作用是保护中性点不接地变压器中性点的绝缘安全。

在变压器中性点对地之间安装一个击穿间隙。在变压器不接地运行时，若因某种原因变压器中性点对地电位升高到不允许值时，间隙击穿，产生间隙电流。另外，当系统发生故障造成全系统失去接地点时，接地故障时母线TV的开口三角形绕组两端将产生很大的$3U_0$电压。

变压器间隙保护是用流过变压器中性点的间隙电流及TV开口三角形电压作为危及中性点安全判据来实现的。保护的原理接线如图11－41所示。

2. 动作方程及逻辑框图

间隙保护的动作方程为

$$3I_0 \geqslant I_{0op} \tag{11-70}$$

或

$$3U_0 \geqslant U_{0op} \tag{11-71}$$

式中　$3I_0$——流过击穿间隙的电流（二次值）；

$3U_0$——TV开口三角形电压；

I_{0op}——间隙保护动作电流；

U_{0op}——间隙保护动作电压。

保护的逻辑框图如图11－42所示。

由图可以看出：当间隙电流或TV开口电压大于动作值时，保护动作，经延时切除变压器。

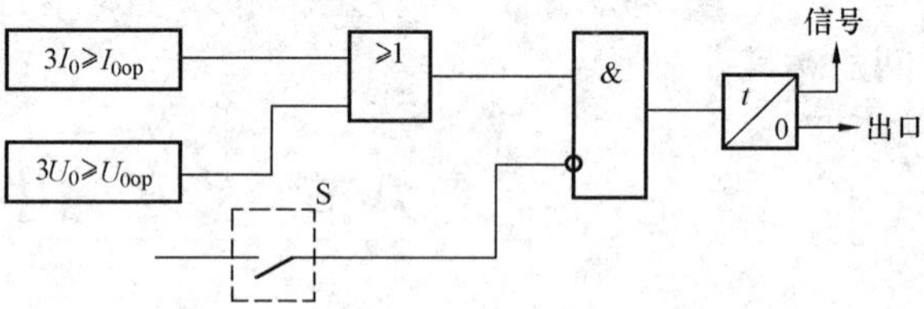

图11－42　间隙保护逻辑框图

S—变压器中性点接地开关的辅助触点，当变压器中性点接地运行时，S闭合，否则打开

三、定值建议

间隙保护不是后备保护，其动作电流、动作电压及动作延时的整定值不需与其他保护相配合。

1. 动作电流

当流过击穿间隙的电流大于或等于100A时保护动作，即

$$I_{0op}=\frac{100}{n_T} \tag{11-72}$$

式中 I_{0op}——保护的动作电流，A；

n_T——间隙TA的变比。

2. 动作电压

$$U_{0op}=(150\sim180)$$

式中 U_{0op}——保护的动作电压（二次值），V。

3. 动作延时

为躲过暂态过电压，间隙保护具有动作延时，一般其值为$t=0.3\sim0.5s$。

四、提高动作可靠性措施

运行实践表明，因变压器中性点放电间隙误击穿使间隙保护误动的现象较多。因此为了提高间隙保护的工作可靠性，正确地整定放电间隙的间隙距离是非常必要的。

在计算放电间隙的间隙距离之前，首先要确定危及变压器中性点安全的决定因素。即首先要根据变压器所在系统的正序阻抗及零序阻抗的大小，计算电力系统发生接地故障又失去接地中性点时是否会危及变压器中性点的绝缘，如果计算结果不危及变压器中性点的安全时，应根据冲击过电压来选择放电间隙的间隙距离。

放电间隙距离的选择，应根据变压器绝缘等级、中性点能承受的过电压数及采用的放电间隙类型计算确定。

另外，为提高间隙保护的性能，间隙TA的变比应较小。由于变压器零序保护所用的零序TA变比较大，故间隙TA应单独设置。

第九节 三绕组自耦变压器保护的特点

目前，超高压大容量三绕组自耦变压器在电力系统中被广泛应用。

一、三绕组自耦变压器的特点

与普通变压器比较，三绕组自耦变压器有以下特点。

（1）各侧的额定容量不同。三绕组变压器低压侧的额定容量由高压侧同中压侧的公共绕组容量决定，比高压侧或中压侧的额定容量要小。

设自耦变压器高压侧与中压侧之间的变比为K_{HM}（$K_{HM}=\frac{W_H}{W_M}$，即高压绕组的匝数与中压绕组之比），则高压侧、中压侧与低压侧之间的额定容量之比为$1:1:(1-\frac{1}{K_{HM}})$。由于K_{HM}大于1（一般等于2、3或5），故低压侧的额定容量要小于其他侧的容量。

（2）高压侧与中压侧之间有电的联系。所谓自耦变压器，是指变压器高压侧与中压侧公用一个绕组。因此，变压器的高压侧与中压侧之间除了磁耦合之外，还有电的联系。当高压侧系统或中压侧系统中发生接地故障时，故障电流可直接由非故障系统流入故障系统。

（3）三绕组自耦变压器运行时，变压器的中性点必须直接接地。

二、高压侧或中压侧系统接地故障时的零序电流

1. 自耦变压器高压侧接地故障

三绕组自耦变压器接线的示意图如图 11－43 所示。高压侧单相接地故障时的零序等值网路如图 11－44 所示。

由图 11－44 可得

$$\dot{I}_{M0}=\frac{X_{03}I'_{H0}}{X_{02}+X_{03}+X_{0\Sigma M}}$$

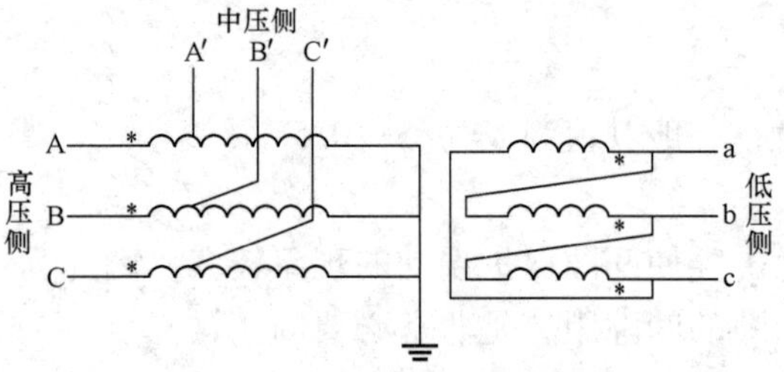

图 11－43　自耦变压器接线示意图

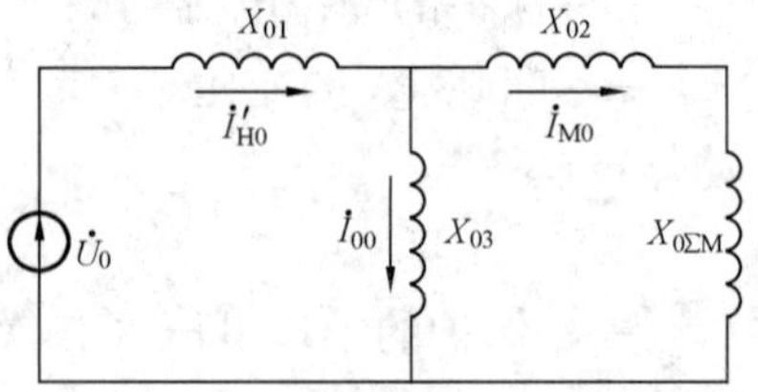

图 11－44　变压器高压侧接地故障时的零序等值回路

X_{01}—变压器高压侧零序电抗；X_{02}—变压器中压侧零序电抗；X_{03}—变压器公共及低压侧等值零序电抗；$X_{0\Sigma M}$—变压器中压侧网路的等值零序电抗；$\dot{U}_0$—接地故障点的零序电压；$\dot{I}'_{H0}$、$\dot{I}_{M0}$、$\dot{I}_{00}$—折算到中压侧的变压器各侧的零序电流

由于 $I'_{H0}=K_{HM}I_{H0}$（I_{H0} 为自耦变压器高压侧的零序电流），故

$$\dot{I}_{M0}=\frac{K_{HM}X_{03}I_{H0}}{X_{02}+X_{03}+X_{0\Sigma M}}$$

则流过变压器中性点的电流

$$3\dot{I}_0=3(\dot{I}_{H0}-\dot{I}_{M0})=3\dot{I}_{H0}\left(1-\frac{K_{HM}X_{03}}{X_{02}+X_{03}+X_{0\Sigma M}}\right)=3\dot{I}_{H0}\left(\frac{X_{02}+X_{0\Sigma M}+(1-K_{HM})X_{03}}{X_{02}+X_{03}+X_{0\Sigma M}}\right)\tag{11-73}$$

2. 自耦变压器中压侧接地故障

自耦变压器中压侧接地故障时的零序等值网路，如图 11－45 所示。

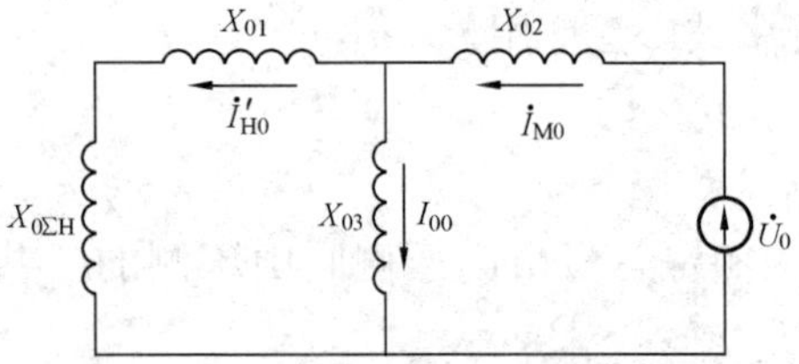

图 11－45　变压器中压侧接地故障时的零序等值网路

在图 11－45 中，$X_{0\Sigma H}$ 为变压器高压侧网路中零序等值电抗，其他符号的物理意义同图 11－44。

根据图 11－45 可得

$$\dot{I}'_{H0}=\frac{X_{03}\dot{I}_{M0}}{X_{01}+X_{03}+X_{0\Sigma H}}$$

高压侧零序电流

$$\dot{I}_{H0}=\frac{X_{03}\dot{I}_{M0}}{(X_{01}+X_{03}+X_{0\Sigma H})K_{HM}}$$

流过变压器中性点的电流

$$3\dot{I}_0=3(-\dot{I}_{H0}+\dot{I}_{M0})=3\dot{I}_{M0}\left(-\frac{X_{03}}{(X_{01}+X_{03}+X_{0\Sigma H})K_{HM}}+1\right)$$

$$=3\dot{I}_{M0}\left(\frac{X_{01}+X_{0\Sigma H}+(K_{HM}-1)X_{03}}{(X_{01}+X_{03}+X_{0\Sigma H})K_{HM}}\right)\tag{11-74}$$

3. 讨论

由式（11－73）可以看出：

（1）当 $X_{02}+X_{03}+X_{0\Sigma M}=K_{HM}X_{03}$ 时，变压器高压侧接地短路时流经变压器中性点的零序电流等于零；

（2）当 $X_{02}+X_{03}+X_{0\Sigma M}>K_{HM}X_{03}$ 时，变压器高压侧短路时流经变压器中性点的电流方向与高压侧零序电流（$\dot{I}_{H0}$）方向相同；

（3）当 $X_{02}+X_{03}+X_{0\Sigma M}<K_{HM}X_{03}$ 时，变压器高压侧短路时流经变压器中性点的电流与高压侧零序电流（$\dot{I}_{H0}$）方向相反。

总之，变压器高压侧或中压侧接地故障时，流经变压器中性点零序电流的大小和方向与故障位置有关，与系统的运行方式及参数有关。在某种工况下变压器高压侧接地故障，该电流可能等于零。

另外，当变压器的高压侧或中压侧的网路中发生接地故障时，由于两侧的零序电流不相等，在对零序电流无滤去作用的变压器纵联差动保护中将产生很大的差流，该差流实际上等于流经自耦变压器公共绕组中的零序电流。

三、保护配置的特点

1. 过负荷保护

由于变压器低压侧的额定容量比其他两侧要小，故容易过负荷，因此应在低压侧设置过负荷保护。

当自耦变压器的高压侧或中压侧接有大电源时，由于运行时可能由大电源侧向其他两侧供电，该侧容易过负荷，应设置过负荷保护。

当变压器高压侧及中压侧均接有大电源时，应在三侧均装设过负荷保护。

2. 自耦变压器宜设置零差动保护

由于自耦变压器的高压侧和中压侧均为大电流接地系统，且中压侧与高压侧之间有电的联系及运行时中性点必须接地，因此，装设能保护高压、中压及公共绕组全部不受空投变压器的影响、且变压器内部接地故障时有很高动作灵敏度的零序差动保护是适宜的。

3. 零序过电流保护应带方向

由于自耦变压器高压侧与中压侧有电的联系，又有共同的接地中性点，因此，当高压侧系统或中压侧系统发生接地故障时，零序电流将由一个系统流向另一个系统。因此，为确保零序电流保护的选择性，该保护应设置有方向。

当设置有不完全纵差保护时（即纵差保护不差入低压侧），为防止系统接地故障时误动，在高、中压两侧必须具有滤去零序电流的功能。

四、设计自耦变压器保护时应注意的问题

1. 零序电流及零序电流方向保护的设计

当变压器高压侧或中压侧发生接地故障时，流经变压器中性点零序电流的大小和方向受接地点位置及系统运行方式的影响很大（有时该电流等于零），因此，在设计零序电流及零序电流方向保护时，不应取中性点 TA 二次电流构成零序电流保护或零序电流方向保护。

构成零序电流保护或零序方向电流保护的零序电流，可取向由变压器高压侧或中压侧输出端 TA 二次三相电流，也可以取该 TA 二次零线（中性线）上的电流。

2. 自耦变压器差动保护的设计

有些变电所，自耦变压器的低压侧无出线，因此该侧没有设计安装差动 TA。自耦变压器的差动保护装置只差接在中压侧和高压侧的 TA 二次。

当变压器高压侧系统或中压侧系统中发生接地短路时，由于两侧的零序电流不相等，将在差动回路中产生较大的差流。此时，为消除差动回路中的零序电流，高压侧与中压侧的差动 TA 均应接成三角形。但当差动 TA 接成 Yy 时，则在两侧流入各相差动保护中的电流应分别为两相电流相减后的电流（由软件处理）。

3. 不需设置间隙保护

正常运行时，由于变压器的中性点是接地的，故不需设计用于保护变压器中性点的间隙保护。

五、零序方向保护动作方向的整定

1. 变压器低压侧接有大电源（通常为发电机）时

当自耦变压器低压侧接大型发电机时，其高压侧及中压侧零序方向过流保护的动作方向，应分别指向各侧母线，而作为母线及出线接地故障的后备保护。这是因为，发电机的后备保护对变压器的内部故障有足够的灵敏度。

2. 低压无电源而主电源在高压侧时

目前，我国的超高压大型变电所，其主电源大都在高压侧，低压侧及中压侧一般无电源，或接有容量很小的地方变电所。此时，当变压器高压侧线路上发生接地故障时，流经变压器的电流为很小的零序电流；而当变压器内部或中压侧发生接地故障时，故障电流很大。此时，如不迅速切除，将损坏变压器。

为有效保护变压器，高压侧零序电流方向保护的动作方向应指向变压器，作为变压器内部接地及中压侧接地故障的后备保护。

第十节 非电量保护

变压器非电量保护主要有瓦斯保护、压力保护、温度保护、油位保护及冷却器全停保护。

一、瓦斯保护

瓦斯保护是变压器油箱内绕组短路故障及异常的主要保护。其作用原理是：变压器内部故障时，在故障点产生有电弧的短路电流，造成油箱内局部过热并使变压器油分解、产生气体（瓦斯），进而造成喷油、冲动气体继电器，瓦斯保护动作。

瓦斯保护分为轻瓦斯保护及重瓦斯保护两种。轻瓦斯保护作用于信号，重瓦斯保护作用于切除变压器。

此外，对于有载调压的大型变压器，在有载调压装置内也设置瓦斯保护。

1. 轻瓦斯保护

轻瓦斯保护继电器一般由开口杯、干簧触点等组成。运行时，继电器内充满变压器油，开口杯浸在油内，处于上浮位置，干簧触点断开。当变压器内部发生轻微故障或异常时，故障点局部过热，引起部分油膨胀，油内的气体被逐出，形成气泡，进入气体继电器内，使油面下降，开口杯转动，使干簧触点闭合，发出信号。

2. 重瓦斯保护

重瓦斯保护继电器一般由挡板、弹簧及干簧触点等构成。

当变压器油箱内发生严重故障时，很大的故障电流及电弧使变压器油大量分解，产生大量气体，使变压器喷油，油流冲击挡板，带动磁铁并使干簧触点闭合，作用于切除变压器。

应当指出，重瓦斯保护是油箱内部故障的主保护，它能反映变压器内部的各种故障。当变压器组发生少数匝间短路时，虽然故障点的故障电流很大，但在差动保护中产生的差流可能不大，差动保护可能拒动。此时，靠重瓦斯保护切除故障。有载调压的变压器，在有载调压部分也配置气体继电器。

3. 提高可靠性措施

气体继电器装在变压器本体上，为露天放置，受外界环境条件影响大。运行实践表明，由于下雨及漏水造成瓦斯保护误动次数很多。

为提高瓦斯保护的正确动作率，瓦斯保护继电器应密封性能好，做到防止漏水漏气。另外，还应加装防雨盖。

二、压力保护

压力保护也是变压器油箱内部故障的主保护，含压力和压力突变量保护。其作用原理与重瓦斯保护基本相同，但它是反映变压器油的压力的。

压力继电器又称压力开关，由弹簧和触点构成，置于变压器本体油箱上部。当变压器内部故障时，温度升高，油膨胀压力增高，弹簧动作带动继电器动触点，使触点闭合，切除变压器。

三、温度及油位保护

当变压器温度升高时，温度保护动作发出报警信号。

油位保护是反映油箱内油位异常的保护。运行时，因变压器漏油或其他原因使油位降低时动作，发出报警信号。

四、冷却器全停保护

为提高传输能力，对于大型变压器均配置有各种冷却系统。在运行中，若冷却系统全停，变压器的温度将升高。若不及时处理，可能导致变压器绕组绝缘损坏。

冷却器全停保护，在变压器运行中冷却器全停时动作。其动作后应立即发出报警信号，并经长延时切除变压器。

冷却器全停保护的逻辑框图如图 11－46 所示。

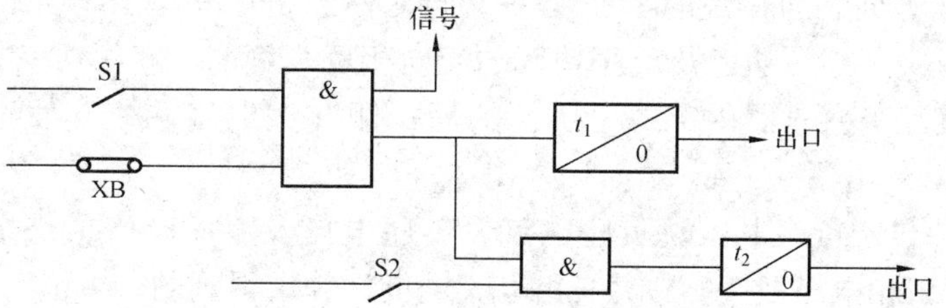

图 11－46　冷却器全停保护

S1—冷却器全停触点，冷却器全停后闭合；XB—保护投入连接片，当变压器带负荷运行时投入；S2—变压器温度触点

变压器带负荷运行时，连接片由运行人员投入。若冷却器全停，S1 触点闭合，发出报

警信号，同时起动 t_1 延时元件开始计时，经长延时 t_1 后去切除变压器。

若冷却器全停之后，伴随有变压器温度超温，图中的 S2 触点闭合，经短延时 t_2 去切除变压器。

在某些保护装置中，冷却器全停保护中的投入连接片，用变压器各侧隔离开关的辅助触点串联起来代替。这种保护构成方式的缺点是：回路复杂，动作可靠性降低。其原因是：当某一对辅助触点接触不良时，该保护将被解除。

第十一节　零序及负序功率方向元件动作方向正确性检查

为确保动作的选择性，对在二侧或三侧均接有电源的三绕组变压器（包括三绕组自耦变压器）的短路故障后备保护，例如零序过流保护及负序过流保护，设置功率方向元件，构成零序功率方向过流保护及负序功率方向过流保护。

对于具有功率方向的过流保护，只有方向元件的动作方向正确，才能保证该类保护正确动作。在变压器负荷工况下确认功率方向元件的动作方向，是保证功率方向元件动作方向正确可靠而直观的有效方法。本节，以微机变压器保护为例，介绍负序功率方向过流保护及零序方向过流保护动作方向正确性的检查试验方法。

一、基本概念

为便于检查试验及正确判断功率方向元件的动作方向，应首先掌握以下几点基本概念：

（1）研究问题的参考点是母线，对变压器而言是保护安装处的母线。功率方向元件的接入电压为母线 TV 二次三相电压或开口三角形电压，接入电流为设置在母线与变压器之间的 TA 二次三相电流或零线（中性线）上的电流。观察的方向是由母线指向被保护的变压器。

（2）当序量电流（包括零序电流和负序电流）滞后相对应的序量电压（包括零序电压及负序电压）时，装置的测量功率（包括零序功率和负序功率）为正值，序量功率方向元件应动作。

（3）零序源及负序源位于故障点。当变压器内部发生不对称故障时，零序电压源及负序电压源在变压器内部，则由变压器内部向母线送出零序功率及负序功率，或者说由母线向变压器输送负的零序功率及负的负序功率。此时，若忽略有效分量不计，零序电流及负序电流分别超前零序电压及负序电压约 90°。

（4）关于动作方向。通常说的零序功率方向元件及负序功率方向元件的动作方向，是指故障的方向，与实际零序功率及负序功率的流向相反。例如，零序功率方向元件的动作方向指向变压器，就是当变压器内部或变压器的另一侧（大电流系统）发生接地故障时，该方向元件才应动作。

（5）微机保护自产负序电压及负序电流、零序电压及零序电流，是指由保护装置通过对接入的 TV 二次三相电压及 TA 二次三相电流进行计算后得到的。

（6）关于潮流的流向。例如由母线向变压器输送功率为 $P+\mathrm{j}Q$，即表示由母线流向变压器的有功功率为 P，由母线流向变压器的无功功率为 Q。

二、功率方向元件动作方向的试验检查方法

对于模拟式方向保护装置，例如零序功率方向继电器，其接入电流为 TA 二次三相零线（中性线）上的电流，接入电压为 TV 开口三角形电压，在零序功率方向过流保护投运之前，

必须带负载检查方向元件动作方向的正确性。

目前，对于微机型零序功率方向过流保护，功率方向元件零序电压及零序电流的引入有两种：一种是采用母线 TV 开口三角形电压及一组 TA 二次零线（中性线）电流；另一种是由保护装置自产。

对于故障序量由微机保护装置自产的功率方向过流保护，有人认为不需要在负载工况下检查方向元件的动作方向，而只需要在负载工况下打印出 TA 二次三相电流及 TV 二次三相电压的采样值或波形就可判断方向元件动作方向的正确性。对微机型输电线路的零序功率方向保护，通常不带负荷检查方向。

运行实践表明：大型三绕组变压器的保护装置及其二次回路比线路保护装置及二次回路要复杂得多，因种种原因（包括人员过失），序量自产式功率方向过流保护由于动作方向不对致使保护不正确动作的现象仍有发生。因此，对于大型三绕组变压器，在负荷工况下检查功率方向保护动作方向的正确性，是提高其动作可靠性的必要措施。

在负荷工况下检查方向保护动作方向的方法是在二次回路故障模拟法，试验步骤如下：

（1）变压器带负荷运行，观察并记录流向变压器的功率 $W = P + jQ$，并根据有功 P 及无功 Q 计算出变压器电流与电压之间的相位差。

（2）用改变控制字或操作连接片的方法，退出被检查的保护（使其只发动作信号而不作用于出口），退出与被试保护接在同一组 TA 二次回路中的其他在试验中容易误动保护（例如，负序过流保护、低阻抗保护、零序过流保护等）。

（3）操作界面键盘或触摸屏，调出被试保护计算功率的显示界面，若保护装置不能显示计算功率时，暂将方向过流保护的过电流整定值减小，使在检查试验时被试保护能动作。

（4）在保护装置柜后端子排上，用短接 TA 二次电流回路及拆除 TV 二次电压或只加入某相电压的方法，模拟各种不对称故障，同时观察并记录被试保护的计算功率（大小及正负）或被试保护的工况（动作或不动作）。

（5）画出变压器电压及电流的相量图及序量图，并根据模拟的故障类型及故障相别、保护的计算功率或工况，分析并确认功率方向元件动作方向的正确性。

（6）零序功率方向元件采用 TV 开口三角形电压及 TA 二次三相零线（中性线）电流时，在检查其动作方向正确性之前，需首先检查并确认 TV 二次三相绕组对 TV 三次三相绕组之间的相对极性。

三、功率方向元件动作方向正确性检查试验举例

（一）自产零序电压及零序电流的零序方向过流保护动作方向正确性检查

1. 原始条件

某一三绕组自耦变压器，高压侧零序功率方向过流保护的动作方向指向变压器，其方向元件的最大动作灵敏角为90°，动作区范围为170°。该保护的零序电压及零序电流均系装置自产。

2. 变压器的潮流

根据测量表计的指示，由高压母线向变压器输入的功率为（10 + j10）MVA。根据该功率可计算出变压器高压侧电压与电流之间的相位为

$$\alpha = \arctan\frac{10}{10} = 45^\circ \text{（电流滞后于电压）}$$

3. 退出保护及相关操作

退出变压器高压侧的零序方向过流保护（可发动作信号，但不能作用于出口跳闸），退出与零序方向过流保护接在同一组 TA 二次回路中的负序过电流保护及低阻抗保护等。

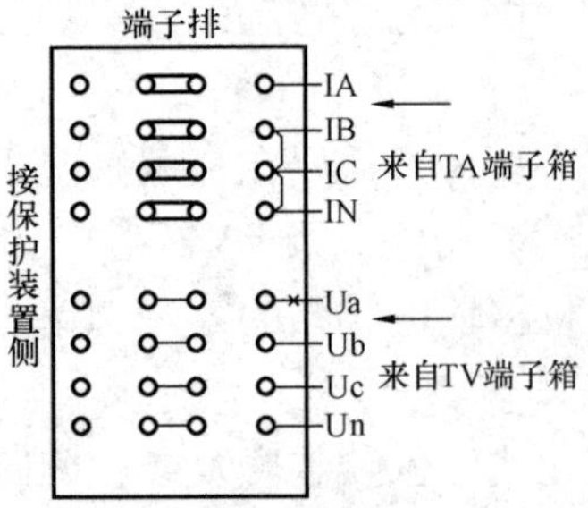

图 11－47　模拟 A 相接地故障示意图

IA、IB、IC、IN—分别为 TA 二次三相电流接入端子；Ua、Ub、Uc、Un—分别为 TV 二次三相电压接入端子

操作保护装置界面键盘，调出零序功率方向过流保护零序功率计算值的显示界面。若被试装置不能显示零序功率计算值时，可将保护的零序过电流整定值暂时改小，使在检查试验过程中该保护能动作。

4. 故障模拟及测量记录

在保护柜后端子排上模拟变压器高压侧 A 相接地短路故障。其方法是：用专用短接线，将零序功率方向过流保护用的一组 TA 二次接入端子的 IB、IC 及 IN 短接起来；从电压端子上拆下 TV 二次 a 相电压的接入线。

上述操作相当于 A 相接地故障。此时，接入被试保护的电流为 a 相电流 $\dot{I}_a$，接入电压为 b 相及 c 相电压 $\dot{U}_b$ 及 $\dot{U}_c$（a 相电压 $\dot{U}_a=0$）。此时，端子排上有关端子接线的示意图如图 11－47 所示。

观察界面上显示零序功率的大小及正负，或记录零序功率方向保护的工况（即动作与否）。

恢复图 11－47 中 Ua 端子上的接线，从端子 Ub 上拆除 TV 二次 b 相电压的接入线。此时，接入保护装置中的电流仍为 a 相电流 $\dot{I}_a$；接入电压为 a 相及 c 相电压 $\dot{U}_a$ 及 $\dot{U}_c$。观察界面上显示零序功率的大小及正负，或记录零序功率方向保护的工况。

再恢复图 11－47 中 Ub 端子上的接线，从端子 Uc 上拆除 TV 二次 c 相电压的接入线。此时，接入保护装置中的电流仍为 a 相电流 $\dot{I}_a$，接入电压为 a 相及 b 相电压 $\dot{U}_a$ 及 $\dot{U}_b$。观察界面上显示的零序功率的大小及正负，或记录零序功率方向过流保护的工况。

试验完毕后，拆除端子 IB、IC 与 IN 上的短接线，恢复 Uc 端子上的接线。

在模拟 a 相接地故障校验功率方向元件动作方向的正确时，不需要在保护柜后端子排上打开 b 相及 c 相电流内、外端子之间的连接片，这是由于保护装置辅助电流互感器的输入阻抗远大于图中 IB、IC 与 IN 之间连接线的阻抗。

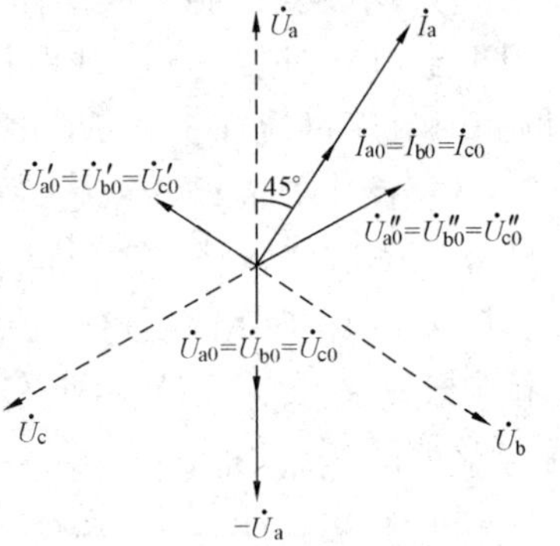

图 11－48　模拟故障时电压电流相量图及零序序量图

$\dot{U}_a$、$\dot{U}_b$、$\dot{U}_c$—正常工况下 TV 二次三相电压；$\dot{I}_a$—变压器负荷为（10－j10）MVA 时，TA 二次 a 相电流；$\dot{I}_{a0}$、$\dot{I}_{b0}$、$\dot{I}_{c0}$—模拟 a 相接地故障时的零序电流；$\dot{U}_{a0}$、$\dot{U}_{b0}$、$\dot{U}_{c0}$—模拟 a 相接地故障（a 相电压 $\dot{U}_a$ 拆除，相当对装置加一个 $-\dot{U}_a$ 电压）时的零序电压；$\dot{U}'_{a0}$、$\dot{U}'_{b0}$、$\dot{U}'_{c0}$—拆除 b 相电压 $\dot{U}_b$（只接入 $\dot{U}_a$、$\dot{U}_c$，相当于对装置加一个 $-\dot{U}_b$ 电压）时的零序电压；$\dot{U}''_{a0}$、$\dot{U}''_{b0}$、$\dot{U}''_{c0}$—拆除 c 相电压 $\dot{U}_c$（只接入 $\dot{U}_a$、$\dot{U}_b$，相当于对装置加一个 $-\dot{U}_c$ 电压）时的零序电压

5. 动作方向正确性分析

根据上述故障模拟及进行序量分析，可绘制出如图 11－48 所示的相量图及序量图。

由图 11－48 可以看出，模拟 a 相接地故障，即对装置通入 a 相电流 $\dot{I}_a$ 及加入 b、c 两相电压时，零序电压 $\dot{U}_{a0}$ 、$\dot{U}_{b0}$ 、$\dot{U}_{c0}$ 滞后零序电流 $\dot{I}_{a0}$ 、$\dot{I}_{b0}$ 、$\dot{I}_{c0}$ 约 135°，即由高压母线向变压器输入负的零序功率，相当于由变压器向母线送出零序功率（即变压器内部故障）。界面上显示的零序功率应为正值，或零序功率方向过流保护应动作。当通入装置的电流为 a 相电流 $\dot{I}_a$ ，而加入电压为 a 相及 c 相电压 $\dot{U}_a$ 及 $\dot{U}_c$ 时，零序电压 $\dot{U}'_{a0}$ 、$\dot{U}'_{b0}$ 、$\dot{U}'_{c0}$ 超前零序电流 $\dot{I}_{a0}$ 、$\dot{I}_{b0}$ 、$\dot{I}_{c0}$ 约 105°，相当于母线故障。保护装置界面上显示的计算功率应为负值，零序功率方向过流保护不动作。

当通入装置的电流为 $\dot{I}_a$ ，而接入电压为 $\dot{U}_a$ 及 $\dot{U}_b$ 时，零序电压 $\dot{U}''_{a0}$ 、$\dot{U}''_{b0}$ 、$\dot{U}''_{c0}$ 滞后零序电流 $\dot{I}_{a0}$ 、$\dot{I}_{b0}$ 、$\dot{I}_{c0}$ 15°，相当于变压器内部故障，保护装置界面上显示的计算功率应为正值，零序功率方向过流保护应动作。

如果测量及观察的结果与上述分析结果相同，则说明方向元件动作方向正确，否则应通过控制字改变保护的动作方向。

（二）用 TV 开口三角形电压及 TA 二次三相零线（中性线）电流构成功率方向元件动作方向正确性检查

1. TV 二次绕组对三次绕组相对极性的确定

在进行检查该类型零序功率方向元件动作方向之前，除要确定 TV 二次三相电压与 TA 二次三相电流之间的相对极性之外，还要确定 TV 二次绕组与三次绕组之间的相对极性、接线方式及接地方式。

一组 TV 二次回路与三次回路的实际接线方式如图 11－49 所示。

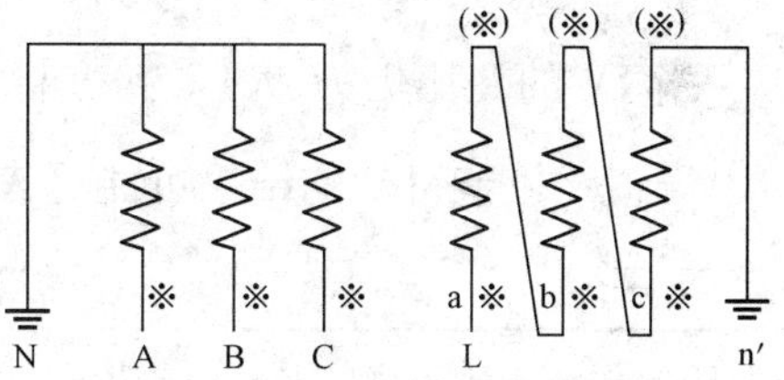

图 11－49　零序功率方向元件用 TV 二次及三次的接线

在 TV 端子箱用数字万用表测量电压的方法来确定 TV 二次与三次绕组之间的相对极性。可能测得的电压值，见表 11－3 或表 11－4。

表 11－3　　TV 二次及三次测量电压值（1）

电压名称	U_{AN}	U_{BN}	U_{CN}	U_{Lb}	U_{bc}	$U_{bn'}$	U_{bA}	U_{Aa}	U_{Cc}	U_{Bb}
测量电压（V）	57.7	57.7	57.7	100	100	100	157.7	57.7	42.3	86.9

表 11－4　　TV 二次及三次测量电压值（2）

电压名称	U_{AN}	U_{BN}	U_{CN}	U_{Lb}	U_{bc}	$U_{Cn'}$	U_{bA}	U_{Aa}	U_{Cc}	U_{Bb}
测量电压（V）	57.7	57.7	57.7	100	100	100	42.3	57.7	157.7	138.2

表 11－3 和表 11－4 的数据，与 TV 变比为 $U_N/\sqrt{3}\Big/0.1/\sqrt{3}\Big/0.1$ kV 时相对应。

若测得的数值同表 11－3 中所列数值，则二次绕组和三次绕组的相对极性端如图 11－49 的标示。此时，TV 二次、三次电压相量图如图 11－50 所示。若测得的数值同表 11－4 中所列数值，则二次绕组和三次绕组中的极性端如图 11－49 括号中的标号。此时，TV 二次、三次电压相量图如图 11－51 所示。

在许多较早建成的发电厂和变电所，TV 二次多采用 B 相接地。此时，TV 二次与三次的接线方式如图 11－52 所示。

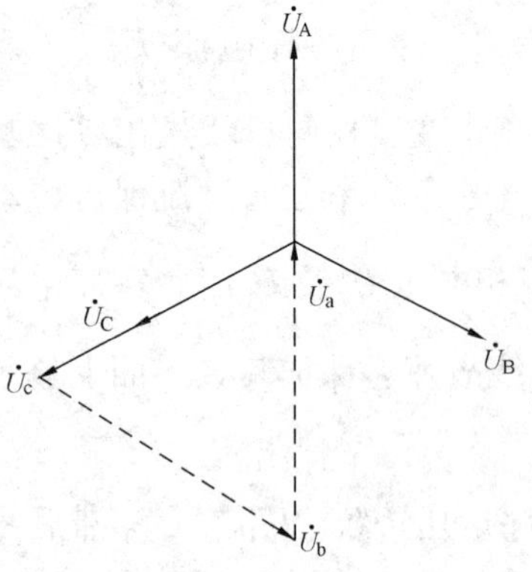

图 11－50　TV 二次及三次电压相量图

$\dot U_A$、$\dot U_B$、$\dot U_C$—TV 二次三相电压；

$\dot U_a$、$\dot U_b$、$\dot U_c$—TV 三次三相电压

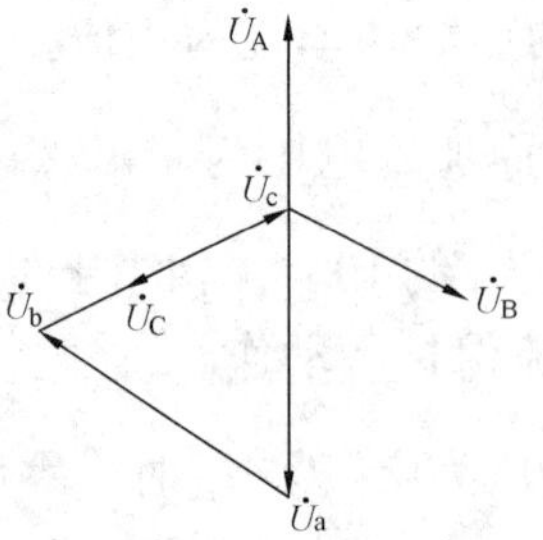

图 11－51　TV 二次及三次电压相量图

$\dot U_A$、$\dot U_B$、$\dot U_C$—TV 二次三相电压；$\dot U_a$、$\dot U_b$、$\dot U_c$—TV 三次三相电压

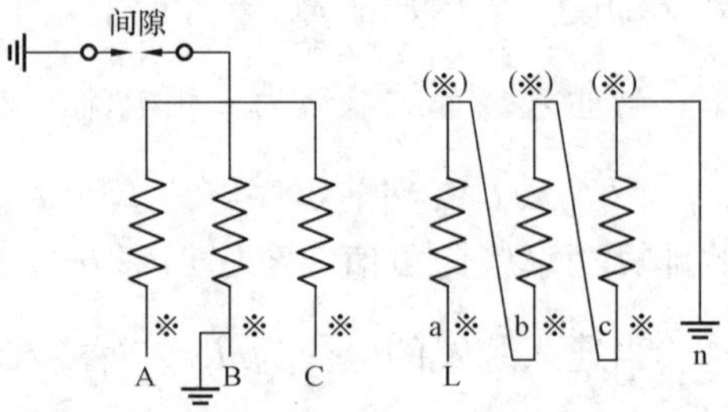

图 11－52　TV 二次 B 相接地时二次与三次的接线

当 TV 的变比仍为 $U_N/\sqrt{3}\Big/0.1/\sqrt{3}\Big/0.1$ kV 时，若在变电所 TV 端子箱用数字万用表测量电压值，可能得到的结果可能见表 11－5 或表 11－6。

表 11－5　　TV 二次及三次测量电压值

电压名称	U_{AB}	U_{BC}	U_{CA}	U_{Lb}	U_{bc}	U_{Cn}	U_{bA}	U_{Aa}	U_{Cc}	U_{Bb}
测量电压（V）	100	100	100	100	100	100	193	100	52	100

表 11－6　　TV 二次及三次测量电压值

电压名称	U_{AB}	U_{BC}	U_{CA}	U_{Lb}	U_{bc}	U_{cn}	U_{bA}	U_{Aa}	U_{Cc}	U_{Bb}
测量电压（V）	100	100	100	100	100	100	52	100	193	100

若测得的电压值同表 11－5 中所列数值，则 TV 三次绕组的极性端（相对二次）如图 11－52所示。此时，TV 二次、三次电压相量图如图 11－53 所示。

若测得的电压值同表 11－6 所列数值，则 TV 三次绕组的极性端（相对二次）如图 11－50括号中所标示。此时，TV 二次、三次电压相量图如图 11－54 所示。

2. 动作方向正确性检查

设经测量结果得到 TV 三次绕组对二次绕组的极性如图 11－49 所示，三次绕组的 a、b、c 为极性端。在保护柜后端子排上模拟 A 相接地故障。试验接线如图 11－55 所示。

试验检查零序功率方向元件的动作方向的方法与步骤如下。

（1）原始条件。某一三绕组自耦变压器，高压侧零序功率方向过流保护的动作方向指向变压器。功率方向元件的最大动作灵敏角为 90°，动作范围 170°，该保护的零序电压取自 TV 三次开口三角形电压，零序电流取 TA 二次三相的零线（中性线）电流。

（2）变压器的潮流。由高压母线向变压器输入的功率为（100－j100）MVA。根据该功率

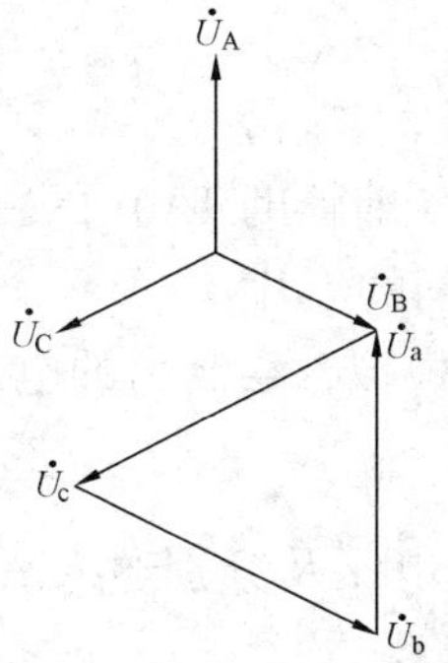

图 11－53　TV 二次及三次电压相量图

$\dot{U}_A$、$\dot{U}_B$、$\dot{U}_C$—TV 二次三相电压；$\dot{U}_a$、$\dot{U}_b$、$\dot{U}_c$—TV 三次三相电压

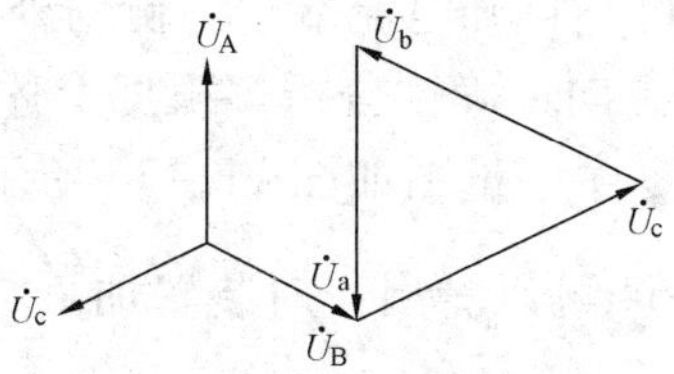

图 11－54　TV 二次及三次电压相量图

$\dot{U}_A$、$\dot{U}_B$、$\dot{U}_C$—TV 二次三相电压；$\dot{U}_a$、$\dot{U}_b$、$\dot{U}_c$—TV 三次三相电压

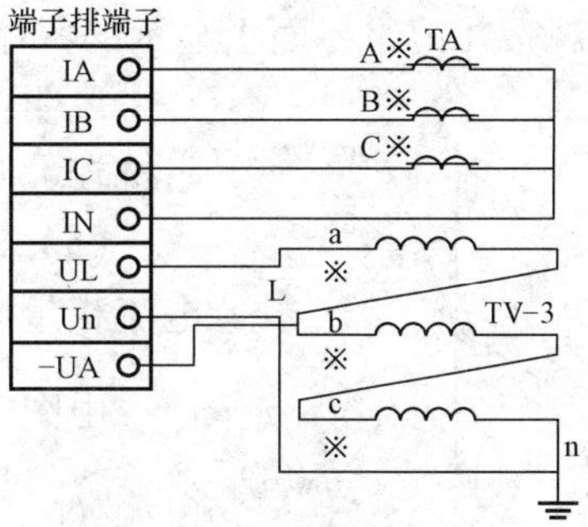

图 11－55　零序功率方向保护的交流接入回路

IA、IB、IC、IN—TA 二次三相电流接入端子；－UA—检查方向元件动作方向正确性时的试验端子；UL、Un－TV 三次开口三角形电压接入端子

计算出变压器高压侧电压与电流之间的相位为

$$\alpha = \arctan\frac{100}{100} = 45°(\text{电流滞后电压})$$

（3）退出保护及相关操作。退出变压器高压侧的零序方向过流保护（可发动作信号，但不作用于出口），退出与零序方向过流保护接在同一组 TA 二次回路中的负序过流保护及低阻抗保护等。

操作界面键盘，调出零序功率方向过流保护功率计算值显示界面。若装置不能显示零序功率计算值，可将保护的零序过流定值暂时调小，使在检查过程中该保护能动作。

（4）故障模拟及测量记录。在保护柜端子排上进行故障模拟，同时观察并记录界面上的零序功率计算值（大小及正负）。

1）模拟 A 相接地故障。如图 11－55 所示，在端子排外侧端子上，将电流端子 IB、IC 与 IN 用专用短接线连接起来，待界面显示 TA 二次 B、C 相电流为 0 时，打开端子 IB、IC 内侧与外侧之间的连片。此时，流入保护的电流为 $\dot{I}_A$，保护装置的零序电流与 $\dot{I}_A$ 同相位。在端子排上，将 UL 的接入线拆下，而将接到－UA 端子上的线改接到 UL 端子上。此时，加入保护的电压为 $-\dot{U}_A$，保护装置的零序电压与 $\dot{U}_A$ 相反。

观察并记录界面上显示的零序功率计算值或零序功率方向过流保护的工况（动作或不动作）。

2）其他故障模拟。在端子排的外侧，用专用短接线将电流端子 IA、IC 与 IN 连接起来，打开端子 IA、IC 内侧与外侧之间的连片。此时，流入保护的电流为 $\dot{I}_B$，保护的零序电流与 $\dot{I}_B$ 同相位。接入电压仍为 $-\dot{U}_A$，零序电压与 $\dot{U}_A$ 方向相反。观察并记录界面上显示的零序功率计算值或零序功率方向过流保护的工况。

在端子排外侧用专用短接线将电流端子 IA、IB 与 IN 连接起来，打开端子 IA、IB 内侧与外侧之间的连片。此时，流入保护的电流为 $\dot{I}_C$，加入保护的电压为 $-\dot{U}_A$。

观察并记录界面上显示的零序功率计算值或零序功率方向过流保护的工况。

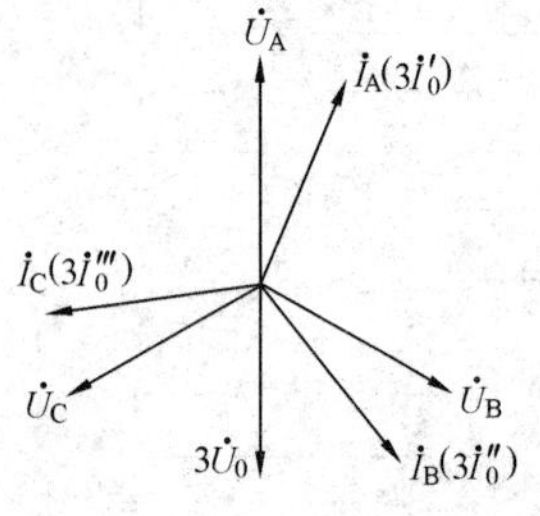

图 11－56　变压器流入功率为(100－j100)MVA 时电流、电压相量图

$\dot{U}_A$、$\dot{U}_B$、$\dot{U}_C$—TV 二次三相电压；$\dot{I}_A$、$\dot{I}_B$、$\dot{I}_C$—TA 二次三相电流；$3\dot{U}_0$—对装置只加 $\dot{U}_B$、$\dot{U}_C$（即 $-\dot{U}_A$）电压时零序电压；$3\dot{I}'_0$—只通入 A 相电流时的零序电流；$3\dot{I}''_0$—只通入 B 相电流时的零序电流；$3\dot{I}'''_0$—只通入 C 相电流时的零序电流

说明：在试验检查过程中，当装置变换器（即辅助 TA）的一次阻抗较大时，可不打开电流端子内侧与外侧之间的连片。

（5）动作方向正确性分析。根据上述故障模拟，绘制出的电压、电流相量图及零序序量图如图 11－56 所示。

由图 11－54 可以看出：对装置加 $\dot{U}_B$、$\dot{U}_C$ 电压及分别通入 A 相电流 $\dot{I}_A$、B 相电流 $\dot{I}_B$ 时，零序电流 $3\dot{I}_0$ 超前零序电压 $3\dot{U}_0$，表示由高压母线向变压器输入的零序功率为负值，而由变压器向高压母线送出零序功率。装置界面显示的零序计算功率应为正值，零序功率方向过流保护应动作。

对装置加 $\dot{U}_B$、$\dot{U}_C$ 电压及通入 C 相电流 $\dot{I}_C$ 时，零序电流滞后零序电压，表示由母线向变压器输送零序功率，故障在母线上。零序方向过流保护应不动作，装置界面上显示的零序功率应为负值。

如果试验检查结果与以上分析相同，表示功率方向元件动作方向正确。否则，应通过改变 TV 三次电压绕组的极性或改变控制字，使动作方向正确。

（三）负序功率方向过流保护动作方向正确性检查

1. 原始条件

某一三绕组变压器，高压侧负序功率方向过流保护的动作指向变压器，最大动作灵敏角为 90°，动作范围为 170°，保护装置的负序电压及负序电流系统装置自产。

2. 变压器的潮流

由高压母线输入变压器的功率为（10＋j15）MVA。根据该功率计算变压器高压侧电压与电流之间的相位为

$$\alpha = \arctan\frac{15}{10} \approx 50°$$

3. 退出保护

退出变压器高压侧负序功率方向过流保护（可发动作信号，但不出口），退出与负序功率方向过流保护接在同一组 TA 二次的零序过流保护及低阻抗保护等。

操作保护装置界面键盘，调出负序功率方向过流保护的负序功率计算值显示界面，若被试装置不能显示负序功率的计算值，可暂将该保护的负序动作电流整定值改小，以便在试验检查时保护能动作。

4. 故障模拟及测量记录

为检查负序功率方向元件动作方向的正确性，在保护柜后端子排上故障模拟有两种方法。

（1）倒换 TA 二次电流及 TV 二次电压相序的方法。在端子排上，将接入负序功率方向

过流保护三相电流及三相电压的相序由正序改成负序，即将电流接入线的 A 相与 B 相换接；将电压接入线的 A 相与 B 相换接。然后，观察并记录界面显示的负序功率计算值或负序功率方向过流保护的工况（动作或不动作）。

（2）模拟 A 相接地故障模拟方法，如图 11－47，即将 TA 二次 B 相、C 相及 N 电流端子短接起来，拆除 TV 二次 A 相电压的接入端子上的接入线。然后，观察并记录界面上显示的负序功率计算值或负序功率方向过流保护的工况。

5. 动作方向正确性分析

当用倒换 TA 二次电流及 TV 二次电压相序的方法进行试验检查时，界面上显示的负序功率计算值应为负。负序功率方向过流保护应不动作。

用模拟 A 相接地故障进行试验检查（即对装置通入 A 相电流及 B、C 两相电压）时，电压、电流的相量图及负序序量图如图 11－57 所示。

由图 11－57 可以看出，负序电流超前负序电压，由变压器向母线输出负序功率，表明变压器内部故障。此时，装置的计算功率应为正值，保护应动作。

如试验结果与分析结果完全相同，则表明功率方向元件动作方向正确。

另外，在用倒换 TA 二次电流及 TV 二次电压相序方法试验测量时，由于由母线向变压器输送有功及无功，负序电流滞后负序电压，即由母线向变压器输送负序功率，表明母线故障，装置的计算功率应为负值。负序功率方向过流保护应不动作。

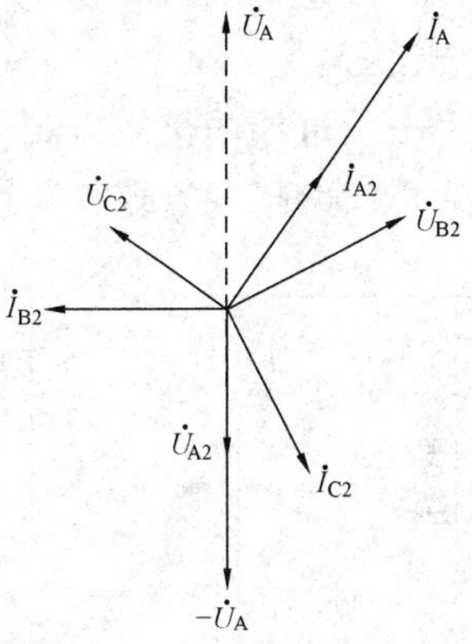

图 11－57　模拟 A 相接地故障电压、电流相量图

$\dot{I}_{A2}$、$\dot{I}_{B2}$、$\dot{I}_{C2}$—三相负序电流；$\dot{U}_{A2}$、$\dot{U}_{B2}$、$\dot{U}_{C2}$—三相负序电压；$\dot{U}_A$—A 相电压；$\dot{I}_A$—A 相电流

四、安全措施

在带负荷检查功率方向保护的动作方向时，应确保有关保护不误动。当变压器或系统故障时，其他保护应能可靠切除故障。为此，在试验之前应按规定开工作票及做好安全措施。

在柜后端子排上模拟故障，仍属在带电的 TV 及 TA 二次回路中工作，应按照有关规定进行操作并做好确保人身和设备安全的安全措施。

试验结束后，恢复端子排上的接线，恢复改动过的电流定值，并确认恢复正确无误，重新投入被退出的保护。

第十二章

母　线　保　护

第一节　概　　述

母线是发电厂和变电站重要组成部分之一。母线又称汇流排，是汇集电能及分配电能的重要设备。

一、母线的接线方式

母线的接线方式种类很多，应根据发电厂或变电所在电力系统中的地位、母线的工作电压、连接元件的数量及其他条件，选择最适宜的接线方式。

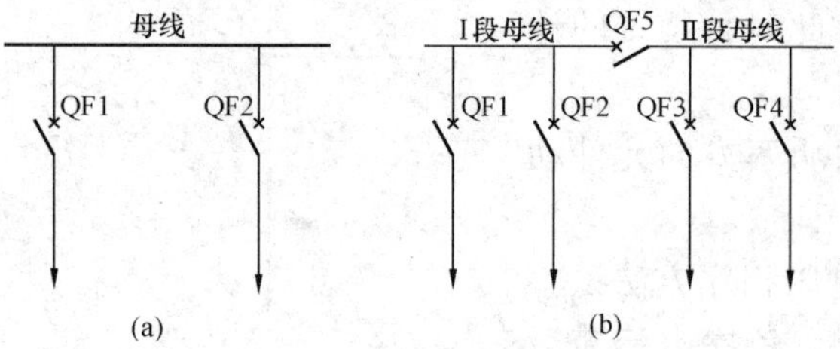

图 12－1　单母线及单母线分段接线
（a）单母线；（b）单母线分段接线
QF1～QF4—出线断路器；QF5—分段断路器

1. 单母线和单母线分段

单母线及单母线分段的接线方式如图 12－1所示。

在发电厂或变电所，当母线电压为 35～66kV、出线数较少时，可采用单母线接线方式；而当出线较多时，可采用单母线分段；对 110kV 母线，当出线数不大于 4 回线时，可采用单母线分段。

2. 双母线

在大型发电厂或枢纽变电所，当母线电压为 110kV 以上，出线在 4 回以上时，一般采用双母线接线方式，如图 12－2 所示。

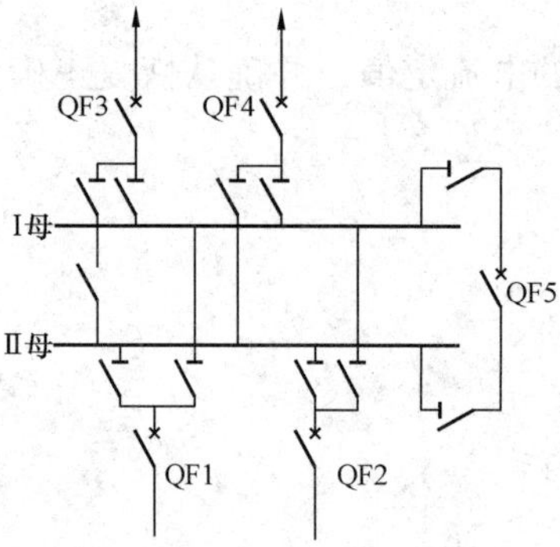

图 12－2　双母线接线
QF1～QF4—出线断路器；
QF5—母联断路器

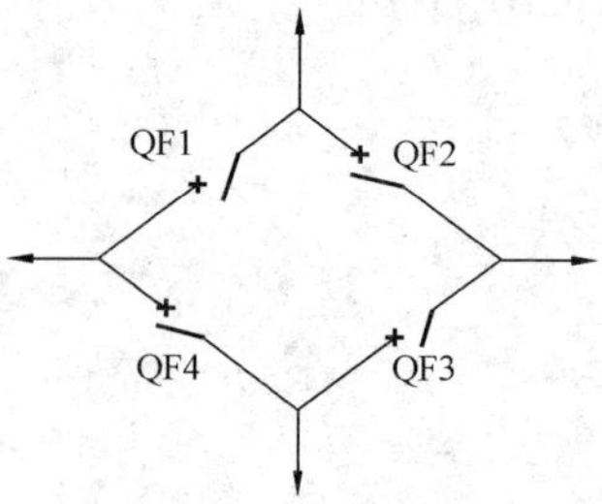

图 12－3　角形接线母线
QF1～QF4—出线断路器

3. 角形母线

出线回路不多的发电厂，其高压母线可采用角形接线，如图 12 – 3 所示。

4. $\frac{3}{2}$断路器母线

当母线故障时，为减少停电范围，220kV 及以上电压等级的母线可采用 $\frac{3}{2}$ 断路器母线的接线方式。其接线如图 12 – 4 所示。

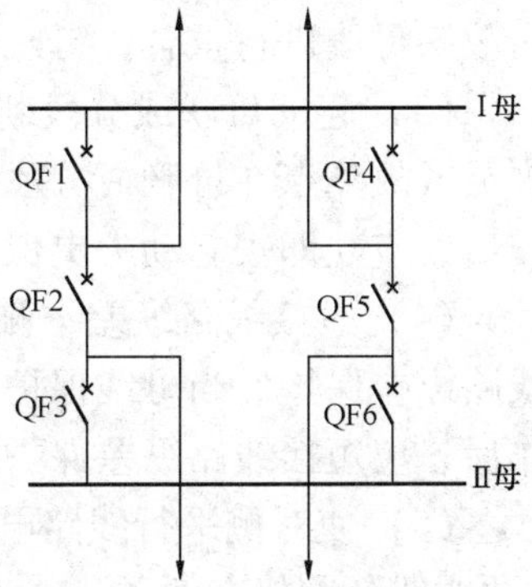

图 12 – 4　$\frac{3}{2}$断路器母线接线方式

图中，QF1 ~ QF3 组成一串，QF4 ~ QF6 组成另一串。QF2、QF5 叫中间断路器，QF1、QF3、QF4 及 QF6 称之为边断路器。

5. 其他接线方式的母线

其他接线方式的母线有：双母线单分段母线、双母双分段母线及桥型接线母线等，均是上述母线发展而来的。桥型母线又分内桥接线和外桥接线两种。

二、母线的故障

在大型发电厂和枢纽变电所，母线连接元件甚多。主要连接元件除出线单元之外，还有 TV、电容器等。

运行实践表明：在众多的连接元件中，由于绝缘子的老化、污秽引起的闪络接地故障和雷击造成的短路故障次数较多。另外，运行人员带地线合隔离开关造成的母线短路故障也会发生。

母线的故障类型主要有单相接地故障，两相接地短路故障及三相短路故障。两相短路故障的几率较少。

三、母线保护

当发电厂和变电所母线发生故障时，如不及时切除故障，将会损坏众多电力设备，破坏系统的稳定性，从而造成全厂或全变电所大停电，乃至全电力系统瓦解。因此，设置动作可靠、性能良好的母线保护，使之能迅速检测出母线故障所在并及时有选择性地切除故障是非常必要的。

1. 对母线保护的要求

与其他主设备保护相比，对母线保护的要求更苛刻。

（1）高度的安全性和可靠性。母线保护的拒动及误动将造成严重的后果。母线保护误动将造成大面积停电；母线保护的拒动更为严重，可能造成电力设备的损坏及系统的瓦解。

（2）选择性强、动作速度快。母线保护不但要能很好地区分区内故障和外部故障，还要确定哪条或哪段母线故障。由于母线影响到系统的稳定性，尽早发现并切除故障尤为重要。

2. 对电流互感器的要求

母线保护应接在专用 TA 二次回路中，且要求在该回路中不接入其他设备的保护装置或测量表计。TA 的测量精度要高，暂态特性及抗饱和能力强。

母线 TA 在电气上的安装位置，应尽量靠近线路或变压器一侧，使母线保护与线路保护或变压器保护有重叠保护区。

3. 与其他保护及自动装置的配合

由于母线保护关联到母线上的所有出线元件，因此，在设计母线保护时，应考虑与其他保护及自动装置相配合。

（1）母差保护动作后作用于纵联保护停信（对闭锁式保护而言）。当母线发生短路故障（故障点在断路器与TA之间）或断路器失灵时，为使线路对侧的高频保护迅速作用于跳闸，母线保护动作后应使本侧的收发信机停信。

（2）闭锁线路重合闸。当发电厂或重要变电所母线上发生故障时，为防止线路断路器对故障母线进行重合，母线保护动作后，应闭锁线路重合闸。

（3）起动母联或分段断路器失灵保护。为使在母线发生短路故障而母联或分段断路器失灵或故障点在母联或分段断路器与TA之间时，失灵保护能可靠切除故障，在母线保护动作后，应立即去起动失灵保护。

（4）短接线路纵差本侧电流回路。对输电线路，为确保线路保护的选择性，通常配置线路纵差保护。当母线保护区内发生故障时，为使线路对侧断路器能可靠跳闸，母线保护动作后，应短接线路纵差保护的电流回路或发远跳命令去切除对侧断路器。

（5）使对侧平行线路电流横差保护可靠不动作。当平行线路上配置有电流横差保护时（两回线分别接在两条母线上），母线保护动作后，先跳开母联（或分段）断路器，同时闭锁电流横差保护，然后再跳开与故障母线连接的线路断路器。

四、大型发电厂及枢纽变电所母线保护装置中保护的配置

在大型发电厂及枢纽变电所的成套母线保护装置中，配置有母线差动保护、母联充电保护、母联失灵保护、母联死区保护、母联过流保护、母联非全相运行保护及其他断路器失灵保护等。

第二节　母线差动保护

在母线保护中，最主要的是母差保护。

一、母差保护的分类

就其作用原理而言，所有母线差动保护均是反映母线上各连接单元TA二次电流的向量和的。当母线上发生故障时，一般情况下，各连接单元的电流均流向母线；而在母线之外（线路上或变压器内部）发生故障，各连接单元的电流有流向母线的，有流出母线的。母线上故障母差保护应动作，而母线外故障母差保护应可靠不动作。

若按母差保护差动回路中的阻抗分类，可分为高阻抗母差保护、中阻抗母差保护和低阻抗母差保护。

低阻抗母差保护通常叫做电流型母线差动保护。根据动作条件分类，电流型母线差动保护又可分为电流差动式母差保护、母联电流比相式母差保护及电流相位比较式母差保护。

本节介绍国产微机电流型母差保护、中阻抗母差保护及高阻抗母差保护。

二、微机电流型母线差动保护

目前，微机电流型母差保护在国内各电力系统中得到了广泛应用。

（一）作用原理及逻辑框图

微机电流型母差保护的作用原理是，当设定TA的电流传变是线性的，则有

$$\sum_{j=1}^{n} \dot{I}_j = 0 \qquad (12-1)$$

式中　n——母线上连接的元件；

$\dot{I}_j$ ——母线所连第 j 条出线的电流。

即母线正常运行及外部故障时，流入母线的电流等于流出母线的电流，各电流的向量和等于零。

当母线上发生故障时，保护动作的条件为

$$\sum_{j=1}^{n} \dot{I}_j \geqslant I_{op} \tag{12-2}$$

式中 I_{op} ——差动元件的动作电流。

母线差动保护，主要由三个分相差动元件构成。另外，为提高保护的动作可靠性，在保护中还设置有起动元件、复合电压闭锁元件、TA 二次回路断线闭锁元件及 TA 饱和检测元件等。

对于单母线分段或双母线的母差保护，每相差动保护由两个小差元件及一个大差元件构成。大差元件用于检查母线故障，而小差元件选择出故障所在的哪段或哪条母线。

双母线或单母线分段一相母差保护的逻辑框图如图 12－5 所示。

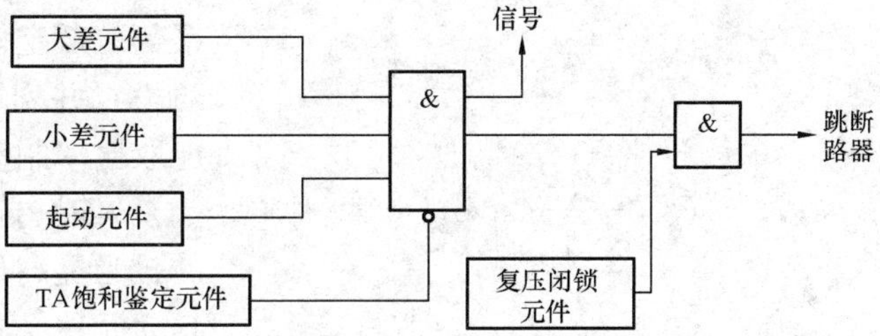

图 12－5　双母线或单母线分段母差保护逻辑框图（以一相为例）

由图 12－5 可以看出：双母线正常运行时，若小差元件、大差元件及起动元件同时动作，母差保护出口继电器才动作；此外，只有复合电压元件也动作时，保护才能去跳各断路器。

如果 TA 饱和鉴定元件鉴定出差流越限是由于区外故障 TA 饱和造成时，母差保护不应误动，而应立即去闭锁母差保护。当转入区内故障时，立即开放母差保护。

（二）小差元件

小差元件为某一条母线的差动元件，其引入电流为该条母线上所有连接元件 TA 二次电流。

（1）动作方程。小差元件的动作方程为

$$\begin{cases} \left| \sum_{j=1}^{n} \dot{I}_j \right| \geqslant I_{0po} \\ \left| \sum_{j=1}^{n} \dot{I}_j \right| \geqslant S \sum_{j=1}^{n} \left| \dot{I}_j \right| \end{cases} \tag{12-3}$$

式中 n——其值为母线连接的元件数；

I_j ——为接在母线的第 j 个连接单元 TA 的二次电流；

S ——比率制动系数，其值小于 1；

I_{0po} ——小差元件的起动电流。

（2）动作特性。根据式（12－3）的动作方程，绘制出的动作特性曲线如图 12－6 所示。

由图可以看出，母线小差元件的动作特性为具有比率制动的特性曲线。由于 $\left| \sum_{j=1}^{n} \dot{I}_j \right|$

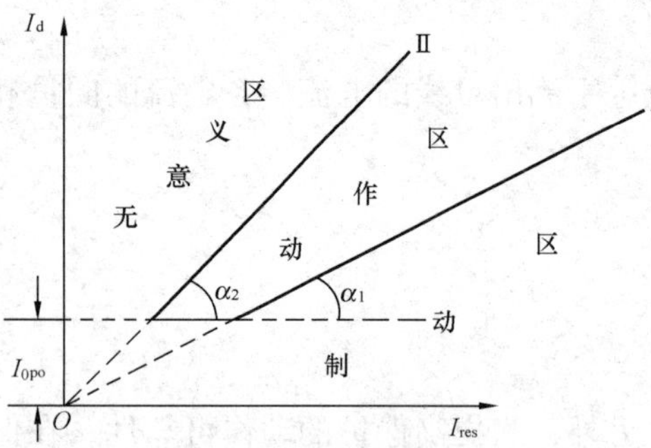

图 12－6　差动元件的动作特性图

I_d—差动电流，$I_d=\left|\sum_{j=1}^{n}\dot{I}_j\right|$；$I_{res}$—制动电流，$I_{res}=\sum_{j=1}^{n}|\dot{I}_j|$；$\alpha_1$—整定的动作曲线与 I_{res} 轴的夹角，$\alpha_1=\arctan\dfrac{\left|\sum_{j=1}^{n}\dot{I}_j\right|}{\sum_{j=1}^{n}|\dot{I}_j|}$；$\alpha_2$—动作特性曲线的上限与 I_{res} 轴的夹角，即 $\left|\sum_{j=1}^{n}\dot{I}_j\right|=\sum_{j=1}^{n}|\dot{I}_j|$ 时动作特性曲线与 I_{res} 轴的夹角，显然，$\alpha_2=45°$，或 $\tan\alpha_2=1$

不可能大于 $\sum_{j=1}^{n}|\dot{I}_j|$，故差动元件不可能工作于 $\alpha_2=45°$ 曲线的上方。因此将 $\alpha_2=45°$ 曲线的上方称之无意义区。

（三）大差元件

接入大差元件的电流为二条（或二段）母线所有连接单元（除母联之外）TA 的二次电流。

大差元件的动作方程及动作特性曲线与小差元件相似。不同之处是大差元件的比率制动系数有两个，即有高定值和低定值，当双母线母联断路器或单母线分段的分断路器断开运行时，采用比率制动系数取低定值，而双母线或单母线分段的两条（或两段）并列运行时，则采用高定值。小差元件则固定取比率制动系数高定值。

（四）起动元件

为提高母差保护的动作可靠性，设置有专用的起动元件，只有在起动元件起动之后，母差保护才能动作。

不同型号母差保护，采用的起动元件有差异。通常采用的起动元件有：电压工频变化量元件、电流工频变化量元件及差流越限元件。

（1）电压工频变化量元件。当两条母线上任一相电压工频变化量大于门坎值时，电压工频变化量元件动作，去起动母差保护。动作方程为

$$\Delta U \geqslant \Delta U_T + 0.05U_N \tag{12-4}$$

式中　ΔU——相电压工频变化量瞬时值；

U_N——额定相电压（TV 二次值）；

ΔU_T——浮动动作门坎值。

（2）电流工频变化量元件。当相电流工频变化量大于门坎值时，电流工频变化量元件动作，去起动母差保护。动作方程为

$$\Delta I \geqslant KI_N \tag{12-5}$$

式中　ΔI——相电流工频变化量瞬时值；

I_N——标称额定电流；

K——小于 1 的常数。

（3）差流越限元件。当某一相大差元件测量差流大于某一值时，差流越限元件动作，起动母差保护。动作方程为

$$\left|\sum_{j=1}^{n}\dot{I}_j\right| \geqslant I'_{opo} \tag{12-6}$$

$$I_d=\left|\sum_{j=1}^{n}\dot{I}_j\right|$$

式中　I'_{opo}——差动电流起动门坎值；

I_d——大差元件某相差动电流。

当上述各起动元件动作后，均将动作展宽0.5s。

（五）TA饱和鉴定元件

母线出线故障时，TA可能饱和。某一出线元件TA的饱和，其二次电流大大减少（严重饱和时TA二次电流近似等于零）。为防止区外故障时由于TA饱和母差保护误动，在保护中设置TA饱和鉴别元件。

（1）TA饱和时二次电流的特点及其内阻的变化。理论分析及录波表明：TA饱和时其二次电流及内阻有如下几个特点：

1）在故障发生瞬间，由于铁芯中的磁通不能跃变，TA不能立即进入饱和区，而是存在一个时域为3~5ms（在110kV及以下系统中，TA变比较小时，TA饱和的时间可能更短）的线性传递区。在线性传递区内，TA二次电流与一次电流成正比。

2）TA饱和之后，在每个周期内一次电流过零点附近存在不饱和时段，在此时段内，TA二次电流又与一次电流成正比。

3）TA饱和后其励磁阻抗大大减小，使其内阻大大降低。

4）TA饱和后，二次电流中含有很大的二次和三次谐波电流分量。

（2）TA饱和鉴别元件的构成原理。目前，在国内广泛应用的母差保护装置中，TA饱和鉴别元件均是根据饱和后TA二次电流的特点及其内阻变化规律原理构成的。在微机母差保护装置中，TA饱和鉴别元件的鉴别方法主要是同步识别法及差流波形存在线性传变区的特点；也可利用谐波制动原理防止TA饱和差动元件误动。

1. 同步识别法

当母线上发生故障时，母线电压及各出线元件上的电流将发生很大的变化，与此同时在差动元件中出现差流，即工频电压或工频电流的变化与差动元件中的差流是同时出现。当母差保护区外发生故障某组TA饱和时，母线电压及各出线元件上的电流立即发生变化，但由于故障后3~5msTA磁路才会饱和，因此，差动元件中的差流比故障电压及故障电流晚出现3~5ms。

在母差保护中，当故障电流（即工频电流变化量）与差动元件中的差流同时出现时，认为是区内故障开放差动保护；而当故障电流比差动元件中的差流出现早时，即认为差动元件中的差流是区外故障TA饱和产生的，立即将差动保护闭锁一定时间。将这种鉴别区外故障TA饱和的方法称作同步识别法。

2. 自适应阻抗加权抗饱和法

在该方法中，采用了工频变化量阻抗元件ΔZ。变化量阻抗ΔZ，是母线电压的变化量与差回路中电流变化量的比值。

当区外发生故障时，母线电压将发生变化，出现了工频变化量电压。当TA饱和之后，差动元件中出现了差流，即出现工频变化量差流，则可计算出工频变化量阻抗ΔZ。而当区内发生故障时，母线电压的变化、差动元件中差流的变化以及阻抗的变化将同时出现。

所谓自适应阻抗加权抗饱和法的基本原理实际也是同步识别法原理，也就是故障后TA不会立即饱和原理。

在采用自适应阻抗加权抗饱和法的母差保护装置中，设置有工频变化量差动元件、工频变化量阻抗元件及工频变化量电压元件。当发生故障时，如果差动元件、电压元件及阻抗元件同时动作，即判为母线上故障，开放母差保护；如果电压元件动作在先而差动元件及阻抗元件后动作，即判为区外故障TA饱和，立即将母差保护闭锁。

3. 基于采样值的重复多次判别法

采用同步识别法或自适应阻抗加权抗饱和法的TA饱和鉴别方法，只适用于故障瞬间。上述方法只能将母差保护暂短闭锁，否则，当区外故障转区内故障时，将致使母差保护拒绝动作。

在微机型母差保护中，是将同步识别法（或自适应阻抗加权法）与基于采样值的重复多次判别法相结合构成TA饱和鉴别元件。

基于采样值的重复多次判别法是：若在对差流一个周期的连续 R 次采样值判别中，有 S 次及以上不满足差动元件的动作条件，认为是外部故障TA饱和，继续闭锁差动保护；若在连续 R 次采样值判别中有 S 次以上满足差动元件的动作条件时，判为发生区外故障转母线区内障，立即开放差动保护。

该方法实际是基于TA一次故障电流过零点附近存在线性传变区原理构成的。

4. 谐波制动原理

TA饱和时，差电流的波形将发生畸变，其中含有大量的谐波分量。用谐波制动可以防止区外故障TA饱和误动。

但是，当区内故障TA饱和时，差电流中同样会有谐波分量。因此，为防止区内故障或区外故障转区内故障TA饱和使差动保护拒动，必须引入其他辅助判据，以确定是区内故障还是区外故障。

试验表明，利用区外故障TA饱和后在线性传变区无差流方法，来区别区内、外故障，而利用谐波制动防止区外故障误动，该方法是优异的抗TA饱和方法。

（六）复合电压闭锁元件

前已述及，母差保护是电力系统的重要保护。母差保护动作后跳断路器的数量多，它的误动可能造成灾难性的后果。

为防止保护出口继电器误动或其他原因误跳断路器，通常采用复合电压闭锁元件。只有当母差保护差动元件及复合电压闭锁元件均动作之后，才能去跳各断路器。

对于3/2接线的母线，当没有母线TV时，通常不设置复合电压闭锁元件。

1. 动作方程及逻辑框图

在大电流系统中，母差保护复合电压闭锁元件，由相低电压元件、负序电压及零序过电压元件组成。其动作方程为

$$\begin{cases} U_p \leqslant U_{op} \\ 3U_0 \geqslant U_{0op} \\ U_2 \geqslant U_{2op} \end{cases} \tag{12-7}$$

式中 U_p——相电压（TV二次值）；

$3U_0$——零序电压，在微机母差保护中，利用TV二次三相电压自产；

U_2——负序相电压（二次值）；

U_{op}——低电压元件动作整定值；

U_{0op}——零序电压元件动作整定值；

U_{2op} ——负序电压元件动作整定值。

复合电压元件逻辑框图如图 12－7 所示。

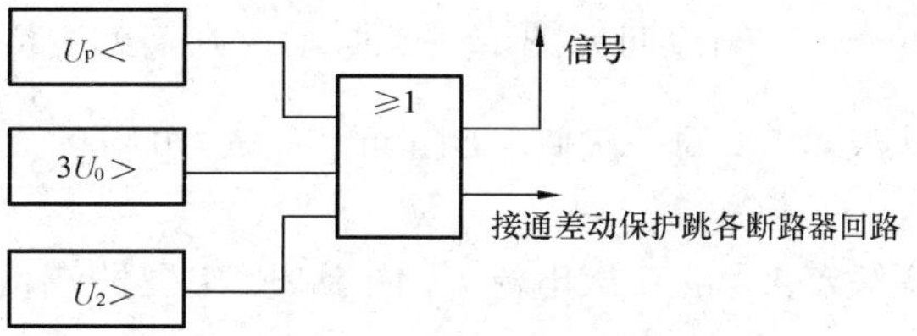

图 12－7　复合电压元件逻辑框图

可以看出，当低电压元件、零序过电压元件及负序电压元件中只要有一个或一个以上的元件动作，立即开放母差保护跳各断路器回路。

2. 闭锁方式

为防止差动元件出口继电器误动或人员误碰出口回路造成的误跳断路器，复合电压闭锁元件采用出口继电器触点的闭锁方式，即复合电压闭锁元件各对出口触点，分别串联在差动元件出口继电器的各出口触点回路中。

跳母联或分段断路器的回路可不串复合电压元件的输出触点。

对于微机型母差保护，复合电压闭锁元件，可去闭锁该保护的逻辑出口回路。

三、中阻抗母差保护

所谓中阻抗母差保护，是指差流回路的阻抗较大的母差保护。该类保护的特点是动作速度快，躲故障时 TA 饱和的能力强。

（一）差动继电器原理接线及工作原理

每一条母线上的中阻抗母差元件，由三个分相差动继电器构成。

设某条母线上只有两个出线单元，其一相差动继电器的原理接线如图 12－8 所示。

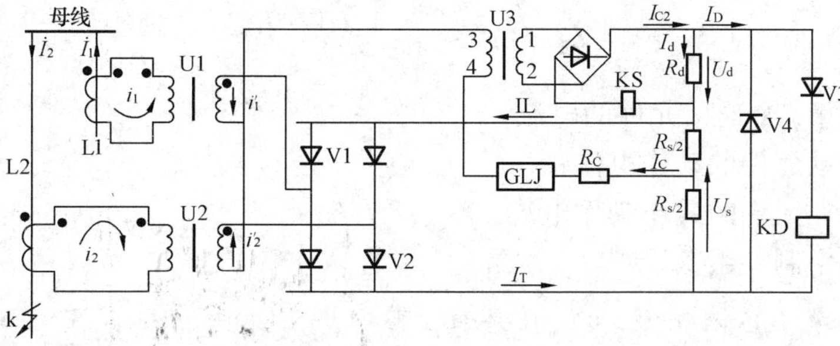

图 12－8　中阻抗差动继电器原理接线图

U1、U2—辅助变流器；U3—升流变流器；GLJ—TA 断线报警元件，监视差回路的不平衡电流；R_c—差回路附加电阻；R_d—TM 二次动作电流回路电阻；I_d—动作电流；U_d—动作电压；$\frac{R_s}{2}$—制动回路电阻；U_s—制动电压；KS—起动元件；KD—动作元件

辅助变流器 U1 及 U2 的作用是：强弱电隔离、降低电流值及各支路调平衡。

强弱电气隔离可提高继电器的抗干扰能力，降低电流值后，可使电流回路中各元件的容量及体积减小。当母线各连接单元 TA 变比不同时，可改变各辅助变流器的变比，使其二次输出电流平衡。

U3 及 R_c 共同使差动回路呈现中阻抗。

继电器的工作原理如下：在正常工况下或外部故障 TA 不饱和时，设两出线单元上的电

流 $\dot{I}_1$、$\dot{I}_2$ 的流向如图 12－8 所示，则辅助变流器 U1 二次电流 i'_1 由 U1 二次非极性端流出，经升流器 U3 的一次侧、GLJ 元件、R_c 电阻、$\frac{R_s}{2}$ 电阻、二极管 V1 流回 U1 二次的极性端；辅助变流器 U2 的二次电流 i'_2 由 U2 二次极性端流出，经二极管 V2、电阻 $\frac{R_s}{2}$、电阻 R_c、GLJ 元件、U3 一次回到 T2 的非极性端。此时，由于电流 i'_1 与 i'_2 大小相等、方向相反，故差回路的电流等于零，起动元件 KS 及动作元件 KD 不会动作。

当母线上发生故障时，出线单元上电流 $\dot{I}_2$ 的流向将发生变化，由流出母线变成流入母线，从而使电流 i'_2 的流向发生变化。此时，i'_2 与 i'_1 方向相同，在继电器差回路中出现很大的电流。该电流流过升流器 U3，产生动作差流 I_d 及动作电压 U_d，从而使起动元件 KS 及动作元件 KD 同时动作，继电器出口及差动保护动作。

需要说明的是：起动元件 KS 是否动作只由差流 I_d 的大小决定，而动作元件动作情况不但决定于 I_d 的大小，而且还与制动电压 U_s 的大小有关。I_d 决定于 i'_1 及 i'_2 的向量和，而 U_s 决定于 i'_1 及 i'_2 绝对值的和。

（二）动作方程

起动元件的动作方程为

$$\left|\sum_{j=1}^{n} \dot{I}_j\right| \geqslant I_{Lop} \tag{12-8}$$

动作元件的动作方程

$$\left|\sum_{j=1}^{n} \dot{I}_j\right| \geqslant S\sum_{j=1}^{n} |\dot{I}_j| + I_{hop} \tag{12-9}$$

式中 $\dot{I}_j$ ——为第 j 个连接元件的电流；

I_{Lop} ——起动元件的动作电流；

I_{hop} ——动作元件的最小动作电流；

S ——比率制动系数。

根据式（12－8）及式（12－9）并考虑到 $\left|\sum_{j=1}^{n} \dot{I}_j\right|$ 不可能大于 $\sum_{j=1}^{n} |\dot{I}_j|$，绘出的中阻抗保护动作特性如图 12－9 所示。

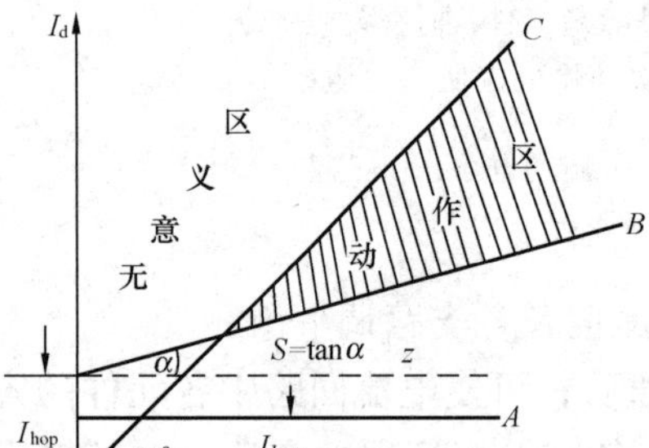

图 12－9 中阻抗保护的动作特性

I_d —差电流；S —制动系数；

I_{res} —制动电流

在图 12－9 中，直线 C 为动作元件上限的边界线；直线 B 为动作元件的动作边界线；直线 A 为起动元件的动作边界线；阴影部分为动作区。

直线 C 的方程为 $\left|\sum_{j=1}^{n} \dot{I}_j\right| = \sum_{j=1}^{n} |\dot{I}_j|$，其斜率等于 1。可以看出直线 C 的上方为无意义区。

（三）影响比率制动系数的因数

所谓动作元件的比率制动系数，指的是曲线 B 的斜率，即 $S = \tan\alpha$。

由图 12－8 可以看出，若不计动作元件的动作门坎（即最小动作电流 I_{hop}）的影响，则出口继电器 KD 处于临界动作状态的条件是动作电压 = 制动电压，即 $U_d = U_s$。

设动作元件处于临界动作时外加电流为 I_T，则制动电压

$$U_s = I_T \frac{R_s}{2}$$

当不计继电器 KD 的内阻时，动作电压

$$U_d = I_T N_{U3} \frac{R_S \cdot R_d}{R_d + R_s} S \tag{12-10}$$

式中　N_{U3} ——升流变流器的变比；

其他符号的物理意义同图 12-8 及式（12-9）。

则制动系数

$$S = \frac{R_d + R_s}{2N_{U3} R_d} \tag{12-11}$$

可以看出：制动系数 S 由继电器回路的参数 R_d、R_s 及 N_{U3} 决定。

（四）差动 TA 饱和的影响

1. 区外故障 TA 饱和

设故障点在图 12-8 中的 k 点，线路 L1 上的差动 TA 严重饱和。

在故障发生的瞬间，TA 不会立即饱和，此时的工况与外部故障 TA 不饱和工况完全相同，差动继电器不会动作。待 TA 饱和之后，其二次电流 i_1 及辅助变流器 U1 的二次电流 i'_1 近似等于零。由于线路 TA 饱和其励磁阻抗很小，致使电流互感器内阻近似等于零，相当于将辅助变流器一次短路，使其内阻也为零。由于差动继电器差动回路串有较大的电阻，辅助变流器 U2 二次电流 i'_2 的流径变成：由 U2 极性端出，经二极管 V2、电阻 $\frac{R_s}{2}$、电阻 $\frac{R_s}{2}$、二极管 V1、辅助变流器 U1 二次极性端、辅助变流器 U1 非极性端，流回辅助变流器 U2 非极性端。此时，差动回路无差流，保护不会动作。

可以看出，区外故障时差动 TA 饱和越严重，差动继电器越可靠不动作。

综上所述，中阻抗母差保护抗 TA 饱和原理是：TA 不饱和时，其内阻很大，比差动继电器差回路中的阻抗大得多，其他 TA 二次电流不会流经不饱和 TA 的二次；TA 饱和时其内阻大大降低，由于差动继电器差回路电阻大，使非饱和 TA 二次电流的流经发生了变化：不再经差动继电器的差回路流动，而是经饱和 TA 二次（辅助变流器二次）形成回路，故使差动继电器的差流很小，保护不动作。

2. 区内故障 TA 饱和

中阻抗保护的另一特点是动作速度快，内部故障后 3～5ms 之内，动作元件 KD 及起动元件 KS 动作并将动作状态记忆下来，从而确保母差保护可靠跳闸。

综上所述，中阻抗母差保护从原理上不受 TA 饱和的影响。

分析表明：若区外故障 TA 处于某一浅饱和状态或 TA 二次与辅助 TA 之间的联系阻抗较大时，差动保护有可能会误动。因此，应注意继电器中各参数的选择。

（五）逻辑框图

为防止差动 TA 二次回路断线母差保护误动，保护装置中设置有 TA 断线报警及闭锁差动出口元件；为防止出口中间继电器误动或维护人员误碰中间继电器出口触点致使误跳断路器，装置中设置有快速复合电压闭锁元件。

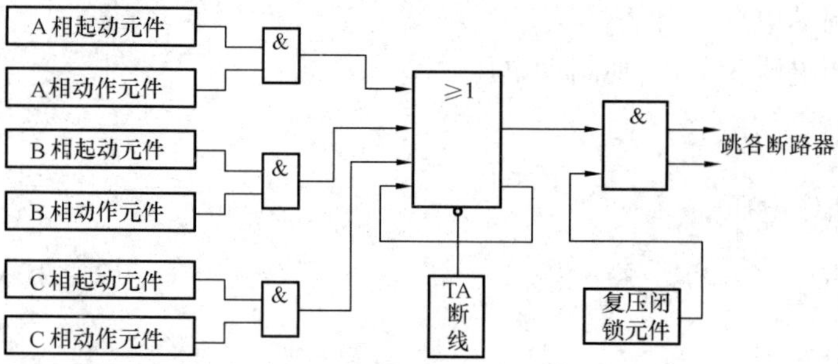

图 12－10　中阻抗保护动作逻辑框图

中阻抗差动保护动作逻辑框图如图 12－10 所示。

由图 12－10 可以看出，当差动保护中某一相差动继电器的起动元件及动作元件同时动作后，起动“或门”回路，“或门”回路动作后将动作状态自保持，同时起动“与门”回路，此时，如果复合电压闭锁元件满足动作条件，保护动作去跳各路断路器。

如果差动 TA 二次回路发生开路或断线，TA 断线闭锁元件将全套保护闭锁。

（六）复合电压闭锁元件

中阻抗母差保护的复合电压闭锁元件，由低电压元件、负序电压元件及零序电压元件构成，其逻辑框图同图 12－7。

四、高阻抗母差保护

高阻抗母差保护是在差动回路中串接一阻抗值很大（约 2.5 ~ 7.5kΩ）的电压继电器而构成，故将该母差保护称之为电压型母差保护。该保护的特点是动作速度快，区外故障 TA 饱和时不会误动。

1. 原理接线及工作原理

设母线上有三条出线，其一相电压差动型母差保护的原理接线图如图 12－11 所示。

在正常工况下，设电流 $\dot{I}_1$ 由母线流出，而电流 $\dot{I}_2$、$\dot{I}_3$ 流入母线，则根据基尔霍夫定律知

$$\dot{I}_1 = \dot{I}_2 + \dot{I}_3$$

其等值电路如图 12－12 所示。

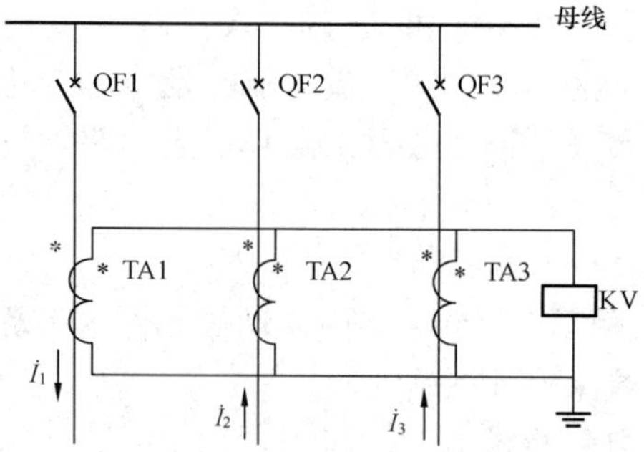

图 12－11　电压型母差保护原理接线

QF1 ~ QF3—出线断路器；TA1 ~ TA3—出线电流互感器；KV—电压继电器

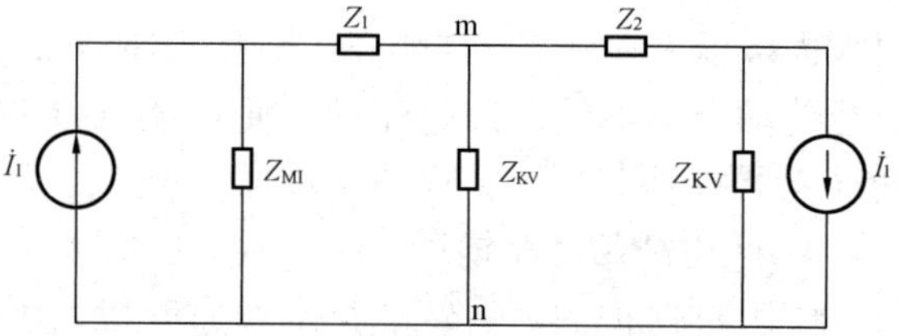

图 12－12　电压型母差保护等值网路

Z_{M1} —电流互感器 TA1 的励磁阻抗；Z_{M2} —电流互感器 TA2 及 TA3 的等值励磁阻抗；Z_{KV} —电压继电器的阻抗；Z_1、Z_2 —分别为互感器 TA1 及 TA2、TA3 二次通过电缆与继电器 KV 连接阻抗及等值连接阻抗

根据戴维南定理，图 12－12 可以简化成一个等值电流源 $\dot{I}_\Sigma$ 及一个等值阻抗 Z_Σ。等值电流源 $\dot{I}_\Sigma$ 为将图 12－12 中 m、n 两点短路时流过该两点的电流，等值阻抗 Z_Σ 为将 m、n 两

点之间开路时，该两点之间的输入阻抗。

$$I_{\Sigma}=\frac{Z_{M1}}{Z_{M1}+Z_1}\dot{I}_1-\frac{Z_{M2}}{Z_{M2}+Z_2}\dot{I}_1=\frac{Z_{M1}Z_2-Z_{M2}Z_1}{(Z_{M1}+Z_1)(Z_{M2}+Z_2)}\dot{I}_1 \tag{12-12}$$

$$Z_{\Sigma}=\frac{(Z_{M1}+Z_1)(Z_{M2}+Z_2)}{Z_{M1}+Z_{M2}+Z_1+Z_2} \tag{12-13}$$

由于电压继电器的阻抗很大，其两端的电压

$$U_{KV}=\dot{I}_{\Sigma}Z_{\Sigma}=\frac{Z_{M1}Z_2-Z_{M2}Z_1}{Z_{M1}+Z_{M2}+Z_1+Z_2}\dot{I}_1 \tag{12-14}$$

式中　U_{KV}——电压继电器电压线圈上的电压。

讨论：当TA1、TA2及TA3的特性完全相同（励磁特性相同）及由其二次至电压继电器的电缆连接阻抗相同，则 $Z_{M2}=\frac{Z_{M1}}{2}$，$Z_2=\frac{Z_1}{2}$。代入式（12－14）得 $U_{KV}\approx0$。即继电器上无电压，保护不动作。

当外部故障差动TA不饱和时，可得出与上述相同的结论。

上述结论的物理意义是：在正常工况及外部故障TA不饱和时，当各差动TA的特性完全相同及各TA二次与电压继电器之间的连接阻抗也完全相同时，某支路电流或某几支路电流之和与其他支路电流之和大小相等、方向相反，流入差动继电器的电流等于零，这相当于某一支路或某几支路的TA二次电流流经其他TA的二次绕组。

当区外故障某一差动TA饱和时，该饱和TA励磁阻抗降低到很小，此时，非饱和的所有TA二次电流均流经饱和TA的二次形成回路，而不会流经电压继电器的线圈，继电器不会动作。

区内故障TA不饱和时，所有TA二次电流均将流过差动继电器，产生很高的电压，差动保护动作。而当区内故障某一差动TA饱和时，由于TA饱和需经3～5ms的延时，而在故障后TA开始饱和之前差动继电器已经动作并予以记忆，因此，不受TA饱和的影响。

2. 优缺点

高阻抗母差保护的优点是：接线简单，选择性好，动作快，不受TA饱和的影响。

其缺点是：要求各TA的型号变比完全相同，并且还要求各TA的特性及二次负载要相同。由于差回路的阻抗很高，区内故障时，TA二次将出现很高的电压。因此，要求TA二次电缆及其他部件的绝缘水平要高。

五、提高母线差动保护动作可靠性措施

母差保护的误动及拒绝动作，都将造成严重后果。因此，为确保电力系统的安全经济运行，提高母差保护的动作灵敏度及动作可靠性是非常必要的。

（一）TA断线闭锁

目前，对于大型发电机及变压器，为了设备及人身的安全，差动TA断线后不应闭锁差动保护。

与大型发电机及变压器相比，母线出线TA的变比要小得多。例如200MW机组TA的变比为12000/5＝2400，高压母线出线上TA的变比通常为600/1或1200/1，相差2～4倍。相对而言，TA的变比越小，二次回路开路的危害越小。又由于母差保护的误动可能造成严重的后果，在母线保护装置中设置有TA断线闭锁元件，当差动TA断线时，立即将母差保护

闭锁。

1. TA 二次回路断线判别

在微机母差保护装置中，一般采用系统无故障时差流越限，来判为差动 TA 二次回路断线。

$$I_d \geqslant I_{op} \tag{12-15}$$

式中 I_d——差电流；

I_{op}——TA 断线闭锁元件动作电流。

在某些装置中，也有采用零序电流作为 TA 断线判据的。即当任一支路中的零序电流为

$$3I_0 > 0.25I_{pmax} + 0.04I_N \tag{12-16}$$

式中 $3I_0$——零序电流；

I_{pmax}——最大相电流；

I_N——标称额定电流（5A 或 1A）。

2. 对 TA 断线闭锁的要求

对母差保护装置中的 TA 断线闭锁元件要求如下：

（1）延时发出报警信号。正常运行时，发电机及变压器的差动 TA 断线，差动保护要误动。对于电流型微机母差保护及中阻抗母差保护，母线连接元件多，使差动回路支路数多，又由于制动电流为各单元电流绝对值和，因此，某一支路的一相 TA 二次回路断线，一般保护不会误动。此时，若再发生区外故障，母差保护将误动。因此，当 TA 断线闭锁元件检测出 TA 断线之后，应经一定延时（该延时应大于后备保护的动作时间，一般取 5s）发出报警信号并将母差保护闭锁。

（2）分相设置闭锁元件。母差保护为分相差动，TA 断线闭锁元件也应分相设置。一相 TA 断线应去闭锁该相差动保护，以减少母线上又发生故障时差动保护拒动的几率。但也可以采用闭锁总出线回路的闭锁方式。

（3）母联、分段断路器 TA 断线，不应闭锁母差保护。若断线闭锁元件检查到的是母联 TA 或分段 TA 断线，应发 TA 断线信号而不闭锁母差保护，但此时应自动切换到单母线方式，发生区内故障时不再进行故障母线的选择。

（二）TV 断线监视

对采用复合电压闭锁的母差保护，为防止由于 TV 二次回路断线造成对母线电压的误判断，设置有 TV 二次回路断线的监视元件。

TV 断线监视元件的 TV 断线判据有多种。

（1）利用自产零序电压与 TV 开口三角形电压进行比较判别，即在以下情况下，判为 TV 二次断线。

$$|\dot{U}_a + \dot{U}_b + \dot{U}_c| - 3U_0/\sqrt{3} > U_{op} \tag{12-17}$$

及

$$|\dot{U}_a + \dot{U}_b + \dot{U}_c| - 3U_0 \cdot \sqrt{3} > U_{op} \tag{12-18}$$

式中 $\dot{U}_a$、$\dot{U}_b$、$\dot{U}_c$——TV 二次三相电压；

$3U_0$——TV 开口三角形电压；

U_{op}——TV 断线闭锁元件动作电压。

式（12－17）适用于大电流接地系统，而式（12－18）适用于小电流接地系统。

（2）利用负序电压判别。当TV二次负序电压大于某一值，例如 $U_2 \geqslant 6 \sim 8$ V时，TV断线。

（3）利用三相电压幅值之和及TA二次有电流判别，即满足下列条件时，判断为TV二次断线。

$$\begin{cases} |\dot{U}_a| + |\dot{U}_b| + |\dot{U}_c| < U_N \\ I_{a(b,c)} \geqslant 0.04 I_N \end{cases} \tag{12-19}$$

式中 $\dot{U}_a$、$\dot{U}_b$、$\dot{U}_c$——TV二次三相电压；

U_N——TV二次额定电压；

$I_{a(b,c)}$——TA二次三相电流；

I_N——TA二次标称额定电流（5A或1A）。

检测出TV二次断线后经延时发出报警信号，但不应闭锁保护。

（三）运行方式识别

根据系统运行方式的需要，双母线上各连接元件经常在两条母线上切换，因此正确地确认母线运行方式，即确认哪个连接元件接在哪条母线上运行，是保证母线差动保护正确动作的重要条件。

在中阻抗及电流型微机母差保护装置中，利用隔离开关的辅助触点来识别母线的运行方式。

1. 中阻抗母差保护运行方式的识别

在中阻抗型母差保护装置中，是利用隔离开关辅助触点起动切换继电器来确定母线连接单元运行在哪条母线上的。

在双母线的中阻抗母差保护装置中，有两套完全相同的差动元件，分别称之为Ⅰ段母线差动及Ⅱ段母线差动。接在Ⅰ段母线上的连接元件，其隔离开关与Ⅰ母连接，并通过切换继电器触点将该元件差动TA二次电流引入到Ⅰ段母线差动回路中；而当该连接元件切换到Ⅱ段母线上运行时，通过切换继电器将TA二次电流自动引入到Ⅱ段母线差动回路中。装置上有信号灯，指示连接元件工作的母线。

在将连接元件由一条母线切换到另一条母线上的倒闸操作过程中，切换继电器自动地将两套差动元件合为一套（称之互联）。当倒闸操作完毕后，再将两套差动元件分开。

可以看出，由于差动TA二次回路中串有切换继电器的辅助触点，因此，隔离开关辅助触点及切换继电器的良好性将直接影响母差保护工作的可靠性。

为提高中阻抗型母差保护动作可靠性，对切换继电器的要求如下：

（1）切换继电器的动作电压应为额定电压的60%～70%；

（2）切换继电器触点的接触应可靠，容量足够大；

（3）用两对触点并联起来作一对触点用；

（4）在切换过程中，切换触点应先闭合后，另一对触点才打开，以防止切换过程中TA二次开路。

另外，对隔离隔离开关辅助触点应经常检查，确保动作的可靠性。

2. 电流型微机母差保护的识别

在微机型母差保护装置中，由软件计算来识别母线的运行方式。当计算出某支路有电流（即出现差流）而无隔离开关位置信号时，发出报警信号，并按装置原来记忆的隔离开关位置计算差电流，并根据当前系统的电流分布状况自动校核隔离开关位置的正确性，以确保保护不误动。

为防止因隔离隔离开关辅助触点损坏而使装置长期工作于不正常状态，有的装置（WMZ－41A 型母差保护装置）在装置盘上设置有母线模拟盘。当隔离开关位置发生异常保护发出报警信号时，运行人员应立即通知维护人员进行检修，同时将模拟盘上强制拨指开关合上，使满足相应的隔离开关位置状态，以确保检修期间母差保护正常运行。

在母差保护投运试验时，应仔细检查隔离开关状态与保护对应位置识别的一致性及其回路的良好性。投运之后，在运行人员倒闸操作后，应对隔离开关位置及其回路的正确性予以确认。

（四）大差元件比率制动系数的自动调整

在国内生产并广泛应用的微机双母线及单母线分段的母差保护装置中，设置两个小差元件及一个大差元件。大差元件用于确认母线故障，小差元件确定故障所在母线。

正常运行时大差元件的整定值（起动电流及比率制动系数）与小差元件基本相同。接入大差元件的电流为两条母线各所连元件（除母联之外）TA 二次电流，接入小差元件的电流为某条母线各所连元件（包括母联）TA 二次电流。

分析表明：当两条母线分裂运行时（即母联断路器或分段断路器断开），若母线上发生故障，大差元件的动作灵敏度要降低。

1. 母联断路器状态对差动元件动作灵敏度的影响

现以图 12－13 的双母线接线为例来分析差动元件动作灵敏度。

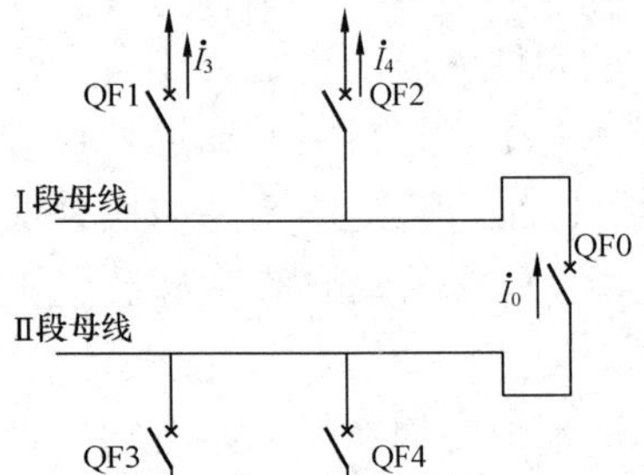

图 12－13　母线接线示意图

QF1～QF4—母线出线断路器；

QF0—母联断路器

运行时，流入大差元件的电流为 $\dot{I}_1$ ～ $\dot{I}_4$ 四个电流；流入Ⅰ段母线小差元件的电流为 $\dot{I}_3$、$\dot{I}_4$ 及 $\dot{I}_0$ 三个电流；流入Ⅱ段母线小差元件的电流为$\dot{I}_1$、$\dot{I}_2$、$\dot{I}_0$ 三个电流。

当母联运行时Ⅰ段母线发生短路故障，Ⅰ段母线小差元件的差流为 $|\dot{I}_3|+|\dot{I}_4|+|\dot{I}_0|=|\dot{I}_3|+|\dot{I}_4|+|\dot{I}_1|+|\dot{I}_2|$；Ⅰ段母线小差元件的制动电流也为 $|\dot{I}_3|+|\dot{I}_4|+|\dot{I}_1|+|\dot{I}_2|$，两者之比为 1。大差元件的差流与制动电流与Ⅰ段母线小差相同，两者之比也为 1。

当母联断开Ⅰ段母线发生短路故障时，Ⅰ段母线小差元件的差流为 $|\dot{I}_3|+|\dot{I}_4|$，制动电流也为 $|\dot{I}_3|+|\dot{I}_4|$，两者之比为 1。而大差元件的制动电流仍为 $|\dot{I}_3|+|\dot{I}_4|+|\dot{I}_1|+|\dot{I}_2|$，但差流确只有 $|\dot{I}_3|+|\dot{I}_4|$。显然大差元件的动作灵敏度大大下降。

2. 实际对策

为保证母联断路器停运时母差保护的动作灵敏度，可以采取以下措施：

（1）解除大差元件。当母联断路器退出运行时，通过隔离开关的辅助触点解除大差元件，只要小差元件及其他起动元件动作就可以去跳断路器。这种对策的缺点是降低了保护的可靠性。

（2）自动降低大差元件的比率制动系数。当母联断路器退出运行时，用断路器辅助触点作为开入量，自动将大差元件的制动系数减小。目前，这种措施在微机保护装置中得到了应用。在有些装置中，自动将制动系数降低到0.3。

（五）母差保护的死区问题

在已被采用的各种类型的母差保护中，存在着一个共同的问题，就是死区问题。对于双母线或单母线分段的母差保护，当故障发生在母联断路器或分段断路器与母联TA或分段TA之间时，非故障母线的差动元件要误动，而故障母线的差动元件要拒动。即存在死区。

1. 死区原因分析

双母线及其母差保护的原理接线如图12－14所示。

由图12－14可以看出：流入Ⅱ母小差的电流为

$$i_1 + i_2 + i_0 = 0$$

则流入Ⅰ母小差的电流为 $i_3 + i_4 + i_0 = 0$，故两个小差元件均不动作，大差元件亦不动作。

当故障发生在母联断路器QF0与母联电流互感器TA0之间时，大差元件动作。同时电流 $\dot{I}_1$、$\dot{I}_2$ 及 $\dot{I}_0$ 增大，但流向不变，故Ⅱ母小差元件的差流近似等于零，不动作；而电流 $\dot{I}_3$ 与 $\dot{I}_4$ 的大小及流向均发生了变化（由流出母线变成流入母线），Ⅰ母小差元件的差流很大，Ⅰ母小差动作。Ⅰ母差动保护动作，跳开断路器QF0、QF1及QF2；而Ⅱ母小差元件不动作，无法跳开断路器QF3及QF4。因此，真正的故障无法切除。

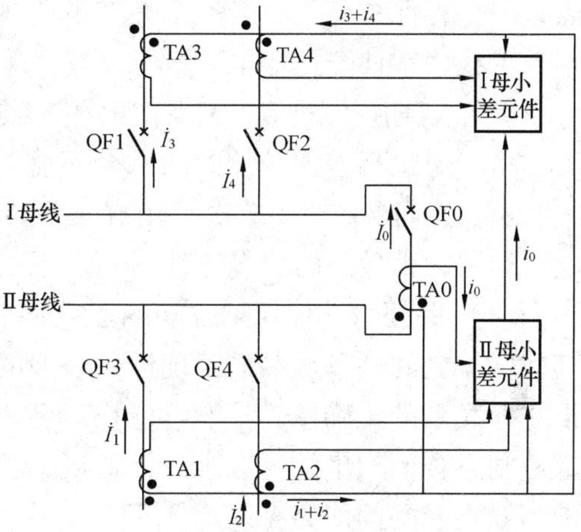

图12－14　双母线及其原理示意接线图

QF1～QF4—出线断路器；QF0—母联断路器；TA1～TA4—出线电流互感器；TA0—母联电流互感器；i_1、i_2、i_3、i_4、i_0—分别为电流互感器TA0～TA4及TA0的二次电流，设正常工况下电流 $\dot{I}_1$、$\dot{I}_2$ 流入母线，而 $\dot{I}_3$、$\dot{I}_4$ 流出母线，则母联电流

$$\dot{I}_0 = \dot{I}_1 + \dot{I}_2 = -(\dot{I}_3 + \dot{I}_4)$$

2. 对策

在母线保护装置中，为切除母联断路器与母联TA之间的故障，通常设置母联断路器失灵保护。因为上述故障发生后，虽然母联断路器已被跳开，但母联TA二次仍有电流，与母联断路器失灵现象一致。

在国产的微机母线保护装置中，设置有专用的死区保护，用于切除母联断路器与母联TA之间的故障。

（六）提高母差保护可靠性的其他措施

与其他保护比较，母差保护的回路复杂、分布面广，接入 TA 的数量多，跳断路器的数量多，与其他保护（例如线路高频保护、重合闸、纵差等）横向联系回路多。因此，确保上述回路的正确性及良好性，是提高母差保护动作可靠性的重要手段之一。

（1）各组差动 TA 有电气连接的二次回路只能有一个接地点，接地点应在保护盘上。母差 TA 的数量多，各组 TA 之间的距离远。母差保护装置在控制室而与各组 TA 安装处之间的距离远。若在各组 TA 二次均有接地点，而由于各接地点之间的地电位相差很大，必定在母差保护中产生差流，可能导致保护误动。西北某变电所母差保护 TA 二次回路中有两个接地点，一个在保护盘上，另一个在变电所 TA 端子箱内。雷雨天，母差保护误动，同时切除了两条母线，致使全厂停电。

（2）定期检测差动 TA 二次电缆芯线对地绝缘。运行实践表明，发电厂及变电所一旦投运之后，退出母差保护校验的机会不多，TA 二次回路无法检查。若差动 TA 二次回路对地绝缘不良，可能使 TA 二次某相流入差动元件的电流减小甚至消失，使母差保护误动。某变电所曾因区外故障时电缆芯线对地放电使母差保护误动。

（3）保证与其他保护之间的联系回路正确。在母差保护正式投运之前，应认真检查与其他保护之间联系回路的正确性，一般的情况下，应进行传动试验，验证母差保护与其他保护之间联系的正确性。某发电厂投运已 20 多年。近来发生了母差保护动作跳断路器后线路重合闸重合而产生的重大事故，造成了很大的经济损失，且损坏设备。追查原因，是母差保护闭锁重合闸的回路有误。

（4）运行中，中阻抗母差保护 TA 二次不能短接。试验表明，若将运行中中阻抗母差保护的一组 TA 二次回路短接，等于将全套母差保护退出运行。其原因相当于区外故障 TA 饱和。当母线某一连接元件检修时，可将该连接元件的母差 TA 二次回路在辅助 TA 一次断开。

（5）定期检查中阻抗母差保护的切换继电器。为提高中阻抗母差保护的可靠性，结合母差保护的检修，重点校验及检查切换继电器的性能，以保证动作电压为 60% ~70% 的额定电压，触点动作可靠，断开触点之间的绝缘满足要求。即时更换不合格或性能变差的切换继电器。运行实践表明，曾因切换继电器性能不良造成中阻抗母差保护误动及发报警信号。

（6）双重化配置。当一次主接线为 3/2 断路器接线的母线及重要变电所的母线，其保护应双重化配置。

第三节　母联过流及充电保护

一、母联过流保护

母联过电流保护是临时性保护，当用母联代路时投入运行。

1. 动作方程

当流过母联断路器三相电流中的任一相或零序电流大于整定值时动作，跳开母联断路器。动作方程为

$$I_{a(b,c)} \geqslant I_{op} \qquad (12-20)$$

$$3I_0 \geqslant I_{0op} \qquad (12-21)$$

式中 $I_{a(b,c)}$ ——流经母联时a相或b相或c相的电流；

I_{op} ——过电流元件动作电流整定值；

$3I_0$ ——流过母联的零序电流；

I_{0op} ——零序电流元件动作电流整定值。

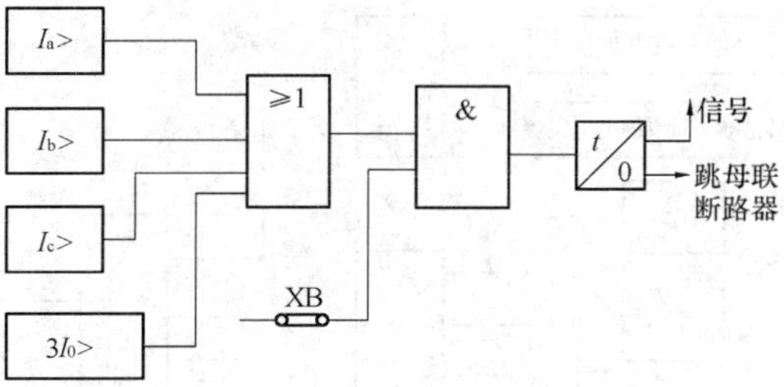

图 12－15 母联过流保护逻辑框图

XB—母联过流保护投退连接片（或控制字）

2. 逻辑框图

母联过流保护的逻辑框图如图 12－15 所示。

母联过流保护动作后经延时跳开母联断路器。该保护不经复合电压闭锁元件闭锁。

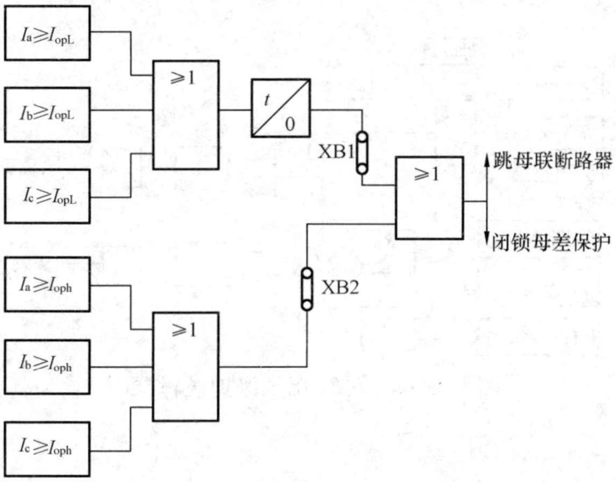

图 12－16 母线充电保护逻辑框图

I_a、I_b、I_c—母联 TA 二次三相电流；I_{opL}—充电保护低定值；I_{oph}—充电保护高定值；XB1、XB2—保护投入连接片或控制字

二、充电保护

母线充电保护也是临时性保护。在变电所母线安装后投运之前或母线检修后再投入之前，利用母联断路器对母线充电时投入充电保护。

保护的逻辑框图如图 12－16 所示。

由图可以看出：当母联电流的任一相大于充电保护的动作电流整定值时，保护动作去跳母联断路器。

保护设置两段电流，低定值用于长线经变压器对母线充电，需加一较小延时 t；高定值用于直接经母联断路器充电。XB1、XB2 分别为两种充电方式的投入连接片。

母线空充电时，解除母差保护而投入充电保护，一般用母联断路器的手合辅助触点。

第四节 母联断路器失灵保护及死区保护

一、母联断路器失灵保护

母线保护或其他有关保护动作，母联断路器的出口继电器触点闭合，但母联 TA 二次仍有电流，即判为母联断路器失灵，去起动母联失灵保护。

母联失灵保护逻辑框图如图 12－17 所示。

所谓母线保护动作，包括 Ⅰ 段、Ⅱ 段母线母差保护动作，或充电保护动作，或母联过流保护动作。

其他有关保护包括：发电机—变压器组保护、线路保护或变压器保护。它们动作后，跳

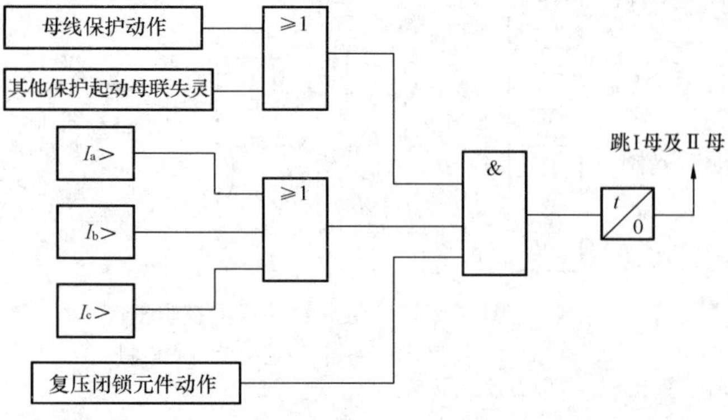

图 12-17 母联失灵保护逻辑框图

I_a、I_b、I_c—母联 TA 二次三相电流

母联断路器的触点闭合。

母联失灵保护动作后，经短延时（约 0.2～0.3s）去切除Ⅰ段及Ⅱ段母线。

二、**死区保护**

本节指的死区，是母差保护的死区。

故障发生在母联断路器及母联 TA 之间时，母差保护无法切除故障，即在母联断路器与母联 TA 之间的区域是母差保护的死区。

为确保电力系统的稳定性，在微机型母线保护装置中设置了死区保护，用以快速切除死区内的各种故障。

死区保护的逻辑框图如图 12-18 所示。

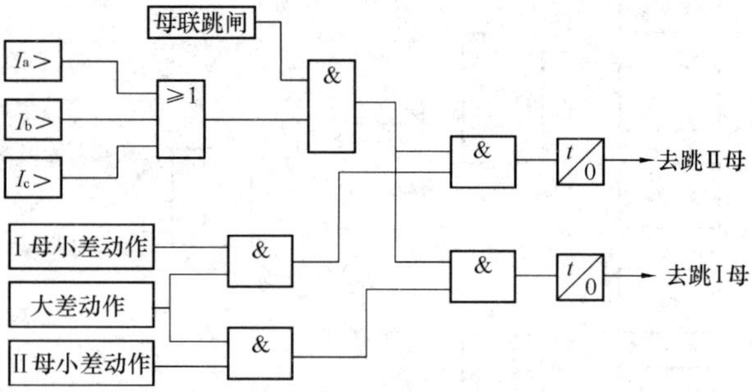

图 12-18 母线死区保护逻辑框图

由图 12-18 可以看出，当Ⅰ段母线或Ⅱ段母线差动保护动作后，母联开关被跳开，但母联 TA 二次仍有电流，死区保护动作，经短延时去跳Ⅱ母或Ⅰ母（即去跳另一母线）上连接的各个断路器。

图 12-18 中，$I_a>$、$I_b>$、$I_c>$ 为母联 TA 二次三相电流大于某一值。

另外，当母联或分段断路器处于热备用（断开）时，应采用其辅助触点去解除小差元件。

第五节 断路器非全相运行保护

在运行中，当断路器（包括母联断路器）的一相断开时，将出现断路器非全相运行。

非全相运行，将在电力系统中产生负序电流。负序电流将危及发电机及电动机的安全运行。因此，切除非全相运行的断路器（特别是发电机—变压器组的断路器），对确保旋转电动机的安全运行，具有重要的意义。

断路器非全相运行保护是根据非全相运行时的特点（三相断路器位置不一致及产生负序电流及零序电流）构成的。

一、母联断路器非全相运行保护

母联断路器非全相运行保护的逻辑框图如图 12-19 所示。

当断路器非全相运行时，在 KCTA、KCTB、KCTC 三者中有一个闭合，而在 KCCA、KCCB、KCCC 三者中有二个闭合，m、n 两点之间导通；另外，由于流过断路器的电流缺少一相，必将产生负序电流及零序电流。保护动作后，经延时切除非全相运行断路器，有时还去起动失灵保护。

二、发电机变压器断路器非全相运行保护

发电机变压器断路器非全相运行保护的逻辑框图如图 12－20 所示。

由图 12－20 可以看出：当断路器三相位置不一致（即出现非全相运行）时，综合触点 K 闭合。此时，若流过断路器的负序电流或零序电流大于整定值时，非全相保护动作，经短延时 t_1 去跳非全相运行断路器；若断路器未跳开，非全相运行仍然存在，则保护以延时 t_2 去解除失灵保护的复合电压闭锁，并经延时 t_3 去起动断路器失灵保护。

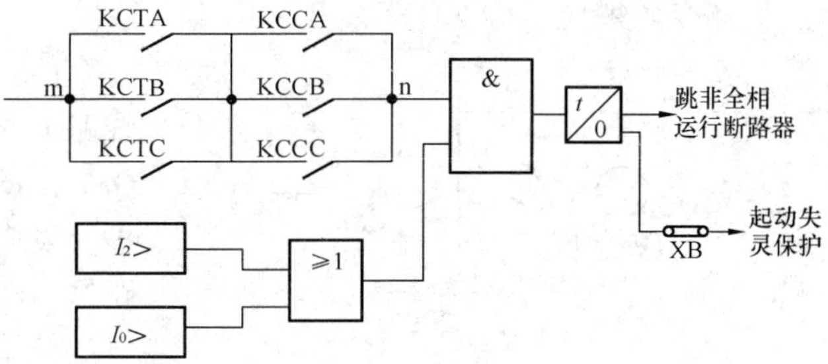

图 12－19　母联断路器非全相运行保护逻辑框图

KCTA、KCTB、KCTC—分别为断路器 A、B、C 三相的跳闸位置继电器辅助触点，断路器跳闸后触点闭合；KCCA、KCCB、KCCC—分别为断路器 A、B、C 三相的合闸位置继电器，当断路器合闸后触点闭合；I_2 >—负序过电流元件；I_0 >—零序过电流元件；XB—连接片

另外，为确保发电机的安全，在发现断路器非全相运行时，应首先采取减少发电机出力的措施。

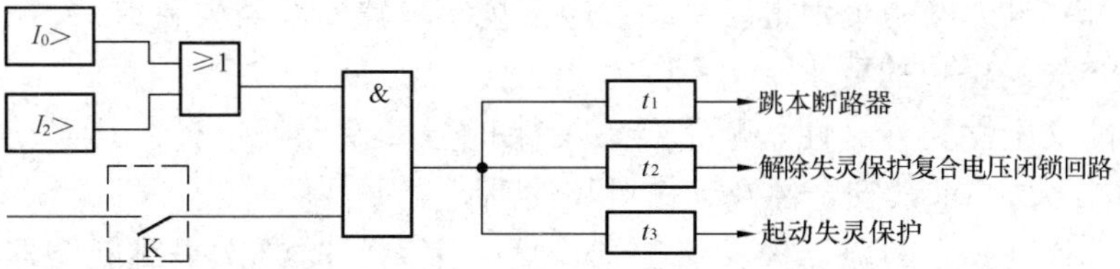

图 12－20　发电机变压器断路器非全相运行保护逻辑框图

I_2 >—负序过电流元件；I_0 >—零序过电流元件；K—断路器三相位置不一致综合触点，相当于图 12－19 中的 m、n 之间等值触点

要指出的是，根据“反措”要求，断路器非全相运行保护，应优先采用断路器本体内设置的非全相运行保护。

第六节　断路器失灵保护

一、断路器失灵

当输电线路、变压器、母线或其他主设备发生短路，保护装置动作并发出了跳闸指令，但故障设备的断路器拒绝动作，称之为断路器失灵。

1. 断路器失灵的原因

运行实践表明，发生断路器失灵故障的原因很多，主要有：断路器跳闸线圈断线、断路器操作机构出现故障、空气断路器的气压降低或液压式断路器的液压降低、直流电源消失及操作回路故障等。其中发生最多的是气压或液压降低、直流电源消失及操作回路出现问题。

2. 断路器失灵的影响

系统发生故障之后，如果出现了断路器失灵而又没采取其他措施，将会造成严重的后果。

（1）损坏主设备或引起着火。例如变压器出口短路而保护动作后断路器拒绝跳闸，将

严重损坏变压器或造成变压器着火。

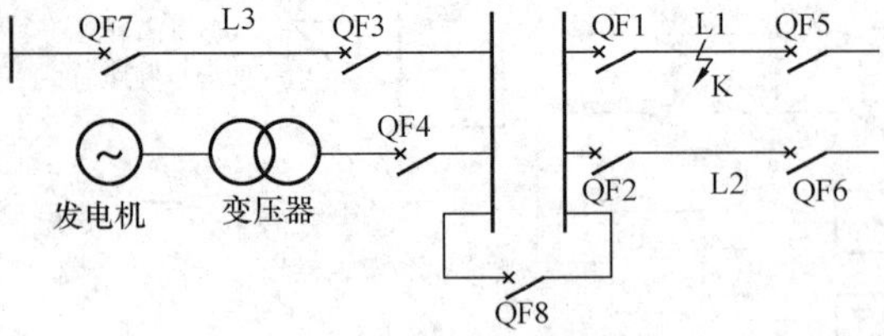

图 12－21　断路器失灵事故扩大示意图

（2）扩大停电范围。如图 12－21 所示，当线路 L1 上发生故障断路器 QF5 跳开而断路器 QF1 拒动时，只能由线路 L3、L2 对侧的后备保护及发电机变压器的后备保护切除故障，即断路器 QF6、QF7、QF4 将被切除。这样扩大了停电的范围，将造成很大的经济损失。

（3）可能使电力系统瓦解。当发生断路器失灵故障时，要靠各相邻元件的后备保护切除故障，扩大了停电范围，有可能切除许多电源。另外，由于故障被切除时间过长，影响了运行系统的稳定性，有可能使系统瓦解。

20 世纪 90 年代中期，西北某 330kV 线路上发生了接地故障，由于故障没即时切除，使某省南部电网瓦解。

二、断路器失灵保护

为防止电力系统故障并伴随断路器失灵造成的严重后果，必须装设断路器失灵保护。

在 GB 14285—1993《继电保护和安全自动装置技术规程》中规定：在 220～500kV 电力网中，以及 110kV 电力网的个别重要系统，应按规定设置断路器失灵保护。

1. 对断路器失灵保护的要求

（1）高度的安全性和可靠性。断路器失灵保护与母差保护一样，其误动或拒动都将造成严重后果。因此，要求其安全性及动作可靠性高。

（2）动作选择性强。断路器失灵保护动作后，宜无延时再次去跳断路器。对于双母线或单母线分段接线，保护动作后以较短的时间断开母联或分段断路器，再经另一时间断开与失灵断路器接在同一母线上的其他断路器。

（3）与其他保护的配合。断路器失灵保护动作后，应闭锁有关线路的重合闸。

对于 3/2 断路器接线方式，当一串的中间断路器失灵时，失灵保护则应起动远方跳闸装置，断开对侧断路器，并闭锁重合闸。对多角形接线方式的断路器，当断路器失灵时，失灵保护也应起动远方跳闸装置，并闭锁重合闸。

（4）对于母线配置双重化的母差保护，可考虑只配置一套断路器失灵保护。

2. 构成原理

被保护设备的保护动作，其出口继电器触点闭合，断路器仍在闭合状态，且仍有电流流过断路器，则可判断为断路器失灵。

断路器失灵保护起动元件就是基于上述原理构成的。

3. 断路器失灵保护的构成原则

（1）断路器失灵保护应由故障设备的继电保护起动，手动跳断路器时不能起动失灵保护；

（2）在断路器失灵保护的起动回路中，除有故障设备的继电保护出口触点之外，还应有断路器失灵判别元件的出口触点（或动作条件）；

（3）失灵保护应有动作延时，且最短的动作延时应大于故障设备断路器的跳闸时间与保护继电器返回时间之和；

（4）正常工况下，失灵保护回路中任一对触点闭合，失灵保护不应被误起动或误跳断路器。

4. 失灵保护的逻辑框图

断路器失灵保护由四部分构成：起动回路、失灵判别元件、动作延时元件及复合电压闭锁元件。双母线断路器失灵保护的逻辑框图如图 12－22 所示。

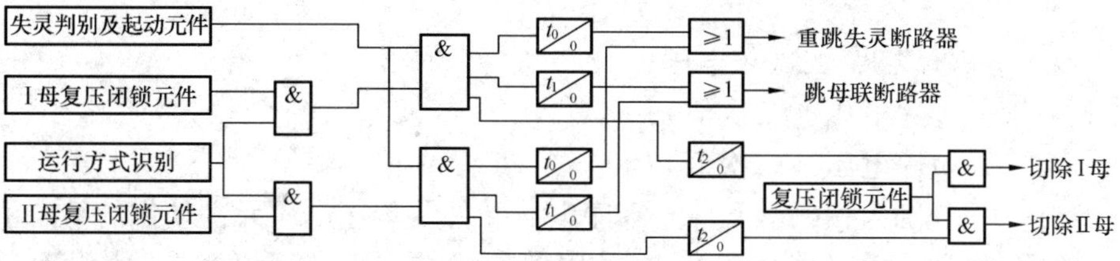

图 12－22　双母线断路器失灵保护逻辑框图

（1）失灵起动及判别元件。失灵起动及判别元件由电流起动元件、保护出口动作触点及断路器位置辅助触点构成。

电流起动元件，一般由三个相电流元件组成，当灵敏度不够时还可以接入零序电流元件。保护出口跳闸触点有两类。在超高压输电线路保护中，有分相跳闸触点和三相跳闸触点，而在变压器或发电机—变压器组保护中只有三相跳闸触点。

保护出口跳闸触点不同，失灵起动及判别元件的逻辑回路有差别。线路断路器失灵保护及变压器或发电机—变压器组断路器失灵保护的失灵起动及判别回路，分别如图 12－23 及图 12－24 所示。

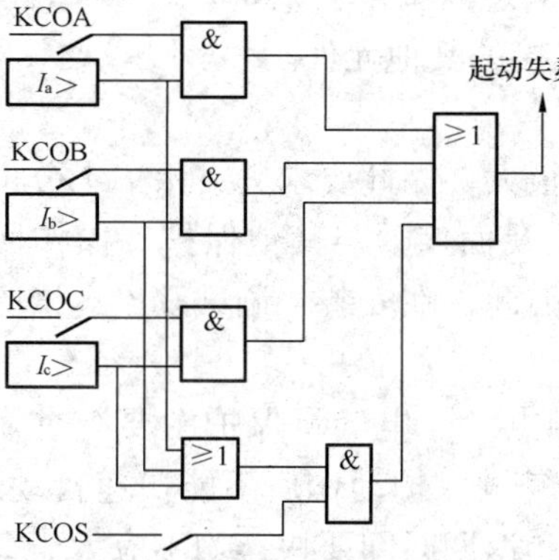

图 12－23　线路断路器失灵保护起动回路

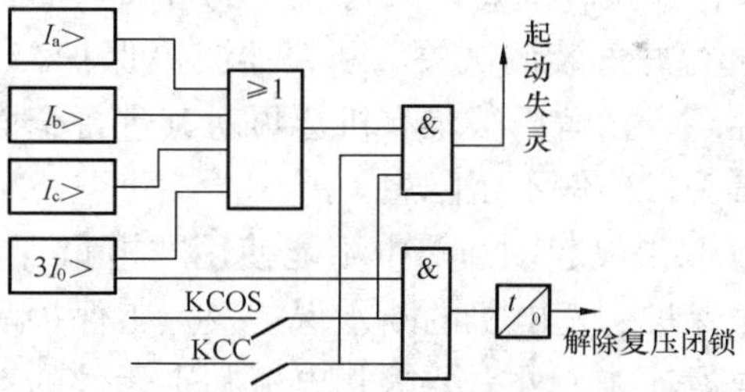

图 12－24　变压器（发电机—变压器组）断路器失灵起动回路

在图 12－23 和图 12－24 中，KCOA、KCOB、KCOC 为线路保护分相跳闸出口继电器触点；KCOS 为三相跳闸出口继电器触点；KCC—断路器合闸位置继电器触点，断路器合闸时闭合；$I_a>$、$I_b>$、$I_c>$分别为 a、b、c 相过电流元件；$3I_0>$ 为零序过电流元件。

由图 12－23 可以看出：线路保护任一相出口继电器动作或三相出口继电器动作，若流过某相断路器的电流仍然存在，则就判为断路器失灵，去起动失灵保护。

在图 12－24 中，继电保护出口继电器触点 KCOS 闭合，断路器仍在合位（合闸位置继电器触点 KCC 闭合）且流过断路器的相电流或零序电流仍然存在，则去起动失灵保护，并经延时解除失灵保护的复合电压闭锁元件。

(2) 复合电压闭锁元件。复合电压闭锁元件作用是防止失灵保护出口继电器误动，或维护人员误碰出口继电器触点而造成误跳断路器的措施。其动作判据有

$$U_p \leqslant U_{op} \tag{12-22}$$

$$3U_0 \geqslant U_{0op} \tag{12-23}$$

$$U_2 \geqslant U_{2op} \tag{12-24}$$

式中 U_p——母线 TV 二次相电压；

$3U_0$——零序电压（二次值）；

U_2——负序电压（二次值）；

U_{op}、U_{0op}、U_{2op}——分别为相电压元件、零序电压元件及负序电压元件动作的整定值。

在小电流系统中，断路器失灵保护采用的复合电压闭锁元件中，应设有零序电压判据。

以上三个判据中，只要有一个满足动作条件，复合电压闭锁元件就动作。双母线的复合电压闭锁元件有两套，分别用于两条母线所接元件的断路器失灵判别及跳闸回路的闭锁。

对母差保护的复合电压元件和线路断路器失灵的复合电压闭锁元件可根据运行需求采用一个整定值或分别整定。

(3) 运行方式的识别。运行方式识别回路，用于确定失灵断路器接在哪条母线上，从而决定出失灵保护去切除该条母线。

断路器所接的母线由隔离开关位置决定。因此，用隔离开关辅助触点来进行运行方式的识别。

(4) 动作延时。根据对失灵保护的要求，其动作延时应有 2 个：以 0.2 ~ 0.3s 的延时跳母联断路器；以 0.5s 的延时切除接失灵断路器母线上连接的其他元件。

5. 提高失灵保护可靠性的其他措施

失灵保护动作后将跳开母线上的各断路器，影响面很大，因此要求失灵保护十分可靠。

(1) 把好安装调试关。断路器失灵保护二次回路涉及面广，与其他保护、操作回路相互依赖性高，投运后很难有机会再对其进行全面校验。因此，在安装、调试及投运试验时要把好质量关，确保不留隐患。

(2) 在失灵起动回路中不能使用非电量保护出口触点。非电气量保护主要有重瓦斯保护、压力保护、发电机的断水保护及热工保护等。非电气量保护动作后不能快速自动返回，容易造成误动。另外，要求相电流判别元件的动作时间和返回时间要快，均不应大于 20ms。

(3) 复合电压闭锁方式。对于双母线断路器失灵保护，复合电压闭锁元件应设置两套，分别接在各自母线 TV 二次，并分别作为各自母线失灵跳闸的闭锁元件。

闭锁方式，应采用触点闭锁，分别串接在各断路器的跳闸回路中。

(4) 复合电压闭锁元件应有一定的延时返回时间。双母线接线的每条母线上均设置有一组 TV。正常运行时其失灵保护的两套复合电压闭锁元件分别接在各自母线上的 TV 二次侧。但当一条母线上的 TV 检修时，两套复合电压闭锁元件将由同一个 TV 供电。

设Ⅰ母上的 TV 检修，与Ⅰ母连接的系统内出现短路故障Ⅰ母所连的某一出线的断路器失灵。此时失灵保护动作，以短延时跳开母联。由于失灵保护的两套复合电压闭锁元件均由Ⅱ母 TV 供电，而在母联断路器跳开后Ⅱ母电压恢复正常，复合电压元件不会动作，失灵保护将无法将接在Ⅰ母上各元件的断路器跳开。

为了确保失灵保护能可靠切除故障，复合电压闭锁元件有1s的延时返回时间是必要的。

（5）主变压器配置双重化的微机保护均按要求配置一套断路器失灵保护考虑，当旁路代替主变压器断路器运行时，其起动断路器失灵保护的功能可退出运行。

第七节　母线保护的整定计算

不同类型的母线保护装置，在整定内容及取值方面有差异。本节主要讨论微机型母线保护的整定计算。

一、母差保护的整定计算

目前，国内生产及应用的微机型母差保护，均采用分相完全电流型差动保护。其动作方程为

$$\left|\sum_{j=1}^{n}\dot{I}_j\right| \geqslant I_{op.o}$$

$$\left|\sum_{j=1}^{n}\dot{I}_j\right| - S\sum_{j=1}^{n}|\dot{I}_j| \geqslant 0 \tag{12-25}$$

式中　$\dot{I}_j$——第j支路中的电流；

$I_{op.o}$——差动元件的起动电流（初始动作电流）；

S——比率制动系数。

其动作特性为具有两段折线式比率制动的曲线。

另外，为提高差动保护的动作可靠性，对于500kV以下母线的差动保护，除3/2断路器接线的母线差动保护之外，均采用复合电压闭锁。在复合电压闭锁元件中，有低电压、负序电压、零序电压及相电压增量ΔU元件。

对母差保护的整定计算，就是合理地确定差动元件及复合电压闭锁元件中各物理量的整定值。其中，差动元件要确定起动电流$I_{op.o}$及比率制动系数S；复合电压闭锁元件要确定低电压U_p、负序电压U_2、零序电压U_0及相电压增量ΔU的动作值。

（一）起动电流$I_{op.o}$

在DL/T 559—1994《220～500kV电网继电保护装置运行整定规程》和DL/T 584—1995《3～110kV电网继电保护装置运行整定规程》中规定：母线差动电流保护的差电流起动元件定值，应可靠躲过区外故障最大不平衡电流和任一元件电流回路断线时由于负荷电流引起的最大差流。

但是，对于有比率制动特性的电流差动元件而言，起动电流$I_{op.o}$不需考虑外部故障产生的最大不平衡电流。其整定原则应是：应可靠躲过正常工况下差回路的最大不平衡电流及任一TA二次断线时由于负载电流引起的最大差流。

1. 按躲过正常工况下的最大不平衡电流来整定

按躲过正常工况下的最大不平衡电流来整定起动电流$I_{op.o}$，其计算公式为

$$I_{op.o} = K_{rel}(K_{er} + K_2 + K_3)I_N \tag{12-26}$$

式中　K_{rel}——可靠系数，可取1.5～2；

K_{er}——差动各侧TA的相对误差，取0.06（10P级TA）；

K_2——保护装置通道传输及调整误差，取0.1；

K_3——外部故障切除瞬间各侧TA暂态特性不同产生的误差，取0.1；

I_N——TA二次标称额定电流（1A或5A）。

将K_{er}、K_2及K_3取值代入式（12－24），可得

$$I_{op.o}=(0.39\sim0.52)I_N$$

2. 按躲过TA二次断线由负载电流引起的最大差流来整定

分析表明：当母线出线元件中负载电流最大的TA二次断线时，其在差动保护差流回路中产生的差流最大为I_N（不考虑出线元件过负载运行）。

若按躲过TA二次断线条件来整定$I_{op.o}$，则

$$I_{op.o}=I_N$$

实际上，由于母差保护有完善的TA断线闭锁，为保证该保护的动作灵敏度，$I_{op.o}$可取$(0.4\sim0.5)I_N$。

（二）比率制动系数S

具有比率制动特性的母差保护的比率制动系数的整定，应按能可靠躲过区外故障（TA不饱和时）产生的最大差流来整定，且应确保内部故障时，差动保护有足够的灵敏度。

1. 按能可靠躲过外部故障整定

区外故障时，在差动元件差回路中产生的最大差流为

$$I_{unb.max}=(K_{er}+K_2+K_3)I_{k.max} \tag{12－27}$$

式中　$I_{unb.max}$——最大不平衡电流；

K_{er}——TA的10%误差，取0.1；

K_2——保护装置通道传输及调整误差，取0.1；

K_3——区外故障瞬间由于各侧TA暂态特性差异产生的误差，取0.1；

$I_{k.max}$——区外故障的最大短路电流。

将以上各系数值代入式（12－25），得

$$I_{unb.max}=0.3I_{k.max}$$

此时，比率制动系数可按下式计算

$$S=K_{rel}\frac{I_{unb.max}}{I_{k.max}} \tag{12－28}$$

式中　K_{rel}——可靠系数，取1.5～2。

将K_{rel}取值代入式（12－26）得$S=0.45\sim0.6$。

2. 按确保动作灵敏度系数来整定

当母线上出现故障时，其最小故障电流应大于母差保护起动电流的2倍以上。

当上述条件满足时，可按下式计算比率制动系数

$$S=\frac{1}{K_{sen}} \tag{12－29}$$

式中　S——差动元件的比率制动系数；

K_{sen}——动作灵敏度系数，取1.5～2.0。

将K_{sen}的值代入上式，得$S=0.5\sim0.67$。综上所述，S取0.5～0.6是合理的。

（三）复合电压闭锁

1. 低电压元件的整定电压 U_{op}

在母差保护中，低电压闭锁元件的动作电压，应按照躲过正常运行时母线 TV 二次的最低电压来整定。

按规程规定，电力系统对用户供电电压的变化允许在 ±5% 的范围内。实际上，由于某种原因，母线电压可能降低至（90% ~85%）U_N 运行（ U_N 为标称额定电压）。

因此，考虑到母线 TV 的比误差（2% ~3%），母差保护低电压元件的动作电压定值取 0.75 ~0.8 倍的额定电压 U_N 是合理的，即

$$U_{op} = (0.75 \sim 0.8)U_N = (40 \sim 45)\text{V}$$

当在母线上发生三相对称短路时，母线电压将严重降低，因此，电压元件的动作灵敏度是无问题的。

2. 负序电压元件的动作电压 U_{2op}

负序电压元件动作电压的整定值，可按躲过正常工况下母线 TV 二次的最大负序电压来整定。

正常运行时，母线 TV 二次可能出现的最大负序电压为

$$U_{2max} = U_{2TV} + U_{2smax} \tag{12-30}$$

式中　U_{2max}——正常运行时母线 TV 二次的最大负序电压；

U_{2TV}——当一次系统对称时 TV 二次出现的负序电压（由三相 TV 不对称或负载不均衡形成的），通常为 2% ~3% U_N，实取 3% U_N；

U_{2smax}——正常运行时，系统中出现的最大负序电压，可取 1.1 ×4% U_N。

将 U_{2TV} 及 U_{2smax} 的取值代入式（12 -28），可得

$$U_{2max} = (0.03 + 0.044)U_N = 0.074U_N \approx 4.3\text{V}\ \text{（TV 二次负序相电压）}$$

负序电压元件的动作电压，可按下式整定

$$U_{2op} = K_{rel}U_{2max} \tag{12-31}$$

式中　K_{rel}——可靠系数，取 1.3 ~1.5。

因此，U_{2op} = （5.5 ~7） V。

3. 零序电压元件的动作电压 $3U_{o.op}$

零序电压元件的动作电压与负序电压元件相同，可取 $3U_{o.op}$ = （5.5 ~7） V。

若线路断路器失灵保护与母差保护公用出口回路时，则复压闭锁元件的各定值还应保证在线路对端故障时有足够的灵敏度。若线路断路器失灵保护与母差共用一个出口跳闸回路，其复合电压闭锁元件还应校核线路末端故障时有足够的灵敏度。

二、断路器失灵保护

1. 相电流元件的动作电流 I_{op}

相电流元件的动作电流 I_{op} 值，应按能躲过长线空充电时的电容电流来整定。另外，应保证在线路末端单相接地时，其动作灵敏度系数大于或等于 1.3，并尽可能躲过正常运行时的负载电流。

2. 时间元件的各段延时

失灵保护的动作时间，应在保证该保护动作选择性的前提下尽量缩短。其第一级动作时

间及第二级动作时间应按下式计算

$$\begin{cases} t_1 = t_0 + t_B + \Delta t_1 \\ t_2 = t_1 + \Delta t \end{cases} \tag{12-32}$$

式中 t_1、t_2——分别为失灵保护第一级及第二级的动作延时；

t_0——断路器的跳闸时间，取0.03～0.05s；

t_B——保护动作返回时间，取0.02～0.03s；

Δt_1——时间裕度，取0.1～0.3s；

Δt——时间级差，取0.15～0.2s。

对双母线接线或单母线分段：t_1取0.3s，跳母联或分段断路器；t_2取0.5s，跳与失灵断路器接在同一条母线上的所有断路器。

对于3/2断路器接线方式：t_1取0.15s，跳失灵断路器三相；经0.3s跳与失灵断路器相连接或接在同一条母线上的所有断路器，还要起动远方跳闸装置，跳线路对侧断路器。

3. 零序电流（$3I_0$）元件及负序电流元件（I_2）动作值的整定

根据反措要求，在变压器的断路器失灵起动回路中，除了相电流元件之外，尚采用零序电流元件或负序电流元件，零序电流元件或负序电流元件动作电流定值的整定，应保证各种运行方式下故障时，该元件具有足够的动作灵敏度。

第四篇

互感器及二次回路

第十三章 互 感 器

第一节 概 述

一、互感器

测量、监视、控制电力系统的潮流及运行工况，要由测量仪表及自动装置来完成。为快速切除故障，确保系统的安全，需由继电保护来完成。测量仪表、继电保护及安全自动装置均系低电压二次设备。二次设备不能直接接入一次系统的高电压及大电流。

为此，需要一种特殊的变换器，将电力系统的一次电流及一次电压变换成与其成正比的小电流及低电压，以供给测量仪表、继电保护及自动装置，并起到一、二次的隔离作用。该变换器称之为互感器。将电力系统的一次大电流变换成二次小电流的互感器叫电流互感器；而将一次高电压变换成二次低电压的互感器叫电压互感器。

电磁型电流互感器与电压互感器的构成原理同电力变压器，同属电－磁耦合变换传递元件。

目前，广泛采用的电流互感器的输出是交流电流。而继电保护及自动装置的计算逻辑回路通常是直流。为确保继电保护及自动装置运行的可靠性及安全性，需将电流互感器的二次回路与继电保护及自动装置的逻辑回路进行隔离。在保护装置中，将电流互感器的二次电流变换成与电流成正比的电压，并进行交、直流回路隔离的变换器，通常采用两种变换器之一，即采用辅助变流器、辅助变压器或电抗互感器。

二、对互感器的要求

为确保安全而精确地测量及变换，应按照以下要求选用互感器：

（1）电流互感器及电压互感器的一次额定电压，应与所用电网的额定电压等级相同，其绝缘水平应能承受长期运行及可能出现的短时过电压（运行过电压、雷击过电压及谐振或操作过电压等）。

（2）变换精度高，应能满足测量精度，确保继电保护动作可靠。

（3）变比适当，其变比应能保证系统在额定工况下测量仪表、继电保护及自动装置的测量要求及工作在线性区。

（4）容量足够大，应满足正常及电力系统短路故障时，继电保护及自动装置的测量精度要求。保证互感器不过热。

（5）满足热稳定及动稳定的要求，饱和倍数足够大。

第二节 电 流 互 感 器

一、构成及工作特点

电流互感器的作用是：将电力系统的一次大电流变换成与其成正比的二次小电流，然后输入到测量仪表或继电保护及自动装置中。其构成及工作特点如下。

1. 一次匝数少，二次匝数多

用于电力系统中的电流互感器，其一次绕组通常是一次设备的进、出导线，只有1匝或2匝；其二次匝数却很多。例如，变比为1250/5的电流互感器，其一次为1匝时，二次匝数有250匝。

2. 铁芯中工作磁密很低，系统故障时磁密大

正常运行时，电流互感器铁芯中的磁密很低，其一次与二次保持安匝平衡。当系统故障时，由于故障电流很大，二次电压很高，励磁电流增大，铁芯中的磁密急剧升高，甚至使铁芯饱和。

3. 高内阻，电流源

正常工况下，铁芯中的磁密很低，励磁阻抗很大，而二次匝数很多。从二次侧看进去，其阻抗很大。负载阻抗与电流互感器的内阻相比，可以忽略不计，故负载阻抗的变化对二次电流的影响不大，可称之为电流源。

4. 二次负载要小，二次回路不得开路

电流互感器的二次负载如果很大，运行时其二次电压很高，励磁电流必然增大，从而使电流变换的误差增大。特别是在系统故障时，电流互感器一次电流可能达额定电流的数十倍，致使铁芯饱和，电流变换误差很大，不满足继电保护的要求，甚至使保护误动。

电流互感器的二次回路不得开路。如果运行中二次回路开路，二次电流消失，去磁作用也随之消失，铁芯中的磁密很高；又由于二次匝数特多，二次电压会很高，有时可达数千伏，危及二次设备及人身安全。

二次感应电压

$$U = 4.44 fBWS$$

式中 f——电源频率；

W——二次匝数；

B——铁芯中的磁密；

S——铁芯中有效截面。

二、额定参数

（一）额定电流

电流互感器的额定电流，有一次额定电流和二次额定电流。

1. 一次额定电流

电流互感器的一次额定电流，应大于一次设备的最大负载电流。其一次额定电流越大，所能承受的短时动稳定及热稳定的电流值越大。

电流互感器一次额定电流值，应与国家标准GB 1208—1977推荐值相一致。

2. 二次额定电流

目前，在电力系统中普遍采用的电流互感器二次额定电流有两种，即5A和1A。

电流互感器二次额定电流的选择原则，主要是考虑经济技术指标。当一次额定电流相同时，二次额定电流值取越大，二次绕组的匝数便越少，电流互感器的体积及造价相对小。但是，二次额定电流大，正常运行时其输出电流大，二次损耗也大。另外，由于故障时输出电流很大，要求二次设备的热稳定及动稳定的储备也大。在各种条件相同的情况下，电流互感器的二次额定电流为5A时的二次功耗，为额定电流为1A时二次功耗的25倍。

（二）变比

变比是电流互感器的重要参数之一，其值等于一次额定电流与二次额定电流之比。

变比的选择，首先应考虑额定工况下测量仪表的指示精度和满足继电保护及自动装置额定输入电流及工作精度的要求。例如，当保护装置的额定输入电流为5A时，在正常工况下测量级的电流互感器二次输出电流应在1～4.5A之间较为合理，而如果二次输出电流很小（例如小于0.5A）就不合理。保护级的电流互感器，由于要保证在系统故障时电流互感器不饱和，一般其变比要大于测量级电流互感器的变比。

其次，变比的选择还应考虑其输出容量满足要求。

（三）额定容量

电流互感器的额定容量，指的是额定输出容量。该容量应大于额定工况下的实际输出容量。

额定工况下电流互感器的输出容量为

$$S_N = I_{2N}^2 KZ \tag{13-1}$$

式中 S_N——额定工况下电流互感器的输出容量，VA；

I_{2N}——电流互感器的二次额定电流，A；

K——正常工况下电流互感器的负载系数；

Z——电流互感器二次阻抗（负载阻抗+连接线的阻抗）。

根据国家标准，电流互感器的额定容量标准值有：5、10、15、20、25、30、40、50、60、80、100VA。

（四）准确度

电流互感器的准确度，是其电流变换的精确度。目前，国内采用的电流互感器的准确度等级有六个，即0.1、0.2、0.5、1、3及5级。电流互感器的准确度级，实际上是相对误差标准。例如，0.5级的电流互感器，是指在额定工况下，电流互感器的传递误差不大于0.5%。显然，0.1级的电流互感器，其精度要大于其他级的电流互感器。即电流互感器准确度等级小者测量精度高。

用于继电保护设备的保护级电流互感器，应考虑暂态条件下的综合误差，一般选用P级或TP级。P级电流互感器是用稳态对称的最大故障电流下能满足的综合误差值来表示的。如：5P20是指在额定负载时20倍的额定电流下其综合误差为5%。TP级保护用电流互感器的铁芯带有小气隙，在它规定的准确限额条件下（规定的二次回路时间常数及无电流时间等）某额定电流的倍数下其综合瞬时误差最大为10%。

三、常用保护电流互感器二次回路的接线方式

在变电所中，常用的电流互感器二次回路接线方式有单相接线、两相星形（或不完全星形）接线、三相星形（或全星形）接线、三角形接线、和电流接线等，如图13-1所示。可根据需要及应用场合进行选择。

（1）单相式接线，如图13-1（a）所示。这种接线只由一只电流互感器组成，接线简单。它可以用于小电流接地系统零序电流的测量，也可以用于三相对称电流中电流的测量或过负载保护等。

（2）两相星形接线，如图13-1（b）所示。这种接线由两相电流互感器组成，与三相

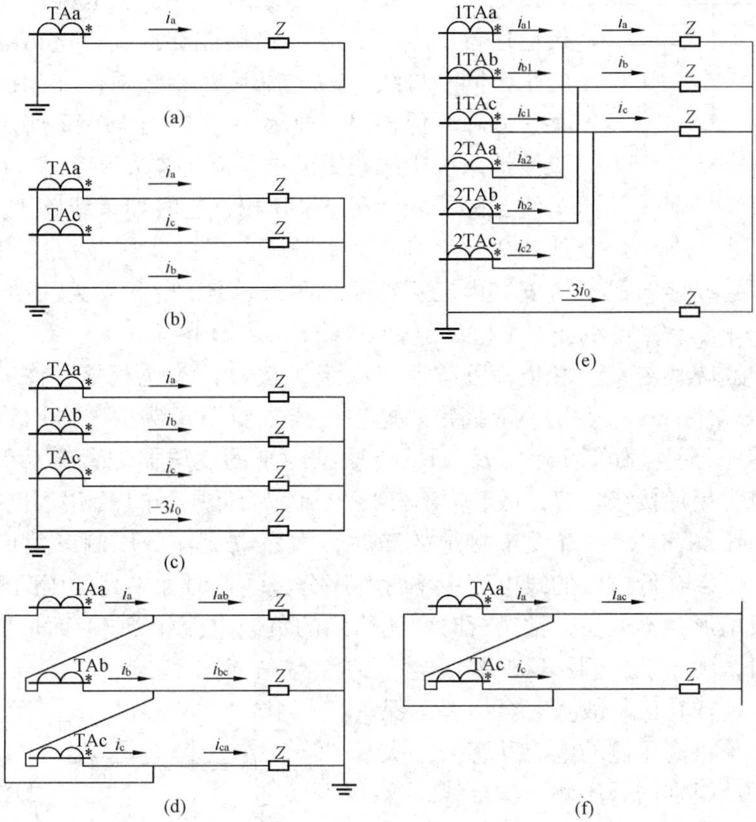

图 13－1　常用电流互感器二次回路接线方式图

（a）单相式接线；（b）两相星形接线；（c）三相星形接线；（d）三角形接线；
（e）和电流接线；（f）两相差接接线

TAa、TAb、TAc—分别为 a、b、c 三相的电流互感器；Z—二次设备的阻抗
（包括导线和接触电阻）

星形接线相比，它缺少一只电流互感器（一般为 B 相），所以又叫不完全星形接线。它一般用于小电流接地系统的测量和保护回路，由于该系统没有零序电流，另外一相电流可以通过计算得出，所以该接线可以测量三相电流、有功功率、无功功率、电能等。可反映各类相间故障，但不能完全反映接地故障。

（3）三相星形接线又叫全星形接线，如图 13－1（c）所示。这种接线由三只互感器按星形连接而成，相当于三只互感器公用零线（中性线）。这种接线中的零线（中性线）在系统正常运行时没有电流通过（$3I_0=0$），但该零线（中性线）不能省略，否则在系统发生不对称接地故障产生 $3I_0$ 电流时，该电流没有通路，不但影响保护正确动作，其性质还相当于电流互感器二次开路，会产生很高的开路电压。三相星形接线一般应用于大电流接地系统的测量和保护回路接线，它能反映任何一相、任何形式的电流变化。

对于小电流接地系统，不完全星形接线不但节约了一相电流互感器的投资，在同一母线的不同出线发生异名相接地短路故障时，能使同时跳开两条线路的几率下降 2/3。只有当 AC 相接地时才会跳开两条线路，AB、BC 相接地短路时，由于 B 相没有电流互感器，则 B

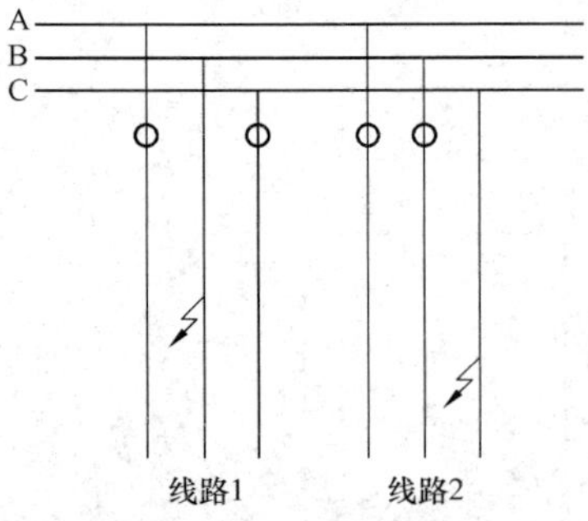

图 13－2　小电流接地系统不同线路异名相接地故障图

相接地的一条线路将不跳闸。由于小电流接地系统允许单相接地运行 2h，所以这一措施能够提高供电可靠性。需要指出的是，同一母线上的电流互感器必须接在相同的相上，否则某些故障时保护将不能动作。如图 13－2 所示，假设该小电流接地系统中线路 1 的电流互感器安装于 A、C 相，线路 2 的电流互感器安装于 A、B 相，这时如果线路 1 发生 B 相接地，线路 2 发生 C 相接地故障，形成 BC 相短路，由于这两相上均未安装电流互感器，两条线路的保护均无法动作。

（4）三角形接线，如图 13－1（d）所示。这种接线将三相电流互感器二次绕组按极性头尾相接，像三角形，极性一定不能搞错。这种接线主要用于保护二次回路的转角或滤除短路电流中的零序分量。如图 13－3 中 YNd11 联结组别的变压器配置差动保护时，由于主变压器的高压侧为星形接线，接地故障时有零序电流，而低压侧的三相绕组为三角形，线电流的角度超前高压侧 30°，系统发生接地故障时，零序电流在低压侧三角形接线中形成环路，无法流出，所以在低压侧的线电流中不含零序分量。这时如果高低压两侧的电流互感器二次接线均接成星形，不但在正常运行时两侧测到的负载电流相差 30°而形成差流，而且当发生接地故障时，由于低压侧不反映零序电流也会产生差流，这样在区外故障时会使差动保护误动。所以必须将高压侧的电流互感器二次接成三角形，联结组别同低压侧一次接线，这样就将高压侧电流向前转角 30°，同时滤除电流的零序分量。需要注意的是，三角接线的组别不能搞错，如 11 点接线为 A 相的头接 B 相的尾，B 相的头接 C 相的尾，C 相的头接 A 相的尾。另外，在计算差动继电器的平衡系数时，还要考虑到三角接线有一个 $\sqrt{3}$ 的接线系数。在微机型差动保护中，常常将各侧电流互感器的二次回路均接为星形。此时，在保护装置中通过软件计算进行电流转角与电流的零序分量滤除，这样就简化了接线。

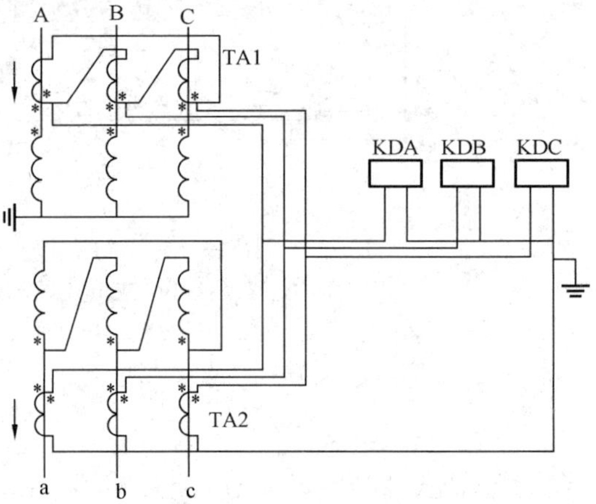

图 13－3　主变压器接成联结组别为 YNd11 的差动二次接线图

（5）和电流接线，如图 13－1（e）所示。这种接线是将两组星形接线并接，一般用于 3/2 断路器接线、角形接线、桥形接线的测量和保护回路，用以反映两只开关的电流之和。该接线一定要注意电流互感器二次回路三相极性的一致性及两组之间与一次接线的一致性，否则将不能准确反映一次电流。两组电流互感器的变比还要一致，否则和电流的数值就没有意义。

（6）图 13－1（f）是两相差接的电流互感器接线方式，通常用于发电机横差保护，也可用于小电流接地系统的线路保护。但由于不同相的故障灵敏度不同，目前已很少使用。

除了以上接线外，还有其他一些接线方式，但并不常见。

在电流互感器的接线中，要特别注意其二次绕组的极性，特别是方向保护与差动保护等回路。当电流互感器二次极性错误时，将会造成计量、测量错误，方向继电器指向错误，差动保护中有差流等，造成保护装置的误动或拒动。

四、电流互感器的二次负载阻抗

（一）二次负载阻抗

电流互感器的二次负载阻抗，可按下式进行计算

$$Z_{TA}=\left|\frac{\dot{U}_{TA}}{\dot{I}_{TA}}\right| \tag{13-2}$$

式中　Z_{TA}——电流互感器二次负载阻抗；

$\dot{U}_{TA}$——电流互感器二次绕组两端的电压；

$\dot{I}_{TA}$——流过电流互感器二次绕组的电流。

分析及计算表明，电流互感器的二次负载阻抗与二次回路的接线方式、一次系统故障类型及二次设备的阻抗（包括连接导线电阻等）均有关，它并不完全等于二次设备的阻抗，而是等于二次设备的阻抗乘以电流互感器的二次负载系数 K。

以下计算各种工况下不同接线方式时电流互感器的二次负载系数。

（二）三相星形连接电流互感器的二次负载阻抗

三相星形连接电流互感器二次回路的接线方式如图 13－1（c）所示。

1. 正常工况

设各相电流互感器二次电流为 I_{TA}，则各相电流互感器两端的电压均为

$$U_{TA}=I_{TA}Z$$

故二次负载阻抗

$$Z_{TA}=\frac{U_{TA}}{I_{TA}}=Z$$

即等于负载阻抗，显然二次负载系数 $K=1$。

2. 三相短路时

三相短路时，设各相电流互感器二次电流为 I_k，则各相电流互感器两端的电压均为

$$U_k=I_kZ$$

故二次负载阻抗

$$Z_{TA}=\frac{U_k}{I_k}=Z$$

二次负载系数 $K=1$。

3. 二相短路及单相接地短路（用于大电流接地系统中）

计算结果与上述相同，故障相电流互感器二次负载阻抗均等于 Z，故二次负载系数均等于1。

（三）三相三角形连接的电流互感器二次负载阻抗

三相三角形连接电流互感器二次回路的接线方式如图 13－1（d）所示。

1. 正常工况

设各相电流互感器二次电流分别为 $\dot{I}_a$、$\dot{I}_b$ 及 $\dot{I}_c$，则各相互感器两端的电压分别为

$$\dot{U}_a = (\dot{I}_a - \dot{I}_b)Z - (\dot{I}_c - \dot{I}_a)Z = 3\dot{I}_a Z$$

$$\dot{U}_b = (\dot{I}_b - \dot{I}_c)Z - (\dot{I}_a - \dot{I}_b)Z = 3\dot{I}_b Z$$

$$\dot{U}_c = (\dot{I}_c - \dot{I}_a)Z - (\dot{I}_b - \dot{I}_c)Z = 3\dot{I}_c Z$$

可得：各相二次负载阻抗均等于$3Z$，二次负载系数K均为3。

2. 三相短路

计算方法及结果同正常工况，即各相二次负载均等于$3Z$，二次负载系数K均为3。

3. 两相短路

设a、b两相短路时，短路电流I_k，则a相互感器TAa、b相互感器TAb二次电流分别为$\dot{I}_k$与$-\dot{I}_k$，TAa两端电压为

$$U_{TAa} = (\dot{I}_{ak} - \dot{I}_{bk})Z + \dot{I}_{ak}Z = 3\dot{I}_{ak}Z = 3\dot{I}_k Z$$

TAb两端电压为

$$U_{TAb} = (\dot{I}_{bk} - \dot{I}_{ak})Z + \dot{I}_{bk}Z = 3\dot{I}_{bk}Z = -3\dot{I}_k Z$$

TAa、TAb二次的负载阻抗均为$3Z$，二次负载系数K均等于3。

4. 单相接地短路（用于大电流接地系数时）

设一次系统a相接地短路，TAa二次电流等于$\dot{I}_k$。则TAa两端电压为

$$U_{TAa} = I_k(Z + Z) = 2I_k Z$$

二次负载阻抗$Z_{TA} = 2Z$，二次负载系数$K=2$。

（四）两相星形连接

各种工况下，电流互感器二次负载阻抗及二次负载系数的计算结果同三相星形连接。

（五）两相差接

两相差接的电流互感器二次回路的接线方式，如图13－1（f）所示。

1. 正常工况

设正常工况时电流互感器TAa、TAc的二次电流分别为$\dot{I}_a$及$\dot{I}_c$。则TAa及TAc两端的电压均等于

$$U_{TAa} = U_{TAc} = (\dot{I}_a - \dot{I}_c)Z = \sqrt{3}\dot{I}_a Z = \sqrt{3}\dot{I}_c Z$$

故TAa及TAc的二次负载阻抗均为$\sqrt{3}Z$，二次负载系数K为$\sqrt{3}$。

2. 三相短路时

三相短路时，对电流互感器二次负载阻抗的计算结果，同正常工况下的计算值。

3. 两相短路

（1）ab（或bc）短路。设一次系统两相短路时，流过故障相电流互感器二次电流为I_k，则故障相电流互感器二次两端的电压等于$I_k Z$，则二次负载阻抗等于Z，二次负载系数K为1。

（2）ac两相短路。设一次系统a、c两相短路，短路电流为I_k，则电流互感器TAa及TAc两端的电压均为$2I_k Z$。故电流互感器的二次负载等于$2Z$，二次负载系数K等于2。

不同工况下电流互感器二次负载阻抗系数见表13-1。

表13-1　　不同工况下电流互感器二次负载阻抗及负载系数

TA二次回路接线方式	负载阻抗及负载系数 K							
	正常工况		三相短路		二相短路		单相短路	
三相星形接	Z	1	Z	1	Z	1	Z	1
三相三角形接	$3Z$	3	$3Z$	3	$3Z$	3	$2Z$	2
二相星形接	Z	1	Z	1	Z	1	Z	1
二相三角形接	$\sqrt{3}Z$	$\sqrt{3}$	$\sqrt{3}Z$	$\sqrt{3}$	$1Z$（$2Z$）	1（2）	Z	1

注　Z—含导线电阻及接触电阻在内的二次各相阻抗。

表中纯数值表示TA二次负载的接线系数，括弧中的数值表示TA二次呈差接的两相一次系统短路。

五、P级及TP级电流互感器

对继电保护用电流互感器的准确度级要求一般没有测量的高，但由于要求其在大故障电流时有较好的传变特性，所以在相对误差下有一个短路电流倍数的要求。一般用εPM表示，其中ε是准确度等级，M是保证准确度的允许最大短路电流倍数。例如5P10，其含义是在10倍互感器额定电流下的短路电流时，其误差满足5%的要求。在标准GB 1208—1997中，规定5P、10P两个准确度级。

系统发生短路故障时一定伴有电流的迅速、大幅值变化，故障电流中含有大的直流分量与各次谐波分量，这种暂态过程在故障初期最为严重。如果电流互感器没有较好的暂态特性，就无法准确进行信号的传变，严重时将使电流互感器饱和，造成保护装置拒动或误动。

暂态过程的持续时间与系统的时间常数有关，一般220kV系统的时间常数不大于60ms，500kV系统的时间常数在80~200ms之间。系统时间常数大，使短路电流非周期分量的衰减时间长，短路电流的暂态持续时间长。系统容量越大，短路电流的幅值也越大，暂态过程越严重。所以针对不同的系统要采用具有不同暂态特性的电流互感器。

暂态特性良好的电流互感器与普通电流互感器相比，具有良好的抗饱和性能，这在制造中可以通过增加铁芯的截面、选用高导磁材料或同时在铁芯中加入非磁性间隙等办法来改变磁路特性。

暂态型电流互感器分为四个等级，分别用TPS、TPX、TPY、TPZ表示。各等级暂态型电流互感器具有如下特点：

（1）TPS级为低漏磁电流互感器，铁芯中不设非磁性间隙，暂态面积系数不大，无剩磁通限值，制造工艺比较简单。TPS级大多用于高阻抗继电器做母线差动保护等。

（2）TPX级在铁芯中不设非磁性间隙，在同样的规定条件下与TPY和TPZ级相比，铁芯暂态面积系数要大得多，无剩磁通限值，只适用于暂态单工作循环，不适用于重合闸的情况。

（3）TPY级在铁芯中设置一定的非磁性间隙，其相对非磁性间隙长度（实际非磁性间隙长度与铁芯磁路长度之比值）大于0.1%。剩磁通不超过饱和磁通的10%。由于限制了剩磁，TPY级适用于双循环和重合闸情况。

(4) TPZ 级在铁芯中设置的非磁性间隙尺寸较大，一般相对非磁性间隙长度要大于0.2%以上，无直流分量误差限值要求，剩磁实际上可以忽略。TPZ 级准确级由于铁芯非磁性间隙大，铁芯磁化曲线线性度好，二次回路时间常数小，对交流分量的传变性能好，但传变直流分量的能力极差。TPZ 级铁芯截面积比 TPY 级要小，但在制造上要满足指定的二次回路时间常数难度较大。

普通保护级（P 级）电流互感器是按稳态条件设计的，暂态性能较弱，但一般能够满足220kV 及以下系统的暂态性能要求。所以目前 220kV 及以下电力系统保护用电流互感器，在大多数情况下选用普通保护级（P 级）电流互感器，既能满足稳态也能满足暂态运行要求。在目前 500kV 线路保护中，一般选用 TPY 级暂态电流互感器。

六、电流互感器的误差

（一）误差产生的原因

在具有铁芯的电流互感器中，其一次磁势除应保证建立必须的二次磁势之外，尚要补偿激磁等损耗的附加磁势。因此，电流互感器的磁势方程为

$$\dot{F}_1 = \dot{F}_2 + \dot{F}_M \tag{13-3}$$

式中 $\dot{F}_1$——电流互感器的一次磁势；

$\dot{F}_2$——电流互感器的二次磁势；

$\dot{F}_M$——电流互感器的励磁等磁势。

设电流互感器的一次电流为 $\dot{I}_1$、一次匝数为 W_1、二次电流为 $\dot{I}_2$、二次匝数为 W_2 及励磁等综合电流为 $\dot{I}_M$，则

$$\dot{I}_1 W_1 = \dot{I}_2 W_2 + \dot{I}_M W_1 \tag{13-4}$$

$$\dot{I}_1 = \dot{I}_2 \frac{W_2}{W_1} + \dot{I}_M \tag{13-5}$$

令 $\dot{I}'_1 = \dot{I}_1 \frac{W_1}{W_2}$、$\dot{I}'_M = \dot{I}'_M \frac{W_1}{W_2}$，则

$$\dot{I}'_1 = \dot{I}_2 + \dot{I}'_M \tag{13-6}$$

设 $\dot{I}'_M$ 中的有功分量等于零，以 $\dot{I}_2$ 为参考相量，则绘出的电流互感器各侧电流的相量关系如图 13-4 所示。

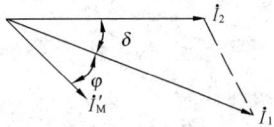

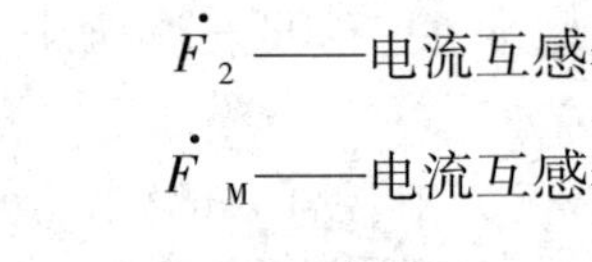

图 13-4 电流互感器各侧电流相量图

φ—电流 $\dot{I}'_M$ 与 $\dot{I}_2$ 之间的夹角；δ—电流 $\dot{I}'_1$ 与 $\dot{I}_2$ 之间的夹角

由图 13-4 可以看出，由于励磁电流 I_M 的存在，电流互感二次电流 $\dot{I}_2$ 与一次电流量值不同，相位也不同，因此，它并不能完全反映一次电流 $\dot{I}'_1$，即电流互感器存在测量误差。可知该测量误差有量值误差及相位误差两种。

（二）误差分析

若将 $\dot{I}_2$ 与 $\dot{I}'_1$ 的量值误差称作变比误差，而将 $\dot{I}_2$ 与 $\dot{I}'_1$ 之间

的夹角称之为相位误差，则变比误差为

$$\Delta I = \frac{I_1' - I_2}{I_1'} \times 100\% \tag{13-7}$$

由于角误差相对较小，故其值

$$\delta \approx \sin\delta = \frac{I_M'}{I_1'}\sin\varphi, \text{rad} \tag{13-8}$$

由图 13－4 可以看出，电流互感器的比误差及角误差，均是由于 I'_M 的存在造成的。当二次电流为纯电阻电流时（即电流互感器二次负载为纯电阻），$\varphi = 90°$，角误差最大。而当二次电流为纯电感电流时，$\delta = 0$，角误差等于零。

分析表明，影响 $\dot{I}'_M$ 的大小及与 $\dot{I}_2$ 之间相位的因素主要有电流互感器铁芯材料及结构、二次负载、一次电流及一次电流的频率等。

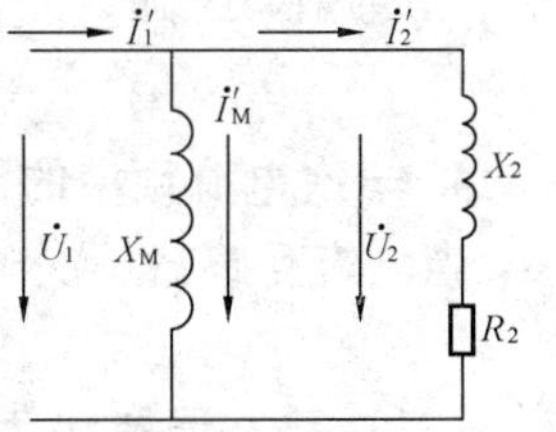

图 13－5　电流互感器等值回路

X_M —电流互感器的励磁电抗；X_2、R_2 —分别为电流互感器二次回路的电抗及电阻；$\dot{I}'_M$ —等效励磁电流；$\dot{U}_2$ —二次负载两端电压

1. 铁芯材料及结构的影响

电流互感器铁芯材料及结构，直接影响铁芯中的各种损耗，因此它对励磁电流 $\dot{I}'_M$ 的大小和相位均有影响，将直接影响变比误差和相角误差。

2. 二次负载的影响

若忽略一次漏抗和二次漏抗的影响，电流互感器的等值回路如图 13－5 所示。

由图 13－5 得

$$\dot{I}'_M = \frac{\dot{U}_2}{X_M} = \frac{\dot{I}_2(R_2 + jX_2)}{jX_M} = K\dot{I}_2 e^{-j\varphi} \tag{13-9}$$

$$K = \frac{\sqrt{R_2 + X_2^2}}{X_M}$$

$$\varphi = 90° - \arctan\frac{X_2}{R_2}$$

式中　K——系数；

φ——$\dot{I}'_M$ 与 $\dot{I}_2$ 之间的夹角。

由式（13－9）可以看出如下两点：

（1）当励磁阻抗不变时，X_2 及 R_2 越大，励磁电流 $\dot{I}'_M$ 值越大，电流互感器的比误差越大；而当二次负载 X_2 及 R_2 不变时，X_M 越小，电流互感器的比误差越大。

（2）当电流互感器二次负载为纯电阻时（即二次电抗 $X_2 = 0$），R_2 增大，角误差增大，当 $R_2 = 0$ 时（即二次负载为纯感性时），角误差等于零。即纯电阻负载时角误差最大，纯电感负载时，角误差等于零。当二次负载 R_2、X_2 均变化时，电流互感器的比误差、角误差均

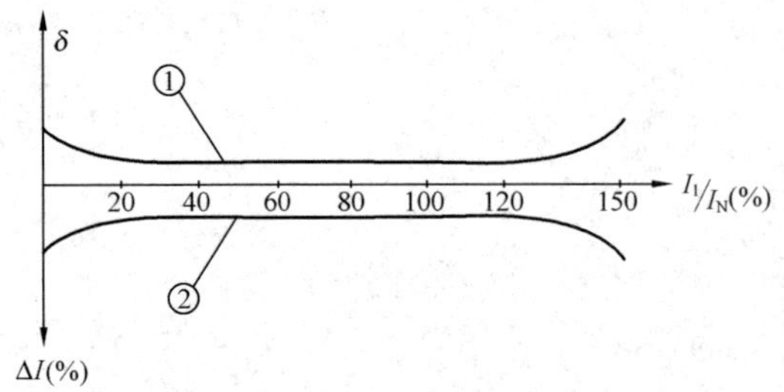

图 13－6　电流互感器误差与一次电流关系

δ—角误差（°）；$\frac{I_1}{I_N}$（%）—电流互感器一次电流为额定电流的百分数；ΔI（%）—变比误差的百分数；①—角误差与一次电流的关系曲线；②—变比误差与一次电流的关系曲线

随之变化。采用微机保护时，由于保护装置电流回路的阻抗很小，所以该二次负载主要取决于二次电缆的阻抗。

3. 一次电流大小的影响

当电流互感器的一次电流增大时，其二次电流也增大。当一次电流过大时，电流互感器的误差增大。当一次电流过小时，其误差也将增大。

电流互感器测量误差与一次电流倍数的关系曲线如图 13－6 所示。

由图 13－6 可以看出，当一次电流为 40%～120% 的额定电流时，角误差及比误差最小。

4. 一次电流频率的影响

当电流互感器一次电流的频率变化时，将引起损耗发生变化，从而使测量误差发生变化。

（三）稳态误差和暂态误差

1. 稳态误差

所谓稳态误差，系指电力系统正常工况下，电流互感器一次电流为额定值时的误差。

国内生产的各种型号保护用电流互感器的稳态误差见表 13－2。

表 13－2　　保护用电流互感器的稳态误差（极限值）

电流互感器级	一次电流为额定时的误差		
	比　误　差	角　误　差	
	±%	±（′）	±（crad）
5P	1	60	1.8
10P	3	—	—
TPX	0.5	30	0.9
TPY	1	60	1.8
TPZ	1	180±18	5.3±0.6

注　crad—弧度单位，厘。

2. 暂态误差

在系统故障或故障切除后的暂态过程中，由于非周期分量电流的存在，将使电流互感器二次电流同一次电流之间的相位发生变化，使角误差增大。另外，由于直流分量的存在，使电流互感器的励磁阻抗减小，励磁电流增大，比误差增大。

暂态误差的大小，与互感器的级别、特性、二次负载及故障电流的大小均有关。

对于电力主设备纵差保护而言，在区外故障及区外故障切除后的暂态过程中，由于各侧电流互感器的型号不同、变比不同、二次负载不同，将使流进差动元件的各侧电流之间的相位、相对幅值发生较大的变化，从而在差回路中产生较大的差流。

（四）电流互感器的 10% 误差

电流互感器的 10% 误差是指比误差、角误差的综合误差。为了动作的可靠性，继电保护要求电流互感器的最大测量误差（包括暂态误差）不超过10%。所谓10%误差，是指将电流互感器的二次电流乘以变比，与一次电流差的百分数等于10%。

（五）10%误差曲线

电流互感器的比误差，决定于其励磁电流。由图13－5可知，电流互感器的励磁电流与其二次电压有关。而二次电压又决定于二次电流及二次负载阻抗的乘积。因此，电流互感器的误差与其二次电流及二次负载阻抗均有关。当二次电流很大时，误差增大，二次负载阻抗增大，误差也增大。

所谓10%误差曲线是指，当电流互感器的比误差为10%时，其二次负载与二次电流倍数的关系曲线，即

$$Z_{Y\max}=f(M) \tag{13-10}$$

式中 $Z_{Y\max}$——电流互感器误差等于10%时其二次的最大负载阻抗；

M——额定电流倍数。

由于10%误差与电流互感器二次电压的某一值相对应，而该电压值又等于二次阻抗与二次电流的乘积，故10%误差曲线（即当 $Z_{Y\max}\cdot M$ = 常数时，$Z_{Y\max}$ 与 M 的关系曲线为如图13－7（a）所示的反比例特性曲线。

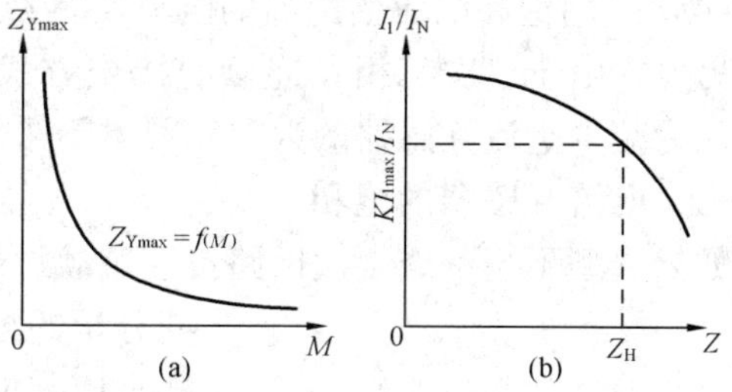

图13－7 电流互感器的10%误差曲线

（a）反比例特性曲线；（b）综合误差曲线

K—电流互感器变比；$I_{1\max}$—系统故障时最大一次电流；I_N—电流互感器额定电流；Z_H—允许负载阻抗

根据电流互感器的10%误差曲线及系统故障时最大一次电流，可以确定满足10%误差时电流互感器二次允许的最大负载阻抗（其中包括电流互感器的直流电阻）。

满足10%比误差时，其角误差不能满足7°角误差的要求，严重时角误差能达到30°。要满足7°角误差的要求，比误差应控制在小于3%～5%范围内。如图13－7（b）为综合误差曲线。曲线上方幅值误差大于10%，角误差大于7°；曲线下方满足幅值误差小于10%，角误差小于7°。

（六）电流互感器比误差的近似计算

1. 计算条件

为近似计算运行中的电流互感器可能出现的最大测量误差（比误差），首先要录制出其二次的V－A特性曲线。其次还要知道电流互感器的变比，系统故障时的最大一次电流，电流互感器二次接线方式及二次设备的阻抗（含导线电阻及接触电阻）等。

2. 计算实例

一台YNd接线的大型变压器，其低压侧（d侧）发生两相短路时，Y侧最大一相的短路电流为24000A。Y侧电流互感器二次的接线方式为d，变比为1200/5、每相二次负载的阻抗（含连接导线电阻及接触电阻）为2Ω，电流互感器二次绕组的内阻为0.4Ω/相，并且二次V－A特性曲线已知。计算故障时电流互感器的误差。

故障时，电流互感器二次的最大电流

$$I_{\max}=\frac{24000}{1200/5}=100(\mathrm{A})$$

因为二次负载系数 $K=3$，所以，二次最大负载阻抗为

$$Z_{max}=3\times2+0.4=6.4(\Omega)$$

二次最大电压

$$U_{2max}=100\times6.4=640(V)$$

如果在二次 V－A 特性曲线上查得与 640V 相对应的电流等于 10A，则在故障时电流互感器实际二次电流将小于 100A，约等于 90A。最大误差近似等于 10%。实际小于 10%。

（七）电流互感器误差不满足要求时可采取的措施

当电流互感器的误差不满足要求时，可以采取以下措施：

（1）增大二次回路连接导线的截面，以减小二次回路总的负载电阻。

（2）选择变比大的电流互感器，以降低二次电流，从而降低二次电压。

（3）采用两个同容量、同变比的电流互感器串联使用，以增大输出容量。此时电流互感器的等值容量增大一倍，但变比不变。

（4）采用饱和电流倍数高的电流互感器，其 V－A 特性曲线高，可以减小励磁电流 I_M。

另外，由于二次三相 d 连接的接线方式电流互感器二次负载阻抗 3 倍于三相 Y 连接，因此，为减少电流互感器的误差，尽量不采用该连接方式。

七、电流互感器的饱和

如果选型不当，或二次回路接入负载过大，在系统故障时，电流幅值很大，且含有非周期分量的故障电流，可能导致电流互感器励磁电流很大，甚至使其饱和。

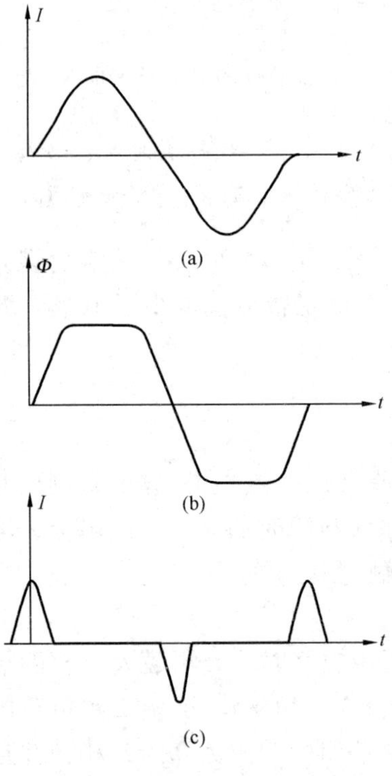

图 13－8　严重饱和 TA 的一次、磁通及二次电流的波形

（a）一次电流；（b）铁芯磁通；（c）二次电流

1. 饱和电流互感器的特点

当电流互感器饱和之后，将呈现以下特点：

（1）其内阻大大减小，极限情况下近似等于零。

（2）二次电流减小，且波形发生畸变，高次谐波分量很大。

（3）在一次故障电流波形过零点附近，饱和电流互感器又能线性传递一次电流。

（4）一次系统故障瞬间，电流互感器不会马上饱和，通常滞后 3～4ms。

在国内生产的各种型号的微机母差保护及中阻抗型母差保护装置中，躲区外故障 TA 饱和的判据，正是利用上述特点之一来区分内部故障产生的差流还是外部故障 TA 饱和产生的差流的。

2. 饱和电流互感器一次电流、二次电流及铁芯中磁通的波形

电流互感器饱和，对其一次电流没有影响，二次电流要减小，二次电流及铁芯中磁通的波形均要发生畸变。

若忽略故障瞬间故障电流中的非周期分量，则铁芯严重饱和的 TA 一次电流、铁芯磁通及二次电流波形分别如图 13－8（a）、图 13－8（b）和图 13－8（c）所示。

由图 13－8 可以看出，一次电流仍为正弦波时，而铁芯中的磁通为平顶波，二次电流波形呈间断波，二次电流大大减小。

八、电流互感器的暂态特性

在电力系统发生短路故障或故障切除后的暂态过程中，电流互感器的工作状态将发生变化，即由一个工作状态向另外一个状态过渡。在该过渡过程中，电流互感器的二次电流不能完全反映一次系统的真实状态，这给继电保护正确的检测造成了困难。尤其是在超高压大容量的电力系统中，一次系统中的时间常数较大，使上述过渡过程持续的时间拖长。

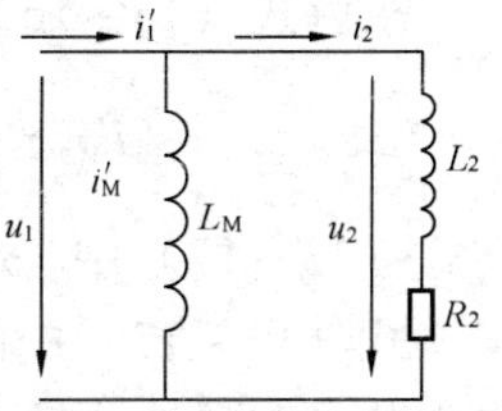

图 13－9　电流互感器的等值电路

i'_1 —折算到二次的电流互感器一次电流；$i'_{\rm M}$ —折算到二次的电流互感器励磁电流；L_2 —电流互感器二次负载电感；$L_{\rm M}$ —电流互感器励磁电感；R_2 —电流互感器二次负载电阻；i_2 —电流互感器二次电流

为使在系统短路后的过渡过程中，快速继电保护尚能正确判断故障点的位置及故障的性质，研究电流互感器对过渡过程的响应特性（即暂态特性）是必要的。

1. 暂态过程中电流互感器回路的电流方程

为简化分析，对研究的电流互感器及其等值回路作以下假设：

（1）电流互感器的铁芯不饱和，其一次匝数等于 1；

（2）忽略电流互感器的有功损耗，其励磁回路为纯电感；

（3）不计电流互感器一次和二次的漏抗。

根据上述假设，电流互感器的等值电路如图 13－9 所示。

根据图 13－9 可列出电流互感器暂态过程中的微分方程

$$L_{\rm M}\frac{{\rm d}i'_{\rm M}}{{\rm d}t} = i_2R_2 + L_2\frac{{\rm d}i_2}{{\rm d}t} \tag{13-11}$$

$$i_2 + i'_{\rm M} = i'_1 \tag{13-12}$$

在电力系统短路或故障切除瞬间，考虑到非周期分量电流的存在，则

$$i'_1 = I'_{\rm 1m}\cos\omega t - I'_{\rm 1m}{\rm e}^{-\frac{t}{T_1}} \tag{13-13}$$

式中　$I'_{\rm 1m}$——折算到二次电流互感器一次电流的幅值；

T_1——一次系统的时间常数，它等于短路电流流过的电阻 R_1 与电感 L_1 之比，即 $T_1 = \frac{L_1}{R_1}$。

令电流互感器的二次回路时间常数 $T_2 = \frac{L_2 + L_{\rm M}}{R} \approx \frac{L_{\rm M}}{R}$，二次负载的时间常数 $T_{\rm L2} = \frac{L_2}{R_2}$，式（13－11）可以写成

$$T_2\frac{{\rm d}i'_{\rm M}}{{\rm d}t} = i_2 + T_{\rm L2}\frac{{\rm d}i_2}{{\rm d}t} \tag{13-14}$$

2. 电流互感器的励磁电流

由式（13－11）、式（13－12）和式（13－13）消去 i_2 后，可得

$$(T_2 + T_{\rm L2})\frac{{\rm d}i'_{\rm M}}{{\rm d}t} + i'_{\rm M} = I'_{\rm 1m}\cos\omega t - I'_{\rm 1m}{\rm e}^{-\frac{t}{T_1}} - \omega T_{\rm L2}I'_{\rm 1m}S_{\rm m}\omega t + \frac{T_{\rm L2}}{T_1}I'_{\rm 1m}{\rm e}^{-\frac{t}{T_1}} \tag{13-15}$$

为简化求解，设电流互感器二次负载为纯电阻，则 $T_{\rm L2} \approx 0$，式（13－15）变成

$$T_2 \frac{\mathrm{d}i'_{\mathrm{M}}}{\mathrm{d}t} + i'_{\mathrm{M}} = I'_{1\mathrm{m}}\cos \omega t - I'_{1\mathrm{m}}\mathrm{e}^{-\frac{t}{T_1}} \tag{13-16}$$

求解式（13－16），可得

$$i'_{\mathrm{M}} = I'_{1\mathrm{m}}\cos \delta\cos (\omega t - \delta) + \frac{T_1}{T_2 - T_1}I'_{1\mathrm{m}}\mathrm{e}^{-\frac{t}{T_1}} - \frac{T_1}{T_2 - T_1}I'_{1\mathrm{m}}\mathrm{e}^{-\frac{t}{T_1}} \tag{13-17}$$

在式（13－17）中，$\delta = \arctan\omega T_2$。

式（13－17）中的第一项为强迫分量，即暂态过程后的稳态分量，其他两相为衰减的自由分量。强迫分量的大小与励磁电感 L_{M} 及二次负载电阻 R_2 有关，而自由分量的大小及衰减时间除与电流互感器回路的时间常数有关之外，还与一次回路的时间常数有关。

3. 电流互感器的二次电流

由式（13－13）、式（13－12）及式（13－11）消去 i'_{M}，可得

$$(T_{\mathrm{L2}} + T_2)\frac{\mathrm{d}i_2}{\mathrm{d}t} + i_2 = \omega T_2 I'_{1\mathrm{m}}\cos \omega t + \frac{T_2}{T_1}I'_{1\mathrm{m}}\mathrm{e}^{-\frac{t}{T_1}} \tag{13-18}$$

设二次负载为纯电阻，对式（13－18）求解得

$$i_2 = I'_{1\mathrm{m}}\sin \delta\sin (\omega t - \delta) + \frac{T_2}{T_2 - T_1}I'_{1\mathrm{m}}\mathrm{e}^{-\frac{t}{T_1}} - \left(I'_{1\mathrm{m}}\cos^2\delta + \frac{T_1}{T_2 - T_1}I'_{1\mathrm{m}}\mathrm{e}^{-\frac{t}{T_2}}\right) \tag{13-19}$$

由式（13－19）知：在暂态过程中，电流互感器的二次电流由强迫分量及衰减的自由分量组成。各自由分量的大小及衰减时间，除与电流互感器回路的时间常数有关之外，还与一次系统的时间常数有关。

4. 减小暂态过程中测量误差的措施

电流互感器的测量误差，主要是由于励磁电流 i'_{M} 的存在造成的。在暂态过程中，当电流互感器的铁芯不饱和时，i'_{M} 的最大值约为稳态值的 10 倍以上。当铁芯饱和时，i'_{M} 将更大。因此，在暂态过程中，电流互感器的测量误差相当大。

当电流互感器结构一定时，致使 i'_{M} 增大的原因主要是铁芯中的磁通密度的增大。因此，减小暂态过程中电流互感器 i'_{M} 的主要途径，是减小该过程中的磁通密度。为此，可采取以下措施：

（1）选择电流互感器时，可适当增大一次额定电流的值；

（2）尽量减小电流互感器的二次负载；

（3）采用带小气隙的电流互感器，减少时间常数 T_2（因为 L_2 减小了），从而使暂态的 i'_{M} 值减小。

另外，为使保护不受电流互感器暂态过程的影响，应尽量选取保护动作判据在 TA 暂态饱和过程的线性区域（该时间一般在 3～5ms），缩短保护的动作时间，即采用快速动作的保护装置。

九、电流互感器的其他问题

1. 二次回路的接地

为了确保安全，电流互感器二次回路必须接地。否则，由于电流互感器一次绕组和二次绕组之间及二次绕组对地间有分布电容，电容的分压使二次绕组对地产生高电压。另外，当电流互感器一次与二次之间的绝缘破坏时，一次回路的高电压直接加到二次回路中，损坏二

次设备，危及人身的安全。

电流互感器二次回路只能有一个接地点，决不允许多点接地。

当二次回路只有一组 Y 连接的电流互感器供电时，该接地点应在电流互感器出口的端子箱内，在二次绕组呈 Y 连接的电流互感器中性线接地。对于有几组电流互感器电气上互相连接时（例如主设备纵差保护的各侧电流互感器），这几组电流互感器总共也只能有一个接地点，该接地点应在保护盘（柜）上。

运行时，不允许拆除电流互感器二次回路中的接地点。

2. 二次回路中串接辅助电流互感器问题

在实际应用中，由于电流互感器选择的变比过大或过小，而使正常工况下其输出电流不能满足二次设备（例如保护装置）的工作要求。此时，通常需在电流互感器的二次接一组中间辅助电流互感器，将电流互感器的二次电流经辅助电流互感器变换成二次设备所要求的电流值范围。例如，母差保护几组电流互感器变比不相同，需增加辅助电流互感器（也可以经软件实施辅助电流互感器的功能）使各电流互感器的综合变比一致。

应当指出，电流互感器二次接入的辅助电流互感器，决不能是升流器。如果是升流器，其输入阻抗将很大（与变比的平方成正比），将使电流互感器二次负载阻抗很大，使其变换误差增大，还可能使其饱和。

3. 电流互感器二次回路的切换

在现场应尽量避免对电流互感器二次回路的切换，但为了满足一次运行方式的调整，有时需要对电流互感器的二次回路进行切换。例如，用旁路断路器代替主变压器高压侧断路器运行时，需将主变压器纵差保护高压侧电流回路由设置在变压器独立电流互感器的二次切换至主变压器套管电流互感器的二次。

当有对电流互感器二次回路进行切换的运行方式时，需在保护盘上设置大电流切换端子。

在进行切换时应注意以下事项：

（1）做好确保安全的各种措施，严防电流互感器二次回路开路；

（2）对切换中可能误动的保护应预先停用；

（3）当电流互感器二次呈 Y 连接时，其二次回路的中性线（零线）也应随之切换，否则可能致使二次回路多点接地或开路运行。

十、电子式互感器

随着电力系统容量的增大，短路故障时短路电流的最大值可达数万安。

电磁型电流互感器电气性能的主要缺点是：①大电流时容易饱和，②暂态特性差。

电子式互感器是一种基于现代光学技术、微电子学技术基础上的新型电流、电压互感器，它没有上述缺点。电子式互感器的构成原理是：将主设备一次电流转换成光信号（光信号的强弱与一次电流的大小成比例），并通过光纤通道传递至继电保护装置或测量仪表的安装处。然后，再将光信号转变成电信号，供测量仪表或继电保护采用。它与传统的电磁式互感器相比，具有如下主要特点：

（1）绝缘结构简单可靠，造价低。传统的电磁式互感器一次与二次之间通过铁芯耦合，绝缘结构复杂，造价随电压等级呈指数关系上升，电子式互感器利用光纤传输信号，高低压之间绝缘简单，其造价一般随电压等级线性增加。

（2）动态范围大，线性度好。传统的互感器因铁芯会出现饱和现象，电子式互感器无铁芯，线性度好，在很大范围内二次输出能真实反映一次电流变化。

（3）输出信号可直接与微机计量、保护设备接口。电子式互感器的输出为弱电模拟信号（4V）或数字信号，可直接供微机化计量及保护设备使用，适应了变电所自动化发展的要求。

（4）无铁磁谐振及易燃、易爆危险。电子式互感器无铁芯、无油，因此不存在铁磁谐振及充油设备产生的易燃、易爆等危险。

（5）电子式互感器可分为无源和有源两类。无源电子式互感器是利用光学玻璃或光学晶体感应被测电流或电压信息，但工艺复杂，其精度易受温度等环境因素的影响，目前还处于研究阶段。有源电子式互感器的技术相对较为成熟，性能稳定，它的传感部分一般包含电子电路，现已进入实用及推广阶段。

（6）电子式互感器性能虽已可满足实用化要求，但其使用尚局限于少数工程项目中，因主要生产厂家研制的电子互感器的输出信号还不一致，如何达到同步还未取得共识，适应的二次计量及保护设备还有待研究。

十一、保护用电流互感器的安装位置

为确保电力系统运行的稳定性及电力主设备的安全，当系统或主设备出口发生短路故障时，继电保护应迅速动作切除故障。为此，各相邻电力设备的主保护之间应有重叠保护区，避免出现保护“死区”。

另外，对于发电机的后备保护，应在发电机各种运行工况下均能起到后备保护的作用；对反映发电机内部故障的功率方向保护（例如负序功率方向保护），只有在发电机内部故障时才起保护作用。

为达到上述目的，正确地选择各保护用电流互感器的安装位置，是非常必要的。

1. 母差保护用电流互感器的安装位置

母差保护装置各侧的输入电流，分别取自母线上各出线单元（线路或变压器等）电流互感器的二次侧。为使母差保护与线路保护及主变压器的差动保护之间具有重叠的保护区，母差保护用电流互感器的二次绕组，应选择在各出线单元上排列在靠近线路保护、主变压器保护外侧的，而使线路保护、主变压器保护电流互感器的二次绕组尽量靠近母线。当电流互感器内部故障时既在母差保护的保护范围内，又在线路保护或主变压器保护的保护范围内。

2. 主变压器差动电流互感器及发电机差动电流互感器的安装位置

为使主变压器纵差保护与发电机纵差保护之间具有保护重叠区，主变压器差动保护用发电机侧电流互感器的安装位置应尽量靠近发电机，而发电机差动保护用主变压器侧电流互感器的安装位置，应尽量靠近主变压器。

3. 发电机短路故障后备保护用电流互感器的安装位置

发电机短路故障后备保护用电流互感器的安装位置，应在发电机的中性点，当发电机并网之前或解列之后发电机电压系统内故障时，能起后备保护作用。

4. 发电机内部故障方向保护用电流互感器的安装位置

反映发电机内部故障方向保护（例如，负序功率方向保护及发电机低阻抗保护）用电流互感器，应安装在发电机端。这样，才能保证区外故障时不误动。

典型的发电机—变压器组保护用电流互感器安装位置如图 13－10 所示。典型的主变压器及线路保护用电流互感器安装位置如图 13－11 和图 13－12 所示。

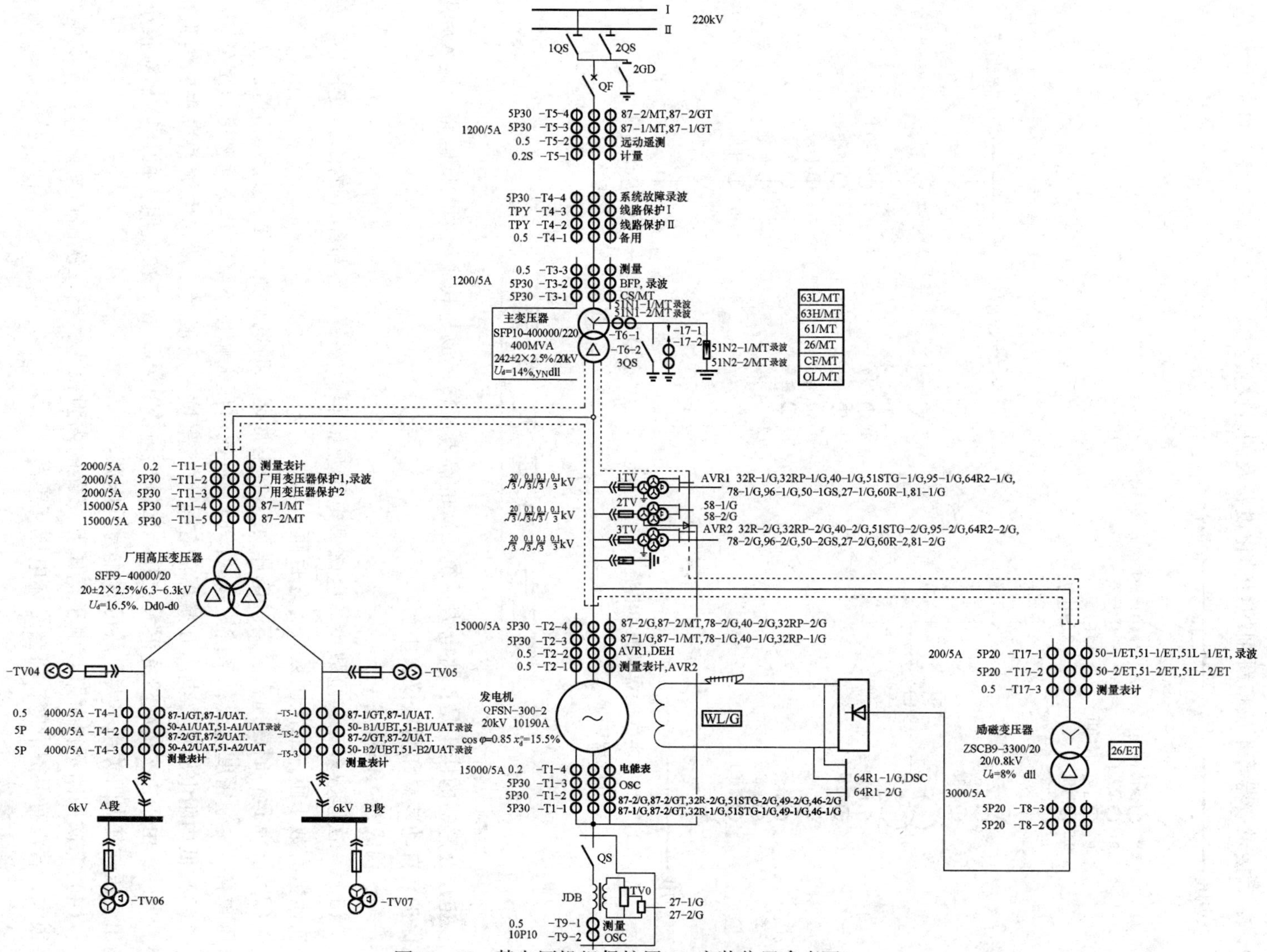

图13－10　某电厂机组保护用TA安装位置参考图

对于失灵保护、故障录波器的装置，当电流互感器二次侧数量足够时，宜单独使用一组。如二次侧数量不够，需要与其他主保护复用时，应将主保护接在前面，之后接后备保护，最后接录波器等不出口跳闸的自动化设备及测量设备。

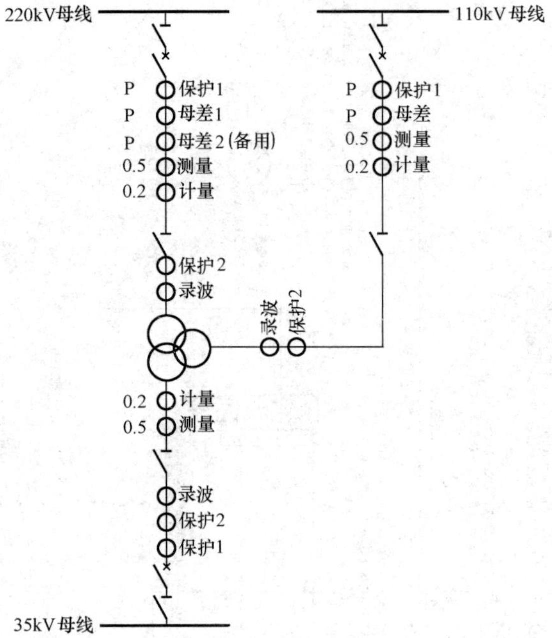

图 13－11　主变压器保护和电流互感器配置参考图

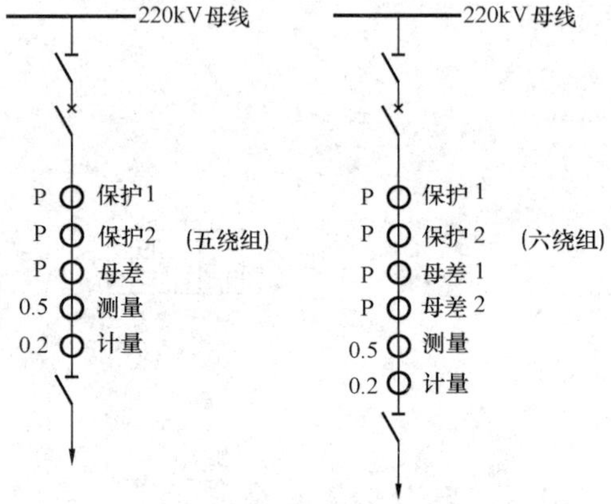

图 13－12　线路保护和电流互感器配置参考图

第三节　电压互感器

电压互感器的作用是：将电力系统一次的高电压转换成与其成比例的低电压，输入到继电保护、自动装置和测量仪表中。

一、构成及工作特点

（1）一次匝数多二次匝数少。电磁型电压互感器，像一个容量很小的降压变压器，其一次匝数有数千匝，二次匝数只有几百匝。

（2）正常运行时磁通密度高。电压互感器正常运行时的磁通密度接近饱和值，且一次电压越高，磁通密度越大；系统短路故障时，一次电压大幅度下降，其磁通密度也降低。

（3）低内阻电压源。电压互感器的二次负载阻抗一般很大。从二次侧看进去，内阻很小。另外，由于二次负载阻抗很大，其二次输出电流较小，在二次绕组上的压降相对很小，输出电压与其内阻关系不大，故可看作为电压源。

（4）二次回路不得短路。由于电压互感器的内阻很小，当二次出口短路时，二次电流将很大，若没有保护措施，将会烧坏电压互感器。

二、额定参数

（一）额定电压

1. 一次（一次绕组）额定电压

在电力系统中应用的电压互感器，多为三绕组电压互感器。匝数多的绕组为一次绕组。有两个二次绕组，其一用于测量相电压或线电压，另一绕组用于测量零序电压。通常，将用于测量相电压或线间电压的绕组叫二次绕组，另一绕组叫三次绕组。

电压互感器一次输入的电压，就是所接电网的电压。因此，其一次额定电压的选择值应与相应电网的额定电压相符，其绝缘水平应保证能长期承受电网电压，并能短时承受可能出现的雷电、操作及异常运行方式下（例如失去接地点时的单相接地）下的过电压。

目前，国内生产并投入电网运行的电压互感器一次额定电压有 6、10、15、20、35、110、220、330 及 500kV 等 9 个类别。

2. 二次（二次绕组）及三次（三次绕组）额定电压

保护用单相电压互感器二次及三次的额定电压，通常有 100、57.7、100/3V 三种。用于大电流接地系统的电压互感器，其二次、三次额定电压值分别为 57.7、100V，而用于小电流接地系统的电压互感器，其二次、三次额定电压值则分别为 57.7V 及 100/3V。

（二）电压互感器的变比

电压互感器的变比，等于其一次额定电压与二次额定电压的比值，也等于一次绕组匝数同二次绕组匝数或三次绕组匝数之比。

用于大电流接地系统电压互感器与用于小电流接地系统的电压互感器的变比不同。前者的变比为 $\frac{U_N}{\sqrt{3}}/\frac{0.1}{\sqrt{3}}/0.1$ kV；而后者的变比则为 $\frac{U_N}{\sqrt{3}}/\frac{0.1}{\sqrt{3}}/\frac{0.1}{3}$ kV（U_N 为一次系统的额定电压，相间电压）。

接于发电机中性点的电压的互感器可只用两绕组（即只有一组二次绕组）电压互感器，其变比最好是 $\frac{U_N}{\sqrt{3}}/0.1$ kV，也有取 $U_N/0.1$ kV 的。

（三）额定容量及极限容量

1. 额定容量

电压互感器的额定容量，系指其二次负载功率因数为 0.8 并能确保其电压变换精度（幅值精度、相位精度）时互感器的最大输出容量。

2. 极限容量

极限容量的含义是：当一次电压为 1.2 倍额定电压时，在其各部位的温升不超过规定值情况下，二次能连续输出的功率值。

（四）准确度

电压互感器的准确度，实际是电压互感器的误差。电压互感器的误差有比误差和角误差两种。

电压互感器的比误差，可用下式表示

$$\varepsilon_v(\%) = \frac{K_N U_2 - U_1}{U_1} \times 100\% \tag{13-20}$$

式中 $\varepsilon_v(\%)$——比误差的百分数；

K_N——额定变比；

U_1——外加一次电压，V；

U_2——与 U_1 相对应的二次输出电压，V。

电压互感器的角误差，是指一次电压与二次电压之间的相位差，其单位可用“′”或crad来表示。

保护用电压互感器的准确级通常采用3P和6P两个等级，是以该准确级在5%到额定因数对应的电压范围内最大允许电压误差的百分数表示。其误差限值见表13－3。

表13－3　　保护用电压互感器误差限值

准确度级	电压误差（±%）	相位误差	
		（′）	crad
3P	3.0	120	3.5
6P	6.0	240	7.0

注　$1\text{rad}=\dfrac{360°}{2\pi}=57.3°$

$1°=60'$

1厘弧度（crad）＝0.573°

三、电压互感器的类型

电压互感器的类型很多，有电磁式电压互感器、电容电压抽取式电压互感器以及光电式电压互感器。

电磁式电压互感器的优点是结构简单、暂态特性好。其缺点是易产生铁磁谐振，致使一次系统过电压；另外，还容易饱和，造成测量不准确及过热损坏。

电容式电压互感器（即电容电压抽取式电压互感器）的优点是没有铁磁谐振问题。其稳态工作特性与电磁式电压互感器基本相同，但暂态特性较差，当系统发生短路故障时，该电压互感器的暂态过程持续时间比较长，影响快速保护的工作精度。

四、常用电压互感器二次回路的接线方式及电压相量图

根据用途不同及一次系统的接线方式不同，采用的电压互感器有单相互感器和三相互感器。三相电压互感器又分三相五柱式电压互感器及由三个单相互感器构成的三相互感器组。

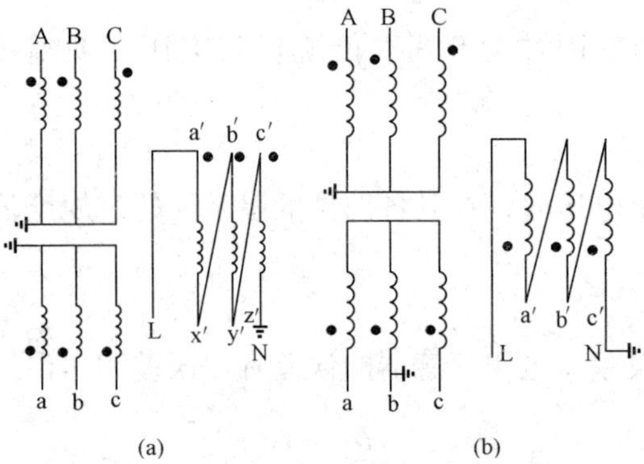

图13－13　常用的三相电压互感器二次及三次回路接线方式

（a）二次中性点接地；（b）二次b相接地

A、B、C—分别为电压互感器一次的三相输入端子；a、b、c—分别为电压互感器二次三相输出端子；a′、b′、c′—分别为电压互感器三次三相绕组的输出端子；L、N—电压互感器三次输出端子

1. 二次及三次回路接线方式

电力系统中常用的三相电压互感器二次回路的接线方式，如图13－13所示。

图13－8（a）与图13－8（b）的区别是前者代表二次中性点接地方式，而后者代表二次b相接地方式。但根据《电力系统继电保护及安全自动装置反事故措施要点》的要求：宜取消电压互感器二次b相接地方式。因此，除发电厂之外，b相接地方式目前已基本不采用。另外，两者三次绕组相对二次绕组所标示的极性不同。

2. 电压相量图

在正常工况下，三相电压互感器二次电压与三次电压之间的相量关系如图13－14所示。其中，图13－14（a）为与图13－13（a）相对应的相量图；而图 13－14（b）为与图 13－13（b）相对应的相量图。

应当指出：图 13－14（a）表示大电流接地系统中用电压互感器的相量关系图，而图 13－14（b）表示小电流接地系统中用电压互感器的相量关系图。

3. 各输出端间电压的计算

在模拟式保护装置中，为判断零序方向过流保护中零序方向元件动作方向的正确性，必须首先校验电压互感器二次与三次绕组之间的相对极性及三相接线组别的正确性。为校核三相电压互感器的二次与三次之间的相对极性及接线组别的正确性，需要在运行中测量各输出端子之间的电压值。为此，需要首先计算出某种接线、接地方式下各端子之间的电压，然后与测量结果数值相比较，从而判断出接线组别及极性的正确性。

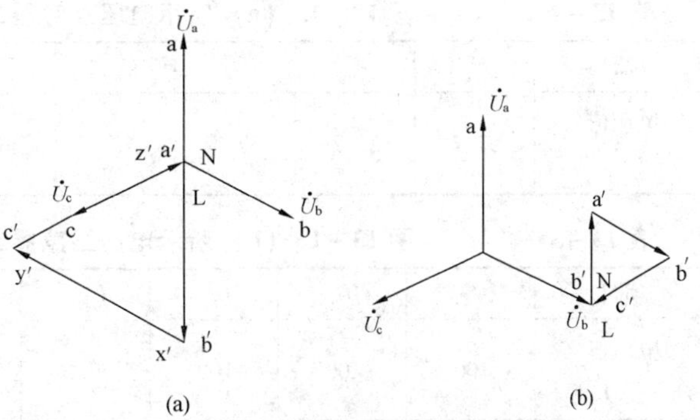

图 13－14　三相电压互感器二次、三次电压相量图

（a）二次中性点接地方式；（b）二次 b 相接地方式

$\dot{U}_a$、$\dot{U}_b$、$\dot{U}_c$—分别为电压互感器二次三相电压；

N、L、a′、b′、c′—分别为电压互感器三次电压三角形的三个顶点，正常运行情况下 N、L 点重合

（1）用于大电流接地系统二次中性点接地的三相电压互感器各输出端之间的电压。设该三相电压互感器二次及三次接线方式及相对极性同图 13－13（a），且在正常工况下，三相一次电压对称并等于额定电压。则二次三相相电压 $U_a=U_b=U_c=57.7\text{V}$，二次三相相间电压 $U_{ab}=U_{bc}=U_{ca}=100\text{V}$；三次三相相电压 $U_{a'b'}=U_{b'c'}=U_{c'N}=100\text{V}$；开口三角形输出电压 $U_{LN}\approx0$。

由图 13－14（a）可以看出：二次 a 相输出端子 a 与三次 a′相绕组端子 a′之间的电压为

$$U_{aa'}=57.7\ (\text{V})$$

二次 c 相输出端子与三次 c′相绕组端子 c′之间电压

$$U_{cc'}=100-57.7=42.3\ (\text{V})$$

而二次 b 相输出端子与三次 b′相绕组端 b′之间的电压

$$U_{bb'}=\sqrt{100^2+57.7^2-2\times100\times57.7\times\cos60^\circ}=86.9\ (\text{V})$$

（2）用于小电流接地系统且二次 b 相接地的三相电压互感器各端子之间电压。设三相电压互感器二次及三次接线方式及相对极性同图 13－13（b），且在正常工况下三相一次电压对称并等于额定电压。则二次三相相间电压 $U_{ab}=U_{bc}=U_{ca}=100\text{V}$，三次三相相电压为 $U_{La'}=U_{a'b'}=U_{b'N}=33.3\text{V}$，开口三角形输出电压 $U_{LN}\approx0$。

由图 13－14（b）可以看出：

二次 a 相输出端子与三次 a′相输出端子 a′之间电压

$$U_{aa'}=\sqrt{33.3^2+100^2-2\times100\times33.3\times\cos30^\circ}=73.4\ (\text{V})$$

二次 c 相输出端子与三次 c′相输出端子次 c′之间电压

$$U_{cc'}=100\ (\text{V})$$

二次 b 相输出端子与三次 b′相输出端子 b′之间电压

$$U_{bb'}=33.3\ (\text{V})$$

将以上计算结果分别列到表13－4及表13－5。

表13－4　　图13－13（a）所示电压互感器二次、三次各端子之间电压

项目	U_a	U_b	U_c	$U_{a'b'}$	$U_{b'c'}$	$U_{c'N}$	U_{LN}	$U_{aa'}$	$U_{bb'}$	$U_{cc'}$
电压值（V）	57.7	57.7	57.7	100	100	100	0	57.7	86.9	42.3

表13－5　　图13－13（b）所示电压互感器二次、三次各端子之间电压

项目	U_{ab}	U_{bc}	U_{ca}	$U_{a'L}$	$U_{a'b'}$	$U_{b'N}$	$U_{aa'}$	$U_{bb'}$	$U_{cc'}$
电压值（V）	100	100	100	33.3	33.3	33.3	73.4	100	33.3

在实际运行时，若在电压互感器端子箱中对各电压端子之间测量电压得到的结果同表13－4或表13－5中所列数据，则说明该互感器的接线方式及相对极性同图13－13（a）或图13－13（b）。

五、熔断器及快速开关

电压互感器为电压源，其内阻很小。因此，当电压互感器二次发生短路时，将产生很大的短路电流。此时，若无法快速切除故障，将烧坏电压互感器。

为快速切除电压互感器二次短路故障，应在其二次输出回路加装快速熔断器或快速开关。

另外，在发电厂对某些电压等级较低的电压互感器（例如发电机机端的电压互感器），为防止因各种原因损坏电压互感器，在其一次输入端设置快速高压熔断器。

1. 熔断器（低压熔断器）及快速开关的设置原则

（1）自动励磁调节器及强行励磁装置用电压互感器的二次回路中不能设置熔断器，发电机中性点电压互感器（通常用于接地保护）二次不应设置熔断器，三相电压互感器的三次输出端（包括开口三角形两端）及在三次回路中不应设置熔断器。

（2）熔断器或快速开关设置在电压互感器二次输出端（通常在电压互感器端子箱内）。

（3）在三相电压互感器二次的零线（中性线）回路上，一般不设置熔断器或快速开关。二次b相接地时，该相的熔断器或快速开关应设置在互感器出口与接地点之间。

（4）若因熔断器熔断特性不良（过渡过程长）而造成保护或自动装置不正确动作时，宜采用快速开关取代熔断器。

（5）在测量仪表或变送器的输入回路中应设置分熔断器。

2. 熔断器或快速开关容量的选择

熔断器的容量选择，实际上是选择熔断器熔丝的额定电流。该电流应大于可能的最大负载电流，即

$$I_N = K_{rel} I_{max} \tag{13-21}$$

式中　I_N——熔断器熔断丝的额定电流；

I_{max}——电压互感器二次的最大负载电流；

K_{rel}——可靠系数，通常取1.5。

3. 熔断器熔断或快速开关断开对保护装置的影响及对策

对于其工况反映电压互感器二次或三次电压的保护（例如低阻抗保护、过电压或过励磁保

护等)，当互感器熔断器一相或二相熔断或快速开关跳开时，可能使保护装置误动或拒动。

熔断器熔断或快速开关断开，相当于 TV 一相或三相断线，直接影响有关保护的输入电压。

(1) 电压互感器回路断线可能造成误动的保护。当电压互感器二次回路熔断器熔断或快速开关跳开时，可能造成误动的保护有：低阻抗保护、发电机失磁保护、低压闭锁或复合电压闭锁过电流保护及自产零序电压的零序方向过流保护和功率方向保护等。

当电压互感器一次熔断器一相熔断时，可能使小电流接地系统接地保护（含发电机定子接地保护)、发电机定子匝间保护及功率方向保护等不正确动作。

(2) 电压互感器回路断线可能造成拒动的保护。电压互感器熔断器熔断或快速开关跳开可能导致以下保护拒动：过电压保护及过励磁保护、功率方向保护（三相断线）等。

(3) 设置电压互感器断线闭锁装置。为防止电压互感器断线运行导致保护装置误动，应设置电压互感器断线闭锁元件，当熔断器熔断或快速开关断开时，快速将失压后易误动的保护出口闭锁，同时延时发出“TV 断线”信号。

(4) 为防止熔断器实际熔断电流与额定参数不符，必要时可以对熔芯进行抽样试验。试验方法为通入适当电流，测量其熔断时间，应符合生产厂家提供的熔断曲线，否则该批次熔芯为不合格，不得使用。

六、电压互感器二次回路的切换与联络

电气主接线为双母线接线，为了保证保护装置及测量、计量等设备采集的二次电压与一次对应，必须设置二次电压的切换回路。对于双母线接线或单母线分段接线，当一台电压互感器检修或因故停运时，可以通过改成单母线运行方式来保证电压互感器停运母线的设备继续运行，这时需要将二次回路进行联络，以确保相应的保护、计量设备继续运行。

1. 电压回路的联络

双母线及单母线分段的电压回路需要设置联络回路。其二次联络的条件：要在母联或分段断路器在合闸位置，并且两侧的隔离开关也在合闸位置时，切换继电器 1KCW、2KCW 才能动作，如图 13－15 所示。

当一台电压互感器停运时，只有当停运电压互感器的一次隔离开关分开，并且二次电压总开关 1QA（或 2QA）断开（计量回路有单独熔断器时也应断开）时，二次回路才允许联络。在二次联络后要停用一台互感器时，要首先断开二次空气开关，否则二次回路的电压将倒送到一次侧而危及安全。另外，由于电压互感器的变比很大，一次的电容电流将使二次回路过载，可能造成正常运行的电压互感器二次侧总空气开关跳闸，影响计量及保护装置的正常运行。

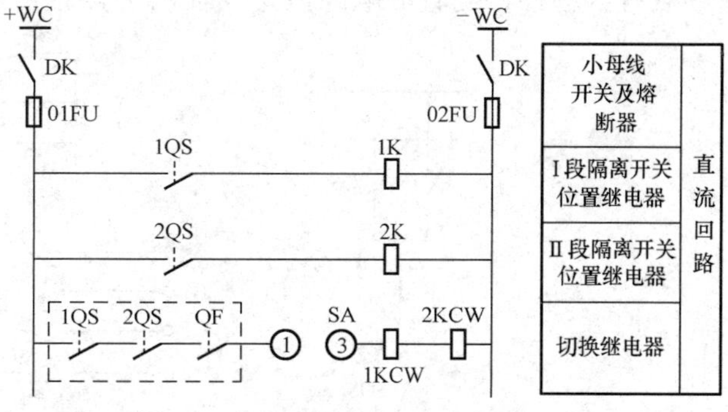

图 13－15　电压互感器二次回路联络接线图

1QS、2QS—分别为母联或分段断路器两侧隔离开关辅助触点；QF—母联或分段断路器辅助触点；SA—控制开关辅助触点

图 13－16 为 220kV 电压互感器某一相的联络回路图，其变比为 $220/\sqrt{3}/0.1/\sqrt{3}$。由图 13－16可以看出，当负母线电压互感器的隔离开关 2QS 打开而二次空气开关 2QA 在合上位

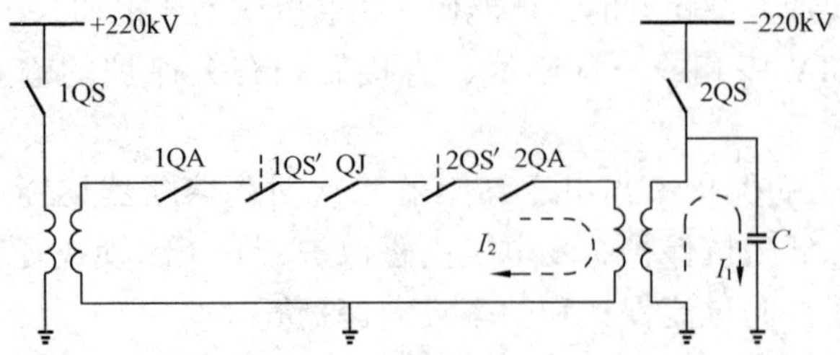

图 13－16　电压二次回路联络引起空气开关跳闸示意图

1QS、2QS—隔离开关；1QS、2QS—隔离开关辅助触点；

1QA、2QA—二次电压总开关；KCW—切换继电器触点

置时，倒送至一次的电压将产生一个电容电流 I_1，通过变比折算到二次的电流 $I_2 = nI_1$，$I_2 = 2200I_1$。如果一次有电容电流 5mA，二次将产生 11A 的电流，通过 1QA 的电流等于该电流加上全部二次负载电流，这将使 1QA 空气开关过载而跳闸。所以在电压互感器的二次侧各相回路应串入电压互感器一次侧隔离开关的辅助触点，确保当一次侧断开时二次回路也断开，防止二次侧对一次侧反充电。

2. 正、负母线间电压回路切换

在一次主接线为双母线的变电所中，为使二次回路计量、保护等设备输入的二次电压能与一次运行的母线对应，二次电压必须作相应的切换。

二次电压切换可以手动进行，如图 13－17 所示，由切换开关来选择计量、保护等设备是用正母线电压还是负母线电压。TV 二次电压也可以进行自动切换，如图 13－18 所示，主要利用该单元隔离开关的辅助触点起动切换继电器 1KCW、2KCW 由切换继电器的触点对电压回路进行切换。手动切换的好处是回路简单，连接可靠，但需要人工操作，而且一、二次操作不可能完全同步。自动切换能做到一、二次操作基本同步，但回路较手动切换复杂，对直流电源和隔离开关的辅助触点有依赖性，当直流电源消失或辅助触点接触不良时，1KCW、2KCW 将返回，交流电

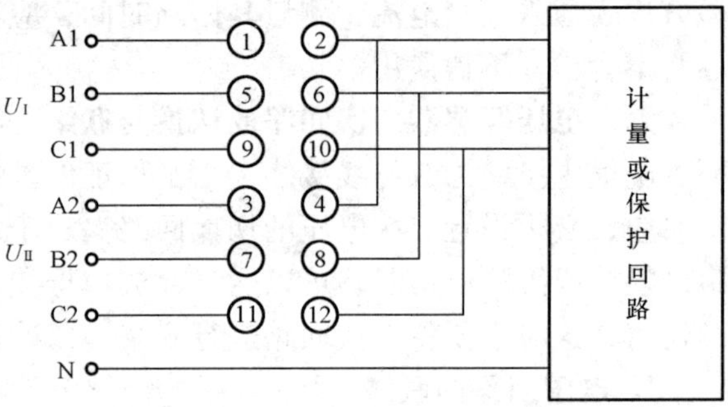

图 13－17　TV 二次电压手动切换回路

U_{I}、U_{II}—分别为Ⅰ母、Ⅱ母 TV 二次电压；

①②～⑪⑫—分别为切换继电器 KCW 辅助触点

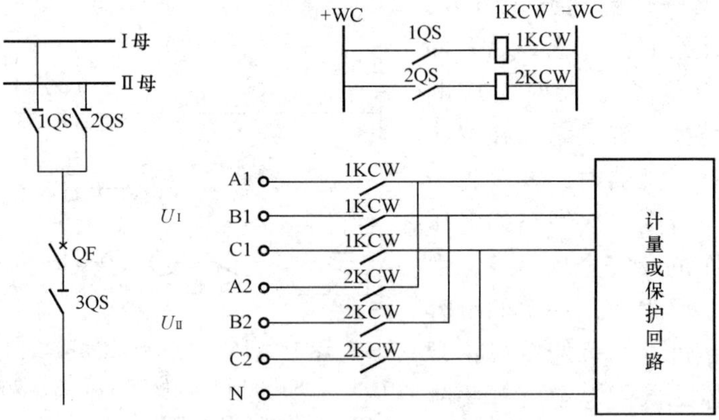

图 13－18　TV 二次电压自动切换回路

1QS、2QS、3QS—分别为隔离开关；QF—断路器；

＋WC、－WC—直流电源的正、负母线；1KCW、2KCW—切换继电器；

U_{I}、U_{II}—分别为Ⅰ、Ⅱ母 TV 二次电压

压也将消失。

为提高自动切换的可靠性，1KCW、2KCW可选双位置继电器，如图13－19所示。双位置继电器的优点是即使直流电源消失，或隔离开关辅助触点接触不良，继电器将保持在原有位置。其中图13－19（a）是采用隔离开关的单辅助触点进行切换的，而图13－19（b）是采用隔离开关的双辅助触点进行切换的。单辅助触点切换回路在一只切换继电器动作的同时去复归另一只切换继电器，两只继电器一定有一只在动作状态。在停电校验时要注意，加入试验电压时一定要解除该回路，否则试验电压可能会通过闭合的双位置继电器触点加到运行的电压小母线上，造成电压小母线故障。

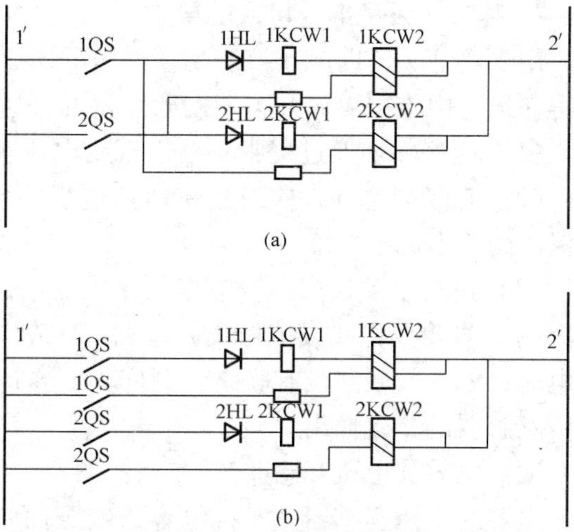

图13－19　使用双位置继电器的电压切换回路图

（a）单节点控制电压切换回路；（b）双节点控制电压切换回路

1QS、2QS—隔离开关辅助触点；1HL、2HL—信号灯；1KCW、2KCW—切换继电器

3. 互为备用电压二次回路间的切换

当二次回路作为多个一次设备的公共备用设备时，常常要根据需要将相应的二次回路切至对应一次设备的控制或保护回路，如同期并列回路电压的切换。旁路代主变压器断路器时的电压切换如图13－20所示。

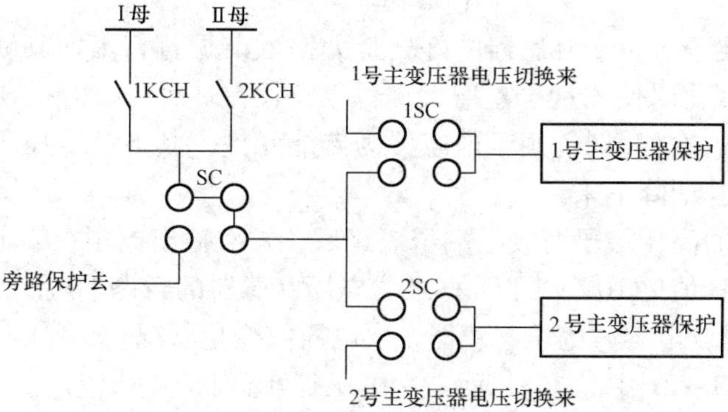

图13－20　旁路代主变压器断路器的二次电压切换示意图

QJ、1KCH、2KCH—切换开关

图中经母线切换后的旁路电压，通过SC切至1、2号主变压器保护或旁路本身保护，在主变压器保护柜上设有切换开关1（2）SC，将本断路器经切换过的电压切入主变压器保护回路，或者将旁路断路器来的电压切换至主变压器保护回路。如果旁路代主变压器断路器时旁路断路器自身保护需要继续运行，则旁路电压切旁路保护装置的SC触点可以短接。

同一个一次设备的继电保护和自动装置，取不同的电压互感器二次电压的切换，也有用多触点控制开关手动切换和自动切换两种。为了防止在电压切换过程中继电保护误动作，在电压回路切换的同时，应将可能误动作的保护装置正电源断开，应对切换继电器的位置是否正确进行监视。手动和自动回路设计时都应有效地防止在切换过程中对一次侧停电的电压互感器反充电。电压互感器的二次反充电，可能会造成严重的人身和设备事故。为此，切换回路应采用先断开后接通的接线。在断开电压回路的同时，有关保护的正电源也应同时断开。为增加电压切换的可靠性，常将两对辅助触点、继电器触点或切换开关触点并联使用，构成总的联络回路，这样也可以增加触点的容量。

4. 对二次回路电压切换的要求

用隔离开关辅助触点控制切换继电器时，该继电器应有一对动合触点，用于信号监视。不得在运行中维护隔离开关辅助触点。此外，对切换提出如下要求：

（1）应确保切换过程中不会出现由电压互感器二次向一次反充电；

（2）在切换之前，应退出在切换过程中可能误动的保护，或在切换的同时断开可能误动保护的正电源；

（3）进行手动切换时，应根据专用的运行规程，由运行人员进行切换；

（4）当将双母线或单母线分段的一组电压互感器退出运行切换为由另一组电压互感器供电时，如一次回路没有联络，则应先将要退出的电压互感器二次输出断开，再合上另一组电压互感器的二次输出。

七、电容式电压互感器

电容式电压互感器，又称电容式电压抽取装置，其构成原理接线如图 13－21 所示。

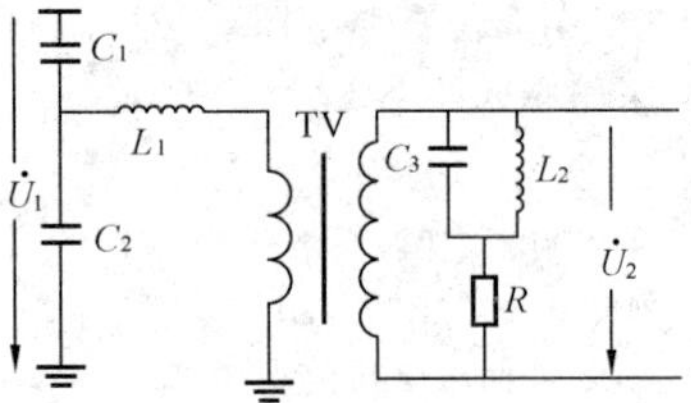

图 13－21　电容式电压互感器原理接线图

C_1、C_2——一次电容器组；L_1—调谐电感；TV—中间电压互感器；电容 C_3、电感 L_2 与电阻；R—构成串联阻尼器

电容器组 C_1、C_2 串联构成电容电压抽取装置，电容器 C_2 上的电压 U_{C2} 为抽取电压，其值

$$U_{C2}=\frac{C_1}{C_1+C_2}U_1 \tag{13-22}$$

式中　U_1——电力系统一次对地电压（相电压）。

设中间电压互感 TV 的变比为 n，则电容式电压互感器二次电压为

$$U_2=\frac{C_1}{n(C_1+C_2)}U_1 \tag{13-23}$$

采用电容式电压互感器的好处是无铁磁谐振且价廉，其缺点是频率变化时使测量误差增大，暂态特性差。另外，当一次系统发生短路故障时，由于电容器为储能元件，其上的电压不能跃变，故电压互感器的输出电压不会立即降下来。

在额定电压下，电容式电压互感器的高压端子对接地端子短路后，二次输出电压在额定频率的一个周期之内降低到短路前电压峰值的 10% 以下，称之为电压互感器的暂态响应。

图 13－22 表示一次电压下降到零时，电容式电压互感器二次电压的变化状况。

在图 13－22 中，一次电压系指图 13－21 中的 U_{C2}，而二次电压是互感器的输出电压。

在稳态工况下，电容式电压互感器的工作特性与电磁式电压互感器基本相同，但在系统发生短路故障而使电压突变时，电容式电压互感器的暂态过程比电磁式电压互感器要长得多，这对动作时间小于 40ms 的快速保护是不利的。

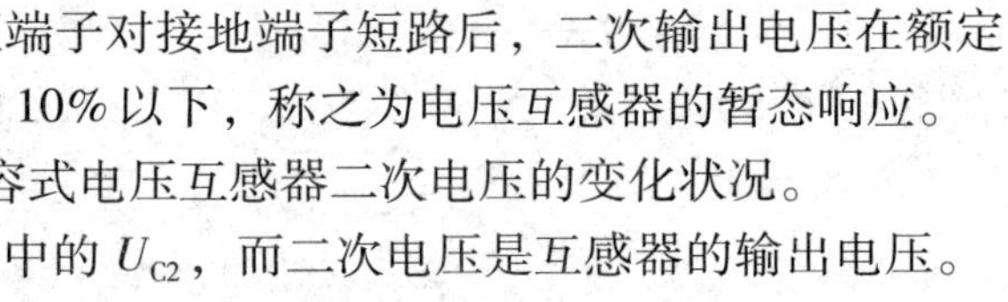

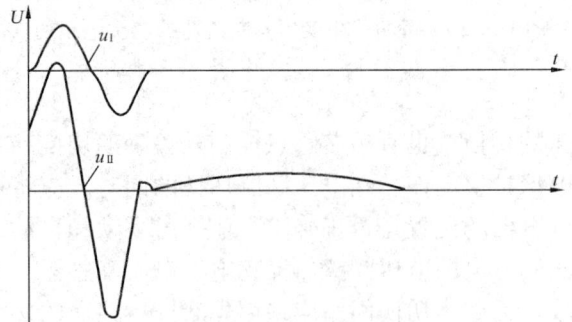

图 13－22　一次系统接地短路时电容式电压互感器电压变化曲线

改善电容式电压互感器暂态响应的途径是取消内部的调谐回路，或增设快速反应回路，或设置快速进行储能释放的回路。应有良好的消谐回路，防止一次操作时，谐波谐

振引起二次回路过电压，损坏保护装置等二次设备。

八、电压互感器的其他问题

1. 二次回路接地问题

电压互感器二次及三次回路必须有一个接地点，其目的是保护设备与人身安全。若没有接地点，当电压互感器一次对二次或三次之间的绝缘损坏时，一次的高电压将串至二次或三次回路中，危及人身及二次设备的安全。此外，一、二次间还存在分布电容，当二次回路没有接地时会感应出很高的电压，危及人身与设备安全。

目前，在电力系统中应用的三相式电压互感器，其二次回路中的接地方式有两种，即中性点接地及 b 相接地。在过去设计的发电厂中，为了同期并车的需要，电压互感器二次多采用 b 相接地方式。

除了使发电机并网回路简单之外，在小电流接地系统中采用 b 相接地的优点是便于采用两个单相电压互感器构成 V－V 接线取到三相电压，可省一个单相互感器的投资。采用 b 相接地的缺点是：①无法方便地测量相电压；②当接于中性点的击穿熔断器被击穿时，容易产生二次绕组的短路并损坏电压互感器。

三相电压互感器二次中性点接地的方式，能方便地获得相电压和相间电压，且有利于继电保护的安全运行。

电压互感器二次回路只允许有一个接地点。若有两个或多个接地点，当电力系统发生接地故障时，各个接地点之间的地电位相差很大，该电位差将叠加在电压互感器二次或三次回路上，从而使电压互感器二次或三次电压的幅值及相位发生变化，进而造成阻抗保护或方向保护误动或拒动。

经控制室零线（中性线）小母线（N600）连通的几组电压互感器二次回路，只应在控制室内将 N600 一点接地。否则，由于各组电压互感器二次回路均有接地点，将不可避免地出现多点接地现象，从而造成地电位加在二次回路中，使保护不正确动作。

当保护引入发电机中性点电压互感器二次电压时，该电压互感器二次回路中的接地点应在保护盘（柜）上。保护用电压互感器三次回路的接地点也宜在保护盘上。

对备用的电压互感器二次侧，也应可靠接地。

2. 二次回路与三次回路分开

对于二次中性点接地的三相电压互感器，当需要将二次三相电压及三次开口三角电压同时引至控制室或保护装置时，不能将由互感器端子箱引出二次回路的四根线（即 A、B、C、N 四根线）中的 N 线与三次回路的零线（中性线）N′合用一根线。否则，三次回路中的电流将在公用 N 线上产生压降，有可能致使零序方向保护不正确动作。

3. 在电压互感器二次回路工作时注意事项

在带电的电压互感器二次回路上工作时，应注意以下事项：

（1）严防电压互感器二次接地或相间短路，为此，应使用绝缘工具，戴手套；

（2）防止继电保护不正确动作，必要时，先退出可能不正确动作的有关保护；

（3）需接临时负载时，必须设置专用开关及熔断器。

当在电压互感器二次回路中进行通电试验时，应严防由二次向一次反充电。为此，应首先做好以下措施：

（1）使试验电源与电压互感器二次绕组隔离，在互感器端子箱内将至电压互感器的连线断开；

（2）取下电压互感器的一次熔断器，或拉开隔离开关。

另外，外加试验电源应采取隔离措施，以防短路。

第四节　电流—电压变换器

在继电保护及自动装置中，为进行强弱电的隔离，通常采用将电流互感器二次电流变换成与其成正比的交流电压信号的装置称为电流—电压变换装置。

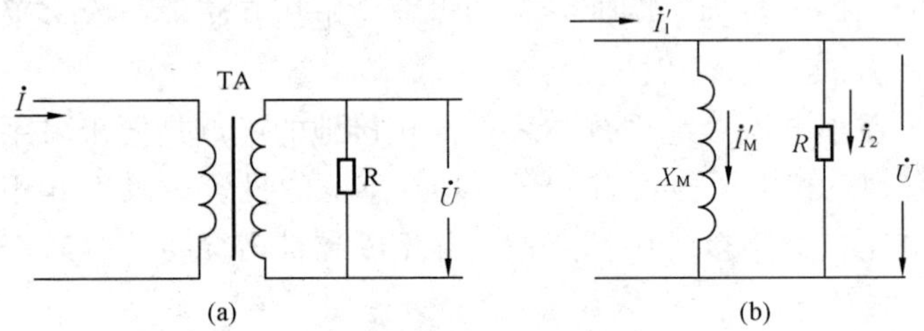

图 13－23　单相辅助电流互感器原理接线及等值网络
（a）原理接线；（b）等值网路

R—二次负载电阻，一般为几欧姆到几十欧姆；$\dot{I}'_1$—折算到二次的一次电流；$\dot{U}$—二次电压；X_M—励磁阻抗；$\dot{I}'_M$—励磁电流；$\dot{I}_2$—二次电流

根据保护装置的要求，经常采用的电流—电压变换装置有两种：辅助电流互感器和电抗互感器。

一、辅助电流互感器

保护用单相辅助电流互感器的原理接线及等值网路如图 13－23 所示。

通常，辅助电流互感器一次匝数很少，有几匝或几十匝，而二次匝数有几百匝到上千匝。铁芯没有气隙，励磁阻抗 X_M 很大，而励磁电流 $\dot{I}'_M$很小。

若忽略励磁电流 $\dot{I}'_M$不计，则其输出二次电压等于

$$\dot{U}=\dot{I}'_1R \qquad (13-24)$$

式中　$\dot{I}'_1$——折算到二次的电流互感器一次电流（辅助电流互感器一次电流）。

由式（13－24）可以看出：辅助电流互感器的二次电压 $\dot{U}$ 与一次电流 $\dot{I}'_1$ 同相位，其大小与一次电流 $\dot{I}'_1$的大小成正比。

另外，为使电流互感器二次负载阻抗不过大，电阻 R 不能太大，当 R 开路时，一次（相当电流互感器二次）同样产生高电压，危及人身设备的安全。

二、电抗互感器

与辅助电流互感器不同之处是：电抗互感器的铁芯有较大的气隙。电抗互感器的原理接线及等值网路如图 13－24 所示。

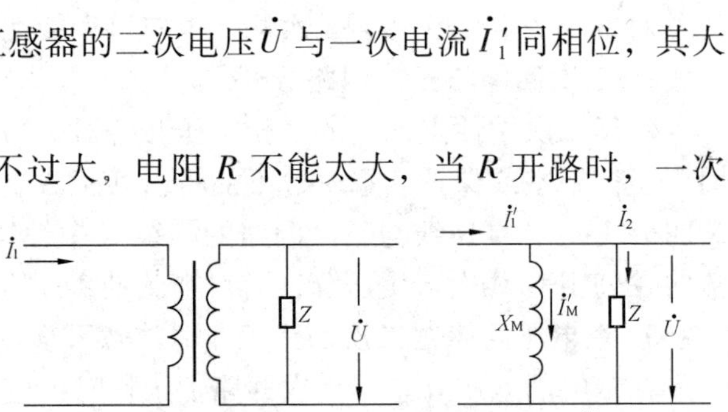

图 13－24　电抗互感器的原理接线及等值网路
（a）原理接线；（b）等值网路

$\dot{I}_1$——一次电流；$\dot{I}'_M$—励磁电流；Z—负载阻抗，通常有数千欧；$\dot{I}_2$—二次电流；$\dot{I}'_1$—折算到二次的一次电流；$\dot{X}_M$—励磁电感；$\dot{U}$—二次电压

与辅助电流互感器相同，电抗互感器的一次匝数很少，通常有几匝或几十匝；而二次匝数很多，有几百匝至数千匝。不同的是二次负载阻抗 Z 很大，有数千欧。

由于铁芯中气隙的存在，使电抗互感器的励磁阻抗 X_M 很小，工作时励磁电流 $\dot{I}'_M$ 很大。由于负载阻抗 Z 很大，故二次电流 $\dot{I}_2$ 很小可以忽略不计。因此，二次输出电压等于一次电流在励磁阻抗上的电压降。即

$$\dot{U} = j\dot{I}'_1 X_B = j\dot{I}'_1 \omega L_M \tag{13-25}$$

$$\omega = 2\pi f$$

式中 $\dot{I}'_1$——折算到二次的一次电流；

$\dot{U}$——二次电压；

L_M——励磁电感；

ω——角速度；

f——电流频率。

由式（13－25）可以看出：在忽略了二次绕组的直流电阻及负载阻抗 Z 的电阻分量时，电抗互感器二次电压 $\dot{U}$ 超前一次电流 90°，其大小与一次电流的大小成正比。

二次电压与频率 f 成正比：f 越大，二次电压越大；当 $f=0$ 时，二次电压等于零。故电抗互感器对一次电流中的直流分量有过滤作用，而对高次谐波分量具有放大作用。

三、电抗互感器与辅助电流互感器特性的比较

虽然电抗互感器与辅助电流互感器均能将一次电流变换成与其成正比的电压，但是由于两种铁芯的结构不同，其性能也不同。对其比较的结果见表 13－6。

表 13－6　辅助电流互感器与电抗互感器性能比较表

名　称	二次电压大小	二次电压相位	隔直流分量作用	高次谐波分量的影响
电抗互感器	$j\dot{I}'_1\omega L_M$	超前一次电流约 90°	强，受电流中非周期分量影响小	对谐波电流有放大作用，受电流波形影响大
辅助电流互感器	$\dot{I}'R$	与一次电流同相位	无隔直作用，受电流中非周期分量影响大	受电流波形畸变影响不大，对谐波电流无放大作用

实际应用时，可以根据保护的工作状态及作用，在两种互感器中选择。

另外，在继电保护及自动装置中，为了进行强、弱电之间的隔离及提高装置的抗干扰能力，通常采用辅助电压互感器，将由 TV 二次接入的电压变成与其成正比的低电压，供继电保护及自动装置。

对辅助电压互感器的要求如下：

（1）一次绕组与二次绕组之间应有屏蔽措施；

（2）变换线性度良好，在 1.5 倍额定电压下不饱和；

（3）二次电压的相位与一次电压的相位应相同。

第十四章

二　次　回　路

第一节　概　　述

一、电气二次设备及二次回路

所谓电气的二次设备，是对电力系统及电力设备进行工况监视、运行方式控制、调节及保护等所需低压设备的总称。

将二次设备相互连接，构成对一次设备进行监视、控制、调节及保护的回路，称之为二次回路。

二、二次回路的类别

若按二次回路的作用、特点及性质进行分类，二次回路可分为交流回路及直流回路。交流回路通常可分为交流电流回路、交流电压回路；直流回路分为控制回路（也叫操作回路）、信号回路及逻辑回路等。广义地说，逻辑回路包含在控制回路中。

1. 交流电流回路

交流电流回路是指由电流互感器二次输出端至测量仪表或自动装置或继电保护装置输入端的整个回路。

2. 交流电压回路

本章所指的交流电压回路是指由电压互感器二次输出端至测量仪表、自动装置或继电保护装置输入端的全回路。

3. 控制回路

在发电厂及变电所，控制回路的涉及面较广，它包括由保护装置或控制开关，或其他自动装置出口触点至断路器跳闸及合闸线圈或其他执行元件端部的所有回路。

4. 信号回路

信号回路，是指由保护信号继电器输出触点或自动装置位置接点至灯光及音响装置之间的全回路。

三、二次回路连接导线截面的选择

二次回路中，各连接导线的机械强度及电气性能应满足安全经济运行的要求。而导线的机械强度及电气性能与其材料及截面有关。

1. 按机械强度要求

若按导线的机械强度满足要求选择其截面，首先应知道导线所接的端子排端子。连接强电端子铜导线的截面，应不小于1.5mm^2，而连接弱电端子铜导线的截面，应不小于0.5mm^2。

2. 按电气性能要求

在保护和测量仪表中，交流电流回路导线应采用铜导线，其截面应大于或等于2.5

mm^2。此外，电流回路的导线截面还应满足电流互感器误差不大于10%的要求。

交流电压回路导线截面的选择，还应按照允许压降考虑。对于电能计量仪表（电能表），运行时由电压互感器至表计输入端的电压降不得超过电压互感器二次额定电压的0.5%。对于其他测量仪表，在正常负荷下上述压降不能超过3%。当全部测量仪表及保护装置均投入运行时，上述压降也不得超过3%。

在操作回路中，导线截面的选择，应满足正常最大负荷下由操作母线至各被操作设备端的导线压降不能超过额定母线电压的10%。

第二节　断路器的控制回路

一、对断路器控制回路的基本要求

断路器的控制回路应满足以下要求：

（1）能进行手动跳合闸和由保护及自动装置的跳合闸，且在跳、合闸动作完成之后能自动断开跳、合闸回路；

（2）应有断路器位置状态（在合位还是在分位）指示信号及自动跳、合闸信号；

（3）能监视直流电源及下次操作时（在合位时，下次操作是跳闸，而在跳位时，下次操作是合闸）对应回路的完好性；

（4）具有防止断路器多次重复动作的防跳跃回路；

（5）当对具有单相操作机构的断路器进行三相操作时，应具有三相位置不一致信号；

（6）应有完善的跳、合闸闭锁回路，例如压力（气压或液压）降低、弹簧储能不足等闭锁回路；

（7）对于具有两组跳闸回路的断路器，其控制回路应由两路相互独立的直流电源供电。

此外，控制回路的接线应力求简单、可靠。

二、典型的断路器控制回路

图14－1是一个断路器操作回路，它是一个能满足断路器控制回路要求的最为简单的回路，现在我们就通过对该回路动作过程来分析它是如何来满足断路器控制回路要求的。

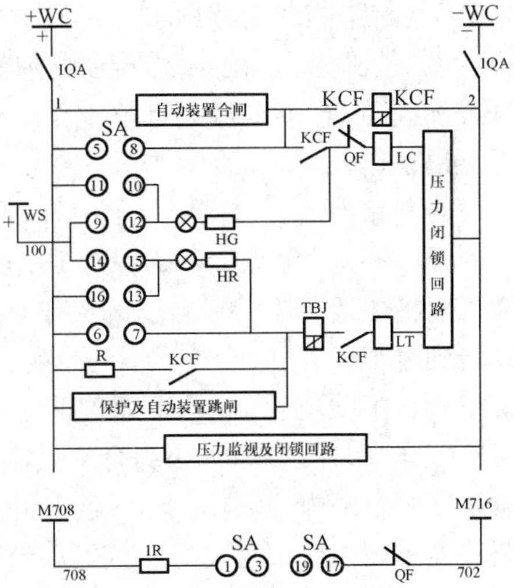

图14－1　断路器操作回路图

图中所示的＋WC、－WC是正、负控制小母线，由直流系统供给的直流控制电源，它通过空气开关1QA供本断路器的控制电源；M100（＋）是闪光小母线，提供闪光正电源；LC为断路器的合闸线圈，LT为断路器的分闸线圈；QF为断路器的辅助触点，它的通、断对应于断路器位置；SA为断路器控制开关，运行人员通过操作该开关来实现对断路器的控制；继电器KCF的作用是防止断路器跳跃；红灯HR、绿灯HG用来指示断路器的合闸与分闸位置。为了完成断路器所要求的功能，控制开关的各片触点接通位置与把手位置的对应关系较为复杂，具体见表14－1。

表 14 - 1　　**LW2 - 1a. 4. 6a. 40. 20. 20/F8 触点图表**

在“跳闸”后位置的手把（正面）的样式和触点盒（背面）接线图	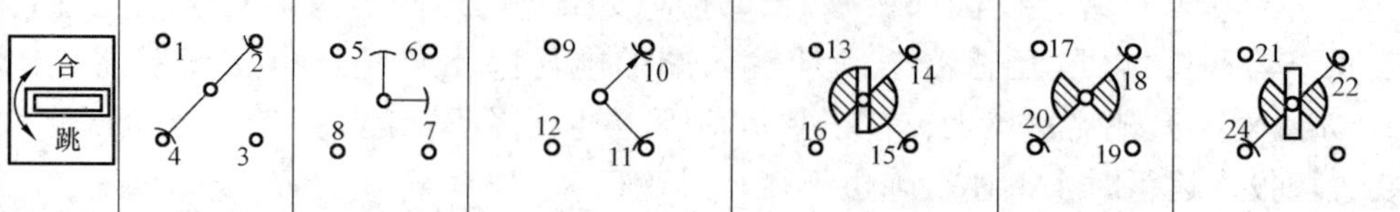															
手柄和触点盒的型式	F8	1a		4		6a			40			20		20		
位置 \ 触点号	—	1-3	2-4	5-8	6-7	9-10	9-12	10-11	13-14	14-15	13-16	17-19	18-20	21-23	21-22	22-24
跳闸后		–	×	–	–	–	–	×	–	×	–	–	×	–	–	×
预备合闸		×	–	–	–	×	–	–	×	–	–	–	–	–	×	–
合闸		–	–	×	–	–	×	–	–	–	×	×	–	×	–	–
合闸后		×	–	–	–	×	–	–	–	–	×	×	–	×	–	–
预备跳闸		–	×	–	–	–	–	×	×	–	–	–	–	–	×	–
跳闸		–	–	–	×	–	–	×	–	×	–	–	×	–	–	×

现在简单分析一下该回路的工作过程。假定断路器在分闸状态，其动断触点接通，动合触点断开。此时控制开关 SA 的 2 - 4、14 - 15 等接通，正电源通过 SA 的 10 - 11 触点、绿灯 HG、断路器动断辅助触点 QF、合闸线圈 LT 及压力闭锁回路到负电源构成回路，绿灯 HG 亮，发平光，指示断路器在分闸位置。由于绿灯辅加电阻的阻值较大，使用白炽灯时通过合闸线圈 LC 的电流只有数十至一百多毫安，如使用 LED，该电流为 20 ~ 30mA，断路器不足以动作。

当断路器需要合闸时，顺时针转动控制开关 SA 至预备合闸位置，这时 SA 的 10 - 11 触点断开，9 - 10 触点接通，绿灯 HG 由正电源改接到闪光小母线 M100（ + ），绿灯闪亮，这样可以提醒运行人员对自己的操作是否正确作进一步的判断。需要继续操作时，将 SA 顺时针转到合闸位置，使 SA 的 5 - 8 触点接通，正电源通过 5 - 8 触点接至合闸线圈 LC，断路器合闸。合闸到位后，合闸回路的断路器辅助动断触点 QF 断开合闸电流，一是防止 5 - 8 粘接造成合闸线圈烧坏（因为合闸线圈的热容量是按短时通电来设计的）；二是防止由 SA 触点来断开合闸电流，由于 SA 触点的断弧容量不够，容易使 SA 触点烧坏。需要指出的是，断路器一定要合到位之后，辅助触点 QF 才能打开，否则会出现断路器合闸不到位情况，可能会造成断路器跳跃。所以辅助触点的打开有一定的滞后时间。合闸结束后，断路器动合辅助触点 QF 接通分闸回路，同时 SA 的 13 - 16 触点接通，红灯 HR 亮，发平光，指示断路器在合闸位置。

断路器分闸的过程与合闸相近，逆时针转动控制开关 SA 到预备分闸位置时，SA 的 13 - 14触点接通，红灯闪光，提醒运行人员注意；转至分闸位置时，SA 的 6 - 7 触点接通，正电源接到跳闸线圈使断路器跳闸。分闸后断路器的动合辅助触点断开跳闸电流，动断触点接通合闸回路，为下一次合闸作好准备，同时绿灯亮，指示断路器在分闸位置。由于分闸回路中接有防跳继电器 KCF 的电流线圈，当分闸电流通过该线圈时，该继电器动作，其动合触点对动作自保持，直到断路器分闸后辅助触点断开分闸电流。这时无论 SA 的触点何时断开，都不会影响断路器的分闸。

断路器在分闸位置时，如果自动装置有合闸信号来（如备用电源自投），断路器将合闸，这时由于 SA 还在分闸后位置，触点 14－15 接通，所以会出现红灯闪光信号，提示运行人员该断路器已由分闸位置变为合闸，这时需要人为地将 SA 由分闸后位置切至合闸后位置，SA 的 14－15 触点断开，13－16 触点接通，红灯发平光。同样断路器在合闸位置时，如果保护及自动装置有跳闸信号来，断路器将跳闸，SA 的 9－10 触点接通，绿灯闪光，在事故音响回路中 SA 的 1－3、17－19 触点也在接通位置，跳闸后动断辅助触点 QF 接通，使中央信号发出事故音响信号。只有将 SA 复位至分后位置后，SA 的 10－11 触点接通，绿灯发平光；SA 的 1－3、17－19 触点断开，事故音响的起动回路解除。

图 14－1 中的 KCF 是跳闸闭锁继电器。当正常分、合闸时，对操作影响不大。但一旦发生合闸于故障线路，控制开关 SA 的 5－8 来不及分开或粘连，或自动装置的合闸触点粘连时，如果没有跳闸闭锁继电器时，断路器会发生反复跳闸、合闸。短时间内多次切断故障电流，这是不允许的。这种断路器的跳跃现象轻则对系统造成多次冲击，严重时可能使断路器爆炸。接入跳闸闭锁继电器后，当断路器手动分闸或保护装置跳闸时，都有跳闸电流流过 KCF 的电流线圈，这时合闸回路 KCF 的动断触点分开，合闸回路不通，如果合闸控制信号没有返回，将通过 KCF 的动合触点使 KCF 的电压线圈带电，使其自保持，直到合闸信号返回。这样 KCF 就起到了防止断路器反复分、合闸的作用。接于分闸回路的 KCF 电流线圈，要求其在分闸时造成的压降要小，规程规定不能大于控制电源额定电压的 5%，KCF 继电器的额定动作电流则不能大于分闸电流的 50%，保证 KCF 在分闸过程中可靠动作。

在有些断路器中已经考虑了防跳回路，它一般是由电压型继电器来完成防跳功能的，但操作箱中的防跳回路与断路器中的防跳回路一般不能同时使用。如果同时使用，断路器中的防跳继电器可能会造成因“寄生”回路而自保持，无法返回。如图 14－2 是使用 CZX－12R

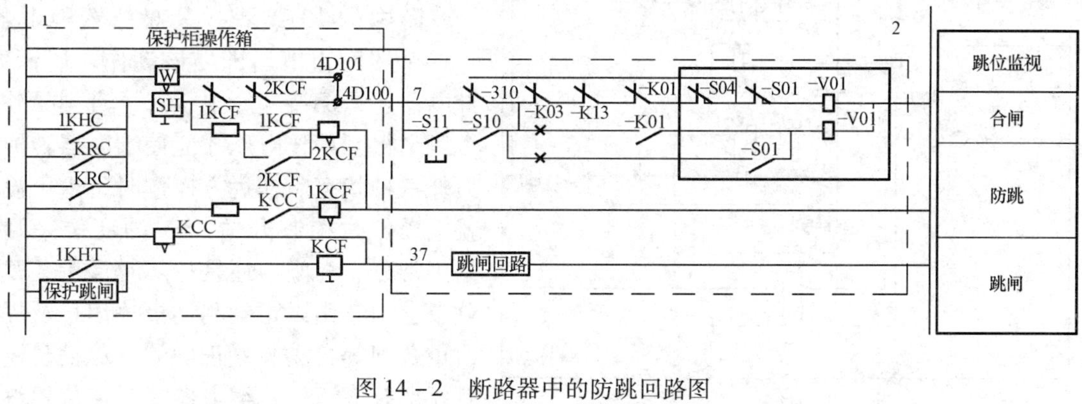

图 14－2　断路器中的防跳回路图

操作箱与阿尔斯通断路器时的防跳回路简图。在图中 K01 是断路器中的防跳继电器，如果按两套防跳回路均使用的接线，在断路器合闸时，断路器防跳回路的辅助接线－S01 在合后接通，但合闸控制信号一般还未返回，这时防跳继电器－K01 就会动作。当合闸控制信号消失后，由于跳闸位置继电器 KCT 的存在，－K01 可能不返回，一直处于自保持状态。所以要在图中打叉处将回路拆开，这样断路器中的防跳就不起作用了。

至于是拆除操作箱中的防跳回路，还是拆除断路器中的防跳回路要视操作箱与断路器中的具体接线而定。总之操作箱与断路器中只能选用一个，进口断路器中有防跳的则一般使用断路器的防跳回路，使用国产断路器时一般使用操作箱中的防跳回路，但为了便于现场工作，在一个变电所中应力求统一。

在保护及自动化的跳闸回路中，大多接有电流型的信号继电器，为了防止在 KCF 动作时信号继电器不能动作，所以在 KCF 保持回路的触点中串有电阻 R，该电阻一般只有 1Ω 左右，在实际调试中应校核该电阻阻值是否合适。

从以上动作过程中可以知道，图 14－1 的断路器基本操作回路能满足第二节中对断路器控制回路的要求。红、绿灯不但指示了断路器的位置，而且对控制电源是否正常，分、合闸回路是否断线及断路器操作的压力均有监视作用，当断路器操作的液压或气体压力不正常时，压力继电器会断开断路器的分、合闸回路，同时发报警信号。

三、监控系统对断路器的控制

使用监控系统时断路器控制回路的基本要求不变，但实现方法有所不同。图14－3为使用监控系统时的控制回路图，该控制回路在增加了远方控制功能的同时，仍然保留了就地控制的功能。图中 2SA 即是控制开关，也是远方与就地控制的切换开关。在现场无运行人员值班时，该开关放在远方操作位置，2SA 的 17－18 触点、19－20 触点接通，通过远方合闸触点可以合闸，通过远方分闸触点可以分闸。当现场检修等情况下不允许远方控制该断路器时，可以将控制开关 2SA 置于就地操作位置，这时 2SA 的 17－18 触点、19－20 触点不通，即使有远方控制信号来也无法操作断路器，确保了现场工作的安全。

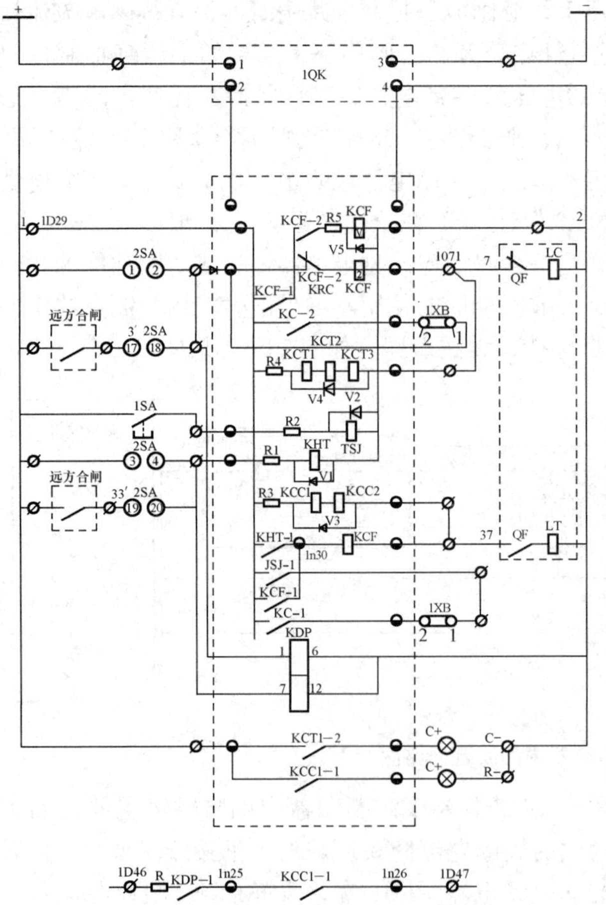

图 14－3　使用监控系统时的控制回路图

图中的 KDP 是一只双位置继电器，它一个线圈得电后即使该动作电压消失，继电器还是保持在原来状态，直到另外一个线圈得到动作电压才能使继电器转换到另外一种状态。在远方操作时，由于没有就地操作时控制开关 2SA 的变位来判断是正常分、合闸，还是故障时保护装置的分、合闸，用以正确驱动事故信号及提供给重合闸等自动装置正确的变位信息，所有要加装该双位置继电器。对该位置继电器的动作要求是，当正常的远方或就地分、合闸时，应相应变位，当保护跳闸及自动重合闸时该继电器不变位。从图 14－3中可以看出，KDP 的两个线圈分别接在手动分闸与手动跳闸回路，由于有二极管 V 的隔离，在重合闸触点 KRC 动作时，KDP 不会动作，同样在保护装置的跳闸触点 KC 动作时，与 KDP 间无连接，所有 KDP 也不会动作。

监控系统发出的分、合闸控制信号都是一个短时接通信号，一般的接通时间为 0.2 ~ 0.8s，为保证分、合闸的可靠性，确保分、合闸继电器的触点不切断分、合闸电流，所以不仅有跳闸闭锁继电器 KCF，还有合闸保持继电器 KL。当有合闸信号来时，KL 动作并自保持，直到合闸成功由断路器辅助触点 QF 切断合闸电流后 KL 才返回。

四、典型分相操作断路器的控制回路

在 220kV 及以上系统中，常使用可以按相分、合闸的断路器。图 14－4 ~ 14－6 是分相操作机构的控制回路图。

该图是一个工程应用实例，看似复杂，与三相操作机构相比，分相操作机构每相都有一个分、合闸回路，该控制回路图还有双组跳圈，第一组为 Y2LA、Y2LB、Y2LC，与合闸线圈共用一组电源，第二组为 Y3LA、Y3LB、Y3LC，单独用另一组电源。除此以外，每组跳闸回路都有一套三相不一致保护，如第一组电源中由一组动合及一组动断辅助触点 S1LA、S1LB、S1LC，继电器 K16、K61 及复归按钮 SA4 组成，第二组电源中由一组动合及一组动断辅助触点 S1LA、S1LB、S1LC 及继电器 K64、K63、复归按钮 SA4 组成。另外该操作回路还有完善的压力闭锁、报警回路，当操作机构的压力及 SF_6 压力出现异常时，能可靠闭锁断路器的分合闸回路。

五、断路器控制回路的闭锁

为保证断路器工作的安全及电网的安全，断路器控制回路往往采取多种闭锁措施，当条件不满足时禁止断路器的操作。断路器的闭锁回路主要有三种。

（1）当断路器的操作系统异常时对分、合闸进行闭锁。当断路器的液压机构的液压过高或过低，空气操作机构的空气压力过高或过低，弹簧操作机构的弹簧未储能，SF_6 断路器的 SF_6 压力低等，这些都是其断路器中的保护回路均将断开分、合闸回路，不允许断路器操作。如图 14－4 为液压操作机构的 SF_6 断路器，这里用第一组控制回路对闭锁原理作一介绍。当液压低时，压力触点 B2 接通，继电器 K3 动作，其串在继电器 K10 回路的动断触点打开，K10 失压，串在分闸回路负电源侧的动断触点打开，断路器无法分闸。同样压力触点 B2 接通时，继电器 K2 动作，其串在继电器 K12LA、K12LB、K12LC 回路的动断触点打开，继电器 K12LA、K12LB、K12LC 失压，串在合闸回路负电源侧的动断触点打开，断路器无法合闸。

（2）存在不同电源需要并列的场合，断路器的控制回路要增加同期闭锁回路。变电所与发电厂往往设置一套或几套公用的同步系统，当某断路器需要同期合闸时，就将同期装置及相关回路切至该断路器的合闸回路。图 14－8 是断路器合闸的同期闭锁回路，其中 SSM1 为手动同期切换开关，用以切换同期电压回路及断路器控制的同期回路，SSM 为同期闭锁开关，当一侧无电压时投入，打开时断路器合闸要经同期继电器 KSC 触点闭锁，合上则不经 KCS 触点闭锁，SB 为集中的同期合闸按钮，KCO 为自动同期合闸触点。当需要对断路器进行同期合闸时，将 SSM1 及相应断路器的 SA 合上，当满足同期条件时通过手动按 SB 按钮或自动同期合闸触点 KC 进行合闸操作。如果不需要进行同期合闸，则将 SSM1 及相应断路器的 SA 合上后，将同期闭锁开关 SSM 也合上，这时可以通过控制开关 SA1 进行合闸操作。

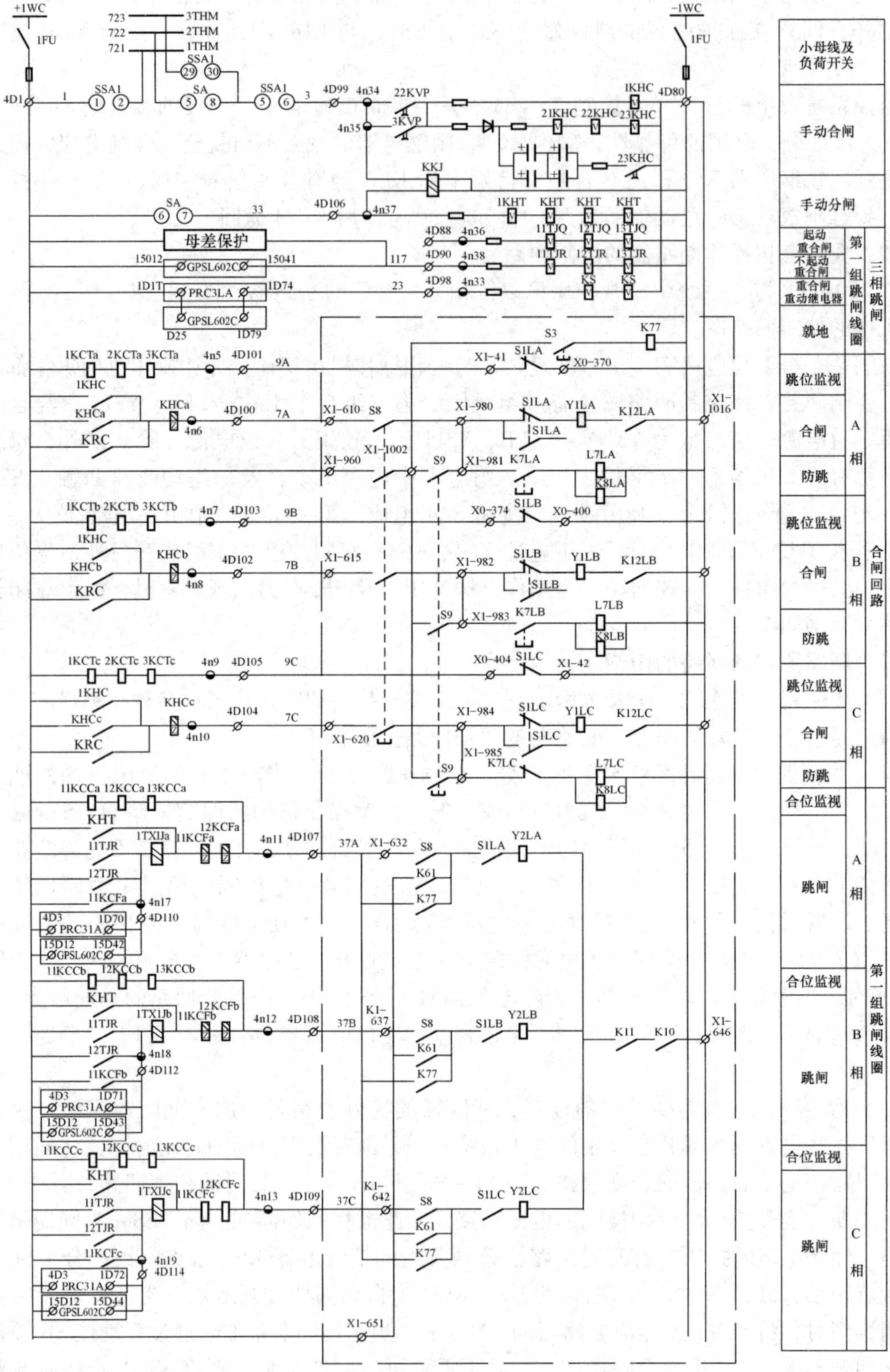

图 14－4　分相操作机构的控制回路图之一

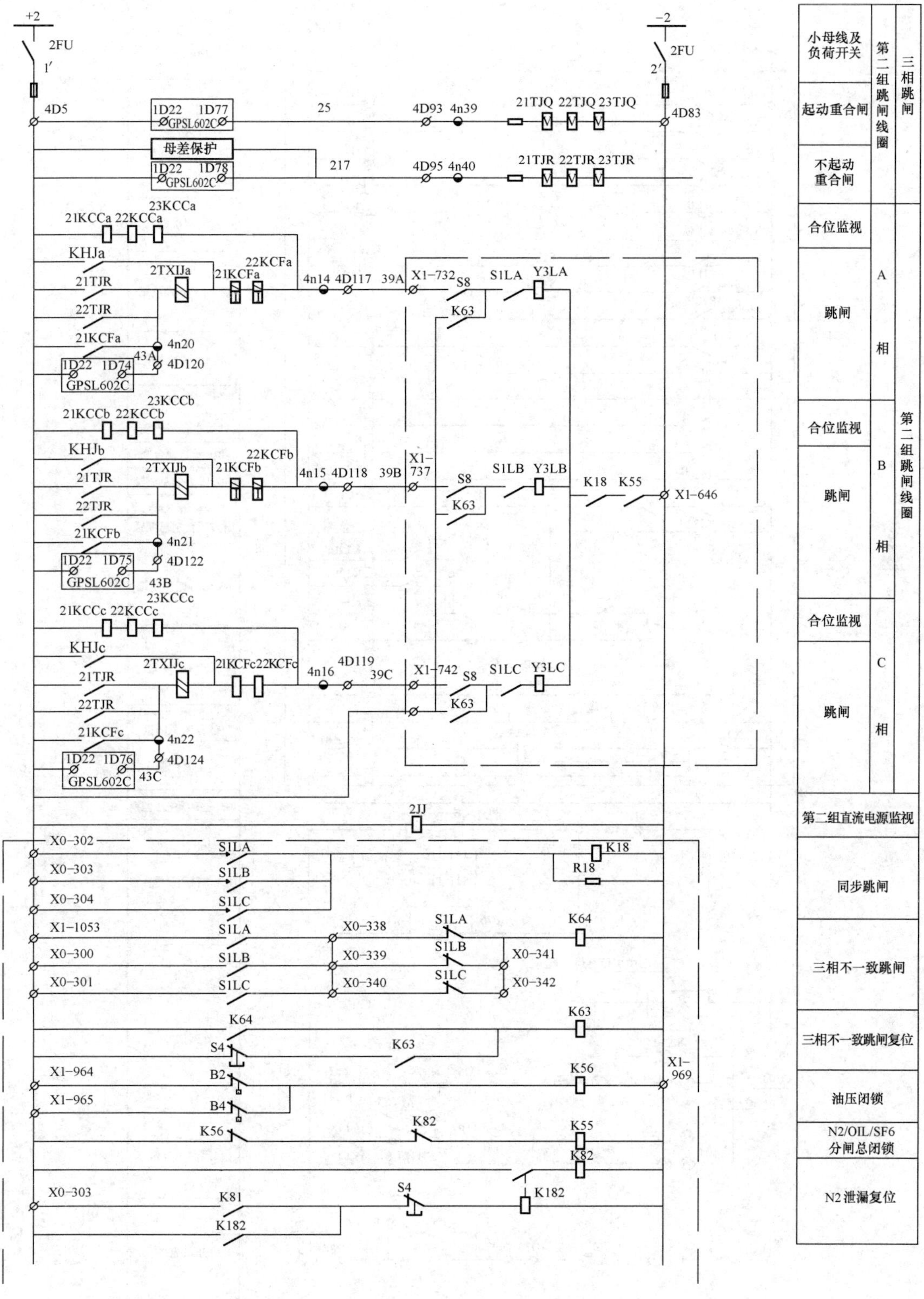

图 14－5 分相操作机构的控制回路图之二

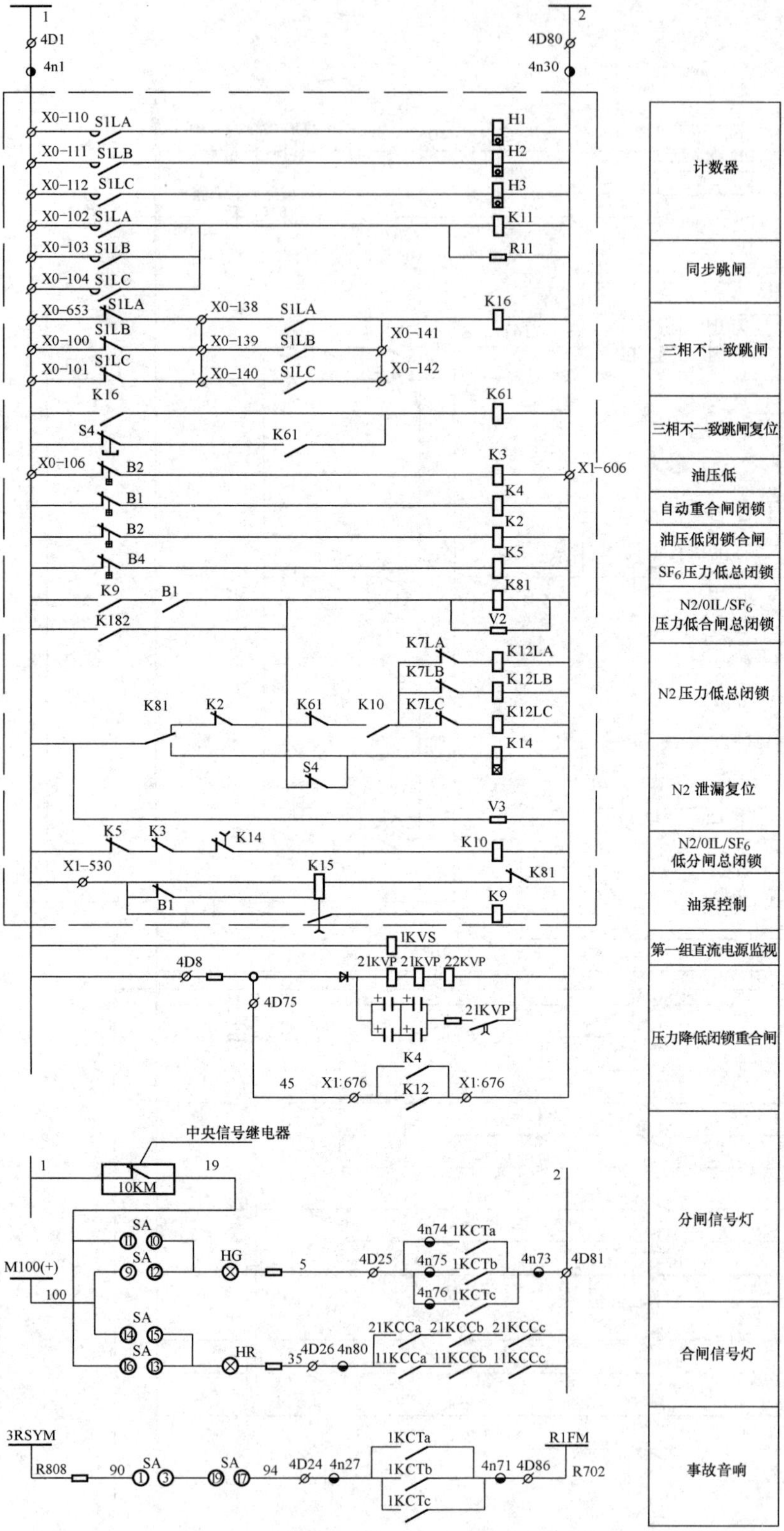

图 14－6　分相操作机构的控制回路图之三

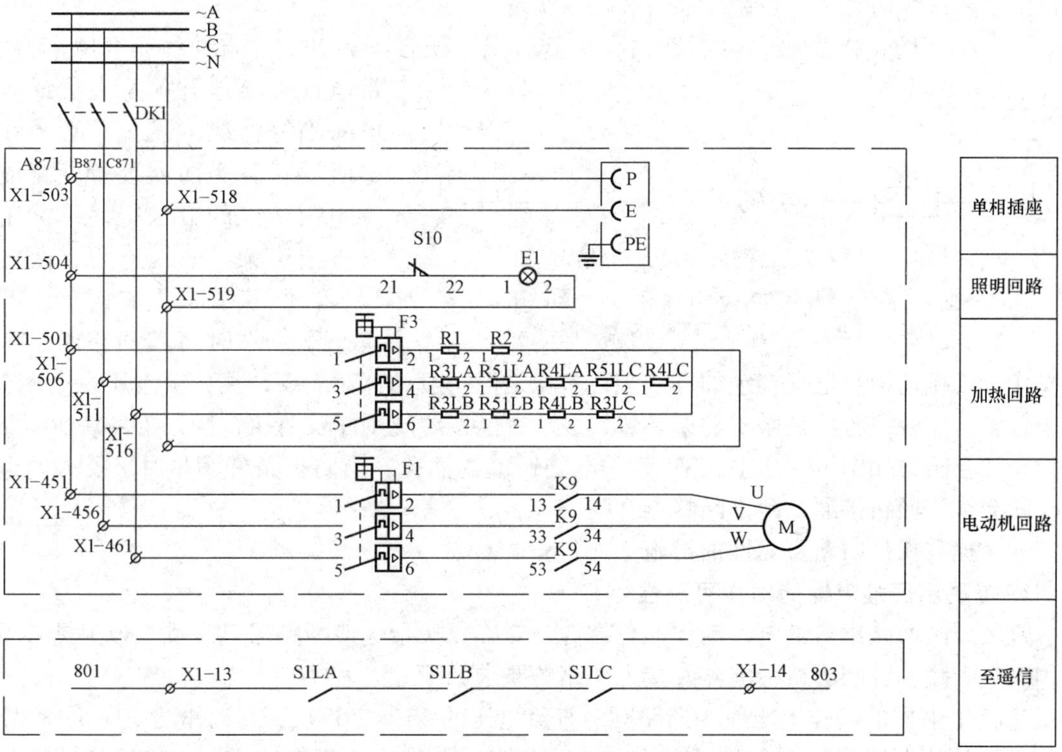

图 14－7　分相操作机构的控制回路图之四

注　1. 虚线框里为断路器控制箱里的设备，断路器型号为西门子 3AQ1EE。

2. 操作继电器为保护柜操作箱内的设备。

3. 操作操作箱内 4D100 与 4D101，4D102 与 4D103，4D104 与 4D105 连线断开，断路器中防跳回路拆开。

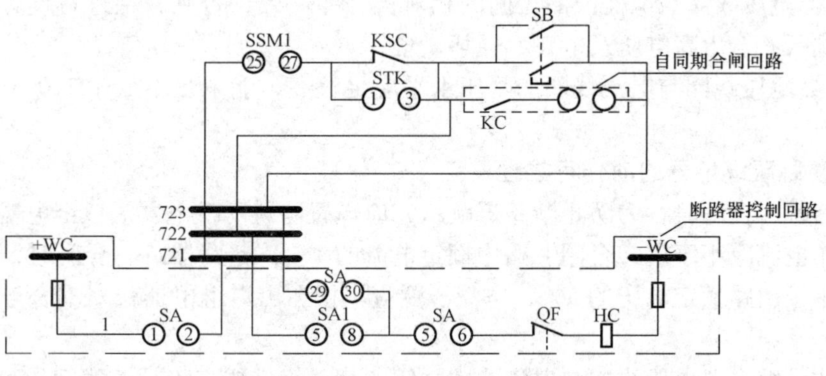

图 14－8　断路器同期合闸回路

SA2—同期开关；SSM—同期闭锁开关；SSM1—同期转换开关；KSC—同期闭锁继电器的触点；SB—手动同期合闸按钮；KCO—自动准同期装置出口继电器触点；+WC、－WC—控制回路正负电源母线；721～723—同期小母线

通过监控系统合闸时，如果需要进行同期检测，只要将监控系统采集到的并列双方的电压进行比较，如果满足同期的条件，则允许发出合闸命令，不满足同期条件，则对合闸命令

进行闭锁。这一切都由监控系统通过软件来实现。

(3) 为了防止操作时误分断路器、带负荷误分误合隔离开关、带地线误合隔离开关、带电误合接地开关及人员误入带电间隔等情况的发生，必须在变电所设置各类防误装置。完成防误闭锁功能的方法很多，常用的有机械连锁、电气连锁、微机防误等，但其基本要求就是在不具备操作条件时将其回路断开，不予操作。机械连锁与电气连锁的方法多种多样，但一般是针对隔离开关、接地开关等。现在使用较多、比较完善的是微机防误装置，该装置能按照规则库及所执行操作票来判断断路器是否允许合闸，如图 14－9 中，SM 为一电脑钥匙的插孔，当防护条件满足时，插入的电脑钥匙就会将该回路接通，允许断路器合闸。

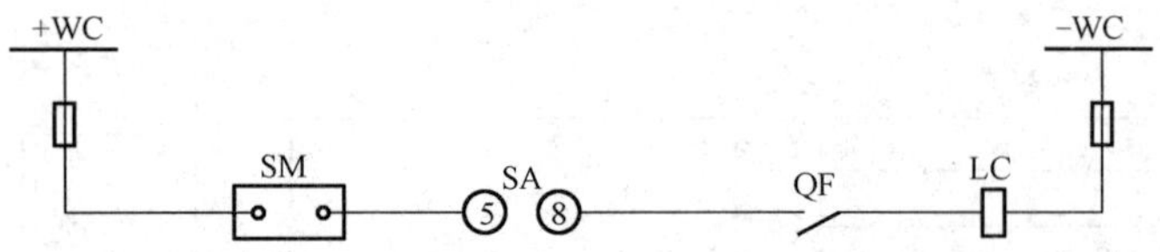

图 14－9　断路器合闸回路防误闭锁接线图

SM—电脑钥匙插孔；SA—操作开关；QF—断路器辅助触点（断开时闭合）；LC—断路器合闸线圈

六、提高操作回路可靠性的措施

1. 提高出口继电器的动作可靠性

跳、合闸回路出口继电器动作的可靠性，对确保按指令使断路器可靠跳、合闸具有重要作用。对于跳、合闸出口继电器及接入回路的要求如下。

(1) 继电器的动作电压应为回路额定直流电压的 55%～65%，其动作功率应足够大。

(2) 用于断路器跳、合闸回路的出口继电器，应采用电压起动、电流自保持的中间继电器，其电流自保持线圈应串接在出口继电器动合触点与断路器控制回路之间。此外，还应满足以下条件：

1) 自保持电流不大于断路器额定跳、合闸回路电流的一半，自保持线圈上的压降不大于直流母线额定电压的 5%；

2) 继电器电压线圈与电流线圈之间的相对极性要一致，否则，在进行跳、合闸时，继电器接点要跳跃，产生高电压及电弧，损坏设备；

3) 继电器电压线圈与电流线圈的耐压水平应足够高，能承受不低于 1000V、1min 的交流耐压试验。

2. 提高防跳跃继电器的动作可靠性

在断路器跳、合闸时，为防止断路器跳跃，应设置防跳跃继电器。该继电器的动作速度应快，其动作电流应小于跳、合闸回路中额定电流的 1/2；断路器跳、合闸时，其电流线圈上的压降应小于回路额定电压的 5%，电流线圈应串接在出口继电器一对动合触点与负电源之间。

另外，防跳继电器电压线圈与电流线圈之间的相对极性应正确，两线圈的耐压水平应能承受交流 1000V、1min 的试验标准。也可用 2500V 绝缘电阻表、1min 来代替交流耐压试验。

3. 提高跳闸回路的可靠性

发电厂及变电所直流回路的分布面很广，直流回路对地的分布电容较大。近几年来，随着集成电路及微机保护的应用，不适当地采用了很多抗干扰电容，使直流回路的对地电容更大。

由于直流回路对地分布电容大，在直流接地的暂态过程，可能使动作速度快的 SF_6 断路器偷跳。

SF_6 开关偷跳的原因，可用图 14－10 予以说明。

以直流电源额定电压为 220V 为例。正常工况下，直流正极对地的直流电位约为 110V；图中 A 点电位为－110V，因此电容器 C_2 上的电压约为 110V。

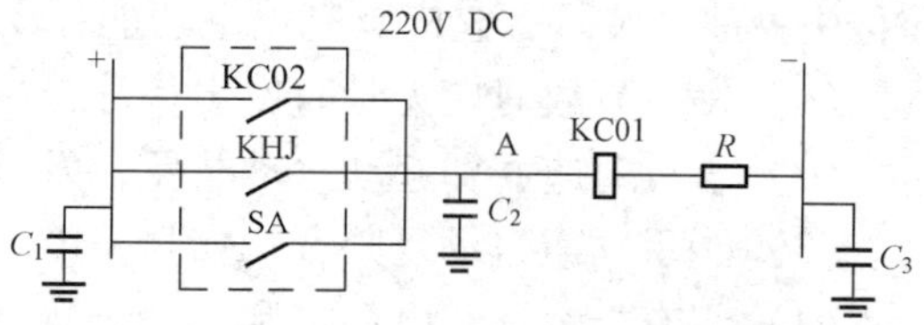

图 14－10　简化的断路器跳闸回路

C_1、C_2、C_3—回路对地的等值电容（分布电容）；KC01—跳闸出口继电器；R—跳闸回路串联电阻；KC02、KHJ、SA—分别为保护出口继电器、手动跳闸继电器或跳闸控制开关的接点

设直流电源的正极出现了直接接地故障，由于电容器 C_2 上的电压不能跃变，在直流电源直接接地的瞬间，A 点的电位突然升到 110V 左右。此时继电器 KC01 上突然出现了电压，可能使其误动，接通跳闸回路。

当图中 A 点发生接地时，由于正常绝缘工况时，负端的分布电容 C_3 上充有 110V 左右的电压，当 C_3 较大时，C_3 上的电荷经跳闸出口继电器 KC01 放电，放电时间足够长时将引起跳闸出口继电器 KC01 误动作。

另外，某些保护装置的安装处可能距跳闸继电器 KC01 的安装处很远，保护的动作触点需由长电缆引至 KC01 安装处。此时，如果上述电缆为非屏蔽电缆且与直流动力电缆相近，则在动力电缆突然通过大电流时，干扰信号串至图 14－10 的 A 点，使 KC01 误动。

为提高断路器跳、合闸回路的可靠性，一方面提高跳闸出口继电器的动作电压及动作功率，另一方面要防止动力电缆对控制回路的干扰。避免干扰的方法，可采用有屏蔽的控制电缆，或控制电缆的放置应远离动力电缆。

4. SF_6 断路器位置监视回路的串接电阻值应足够大

SF_6 断路器的跳、合闸功耗很小，其跳、合闸线圈的额定容量不大。特别是某些国外生产的 SF_6 断路器，流过跳、合闸线圈几百毫安的电流就可能使断路器动作。如果断路器合位，或跳位监视回路中的电阻过小，长期流过较大的电流，要烧坏断路器线圈，或使断路器误动作。

第三节　信　号　回　路

在发电厂及变电所，运行人员必须随时掌握当前电气设备和系统工况的状态、变化及异常。为此必须有完善而可靠的信号系统。

一、信号的种类及对其要求

若按信号的性质及用途进行分类，发电厂及变电所的电气信号可分为事故信号、预告信号、位置及状态指示信号及其他信号。

（一）事故信号

事故信号是紧急报警信号，只有当电力系统或厂内、站内主设备故障、或系统异常而危及主设备安全而造成断路器自动跳闸时发出。

另外，继电保护误动作或控制回路异常引起的断路器跳闸，以及自动装置动作跳闸，也发出事故报警信号。

若将断路器操作开关在“合闸位置”而断路器却已跳闸的情况称之为“不对应状态”，

当该状态发生时要发出事故报警信号。

事故信号的特点是电笛鸣，相应断路器位置指示灯闪光。事故信号装置设置在控制室，又称中央信号装置，它应具有以下功能：

（1）发生事故时应无延时发出信号；

（2）事故时应立即起动远动装置，发出遥信信号（有遥信装置时）；

（3）能手动或自动复归音响信号，能手动试验声光信号，但试验时不发遥信；

（4）应有能表示继电保护和自动装置动作情况的光字牌；

（5）能重复动作，当某一断路器事故跳闸之后，在运行人员没来得及确认事故及复位之前，其他断路器又出现事故跳闸，事故信号装置能再次发出音响及灯光信号。

（二）预告信号

预告信号装置也包含在中央信号装置之中。

当发电厂或变电所电气设备的运行状态发生有不安全趋势的变化或主设备运行参数越限时发出报警信号。报警信号包含声（警铃）、光两种信号。

（1）在下述情况时，中央信号装置应发出报警信号：

1）系统运行参数越限，例如系统电压的变化（升高或降低）超过允许值，系统频率异常，各种电力主设备过负荷等。

2）系统或主设备（发电机）工况发生异常（例如小电流系统单相接地）；气压式或液压式断路器的气压或液压降低，变压器温度过高、油位或压力异常及电压互感器熔断器熔断或快速开关跳开时。

3）主设备保护回路异常，例如电压互感器断线、差动保护差流越限等。

4）直流回路异常，例如直流电源消失及直流接地等。

（2）对预告信号装置有以下要求：

1）预告信号出现时，应有与事故信号有区别的音响信号（一般电铃响），灯光信号应指示出预告信号的内容（对应的光字牌亮）而不闪光。

2）音响及光字信号能手动及自动复归，在预告信号未消除之前，相应的光字牌仍应亮。

3）能重复动作，即在一个预告信号未消失之前，再出现新的预告信号时，仍能发出音响和灯光信号。

4）运行人员可对预告信号装置进行手动试验。

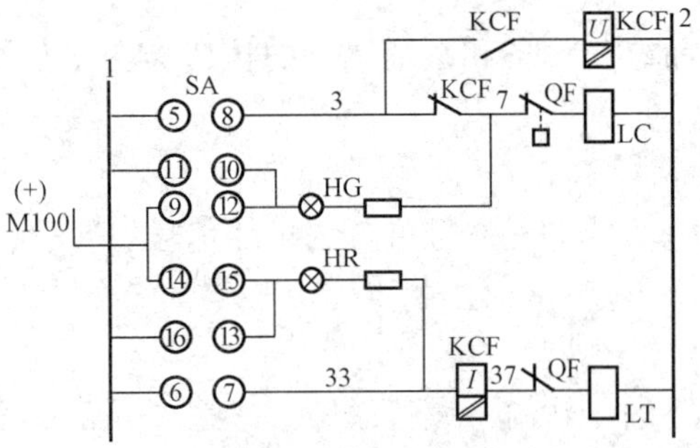

图 14－11　断路器位置指示信号图

SA—控制开关；KCF—跳闸闭锁继电器；LT—断路器跳闸线圈；HG—绿灯；HR—红灯；LC—断路器合闸线圈；QF—断路器位置辅助触点

（三）位置及状态指示信号

发电厂及变电所电气设备位置的指示信号，主要有断路器的位置信号及隔离开关位置的指示信号。状态指示信号，主要是指继电保护和自动装置的动作信号等。

1. 断路器位置信号

断路器的位置信号，只是指示断路器的工作状态（即是在合闸还是在跳闸位置），有时也作为直流电源消失或控制回路断线的辅助判据。

无操作箱的三相操作机构的断路器，通常采

用图 14－11 所示的断路器位置指示信号。

图 14－11 中的 1 为正电源，2 为负电源，100 接闪光母线。

断路器在跳闸位置时，控制开关触点⑪⑩导通，动断触点 QF 导通。控制回路的正电源，经控制开关⑪⑩触点、绿灯 HG、断路器辅助触点 QF 及断路器合闸线圈 LC、负电源构成回路，HG 亮。而当断路器在合闸位置时，控制开关触点⑨⑫及⑯⑬闭合。从正电源、控制开关辅助触点⑯⑬触点、KCF 电流线圈、断路器动合辅助触点 QF、跳闸线圈 LT 至负电源构成回路，HR 亮。

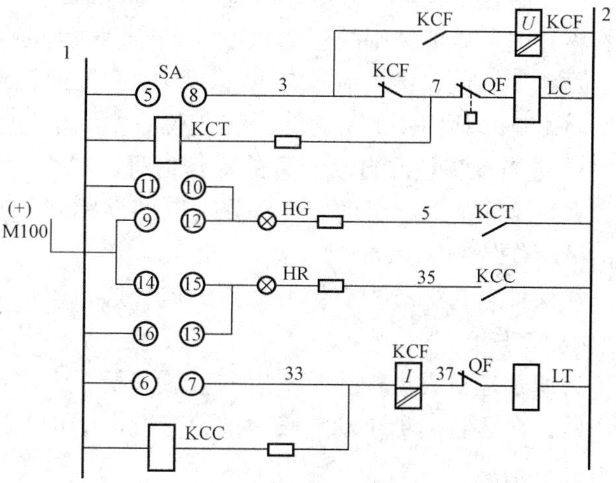

图 14－12　断路器位置指示信号图

KCC—断路器合闸位置指示继电器；

KCT—断路器跳闸位置指示继电器

当控制开关在合闸位置，而断路器在跳闸位置时，闪光母线带电。由闪光母线经控制开关触点⑨⑫、HG、QF 动断触点、断路器合闸线圈、负电源构成回路，则绿灯 HG 闪光；另外，当断路器在合闸位置，而操作开关在预跳位置时，则红灯 HR 闪光；而当断路器在跳闸位置，操作开关在预合位置时，绿灯闪光。

图 14－11 断路器位置指示回路的缺点是：绿、红灯泡 HG、HR 的功耗大，在分、合闸操作的过程中容易烧坏。为此，可采用图 14－12 所示的位置指示图。

当断路器在合闸位置时，KCC 动作，其触点闭合，红灯 HR 亮；断路器在跳闸位置时，KCT 动作，绿灯 HG 亮。

对于额定电压为 220kV 及以上且具有分相操作机构的断路器，其位置指示信号可采用如图 14－13 或图 14－14 所示的信号回路。

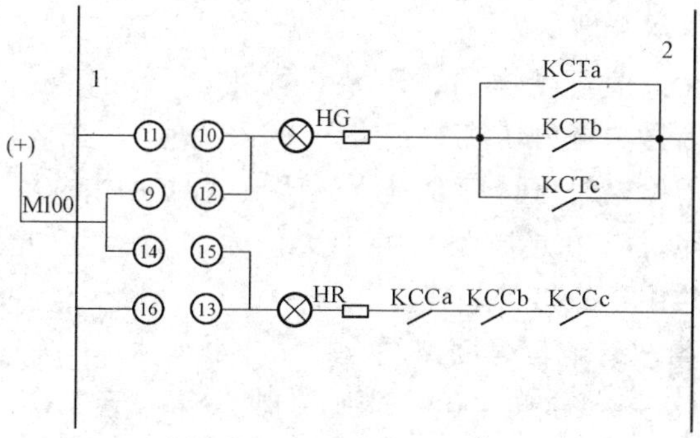

图 14－13　分相操作断路器

位置指示信号回路

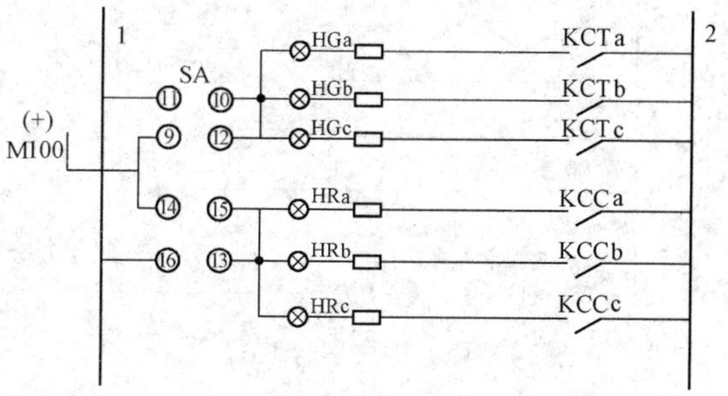

图 14－14　分相操作断路器

位置指示信号回路

在图 14－13 及图 14－14 中，各符号的物理意义同图 14－11 及图 14－12。不同之处是：在图 14－13 及图 14－14 中有三个合闸位置继电器及三个跳闸位置继电器。

图 14－13 的缺点是不能真实地反映各相断路器的实际位置。

2. 隔离开关位置信号

在控制盘上及一次系统模拟盘上，为指示一次系统的运行方式，需要反映变电所或发电厂隔离开关及接地刀闸的运行状态（是合闸还是断开），即需要其位置指示信号。

隔离开关位置指示信号灯由隔离开关的辅助触点起动。为防止因隔离开关辅助触点绝缘不良而影响其他回路的安全运行，其位置指示信号装置最好采用独立的直流工作电源。

3. 继电器保护和自动装置的动作信号

在发生事故时，继电保护动作、断路器跳闸、发出音响和灯光事故信号。此外，指示某种保护动作的光字牌亮。

在保护装置上有相应保护动作的信号灯，该信号灯及控制台上的光字牌均由保护动作信号继电器起动。

为便于运行人员检查及事后的事故分析，继电保护的动作信号继电器应具有磁保持。其动作后，在运行人员手动复归之前，该继电器应一直在动作状态，即使保护直流电源消失，也不会自动返回。

二、信号系统的电源

由于信号系统回路复杂，涉及面广，如果信号系统与控制系统及保护装置共用电源，则当信号系统出现问题时，将影响控制系统及保护装置的正常运行。为此，信号系统应设置相对独立的信号电源小母线。

另外，信号回路与控制回路及保护回路的电源不能相互交叉使用，以免引起误操作致使断路器的跳闸和保护不正确动作的事件发生。

三、中央信号典型回路

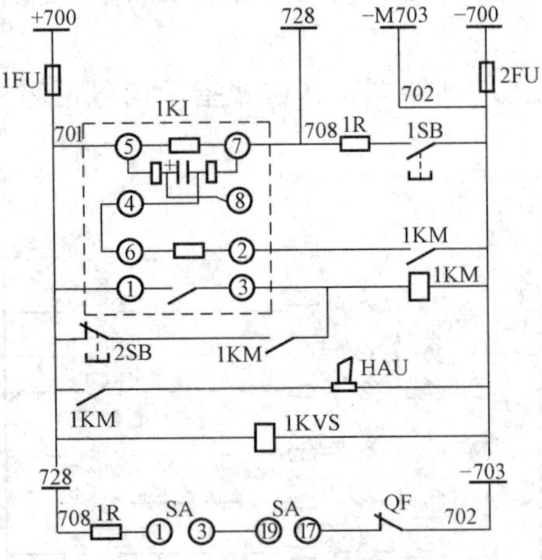

图 14－15　中央信号装置的事故间响信号回路

1KI—冲击继电器；HAU—电笛；1KM—中间继电器；SB—试验按钮；1KVS—电源监视继电器；2SB—复归按钮；QF—断路器辅助触点；SA—控制开关；1FU、2FU—熔断器；＋700、－700—直流电源的正、负母线

中央信号装置设置在变电所或发电厂的控制室，它由事故信号、预告信号及闪光信号组成。

1. 设置原则

在发电厂及有人值班的变电所，应装设能重复动作、自动延时返回或能手动解除音响的事故信号和预告信号装置。

在无人值班变电所，可装设简单的音响信号装置，该信号装置可切换“远方”或“就地”。在运行装置停用检修时可转为变电所就地控制时使用。

单元机组单元控制室的中央信号装置，宜与热控专业共用事故报警装置。

2. 事故音响信号回路图

由 CJ－2 型冲击继电器构成的典型事故音响信号回路的原理接线如图 14－15 所示。

其作用原理如下：断路器在合闸位置时，控制开关的触点①③及⑲⑰闭合，但由于断路器在合闸位置，其辅助动断触点 QF 在断开位置；又由于试验按钮 1SB 在断开位置，故冲击继电器 1KI 不会动作，也不会发出音响信号。

当断路器因故跳闸后，其辅助动断触点QF闭合，由信号正电源701经冲击继电器1KI线圈、728小母线电阻1R、控制开关的①③和⑲⑰触点，QF触点至信号负电源构成回路，1KI冲击后动作，1KI动合触合①③闭合，起动中间继电器1KM。

1KM起动后，其三对动合触点闭合。一对动合触点闭合起动电笛HAU，使HAU发出音响；第二对动合触点经复归按钮2SB接通1KM的动作自保持回路；第三对动合触点闭合后，复归冲击继电器1KI。

事故音响信号的复归，靠按下复归按钮2SB完成（断开1KM的自保持回路）。

另外，可通过试验按钮1SB起动冲击继电器1KI，来定期校验事故音响回路的良好性。

1KVS为一直流继电器，用来监视直流电源。当直流电源消失时，1KVS动作返回，其动断触点闭合，发出报警信号。

3. 预告信号回路图

由冲击继电器构成的典型预告信号回路的原理接线如图14－16所示。

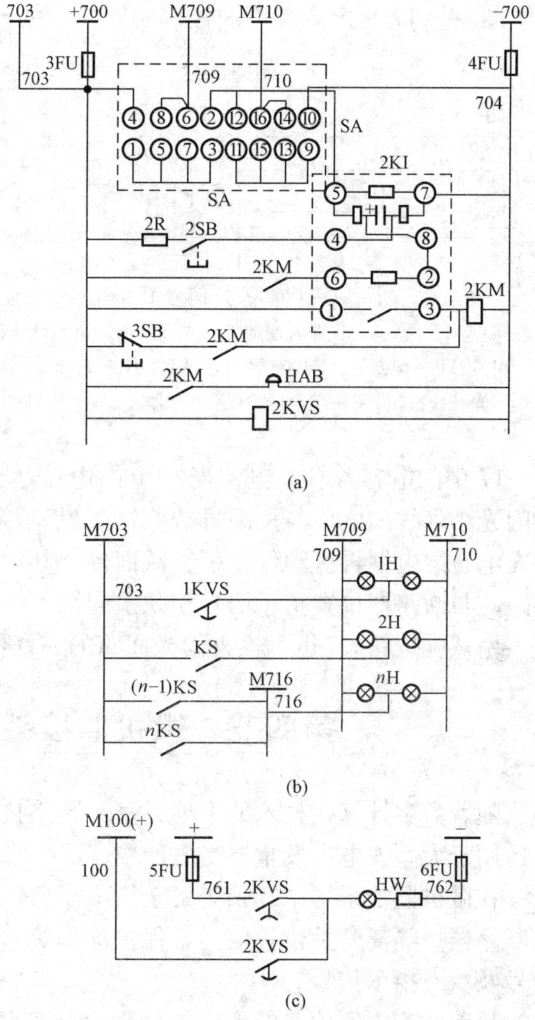

图14－16　中央信号装置的预告信号回路

（a）预告信号原理图；（b）光字牌起动回路；（c）为直流电源监视回路

SA—切换开关；2KI—冲击继电器；2KC—中间继电器；2KVS—直流电源监视继电器；1SB—试验按钮；2SB—复归按钮；HAB—警铃；HW—信号灯；1H～nH—光字牌；3～6FU—熔断器；KS—信号继电器

在无异常工况下，试验按钮2SB断开；切换开关①④断开，信号继电器不动作。小母线M709及M710为负电位，冲击继电器2KI不动作，警铃不响。

正常运行时切换开关SA的触点③②、⑥⑦、⑪⑫、⑮⑯导通。当异常工况发生时，信号继电器KS触点闭合，除使相应的光字牌H亮之外，还使小母线M709和M710呈现正电位，冲击继电器2KI动作。2KI动作后，其动合触点①③闭合，起动中间继电器2KM。中间继电器2KM的三对动合触点闭合，分别去起动警铃HAB、使2KM动作自保持及复归冲击继电器2KI。

按试验探钮2SB也可起动2KI，对预告信号系统的良好性进行检查。

由图14－16（a）和图14－16（c）可以看出，当回路的直流电源消失时，继电器在2KVS返回，其动合触点打开，而动断触点闭合，使灯HW由显平光转换成闪光（因为M100为闪光母线）。

4. 闪光信号回路

图 14－17 是由 SGJ 型闪光继电器构成的闪光信号回路。

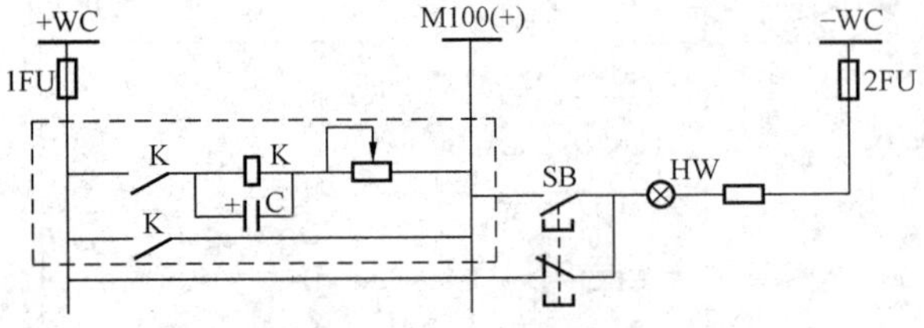

图 14－17　闪光信号回路

+WC、－WC—分别为控制回路的直流正、负小母线；1～2FU—熔断器；M100（+）—闪光小母线；SB—闪光试验按钮；K—继电器；C—电容器；HW—信号灯

正常工况下，试验按钮的动合触点打开而动断触点闭合，信号灯 HW 两端的电压为控制回路的电源电压，故信号灯亮（为平光）。又由于闪光小母线同控制回路的负电流小母线－WC 之间的回路不通，继电器 K 不动作。

当断路器的位置（合闸或断开）同控制开关的位置（在合位或其他位置）不对应时，闪光母线 M100（+）与控制回路负电源母线之间的回路导通，图 14－17 中的电容器 C 充电，当 C 上的电压达到一值时，继电器 K 动作，其动合触点闭合，使闪光小母线的电位与控制母线相同，其动断触点打开，使继电器 K 失电返回，电容器再次充电，继电器再次动作，…，从而使 M100（+）与负电源母线之间的信号灯闪光。（此回路应与断路器位置指示信号相联系起来）

用试验按钮 SB 也可检查闪光回路的完好性。

第四节　微机监控系统中信号功能的实现

随着数字计算机技术的发展，基于数字技术及现代通信技术基础上的微机监控系统已广泛运用于大型发电厂及重要变电所中。

在微机监控系统中，采集了全厂或全所主设备、母线及线路的电流、电压、温度、压力及断路器、隔离开关位置信号、保护动作等信息，可以随时发出及传输各种事故、异常报警信号及状态指示信号。

目前对变电所信息的采集与处理设备有两类：一种是集中式 RTU 装置，另一种是分散式测控单元装置。随着对监控设备功能要求的不断扩大及保护测控合一趋势的要求，采用分散式测控单元装置组成数据采集与处理系统的方案运用得越来越多，常见的采用分散式测控单元装置组成变电所微机监控系统的结构有两种参考形式，如图 14－18 及图 14－19 所示。两者的区别主要是，图 14－18 采用了所级与间隔级均为双以太网结构，当地运行工作站直接挂在网上，该系统通信速度快，结构简洁，冗余度高，但造价也较高，常用在要求较高的变电所；图 14－19 所级与间隔级均为单网，当地运行工作站接在通信管理机后，只在通信管理机后形成局部双通道，该系统造价相对较低，但通信速度较低，系统冗余较小，一般应用于 110kV 及以下电压等级变电所中。

一、计算机监控系统实现的主要功能

1. 实时数据采集

实施数据采集分遥测量与遥信量：遥测量主要是变电所的各种供运行监视的实时数据，如交、直流母线电压，线路及主变各侧电流，主变压器温度、功率、频率、气体压力值等；遥信量主要是各种位置、状态信号，如断路器、隔离开关、变压器分接头、保护动作、装置

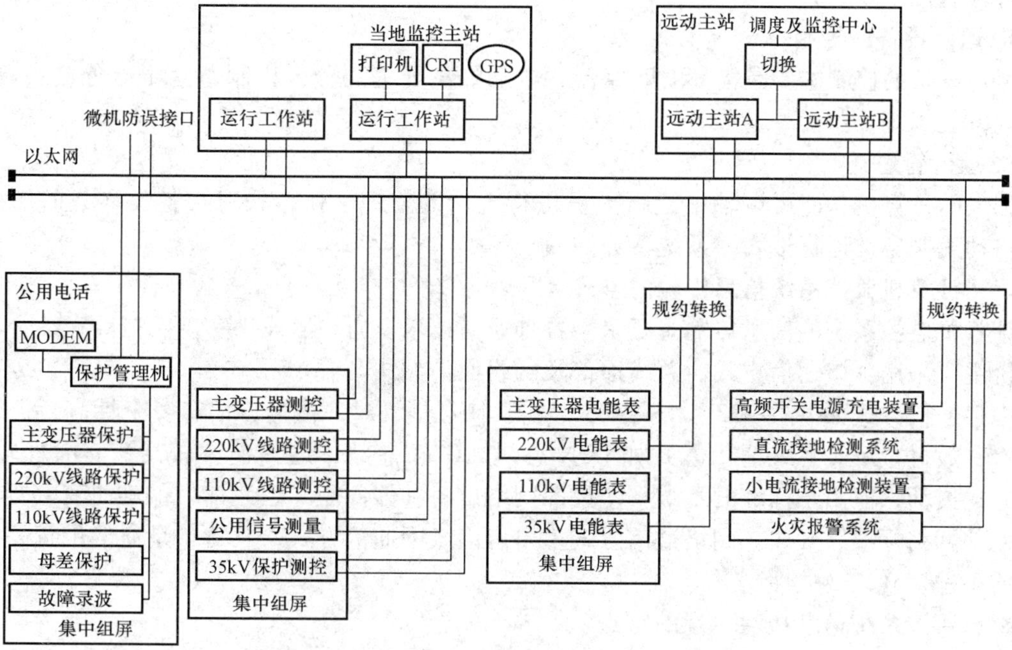

图 14－18　变电所微机监控系统逻辑框图一

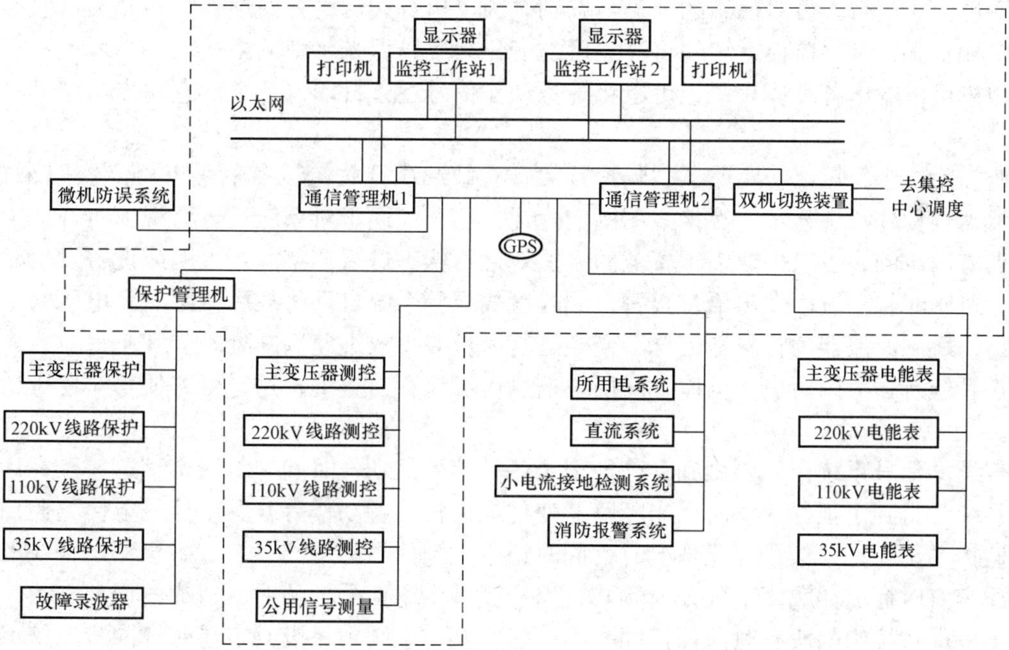

图 14－19　变电所微机监控系统逻辑框图二

异常、开关弹簧储能、气体压力等。

2. 监视与报警

计算机监控系统通过设置多种限值、多种报警级别、多种报警方式，为运行值班人员提供了各种监视手段。

3. 运行设备的控制

运行设备的控制主要是指如对断路器、电动隔离开关的分合控制，变压器分接头调节，信号远方复归等。

4. 运行管理

强大的计算机功能可以辅助运行人员进行大量的管理工作，如保存各类参数的历史记录，自动编制各类运行报表，系统参数的曲线等。

二、计算机监控系统信息传输的方式

计算机监控系统的信息传输主要采用各种通信技术及通信手段来实现。目前在综合自动化系统主要采用串口通信方式、总线通信及网络通信方式。

串口通信方式如 RS－232、RS－485 等，其特点是一对一传输，信息安全性高，但传输速度慢，数据量小。总线通信方式如 LON 总线、CAN 总线，通信速率较高，实时性较强，组网方式灵活，但由于标准的不统一，许多网络设备和软件需专门设计，很难使变电所自动化的通信网络标准、开放。网络通信方式主要有以太网通信方式，其特点是通信带宽高，通信介质多种多样，开放性高。

三、监控系统信息功能实现的特点

监控系统中的显示器用以查看各种信息。各类信息的动作可以在显示器中以报警的形式加以显示，还可通过音响发出语言报警。与传统的电笛、警铃相比，语音报警可以将信息分得更细，更便于运行人员对信息的分类与判别。为了运行人员更方便地查看各开关量的动作情况与实际状态，有些监控系统还将开关量的变化做成模拟光字牌的格式。

打印机可以输出各类报表，也可以将各类动作信号逐条打印，也是信息输出与记录的一个途径。

在监控系统中，可以将断路器、隔离开关、有载调压开关等设备的辅助触点实时采集，并在显示器（CRT）中显示一次接线图的实际运行状态，便于对系统进行监视。对现场采集辅助触点有困难的，可以采取人工置数的方法对运行状态进行调整。当电网或设备发生故障引起开关跳闸时，一方面发出语言报警，同时事故报警系统自动将故障跳闸后变电所的主接线图推出，跳闸断路器的符号在闪烁，便于运行人员对事故迅速判断处理。

监控系统有强大的历史数据库，对历史信息可以保存与查询，这样就方便了对运行情况的分析。

在传统的信号系统中，要做到准确地记录各种信号的动作时间非常困难，这一点在计算机监控系统中得到了很好的解决。当断路器变位或保护装置动作等开关量信号上传到监控系统时，监控系统在记录信号变化情况时，同时记录收到信号的时间，有些微机型设备在上传信号时还带有时标，如顺序事件记录 SOE，这样就减少了信号上传时间造成的误差。

为了确保系统中的所有时间保持同一，一般在监控系统中还设有卫星时钟同步系统 GPS 装置，该装置将卫星发送的标准时钟通过软件对时及硬件对时的方法对各具有时钟功能的设备进行时钟同步，其中硬件对时可以做到使设备的时钟绝对误差不大于 1ms，这对事故分析，判断保护装置与断路器等设备的先后动作顺序非常有用。

第十五章

直 流 系 统

目前，发电厂及大、中型变电所的控制回路、继电保护装置及其出口回路、信号回路，皆采用由直流电源供电。重要发电厂及变电所的事故照明也采用直流供电方式。另外，为确保发电机等主设备的安全，某些动力设备（例如电动油泵等）也由直流电源供电。完成对上述回路装置及动力设备供电的系统称之为直流系统。

直流系统是发电厂和变电所的重要系统。在发电厂及大、中型变电所，由于被操作和被保护的主设备众多，使直流系统分布面广，它遍布厂或站的各个角落。因此，为确保发电厂和变电所的安全、经济运行，配备完善而可靠的直流系统是非常必要的。

第一节　直流系统的构成及要求

一、直流系统的构成

发电厂和变电所的直流系统，主要由直流电源、直流母线及直流馈线等组成。直流电源包括蓄电池及其充电设备——直流馈线由主干线及支馈线构成。

（一）蓄电池

发电厂及变电所常用的蓄电池，主要分酸性和碱性两大类。常用的酸性蓄电池是铅蓄电池，而常用的碱性蓄电池是镉—镍蓄电池。

1. 铅蓄电池

铅蓄电池的正极为二氧化铅，负极为铅（海绵铅），电解液是硫酸溶液。工作时，蓄电池内部的化学反应为

$$P_bO_2 + P_b + 2H_2SO_4 \underset{\text{充电}}{\overset{\text{放电}}{\rightleftharpoons}} P_bSO_4 + 2H_2O \tag{15-1}$$

电池在放电时，正极、负极上均生成硫酸铅，而消耗硫酸，充电时与放电过程相反，其正、负极的硫酸铅分别反应成二氧化铅及海绵铅，同时生成硫酸。

2. 镉—镍蓄电池

镉—镍蓄电池的正极为氧化镍，而负极为镉—铁，其电解液采用氢氧化钠或氢氧化钾溶液，并加入少量的氢氧化铝。电池内部的化学反应为

$$2Ni(OH)_2 + Cd(OH)_2 \underset{\text{放电}}{\overset{\text{充电}}{\rightleftharpoons}} 2NiOOH + Cd + 2H_2O \tag{15-2}$$

3. 电气参数

蓄电池的主要电气技术参数有额定电压、额定容量和短路电流。

（1）额定电压。发电厂及变电所常用的铅蓄电池的额定电压为2~2.5V/只，镉—镍蓄电池的额定电压为1.25V/只。

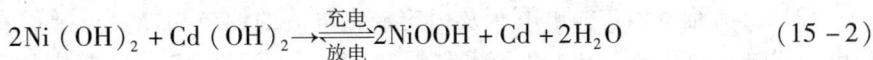

（2）额定容量（安时）。不同型号的蓄电池，其额定容量不同。所谓额定容量是指：放电时间10h（或5h）、放电终止电压为1.8V（铅蓄电池）或1V（镉—镍蓄电池）时的计算放电容量。

铅蓄电池的容量，小的有几十安时，大的有1600A·h；而镉—镍蓄电池的容量，小的有10A·h，大的有500A·h。

（3）短路电流。短路时蓄电池供出电流的大小，决定于蓄电池的电动势、内阻及外回路的电阻。当外回路的内阻等于零时，镉—镍蓄电池可供出的最大短路电流为15~58A。

4. 蓄电池的充电

蓄电池的充电方法，通常采用恒流充电方法。充电的种类有初充电、正常充电和均衡充电三种。

为提高蓄电池的放电性能，新的蓄电池在交付使用前，为完全达到荷电状态所进行的第一次充电称之为初充电。对已经放过电的蓄电池充电称之为正常充电。为补偿蓄电池在使用过程中产生的电压不均匀现象，使其恢复到规定的范围内而进行的充电称之为均衡充电。

5. 蓄电池组

发电厂及变电所直流系统的额定电压，通常48、110及220V三种。为取得上述各种电压，需要将多个蓄电池串联起来。另外，为使直流电源能输出较大的电流，需将几个蓄电池组并联使用。直流系统的电压越高，需串联的蓄电池个数越多；要求直流系统输出的电流越大，需并联的蓄电池支路数越多。

6. 蓄电池组的浮充

在充电装置的直流输出端始终并接着蓄电池和负载，以恒压充电方式工作。正常运行时，充电装置在承担经常性负荷的同时向蓄电池补充充电，以补偿蓄电池的自放电，使蓄电池组以满容量的状态处于备用，该充电方式叫做浮充。此时，充电电源与蓄电池组并联运行。

浮充方式有全浮充和半浮充两种。

（二）充电设备

为补偿蓄电池运行中的功率损耗，维持电源电压及增大短路容量，需对蓄电池经常进行充电。

充电设备通常采用将三相交流进行整流、滤波及稳压的交流—直流变换装置。它应满足以下要求：

（1）输出电压及输出电流的调节范围。充电设备输出电压及输出电流的调节范围，应满足蓄电池组各种充电方式的需要。对于直流电压为110V的直流系统，充电设备输出电压的调节范围应为90~160V；对于额定电压为220V的直流系统，充电设备输出电压的调节范围为180~310V。

（2）具有维持恒定输出电压及恒定输出电流的调节功能。对于用晶闸管整流设备作为充电装置时，当其输入电压在额定电压的+5%~-15%范围内变化及输出负荷电流在额定电流的20%~100%范围内变化时，其输出电压的变化≤+2%；输入电压在+5%~-15%额定电压的范围内变化时，输出稳定电流的误差小于±5%。

（3）输出电压的纹波系数小。根据DL/G724—2000《电力系统用蓄电池直流电源装置运行及维护技术规程》，直流母线纹波系数范围应不大于2%。

（4）充电时应维持直流母线电压的变化小于5%。

（5）充电设备的额定电流应按下式进行选择。

浮充电设备的输出电流，应能承担正常运行时直流系统的负载电流和蓄电池的自放电电流。其额定电流应为

$$I_N = \frac{1.1Q_S}{T} + I_{jc} \tag{15-3}$$

式中 I_N——额定电流，A；

Q_S——蓄电池放电容量；

T——蓄电池长期放电时间，取12h；

I_{jc}——直流系统正常负载电流。

考虑到核对性充放电，也可按最大充电电流选择

$$I_N = (0.1 \sim 0.125)\ Q_{S10}/10 \tag{15-4}$$

式中 I_N——额定电流；

Q_{S10}——蓄电池10h放电容量。

（三）直流母线及输出馈线

蓄电池组的输出与充电设备的输出并接在直流母线上。直流母线汇集直流电源输出的电能，并通过各直流馈线输送到各直流回路及其他直流负载（例如事故照明、直流电动机等）。

直流母线的接线方式，取决于蓄电池组的数量、对直流负载的供电方式及充电设备的配置方式。在中、大型发电厂及变电所，直流母线的接线方式多为单母线分段或双母线。根据需要，从每段或每条直流母线上引出多路直流馈线，将直流电源引至全厂或全所的配电室及控制室的直流小母线上，或引至直流动力设备的输入母线上。

从各直流小母线上又分别引出多路出线，分别接至保护盘、控制盘、事故照明盘或其他直流负荷盘。

（四）直流监控装置

为测量、监视及调整直流系统运行状况及发出异常报警信号，对直流系统应设置监控装置。

直流监控装置应包括测量表计、参数越限和回路异常报警系统等。

二、对直流系统的基本要求

为确保发电厂及变电所的安全、经济运行，其直流系统应满足以下要求：

（1）正常运行时直流母线电压的变化应保持在±10%额定电压的范围内。若电压过高，容易使长期带电的二次设备（例如继电保护装置及指示灯等）过热而损坏；若电压过低，可能使断路器、保护装置等设备不能正常工作。

（2）蓄电池的容量应足够大，以保证在浮充设备因故停运而其单独运行时，能维持继电保护及控制回路的正常运行。此外，还应保证事故发生后能可靠切除断路器及维持直流动力设备（例如直流油泵等）的正常运行，并有一定的冗余度。

（3）充电设备稳定可靠，能满足各种充电方式的要求，并有一定的冗余度。

（4）直流系统的接线应力求简单可靠，便于运行及维护，并能满足继电保护装置及控制回路供电可靠性要求。

（5）具有完善的异常、事故报警系统及直流电源分级保护系统。当直流系统发生异常

或运行参数越限时，能发出报警信号；当直流系统某一支路发生短路故障时，能快速而有选择性地切除故障馈线，而不影响其他直流回路的正常运行。

（6）宜使用具有切断直流负载能力的、不带热保护的小空气开关取代原有的直流熔断器，小空气开关的额定工作电流应按最大动态负载电流的 1.5 ~2 倍选用。

第二节　直流系统的绝缘检测

前已述及，发电厂及变电所的直流系统分布面广，回路繁多，很容易发生故障或异常，其中最常见的不正常状态是直流系统接地。

一、直流系统接地的危害

运行实践表明，直流系统一点接地，容易致使 SF_6 断路器偷跳。此外，当直流系统中发生一点接地之后，若再发生另外一处接地，将可能造成直流系统短路，致使直流电源中断供电，或造成断路器误跳或拒跳的事故发生。

1. SF_6 断路器的偷跳

前几年，由于直流系统一点接地，而造成 SF_6 断路器偷跳的事例较多。理论分析及运行实践表明：对于3/2断路器接线的母线，各串中间的断路器容易偷跳；而对于双母线接线，其母联断路器容易偷跳。

2. 断路器的误跳及拒跳

当控制回路中发生两点接地时，可能造成断路器的拒跳或误跳。

断路器的简化跳闸回路如图 15 －1 所示。

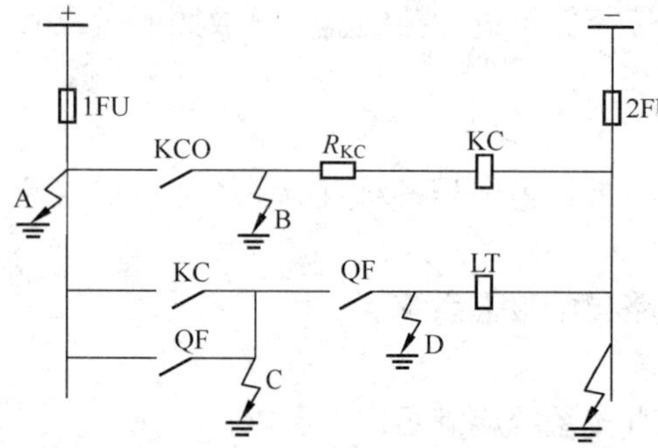

图 15 －1　简化的断路器跳闸回路

KCO—继电保护出口继电器的动合触点；A、B、C、D、E—分别为接地点位置；KC—跳闸中间继电器；QF—断路器操作开关的辅助触点；LT—断路器的跳闸线圈；R_{KC}—电阻；1FU、2FU—熔断器；QF—断路器辅助触点，断路器在合位时闭合；+、－—控制回路直流正、负小母线

由图 15 －1 可以看出：当 A、B 两点接地或 A、C 两点接地、或 A、D 两点接地时，跳闸线圈 LT 将有电流通过，致使断路器跳闸；而当 C、E 两点接地、或 B、E 两点接地、或 D、E 两点接地时，可导致断路器拒跳，或由于跳闸中间继电器不能起动而在继电保护动作后，断路器不能跳闸现象的发生。

另外，当图 15 －1 中的 A、E 两点同时发生接地时，将造成直流电源的正极与负极之间的短路故障，致使熔断器 1FU、2FU 要熔断，导致控制回路直流电源消失。

二、直流绝缘检测装置

当直流系统发生一点接地之后，应立即进行检查及处理，以避免发生两点接地故障。这就需要设置直流系统对地绝缘的检测装置，当直流系统对地绝缘严重降低或出现一点接地之后，立即发出报警信号。

（一）直流绝缘检测装置的构成机理

直流绝缘检测装置是根据电桥平衡原理构成的。其检测原理的示意图如图 15 －2 所示。

正常工况下，直流系统正、负两极对地的绝缘电阻 $R_3 = R_4$，由于装置内电阻 $R_1 = R_2$，因此，在由 R_1、R_2、R_3、R_4 构成的四臂电桥中 $R_1R_4=R_2R_3$，满足电桥平衡条件。A 点的电位与地电位相等，直流电压表 PV 的指示等于零。信号继电器 KS 两端无电压，它不动作。

当某一极对地的绝缘电阻下降或直接接地时，R_3 不再等于 R_4，故 $R_1R_4 \neq R_2R_3$ 电桥平衡被破坏，A 点对地产生电压，信号继电器 KS 动作，发出报警信号。

图 15－2 中直流电压表的刻度为电压和电阻的双刻度，电压的刻度应与直流系统的额定电压相对应。

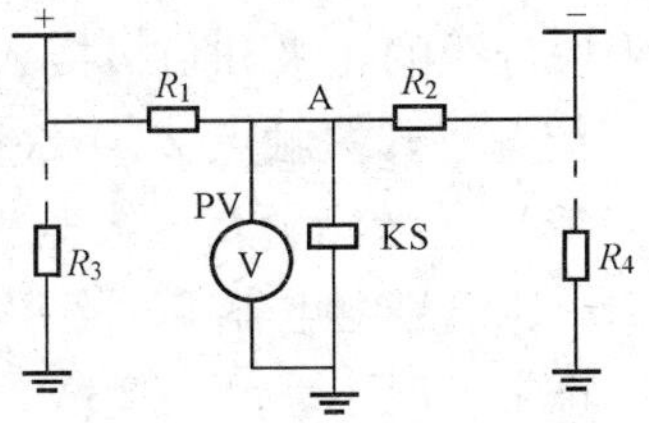

图 15－2 直流绝缘检测装置检测原理示意图

R_1、R_2—监测装置内的辅加电阻；R_3、R_4—分别为直流电源两极对地的绝缘电阻；KS—电压信号继电器；PV—直流电压表；+、－—直流电源的正、负小母线

（二）绝缘检测和电压监视装置

直流系统的绝缘检测装置的种类很多，但是，不管是哪种装置，其构成原理均为电桥平衡原理。不同的是：构成元件不同，功能多少不同。下面简要介绍由继电器构成的绝缘检测装置及微机型绝缘检测装置的原理接线图。

1. 继电器构成的绝缘检测装置

由继电器构成的典型绝缘检测装置的原理接线如图15－3所示。

由图 15－3 可以看出，该装置将直流系统的绝缘检测与电压监视集为一体，它适用于双母线或单母线分段的直流系统。

装置由Ⅰ、Ⅱ段母线测量转换、绝缘检测、绝缘测量及母线电压测量等部分构成。

（1）母线测量转换。两段母线测量的转换，主要由测量转换开关 1SA 来完成。当测量

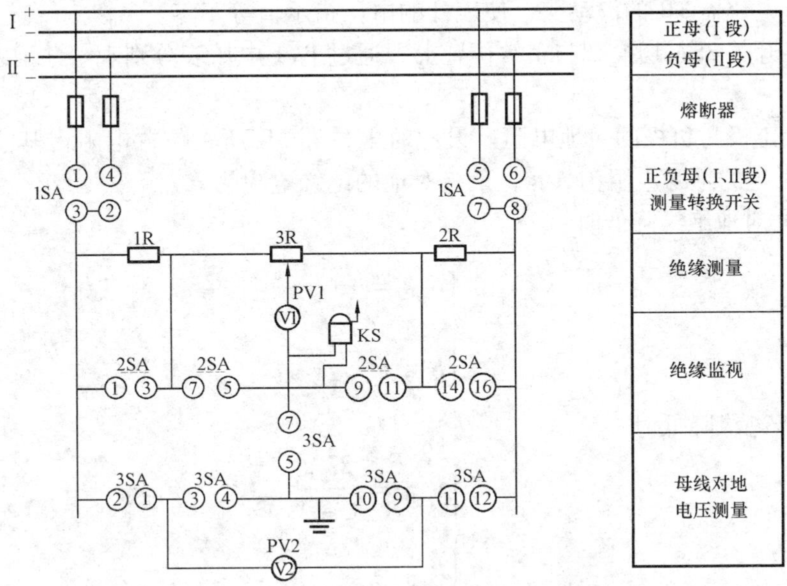

图 15－3 直流绝缘检测装置原理接线图

1SA—测量转换开关；2SA—绝缘测量及对地电阻测量转换开关；3SA—电压监视及接地位置选测切换开关；KS—接地信号继电器，常选用电流形继电器；PV1—电压和电阻双刻度测量表计；PV2—直流电压表；1～3R—电阻，阻值一般取 1kΩ

Ⅰ段母线的对地绝缘时，将测量开关拨至“Ⅰ母”位置。此时，开关触点①③及⑤⑦闭合，将Ⅰ段母线的正极和负极接入监视装置。当测量Ⅱ段母线的绝缘时，将测量开关拨至“Ⅱ母”位置，开关触点②④及⑥⑧闭合，将Ⅱ段母线的两极引至装置。

（2）绝缘测量及绝缘监视。绝缘测量及绝缘监视部分由电阻 1R、2R、电位器 3R、开关 2SA、信号继电器 KS 及 PV1 电压表计构成。

正常工况下，开关 2SA 的触点⑦⑤和⑨⑪闭合，开关 3SA 的触点⑦⑤闭合。与电位器 3R 连接的 PV1 电压表通过 3SA 的⑦⑤触点接地。此时，由于直流系统对地绝缘良好，其正、负两极的对地电阻相等，并与电阻 1R、2R 构成的四臂电桥处于平衡状态。表计的指示电压值近似等于零，信号继电器 KS 不动作。

当直流系统某一极对地绝缘严重降低或直接接地时，例如负极接地，则四臂电桥平衡破坏，PV1 电压表的两端出现较大的电压，即继电器 KS 线圈两端出现电压，继电器 KS 动作，发出“直流接地”报警信号。

当出现“直流接地”报警信号之后，可通过调节电位器 3R 及 PV1 电压表的指示值，测量及计算直流系统正极和负极的对地电阻。方法如下：

1）通过开关 3SA 的切换及电压表 PV2 的测量值，首先判断出是正极的绝缘降低还是负极的绝缘降低。

2）将开关 2SA 置于“Ⅰ位置”或“Ⅱ位置”。当直流系统的正极对地绝缘降低时，开关 2SA 置于“Ⅰ位置”，而当直流系统的负极对地绝缘降低时，开关 2ZK 置于“Ⅱ位置”。开关 2SA 置于“Ⅰ位置”时，其触点①③闭合；而置于“Ⅱ位置”时，开关 2SA 的触点⑭⑯闭合。

3）调节电位器 3R 的滑动头，使表计的电压指示值等于零。

4）再将开关 2SA 切换到与正常位置上，通过 PV1 电压表分别观察并记录直流系统的对地电阻 R_{jD}。

5）计算正极与负极的对地电阻。设此时电位器 3R 所在位置电阻占其全电阻的百分数为 X，正极对地的绝缘电阻为 R_{+D}，负极对地的绝缘电阻为 R_{-D}。

当正极的对地绝缘降低时

$$\begin{cases} R_{+D} = \dfrac{2R_{jD}}{2-X} \\ R_{-D} = \dfrac{2R_{jD}}{X} \end{cases} \tag{15-5}$$

而当负极绝缘降低时

$$\begin{cases} R_{+D} = \dfrac{2R_{jD}}{1-X} \\ R_{-D} = \dfrac{2R_{jD}}{1+X} \end{cases} \tag{15-6}$$

（3）直流母线电压的监视。正常工况时开关 3SA 的触点②①和⑪⑫闭合，电压表 PV2 的电压指示值即为直流电源的母线电压。

当直流系统对地绝缘降低时，可通过对 3SA 的切换及观察 PV2 表的指示，分别测量出直流母线正极及负极的对地电压，以判断是正极还是负极的对地绝缘降低。

2. 微机型绝缘检测装置

采用上述接地检测装置，可以检测全直流系统对地绝缘状况，当发生接地时可判断出接地的极性。但当直流系统的正极与负极绝缘同时降低，且对地电阻相差不大时，装置无法正确检测。另外，当直流系统中出现接地时，也无法判断接地点在哪条馈线上。

采用微机型绝缘检测装置，除能检测出直流系统是否有接地之外，还能检测出具体发生接地的直流馈线。该装置的原理接线如图 15－4 所示。

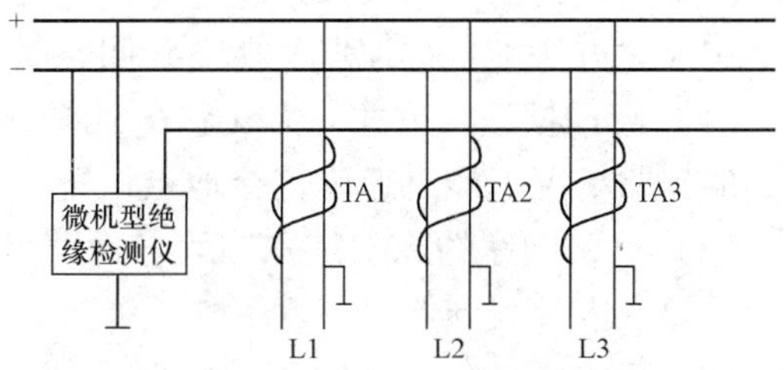

图 15－4　微机型绝缘检测装置原理接线图
＋、－—分别表示直流电源的正、负极母线；L1、L2、L3—直流馈线；TA1、TA2、TA3—直流绝缘监测回路辅助电流互感器

图 15－4 所示的微机型绝缘检测仪的检测原理也是电桥平衡原理。不同的是装置内部有一低频电压信号发生器，该信号发生器产生的低频电压加在直流母线与地之间。当直流系统中某一馈线回路出现接地故障时，该馈线上将流过一低频电流信号。该低频电流信号经辅助电流互感器传递给检测仪，经计算判断出接地馈线及接地电阻的大小。

也有采用霍尔传感器来代替图中辅助电流互感器的，霍尔传感器能检测各馈线上正负两根馈线的直流电流之差。因此，不必叠加低频信号。

三、对直流绝缘检测装置的要求

直流系统是不接地系统，直流系统的两极（正极和负极）对地应没有电压，大地也应没有直流电位。但是，由于绝缘检测装置的电压表（即图 15－3 中的欧姆表）及信号继电器的一端是接地的，就使得直流系统通过该仪表及信号继电器与大地连接。实际上，发电厂及变电所的直流系统是经高阻接地的接地系统。又由于图 15－3 中的 1R 等于 2R，因此在正常工况下，地的直流电位应等于直流系统电压的$\frac{1}{2}$。对于直流电压为 220V 的直流系统，其所在大地的地电位应为 110V 左右。

对直流绝缘检测装置的要求，除了动作可靠之外，还要求其内测量电压表计的内阻要足够大，否则将可能造成继电保护出口继电器误动、拒动及断路器的拒跳和误跳。这是因为，如果绝缘检测装置中测量电压表的内阻过小（极限情况下为零），使直流系统在正常工况下已有一点接地，当再发生另一点接地时，就像两点接地一样，使断路器拒跳或误跳。

对直流系统绝缘检测装置用直流表计内阻的要求是：用于测量 220V 回路的电压表，其内阻不得低于 20kΩ，而测量 110V 回路的电压表，其内阻不低于 10kΩ。

第三节　直流系统接地位置的检查

直流系统发生一点接地之后，绝缘检测装置发出报警信号。运行及维护人员应尽快检测出接地点的具体位置，并予以消除。

一、接地所在馈线回路的确定

前已述及，微机型绝缘检测装置，可以确定出接地点所在的直流馈线回路。对于没有设置能确定接地点所在馈线回路绝缘检测装置的直流系统，当出现一点接地故障之后，运行人员要首先缩小接地点可能所在的范围，即确定哪一条馈线回路发生了接地故障。

运行人员确定接地点所在直流馈线回路的具体方法是“拉路法”。

所谓拉路法是指：依次、分别、短时切断直流系统中各直流馈线来确定接地点所在馈线回路的方法。例如，发现直流系统接地之后，先断开某一直流馈线，观察接地现象是否消失。若接地现象消失，说明接地点在被拉馈线回路中，如果接地现象未消失，立即恢复对该馈线的供电。再断开另一条馈线进行检查。重复上述过程，直至确定出接地点的所在馈线。

用上述方法确定接地点所在馈线回路时，应注意以下几点：

（1）应根据运行方式、天气状况及操作情况，判断接地点可能所在的范围，以便在尽量少的拉路情况下能迅速确定接地点位置。

（2）拉路顺序的原则是先拉信号回路及照明回路，最后拉操作回路；先拉室外馈线回路，后拉室内馈线回路。

（3）断开每一馈线的时间不应超过3s，不论接地是否在被拉馈线上，应尽快恢复供电。

（4）当被拉回路中接有继电保护装置时，在拉路之前应将直流消失后容易误动的保护（例如发电机的误上电保护、起停机保护等）退出运行。

（5）当被拉回路中接有输电线路的纵联保护装置时（例如高频保护等），在进行拉路之前，首先与调度员联系，同时退出线路两侧的纵联保护。

当用拉路法找不出接地点所在馈线回路时，可能原因如下：

1）接地位置可能发生在充电设备回路中、蓄电池组内部或直流母线上。

2）直流系统采用环路供电方式，而在拉路之前没断开环路时。

3）全直流系统对地绝缘不良。

4）各直流回路互相串电或有寄生回路。

二、接地点的确定及消除

当确定接地点所在直流馈线回路之后，应由运行人员配合维护人员查找出接地点的位置，并予以消除。

运行中出现直流系统对地绝缘降低或直接接地的原因，通常有二次回路导线外层绝缘破坏、水淋受潮，二次设备受潮等。雨天容易发生。接地点多出现在室外端子箱、断路器操作箱，或保护盘及控制盘处。

在查找接地点及处理时，应注意以下事项：

（1）应有两人同时进行；

（2）应使用带绝缘的工具，以防造成直流短路或出现另一点接地；

（3）需进行测量时，应使用高内阻电压表或数字万用表，表计的内阻应不低于2000Ω/V，严禁使用电池灯（通灯）进行检查；

（4）需开第二种工作票，作好安全措施，严防查找过程中造成断路器跳闸等事故。

第四节　直流系统的其他问题

一、继电保护及控制回路等对直流馈线的要求

（1）对大容量发电机组及额定电压为220kV及以上的主设备、输电线路等，应根据继电保护与控制回路双重化的要求及保护电源与控制电源分开的原则，使控制回路同保护回路由不同的直流馈线供电。两套双重化的保护及控制回路也需由不同的直流母线供电。对于具有双跳闸线圈的断路器，要求每个跳闸回路由不同的直流小母线供电，变压器各侧的控制回路也由不同的直流小母线供电。

（2）事故照明系统需有两套，分别由不同的母线供电。

（3）对于微机型保护装置，非电量保护应与电气量保护的直流电源分开。

二、空气开关、熔断器及快速开关的选择

当直流系统发生短路故障时，为能迅速切除故障，需在各直流馈线及各分支直流馈线的始端设置能自动脱扣的空气开关、熔断器或快速跳闸的小开关。另外，当需要对某馈线进行检修或检查时，可手动断开空气开关或取下熔断器。

1. 选择原则

为确保直流系统的安全运行，对空气开关、熔断器的选择应遵照以下原则：

（1）正常或最大负荷工况下，不会误脱扣或误熔断，或误跳闸；

（2）在各直流馈线及各分支直流馈线上均应设置熔断器；

（3）对大型直流动力设备供电的直流馈线宜设置空气开关；

（4）保护装置及控制回路的分支直流馈线宜采用快速开关，其上一级馈线宜采用熔断器；

（5）各级空气开关、熔断器或快速开关的脱扣、熔断或跳闸电流应满足上、下级配合及动作选择性要求，即只断开有短路故障的分支直流馈线，不得越级跳闸或熔断。

2. 技术参数的确定

（1）额定电压。空气开关、熔断器及快速开关的额定电压应大于或等于直流系统的额定电压。

（2）额定电流。对于直流电动机回路，应考虑电动机的起动电流。空气开关的脱扣或熔断器熔件的额定电流，应按下式确定

$$I_N = \frac{I_{cp}}{K_X} \tag{15-7}$$

式中 I_N——空气开关的脱扣或熔断器熔件的额定电流；

I_{cp}——电动机的起动电流；

K_X——配合系数，具体数字可查相关手册。

对于控制、保护及信号回路，应按回路最大负载电流选择，即

$$I_N = \frac{I_{max}}{K_X} \tag{15-8}$$

式中 I_N——熔断器熔件的额定电流；

I_{max}——馈线的最大负载电流；

K_X——配合系数，具体数字可查相关手册。

断路器合闸回路的熔断器熔件的额定电流为

$$I_N = K_X I_{HQ} \tag{15-9}$$

式中　I_N——熔断器熔件的额定电流；

I_{HQ}——断路器的合闸电流；

K_X——配合系数，取0.25～0.3。

3. 各级熔断器熔断特性的配合

在直流系统中，各级熔断器宜采用同型号的，各级熔断器熔件的额定电流应相互配合，使具有熔断的选择性。上、下级熔断器熔件额定电流之比应为1.6∶1。

4. 自动空气开关与熔断器特性的配合

当直流馈线用空气开关、下级分支直流馈线用熔断器时，自动空气开关与熔断器的配合关系如下：

（1）对于断路器合闸回路的熔断器，其熔件的额定电流应比自动空气开关脱扣器的额定电流小1～2级。例如，对熔件额定电流为60A和30A的熔断器，其上级自动空气开关脱扣器的额定电流应为100A和50～60A。

（2）对于控制、信号及保护回路的熔断器，其熔件的额定电流一般选择5A或10A，其上级自动空气开关脱扣器的额定电流应比熔断器熔件额定电流大1～2级，通常选择20～30A。

三、关于直流回路输出线不能与交流回路共用一条电缆问题

直流系统和交流系统为两个相互独立的系统。直流为不接地系统，而交流系统为接地系统。如果直流回路与交流回路公用一根电缆，当电缆中的直流芯线与交流芯线之间的绝缘损坏时，交流系统便串入直流系统，使直流系统接地。在电缆内部由于交、直流系统互串引起的直流接地很难检查及处理。

另外，交流回路与直流回路同用一根电缆，也容易相互干扰。若交流信号进入直流回路，将影响继电保护及控制回路的正常运行，相互之间的扰动可能致使继电保护误动，断路器偷跳等事件的发生。

第十六章

二次回路的干扰

第一节　概　　述

电力系统经常遇到雷电侵扰，还不时发生短路等各类故障。为了满足系统运行方式及设备检修的需要，还会经常对一次高压设备（断路器、隔离开关等）进行各种操作，此时都会产生暂态干扰电压。暂态干扰电压会通过静电、电磁耦合或直接传导等途径进入继电保护装置，其峰值高达几百伏至几千伏，甚至数万伏，频率在几百千赫兹至几千千赫兹之间。这些电磁信号称为电磁干扰信号，常常对变电所的控制系统及继电保护装置产生不可忽视的影响，特别是大量采用电子元器件及计算机监控及保护系统的今天，这种影响尤其不能忽视，如果不采取有效措施防御，容易造成继电保护及安全自动装置的误动或拒动，造成监控系统的数据混乱及死机等现象，严重时会损坏二次回路的绝缘及保护装置中的电子元器件，对电网的安全构成严重威胁。

第二节　干扰信号的分类

不同的干扰会对二次回路造成不同的影响，为了更好地研究和避免这些干扰的影响，需要对干扰进行分类。

按干扰信号的频率进行划分，可以分为低频干扰与高频干扰两类。低频干扰包括工频与其谐波以及频率在几千赫兹的振荡。高频干扰则有高频振荡、无线电信号，还包括频谱含量丰富的快速瞬变干扰，如雷电冲击波等。

干扰按发源地来分，可以分为内部干扰与外部干扰。

干扰按其形态或信号源组成的等值电路来分，有共模干扰和差模干扰两种。共模干扰是发生在回路中一点与接地点之间的干扰。差模干扰是指发生在回路两线之间的干扰，它的传递途径与有用信号的传递途径相同。

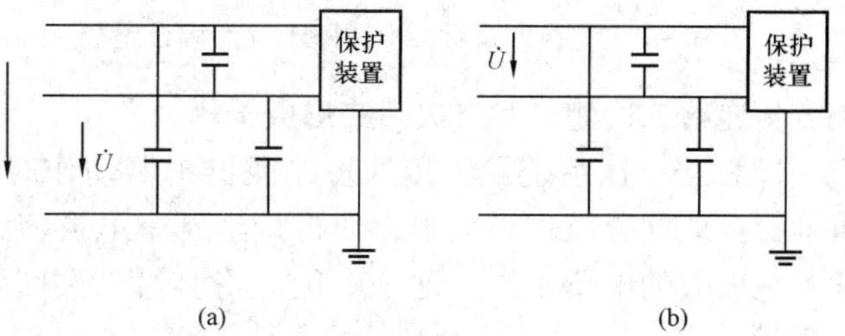

图 16－1　共模与差模干扰信号

（a）共模干扰信号；（b）差模干扰信号

按干扰信号造成的不同后果来划分，可以分为引起设备或元器件损坏的干扰与造成保护或断路器异常动作的干扰。一般来说，高频干扰或共模干扰容易损坏元器件；低频或差模信号则常引起保护装置的不正确动作。

共模信号与差模信号作用于二次回路的示意如图 16－1 所示。

第三节　干扰电压的来源

二次回路的干扰信号主要来源于一次回路或二次回路本身，也可以来源于雷电波及无线电信号。一次回路在正常运行情况下，电压、电流都是对称的，对二次回路的干扰很小。一次回路对二次回路的干扰，主要产生在一次系统的暂态过程中和不对称运行时。其中包括：一次系统遭受雷击时，在高压母线上产生的高频行波；在一次系统发生的各种形式的短路；断路器或隔离开关的操作而引起的暂态过程。在高压隔离开关操作时，由于没有灭弧装置，且开断速度慢，往往要产生多次火花放电现象，该放电干扰的强度很大，频谱很广，对二次回路产生的干扰就更为严重，曾经发生过隔离开关操作失灵引起长时间火花放电，从而形成很大的干扰信号烧坏多台高频收发信机通道设备的案例。二次回路自身的干扰，主要是由于继电器或接触器的触点开断电感元件而引起的暂态干扰电压。此外，380V/220V 交流、无线电干扰也会在二次回路中产生干扰电压，在继电器室使用对讲机等大功率的无线电设备是很危险的。

一次回路中的干扰电压主要通过以下途径作用于二次回路：

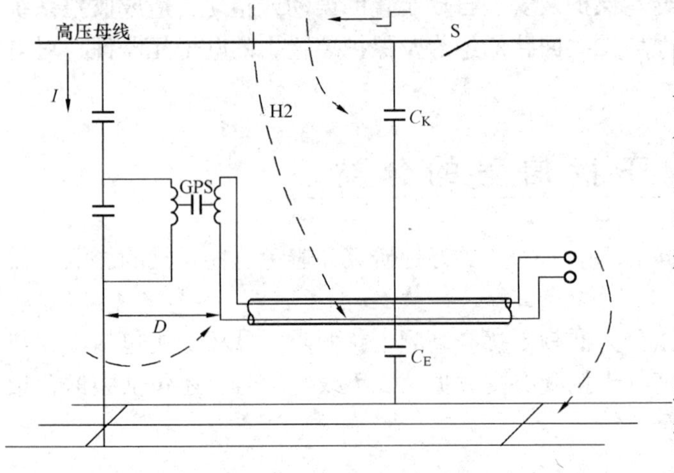

图 16－2　一次回路对二次回路干扰的耦合路径

（1）由于电气设备、导线及电缆间均存在大小不等的分布电容，所以一次设备对二次设备之间的静电耦合，包括一次母线对二次电缆间的静电耦合及互感器一、二次绕组间的静电耦合。由于一次的电压幅值很高，在二次回路产生的干扰也很可观。

（2）由于导体周围都存在磁场，与其他导体间存在互感，所以一次回路和二次回路间还存在电磁耦合，包括一次母线和二次电缆以及互感器一、二次绕组间的电磁耦合，当一次出现扰动或暂态过程时，会通过电磁耦合传递给二次侧，对二次回路形成干扰。

（3）当一次系统发生接地短路或避雷器动作时，都会有大电流流入变电所的接地网，再通过接地网分散进入大地，使得接地网中电流流入点和其他地方的电位不同，这一电位差将会对二次回路产生干扰。

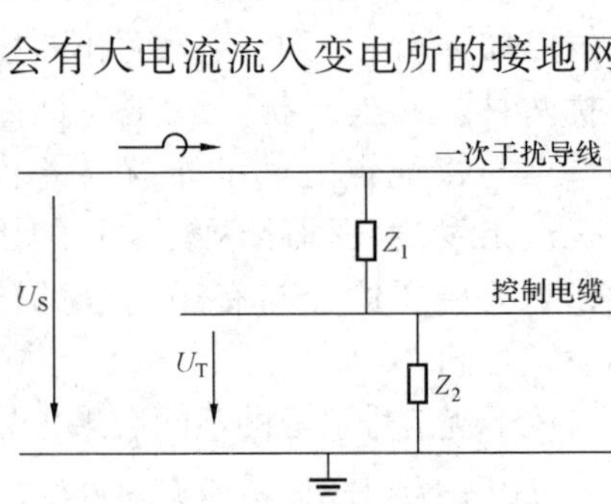

图 16－3　静电和产生干扰的简化电路图

干扰信号的来源多种多样，可以通过图 16－2 来分析一次回路对二次回路的干扰途径，并将二次回路中产生干扰电压的主要因素分析如下。

一、静电耦合产生的干扰

一次的强电通过静电耦合到二次回路的干扰电压，实质上是经耦合电容加到二次回路的，如图 16－3 所示为静电耦合产生干扰的简化电路。其对地阻抗 Z_2 包括电气连接的二次回路对地总阻抗，耦合阻抗 Z_1 包括设备的一、二次绕组间以及一次母线和二次电缆之间的耦合阻抗。如一次干扰源的干扰电压为 U_S，则二次回路产生的干扰电压 U_T 可由下式表达

$$U_T = \frac{Z_2}{Z_1 + Z_2} U_S \tag{16-1}$$

在不对称的二次回路中，静电耦合的等效电路见图 16-3，因二次回路的对地绝缘阻抗远大于负载阻抗，故二次回路对地阻抗近似等于负载阻抗，在这种情况下干扰电压能在二次回路的负载上产生一个附加的电压，此电压大到一定程度会引起保护装置的不正确动作。这种干扰类似于加到电流、电压互感器二次回路的干扰电压。

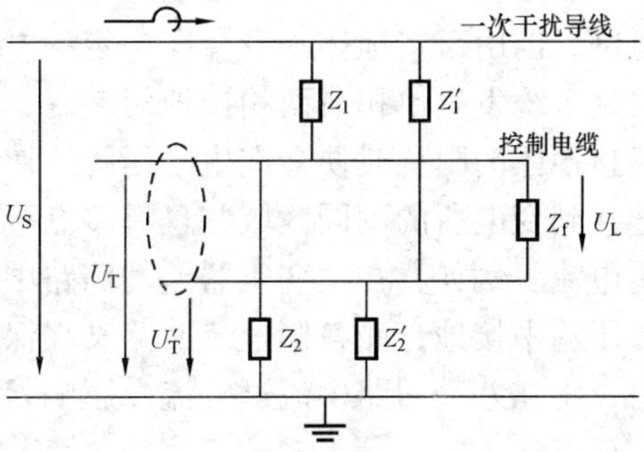

图 16-4　对称二次回路的静电耦合

在对称的二次回路中，静电耦合的等效电路如图 16-4 所示，其二次回路对地的阻抗为二次设备和控制电缆的对地电容。因为在一般情况下二根电缆芯和设备的二次绕组对地分布电容是相等的，所以，在对称电路的两部分上产生相等的干扰电压，而加在负载上的干扰电压 U_L 接近为零，但当干扰电压达到一定幅值时，会造成二次设备或电缆芯的绝缘击穿。这种干扰类似于加到直流控制母线上的干扰电压。

二、电磁感应产生的干扰

电磁感应产生的干扰电压，是由一次回路和二次回路之间、二次回路的强电与弱电之间、交流与直流之间存在互感而引起的。干扰电压的大小与各回路之间的互感阻抗、干扰源的电流的大小、电流的频率以及各回路的相对位置有关。平行导线间的电磁干扰如图 16-5 所示。

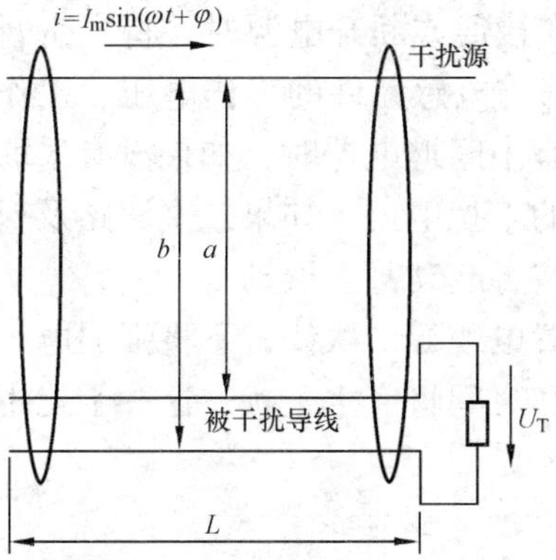

图 16-5　平行导线间的电磁干扰

图中干扰源与被干扰导线平行（其 φ 等于0），当干扰源流过一电流 $i = I_m \sin(\omega t + \varphi)$ 时，两者之间的互感可以下式计算

$$M = \frac{\mu_0 L}{2\pi} \ln\left(\frac{b}{a}\right) \cos\varphi \tag{16-2}$$

式中　μ_0——空气的导磁系数；

L——平行的电缆芯长度；

a 、b ——两根导线分别与干扰源的距离；

φ——干扰源与导线间的夹角。

此时负载上产生的干扰电压可按下式计算

$$U_T = M\frac{di}{dt} = \frac{\mu_0 L I_m \omega}{2\pi} \ln\left(\frac{b}{a}\right) \cos(\omega t + \varphi) \cos\varphi \tag{16-3}$$

从式（16-3）可以看出，干扰源通过电磁干扰加到负载上的干扰电压大小，与导线的

长度及通过的干扰源电流成正比，与干扰源的频率成正比，还与两者之间的平行度有关，当两者平行时，干扰电压最大，当两根导线与干扰源的距离相等时，干扰电压最小，反之则增大。通过分析式（16－3），可以理解影响电磁干扰电压大小的因素，寻找出降低电磁干扰的办法。

三、由地电位差而产生的干扰

在变电所中，为了减少地电位差对电气设备及人员造成的安全威胁，建设了相对完善的地电网，但由于接地体本身存在一定的电阻与电感，要做到完全等电位是不可能的。当大电流接地系统发生单相或两相接地短路时，变电所的接地网中会流过很大的故障电流，此电流流经接地体的阻抗时便会产生电压降，使得变电所内各点的地电位有较大的差别。当同一回路连接到变电所的不同区域并且有多点接地时，各接地点间地电位差就会在连接的电缆芯中产生电流。例如，在主变压器差动回路中，如果各侧电流互感器二次回路的中性点各自单独在端子箱中接地，而各侧电流回路又在保护屏处有电气连接，如图16－6所示，在有地电位差时，将在差动回路中流过电流，影响差动保护动作准确性。

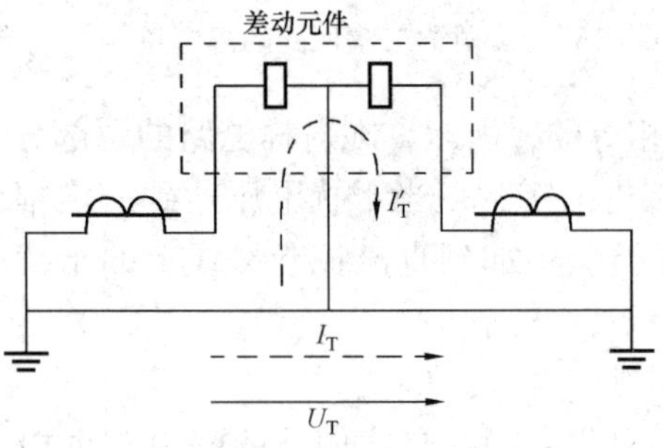

图16－6　地电位差在两点接地回路中引起的干扰

在变电所中，曾经在故障时测量到地电位差达3万多伏的情况，当时这一干扰电压使全所的计算机监控系统失灵，由此可见电位差造成的干扰是不能忽视的。这一电位差将形成很大的地网电流，当这一电流通过电缆线或外皮时，可能会将其烧断。

四、二次回路自身产生的干扰

变电所的二次回路错综复杂，有强有弱，当它们通过各种控制信号及电压、电流时，会对其他的回路产生干扰电压，但其中最为严重的干扰来源于二次回路开断继电器及断路器分、合闸线圈等电感元件。电感元件在接通或断开电源时，将产生暂态干扰电压，其幅值与电感元件的工作电压、工作电流、电感量大小及相应的回路参数有关。在直流系统中接有中间继电器时，如果没有采取相应的抗干扰措施，切断该继电器的电感电流将产生数千伏的干扰电压。如果二次回路及保护装置不采取相应的抗干扰措施，这一干扰电压足以使保护装置起动甚至误动。

如果在二次回路设计施工中不注意按规程要求合理布置电缆等二次线，不将强弱电、动力电缆与控制电缆、直流电缆与交流电缆分开，则他们相互之间将产生干扰，这一干扰也有可能造成保护装置的不正确动作。

五、无线电信号的干扰

在无线电通信如此发达的今天，无线电信号可谓无所不在。在变电所中，无线电对二次回路干扰的除来源于通信设备发射的高频电磁信号外，还有高压电气设备的电晕放电及电弧放电等。对来自一次设备的无线电干扰，通常可通过对设备发射的无线电干扰水平的限制或通过电磁屏蔽措施有效地预防。目前，无线电干扰对二次设备构成威胁的主要来自无线电对讲机及手机等通信设备，由于对讲机的发射功率较大，所以威胁更大，在运行现场曾经多次发生使用无线通信设备而造成集成电路型保护动作的情况。

第四节　二次回路抗干扰措施

干扰信号对二次回路安全及保护装置动作正确性的危害有目共睹，对各类干扰采取针对性的措施、抑制其强度、减小其危害是必要的。现对抑制干扰的几种常用措施分析如下。

一、防止静电耦合干扰的措施

抑制静电耦合产生的干扰，可以采用增大耦合阻抗，对二次回路及保护装置进行屏蔽，合理选择二次设备元器件参数等方法。

（1）从式（16－1）可以看出，在相同干扰源电压 U_S 情况下，当耦合阻抗 Z_1 增大时，二次回路的干扰电压 U_T 将下降。耦合阻抗 Z_1 主要是干扰源与被干扰回路间的分布电容 C_1 的容抗，如图 16－7 所示。适当合理布置干扰源与被干扰回路的相对位置，可以减小分布电容 C_1，可以增加耦合阻抗，从而降低干扰电压 U_T。

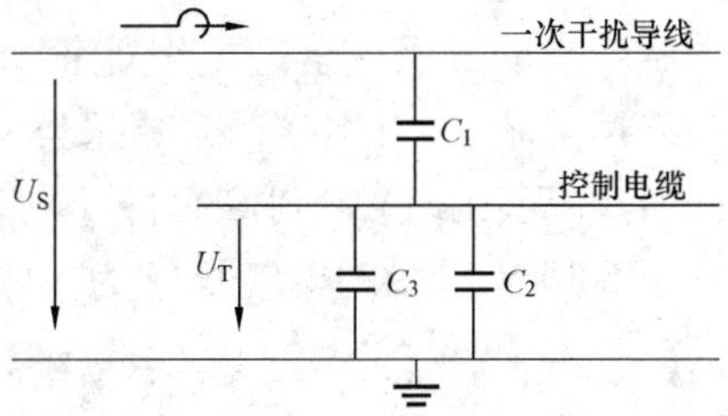

图 16－7　电容对干扰信号的抑制

（2）在二次回路适当地点增加抗干扰电容，如在保护装置的电源入口处及电流、电压互感器二次回路接入保护装置前，可以将式（16－1）中的 Z_2 减小。图 16－7 是采用抗干扰电容后的静电干扰的简化电路图。图中 C_1 为漏电容，对应为式（16－1）中的 Z_1；C_3 为增加的抗干扰电容，其容量一般为几分之一微法至几十微法，等效阻抗为 Z_3；C_2 为二次回路与大地间的分布电容。此时加到二次回路上的耦合电压，即式（16－1）中的 Z_2 可用 Z'_2 来代替，表达式如下

$$Z'_2 = \frac{Z_2 Z_3}{Z_2 + Z_3} \qquad (16-4)$$

式中 Z'_2 为考虑抗干扰电容后的阻抗，由于一般 C_3 的值比 C_2 值大很多，所以 Z'_2 与 Z_2 相比将小很多，对照式（16－1），干扰电压 U_T 也将下降很多。

采用抗干扰电容不但可以防止静电感应的干扰，对无线电干扰及二次回路内容产生的高频干扰也有很好的抑制作用。但是该抗干扰电容对二次回路也会带来一些副作用，如果容量太大，可能会造成不良后果。图 16－8 可以说明抗干扰电容对控制回路的影响。

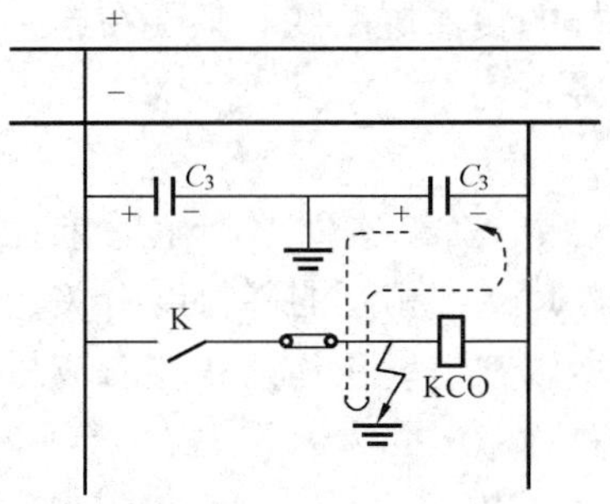

图 16－8　抗干扰电容对二次回路的影响

在图 16－8 电路中，控制母线的额定电压为 U_N，正负控制母线对地的绝缘电阻相等，则正常运行时正电源对地的电压为 $+50\% U_N$，负电源对地的电压为 $-50\% U_N$。可以看出，这时在抗干扰电容上的充电电压为 $50\% U_N$，如果在出口继电器 KCO 的正电源侧接地，接于负电源侧的抗干扰电容 C_3 将通过两个接地点沿着虚线对 KCO 放

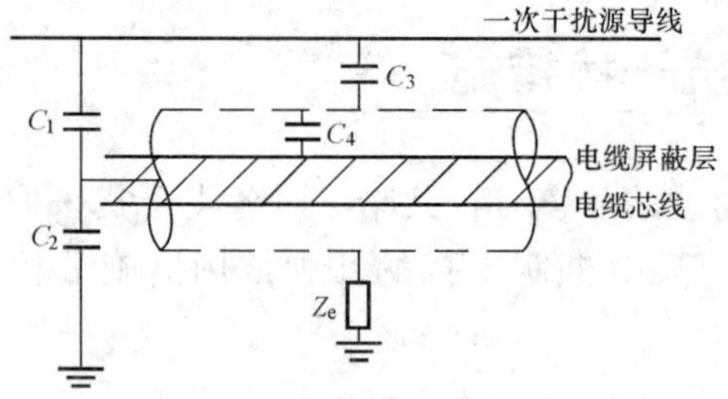

图 16－9　电缆屏蔽的抗干扰图

电，当 C_3 的容量足够大，且 KCO 的动作电压小于 50% U_N 时，KCO 将动作跳闸。这也是规程中要求直接用于跳闸的出口继电器其动作电压不能低于 50% U_N 的原因。

采用屏蔽电缆并将屏蔽层可靠与地网连接，可以有效抑制静电干扰。使用屏蔽电缆的抗干扰原理如图 16－9 所示。

图中由耦合电容 C_1 传递给二次回路的干扰信号被电缆的屏蔽层屏蔽，并通过接地点传入地网。

试验表明，采用屏蔽电缆能将干扰电压降低 95% 以上，是一种非常有效的抗干扰措施。

采用屏蔽电缆的抗干扰效果与屏蔽层使用的材料、制作工艺、接地方式等有关。表 16－1是在现场试验中测得的各种电缆在操作 500kV 隔离开关时的干扰电压，试验中采用的平行于 500kV 母线的电缆长度为 80m，母线长度为 250m。

表 16－1　　操作 500kV 隔离开关时的干扰电压

操作方式	最高暂态电压幅值（p－p，V）				
	塑料无屏蔽电缆	铅包铠装屏蔽	铜丝编织屏蔽	铜带绕包屏蔽	铜钢铝组合屏蔽
单相合闸	5060	170	190	175	163
单相分闸	7800	275	250	280	210
三相合闸	4500	320	490		
三相分闸	9000	340	480		

从表中可以看出，隔离开关操作过程中产生的干扰电压很大，当使用无屏蔽的塑料电缆时，其干扰电压最大达 9000V。当使用屏蔽电缆时，对干扰电压的抑制效果很好，其干扰电压的幅值被抑制到 5% 以下。不同的屏蔽层材料抑制干扰效果很接近。

屏蔽电缆除了对静电干扰有较好的抑制作用外，对电磁干扰和高频干扰也有很好的抑制作用，所以屏蔽电缆在变电所二次回路中得到广泛的应用。

（3）充分利用变电所中的自然屏蔽物，还可以进一步提高抗静电干扰的效果。在控制电缆敷设的路径上或二次设备的安装现场，有很多自然的屏蔽物，例如，电缆隧道和电缆沟盖板中的钢筋、各种金属构件、建筑物中的钢筋等，都是良好的自然屏蔽物。只要在施工中注意将它们与变电所的接地网连接起来就能形成良好的静电屏蔽。

二、防止电磁感应干扰的措施

（1）减少干扰源与二次回路间的互感，能减小由于电磁感应在二次回路产生的干扰电压。从式（16－2）可知，互感 M 与控制电缆及一次导线的长度 L、相互的平行度有关，还受同一回路的两根电缆芯与一次导线的距离之比 b/a 影响，所以在电缆沟道的布置时应尽可能与一次载流导体成直角，减少平行段的长度。从式（16－3）还可以看出，当 $a=b$ 时，二次回路负载上的干扰电压为零。为此，应尽可能使同一回路的电缆芯安排在一根电缆内，尽量避免同一回路的“＋”“－”极电缆芯或电流、电压互感器二次回路中的 ABCN 四芯不在同一电缆内。这是降低感应电压最为有效的措施，并且对任何频率的干扰电压都是有效的。

（2）电磁干扰需要磁性材料来进行屏蔽。在干扰源与二次环路之间设置电磁屏蔽物，使感应磁通不能进入二次环路，即可消除二次回路的感应电压。工程中常用的措施就是使用带电磁屏蔽的控制电缆，其屏蔽效果与屏蔽层材料的导磁系数、高频时的集肤效应、屏蔽层的电阻等因素有关。屏蔽层采用高导磁材料时，外部磁力线大部分偏移到屏蔽层中，而不与屏蔽层内导线相关联，因而不会在导线上产生感应电势。高导磁材料的屏蔽层对各种频率的外磁场都有屏蔽作用。常用的钢带铠装电缆和钢板做成的保护柜，都具有较好的磁屏蔽作用。

非磁性材料的屏蔽层，其导磁率与空气的导磁率相近，故干扰磁通仍可达到电缆芯线。但在高频干扰磁场的情况下，干扰磁场会在屏蔽层上感应出涡流，建立起反磁通与干扰磁场抵消，使芯线不受影响。此种屏蔽的有效频率与屏蔽层的电导率、厚度和电缆外径成反比，有效频率一般在10～100kHz之间。

在较低频率时，涡流产生反磁通的效应小，因而对外面干扰磁通场的抵御作用也小。为增强对低频干扰磁场的屏蔽，电缆的屏蔽层两端或多点接地，使电缆的屏蔽层与接地网构成闭合回路。干扰磁通在这一闭合回路中感应出的电流可产生反向磁通，减弱干扰磁通对芯线的影响。减少屏蔽层和地环路的阻抗，可增强屏蔽效果。所以，在变电所要敷设截面不小于$100mm^2$铜排，该铜排最好连成环网并连接所有屏蔽电缆的两端接地点，这样可以提高屏蔽电缆抗电磁干扰的效果。

三、防止电位差产生干扰的措施

防止电位差干扰对二次回路的影响的措施如下：

（1）确保变电所有一个完善的地电网，有条件时可以补充铜排连接，将各点可能产生的电位差降到最低。

（2）要保证各二次回路对地绝缘良好，确保在地电网产生较大电位差时，不致损坏二次回路绝缘，影响二次回路的正常运行。

对于电流、电压互感器的二次回路，要求严格按照一个电气连接中只能有一个接地点来实施。如果一个电气回路中存在两个接地点，电位差产生的地网电流会穿入该回路，影响保护的正确动作。

四、其他的抗干扰措施

（1）交流回路与直流回路不使用同一根电缆，可以防止交直流间的相互干扰。强电回路与弱电回路不使用同一根电缆、屏内连线不捆扎在一起，可以防止强电回路对弱电回路的干扰。

（2）保护装置内部的弱电，一般不引出装置。需要引出时，必须经光电隔离或继电器转接，以隔离干扰信号。

（3）不采用电缆备用芯两端同时接地的方法作为抗干扰措施。因为这样做，当接地的电缆芯两端地电位不同时，会在接地的电缆芯中产生电流，对不接地的电缆芯产生干扰。

（4）对继电器等电感性元件，要采取防止切断感性电流产生干扰电压的措施。一般采用在感性元件两端并联串有电阻的反向二极管，而不能在继电器触点上并联电容。

（5）为防止户外高压配电装置等产生的无线电干扰波侵到室内，控制室及继电保护室应设电磁屏蔽网，或利用建筑体本身的钢筋连接后作为屏蔽体，保护屏柜及装置的外壳要可靠接地。对集成电路等抗干扰能力较差的保护装置，必要时应增加屏蔽网。在继电器室，应限制使用无线对讲机等无线通信设备。

（6）在可能引入雷电波的回路，可安装避雷装置。

（7）在高频通道中，为降低故障电流或雷击的干扰，一是要求沿高频电缆敷设 100mm^2 铜排；要求将结合录波器的一、二次低分开，二次地要距离一次地 3 ~ 5m，并接在抗干扰铜排上；在高频电缆回路安装隔离工频的电容。

附 录

继电保护不正确动作案例

附录一　辅助触点切断跳闸电流引起干扰误跳三相

1. 事故简述

某电网两座发电厂之间的一条500kV 联络线 L1 线路两侧，分别配有一套微机型高频允许式相间、接地距离保护装置和集成电路高频允许式相间、接地距离保护装置。并装设一套集成电路重合闸装置，用单相重合闸方式。其主接线如附图 1－1 所示。

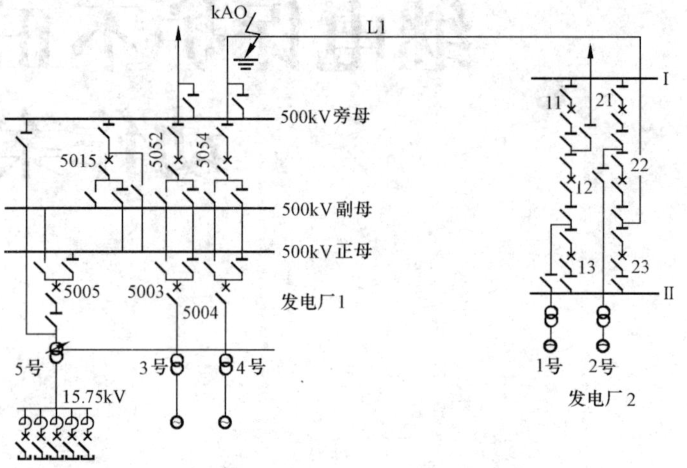

附图 1－1　一次主接线图

1999 年 8 月 4 日 18 点 59 分，发电厂 1 侧 L1 线路出口 A 相避雷器爆炸，造成 A 相永久故障，两套主保护均正确起动，故障录波器显示 70ms A 相断路器跳闸，再经 45ms B、C 二相断路器跳闸，没有重合，三跳信号是微机型保护装置发出的。

发电厂 2 侧 L1 线路二套主保护装置及重合闸装置动作正确，故障后 70ms A 相断路器跳闸，该线路采用顺序重合闸，即发电厂 1 侧重合成功后发电厂 2 侧重合，可减少发电厂 2 大机组的故障冲击，由于发电厂 1 侧 L1 线路已三相跳闸，发电厂 2 侧 L1 线路故障相没有电压，线路三相没有电流的条件成立，立即三相跳闸，动作正确。

由于是永久性故障，两侧保护三相跳闸未造成严重后果，但发电厂 1 侧保护在单相故障情况下未重合而三相跳闸是不正确的。

2. 原因分析

发电厂 1 侧 L1 线微机保护装置打印出的故障报告显示：A 相故障电流持续时间 85ms，实际故障录波器波形图显示 A 相故障电流持续时间为 70ms 切除故障，这 15ms 的差值是微机保护装置的内部时延。故障后 25ms 距离保护 I 段动作，95ms 后返回。

故障后75ms出现10ms的开放三相跳闸脉冲，此时距离保护Ⅰ段尚未返回，随即发出三相跳闸脉冲，115ms非故障相B、C两相断路的跳闸。故障过程图和故障录波图分别如附图1－2和附图1－3所示。

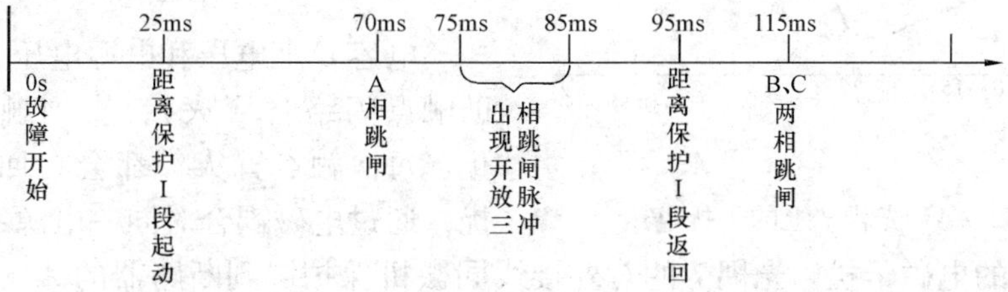

附图1－2　故障过程图

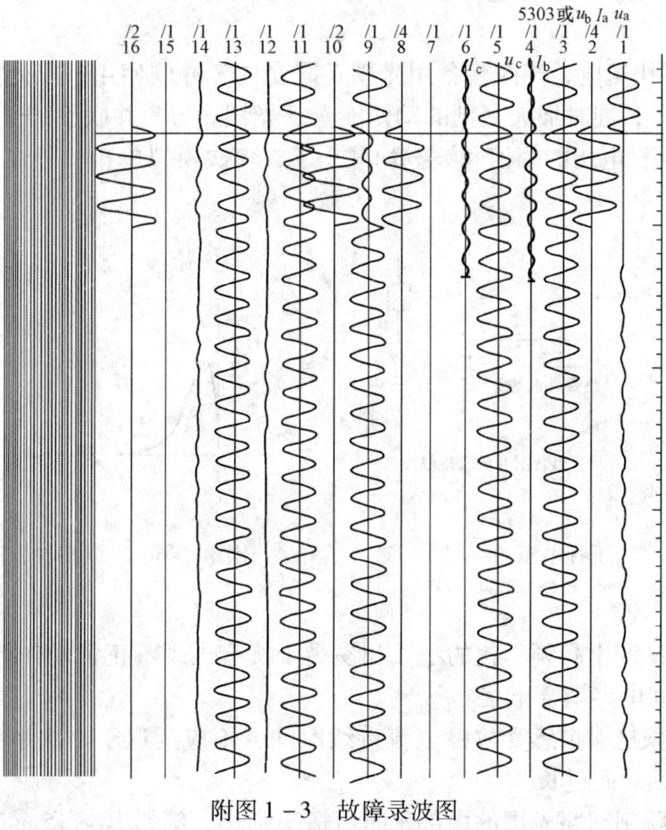

附图1－3　故障录波图

事故后分别作静态模拟A、B、C瞬时单相故障联动断路器试验，误跳三相的概率很高，随后用记忆示波器在微机保护装置内开放三跳的接口光耦7上测量干扰电压，发现在模拟故障相单相跳闸时，单相断路器辅助触点切断跳闸线圈电流的瞬间，光耦7上有干扰脉冲电压，如图1－4所示。

直流电源电压220V，干扰脉冲幅值超过110V时间有5～10ms时间，光耦动作电压为50% U_H，内部延时6.25ms，无法躲过干扰脉冲而三相跳闸。

断路器辅助触点切断跳闸线圈直流电流的瞬间，跳闸线圈中的储存能量需释放，通过杂

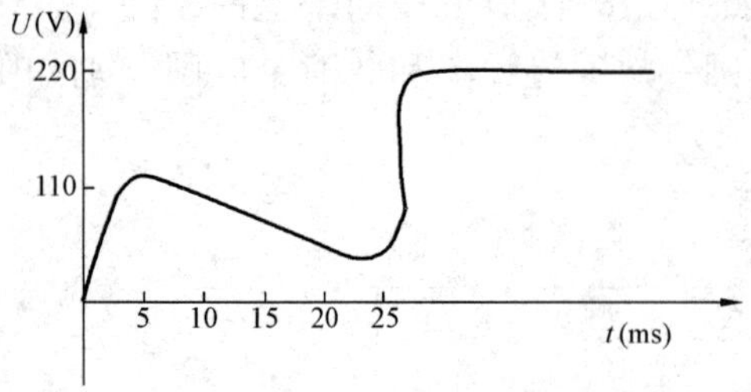

附图 1-4　光耦 7 上的干扰电压

散电容（导线间的耦合电容、抗干扰电容）形成高频谐振回路，将电容充电到高电压。

$$U = \frac{E}{R}\sqrt{\frac{L}{C}}e^{-\frac{R}{C}t}\sin\frac{t}{\sqrt{LC}}$$

电容 C 上电压和电源电压，使初始拉开的辅助触点闪络（冒火），直到触点距离拉大而终止。每次触点冒火，都会在回路中产生暂态干扰，通过电磁耦合对同一电源系统相近的其他回路产生严重的电磁干扰。光耦 7 的对外接线同微机保护屏到断路器的 A、B、C 相跳闸控制电缆间线长约 400m，在保护屏内的小线是扎在一起的，因而，断路器辅助触点切断跳闸线圈电流瞬间产生高频干扰，通过相近的线间电容 C，耦合到光耦 7 上的干扰电压很高，光耦 7 动作，误开放三相跳闸。干扰电压源如附图 1-5 所示。

3. 事故对策

为了使 L1 线尽快送电，当时将备用光耦 6 同光耦 7 并联使用，以此降低输入阻抗，从而降低耦合干扰电压，同时加大光耦的动作能量。光耦 6 与 7 并联后的干扰电压如附图 1-6 所示。录波证明干扰电压的幅值和波宽均减小了，多次模拟单相故障试验正常，不发生单相故障误跳三相。

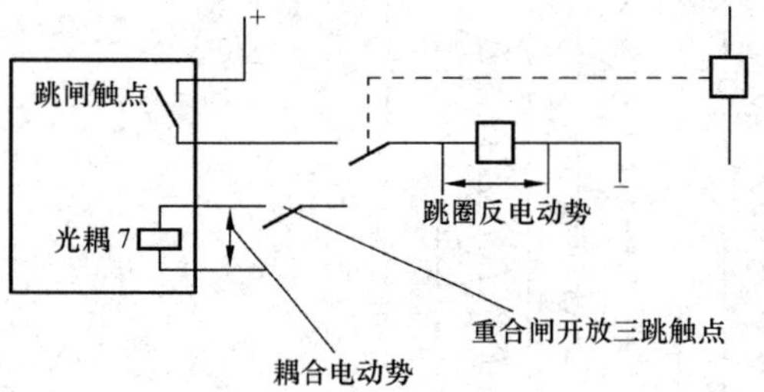

附图 1-5　干扰电压源

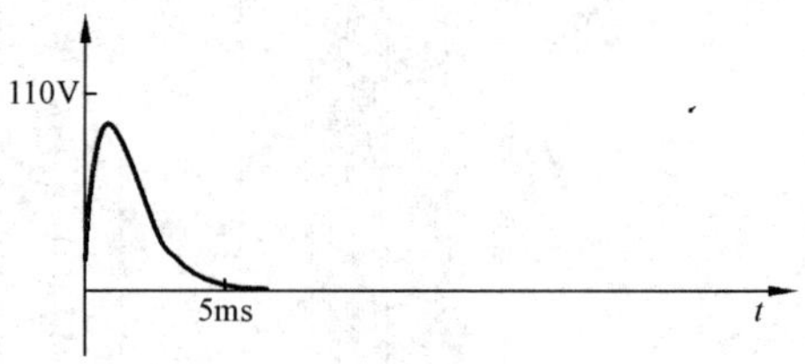

附图 1-6　光耦 6 与 7 并联后的干扰电压

4. 事故教训

（1）保护屏内易产生高频干扰的小线和易受干扰会出现不正常动作行为的小线应分层，分路捆扎，防止线间电容耦合干扰。

（2）研究解决微机保护感受故障电流持续时间，不应延迟于一次系统故障电流持续时间，使继电保护返回时间过长。

（3）开放三相跳闸回路光耦的内部延时可适当延长，例如 10～15ms 左右，能躲过电磁干扰耦合电压的脉冲宽度，也可躲过保护返回时间长而误动，延迟 10～15ms 时间开放三相跳闸对继电保护的动作性能没有多大影响，但对提高抗干扰能力和防止误动有好处。

附录二　辅助触点切断合闸电流引起干扰误跳三相

1. 事故简述

2000 年 7 月 8 日，某 220kV 变电所一条 220kV 线路 C 相发生雷击故障，两套 REL－551 光纤纵差保护、一套接地距离Ⅰ段、零序方向Ⅰ段 100ms 后 C 相断路器跳闸，经 1700ms 后 C 相断路器重合成功（有负载电流），再经 30ms 后无故障三相跳闸，此时没有保护动作的三相跳闸信号，在 FCX－11C 操作箱内第一组和第二组三相跳闸灯亮，合闸灯亮。

2. 事故原因分析

事故后模拟故障，做联动断路器试验，C 相瞬时故障 C 相跳闸，C 相重合成功后立即三相跳闸，FCX－11C 操作箱内两组三相跳闸灯亮，重合闸灯亮，与 7 月 8 日故障时情况相同。随即在 FCX－11C 操作箱拔去 KHT 手跳继电器，再模拟 C 相瞬时故障，C 相跳闸，C 相重合成功，一切动作均正常。测 KHT 动作电压为 120V 正常（直流电源 220V）。用录波试验仪对操作屏幕内小线进行监测，再次模拟 C 相瞬时故障，由录波图上发现通道 11（起动 KHT 小线）在合闸脉冲消失瞬间有一个正跃变干扰脉冲，该脉冲幅值为 220V，脉宽为 6ms，如附图 2－1 通道 11。KHT 是小密封继电器，其动作电压为 $0.6U_e$，动作时间 5ms 左右。当电压为 220V，脉宽为 6ms 的干扰脉冲进入后，足以使 KHT 手跳继电器动作误跳三相。干扰源是 C 相断路器重合闸后断路器辅助触点切断合闸电流瞬间产生的，合闸线圈中的储能通过杂散线间电容 C 形成高频谐振回路，对线间电容 C 充电到高电压，使辅助触点“冒火”，直到触点距离拉大而终止。每次接点“冒火”都会在回路中产生暂态干扰，通过电磁耦合对同一电源系统相近的其他回路产生严重的电磁干扰。该线路的断路器三相不一致保护在断路器操动机构内形成，其跳闸电缆返回到保护室操作屏 FCX－11C 操作箱内起动 KHT，这根控制电缆很长，且与断路器合闸操作回路在同一根控制电缆内，两线间电容 C 很大，另外在操作屏和 FCX－11C 操作箱内这些小线也是捆扎在一起，在切断合闸电流的瞬间，产生的暂态干扰电压，通过线间电容 C 耦合来的差模和共模干扰，使 KHT 动作，误跳三相。干扰脉冲录波图见附图 2－1。

在模拟试验过程中将操作屏后小线松开逐一检查是否有绝缘损伤，没有发现异常后重新捆扎，此后再做试验，KHT 不再误动。说明各小线间的杂散电容有变化，干扰电源的切入点有改变，KHT 感受到的干扰电压的幅值和脉宽变小而不会起动。

3. 采取措施

（1）跳闸、合闸的小密封继电器线圈上不宜接有很长的小线及控制电缆，防止线间电磁干扰而误起动。

（2）手跳继电器不宜用小功率快速动作的继电器，可使用动作时间稍慢且动作能量大的电磁型继电器，提高抗干扰能力。

（3）接到断路器跳闸、合闸的控制电缆应同继电保护跳闸及开放三相跳闸的屏内连线尽量远离布置。

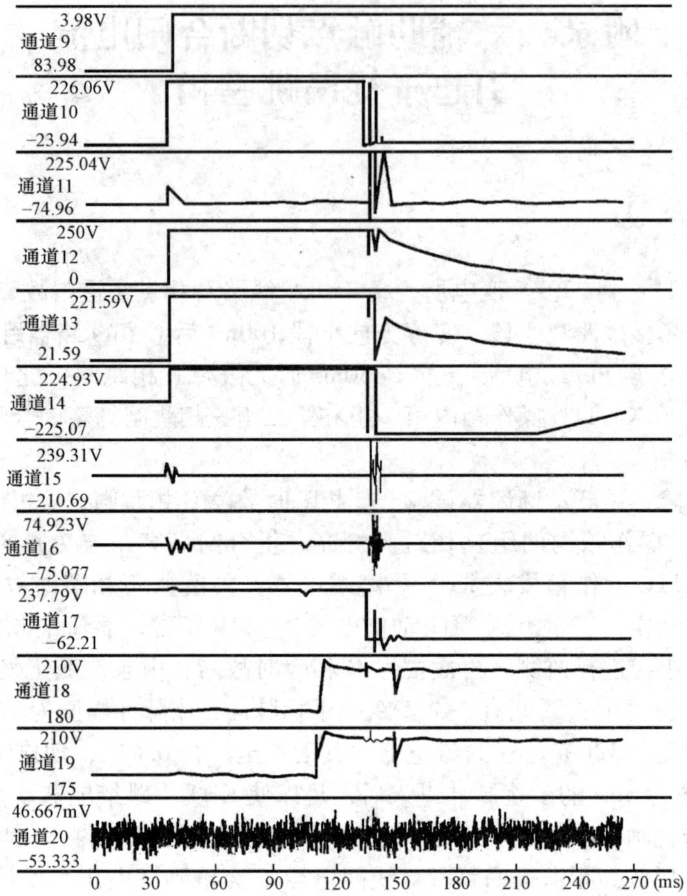

附图 2－1　干扰脉冲录波图

附录三　若干起主变压器重瓦斯保护误动跳闸

一、交直流电源混接造成重瓦斯保护误跳闸

1. 事故简述

1989年5月5日11点10分，某500kV变电所（主接线如附图3－1所示）扩建工程中，继电保护人员检查52、53断路器低气压闭锁触点接线是否正确，发现“201”没有正电源，随即将“201”同“01”（正电源）连通时，发出直流接地信号，接着3号主变压器重瓦斯出口中间继电器动作跳闸，重瓦斯掉牌信号动作。

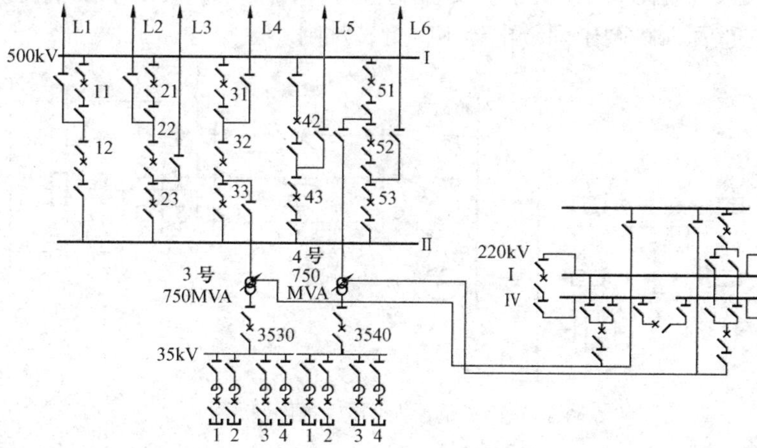

附图3－1　某变电所500kV一次主接线图

1994年6月28日14点12分，该500kV变电所3号主变压器运行中无故障跳闸，A、C两相重瓦斯保护动作信号掉牌，跳闸同时变电所内有直流接地信号，事后对3号变压器瓦斯保护等二次回路用万用表进行了绝缘检查，未发现异常。

1994年7月1日，该变电所发生L6线路二次回路直流接地，3号主变压器在运行中重瓦斯保护又无故障跳闸。（检查发现511隔离开关操动机构到隔离开关控制箱的一根控制电缆中直流正电源线与交流220V相线间绝缘为零）。

2. 原因分析

同一座变电所、5年内发生三次主变压器重瓦斯保护无故障跳闸。事后检查发现设计图纸错误。设计部门误将52断路器A、B、C三相一组动断辅助触点同时给断路器非全相运行准备三跳回路和隔离开关操作闭锁回路使用，前者准备三相跳闸回路用于直流电源回路，要求断路器三相动合与动断辅助触点各自并联后串联。而隔离开关操作闭锁回路用交流电源，

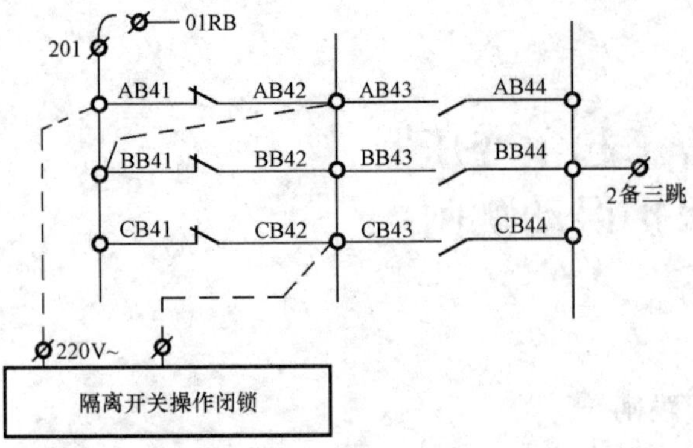

附图 3－2　交、直流电源混接示意图

要求三相动断辅助触点串联（如附图 3－2虚线所示），同一组动断辅助触点的接线既并联又串联，实际上 52 断路器的这组动断辅助触点被短接而退出闭锁功能，这样设计造成如下后果：

（1）52 断路器合闸后由于动断辅助触点被短接，动合辅助触点闭合，立即开放三相跳闸回路，无法实现单相重合闸方式运行。

（2）52 断路器在分闸位置才允许隔离开关操作的闭锁功能消失，因为断路器三相动断触点被短接了。这给隔离开关误操作提供了允许条件。

（3）直流系统正极同交流电源连接在一起，交、直流电源混接，造成直流电源正极接地，这对变电所内继电保护安全运行构成威胁，由于瓦斯保护控制电缆较长，约 400m 左右，对地电容量大，如附图 3－3 所示。交流电源经 V1～V3 二极管半波整流后叠加在电磁耦合干扰电压上，重瓦斯跳闸中间继电器 KC 更易跳闸。

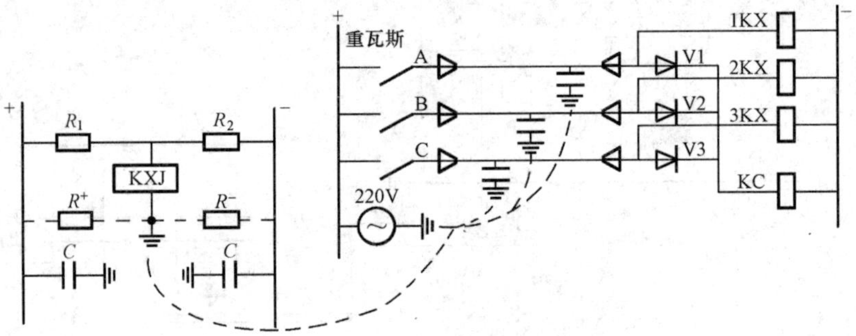

附图 3－3　重瓦斯保护跳闸示意图

（4）该变压器的继电保护装置的中间继电器的动作电压普遍较低，约 $0.3U_N$ 左右，这也是直流接地时造成重瓦斯保护无故障跳闸的原因之一。

附图 3－4 是通过直流正极接地电磁耦合干扰电压的等值电路图。图中 R_+ 是直流系统正极对地的等值电阻，若直接接地，则 $R_+=0$。重瓦斯保护跳闸中间 KC 分到直流耦合电压 U_1。

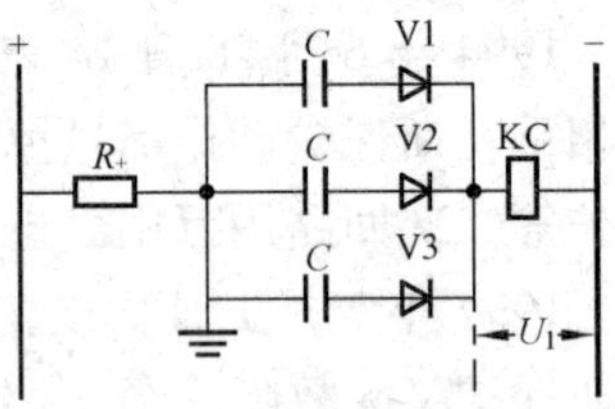

附图 3－4　电磁耦合干扰电压 U_1 等值图

（5）重瓦斯保护跳闸中间继电器 KC 同分相动作信号继电器 1KS～3KS 之间有二极管隔离，见附图 3－3。二极管对交流有整流作用，如附图 3－5 和附图 3－6 所示。瓦斯保护跳闸中间继电器 KC 除有电磁干扰耦合过来的直流电压 U_1 外，还叠加有经 V1～V3 二极管将交流 220V 半波整流脉动电压 U_2，交流电源对耦合电容 C 的充放电过程使半波整流的脉动电压连续。

$$U_{KZ}=U_1+U_2$$

这是直流电源正极混接交流电源时容易造成重瓦斯保护无故障跳闸的根本原因。

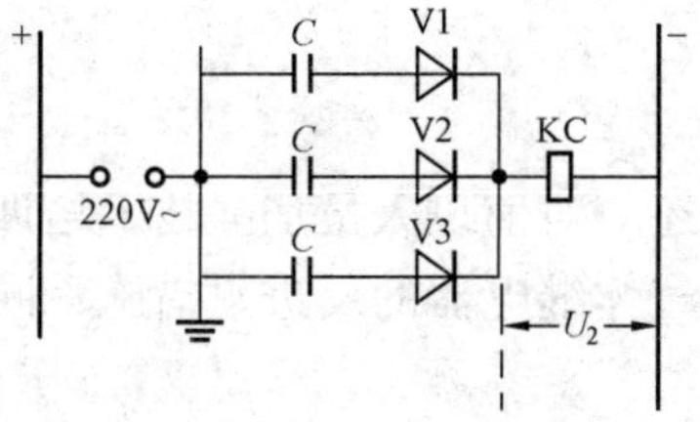

附图 3－5　交流半波整流电压 U_2 等值图

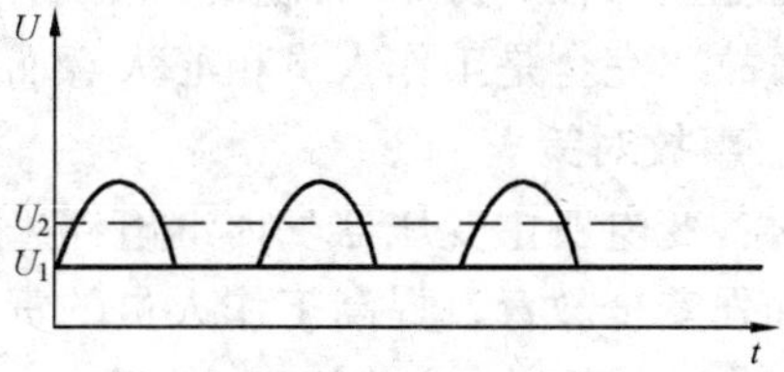

附图 3－6　交、直流混接时 KC 两端电压

3. 事故对策

（1）修改设计图纸，改正接线，52 断路器用两组动断辅助触点分别接入隔离开关操作闭锁回路和准备三相跳闸回路。交流、直流、强电、弱电回路不能合用在同一根控制电缆中，避免芯线间感应出干扰电压。

（2）设计单位加强对运行单位设计图纸交底，加强双方的设计联络工作，这不但能减少设计图纸的差错，还可使设计图纸更符合运行实际的需要。

（3）提高重瓦斯保护跳闸继电器的动作电压到（0.55～0.6）U_N。

4. 事故教训

（1）工程图纸审核往往忽略二次回路安装接线图纸的审核，因而没有及时发现交流、直流电源在同一根控制电缆中，造成同一组断路器辅助触点同时给两个不同回路使用的错误。

（2）检查二次回路设备绝缘，万用表一般是不能发现问题的，除非全部击穿，只有用 1000V 绝缘电阻表检查回路，在加电压时才能发现绝缘不良。

二、未考虑防雨措施造成重瓦斯保护误动跳闸

1. 情况简介

1990 年 7 月 29 日，其变电所 1 号主变压器轻瓦斯保护连续两次发出动作信号。值班员对 1 号主变压器气体继电器进行外部检查，未发现异常，误判断为气体继电器内部可能有气体。过了 25min，1 号主变压器重瓦斯保护动作，两侧断路器跳开。

事后检查，1 号主变压器气体继电器接线盒盖封闭不严进水，重瓦斯出口触点连接端子短路，造成气体继电器触点因绝缘降低击穿而跳闸。

1998 年 3 月 13 日，天降中雨，某变电所发出直流接地信号。半个小时后一台主变压器三侧断路器跳闸，对气体继电器检查，发现接线盒内有积水。

2. 事故原因

第一次事故是由于在主变压器气体继电器安装时接线盒内导线预留过长，造成接线盒扣不严，留有缝隙，以至在特定风向下下雨时，雨水进入盒内，使接线端子短路，造成气体继电器触点绝缘降低击穿而跳闸。

暴露问题是：①安装工艺不良，且在工程验收及定期校验时又未认真检查；②对气体继电器“进水反措”执行不力。此外，运行人员技术素质有待进一步提高。当发轻瓦斯信号后，若考虑到接线盒进水，进行相应的检查和处理，7 月 29 日的事故有可能避免。

第二次事故的原因是：在上一次停电清扫时，将气体继电器接线盒盖拿掉，工作结束后

未将盖盖上。在 3 月 13 日晚的风雨中，接线盒进水，将全部接线端子淹没，造成变压器的停电事故。完全是工作人员粗心大意而造成的。

3. 事故对策

对各变电所主变压器气体继电器采取防进水措施，还应对值班人员加强技术培训。

加强安全教育，提高工作人员的责任心；认真执行气体继电器的反进水措施；同时还应执行工作完结后的检查制度。

三、基建遗留问题造成变压器有载调压瓦斯保护误动

1. 情况简介

某 330kV 变电所，1 号主变压器是容量为 240MVA 的三绕组自耦变压器，该变压器的有载调压部分配置瓦斯保护。

1999 年 8 月 4 日，变电所所在地区 3h 连降 3h 大雨。变电所的直流系统出现接地，工作人员在主变压器本体端子箱找接地点。

当日 20 时，1 号主变压器有载调压部分重瓦斯保护动作，跳开三侧断路器，造成该变电所 110kV 母线停电，所带的 3 个 110kV 变电所，也全部失压，共甩负荷 58MW。

事故后检查发现，1 号主变压器有载调压重瓦斯保护触点引出线（01 及 015），在主变压器本体端子箱进口处外层绝缘磨损。因下雨等原因，事故前 015 线已接地。而工作人员在找直流接地点时，又将 01 线误碰端子外壳，相当于将重瓦斯触点短接。

2. 原因分析

事故原因是：基建工程质量验收把关不严。在主变压器本体端子箱二次电缆进口处未加绝缘垫，使电缆芯线外层绝缘磨损，造成雨天接地。在检查直流地时，又造成另一线接地。故使保护误动。

3. 事故对策

严格施工工艺，把好工程质量关。应按照规程规定检查及验收二次设备。

附录四　电流回路两点接地引起的事故

1. 事故简述

1993年10月20日，220kV W1线发生B相接地短路，甲侧零序电流不灵敏二段4.0A、0.5s动作，跳开B相断路器，单相重合成功。由故障录波器录得，甲侧零序电流为3240A，电流互感器变化比为1200/5，折合二次为13.5A。经巡线，故障点位于该侧零序电流一段范围内，即零序电流不灵敏一段定值为10.2A，灵敏一段定值为9.6A，这两个一段保护均应动作，但其信号继电器均未掉牌。

此外，由甲侧220kV母线引出的另一条W2线的零序电流带方向不灵敏二段，定值为2.4A、0.5s，由选相拒动回路出口动作后跳开三相断路器，未重合（重合闸投“单重”方式）。由故障录波器录得W2线乙侧零序电流为600A，折合到二次为2.5A，本属反方向，保护不应动作。该变电所接线如附图4－1所示。

2. 事故分析

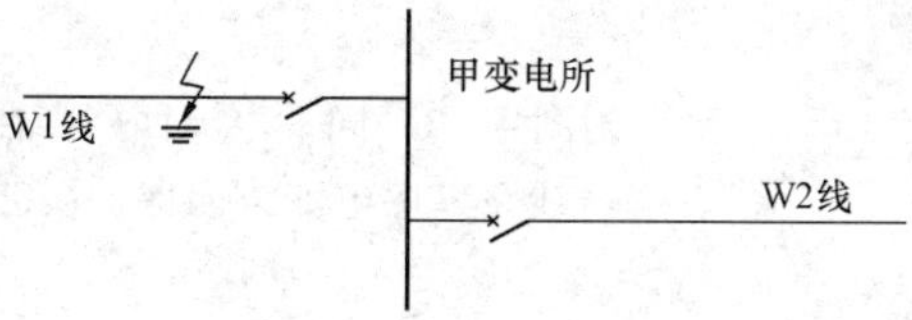

附图4－1　变电所接线示意图

经过现场调查，这两回线已安装了过负载解列装置，要求当两回线任一相负载电流之和达到一定值时，将线路解列运行。如附图4－2所示，由于两组电流互感器各自的中性点仍接地，出现了两个接地点。当其中一回线路发生接地短路故障时，非故障线路的电流互感器二次零序回路将通过电流，对于零序功率方向元件的电流线圈，电流正好流入其极性端。零序电压取自母线上电压互感器的三次绕组，则零序功率方向元件动作。

从附图4－2中标出的电流流向（未考虑负载电流影响），经N′点分流后，W1线的Ⅰ侧零序电流不灵敏及灵敏一段保护均不会动作，而非故障的W2线Ⅱ侧，零序电流不灵敏二段可以动作，且方向符合正向要求即可动作跳闸。

3. 采取对策

由于两个电流互感器回路同时存在两个接地点引起分流。为此，在附图4－2中，将两个接地点取消，改由N′点接地，即可消除非故障线路零序电流保护的误动作。必须注意，当任一回线路停运。二次回路有作业时，绝对不能拆动N′的接地点，否则在该二次回路上将出现高电压，影响人身和设备的安全，这是采取的对策之一。

对策之二，仍然保留两个接地点，制作一台中间电流互感器，在其铁芯上，绕制三个匝数相同的电流绕组，其中两个绕组分别接入两回线路电流互感器二次的同名相电流（如均为A相），以取得“和”电流。将第三个绕组接入过负载解列装置的电流回路。这样作，也可避免零序电流分流。这种情况，当任一线路停运时，可以拆动停运线路的接地线，不会出现高电压。但制作时，对中间电流互感器的特性必须满足10%误差（包括主电流互感器误

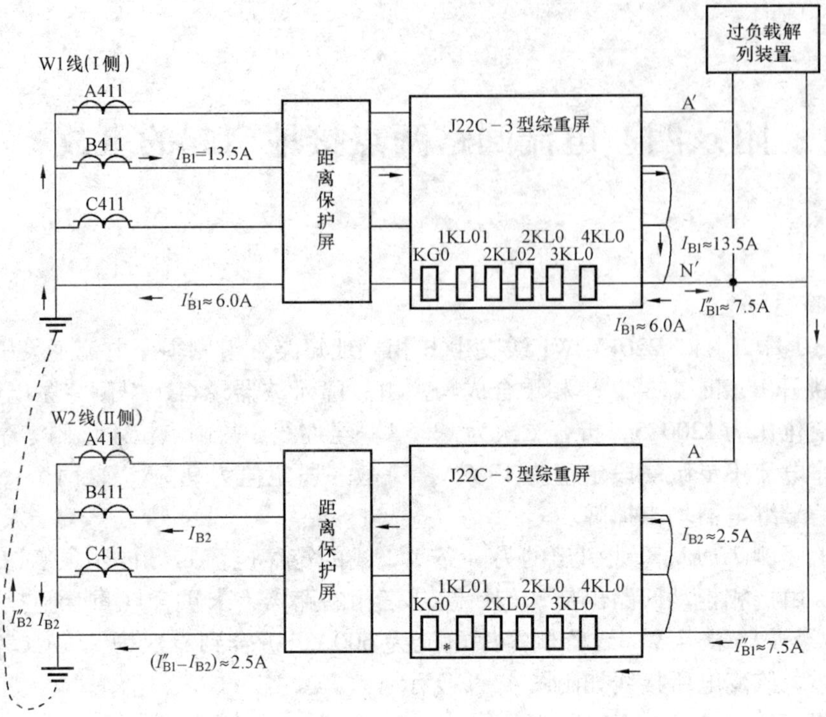

附图4－2　同一电流回路存在两点接地，引起非故障线路零序电流方向保护误动作跳闸的接线回路图

差）要求。

4. 经验教训

经了解，改动二次回路接线前，没有绘制出正式的展开图，未经技术专责人审查就开始改动二次回路接线，违反了同一电流互感器二次回路只允许存在一个接地点的规定，这是应该吸取的教训。

附录五　运行人员操作不当引起 500kV 主变压器跳闸

1. 事故简述

某 500kV 变电所其 500kV 部分一次为 3/2 断路器接线。1 号主变压器 500kV 侧 5041 断路器停役，5042 断路器仍运行（带 1 号主变压器）。运行人员正在执行更换操作机构的空压机操作。当运行人员在执行“5041 断路器由运行改检修方式”的操作任务时，因操作不当，致使 1 号主变压器 500kV 侧 5042 断路器、220kV 侧 2501 断路器跳闸。情况如下：

10 月 16 日 6：09，调度发令操作。操作任务是“1 号主变压器 5041 断路器从运行改为断路器检修。”操作至第九项“短接 1 号主变压器 5041 断路器 TA 二次侧 1SD 端子”时，当班值长对当班正值的操作方法提出了异议。正值认为先拆开 TA 连片再用连片短接，而值长提出应先短接后再拆开连片。正值即按值长的意见操作。

6：41，正值短接连片时，1 号主变压器谐波制动纵差保护动作，造成 1 号主变压器 5042、2501 断路器跳闸，同时，1 号主变压器三台低抗断路器也因失压而自切。

8：42，1 号主变压器恢复运行。虽然当时该变电所 1 号、2 号主变压器并列运行（1 号主变压器负荷为 225MVA），没有造成停电，但是，作为 500kV 枢纽变电所发生这一误操作事故，其性质是十分严重的。

2. 事故分析

这次事故的直接原因是操作人员在短接停役的 1 号主变压器 5041 断路器 TA 二次侧电流端子时采取了错误的操作方法，致使运行中的 1 号主变压器 5042 断路器 TA 二次侧同时被短接，差动回路中产生相当于负载电流二次值的不平衡电流，造成 1 号主变压器谐波制动纵差保护动作出口。

事故暴露的主要问题如下：

（1）管理上存在问题：

1）虽然变电所内继保规程对这次操作有具体的要求，但没有将 TA 端子的拆开、短接分两步写入所内的典型操作票中。

2）培训不力。在主变压器投运前对值班员进行了操作培训，但对一些难以碰到的操作培训不够，以致值班员只知其然而不知其所以然。

（2）执章不严。安规规定：“操作中发生疑问时，应立即停止操作并向值班调度或值班负责人报告，弄清问题后，再进行操作。”而这次操作时，值长和正值虽在操作上存在异议，发生了疑问，但值长、正值、副值无一人提出应中断操作，待请教技术人员、翻看图纸或去查阅规程，弄清情况后再进行。正值仍按值长的意见进行操作，致使错误没有得到及时的纠正。

3. 防范措施

（1）立即修订补充典型操作票，特别是对差动 TA 回路切换操作，应严格规定操作方法与先后顺序。此外，组织专业人员对典型操作的安全性作一次全面的评价，寻找并消除操作中可能出现的事故隐患。

（2）加大培训工作的力度，特别是重要操作、事故处理等实用知识的培训。

（3）加强职工的安全思想教育，严格执章。

附录六　110kV变电所内桥备投拒动

1. 事故简述

2003年10月，某电网的一条110kV线路发生单相永久性接地故障，线路电源侧（220kV变电所的110kV出线）线路保护动作跳闸，重合不成，线路失电。而T接于该线路上的一座110kV变电所内桥断路器上装设的备用电源自投装置却未动作，造成该变电所110kV Ⅰ段母线及1号主变压器失电。该110kV变电所电气主接线见附图6-1所示。

事故后，继电保护专业人员立即到达现场了解事故情况，以及线路保护和备自投装置的动作信息。

现场查看发现：1号主变压器中心点放电间隙有明显的放电痕迹。事故时1号主变压器35kV侧的小发电机组（共计15000kW容量）正并网发电。保护动作信息为：1号主变压器后备间隙零序电流保护（80A/0s）动作出口跳35kV小发电并网线；110kV 1号进线零序过流（960A/0s）保护动作，该进线保护动作后不跳闸，仅闭锁了110kV内桥备自投装置。

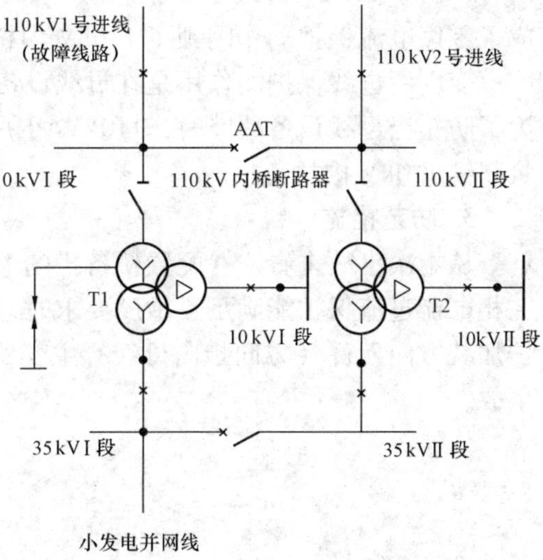

附图6-1　110kV变电所电气主接线

该110kV线路电源侧的LFP-941保护动作报告显示：方向零序电流Ⅰ段（1320A/0s）、接地距离Ⅰ段保护动作跳闸，2s后重合闸动作，重合于故障线路，方向零序电流、接地距离保护再次动作跳闸。故障录波分析报告显示事故由线路A相永久性接地故障引起。从故障发生到切除时间为50ms，在2265ms时合闸于永久性故障，约在2365ms时再次切除故障。故障相电流（最大峰值）为：5800A，零序电流为：4835A。故障测距为：7.57 km。

110kV变电所35kV并网线路发电厂侧断路器解列保护正确动作0.5s与系统解列。

2. 事故分析

事故后，根据线路专业人员寻线确认A相发生永久故障。测算距离约在10km左右，与LFP-941微机保护和故障录波分析测距接近。

综合以上信息分析，可看出：110kV线路电源侧微机保护的动作和测距都是正确的。故障录波器正确动作，录波完好。

存在的问题是该110kV变电所装设的微机备自投装置未动作，造成1号主变压器失电。备自投未动作的直接原因是110kV 1号进线零序保护动作后闭锁了备自投，而1号进线零序保护的动作是由于1号主变压器中心点放电间隙的击穿引起的。那么，在此过程中，1号主变压器中心点放电间隙是否会被击穿呢？对此进行了分析。

根据运行经验，在系统正常运行的情况下发生单相接地故障时，放电间隙不应当动作。在电源侧的110kV线路断路器未跳开前，由于该线路电源端220kV变电所的主变压器110kV侧中性点是常接地运行的（自耦变压器的运行规定）。110kV故障线路的零序电压升高受到一定的制约（计算得出该110kV变电所的入口处零序电压为35000V左右），不应达到110kV主变压器中性点间隙的击穿电压（约50000V左右）。但当220kV变电所的110kV出线断路器跳开后，存在主变压器35kV侧小发电电源向110kV侧倒供故障电流的情况。35kV侧的小发电电源在110kV系统电源端第一次跳闸后，主变压器110kV中性点电压升高击穿主变压器间隙，被击穿的中性点与故障点间构成零序回路。1号主变压器间隙零序保护动作报告显示中性点故障电流为1026A，已达到变电所1号进线零序电流保护定值（960A/0s）。同时，由于110kV进线零序保护动作闭锁备投回路具备自保持功能（需人工复位），因此造成了零序电流保护动作闭锁了110kV内桥备投。

变电所进线保护的作用是在母线设备检修后作为充电保护投入，正常情况下停用。同时为了防止当母线设备故障时，110kV内桥备投动作造成事故的扩大，所以进线保护动作后还将闭锁110kV内桥备投。

3. 防范措施

从本次事故来看，在配置桥备投的110kV变电所进线保护设置方面应考虑类似的情况。在相电流过流保护能满足灵敏度要求时，应适当提高零序过流保护的定值和考虑零序过流保护加装方向元件（方向指向母线、主变压器）。以避免上述桥备投闭锁引起主变压器失电的事故。

附录七　220kV线路单相故障误跳三相

1. 事故经过

2001年10月29日16：00某变电所与电厂的220kV联络线路保护（接地距离1段、方向零序1段、高频闭锁零序及相差高频保护）动作三相跳闸，未重合，造成该变电所与系统主力电厂解环运行。对侧电厂的保护是A相跳闸A相重合。事后，组织的线路事故寻线发现故障是由于瞬时A相接地（道路施工吊车碰线）造成。而该变电所侧的线路重合闸实际上为“单重”方式，线路单相瞬时性故障应重合一次。因此，这是一起由于该变电所保护不正确动作而影响了系统的安全稳定运行的严重异常。

该变电所侧线路保护配置为WXB－11C微机保护并加上JGX－11D晶体管相差动高频保护，JGX－11D由WXB－11C保护的“N”端子开入经WXB－11C综重选相出口跳闸。WXB－11C的重合闸方式为“单重”方式，即单相故障单相跳闸单相重合；相间故障、二相接地及三相故障均三相跳闸不重合。由该变电所侧的WXB－11C故障打印报告、故障录波图均表明是该220kV线路A相接地故障（A相故障电流为7720A）。那么是什么原因导致了在单相故障情况下该变电所侧保护三跳出口而对侧电厂同样配置的保护却动作正确呢?

2. 事故分析

首先分析该变电所侧WXB－11C保护装置的故障打印报告，事故总报告如下：

15ms	Io1CK
25ms	1ZKJCK
26ms	GBIoCK
56ms	NT3CK

由这份报告可以看出，引起三相跳闸的保护是经WXB－11C“N”端子选相出口的保护，即JGX－11D相差动高频保护。相差动高频保护本身不具备选相功能，这样看来是WXB－11C综重的选相元件出了差错，同样的选相元件在对侧电厂却正确动作了。

通过对电厂和该变电所两侧的故障录波图的对比分析，发现两侧断路器的动作时间有较大的差异：电厂侧A相断路器在故障发生后60ms左右跳开，而该变电所侧断路器是在故障发生后90ms左右三相跳闸。当对侧电厂侧A相断路器跳闸后，对于该变电所侧而言，在这30ms的时间内，实际上是A相发生了接地又断线的复故障。变电所侧非故障的B、C两相上也出现了一定的故障电流，变电所侧录波图测出B、C两相故障电流约1080A，相位与A相故障电流相位相反。

WXB－11C保护综重内的选相元件仅提供给外部保护（如JGX－11D相差动高频保护等）出口选相使用。其选相原理为故障初始采用相电流突变量选相，随即改由阻抗选相直至故障切除。综重内共设置了6个阻抗选相元件，即Z_a、Z_b、Z_c、Z_{ab}、Z_{bc}、Z_{ca}，这6个阻抗选相元件在故障发生后不断的进行测量。

附图 7-1　同名相接地断相示意图

在故障发生 60ms 内，两侧的保护测量及选相都是正确的。对侧电厂 A 相断路器跳开后，变电所侧 WXB-11C 综重内的 Z_b、Z_c、Z_{bc}不会动作（因为此时的 Z_b、Z_c 方向为反向；B、C 相故障电流数值接近，方向相同，因此 Z_{bc} 测量为负荷阻抗）。但 Z_{ab}、Z_{ca}则可能动作。Z_{ab}、Z_{ca}的选相动作导致了“NT3CK”（“N”端子开入保护出口三相跳闸）。

理论分析计算如下（忽略实际负荷电流）。

（1）两侧系统短路阻抗及电气参数（$U_b=230kV\quad S_b=1000MVA$）。

电厂侧：$Z_{1xt\,Ⅰ}=j0.06329$（Ω）　$Z_{0xt\,Ⅰ}=j0.09173$（Ω）

变电所侧：$Z_{1xt\,Ⅱ}=j0.1551$（Ω）　$Z_{0xt\,Ⅱ}=j0.2725$（Ω）

（2）以故障点为界两侧线路阻抗。

电厂侧：

$Z_{1L\,Ⅰ}=0.03352+j0.16943$（Ω）

$Z_{0L\,Ⅰ}=0.25723+j0.4412$（Ω）

变电所侧：

$Z_{1L\,Ⅱ}=0.01538+j0.07777$（Ω）

$Z_{0L\,Ⅱ}=0.1181+j0.09173$（Ω）

$Z_{1\,Ⅰ}=Z_{1xt\,Ⅰ}+Z_{1L\,Ⅰ}=0.03352+j0.23272$（Ω）

$Z_{0\,Ⅰ}=Z_{0xt\,Ⅰ}+Z_{0L\,Ⅰ}=0.25723+j0.53292$（Ω）

$Z_{1\,Ⅱ}=Z_{1xt\,Ⅱ}+Z_{1L\,Ⅱ}=0.01538+j0.23287$（Ω）

$Z_{0\,Ⅱ}=Z_{0xt\,Ⅱ}+Z_{0L\,Ⅱ}=0.11807+j0.47501$（Ω）

$Z_{1\Sigma}=Z_{1\,Ⅰ}+Z_{1\,Ⅱ}=0.0489+j0.46559$（Ω）

$Z_{0\Sigma}=Z_{0\,Ⅰ}+Z_{0\,Ⅱ}=0.3753+j1.00793$（Ω）

（3）变电所侧故障相电流计算。

$$\dot{I}_A=\frac{(2Z_{0\Sigma}+Z_{1\Sigma})\ 3\dot{U}_{KA[0]}}{(Z_{0Ⅱ}+2Z_{1Ⅱ})(2Z_{0\Sigma}+Z_{1\Sigma})-2(Z_{0Ⅱ}-Z_{1Ⅱ})^2}$$
$$=8344.5\angle-82.11°\ (A)$$

（4）变电所侧健全相电流计算。

$$\dot{I}_B=\dot{I}_C=\frac{(Z_{1Ⅱ}-Z_{0Ⅱ})\ 3U_{KA}[0]}{(Z_{0Ⅱ}+2Z_{1Ⅱ})(2Z_{0\Sigma}+Z_{1\Sigma})-2(Z_{0Ⅱ}-Z_{1Ⅱ})^2}$$
$$=841.9\angle92.77°\ (A)$$

$\dot{I}_{AB}=\dot{I}_A-\dot{I}_B=9183.3\angle-82.59°$（A）

$\dot{I}_{CA}=\dot{I}_C-\dot{I}_A=9183.3\angle97.41°$（A）

$\dot{U}_{AB}=230\angle30°$（kV）

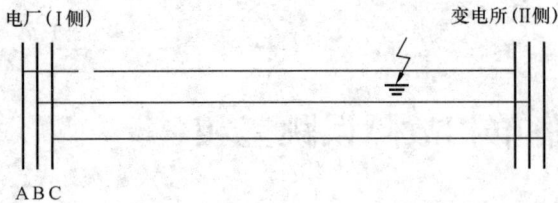

$\dot{U}_{CA}=230\angle 150°$（kV）

$Z_{AB}=\dot{U}_{AB}/\dot{I}_{AB}=25.05\angle 112.59°$（Ω）

$Z_{CA}=\dot{U}_{CA}/\dot{I}_{CA}=25.05\angle 52.59°$（Ω）

由理论计算验证：此时A、B相阻抗正处于选相阻抗（WXB－11C保护装置综重选相阻抗动作区为－15°～115°，定值为50Ω）临界动作区，而C、A相阻抗则完全处于选相阻抗动作区。这就是“NT3CK”的原因。

3. 防范措施

由此可以看出，如果高压线路保护的配置是WXB－11C和另一套须经WXB－11C保护选相的外部保护构成，且线路两侧断路器的切除故障时间差异较大时，单相故障导致断路器后跳闸一侧保护误出口三跳的情况是存在的。因此在保护选型和保护改造中均应避免这种情况的出现，已存在这种保护配置的线路应及早将无独立选相功能的保护（如JGX－11D相差动高频保护）更换为一套完整的具有独立选相功能的微机保护。

附录八　主变压器空投时差动保护误动

1. 事故经过

2003 年 8 月，某 220kV 变电所 1 号主变压器，投运一年后进行常规预试检修。该主变压器为 180MVA 容量的自耦变压器，配置了双重化主变压器微机保护（其中一套主保护为二次谐波制动原理的比率差动保护，另一套为波形对称制动原理的比率差动保护）。当主变压器复役合闸送电时，两套差动保护同时出口跳闸。因此，现场运行及检修人员进行了详细的检查和分析工作，致使该主变压器比计划时间推迟了 3h 恢复送电。

2. 事故分析

主变压器是 ABB 公司生产的 180MVA 自耦变压器，其型号：OSFPSZ9 – 180MVA/220kV；额定容量 180/180/90/40MVA；额定电压：220 ×（ + 10， – 6） × 1.25%/118/37.5kV；接线组别：YN，a0yn0d11；额定档位下的短路电压：H – M 9.33%，H – L 31.45%，M – L 19.96%；P_0 = 50.999kW，I_0 = 0.06%；三侧差动保护用电流互感器：220kV 侧型号 IOSK – 245 变比 1200/5，110kV 侧型号 IOSK – 123 变比 1200/5，35kV 侧型号 LAB6 – 40.5WG 变比 2000/5。

在事情发生后，现场工作人员与保护制造厂家的专家一起调阅了保护装置内部的合闸涌流录波图，如附图 8 – 1、附图 8 – 2 和附图 8 – 3 所示。

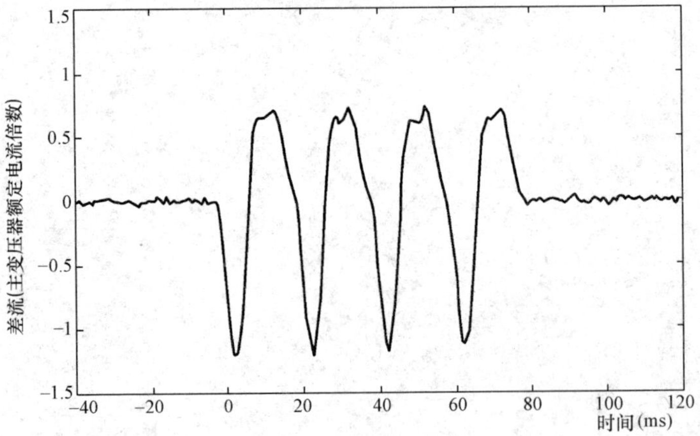

附图 8 – 1　差动保护的 A 相差电流波形

通过波形可以看出 A、B 两相差流为明显的励磁涌流波形。C 相差流在刚开始的第一个周波内为明显的对称波形（与故障波形很相似），在后面连续的几周中，波形中间逐渐出现歪头，表明二次谐波有一定含量。C 相差流的幅值最大，有效值可达 1 倍 I_N（I_N 为变压器的二次额定电流）。该主变压器的差动保护动作定值为 0.8I_N，二次谐波制动系数为 0.15。

C 相差流的二次谐波含量在 10% 以上，且逐渐变大，最后才达到 14% 以上。在最初 0 ~

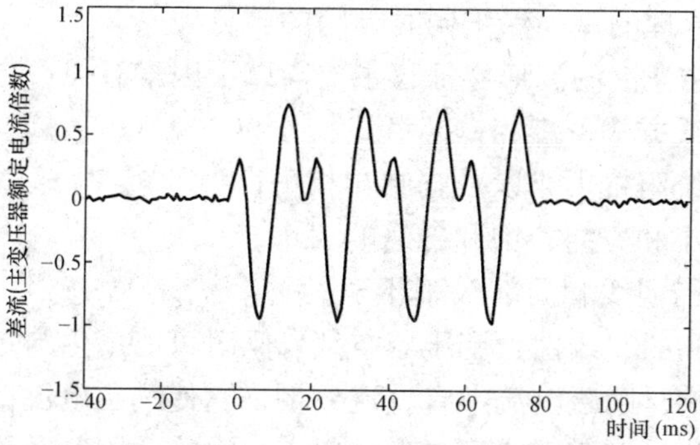

附图 8－2　差动保护的 B 相差电流波形

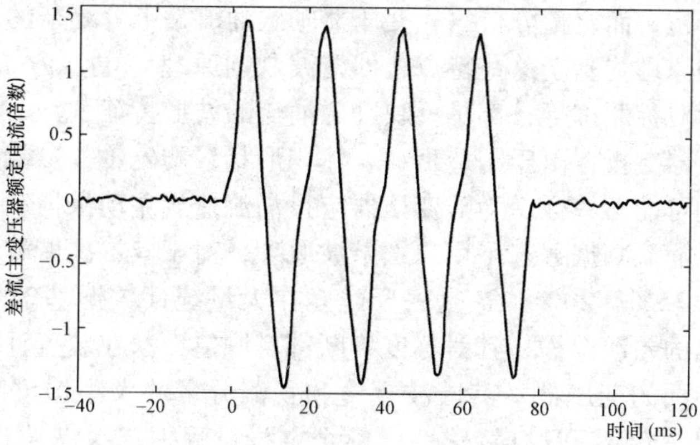

附图 8－3　差动保护的 C 相差电流波形

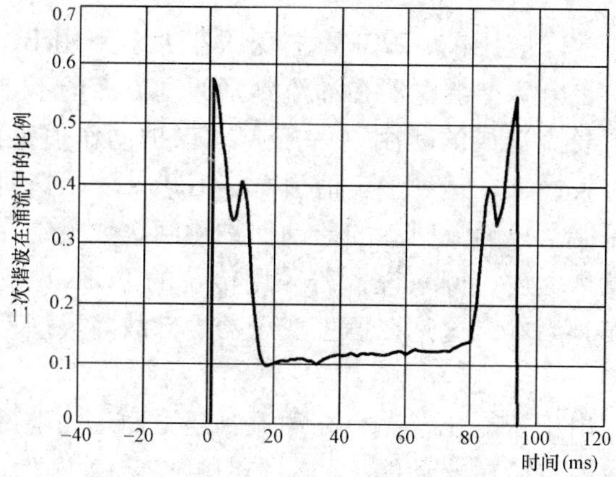

附图 8－4　差动保护的 C 相差流二次谐波含量

20m 的第一周和 80～100ms 的最后一周内，由于全波傅氏算法的计算数据窗暂态，二次谐波含量是有较大误差。

差动保护的 C 相差流二次谐波含量如附图 8－4 所示，根据上述二次谐波含量的分析图，可以看出由于 C 相差流的励磁涌流判据中的二次谐波含量小于二次谐波闭锁整定值（整定值为 15%）。而稳态比率差动的动作门坎大于制动门坎，因此稳态比率差动保护动作。C 相涌流的初始波形对称性极好，第二套波形对称制动原理比率差动保护也出口跳闸。最后，造成了两套不同涌流制动原理的差动保护同时跳闸的罕见现象。

对于三相变压器励磁涌流的波形特征，主要与以下因素有关：

（1）三相绕组的接线方式、三相铁芯型式；

（2）系统电压、系统阻抗大小以及合闸初相角；

（3）剩磁磁通的大小和方向，饱和磁通的大小；

（4）铁芯材质、磁滞回线和局部磁滞环等。

由于变压器铁芯饱和的非线性，变压器空载合闸时可能产生与短路电流可比拟的暂态励磁涌流。由于剩磁的影响，励磁电流中有直流分量，它使励磁电流偏于时间轴一侧，这一特点使磁通对励磁电流变化的磁滞回线不与坐标原点相对称，因此励磁阻抗在励磁电流正、负半周是不对称的，这就意味着励磁电流含有一定分量的偶次谐波分量而使波形发生畸变。当然，这只是定性的分析，而定量分析三相变压器励磁涌流是十分复杂的。因此各类微机差动保护的励磁涌流识别原理均基于这些特点，即谐波制动原理（主要为二次谐波制动），或者是间断角原理、波形对称原理等，都是反映励磁涌流的波形特征。

对于不同的变压器空投，由于制造材料、体积形状、剩磁量等参数的差异，其谐波含量和直流分量的大小均可能不一样。为防变压器空投涌流造成差动保护动作，目前国内外的变压器差动保护的励磁涌流判据普遍采用二次谐波原理，对于其二次谐波的制动值整定，一般规程和厂家均推荐为15%～20%，这是一个建立在大量统计数据基础之上的经验值。而对于波形对称制动原理的差动保护，其对称度判断都是制造厂家在装置计算程序内设定，而无需现场整定。对于不同的变压器，其谐波含量和直流分量的大小均可能不一样，比如这台180MVA变压器C相涌流就很具有特殊性（整个空投过程中二次谐波含量低于15%且呈现逐渐变大的趋势，波形对称度又极好），这与该主变压器是自耦变压器，以及其制造材料、结构形状等参数均有关。

在微机主变压器保护推广应用前，220kV主变压器大多采用BCH系列电磁型继电器作为主变压器差动保护。由于电磁型继电器在涌流判别原理方面的不足，因此常常依靠增大保护定值的方法来避免合闸涌流造成的跳闸（一般差动保护动作值整定为$1.5I_N$），同时电磁型继电器的动作时间相对较慢，在达到整定值后60～100ms才出口跳闸。正是电磁型继电器的这些特点，发生主变压器空投涌流引起的差动保护跳闸次数无论在绝对数量还是相对比例上都远少于微机保护。就拿上述实例来说，若采用传统的BCH型差动继电器，仅涌流的数值就不会使差动保护动作。当然，这是在牺牲变压器内部故障灵敏性和快速性的基础上实现的。

微机比率差动保护，由于智能化特点，在涌流判断方面远比电磁型保护优越，为能灵敏反映主变压器内部匝间故障，微机差动保护的动作门槛整定值一般均低于主变压器额定电流（整定为$0.4\sim0.8I_N$左右），并且微机保护动作速度明显高于传统的电磁型保护，一般达到20～40ms左右。若主变压器合闸涌流的前几周的数值达到差动动作门坎值，二次谐波含量较低（如低于15%）或直流分量较小（波形对称度好），就会造成比例差动保护的出口跳闸。

国产微机主变压器差动保护制造厂家在励磁涌流制动逻辑方面往往提供两个选择：一是分相独立制动逻辑，当判断出某相出现涌流时相应闭锁该相本身的差动保护出口，即通常所谓的“一取一”闭锁逻辑；二是交叉制动逻辑，当判断出三相中的任一相或两相出现涌流时闭锁所有相的差动保护出口，即通常所谓的“三取一”或“三取二”闭锁逻辑。采用交叉制动逻辑，在上述实例中，由于A、B相均出现大于15%的二次谐波和明显的波形不对称，将相应会闭锁C相的比率差动保护出口。但是如果此时C相确实是发生故障，也将被闭锁，只能靠主变压器本体非电量保护和高压侧后备保护来切除故障。目前，电网中运行的国产微机主变压器差动保护装置的励磁涌流制动逻辑普遍采用的是分相独立制动原理。其主要也是出于在空投主变压器又发生内部故障时不影响差动保护动作的考虑。

3. 防范措施

以上分析，从微机保护对主变压器涌流的判断原理要想兼顾各方面因素来完全避免合闸涌流对差动保护影响似乎有较大困难。频繁的合闸涌流造成差动保护跳闸也确实给现场运行带来很大的麻烦。因此，从运行角度出发，有以下建议供各方参考。

通过对一些进口保护装置的运行实践，建议国内主变压器保护装置制造厂家可以借鉴国外保护所使用的方法：对变压器空投时，短时投入涌流交叉闭锁的逻辑。交叉闭锁的时间可以在现场通过人为整定，如整定闭锁时间为40～80ms。这对防止变压器空充过程中可能出现的励磁涌流特征不明显所导致的比率差动误动作情况有明显的效果，40～80ms的闭锁时间过后，差动保护依旧按相独立开放。

利用微机保护可设置多套保护定值的特点，采用设置两套保护定值的方法来减少空投涌流对于差动保护的影响。具体做法是：在主变压器合闸冲击时，启用一套临时保护定值，适当提高差动保护的门坎值（如$1.0 \sim 1.3I_N$）和适当降低二次谐波闭锁涌流定值（如：10%左右），以增加躲避涌流的可靠性和对涌流判断的灵敏度。相应将冲击侧（一般为主变压器高压侧）后备保护定值降低，将复合电压闭锁过流保护的电流定值整定为$0.6 \sim 1.0I_N$；时间降低为0.3～0.5s；同时解除复合电压闭锁逻辑，以增大后备保护反映主变内部故障的灵敏性和快速性。待主变压器冲击正常后，带负载前再启用正常保护定值。

附录九　线路高频保护误动与异常

一、通道上出现的一次异常现象

1. 情况简述

1986 年 11 月 21 日，某 220kV 线路上使用高频保护装置，按规定每天早晨 6：30，进行通道交换信号检查，连续几天通道衰减大增，保护不能使用。但是在接近中午期间，再次交换信号时，通道衰减恢复正常，保护可以投入使用。

2. 情况分析

经过现场调查、分析，认为与天气温度变化有关，于是对室外的设备进行查找。打开结合滤波器盖子，发现高频电缆缆芯与屏蔽层（网）距离太近，一到中午时距离变远，通道衰减恢复正常。反之，在早晨时天气比较冷、缆芯与屏蔽层就贴上了，通道衰减大增。

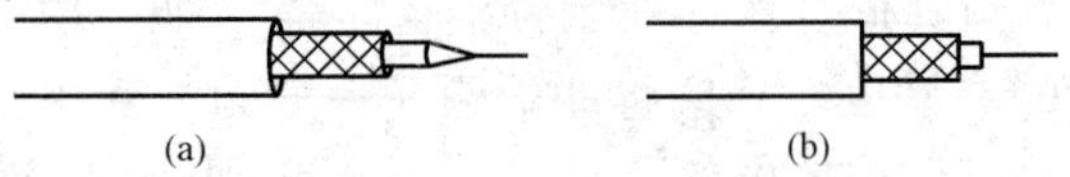

附图 9－1　高频电缆头的加工方法

（a）正确；（b）不正确

3. 采取对策

将故障电缆头按附图 9－1（a）所示正确施工连接，要加工成圆锥形，决不能如附图 9－1（b）所示“一刀切”。在接到端子排上时，最好要经过一小段软线过渡一下（指屏蔽层），以免重复出现上述现象。

二、通道干扰引起的误动作

1. 情况简述

1996 年 5 月 20 日，220kV W2 线发生 B 相接地短路，W1 线路 F 侧 WXB－11 型微机高频闭锁保护（配置 GSF－6A 型收发信机）误动作跳闸。观察 T 变电所 W1 线录波图，故障开始有 4ms 干扰信号，经 10ms 后有 10ms 宽的高频信号，直到 200ms 后 T 变电所侧收发信机才发信，其一次系统接线如附图 9－2 所示。

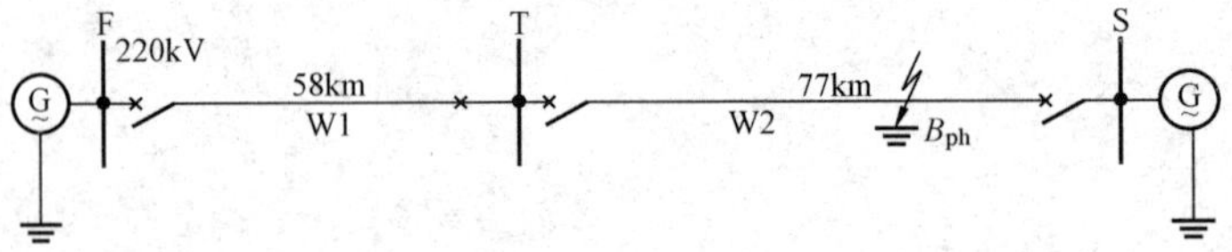

附图 9－2　220kV W2 线路 B 相故障一次系统接线图

2. 情况分析

经过现场调查，在 W2 线路发生故障时，产生干扰信号，使 W1 线路 T 变电所侧收发信机的“其他保护和位置停信”开关量动作，收发信机不能立即发信，造成对侧高频保护误动作跳闸。这是通过拉合旁母隔离开关模拟干扰得到证实的。

3. 采取对策

在“其他保护停信”端和“位置停信”端的开关量分别增加4ms 动作延时，以提高抗干扰能力。如附图 9－3 中的虚线所示，分别在接口盘 G01、G02 的 3 号、4 号管脚两端并一个 CD11－10μF/50V 的电解电容。

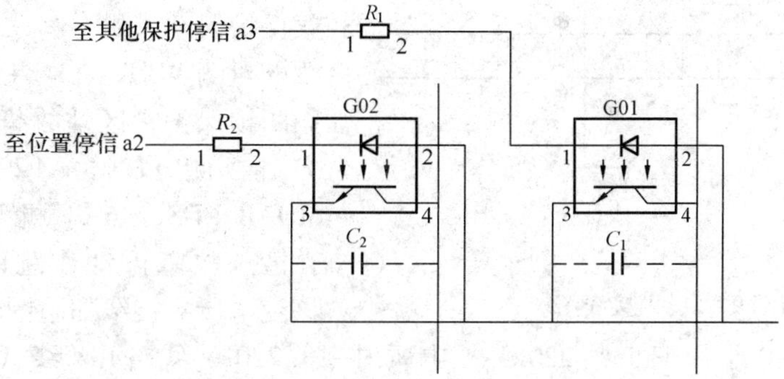

附图 9－3　开关量增设抗干扰电容回路接线图

三、高频通道设备缺陷引起误动

1. 事故简述

（1）1998 年 5 月 1 日 20 时 35 分 15 秒，某 220kV 变电所 L53 线 C 相因雷雨大风发生连续故障，第一次故障后间隔 18s 时间又发生第二次 C 相故障，线路两侧继电保护动作正确，由于重合闸充电时间不够，第二次 C 相故障时断路器三相跳闸不重合。由于近处故障，地网中流过接地故障电流很大，地网发热，故第二次故障时地网地电位升高较第一次故障时严重，地网中工频量侵入高频通道，对结合滤波器高频信号抑制作用较第一次严重，使发信功率下降，L56 线对侧 WXB－11 收到高频信号低于灵敏起动电平而正方向误动。该变电所主接线图如附图 9－4 所示。

（2）1995 年 5 月 31 日 0 时 55 分，某 220kV 变电所 L67 线发生污闪，C 相瞬时故障。对侧：WBX－11C 高频闭锁、LFP－901 高频方向保护动作，C 相断路器跳闸，重合成功；本侧 WXB－11C 高频闭锁、接地距离Ⅰ段，零序方向Ⅰ段保护动作，LFP－901 方向高频、距离Ⅰ段，接地距离Ⅰ段保护动作，C 相断路器重合闸成功。

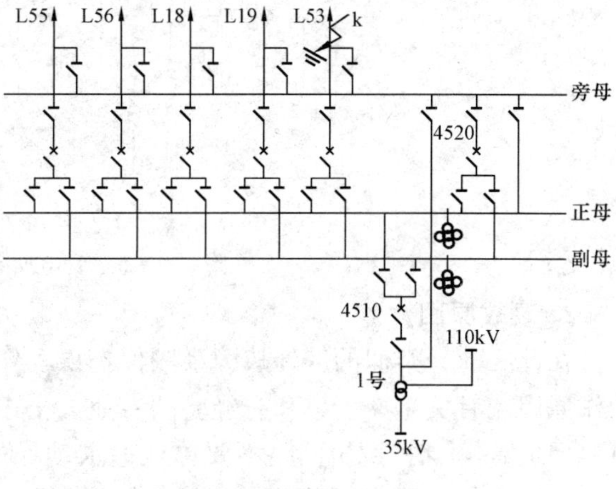

附图 9－4　主接线图

由于接地故障电流较大，地网中的工频量干扰电压侵入高频通道，使 L64 线对侧 CKF－3＋YBX－1 方向高频保护在区外故障，由于收到高频信号有缺口而误动作，C 相断路器跳闸，重合闸成功。该变电所主接线如附图 9－5 所示。

（3）1997 年 8 月 15 日某 220kV 变电所内 1 号主变压器高压侧带地线合隔离开关，发生

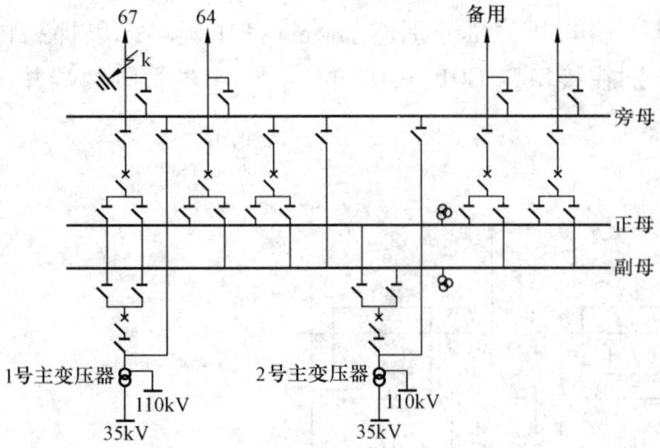

附图 9－5　主接线图

三相短路接地事故，故障点在变压器差动保护范围内，差动保护动作切作除故障，同时三条 220kV 线路的高频保护在区外故障时误动作跳闸。其中：①L06 线的本侧 JGX－11D＋GSF－6B 相差高频保护误动，跳本侧三相断路器；②L14 线的对侧 WXB－11C＋GSF－6A 微机高频闭锁保护在区外故障误动作跳闸（正方向侧）；③ L29 线的对侧 MDAR＋GSF－6A微机型高频闭锁保护，在区外故障误动作跳闸（正方向侧）。该变电所主接线如附图 9－6 所示。

（4）1997 年 11 月 19 日，某 220kV 变电所内一条 220kV 线路 L14 线 A 相阻波器支持绝缘子对地闪络，发生 A 相接地故障，L14 线路高频保护正确动作，快速切除故障。同时相邻的 L44 线路对侧的 WXB－11C＋YBX－1 高频闭锁保护区外故障正方向误动作跳 A 相断路器，重合闸成功。该变电所主接线如附图 9－7 所示。

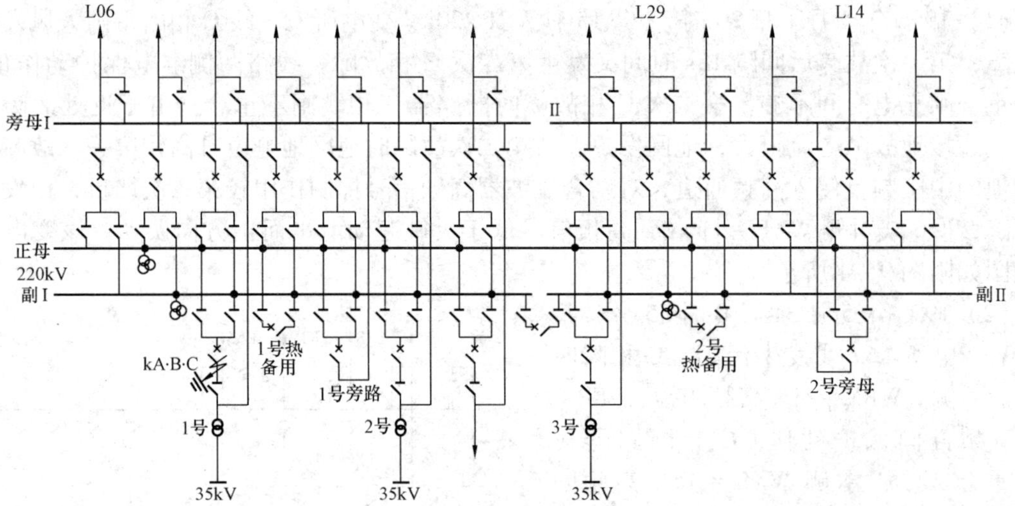

附图 9－6　变电所 220kV 主接线图

2. 事故原因

在此之前，类似的区外故障高频保护误动作曾发生多次，事故后检查不易找到确切的误动作原因。有关生产厂家和有经验的专业人士进行了分析研究，结论有两点：

（1）高频保护逻辑回路不要单纯追求动作的快速性，并以此来表示装置的高性能，这并不全面。如 220kV 线路的高频闭锁保护装置总出口动作时间不大于 40ms 前提下，适当加大高频发信一高频停信之间的时间差，这样既满足电力系统稳定要求，同时可防止区外故障过早停信而误动作，提高抗干扰能力。

（2）近几年生产的结合滤波器在高频电缆侧的电容器已被取消，国内其他电网也多次

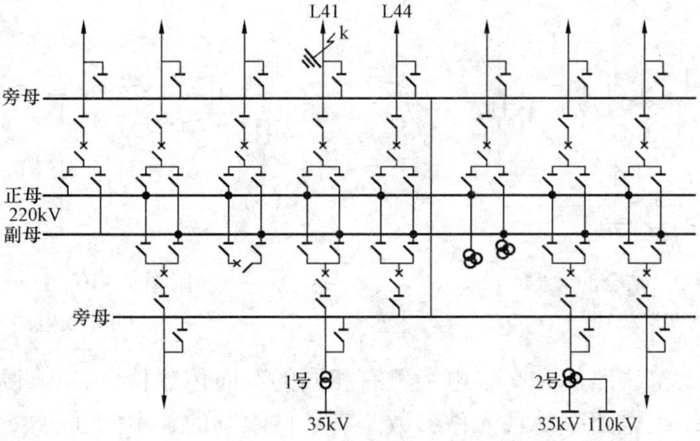

附图 9-7　变电所 220kV 主接线图

发生高频保护在区外故障时误动跳闸。1996 年 7 月 20 日某电网一条 220kV L1 线路 C 相雷击接地短路故障，相邻 L2 线路对侧高频闭锁保护误动作跳 C 相断路器，C 相重合闸成功。误跳闸侧的故障录波器录到高频信号录波图，图形显示该路高频信号上有 50Hz 工频信号叠加在高频信号上，使连续的高频信号变成 100Hz 间断的高频信号，间隔时间约 5ms 左右（间隔时间长短同故障电流大小有关），高频信号的间断时间均发生在故障交流电流正、负半周峰值处，由于故障初瞬间的暂态分量偏移，第一个峰值的高频信号间断时间可达约 8ms，这种停信足以使高频保护误动作跳闸。造成 50Hz 交流电压进入高频通道的主要原因有二：

1）结合滤波器内高频电缆侧的电容器 C_1 被制造厂取消了，如附图 9-8 所示，且一、二次共地接线，这是原因之一。高频通道信号传输的阻抗匹配很重要，阻抗匹配得好，使接收端收到尽可能大的高频信号。220kV 架空线的高频特性阻抗为 300～400Ω，高频电缆的高频特性阻抗为 100Ω（或 75Ω），220kV 线路高频通道采用相地耦合方式，结合滤波器一次侧与高压侧耦合电容 C_2 组成一个带通滤波器。结合滤波器一次侧和二次侧所连设备的特性阻抗不相等，而高频信号双向传输的固有衰耗相等，这就是结合滤波器的特性。

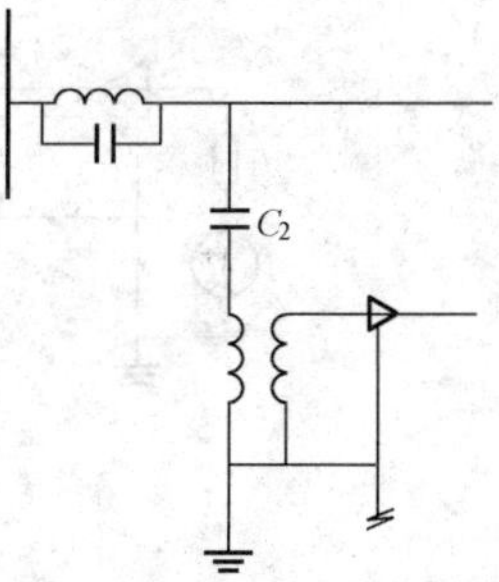

附图 9-8　一、二次共地接线图

结合滤波器和高压侧耦合电容器组成的带通滤波器是个对称的四端网络，其原理接线如附图 9-9 所示，它除了起到阻抗匹配外还能阻隔 50Hz 工频分量进入高频通道，高压侧耦合电容器 C_2 用来隔离工频高电压进入高频装置，对 50Hz 工频量呈现极大的衰耗特性，而对高频信号衰耗极小。结合滤波器内高频电缆侧的电容器 C_1，除了组成匹配的四端网络外，还用来阻隔变电所发生故障时地电位升高 50Hz 工频电流进入结合滤波器二次绕组，引起磁芯饱和，影响高频信号的传送。

结合滤波器的等效电路如附图 9-10 所示，其电路方程为

$$\begin{cases} e_1 = i_1\left(r_1 - \mathrm{j}\dfrac{1}{\omega C_1} + \mathrm{j}\overline{\omega} L_{11}\right) - i_2(\mathrm{j}\overline{\omega} M) \\ 0 = -i_1(\mathrm{j}\overline{\omega} M) + i_2\left(r_2 - \mathrm{j}\dfrac{1}{\omega C_2} + \mathrm{j}\overline{\omega} L_{22}\right) \end{cases}$$

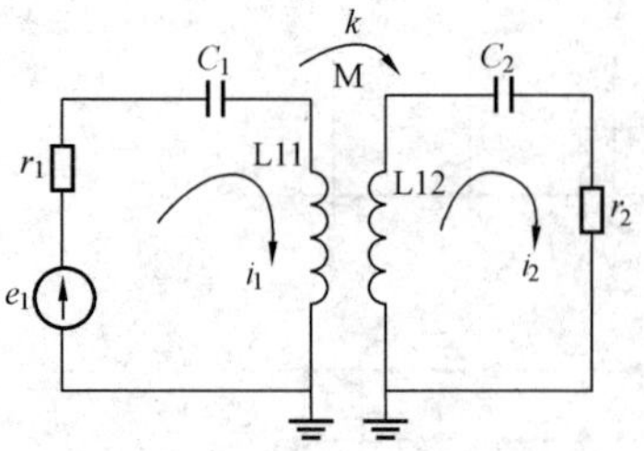

附图 9－9　结合滤波器
原理接线图

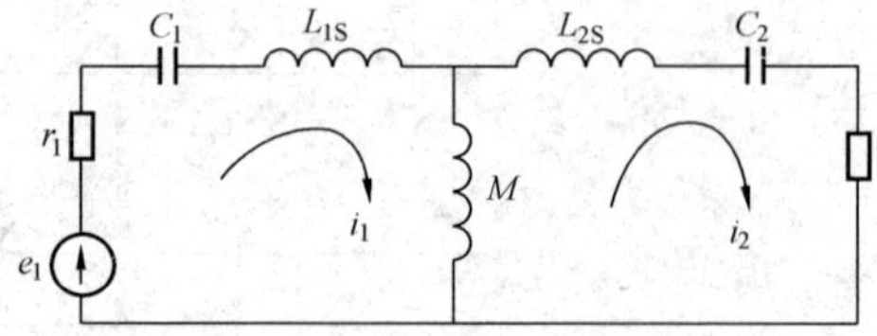

附图 9－10　结合滤波器
的等效电路图

为了满足高压架空线路侧和高频电缆侧有相同的双向传输特性，为此要求结合滤波器是一个对称的四端网络，电路中的各元件参数是有条件限制的，不能随意取舍，对称的条件为

$$C_2\left(\frac{N_2}{N_1}\right)^2 = C_1$$

$$L_{22}\left(\frac{N_2}{N_1}\right)^2 = L_{11}$$

即必须满足

$$L_{2S}\left(\frac{N_1}{N_2}\right)^2 = L_{1S}$$

$$\frac{N_1}{N_2} = \sqrt{\frac{L_{11}}{L_{22}}} = \sqrt{\frac{L_{1S}}{L_{2S}}} = \sqrt{\frac{C_2}{C_1}}$$

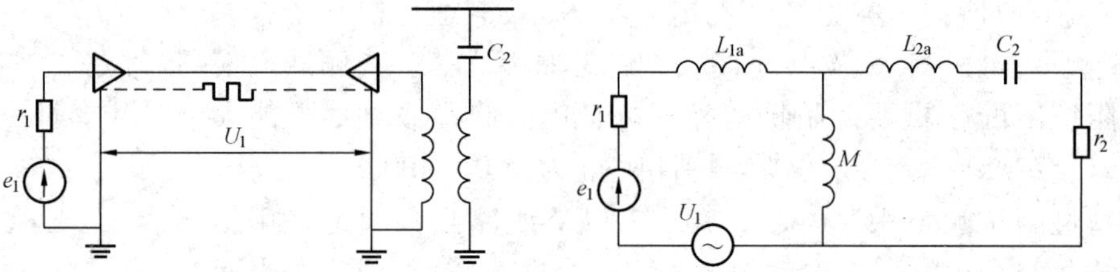

(a)　　(b)

附图 9－11　50Hz 工频电网电压进入高频通道
（a）原理图；（b）等效电路图

近年来制造厂生产的结合滤波器将电缆侧的电容器 C_1 取消，亦即四端网络的对称条件被破坏，使高频信号双向传输特性变坏，衰耗增加，其高频电缆的屏蔽层是两端接地的，故障时变电所铁质地网中流过故障电流，地电位升高，在高频电缆两端接地之间的 50Hz 工频地电位差值很大，远大于高频收发信机发出的高频信号电压，更大于收到对侧发来的高频收信电压。由于电容器 C_1 被取消，高频电缆两端接地点间的地网电位差值可无阻隔地进入高频装置，叠加在高频发信电压和收信电压上。由于近年来电网容量扩展很快，短路容量不断加大，铁质地网的地电位升高很快，过大的 50Hz 工频电压进入高频通道，使结合滤波器中高频变压器铁芯迅速饱和，高频信号的传输衰耗增大，发信和收信电平降低，当收信电平低于灵敏起动电平时，就出现高频信号的间断，这是造成高频保护在区外故障时误动作的根本

原因。

2）我国发电厂、变电所的接地网均为铁质材料，导电率差，经过多年运行后铁质地网锈蚀严重，加上电网扩容很快，短路容量急剧增大，由于故障时地网中电位梯度斜率增加很多，尤其是发生连续性故障时，地网发热，地电位升高严重，致使高频电缆屏蔽层两端接地点间的电位差很大，在高频电缆屏蔽层上流过50Hz 工频电流，产生电压降 U_1，这是直接进入高频通道的差模干扰电压（结合滤波器的 C_1 被取消了），叠加在有用的高频发信电压和收信电压上，使结合滤波器中的高频变压器饱和，抑制高频收发信机的发信电平和收信电平。当收信电平低于灵敏起动电平时，相当于高频信号被停信，出现缺口而误动作跳闸。

附表 9－1 中 10 次高频保护区外故障误动作均为线路单侧跳闸，且高频闭锁距离、零序保护均为正方向停信侧误动跳闸（故障变电所的线路对侧），由于故障变电所的故障电流大，地电位升高严重，发出去的高频信号容易被抑制，使正方向侧收到的高频闭锁信号小于灵敏起动电平而误动跳闸。相差高频区外故障误动大多发生在故障变电所本侧，正常情况下区外故障时，高频相差收到线路二侧经 50Hz 交流信号调制的高频方波是填满的，不会误跳闸，如附图 9－12 所示（a）。由于发生故障的变电所较线路对侧变电所地电位升高严重（地网中流过的故障电流大），高频电缆屏蔽层两端的地网电位差值大，对高频信号抑制严重，尤其对高频收信信号方波抑制更明显，当收信信号小于灵敏起动电平 U_D 时，本应区外故障收到连续高频信号变成有缺口的间断方波信号而误动作跳闸，但相差高频保护在区外故障误动作比高频闭锁保护概率小。高频相差动作条件有三个：

附表 9－1　　区外故障高频保护单侧误动跳闸表

序号	故障时间	故障及保护动作情况	误动作装置及通道	汇流排
1	1995 年 3 月 8 日 11 时 25 分	220kV L1 线路 C 相故障，本侧相邻的 L2 线路相差高频保护误动作跳闸，L2 线对侧高频闭锁保护误动跳闸	JGX－11D＋GSF—6B B 相通道 JGB－11D＋BSF－1 A 相通道	无
2	1994 年 4 月 23 日	220kV L1 线 B 相故障，相邻 L2 线路本侧相差高频误动作跳闸	JGX－11D＋YBX－1 A 相通道	无
3	1995 年 5 月 31 日 0 时 55 分	220kV L1 线 C 相瞬时故障，高频保护动作跳闸，本站相邻 L2 线路对侧高频闭锁保护误动跳闸	CKF－3＋YBX－1	无
4	1997 年 5 月 12 日	220kV L1 线路 C 相电缆头闪络接地故障，相邻 L2 线路对侧高频闭锁保护误动跳闸	JGB－11D＋YBX－1 A 相通道	无
5	1997 年 8 月 15 日	主变压器 220kV 三相短路接地故障，差动保护动作跳闸，三条 220kV 线路高频误动跳闸： L1 线本侧相差高频保护误动跳闸； L2 线对侧微机高频闭锁误动跳闸； L3 线对侧微机高频闭锁误动跳闸	JGX－11D＋GSF－6B B 相通道 MDAR＋GSF－6B A 相通道 WXB－11C＋YBX－6B A 相通道	有
6	1997 年 11 月 19 日 21 时 09 分	220kV L1 线 A 相阻波器支持瓷绝缘子闪络接地故障，相邻线 L2 对侧高频闭锁保护误动跳闸	WXB－11C＋YBX－1 A 相通道	有
7	1998 年 5 月 1 日 20 时 35 分	220kV L1 线 C 相连续二次故障间隔时间 18s，相邻 L2 线在第二次故障时对侧高频闭锁保护误动作跳闸	WXB－11	无

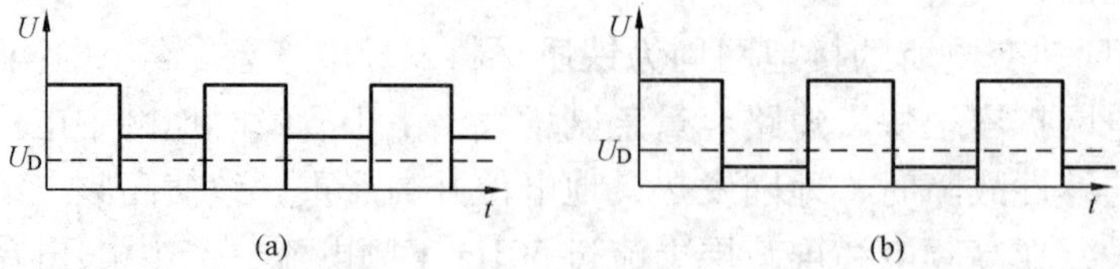

附图 9－12　区外故障相差高频方波示意图

（a）区外故障正常方波信号；（b）被抑制的高频方波图

a. 闭锁角 60°，即高频信号间断时间≥3.3ms。

b. 二次比相出口，连续二次工频相比出口都成功，即每个周波内有一个 3.3ms 缺口，每周中只取发信机停信的半周进行一次比相。连续收到两个≥3.3ms 缺口才允许起动跳闸回路，如附图 9－13 所示。

c. 负序电流 I_2 高定值闭锁，主要是防止装置内元件损坏可能引起的误动作，同时也有缩小区外故障起动比相的范围。

同时满足上述三个条件，高频相差保护在区外故障误动作跳闸的概率较小。表 9－1 中 8 次误动作相差高频只有三次。

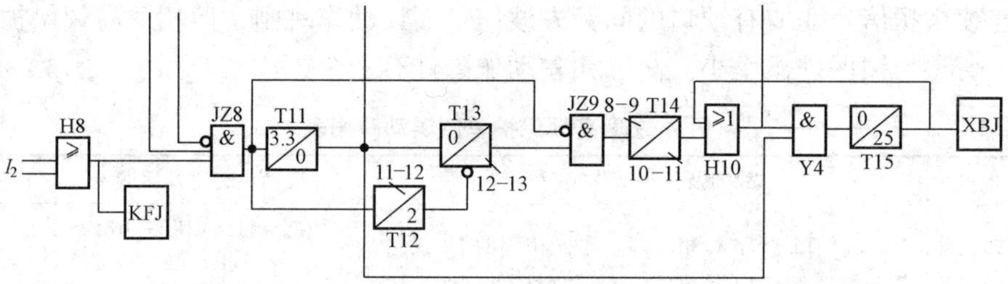

附图 9－13　比相回路框图

3. 事故对策

（1）将结合滤波器加电缆侧串电容器 C_1 或更换新型的 JL－400－B8Z 作为反措项目完成，反措执行后该地区至今未发生过高频保护在区外故障时误动作跳闸，效果明显。

（2）另一个问题是变电所铁质地网威胁现代化超高压大电网的安全运行，已引起有关方面重视。改革开放以来，电力系统发展迅速，短路容量不断扩大，自动化水平迅猛发展，大机组、超高压现代化大电网运行管理对自动化设备的依赖越来越强，信息量传递越来越大，电网的控制、继电保护、远动通信、自动化设备已走向微机化、网络化，这些微电子设备对地电网“0”电位的恒定不漂移要求很高。

变电所铁质地网经多年运行锈蚀严重，近年来电网发生事故时，铁质地网地电位升高严重，多次发生二次设备被地网侵入的高电压打坏，继电保护等装置多次发生误动作跳闸事故，新近兴起的光纤通信设备也曾被地电网高电压打坏，使通道、远动、自动化设备的信息中断、延误处理事故时间，为此改造变电所铁质电网已到了不可忽视的时刻，实践证明铁质地网已不适应大机组、超高压，现代化大电网发展的需要。

铁质地网在建国初期是正确的，当时电网容量小，短路水平低，装备的继电保护、远动通信、自动化设备均为动作速度较慢的电磁型强电设备，抗干扰能力强，但这些设备早已不适应现代化大电网的发展要求，已更新换代为微电子设备。因此对地网地电位恒定要求很高，铁质地网已不适应要求。有关部门应提高地电网的设计标准，保证大电网的安全稳定运行。

4. 事故教训

以往继电保护装置动作不正确，总是在继电保护装置及其二次回路中去找原因做反措，没有从根本上去解决。例如铁质地网对继电保护和自动化设备的影响越来越明显，几十年来从未去改变，随着变电所短路容量的增大，发电厂、变电所的断路器、隔离开关等可更换，线路可以放粗，就是对接地网的材质设计标准没有变，现在已进入高新技术的微电子时代，铁质地网必须更改。

经过统计分析，高频保护误动作的一个重要原因，是高频电缆屏蔽层在收发信机侧没有接地。当输电线路发生接地故障时，产生强干扰信号，使收信机信号中断。另外，使用的结合滤波器二次侧，与高频电缆的连接处没有串入电容。当线路出口处发生接地短路时，地电位升高，在高频电缆两端产生地电位差。此工频电流（超过500mA时）窜入结合滤波器二次绕组，引起磁芯饱和，致使高频信号被中断，区外故障正方向侧将引起高频保护误动作。高频通道中使用的结合滤波器，是经过许多专家的研究改进的成熟产品。不知什么时候，经何种许可手续随意把 C_1 电容器取消，造成近几年全国范围内许多高压线路的高频保护动作跳闸事故，损失很大。

附录十　寄生回路造成保护误动

1. 事故简述

1999 年 7 月 21 日 11 时 25 分，220kV 某变电所 1 号变压器高压侧 B 相，2 号变压器高压侧 A 相同时跳闸，非全相保护延时 5s 出口，两台主变压器均三侧跳闸。其一次接线图如附图 10－1 所示。事故时，该变电所有继保人员正在进行 220kV L1、L2 线路保护装置定检。

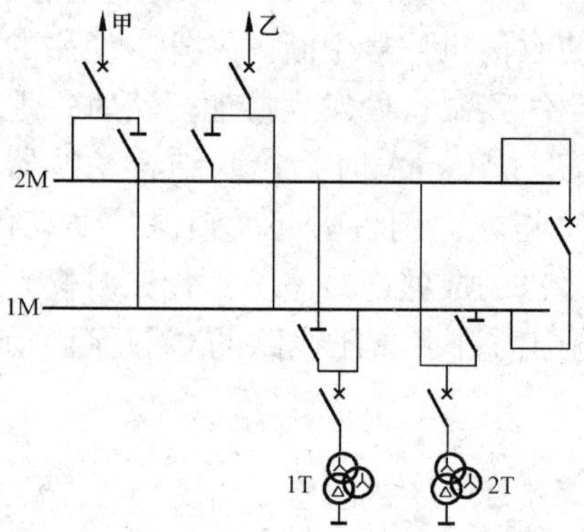

附图 10－1　某变电所一次接线示意图

2. 事故分析

该变电所采用两组操作电源分别接于两组独立的 110V 蓄电池，而Ⅰ、Ⅱ段母线隔离开关的电压切换回路，都接在第二组操作电源上，如附图 10－2 所示。事故后通过模拟试验证实，用 101 正电源碰 735（或 737），必然造成 1 号主变压器高压侧断路器 B 相保护出口。经检查发现，主变压器高压侧断路器的两组操作回路之间存在着寄生回路，如附图 10－3 所示。由于 V1、V2 桥路的存在，当 101 正电源触到 735 或 737 时，电流就通过 1K—202—2KTB—V1、V2—KS，直至 102 负电源，等效展开图如附图 10－4 所示。

模拟试验测出 CD 两点电压 U_{CD}为 55V，而在验收试验记录中两台主变压器高压侧断路器 6 个 KS 的动作值中，最低的是 1 号主变压器 B 相 55V，与 2 号主变压器 A 相 55V，因此，造成 1 号主变压器及 2 号主变压器保护误动。

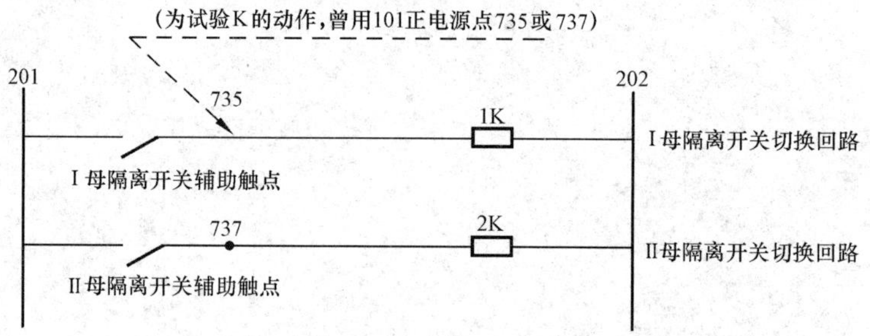

附图 10－2　母线隔离开关切换继电器接线示意图

3. 防范对策

在高压侧操作箱插件上拆除 V1、V2 二极管（见附图 10－3 所示），断开保护跳闸回路Ⅱ永跳起动 KS 回路，消除两组操作回路之间的寄生。严格防止两组控制回路电源以任何方式发生电气连接，特别是在两段直流母线分别由两组独立蓄电池供电的变电所。

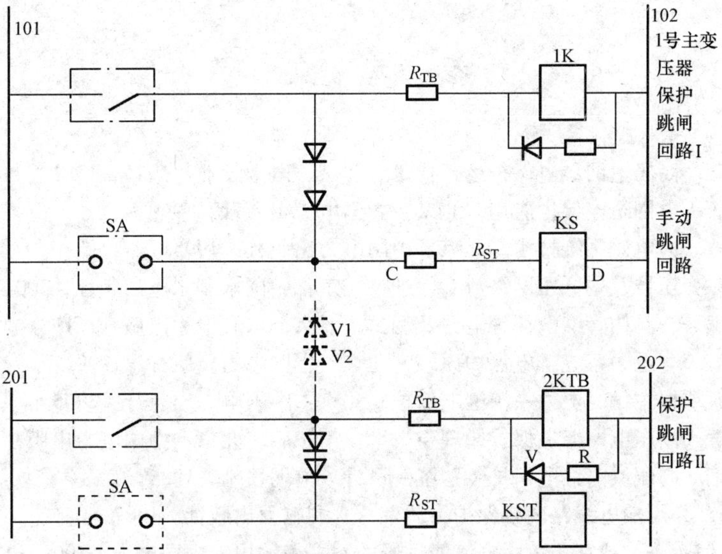

附图 10－3　两组操作回路之间的寄生回路

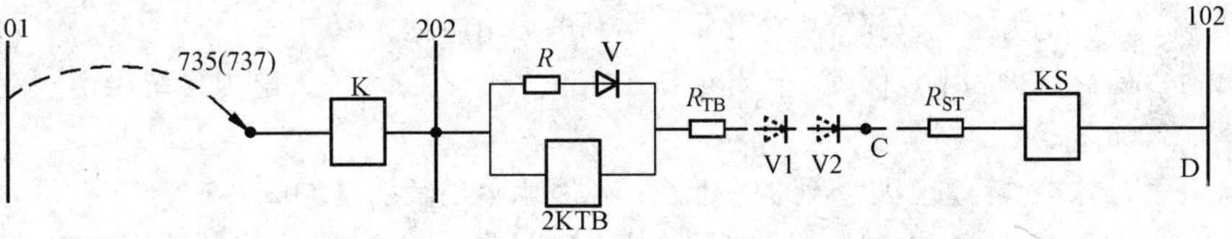

附图 10－4　以 101 点 735 或 737 时，等效电流回路图

4. 经验教训

在二次回路上工作时，应先查清图纸。有两组独立蓄电池供电的变电所，在二次回路设计时，应避免电气交叉连接，以防止此类情况的再次发生。

参 考 文 献

[1] 王梅义等著. 高压电网继电保护运行技术. 北京：电力工业出版社，1981
[2] 王梅义编著. 电网继电保护应用. 北京：中国电力出版社，1999
[3] 王梅义等著. 大电网系统技术. 北京：中国电力出版社，1995
[4] 许正亚著. 变压器及中低压网络数字保护. 北京：中国水利水电出版社，2004
[5] 夏盛铭等编著. 晶体管继电保护电路及调试. 北京：水利电力出版社，1984
[6] 贺家李等编著. 电力系统继电保护原理. 北京：中国电力出版社，1998
[7] 张保会，尹项根主编. 电力系统继电保护. 北京：中国电力出版社，2005
[8] 朱声石编著. 高压电网继电保护原理与技术. 第三版. 北京：中国电力出版社，2005
[9] 冯匡一等编. 高压线路继电保护装置统一设计. 电网技术，1986（1）
[10] 葛耀中著. 高压输电线路高频保护. 北京：水利电力出版社，1987
[11] 王文雄，何奔腾. 数字式负序电流滤过器的不平衡输出. 中国电力，1999（12）
[12] 许正亚编著. 电力系统故障分析. 北京：水利电力出版社，1993
[13] 刘万顺编著. 电力系统故障分析. 北京：水利电力出版社，1989
[14] 洪佩孙. 距离保护和阻抗保护. 江苏电机工程，2001（1）. 关于电力系统稳定. 南京：江苏电机工程，2002（2）
[15] 许正亚著. 输电线路新型距离保护. 北京：水利水电出版社，2002
[16] 王维俭，侯炳蕴编著. 大型机组保护的理论基础. 北京：水利电力出版社，1987
[17] 李玉海，刘昕，李鹏编. 电力系统主设备继电保护试验. 北京：中国电力出版社，2005
[18] 何德康等编. 电气二次回路安装和检验. 北京：水利电力出版社，1986
[19] 宋继成编. 220～500kV 变电所二次接线设计. 北京：中国电力出版社，1996
[20] 文锋编. 发电厂及变电所的控制（二次部分）. 北京：中国电力出版社，1998
[21] 白忠敏等编. 电力工程直流系统设计手册. 北京：中国电力出版社，1999
[22] 邹森元编著. 《电力系统继电保护及安全装置反事故措施要点》条例分析. 沈阳：白山出版社，2000
[23] 邹仉平编. 实用电气二次回路 200 例. 北京：中国电力出版社，2000
[24] 国家电力调度通信中心编著. 电力系统继电保护实用技术问答. 北京：中国电力出版社，2004
[25] 袁季修等编著. 保护用电流互感器应用指南. 北京：中国电力出版社，2004
[26] 国家电力调度通信中心编. 电力系统继电保护典型故障分析. 北京：中国电力出版社，2001
[27] 毛锦庆等. 从简化整定计算论线路的微机型继电保护装置. 南京：电力自动化设备，2004（11）